U0332741

UG NX 8.0 实例宝典

北京兆迪科技有限公司　编著

机 械 工 业 出 版 社

本书是系统、全面学习 UG NX 8.0 软件的实例宝典类书籍，该书以 UG NX 8.0 中文版为蓝本进行编写，内容包括二维草图设计实例、零件设计实例、曲面设计实例、装配设计实例、TOP_DOWN 设计实例、钣金设计实例、模型的外观设置与渲染实例、运动仿真及动画实例、管道与电缆设计实例、模具设计实例以及数控加工实例等。

本书是根据北京兆迪科技有限公司给国内外几十家不同行业的著名公司（含国外独资和合资公司）的培训教案整理而成的，具有很强的实用性和广泛的适用性。本书附带两张多媒体 DVD 学习光盘，制作了 115 个具有针对性实例的教学视频并进行了详细的语音讲解，时间长达 23 个小时；另外，光盘还包含本书所有的素材文件和已完成的范例文件（两张 DVD 光盘教学文件容量共计 6.5GB）。

本书实例的安排次序采用由浅入深、循序渐进的原则。在内容上，针对每一个实例先进行概述，说明该实例的特点、操作技巧及重点掌握内容和要用到的操作命令，使读者对它有一个整体概念，学习也更有针对性，然后是实例的详细操作步骤；在写作方式上，本书紧贴 UG NX 8.0 的实际操作界面，采用软件中真实的对话框、操控板、按钮等进行讲解，使初学者能够直观、准确地操作软件进行学习，提高学习效率。

本书可作为机械工程设计人员的 UG NX 8.0 自学教程和参考书籍，也可供大专院校机械专业师生教学参考。

图书在版编目（CIP）数据

UG NX 8.0 实例宝典/北京兆迪科技有限公司编著．—北京：机械工业出版社，2012. 8(2016. 7 重印)

ISBN 978-7-111-39468-6

Ⅰ. ①U… Ⅱ. ①北… Ⅲ. ①计算机辅助设计—应用软件 Ⅳ. ①TP391.72

中国版本图书馆 CIP 数据核字（2012）第 191326 号

机械工业出版社（北京市百万庄大街 22 号　邮政编码 100037）
策划编辑：管晓伟　责任编辑：管晓伟
责任印制：乔　宇
北京铭成印刷有限公司印刷
2016 年 7 月第 1 版第 3 次印刷
184mm × 260mm · 38. 5 印张 · 953 千字
4501—5500 册
标准书号：ISBN 978-7-111-39468-6
　　　　　ISBN 978-7-89433-596-8（光盘）
定价：89.80 元（含多媒体 DVD 光盘 2 张）

凡购本书，如有缺页、倒页、脱页，由本社发行部调换

电话服务	网络服务
服务咨询热线：010-88379833	机 工 官 网：www. cmpbook. com
读者购书热线：010-88379649	机 工 官 博：weibo. com/cmp1952
	教育服务网：www. cmpedu. com
封面无防伪标均为盗版	金　书　网：www. golden-book. com

出 版 说 明

制造业是一个国家经济发展的基础，当今世界任何经济实力强大的国家都拥有发达的制造业，美、日、德、英、法等国家之所以被称为发达国家，很大程度上是由于它们拥有世界上最发达的制造业。我国在大力推进国民经济信息化的同时，必须清醒地认识到，制造业是现代经济的支柱，提高制造业科技水平是一项长期而艰巨的任务。发展信息产业，首先要把信息技术应用到制造业中。

众所周知，制造业信息化是企业发展的必要手段，国家将制造业信息化提到关系国家生存的高度上来。信息化是时代发展和进步的突出标志。以信息化带动工业化，使信息化与工业化融为一体，互相促进，共同发展，是具有中国特色的跨越式发展之路。信息化主导着新时期工业化的方向，使工业朝着高附加值化发展；工业化是信息化的基础，为信息化的发展提供物资、能源、资金、人才以及市场，只有用信息化武装起来的自主和完整的工业体系，才能为信息化提供坚实的物质基础。

制造业信息化集成平台是通过并行工程、网络技术、数据库技术等先进技术将CAD/CAM/CAE/CAPP/PDM/ERP等与制造业服务的软件个体有机地集成起来，采用统一的架构体系和统一的基础数据平台，涵盖目前常用的CAD/CAM/CAE/CAPP/PDM/ERP软件，使软件交互和信息传递顺畅，从而有效提高产品开发、制造等各个领域的数据集成管理和共享水平，提高产品开发、生产和销售全过程中的数据整合、流程的组织管理水平以及企业的综合实力，为打造一流的企业提供现代化的技术保证。

机械工业出版社作为全国优秀出版社，在出版制造业信息化技术类图书方面有着独特的优势，一直致力于CAD/CAM/CAE/CAPP/PDM/ERP等领域相关技术的跟踪，出版了大量学习这些领域的软件（如UG、Ansys、Adams等）的优秀图书，同时也积累了许多宝贵的经验。

北京兆迪科技有限公司位于中关村软件园，专门从事CAD/CAM/CAE技术的开发、咨询及产品设计与制造等服务，并提供专业的UG、Ansys、Adams等软件的培训。中关村软件园是北京市科技、智力、人才和信息资源最密集的区域，园区内有清华大学、北京大学和中国科学院等著名大学和科研机构，同时聚集了一些国内外著名公司，如西门子、联想集团、清华紫光和清华同方等。近年来，北京兆迪科技有限公司充分依托中关村软件园的人才优势，在机械工业出版社的大力支持下，已经推出了UG“工程应用精解”系列图书及宝典，包括：

- UG NX 8.0 宝典
- UG NX 8.0 实例宝典
- UG NX 8.0 工程应用精解丛书
- UG NX 8.0 机械设计教程（高校本科教材）

- UG NX 7.0 工程应用精解丛书
- UG NX 6.0 工程应用精解丛书
- UG NX 5.0 工程应用精解丛书
- UG NX 4.0 工程应用精解丛书

“工程应用精解”系列图书具有以下特色：

- **注重实用，讲解详细，条理清晰**。由于作者队伍和顾问均是来自一线的专业工程师和高校教师，所以图书既注重解决实际产品设计、制造中的问题，同时又对软件的使用方法和技巧进行了全面、系统、有条不紊、由浅入深的讲解。
- **范例来源于实际，丰富而经典**。对软件中的主要命令和功能，先结合简单的范例进行讲解，然后安排一些较复杂的综合范例帮助读者深入理解、灵活应用。
- **写法独特，易于上手**。全部图书采用软件中真实的菜单、对话框、操控板和按钮等进行讲解，使初学者能够直观、准确地操作软件，从而大大提高学习效率。
- **随书光盘配有视频录像**。随书光盘中制作了超长时间的视频文件，帮助读者轻松、高效地学习。
- **网站技术支持**。读者购买“工程应用精解”系列图书，可以通过北京兆迪科技有限公司的网站（http://www.zalldy.com）获得技术支持。

我们真诚地希望广大读者通过学习“工程应用精解”系列图书，能够高效地掌握有关制造业信息化软件的功能和使用技巧，并将学到的知识运用到实际工作中，也期待您给我们提出宝贵的意见，以便今后为大家提供更优秀的图书作品，共同为我国制造业的发展尽一份力量。

北京兆迪科技有限公司

机械工业出版社

前　言

UG 是由美国 UGS 公司推出的功能强大的三维 CAD/CAM/CAE 软件系统，其内容涵盖了产品从概念设计、工业造型设计、三维模型设计、分析计算、动态模拟与仿真、工程图输出，到生产加工成产品的全过程，应用范围涉及航空航天、汽车、机械、造船、通用机械、数控（NC）加工、医疗器械和电子等诸多领域。UG NX 8.0 是目前功能最强、最新的 UG 版本，该版本在数字化模拟、知识捕捉、可用性和系统工程等方面进行了创新；对以前版本进行了数百项以客户为中心的改进。

本书是系统、全面学习 UG NX 8.0 软件的实例宝典类书籍，其特色如下：

- 内容丰富，本书的实例涵盖 UG NX 8.0 几乎所有模块。
- 讲解详细，条理清晰，图文并茂，保证自学的读者能够独立学习书中的内容。
- 写法独特，采用 UG NX 8.0 软件中真实的对话框、按钮和图标等进行讲解，使初学者能够直观、准确地操作软件，从而大大提高学习效率。
- 附加值高，本书附带两张多媒体 DVD 学习光盘，制作了 115 个具有针对性实例的教学视频并进行了详细的语音讲解，时间长达 23 个小时；另外，光盘还包含本书所有的素材文件和已完成的范例文件（两张 DVD 光盘教学文件容量共计 6.5GB），可以帮助读者轻松、高效地学习。

本书是根据北京兆迪科技有限公司给国内外一些著名公司（含国外独资和合资公司）的培训教案整理而成的，具有很强的实用性，其主编和主要参编人员主要来自北京兆迪科技有限公司，该公司专门从事 CAD/CAM/CAE 技术的研究、开发、咨询及产品设计与制造服务，并提供 UG、Ansys、Adams 等软件的专业培训及技术咨询，在编写过程中得到了该公司的大力帮助，在此表示衷心的感谢。读者在学习本书的过程中如果遇到问题，可通过访问该公司的网站 http://www.zalldy.com 来获得帮助。

本书由展迪优主编，参加编写的人员还有王焕田、刘静、雷保珍、刘海起、魏俊岭、任慧华、詹路、冯元超、刘江波、周涛、段进敏、赵枫、邵为龙、侯俊飞、龙宇、施志杰、詹棋、高政、孙润、李倩倩、黄红霞、尹泉、李行、詹超、尹佩文、赵磊、王晓萍、陈淑童、周攀、吴伟、王海波、高策、冯华超、周思思、黄光辉、党辉、冯峰、詹聪、平迪、管璇、王平、李友荣。本书已经过多次审核，如有疏漏之处，恳请广大读者予以指正。

电子邮箱：zhanygjames@163.com

编　者

本 书 导 读

为了能更好地学习本书的知识，请您仔细阅读下面的内容：

写作环境

本书使用的操作系统为 Windows XP，对于 Windows 2000 /Server 操作系统，本书的内容和范例也同样适用。本书采用的写作蓝本是 UG NX 8.0 中文版。

光盘使用

为方便读者练习，特将本书所用到的范例、配置文件和视频文件等按章节顺序放入随书附赠的光盘中，读者在学习过程中可以打开这些范例文件进行操作和练习。

本书附多媒体 DVD 光盘两张，建议读者在学习本书前，先将两张 DVD 光盘中的所有文件复制到计算机硬盘的 D 盘中，然后再将第二张光盘 video2 文件夹中的所有文件复制到第一张光盘的 video 文件夹中。在 D 盘上 ugins8 目录下共有两个子目录。

（1）work 子目录：包含本书的全部素材文件和已完成的范例、实例文件。

（2）video 子目录：包含本书讲解中的视频录像文件（含语音讲解）。读者学习时，可在该子目录中按顺序查找所需的视频文件。

光盘中带有“ok”扩展名的文件或文件夹表示已完成的范例。

建议读者在学习本书前，先将随书光盘中的所有文件复制到计算机硬盘的 D 盘中。

本书约定

- 本书中有关鼠标操作的简略表述说明如下：
  - ☑ 单击：将鼠标指针移至某位置处，然后按一下鼠标的左键。
  - ☑ 双击：将鼠标指针移至某位置处，然后连续快速地按两次鼠标的左键。
  - ☑ 右击：将鼠标指针移至某位置处，然后按一下鼠标的右键。
  - ☑ 单击中键：将鼠标指针移至某位置处，然后按一下鼠标的中键。
  - ☑ 滚动中键：只是滚动鼠标的中键，而不能按中键。
  - ☑ 选择（选取）某对象：将鼠标指针移至某对象上，单击以选取该对象。
  - ☑ 拖移某对象：将鼠标指针移至某对象上，然后按下鼠标的左键不放，同时移动鼠标，将该对象移动到指定的位置后再松开鼠标的左键。
- 本书中的操作步骤分为 Task、Stage 和 Step 三个级别，说明如下：
  - ☑ 对于一般的软件操作，每个操作步骤以 Step 字符开始，例如，下面是草绘环境中绘制矩形操作步骤的表述：

    Step1. 单击 按钮。

Step2. 在绘图区某位置单击，放置矩形的第一个角点，此时矩形呈“橡皮筋”样变化。

Step3. 单击XY按钮，再次在绘图区某位置单击，放置矩形的另一个角点。此时，系统即在两个角点间绘制一个矩形，如图 4.7.13 所示。

- ☑ 每个 Step 操作视其复杂程度，其下面可含有多级子操作，例如 Step1 下可能包含（1）、（2）、（3）等子操作，（1）子操作下可能包含①、②、③等子操作，①子操作下可能包含 a）、b）、c）等子操作。
- ☑ 如果操作较复杂，需要几个大的操作步骤才能完成，则每个大的操作冠以 Stage1、Stage2、Stage3 等，Stage 级别的操作下再分 Step1、Step2、Step3 等操作。
- ☑ 对于多个任务的操作，则每个任务冠以 Task1、Task2、Task3 等，每个 Task 操作下则可包含 Stage 和 Step 级别的操作。

- 由于已建议读者将随书光盘中的所有文件复制到计算机硬盘的 D 盘中，所以书中在要求设置工作目录或打开光盘文件时，所述的路径均以“D:”开始。

技术支持

本书是根据北京兆迪科技有限公司给国内外一些著名公司（含国外独资和合资公司）的培训教案整理而成的，具有很强的实用性，其主编和参编人员均来自北京兆迪科技有限公司，该公司专门从事 CAD/CAM/CAE 技术的研究、开发、咨询及产品设计与制造服务，并提供 UG、Ansys、Adams 等软件的专业培训及技术咨询，读者在学习本书的过程中如果遇到问题，可通过访问该公司的网站 http://www.zalldy.com 来获得技术支持。

咨询电话：010-82176248，010-82176249。

目　　录

出版说明
前言
本书导读
第 1 章　二维草图实例 1
实例 1　二维草图设计 01 2
实例 2　二维草图设计 02 4
实例 3　二维草图设计 03 8
实例 4　二维草图设计 04 11
实例 5　二维草图设计 05 14
实例 6　二维草图设计 06 17
实例 7　二维草图设计 07 21
实例 8　二维草图设计 08 24
实例 9　二维草图设计 09 26
实例 10　二维草图设计 10 29

第 2 章　零件设计实例 32
实例 11　塑料旋钮 33
实例 12　烟灰缸 38
实例 13　托架 43
实例 14　削笔刀盒 48
实例 15　泵盖 53
实例 16　塑料垫片 58
实例 17　传呼机套 63
实例 18　盒子 70
实例 19　泵箱 78
实例 20　提手 90
实例 21　圆柱齿轮 100

第 3 章　曲面设计实例 104
实例 22　肥皂 105
实例 23　插头 112

实例 24　曲面上创建文字 124
实例 25　把手 127
实例 26　香皂盒 137
实例 27　牙刷 143
实例 28　灯罩 149

第 4 章　零件设计实例 152
实例 29　锁扣组件 153
实例 30　儿童喂药器 167

第 5 章　TOP_DOWN 设计实例 184
实例 31　无绳电话的自顶向下设计 185
实例 32　微波炉钣金外壳的自顶向下设计 256

第 6 章　钣金设计实例 348
实例 33　钣金板 349
实例 34　钣金固定架 356
实例 35　软驱托架 369

第 7 章　模型的外观设置与渲染实例 384
实例 36　贴图贴花及渲染 385
实例 37　机械零件的渲染 387

第 8 章　运动仿真及动画实例 394
实例 38　牛头刨床机构仿真 395
实例 39　齿轮机构仿真 403
实例 40　凸轮运动仿真 408

第 9 章　管道与电缆设计实例 413
实例 41　车间管道布线 414
实例 42　电缆设计 448

第 10 章　模具设计实例 477
实例 43　具有复杂外形的模具设计 478

实例 44 带破孔的模具设计 485
实例 45 烟灰缸的模具设计 495
实例 46 一模多穴的模具设计 501
实例 47 带滑块的模具设计 508

第 11 章 数控加工实例 520
实例 48 泵体加工 521
实例 49 轨迹铣削 536
实例 50 凸模加工 546
实例 51 凹模加工 563
实例 52 车削加工 576
实例 53 线切割加工 597

第 1 章

二维草图实例

本篇主要包含如下内容：

- 实例 1　二维草图设计 01
- 实例 2　二维草图设计 02
- 实例 3　二维草图设计 03
- 实例 4　二维草图设计 04
- 实例 5　二维草图设计 05
- 实例 6　二维草图设计 06
- 实例 7　二维草图设计 07
- 实例 8　二维草图设计 08
- 实例 9　二维草图设计 09
- 实例 10　二维草图设计 10

实例 1　二维草图设计 01

实例概述：

本实例从新建一个草图开始，详细介绍了草图的绘制、编辑和标注的过程，要重点掌握的是约束的自动捕捉以及尺寸的处理技巧，图形如图 1.1 所示，其绘制过程如下：

Step1. 选择下拉菜单 文件(F) → 新建(N)... 命令。在“新建”对话框的 模板 列表框中，选择模板类型为 模型，在 名称 文本框中输入草图名称 sketch01，然后单击 确定 按钮。

Step2. 选择下拉菜单 插入(S) → 任务环境中的草图(S)... 命令，选择 XY 平面为草图平面，单击 确定 按钮，系统进入草图环境。选择下拉菜单 插入(S) → 曲线(C) → 轮廓(O)... 命令。绘制图 1.2 所示的草图。

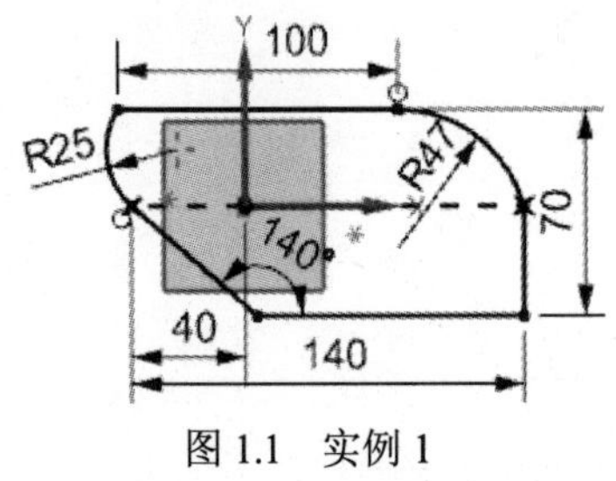

图 1.1　实例 1

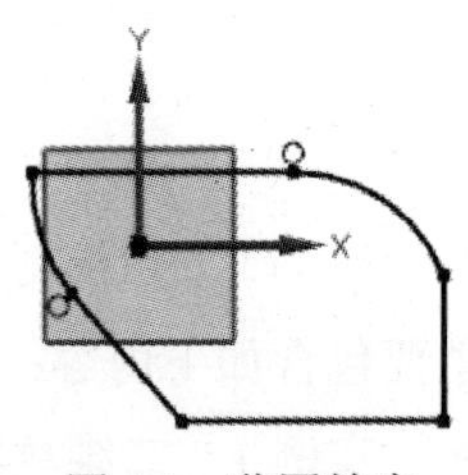

图 1.2　草图轮廓

Step3. 添加几何约束。

（1）添加约束 1。单击“约束”按钮；根据系统 选择要创建约束的曲线 的提示，选取图 1.3 所示的点 1，(直线的上端点）和 X 轴，系统弹出“约束”工具条，单击 按钮，添加“点在曲线上”约束。

（2）参照上述步骤约束图 1.4 所示的点 2 在 X 轴上。

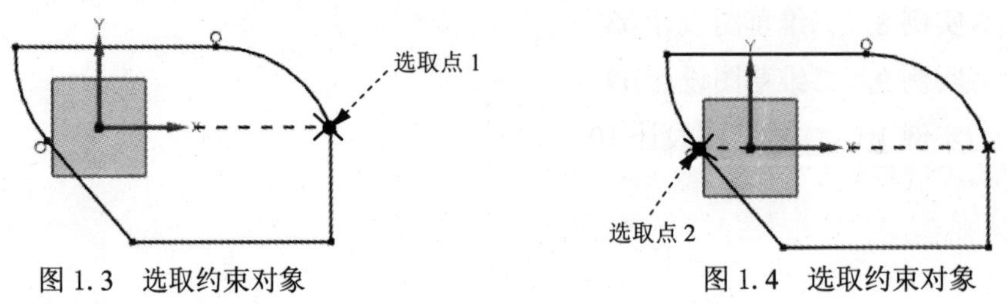

图 1. 3　选取约束对象　　图 1. 4　选取约束对象

（3）添加水平尺寸标注。

① 选择下拉菜单 插入(S) → 尺寸(M) → 自动判断(I)... 命令，选择图 1.5 所示的直线，系统自动生成尺寸，选择合适的放置位置单击，在系统弹出的动态输入框中输入 100，

结果如图 1.5 所示。

② 参照上述步骤标注图 1.6 所示的其余的水平尺寸。

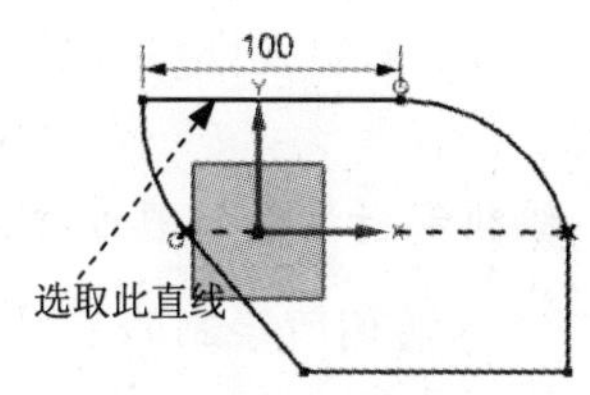

图 1.5　标注水平尺寸 1

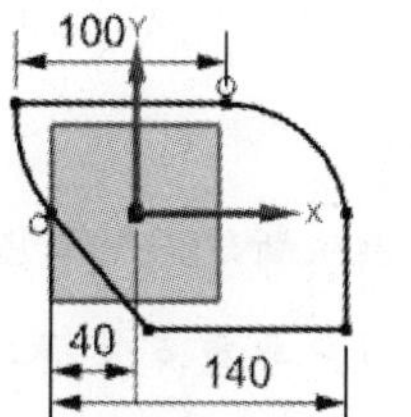

图 1.6　标注水平尺寸 2

（4）添加圆弧尺寸标注。

① 选择下拉菜单 插入(S) → 尺寸(M) ▸ → 自动判断(I)... 命令。选择图 1.7 所示的圆弧，系统自动生成尺寸，选择合适的放置位置单击，在系统弹出的动态输入框中输入 47，结果如图 1.7 所示。

② 参照上述步骤标注图 1.8 所示的其余的圆弧尺寸。

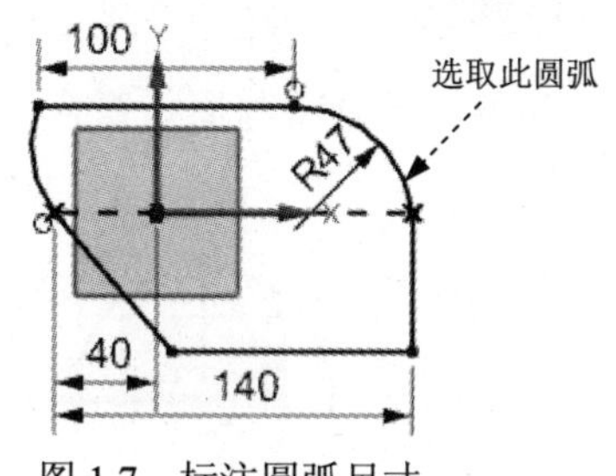

图 1.7　标注圆弧尺寸

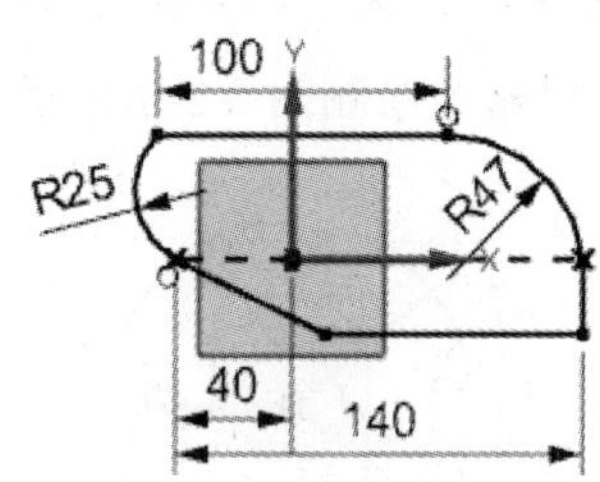

图 1.8　标注圆弧尺寸

（5）添加角度尺寸标注。选择图 1.9 所示的两条边，系统自动生成角度尺寸，选择合适的放置位置单击，在系统弹出的动态输入框中输入 140，结果如图 1.9 所示。

（6）添加竖直尺寸约束。标注直线到直线的距离，先选择图 1.10 所示的直线，系统生成竖直尺寸，选择合适的放置位置单击，在系统弹出的动态输入框中输入 70。结果如图 1.10 所示。

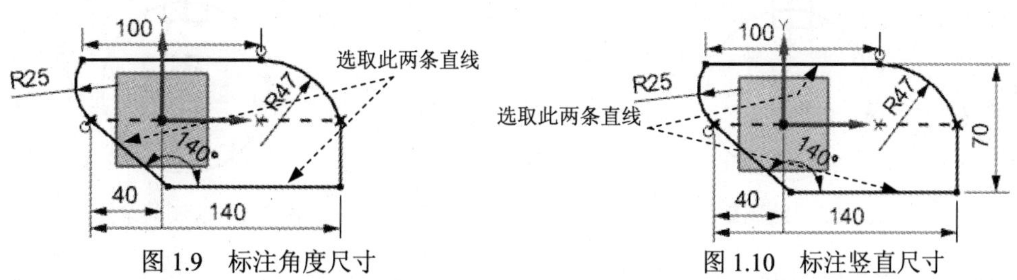

图 1.9　标注角度尺寸

图 1.10　标注竖直尺寸

Step4. 保存模型。单击 完成草图 按钮，退出草图环境。选择下拉菜单 文件(F) → 保存(S) 命令，即可保存模型。

实例2　二维草图设计02

实例概述：

本实例从新建一个草图开始，详细介绍了草图的绘制、编辑和标注的一般过程。通过本实例的学习，要重点掌握草图修剪、镜像命令的使用和技巧。本实例所绘制的草图如图 2.1 所示，其绘制过程如下：

Step1. 选择下拉菜单 文件(F) → 新建(N)... 命令。在“新建”对话框的 模板 列表框中，选择模板类型为 模型，在 名称 文本框中输入草图名称 sketch02，然后单击 确定 按钮。

Step2. 选择下拉菜单 插入(S) → 任务环境中的草图(S)... 命令，选择 XY 平面为草图平面，单击 确定 按钮，系统进入草图环境。

Step3. 绘制草图。

（1）选择下拉菜单 插入(S) → 曲线(C) → 圆(C)... 命令。选中“圆心和直径定圆”按钮，粗略地绘制图 2.2 所示的两个圆（注意圆 1 和圆 2 的圆心与原点重合）。

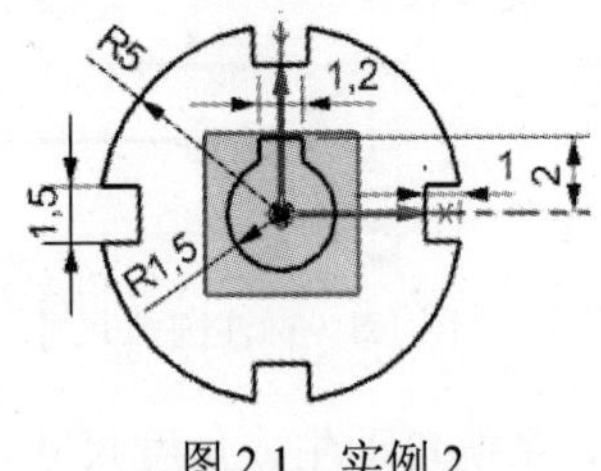

图 2.1　实例 2

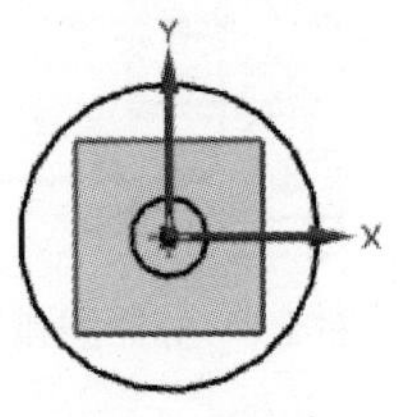

图 2.2　绘制圆

（2）选择下拉菜单 插入(S) → 曲线(C) → 矩形(R)... 命令。粗略地绘制图 2.3 所示的矩形。

（3）参照上述步骤绘制图 2.4 所示的其余矩形。

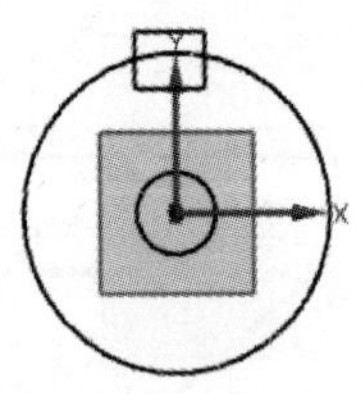

图 2.3　绘制矩形

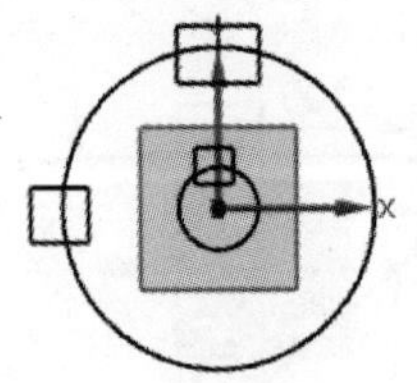

图 2.4　绘制其余矩形

Step4. 添加几何约束。

（1）添加约束 1。单击“设为对称”按钮，系统弹出“设为对称”对话框，依次选取图 2.5 所示的两条直线，选取 Y 轴为对称中心线，则这两条直线会关于 Y 轴对称。

（2）参照上述步骤约束图 2.6 所示的直线关于 Y 轴对称。

（3）参照上述步骤约束图 2.6 所示的直线关于 X 轴对称。

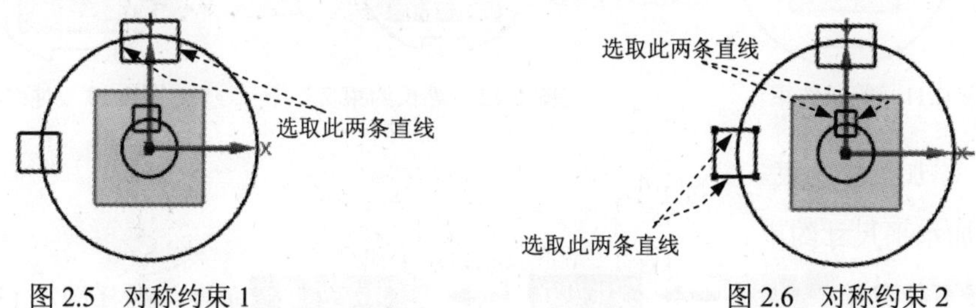

图 2.5　对称约束 1　　　　图 2.6　对称约束 2

Step5. 以 X 轴为镜像中心，镜像绘制第三个矩形，如图 2.7 所示。

Step6. 以 Y 轴为镜像中心，镜像绘制第四个矩形，如图 2.8 所示。

图 2.7　镜像 1　　　　图 2.8　镜像 2

Step7. 快速修剪。单击“快速修剪”按钮，系统弹出“快速修剪”对话框，修剪多余的线条结果如图 2.9 所示。

Step8. 参照上述步骤修剪其他多余的线条，结果如图 2.10 所示。

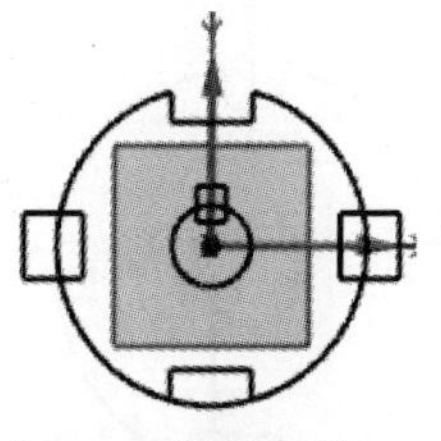

图 2.9　快速修剪 1

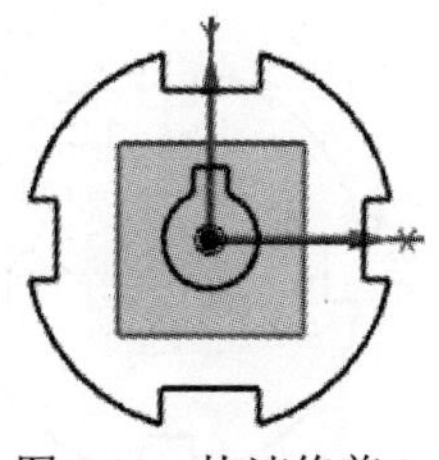

图 2.10　快速修剪 2

Step9. 添加几何约束。

（1）添加约束 1。单击“约束”按钮，选取图 2.11 所示的两条直线，系统弹出“约束”工具条，单击按钮，则两条直线上会添加“等长”约束。

（2）参照上述步骤添加图 2.12 所示直线为“等长”约束。

（3）参照 Step4 添加图 2.13 所示的两直线为“对称”约束。

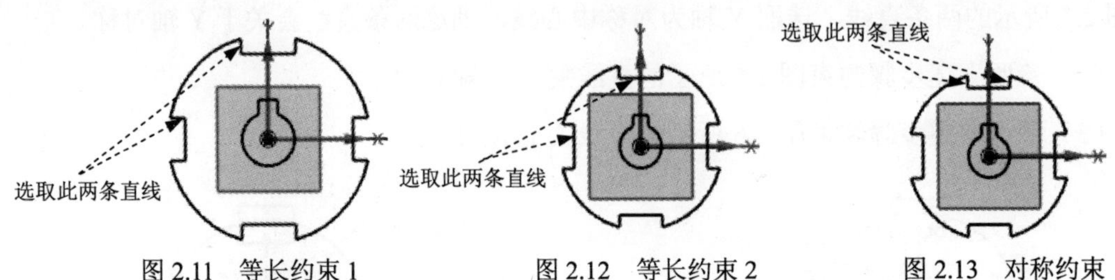

图 2.11　等长约束 1　　图 2.12　等长约束 2　　图 2.13　对称约束

Step10. 添加尺寸约束。

（1）添加水平尺寸约束。

① 选择下拉菜单 插入(S) → 尺寸(M) ▸ → 自动判断(I)... 命令，选择图 2.13 所示的直线，系统自动生成尺寸，选择合适的放置位置单击，在系统弹出的动态输入框中输入 1.2，结果如图 2.14 所示。

② 参照上述步骤标注图 2.15 所示的其余的水平尺寸。

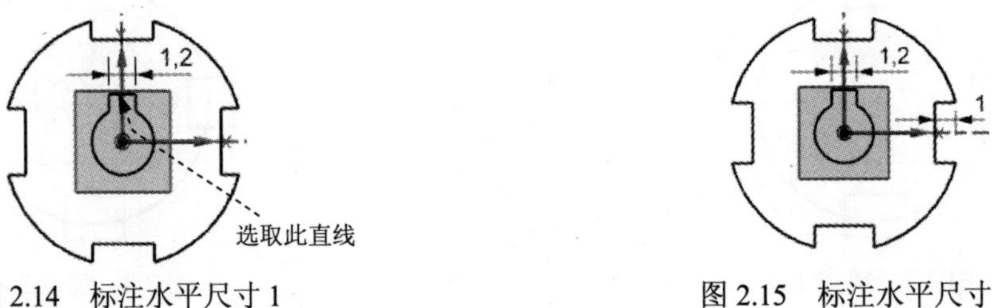

图 2.14　标注水平尺寸 1　　图 2.15　标注水平尺寸 2

（2）添加竖直尺寸约束。标注直线的距离，先选择图 2.16 所示的直线，系统生成竖直尺寸，选择合适的放置位置单击，在系统弹出的动态输入框中输入 1.5。结果如图 1.5 所示。

（3）参照上述步骤标注图 2.17 所示的其余的竖直尺寸。

图 2.16　标注竖直尺寸 1　　图 2.17　标注竖直尺寸 2

（4） 添加圆弧尺寸约束。选择下拉菜单 插入(S) → 尺寸(M) ▸ → 自动判断(I)... 命令。选择图 2.18 所示的圆弧，系统自动生成尺寸，选择合适的放置位置单击，在系统弹出的动态输入框中输入 1.5，结果如图 2.18 所示。

（5） 参照上述步骤标注图 2.19 所示的其余的圆弧尺寸。

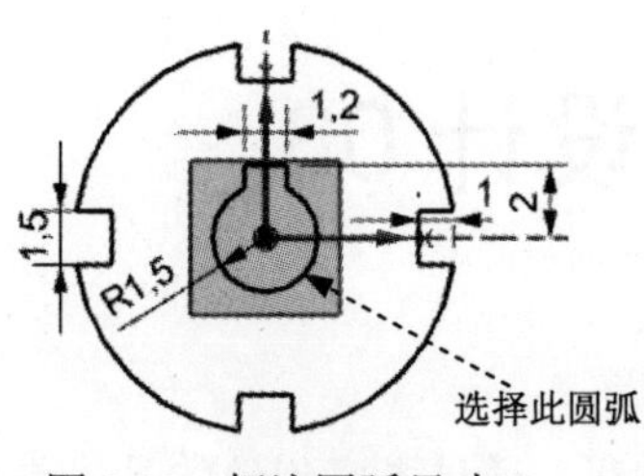

图 2.18　标注圆弧尺寸 1

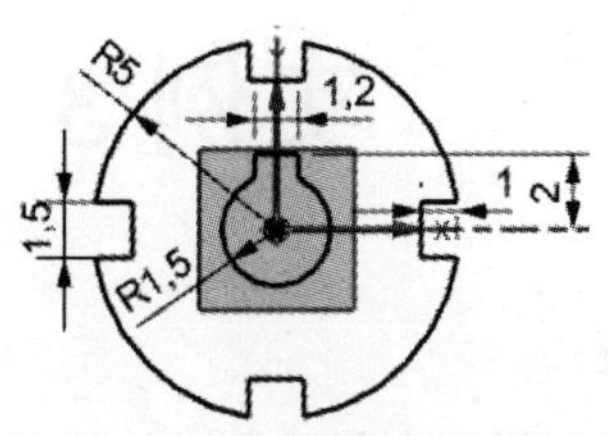

图 2.19　标注圆弧尺寸 2

Step11. 保存模型。单击 完成草图 按钮，退出草图环境。选择下拉菜单 文件(F) → 保存(S) 命令，即可保存模型。

实例 3　二维草图设计 03

实例概述：

本实例详细介绍了草图的绘制、编辑和标注的一般过程，通过本实例的学习，要重点掌握相切约束、相等约束和对称约束的使用方法及技巧。本实例的草图如图 3.1 所示，其绘制过程如下：

Step1. 选择下拉菜单 文件(F) → 新建(N)... 命令。在“新建”对话框的 模板 列表框中，选择模板类型为 模型，在 名称 文本框中输入草图名称 sketch03，单击 确定 按钮。

Step2. 选择下拉菜单 插入(S) → 任务环境中的草图(S)... 命令，选择 XY 平面为草图平面，单击 确定 按钮，系统进入草图环境。选择下拉菜单 插入(S) → 曲线(C) → 轮廓(O)... 命令。绘制图 3.2 所示的草图。

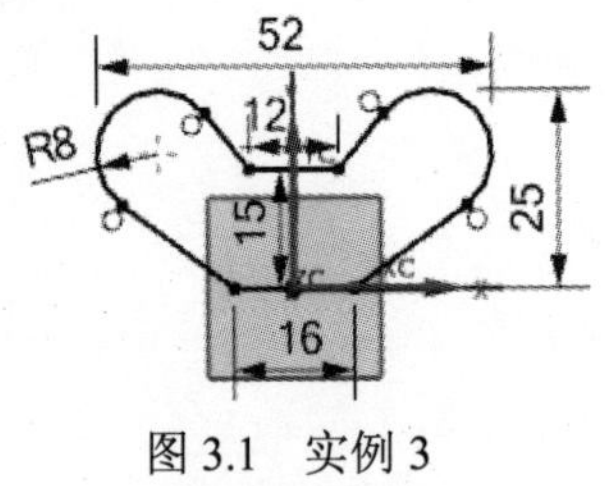

图 3.1　实例 3

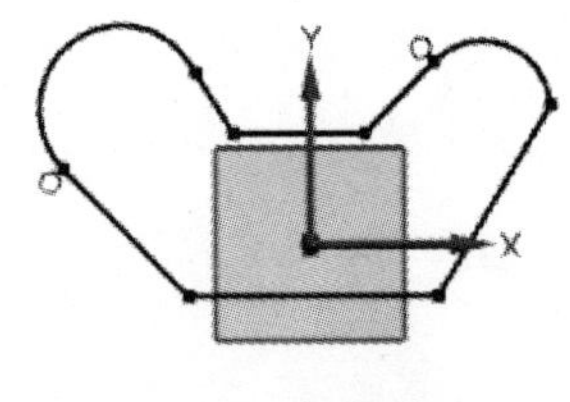

图 3.2　草图轮廓

Step3. 添加几何约束。

（1）添加约束 1。单击“约束”按钮；根据系统 选择要创建约束的曲线 的提示，选取图 3.3 所示的圆弧和直线，系统弹出“约束”工具条，单击按钮，在圆弧和直线之间添加“相切”约束。

（2）参照上述步骤在其他圆弧和直线之间添加“相切”约束。结果如图 3.4 所示。

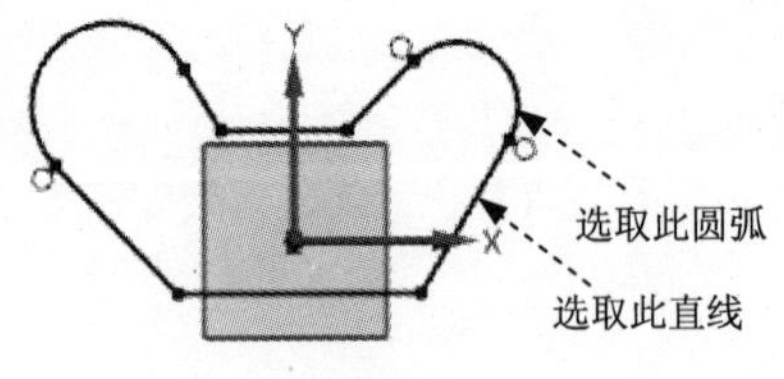

图 3.3　相切约束 1

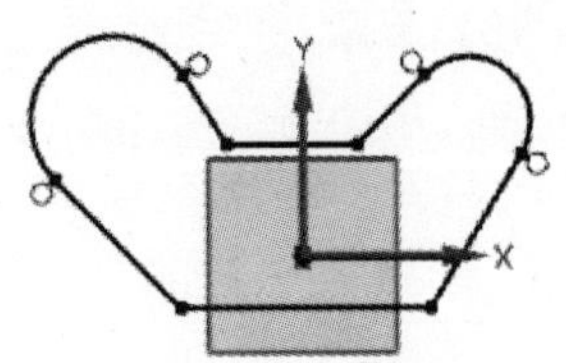

图 3.4　相切约束 2

（3）添加约束 2。单击“约束”按钮，选取图 3.5 所示的两条直线，系统弹出“约束”工具条，单击按钮，则两条直线上会添加“等长”约束。

（4）参照上述步骤在图3.6所示的直线添加“等长”约束。结果如图3.6所示。

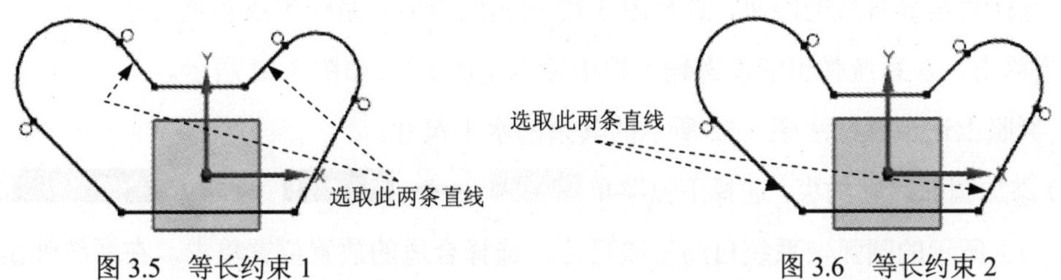

图3.5　等长约束1　　图3.6　等长约束2

（5）添加约束3。单击“约束”按钮；根据系统选择要创建约束的曲线的提示，选取图3.7所示的圆弧，系统弹出“约束”工具条，单击按钮，在两圆弧之间添加“等半径”约束。

（6）添加约束4。选取图3.8所示的直线和X轴，系统弹出“约束”工具条，单击按钮，则直线上会添加“共线”约束，约束直线在XC轴上。

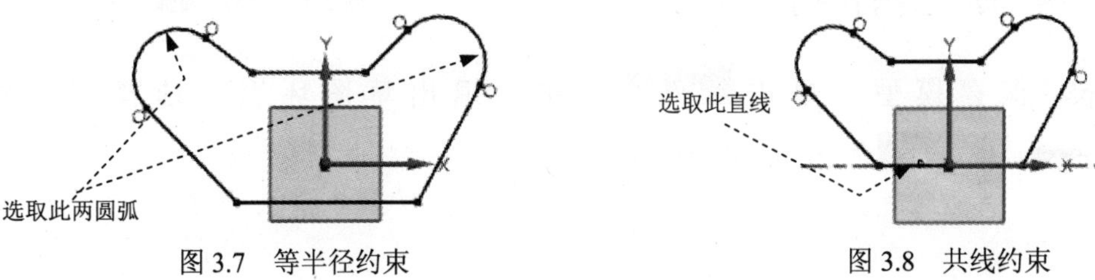

图3.7　等半径约束　　图3.8　共线约束

（7）添加约束5。单击“设为对称”按钮，系统弹出“设为对称”对话框，依次选取图3.9所示的两条直线，选取Y轴为对称中心线，则这两条直线会关于Y轴对称。

Step4. 添加尺寸约束。

（1）添加水平尺寸约束。

① 选择下拉菜单 插入(S) → 尺寸(M) → 自动判断(I)... 命令，选择图3.10所示的直线，系统自动生成尺寸，选择合适的放置位置单击，在系统弹出的动态输入框中输入12，结果如图3.10所示。

② 参照上述步骤标注图3.11所示的其余的水平尺寸。

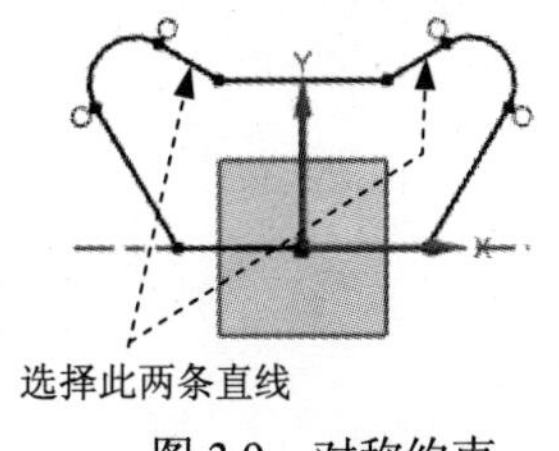

图3.9　对称约束

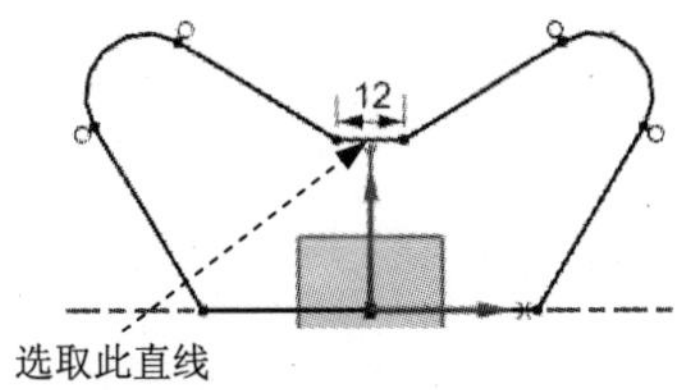

图3.10　标注水平尺寸1

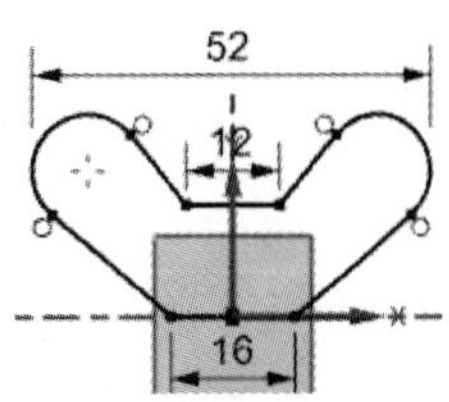

图3.11　标注水平尺寸2

（2）添加竖直尺寸约束。

① 标注直线到直线的距离，选择图 3.12 所示的直线，系统生成竖直尺寸，选择合适的放置位置单击，在系统弹出的动态输入框中输入 15。结果如图 3.12 所示。

② 参照上述步骤标注图 3.12 所示的其余的水平尺寸。

（3）添加圆弧尺寸约束。选择下拉菜单 插入(S) → 尺寸(M) → 自动判断(I)... 命令。选择图 3.13 所示的圆弧，系统自动生成尺寸，选择合适的放置位置单击，在系统弹出的动态输入框中输入 8，结果如图 3.13 所示。

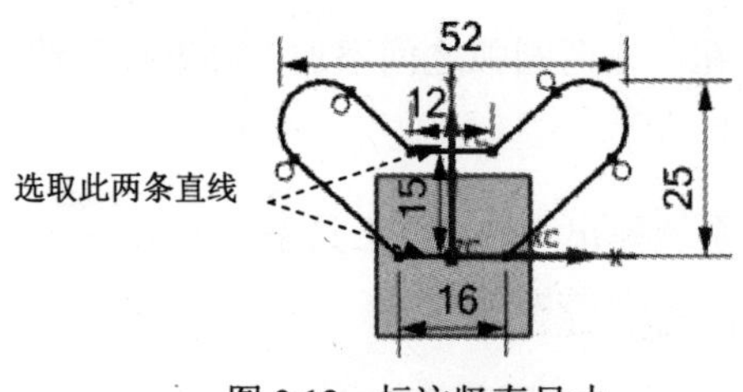

图 3.12 标注竖直尺寸

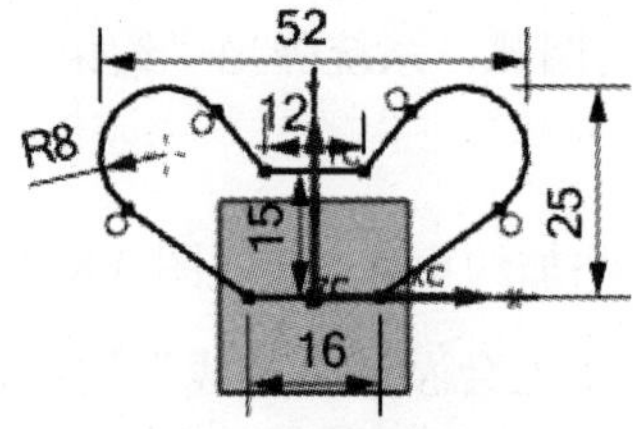

图 3.13 标注圆弧尺寸

Step5. 保存模型。单击 完成草图 按钮，退出草图环境。选择下拉菜单 文件(F) → 保存(S) 命令，即可保存模型。

实例4　二维草图设计04

实例概述：

通过本实例的学习，要重点掌握相等约束的使用方法和技巧，另外要注意对于对称图形，要尽量使用草图镜像功能进行绘制。本实例的草图如图4.1所示，其绘制过程如下：

Step1. 选择下拉菜单 文件(F) → 新建(N)... 命令。在“新建”对话框的 模板 列表框中，选择模板类型为 模型，在 名称 文本框中输入草图名称sketch04，单击 确定 按钮。

Step2. 选择下拉菜单 插入(S) → 任务环境中的草图(S)... 命令，选择XY平面为草图平面，单击 确定 按钮，系统进入草图环境。

Step3. 绘制草图。

（1）选择下拉菜单 插入(S) → 曲线(C) → 圆(C)... 命令。选中“圆心和直径定圆”按钮，粗略地绘制图4.2所示的圆（注意圆1的圆心与原点重合）。

图4.1　实例4　　　　图4.2　绘制圆1

（2）选择下拉菜单 插入(S) → 曲线(C) → 矩形(R)... 命令。粗略地绘制图4.3所示的矩形。

（3）选择下拉菜单 插入(S) → 曲线(C) → 圆(C)... 命令。粗略地绘制图4.4所示的圆。

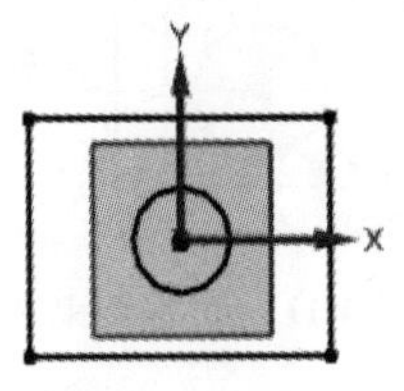

图4.3　绘制矩形

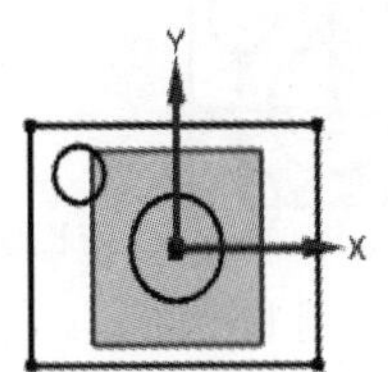

图4.4　绘制圆2

（4）以Y轴为镜像中心，镜像绘制第二个圆，如图4.5所示。

（5）以X轴为镜像中心，镜像绘制第三、四个圆，如图4.6所示。

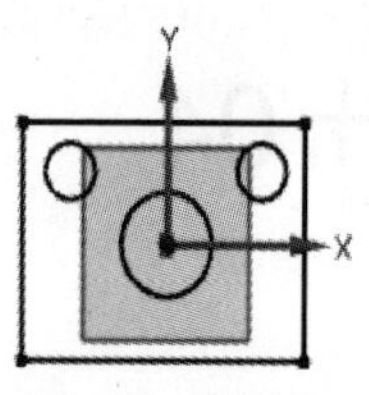

图 4.5 绘制圆 3

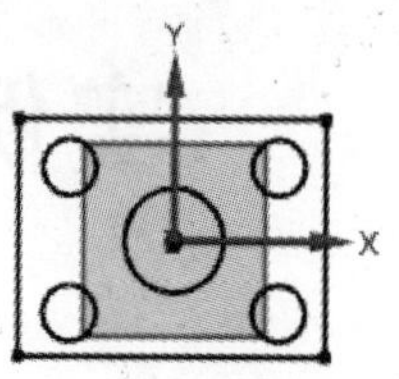

图 4.6 绘制圆 4

Step4. 选择下拉菜单 插入(S) → 曲线(C) → 圆角(F)... 命令，绘制图 4.7 所示的四条圆弧。

Step5. 添加几何约束。

（1）添加约束 1。单击“约束”按钮；根据系统 选择要创建约束的曲线 的提示，选取图 4.8 所示的四条圆弧圆弧，系统弹出“约束”工具条，单击按钮，在圆弧之间添加“等半径”约束。

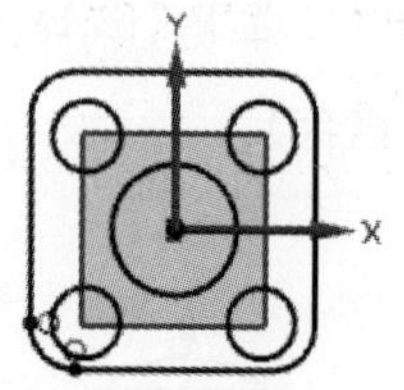

图 4.7 绘制圆角

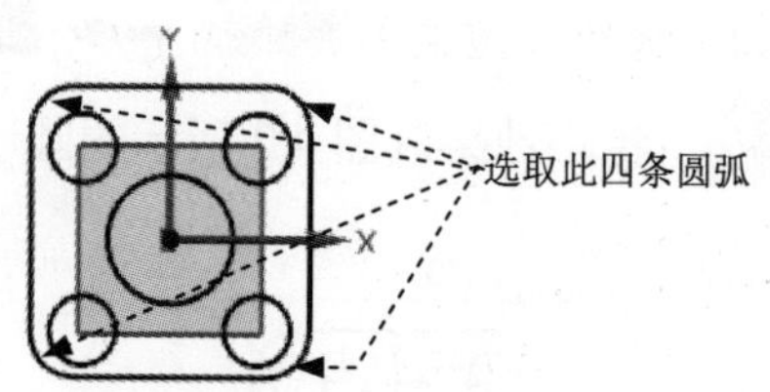

图 4.8 等半径约束

（2）添加约束 2。单击“约束”按钮，选取图 4.9 所示的两条直线，系统弹出“约束”工具条，单击按钮，则两条直线上会添加“等长”约束。

（3）添加约束 3。单击“设为对称”按钮，系统弹出“设为对称”对话框，依次选取图 4.10 所示的两条直线，选取 Y 轴为对称中心线，则这两条直线会关于 Y 轴对称。

（4）参照上述步骤使图 4.11 所示的两条直线关于 X 轴对称。

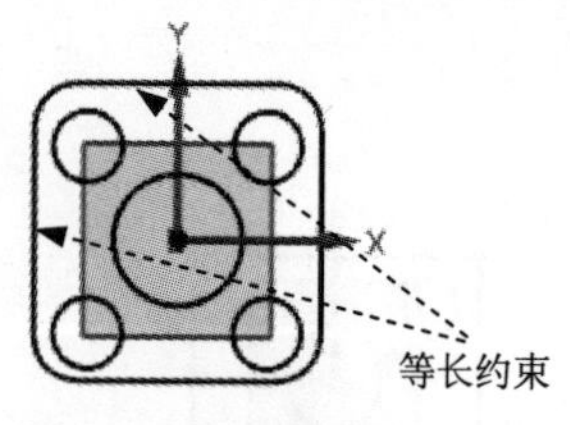

图 4.9 等长约束

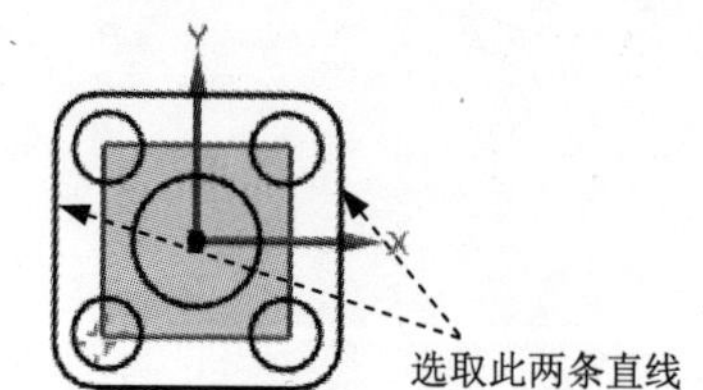

图 4.10 对称约束 1

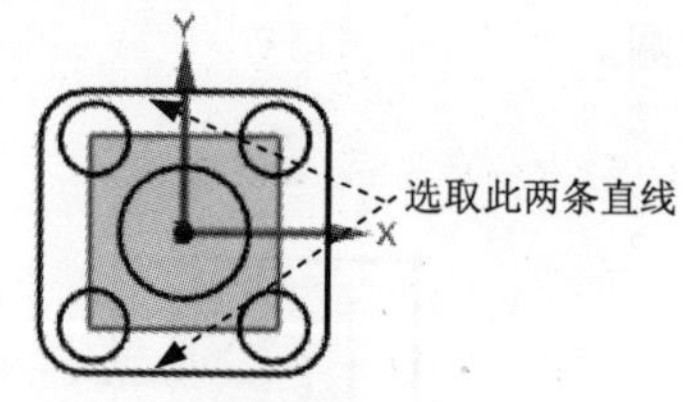

图 4.11 对称约束 2

Step6. 添加尺寸约束。

（1）添加水平尺寸约束。

① 选择下拉菜单 插入(S) → 尺寸(M) → 自动判断(I)... 命令，选择图 4.12 所示的

两条直线，系统自动生成尺寸，选择合适的放置位置单击，在系统弹出的动态输入框中输入75，结果如图4.12所示。

② 参照上述步骤标注图4.13所示的其余的水平尺寸。

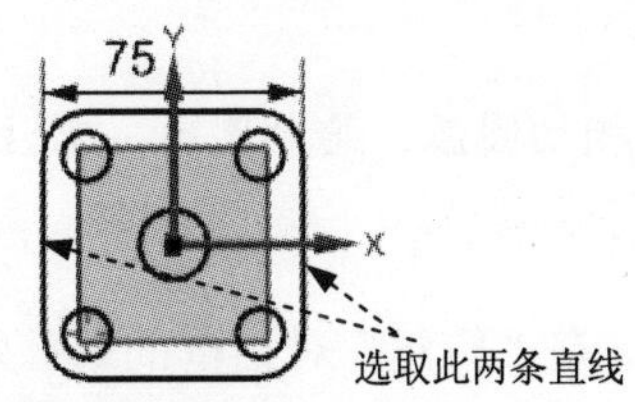

图4.12　标注水平尺寸1

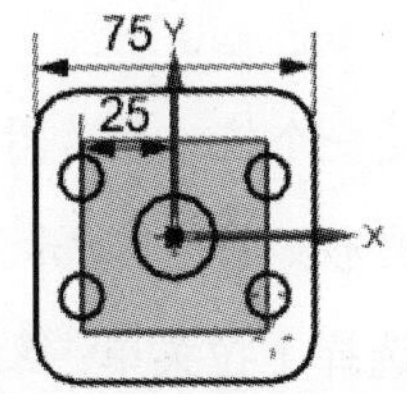

图4.13　标注水平尺寸2

（2）添加竖直尺寸约束。标注圆心到X轴的距离，先选择图4.14所示的圆心和X轴，系统生成竖直尺寸，选择合适的放置位置单击，在系统弹出的动态输入框中输入25。结果如图4.14所示。

（3）添加圆弧尺寸约束。选择下拉菜单 插入(S) → 尺寸(M) → 自动判断(I)... 命令。选择图4.15所示的圆弧，系统自动生成尺寸，选择合适的放置位置单击，在系统弹出的动态输入框中输入20，结果如图4.15所示。

（4）参照上述步骤标注图4.16所示的其余的圆弧尺寸。

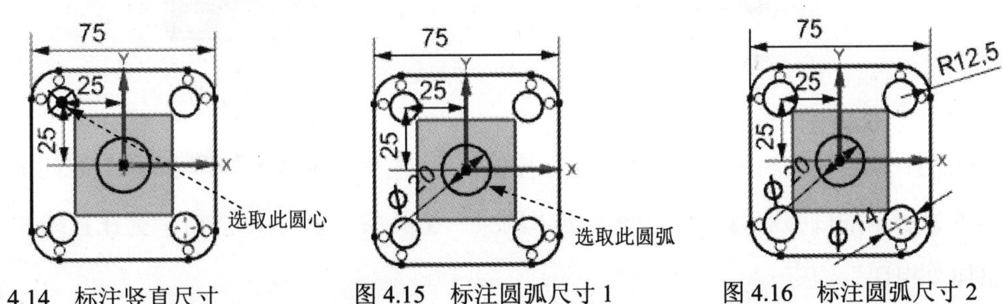

图4.14　标注竖直尺寸　　图4.15　标注圆弧尺寸1　　图4.16　标注圆弧尺寸2

Step7. 保存模型。单击 完成草图 按钮，退出草图环境。选择下拉菜单 文件(F) → 保存(S) 命令，即可保存模型。

实例 5　二维草图设计 05

实例概述：

本实例是一个较难的草图范例，配合使用了圆弧、相切圆弧、绘制圆角，需注意绘制轮廓的顺序。图形如图 5.1 所示，其创建过程如下：

Step1. 选择下拉菜单 文件(F) ➡ 新建(N)... 命令。在“新建”对话框的 模板 列表框中，选择模板类型为 模型，在 名称 文本框中输入草图名称 sketch05，然后单击 确定 按钮。

Step2. 选择下拉菜单 插入(S) ➡ 任务环境中的草图(S)... 命令，选择 XY 平面为草图平面，单击 确定 按钮，系统进入草图环境，绘制图 5.2 所示的粗略草图轮廓。

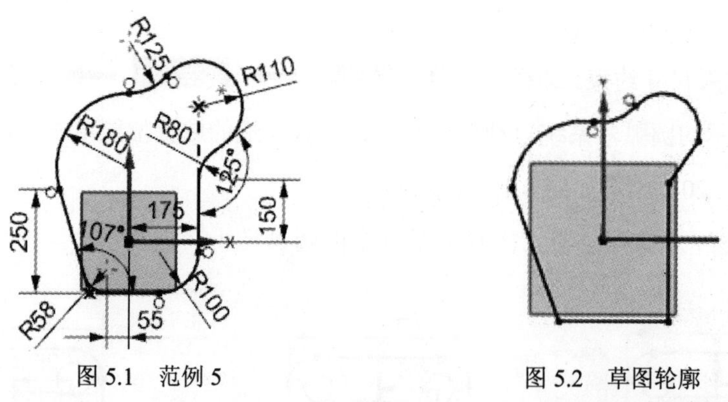

图 5.1　范例 5　　　　图 5.2　草图轮廓

Step3. 添加几何约束。单击“约束”按钮；根据系统 选择要创建约束的曲线 的提示，选取图 5.3 所示的圆弧和直线，系统弹出“约束”工具条，单击按钮，则在直线和圆弧之间添加“相切”约束。

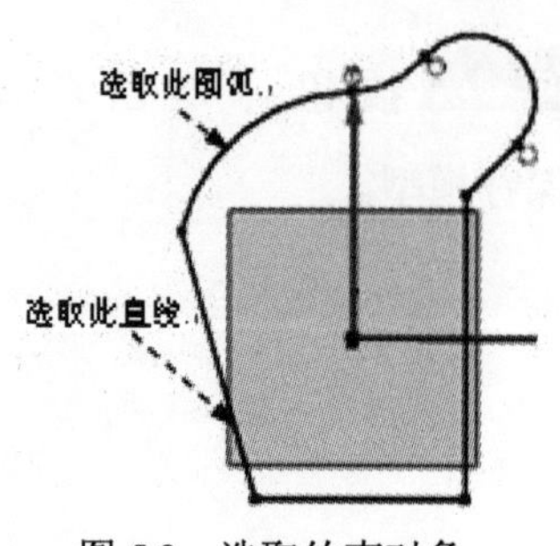

图 5.3　选取约束对象

（1）添加约束 2。选取 Y 轴和图 5.4 所示的点（两圆弧的交点），系统弹出“约束”工具条，单击按钮，则圆弧上会添加“点在曲线上”约束，约束点在 Y 轴上。

说明：约束点在曲线上，先选择轴，然后再选择点。

（2）添加约束 3。参照上述步骤约束图 5.4 所示的圆弧 1 的圆心在 Y 轴上。

（3）添加其余约束。参照上述步骤添加相连圆弧间的相切约束。

Step4. 选择下拉菜单 插入(S) → 曲线(C) → 圆角(F)... 命令，绘制图 5.5 所示的三条圆弧。

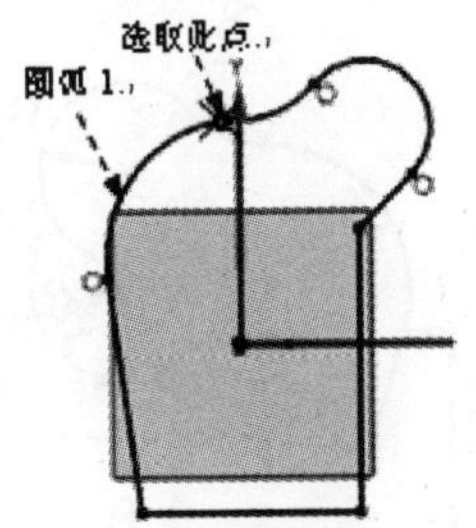

图 5.4　选取约束对象

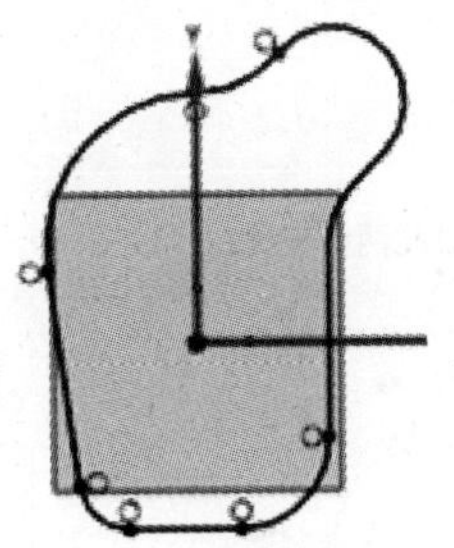
图 5.5　绘制圆角

Step5. 添加尺寸约束。

（1）添加圆弧尺寸约束。

① 选择下拉菜单 插入(S) → 尺寸(M) → 自动判断(I)... 命令（或单击“自动判断尺寸”按钮），选择图 5.6 所示的圆弧，系统自动生成尺寸，选择合适的放置位置单击，在系统弹出的动态输入框中输入 58，结果如图 5.6 所示。

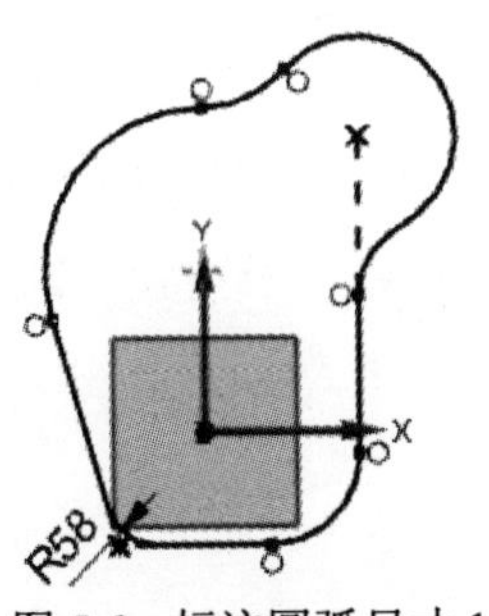

图 5.6　标注圆弧尺寸 1

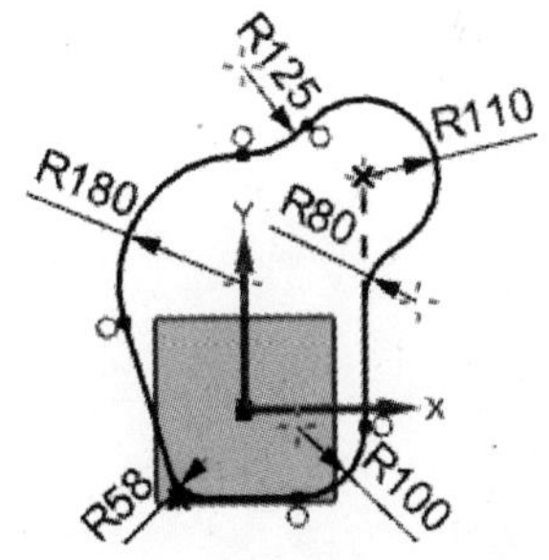

图 5.7　标注圆弧尺寸 2

② 参照上述步骤标注其余的圆弧尺寸，结果如图 5.7 所示。

（2）添加角度尺寸约束。

① 选择图 5.8 所示的两条边，系统自动生成角度，选择合适的放置位置单击，在系统弹出的动态输入框中输入 107。

② 参照步骤上述步骤标注其余的角度尺寸，结果如图 5.8 所示。

（3）添加水平及竖直尺寸约束。标注点到基准轴的距离，先选择基准轴，然后再选择点，系统生成竖直尺寸，选择合适的放置位置单击，在系统弹出的动态输入框中输入距离，结果如图 5.9 所示。

（4）添加水平尺寸约束。参照步骤（3）标注其余的水平尺寸，结果如图 5.9 所示。

Step6. 保存模型。单击 完成草图 按钮，退出草图环境。选择下拉菜单 文件(F) → 保存(S) 命令，即可保存模型。

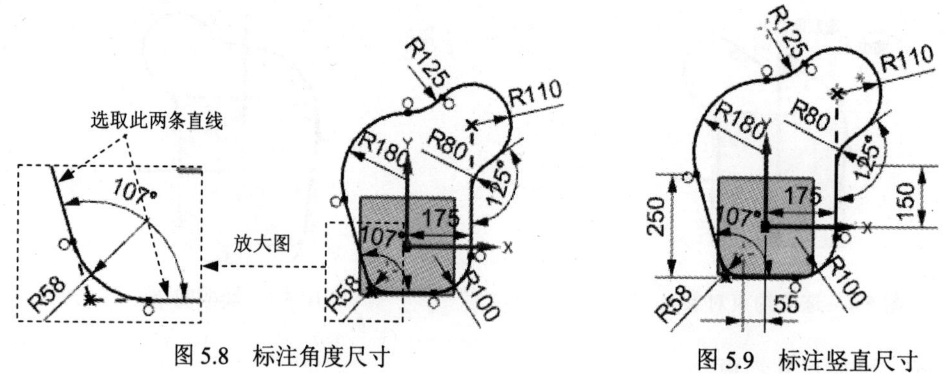

图 5.8 标注角度尺寸　　图 5.9 标注竖直尺寸

实例 6　二维草图设计 06

实例概述：

通过本实例的学习，要重点掌握圆弧与圆弧连接的技巧，另外要注意在勾勒图形的大概形状时，要避免系统创建无用的几何约束。本实例的草图如图 6.1 所示，其绘制过程如下：

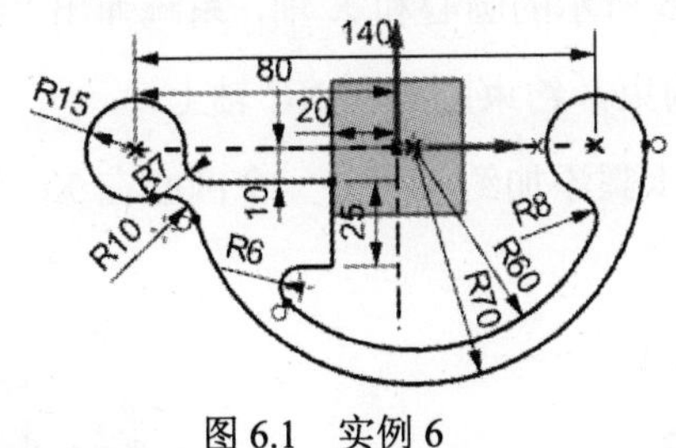

图 6.1　实例 6

Step1. 选择下拉菜单 文件(F) ➡ 新建(N)... 命令。在“新建”对话框的 模板 列表框中，选择模板类型为 模型，在 名称 文本框中输入草图名称 sketch06，然后单击 确定 按钮。

Step2. 选择下拉菜单 插入(S) ➡ 任务环境中的草图(S)... 命令，选择 XY 平面为草图平面，单击 确定 按钮，系统进入草图环境，绘制图 6.2 所示的粗略草图轮廓。

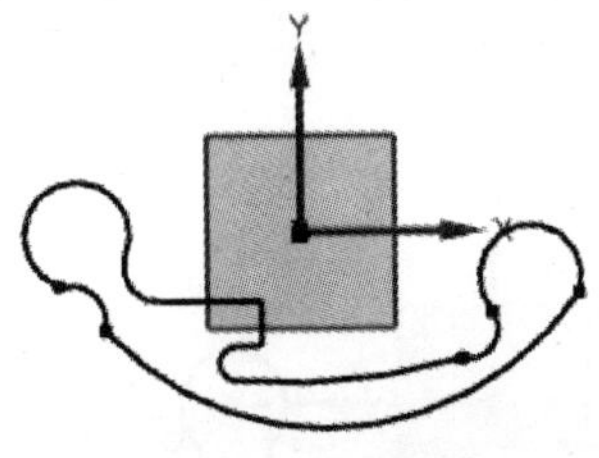

图 6.2　草图轮廓

Step3. 添加几何约束。单击“约束”按钮；根据系统 选择要创建约束的曲线 的提示，选取图 6.3 所示的两个圆弧，系统弹出“约束”工具条，单击按钮，则在两个圆弧之间添加“相切”约束。

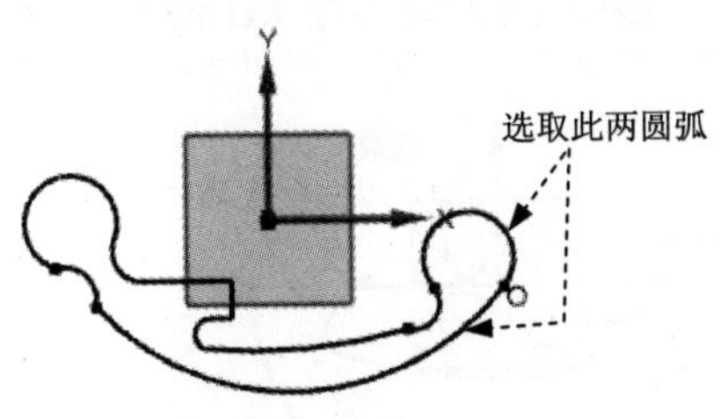

图 6.3　相切约束 1

（1）添加约束 2。参照上述步骤添加相连圆弧间的相切约束。结果如图 6.4 所示。

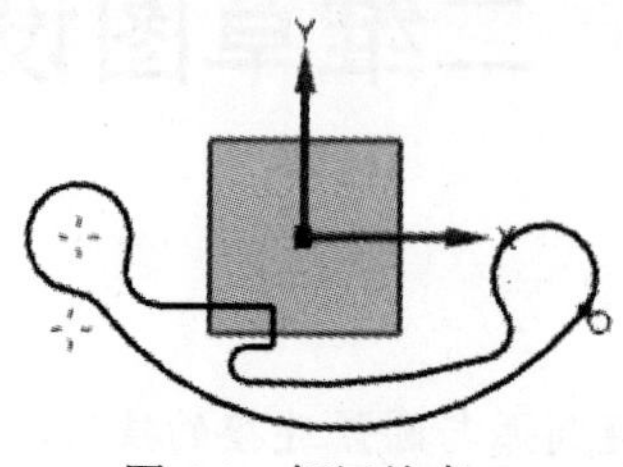

图 6.4　相切约束 2

（2）添加约束 3。选取图 6.5 所示的圆心和 X 轴，系统弹出“约束”工具条，单击按钮，则圆心上会添加“共线”约束，约束圆心在 XC 轴上。

（3）添加约束 4。参照上述步骤添加约束另外一个圆心在 XC 轴上，结果如图 6.6 所示。

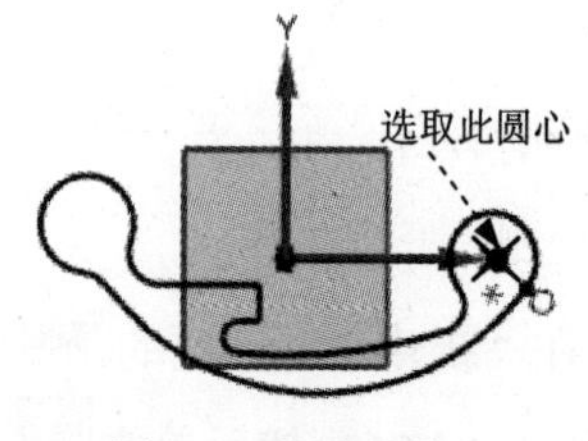

图 6.5　共线约束 1

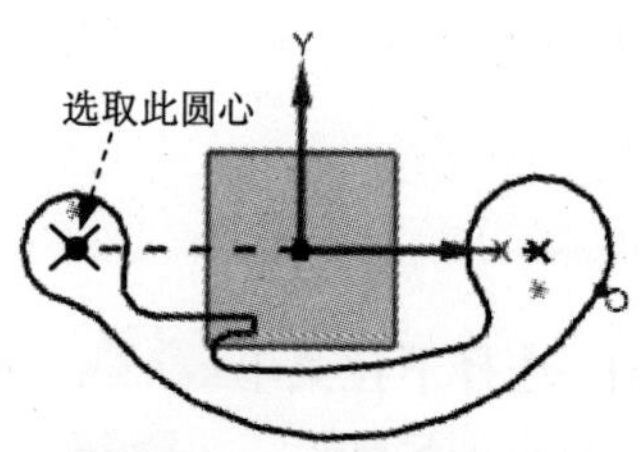

图 6.6　共线约束 2

（4）添加约束 5。单击“约束”按钮；根据系统选择要创建约束的曲线的提示，选取图 6.7 所示的圆弧，系统弹出“约束”工具条，单击按钮，在两圆弧之间添加“等半径”约束。

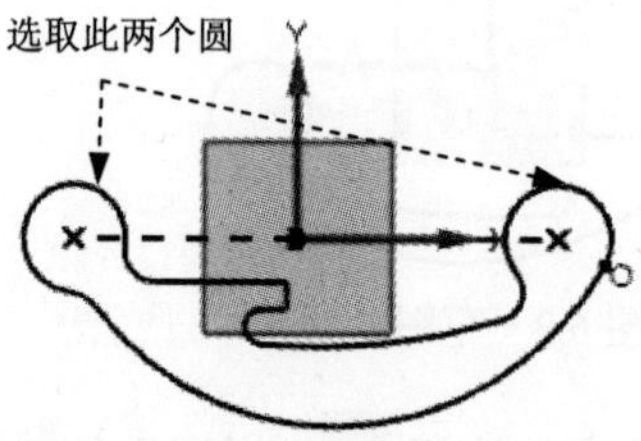

图 6.7　等半径约束

（5）添加约束 6。选取图 6.8 所示的圆心和 X 轴，系统弹出“约束”工具条，单击按钮，则圆心上会添加“共线”约束，约束圆心在 XC 轴上。

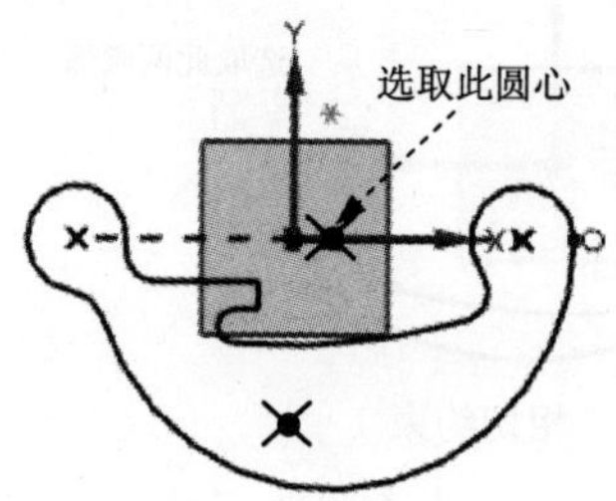

图 6.8　共线约束 3

（6）添加约束 7。选取图 6.9 所示的圆弧的圆心和图 6.8 所示的圆心，系统弹出“约束”工具条，单击按钮，则圆心上会添加“重合”约束，约束圆弧的圆心在图 6.8 所示的圆心上。

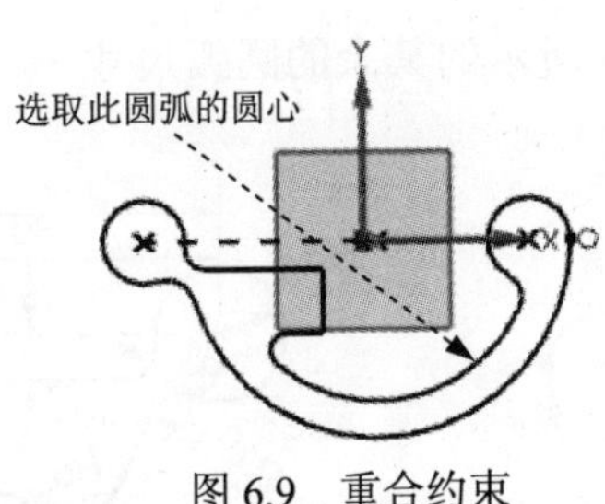

图 6.9　重合约束

Step4. 添加尺寸约束。

（1）添加水平尺寸约束。

① 选择下拉菜单 插入(S) → 尺寸(M) → 自动判断(I)... 命令，选择图 6.10 所示的两圆心，系统自动生成尺寸，选择合适的放置位置单击，在系统弹出的动态输入框中输入 140，结果如图 6.10 所示。

② 参照上述步骤标注图 6.11 所示的其余的水平尺寸。

（2）添加竖直尺寸约束。标注直线到 X 轴的距离，先选择图 6.12 所示的直线和 X 轴，系统生成竖直尺寸，选择合适的放置位置单击，在系统弹出的动态输入框中输入 10，结果如图 6.12 所示。

（3） 参照上述步骤标注图 6.13 所示的其余的竖直尺寸。

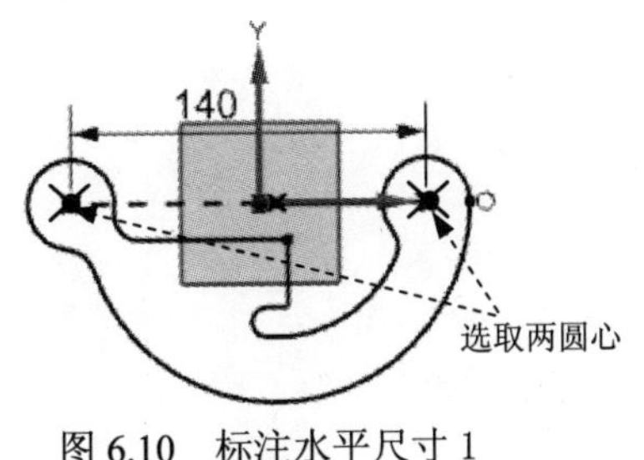

图 6.10　标注水平尺寸 1

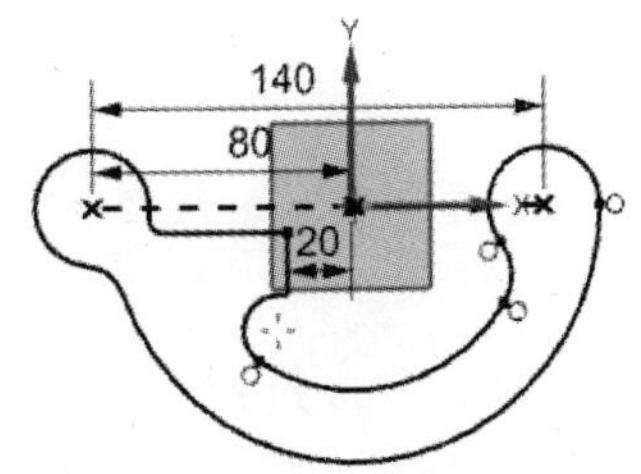

图 6.11　标注水平尺寸 2

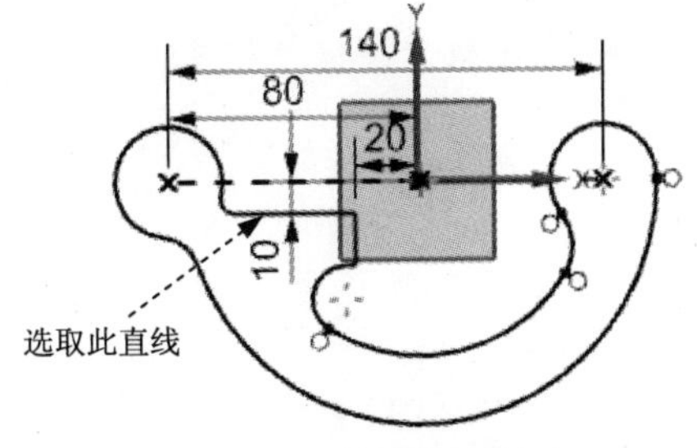

图 6.12　标注竖直尺寸 1

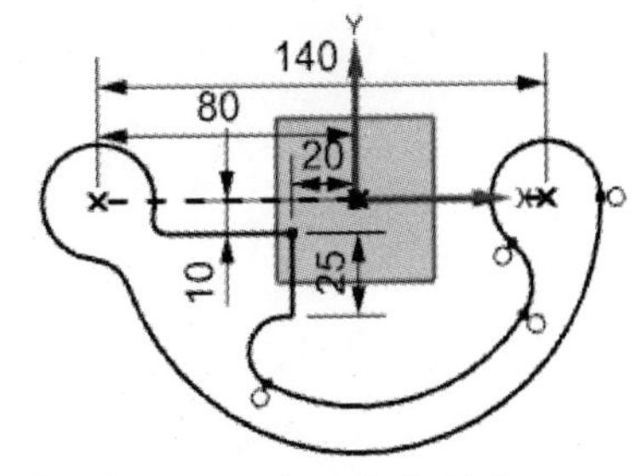

图 6.13　标注竖直尺寸 2

（4）添加圆弧尺寸约束。选择下拉菜单 插入(S) → 尺寸(M) ▸ → 自动判断(I)... 命令（或单击“自动判断尺寸”按钮），选择图 6.14 所示的圆弧，系统自动生成尺寸，选择合适的放置位置单击，在系统弹出的动态输入框中输入 15，结果如图 6.14 所示。

（5） 参照上述步骤标注图 6.15 所示的其余的圆弧尺寸。

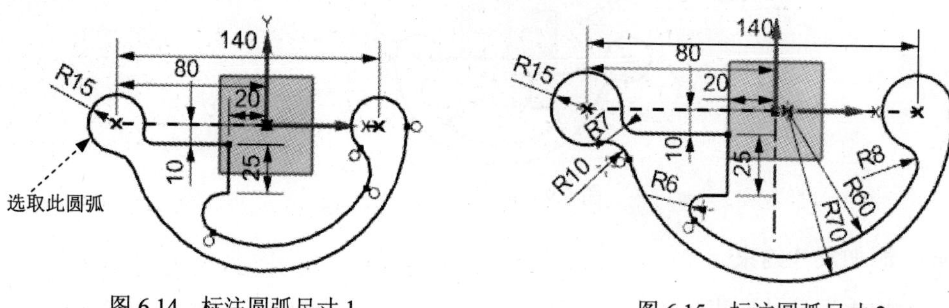

图 6.14 标注圆弧尺寸 1

图 6.15 标注圆弧尺寸 2

Step5. 保存模型。单击 完成草图 按钮，退出草图环境。选择下拉菜单 文件(F) → 保存(S) 命令，即可保存模型。

实例7　二维草图设计07

实例概述：

本实例先绘制出图形的大概轮廓，然后对草图进行约束和标注，图形如图 7.1 所示，其绘制过程如下：

Step1. 选择下拉菜单 文件(F) ➡ 新建(N)... 命令。在“新建”对话框的 模板 列表框中，选择模板类型为 模型，在 名称 文本框中输入草图名称 sketch07，然后单击 确定 按钮。

Step2. 选择下拉菜单 插入(S) ➡ 任务环境中的草图(S)... 命令，选择 XY 平面为草图平面，单击 确定 按钮，系统进入草图环境。选择下拉菜单 插入(S) ➡ 曲线(C) ➡ 轮廓(O)... 命令。绘制图 7.2 所示的草图。

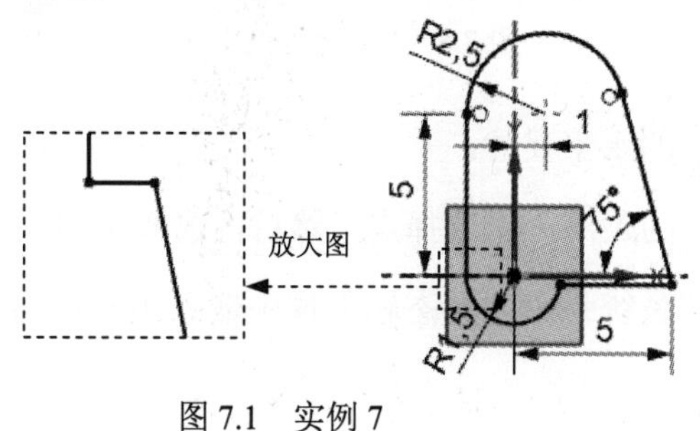

图 7.1　实例 7

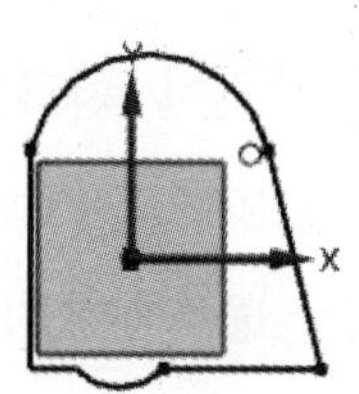

图 7.2　草图轮廓

Step3. 添加几何约束。

（1）添加约束 1。单击“约束”按钮；根据系统 选择要创建约束的曲线 的提示，选取图 7.3 所示的直线和圆弧，系统弹出“约束”工具条，单击按钮，则在直线和圆弧之间添加“相切”约束。

（2）添加约束 2。选取图 7.4 所示的圆弧的圆心和基准坐标系原点，系统弹出“约束”工具条，单击按钮，则圆弧的圆心上会添加“重合”约束，约束圆弧的圆心在基准坐标系原点上。

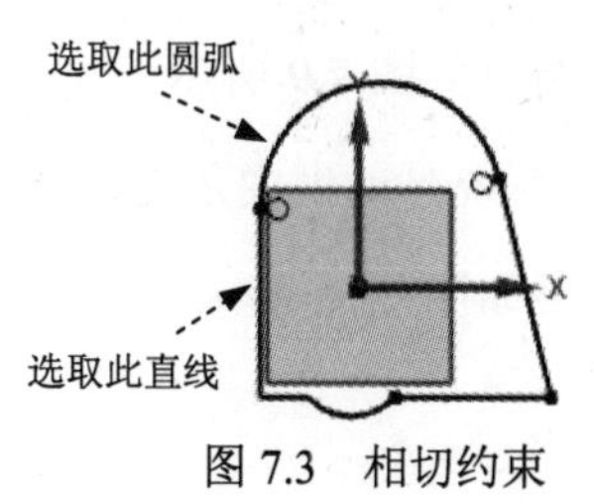

图 7.3　相切约束

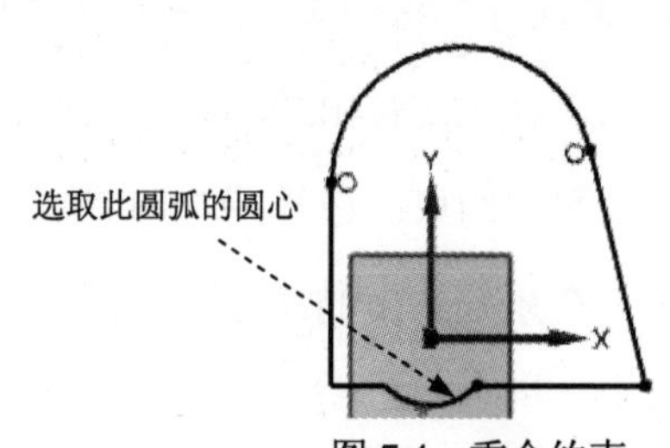

图 7.4　重合约束

（3）添加约束 3。选取图 7.5 所示的两直线，系统弹出“约束”工具条，单击按钮，则直线上会添加“共线”约束，约束两直线共线。

Step4. 添加尺寸约束。

（1）添加水平尺寸约束。

① 选择下拉菜单插入(S) → 尺寸(M) ▸ → 自动判断(I)... 命令，选择图 7.6 所示的端点（直线的端点）和 Y 轴，系统自动生成尺寸，选择合适的放置位置单击，在系统弹出的动态输入框中输入 5，结果如图 7.6 所示。

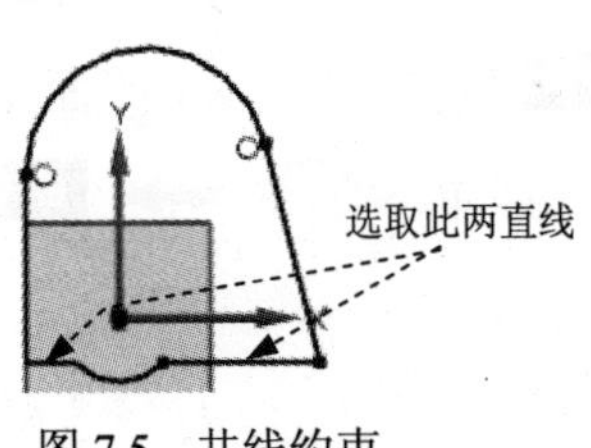

图 7.5 共线约束

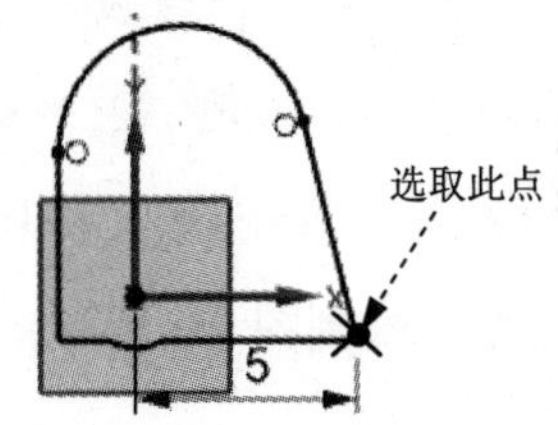

图 7.6 标注水平尺寸 1

② 参照上述步骤标注图 7.7 所示的其余的水平尺寸。

（2）添加竖直尺寸约束。标注点到 X 轴的距离，先选择点，然后再选择 X 轴，系统生成竖直尺寸，选择合适的放置位置单击，在系统弹出的动态输入框中输入距离。结果如图 7.8 所示。

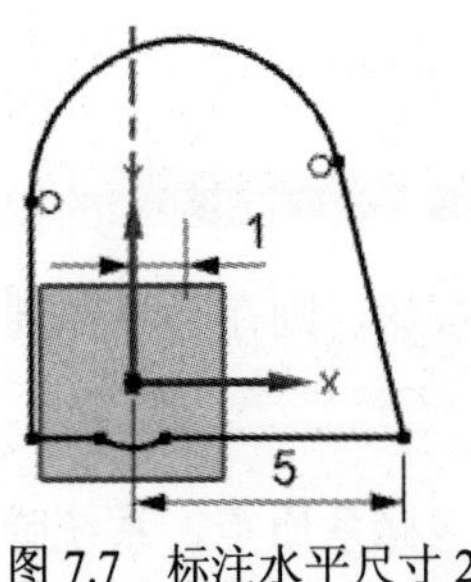

图 7.7 标注水平尺寸 2

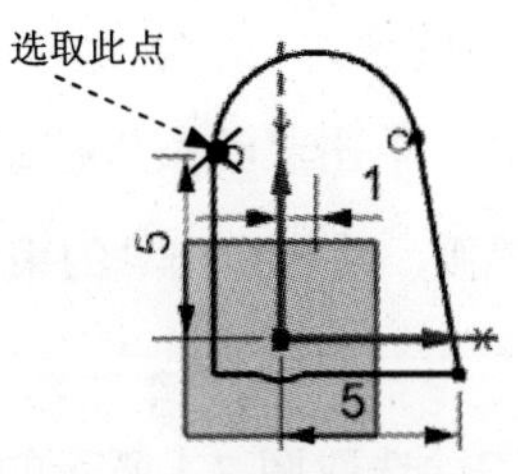

图 7.8 标注竖直尺寸

（3）添加圆弧尺寸约束。选择下拉菜单插入(S) → 尺寸(M) ▸ → 自动判断(I)... 命令（或单击“自动判断尺寸”按钮），选择图 7.9 所示的圆弧，系统自动生成尺寸，选择合适的放置位置单击，在系统弹出的动态输入框中输入距离，结果如图 7.9 所示。

（4）添加角度尺寸约束。选择图 7.10 所示的边和 X 轴，系统自动生成角度，选择合适的放置位置单击，在系统弹出的动态输入框中输入距离，结果如图 7.10 所示。

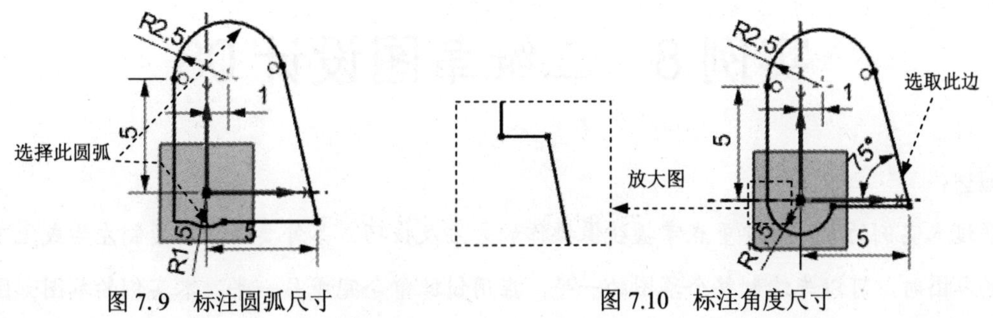

图 7.9　标注圆弧尺寸　　　　图 7.10　标注角度尺寸

Step5. 保存模型。单击 完成草图 按钮，退出草图环境。选择下拉菜单 文件(F) ➡ 保存(S) 命令，即可保存模型。

实例 8　二维草图设计 08

实例概述：

通过本实例的学习，要重点掌握镜像操作的方法及技巧，另外要注意在绘制左右或上下相同的草图时，可以先绘制整个草图的一半，在用镜像命令完成另一半。本实例的草图如图 8.1 所示，其绘制过程如下：

Step1. 选择下拉菜单 文件(F) → 新建(N)... 命令。在“新建”对话框的 模板 列表框中，选择模板类型为 模型，在 名称 文本框中输入草图名称 sketch08，单击 确定 按钮。

Step2. 选择下拉菜单 插入(S) → 任务环境中的草图(S)... 命令，选择 XY 平面为草图平面，单击 确定 按钮，系统进入草图环境。

Step3. 选择下拉菜单 插入(S) → 曲线(C) → 轮廓(O)... 命令。绘制图 8.2 所示的草图轮廓。

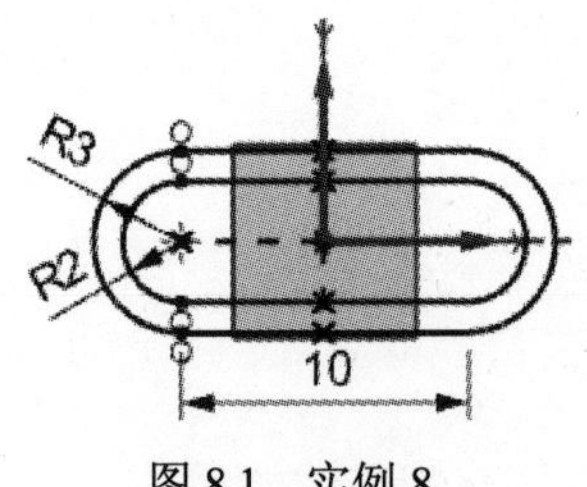

图 8.1　实例 8

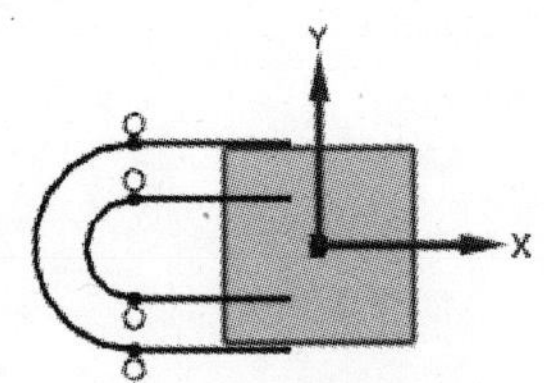

图 8.2　草图轮廓

Step4. 添加几何约束。

（1）添加约束 1。选取图 8.3 所示的圆弧的圆心，系统弹出“约束”工具条，单击 按钮，则圆弧的圆心上会添加“重合”约束，约束两圆弧的圆心重合。

（2）添加约束 2。选取图 8.4 所示的圆心和 X 轴，系统弹出“约束”工具条，单击 按钮，则直线上会添加“点在曲线上”约束，约束圆心在 X 轴上。

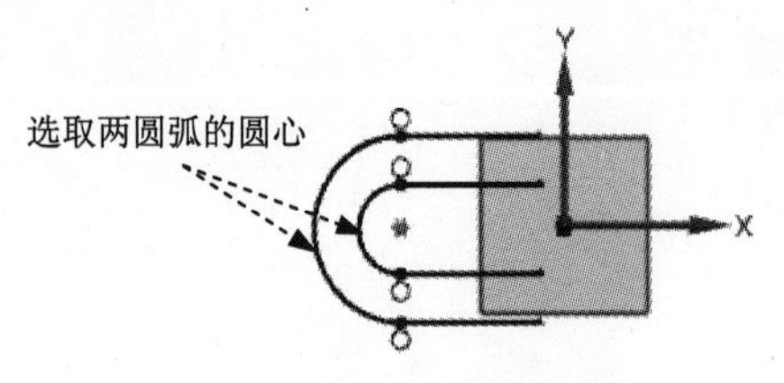

图 8.3　重合约束

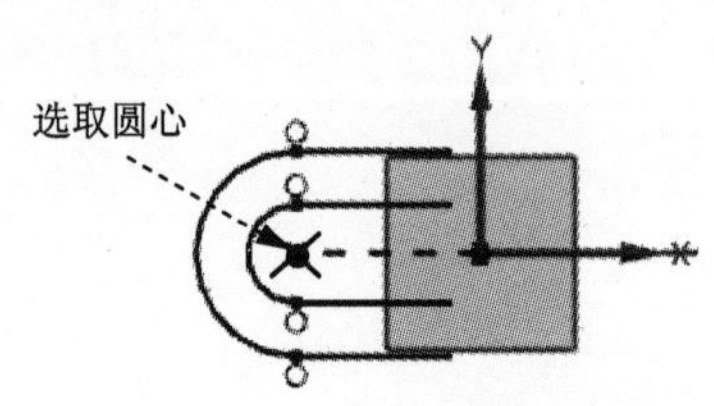

图 8.4　点在曲线上约束

（3）添加约束 3。选取 Y 轴和图 8.5 所示的点（直线的端点），系统弹出“约束”工具条，单击↑按钮，则圆弧上会添加“点在曲线上”约束，约束点在 Y 轴上。

（4）添加其余约束。参照上述步骤添加其余的直线的端点约束点在 Y 轴上，结果如图 8.6 所示。

Step5. 以 Y 轴为镜像中心，镜像上述绘制的直线和圆，如图 8.7 所示。

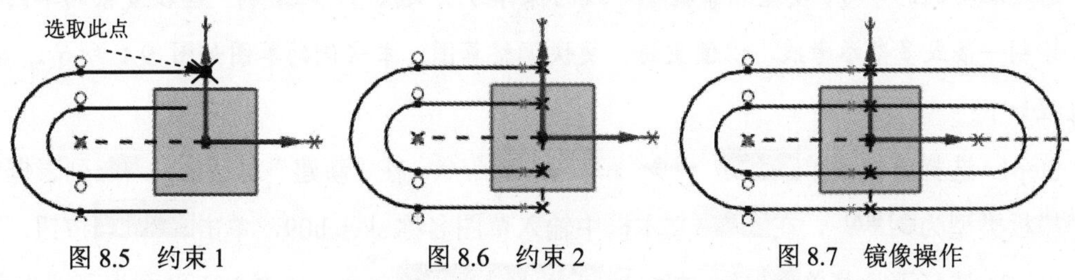

图 8.5　约束 1　　图 8.6　约束 2　　图 8.7　镜像操作

Step6. 添加尺寸约束。

（1）添加水平尺寸约束。选择下拉菜单 插入(S) → 尺寸(M) → 自动判断(I)... 命令，选择图 8.8 所示的两点，系统自动生成尺寸，选择合适的放置位置单击，在系统弹出的动态输入框中输入 10，结果如图 8.8 所示。

（2）添加圆弧尺寸约束。选择下拉菜单 插入(S) → 尺寸(M) → 自动判断(I)... 命令，选择图 8.9 所示的圆弧，系统自动生成尺寸，选择合适的放置位置单击，在系统弹出的动态输入框中输入距离，结果如图 8.9 所示。

图 8.8　标注水平尺寸　　图 8.9　标注圆弧尺寸

Step7. 保存模型。单击 完成草图 按钮，退出草图环境。选择下拉菜单 文件(F) → 保存(S) 命令，即可保存模型。

实例9　二维草图设计09

实例概述：

通过本实例的学习，要重点掌握参考线的操作方法及技巧，在绘制一些较复杂的草图时，可多绘制一条或多条参考线，以便更好、更快调整草图。本实例的草图如图9.1所示，其绘制过程如下：

Step1. 选择下拉菜单 文件(F) → 新建(N)... 命令。在“新建”对话框的 模板 列表框中，选择模板类型为 模型，在 名称 文本框中输入草图名称sketch09，单击 确定 按钮。

Step2. 选择下拉菜单 插入(S) → 任务环境中的草图(S)... 命令，选择XY平面为草图平面，单击 确定 按钮，系统进入草图环境。选择下拉菜单 插入(S) → 曲线(C) → 轮廓(O)... 命令。绘制图9.2所示的草图轮廓。

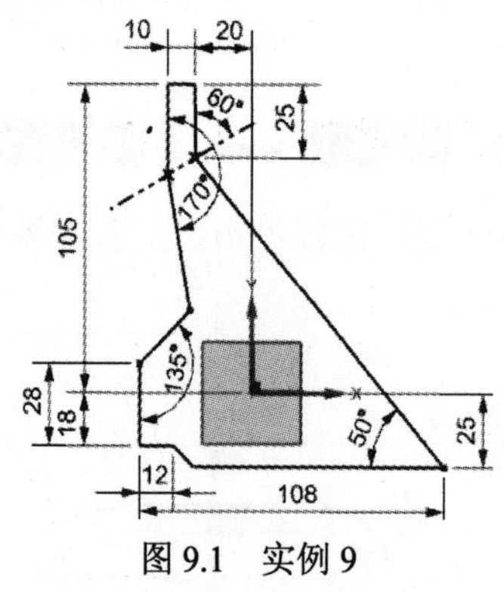

图9.1　实例9

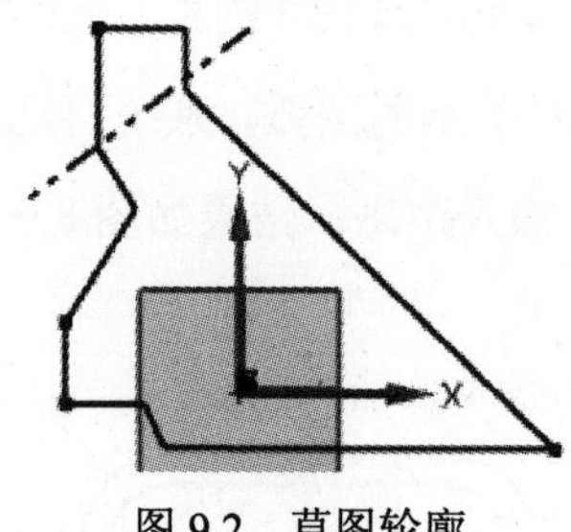

图9.2　草图轮廓

Step3. 添加几何约束。

（1）添加约束1。选取参考线和图9.3所示的点（直线的端点），系统弹出“约束”工具条，单击 按钮，则直线的端点上会添加“点在曲线上”约束，约束点在参考线上。

（2）添加约束2。参照上述步骤添加点在曲线上的约束，结果如图9.4所示。

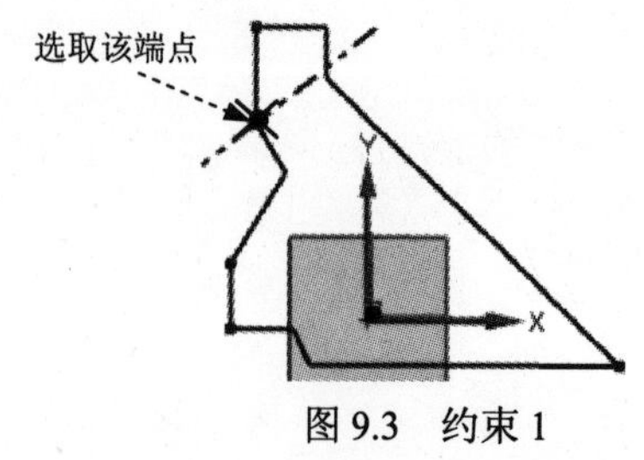

图9.3　约束1

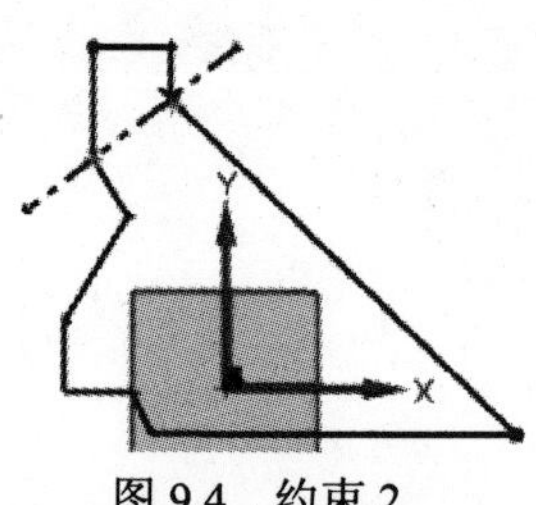

图9.4　约束2

Step4. 添加尺寸约束。

（1）添加水平尺寸约束。

① 选择下拉菜单 插入(S) ➡ 尺寸(M) ▸ ➡ 自动判断(I)... 命令（或单击“自动判断尺寸”按钮），选择图 9.5 所示的两端点，系统自动生成尺寸，选择合适的放置位置单击，在系统弹出的动态输入框中输入 108，结果如图 9.5 所示。

② 参照上述步骤标注其余的水平尺寸，结果如图 9.6 所示。

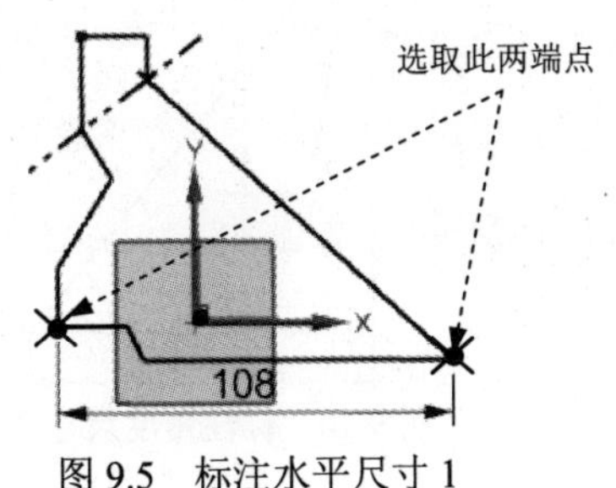

图 9.5　标注水平尺寸 1

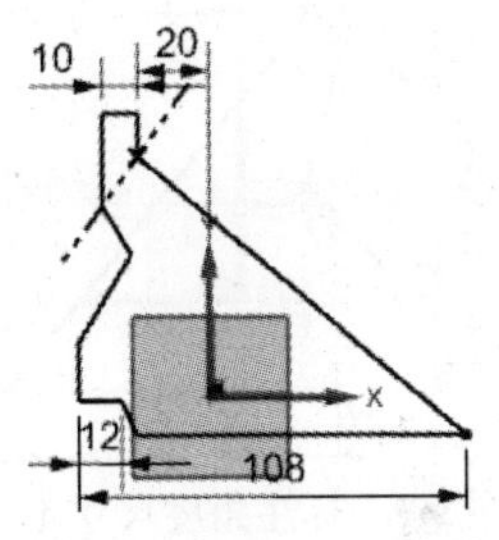

图 9.6　标注水平尺寸 2

（2）添加竖直尺寸约束。

① 选择下拉菜单 插入(S) ➡ 尺寸(M) ▸ ➡ 自动判断(I)... 命令（或单击“自动判断尺寸”按钮），选择图 9.7 所示的直线，系统自动生成尺寸，选择合适的放置位置单击，在系统弹出的动态输入框中输入 28，结果如图 9.7 所示。

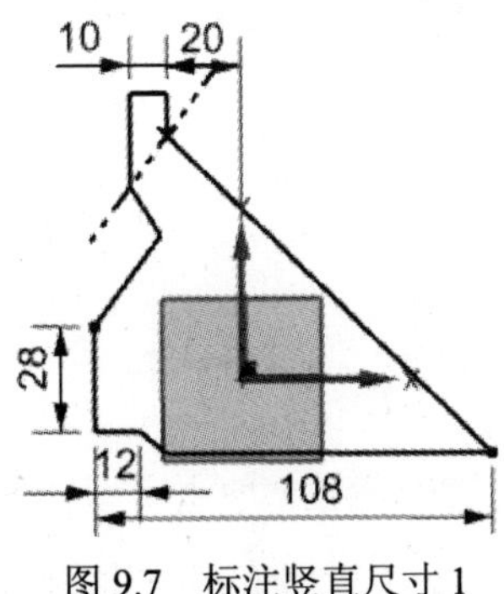

图 9.7　标注竖直尺寸 1

② 参照上述步骤标注其余的竖直尺寸，结果如图 9.8 所示。

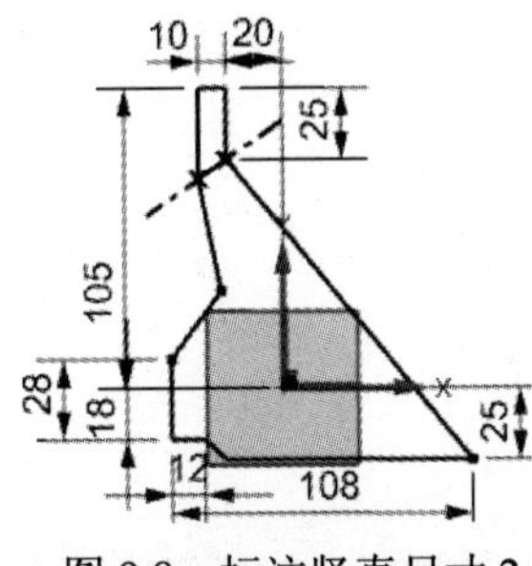

图 9.8　标注竖直尺寸 2

（3）添加角度尺寸约束。

① 选择图 9.9 所示的两条边，系统自动生成角度，选择合适的放置位置单击，在系统弹出的动态输入框中输入 135。

② 参照上述步骤标注其余的竖直尺寸，结果如图 9.10 所示。

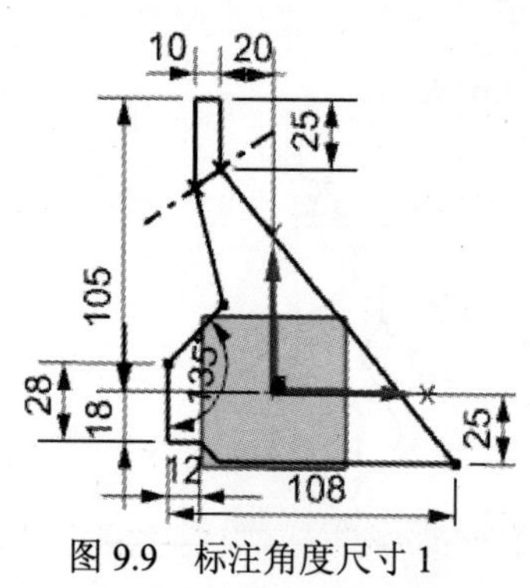

图 9.9 标注角度尺寸 1

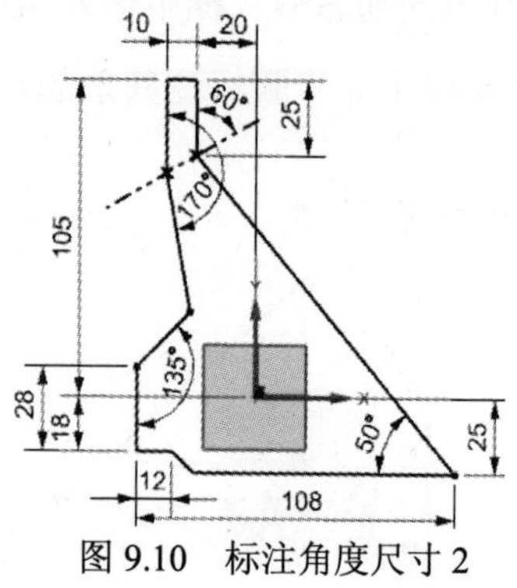

图 9.10 标注角度尺寸 2

Step5. 保存模型。单击 完成草图 按钮，退出草图环境。选择下拉菜单 文件(F) → 保存(S) 命令，即可保存模型。

实例 10　二维草图设计 10

实例概述：

本范例主要讲解了一个比较复杂草图的创建过程，在创建草图时，首先需要注意绘制草图大概轮廓时的顺序，其次要尽量避免系统自动捕捉到不必要的约束。如果初次绘制的轮廓与目标草图轮廓相差很多，则要拖动最初轮廓到与目标轮廓较接近的形状。图形如图.10.1 所示，其绘制过程如下：

Step1. 选择下拉菜单 文件(F) → 新建(N)... 命令。在“新建”对话框的 模板 列表框中，选择模板类型为 模型 ，在 名称 文本框中输入草图名称 sketch10，然后单击 确定 按钮。

Step2. 选择下拉菜单 插入(S) → 任务环境中的草图(S)... 命令，选择 XY 平面为草图平面，单击 确定 按钮，系统进入草图环境。

Step3. 绘制图 10.2 所示的两个圆，并约束其圆心在 Y 轴上。

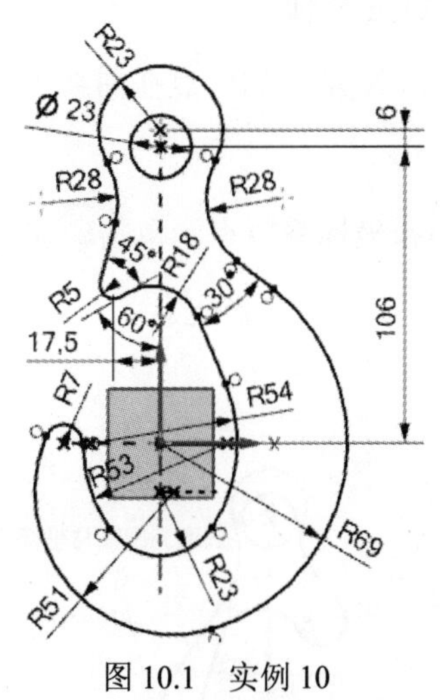

图 10.1　实例 10

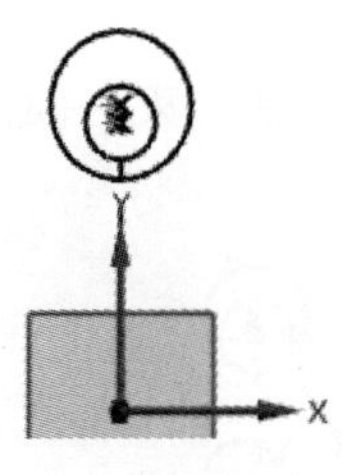

图 10.2　绘制圆

Step4. 绘制图 10.3 所示的两个圆弧，并约束其与外面的大圆相切。

Step5. 绘制图 10.4 所示的圆弧和直线，并约束其相互相切。

Step6. 添加修剪操作。修剪后的图形如图 10.5 所示。

Step7. 添加几何约束。

（1）添加约束 1。选取图 10.6 所示的圆弧的圆心和 Y 轴，系统弹出“约束”工具条，单击 按钮，则圆弧的圆心上会添加“点在曲线上”约束，约束点在 Y 轴上。

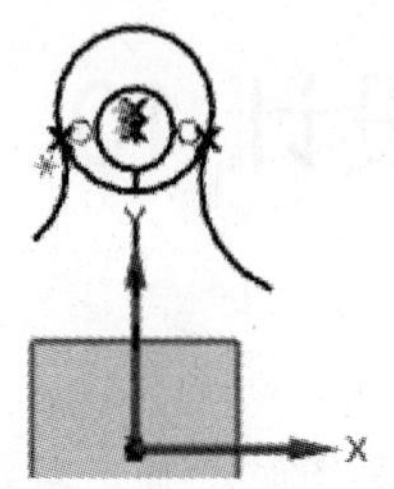

图 10.3 绘制圆弧

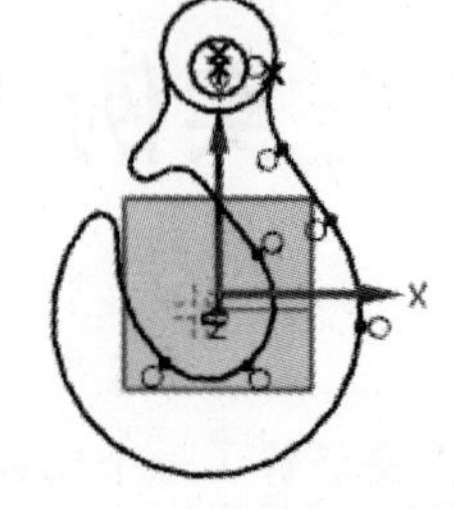

图 10.4 绘制圆弧和直线

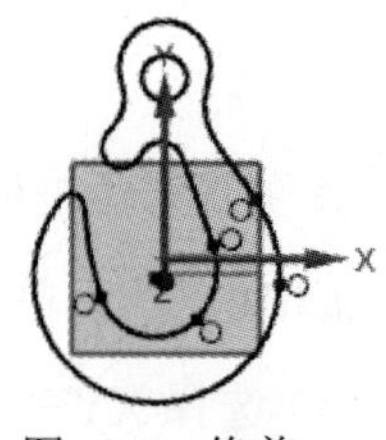

图 10.5 修剪

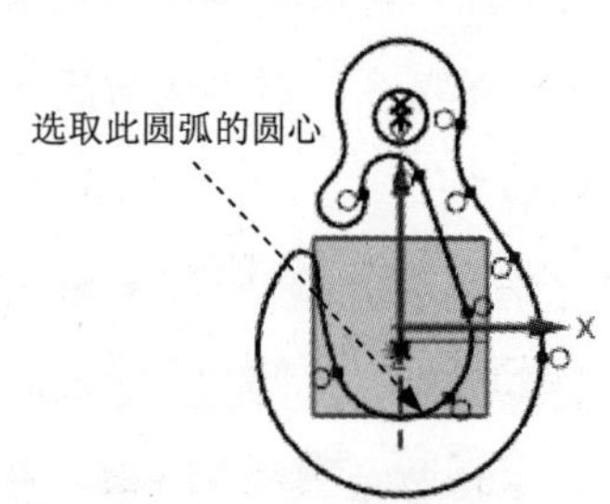

图 10.6 点在曲线上约束 1

（2）添加约束 2。选取图 10.7 所示的圆心和 X 轴，系统弹出“约束”工具条，单击按钮，则直线上会添加“点在曲线上”约束，约束圆心在 X 轴上。

（3）添加约束 3。选取图 10.8 所示的圆弧的圆心和 X 轴添加“点在曲线上”约束，操作同上。

（4）添加约束 4。选取图 10.8 所示的圆弧的圆心和坐标系原点，单击按钮，则圆弧的圆心上会添加“重合”约束，约束圆弧的圆心在基准坐标系原点上。

（5）添加其他约束，操作参考 Step7。

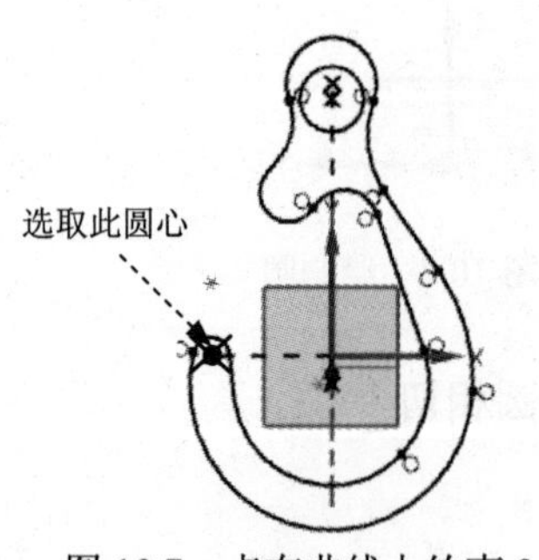

图 10.7 点在曲线上约束 2

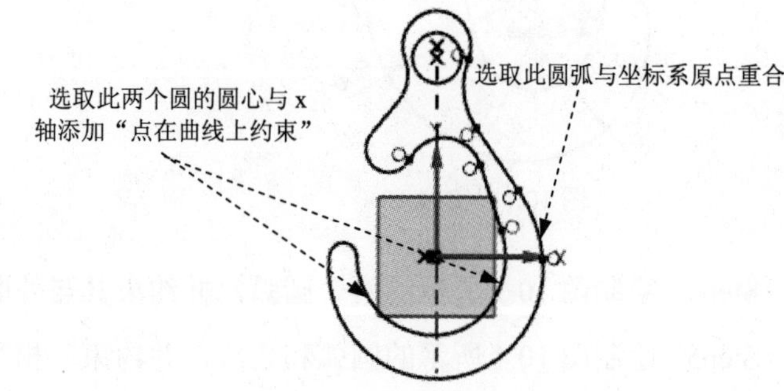

图 10.8 点在曲线上约束 3

Step8. 添加尺寸约束。

（1）添加水平尺寸约束，结果如图 10.9 所示。

（2）添加竖直尺寸约束，结果如图 10.10 所示。

（3）添加圆弧和角度尺寸约束。结果如图 10.11 所示。

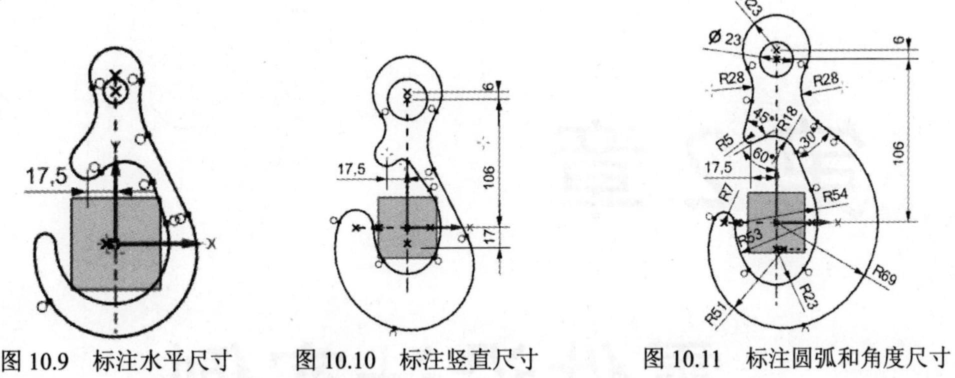

图 10.9　标注水平尺寸　　图 10.10　标注竖直尺寸　　图 10.11　标注圆弧和角度尺寸

Step9. 保存模型。单击 完成草图 按钮，退出草图环境。选择下拉菜单 文件(F) ➡ 保存(S) 命令，即可保存模型。

第 2 章

零件设计实例

本篇主要包含如下内容：

- 实例 11　塑料旋钮
- 实例 12　烟灰缸
- 实例 13　托架
- 实例 14　削笔刀盒
- 实例 15　泵盖
- 实例 16　塑料垫片
- 实例 17　传呼机套
- 实例 18　盒子
- 实例 19　泵箱
- 实例 20　提手
- 实例 21　圆柱齿轮

实例 11　塑 料 旋 钮

实例概述：

本实例主要讲解了一款简单的塑料旋钮的设计过程，在该零件的设计过程中运用了拉伸、旋转、阵列等命令，需要读者注意的是创建拉伸特征草绘时的方法和技巧。零件模型和模型树如图 11.1 所示。

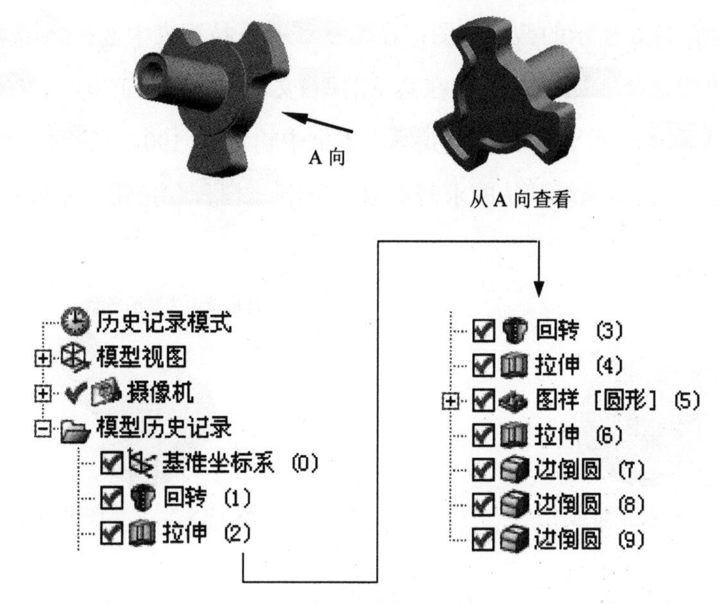

图 11.1　零件模型及模型树

Step1. 新建文件。选择下拉菜单 文件(F) → 新建(N)... 命令，系统弹出“新建”对话框。在 模型 选项卡的 模板 区域中选取模板类型为 模型，在 名称 文本框中输入文件名称 LAMINA01，单击 确定 按钮，进入建模环境。

Step2. 创建图 11.2 所示的回转特征 1。选择 插入(S) → 设计特征(E) → 回转(R)... 命令（或单击 按钮），单击 截面 区域中的 按钮，在绘图区选取 XZ 基准平面为草图平面，选中 设置 区域的 ☑ 创建中间基准 CSYS 复选框，绘制图 11.3 所示的截面草图。在绘图区中选取图 11.3 所示的直线为旋转轴。在“回转”对话框的 极限 区域的 开始 下拉列表框中选择 值 选项，并在 角度 文本框中输入值 0，在 结束 下拉列表框中选择 值 选项，并在 角度 文本框中输入值 360；单击 < 确定 > 按钮，完成回转特征 1 的创建。

图 11.2 回转特征 1

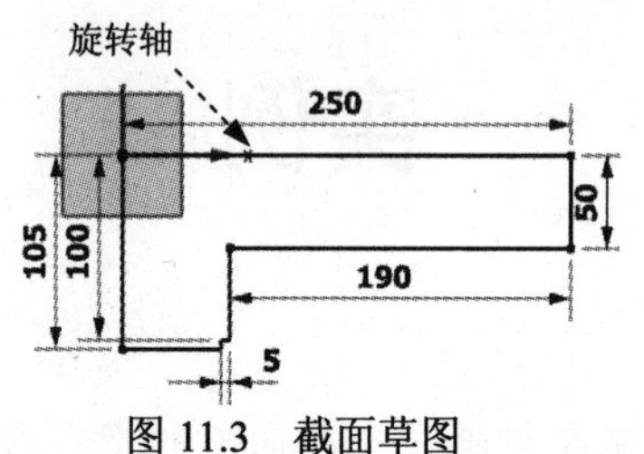

图 11.3 截面草图

Step3. 创建图 11.4 所示的零件基础特征——拉伸 1。选择下拉菜单 插入(S) → 设计特征(E) → 拉伸(E)... 命令，系统弹出“拉伸”对话框。选取图 11.5 所示的平面为草图平面，绘制图 11.6 所示的截面草图；在 指定矢量 下拉列表中选择 -XC 选项，在 极限 区域的 开始 下拉列表框中选择 值 选项，并在其下的 距离 文本框中输入值 0，在 极限 区域的 结束 下拉列表框中选择 值 选项，并在其下的 距离 文本框中输入值 190，在 布尔 区域的下拉列表框中选择 求差 选项，采用系统默认的求差对象。单击 < 确定 > 按钮，完成拉伸特征 1 的创建。

图 11.4 拉伸特征 1

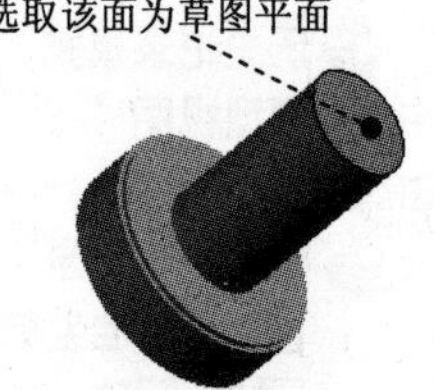

图 11.5 定义草图平面

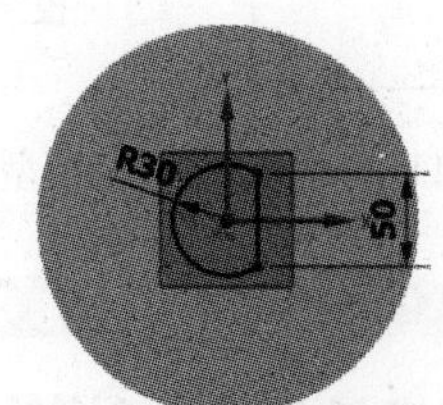

图 11.6 截面草图

Step4. 创建图 11.7 所示的回转特征 2。选择 插入(S) → 设计特征(E) → 回转(R)... 命令（或单击 按钮），单击 截面 区域中的 按钮，在绘图区选取 XY 基准平面为草图平面，绘制图 11.8 所示的截面草图。在绘图区中选取图 11.8 所示的直线为旋转轴。在“回转”对话框的 极限 区域的 开始 下拉列表框中选择 值 选项，并在 角度 文本框中输入值 0，在 结束 下拉列表框中选择 值 选项，并在 角度 文本框中输入值 360；在 布尔 区域中选择 求差 选项，采用系统默认的求差对象。单击 < 确定 > 按钮，完成回转特征 2 的创建。

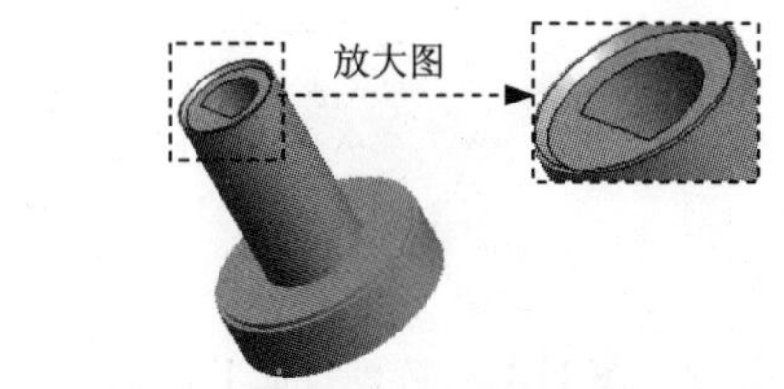

图 11.7　回转特征 2

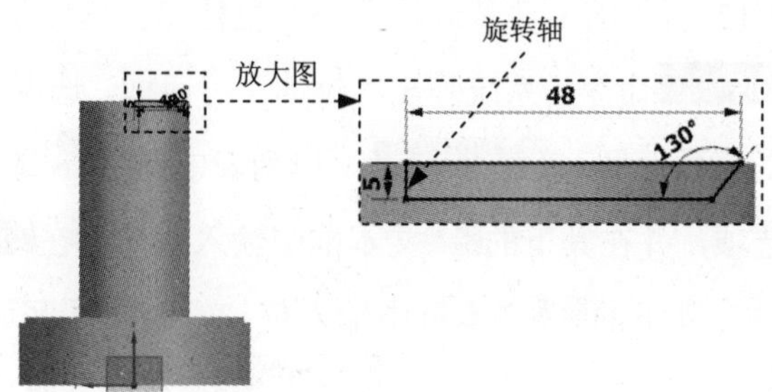

图 11.8　截面草图

Step5. 创建图 11.9 所示的零件基础特征——拉伸 2。选择下拉菜单 插入(S) → 设计特征(E) → 拉伸(E)... 命令，系统弹出“拉伸”对话框。选取 YZ 基准平面为草图平面，绘制图 11.10 所示的截面草图；在 指定矢量 下拉列表中选择 XC 选项；在 极限 区域的 开始 下拉列表框中选择 值 选项，并在其下的 距离 文本框中输入值 0，在 极限 区域的 结束 下拉列表框中选择 值 选项，并在其下的 距离 文本框中输入值 55，在 布尔 区域的下拉列表框中选择 求和 选项，采用系统默认的求和对象。单击 < 确定 > 按钮，完成拉伸特征 2 的创建。

图 11.9　拉伸特征 2

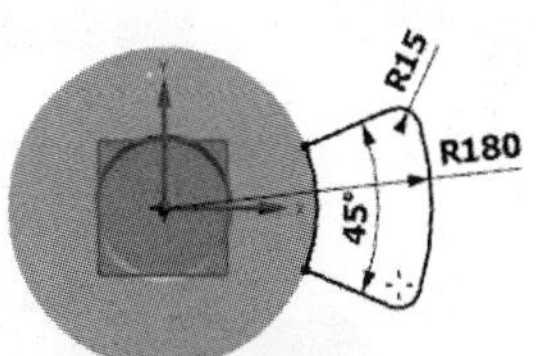

图 11.10　截面草图

Step6. 创建图 11.11 所示的阵列特征 1。选择下拉菜单 插入(S) → 关联复制(A) → 对特征形成图样(A)... 命令（或单击 按钮），在绘图区选取图 11.9 所示的拉伸特征 2 为要形成图样的特征。在“对特征形成图样”对话框中 阵列定义 区域的 布局 下拉列表中选择 圆形 选项。在 旋转轴 区域选择 X 轴的正方向。在 角度方向 区域中的 间距 下拉列表中选择 数量和跨距 选项。在 数量 文本框中输入值 3，在 跨角 文本框中输入值 360，对话框中的其他设置保持系统默认；单击 < 确定 > 按钮，完成阵列特征 1 的创建。

图 11.11　阵列特征 1

Step7. 创建图 11.12 所示的零件基础特征——拉伸 3。选择下拉菜单插入(S) → 设计特征(E) → 拉伸(E)...命令，系统弹出“拉伸”对话框。选取 YZ 基准平面为草图平面，绘制图 11.13 所示的截面草图；在指定矢量下拉列表中选择XC选项；在极限区域的开始下拉列表框中选择值选项，并在其下的距离文本框中输入值 0，在极限区域的结束下拉列表框中选择值选项，并在其下的距离文本框中输入值 20，在布尔区域的下拉列表框中选择求差选项，采用系统默认的求差对象。单击< 确定 >按钮，完成拉伸特征 3 的创建。

图 11.12　拉伸特征 3

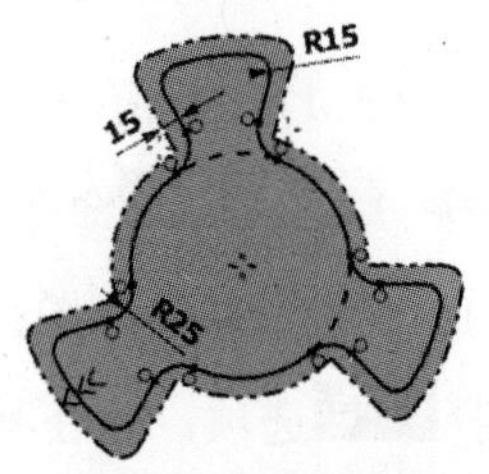

图 11.13　截面草图

Step8. 创建边倒圆特征 1。选择下拉菜单插入(S) → 细节特征(L) → 边倒圆(E)...命令（或单击按钮），在要倒圆的边区域中单击按钮，选择图 11.14 所示的边线为边倒圆参照，并在半径 1文本框中输入值 25。单击< 确定 >按钮，完成边倒圆特征 1 的创建。

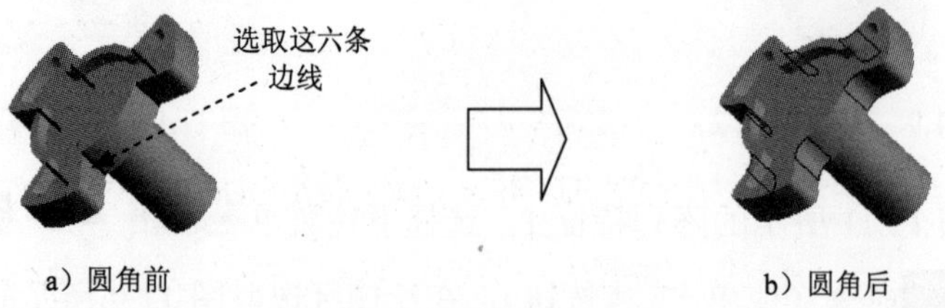

图 11.14　边倒圆特征 1

Step9. 创建边倒圆特征 2。选择图 11.15 所示的边链为边倒圆参照，并在半径 1文本框中输入值 2。单击< 确定 >按钮，完成边倒圆特征 2 的创建。

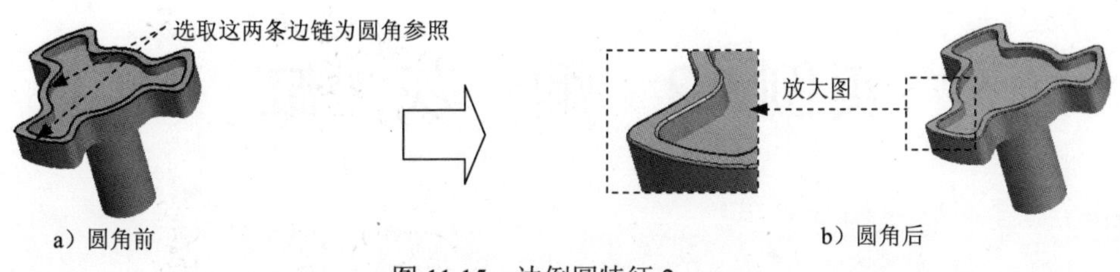

图 11.15　边倒圆特征 2

Step10. 创建边倒圆特征 3。选择图 11.16 所示的边链为边倒圆参照，并在半径 1文本框中输入值 2。单击< 确定 >按钮，完成边倒圆特征 3 的创建。

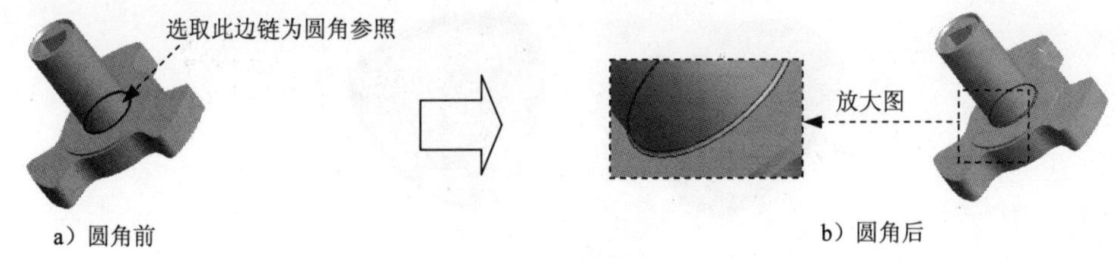

图 11.16　边倒圆特征 3

Step11. 保存零件模型。选择下拉菜单文件(F) → 保存(S)命令，即可保存零件模型。

实例12　烟　灰　缸

实例概述：

本实例介绍了一个烟灰缸的设计过程，该设计过程主要运用了实体建模的一些基础命令，包括实体拉伸、拔模、倒圆角、阵列、抽壳等，其中拉伸1特征中草图的绘制有一定的技巧，需要读者用心体会。模型及模型树如图12.1所示。

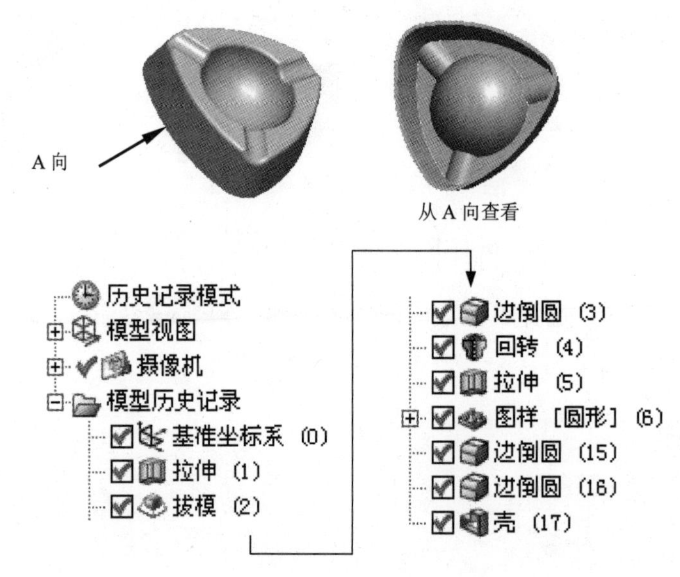

图12.1　模型及模型树

Step1. 新建文件。选择下拉菜单 文件(F) → 新建(N)... 命令，系统弹出“新建”对话框。在 模型 选项卡的 模板 区域中选取模板类型为 模型，在 名称 文本框中输入文件名称ASHTRAY，单击 确定 按钮，进入建模环境。

Step2. 创建图12.2所示的零件基础特征——拉伸1。选择下拉菜单 插入(S) → 设计特征(E) → 拉伸(E)... 命令，系统弹出“拉伸”对话框。选取XY基准平面为草图平面，选中 设置 区域的 创建中间基准 CSYS 复选框，绘制图12.3所示的截面草图；在 指定矢量 下拉列表中选择 ZC↑ 选项，在 极限 区域的 开始 下拉列表框中选择 值 选项，并在其下的 距离 文本框中输入值0，在 极限 区域的 结束 下拉列表框中选择 值 选项，并在其下的 距离 文本框中输入值30，单击 < 确定 > 按钮，完成拉伸特征1的创建。

图 12.2 拉伸特征 1

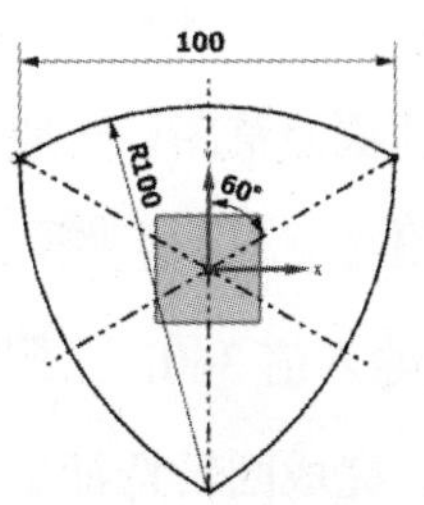

图 12.3 截面草图

Step3. 创建图 12.4 所示的拔模特征 1。选择下拉菜单插入(S) → 细节特征(L) → 拔模(T)命令，在脱模方向区域中指定 Z 轴正方向为矢量，在固定面选择图 12.5 所示的面为参照平面，在要拔模的面区域选择图 12.6 所示的面为参照平面，在并在角度 1 文本框中输入值 10。单击< 确定 >按钮，完成拔模特征 1 的创建。

图 12.4 拔模特征 1

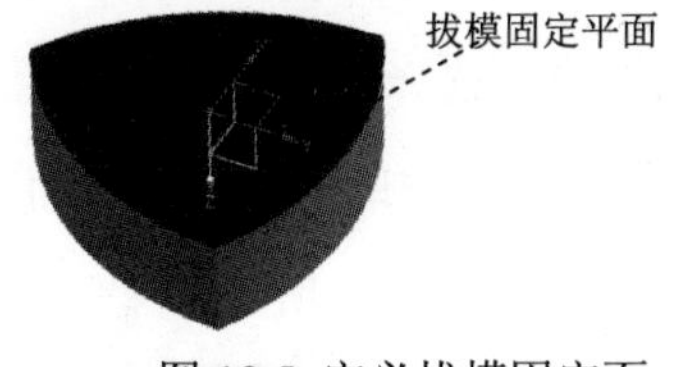

图 12.5 定义拔模固定面

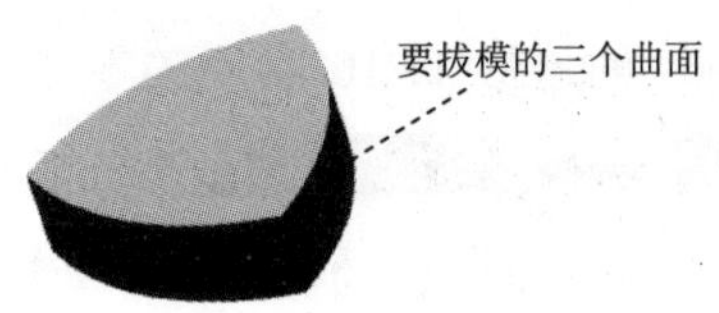

图 12.6 定义拔模面

Step4. 创建边倒圆特征 1。选择下拉菜单插入(S) → 细节特征(L) → 边倒圆(E)...命令（或单击按钮），在要倒圆的边区域中单击按钮，选择图 12.7 所示的边线为边倒圆参照，并在半径 1 文本框中输入值 20。单击< 确定 >按钮，完成边倒圆特征 1 的创建。

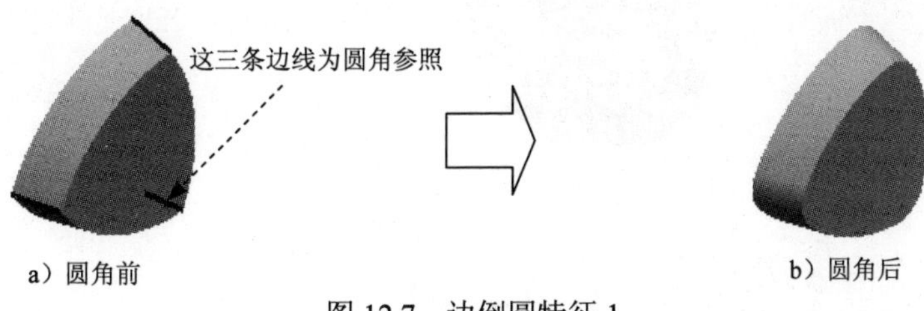

图 12.7 边倒圆特征 1

Step5. 创建图 12.8 所示的回转特征 1。选择插入(S) → 设计特征(E) → 回转(R)...

命令（或单击按钮），单击截面区域中的按钮，在绘图区选取 XZ 基准平面为草图平面，绘制图 12.9 所示的截面草图。选取 Z 轴为旋转轴。在“回转”对话框的极限区域的开始下拉列表框中选择值选项，并在角度文本框中输入值 0，在结束下拉列表框中选择值选项，并在角度文本框中输入值 360；在布尔区域中选择求差选项，采用系统默认的求差对象。单击< 确定 >按钮，完成回转特征 1 的创建。

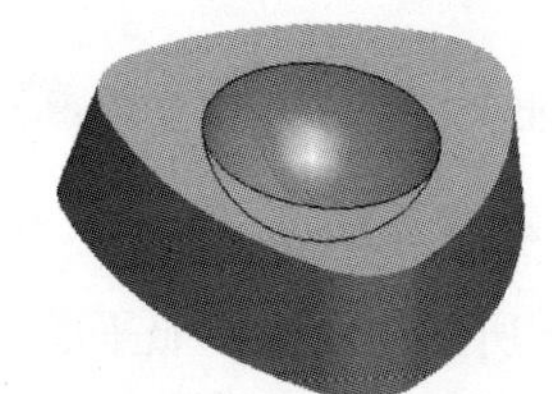

图 12.8 回转特征 1

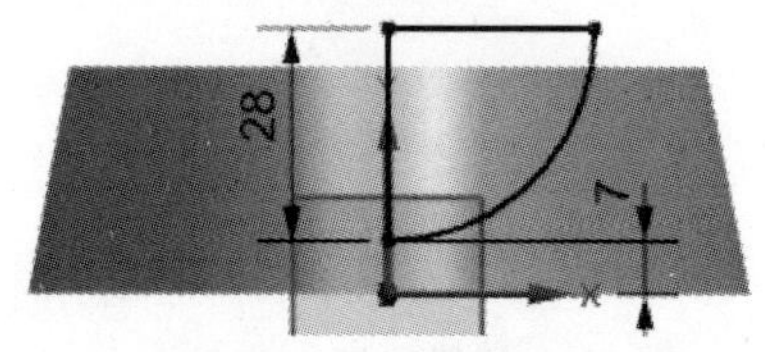

图 12.9 截面草图

Step6. 创建图 12.10 所示的零件基础特征——拉伸 2。选择下拉菜单插入(S) → 设计特征(E) → 拉伸(E)...命令，系统弹出“拉伸”对话框。选取 XZ 基准平面为草图平面，取消选中设置区域的□ 创建中间基准 CSYS复选框，绘制图 12.11 所示的截面草图；在✔ 指定矢量下拉列表中选择-YC选项；在极限区域的开始下拉列表框中选择值选项，并在其下的距离文本框中输入值 0，在极限区域的结束下拉列表框中选择值选项，并在其下的距离文本框中输入值 50，在布尔区域的下拉列表框中选择求差选项，采用系统默认的求差对象。单击< 确定 >按钮，完成拉伸特征 2 的创建。

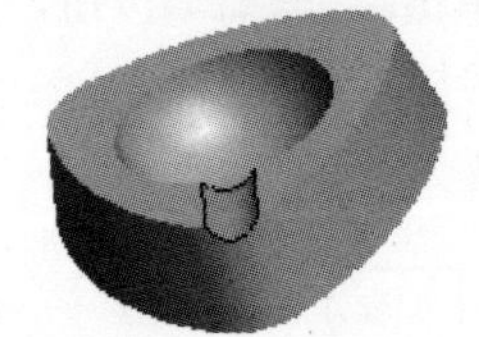

图 12.10 拉伸特征 2

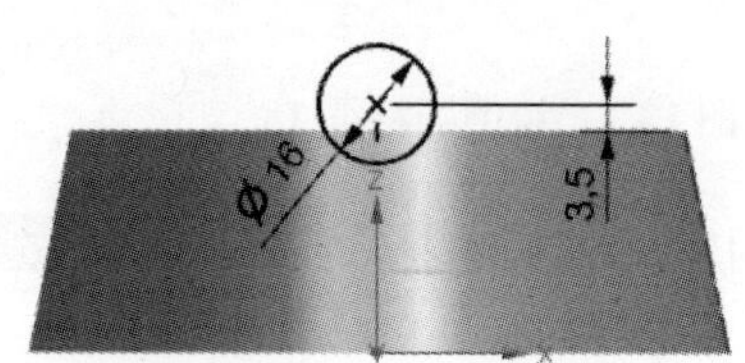

图 12.11 截面草图

Step7. 创建图 12.12 所示的阵列特征 1。选择下拉菜单 插入(S) → 关联复制(A) → 对特征形成图样(A)... 命令（或单击按钮），在绘图区选取图 12.10 所示的拉伸特征 2 为要形成图样的特征。在“对特征形成图样”对话框中 阵列定义 区域的 布局 下拉列表中选择 圆形 选项。在 旋转轴 区域选择 Z 轴的正方向，选取坐标原点为指定点，在 角度方向 区域中的 间距 下拉列表中选择 数量和跨距 选项。在 数量 文本框中输入值 3，在 跨角 文本框中输入值 360，对话框中的其他设置保持系统默认；单击 < 确定 > 按钮，完成阵列特征 1 的创建。

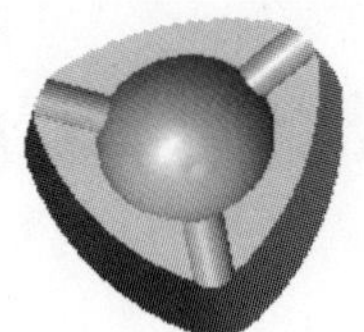

图 12.12　阵列特征 1

Step8. 创建边倒圆特征 2。选择图 12.13 所示的边线为边倒圆参照，并在 半径 1 文本框中输入值 3。单击 < 确定 > 按钮，完成边倒圆特征 2 的创建。

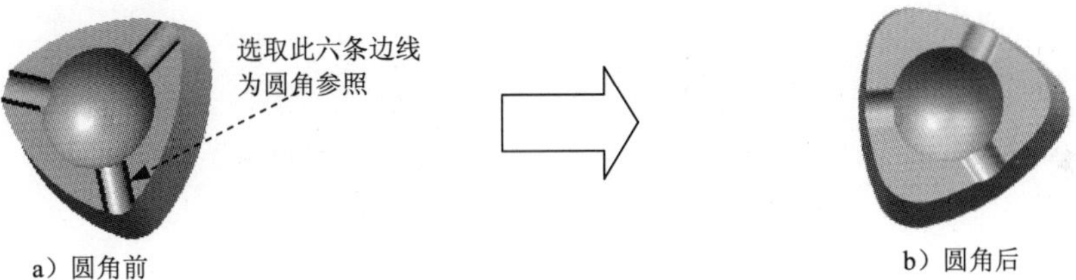

图 12.13　边倒圆特征 2

Step9. 创建边倒圆特征 3。选择图 12.14 所示的边链为边倒圆参照，并在 半径 1 文本框中输入值 3。单击 < 确定 > 按钮，完成边倒圆特征 3 的创建。

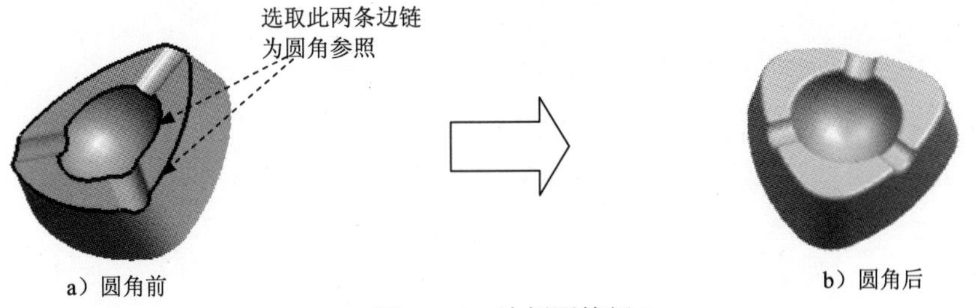

图 12.14　边倒圆特征 3

Step10. 创建图 12.15 所示的抽壳特征 1。选择下拉菜单 插入(S) → 偏置/缩放(O) ▸

➡ 抽壳(H)... 命令，在类型区域的下拉列表框中选择 移除面，然后抽壳 选项，在面区域中单击按钮，选取图 12.16 所示的曲面为要移除的对象。在厚度文本框中输入值 2.5，其他采用系统默认设置，单击< 确定 >按钮，完成面抽壳特征 1 的创建。

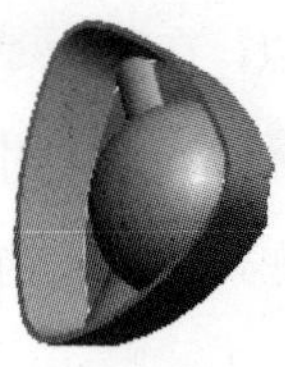

图 12.15 抽壳特征 1

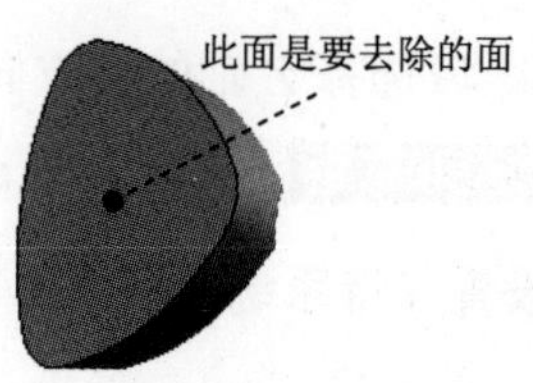

图 12.16 定义移除面

Step11. 保存零件模型。选择下拉菜单 文件(F) ➡ 保存(S) 命令，即可保存零件模型。

实例13　托　　架

实例概述：

本实例主要讲述托架的设计过程，运用了如下命令：拉伸、筋（肋）、孔。其中需要注意的是筋（肋）特征的创建过程及其技巧。零件模型及模型树如图13.1所示。

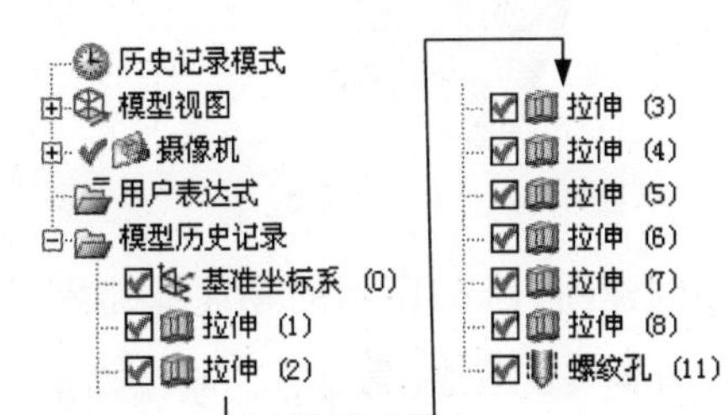

图13.1　零件模型及模型树

Step1. 新建文件。选择下拉菜单文件(F) ➡ 新建(N)...命令，系统弹出“新建”对话框。在模型选项卡的模板区域中选取模板类型为模型，在名称文本框中输入文件名称BRACKET，单击确定按钮，进入建模环境。

Step2. 创建图13.2所示的零件基础特征——拉伸1。选择下拉菜单插入(S) ➡ 设计特征(E) ➡ 拉伸(E)...命令，系统弹出“拉伸”对话框。选取XZ基准平面为草图平面，选中设置区域的☑创建中间基准CSYS复选框，绘制图13.3所示的截面草图；在指定矢量下拉列表中选择YC选项，在极限区域的开始下拉列表框中选择值选项，并在其下的距离文本框中输入值0，在极限区域的结束下拉列表框中选择值选项，并在其下的距离文本框中输入值5.5，单击<确定>按钮，完成拉伸特征1的创建。

图13.2 拉伸特征1

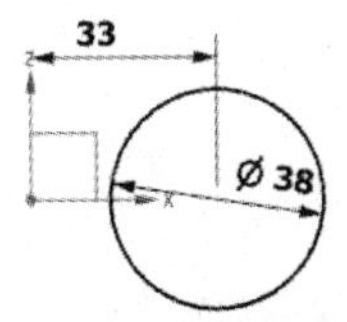

图13.3　截面草图

Step3. 创建图13.4所示的零件基础特征——拉伸2。选择下拉菜单插入(S) ➡ 设计特征(E) ➡ 拉伸(E)...命令，系统弹出“拉伸”对话框。选取XZ基准平面为草图平面，取消选中设置区域的☐创建中间基准CSYS复选框，绘制图13.5所示的截面草图；在指定矢量下拉列表中选择YC选项；在极限区域的开始下拉列表框中选择值选项，并在其下的距离文本框中输入值 0，在极限区域的结束下拉列表框中选择值选项，并在其下的距离文本框中输入值 4，在布尔区域的下拉列表框中选择求和选项，采用系统默认的求和对象。单击< 确定 >按钮，完成拉伸特征 2 的创建。

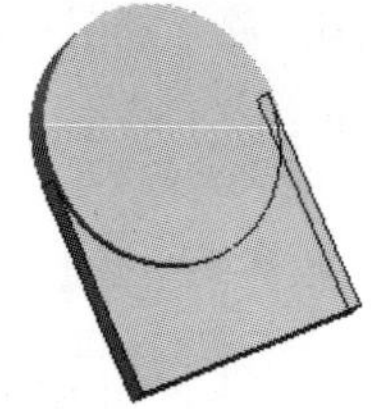

图 13.4　拉伸特征 2

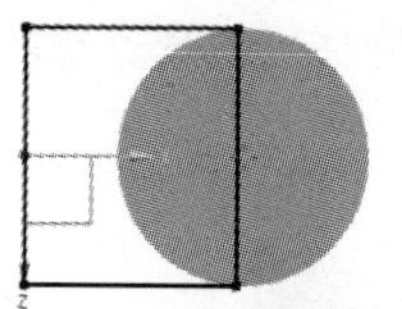

图 13.5　截面草图

Step4. 创建图 13.6 所示的零件基础特征——拉伸 3。选择下拉菜单插入(S) → 设计特征(E) → 拉伸(E)...命令，系统弹出“拉伸”对话框。选取图 13.7 所示的平面为草图平面，绘制图 13.8 所示的截面草图；在指定矢量下拉列表中选择-YC选项；在极限区域的开始下拉列表框中选择值选项，并在其下的距离文本框中输入值 0，在极限区域的结束下拉列表框中选择值选项，并在其下的距离文本框中输入值 20，在布尔区域的下拉列表框中选择求和选项，采用系统默认的求和对象。单击< 确定 >按钮，完成拉伸特征 3 的创建。

图 13.6　拉伸特征 3

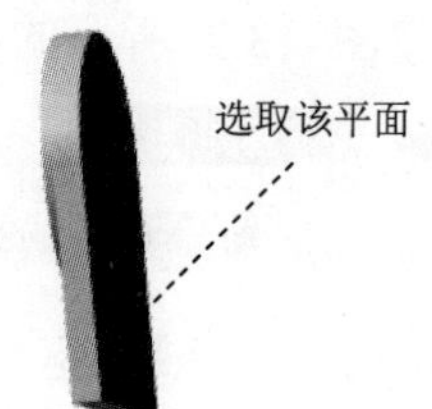

图 13.7　定义草图平面

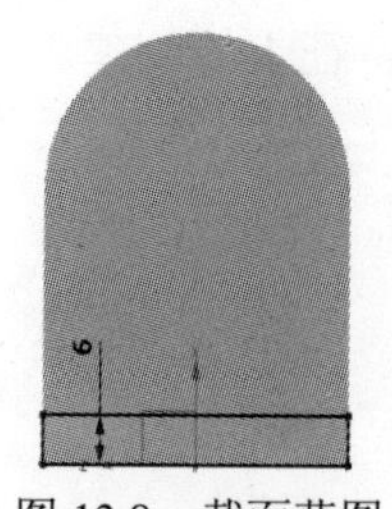

图 13.8　截面草图

Step5. 创建图 13.9 所示的零件基础特征——拉伸 4。选择下拉菜单插入(S) → 设计特征(E) → 拉伸(E)...命令，系统弹出“拉伸”对话框。选取 XY 基准平面为草图平面，绘制图 13.10 所示的截面草图；在指定矢量下拉列表中选择ZC选项；在极限区域的开始下拉列表框中选择对称值选项，并在其下的距离文本框中输入值 2.5，在布尔区域的下拉列表框中选择求和选项，采用系统默认的求和对象。单击< 确定 >按钮，完成拉伸特征 4 的创建。

图 13.9　拉伸特征 4

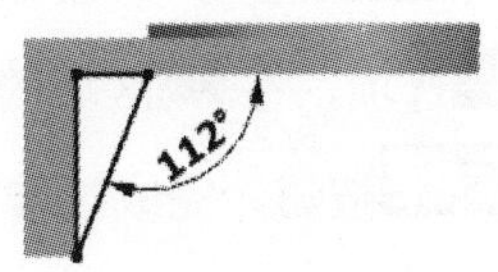

图 13.10　截面草图

Step6. 创建图 13.11 所示的零件基础特征——拉伸 5。选择下拉菜单插入(S) → 设计特征(E) → 拉伸(E)...命令，系统弹出“拉伸”对话框。选取 XZ 基准平面为草图平面，绘制图 13.12 所示的截面草图；在指定矢量下拉列表中选择YC选项；在极限区域的开始下拉列表框中选择值选项，并在其下的距离文本框中输入值 0，在极限区域的结束下拉列表框中选择值选项，并在其下的距离文本框中输入值 2.5，在布尔区域的下拉列表框中选择求差选项，采用系统默认的求差对象。单击< 确定 >按钮，完成拉伸特征 5 的创建。

图 13.11　拉伸特征 5

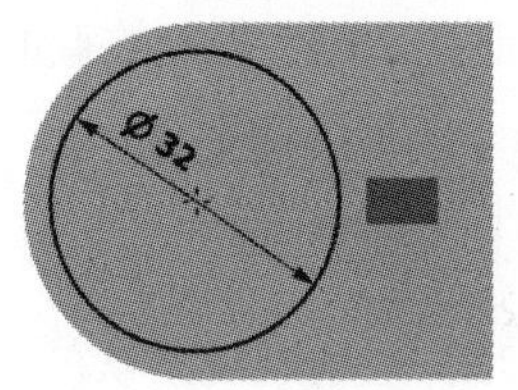

图 13.12　截面草图

Step7. 创建图 13.13 所示的零件基础特征——拉伸 6。选择下拉菜单插入(S) → 设计特征(E) → 拉伸(E)...命令，系统弹出“拉伸”对话框。选取 XZ 基准平面为草图平面，绘制图 13.14 所示的截面草图；在指定矢量下拉列表中选择YC选项；在极限区域的开始下拉列表框中选择值选项，并在其下的距离文本框中输入值 0，在极限区域的结束下拉列表框中选择贯通选项，在布尔区域的下拉列表框中选择求差选项，采用系统默认的求差对象。单击< 确定 >按钮，完成拉伸特征 6 的创建。

图 13.13　拉伸特征 6

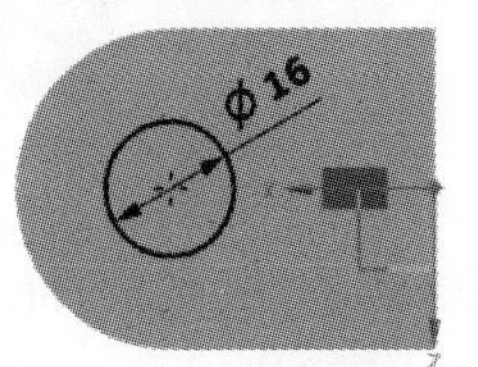

图 13.14　截面草图

Step8. 创建图 13.15 所示的零件基础特征——拉伸 7。选择下拉菜单插入(S) → 设计特征(E) → 拉伸(E)...命令，系统弹出“拉伸”对话框。选取 XZ 基准平面为草图平面，绘制图 13.16 所示的截面草图；在指定矢量下拉列表中选择YC选项；在极限区域的开始下拉列表框中选择值选项，并在其下的距离文本框中输入值 0，在极限区域的结束下拉列表框中选择贯通选项，在布尔区域的下拉列表框中选择求差选项，采用系统默认的求差对象。单击< 确定 >按钮，完成拉伸特征 7 的创建。

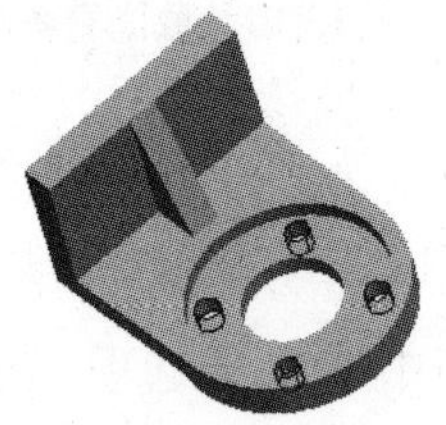

图 13.15 拉伸特征 7

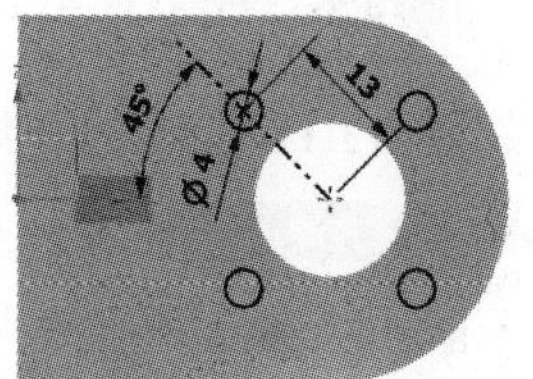

图 13.16 截面草图

Step9. 创建图 13.17 所示的零件基础特征——拉伸 8。选择下拉菜单插入(S) → 设计特征(E) → 拉伸(E)...命令，系统弹出“拉伸”对话框。选取图 13.18 所示的平面为草图平面，绘制图 13.19 所示的截面草图；在指定矢量下拉列表中选择-XC选项；在极限区域的开始下拉列表框中选择值选项，并在其下的距离文本框中输入值 0，在极限区域的结束下拉列表框中选择值选项，并在其下的距离文本框中输入值 2，在布尔区域的下拉列表框中选择求差选项，采用系统默认的求差对象。单击< 确定 >按钮，完成拉伸特征 8 的创建。

图 13.17 拉伸特征 8

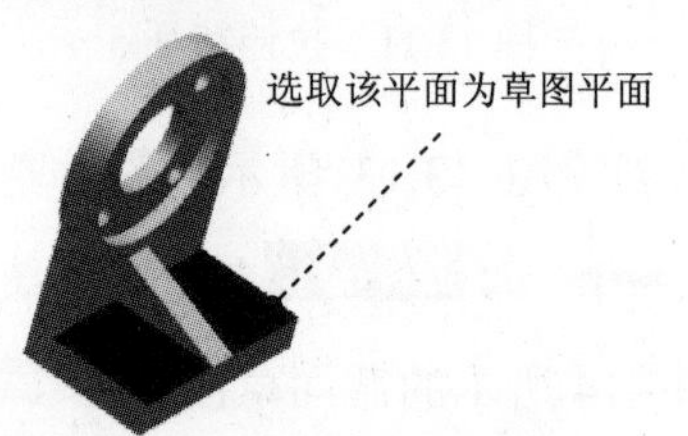

图 13.18 定义草图平面

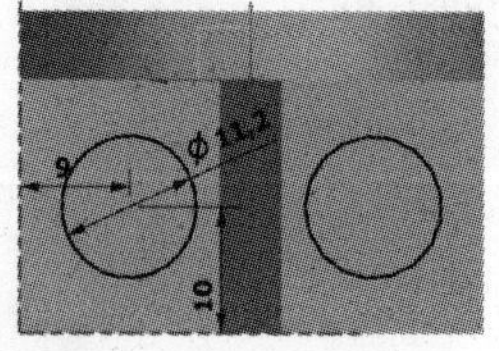

图 13.19 截面草图

Step10. 创建图 13.20 所示的孔特征 1。选择下拉菜单插入(S) → 设计特征(E)▸ → 孔(H)...命令。在类型下拉列表中选择螺纹孔选项，选取图 13.21 所示圆的中心点为定位点，在形状和尺寸区域中的螺纹尺寸中大小的下拉列表中选择 M6×1.0，在尺寸区域中的深度文本框输入值 12，在起始倒斜角区域取消选中□启用复选框。在布尔区域中选择求差选项，采用系统默认的求差对象。对话框中的其他设置保持系统默认；单击< 确定 >按钮，完成孔特征 1 的创建。

图 13.20　孔特征 1

图 13.21　定位点

Step11. 保存零件模型。选择下拉菜单文件(F) ➡ 保存(S)命令，即可保存零件模型。

实例14　削 笔 刀 盒

实例概述：

本实例是一个普通的削笔刀盒，主要运用了实体建模的一些常用命令，包括实体拉伸、拉伸切削、倒圆角、抽壳等，其中需要读者注意倒圆角的顺序及抽壳命令的创建过程。零件模型及模型树如图 14.1 所示。

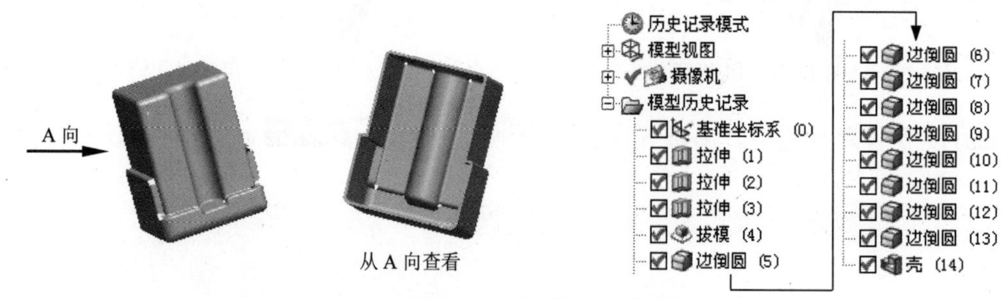

图 14.1　零件模型及模型树

Step1. 新建文件。选择下拉菜单 文件(F) → 新建(N)... 命令，系统弹出“新建”对话框。在 模型 选项卡的 模板 区域中选取模板类型为 模型，在 名称 文本框中输入文件名称 SHARPENER_BOX，单击 确定 按钮，进入建模环境。

Step2. 创建图 14.2 所示的零件基础特征——拉伸 1。选择下拉菜单 插入(S) → 设计特征(E) → 拉伸(E)... 命令，系统弹出“拉伸”对话框。选取 XZ 平面为草图平面，选中 设置 区域的 ☑ 创建中间基准 CSYS 复选框，绘制图 14.3 所示的截面草图；在 指定矢量 下拉列表中选择 YC 选项，在 极限 区域的 开始 下拉列表框中选择 值 选项，并在其下的 距离 文本框中输入值 0，在 极限 区域的 结束 下拉列表框中选择 值 选项，在 结束 文本框中输入值 40，单击 < 确定 > 按钮，完成拉伸特征 1 的创建。

图 14.2　拉伸特征 1

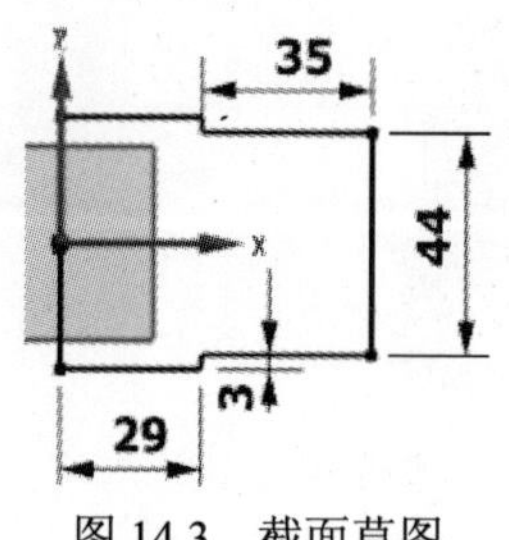

图 14.3　截面草图

Step3. 创建图 14.4 所示的零件基础特征——拉伸 2。选择下拉菜单插入(S) → 设计特征(E) → 拉伸(E)...命令，系统弹出“拉伸”对话框。选取图 14.5 所示的平面为草图平面，取消选中设置区域的□ 创建中间基准 CSYS复选框，绘制图 14.6 所示的截面草图；在✔ 指定矢量下拉列表中选择-XC选项；在极限区域的开始下拉列表框中选择值选项，并在其下的距离文本框中输入值 0，在极限区域的结束下拉列表框中选择值选项，并在其下的距离文本框中输入值 52，在布尔区域的下拉列表框中选择求差选项，采用系统默认的求差对象。单击< 确定 >按钮，完成拉伸特征 2 的创建。

Step4. 创建图 14.7 所示的零件基础特征——拉伸 3。选择下拉菜单插入(S) → 设计特征(E) → 拉伸(E)...命令，系统弹出“拉伸”对话框。选取图 14.8 所示的平面为草图平面，绘制图 14.9 所示的截面草图；在✔ 指定矢量下拉列表中选择-XC选项；在极限区域的开始下拉列表框中选择值选项，并在其下的距离文本框中输入值 0，在极限区域的结束下拉列表框中选择值选项，并在其下的距离文本框中输入值 55，在布尔区域的下拉列表框中选择求差选项，采用系统默认的求差对象。单击< 确定 >按钮，完成拉伸特征 3 的创建。

图 14.4　拉伸特征 2

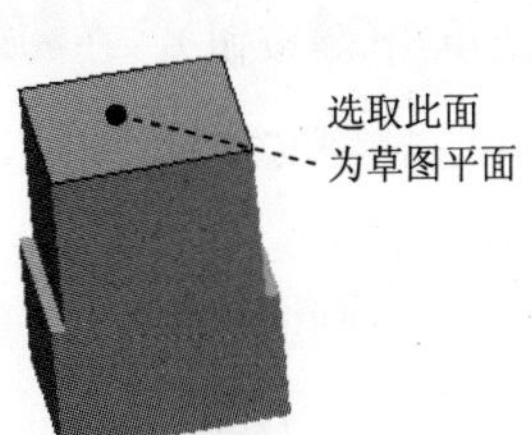

图 14.5　定义草图平面

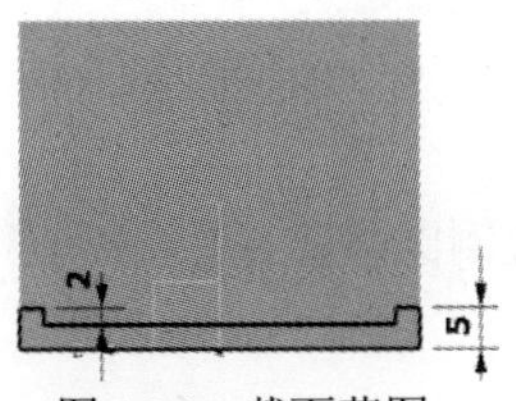

图 14.6　截面草图

图 14.7　拉伸特征 3

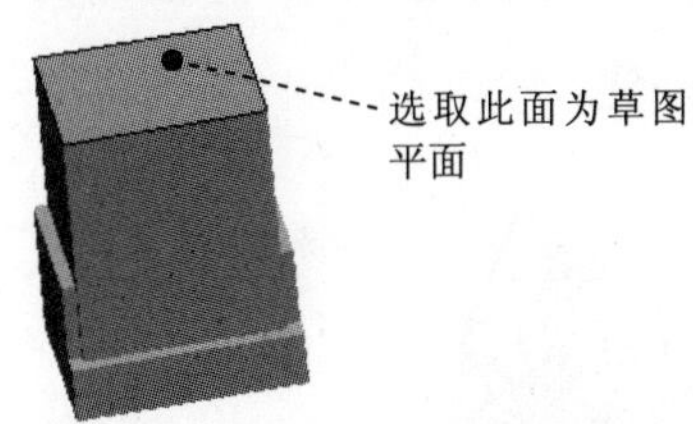

图 14.8　定义草图平面

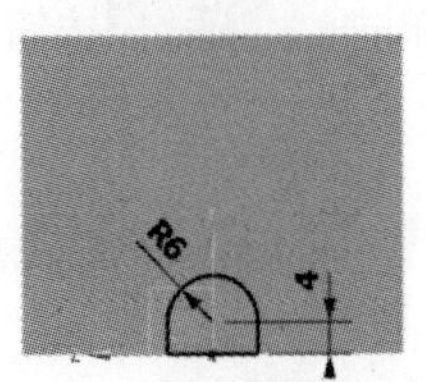

图 14.9　截面草图

Step5. 创建图 14.10 所示的拔模特征 1。选择下拉菜单插入(S) → 细节特征(L) ▸ → 拔模(T)...命令，在脱模方向区域中选择 Y 轴的负方向，选择图 14.11 所示的面为固定平面，在要拔模的面区域选择图 14.12 所示的面为拔模面，在并在角度 1文本框中输入值 10。单击< 确定 >按钮，完成拔模特征 1 的创建。

图 14.10 拔模特征 1　　图 14.11 定义拔模固定面

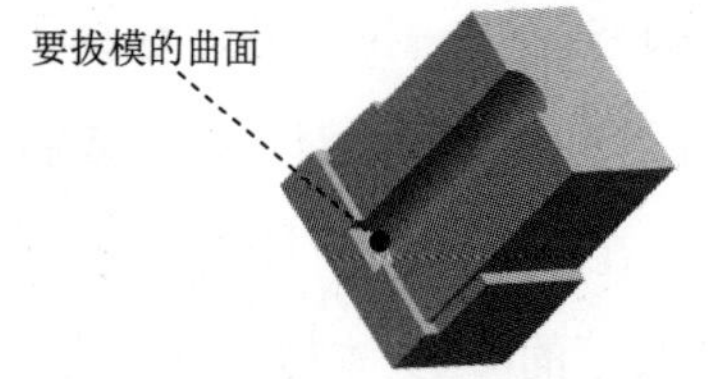

图 14.12 定义拔模面

Step6. 创建边倒圆特征 1。选择下拉菜单插入(S) → 细节特征(L) ▸ → 边倒圆(E)... 命令（或单击按钮），在要倒圆的边区域中单击按钮，选择图 14.13 所示的边线为边倒圆参照，并在半径 1文本框中输入值 2。单击< 确定 >按钮，完成边倒圆特征 1 的创建。

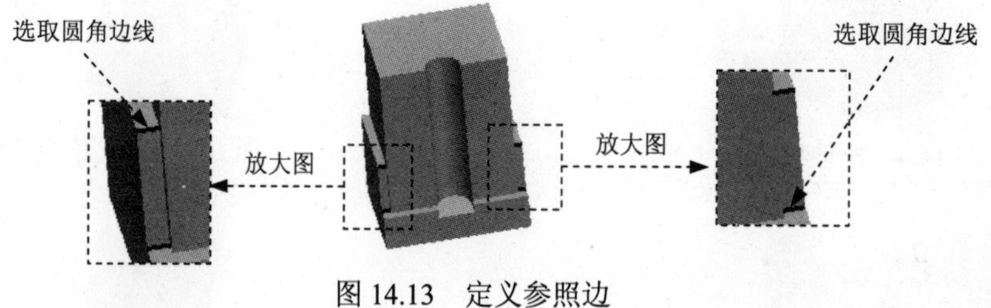

图 14.13 定义参照边

Step7. 创建边倒圆特征 2。选择图 14.14 所示的边线为边倒圆参照，并在半径 1文本框中输入值 0.5。单击< 确定 >按钮，完成边倒圆特征 2 的创建。

Step8. 创建边倒圆特征 3。选择图 14.15 所示的边线为边倒圆参照，并在半径 1文本框中输入值 2。单击< 确定 >按钮，完成边倒圆特征 3 的创建。

图 14.14 定义参照边　　图 14.15 定义参照边

Step9. 创建边倒圆特征 4。选择图 14.16 所示的边线为边倒圆参照，并在半径 1文本框中输入值 2.5。单击< 确定 >按钮，完成边倒圆特征 4 的创建。

Step10. 创建边倒圆特征 5。选择图 14.17 所示的边线为边倒圆参照，并在半径 1文本框中输入值 2.5。单击< 确定 >按钮，完成边倒圆特征 5 的创建。

图 14.16　定义参照边　　　　图 14.17　定义参照边

Step11. 创建边倒圆特征 6。选择图 14.18 所示的边链为边倒圆参照，并在半径 1文本框中输入值 3。单击< 确定 >按钮，完成边倒圆特征 6 的创建。

Step12. 创建边倒圆特征 7。选择图 14.19 所示的边链为边倒圆参照，并在半径 1文本框中输入值 1。单击< 确定 >按钮，完成边倒圆特征 7 的创建。

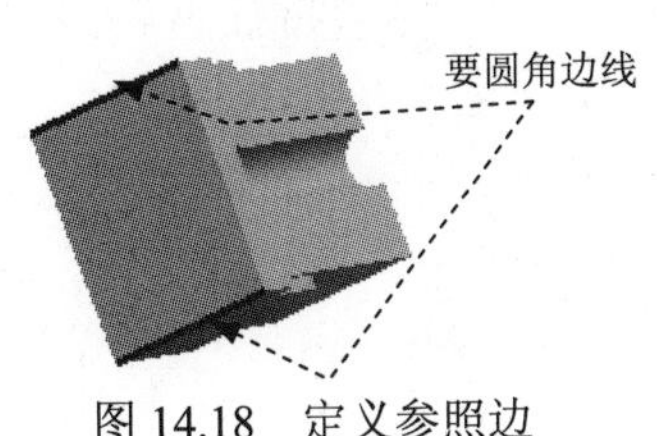

图 14.18　定义参照边

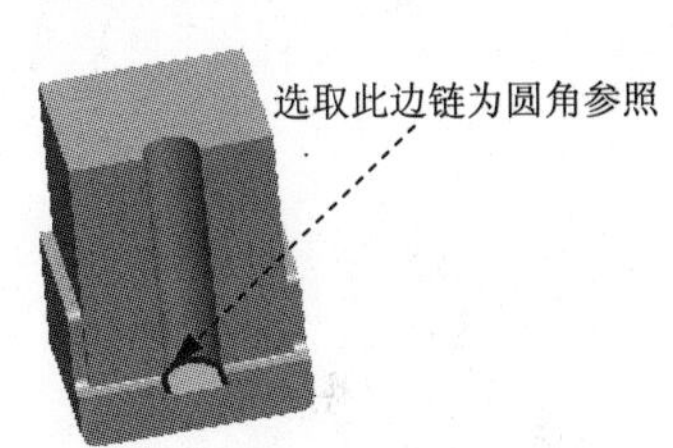

图 14.19　定义参照边

Step13. 创建边倒圆特征 8。选择图 14.20 所示的边链为边倒圆参照，并在半径 1文本框中输入值 5。单击< 确定 >按钮，完成边倒圆特征 8 的创建。

Step14. 创建边倒圆特征 9。选择图 14.21 所示的边链为边倒圆参照，并在半径 1文本框中输入值 0.5。单击< 确定 >按钮，完成边倒圆特征 9 的创建。

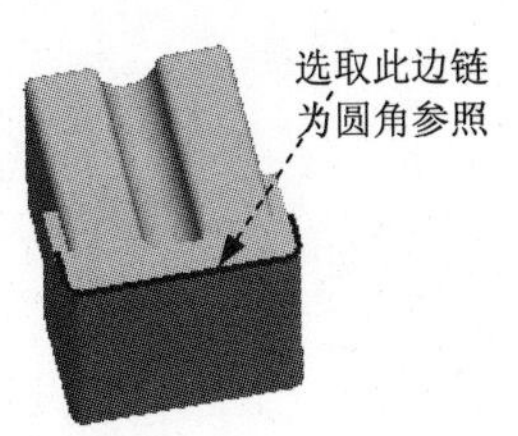

图 14.20　定义参照边

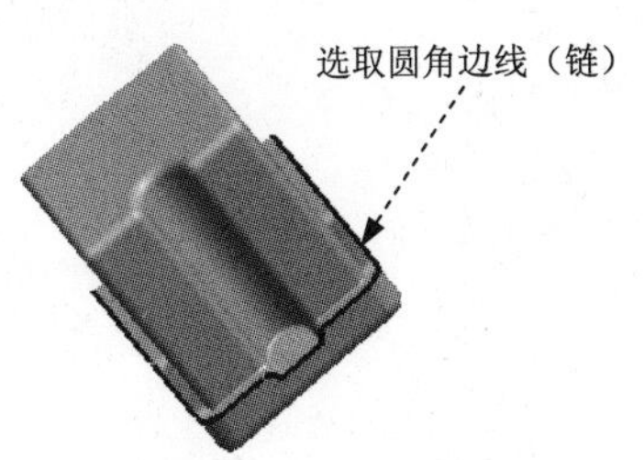

图 14.21　定义参照边

Step15. 创建图 14.22 所示的抽壳特征 1。选择下拉菜单插入(S) ➡ 偏置/缩放(O) ▸ ➡ 抽壳(H)...命令，在类型区域的下拉列表框中选择移除面，然后抽壳选项，在面区域中单击按钮，选取图 14.23 所示的曲面为要移除的对象。在 厚度 文本框中输入值 1.0，其他采用系统默认设置，单击 < 确定 > 按钮，完成面抽壳特征 1 的创建。

图 14.22　抽壳特征 1

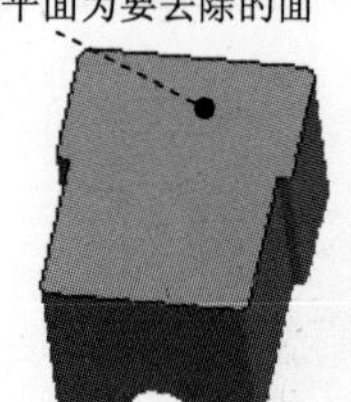

图 14.23　定义移除面

Step16. 保存零件模型。选择下拉菜单 文件(F) → 保存(S) 命令，即可保存零件模型。

实例15　泵　　盖

15.1　实 例 概 述

本实例介绍了泵盖的设计过程。通过学习本实例，会使读者对实体的拉伸、回转、镜像、边倒圆、倒斜角、孔等特征有更为深入的了解。其中孔特征是本例的一个亮点。需要注意孔特征的一些特点。零件模型及模型树如图 15.1.1 所示。

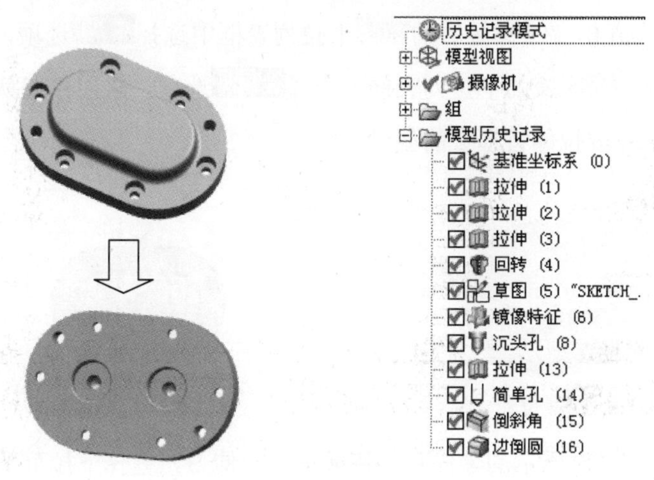

图 15.1.1　零件模型及模型树

15.2　详细设计过程

Step1. 新建文件。选择下拉菜单 文件(F) → 新建(N)... 命令，系统弹出“新建”对话框。在 模型 选项卡的 模板 区域中选取模板类型为 模型，在 名称 文本框中输入文件名称 PUMP，单击 确定 按钮，进入建模环境。

Step2. 创建图 15.2.1 所示的零件基础特征——拉伸 1。选择下拉菜单 插入(S) → 设计特征(E) → 拉伸(E)... 命令，系统弹出“拉伸”对话框。选取 XZ 平面为草图平面，选中 设置 区域的 ☑ 创建中间基准 CSYS 复选框，绘制图 15.2.2 所示的截面草图；在 ✔ 指定矢量 下拉列表中选择 -YC 选项；在 极限 区域的 开始 下拉列表框中选择 值 选项，并在其下的 距离 文本框中输入值 0，在 极限 区域的 结束 下拉列表框中选择 值 选项，并在其下的 距离 文本框中输入值 10。单击 < 确定 > 按钮，完成拉伸特征 1 的创建。

图 15.2.1 拉伸特征 1

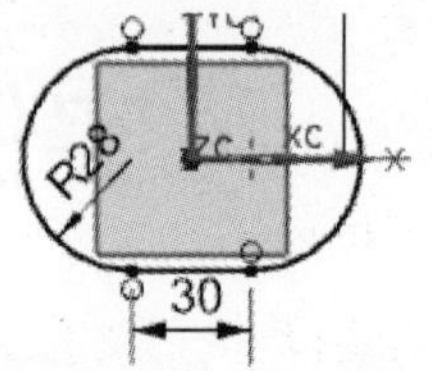

图 15.2.2 截面草图

Step3. 创建图 15.2.3 所示的零件基础特征——拉伸 2。选择下拉菜单 插入(S) → 设计特征(E) → 拉伸(E)... 命令，系统弹出“拉伸”对话框。选取图 15.2.3 所示的平面为草图平面，取消选中 设置 区域的 创建中间基准 CSYS 复选框，绘制图 15.2.4 所示的截面草图；在 指定矢量 下拉列表中选择 -YC 选项；在 极限 区域的 开始 下拉列表框中选择 值 选项，并在其下的 距离 文本框中输入值 0，在 极限 区域的 结束 下拉列表框中选择 值 选项，并在其下的 距离 文本框中输入值 8。在 布尔 区域的下拉列表框中选择 求和 选项，采用系统默认的求和对象。单击 < 确定 > 按钮，完成拉伸特征 2 的创建。

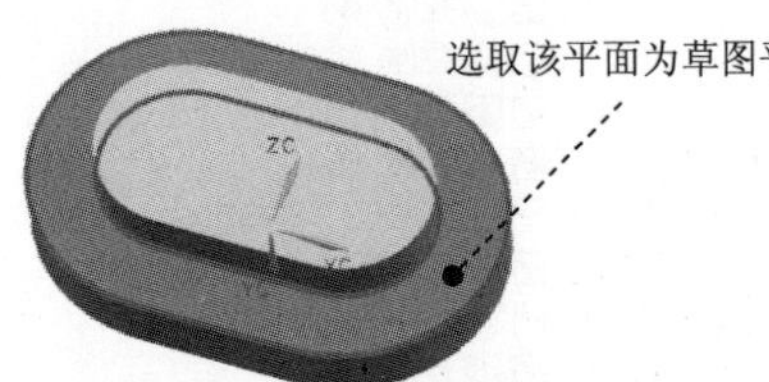

图 15.2.3 拉伸特征 2

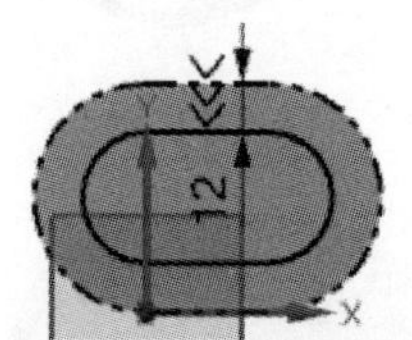

图 15.2.4 截面草图

Step4. 创建图 15.2.5 所示的零件基础特征——拉伸 3。选择下拉菜单 插入(S) → 设计特征(E) → 拉伸(E)... 命令，系统弹出“拉伸”对话框。选取图 15.2.5 所示的平面为草图平面，绘制图 15.2.6 所示的截面草图；在 指定矢量 下拉列表中选择 YC 选项；在 极限 区域的 开始 下拉列表框中选择 值 选项，并在其下的 距离 文本框中输入值 0，在 极限 区域的 结束 下拉列表框中选择 贯通 选项，在 布尔 区域的下拉列表框中选择 求差 选项，采用系统默认的求差对象。单击 < 确定 > 按钮，完成拉伸特征 3 的创建。

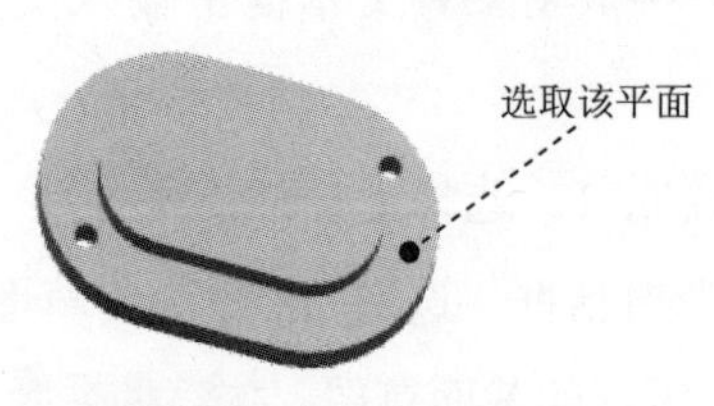

图 15.2.5 拉伸特征 3

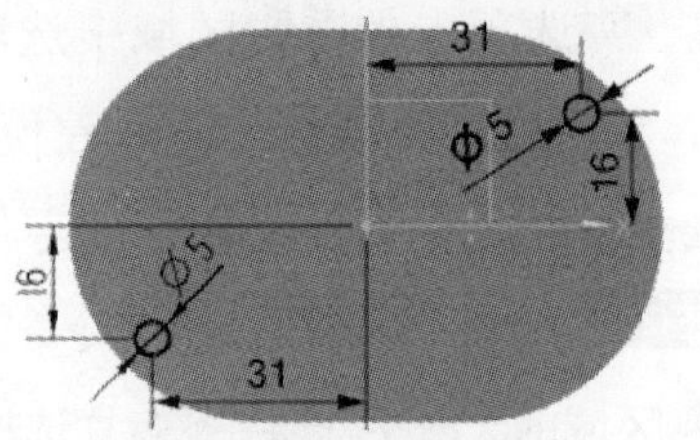

图 15.2.6 截面草图

Step5. 创建图 15.2.7 所示的回转特征 1。选择 插入(S) → 设计特征(E) → 回转(R)... 命令（或单击 按钮），单击 截面 区域中的 按钮，在绘图区选取 XY 基准平面为草图平面，绘制图 15.2.8 所示的截面草图。在绘图区中选取图 15.2.8 所示的直线为旋转轴。在“回转”对话框的极限区域的开始下拉列表框中选择值选项，并在角度文本框中输入值 0，在结束下拉列表框中选择值选项，并在角度文本框中输入值 360；在布尔区域中选择求差选项，采用系统默认的求差对象。单击< 确定 >按钮，完成回转特征 1 的创建。

图 15.2.7　回转特征 1

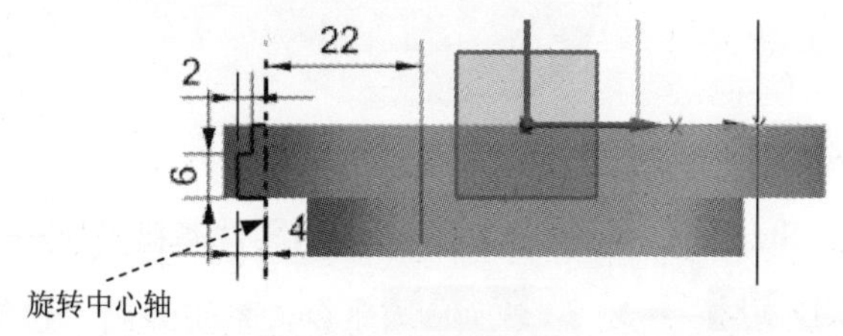

图 15.2.8　截面草图

Step6. 创建图 15.2.9 所示的零件特征——镜像 1。选择下拉菜单插入(S) → 关联复制(A) → 镜像特征(M)...命令，在绘图区中选取图 15.2.7 所示的回转特征为要镜像的特征。在镜像平面区域中单击按钮，在绘图区中选取 YZ 基准平面作为镜像平面。单击< 确定 >按钮，完成镜像特征 1 的创建。

图 15.2.9 镜像 1

Step7. 创建图 15.2.11 所示的草图 1。选择下拉菜单插入(S) → 任务环境中的草图(S)...命令；选取图 15.2.10 所示的平面为草图平面；进入草图环境绘制。绘制完成后单击完成草图按钮，完成草图 1 的绘制。

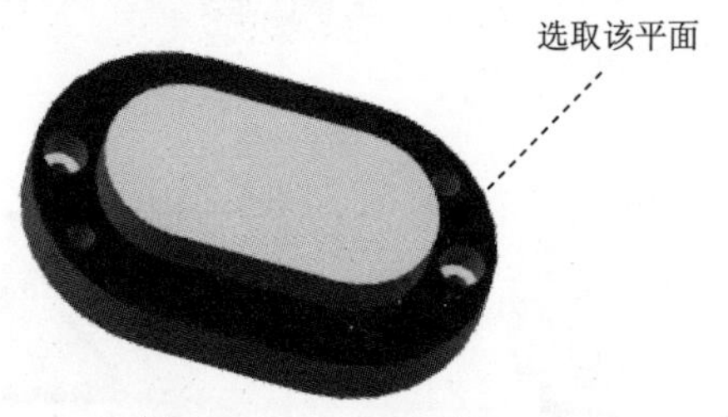

图 15.2.10　草图平面

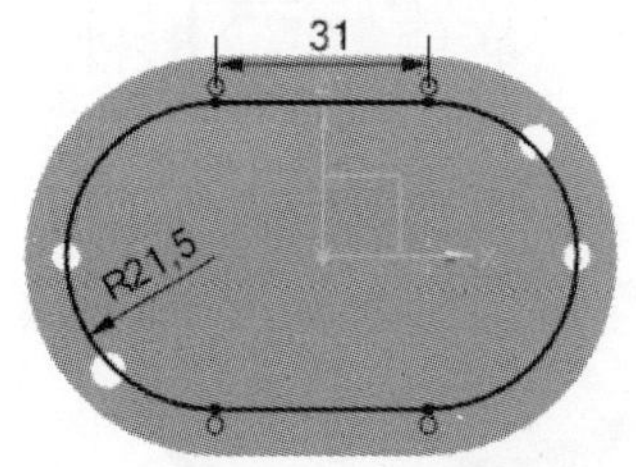

图 15.2.11　草图

Step8. 创建图 15.2.12 所示的孔特征 1。选择下拉菜单插入(S) → 设计特征(E) → 孔(H)...命令。在类型下拉列表中选择常规孔选项，选取图 15.2.13 所示的圆弧的端点为定位点，在形状和尺寸下拉列表中选择沉头选项，在尺寸区域中的沉头直径文本框中输入值 8，在沉头深度文本框中输入值 6，在直径文本框中输入值 4，在深度限制区域深度的文本框中输入值 15，在布尔区域中选择求差选项，采用系统默认的求差对象。对话框中的其他设置保持系统默认；单击< 确定 >按钮，完成孔特征 1 的创建。

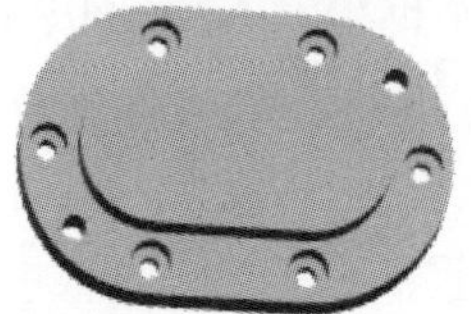

图 15.2.12 孔特征 1

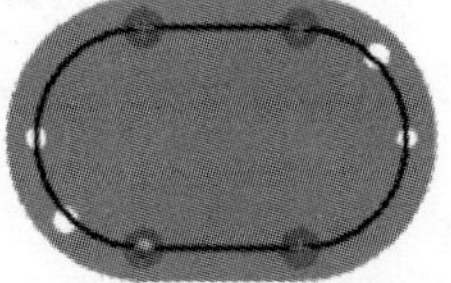

图 15.2.13 定位点

Step9. 创建图 15.2.14 所示的零件基础特征——拉伸 4。选择下拉菜单插入(S) → 设计特征(E) → 拉伸(E)...命令，系统弹出“拉伸”对话框。选取 XZ 为草图平面，绘制图 15.2.15 所示的截面草图；在指定矢量下拉列表中选择-YC选项；在极限区域的开始下拉列表框中选择值选项，并在其下的距离文本框中输入值 0，在极限区域的结束下拉列表框中选择值选项，并在其下的距离文本框中输入值 5，在布尔区域的下拉列表框中选择求差选项，采用系统默认的求差对象。单击< 确定 >按钮，完成拉伸特征 3 的创建。

图 15.2.14 拉伸特征 4

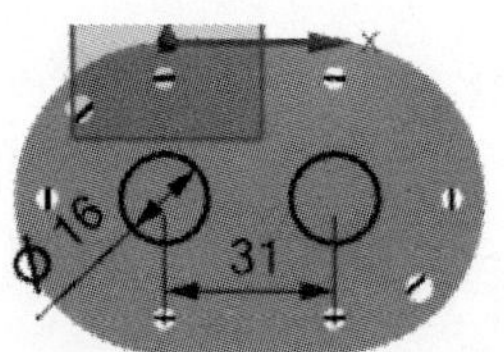

图 15.2.15 截面草图

Step10. 创建图 15.2.16 所示的孔特征 2。选择下拉菜单插入(S) → 设计特征(E) → 孔(H)...命令。在类型下拉列表中选择常规孔选项，选取图 15.2.17 所示圆的中心为定位点，在“孔”对话框直径文本框中输入值 6，在深度限制区域深度的文本框中输入值 9.7，在布尔区域的下拉列表框中选择求差选项，采用系统默认的求差对象。对话框中的其他设置保持系统默认；单击< 确定 >按钮，完成孔特征 2 的创建。

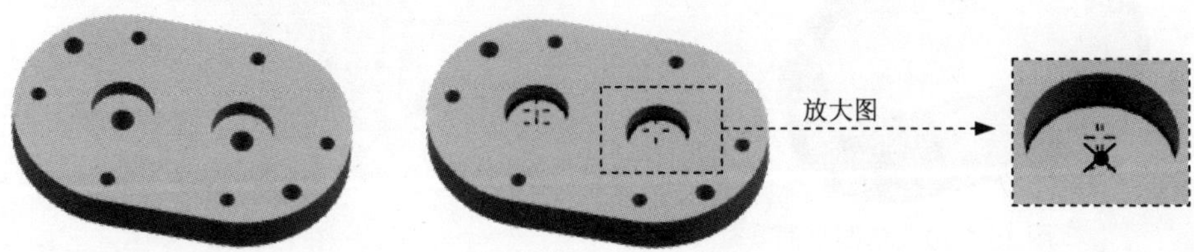

图 15.2.16 孔特征 2　　图 15.2.17 定位点

Step11. 创建图 15.2.18 所示的倒斜角特征 1。选择下拉菜单插入(S) → 细节特征(L) → 倒斜角(C)...命令。在边区域中单击按钮，选取图 15.2.19 所示的 2 条边线为倒斜角参照，在偏置区域的横截面文本框选择对称选项，在距离文本框输入值 0.5。单击< 确定 >

按钮，完成倒斜角特征 1 的创建。

图 15.2.18　倒斜角特征 1

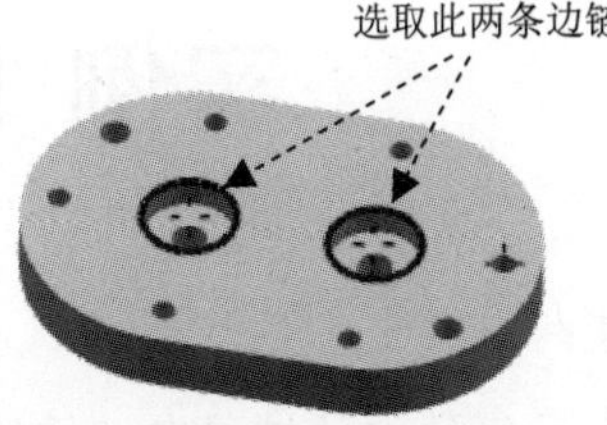

图 15.2.19　定义参照边

Step12. 创建图 15.2.20 所示的边倒圆特征 1。选择下拉菜单 插入(S) → 细节特征(L) → 边倒圆(E)... 命令（或单击 按钮），在 要倒圆的边 区域中单击 按钮，选择图 15.2.21 所示的两条边链为边倒圆参照，并在 半径 1 文本框中输入值 2。单击 < 确定 > 按钮，完成边倒圆特征 1 的创建。

图 15.2.20　边倒圆特征 1

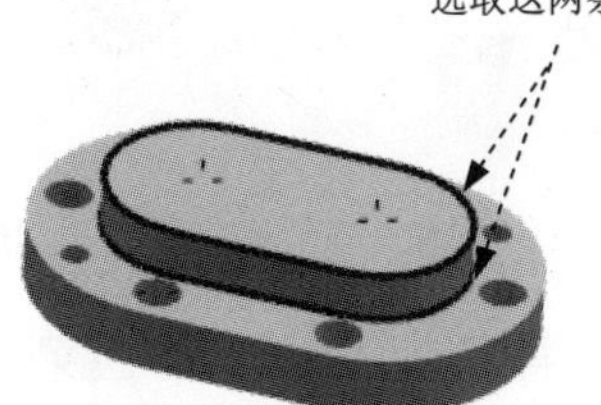

图 15.2.21　定义参照边

Step13. 保存零件模型。选择下拉菜单 文件(F) → 保存(S) 命令，即可保存零件模型。

实例16 塑料垫片

实例概述：

在本实例的设计过程中，镜像特征的运用较为巧妙，在镜像时应注意镜像基准面的选择。零件模型和模型树如图 16.1 所示。

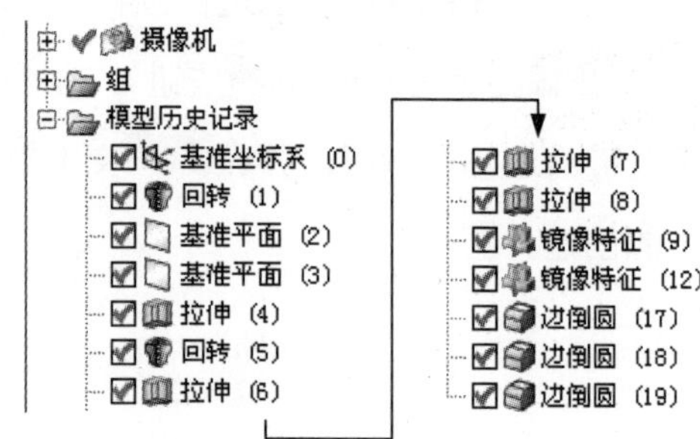

图 16.1　零件模型及模型树

Step1. 新建文件。选择下拉菜单 文件(F) → 新建(N)... 命令，系统弹出“新建”对话框。在 模型 选项卡的 模板 区域中选取模板类型为 模型，在 名称 文本框中输入文件名称 GAME，单击 确定 按钮，进入建模环境。

Step2. 创建图 16.2 所示的回转特征 1。选择 插入(S) → 设计特征(E) → 回转(R)... 命令（或单击 按钮），单击 截面 区域中的 按钮，在绘图区选取 XZ 基准平面为草图平面，选中 设置 区域的 ☑ 创建中间基准 CSYS 复选框，绘制图 16.3 所示的截面草图。在绘图区中选取 Z 轴为旋转轴。在“回转”对话框的 极限 区域的 开始 下拉列表框中选择 值 选项，并在 角度 文本框中输入值 0，在 结束 下拉列表框中选择 值 选项，并在 角度 文本框中输入值 360；单击 < 确定 > 按钮，完成回转特征 1 的创建。

图 16.2　回转特征 1

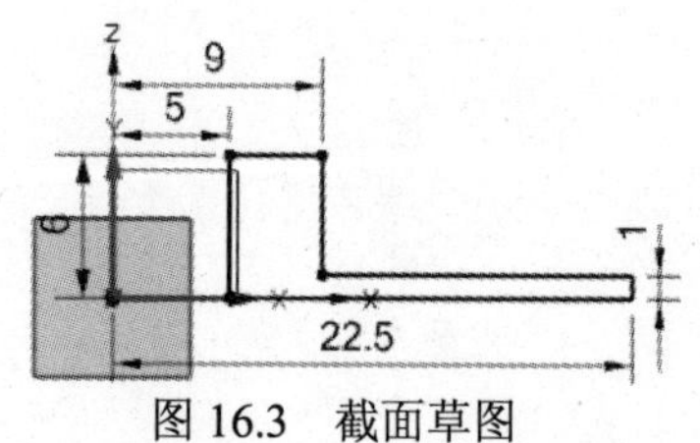

图 16.3　截面草图

Step3. 创建图 16.4 所示的基准平面 1。选择下拉菜单 插入(S) → 基准/点(D) → 基准平面(D)... 命令（或单击 按钮），系统弹出“基准平面”对话框。在 类型 区域的下拉列表框中选择按某一距离选项，在绘图区选取 XY 基准平面，输入偏移值 6。单击< 确定 >按钮，完成基准平面 1 的创建。

图 16.4　基准平面 1

Step4. 创建图 16.5 所示的基准平面 2。选择下拉菜单插入(S) → 基准/点(D) → 基准平面(D)...命令（或单击按钮），系统弹出“基准平面”对话框。在类型区域的下拉列表框中选择成一角度选项，在绘图区选取 YZ 基准平面，在通过轴选区选择 ZC 轴，输入角度值 30。单击< 确定 >按钮，完成基准平面 2 的创建。

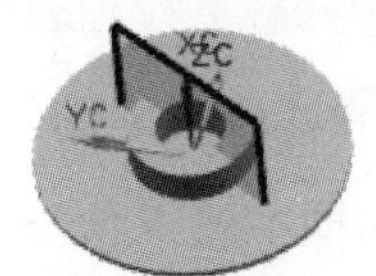

图 16.5　基准平面 2

Step5. 创建图 16.6 所示的零件基础特征——拉伸 1。选择下拉菜单插入(S) → 设计特征(E) → 拉伸(E)...命令，系统弹出“拉伸”对话框。选取基准平面 1 为草图平面，取消选中设置区域的创建中间基准 CSYS复选框，绘制图 16.7 所示的截面草图；在指定矢量下拉列表中选择-ZC选项；在极限区域的开始下拉列表框中选择值选项，并在其下的距离文本框中输入值 0，在极限区域的结束下拉列表框中选择值选项，并在其下的距离文本框中输入值 2，在布尔区域的下拉列表框中选择求差选项，采用系统默认的求差对象。单击< 确定 >按钮，完成拉伸特征 1 的创建。

图 16.6　拉伸特征 1

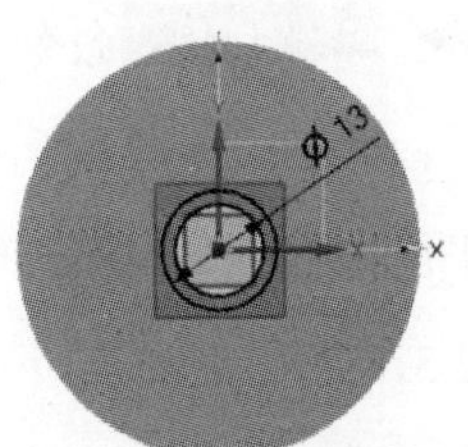

图 16.7　截面草图

Step6. 创建图 16.8 所示的回转特征 2。选择插入(S) → 设计特征(E) → 回转(R)...命令（或单击按钮），单击截面区域中的按钮，在绘图区选取 YZ 基准平面为草图平面，绘制图 16.9 所示的截面草图。在绘图区中选取 Z 轴为旋转轴。在“回转”对话框的极限区域的开始下拉列表框中选择值选项，并在角度文本框中输入值 0，在结束下拉列表框中选择值选项，并在角度文本框中输入值 360；在布尔区域的下拉列表框中选择求差选项，单击< 确定 >按钮，完成回转特征 2 的创建。

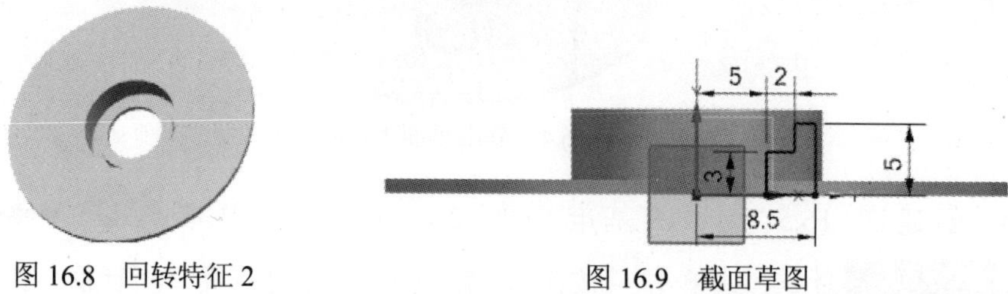

图 16.8 回转特征 2　　　图 16.9 截面草图

Step7. 创建图 16.10 所示的零件基础特征——拉伸 2。选择下拉菜单插入(S) ➡ 设计特征(E) ➡ 拉伸(E)...命令，系统弹出“拉伸”对话框。选取 XY 基准平面为草图平面，绘制图 16.11 所示的截面草图；在指定矢量下拉列表中选择 ZC 选项；在极限区域的开始下拉列表框中选择值选项，并在其下的距离文本框中输入值 0，在极限区域的结束下拉列表框中选择值选项，并在其下的距离文本框中输入值 5，在布尔区域的下拉列表框中选择求差选项，采用系统默认的求差对象。单击< 确定 >按钮，完成拉伸特征 2 的创建。

图 16.10 拉伸特征 2

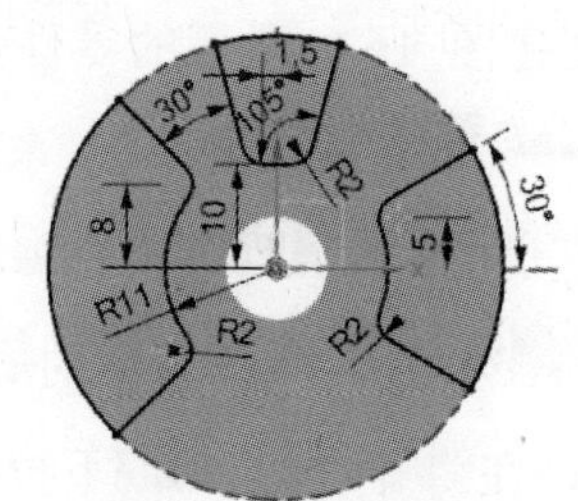

图 16.11 截面草图

Step8. 创建图 16.12 所示的零件基础特征——拉伸 3。选择下拉菜单插入(S) ➡ 设计特征(E) ➡ 拉伸(E)...命令，系统弹出“拉伸”对话框。选取图 16.13 所示的基准平面 2 为草图平面，绘制图 16.13 所示的截面草图；在指定矢量下拉列表中选择选项,单击图形区的基准平面 2；在极限区域的开始下拉列表框中选择对称值选项，并在其下的距离文本框中输入值 2.5，在布尔区域的下拉列表框中选择求和选项，采用系统默认的求和对象。单击< 确定 >按钮，完成拉伸特征 3 的创建。

图 16.12 拉伸特征 3

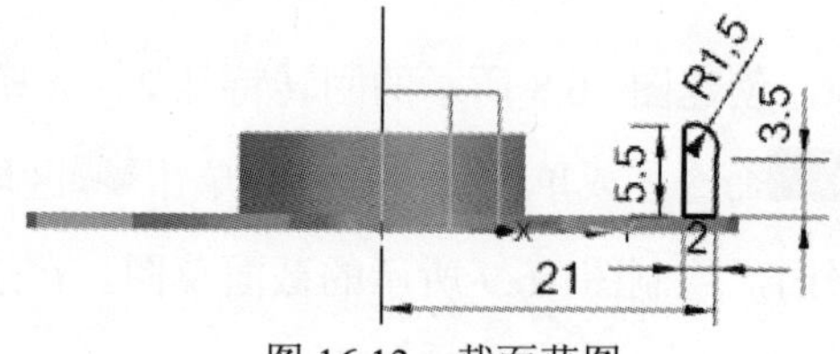

图 16.13 截面草图

Step9. 创建图 16.14 所示的零件基础特征——拉伸 4。选择下拉菜单 插入(S) ➡ 设计特征(E) ➡ 拉伸(E)... 命令，系统弹出“拉伸”对话框。选取图 16.15 所示的基准平面 2 为草图平面，绘制图 16.15 所示的截面草图；在 指定矢量 下拉列表中选择 选项，单击图形区的基准平面 2；在 极限 区域的 开始 下拉列表框中选择 对称值 选项，并在其下的 距离 文本框中输入值 0.25，在 偏置 下拉列表框中选择 两侧 选项，在 开始 文本框中输入值 1，在 结束 文本框中输入值 0。在 布尔 区域的下拉列表框中选择 求和 选项，采用系统默认的求和对象。单击 < 确定 > 按钮，完成拉伸特征 4 的创建。

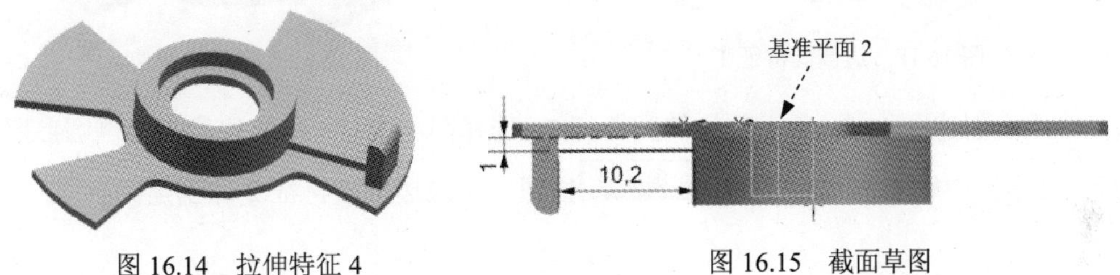

图 16.14　拉伸特征 4　　　图 16.15　截面草图

Step10. 创建图 16.16 所示的零件特征——镜像 1。选择下拉菜单 插入(S) ➡ 关联复制(A) ➡ 镜像特征(M)... 命令，在绘图区中选取图 16.12 所示的拉伸特征 3 和图 16.14 所示的拉伸特征 4 为要镜像的特征。在 镜像平面 区域中单击 按钮，在绘图区中选取 YZ 基准平面作为镜像平面。单击 < 确定 > 按钮，完成镜像特征 1 的创建。

图 16.16　镜像特征 1

Step11. 创建图 16.17 所示的零件特征——镜像 2。选择下拉菜单 插入(S) ➡ 关联复制(A) ➡ 镜像特征(M)... 命令，在绘图区中选取图 16.16 所示的镜像特征 1 为要镜像的特征。在 镜像平面 区域中单击 按钮，在绘图区中选取 XZ 基准平面作为镜像平面。单击 < 确定 > 按钮，完成镜像特征 2 的创建。

图 16.17　镜像特征 2

Step12. 创建图 16.18 所示的边倒圆特征 1。选择下拉菜单插入(S) → 细节特征(L) ▸ → 边倒圆(E)...命令（或单击按钮），在要倒圆的边区域中单击按钮，选择图 16.19 所示的边链为边倒圆参照，并在半径 1文本框中输入值 0.5。单击< 确定 >按钮，完成边倒圆特征 1 的创建。

图 16.18　边倒圆特征 1

图 16.19　定义参照边

Step13. 创建图 16.20 所示的边倒圆特征 2。选择图 16.21 所示的边线为边倒圆参照，并在半径 1文本框中输入值 0.2。单击< 确定 >按钮，完成边倒圆特征 2 的创建。

图 16.20　边倒圆特征 2

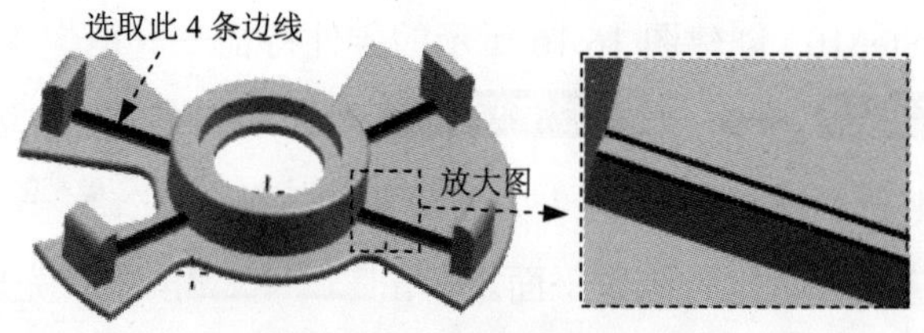

图 16.21　定义参照边

Step14. 创建图 16.22 所示的边倒圆特征 3。选择图 16.23 所示的边线为边倒圆参照，并在半径 1文本框中输入值 0.1。单击< 确定 >按钮，完成边倒圆特征 3 的创建。

图 16.22　边倒圆特征 3

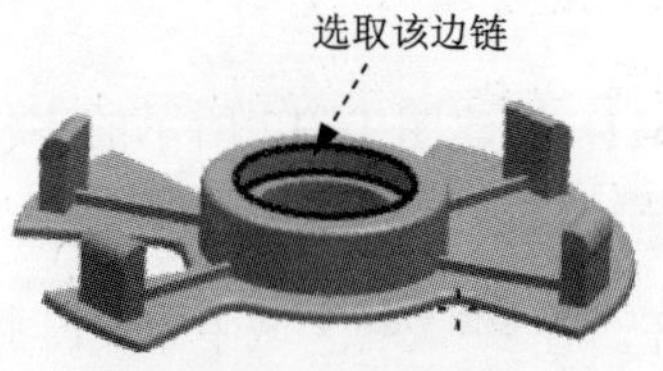

图 16.23　定义参照边

Step15. 保存零件模型。选择下拉菜单文件(F) → 保存(S)命令，即可保存零件模型。

实例 17 传 呼 机 套

实例概述：

本实例运用了巧妙的构思，通过简单的几个特征就创建出图 17.1 所示的较为复杂的模型，通过对本实例的学习，可以使读者进一步掌握拉伸、抽壳、扫掠和旋转等命令。零件模型及模型树如图 17.1 所示。

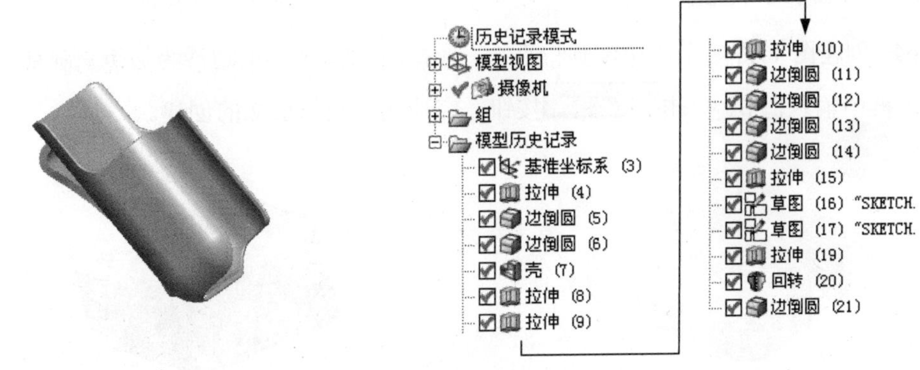

图 17.1 零件模型及模型树

Step1. 新建文件。选择下拉菜单 文件(F) ➡ 新建(N)... 命令，系统弹出“新建”对话框。在 模型 选项卡的 模板 区域中选取模板类型为 模型，在 名称 文本框中输入文件名称 PLASTIC_SHEATH，单击 确定 按钮，进入建模环境。

Step2. 创建图 17.2 所示的零件基础特征——拉伸 1。选择下拉菜单 插入(S) ➡ 设计特征(E) ➡ 拉伸(E)... 命令，系统弹出“拉伸”对话框。选取 YZ 平面为草图平面，选中 设置 区域的 ☑ 创建中间基准 CSYS 复选框，绘制图 17.3 所示的截面草图；在 指定矢量 下拉列表中选择 -XC 选项；在 极限 区域的 开始 下拉列表框中选择 对称值 选项，并在其下的 距离 文本框中输入值 22.5，单击 <确定> 按钮，完成拉伸特征 1 的创建。

图 17.2 拉伸特征 1

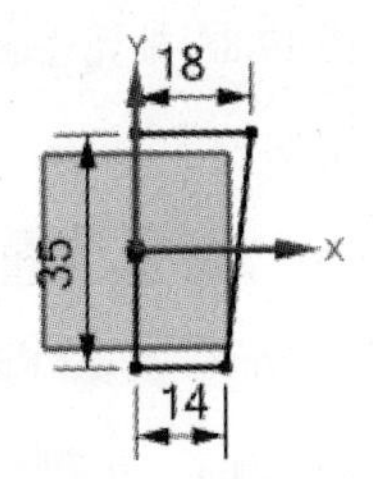

图 17.3 截面草图

Step3. 创建图 17.4 所示的边倒圆特征 1。选择下拉菜单插入(S) ➡ 细节特征(L) ▸ ➡ 边倒圆(E)...命令（或单击按钮），在要倒圆的边区域中单击按钮，选择图 17.5 所示的边线为边倒圆参照，并在半径 1文本框中输入值 8。单击< 确定 >按钮，完成边倒圆特征 1 的创建。

图 17.4　边倒圆特征 1

图 17.5　定义参照边

Step4. 创建图 17.6 所示的边倒圆特征 2。选择图 17.7 所示的边线为边倒圆参照，并在半径 1文本框中输入值 6。单击< 确定 >按钮，完成边倒圆特征 2 的创建。

图 17.6　边倒圆特征 2

图 17.7　定义参照边

Step5. 创建图 17.8 所示的抽壳特征 1。选择下拉菜单插入(S) ➡ 偏置/缩放(O) ▸ ➡ 抽壳(H)...命令，在类型区域的下拉列表框中选择移除面，然后抽壳选项，在面区域中单击按钮，选取图 17.9 所示的面为要移除的对象。在厚度文本框中输入值 1，其他参数采用系统默认设置，单击< 确定 >按钮，完成抽壳特征 1 的创建。

图 17.8　抽壳特征 1

图 17.9　定义移除面

Step6. 创建图 17.10 所示的零件基础特征——拉伸 2。选择下拉菜单插入(S) ➡ 设计特征(E) ➡ 拉伸(E)...命令，系统弹出“拉伸”对话框。选取 XY 平面为草图平面，取消选中设置区域的□ 创建中间基准 CSYS复选框，绘制图 17.11 所示的截面草图；在✔ 指定矢量下拉列表中选择ZC↑选项；在极限区域的开始下拉列表框中选择对称值选项，并在其下的距离文本框中输入值 22.5，在布尔区域的下拉列表框中选择求差选项，采用系统默认的求差对象。

单击< 确定 >按钮，完成拉伸 2 的创建。

图 17.10　拉伸特征 3

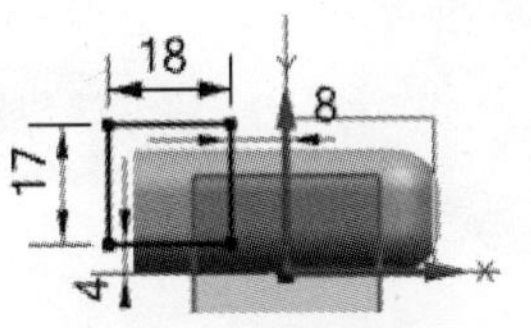

图 17.11　截面草图

Step7. 创建图 17.12 所示的零件基础特征——拉伸 3。选择下拉菜单 插入(S) → 设计特征(E) → 拉伸(E)... 命令，系统弹出“拉伸”对话框。选取 YZ 平面为草图平面，绘制图 17.13 所示的截面草图；在 指定矢量 下拉列表中选择 XC 选项；在 极限 区域的 开始 下拉列表框中选择 对称值 选项，并在其下的 距离 文本框中输入值 29，在 布尔 区域的下拉列表框中选择 求差 选项，采用系统默认的求差对象。单击 < 确定 > 按钮，完成拉伸 3 的创建。

图 17.12　拉伸特征 3

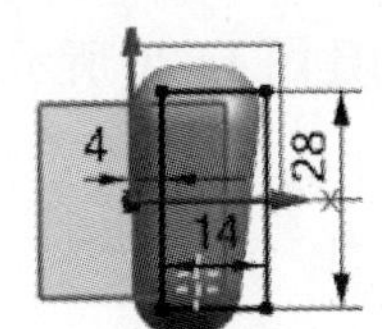

图 17.13　截面草图

Step8. 创建图 17.14 所示的零件基础特征——拉伸 4。选择下拉菜单 插入(S) → 设计特征(E) → 拉伸(E)... 命令，系统弹出“拉伸”对话框。选取 XY 平面为草图平面，绘制图 17.15 所示的截面草图；在 指定矢量 下拉列表中选择 ZC 选项；在 极限 区域的 开始 下拉列表框中选择 对称值 选项，并在其下的 距离 文本框中输入值 29，在 布尔 区域的下拉列表框中选择 求差 选项，采用系统默认的求差对象。单击 < 确定 > 按钮，完成拉伸 4 的创建。

图 17.14　拉伸特征 4

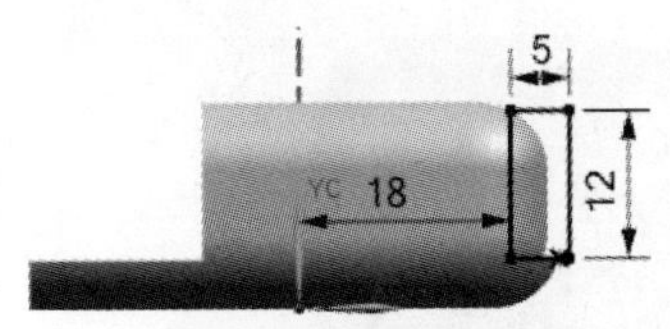

图 17.15　截面草图

Step9. 创建图 17.16 所示的边倒圆特征 3。选择图 17.17 所示的边线为边倒圆参照，并在 半径 1 文本框中输入值 2。单击 < 确定 > 按钮，完成边倒圆特征 3 的创建。

Step10. 创建图 17.18 所示的边倒圆特征 4。选择图 17.19 所示的边线为边倒圆参照，并在 半径 1 文本框中输入值 4。单击 < 确定 > 按钮，完成边倒圆特征 4 的创建。

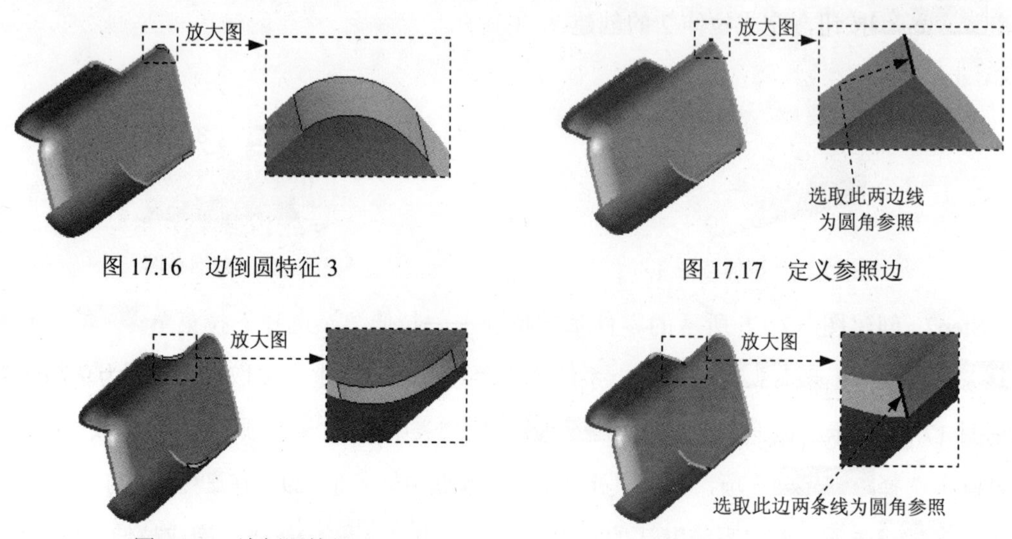

图 17.16　边倒圆特征 3　　图 17.17　定义参照边

图 17.18　边倒圆特征 4　　图 17.19　定义参照边

Step11. 创建图 17.20 所示的边倒圆特征 5。选择图 17.21 所示的边线为边倒圆参照，并在半径 1文本框中输入值 3。单击< 确定 >按钮，完成边倒圆特征 5 的创建。

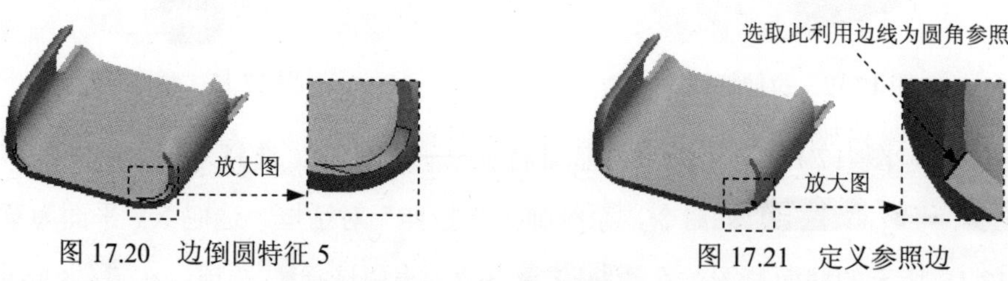

图 17.20　边倒圆特征 5　　图 17.21　定义参照边

Step12. 创建图 17.22 所示的边倒圆特征 6。选择图 17.23 所示的边链为边倒圆参照，并在半径 1文本框中输入值 1。单击< 确定 >按钮，完成边倒圆特征 6 的创建。

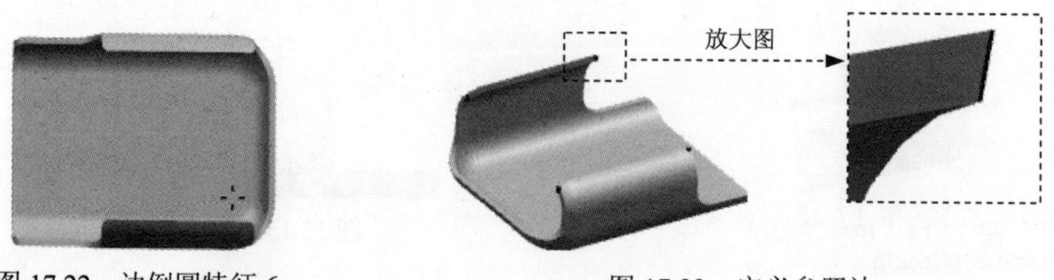

图 17.22　边倒圆特征 6　　图 17.23　定义参照边

Step13. 创建图 17.24 所示的零件基础特征——拉伸 5。选择下拉菜单插入(S) → 设计特征(E) → 拉伸(E)...命令，系统弹出“拉伸”对话框。选取 XZ 平面为草图平面，绘制图 17.25 所示的截面草图；在指定矢量下拉列表中选择YC选项；在极限区域的开始下拉列表框中选择值选项，并在其下的距离文本框中输入值 0，在极限区域的结束下拉列表框中选择值选项，并在其下的距离文本框中输入值 0.5。在布尔区域的下拉列表框中选择求差选项，采用系统默认的求差对象。单击< 确定 >按钮，完成拉伸 5 的创建。

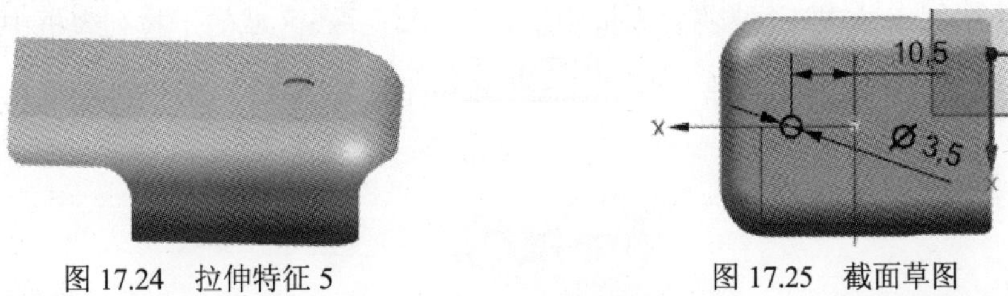

图 17.24　拉伸特征 5　　　　图 17.25　截面草图

Step14. 创建图 17.26 所示的草图 1。选择下拉菜单插入(S) ➡ 任务环境中的草图(S)...命令；选取 XY 平面为草图平面；进入草图环境绘制草图。单击< 确定 >按钮，完成草图 1 的创建。

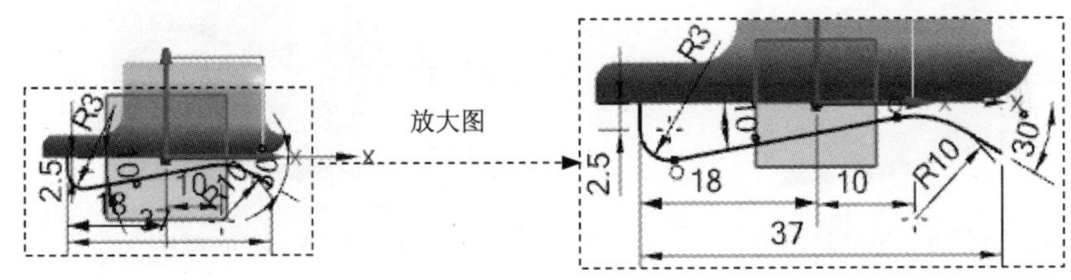

图 17.26　草图 1

Step15. 创建图 17.27 所示的草图 2。选择下拉菜单插入(S) ➡ 任务环境中的草图(S)...命令；选取 XZ 平面为草图平面；进入草图环境绘制草图。单击< 确定 >按钮，完成草图 1 的创建。

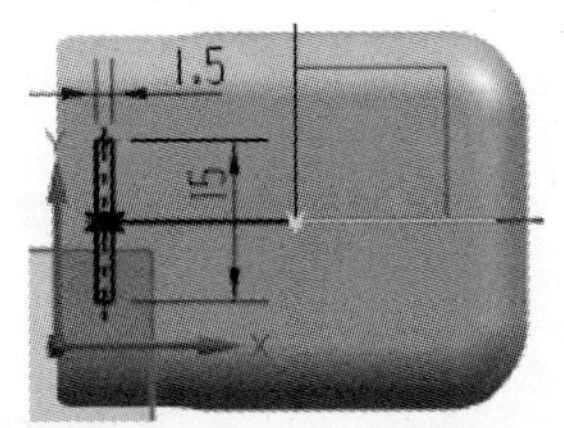

图 17.27　草图 2

Step16. 创建图 17.28 所示的扫掠特征 1。选择下拉菜单插入(S) ➡ 扫掠(W) ➡ 沿引导线扫掠(G)...命令，在绘图区选取草图 2 为扫掠的截面曲线串；单击鼠标中键，在绘图区选取图 17.26 所示的草图 1 为扫掠的引导线串。在布尔区域的下拉列表中选择求和选项；采用系统默认的扫掠偏置值，单击“沿引导线扫掠”对话框中的< 确定 >按钮。单击< 确定 >按钮，完成扫掠特征 1 的创建。

Step17. 创建图 17.29 所示的零件基础特征——拉伸 6。选择下拉菜单插入(S) ➡ 设计特征(E) ➡ 拉伸(E)...命令，系统弹出“拉伸”对话框。选取 XZ 平面为草图平面，绘制图 17.30 所示的截面草图；在指定矢量下拉列表中选择-YC选项；在极限区域的开始下拉列表框中选择值选项，并在其下的距离文本框中输入值 0，在极限区域的结束下拉列表框中选择值选项，并在其下的距离文本框中输入值10，在布尔区域的下拉列表框中选择求差选项，采用系统默认的求差对象。单击< 确定 >按钮，完成拉伸 6 的创建。

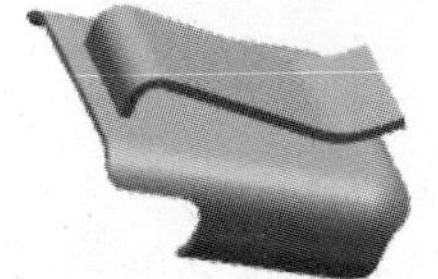

图 17.28 扫掠特征 1

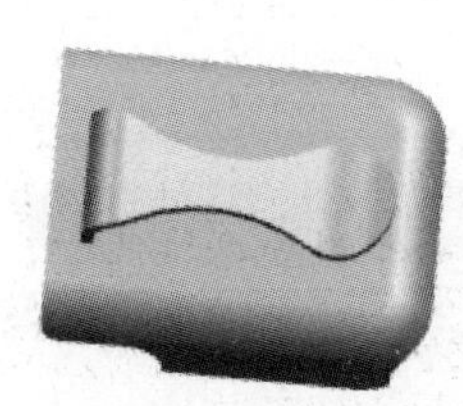

图 17.29 拉伸特征 6

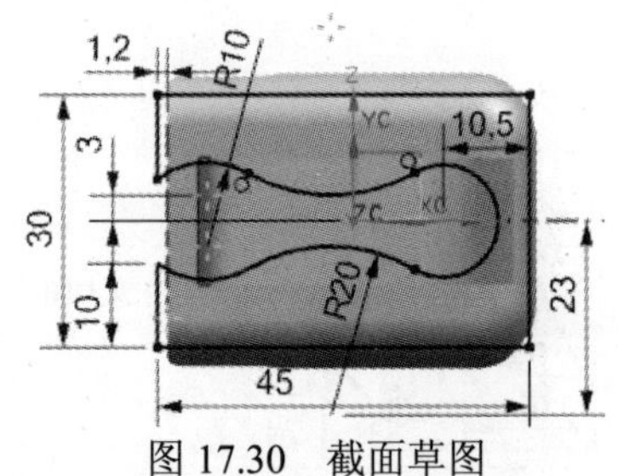

图 17.30 截面草图

Step18. 创建图 17.31 所示的回转特征 1。选择插入(S) → 设计特征(E) → 回转(R)...命令（或单击按钮），单击截面区域中的按钮，在绘图区选取 XY 基准平面为草图平面，绘制图 17.32 所示的截面草图。在绘图区中选取图 17.32 所示的直线为旋转轴。在“回转”对话框的极限区域的开始下拉列表框中选择值选项，并在角度文本框中输入值 0，在结束下拉列表框中选择值选项，并在角度文本框中输入值 360；在布尔区域中选择求和选项，采用系统默认的求差对象。单击< 确定 >按钮，完成回转特征 1 的创建。

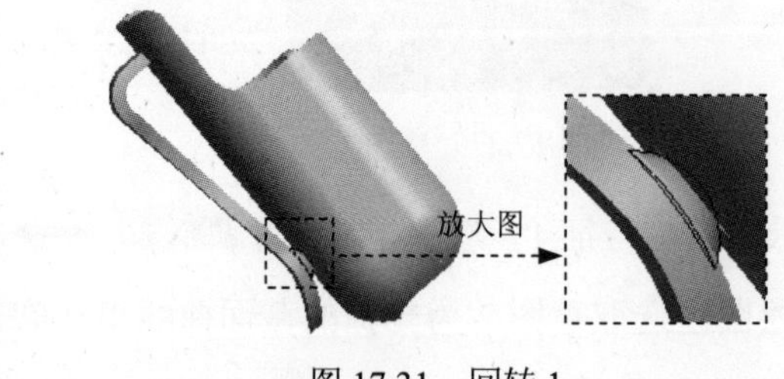

图 17.31 回转 1

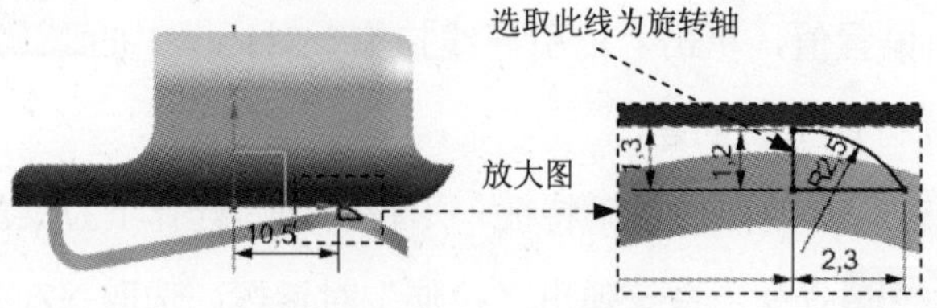

图 17.32 截面草图

Step19. 创建图 17.33 所示的边倒圆特征 7。选择图 17.34 所示的边线为边倒圆参照，并在半径 1文本框中输入值 0.3。单击< 确定 >按钮，完成边倒圆特征 7 的创建。

Step20. 保存零件模型。选择下拉菜单文件(F) → 保存(S)命令，即可保存零件模型。

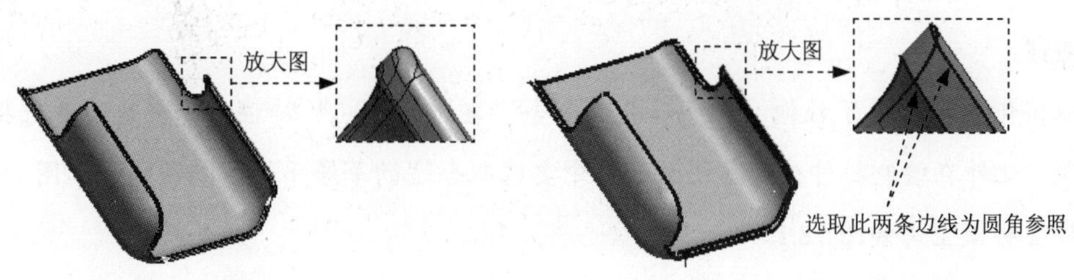

图 17.33　边倒圆特征 7　　图 17.34　定义参照边

实例18 盒　子

实例概述：

本实例主要运用了拉伸、抽壳和孔等命令，在进行“孔”特征时读者要注意选择草图的绘制，此外在绘制拉伸截面草图的过程中要选取合适的草绘平面，以便简化草图的绘制。零件模型和模型树如图 18.1 所示。

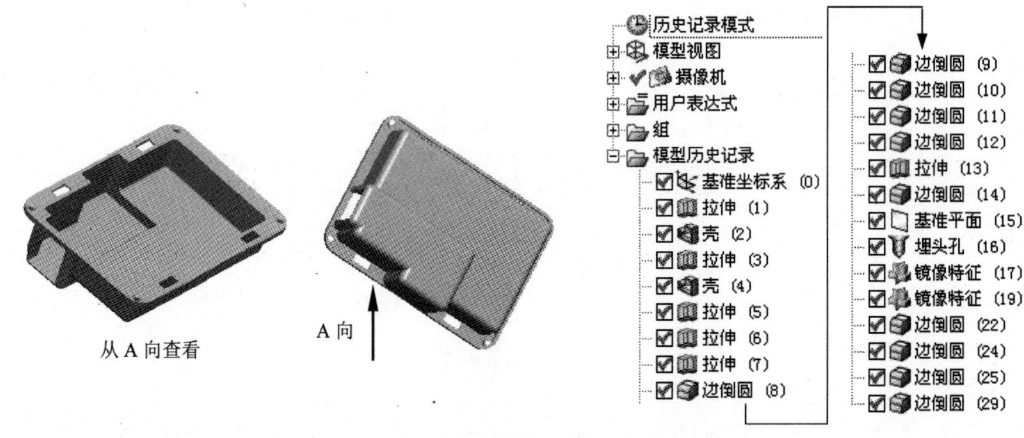

图 18.1　零件模型及模型树

Step1. 新建文件。选择下拉菜单 文件(F) → 新建(N)... 命令，系统弹出“新建”对话框。在 模型 选项卡的 模板 区域中选取模板类型为 模型，在 名称 文本框中输入文件名称 BOX，单击 确定 按钮，进入建模环境。

Step2. 创建图 18.2 所示的零件基础特征——拉伸 1。选择下拉菜单 插入(S) → 设计特征(E) → 拉伸(E)... 命令，系统弹出“拉伸”对话框。选取 XZ 平面为草图平面，选中 设置 区域的 创建中间基准 CSYS 复选框，绘制图 18.3 所示的截面草图；在 指定矢量 下拉列表中选择 YC 选项；在 极限 区域的 开始 下拉列表框中选择 值 选项，并在其下的 距离 文本框中输入值 0，在 极限 区域的 结束 下拉列表框中选择 值 选项，并在其下的 距离 文本框中输入值 30。单击 < 确定 > 按钮，完成拉伸特征 1 的创建。

图 18.2　拉伸特征 1

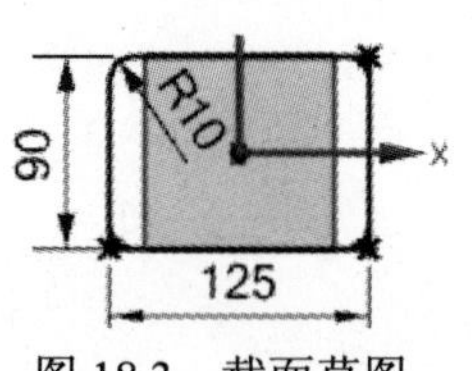

图 18.3　截面草图

Step3. 创建图 18.4 所示的面抽壳特征 1。选择下拉菜单 插入(S) → 偏置/缩放(O) ▸ → 抽壳(H)... 命令，在 类型 区域的下拉列表框中选择 移除面，然后抽壳 选项，在 面 区域中单击 按钮，选取图 18.5 所示的面为要移除的对象。在 厚度 文本框中输入值 10，单击 < 确定 > 按钮，完成面抽壳特征 1 的创建。

图 18.4　抽壳特征 1

图 18.5　定义移除面

Step4. 创建图 18.6 所示的零件基础特征——拉伸 2。选择下拉菜单 插入(S) → 设计特征(E) → 拉伸(E)... 命令，系统弹出“拉伸”对话框。选取图 18.5 平面为草图平面，取消选中 设置 区域的 □ 创建中间基准 CSYS 复选框，绘制图 18.7 所示的截面草图；在 ✔ 指定矢量 下拉列表中选择 -YC 选项；在 极限 区域的 开始 下拉列表框中选择 值 选项，并在其下的 距离 文本框中输入值 0，在 极限 区域的 结束 下拉列表框中选择 值 选项，并在其下的 距离 文本框中输入值 27。在 布尔 区域的下拉列表框中选择 求差 选项，采用系统默认的求差对象。单击 < 确定 > 按钮，完成拉伸 2 的创建。

图 18.6　拉伸特征 2

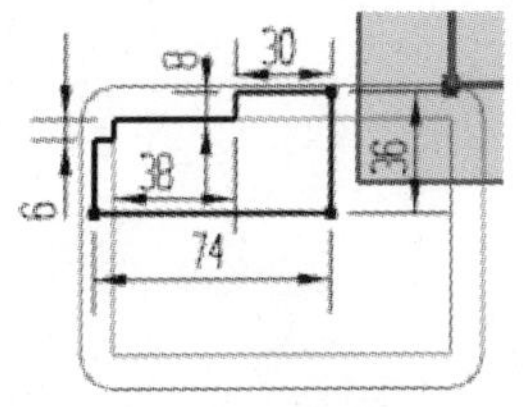

图 18.7　截面草图

Step5. 创建图 18.8 所示的面抽壳特征 2。选择下拉菜单 插入(S) → 偏置/缩放(O) ▸ → 抽壳(H)... 命令，在 类型 区域的下拉列表框中选择 移除面，然后抽壳 选项，在 面 区域中单击 按钮，选取图 18.9 所示的面为要移除的对象。在 厚度 文本框中输入值 3，单击 < 确定 > 按钮，完成面抽壳特征 2 的创建。

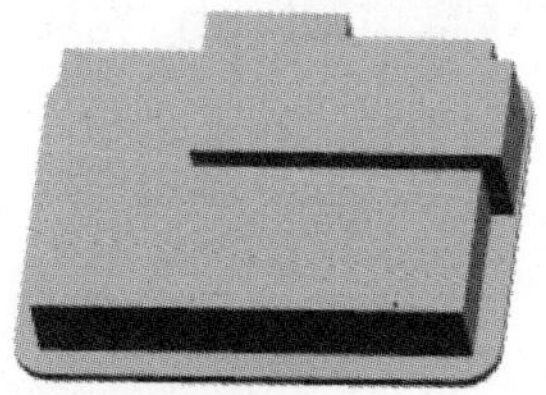
图 18.8　抽壳特征 2

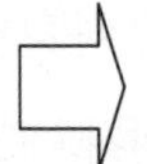

图 18.9　定义移除面

Step6. 创建图 18.10 所示的零件基础特征——拉伸 3。选择下拉菜单插入(S) → 设计特征(E) → 拉伸(E)...命令，系统弹出“拉伸”对话框。选取 XZ 平面为草图平面，绘制图 18.11 所示的截面草图；在指定矢量下拉列表中选择YC选项；在极限区域的开始下拉列表框中选择值选项，并在其下的距离文本框中输入值 0，在极限区域的结束下拉列表框中选择贯通选项。在布尔区域的下拉列表框中选择求差选项，采用系统默认的求差对象。单击< 确定 >按钮，完成拉伸 3 的创建。

图 18.10　拉伸特征 3

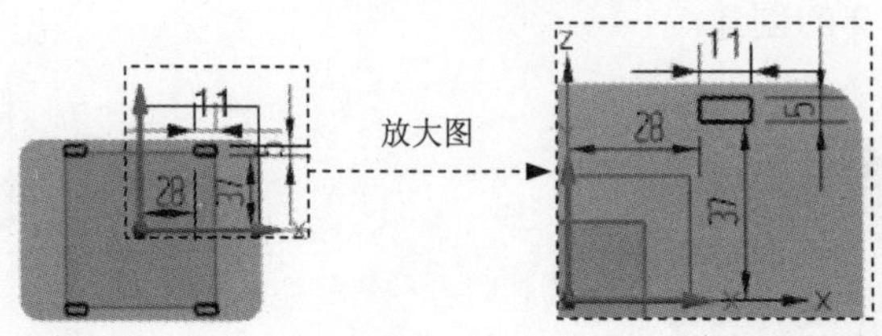

图 18.11　截面草图

Step7. 创建图 18.12 所示的零件基础特征——拉伸 4。选择下拉菜单插入(S) → 设计特征(E) → 拉伸(E)...命令，系统弹出“拉伸”对话框。选取 XZ 平面为草图平面，绘制图 18.13 所示的截面草图；在指定矢量下拉列表中选择YC选项；在极限区域的开始下拉列表框中选择值选项，并在其下的距离文本框中输入值 0，在极限区域的结束下拉列表框中选择值选项，并在其下的距离文本框中输入值29。在布尔区域的下拉列表框中选择求差选项，采用系统默认的求差对象。单击< 确定 >按钮，完成拉伸 4 的创建。

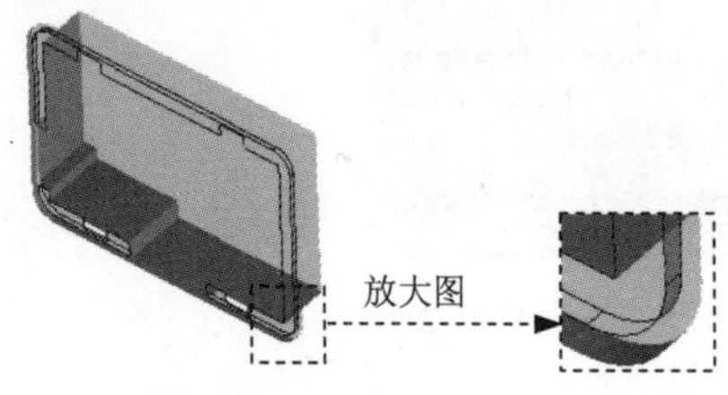

图 18.12　拉伸特征 4

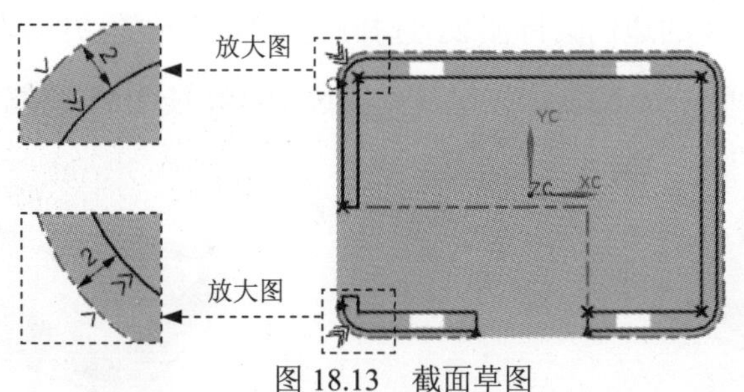

图 18.13　截面草图

Step8. 创建图 18.14 所示的零件基础特征——拉伸 5。选择下拉菜单 插入(S) → 设计特征(E) → 拉伸(E)... 命令，系统弹出“拉伸”对话框。选取图 18.15 所示的平面为草图平面，绘制图 18.16 所示的截面草图；在 指定矢量 下拉列表中选择 -YC 选项；在 极限 区域的 开始 下拉列表框中选择 值 选项，并在其下的 距离 文本框中输入值 0，在 极限 区域的 结束 下拉列表框中选择 值 选项，并在其下的 距离 文本框中输入值 3。在 布尔 区域的下拉列表框中选择 求和 选项，采用系统默认的求和对象。单击 < 确定 > 按钮，完成拉伸 5 的创建。

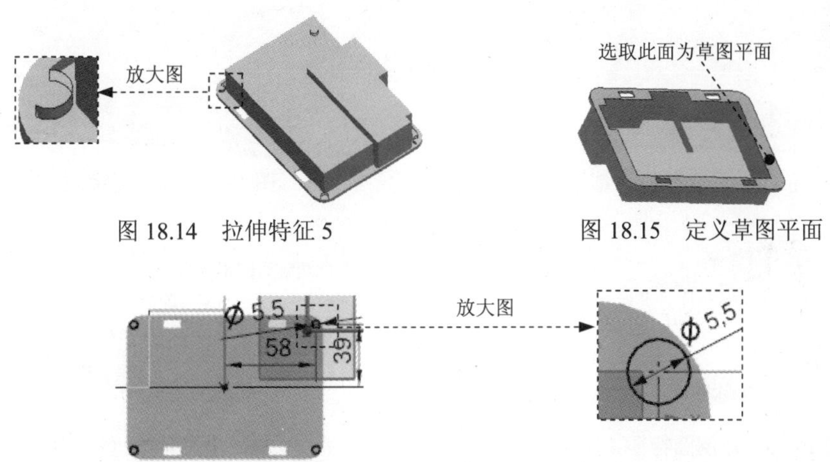

图 18.14　拉伸特征 5

图 18.15　定义草图平面

图 18.16　截面草图

Step9. 创建图 18.17 所示的边倒圆特征 1。选择下拉菜单 插入(S) → 细节特征(L) → 边倒圆(E)... 命令（或单击 按钮），在 要倒圆的边 区域中单击 按钮，选择图 18.18 所示的 8 条边线为边倒圆参照，并在 半径 1 文本框中输入值 4。单击 < 确定 > 按钮，完成边倒圆特征 1 的创建。

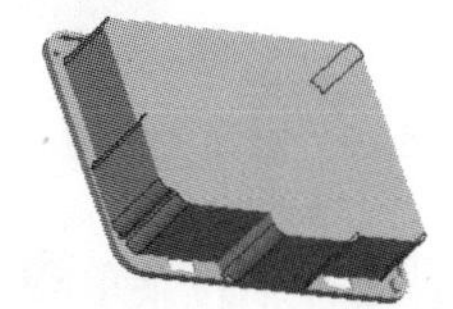

图 18.17　边倒圆特征 1

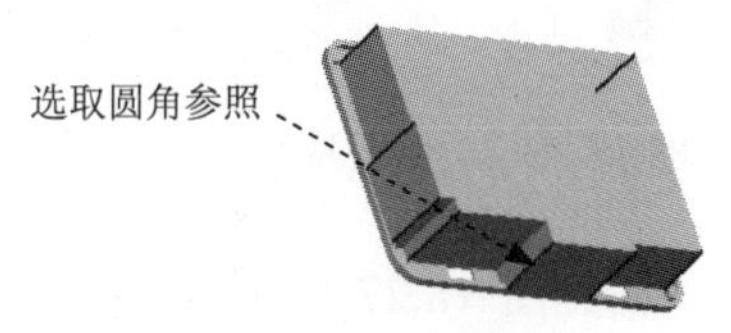

图 18.18　定义参照边

Step10. 创建图 18.19 所示的边倒圆特征 2。选择图 18.20 所示的边链为边倒圆参照，并在半径 1文本框中输入值 4，单击< 确定 >按钮，完成边倒圆特征 2 的创建。

图 18.19 边倒圆特征 2

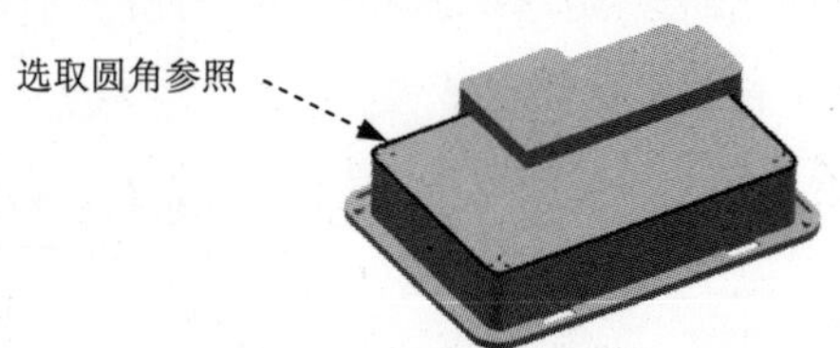

图 18.20 定义参照边

Step11. 创建图 18.21 所示的边倒圆特征 3。选择图 18.22 所示的边线为边倒圆参照，并在半径 1文本框中输入值 4。单击< 确定 >按钮，完成边倒圆特征 3 的创建。

Step12. 创建图 18.23 所示的边倒圆特征 4。选择图 18.24 所示的边链为边倒圆参照，并在半径 1文本框中输入值 4。单击< 确定 >按钮，完成边倒圆特征 4 的创建。

图 18.21 边倒圆特征 3

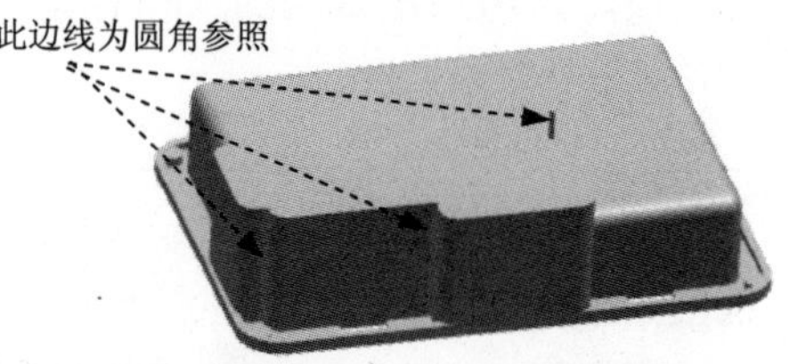

图 18.22 定义参照边

图 18.23 边倒圆特征 4

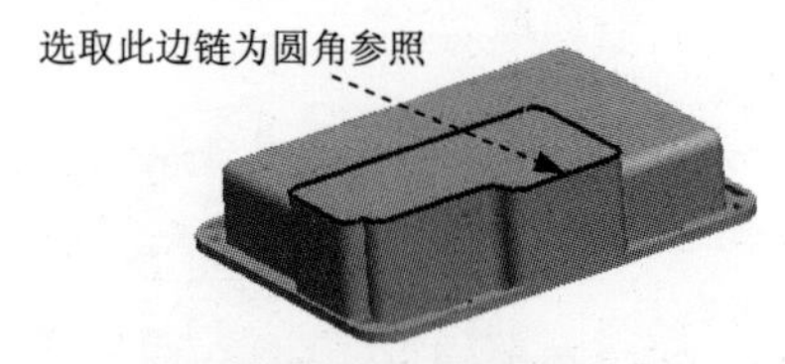

图 18.24 定义参照边

Step13. 创建图 18.25 所示的边倒圆特征 5。选择图 18.26 所示的边线为边倒圆参照，并在半径 1文本框中输入值 2。单击< 确定 >按钮，完成边倒圆特 5 的创建。

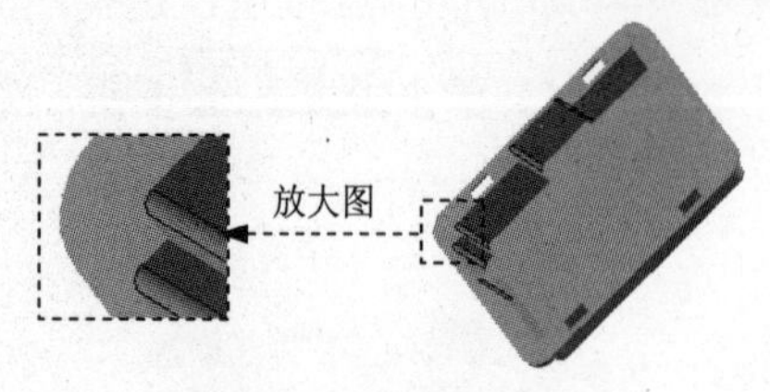

图 18.25 边倒圆特征 5

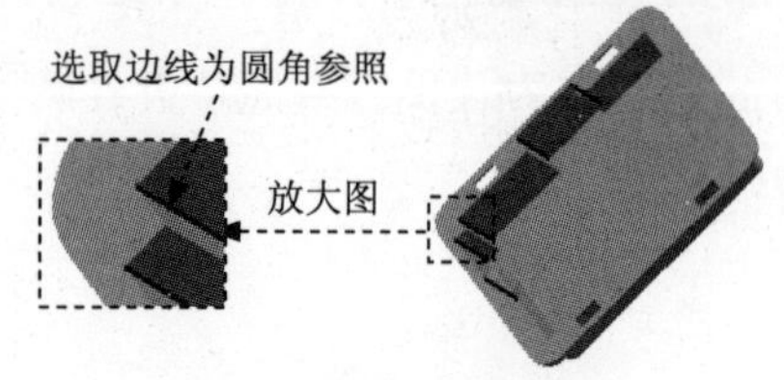

图 18.26 定义参照边

Step14. 创建图 18.27 所示的零件基础特征——拉伸 6。选择下拉菜单插入(S) ➡

设计特征(E) → 拉伸(E)...命令，系统弹出“拉伸”对话框。选取图 18.28 所示的平面为草图平面，绘制图 18.29 所示的截面草图；在指定矢量下拉列表中选择XC选项；在极限区域的开始下拉列表框中选择值选项，并在其下的距离文本框中输入值 0，在极限区域的结束下拉列表框中选择值选项，并在其下的距离文本框中输入值 10。在布尔区域的下拉列表框中选择求差选项，采用系统默认的求差对象。单击< 确定 >按钮，完成拉伸 6 的创建。

图 18.27　拉伸特征 6

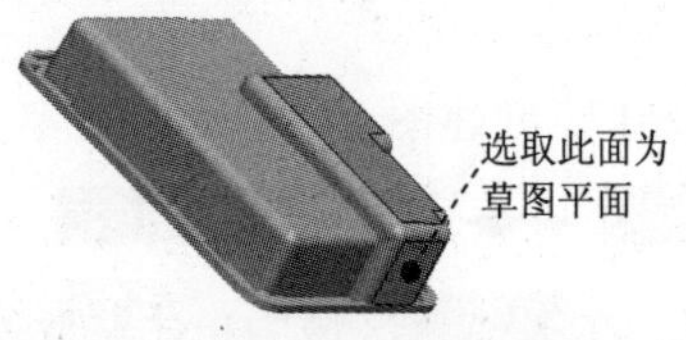

图 18.28　定义草图平面

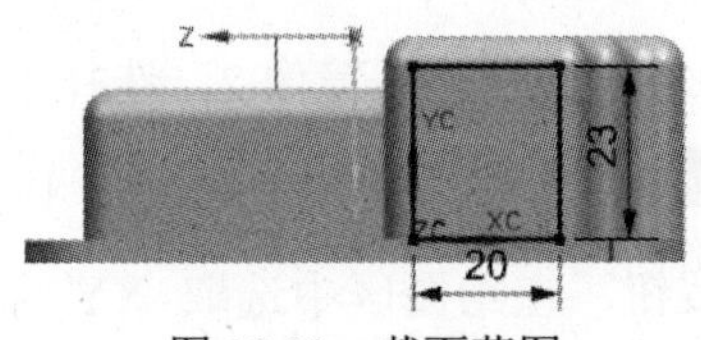

图 18.29　截面草图

Step15. 创建图 18.30 所示的边倒圆特征 6。选择图 18.31 所示的边线为边倒圆参照，并在半径 1文本框中输入值 3。单击< 确定 >按钮，完成边倒圆特征 6 的创建。

图 18.30　边倒圆特征 6

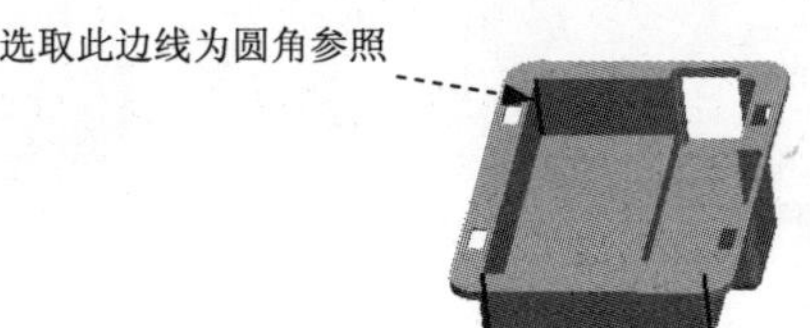

图 18.31　定义参照边

Step16. 创建图 18.32 所示的孔特征 1。选择下拉菜单插入(S) → 设计特征(E) → 孔(H)...命令。在类型下拉列表中选择常规孔选项，选取图 18.33 所示圆心为定位点，在形状和尺寸区域中成形的下拉列表中选择埋头选项，在尺寸区域中的埋头直径文本框中输入值 5，在埋头角度文本框中输入值 90，在直径文本框中输入值 3，在深度文本框中输入值 10，在布尔区域中选择求差选项，采用系统默认的求差对象。对话框中的其他设置保持系统默认；单击< 确定 >按钮，完成孔特征 1 的创建。

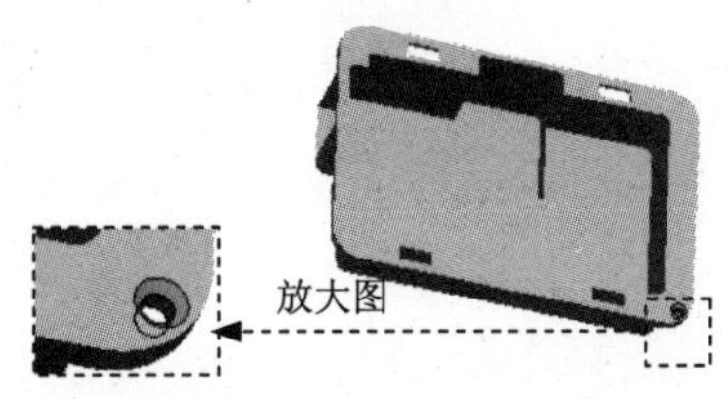

图 18.32　孔特征 1

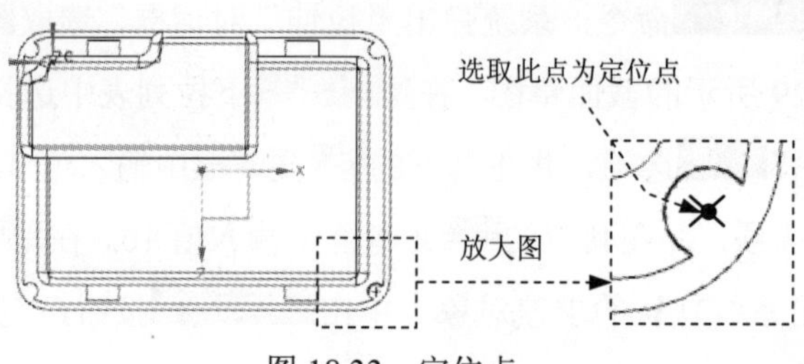

图 18.33 定位点

Step17. 创建图 18.34 所示的零件特征——镜像 1。选择下拉菜单 插入(S) → 关联复制(A) → 镜像特征(M)... 命令，在绘图区中选取图 18.32 所示的孔特征 1 为要镜像的特征。在 镜像平面 区域中单击按钮，在绘图区中选取 YZ 基准平面作为镜像平面。单击 < 确定 > 按钮，完成镜像特征 1 的创建。

Step18. 创建图 18.35 所示的零件特征——镜像 2。选择下拉菜单 插入(S) → 关联复制(A) → 镜像特征(M)... 命令，在绘图区中选取图 18.32 所示的孔特征为要镜像的特征。在 镜像平面 区域中单击按钮，在绘图区中选取 XY 基准平面作为镜像平面。单击 < 确定 > 按钮，完成镜像特征 2 的创建。

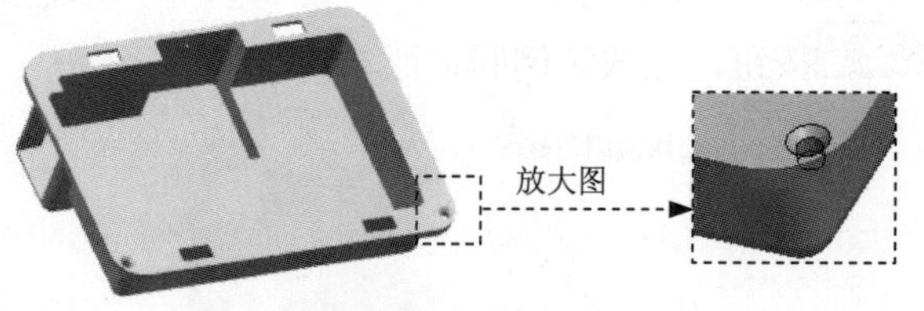

图 18.34 镜像特征 1

图 18.35 镜像特征 2

Step19. 创建图 18.36 所示的边倒圆特征 7。选择图 18.37 所示的边链为边倒圆参照，并在 半径 1 文本框中输入值 1.5。单击 < 确定 > 按钮，完成边倒圆特征 7 的创建。

图 18.36 边倒圆特征 7

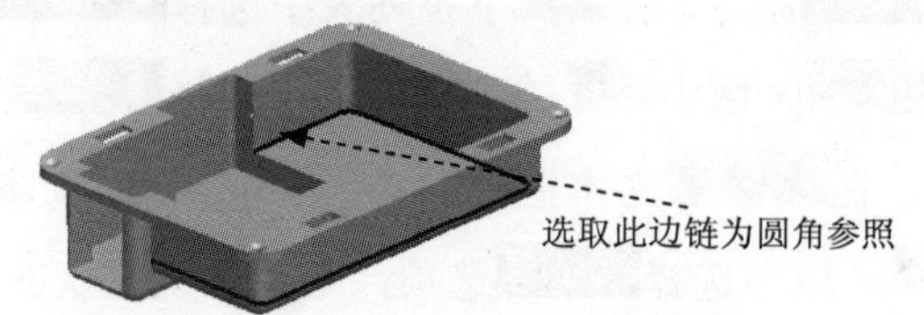

图 18.37 定义参照边

Step20. 创建图 18.38 所示的边倒圆特征 8。选择图 18.39 所示的边线为边倒圆参照，并在 半径 1 文本框中输入值 1。单击 < 确定 > 按钮，完成边倒圆特征 8 的创建。

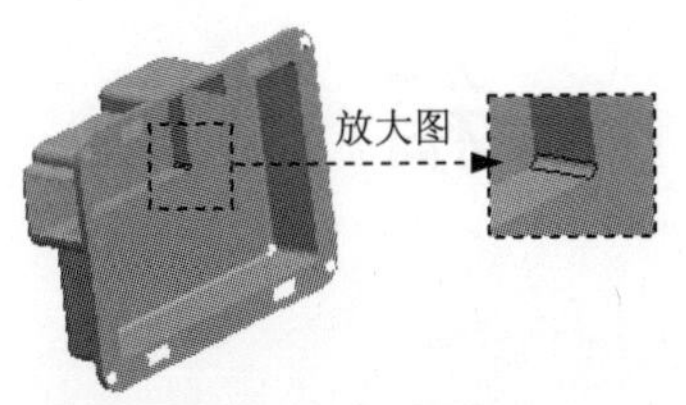

图 18.38　边倒圆特征 8

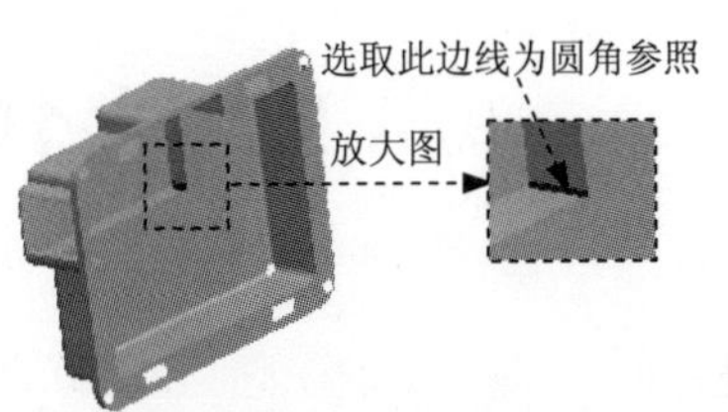

图 18.39　定义参照边

Step21. 创建图 18.40 所示的边倒圆特征 9。选择图 18.41 所示的边线为边倒圆参照，并在半径 1文本框中输入值 1。单击< 确定 >按钮，完成边倒圆特征 9 的创建。

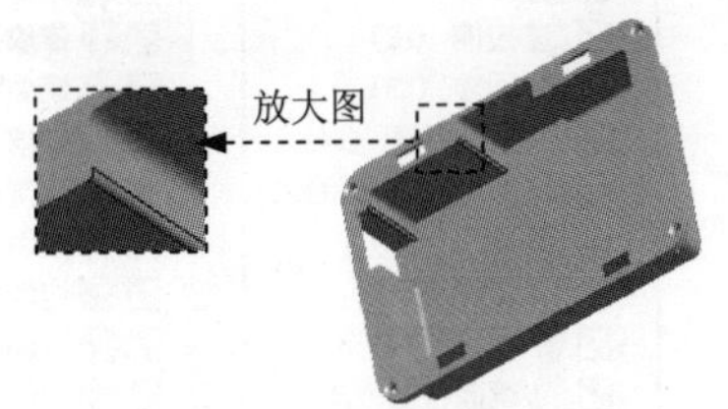

图 18.40　边倒圆特征 9

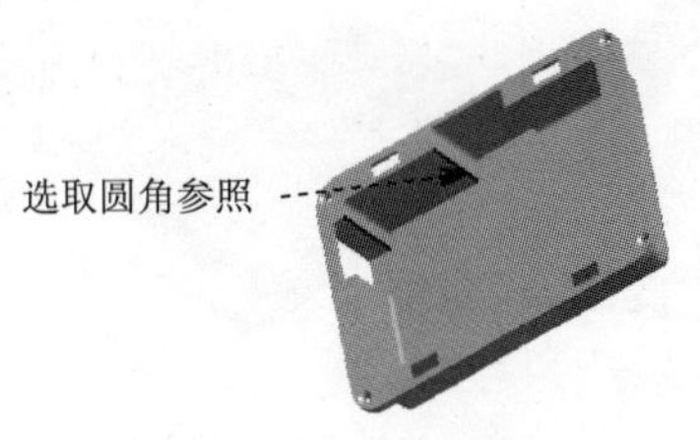

图 18.41　定义参照边

Step22. 创建边倒圆特征 10。选择图 18.42 所示的边链为边倒圆参照，并在半径 1文本框中输入值 1。单击< 确定 >按钮，完成边倒圆特征 10 的创建。

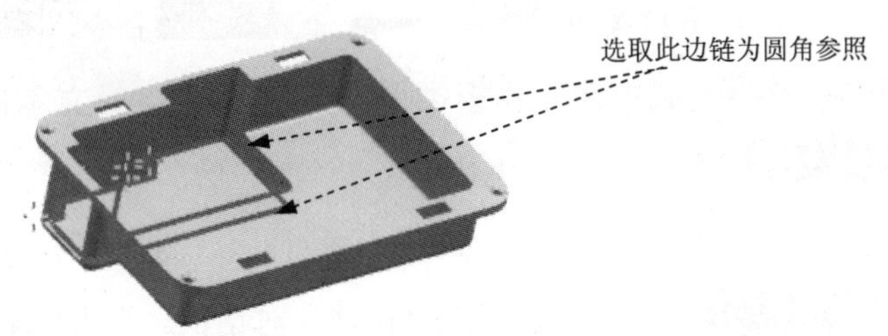

图 18.42　定义参照边

Step23. 保存零件模型。选择下拉菜单文件(F) → 保存(S)命令，即可保存零件模型。

实例19 泵　箱

实例概述：

该零件在进行设计的过程中充分利用了“孔”、“阵列”和“镜像”等命令，在进行截面草图绘制的过程中，要注意草绘平面的选择。零件模型和模型树如图 19.1 所示。

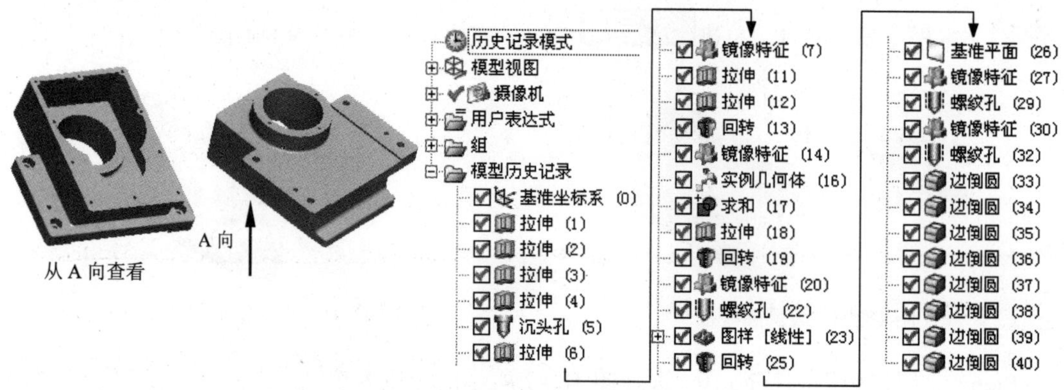

图 19.1　零件模型及模型树

Step1. 新建文件。选择下拉菜单 文件(F) ➡ 新建(N)... 命令，系统弹出“新建”对话框。在 模型 选项卡的 模板 区域中选取模板类型为 模型，在 名称 文本框中输入文件名称 PUMP_BOX，单击 确定 按钮，进入建模环境。

Step2. 创建图 19.2 所示的零件基础特征——拉伸 1。选择下拉菜单 插入(S) ➡ 设计特征(E) ➡ 拉伸(E)... 命令，系统弹出“拉伸”对话框。选取 XY 平面为草图平面，绘制图 19.3 所示的截面草图；在 指定矢量 下拉列表中选择 ZC↑ 选项；在 极限 区域的 开始 下拉列表框中选择 值 选项，并在其下的 距离 文本框中输入值 0，在 极限 区域的 结束 下拉列表框中选择 值 选项，并在其下的 距离 文本框中输入值 105，单击 < 确定 > 按钮，完成拉伸特征 1 的创建。

图 19.2　拉伸特征 1

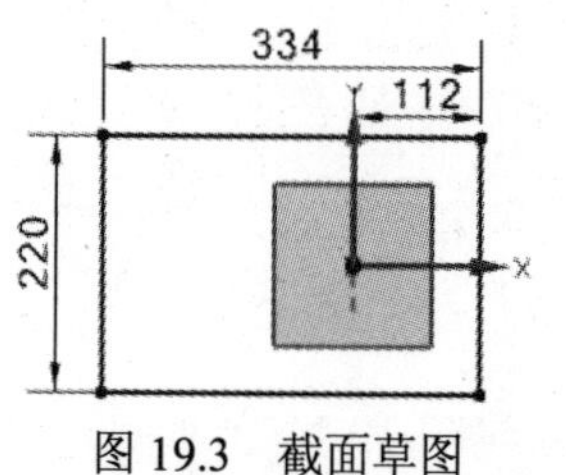

图 19.3　截面草图

Step3. 创建图 19.4 所示的零件基础特征——拉伸 2。选择下拉菜单 插入(S) ➡

设计特征(E) → 拉伸(E)...命令，系统弹出“拉伸”对话框。选取图 19.4 所示的平面为草图平面，绘制图 19.5 所示的截面草图；在指定矢量下拉列表中选择-ZC选项；在极限区域的开始下拉列表框中选择值选项，并在其下的距离文本框中输入值 0，在极限区域的结束下拉列表框中选择值选项，并在其下的距离文本框中输入值 90，在布尔区域的下拉列表框中选择求差选项，采用系统默认的求差对象。单击< 确定 >按钮，完成拉伸特征 2 的创建。

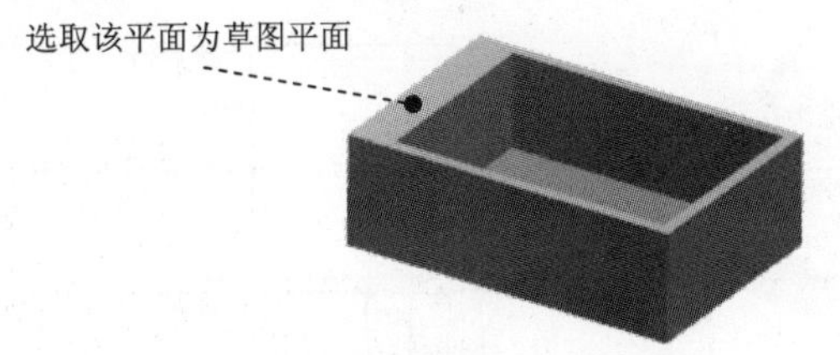

图 19.4　拉伸特征 2

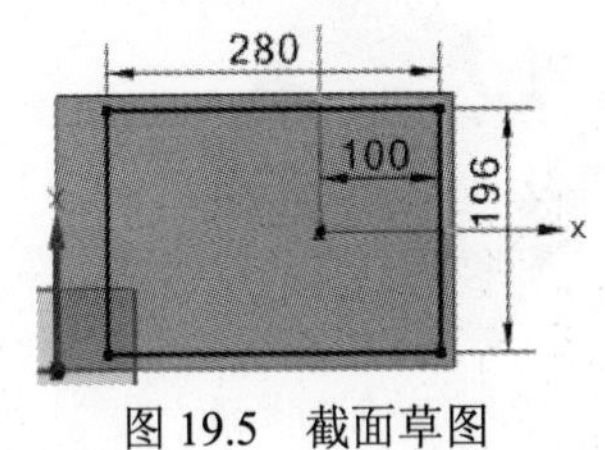

图 19.5　截面草图

Step4. 创建图 19.6 所示的零件基础特征——拉伸 3。选择下拉菜单插入(S) → 设计特征(E) → 拉伸(E)...命令，系统弹出“拉伸”对话框。选取 XZ 平面为草图平面，绘制图 19.7 所示的截面草图；在指定矢量下拉列表中选择YC选项；在极限区域的开始下拉列表框中选择贯通选项，在极限区域的结束下拉列表框中选择贯通选项，在布尔区域的下拉列表框中选择求差选项，采用系统默认的求差对象。单击< 确定 >按钮，完成拉伸特征 3 的创建。

图 19.6　拉伸特征 3

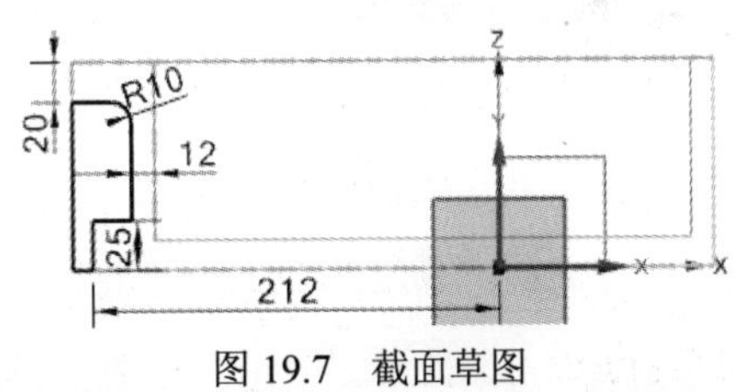

图 19.7　截面草图

Step5. 创建图 19.8 所示的零件基础特征——拉伸 4。选择下拉菜单插入(S) → 设计特征(E) → 拉伸(E)...命令，系统弹出“拉伸”对话框。选取图 19.9 所示的平面为草图平面，绘制图 19.10 所示的截面草图；在指定矢量下拉列表中选择-ZC选项；在极限区域的开始下拉列表框中选择值选项，并在其下的距离文本框中输入值 0，在极限区域的结束下拉列表框中选择值选项，并在其下的距离文本框中输入值 30，在布尔区域的下拉列表框中选择求和选项，采用系统默认的求和对象。单击< 确定 >按钮，完成拉伸特征 4 的创建。

Step6. 创建图 19.11 所示的孔特征 1。选择下拉菜单插入(S) → 设计特征(E)▸ → 孔(H)...命令。在类型下拉列表中选择常规孔选项，在位置区域单击按钮，选取图 19.11

所示的平面为草绘平面，绘制图 19.12 所示的定位点，绘制完成后单击完成草图；在形状和尺寸区域中成形的下拉列表中选择沉头选项，在尺寸区域中的沉头直径文本框中输入值 26，在沉头深度文本框中输入值 16，在直径文本框中输入值 16，在深度文本框中输入值 40，在布尔区域中选择求差选项，采用系统默认的求差对象。对话框中的其他设置保持系统默认；单击< 确定 >按钮，完成孔特征 1 的创建。

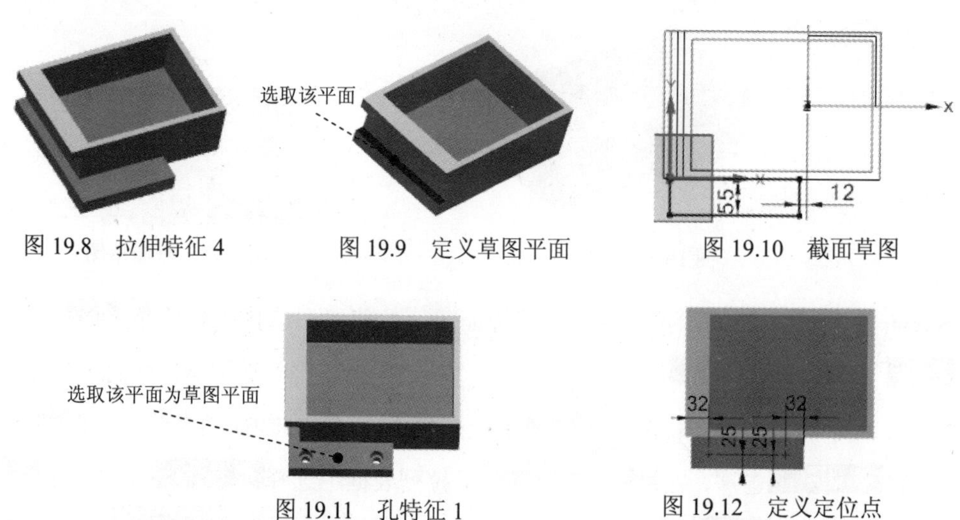

图 19.8　拉伸特征 4　　图 19.9　定义草图平面　　图 19.10　截面草图

图 19.11　孔特征 1　　图 19.12　定义定位点

Step7. 创建图 19.13 所示的零件基础特征——拉伸 5。选择下拉菜单插入(S) → 设计特征(E) → 拉伸(E)...命令，系统弹出“拉伸”对话框。选取图 19.13 所示的平面为草图平面，绘制图 19.14 所示的截面草图；在指定矢量下拉列表中选择-ZC选项；在极限区域的开始下拉列表框中选择值选项，并在其下的距离文本框中输入值 0，在极限区域的结束下拉列表框中选择贯通选项，在布尔区域的下拉列表框中选择求差选项，采用系统默认的求差对象。单击< 确定 >按钮，完成拉伸特征 5 的创建。

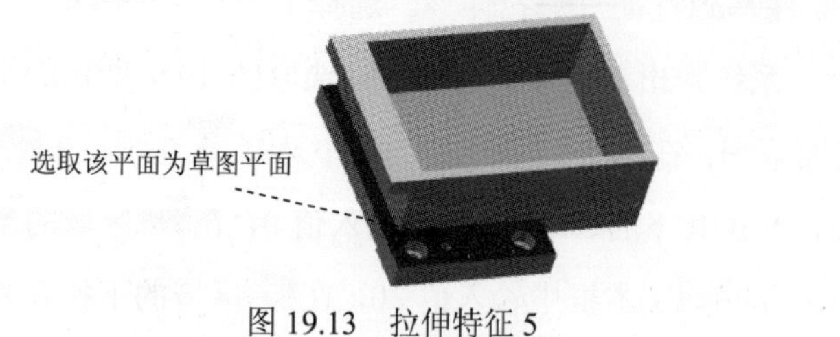

图 19.13　拉伸特征 5

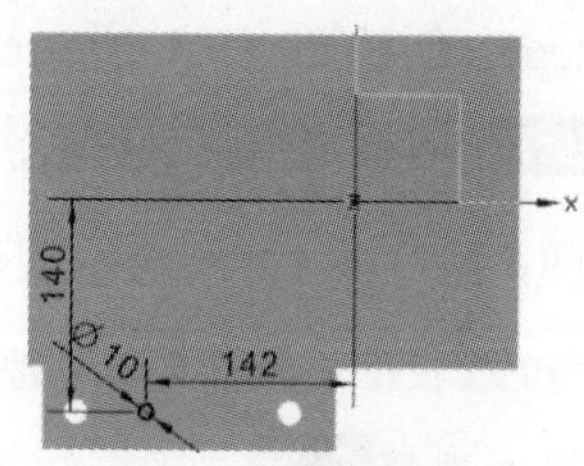

图 19.14　截面草图

Step8. 创建图 19.15 所示的零件特征——镜像 1。选择下拉菜单插入(S) → 关联复制(A) → 镜像特征(M)...命令，在绘图区中选取拉伸特征 4、孔特征 1 和拉伸特征 5 为要镜像的特征。在镜像平面区域中单击按钮，在绘图区中选取 XZ 基准平面作为镜像平面。单击 确定 按钮，完成镜像特征 1 的创建。

图 19.15　镜像特征 1

Step9. 创建图 19.16 所示的零件基础特征——拉伸 6。选择下拉菜单 插入(S) → 设计特征(E) → 拉伸(E)... 命令，系统弹出“拉伸”对话框。选取图 19.17 所示的平面为草图平面，绘制图 19.18 所示的截面草图；在 指定矢量 下拉列表中选择 ZC 选项；在 极限 区域的 开始 下拉列表框中选择 值 选项，并在其下的 距离 文本框中输入值-55，在 极限 区域的 结束 下拉列表框中选择 值 选项，并在其下的 距离 文本框中输入值 18，在 布尔 区域的下拉列表框中选择 求和 选项，采用系统默认的求和对象。单击 < 确定 > 按钮，完成拉伸特征 6 的创建。

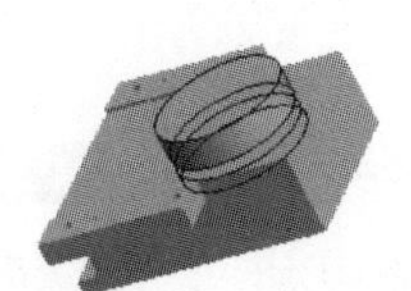

图 19.16　拉伸 6

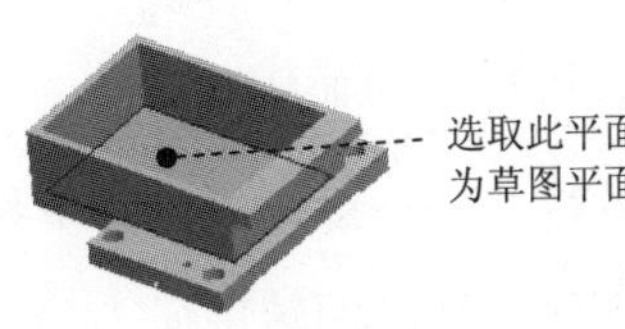

图 19.17　定义草图平面

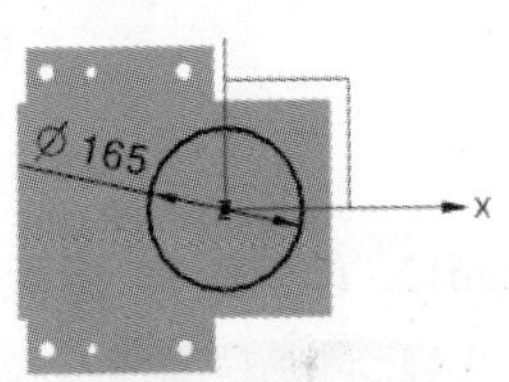

图 19.18　截面草图

Step10. 创建图 19.19 所示的零件基础特征——拉伸 7。选择下拉菜单 插入(S) → 设计特征(E) → 拉伸(E)... 命令，系统弹出“拉伸”对话框。选取图 19.20 所示的平面为草图平面，绘制图 19.21 所示的截面草图；在 指定矢量 下拉列表中选择 ZC 选项；在 极限 区域的 开始 下拉列表框中选择 值 选项，并在其下的 距离 文本框中输入值 0，在 极限 区域的 结束 下拉列表框中选择 贯通 选项，在 布尔 区域的下拉列表框中选择 求差 选项，采用系统默认的求差对象。单击 < 确定 > 按钮，完成拉伸特征 7 的创建。

图 19.19　拉伸 7

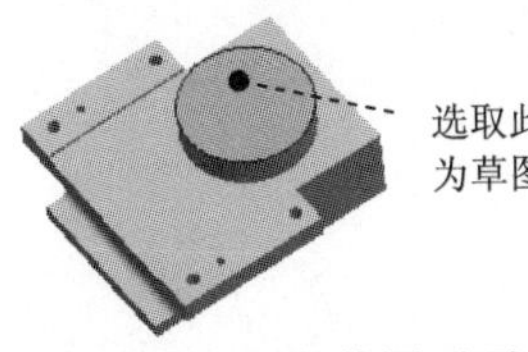

图 19.20　定义草图平面

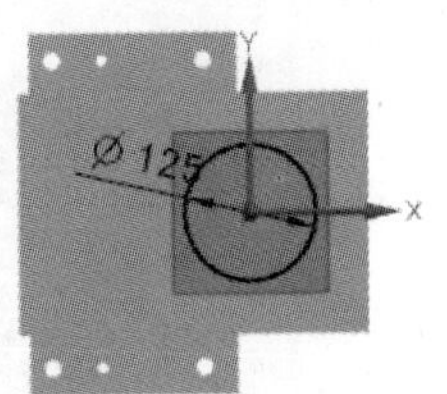

图 19.21　截面草图

Step11. 创建图 19.22 所示的回转特征 1。选择 插入(S) ➡ 设计特征(E) ➡ 回转(R)... 命令，单击 截面 区域中的 按钮，在绘图区选取图 19.23 所示的平面为草图平面，绘制图 19.24 所示的截面草图。在绘图区中选取图 19.24 所示的直线为旋转轴。在“回转”对话框的 极限 区域的 开始 下拉列表框中选择 值 选项，并在 角度 文本框中输入值 0，在 结束 下拉列表框中选择 值 选项，并在 角度 文本框中输入值 180；在 布尔 区域的下拉列表框中选择 无 选项，单击 < 确定 > 按钮，完成回转特征 1 的创建。

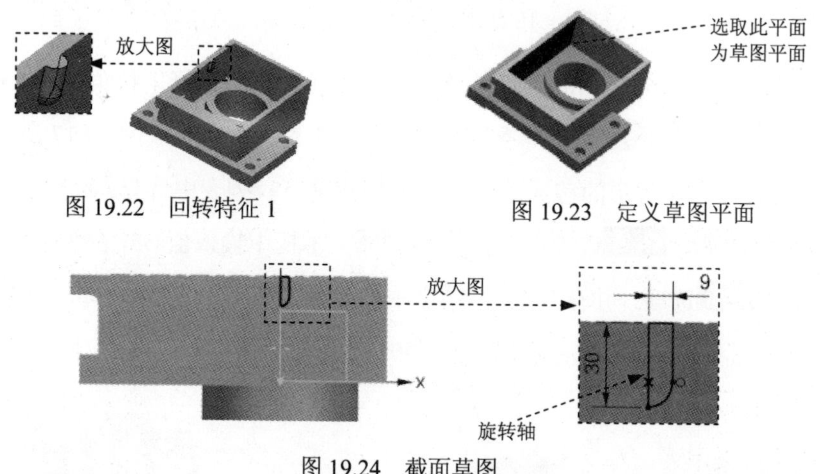

图 19.22 回转特征 1

图 19.23 定义草图平面

图 19.24 截面草图

Step12. 创建图 19.25 所示的零件特征——镜像 2。选择下拉菜单 插入(S) ➡ 关联复制(A) ➡ 镜像特征(M)... 命令，在绘图区中选取回转特征 1 为要镜像的特征。在 镜像平面 区域中单击 按钮，在绘图区中选取 XZ 基准平面作为镜像平面。单击 确定 按钮，完成镜像特征 2 的创建。

Step13. 创建图 19.26 所示的阵列特征 1。选择下拉菜单 插入(S) ➡ 关联复制(A) ➡ 生成实例几何特征(G)... 命令，在绘图区选取回转特征 1 和镜像特征 2 为要形成几何体的特征。在“实例几何体”对话框中 类型 的下拉列表中选择 平移 选项，在 * 指定矢量 的下拉列表中选择 -XC 选项。在 距离和副本数 区域中 距离 的文本框中输入值 110，在 副本数 的文本框中输入值 1，单击 < 确定 > 按钮，完成阵列特征 1 的创建。

图 19.25 镜像特征 2

图 19.26 阵列特征 1

Step14. 创建图 19.27 所示的求和特征。选择下拉菜单 插入(S) → 组合(B) → 求和(U)... 命令，选取图 19.27 所示的实体特征为目标体，选取图 19.27 所示的回转特 1、镜像特征 2 和阵列特征 1 为刀具体。单击 < 确定 > 按钮，完成求和特征的创建。

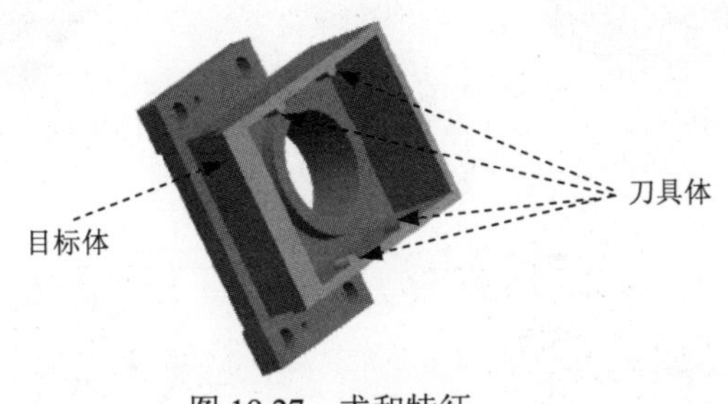

图 19.27　求和特征

Step15. 创建图 19.28 所示的零件基础特征——拉伸 8。选择下拉菜单 插入(S) → 设计特征(E) → 拉伸(E)... 命令，系统弹出“拉伸”对话框。选取图 19.29 所示的平面为草图平面，绘制图 19.30 所示的截面草图；在 指定矢量 下拉列表中选择 -ZC 选项；在 极限 区域的 开始 下拉列表框中选择 值 选项，并在其下的 距离 文本框中输入值 0，在 极限 区域的 结束 下拉列表框中选择 值 选项，并在其下的 距离 文本框中输入值 15，在 布尔 区域的下拉列表框中选择 求和 选项，采用系统默认的求和对象。单击 < 确定 > 按钮，完成拉伸特征 8 的创建。

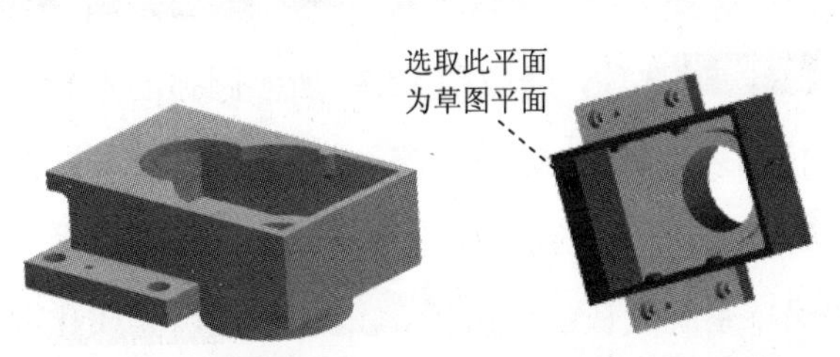

图 19.28　拉伸特征 8　　图 19.29　定义草图平面

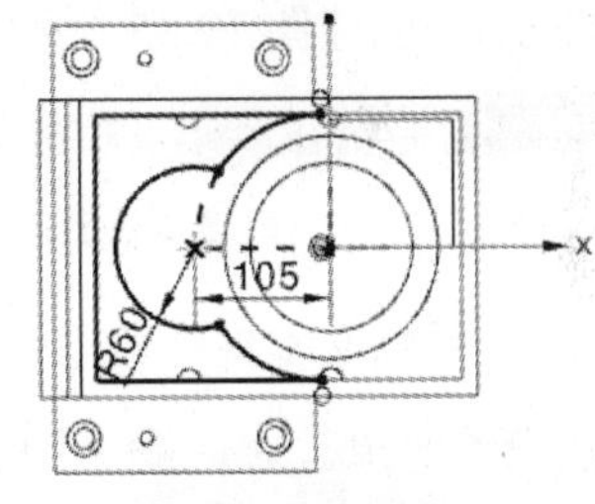

图 19.30　截面草图

Step16. 创建图 19.31 所示的回转特征 2。选择 插入(S) → 设计特征(E) → 回转(R)... 命令，单击 截面 区域中的按钮，在绘图区选取图 19.32 所示的平面为草图平面，绘制图 19.33 所示的截面草图。在绘图区中选取图 19.33 所示的直线为旋转轴。在“回转”对话框的 极限 区域的 开始 下拉列表框中选择 值 选项，并在 角度 文本框中输入值 0，在 结束 下拉列表框中选择 值 选项，并在 角度 文本框中输入值 90；在 布尔 区域的下拉列表框中选择 求和 选项，采用系统默认的求和对象单击 < 确定 > 按钮，完成回转特征 2 的创建。

Step17. 创建图 19.34 所示的零件特征——镜像 3。选择下拉菜单 插入(S) → 关联复制(A) → 镜像特征(M)... 命令，在绘图区中选取回转特征 2 为要镜像的特征。在 镜像平面 区域中单击按钮，在绘图区中选取 XZ 基准平面作为镜像平面。单击 确定 按钮，完成镜像特征 3 的创建。

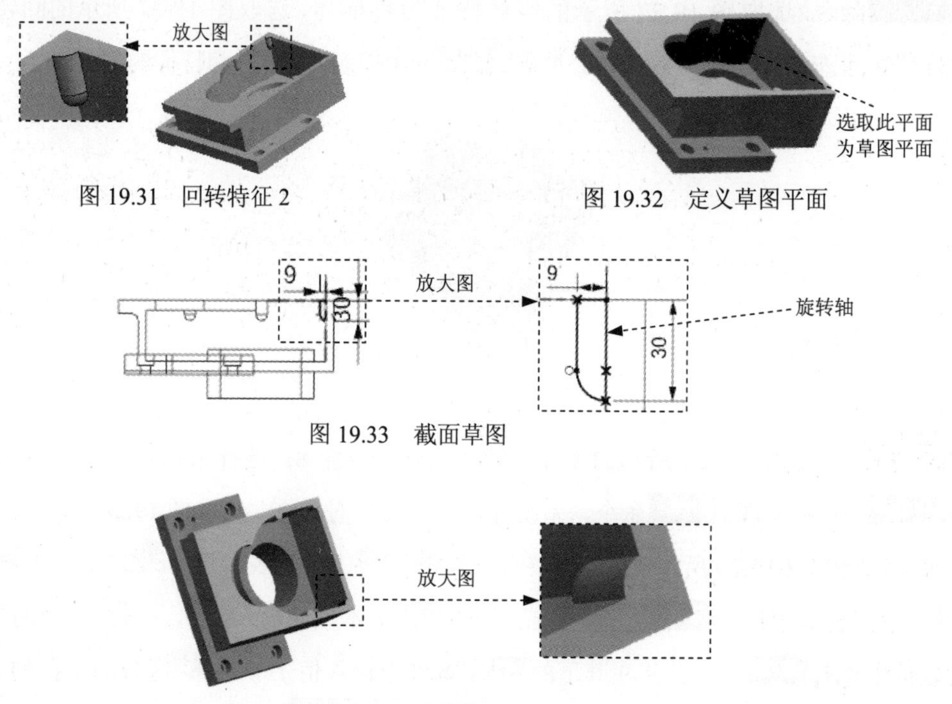

图 19.31 回转特征 2

图 19.32 定义草图平面

图 19.33 截面草图

图 19.34 镜像特征 3

Step18. 创建图 19.35 所示的孔特征 2。选择下拉菜单 插入(S) → 设计特征(E) → 孔(H)... 命令。在 类型 下拉列表中选择 螺纹孔 选项，选取图 19.36 所示圆弧的中心为定位点，在“孔”对话框 螺纹尺寸 中的 大小 下拉列表中选择 M8×1.25，在 螺纹深度 文本框中输入值 15，在 深度 文本框中输入值 18，在 布尔 区域的下拉列表框中选择 求差 选项，采用系统默认的求差对象。对话框中的其他设置保持系统默认；单击 < 确定 > 按钮，完成孔特征 2 的创建。

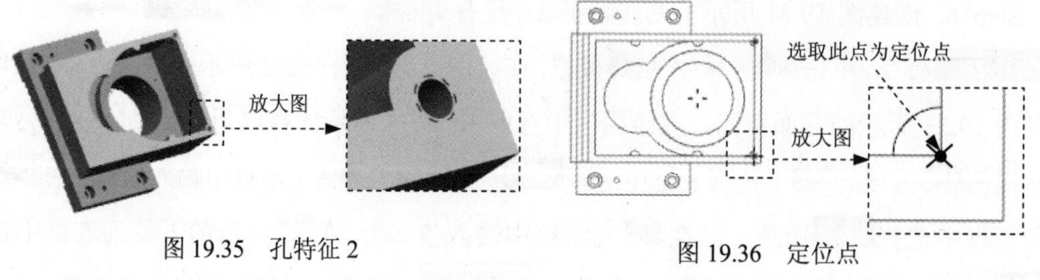

图 19.35 孔特征 2

图 19.36 定位点

Step19. 创建图 19.37 所示的阵列特征 2。选择下拉菜单 插入(S) → 关联复制(A) → 对特征形成图样(A)... 命令，在绘图区选取图 19.35 所示的孔特征 2 为要形成图样的特征。在“对特征形成图样”对话框中 阵列定义 区域的 布局 下拉列表中选择 线性 选项。在 方向 1 区域中，在* 指定矢量的下拉列表中选择-XC选项。在“对特征形成图样”对话框中间距区域 下拉列表中选择数量和节距选项，在数量的文本框中输入值 4，在节距的文本框中输入值 100。其他设置保持系统默认；单击< 确定 >按钮，完成阵列特征 2 的创建。

图 19.37　阵列特征 2

Step20. 创建图 19.38 所示的回转特征 3。选择插入(S) ➡ 设计特征(E) ➡ 回转(R)...命令，单击截面区域中的按钮，在绘图区选取图 19.39 所示的平面为草图平面，绘制图 19.40 所示的截面草图。在绘图区中选取图 19.40 所示的直线为旋转轴。在“回转”对话框的极限区域的开始下拉列表框中选择值选项，并在角度文本框中输入值 0，在结束下拉列表框中选择值选项，并在角度文本框中输入值-180；在布尔区域的下拉列表框中选择求和选项，采用系统默认的求和对象。单击< 确定 >按钮，完成回转特征 3 的创建。

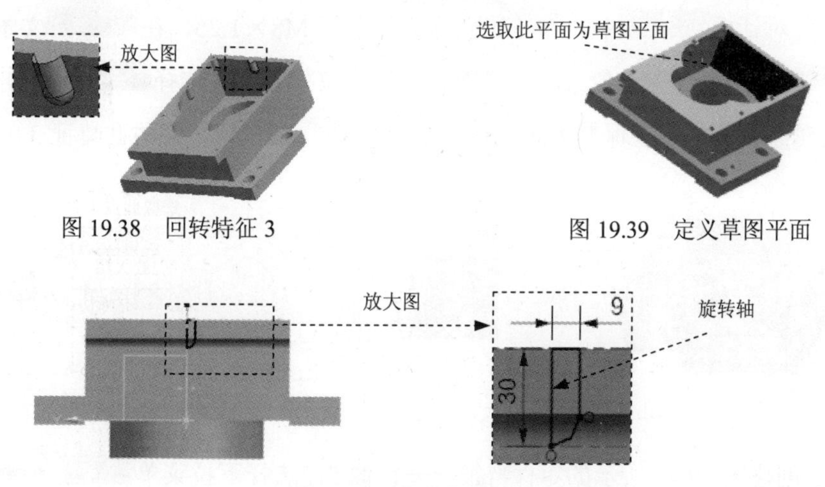

图 19.38　回转特征 3　　图 19.39　定义草图平面

图 19.40　截面草图

Step21. 创建图 19.41 所示的基准平面 1。选择下拉菜单插入(S) ➡ 基准/点(D) ➡ 基准平面(D)...命令，系统弹出“基准平面”对话框。在类型区域的下拉列表框中选择二等分选项，在绘图区选取图 19.42 所示的第一平面和第二平面，单击< 确定 >按钮，完成基准平面 1 的创建。

Step22. 创建图 19.43 所示的零件特征——镜像 4。选择下拉菜单插入(S) ➡ 关联复制(A) ➡ 镜像特征(M)...命令，在绘图区中选取图 19.38 所示的回转特征 3 为要镜像的特征。在镜像平面区域中单击按钮，在绘图区中选取基准平面 1 作为镜像平面。单击确定按钮，完成镜像特征 4 的创建。

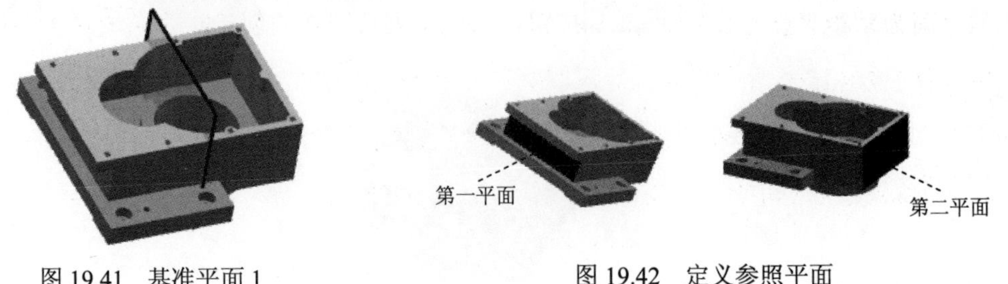

图 19.41　基准平面 1　　　图 19.42　定义参照平面

图 19.43　镜像特征 4

Step23. 创建图 19.44 所示的孔特征 3。选择下拉菜单插入(S) → 设计特征(E)▸ → 孔(H)... 命令。在类型下拉列表中选择螺纹孔选项，选取图 19.45 所示圆弧的中心为定位点，在“孔”对话框螺纹尺寸中的大小下拉列表中选择 M8×1.25，在螺纹深度文本框中输入值 15，在深度文本框中输入值 18，在布尔区域的下拉列表框中选择求差选项，采用系统默认的求差对象。其他设置保持系统默认；单击< 确定 >按钮，完成孔特征 3 的创建。

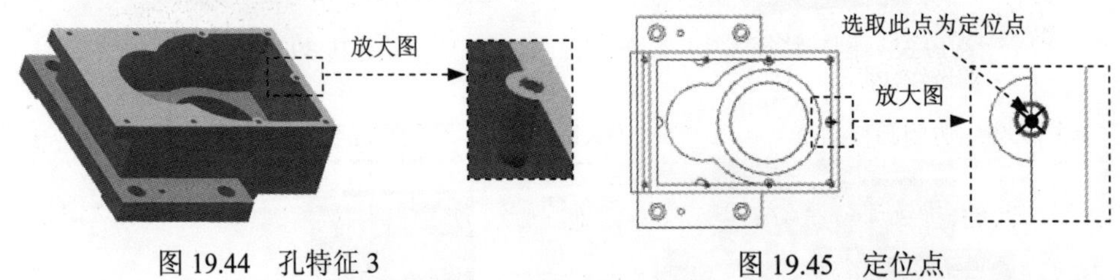

图 19.44　孔特征 3　　　图 19.45　定位点

Step24. 创建图 19.46 所示的零件特征——镜像 5。选择下拉菜单插入(S) → 关联复制(A)▸ → 镜像特征(M)... 命令，在绘图区中选取图 19.44 所示的孔特征 3 为要镜像的特征。在镜像平面区域中单击按钮，在绘图区中选取基准平面 1 作为镜像平面。单击确定按钮，完成镜像特征 5 的创建。

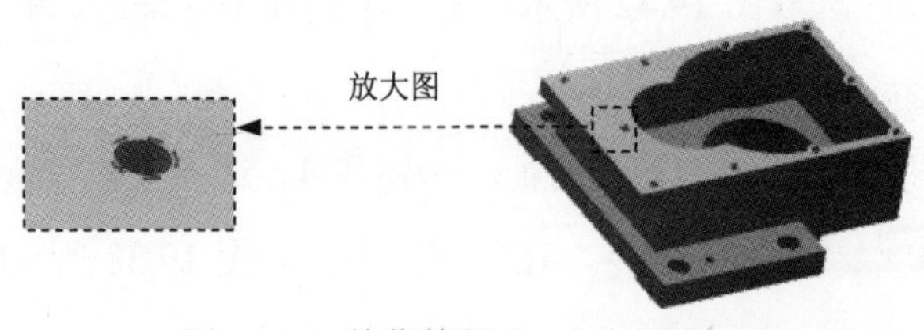

图 19.46　镜像特征 5

Step25. 创建图 19.47 所示的孔特征 4。选择下拉菜单 插入(S) → 设计特征(E) → 孔(H)... 命令。在 类型 下拉列表中选择 螺纹孔 选项，在 位置 区域单击 按钮，选取图 19.47 所示的平面为草绘平面，绘制图 19.48 所示的定位点，在“孔”对话框 螺纹尺寸 中的 大小 下拉列表中选择 M8×1.25，在 螺纹深度 文本框中输入值 15，在 深度 文本框中输入值 18，在 布尔 区域的下拉列表框中选择 求差 选项，采用系统默认的求差对象。其他设置保持系统默认；单击 < 确定 > 按钮，完成孔特征 4 的创建。

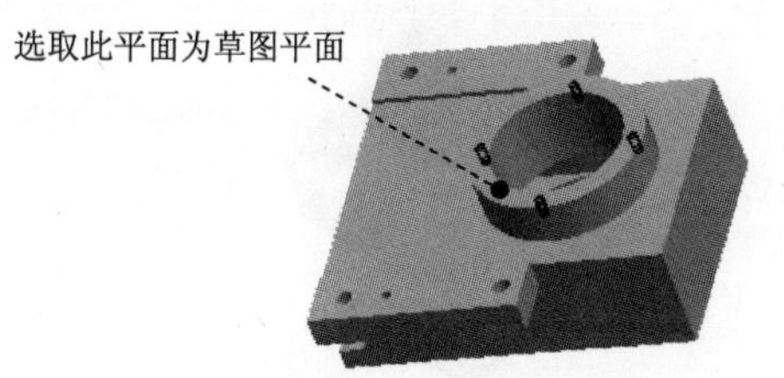

图 19.47 孔特征 4

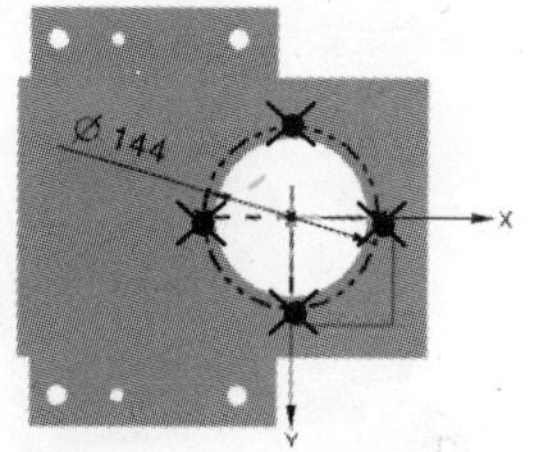

图 19.48 定义定位点

Step26. 创建图 19.49 所示的边倒圆特征 1。选择下拉菜单 插入(S) → 细节特征(L) → 边倒圆(E)... 命令，在 要倒圆的边 区域中单击 按钮，选择图 19.50 所示的 4 条边线为边倒圆参照，并在 半径 1 文本框中输入值 10。单击 < 确定 > 按钮，完成边倒圆特征 1 的创建。

图 19.49 边倒圆特征 1

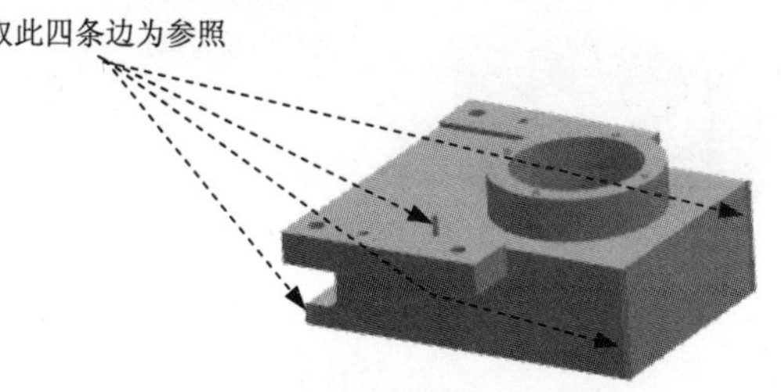

图 19.50 定义参照边

Step27. 创建边倒圆特征 2。选择图 19.51 所示的边线为边倒圆参照，并在 半径 1 文本框中输入值 3。单击 < 确定 > 按钮，完成边倒圆特征 2 的创建。

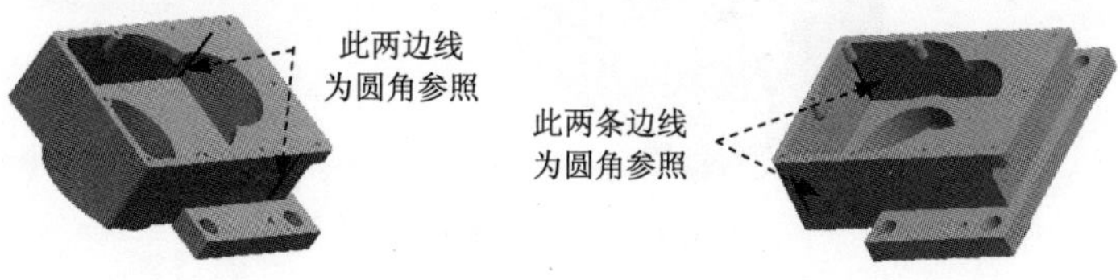

图 19.51 定义参照边

Step28. 创建边倒圆特征 3。选择图 19.52 所示的边链为边倒圆参照，并在 半径 1 文本框中输入值 2。单击 < 确定 > 按钮，完成边倒圆特征 3 的创建。

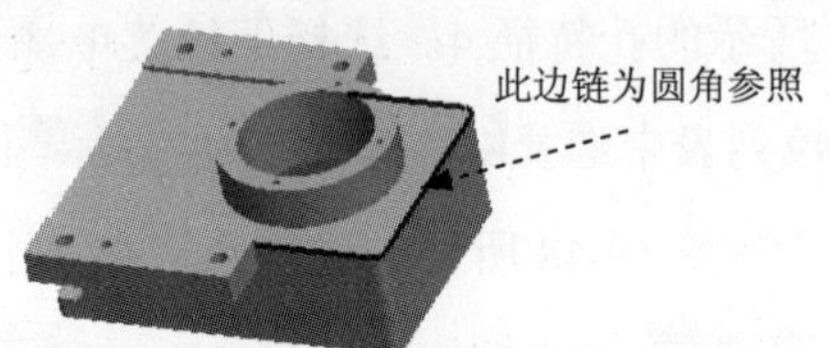

图 19.52 定义参照边

Step29. 创建边倒圆特征 4。选择图 19.53 所示的边链为边倒圆参照，并在半径 1文本框中输入值 5。单击< 确定 >按钮，完成边倒圆特征 4 的创建。

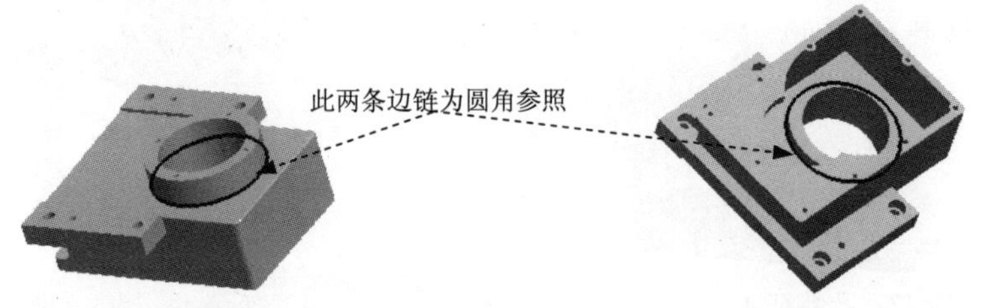

图 19.53 定义参照边

Step30. 创建边倒圆特征 5。选择图 19.54 所示的边线为边倒圆参照，并在半径 1文本框中输入值 10。单击< 确定 >按钮，完成边倒圆特征 5 的创建。

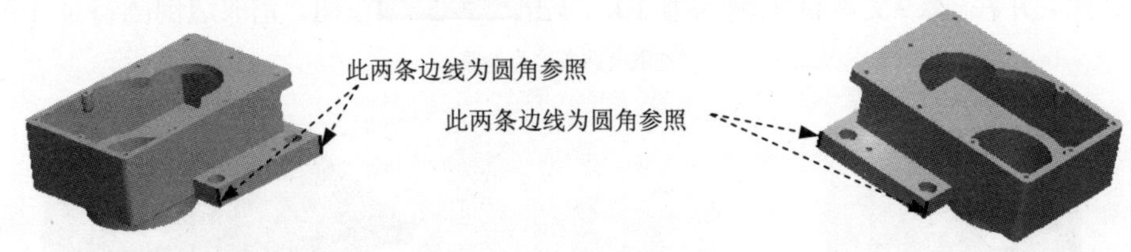

图 19.54 定义参照边

Step31. 创建边倒圆特征 6。选择图 19.55 所示的边链为边倒圆参照，并在半径 1文本框中输入值 3。单击< 确定 >按钮，完成边倒圆特征 6 的创建。

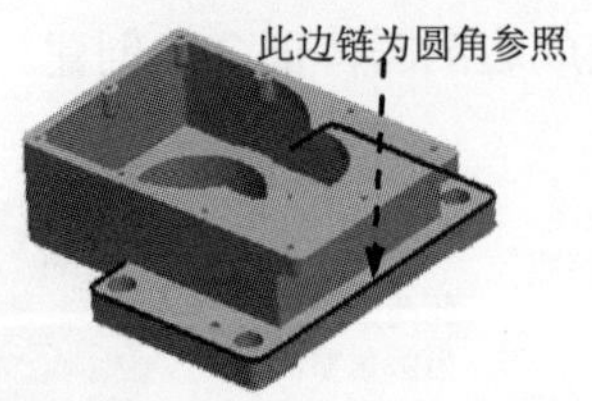

图 19.55 定义参照边

Step32. 创建边倒圆特征 7。选择图 19.56 所示的边链为边倒圆参照，并在半径 1文本框中输入值 5。单击< 确定 >按钮，完成边倒圆特征 7 的创建。

Step33. 创建边倒圆特征 8。选择图 19.57 所示的边链为边倒圆参照，并在半径 1文本框

中输入值 2。单击 < 确定 > 按钮，完成边倒圆特征 8 的创建。

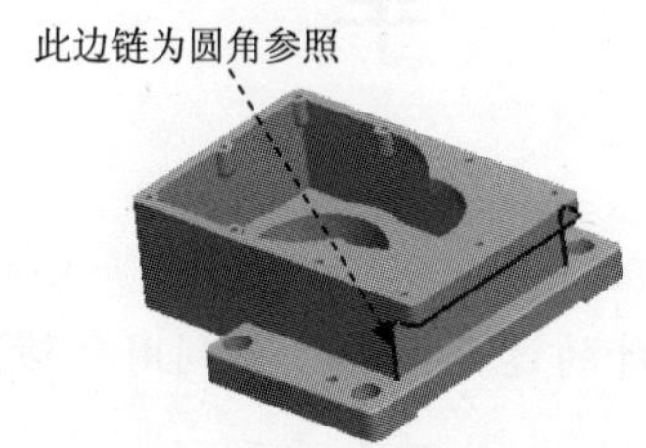

图 19.56　定义参照边

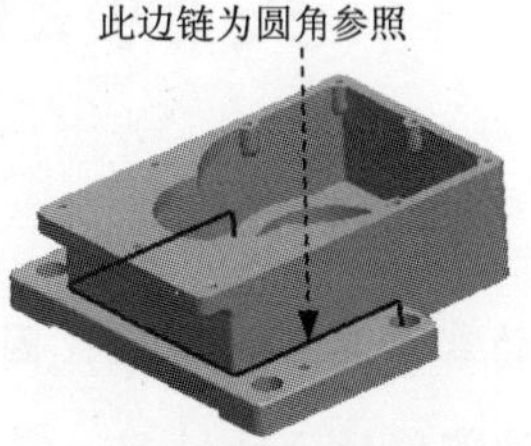

图 19.57　定义参照边

Step34. 保存零件模型。选择下拉菜单 文件(F) → 保存(S) 命令，即可保存零件模型。

实例20　提　　手

实例概述：

本实例设计的零件具有对称性，因此在进行设计的过程中要充分利用“镜像”特征命令。下面介绍了该零件的设计过程，零件模型和模型树如图 20.1 所示。

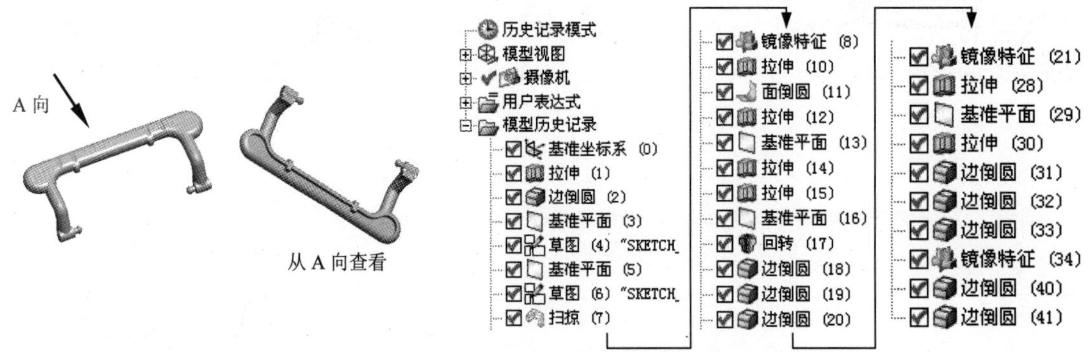

图 20.1　零件模型及模型树

Step1. 新建文件。选择下拉菜单 文件(F) → 新建(N)... 命令，系统弹出“新建”对话框。在 模型 选项卡的 模板 区域中选取模板类型为 模型，在 名称 文本框中输入文件名称 HAND，单击 确定 按钮，进入建模环境。

Step2. 创建图 20.2 所示的零件基础特征——拉伸 1。选择下拉菜单 插入(S) → 设计特征(E) → 拉伸(E)... 命令，系统弹出“拉伸”对话框。选取 XY 平面为草图平面，选中 设置 区域的 创建中间基准 CSYS 复选框，绘制图 20.3 所示的截面草图；在 指定矢量 下拉列表中选择 ZC↑ 选项；在 极限 区域的 开始 下拉列表框中选择 对称值 选项，并在其下的 距离 文本框中输入值 4，单击 < 确定 > 按钮，完成拉伸特征 1 的创建。

图 20.2　拉伸特征 1

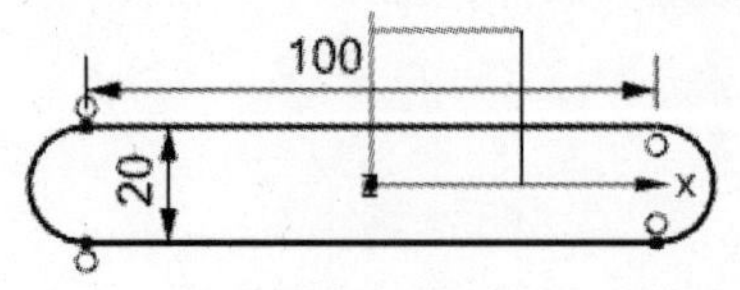

图 20.3　截面草图

Step3. 创建图 20.4 所示的边倒圆特征 1。选择下拉菜单 插入(S) → 细节特征(L) ▸ → 边倒圆(E)... 命令，在 要倒圆的边 区域中单击 按钮，选择图 20.5 所示的边链为边倒圆参照，并在半径 1文本框中输入值 4。单击< 确定 >按钮，完成边倒圆特征 1 的创建。

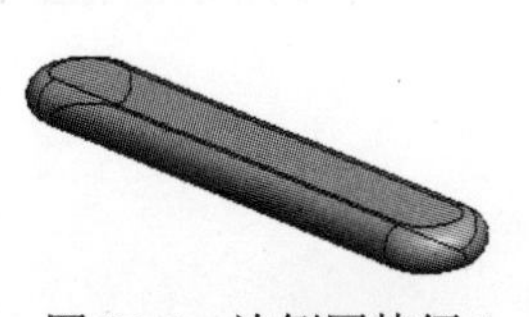
图 20.4　边倒圆特征 1

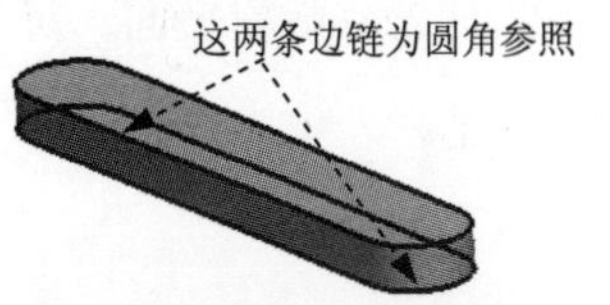

图 20.5　定义参照边

Step4. 创建图 20.6 所示的基准平面 1。选择下拉菜单插入(S) → 基准/点(D) → 基准平面(D)...命令，系统弹出“基准平面”对话框。在类型区域的下拉列表框中选择按某一距离选项，在绘图区选取 YZ 平面，输入偏移值 46。单击< 确定 >按钮，完成基准平面 1 的创建。

图 20.6　基准平面 1

Step5. 创建图 20.7 所示的草图 1。选择下拉菜单插入(S) → 任务环境中的草图(S)...命令；选取基准平面 1 为草图平面；进入草图环境绘制。绘制完成后单击完成草图按钮，完成草图特征 1 的创建。

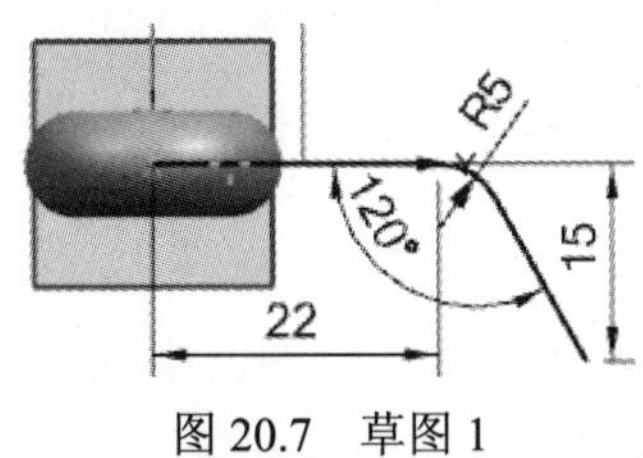

图 20.7　草图 1

Step6. 创建图 20.8 所示的基准平面 2。选择下拉菜单插入(S) → 基准/点(D) → 基准平面(D)...命令，系统弹出“基准平面”对话框。在类型区域的下拉列表框中选择点和方向选项， 在通过点区域选择图 20.8 所示的点，再单击< 确定 >按钮，完成基准平面 2 的创建。

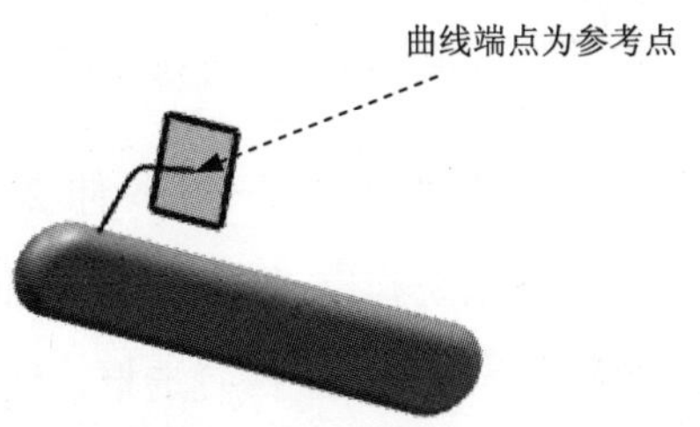

图 20.8　基准平面 2

Step7. 创建图 20.9 所示的草图 2。选择下拉菜单插入(S) → 任务环境中的草图(S)...命令；选取基准平面 2 为草图平面；进入草图环境绘制。绘制完成后单击完成草图按钮，完成草图特征 2 的创建。

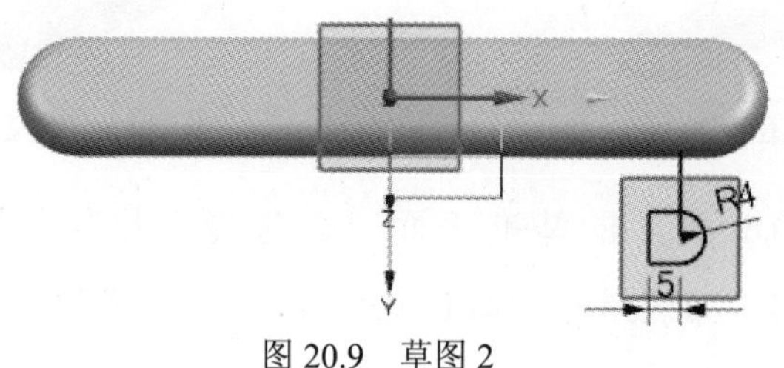

图 20.9 草图 2

Step8. 创建图 20.10 所示的扫掠特征 1。选择下拉菜单插入(S) → 扫掠(W) → 沿引导线扫掠(G)...命令，在绘图区选取图 20.9 所示的草图 2 为扫掠的截面曲线串，选取图 20.7 所示的草图 1 曲线特征为扫掠的引导线串。采用系统默认的扫掠偏置值，在布尔区域的下拉列表框中选择求和选项，采用系统默认的求和对象。单击“沿引导线扫掠”对话框中的< 确定 >按钮。完成扫掠特征 1 的创建。

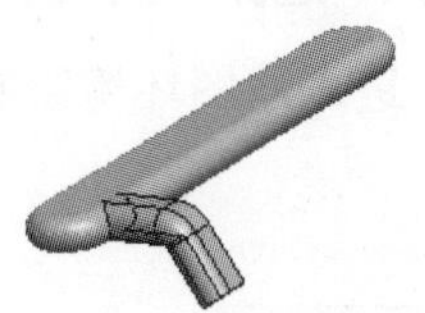

图 20.10 扫掠特征 1

Step9. 创建图 20.11 所示的零件特征——镜像 1。选择下拉菜单插入(S) → 关联复制(A) → 镜像特征(M)...命令，在绘图区中选取扫掠特征 1 为要镜像的特征。在镜像平面区域中单击按钮，在绘图区中选取 YZ 基准平面作为镜像平面。单击确定按钮，完成镜像特征 1 的创建。

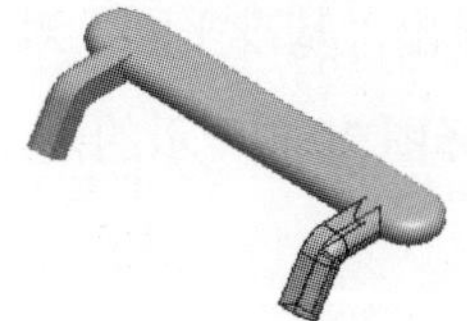

图 20.11 镜像特征 1

Step10. 创建图 20.12 所示的零件基础特征——拉伸 2。选择下拉菜单插入(S) → 设计特征(E) → 拉伸(E)...命令，系统弹出“拉伸”对话框。选取图 20.13 所示的平面为草图平面，取消选中设置区域的□ 创建中间基准 CSYS 复选框，绘制图 20.14 所示的截面草图；在指定矢量下拉列表中选择-ZC选项；在极限区域的开始下拉列表框中选择值选项，并在其下的距离文本框中输入值 0，在极限区域的结束下拉列表框中选择值选项，并在其下的距离文本框中输入值 39，在布尔区域的下拉列表框中选择求差选项，采用系统默认的求差对象。单击< 确定 >按钮，完成拉伸特征 2 的创建。

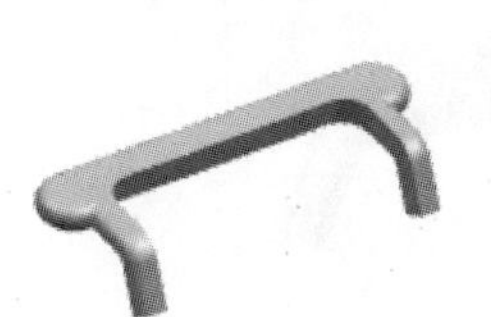
图 20.12　拉伸特征 2

图 20.13　定义草图平面

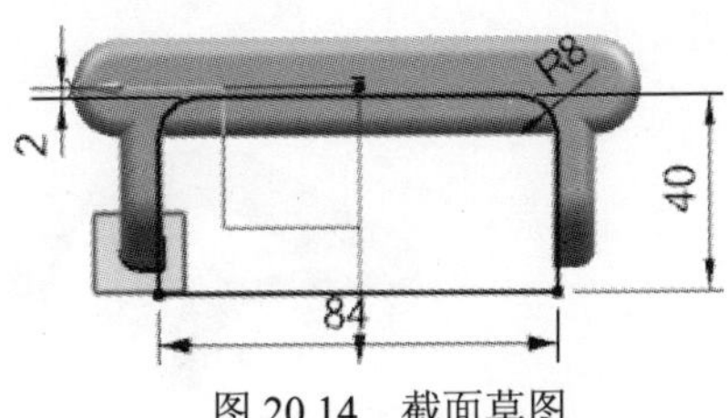

图 20.14　截面草图

Step11. 创建图 20.15 所示的面倒圆特征 1。选择下拉菜单插入(S) → 细节特征(L) → 面圆角(F)...命令，在类型下拉列表中选择三个定义面链选项，在面链区域选择图 20.16 所示的面链 1，选择图 20.17 所示的面链 2，选择图 20.18 所示的中间面，在横截面的截面方位的下拉列表中选择滚球选项，单击< 确定 >按钮，完成面倒圆特征 1 的创建。

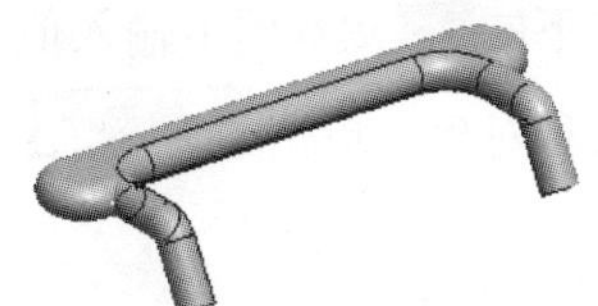
图 20.15　面倒圆特征 1

图 20.16　定义参照面 1

图 20.17　定义参照面 2

图 20.18　定义参照面 3

Step12. 创建图 20.19 所示的零件基础特征——拉伸 3。选择下拉菜单插入(S) → 设计特征(E) → 拉伸(E)...命令，系统弹出“拉伸”对话框。选取图 20.20 所示的平面为草图平面，绘制图 20.21 所示的截面草图；在指定矢量下拉列表中选择ZC↑选项；在极限区域的开始下拉列表框中选择值选项，并在其下的距离文本框中输入值 0，在极限区域的结束下拉列表框中选择值选项，，并在其下的距离文本框中输入值 3，在布尔区域的下拉列表框中选择求差选项，采用系统默认的求差对象。单击< 确定 >按钮，完成拉伸特征 3 的创建。

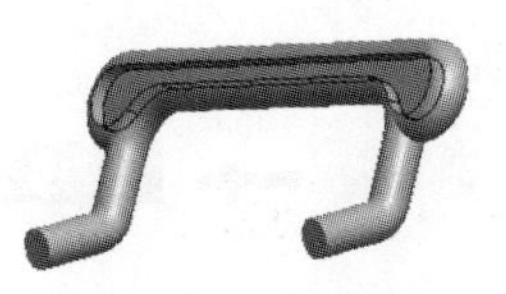
图 20.19　拉伸特征 3

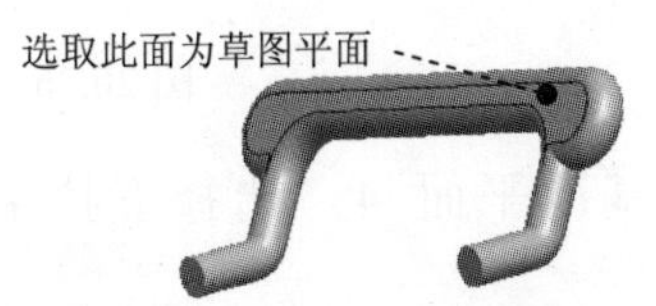

图 20.20　定义草图平面

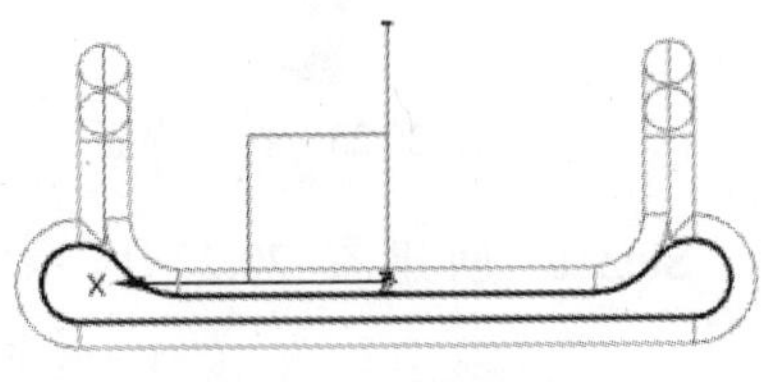
图 20.21　截面草图

Step13. 创建图 20.22 所示的基准平面 3。选择下拉菜单 插入(S) → 基准/点(D) → 基准平面(D)... 命令，系统弹出“基准平面”对话框。在类型区域的下拉列表框中选择 通过对象 选项，选取图 20.22 所示的轴线为参照。单击 < 确定 > 按钮，完成基准平面 3 的创建。

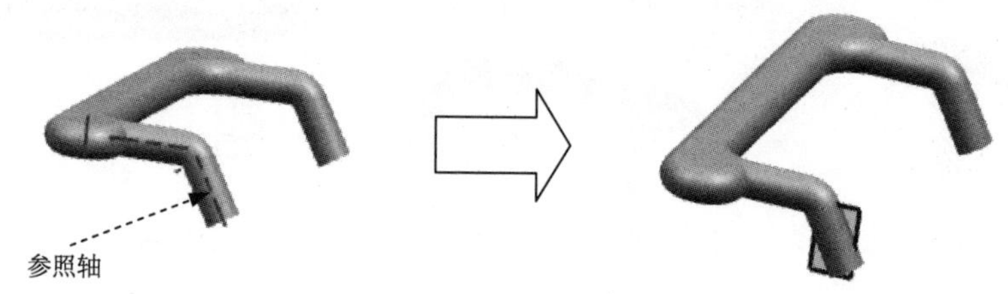

图 20.22　基准平面 3

Step14. 创建图 20.23 所示的零件基础特征——拉伸 4。选择下拉菜单 插入(S) → 设计特征(E) → 拉伸(E)... 命令，系统弹出“拉伸”对话框。选取基准平面 3 为草图平面，绘制图 20.24 所示的截面草图；在 指定矢量 下拉列表中选择 XC 选项；在极限区域的开始下拉列表框中选择 对称值 选项，并在其下的距离文本框中输入值 4，在布尔区域的下拉列表框中选择 求和 选项，采用系统默认的求和对象。单击 < 确定 > 按钮，完成拉伸特征 4 的创建。

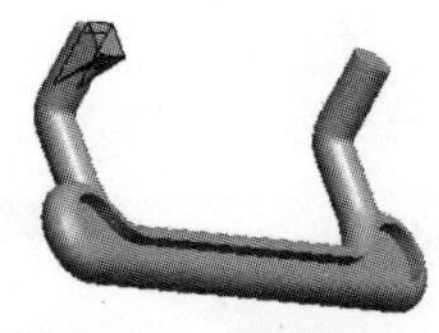

图 20.23　拉伸特征 4

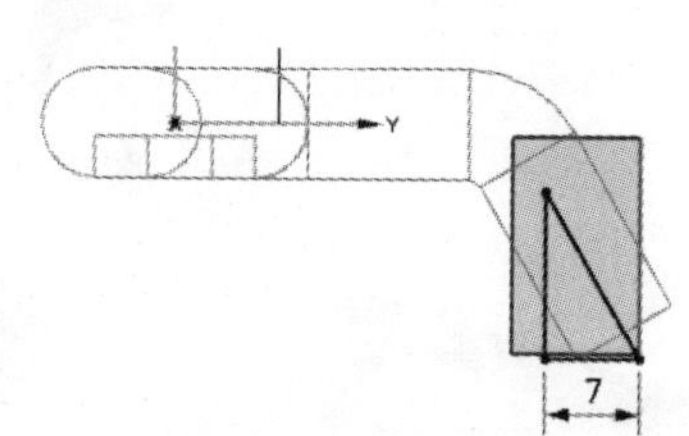

图 20.24　截面草图

Step15. 创建图 20.25 所示的零件基础特征——拉伸 5。选择下拉菜单 插入(S) → 设计特征(E) → 拉伸(E)... 命令，系统弹出“拉伸”对话框。选取基准平面 3 为草图平面，绘制图 20.26 所示的截面草图；在 指定矢量 下拉列表中选择 XC 选项；在极限区域的开始下拉列表框中选择 对称值 选项，并在其下的距离文本框中输入值 5，在布尔区域的下拉列表框中选择 求和 选项，采用系统默认的求和对象。单击 < 确定 > 按钮，完成拉伸特征 5 的创建。

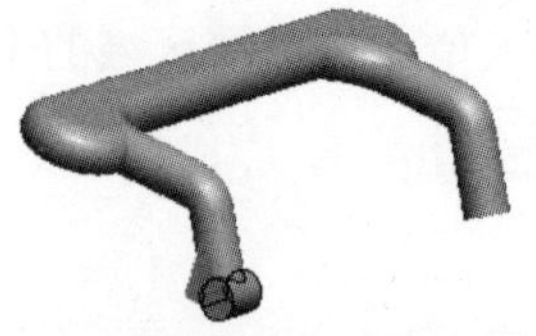

图 20.25　拉伸特征 5

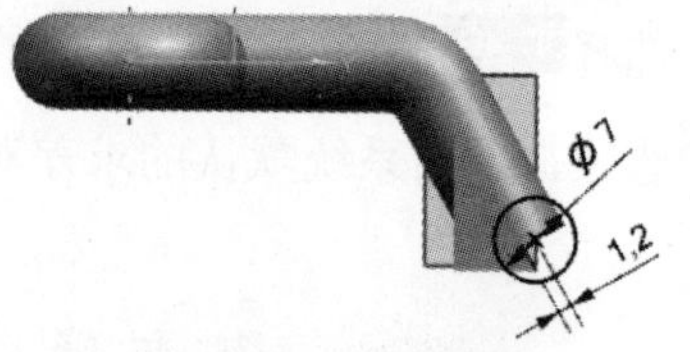

图 20.26　截面草图

Step16. 创建图 20.27 所示的基准平面 4。选择下拉菜单 插入(S) → 基准/点(D)

→ 基准平面(D)...命令，系统弹出“基准平面”对话框。在类型区域的下拉列表框中选择通过对象选项，选取图 20.27 所示的轴线为参照。单击< 确定 >按钮，完成基准平面 4 的创建。

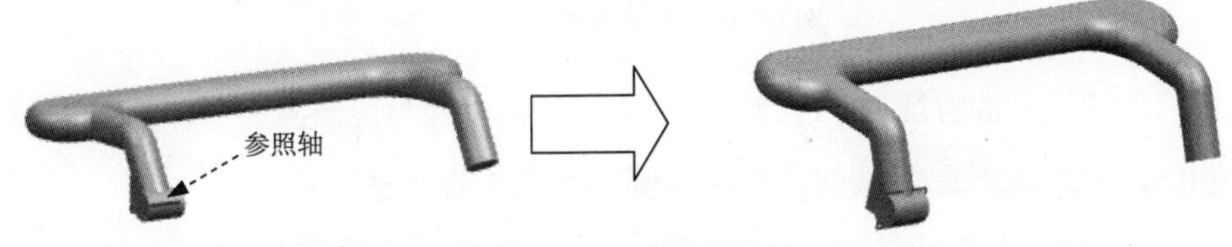

图 20.27　基准平面 4

Step17. 创建图 20.28 所示的回转特征 1。选择插入(S) → 设计特征(E) → 回转(R)...命令，单击截面区域中的按钮，在绘图区选取基准平面 4 为草图平面，绘制图 20.29 所示的截面草图。在绘图区中选取图 20.29 所示的轴为旋转轴。在“回转”对话框的极限区域的开始下拉列表框中选择值选项，并在角度文本框中输入值 0，在结束下拉列表框中选择值选项，并在角度文本框中输入值 360；在布尔区域的下拉列表框中选择求和选项，采用系统默认的求和对象。单击< 确定 >按钮，完成回转特征 1 的创建。

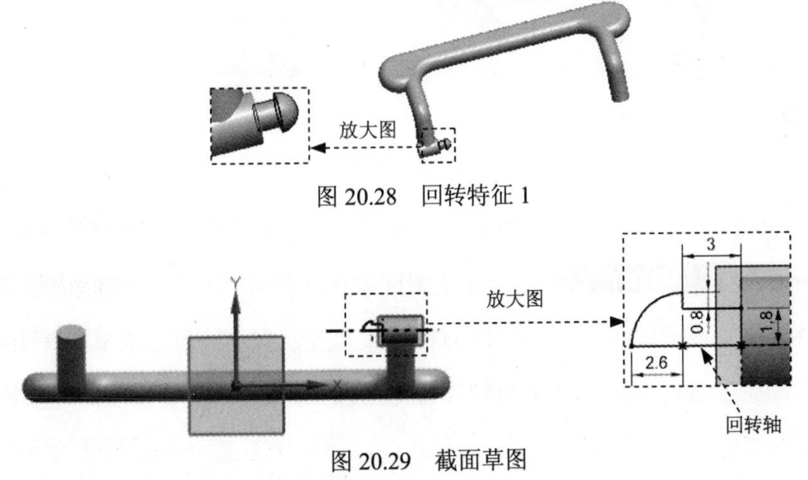

图 20.28　回转特征 1

图 20.29　截面草图

Step18. 创建图 20.30 所示的边倒圆特征 2。选择图 20.31 所示的边链为边倒圆参照，并在半径 1文本框中输入值 0.5。单击< 确定 >按钮，完成边倒圆特征 2 的创建。

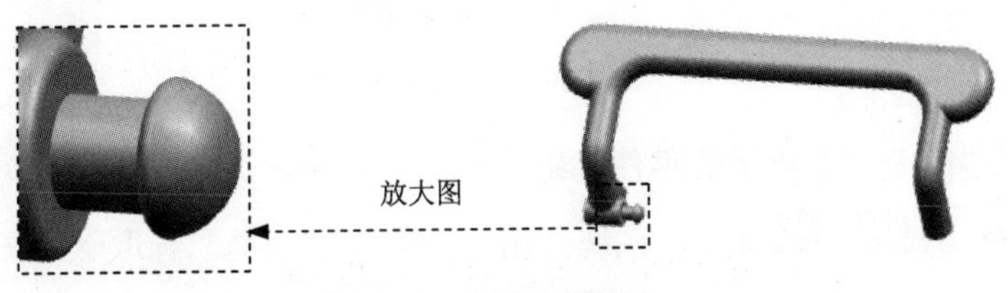

图 20.30　边倒圆特征 2

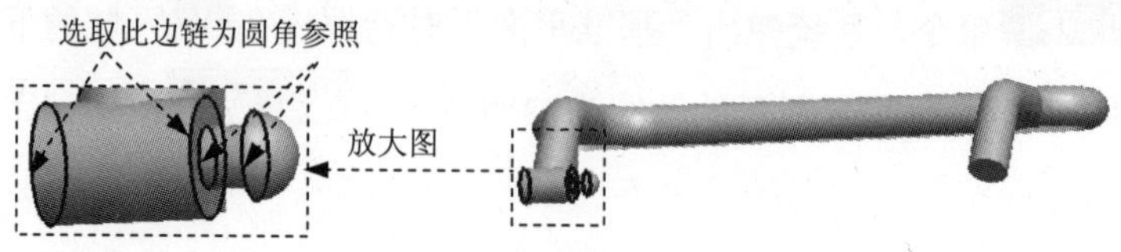

图 20.31 定义参照边

Step19. 创建边倒圆特征 3。选择图 20.32 所示的边线为边倒圆参照，并在半径 1文本框中输入值 0.5。单击< 确定 >按钮，完成边倒圆特征 3 的创建。

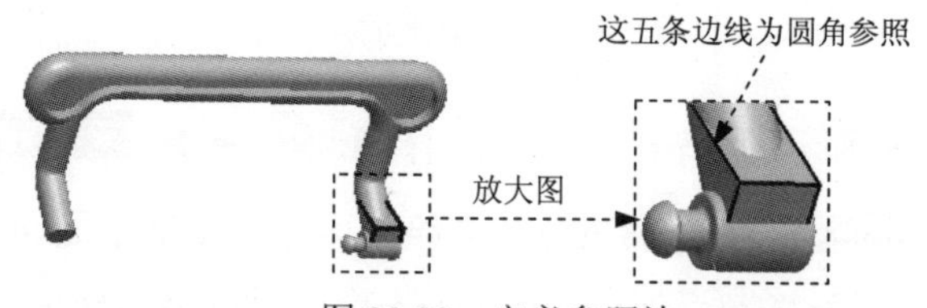

图 20.32 定义参照边

Step20. 创建边倒圆特征 4。选择图 20.33 所示的边链为边倒圆参照，并在半径 1文本框中输入值 1。单击< 确定 >按钮，完成边倒圆特征 4 的创建。

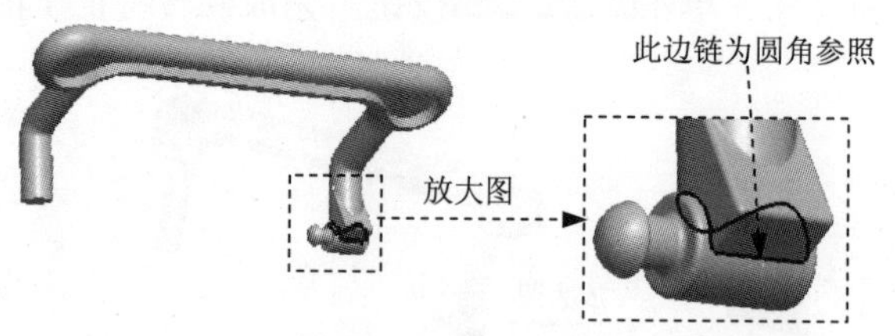

图 20.33 定义参照边

Step21. 创建图 20.34 所示的零件特征——镜像 2。选择下拉菜单插入(S) → 关联复制(A) → 镜像特征(M)...命令，在绘图区中选取拉伸特征 4、拉伸特征 5、回转特征 1、边倒圆特征 2、边倒圆特征 3、边倒圆特征 4 为要镜像的特征。在镜像平面区域中单击按钮，在绘图区中选取 YZ 基准平面作为镜像平面。单击确定按钮，完成镜像特征 2 的创建。

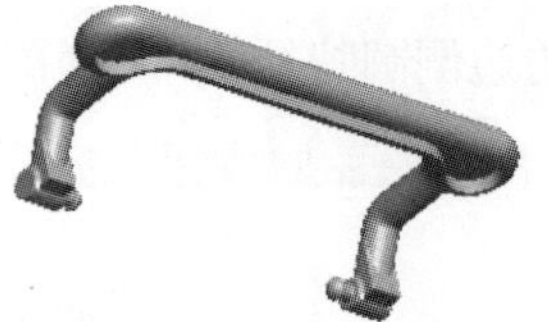

图 20.34 镜像特征 2

Step22. 创建图 20.35 所示的零件基础特征——拉伸 6。选择下拉菜单插入(S) → 设计特征(E) → 拉伸(E)...命令，系统弹出“拉伸”对话框。选取 XZ 平面为草图平面，绘制图 20.36 所示的截面草图；在指定矢量下拉列表中选择YC选项；在极限区域的开始下拉列表框中选择对称值选项，并在其下的距离文本框中输入值 10，在布尔区域的下拉列表框中选择求差选项，采用系统默认的求差对象。单击< 确定 >按钮，完成拉伸特征 6 的创建。

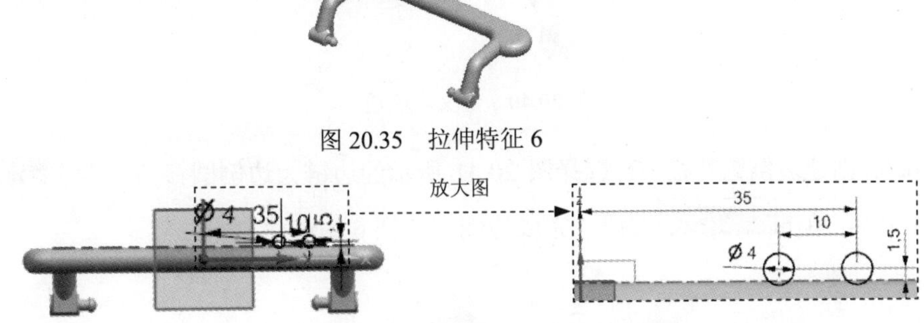

图 20.35 拉伸特征 6

图 20.36 截面草图

Step23. 创建图 20.37 所示的基准平面 5。选择下拉菜单插入(S) → 基准/点(D) → 基准平面(D)...命令，系统弹出“基准平面”对话框。在类型区域的下拉列表框中选择通过对象选项，选取图 20.37 所示的轴线。单击< 确定 >按钮，完成基准平面 5 的创建。

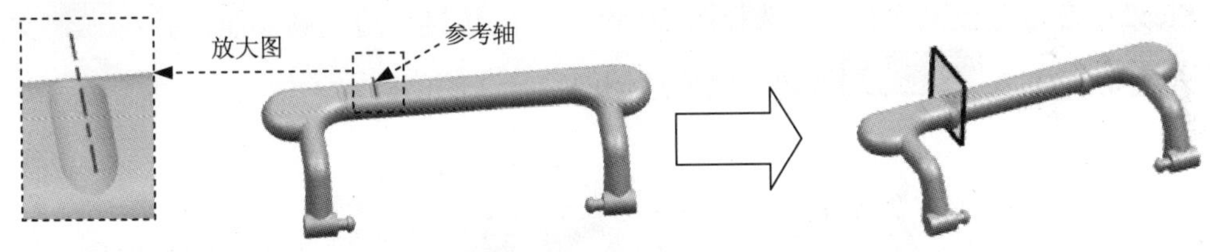

图 20.37 基准平面 5

Step24. 创建图 20.38 所示的零件基础特征——拉伸 7。选择下拉菜单插入(S) → 设计特征(E) → 拉伸(E)...命令，系统弹出“拉伸”对话框。选取基准平面 5 为草图平面，绘制图 20.39 所示的截面草图；在指定矢量下拉列表中选择XC选项；在极限区域的开始下拉列表框中选择对称值选项，并在其下的距离文本框中输入值 1.5，在布尔区域的下拉列表框中选择求和选项，采用系统默认的求和对象。单击< 确定 >按钮，完成拉伸特征 7 的创建。

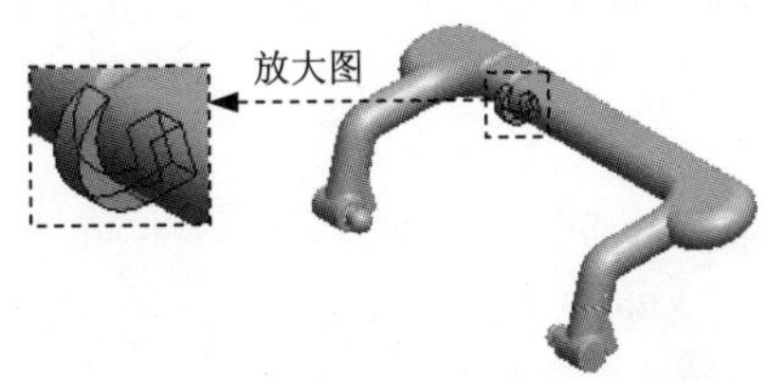

图 20.38 拉伸特征 7

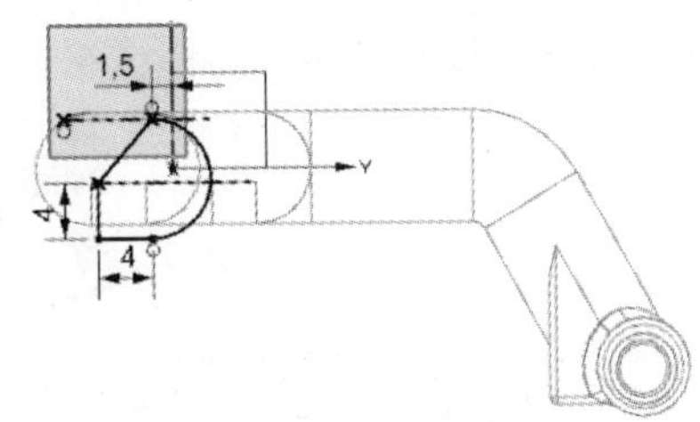

图 20.39 截面草图

Step25. 创建边倒圆特征 5。选择图 20.40 所示的边链为边倒圆参照，并在半径 1文本框中输入值 0.5。单击< 确定 >按钮，完成边倒圆特征 5 的创建。

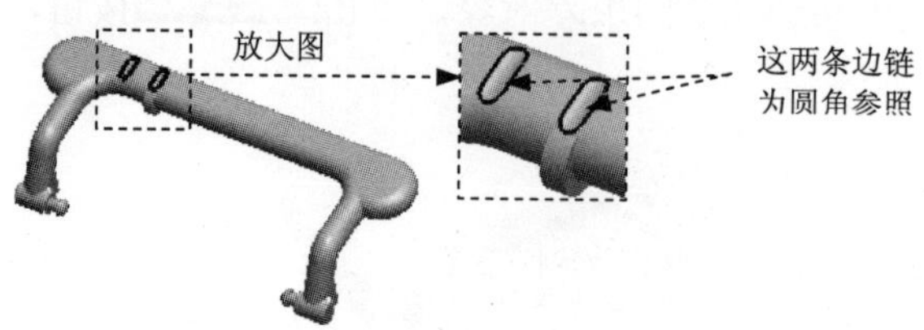

图 20.40 定义参照边

Step26. 创建边倒圆特征 6。选择图 20.41 所示的边链为边倒圆参照，并在半径 1文本框中输入值 0.5。单击< 确定 >按钮，完成边倒圆特征 6 的创建。

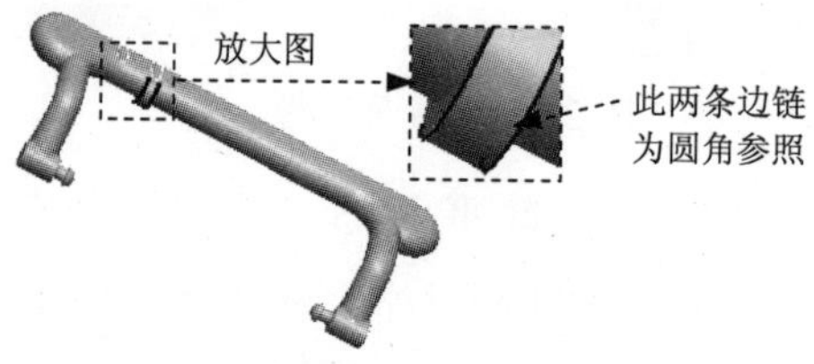

图 20.41 定义参照边

Step27. 创建边倒圆特征 7。选择图 20.42 所示的边链为边倒圆参照，并在半径 1文本框中输入值 0.5。单击< 确定 >按钮，完成边倒圆特征 7 的创建。

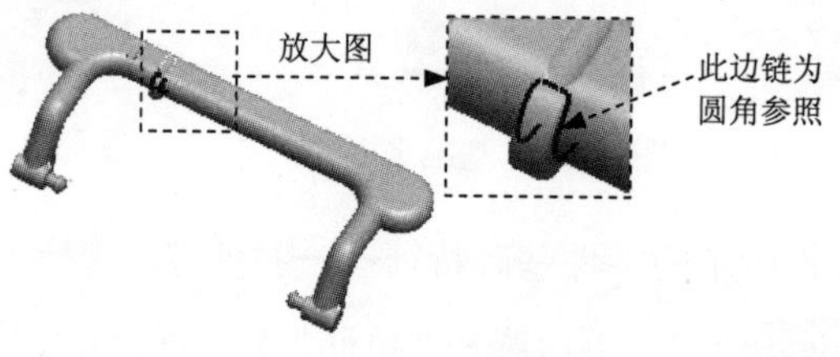

图 20.42 定义参照边

Step28. 创建图 20.43 所示的零件特征——镜像 3。选择下拉菜单插入(S) → 关联复制(A) → 镜像特征(M)...命令，在绘图区中选取拉伸特征 6、拉伸特征 7、边倒圆特征 5、边倒圆特征 6、边倒圆特征 7 为要镜像的特征。在镜像平面区域中单击按钮，在绘图区中选取 YZ 基准平面作为镜像平面。单击确定按钮，完成镜像特征 3 的创建。

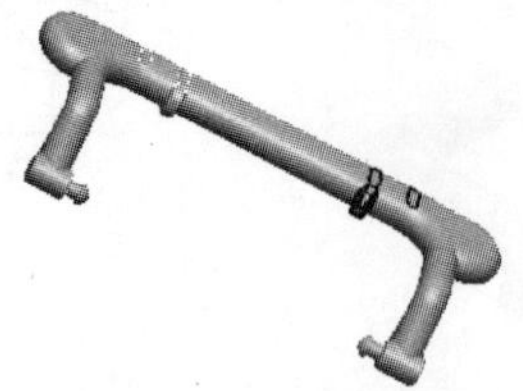

图 20.43 镜像特征 3

Step29. 创建边倒圆特征 8。选择图 20.44 所示的边链为边倒圆参照，并在半径 1文本框中输入值 0.5。单击< 确定 >按钮，完成边倒圆特征 8 创建。

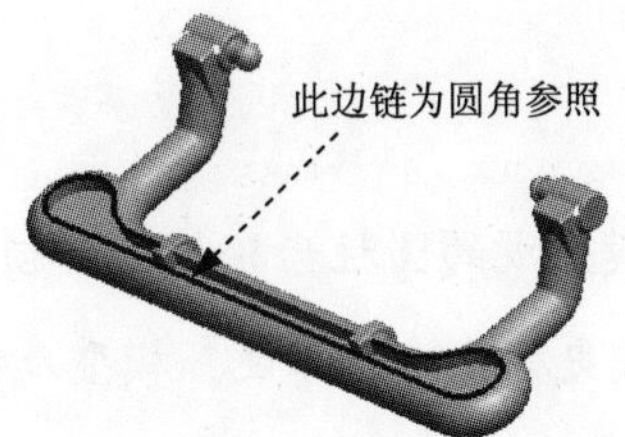

图 20.44　定义参照边

Step30. 创建边倒圆特征 9。选择图 20.45 的边线为边倒圆参照，并在半径 1文本框中输入值 1，单击< 确定 >按钮，完成边倒圆特征 9 创建。

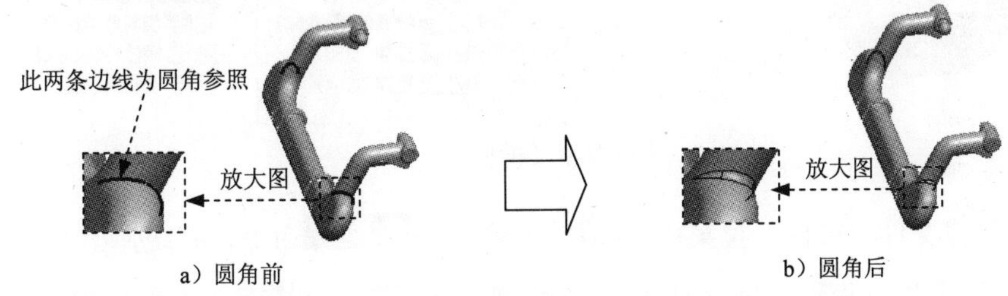

a）圆角前　　b）圆角后

图 20.45　边倒圆特征 9

Step31. 保存零件模型。选择下拉菜单文件(F) ➡ 保存(S)命令，即可保存零件模型。

实例21 圆柱齿轮

实例概述：

本实例将创建一个由齿轮建模生成的圆柱齿轮模型，使用的是一种典型的系列化产品的设计方法，它使产品的更新换代更加快捷、方便。模型及模型树如图21.1所示。

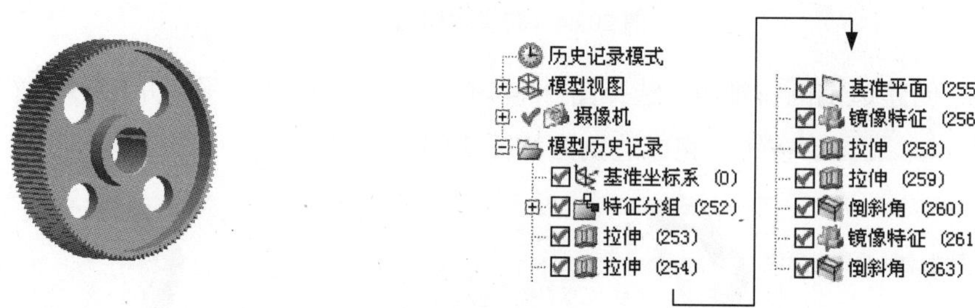

图21.1 零件模型及模型树

Step1. 新建文件。选择下拉菜单文件(F) ➡ 新建(N)...命令，系统弹出“新建”对话框。在模型选项卡的模板区域中选取模板类型为模型，在名称文本框中输入文件名称GEAR，单击确定按钮，进入建模环境。

Step2. 创建图21.2所示的零件特征——特征分组1。选择下拉菜单GC工具箱 ➡ 齿轮建模 ➡ 圆柱齿轮命令，系统弹出“渐开线圆柱齿轮建模”对话框。选中创建齿轮单选项，单击确定按钮，选取默认的类型，单击确定按钮。在标准齿轮的模数(毫米)的文本框输入值2.5，在牙数的文本框输入值125，在齿宽(毫米)的文本框输入值80，在压力角(度数)的文本框输入值20，单击确定按钮，在要定义矢量的对象区域选择Z轴的正方向，单击确定按钮，选择默认的原点坐标，单击确定按钮，完成特征分组1的创建。

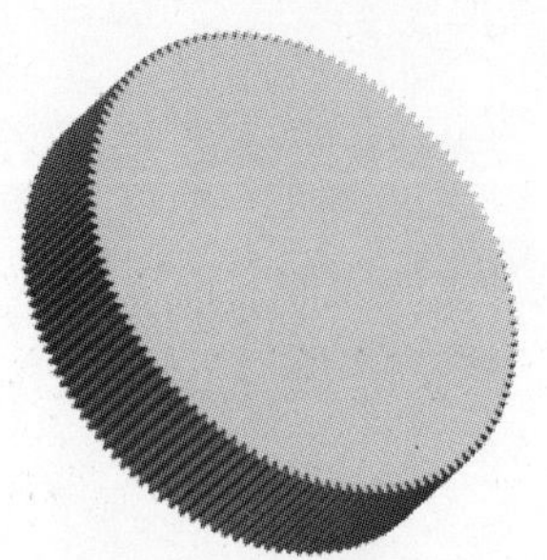

图21.2 特征分组1

Step3. 创建图21.3所示的零件基础特征——拉伸1。选择下拉菜单插入(S) ➡

设计特征(E) → 拉伸(E)...命令，系统弹出“拉伸”对话框。选取 XY 基准平面为草图平面，选中设置区域的☑创建中间基准 CSYS复选框，绘制图 21.4 所示的截面草图；在指定矢量下拉列表中选择ZC↑选项，在极限区域的开始下拉列表框中选择值选项，并在其下的距离文本框中输入值 0，在极限区域的结束下拉列表框中选择贯通选项，在布尔区域的下拉列表框中选择求差选项，采用系统默认的求差对象。单击< 确定 >按钮，完成拉伸特征 1 的创建。

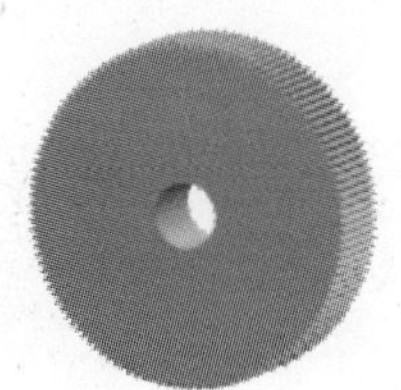
图 21.3　拉伸特征 1

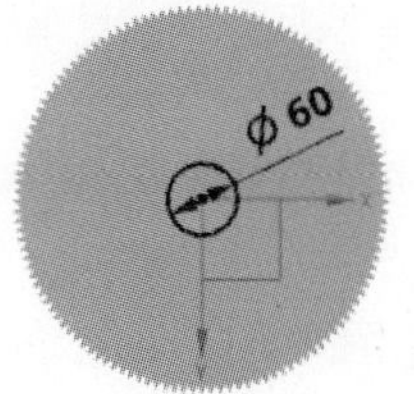

图 21.4　截面草图

Step4. 创建图 21.5 所示的零件基础特征——拉伸 2。选择下拉菜单插入(S) → 设计特征(E) → 拉伸(E)...命令，系统弹出“拉伸”对话框。选取 XY 基准平面为草图平面，取消选中设置区域的□创建中间基准 CSYS复选框，绘制图 21.6 所示的截面草图；在指定矢量下拉列表中选择ZC↑选项；在极限区域的开始下拉列表框中选择值选项，并在其下的距离文本框中输入值 0，在极限区域的结束下拉列表框中选择值选项，并在其下的距离文本框中输入值 30，在布尔区域的下拉列表框中选择求差选项，采用系统默认的求差对象。单击确定按钮，完成拉伸特征 2 的创建。

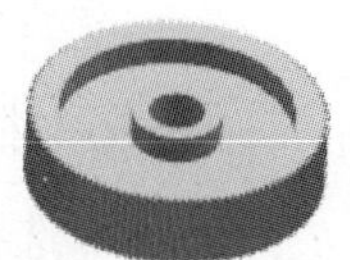
图 21.5　拉伸特征 2

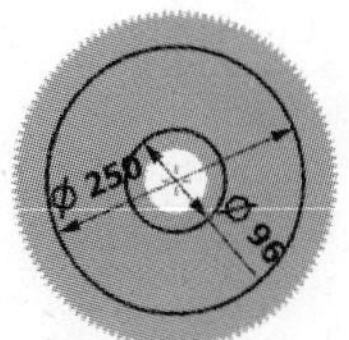

图 21.6　截面草图

Step5. 创建图 21.7 所示的基准平面 1。选择下拉菜单插入(S) → 基准/点(D) → 基准平面(D)...命令（或单击□按钮），系统弹出“基准平面”对话框。在类型区域的下拉列表框中选择二等分选项，在绘图区选取图 21.8 所示的平面为第一平面，选取图 21.9 所示的平面为第二平面。单击确定按钮，完成基准平面 1 的创建。

图 21.7　基准平面 1

图 21.8　定义参照平面

图 21.9　定义参照平面

Step6. 创建图 21.10 所示的零件特征——镜像 1。选择下拉菜单插入(S) → 关联复制(A) → 镜像特征(M)...命令，在绘图区中选取图 21.5 所示的拉伸特征 2 为要镜像的特征。在镜像平面区域中单击按钮，在绘图区中选取基准平面 1 作为镜像平面。单击确定按钮，完成镜像特征 1 的创建。

图 21.10　镜像特征 1

Step7. 创建图 21.11 所示的零件基础特征——拉伸 3。选择下拉菜单插入(S) → 设计特征(E) → 拉伸(E)...命令，系统弹出“拉伸”对话框。选取图 21.11 所示的基准平面为草图平面，绘制图 21.12 所示的截面草图；在指定矢量下拉列表中选择ZC选项；在极限区域的开始下拉列表框中选择值选项，并在其下的距离文本框中输入值 0，在极限区域的结束下拉列表框中选择贯通选项，在布尔区域的下拉列表框中选择求差选项，采用系统默认的求差对象。单击确定按钮，完成拉伸特征 3 的创建。

图 21.11　拉伸特征 3

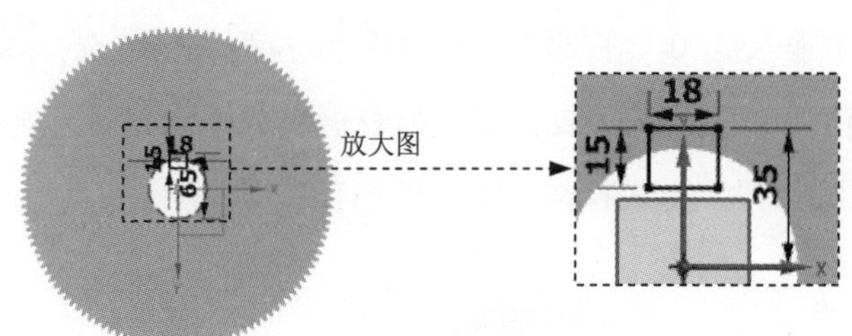

图 21.12　截面草图

Step8. 创建图 21.13 所示的零件基础特征——拉伸 4。选择下拉菜单插入(S) → 设计特征(E) → 拉伸(E)...命令，系统弹出“拉伸”对话框。选取图 21.13 所示的基准平面为草图平面，绘制图 21.14 所示的截面草图；在指定矢量下拉列表中选择ZC选项；在极限区域的开始下拉列表框中选择值选项，并在其下的距离文本框中输入值 0，在极限区域的结束下拉列表框中选择贯通选项，在布尔区域的下拉列表框中选择求差选项，采用系统默认的求差对象。单击确定按钮，完成拉伸特征 4 的创建。

图 21.13　拉伸特征 4

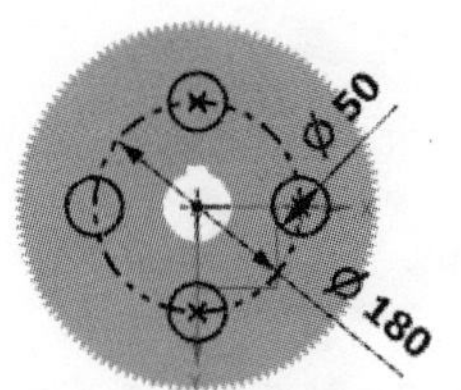

图 21.14　截面草图

Step9. 创建图 21.15 所示的倒斜角特征 1。选择下拉菜单 插入(S) → 细节特征(L) ▸ → 倒斜角(C)... 命令。在 边 区域中单击 按钮，选取图 21.16 所示的边线为倒斜角参照，在 偏置 区域的 横截面 下拉列表框中选择 对称 选项，在 距离 文本框输入值 2。单击 确定 按钮，完成倒斜角特征 1 的创建。

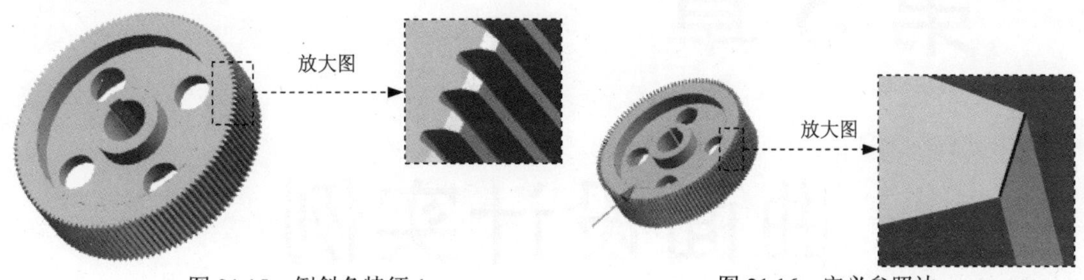

图 21.15　倒斜角特征 1　　　　图 21.16　定义参照边

Step10. 创建图 21.17 所示的零件特征——镜像 2。选择下拉菜单 插入(S) → 关联复制(A) ▸ → 镜像特征(M)... 命令，在绘图区中选取图 21.15 所示的倒斜角特征 1 为要镜像的特征。在 镜像平面 区域中单击 按钮，在绘图区中选取基准平面 1 作为镜像平面。单击 确定 按钮，完成镜像特征 2 的创建。

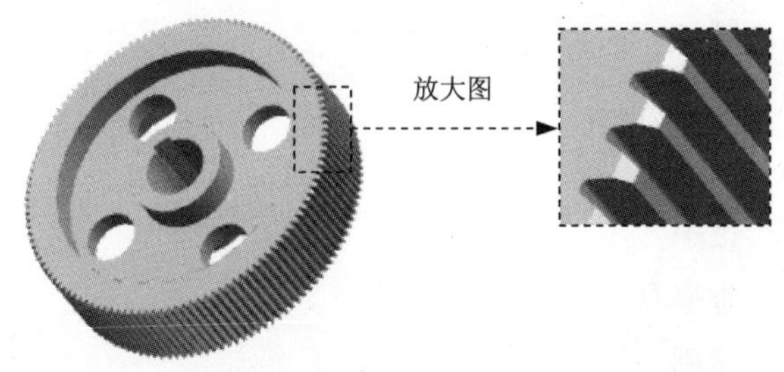

图 21.17　镜像特征 2

Step11. 保存零件模型。选择下拉菜单 文件(F) → 保存(S) 命令，即可保存零件模型。

第 3 章

曲面设计实例

本篇主要包含如下内容：

- 实例 22 肥皂
- 实例 23 插头
- 实例 24 曲面上创建文字
- 实例 25 把手
- 实例 26 香皂盒
- 实例 27 牙刷
- 实例 28 灯罩

实例22　肥　　皂

实例概述：

本实例主要讲述了一款肥皂的创建过程，在整个设计过程中运用了曲面拉伸、旋转、缝合、扫掠、倒圆角等命令。在整本书中本实例首次运用曲面的创建方法，此处需要读者用心体会。零件模型及模型树如图 22.1 所示。

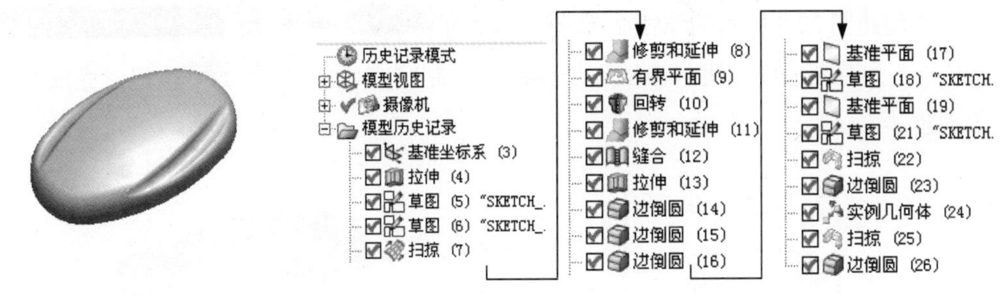

图 22. 1　零件模型及模型树

Step1. 新建文件。选择下拉菜单 文件(F) → 新建(N)... 命令，系统弹出“新建”对话框。在 模型 选项卡的 模板 区域中选取模板类型为 模型，在 名称 文本框中输入文件名称 SOAP，单击 确定 按钮，进入建模环境。

Step2. 创建图 22.2 所示的零件基础特征 —— 拉伸 1。选择下拉菜单 插入(S) → 设计特征(E) → 拉伸(E)... 命令，系统弹出“拉伸”对话框。选取 XY 平面为草图平面，选中 设置 区域的 ☑ 创建中间基准 CSYS 复选框，绘制图 22.3 所示的截面草图；在 ✔ 指定矢量 下拉列表中选择 ZC↑ 选项；在 极限 区域的 开始 下拉列表框中选择 值 选项，并在其下的 距离 文本框中输入值 0，在 极限 区域的 结束 下拉列表框中选择 值 选项，并在其下的 距离 文本框中输入值 18，在 设置 区域选择 图纸页 选项，单击 < 确定 > 按钮，完成拉伸特征 1 的创建。

图 22.2　拉伸特征 1

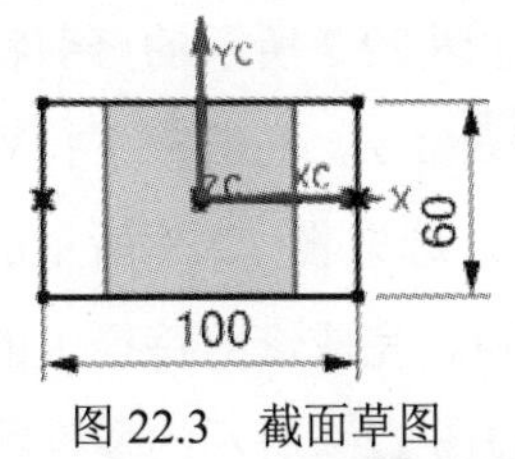

图 22.3　截面草图

Step3. 创建图 22.4 所示的草图 1。选择下拉菜单 插入(S) → 任务环境中的草图(S)...

命令；选取 YZ 为草图平面；进入草图环境绘制。绘制完成后单击完成草图按钮，完成草图特征 1 的创建。

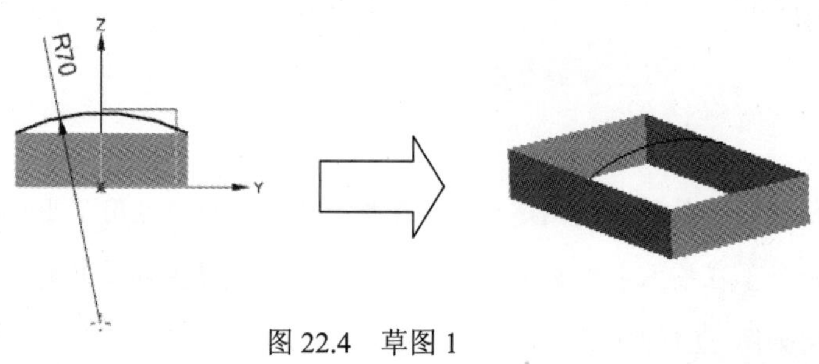

图 22.4 草图 1

Step4. 创建图 22.5 所示的草图 2。选择下拉菜单插入(S) → 任务环境中的草图(S)...命令；选取 XZ 为草图平面；进入草图环境绘制。绘制完成后单击完成草图按钮，完成草图特征 2 的创建。

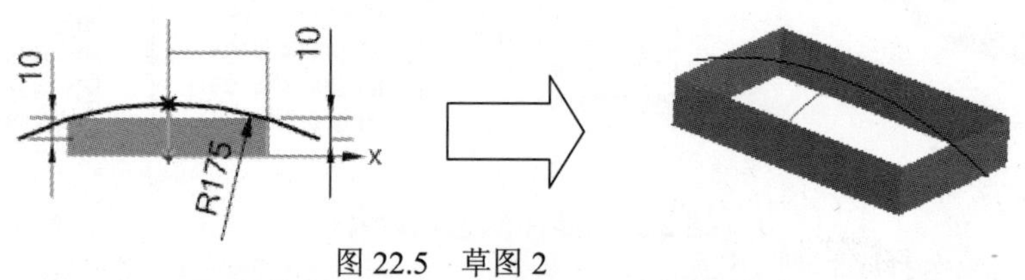

图 22.5 草图 2

Step5. 创建图 22.6 所示的扫掠特征 1。选择下拉菜单插入(S) → 扫掠(W) → 扫掠(S)...命令，在绘图区选取草图 1 为扫掠的截面曲线串；选取图 22.5 所示的曲线特征为扫掠的引导线串。单击“沿引导线扫掠”对话框中的< 确定 >按钮，完成扫掠特征 1 的创建。

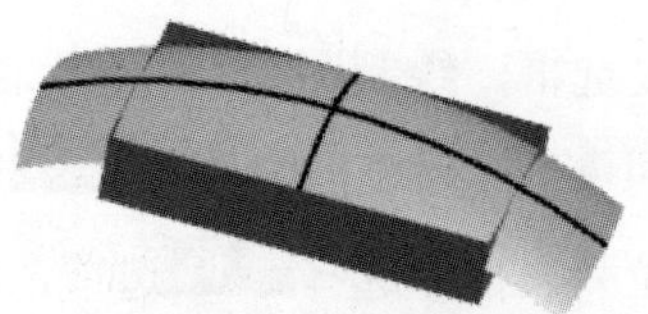

图 22.6 扫掠特征 1

Step6. 创建图 22.7 所示的修剪特征 1。选择下拉菜单插入(S) → 修剪(T) → 修剪与延伸(N)...命令，在类型下拉列表中选择制作拐角选项，选取图 22.8 所示的扫掠特征 1 为目标体，选取图 22.8 所示的拉伸特征 1 为工具体。调整方向作为保留的部分，单击< 确定 >按钮，完成修剪特征 1 的创建。

Step7. 创建图 22.9 所示的零件特征——有界平面 1。选择下拉菜单插入(S) → 曲面(R) → 有界平面(B)...命令；选取图 22.10 所示边线，单击< 确定 >按钮，完成有界平面 1 的创建。

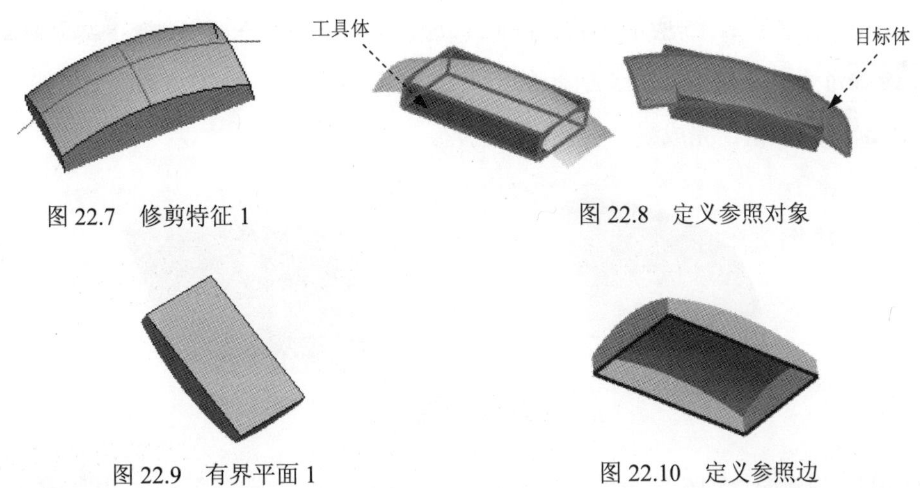

图 22.7 修剪特征 1　　　图 22.8 定义参照对象

图 22.9 有界平面 1　　　图 22.10 定义参照边

Step8. 创建图 22.11 所示的回转特征 1。选择 插入(S) → 设计特征(E) → 回转(R)... 命令，单击截面区域中的按钮，在绘图区选取 XZ 基准平面为草图平面，绘制图 22.12 所示的截面草图。在绘图区中选取图 22.12 所示的线为旋转轴。在“回转”对话框的极限区域的开始下拉列表框中选择值选项，并在角度文本框中输入值 0，在结束下拉列表框中选择值选项，并在角度文本框中输入值 360；在布尔区域的下拉列表框中选择无选项，在设置区域选择图纸页选项，单击 < 确定 > 按钮，完成回转特征 1 的创建。

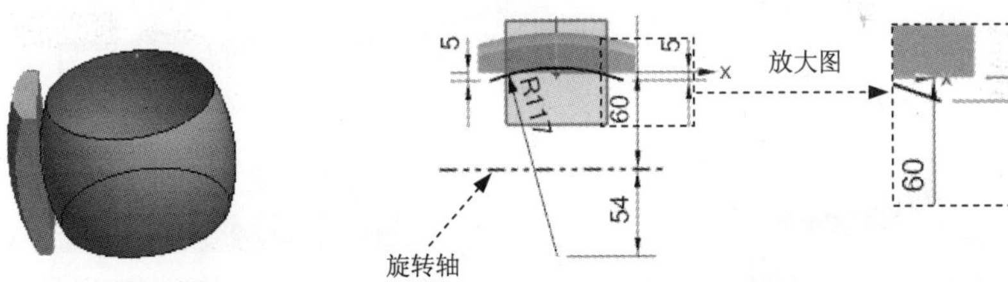

图 22.11 回转特征 1　　　图 22.12 截面草图

Step9. 创建图 22.13 所示的修剪特征 2。选择下拉菜单 插入(S) → 修剪(T) → 修剪与延伸(N)... 命令，在类型下拉列表中选择制作拐角选项，选取图 22.14 所示的特征为目标体，选取图 22.14 所示的特征为工具体。调整方向作为保留的部分，单击 < 确定 > 按钮，完成修剪特征 2 的创建。

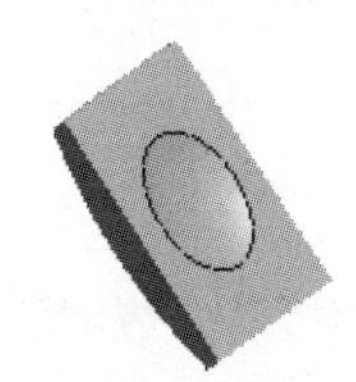

图 22.13 修剪特征 2

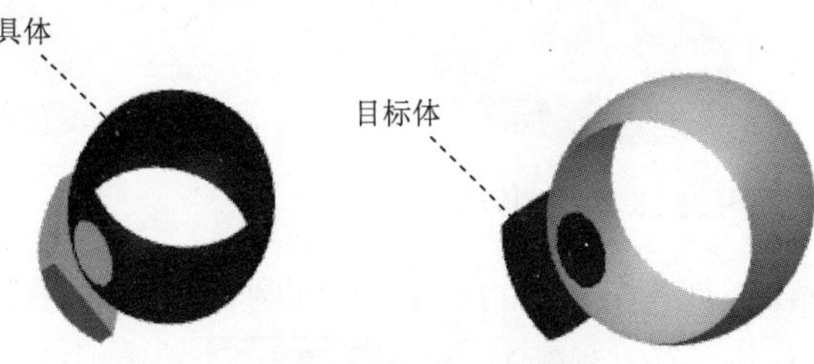

图 22.14 定义参照边

Step10. 创建图 22.15 所示的缝合特征 1。选择下拉菜单 插入(S) → 组合(B) ▸ → 缝合(W)... 命令，选取图 22.15 所示的特征为目标体，选取图 22.15 所示的特征为刀具体。单击 确定 按钮，完成缝合特征 1 的创建。

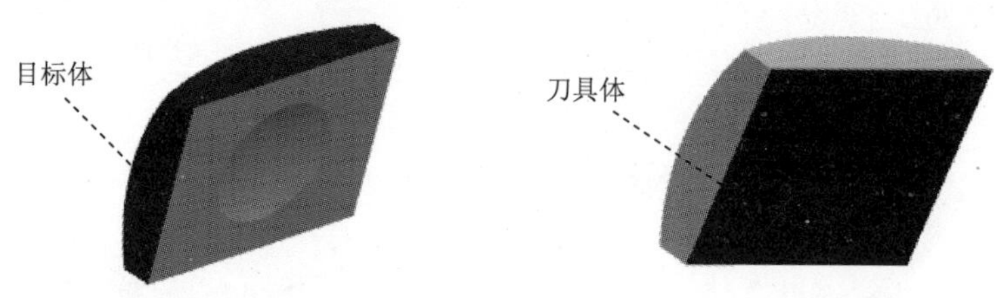

图 22.15 缝合特征 1

Step11. 创建图 22.16 所示的零件基础特征——拉伸 2。选择下拉菜单 插入(S) → 设计特征(E) → 拉伸(E)... 命令，系统弹出“拉伸”对话框。选取 XY 平面为草图平面，取消选中 设置 区域的 □ 创建中间基准 CSYS 复选框，绘制图 22.17 所示的截面草图；在 指定矢量 下拉列表中选择 ZC 选项；在 极限 区域的 开始 下拉列表框中选择 值 选项，并在其下的 距离 文本框中输入值 0，在 极限 区域的 结束 下拉列表框中选择 值 选项，并在其下的 距离 文本框中输入值 40，在 布尔 区域的下拉列表框中选择 求差 选项，采用系统默认的求差对象。单击 < 确定 > 按钮，完成拉伸特征 2 的创建。

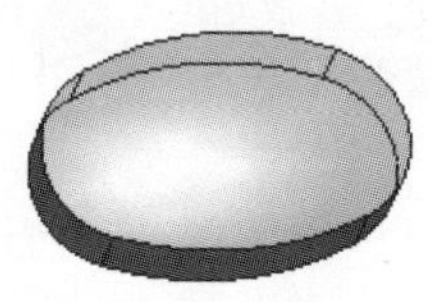

图 22.16 拉伸特征 2

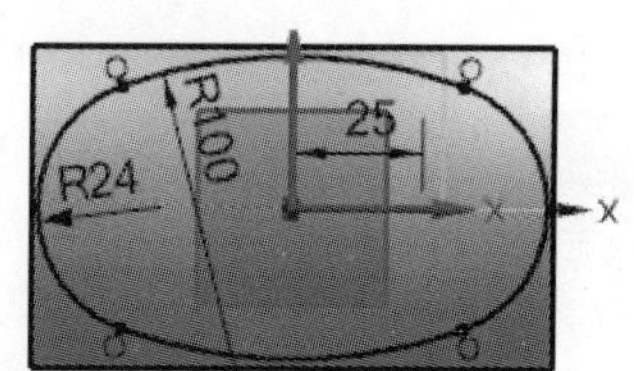

图 22.17 截面草图

Step12. 创建图 22.18 所示的边倒圆特征 1。选择下拉菜单 插入(S) → 细节特征(L) ▸ → 边倒圆(E)... 命令，在 要倒圆的边 区域中单击 按钮，选择图 22.19 所示的边链为边倒圆参照，并在 半径 1 文本框中输入值 10。单击 < 确定 > 按钮，完成边倒圆特征 1 的创建。

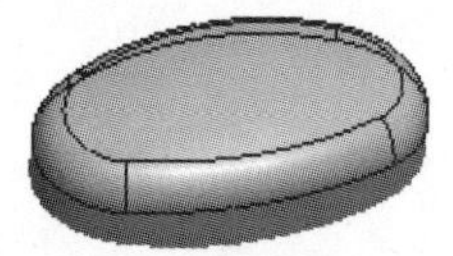

图 22.18 边倒圆特征 1

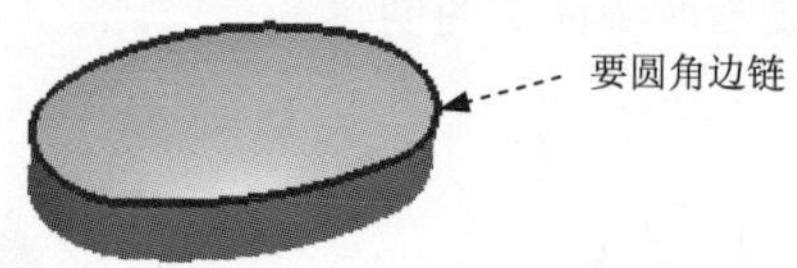

图 22.19 定义参照边

Step13. 创建图 22.20 所示的边倒圆特征 2。选择图 22.21 所示的边链为边倒圆参照，并在 半径 1 文本框中输入值 5。单击 < 确定 > 按钮，完成边倒圆特征 2 的创建。

图 22.20 边倒圆特征 2

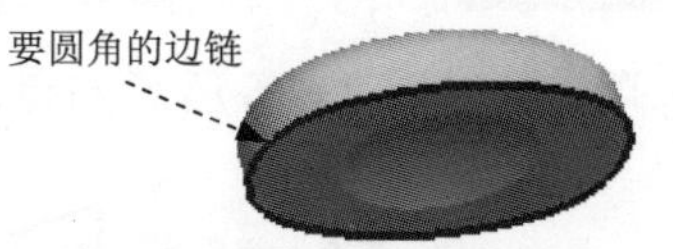

图 22.21 定义参照边

Step14. 创建图 22.22 所示的边倒圆特征 3。选择图 22.23 所示的边链为边倒圆参照，并在半径 1文本框中输入值 10。单击< 确定 >按钮，完成边倒圆特征 3 的创建。

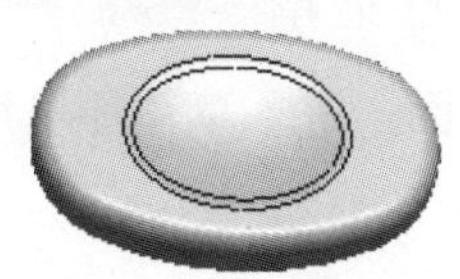

图 22.22 边倒圆特征 3

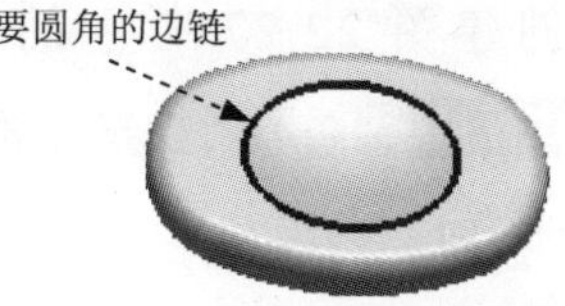

图 22.23 定义参照边

Step15. 创建图 22.24 所示的基准平面 1。选择下拉菜单插入(S) → 基准/点(D) → 基准平面(D)...命令，系统弹出“基准平面”对话框。在类型区域的下拉列表框中选择按某一距离选项，在绘图区选取 XY 基准平面，输入偏移值 20。单击< 确定 >按钮，完成基准平面 1 的创建。

图 22.24 基准平面 1

Step16. 创建图 22.25 所示的草图 3。选择下拉菜单插入(S) → 任务环境中的草图(S)...命令；选取基准平面 1 为草图平面；进入草图环境绘制。绘制完成后单击完成草图按钮，完成草图特征 3 的创建。

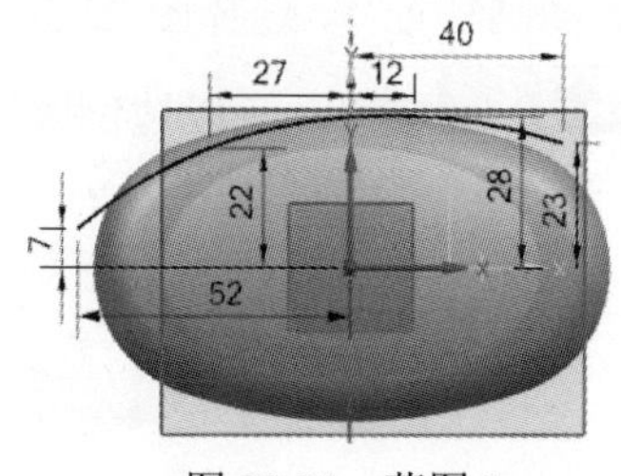

图 22.25 草图 3

Step17. 创建图 22.26 所示的基准平面 2。选择下拉菜单插入(S) → 基准/点(D)

→ 基准平面(D)...命令，系统弹出“基准平面”对话框。在类型区域的下拉列表框中选择点和方向选项，选择图 22.26 所示的点，再单击< 确定 >按钮，完成基准平面 2 的创建。

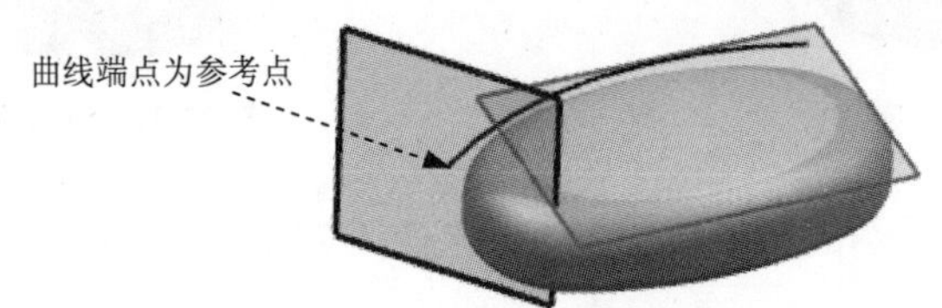

图 22.26 基准平面 2

Step18. 创建图 22.27 所示的草图 4。选择下拉菜单插入(S) → 任务环境中的草图(S)...命令；选取基准平面 2 为草图平面；进入草图环境绘制。绘制完成后单击完成草图按钮，完成草图特征 4 的创建。

图 22.27 草图 4

Step19. 创建图 22.28 所示的扫掠特征 2。选择下拉菜单插入(S) → 扫掠(W) → 沿引导线扫掠(G)...命令，在绘图区选取草图 4 为扫掠的截面曲线串；选取草图 3 所示的曲线特征为扫掠的引导线串。在布尔区域的下拉列表中选择求差选项；采用系统默认的扫掠偏置值，单击“沿引导线扫掠”对话框中的< 确定 >按钮。完成扫掠特征 2 的创建。

图 22.28 扫掠特征 2

Step20. 创建图 22.29 所示的边倒圆特征 4。选择图 22.30 所示的边链为边倒圆参照，并在半径 1文本框中输入值 3。单击< 确定 >按钮，完成边倒圆特征 4 的创建。

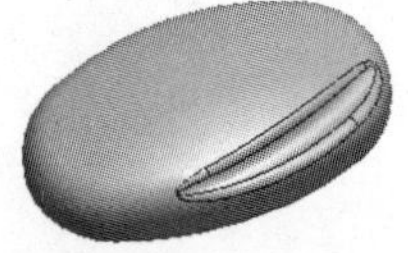

图 22.29 边倒圆特征 4

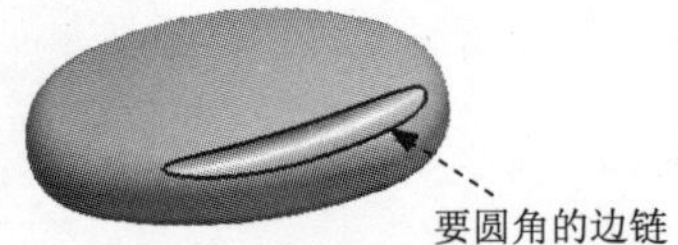

图 22.30 定义参照边

Step21. 创建图 22.31 所示的阵列特征 1。选择下拉菜单插入(S) → 关联复制(A) →

生成实例几何特征(G)...命令，在绘图区选取草图 3 和草图 4 为要形成几何体的特征。在“实例几何体”对话框中类型的下拉列表中选择旋转选项，在* 指定矢量的下拉列表中选择ZC选项。在角度、距离和副本数区域中角度的文本框中输入值 180，在副本数的文本框中输入值 1，单击< 确定 >按钮，完成阵列特征 1 的创建。

图 22.31　阵列特征 1

Step22 创建图 22.32 所示的扫掠特征 3。选择下拉菜单插入(S) → 扫掠(W) → 沿引导线扫掠(G)...命令，在绘图区选取图 22.33 所示的草图为扫掠的截面曲线串；选取图 22.34 所示的草图为扫掠的引导线串。在布尔区域的下拉列表中选择求差选项；采用系统默认的扫掠偏置值，单击< 确定 >按钮。完成扫掠特征 3 的创建。

图 22.32　扫掠特征 3

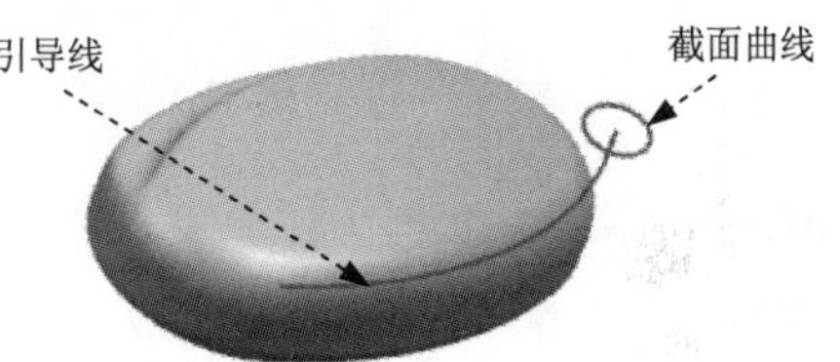

图 22.33　定义引导线

Step23. 创建图 22.34 所示的边倒圆特征 5。选择图 22.35 所示的边链为边倒圆参照，并在半径 1文本框中输入值 3。单击< 确定 >按钮，完成边倒圆特征 5 的创建。

图 22.34　边倒圆特征 5

图 22.35　定义参照边

Step24. 保存零件模型。选择下拉菜单文件(F) → 保存(S)命令，即可保存零件模型。

实例23 插　　头

实例概述：

该零件结构较复杂，在设计的过程中巧妙运用了“网格曲面”、“阵列”和“拔模”等命令，此外还应注意基准面的创建以及拔模面的选择，下面介绍了零件的设计过程，零件模型和模型树如图23.1所示。

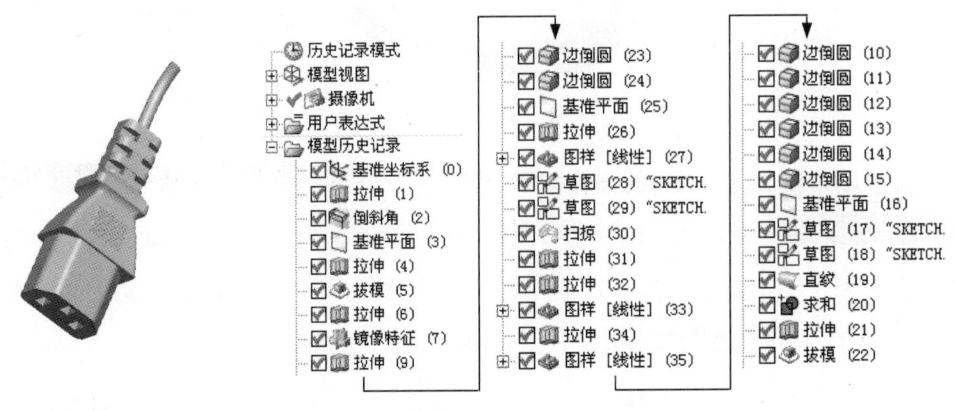

图23.1　零件模型及模型树

Step1. 新建文件。选择下拉菜单 文件(F) → 新建(N)... 命令，系统弹出“新建”对话框。在 模型 选项卡的 模板 区域中选取模板类型为 模型，在 名称 文本框中输入文件名称BNCPIN_CONNECTOR_PUUGS，单击 确定 按钮，进入建模环境。

Step2. 创建图23.2所示的零件基础特征——拉伸1。选择下拉菜单 插入(S) → 设计特征(E) → 拉伸(E)... 命令，系统弹出“拉伸”对话框。选取YZ平面为草图平面，选中 设置 区域的 ☑ 创建中间基准 CSYS 复选框，绘制图23.3所示的截面草图；在 指定矢量 下拉列表中选择 XC 选项；在 极限 区域的 开始 下拉列表框中选择 值 选项，并在其下的 距离 文本框中输入值0，在 极限 区域的 结束 下拉列表框中选择 值 选项，并在其下的 距离 文本框中输入值20，单击 < 确定 > 按钮，完成拉伸特征1的创建。

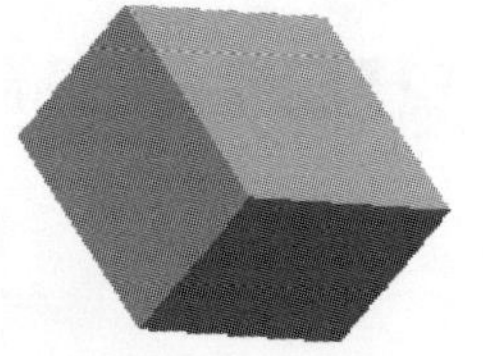

图23.2　拉伸特征1

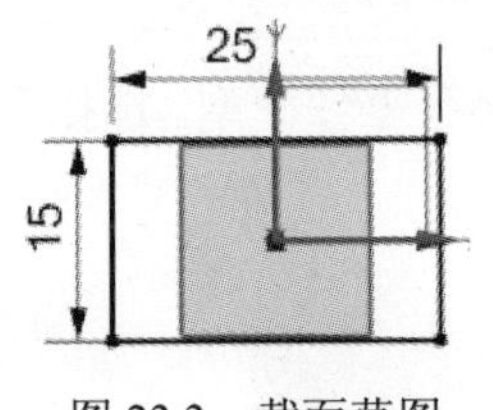

图23.3　截面草图

Step3. 创建图 23.4 所示的倒斜角特征 1。选择下拉菜单 插入(S) ➡ 细节特征(L) ➡ 倒斜角(C)... 命令。在边区域中单击按钮，选取图 23.5 所示的边线为倒斜角参照，在偏置区域的横截面文本框选择 对称 选项，在距离文本框输入值 5。单击 < 确定 > 按钮，完成倒斜角特征 1 的创建。

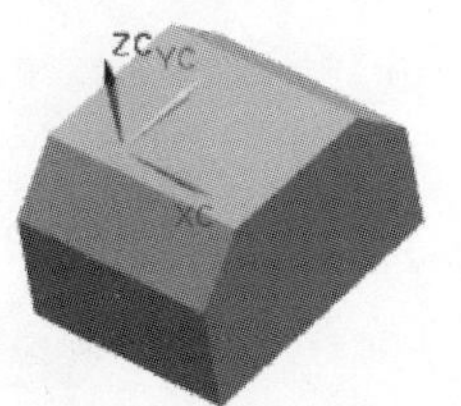

图 23.4　倒斜角特征 1

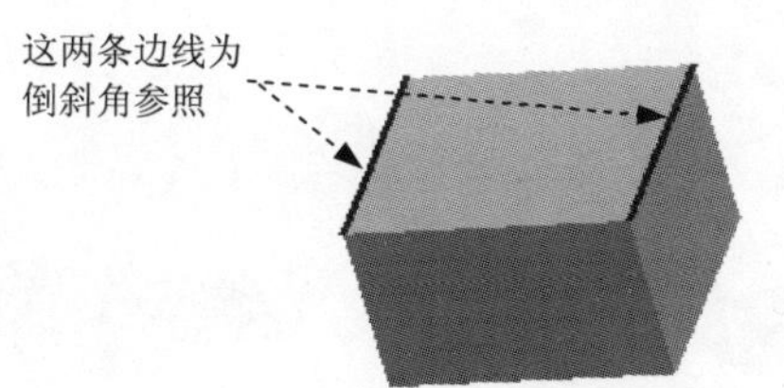

图 23.5　定义参照边

Step4. 创建图 23.6 所示的基准平面 1。选择下拉菜单 插入(S) ➡ 基准/点(D) ➡ 基准平面(D)... 命令，系统弹出"基准平面"对话框。在类型区域的下拉列表框中选择 按某一距离 选项，在绘图区选取图 23.6 所示的平面，输入偏移值 20。单击 < 确定 > 按钮，完成基准平面 1 的创建。

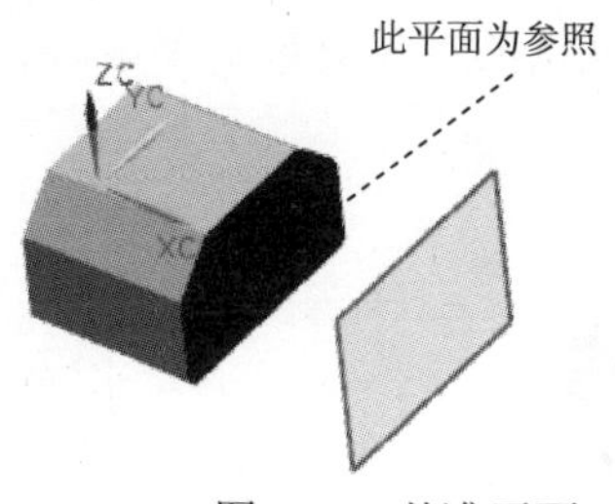

图 23.6　基准平面 1

Step5. 创建图 23.7 所示的零件基础特征 —— 拉伸 2。选择下拉菜单 插入(S) ➡ 设计特征(E) ➡ 拉伸(E)... 命令，系统弹出"拉伸"对话框。选取图 23.8 所示的平面为草图平面，取消选中设置区域的 创建中间基准 CSYS 复选框，绘制图 23.9 所示的截面草图；在 指定矢量 下拉列表中选择 XC 选项；在极限区域的开始下拉列表框中选择 值 选项，并在其下的距离文本框中输入值 0，在极限区域的结束下拉列表框中选择 直至选定对象 选项。选取图 23.8 所示的基准平面为参照，在布尔区域的下拉列表框中选择 求和 选项，采用系统默认的求和对象。单击 < 确定 > 按钮，完成拉伸特征 2 的创建。

图 23.7　拉伸特征 2

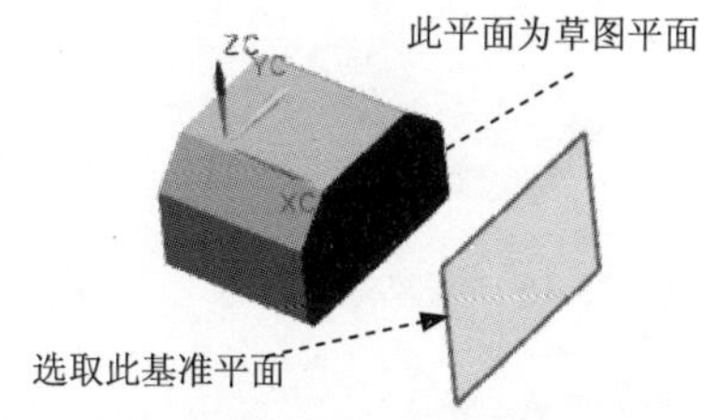

图 23.8　定义草图平面

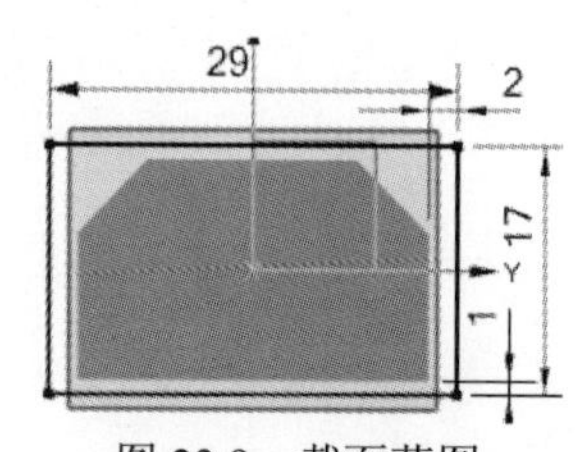

图 23.9　截面草图

Step6. 创建图 23.10 所示的拔模特征 1。选择下拉菜单插入(S) → 细节特征(L) ▸ → 拔模(T)...命令，在脱模方向区域中指定矢量选择 X 轴的正方向，在固定面选择图 23.11 所示的为参照，在要拔模的面区域选择图 23.12 所示的四个曲面为参照，在并在角度 1 文本框中输入值 8。单击< 确定 >按钮，完成拔模特征 1 的创建。

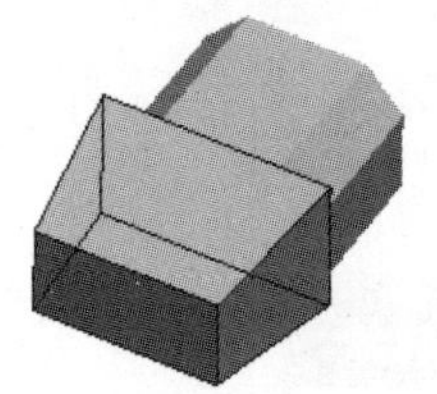

图 23.10　拔模特征 1

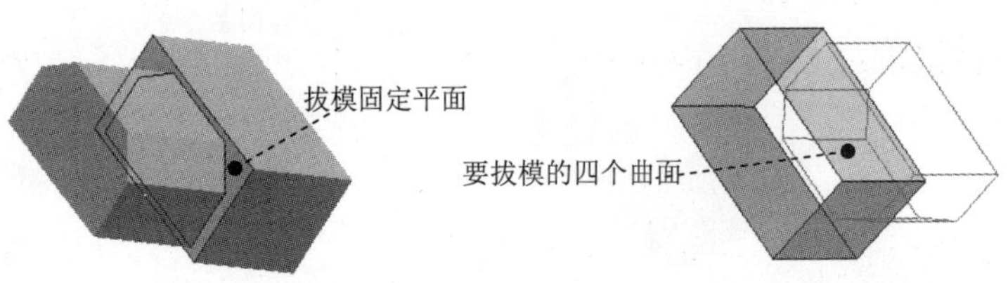

图 23.11　定义拔模固定面　　图 23.12　定义拔模面

Step7. 创建图 23.13 所示的零件基础特征 —— 拉伸 3。选择下拉菜单插入(S) → 设计特征(E) → 拉伸(E)...命令，系统弹出“拉伸”对话框。选取 XY 基准平面为草图平面，绘制图 23.14 所示的截面草图；在指定矢量下拉列表中选择 -ZC 选项；在极限区域的开始下拉列表框中选择对称值选项，并在其下的距离文本框中输入值 20，在布尔区域的下拉列表框中选择求差选项，采用系统默认的求差对象。单击< 确定 >按钮，完成拉伸特征 3 的创建。

图 23.13　拉伸特征 3

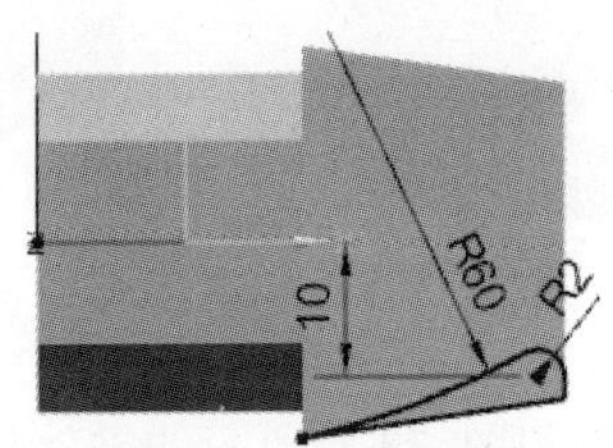

图 23.14　截面草图

Step8. 创建图 23.15 所示的零件特征——镜像 1。选择下拉菜单插入(S) → 关联复制(A) ▸ → 镜像特征(M)...命令，在绘图区中选取图 23.13 所示的拉伸特征 3 为要镜像的特征。在镜像平面区域中单击按钮，在绘图区中选取 XZ 基准平面作为镜像平面。单击< 确定 >按钮，完成镜像特征 1 的创建。

图 23.15　镜像特征 1

Step9. 创建图 23.16 所示的零件基础特征——拉伸 4。选择下拉菜单 插入(S) → 设计特征(E) → 拉伸(E)... 命令，系统弹出“拉伸”对话框。选取图 23.17 所示的平面为草图平面，绘制图 23.18 所示的截面草图；在 指定矢量 下拉列表中选择 XC 选项；在 极限 区域的 开始 下拉列表框中选择 值 选项，并在其下的 距离 文本框中输入值 0，在 极限 区域的 结束 下拉列表框中选择 值 选项，并在其下的 距离 文本框中输入值 3，在 布尔 区域的下拉列表框中选择 求和 选项，采用系统默认的求和对象。单击 <确定> 按钮，完成拉伸特征 4 的创建。

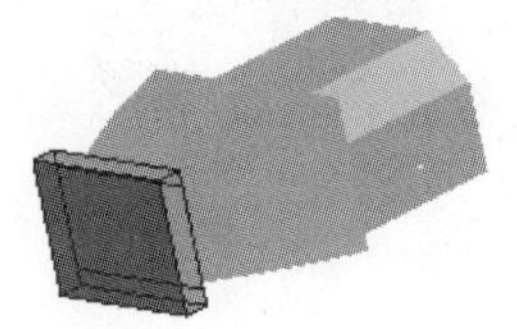
图 23.16　拉伸特征 4

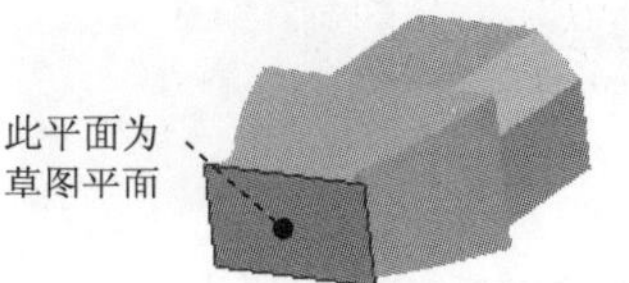

图 23.17　定义草图平面

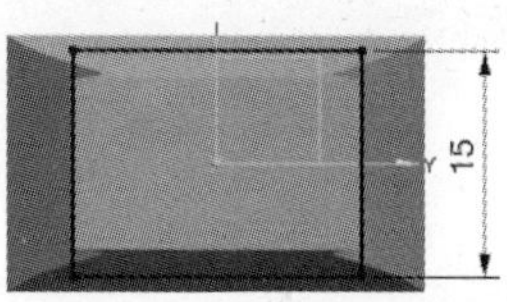

图 23.18　截面草图

Step10. 创建边倒圆特征 1。选择下拉菜单 插入(S) → 细节特征(L) → 边倒圆(E)... 命令，在 要倒圆的边 区域中单击 按钮，选择图 23.19 所示的边线为边倒圆参照，并在 半径 1 文本框中输入值 3。单击 <确定> 按钮，完成边倒圆特征 1 的创建。

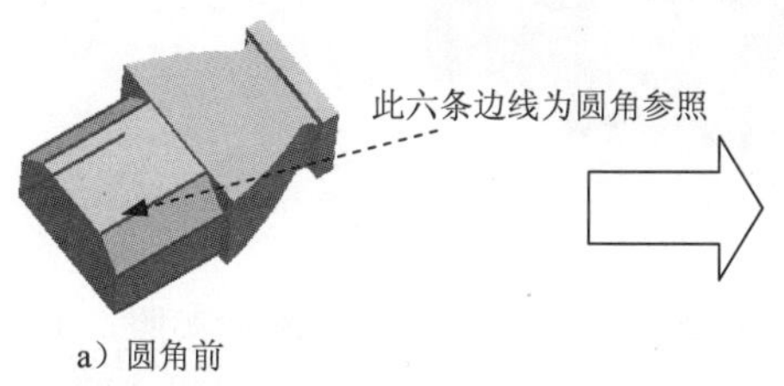

a）圆角前

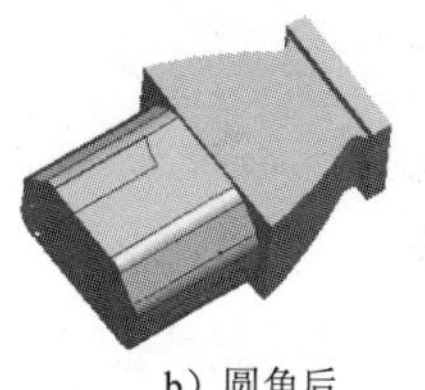
b）圆角后

图 23.19　边倒圆特征 1

Step11. 创建边倒圆特征 2。选择图 23.20 所示的边线为边倒圆参照，并在 半径 1 文本框中输入值 3。单击 <确定> 按钮，完成边倒圆特征 2 的创建。

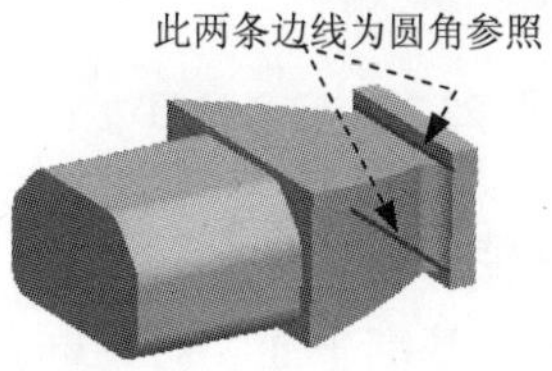

图 23.20　定义参照边

Step12. 创建边倒圆特征 3。选择图 23.21 所示的边线为边倒圆参照，并在 半径 1 文本框中输入值 2。单击 <确定> 按钮，完成边倒圆特征 3 的创建。

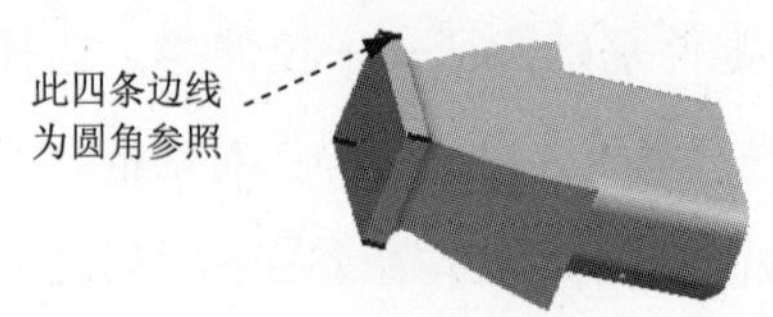

图 23.21 定义参照边

Step13. 创建边倒圆特征 4。选择图 23.22 所示的边线为边倒圆参照，并在半径 1文本框中输入值 2。单击< 确定 >按钮，完成边倒圆特征 4 的创建。

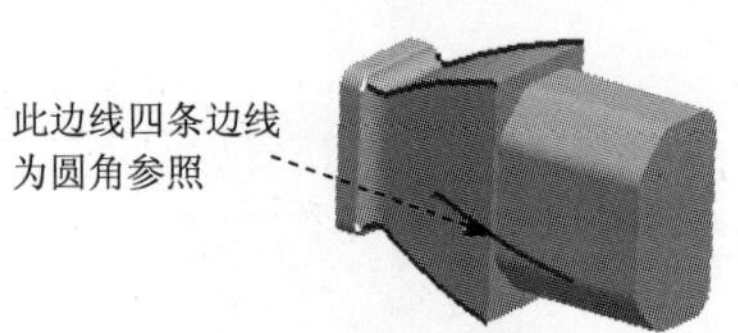

图 23.22 定义参照边

Step14. 创建边倒圆特征 5。选择图 23.23 所示的边链为边倒圆参照，并在半径 1文本框中输入值 0.5。单击< 确定 >按钮，完成边倒圆特征 5 的创建。

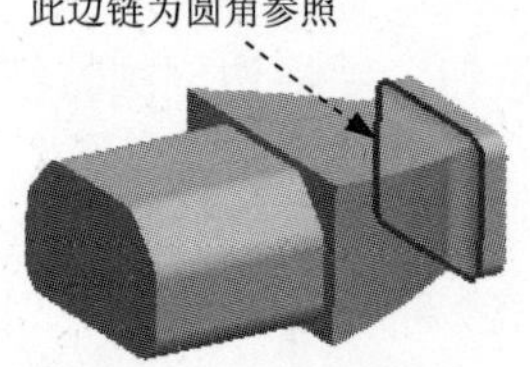

图 23.23 定义参照边

Step15. 创建边倒圆特征 6。选择图 23.24 所示的边链为边倒圆参照，并在半径 1文本框中输入值 0.5。单击< 确定 >按钮，完成边倒圆特征 6 的创建。

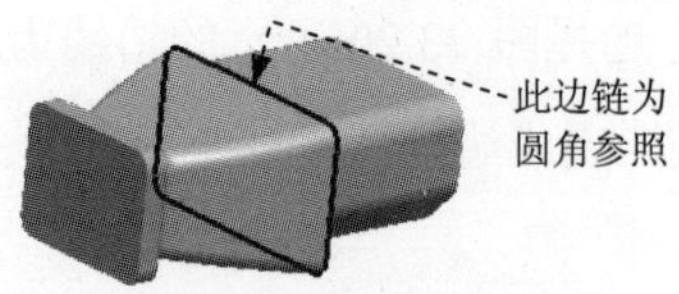

图 23.24 定义参照边

Step16. 创建图 23.25 所示的基准平面 2。选择下拉菜单插入(S) → 基准/点(D) → 基准平面(D)...命令，系统弹出“基准平面”对话框。在类型区域的下拉列表框中选择按某一距离选项，在绘图区选取图 23.25 所示的平面，输入偏移值 25。单击< 确定 >按钮，完成基准平面 2 的创建。

Step17. 创建图 23.26 所示的草图 1。选择下拉菜单插入(S) → 任务环境中的草图(S)...命令；选取图 23.27 所示的平面为草图平面；进入草图环境绘制。单击< 确定 >按钮，完成草图特征 1 的创建。

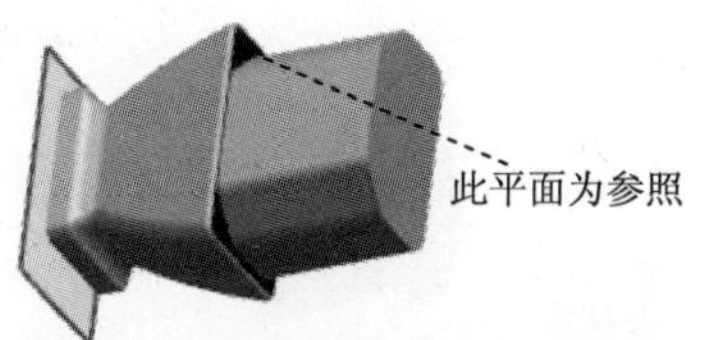

图 23.25 基准平面 2

图 23.26 草图 1

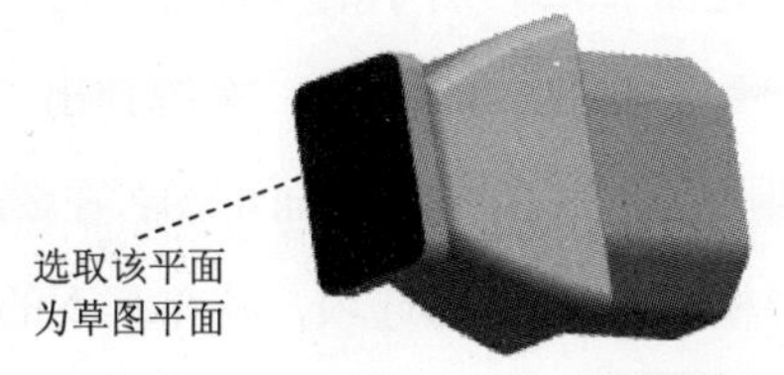

图 23.27 定义草图平面

Step18. 创建图 23.28 所示的草图 2。选择下拉菜单 插入(S) → 任务环境中的草图(S)... 命令；选取基准平面 2 为草图平面；进入草图环境绘制。绘制完成后单击 完成草图 按钮，完成草图特征 2 的创建。

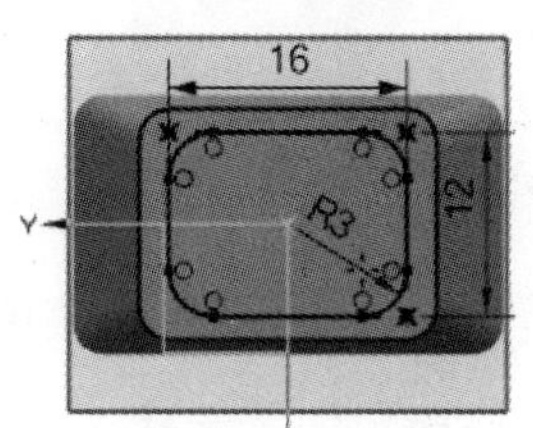

图 23.28 草图 2

Step19. 创建图 23.29 所示的零件特征——网格曲面 1。选择下拉菜单 插入(S) → 网格曲面(M) → 直纹(R) 命令；依次选取图 23.26 所示的曲线，单击中键确认；选取图 23.28 所示的曲线，单击 < 确定 > 按钮，完成网格曲面 1 的创建。

图 23.29 网格曲面特征 1

Step20. 创建图 23.30 所示的求和特征 1。选择下拉菜单 插入(S) → 组合(B) → 求和(U)... 命令，选取图 23.30 所示的特征为目标体，选取图 23.30 所示的特征为刀具体。单击 < 确定 > 按钮，完成求和特征 1 的创建。

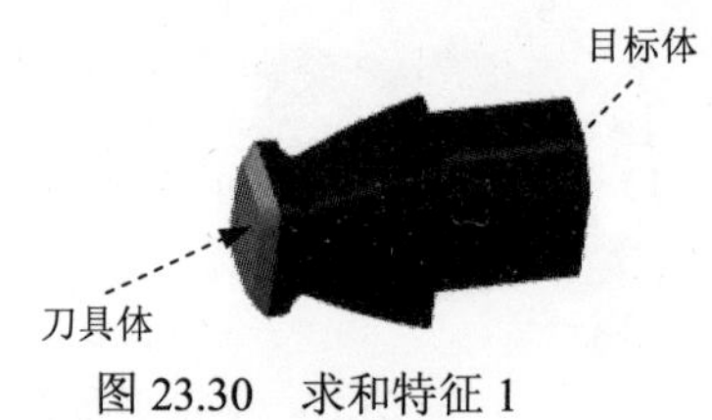

图 23.30 求和特征 1

Step21. 创建图 23.31 所示的零件基础特征——拉伸 5。选择下拉菜单 插入(S) → 设计特征(E) → 拉伸(E)... 命令，系统弹出“拉伸”对话框。选取图 23.32 所示的平面为草图平面，绘制图 23.33 所示的截面草图；在 指定矢量 下拉列表中选择 XC 选项；在 极限 区域的 开始 下拉列表框中选择 值 选项，并在其下的 距离 文本框中输入值 0，在 极限 区域的 结束 下拉列表框中选择 值 选项，并在其下的 距离 文本框中输入值 20，在 布尔 区域的下拉列表框中选择 求和 选项，采用系统默认的求和对象。单击 < 确定 > 按钮，完成拉伸特征 5 的创建。

图 23.31 拉伸特征 5

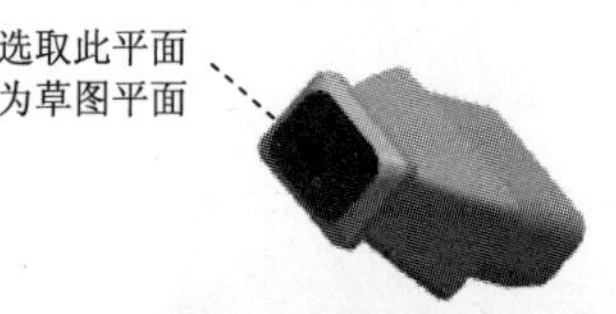

图 23.32 定义草图平面

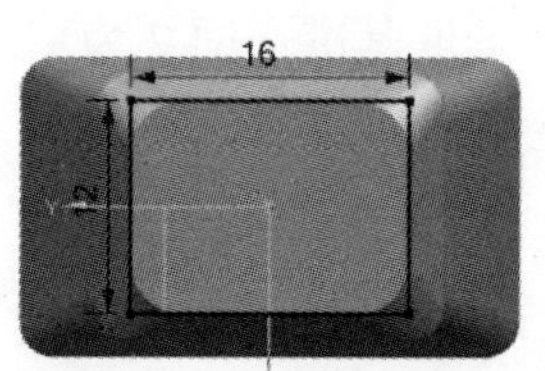

图 23.33 截面草图

Step22. 创建图 23.34 所示的拔模特征 2。选择下拉菜单 插入(S) → 细节特征(L) → 拔模(T)... 命令，在 脱模方向 区域中指定矢量选择 X 轴的正方向，在 固定面 选择图 23.35 所示的平面为参照，在 要拔模的面 区域选择图 23.36 所示的四个面为参照，在并在 角度 1 文本框中输入值 1。单击 < 确定 > 按钮，完成拔模特征 1 的创建。

图 26 .34 拔模特征 2

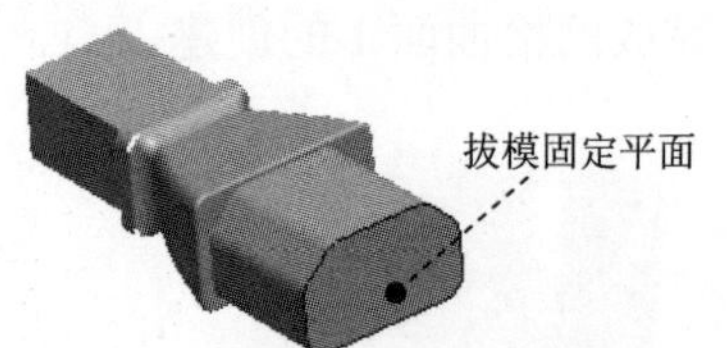

图 23.35 定义拔模固定面

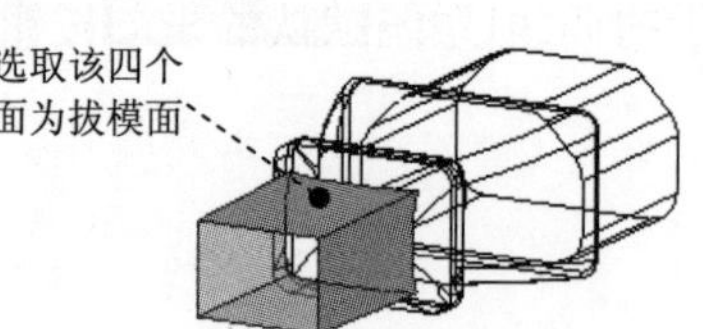

图 23.36 定义拔模面

Step23. 创建边倒圆特征 7。选择图 23.37 所示的边线为边倒圆参照，并在 半径 1 文本框中输入值 3。单击 < 确定 > 按钮，完成边倒圆特征 7 的创建。

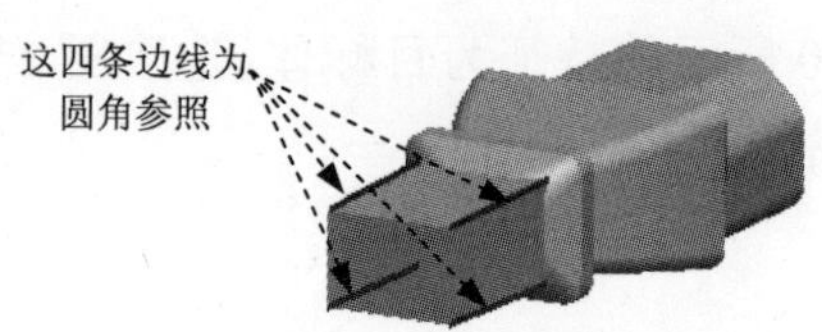

图 23.37 定义参照边

Step24. 创建边倒圆特征 8。选择图 23.38 所示的边链为边倒圆参照，并在半径 1文本框中输入值 0.5。单击< 确定 >按钮，完成边倒圆特征 8 的创建。

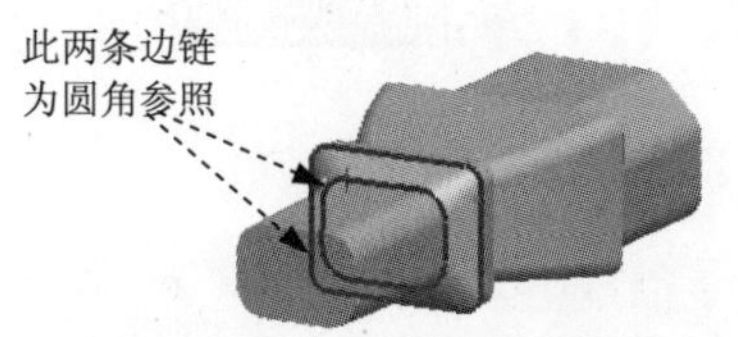

图 23.38 定义参照边

Step25. 创建图 23.39 所示的基准平面 3。选择下拉菜单插入(S) → 基准/点(D) → 基准平面(D)...命令，系统弹出“基准平面”对话框。在类型区域的下拉列表框中选择按某一距离选项，在绘图区选取基准平面 2 为参照，输入偏移值 2。单击< 确定 >按钮，完成基准平面 3 的创建。

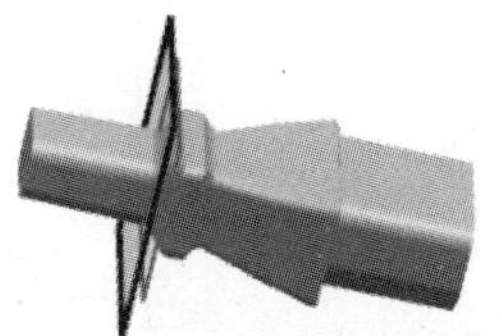
图 23.39 基准平面 3

Step26. 创建图 23.40 所示的零件基础特征——拉伸 6。选择下拉菜单插入(S) → 设计特征(E) → 拉伸(E)...命令，系统弹出“拉伸”对话框。选取基准平面 3 为草图平面，绘制图 23.41 所示的截面草图；在指定矢量下拉列表中选择XC选项；在极限区域的开始下拉列表框中选择值选项，并在其下的距离文本框中输入值 0，在极限区域的结束下拉列表框中选择值选项，并在其下的距离文本框中输入值 3，在布尔区域的下拉列表框中选择求差选项，采用系统默认的求差对象。单击< 确定 >按钮，完成拉伸特征 6 的创建。

图 23.40 拉伸特征 6

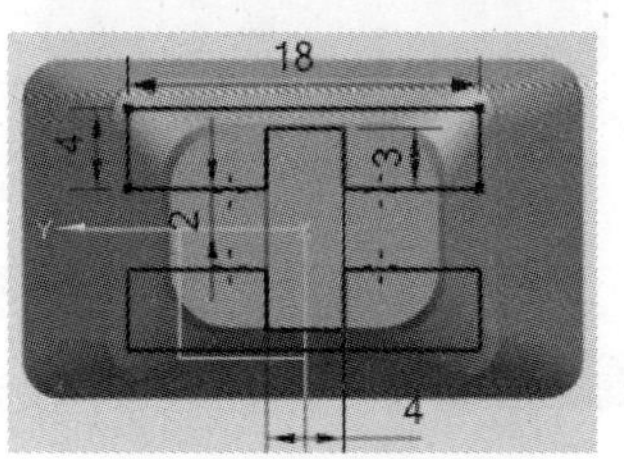

图 23.41 截面草图

Step27. 创建图 23.42 所示的阵列特征 1。选择下拉菜单插入(S) → 关联复制(A) → 对特征形成图样(A)...命令，在绘图区选取图 23.40 所示的拉伸特征 6 为要形成图样的特征。在“对特征形成图样”对话框中阵列定义区域的布局下拉列表框中选择线性选项。在方向 1区域中，在*指定矢量的下拉列表中选择XC选项。在“对特征形成图样”对话框中间距区域的下拉列表中选择数量和节距选项，在数量的文本框中输入值 3，在节距的文本框中输入值 6。对话框中的其他参数设置保持系统默认；单击< 确定 >按钮，完成阵列特征 1 的创建。

图 23.42 阵列特征 1

Step28. 创建图 23.43 所示的草图 3。选择下拉菜单插入(S) ➡ 任务环境中的草图(S)...命令；选取基准平面 XZ 为草图平面；进入草图绘制环境。绘制完成后单击完成草图按钮，完成草图特征 3 的创建。

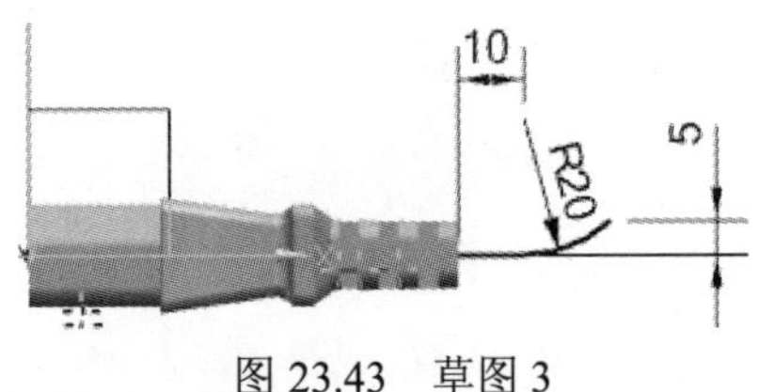

图 23.43 草图 3

Step29. 创建图 23.44 所示的草图 4。选择下拉菜单插入(S) ➡ 任务环境中的草图(S)...命令；选取图 23.45 所示的平面为草图平面；进入草图绘制环境。绘制完成后单击完成草图按钮，完成草图特征 4 的创建。

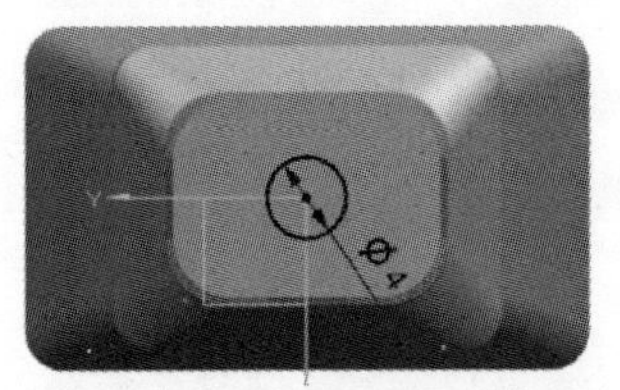

图 23.44 草图 4

图 23.45 定义草图平面

Step30. 创建图 23.46 所示的扫掠特征 1。选择下拉菜单插入(S) ➡ 扫掠(W) ➡ 沿引导线扫掠(G)...命令，在绘图区选取图 23.44 所示的草图 4 为扫掠的截面曲线串，选取图 23.43 所示的草图 3 中的曲线特征为扫掠的引导线串。采用系统默认的扫掠偏置值，在布尔区域的下拉列表框中选择求和选项，采用系统默认的求和对象。单击“沿引导线扫掠”对话框中的< 确定 >按钮。完成扫掠特征 1 的创建。

Step31. 创建图 23.47 所示的零件基础特征——拉伸 7。选择下拉菜单插入(S) ➡ 设计特征(E) ➡ 拉伸(E)...命令，系统弹出“拉伸”对话框。选取图 23.48 所示的平面为草图平面，绘制图 23.49 所示的截面草图；在指定矢量下拉列表中选择XC选项；在极限区域的开始下拉列表框中选择值选项，并在其下的距离文本框中输入值 0，在极限区域的结束下拉列表框中选择值选项，并在其下的距离文本框中输入值 8，在布尔区域的下拉列表框中选择求差选项，采用系统默认的求差对象。单击< 确定 >按钮，完成拉伸特征 7 的创建。

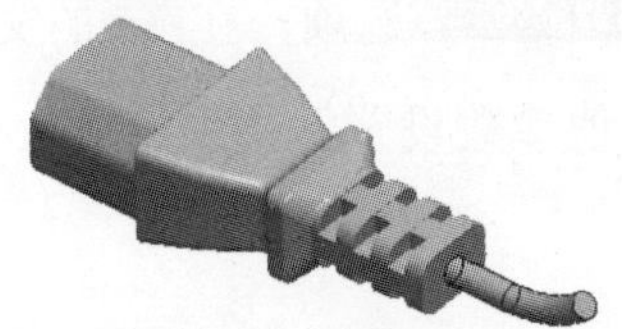

图 23.46　扫掠特征 1

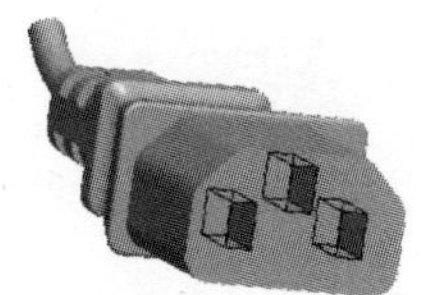

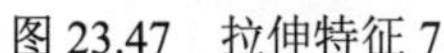

图 23.47　拉伸特征 7

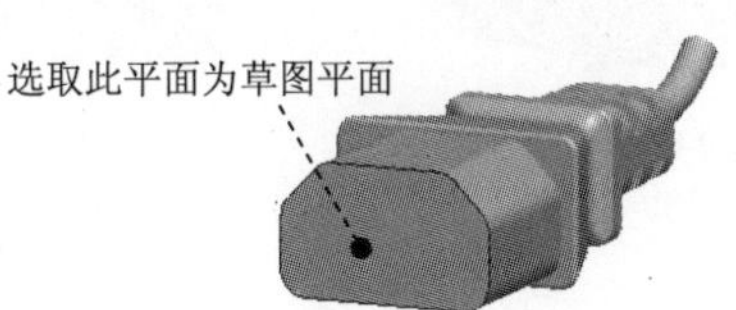

图 23.48　定义草图平面

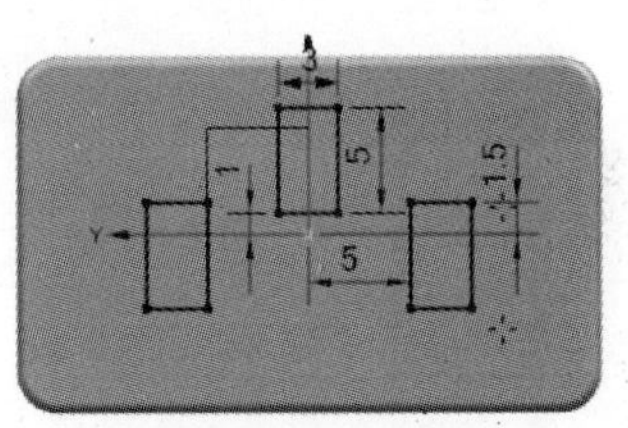

图 23.49　截面草图

Step32. 创建图 23.50 所示的零件基础特征——拉伸 8。选择下拉菜单插入(S) ➡ 设计特征(E) ➡ 拉伸(E)...命令，系统弹出“拉伸”对话框。选取图 23.51 所示的平面为草图平面，绘制图 23.52 所示的截面草图；在指定矢量下拉列表中选择ZC选项；在极限区域的开始下拉列表框中选择值选项，并在其下的距离文本框中输入值 0，在极限区域的结束下拉列表框中选择值选项，并在其下的距离文本框中输入值 0.1，在布尔区域的下拉列表框中选择求和选项，采用系统默认的求和对象。单击< 确定 >按钮，完成拉伸特征 8 的创建。

图 23.50　拉伸特征 8

图 23.51　定义草图平面

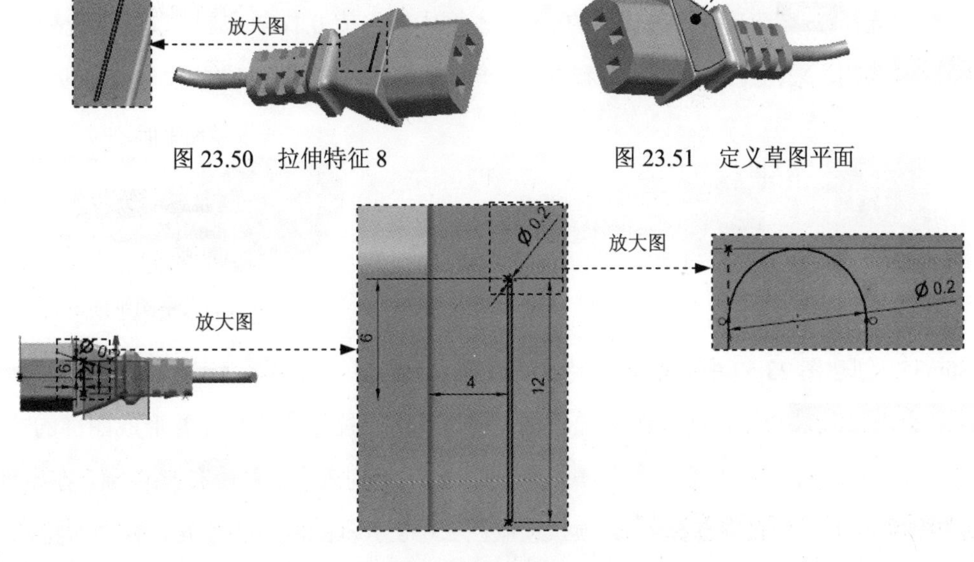

图 23.52　截面草图

Step33. 创建图 23.53 所示的阵列特征 2。选择下拉菜单 插入(S) → 关联复制(A) → 对特征形成图样(A)... 命令，在绘图区选取图 23.50 所示的拉伸特征 8 为要形成图样的特征。在“对特征形成图样”对话框中 阵列定义 区域的 布局 下拉列表中选择 线性 选项。在 方向 1 区域中 * 指定矢量 的下拉列表中选择 选项。选取图 23.54 所示的两点，在“对特征形成图样”对话框中 间距 区域下拉列表中选择 数量和节距 选项，在 数量 的文本框中输入值 10，在 节距 的文本框中输入值 1。对话框中的其他参数设置保持系统默认；单击 < 确定 > 按钮，完成阵列特征 2 的创建。

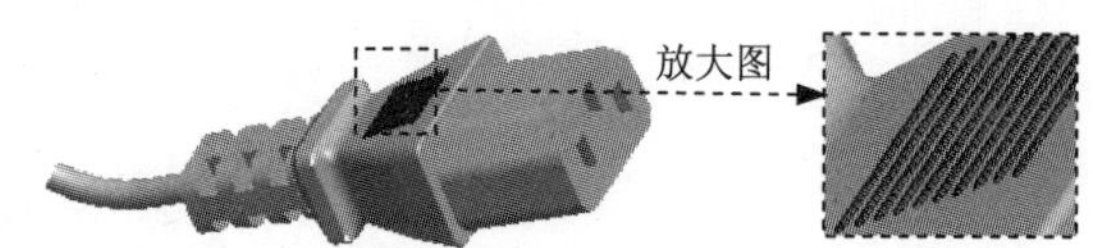

图 23.53 阵列特征 2

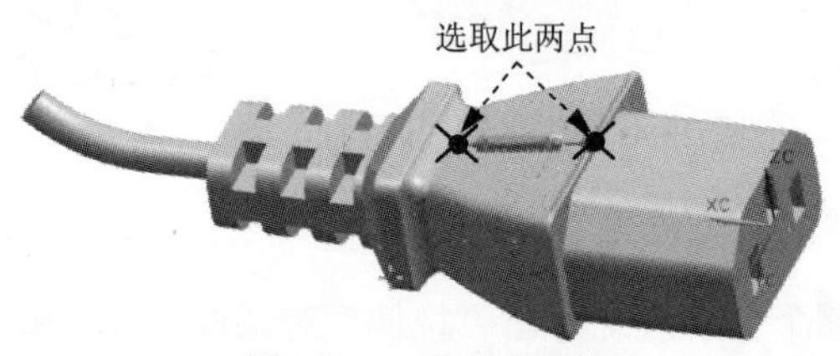

图 23.54 定义参照点

Step34. 创建图 23.55 所示的零件基础特征——拉伸 9。选择下拉菜单 插入(S) → 设计特征(E) → 拉伸(E)... 命令，系统弹出“拉伸”对话框。选取图 23.56 所示的平面为草图平面，绘制图 23.56 所示的截面草图；在 指定矢量 下拉列表中选择 -ZC 选项；在 极限 区域的 开始 下拉列表框中选择 值 选项，并在其下的 距离 文本框中输入值 0，在 极限 区域的 结束 下拉列表框中选择 值 选项，并在其下的 距离 文本框中输入值 0.1，在 布尔 区域的下拉列表框中选择 求和 选项，采用系统默认的求和对象。单击 < 确定 > 按钮，完成拉伸特征 9 的创建。

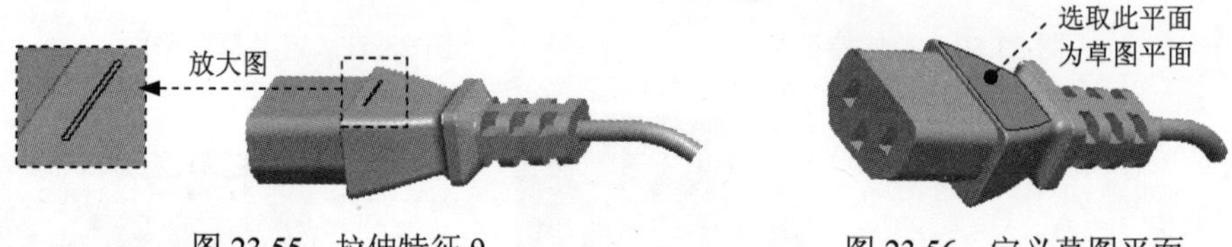

图 23.55 拉伸特征 9

图 23.56 定义草图平面

Step35. 创建图 23.57 所示的阵列特征 3。选择下拉菜单 插入(S) → 关联复制(A) → 对特征形成图样(A)... 命令，在绘图区选取图 23.55 所示的拉伸特征 9 为要形成图样的特征。在“对特征形成图样”对话框中 阵列定义 区域的 布局 下拉列表中选择 线性 选项。在 方向 1 区域中 * 指定矢量 的下拉列表中选择 选项。选取图 23.58 所示的两点为参照，在“对特征形成图样”对话框中间距区域的下拉列表中选择数量和节距选项，在数量的文本框中输入值 10，在节距的文本框中输入值 1。对话框中的其他参数设置保持系统默认；单击< 确定 >按钮，完成阵列特征 3 的创建。

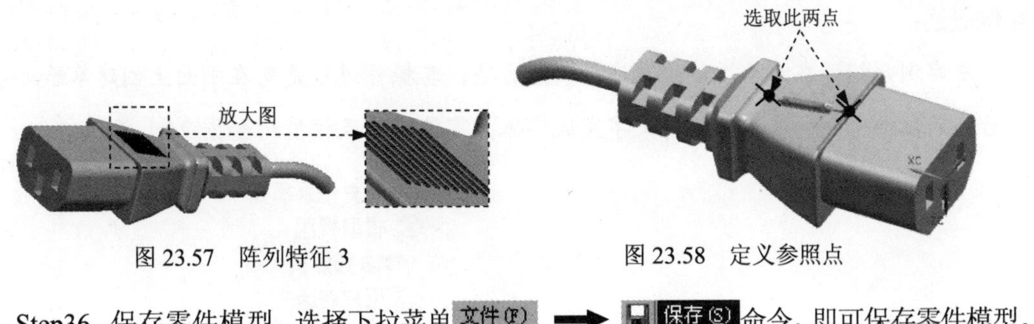

图 23.57　阵列特征 3　　图 23.58　定义参照点

Step36. 保存零件模型。选择下拉菜单文件(F) → 保存(S)命令，即可保存零件模型。

实例 24　曲面上创建文字

实例概述：

本实例介绍了在曲面上创建文字的一般方法，其操作过程是先在平面上创建草绘文字，然后采用拉伸命令和求和特征将文字变成实体。零件模型及模型树如图 24.1 所示。

历史记录模式
模型视图
摄像机
用户表达式
组
模型历史记录
基准坐标系 (3)
拉伸 (4)
偏置曲面 (5)
文本 (6)
拉伸 (7)

图 24.1　模型及模型树

Step1. 新建文件。选择下拉菜单 文件(F) → 新建(N)... 命令，系统弹出“新建”对话框。在 模型 选项卡的 模板 区域中选取模板类型为 模型，在 名称 文本框中输入文件名称 TEXT，单击 确定 按钮，进入建模环境。

Step2. 创建图 24.2 所示的零件基础特征 —— 拉伸 1。选择下拉菜单 插入(S) → 设计特征(E) → 拉伸(E)... 命令，系统弹出“拉伸”对话框。选取 XY 平面为草图平面，选中 设置 区域的 ☑ 创建中间基准 CSYS 复选框，绘制图 24.3 所示的截面草图；在 指定矢量 下拉列表中选择 ZC↑ 选项；在 极限 区域的 开始 下拉列表框中选择 值 选项，并在其下的 距离 文本框中输入值 0，在 极限 区域的 结束 下拉列表框中选择 值 选项，并在其下的 距离 文本框中输入值 11，单击 < 确定 > 按钮，完成拉伸特征 1 的创建。

图 24.2　拉伸特征 1

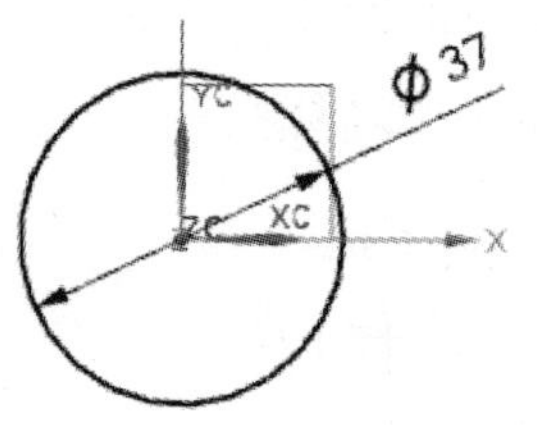

图 24.3　截面草图

Step3. 创建图 24.4 所示的偏置曲面。选择下拉菜单插入(S) → 偏置/缩放(O) → 偏置曲面(O)...命令，系统弹出“偏置曲面”对话框。选择拉伸特征 1 为偏置曲面。在偏置 1 的文本框中输入值 3；其他参数采用系统默认设置值。单击< 确定 >按钮，完成偏置曲面的创建。

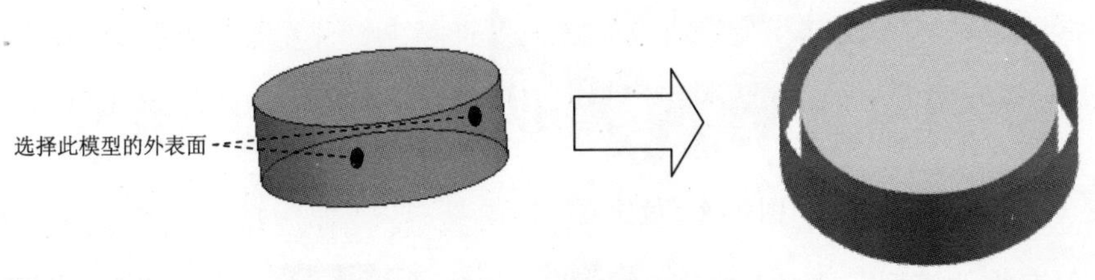

图 24.4 偏置曲面

Step4. 创建图 24.5 所示的文本特征 1。选择下拉菜单插入(S) → 曲线(C) → A 文本(T)命令，系统弹出“文本”对话框。在类型下拉列表框中选择面上选项，在文本放置面区域选择图 24.6 所示的面，在面上的位置区域中的放置方法选择面上的曲线选项，选择图 24.7 所示的边线为参照，在文本属性下面的文本框中输入“北京兆迪”，在字体的下拉列表框中选择幼圆选项，在尺寸区域偏置的文本框输入 2.3，在长度的文本框输入 32，在高度的文本框输入 7。单击< 确定 >按钮，完成文本特征 1 的创建。

图 24.5 文本特征 1

图 24.6 定义参照面

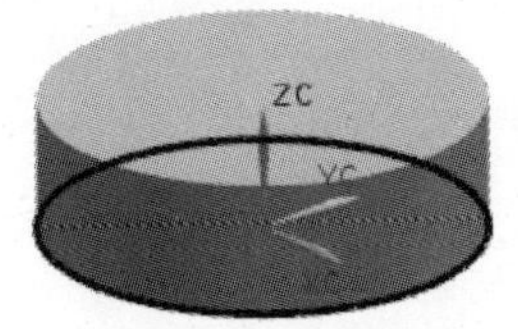

图 24.7 定义参照边

Step5. 创建图 24.8 所示的零件基础特征——拉伸 2。选择下拉菜单插入(S) → 设计特征(E) → 拉伸(E)...命令，系统弹出“拉伸”对话框。选取图 24.5 所示的文本特征 1：在指定矢量下拉列表中选择-XC选项；在极限区域的开始下拉列表框中选择值选项，并在其下的距离文本框中输入值-2，在极限区域的结束下拉列表框中选择直至选定对象选项。在布尔区域的下拉列表框中选择求和选项，采用系统默认的求和对象。单击< 确定 >按钮，完成拉伸特征 2 的创建。

说明：前面所做的偏置曲面为直至选定的对象。

图 24.8 拉伸特征 2

Step6. 保存零件模型。选择下拉菜单 文件(F) → 保存(S) 命令，即可保存零件模型。

实例25　把　　手

实例概述：

该零件在进行设计的过程中要充分利用创建的曲面，该零件主要运用了"拉伸"、"镜像"、"偏置曲面"等特征命令。下面介绍了该零件的设计过程，零件模型和模型树如图 25.1 所示。

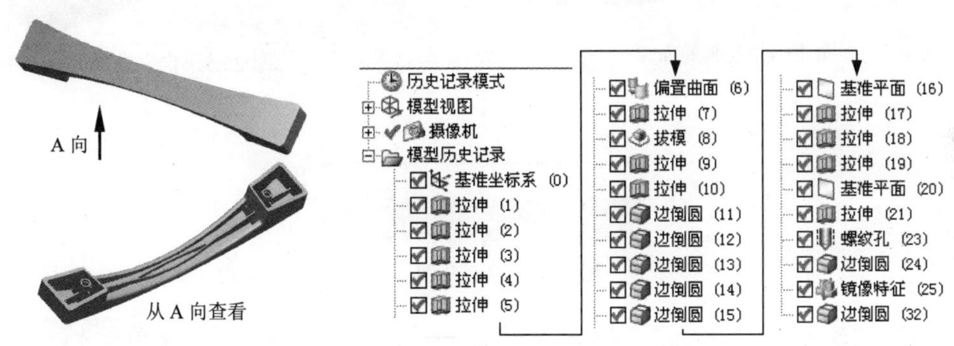

图 25.1　零件模型及模型树

Step1. 新建文件。选择下拉菜单 文件(F) → 新建(N)... 命令，系统弹出"新建"对话框。在 模型 选项卡的 模板 区域中选取模板类型为 模型，在 名称 文本框中输入文件名称 HANDLE，单击 确定 按钮，进入建模环境。

Step2. 创建图 25.2 所示的零件基础特征——拉伸 1。选择下拉菜单 插入(S) → 设计特征(E) → 拉伸(E)... 命令，系统弹出"拉伸"对话框。选取 XY 平面为草图平面，绘制图 25.3 所示的截面草图；在 指定矢量 下拉列表中选择 ZC↑ 选项；在 极限 区域的 开始 下拉列表框中选择 值 选项，并在其下的 距离 文本框中输入值 0，在 极限 区域的 结束 下拉列表框中选择 值 选项，并在其下的 距离 文本框中输入值 30，单击 < 确定 > 按钮，完成拉伸特征 1 的创建。

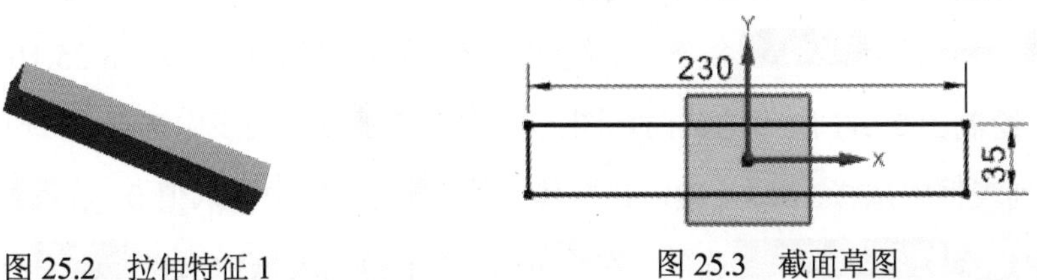

图 25.2　拉伸特征 1　　　　图 25.3　截面草图

Step3. 创建图 25.4 所示的零件基础特征——拉伸 2。选择下拉菜单 插入(S) →

设计特征(E) → 拉伸(E)...命令，系统弹出“拉伸”对话框。选取图 25.5 所示的平面为草图平面，绘制图 25.6 所示的截面草图；在指定矢量下拉列表中选择YC选项；在极限区域的开始下拉列表框中选择值选项，并在其下的距离文本框中输入值 0，在极限区域的结束下拉列表框中选择贯通选项，在布尔区域的下拉列表框中选择求差选项，采用系统默认的求差对象。单击确定按钮，完成拉伸特征 2 的创建。

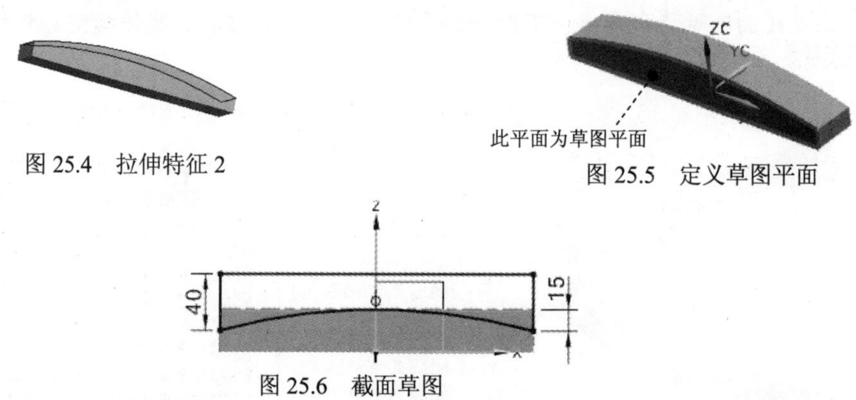

图 25.4 拉伸特征 2

图 25.5 定义草图平面

图 25.6 截面草图

Step4. 创建图 25.7 所示的零件基础特征——拉伸 3。选择下拉菜单插入(S) → 设计特征(E) → 拉伸(E)...命令，系统弹出“拉伸”对话框。选取 XZ 基准平面为草图平面，绘制图 25.8 所示的截面草图；在指定矢量下拉列表中选择YC选项；在极限区域的开始下拉列表框中选择对称值选项，并在其下的距离文本框中输入值 58.5，在布尔区域的下拉列表框中选择无选项，在体类型区域的下拉列表框中选择图纸页选项，单击确定按钮，完成拉伸特征 3 的创建。

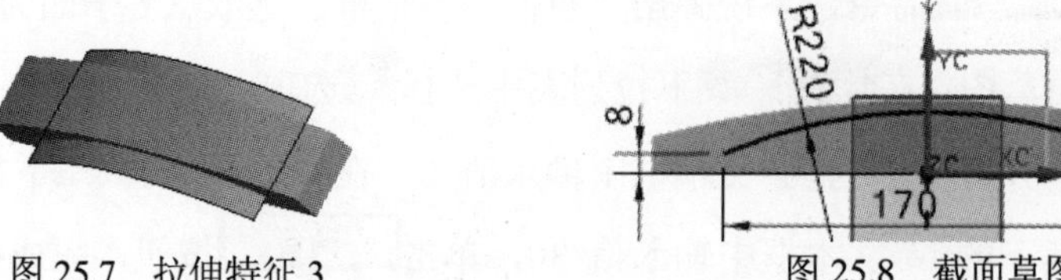

图 25.7 拉伸特征 3

图 25.8 截面草图

Step5. 创建图 25.9 所示的零件基础特征——拉伸 4。选择下拉菜单插入(S) → 设计特征(E) → 拉伸(E)...命令，系统弹出“拉伸”对话框。选取图 25.10 所示的平面为草图平面，绘制图 25.11 所示的截面草图；在指定矢量下拉列表中选择ZC选项；在极限区域的开始下拉列表框中选择值选项，并在其下的距离文本框中输入值 0，在极限区域的结束下拉列表框中选择直至选定对象选项，在布尔区域的下拉列表框中选择求差选项，选取拉伸特征 1 为求差对象。单击确定按钮，完成拉伸特征 4 的创建。

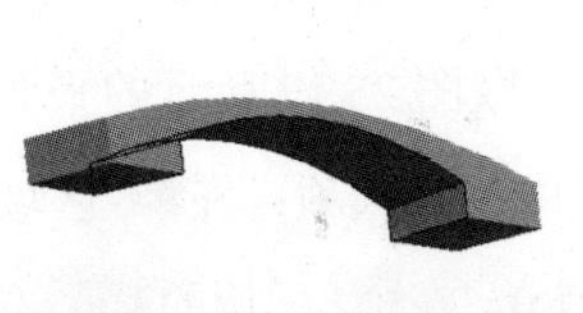

图 25.9　拉伸特征 4

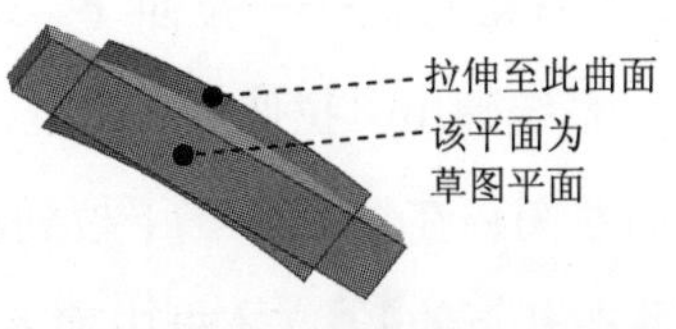

图 25.10　定义草图平面

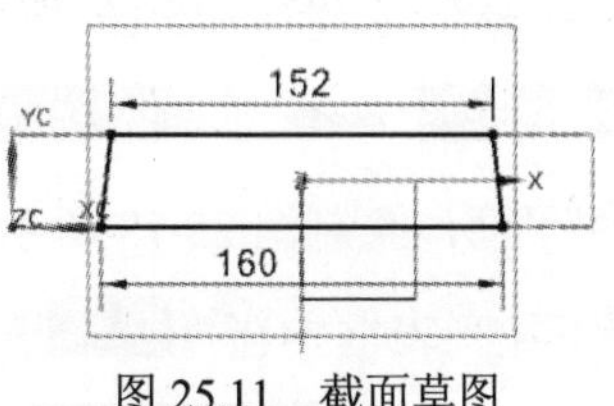

图 25.11　截面草图

Step6. 创建图 25.12 所示的零件基础特征——拉伸 5。选择下拉菜单 插入(S) → 设计特征(E) → 拉伸(E)... 命令，系统弹出“拉伸”对话框。选取图 25.10 所示的平面为草图平面，绘制图 25.13 所示的截面草图；在 指定矢量 下拉列表中选择 ZC↑ 选项；在 极限 区域的 开始 下拉列表框中选择 值 选项，并在其下的 距离 文本框中输入值 0，在 极限 区域的 结束 下拉列表框中选择 值 选项，并在其下的 距离 文本框中输入值 59，在 布尔 区域的下拉列表框中选择 求差 选项，采用系统默认的求差对象。单击 确定 按钮，完成拉伸特征 5 的创建。

图 25.12　拉伸特征 5

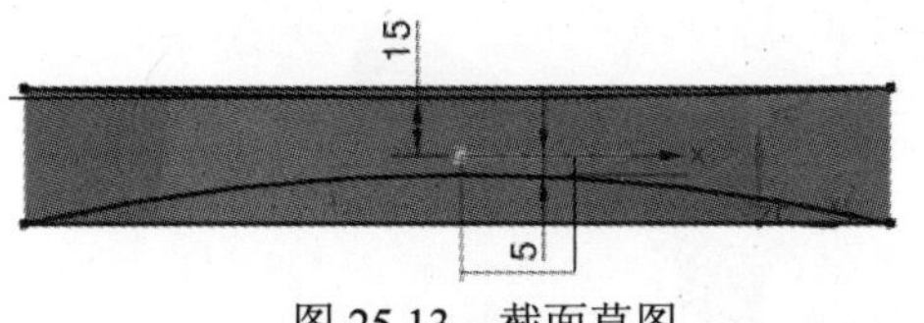

图 25.13　截面草图

Step7. 创建图 25.14 所示的偏置曲面 1。选择下拉菜单 插入(S) → 偏置/缩放(O) → 偏置曲面(O)... 命令，系统弹出“偏置曲面”对话框。选择图 25.15 所示的曲面为偏置曲面。在 偏置 1 的文本框中输入值 2；单击 按钮调整偏置方向为 Z 基准轴负向；其他参数采用系统默认设置。单击 确定 按钮，完成偏置曲面 1 的创建。

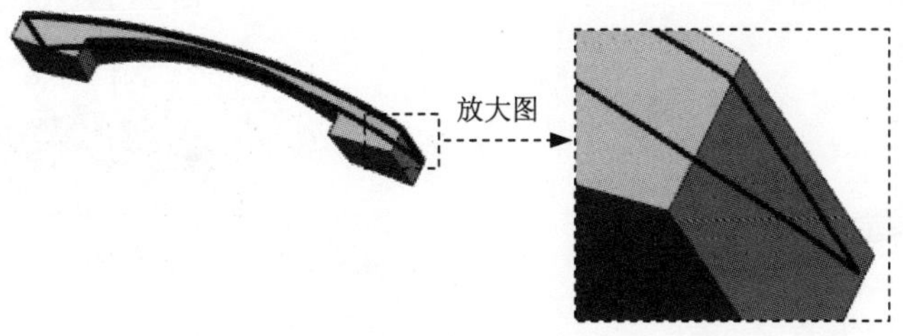

图 25.14　偏置曲面 1

图 25.15　定义参照面

Step8. 创建图 25.16 所示的零件基础特征——拉伸 6。选择下拉菜单插入(S) → 设计特征(E) → 拉伸(E)...命令，系统弹出“拉伸”对话框。选取图 25.17 所示的平面为草图平面，绘制图 25.18 所示的截面草图；在指定矢量下拉列表中选择选项；在极限区域的开始下拉列表框中选择值选项，并在其下的距离文本框中输入值 0，在极限区域的结束下拉列表框中选择直至选定对象选项，在布尔区域的下拉列表框中选择求差选项，选取拉伸特征 1 为求差对象。单击确定按钮，完成拉伸特征 6 的创建。

说明：偏置曲面 1 为拉伸直至选定的对象。

Step9. 创建图 25.19 所示的拔模特征 1。选择下拉菜单插入(S) → 细节特征(L) → 拔模(T)命令，在脱模方向区域中指定矢量选择 Z 轴的负方向，在固定面选择图 25.20 所示的面为参照，在要拔模的面区域选择图 25.21 所示的面为参照，并在角度 1文本框中输入值 8。单击< 确定 >按钮，完成拔模特征 1 的创建。

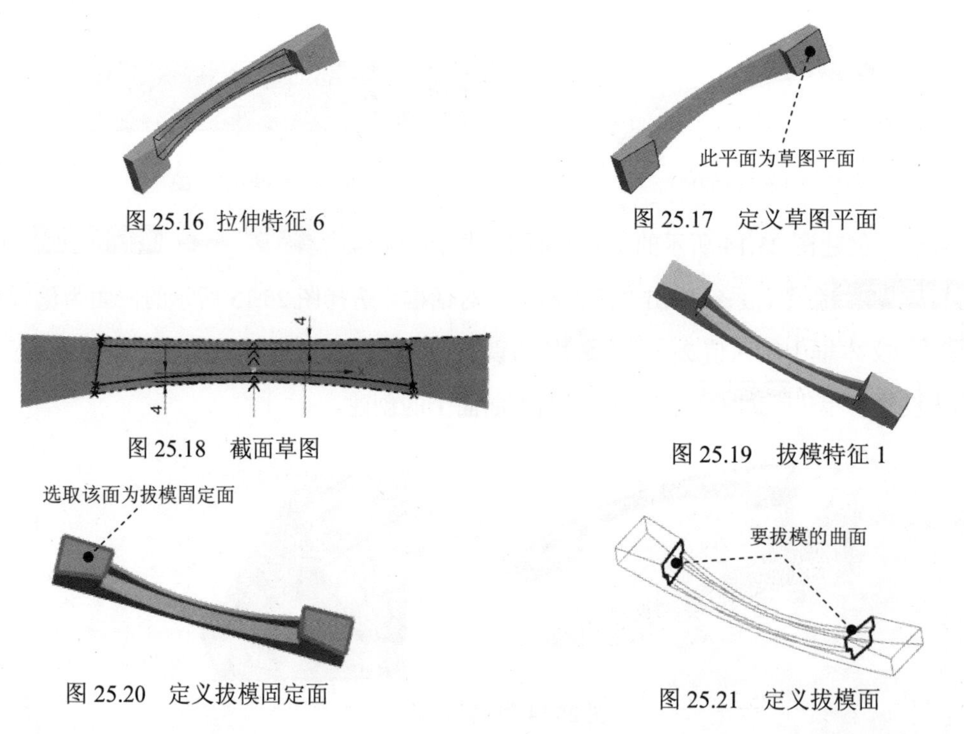

图 25.16 拉伸特征 6

图 25.17 定义草图平面

图 25.18 截面草图

图 25.19 拔模特征 1

图 25.20 定义拔模固定面

图 25.21 定义拔模面

Step10. 创建图 25.22 所示的零件基础特征——拉伸 7。选择下拉菜单插入(S) → 设计特征(E) → 拉伸(E)...命令，系统弹出“拉伸”对话框。选取图 25.23 所示的平面为草图平面，绘制图 25.24 所示的截面草图；在指定矢量下拉列表中选择ZC选项；在偏置区域的偏置下拉列表中选取两侧选项，在开始的文本框输入 0，在结束的文本框输入 1；在极限区域的开始下拉列表框中选择直至延伸部分选项，选取拉伸特征 3 创建的片体，在极限区域的结束下拉列表框中选择直至选定对象选项，选取偏置曲面 1 为选定对象，在布尔区域的下拉列表框中选择求和选项，采用系统默认的求和对象。单击确定按钮，完成拉伸特征 7 的创建。

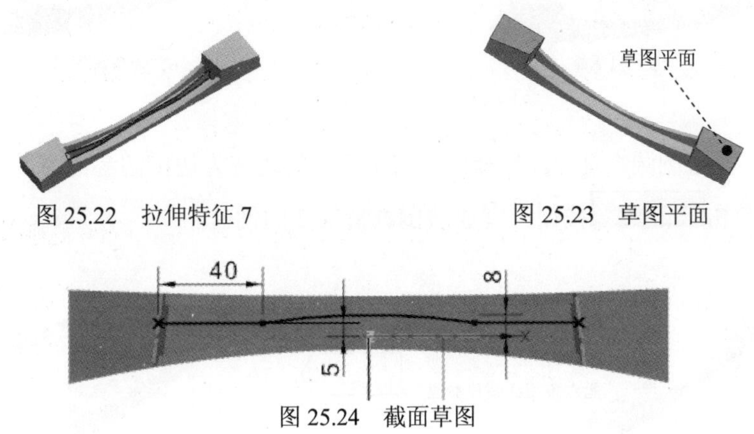

图 25.22　拉伸特征 7　　图 25.23　草图平面

图 25.24　截面草图

Step11. 创建图 25.25 所示的零件基础特征——拉伸 8。选择下拉菜单插入(S) → 设计特征(E) → 拉伸(E)...命令，系统弹出“拉伸”对话框。选取图 25.26 所示的平面为草图平面，绘制图 25.27 所示的截面草图；在指定矢量下拉列表中选择ZC选项；在偏置区域的偏置下拉列表中选取两侧选项，在开始的文本框输入 0，在结束的文本框输入 1；在极限区域的开始下拉列表框中选择直至延伸部分选项，选取拉伸特征 3 创建的片体，在极限区域的结束下拉列表框中选择直至选定对象选项，选取偏置曲面 1 为选定对象，在布尔区域的下拉列表框中选择求和选项，采用系统默认的求和对象。单击确定按钮，完成拉伸特征 8 的创建。

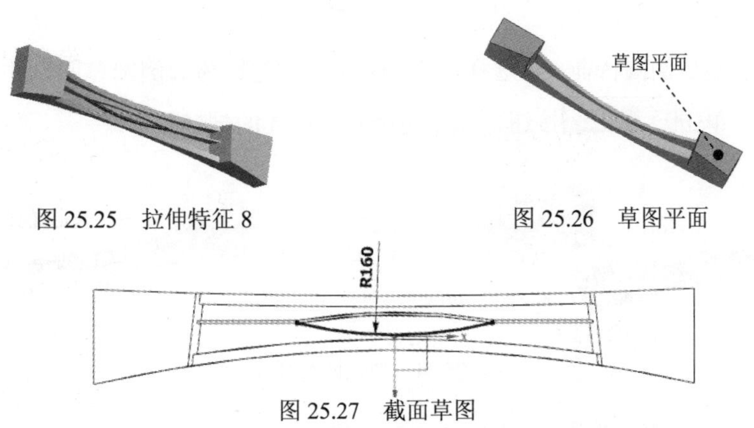

图 25.25　拉伸特征 8　　图 25.26　草图平面

图 25.27　截面草图

Step12. 创建边倒圆特征 1。选择下拉菜单插入(S) → 细节特征(L) → 边倒圆(E)...命令，在要倒圆的边区域中单击按钮，选择图 25.28 所示的边链为边倒圆参照，并在半径 1文本框中输入值 3。单击< 确定 >按钮，完成边倒圆特征 1 的创建。

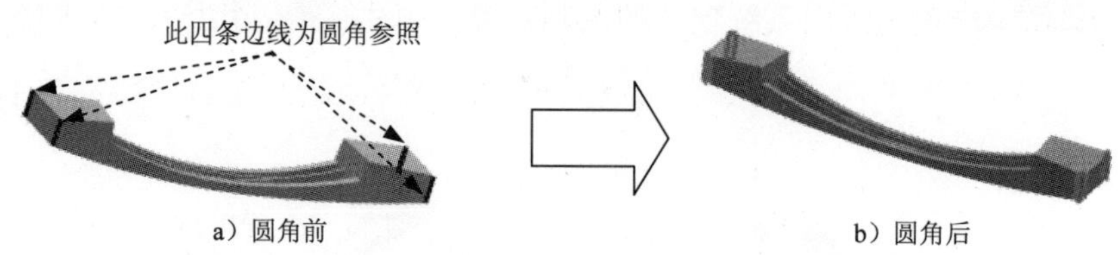

图 25.28　边倒圆特征 1

Step13. 创建边倒圆特征 2。选择图 25.29 所示的边链为边倒圆参照，并在半径 1文本框中输入值 2。单击< 确定 >按钮，完成边倒圆特征 2 的创建。

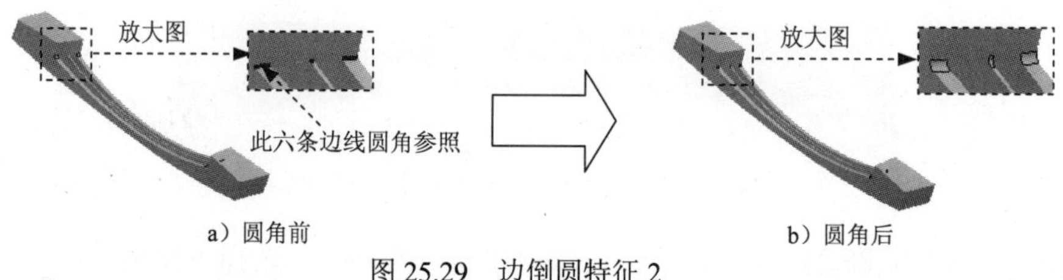

图 25.29　边倒圆特征 2

Step14. 创建边倒圆特征 3。选择图 25.30 所示的边链为边倒圆参照，并在半径 1文本框中输入值 0.5。单击< 确定 >按钮，完成边倒圆特征 3 的创建。

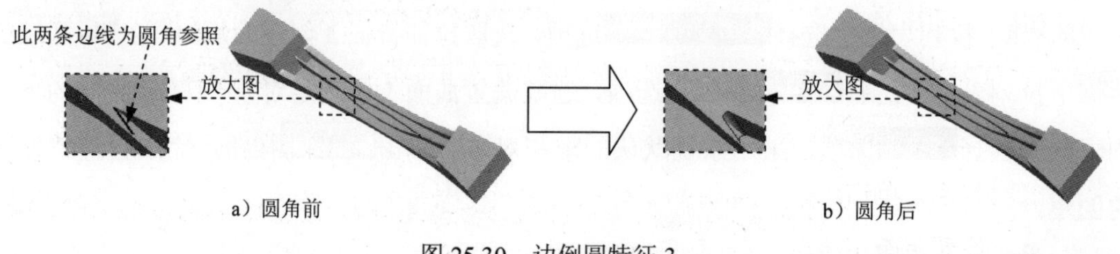

图 25.30　边倒圆特征 3

Step15. 创建边倒圆特征 4。选择图 25.31 所示的边链为边倒圆参照，并在半径 1文本框中输入值 0.5。单击< 确定 >按钮，完成边倒圆特征 4 的创建。

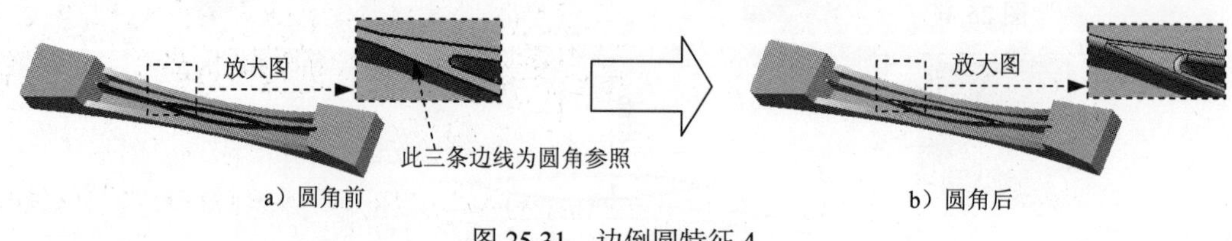

图 25.31　边倒圆特征 4

Step16. 创建边倒圆特征 5。选择图 25.32 所示的边链为边倒圆参照，并在半径 1文本框中输入值 2。单击< 确定 >按钮，完成边倒圆特征 5 的创建。

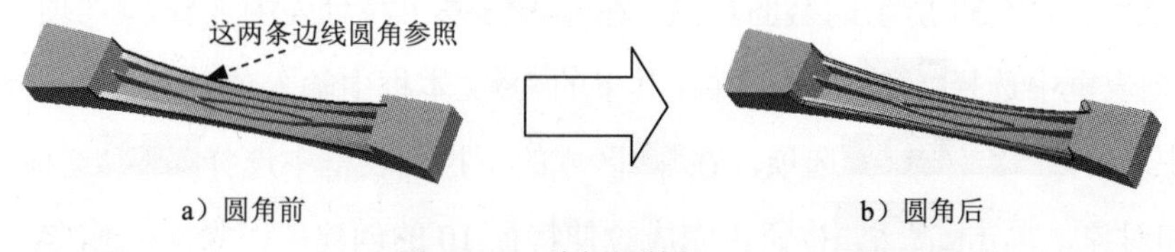

图 25.32　边倒圆特征 5

Step17. 创建图 25.33 所示的基准平面 1。选择下拉菜单 插入(S) → 基准/点(D) → 基准平面(D)... 命令（或单击按钮），系统弹出“基准平面”对话框。在类型区域的下拉列表框中选择按某一距离选项，在绘图区选取 XZ 基准平面，输入偏移值 2。单击 < 确定 > 按钮，完成基准平面 1 的创建。

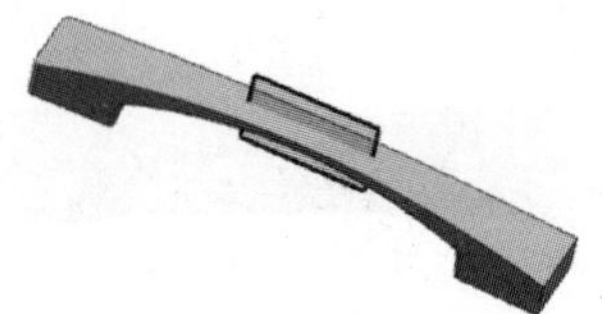

图 25.33　基准平面 1

Step18. 创建图 25.34 所示的零件基础特征——拉伸 9。选择下拉菜单 插入(S) → 设计特征(E) → 拉伸(E)... 命令，系统弹出“拉伸”对话框。选取图 25.35 所示的平面为草图平面，绘制图 25.36 所示的截面草图；在指定矢量下拉列表中选择 ZC 选项；在极限区域的开始下拉列表框中选择值选项，并在其下的距离文本框中输入值 0，在极限区域的结束下拉列表框中选择直至延伸部分选项，在布尔区域的下拉列表框中选择求差选项，采用系统默认的求差对象。单击 确定 按钮，完成拉伸特征 9 的创建。

说明：偏置曲面 1 为拉伸时直至延伸部分。

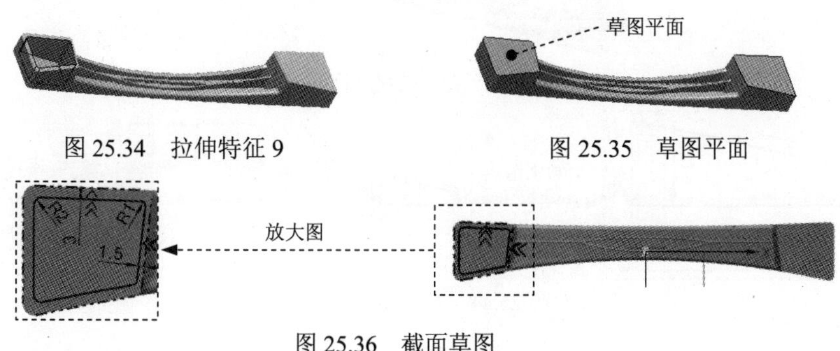

图 25.36　截面草图

Step19. 创建图 25.37 所示的零件基础特征——拉伸 10。选择下拉菜单 插入(S) → 设计特征(E) → 拉伸(E)... 命令，系统弹出“拉伸”对话框。选取图 25.38 所示的平面为草图平面，绘制图 25.39 所示的截面草图；在指定矢量下拉列表中选择ZC选项；在极限区域的开始下拉列表框中选择值选项，并在其下的距离文本框中输入值 0；在极限区域的结束下拉列表框中选择直至选定对象选项，在布尔区域的下拉列表框中选择求和选项，采用系统默认的求和对象。单击确定按钮，完成拉伸特征 10 的创建。

说明：偏置曲面 1 为拉伸时直至选定对象。

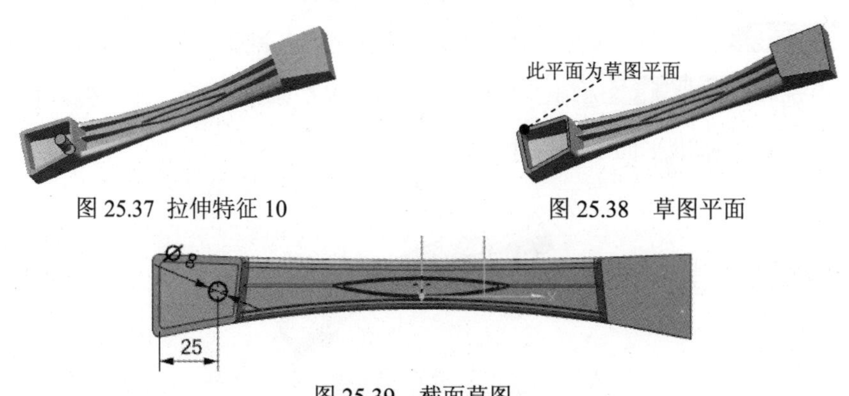

图 25.37 拉伸特征 10　　图 25.38 草图平面

图 25.39 截面草图

Step20. 创建图 25.40 所示的零件基础特征——拉伸 11。选择下拉菜单插入(S) → 设计特征(E) → 拉伸(E)...命令，系统弹出“拉伸”对话框。选取基准平面 1 为草图平面，绘制图 25.41 所示的截面草图；在指定矢量下拉列表中选择-YC选项；在极限区域的开始下拉列表框中选择对称值选项，并在其下的距离文本框中输入值 1，在布尔区域的下拉列表框中选择求和选项，采用系统默认的求和对象。单击确定按钮，完成拉伸特征 11 的创建。

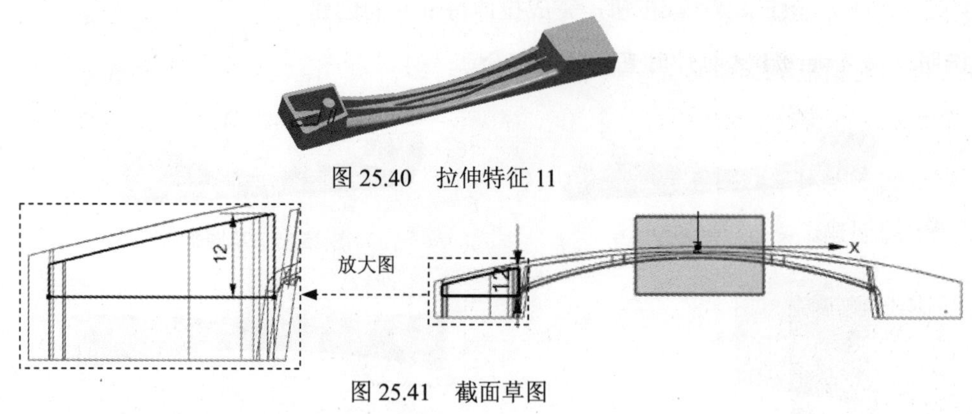

图 25.40 拉伸特征 11

图 25.41 截面草图

Step21. 创建图 25.42 所示的基准平面 2。选择下拉菜单插入(S) → 基准/点(D) → 基准平面(D)...命令，系统弹出“基准平面”对话框。在类型区域的下拉列表框中选择成一角度选项，选取 YZ 基准平面为参照，在绘图区选取图 25.42 所示的轴。在角度区域的角度的文本框输入 0。单击< 确定 >按钮，完成基准平面 2 的创建。

图 25.42　基准平面 2

Step22. 创建图 25.43 所示的零件基础特征——拉伸 12。选择下拉菜单插入(S) ➡ 设计特征(E) ➡ 拉伸(E)...命令，系统弹出“拉伸”对话框。选取基准平面 2 为草图平面，绘制图 25.44 所示的截面草图；在指定矢量下拉列表中选择XC选项；在极限区域的开始下拉列表框中选择对称值选项，并在其下的距离文本框中输入值 1，在布尔区域的下拉列表框中选择求和选项，采用系统默认的求和对象。单击确定按钮，完成拉伸特征 12 的创建。

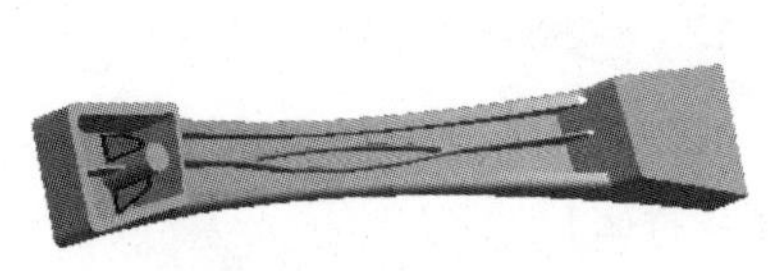
图 25.43　拉伸特征 12

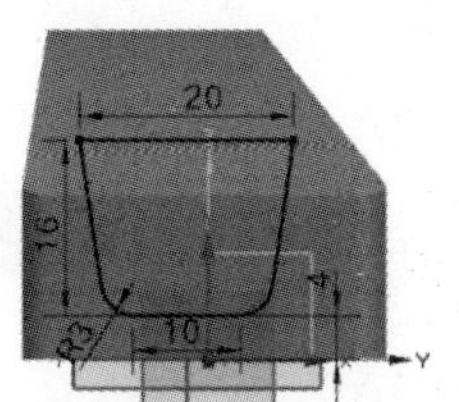

图 25.44　截面草图

Step23. 创建图 25.45 所示的孔特征 1。选择下拉菜单插入(S) ➡ 设计特征(E) ➡ 孔(H)...命令。在类型下拉列表中选择螺纹孔选项，选取图 25.46 所示圆弧的中心为定位点，在“孔”对话框螺纹尺寸中的大小下拉列表中选择 M5x0.8，在螺纹深度文本框中输入值 15，在尺寸区域的深度文本框中输入值 15，在布尔区域的下拉列表框中选择求差选项，采用系统默认的求差对象。对话框中的其他参数设置保持系统默认；单击< 确定 >按钮，完成孔特征 1 的创建。

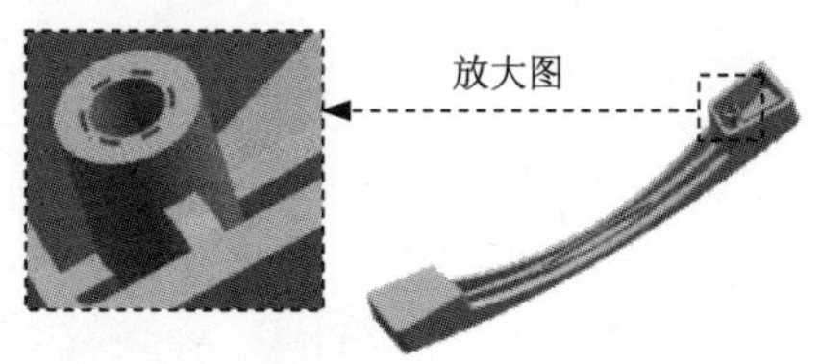

图 22.45　孔特征 1

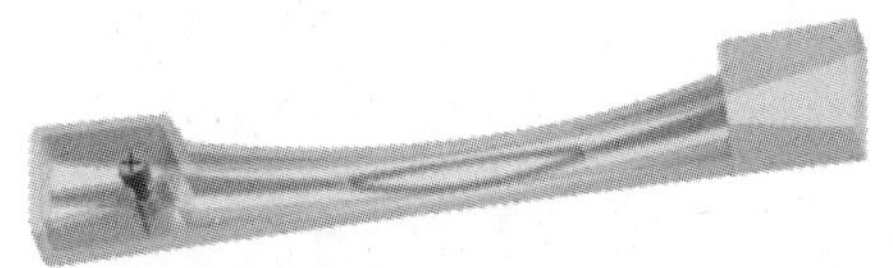
图 22.46　定位点

Step24. 创建边倒圆特征 6。选择图 25.47 所示的边链为边倒圆参照，并在半径 1文本框

中输入值 0.5。单击< 确定 >按钮，完成边倒圆特征 6 的创建。

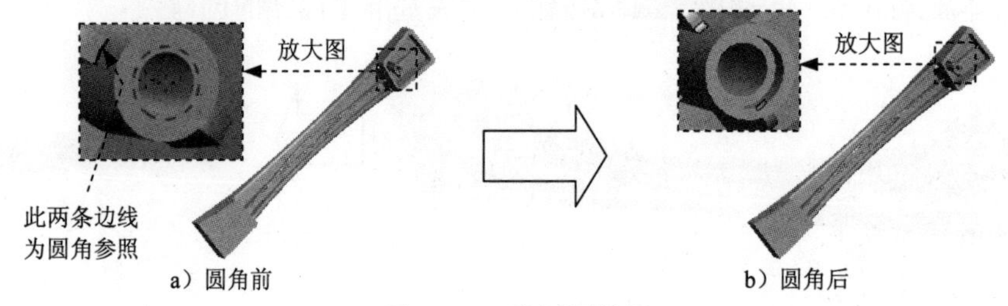

图 25.47 边倒圆特征 6

Step25. 创建图 25.48 所示的零件特征——镜像 1。选择下拉菜单插入(S) → 关联复制(A)▸ → 镜像特征(M)...命令，在绘图区中选取图 25.34 所示的拉伸特征 9、图 25.37 所示的拉伸特征 10、图 25.40 所示的拉伸特征 11、图 25.43 所示的拉伸特征 12、图 22.45 孔特征 1 和图 25.47 所示的边倒圆特征 6 为要镜像的特征。在镜像平面区域中单击按钮，在绘图区中选取 YZ 基准平面作为镜像平面。单击< 确定 >按钮，完成镜像特征 1 的创建。

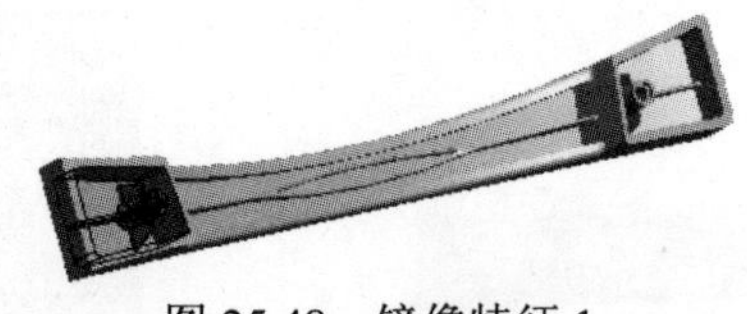

图 25.48 镜像特征 1

Step26. 保存零件模型。选择下拉菜单文件(F) → 保存(S)命令，即可保存零件模型。

实例26　香　皂　盒

实例概述：

本实例主要运用“拉伸”、“修剪体”、“相交曲线”、“扫掠”、“壳”等特征命令，在设计此零件的过程中应充分利用了“偏置曲面”命令，下面介绍该零件的设计过程，零件模型和模型树如图 26.1 所示。

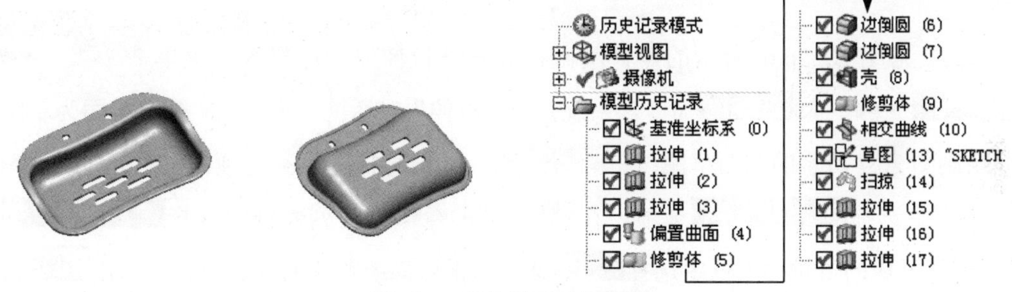

图 26.1　零件模型及模型树

Step1. 新建文件。选择下拉菜单 文件(F) → 新建(N)... 命令，系统弹出“新建”对话框。在 模型 选项卡的 模板 区域中选取模板类型为 模型，在 名称 文本框中输入文件名称 SOAP_BOX，单击 确定 按钮，进入建模环境。

Step2. 创建图 26.2 所示的零件基础特征——拉伸 1。选择下拉菜单 插入(S) → 设计特征(E) → 拉伸(E)... 命令，系统弹出“拉伸”对话框。选取 XY 平面为草图平面，绘制图 26.3 所示的截面草图；在 指定矢量 下拉列表中选择 ZC↑ 选项；在 极限 区域的 开始 下拉列表框中选择 值 选项，并在其下的 距离 文本框中输入值 0，在 极限 区域的 结束 下拉列表框中选择 值 选项，并在其下的 距离 文本框中输入值 30，单击 < 确定 > 按钮，完成拉伸特征 1 的创建。

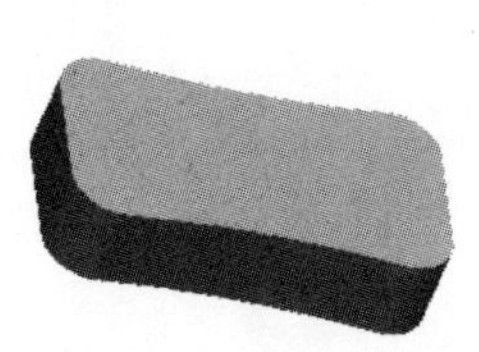

图 26.2　拉伸特征 1

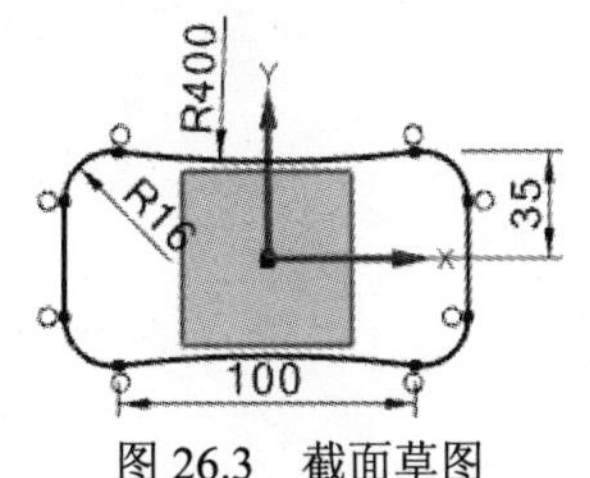

图 26.3　截面草图

Step3. 创建图 26.4 所示的零件基础特征——拉伸 2。选择下拉菜单 插入(S) → 设计特征(E) → 拉伸(E)... 命令，系统弹出“拉伸”对话框。选取 YZ 基准平面为草图平面，绘制图 26.5 所示的截面草图；在 指定矢量 下拉列表中选择 XC 选项；在 极限 区域的 开始 下拉列表框中选择 对称值 选项，并在其下的 距离 文本框中输入值 75，在 体类型 区域的下拉列表框中选择 图纸页 选项，单击 确定 按钮，完成拉伸特征 2 的创建。

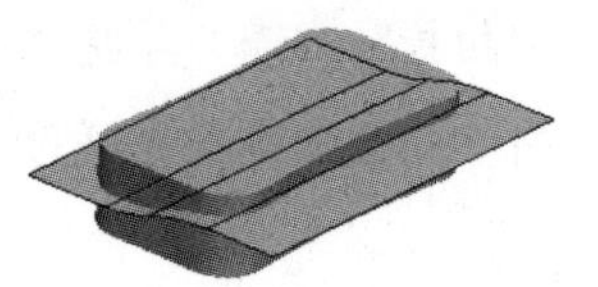
图 26.4 拉伸特征 2

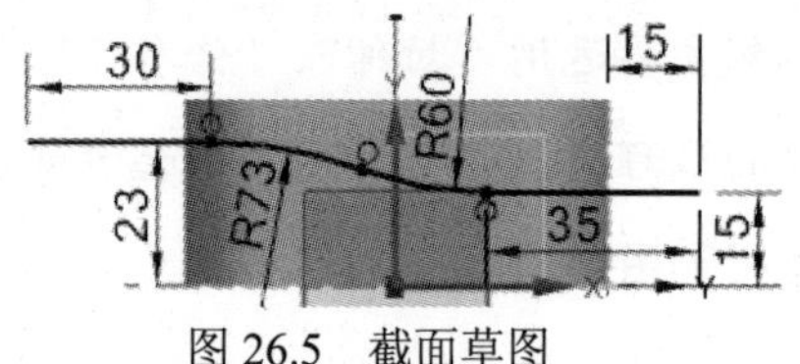

图 26.5 截面草图

Step4. 创建图 26.6 所示的零件基础特征——拉伸 3。选择下拉菜单 插入(S) → 设计特征(E) → 拉伸(E)... 命令，系统弹出“拉伸”对话框。选取 XY 基准平面为草图平面，绘制图 26.7 所示的截面草图；在 指定矢量 下拉列表中选择 ZC 选项；在 极限 区域的 开始 下拉列表框中选择 直至延伸部分 选项，在 极限 区域的 结束 下拉列表框中选择 直至选定对象 选项，在 布尔 区域的下拉列表框中选择 求和 选项，采用系统默认的求和对象。单击 确定 按钮，完成拉伸特征 3 的创建。

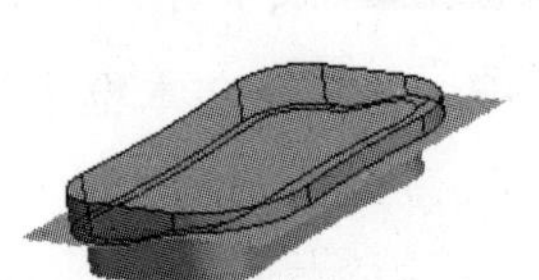
图 26.6 拉伸特征 3

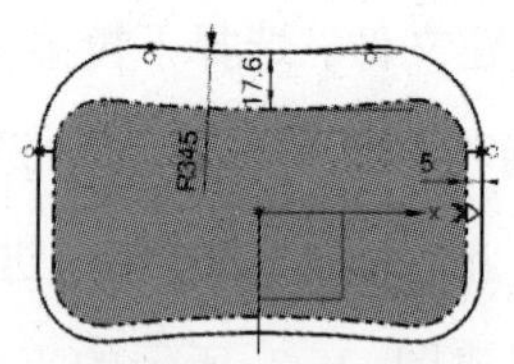

图 26.7 截面草图

Step5. 创建图 26.8 所示的偏置曲面 1。选择下拉菜单 插入(S) → 偏置/缩放(O) → 偏置曲面(O)... 命令，系统弹出“偏置曲面”对话框。选择图 26.4 所示的拉伸曲面为偏置曲面。在 偏置 1 的文本框中输入值 3；单击 按钮调整偏置方向为 Z 基准轴正方向；其他参数采用系统默认设置。单击 确定 按钮，完成偏置曲面 1 的创建。

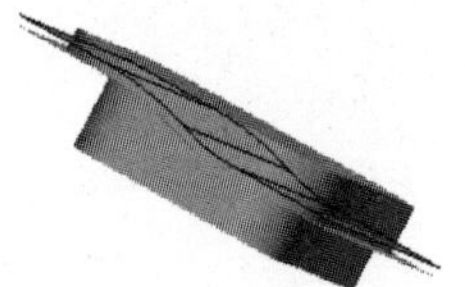
图 26.8 偏置曲面 1

Step6. 创建图 26.9 所示的修剪特征 1。选择下拉菜单 插入(S) → 修剪(T) → 修剪体(T)... 命令，在绘图区选取图 26.10 所示的特征为目标体，单击中键；选取工具体，单击中键，通过调整方向确定要保留的部分，单击 确定 按钮，完成修剪特征 1 的创建。

图 26.9 修剪特征 1　　图 26.10 定义参照体

Step7. 创建边倒圆特征 1。选择下拉菜单插入(S) → 细节特征(L) → 边倒圆(E)...命令，在要倒圆的边区域中单击按钮，选择图 26.11 所示的边链为边倒圆参照，并在半径 1文本框中输入值 12。单击< 确定 >按钮，完成边倒圆特征 1 的创建。

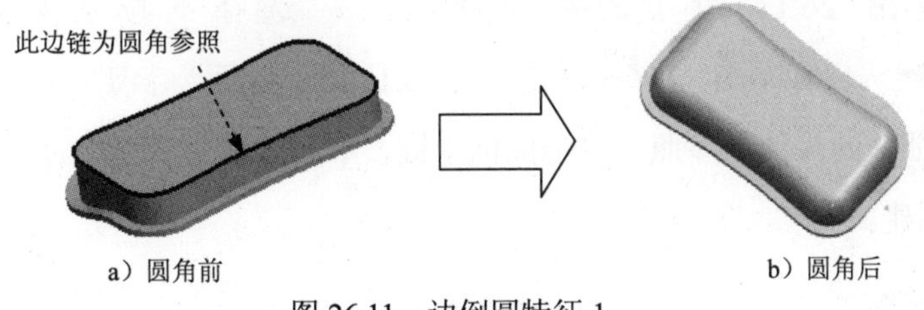

图 26.11 边倒圆特征 1

Step8. 创建边倒圆特征 2。选择图 26.12 所示的边链为边倒圆参照，并在半径 1文本框中输入值 4。单击< 确定 >按钮，完成边倒圆特征 2 的创建。

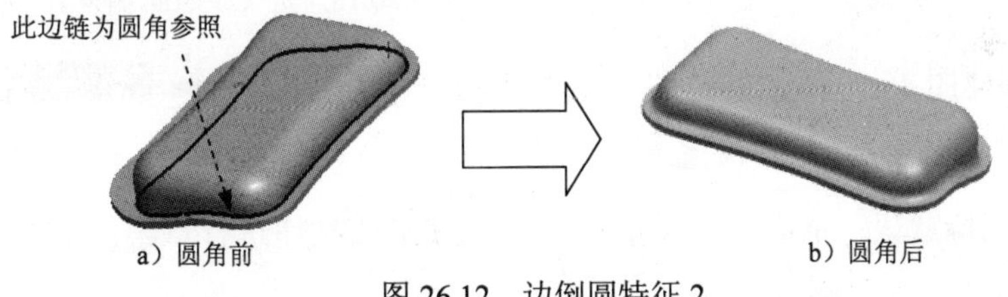

图 26.12 边倒圆特征 2

Step9. 创建图 26.13 所示的面抽壳特征 1。选择下拉菜单插入(S) → 偏置/缩放(O) → 抽壳(H)...命令，在类型区域的下拉列表框中选择移除面，然后抽壳选项，在面区域中单击按钮，选取图 26.14 所示的曲面为要移除的对象。在厚度文本框中输入值 2，单击“反向”按钮，其他参数采用系统默认设置。单击< 确定 >按钮，完成面抽壳特征 1 的创建。

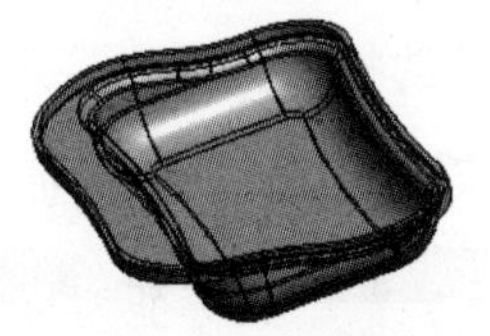
图 26.13 抽壳特征 1

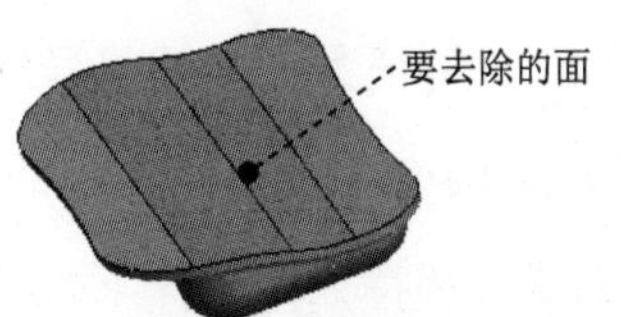

图 26.14 定义移除面

Step10. 创建图 26.15 所示的修剪特征 2。选择下拉菜单插入(S) → 修剪(T) →

修剪体(T)...命令，在绘图区选取图 26.16 所示的实体特征为目标体，单击中键；选取图 26.16 所示的片体为工具体，单击中键，通过调整方向确定要保留的部分，单击确定按钮，完成修剪特征 2 的创建。

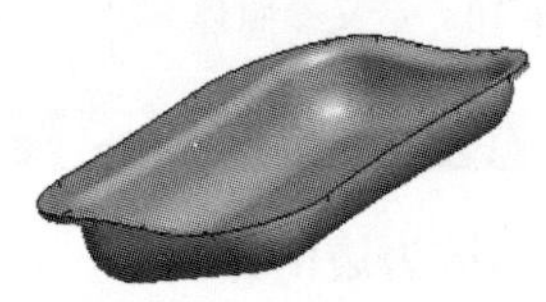
图 26.15 修剪特征 2

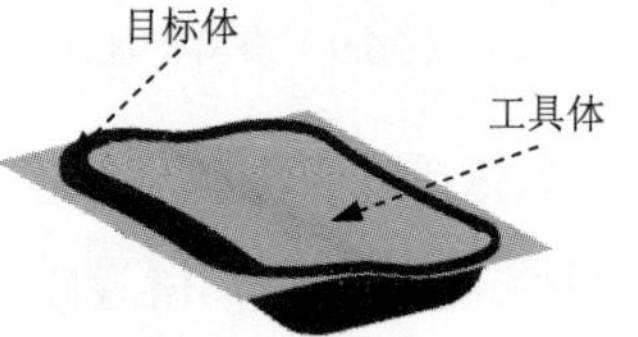

图 26.16 定义参照体

Step11. 创建图 26.17 所示的相交曲线 1。选择下拉菜单插入(S) → 来自体的曲线(U) → 求交(I)，在第一组选择图 26.18 所示的面为参照，单击鼠标中键；在第二组选择拉伸特征 2 的片体为参照，单击鼠标中键，单击“相交曲线”的确定按钮，完成相交曲线 1 的创建。

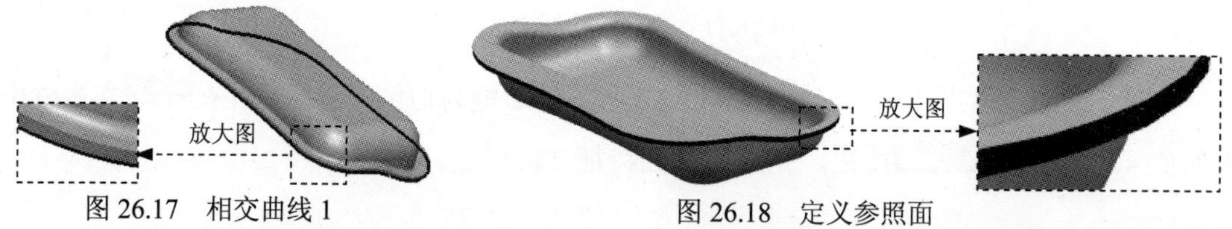

图 26.17 相交曲线 1

图 26.18 定义参照面

Step12. 创建图 26.19 所示的草图 1。选择下拉菜单插入(S) → 任务环境中的草图(S)...命令；在类型下拉列表框中选取基于路径选项，在轨迹区域选取图 26.17 的相交曲线 1 为参照，其他参数保持默认，单击“创建草图”的< 确定 >按钮进行草绘。

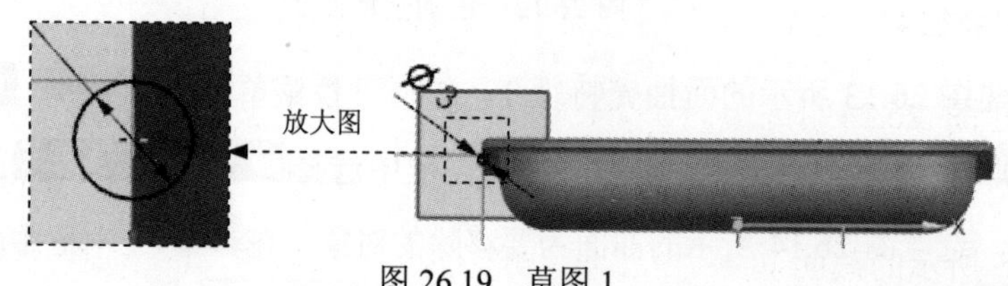

图 26.19 草图 1

Step13. 创建图 26.20 所示的扫掠特征 1。选择下拉菜单插入(S) → 扫掠(W) → 扫掠(S)...命令，在绘图区选取图 26.19 所示的草图 1 为扫掠的截面曲线串，选取图 26.17 所示的相交曲线 1 特征为扫掠的引导线串。采用系统默认的扫掠偏置值，采用系统默认的求和对象。单击“沿引导线扫掠”对话框中的< 确定 >按钮。完成扫掠特征 1 的创建。

Step14. 创建求和特征。选择下拉菜单插入(S) → 组合(B) ▸ → 求和(U)...命令，选取图 26.21 所示的实体特征为目标体，选取图 26.21 所示的扫掠特征为刀具体。单击确定按钮，完成求和特征的创建。

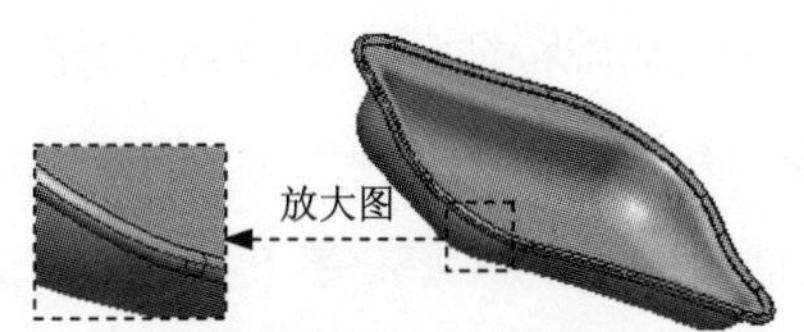

图 26.20 扫掠特征 1

图 26.21 定义参照体

Step15. 创建图 26.22 所示的零件基础特征——拉伸 4。选择下拉菜单 插入(S) → 设计特征(E) → 拉伸(E)... 命令，系统弹出“拉伸”对话框。选取 XY 基准平面为草图平面，绘制图 26.23 所示的截面草图；在 指定矢量 下拉列表中选择 ZC↑ 选项；在 极限 区域的 开始 下拉列表框中选择 对称值 选项，并在其下的 距离 文本框中输入值 23，在 布尔 区域的下拉列表框中选择 求差 选项，采用系统默认的求差对象。单击 确定 按钮，完成拉伸特征 4 的创建。

图 26.22 拉伸特征 4

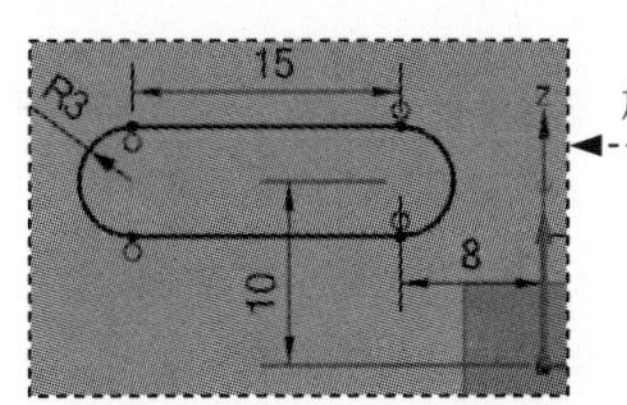

图 26.23 截面草图

Step16. 创建图 26.24 所示的零件基础特征——拉伸 5。选择下拉菜单 插入(S) → 设计特征(E) → 拉伸(E)... 命令，系统弹出“拉伸”对话框。选取 XY 基准平面为草图平面，绘制图 26.25 所示的截面草图；在 指定矢量 下拉列表中选择 ZC↑ 选项；在 极限 区域的 开始 下拉列表框中选择 对称值 选项，并在其下的 距离 文本框中输入值 23，在 布尔 区域的下拉列表框中选择 求差 选项，采用系统默认的求差对象。单击 确定 按钮，完成拉伸特征 5 的创建。

图 26.24 拉伸特征 5

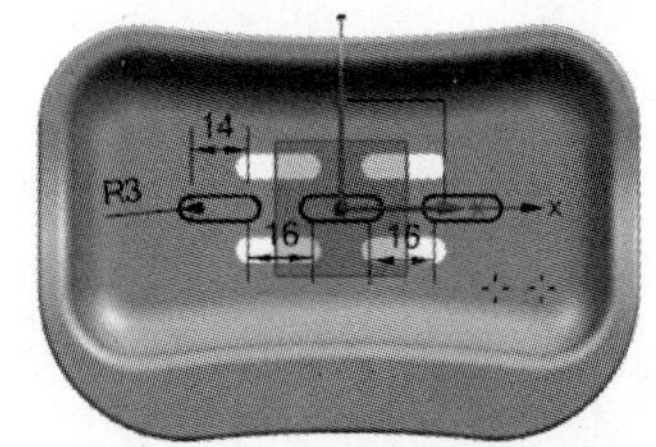

图 26.25 截面草图

Step17. 创建图 26.26 所示的零件基础特征——拉伸 6。选择下拉菜单 插入(S) → 设计特征(E) → 拉伸(E)... 命令，系统弹出“拉伸”对话框。选取图 26.27 所示的平面为草图平面，绘制图 26.28 所示的截面草图；在 指定矢量 下拉列表中选择 -ZC 选项；在 极限 区域的 开始 下拉列表框中选择 对称值 选项，并在其下的 距离 文本框中输入值 23，在 布尔 区域的下拉列表框中选择 求差 选项，采用系统默认的求差对象。单击 确定 按钮，完成拉伸特征 6 的创建。

图 26.26 拉伸特征 6

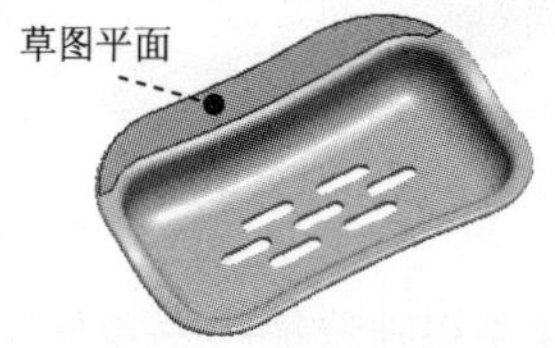

图 26.27 定义草图平面

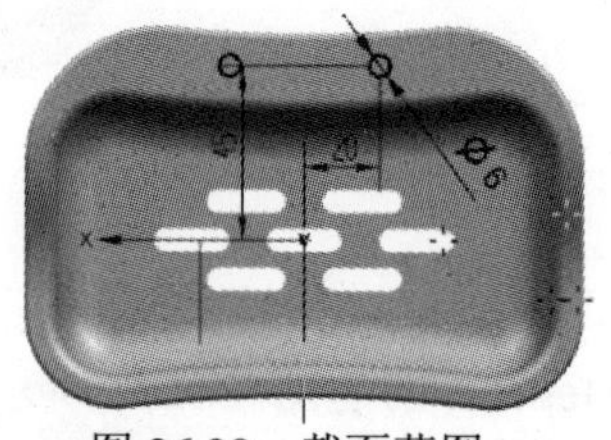

图 26.28 截面草图

Step18. 保存零件模型。选择下拉菜单 文件(F) → 保存(S) 命令，即可保存零件模型。

实例 27　牙　　刷

实例概述：

本实例讲解了一款牙刷塑料部分的设计过程，本实例的创建方法技巧性较强，其中组合曲线投影特征的创建过程是首次出现，而且填充阵列的操作性比较强，需要读者用心体会。零件模型及模型树如图 27.1 所示。

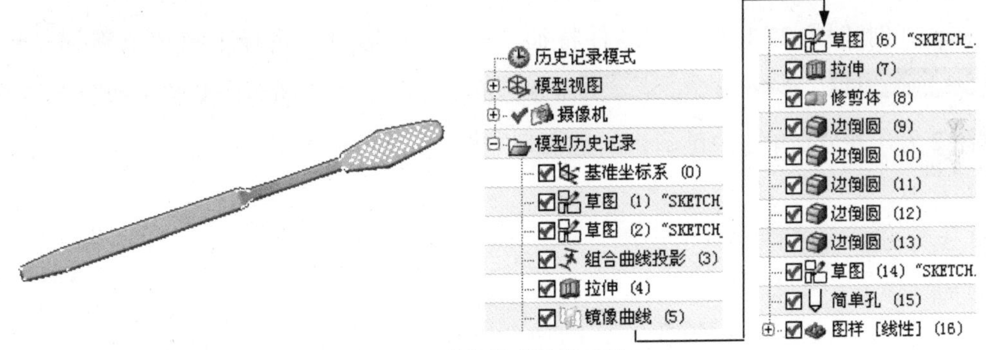

图 27.1　零件模型及模型树

Step1. 新建文件。选择下拉菜单 文件(F) → 新建(N)... 命令，系统弹出“新建”对话框。在 模型 选项卡的 模板 区域中选取模板类型为 模型，在 名称 文本框中输入文件名称 TOOTHBRUSH，单击 确定 按钮，进入建模环境。

Step2. 创建图 27.2 所示的草图 1。选择下拉菜单 插入(S) → 任务环境中的草图(S)... 命令；选取 YZ 基准平面为草图平面；进入草图环境绘制草图。绘制完成后单击 完成草图 按钮，完成草图 1 的创建。

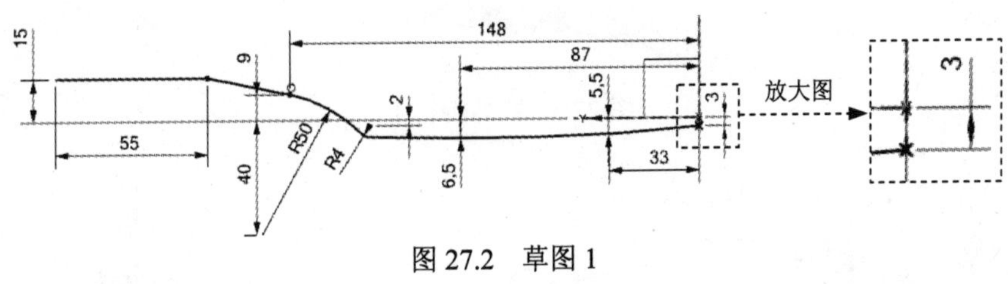

图 27.2　草图 1

Step3. 创建图 27.3 所示的草图 2。选择下拉菜单 插入(S) → 任务环境中的草图(S)... 命令；选取 XY 基准平面为草图平面；进入草图环境绘制草图。绘制完成后单击 完成草图 按钮，完成草图 2 的创建。

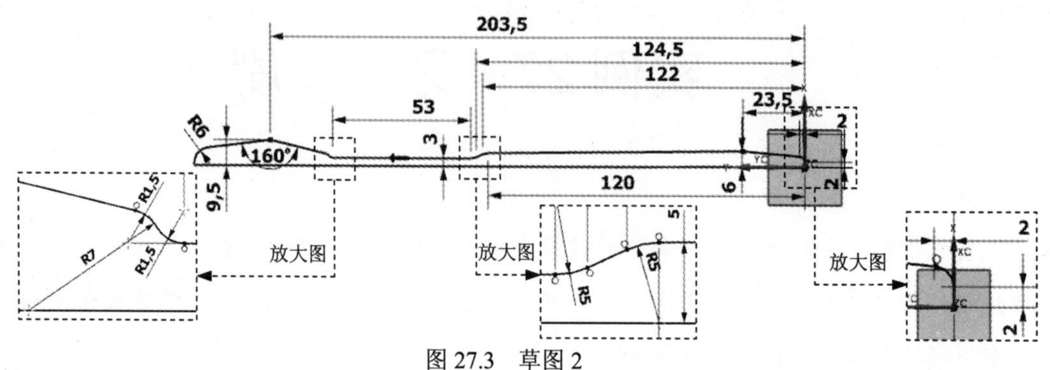

图 27.3 草图 2

Step4. 创建图 27.4 所示的零件特征——组合投影 1。选择下拉菜单插入(S) → 来自曲线集的曲线(F) → 组合投影(C)命令；依次选取图 27.2 所示的草图 1 和图 27.3 所示的草图 2 为，并分别单击中键确认；完成组合投影 1 的创建。

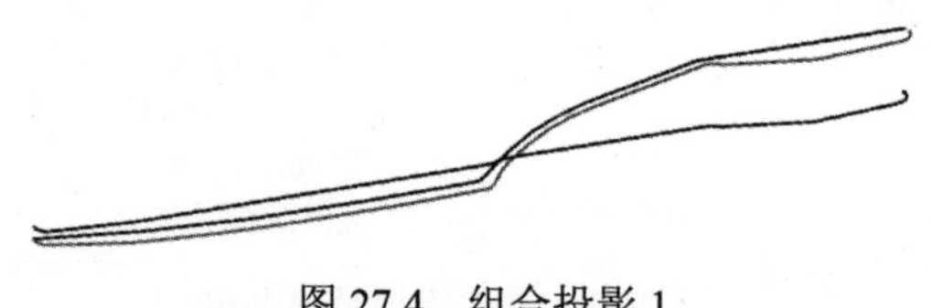
图 27.4 组合投影 1

Step5. 创建图 27.5 所示的零件基础特征——拉伸 1。选择下拉菜单插入(S) → 设计特征(E) → 拉伸(E)...命令，系统弹出“拉伸”对话框。选取 YZ 平面为草图平面，选中设置区域的☑创建中间基准 CSYS复选框，绘制图 27.6 所示的截面草图；在指定矢量下拉列表中选择XC选项在极限区域的开始下拉列表框中选择对称值选项，并在其下的距离文本框中输入值 20，单击< 确定 >按钮，完成拉伸特征 1 的创建。

图 27.5 拉伸特征 1

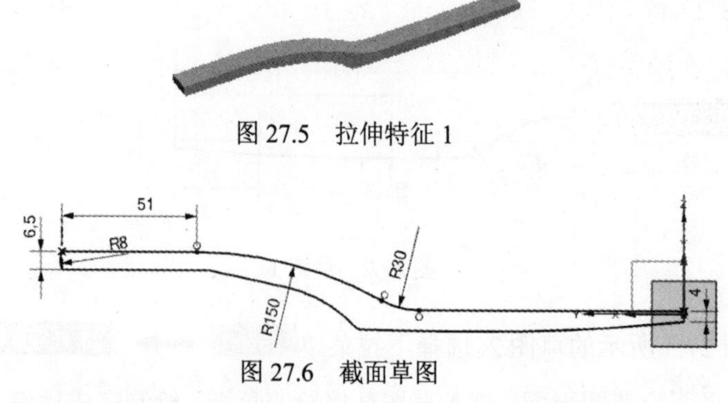

图 27.6 截面草图

Step6. 创建图 27.7 所示的零件特征——镜像 1。选择下拉菜单插入(S) → 来自曲线集的曲线(F) → 镜像(M)...命令，在绘图区中选取图 27.4 所示的组合投影特征 1

为要镜像的特征。在镜像平面区域中单击按钮，在绘图区中选取 YZ 基准平面作为镜像平面。单击< 确定 >按钮，完成镜像特征 1 的创建。

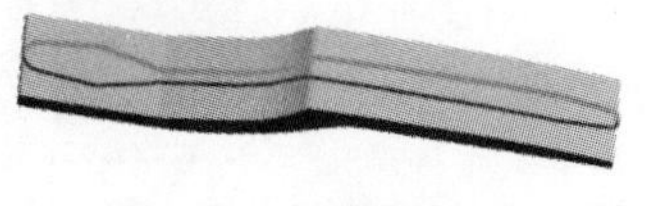

图 27.7　镜像特征 1

Step7. 创建图 27.8 所示的草图 3。选择下拉菜单插入(S) → 任务环境中的草图(S)...命令；选取图 27.8 所示的平面为草图平面；进入草图环境，绘制草图。绘制完成后单击完成草图按钮，完成草图 3 的创建。

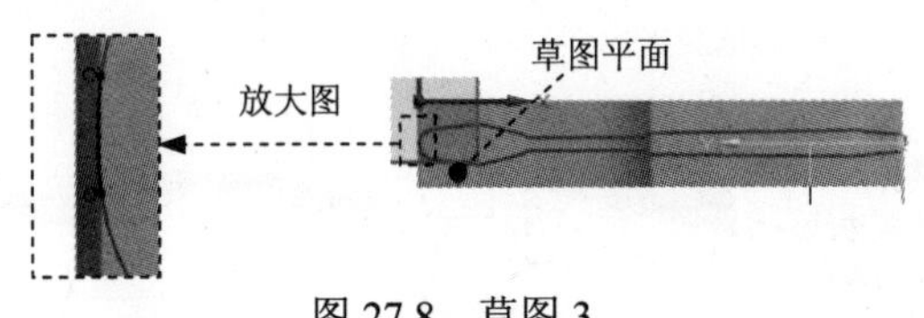

图 27.8　草图 3

Step8. 创建图 27.9 所示的零件基础特征——拉伸 2。选择下拉菜单插入(S) → 设计特征(E) → 拉伸(E)...命令，系统弹出“拉伸”对话框。选取图 27.10 所示的截面草图；在指定矢量下拉列表中选择-ZC选项，在极限区域的开始下拉列表框中选择对称值选项，并在其下的距离文本框中输入值 20，单击< 确定 >按钮，完成拉伸特征 2 的创建。

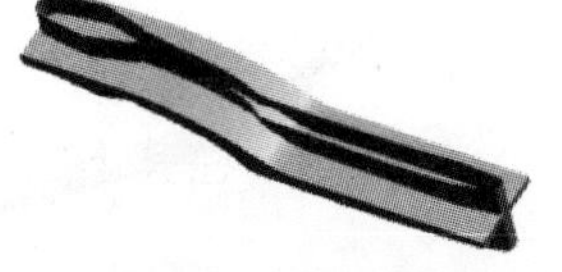

图 27.9　拉伸特征 2

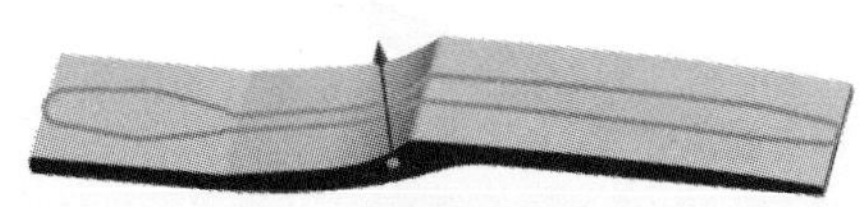

图 27.10　截面草图

Step9. 创建图 27.11 所示的修剪特征 1。选择下拉菜单插入(S) → 修剪(T) → 修剪体(T)...命令，在绘图区选取图 27.12 所示的特征为目标体，单击中键；选取工具体，单击中键，单击确定按钮，完成修剪特征 1 的创建。

图 27.11　修剪特征 1　　　图 27.12　定义参照体

Step10. 创建边倒圆特征 1。选择下拉菜单插入(S) → 细节特征(L) → 边倒圆(E)...命令，在要倒圆的边区域中单击按钮，选择图 27.13 所示的边链为边倒圆参照，并在半径 1文本框中输入值 10。单击< 确定 >按钮，完成边倒圆特征 1 的创建。

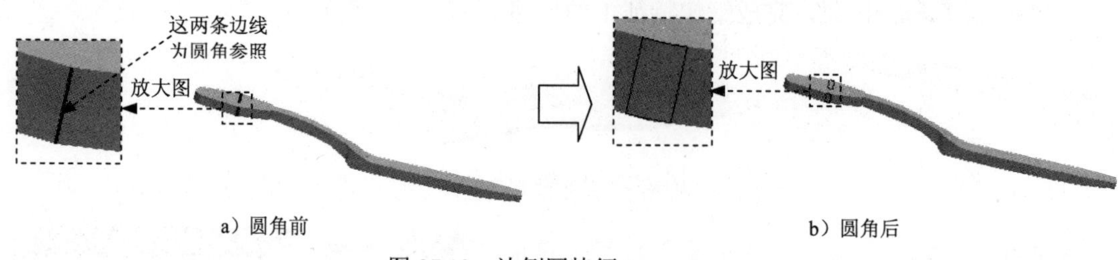

a）圆角前 b）圆角后

图 27.13 边倒圆特征 1

Step11. 创建边倒圆特征 2。选择图 27.14 所示的边链为边倒圆参照，并在半径 1文本框中输入值 4。单击< 确定 >按钮，完成边倒圆特征 2 的创建。

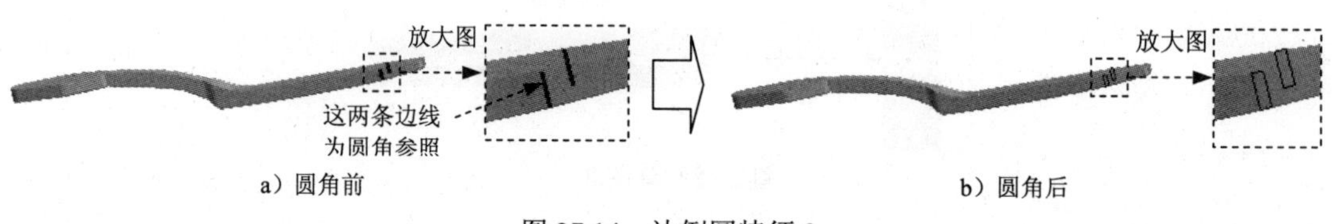

a）圆角前 b）圆角后

图 27.14 边倒圆特征 2

Step12. 创建边倒圆特征 3。选择图 27.15 所示的边链为边倒圆参照，并在半径 1文本框中输入值 1.5。单击< 确定 >按钮，完成边倒圆特征 3 的创建。

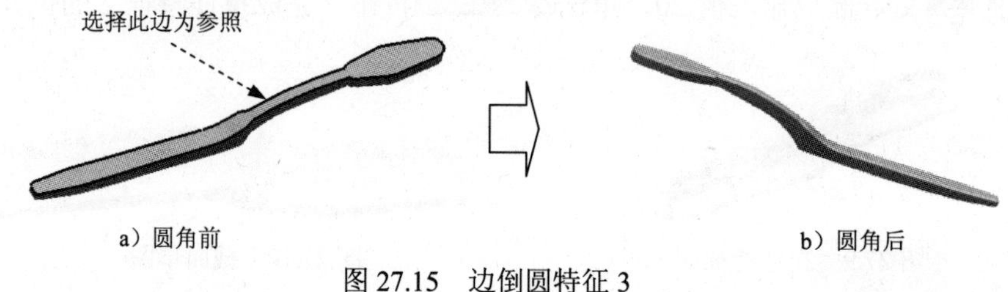

a）圆角前 b）圆角后

图 27.15 边倒圆特征 3

Step13. 创建边倒圆特征 4。选择图 27.16 所示的边链为边倒圆参照，并在半径 1文本框中输入值 20。单击< 确定 >按钮，完成边倒圆特征 4 的创建。

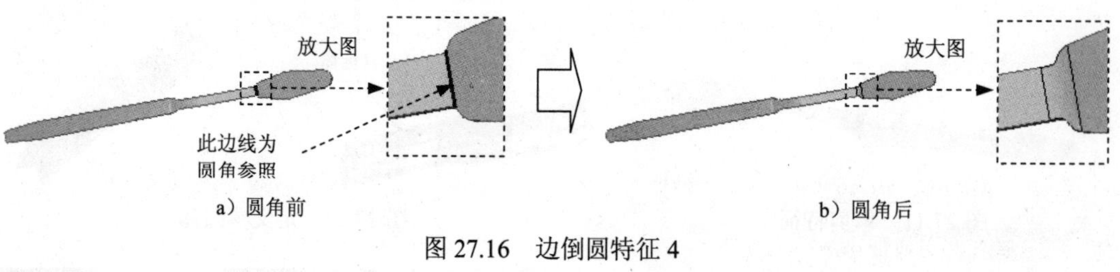

a）圆角前 b）圆角后

图 27.16 边倒圆特征 4

Step14. 创建边倒圆特征 5。选择图 27.17 所示的边链为边倒圆参照，并在半径 1文本框

中输入值 1.5。单击< 确定 >按钮，完成边倒圆特征 5 的创建。

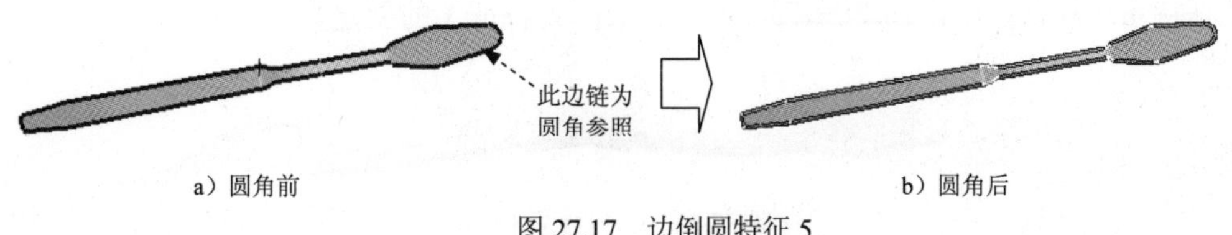

a）圆角前　　b）圆角后

图 27.17　边倒圆特征 5

Step15. 创建图 27.18 所示的草图 4。选择下拉菜单插入(S) → 任务环境中的草图(S)...命令；选取图 27.19 所示的平面为草图平面；进入草图环境绘制草图。绘制完成后单击完成草图按钮，完成草图 3 的创建。

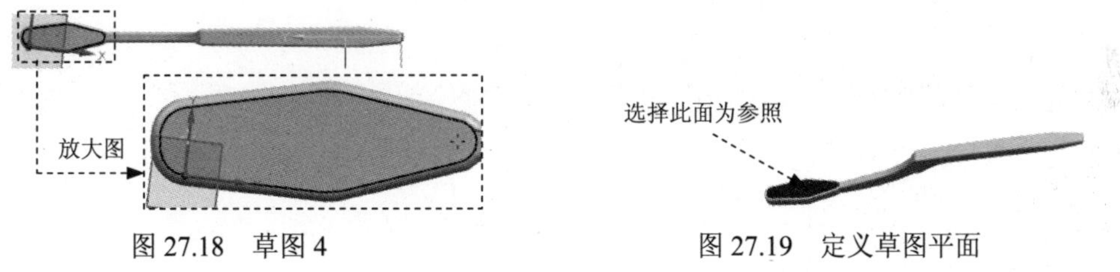

图 27.18　草图 4　　图 27.19　定义草图平面

Step16. 创建图 27.20 所示的孔特征 1。选择下拉菜单插入(S) → 设计特征(E) → 孔(H)...命令。在类型下拉列表中选择常规孔选项，选取图 27.21 所示的点为定位点，在“孔”对话框形状和尺寸中的成形下拉列表中选择简单选项，在直径文本框中输入值 2，在深度文本框中输入值 3，在布尔区域的下拉列表框中选择求差选项，采用系统默认的求差对象。对话框中的其他参数设置保持系统默认；单击< 确定 >按钮，完成孔特征 1 的创建。

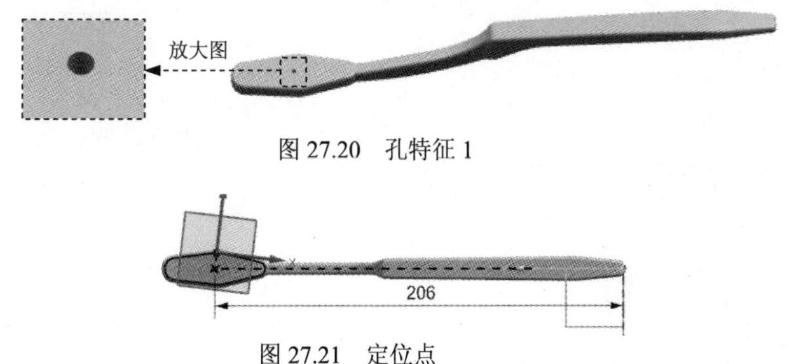

图 27.20　孔特征 1

图 27.21　定位点

Step17. 创建图 27.22 所示的阵列特征 1。选择下拉菜单插入(S) → 关联复制(A) → 对特征形成图样(A)...命令，在绘图区选取图 27.20 所示的孔特征 1 为要形成图样的特征。在“对特征形成图样”对话框中阵列定义区域的布局下拉列表中选择线性选项。在边界下拉列表中选择曲线选项。选中简化边界填充（☑ 简化边界填充）复选框，在留边距离的文本框中输入值 1，在简化布局下拉列表中选择菱形选项在节距文本框中输入值 3。对话框中的其他参数设置保持系统默认；单击< 确定 >按钮，完成阵列特征 1 的创建。

图 27.22　阵列特征 1

Step18. 保存零件模型。选择下拉菜单文件(F) ➡ 保存(S)命令，即可保存零件模型。

实例28　灯　　罩

实例概述：

本实例主要介绍了利用艺术样条创建曲线的特征，通过对扫掠曲面进行加厚操作，就实现了零件的实体特征，读者在绘制过程中应注意艺术样条曲线的创建。零件模型和模型树如图 28.1 所示。

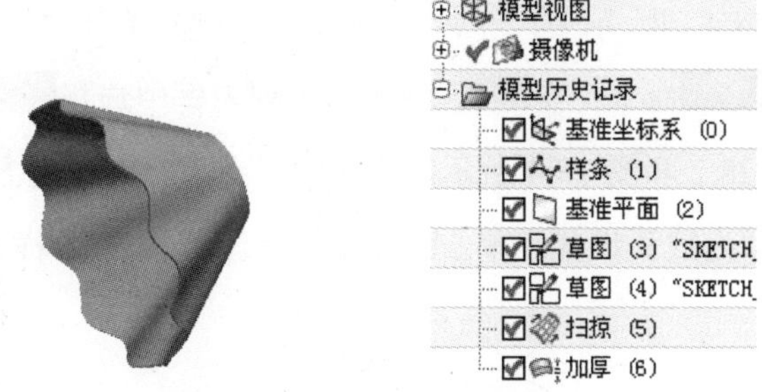

图 28.1　零件模型及模型树

Step1. 新建文件。选择下拉菜单 文件(F) → 新建(N)... 命令，系统弹出“新建”对话框。在 模型 选项卡的 模板 区域中选取模板类型为 模型，在 名称 文本框中输入文件名称 INSTANCE_LAMP_SHADE，单击 确定 按钮，进入建模环境。

Step2. 创建图 28.2 所示的多边形 1。选择下拉菜单 插入(S) → 曲线(C) → 多边形(P) 命令；在多边形对话框中的 边数 文本框中输入值 10。单击 确定 按钮，选择 内切圆半径 按钮，在 内切圆半径 文本框中输入值 50，单击两次 确定 按钮，然后单击 取消 按钮，完成多边形 1 的创建。

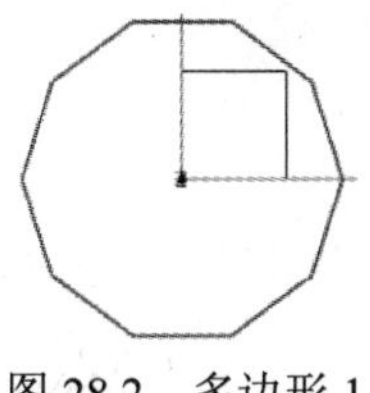

图 28.2　多边形 1

Step3. 创建图 28.3 所示的多边形 2。选择下拉菜单 插入(S) → 曲线(C) → 多边形(P) 命令；在多边形对话框中的 边数 文本框中输入值 10。单击 确定 按钮，选择 内切圆半径 按钮，在 内切圆半径 文本框中输入值 50，在 方位角 文本框中输入值 15，单击 确定 按钮，系统弹出“点”对话框。在“点”对话框 输出坐标 区域 Z 的文本框输入 20,，单击 确定 按钮，然后单击 取消 按钮，完成多边形 2 的创建。

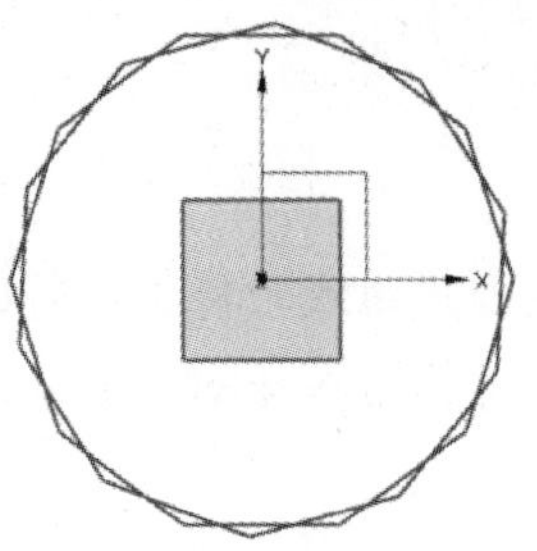

图 28.3　多边形 2

Step4. 创建图 28.4 所示的艺术样条 1。选择下拉菜单 插入(S) → 曲线(C) → 艺术样条(D)... 命令；在 类型 区域的下拉列表框中选择 根据极点 选项，在指定极点位置依次选取图 28.2 和图 28.4 所示的边线的端点为参考，在 参数化 区域 度 的文本框中输入值 2，其他参数都为默认设置，单击 确定 按钮，完成艺术样条 1 的创建。

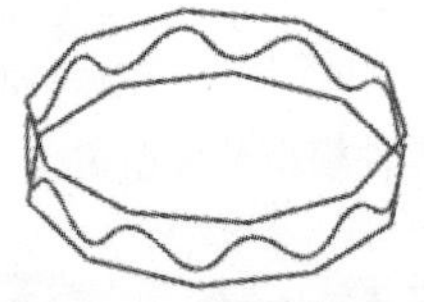

图 28.4　艺术样条 1

Step5. 创建图 28.5 所示的基准平面 1。选择下拉菜单 插入(S) → 基准/点(D) → 基准平面(D)... 命令，系统弹出“基准平面”对话框。在 类型 区域的下拉列表框中选择 按某一距离 选项，在绘图区选取 XY 基准平面，输入偏移值 50。单击 确定 按钮，完成基准平面 1 的创建。

Step6. 创建图 28.6 所示的草图 1。选择下拉菜单 插入(S) → 任务环境中的草图(S)... 命令；选取基准平面 1 为草图平面；进入草图环境绘制草图。绘制完成后单击 完成草图 按钮，完成草图 1 的创建。

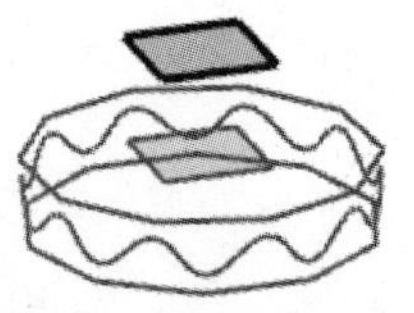

图 28.5　基准平面 1

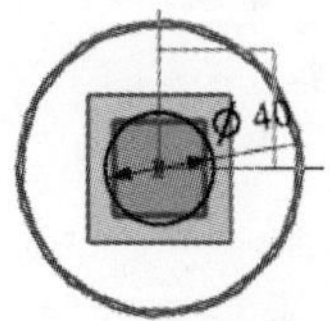

图 28.6　草图 1

Step7. 创建图 28.7 所示的草图 2。选择下拉菜单 插入(S) → 任务环境中的草图(S)... 命令；选取 YZ 基准平面为草图平面；进入草图环境绘制草图。绘制完成后单击 完成草图 按钮，完成草图 2 的创建。

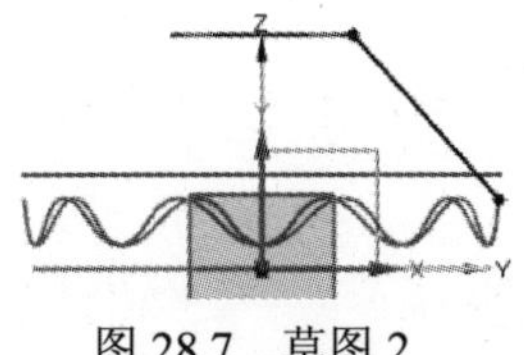

图 28.7 草图 2

Step8. 创建图 28.8 所示的扫掠特征 1。选择下拉菜单 插入(S) → 扫掠(W) → 扫掠(S)... 命令，在绘图区选取图 28.7 所示的草图 2 为扫掠的截面曲线串，选取图 28.5 所示的艺术样条曲线特征 1 和图 28.6 所示的草图 1 为扫掠的引导线串，并分别单击中键确认。单击“扫掠”对话框中的 < 确定 > 按钮。完成扫掠特征 1 的创建。

Step9. 创建图 28.9 所示的面加厚特征 1。选择下拉菜单 插入(S) → 偏置/缩放(O) → 加厚(T)... 命令，在 面 区域中单击按钮，选取图 28.8 所示的曲面为加厚的对象。在 偏置 1 文本框中输入值 3，在 偏置 2 文本框中输入值 0，单击 确定 按钮，完成加厚特征 1 的创建。

图 28.8 扫掠特征 1

图 28.9 加厚特征 1

Step10. 保存零件模型。选择下拉菜单 文件(F) → 保存(S) 命令，即可保存零件模型。

第 4 章

零件设计实例

本篇主要包含如下内容：

- 实例 29　锁扣组件
- 实例 30　儿童喂药器

实例29　锁 扣 组 件

29.1　实 例 概 述

本实例介绍了一个简单的扣件的设计过程，通过介绍图 29.1.1 所示扣件的设计，来学习和掌握产品装配的一般过程，熟悉装配的操作流程。本实例先通过设计每个零部件，然后再到装配，循序渐进，由浅入深。

图 29.1.1　装配模型

29.2　扣 件 上 盖

零件模型及模型树如图 29.2.1 所示。

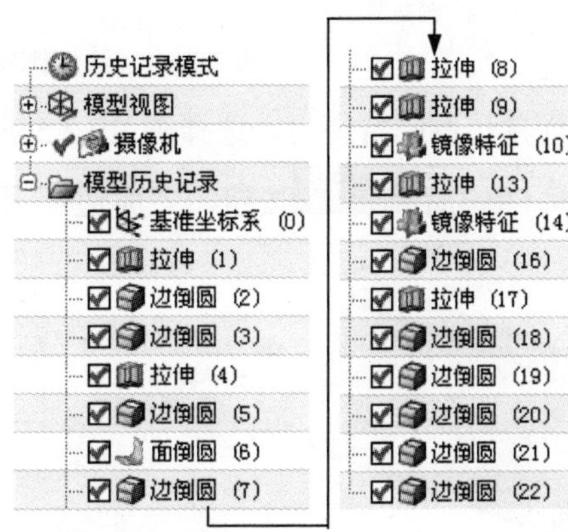

图 29.2.1　零件模型及模型树

Step1. 新建文件。选择下拉菜单 文件(F) → 新建(N)... 命令，系统弹出“新建”对话框。在 模型 选项卡的 模板 区域中选取模板类型为 模型，在 名称 文本框中输入文件名称 FASTENER_TOP，单击 确定 按钮，进入建模环境。

Step2. 创建图 29.2.2 所示的零件基础特征——拉伸 1。选择下拉菜单 插入(S) → 设计特征(E) → 拉伸(E)... 命令，系统弹出“拉伸”对话框。选取 YZ 平面为草图平面，选中 设置 区域的 ☑ 创建中间基准 CSYS 复选框，绘制图 29.2.3 所示的截面草图；在 指定矢量 下拉列表中选择 XC 选项，在 极限 区域的 开始 下拉列表框中选择 对称值 选项，并在其下的 距离 文本框中输入值 2.5，在 偏置 下拉列表框中选择 两侧 选项，在 开始 文本框中输入值-1，在 结束 文本框中输入值 0，单击 < 确定 > 按钮，完成拉伸特征 1 的创建。

图 29.2.2 拉伸特征 1

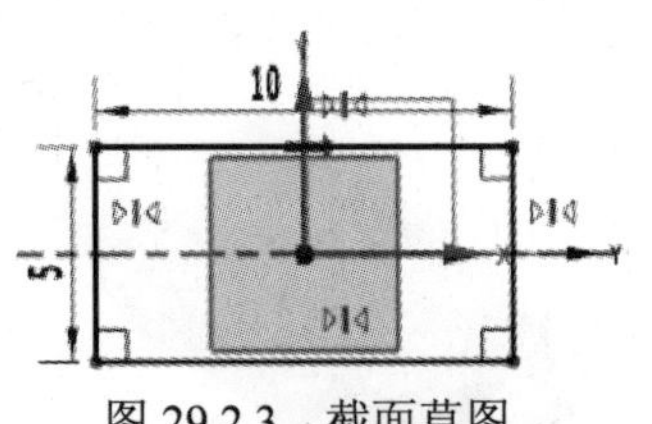

图 29.2.3 截面草图

Step3. 创建边倒圆特征 1。选择下拉菜单 插入(S) → 细节特征(L) ▸ → 边倒圆(E)... 命令，在 要倒圆的边 区域中单击 按钮，选择图 29.2.4 所示的边链为边倒圆参照，并在 半径 1 文本框中输入值 1。单击 < 确定 > 按钮，完成边倒圆特征 1 的创建。

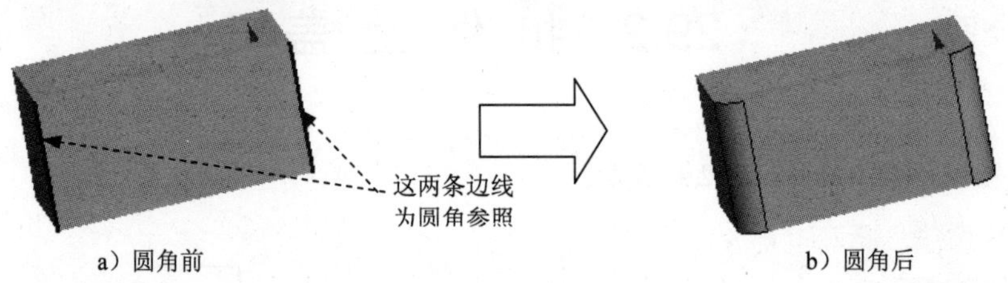

图 29.2.4 边倒圆特征 1

Step4. 创建边倒圆特征 2。选择图 29.2.5 所示的边链为边倒圆参照，并在 半径 1 文本框中输入值 0.5。单击 < 确定 > 按钮，完成边倒圆特征 2 的创建。

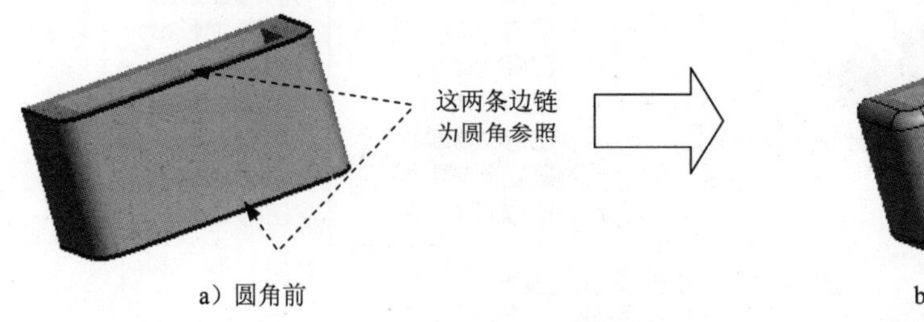

图 29.2.5 边倒圆特征 2

Step5. 创建图 29.2.6 所示的零件基础特征——拉伸 2。选择下拉菜单插入(S) → 设计特征(E) → 拉伸(E)...命令，系统弹出“拉伸”对话框。选取图 29.2.7 所示的平面为草图平面，取消选中设置区域的□ 创建中间基准 CSYS复选框，绘制图 29.2.8 所示的截面草图；在指定矢量下拉列表中选择-ZC选项；在极限区域的开始下拉列表框中选择值选项，并在其下的距离文本框中输入值 0，在极限区域的结束下拉列表框中选择贯通选项，在布尔区域的下拉列表框中选择求差选项，采用系统默认的求差对象。单击< 确定 >按钮，完成拉伸特征 2 的创建。

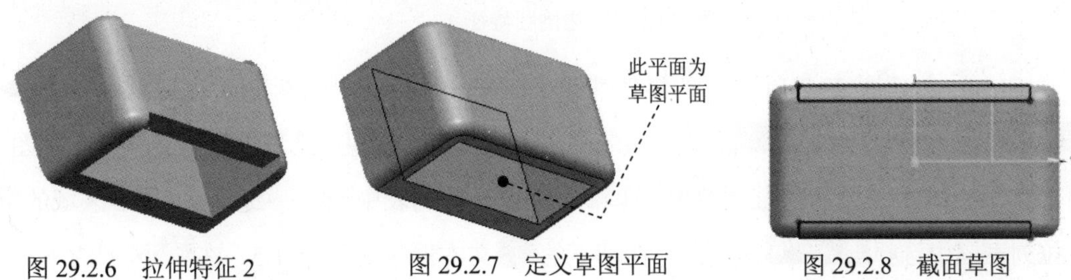

图 29.2.6 拉伸特征 2　　图 29.2.7 定义草图平面　　图 29.2.8 截面草图

Step6. 创建边倒圆特征 3。选择图 29.2.9 所示的边链为边倒圆参照，并在半径 1文本框中输入值 0.2。单击< 确定 >按钮，完成边倒圆特征 3 的创建。

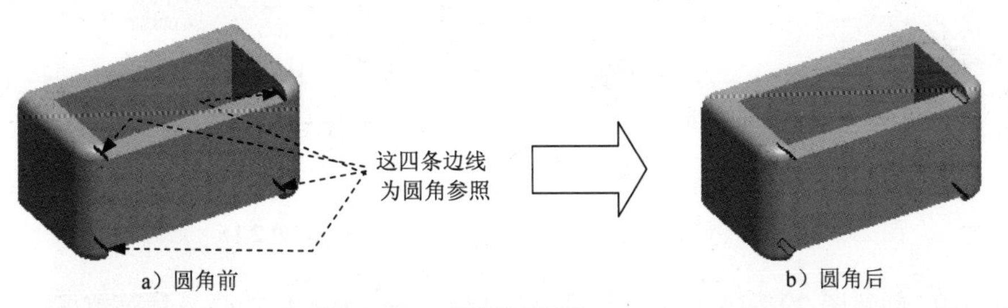

图 29.2.9 边倒圆特征 3

Step7. 创建图 29.2.10 所示的面倒圆特征 1。选择下拉菜单插入(S) → 细节特征(L) → 面圆角(F)...命令，在类型下拉列表中选择两个定义面链选项，在面链区域选择图 29.2.11 所示的面链 1，选择图 29.2.12 所示的面链 2，在横截面的截面方位的下拉列表中选择滚球选项，在半径文本框中输入值 0.2，单击< 确定 >按钮，完成面倒圆特征 1 的创建。

图 29.2.10 面倒圆特征 1　　图 29.2.11 定义参照面　　图 29.2.12 定义参照面

Step8. 创建边倒圆特征 4。选择图 29.2.13 所示的边链为边倒圆参照，并在半径 1文本框中输入值 0.2。单击< 确定 >按钮，完成边倒圆特征 4 的创建。

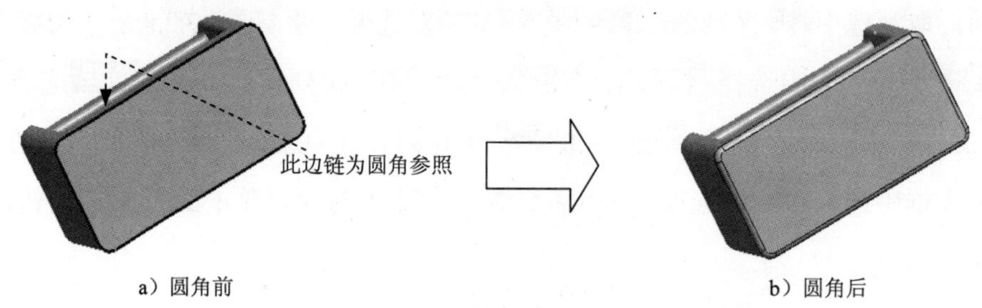

a）圆角前　　b）圆角后

图 29.2.13　边倒圆特征 4

Step9. 创建图 29.2.14 所示的零件基础特征——拉伸 3。选择下拉菜单插入(S) → 设计特征(E) → 拉伸(E)...命令，系统弹出“拉伸”对话框。选取 YZ 基准平面为草图平面，绘制图 29.2.15 所示的截面草图；在指定矢量下拉列表中选择XC选项；在极限区域的开始下拉列表框中选择对称值选项，并在其下的距离文本框中输入值 1.5，在布尔区域的下拉列表框中选择求和选项，采用系统默认的求和对象。单击确定按钮，完成拉伸特征 3 的创建。

图 29.2.14　拉伸特征 3

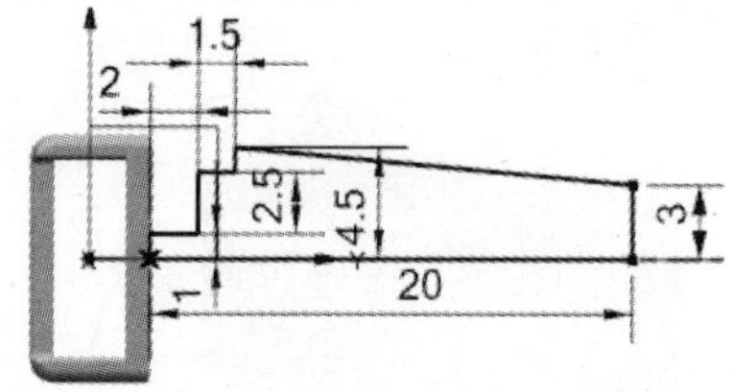

图 29.2.15　截面草图

Step10. 创建图 29.2.16 所示的零件基础特征——拉伸 4。选择下拉菜单插入(S) → 设计特征(E) → 拉伸(E)...命令，系统弹出“拉伸”对话框。选取 YZ 基准平面为草图平面，绘制图 29.2.17 所示的截面草图；在指定矢量下拉列表中选择XC选项；在极限区域的开始下拉列表框中选择对称值选项，并在其下的距离文本框中输入值 3，在布尔区域的下拉列表框中选择求差选项，采用系统默认的求差对象。单击< 确定 >按钮，完成拉伸特征 4 的创建。

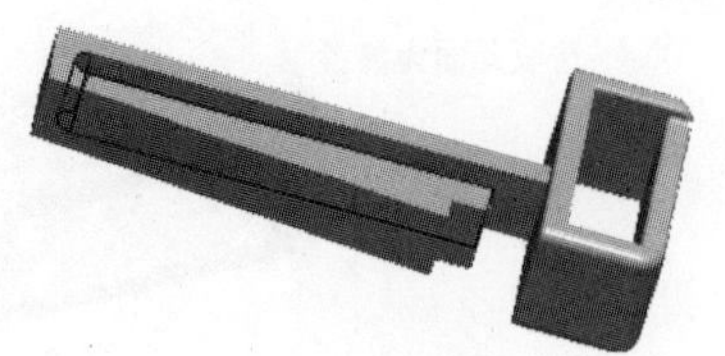

图 29.2.16　拉伸特征 4

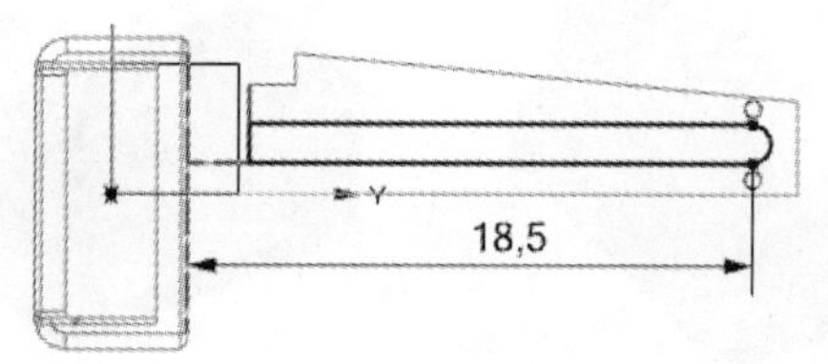

图 29.2.17　截面草图

Step11. 创建图 29.2.18 所示的零件特征——镜像 1。选择下拉菜单插入(S) → 关联复制(A) → 镜像特征(M)...命令，在绘图区中选取图 29.2.14 所示的拉伸特征 3 和图 29.2.16 所示的拉伸特征 4 为要镜像的特征。在镜像平面区域中单击按钮，在绘图区中选取 XZ 基准平面作为镜像平面。单击确定按钮，完成镜像特征 1 的创建。

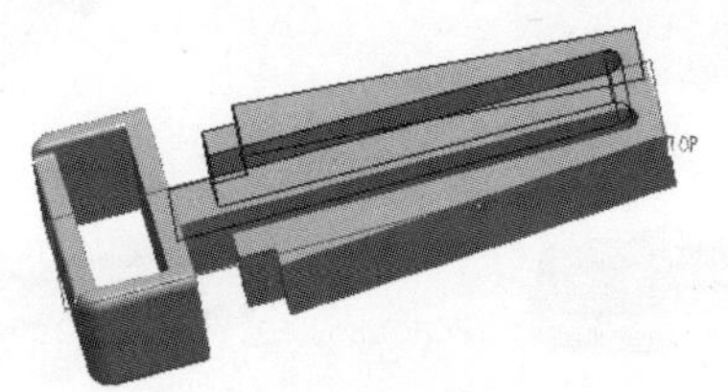

图 29.2.18 镜像特征 1

Step12. 创建图 29.2.19 所示的零件基础特征——拉伸 5。选择下拉菜单插入(S) → 设计特征(E) → 拉伸(E)...命令，系统弹出“拉伸”对话框。选取图 29.2.20 所示的平面为草图平面，绘制图 29.2.21 所示的截面草图；在指定矢量下拉列表中选择XC选项；在极限区域的开始下拉列表框中选择值选项，并在其下的距离文本框中输入值 0，在极限区域的结束下拉列表框中选择值选项，并在其下的距离文本框中输入值 0.4，在布尔区域的下拉列表框中选择求差选项，采用系统默认的求差对象。单击< 确定 >按钮，完成拉伸特征 5 的创建。

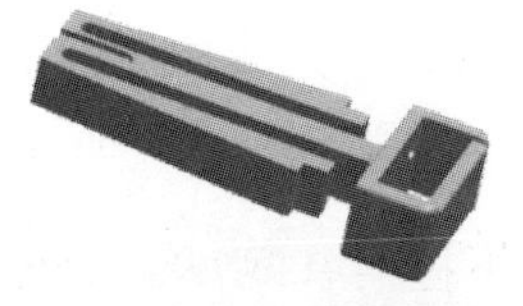

图 29.2.19 拉伸特征 5

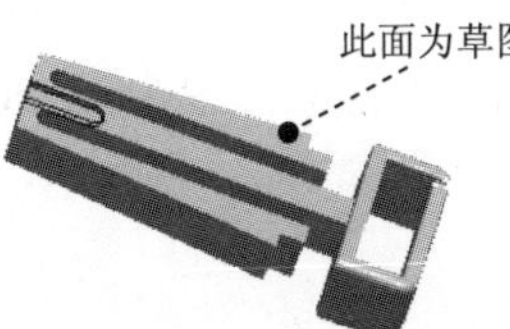

图 29.2.20 定义草图平面

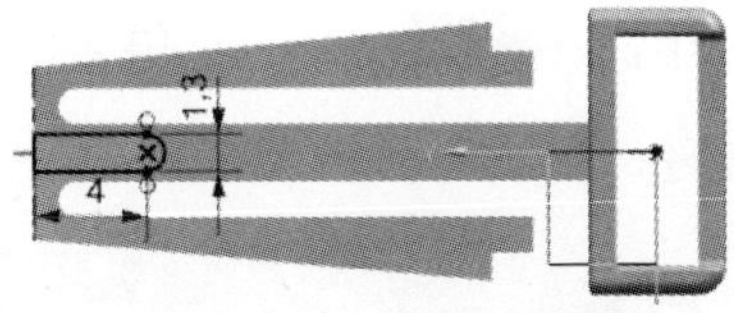

图 29.2.21 截面草图

Step13. 创建图 29.2.22 所示的零件特征——镜像 2。选择下拉菜单插入(S) → 关联复制(A) → 镜像特征(M)...命令，在绘图区中选取图 29.2.19 所示的拉伸特征 5 为要镜像的特征。在镜像平面区域中单击按钮，在绘图区中选取 YZ 基准平面作为镜像平面。单击确定按钮，完成镜像特征 2 的创建。

图 29.2.22 镜像特征 2

Step14. 创建图 29.2.23 边倒圆特征 5。选择图 29.2.24 所示的边链为边倒圆参照，并在半径 1文本框中输入值 0.1。单击< 确定 >按钮，完成边倒圆特征 5 的创建。

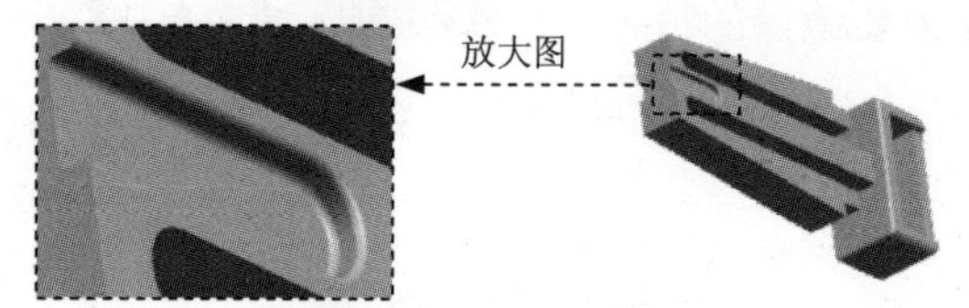

图 29.2.23　边倒圆特征 5

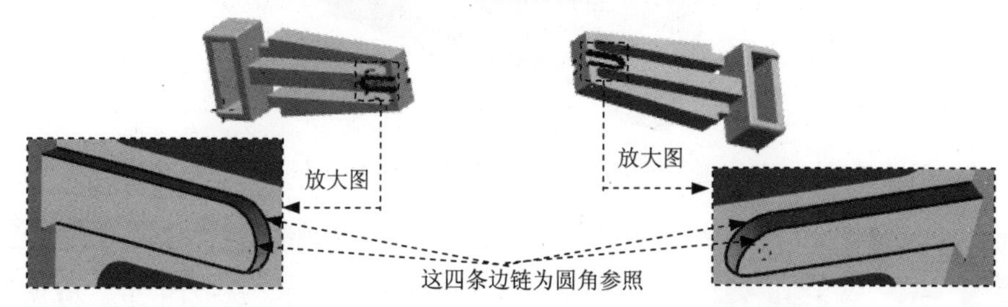

图 29.2.24　定义参照边

Step15. 创建图 29.2.25 所示的零件基础特征——拉伸 6。选择下拉菜单插入(S) → 设计特征(E) → 拉伸(E)...命令，系统弹出“拉伸”对话框。选取图 29.2.26 所示的平面为草图平面，绘制图 29.2.27 所示的截面草图；在指定矢量下拉列表中选择ZC↑选项；在极限区域的开始下拉列表框中选择值选项，并在其下的距离文本框中输入值 0，在极限区域的结束下拉列表框中选择值选项，并在其下的距离文本框中输入值 0.5，在布尔区域的下拉列表框中选择求和选项，采用系统默认的求和对象。单击< 确定 >按钮，完成拉伸特征 6 的创建。

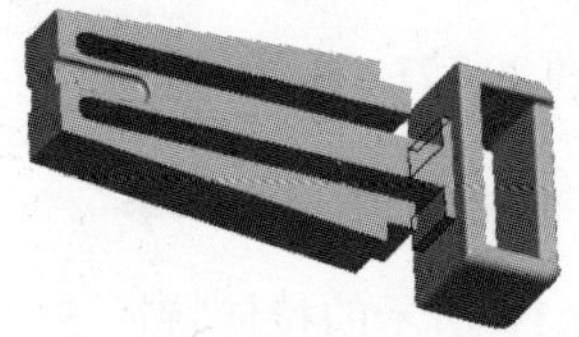

图 29.2.25　拉伸特征 6

图 29.2.26　定义草图平面

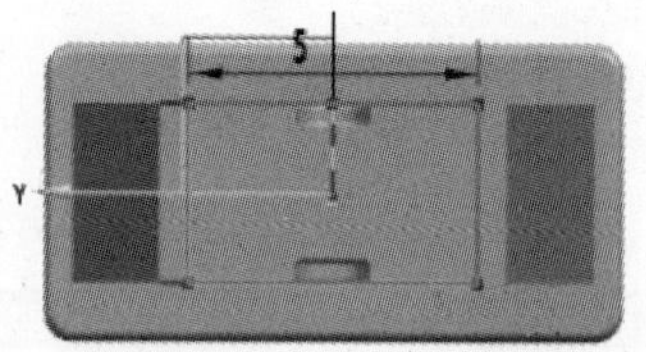

图 29.2.27　截面草图

Step16. 创建边倒圆特征 6。选择图 29.2.28 所示的边链为边倒圆参照，并在半径 1文本框中输入值 0.3。单击< 确定 >按钮，完成边倒圆特征 6 的创建。

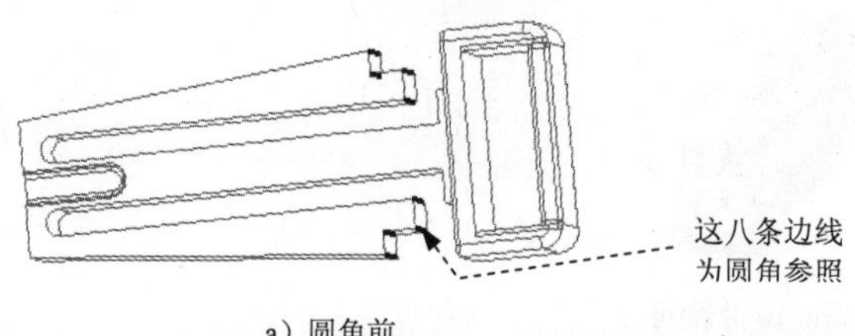

a）圆角前

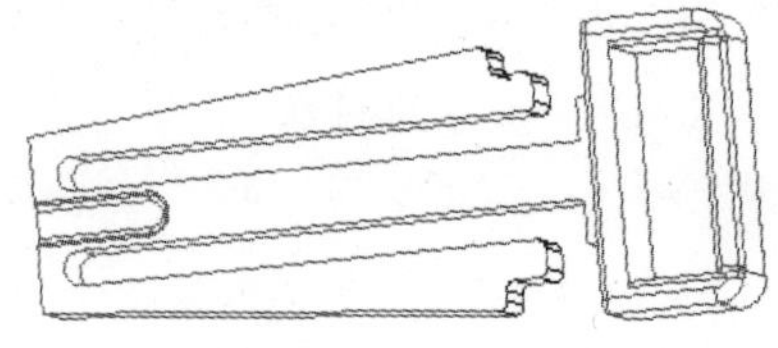

b）圆角后

图 29.2.28　边倒圆特征 6

Step17. 创建边倒圆特征 7。选择图 29.2.29 所示的边链为边倒圆参照，并在半径 1文本框中输入值 0.5。单击< 确定 >按钮，完成边倒圆特征 7 的创建。

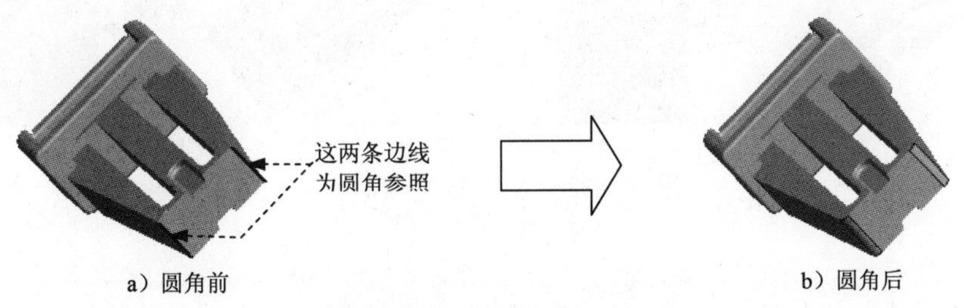

图 29.2.29　边倒圆特征 7

Step18. 创建边倒圆特征 8。选择图 29.2.30 所示的边链为边倒圆参照，并在半径 1文本框中输入值 0.2。单击< 确定 >按钮，完成边倒圆特征 8 的创建。

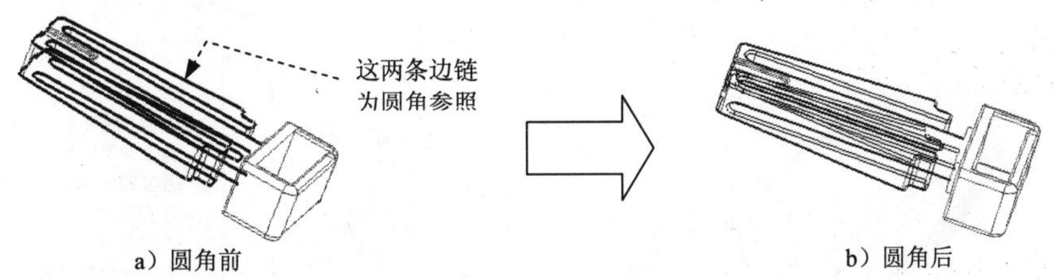

图 29.2.30　边倒圆特征 8

Step19. 创建边倒圆特征 9。选择图 29.2.31 所示的边链为边倒圆参照，并在半径 1文本框中输入值 0.1。单击< 确定 >按钮，完成边倒圆特征 9 的创建。

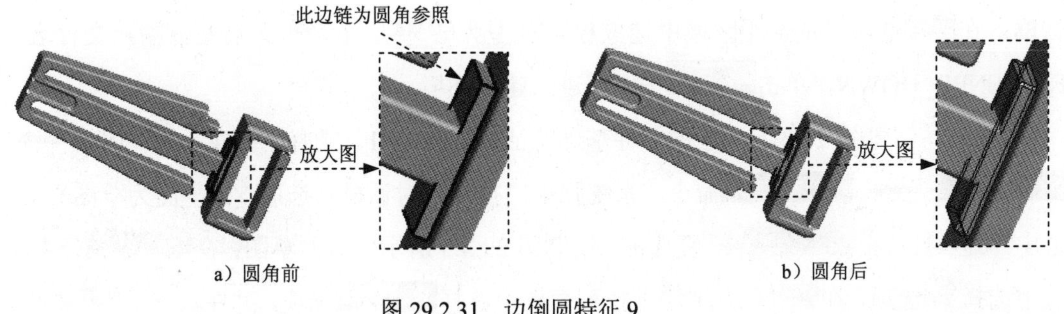

图 29.2.31　边倒圆特征 9

Step20. 创建边倒圆特征 10。选择图 29.2.32 所示的边链为边倒圆参照，并在半径 1文本框中输入值 0.2。单击< 确定 >按钮，完成边倒圆特征 10 的创建。

Step21. 保存零件模型。选择下拉菜单文件(F) → 保存(S)命令，即可保存零件模型。

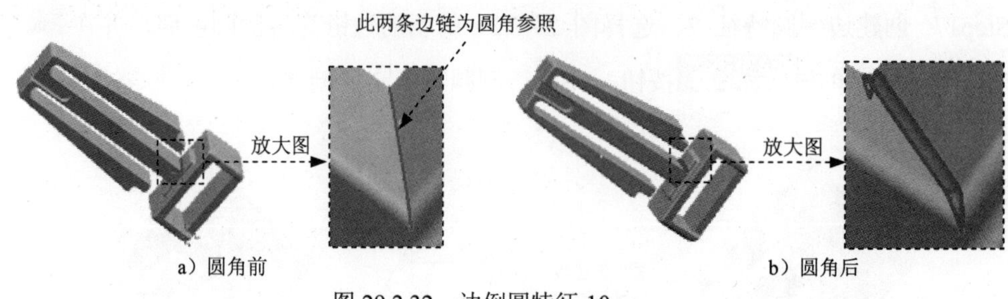

图 29.2.32 边倒圆特征 10

29.3 扣 件 下 盖

零件模型及模型树如图 29.3.1 所示。

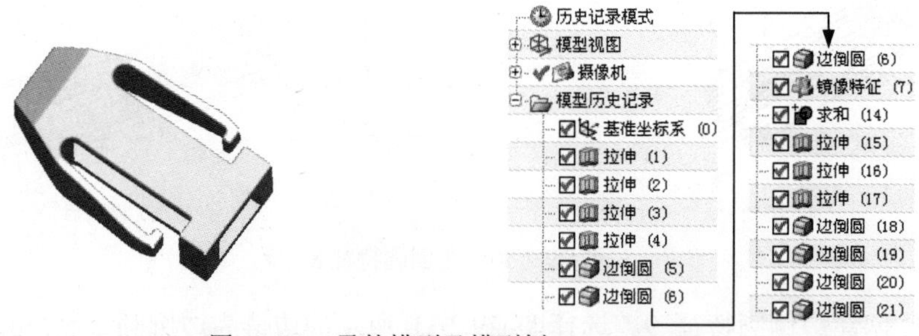

图 29.3.1 零件模型及模型树

Step1. 新建文件。选择下拉菜单 文件(F) → 新建(N)... 命令，系统弹出“新建”对话框。在 模型 选项卡的 模板 区域中选取模板类型为 模型，在 名称 文本框中输入文件名称 FASTENER_DOWN，单击 确定 按钮，进入建模环境。

Step2. 创建图 29.3.2 所示的零件基础特征——拉伸 1。选择下拉菜单 插入(S) → 设计特征(E) → 拉伸(E)... 命令，系统弹出“拉伸”对话框。选取 YZ 平面为草图平面，选中 设置 区域的 创建中间基准 CSYS 复选框，绘制图 29.3.3 所示的截面草图；在 指定矢量 下拉列表中选择 XC 选项，在 极限 区域的 开始 下拉列表框中选择 对称值 选项，并在其下的 距离 文本框中输入值 3，单击 < 确定 > 按钮，完成拉伸特征 1 的创建。

图 29.3.2 拉伸特征 1

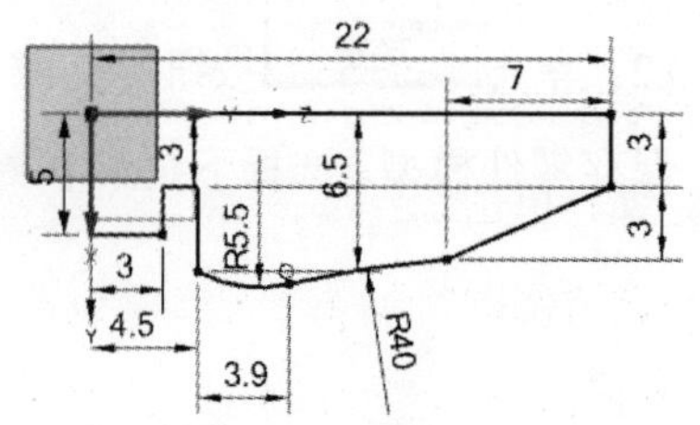

图 29.3.3 截面草图

Step3. 创建图 29.3.4 所示的零件基础特征——拉伸 2。选择下拉菜单插入(S) → 设计特征(E) → 拉伸(E)...命令，系统弹出“拉伸”对话框。选取 YZ 基准平面为草图平面，取消选中设置区域的 创建中间基准 CSYS 复选框，绘制图 29.3.5 所示的截面草图；在指定矢量下拉列表中选择XC选项；在极限区域的开始下拉列表框中选择对称值选项，并在其下的距离文本框中输入值 4，在布尔区域的下拉列表框中选择求差选项，采用系统默认的求差对象。单击< 确定 >按钮，完成拉伸特征 2 的创建。

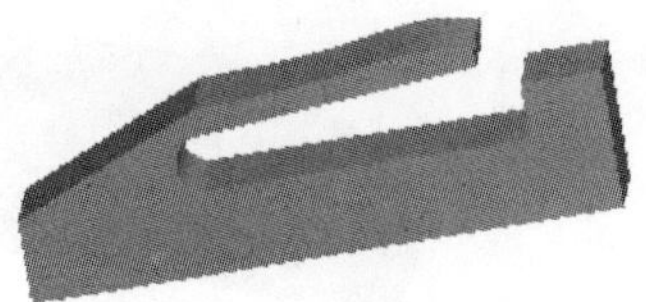
图 29.3.4 拉伸特征 2

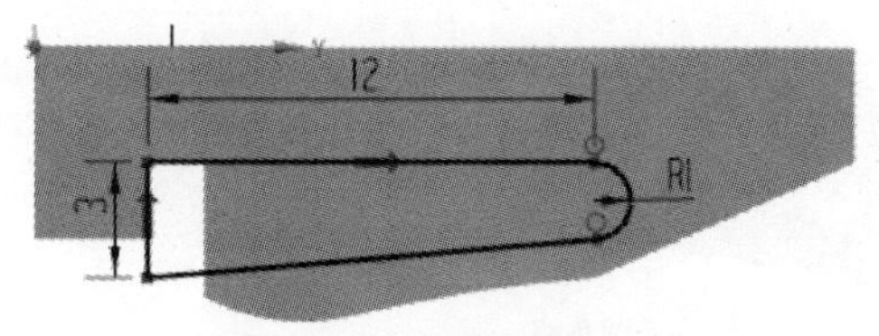

图 29.3.5 截面草图

Step4. 创建图 29.3.6 所示的零件基础特征——拉伸 3。选择下拉菜单插入(S) → 设计特征(E) → 拉伸(E)...命令，系统弹出“拉伸”对话框。选取图 29.3.7 所示的平面为草图平面，绘制图 29.3.8 所示的截面草图；在指定矢量下拉列表中选择选项，然后选取图 29.3.7 所示的平面；在极限区域的开始下拉列表框中选择值选项，并在其下的距离文本框中输入值 0，在极限区域的结束下拉列表框中选择值选项，并在其下的距离文本框中输入值 1，在布尔区域的下拉列表框中选择求和选项，采用系统默认的求和对象。单击< 确定 >按钮，完成拉伸特征 3 的创建。

图 29.3.6 拉伸特征 3

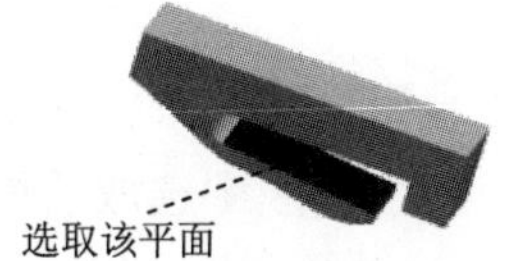

图 29.3.7 定义草图平面

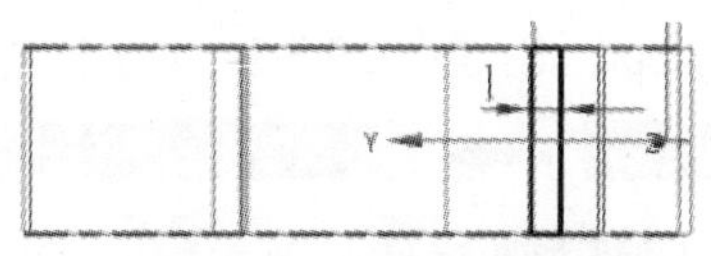

图 29.3.8 截面草图

Step5. 创建图 29.3.9 所示的零件基础特征——拉伸 4。选择下拉菜单插入(S) → 设计特征(E) → 拉伸(E)...命令，系统弹出“拉伸”对话框。选取图 29.3.10 所示的平面为草图平面，绘制图 29.3.11 所示的截面草图；在指定矢量下拉列表中选择选项；在极限区域的开始下拉列表框中选择值选项，并在其下的距离文本框中输入值 0，在极限区域的结束下拉列表框中选择贯通选项，在布尔区域的下拉列表框中选择求差选项，采用系统默认的求差对象。单击< 确定 >按钮，完成拉伸特征 4 的创建。

Step6. 创建边倒圆特征 1。选择下拉菜单插入(S) → 细节特征(L) → 边倒圆(E)...命令，在要倒圆的边区域中单击按钮，选择图 29.3.12 所示的边链为边倒圆参照，并在半径 1

文本框中输入值 0.3。单击< 确定 >按钮，完成边倒圆特征 1 的创建。

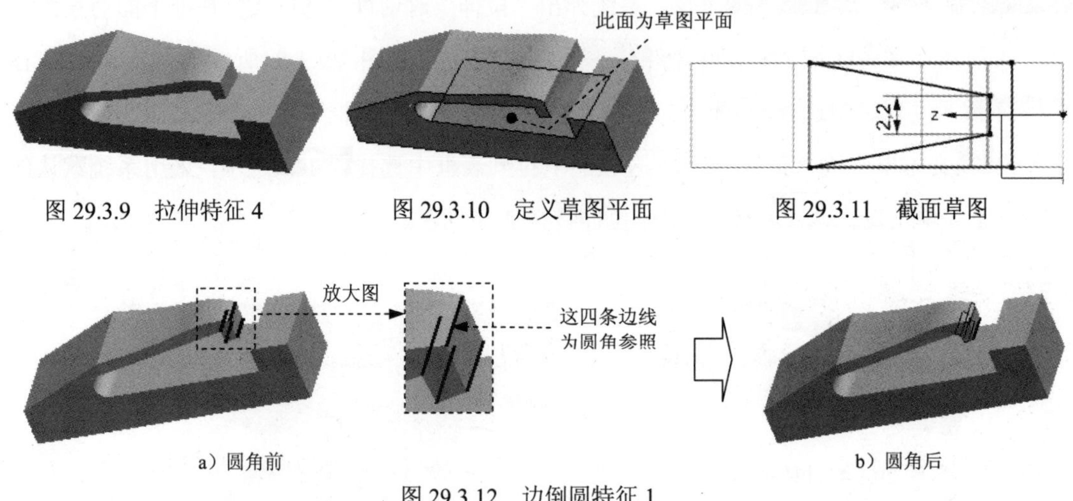

图 29.3.9 拉伸特征 4　　图 29.3.10 定义草图平面　　图 29.3.11 截面草图

图 29.3.12 边倒圆特征 1

Step7. 创建边倒圆特征 2。选择图 29.3.13 所示的边链为边倒圆参照，并在半径 1文本框中输入值 5。单击< 确定 >按钮，完成边倒圆特征 2 的创建。

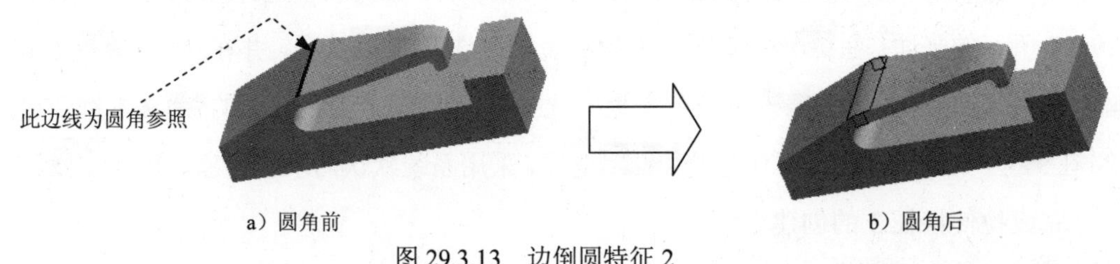

图 29.3.13 边倒圆特征 2

Step8. 创建图 29.3.14 所示的零件特征——镜像 1。选择下拉菜单插入(S) →

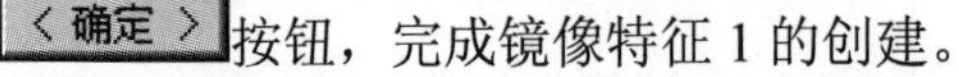

命令，在绘图区中选取前面创建的所有特征为要镜像的特征。在镜像平面区域中单击按钮，在绘图区中选取 XY 基准平面作为镜像平面。单击< 确定 >按钮，完成镜像特征 1 的创建。

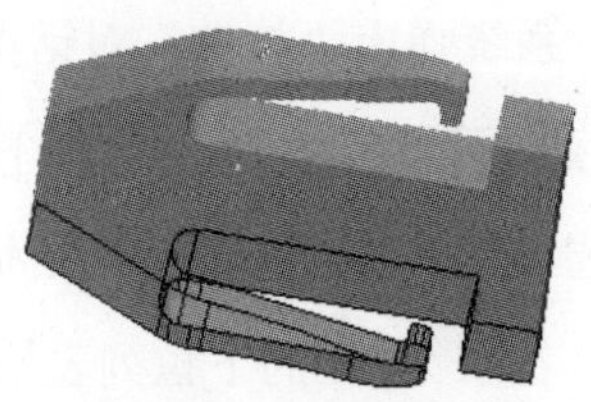

图 29.3.14 镜像特征 1

Step9. 创建求和特征。选择下拉菜单插入(S) → 组合(B) → 求和(U)...命令，选取图 29.3.15 所示的实体特征为目标体，选取图 29.3.15 所示的镜像特征为刀具体。单击< 确定 >按钮，完成求和特征 1 的创建。

图 29.3.15 求和特征 1

Step10. 创建图 29.3.16 所示的零件基础特征——拉伸 5。选择下拉菜单 插入(S) → 设计特征(E) → 拉伸(E)... 命令，系统弹出“拉伸”对话框。选取 YZ 基准平面为草图平面，绘制图 29.3.17 所示的截面草图；在 指定矢量 下拉列表中选择 XC 选项；在 极限 区域的 开始 下拉列表框中选择 对称值 选项，并在其下的 距离 文本框中输入值 2，在 布尔 区域的下拉列表框中选择 求差 选项，采用系统默认的求差对象。单击 < 确定 > 按钮，完成拉伸特征 5 的创建。

图 29.3.16 拉伸特征 5

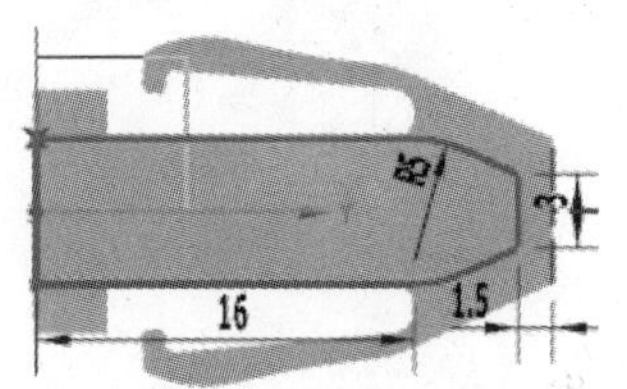

图 29.3.17 截面草图

Step11. 创建图 29.3.18 所示的零件基础特征——拉伸 6。选择下拉菜单 插入(S) → 设计特征(E) → 拉伸(E)... 命令，系统弹出“拉伸”对话框。选取 XY 基准平面为草图平面，绘制图 29.3.19 所示的截面草图；在 指定矢量 下拉列表中选择 ZC 选项；在 极限 区域的 开始 下拉列表框中选择 对称值 选项，并在其下的 距离 文本框中输入值 4，在 布尔 区域的下拉列表框中选择 求差 选项，采用系统默认的求差对象。单击 < 确定 > 按钮，完成拉伸特征 6 的创建。

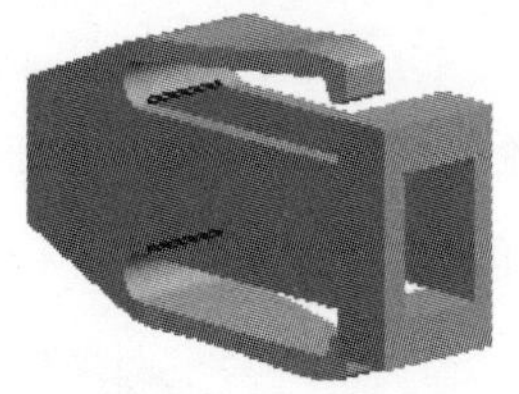

图 29.3.18 拉伸特征 6

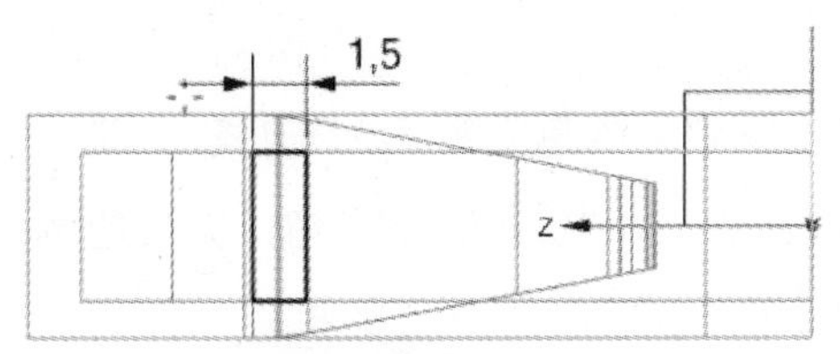

图 29.3.19 截面草图

Step12. 创建图 29.3.20 所示的零件基础特征——拉伸 7。选择下拉菜单 插入(S) → 设计特征(E) → 拉伸(E)... 命令，系统弹出“拉伸”对话框。选取 XY 基准平面为草图平面面，绘制图 29.3.21 所示的截面草图；在指定矢量下拉列表中选择ZC选项；在极限区域的开始下拉列表框中选择对称值选项，并在其下的距离文本框中输入值 6，在布尔区域的下拉列表框中选择求差选项，采用系统默认的求差对象。单击< 确定 >按钮，完成拉伸特征 7 的创建。

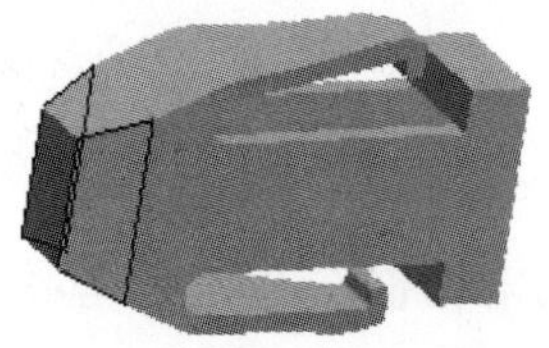

图 29.3.20 拉伸特征 7

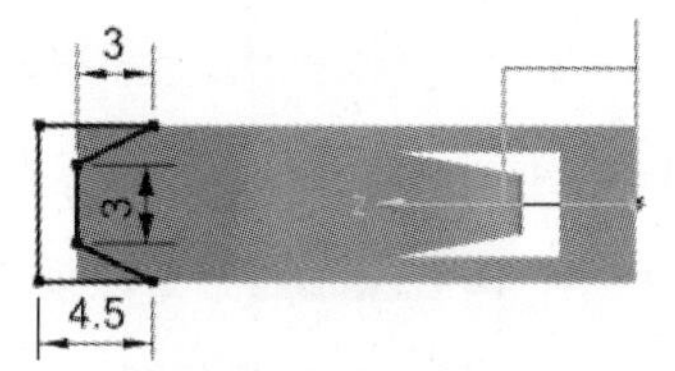

图 29.3.21 截面草图

Step13. 创建边倒圆特征 3。选择图 29.3.22 所示的边链为边倒圆参照，并在半径 1文本框中输入值 1。单击< 确定 >按钮，完成边倒圆特征 3 的创建。

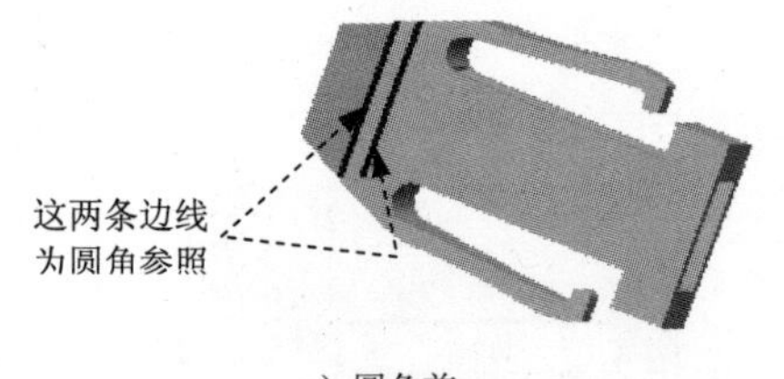

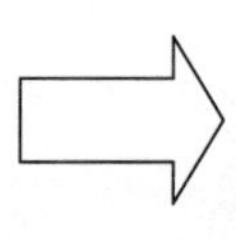

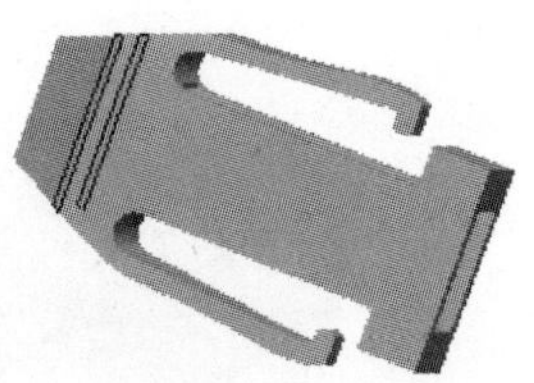

a）圆角前 b）圆角后

图 29.3.22 边倒圆特征 3

Step14. 创建边倒圆特征 4。选择图 29.3.23 所示的边链为边倒圆参照，并在半径 1文本框中输入值 0.5。单击< 确定 >按钮，完成边倒圆特征 4 的创建。

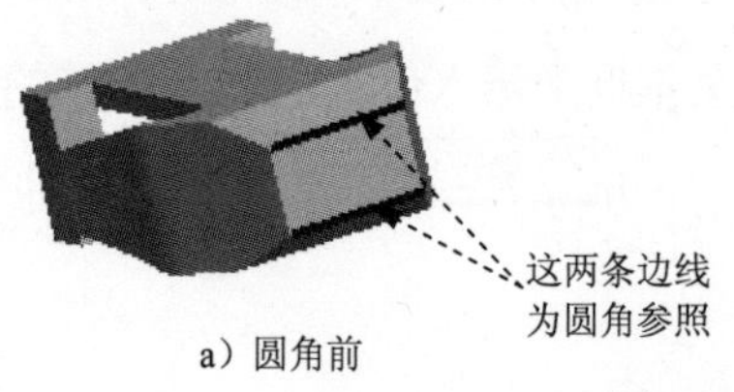

a）圆角前 b）圆角后

图 29.3.23 边倒圆特征 4

Step15. 创建边倒圆特征 5。选择图 29.3.24 所示的边链为边倒圆参照，并在半径 1文本框中输入值 0.2。单击< 确定 >按钮，完成边倒圆特征 5 的创建。

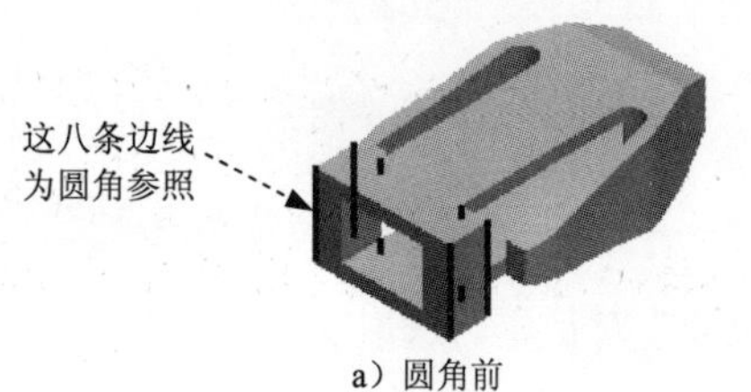

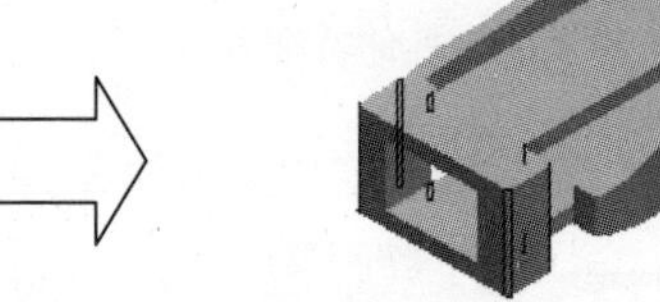

a）圆角前 b）圆角后

图 29.3.24 边倒圆特征 5

Step16. 创建边倒圆特征 6。选择图 29.3.25 所示的边链为边倒圆参照，并在半径 1文本框中输入值 0.2。单击< 确定 >按钮，完成边倒圆特征 6 的创建。

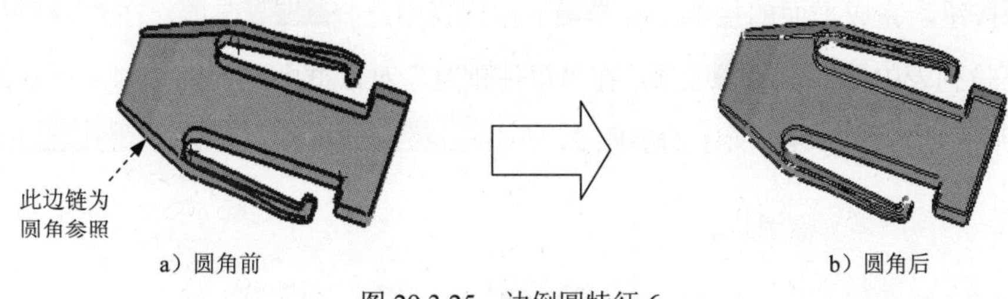

图 29.3.25 边倒圆特征 6

Step17. 保存零件模型。选择下拉菜单文件(F) → 保存(S)命令，即可保存零件模型。

29.4 装配设计

Step1. 新建文件。选择下拉菜单文件(F) → 新建(N)...命令，系统弹出“新建”对话框。在模型选项卡的模板区域中选取模板类型为装配，在名称文本框中输入文件名称 FASTENER，单击确定按钮，进入装配环境。

Step2. 添加图 29.4.1 所示的第一个部件。在“添加组件”对话框中单击“打开”按钮，选择 D:\ugins8\work\ch04\ins29\FASTENER_TOP，然后单击OK按钮。在“添加组件”对话框中的放置区域的定位下拉列表中选取绝对原点选项，其他参数为默认设置值，单击确定按钮，此时扣件上盖已被添加到装配文件中。

图 29.4.1 装配零件 1

Step3. 添加图 29.4.2 所示的第二个部件。

（1）选择下拉菜单装配(A) → 组件(C) → 添加组件(A)... 命令，系统弹出“添加组件”对话框，在“添加组件”对话框中单击“打开”按钮，选择 D:\ugins8\work\ch04\ins29\PASTENER-DOWN，然后单击OK按钮。系统返回到“添加组件”对话框。在“添加组件”对话框中的放置区域的定位下拉列表中选取通过约束选项，单击应用按钮，此时系统弹出“装配约束”对话框。

（2）在“装配约束”对话框预览区域中选中☑ 在主窗口中预览组件复选框；在类型下拉列表

中选择接触对齐选项，在要约束的几何体区域的方位下拉列表中选择接触选项，在“组件预览”对话框中选择图 29.4.3 所示的面 1，然后在图形区选择图 29.4.3 所示的面 2，单击应用按钮，完成平面的接触；在类型下拉列表中选择中心选项，在要约束的几何体区域的子类型下拉列表中选择2 对 2选项，在“组件预览”对话框中选择图 29.4.4 所示的参照 1，然后在图形区选择图 29.4.4 所示的参照 2，单击应用按钮，单击取消按钮，完成中心对齐。

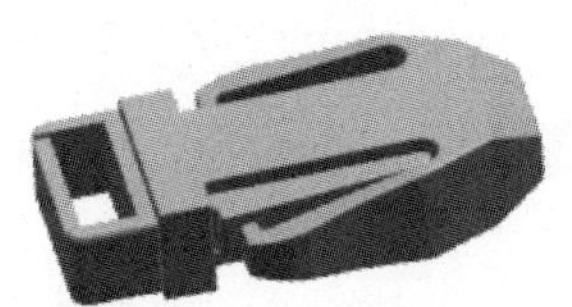
图 29.4.2 装配零件 2

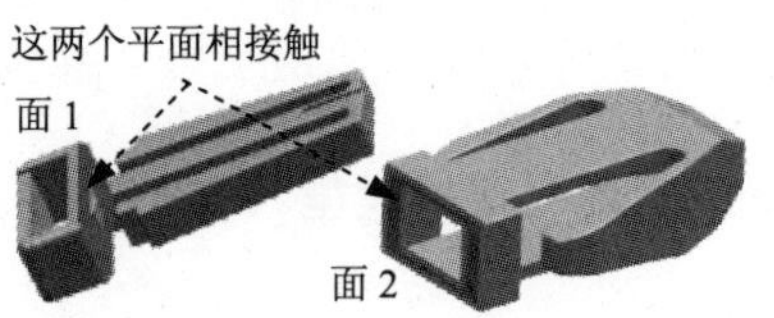

图 29.4.3 定义装配约束 1

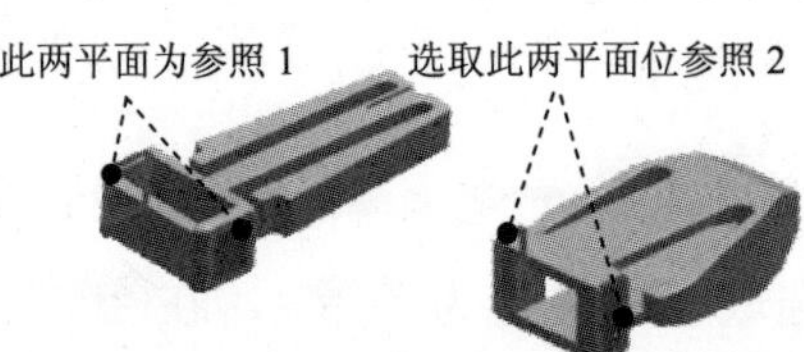

图 29.4.4 定义装配约束 2

Step4. 保存零件模型。选择下拉菜单文件(F) → 保存(S)命令，即可保存零件模型。

实例 30　儿童喂药器

30.1　实例概述

本实例是儿童喂药器的设计，在创建零件时首先创建喂药器管、喂药器推杆和橡胶塞的零部件，然后再进行装配设计。相应的装配零件模型如图 30.1.1 所示。

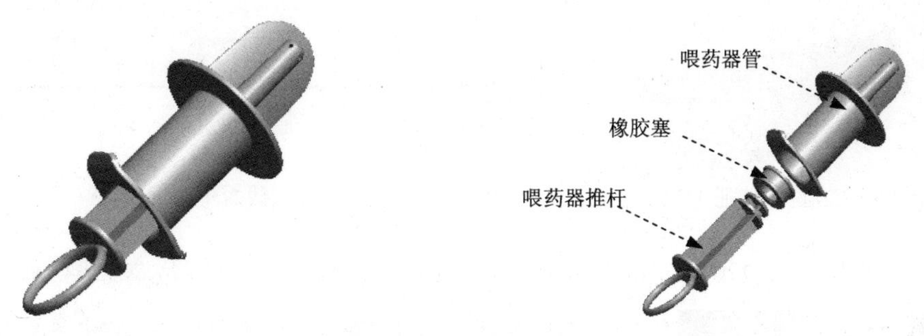

图 30.1.1　装配模型

30.2　喂药器管

零件模型及模型树如图 30.2.1 所示。

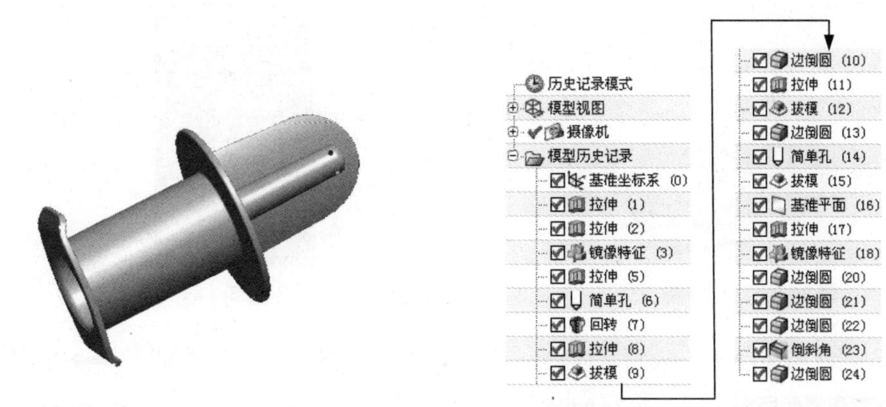

图 30.2.1　零件模型及模型树

Step1. 新建文件。选择下拉菜单 文件(F) → 新建(N)... 命令，系统弹出“新建”对话框。在模型选项卡的模板区域中选取模板类型为模型，在名称文本框中输入文件名称 BABY_MEDICINE_01，单击确定按钮，进入建模环境。

Step2. 创建图 30.2.2 所示的零件基础特征——拉伸 1。选择下拉菜单插入(S) → 设计特征(E) → 拉伸(E)...命令，系统弹出“拉伸”对话框。选取 YZ 平面为草图平面，选中设置区域的☑ 创建中间基准 CSYS复选框，绘制图 30.2.3 所示的截面草图；在✔ 指定矢量下拉列表中选择XC选项，在极限区域的开始下拉列表框中选择对称值选项，并在其下的距离文本框中输入值 15，在偏置下拉列表框中选择两侧选项，在开始文本框中输入值 0，在结束文本框中输入值-2，单击< 确定 >按钮，完成拉伸特征 1 的创建。

图 30.2.2 拉伸特征 1

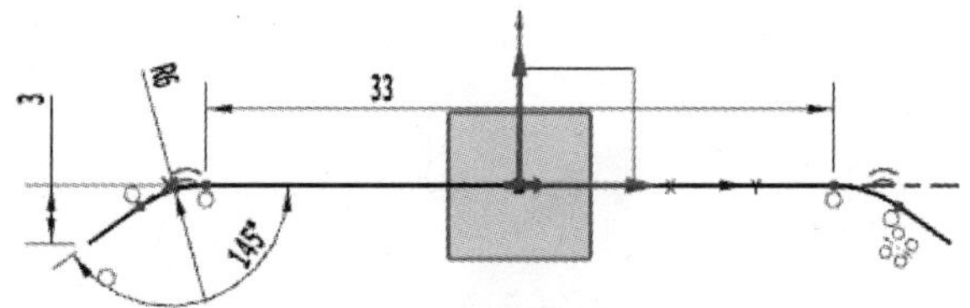

图 30.2.3 截面草图

Step3. 创建图 30.2.4 所示的零件基础特征——拉伸 2。选择下拉菜单插入(S) → 设计特征(E) → 拉伸(E)...命令，系统弹出“拉伸”对话框。选取 XY 基准平面为草图平面，取消选中设置区域的□ 创建中间基准 CSYS复选框，绘制图 30.2.5 所示的截面草图；在✔ 指定矢量下拉列表中选择ZC选项；在极限区域的开始下拉列表框中选择贯通选项，在极限区域的结束下拉列表框中选择贯通选项，在布尔区域的下拉列表框中选择求差选项，采用系统默认的求差对象。单击确定按钮，完成拉伸特征 2 的创建。

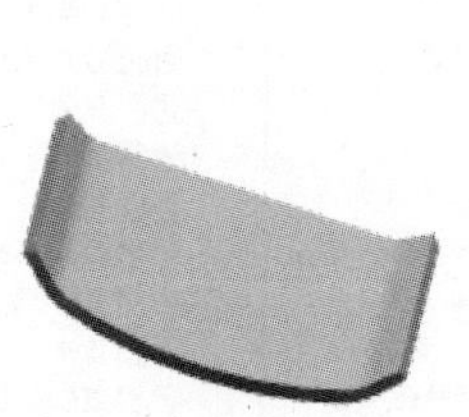
图 30.2.4 拉伸特征 2

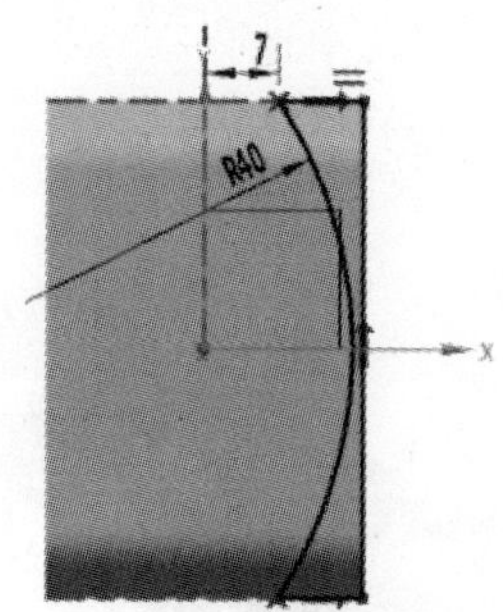

图 30.2.5 截面草图

Step4. 创建图 30.2.6 所示的零件特征——镜像 1。选择下拉菜单插入(S) → 关联复制(A) → 镜像特征(M)...命令，在绘图区中选取图 30.2.4 所示的拉伸特征 2 为要镜像的特征。在镜像平面区域中单击按钮，在绘图区中选取 YZ 基准平面作为镜像平面。单击确定按钮，完成镜像特征 1 的创建。

图 30.2.6　镜像 1

Step5. 创建图 30.2.7 所示的零件基础特征——拉伸 3。选择下拉菜单 插入(S) → 设计特征(E) → 拉伸(E)... 命令，系统弹出“拉伸”对话框。选取图 30.2.7 所示的平面为草图平面，绘制图 30.2.8 所示的截面草图；在 指定矢量 下拉列表中选择 -ZC 选项；在 极限 区域的 开始 下拉列表框中选择 值 选项，并在其下的 距离 文本框中输入值 0，在 极限 区域的 结束 下拉列表框中选择 值 选项，并在其下的 距离 文本框中输入值 45，在 布尔 区域的下拉列表框中选择 求和 选项，采用系统默认的求和对象。单击 确定 按钮，完成拉伸特征 3 的创建。

图 30.2.7　拉伸特征 3

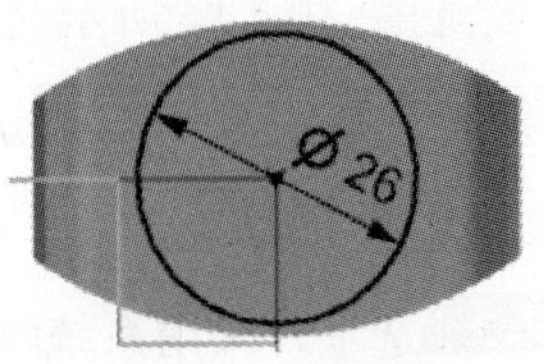

图 30.2.8　截面草图

Step6. 创建图 30.2.9 所示的孔特征 1。选择下拉菜单 插入(S) → 设计特征(E) → 孔(H)... 命令。在 类型 下拉列表中选择 常规孔 选项，选取图 30.2.10 所示的圆心为定位点，在“孔”对话框 形状和尺寸 中的 成形 下拉列表中选择 简单 选项，在 直径 文本框中输入值 22，在 深度限制 下拉列表中选择 贯通体 选项，在 布尔 区域的下拉列表框中选择 求差 选项，采用系统默认的求差对象。对话框中的其他设置保持系统默认；单击 < 确定 > 按钮，完成孔特征 1 的创建。

图 30.2.9　孔特征 1

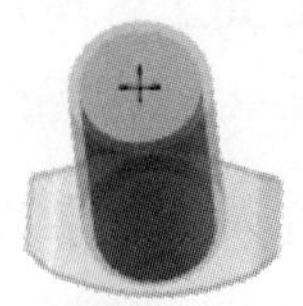

图 30.2.10　参考点

Step7. 创建图 30.2.11 所示的回转特征 1。选择 插入(S) → 设计特征(E) → 回转(R)... 命令（或单击 按钮），单击 截面 区域中的 按钮，在绘图区选取 YZ 基准平面为草图平面，绘制图 30.2.12 所示的截面草图。在绘图区中选取图 30.2.12 所示的直线为旋转轴。在“回转”对话框的极限区域的开始下拉列表框中选择值选项，并在角度文本框中输入值 0，在结束下拉列表框中选择值选项，并在角度文本框中输入值 360；在布尔区域的下拉列表框中选择求和选项，采用系统默认的求和对象。单击< 确定 >按钮，完成回转特征 1 的创建。

图 30.2.11 回转特征 1

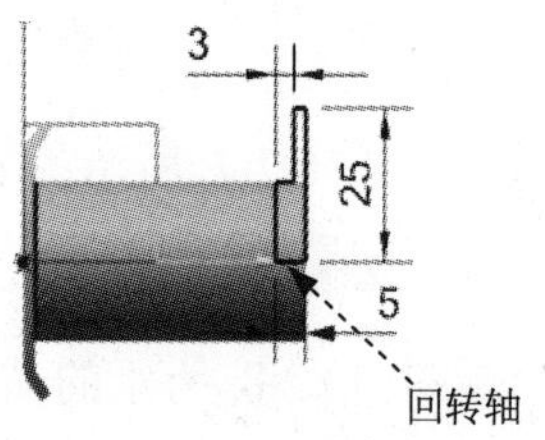

图 30.2.12 截面草图

Step8. 创建图 30.2.13 所示的零件基础特征——拉伸 4。选择下拉菜单插入(S) → 设计特征(E) → 拉伸(E)...命令，系统弹出“拉伸”对话框。选取图 30.2.13 所示的平面为草图平面，绘制图 30.2.14 所示的截面草图；在指定矢量下拉列表中选择-ZC选项；在极限区域的开始下拉列表框中选择值选项，并在其下的距离文本框中输入值 0，在极限区域的结束下拉列表框中选择值选项，并在其下的距离文本框中输入值 35，在布尔区域的下拉列表框中选择求和选项，采用系统默认的求和对象。单击确定按钮，完成拉伸特征 4 的创建。

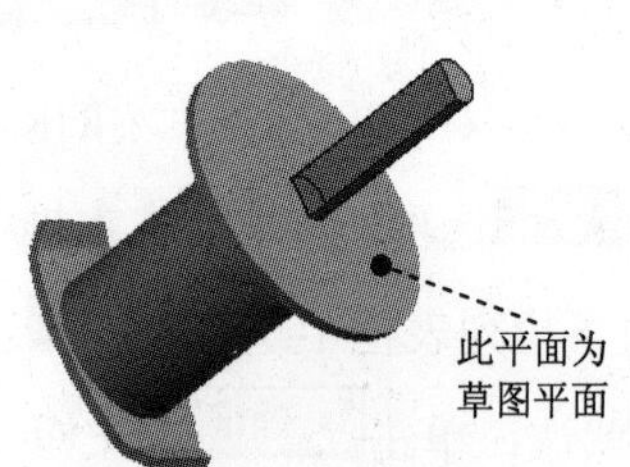

图 30.2.13 拉伸特征 4

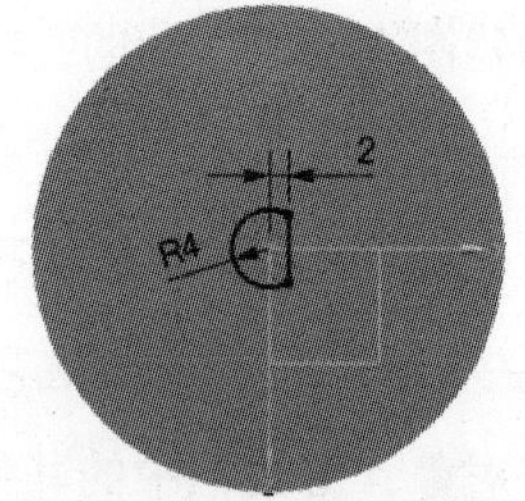

图 30.2.14 截面草图

Step9. 创建图 30.2.15 所示的拔模特征 1。选择下拉菜单插入(S) → 细节特征(L) ▸ → 拔模(T)...命令，在类型区域下拉列表框中选取从平面选项，在脱模方向区域中指定矢量选择-ZC选项，在固定面选择图 30.2.15 所示的平面参照，在要拔模的面区域选择图 30.2.16 所示的面为参照，在并在角度 1文本框中输入值 1。单击< 确定 >按钮，完成拔模特征 1 的创建。

Step10. 创建边倒圆特征 1。选择下拉菜单插入(S) → 细节特征(L) ▸ → 边倒圆(E)...命令（或单击按钮），在要倒圆的边区域中单击按钮，选择图 30.2.17 所示的边链为边倒圆参照，并在半径 1文本框中输入值 2。单击< 确定 >按钮，完成边倒圆特征 1 的创建。

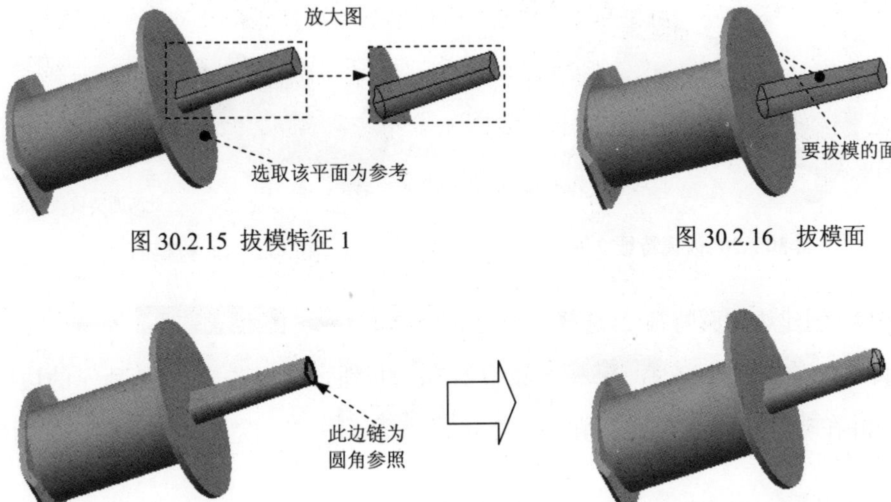

图 30.2.15　拔模特征 1　　　图 30.2.16　拔模面

图 30.2.17　边倒圆特征 1

Step11. 创建图 30.2.18 所示的零件基础特征——拉伸 5。选择下拉菜单 插入(S) → 设计特征(E) → 拉伸(E)... 命令，系统弹出“拉伸”对话框。选取图 30.2.18 所示的平面为草图平面，绘制图 30.2.19 所示的截面草图；在 指定矢量 下拉列表中选择 -ZC 选项；在 极限 区域的 开始 下拉列表框中选择 值 选项，并在其下的 距离 文本框中输入值 0，在 极限 区域的 结束 下拉列表框中选择 值 选项，并在其下的 距离 文本框中输入值 40，在 布尔 区域的下拉列表框中选择 求和 选项，采用系统默认的求和对象。在 偏置 下拉列表框中选择 两侧 选项，在 开始 文本框中输入值 0，在 结束 文本框中输入值 2.5，单击 确定 按钮，完成拉伸特征 5 的创建。

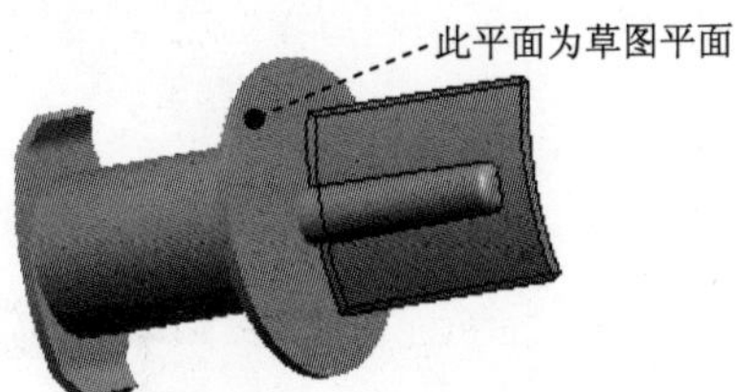

图 30.2.18　拉伸特征 5

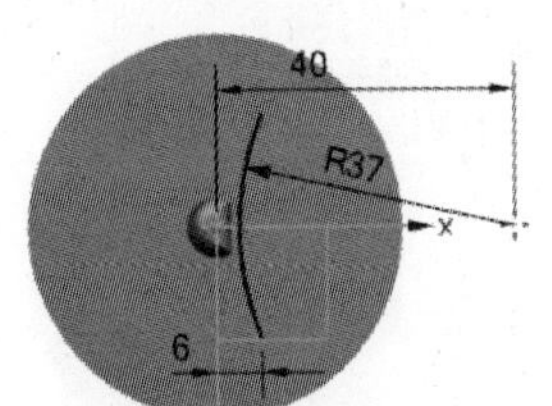

图 30.2.19　截面草图

Step12. 创建图 30.2.20 所示的拔模特征 2。选择下拉菜单 插入(S) → 细节特征(L) ▸ → 拔模(T)... 命令，在 脱模方向 区域中指定矢量选择 -ZC 选项，在 固定面 选择图 30.2.20 所示的平面为参照平面，在 要拔模的面 区域选择图 30.2.21 所示的两个平面为参照拔模面，在并在 角度 1 文本框中输入值 3。单击 < 确定 > 按钮，完成拔模特征 2 的创建。

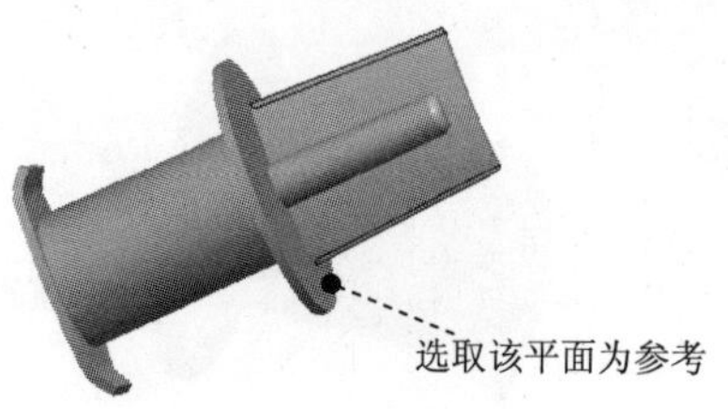

图 30.2.20 拔模特征 2

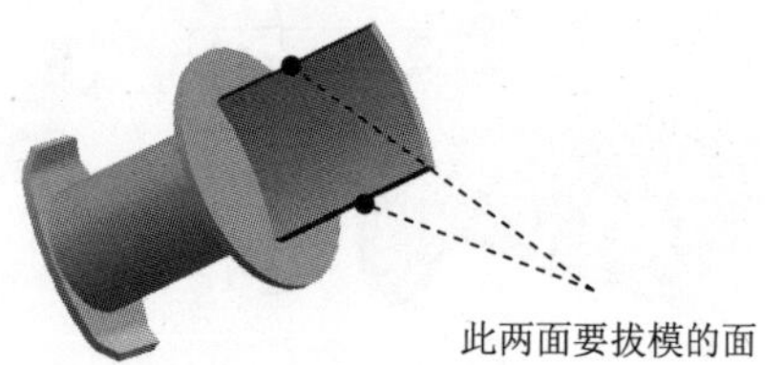

图 30.2.21　拔模面

Step13. 创建边倒圆特征 2。选择下拉菜单插入(S) → 细节特征(L) ▸ → 边倒圆(E)... 命令（或单击按钮），在要倒圆的边区域中单击按钮，选择图 30.2.22 所示的边链为边倒圆参照，并在半径 1文本框中输入值 13。单击< 确定 >按钮，完成边倒圆特征 2 的创建。

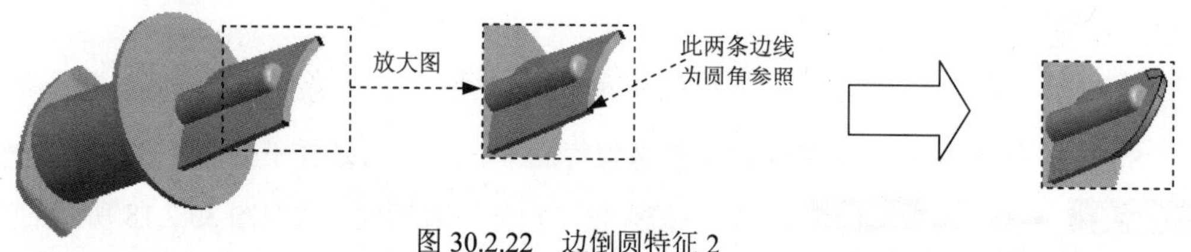

图 30.2.22　边倒圆特征 2

Step14. 创建图 30.2.23 所示的孔特征 2。选择下拉菜单插入(S) → 设计特征(E) ▸ → 孔(H)... 命令。在类型下拉列表中选择常规孔选项，选取图 30.2.24 所示的圆心为定位点，在“孔”对话框形状和尺寸中的成形下拉列表中选择简单选项，在直径文本框中输入值 4，在深度限制下拉列表中选择值选项，在深度文本框中输入值 38，在布尔区域的下拉列表框中选择求差选项，采用系统默认的求差对象。对话框中的其他设置保持系统默认；单击< 确定 >按钮，完成孔特征 2 的创建。

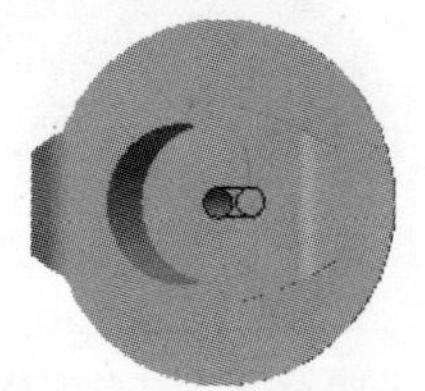

图 30.2.23　孔特征 2

图 30.2.24　参考点

Step15. 创建图 30.2.25 所示的拔模特征 3。选择下拉菜单插入(S) → 细节特征(L) ▸ → 拔模(T)...命令，在脱模方向区域中指定矢量选择 Y 轴的正方向，在固定面选择图 30.2.25 所示的平面为参照，在要拔模的面区域选择图 30.2.26 所示的平面为参照，在并在角度 1文本框中输入值-1。单击< 确定 >按钮，完成拔模特征 3 的创建。

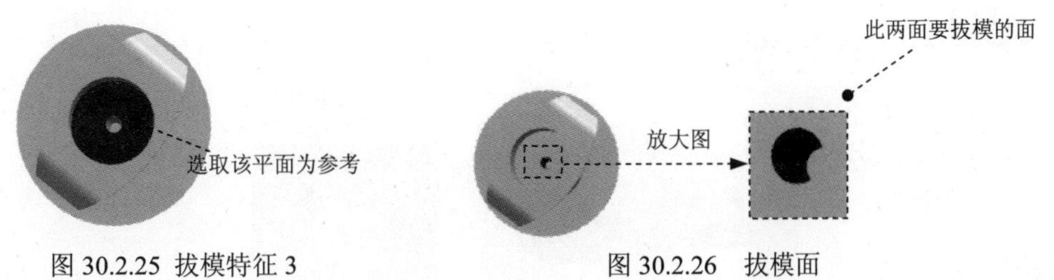

图 30.2.25 拔模特征 3　　　图 30.2.26　拔模面

Step16. 创建图 30.2.27 所示的基准平面 1。选择下拉菜单 插入(S) → 基准/点(D) → 基准平面(D)... 命令（或单击按钮），系统弹出“基准平面”对话框。在类型区域的下拉列表框中选择 成一角度 选项，在平面参考区域选择 YZ 基准平面，在区域通过轴选择 Z 轴。在角度区域角度的文本框输入 45，单击 < 确定 > 按钮，完成基准平面 1 的创建。

图 30.2.27　基准平面 1

Step17. 创建图 30.2.28 所示的零件基础特征——拉伸 6。选择下拉菜单 插入(S) → 设计特征(E) → 拉伸(E)... 命令，系统弹出“拉伸”对话框。选取基准平面 1 为草图平面，绘制图 30.2.29 所示的截面草图；在 指定矢量 下拉列表中选择选项，选取基准平面 1，然后单击“反向”按钮；在极限区域的开始下拉列表框中选择 值 选项，并在其下的距离文本框中输入值 0，在极限区域的结束下拉列表框中选择 贯通 选项，在布尔区域的下拉列表框中选择 求差 选项，采用系统默认的求差对象。单击 确定 按钮，完成拉伸特征 5 的创建。

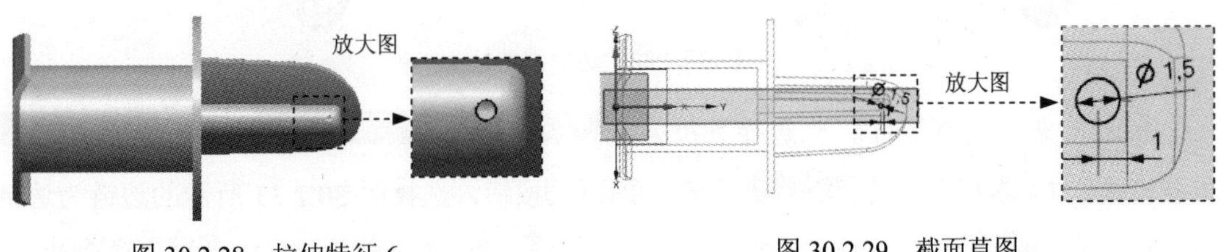

图 30.2.28　拉伸特征 6　　　图 30.2.29　截面草图

Step18. 创建图 30.2.30 所示的零件特征——镜像 2。选择下拉菜单 插入(S) → 关联复制(A) → 镜像特征(M)... 命令，在绘图区中选取图 30.2.28 所示的拉伸特征 6 为要镜像的特征。在镜像平面区域中单击按钮，在绘图区中选取 XZ 基准平面作为镜像平面。

单击 确定 按钮，完成镜像特征 2 的创建。

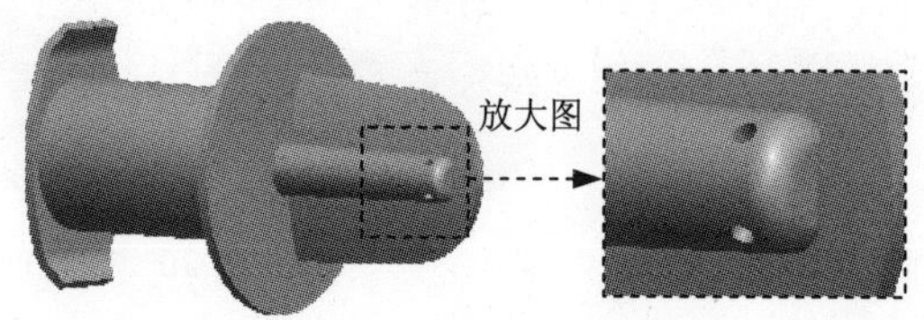

图 30.2.30 镜像 2

Step19. 创建边倒圆特征 3。选择下拉菜单 插入(S) → 细节特征(L) ▸ → 边倒圆(E)... 命令（或单击按钮），在要倒圆的边区域中单击按钮，选择图 30.2.31 所示的边链为边倒圆参照，并在半径 1文本框中输入值 4。单击 < 确定 > 按钮，完成边倒圆特征 3 的创建。

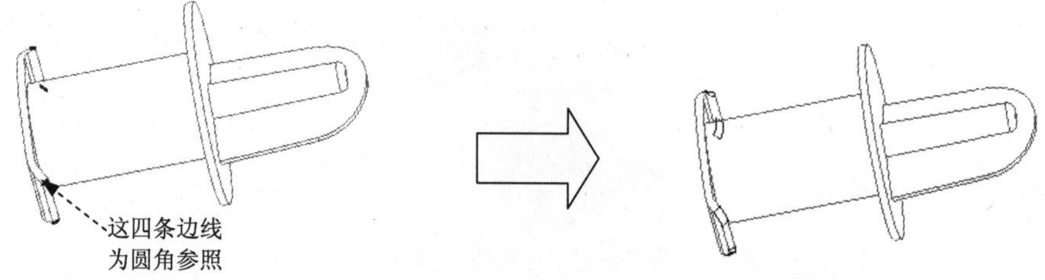

图 30.2.31 边倒圆特征 3

Step20. 创建边倒圆特征 4。选择下拉菜单 插入(S) → 细节特征(L) ▸ → 边倒圆(E)... 命令（或单击按钮），在要倒圆的边区域中单击按钮，选择图 30.2.32 所示的边链为边倒圆参照，并在半径 1文本框中输入值 0.5。单击 < 确定 > 按钮，完成边倒圆特征 4 的创建。

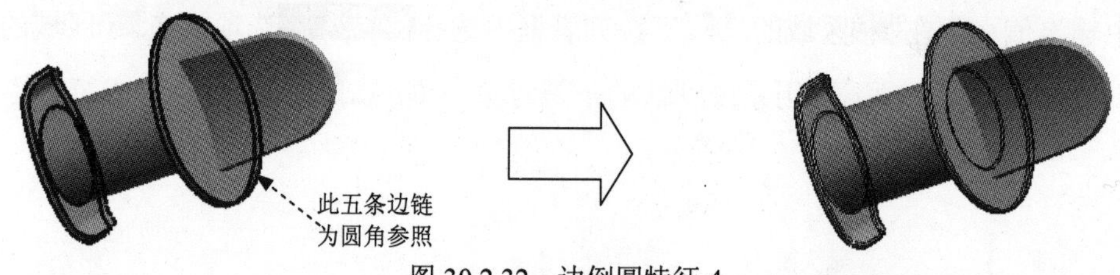

图 30.2.32 边倒圆特征 4

Step21. 创建边倒圆特征 5。选择下拉菜单 插入(S) → 细节特征(L) ▸ → 边倒圆(E)... 命令（或单击按钮），在要倒圆的边区域中单击按钮，选择图 30.2.33 所示的边链为边倒圆参照，并在半径 1文本框中输入值 0.5。单击 < 确定 > 按钮，完成边倒圆特征 5 的创建。

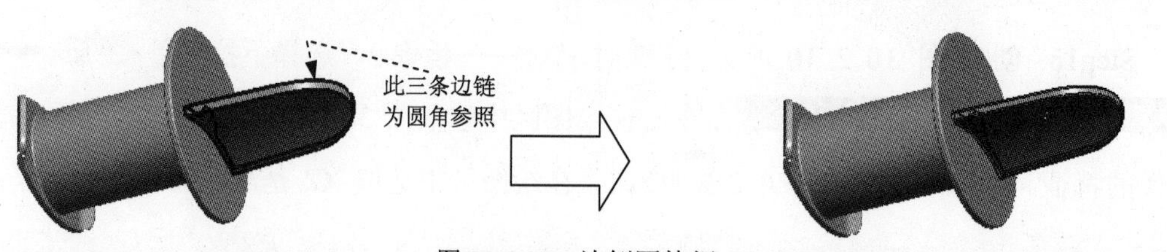

图 30.2.33 边倒圆特征 5

Step22. 创建倒斜角特征 1。选择下拉菜单 插入(S) → 细节特征(L) ▸ → 倒斜角(C)... 命令。在 边 区域中单击 按钮，选取图 30.2.34 所示的边线为倒斜角参照，在 偏置 区域的 横截面 文本框选择 对称 选项，在 距离 文本框输入值 1。单击 < 确定 > 按钮，完成倒斜角特征 1 的创建。

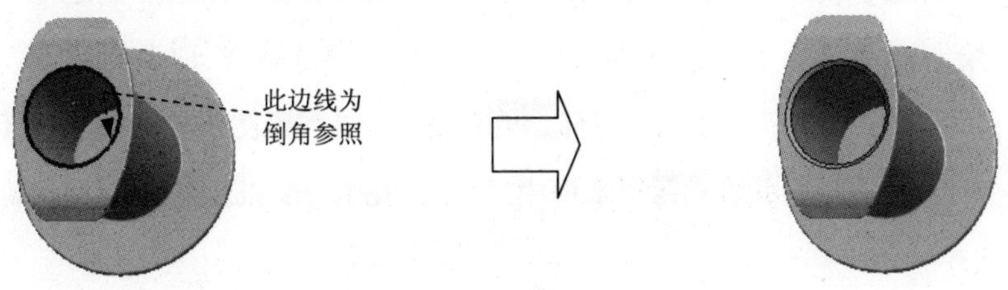

图 30.2.34　倒斜角特征 1

Step23. 创建边倒圆特征 6。选择下拉菜单 插入(S) → 细节特征(L) ▸ → 边倒圆(E)... 命令（或单击 按钮），在 要倒圆的边 区域中单击 按钮，选择图 30.2.35 所示的内部边链为边倒圆参照，并在 半径 1 文本框中输入值 2。单击 < 确定 > 按钮，完成边倒圆特征 6 的创建。

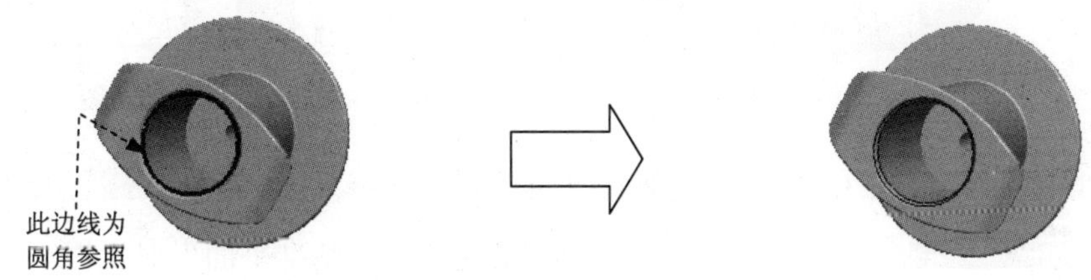

图 30.2.35　边倒圆特征 6

Step24. 保存零件模型。选择下拉菜单 文件(F) → 保存(S) 命令，即可保存零件模型。

30.3　喂药器推杆

零件模型及模型树如图 30.3.1 所示。

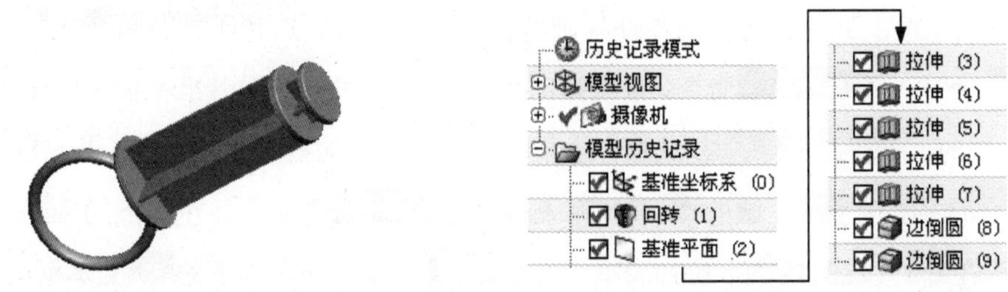

图 30.3.1　零件模型及模型树

Step1. 新建文件。选择下拉菜单 文件(F) → 新建(N)... 命令，系统弹出“新建”对话框。在 模型 选项卡的 模板 区域中选取模板类型为 模型，在 名称 文本框中输入文件名称 BABY_MADICINE_02，单击 确定 按钮，进入建模环境。

Step2. 创建图 30.3.2 所示的回转特征 1。选择 插入(S) → 设计特征(E) → 回转(R)... 命令（或单击 按钮），单击 截面 区域中的 按钮，在绘图区选取 YZ 基准平面为草图平面，绘制图 30.3.3 所示的截面草图。在绘图区中选取 Y 轴为旋转轴。在“回转”对话框的 极限 区域的 开始 下拉列表框中选择 值 选项，并在 角度 文本框中输入值 0，在 结束 下拉列表框中选择 值 选项，并在 角度 文本框中输入值 360；单击 < 确定 > 按钮，完成回转特征 1 的创建。

图 30.3.2 回转特征 1

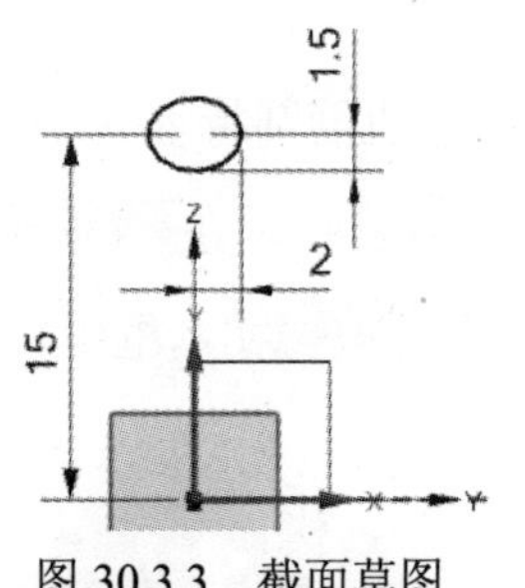

图 30.3.3 截面草图

Step3. 创建图 30.3.4 所示的基准平面 1。选择下拉菜单 插入(S) → 基准/点(D) → 基准平面(D)... 命令（或单击 按钮），系统弹出“基准平面”对话框。在 类型 区域的下拉列表框中选择 按某一距离 选项，在绘图区选取 XY 基准平面，输入偏移值 15。单击 < 确定 > 按钮，完成基准平面 1 的创建。

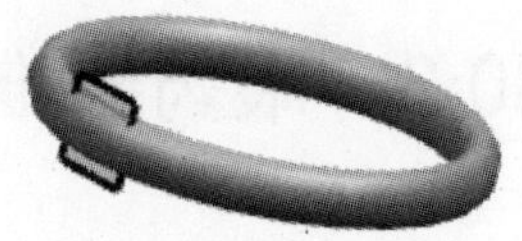

图 30.3.4 基准平面 1

Step4. 创建图 30.3.5 所示的零件基础特征——拉伸 1。选择下拉菜单 插入(S) → 设计特征(E) → 拉伸(E)... 命令，系统弹出“拉伸”对话框。选取基准平面 1 为草图平面，选中 设置 区域的 ☑ 创建中间基准 CSYS 复选框，绘制图 30.3.6 所示的截面草图；在 指定矢量 下拉列表中选择 ZC↑ 选项，在 极限 区域的 开始 下拉列表框中选择 值 选项，并在其下的 距离 文本框中输入值 0，在 极限 区域的 结束 下拉列表框中选择 值 选项，并在其下的 距离 文本框中输入值 2。在 布尔 区域的下拉列表框中选择 求和 选项，采用系统默认的求和对象。单击 < 确定 > 按钮，完成拉伸特征 1 的创建。

图 30.3.5 拉伸特征 1

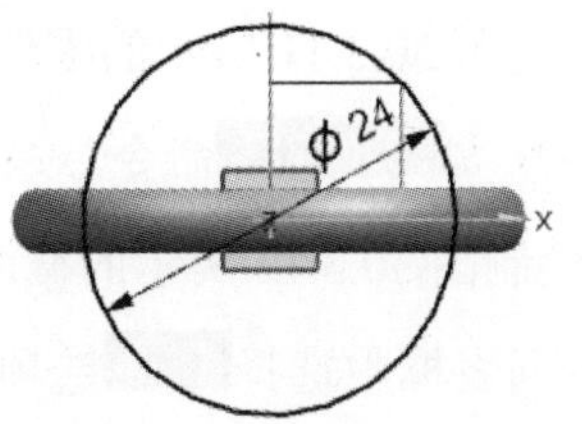

图 30.3.6　截面草图

Step5. 创建图 30.3.7 所示的零件基础特征——拉伸 2。选择下拉菜单插入(S) → 设计特征(E) → 拉伸(E)...命令，系统弹出“拉伸”对话框。选取图 30.3.7 所示的平面为草图平面，取消选中设置区域的□ 创建中间基准 CSYS复选框，绘制图 30.3.8 所示的截面草图；在指定矢量下拉列表中选择ZC选项，在极限区域的开始下拉列表框中选择值选项，并在其下的距离文本框中输入值 0，在极限区域的结束下拉列表框中选择值选项，并在其下的距离文本框中输入值 45。在布尔区域的下拉列表框中选择求和选项，采用系统默认的求和对象。单击< 确定 >按钮，完成拉伸特征 2 的创建。

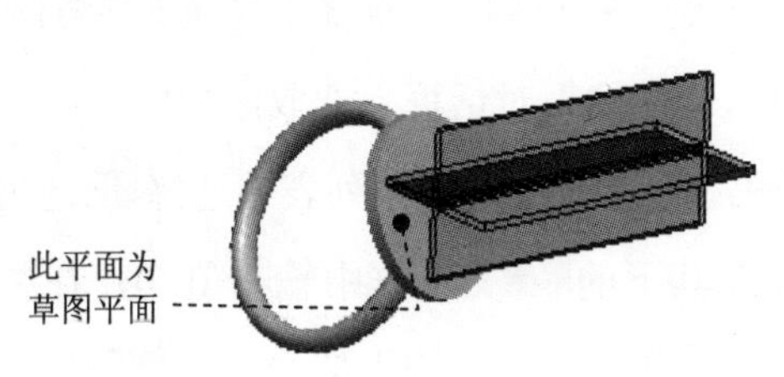

图 30.3.7 拉伸特征 2

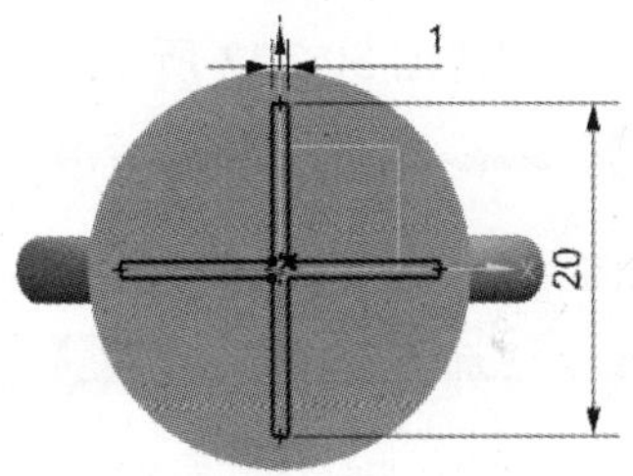

图 30.3.8　截面草图

Step6. 创建图 30.3.9 所示的零件基础特征——拉伸 3。选择下拉菜单插入(S) → 设计特征(E) → 拉伸(E)...命令，系统弹出“拉伸”对话框。选取图 30.3.9 所示的平面为草图平面，绘制图 30.3.10 所示的截面草图；在指定矢量下拉列表中选择ZC选项，在极限区域的开始下拉列表框中选择值选项，并在其下的距离文本框中输入值 0，在极限区域的结束下拉列表框中选择值选项，并在其下的距离文本框中输入值 2。在布尔区域的下拉列表框中选择求和选项，采用系统默认的求和对象。单击< 确定 >按钮，完成拉伸特征 3 的创建。

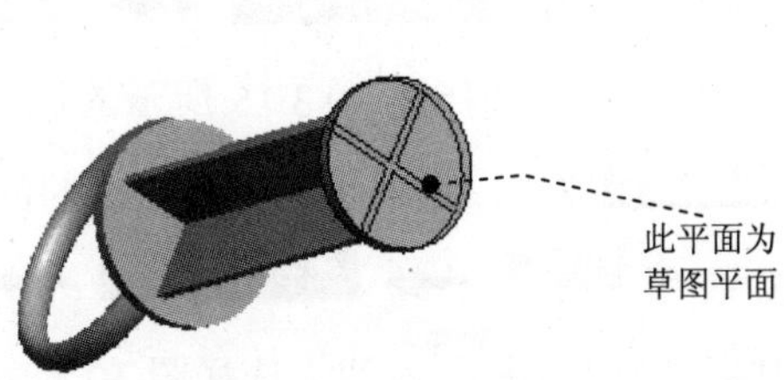

图 30.3.9 拉伸特征 3

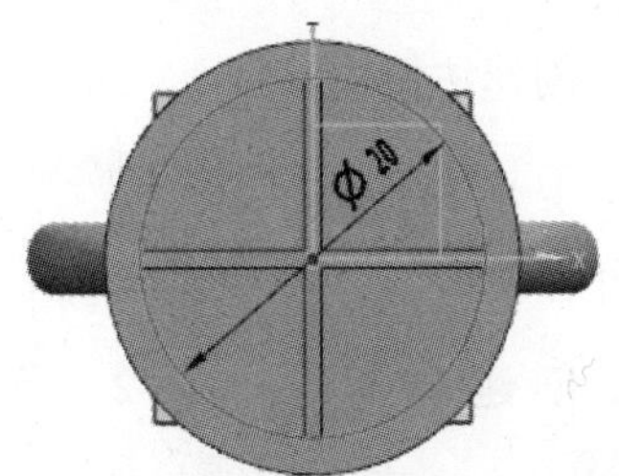

图 30.3.10　截面草图

Step7. 创建图 30.3.11 所示的零件基础特征——拉伸 4。选择下拉菜单插入(S) → 设计特征(E) → 拉伸(E)...命令，系统弹出“拉伸”对话框。选取图 30.3.11 所示的平面为草图平面，绘制图 30.3.12 所示的截面草图；在指定矢量下拉列表中选择ZC↑选项，在极限区域的开始下拉列表框中选择值选项，并在其下的距离文本框中输入值 0，在极限区域的结束下拉列表框中选择值选项，并在其下的距离文本框中输入值 5。在布尔区域的下拉列表框中选择求和选项，采用系统默认的求和对象。单击< 确定 >按钮，完成拉伸特征 4 的创建。

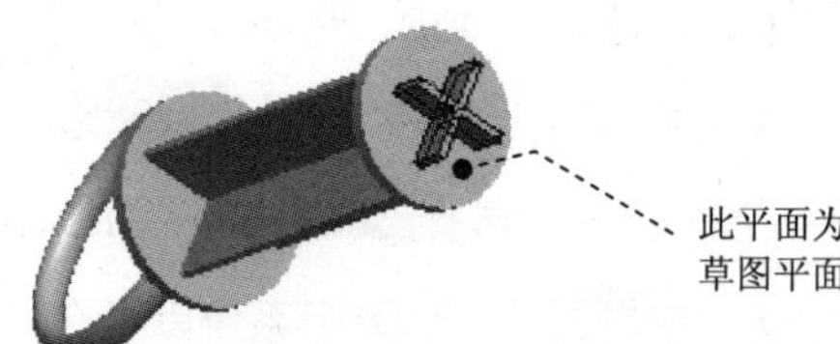

图 30.3.11 拉伸特征 4

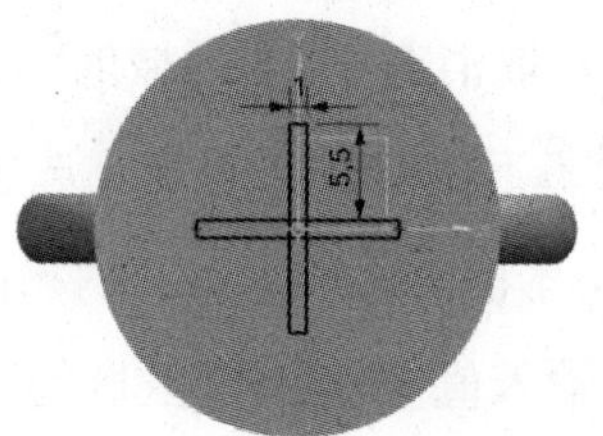

图 30.3.12 截面草图

Step8. 创建图 30.3.13 所示的零件基础特征——拉伸 5。选择下拉菜单插入(S) → 设计特征(E) → 拉伸(E)...命令，系统弹出“拉伸”对话框。选取图 30.3.13 所示的平面为草图平面，绘制图 30.3.14 所示的截面草图；在指定矢量下拉列表中选择ZC↑选项，在极限区域的开始下拉列表框中选择值选项，并在其下的距离文本框中输入值 0，在极限区域的结束下拉列表框中选择值选项，并在其下的距离文本框中输入值 2，在布尔区域的下拉列表框中选择求和选项，采用系统默认的求和对象。单击< 确定 >按钮，完成拉伸特征 5 的创建。

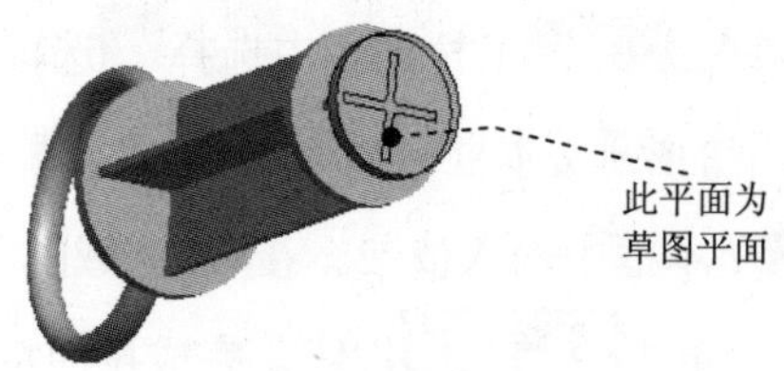

图 30.3.13 拉伸特征 5

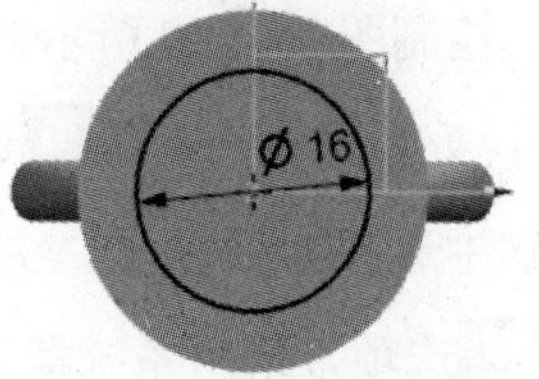

图 30.3.14 截面草图

Step9. 创建边倒圆特征 1。选择下拉菜单插入(S) → 细节特征(L) ▸ → 边倒圆(E)...命令（或单击按钮），在要倒圆的边区域中单击按钮，选择图 30.3.15 所示的边链为边倒圆参照，并在半径 1文本框中输入值 1。单击< 确定 >按钮，完成边倒圆特征 1 的创建。

Step10. 创建边倒圆特征 2。选择下拉菜单插入(S) → 细节特征(L) ▸ → 边倒圆(E)...命令（或单击按钮），在要倒圆的边区域中单击按钮，选择图 30.3.16 所示的边链为边倒圆参照，并在半径 1文本框中输入值 0.5。单击< 确定 >按钮，完成边倒圆特征 2 的创建。

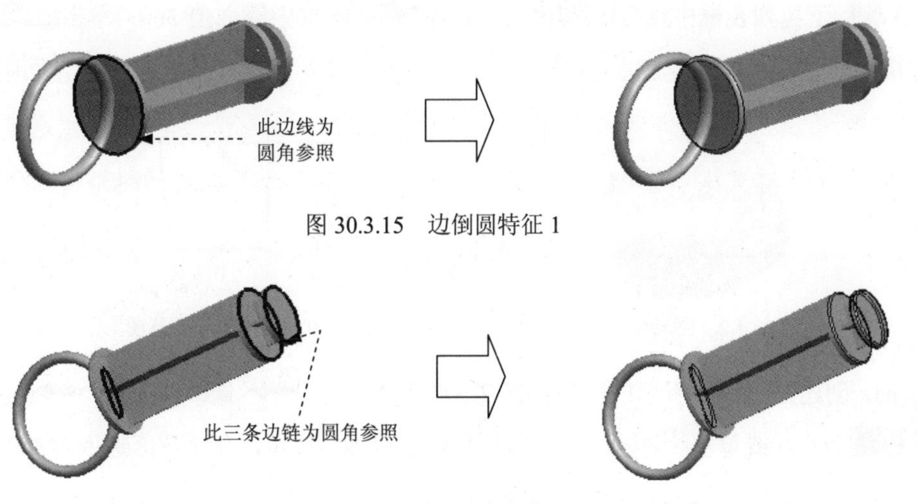

图 30.3.15 边倒圆特征 1

图 30.3.16 边倒圆特征 2

Step11. 保存零件模型。选择下拉菜单文件(F) ➡ 保存(S)命令，即可保存零件模型。

30.4 橡 胶 塞

零件模型及模型树如图 30.4.1 所示。

图 30.4.1 零件模型及模型树

Step1. 新建文件。选择下拉菜单文件(F) ➡ 新建(N)...命令，系统弹出“新建”对话框。在模型选项卡的模板区域中选取模板类型为模型，在名称文本框中输入文件名称 BABY_MADICINE_03，单击确定按钮，进入建模环境。

Step2. 创建图 30.4.2 所示的回转特征 1。选择插入(S) ➡ 设计特征(E) ➡ 回转(R)...命令（或单击按钮），单击截面区域中的按钮，在绘图区选取 YZ 基准平面为草图平面，绘制图 30.4.3 所示的截面草图。在绘图区中选取图 30.4.3 所示的直线为旋转轴。在“回转”对话框的极限区域的开始下拉列表框中选择值选项，并在角度文本框中输入值 0，在结束下拉列表框中选择值选项，并在角度文本框中输入值 360；单击< 确定 >按钮，完成回转特征 1 的创建。

图 30.4.2　回转特征 1

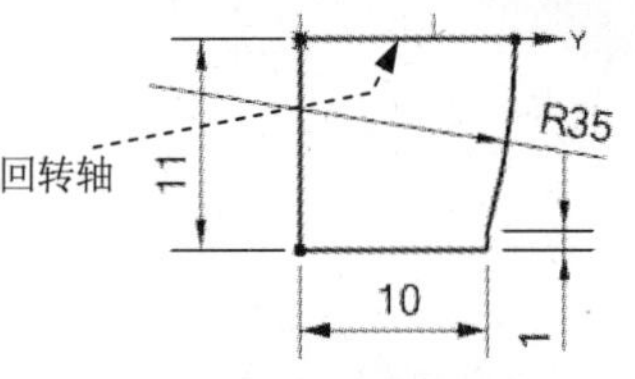

图 30.4.3　截面草图

Step3. 创建图 30.4.4 所示的回转特征 2。选择插入(S) ➡ 设计特征(E) ➡ 回转(R)...命令（或单击按钮），单击截面区域中的按钮，在绘图区选取 YZ 基准平面为草图平面，绘制图 30.4.5 所示的截面草图。在绘图区中选取图 30.4.5 所示的直线为旋转轴。在“回转”对话框的极限区域的开始下拉列表框中选择值选项，并在角度文本框中输入值 0，在结束下拉列表框中选择值选项，并在角度文本框中输入值 360；在布尔区域中选择求差选项，采用系统默认的求差对象。单击< 确定 >按钮，完成回转特征 2 的创建。

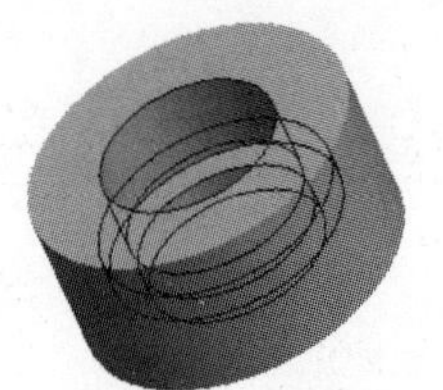
图 30.4.4　回转特征 2

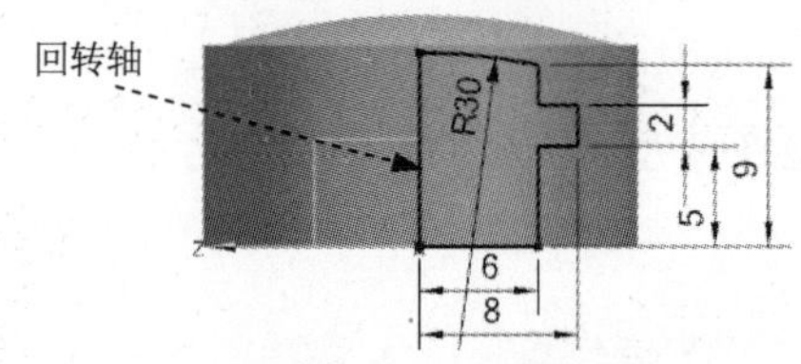

图 30.4.5　截面草图

Step4. 创建图 30.4.6 所示的回转特征 3。选择插入(S) ➡ 设计特征(E) ➡ 回转(R)...命令（或单击按钮），单击截面区域中的按钮，在绘图区选取 YZ 基准平面为草图平面，绘制图 30.4.7 所示的截面草图。在绘图区中选取 Y 轴为旋转轴。在“回转”对话框的极限区域的开始下拉列表框中选择值选项，并在角度文本框中输入值 0，在结束下拉列表框中选择值选项，并在角度文本框中输入值 360；在布尔区域中选择求差选项，采用系统默认的求差对象。单击< 确定 >按钮，完成回转特征 3 的创建。

图 30.4.6　回转特征 3

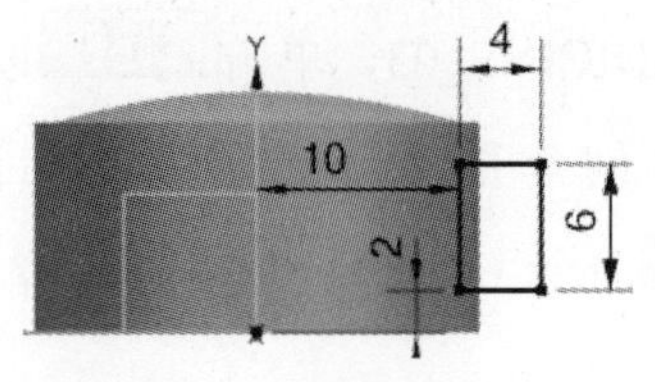

图 30.4.7　截面草图

Step5. 创建边倒圆特征 1。选择下拉菜单 插入(S) → 细节特征(L) ▸ → 边倒圆(E)... 命令（或单击按钮），在要倒圆的边区域中单击按钮，选择图 30.4.8 所示的边链为边倒圆参照，并在半径 1文本框中输入值 3。单击< 确定 >按钮，完成边倒圆特征 1 的创建。

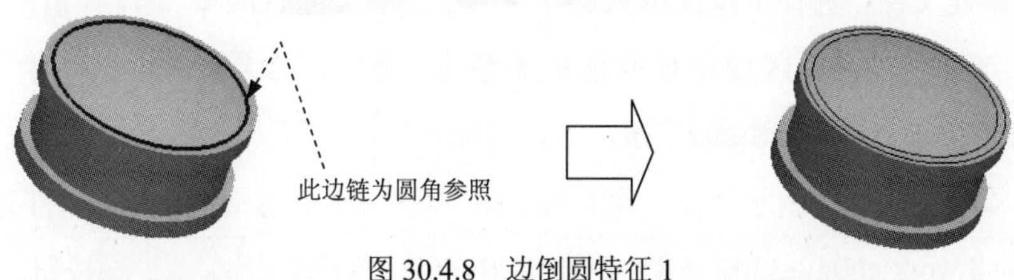

图 30.4.8 边倒圆特征 1

Step6. 创建边倒圆特征 2。选择下拉菜单 插入(S) → 细节特征(L) ▸ → 边倒圆(E)... 命令（或单击按钮），在要倒圆的边区域中单击按钮，选择图 30.4.9 所示的边链为边倒圆参照，并在半径 1文本框中输入值 0.5。单击< 确定 >按钮，完成边倒圆特征 2 的创建。

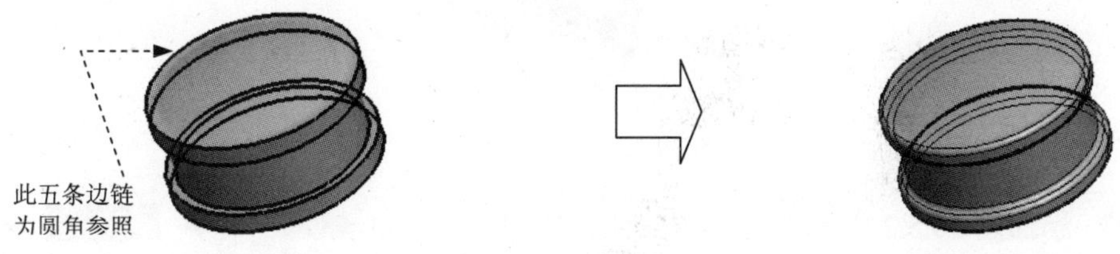

图 30.4.9 边倒圆特征 2

Step7. 创建倒斜角特征 1。选择下拉菜单 插入(S) → 细节特征(L) ▸ → 倒斜角(C)... 命令。在边区域中单击按钮，选取图 30.4.10 所示的边线为倒斜角参照，在偏置区域的横截面文本框选择对称选项，在距离文本框输入值 1。单击< 确定 >按钮，完成倒斜角特征 1 的创建。

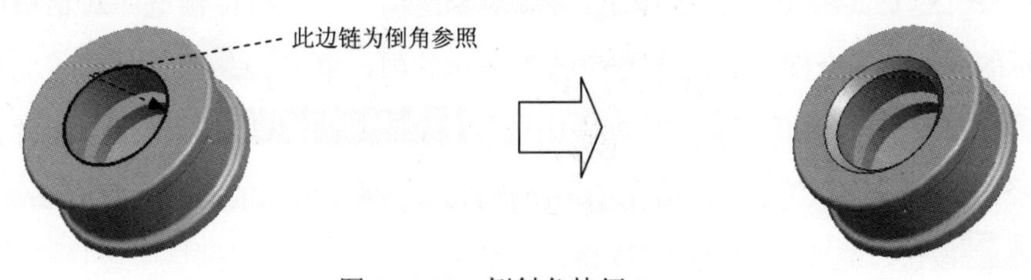

图 30.4.10 倒斜角特征 1

Step8. 保存零件模型。选择下拉菜单 文件(F) → 保存(S) 命令，即可保存零件模型。

30.5 装 配 设 计

Step1. 新建文件。选择下拉菜单文件(F) ➡ 新建(N)...命令，系统弹出“新建”对话框。在模型选项卡的模板区域中选取模板类型为装配，在名称文本框中输入文件名称 BABY_MEDICINE，单击确定按钮，进入装配环境。

Step2. 添加图 30.5.1 所示的第一个部件。在“添加组件”对话框中单击“打开”按钮，选择 D:\ugins8\work\ch04\ins30\BABY_MEDICINE02，然后单击OK按钮。在“添加组件”对话框中的放置区域的定位下拉列表中选取绝对原点选项，其他为默认，单击确定按钮，此时喂药器推杆已被添加到装配文件中。

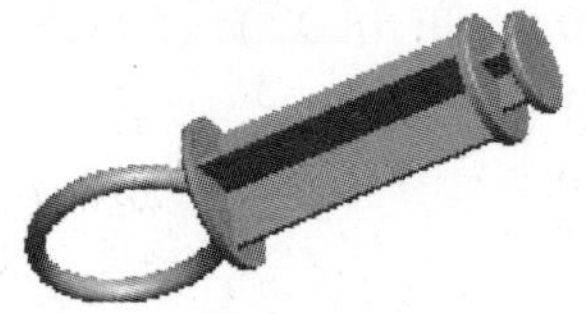

图 30.5.1 装配零件 1

Step3. 添加图 30.5.2 所示的第二个部件。选择下拉菜单装配(A) ➡ 组件(C) ➡ 添加组件(A)... 命令，系统弹出“添加组件”对话框，在“添加组件”对话框中单击“打开”按钮，选 D:\ugins8\work\ch04\ins30\BABY_MEDICINE03，然后单击OK按钮。系统返回到“添加组件”对话框。在“添加组件”对话框中的放置区域的定位下拉列表中选取通过约束选项，单击应用按钮，此时系统弹出“装配约束”对话框。在“装配约束”对话框预览区域中选中☑ 在主窗口中预览组件复选框；在类型下拉列表中选择接触对齐选项，在要约束的几何体区域的方位下拉列表中选择接触选项，在“组件预览”对话框中选择图 30.5.3 所示的面，然后在图形区选择图 30.5.3 所示的面，单击应用按钮，完成平面的接触；在要约束的几何体区域的方位下拉列表中选择自动判断中心/轴选项，在“组件预览”对话框中选择图 30.5.3 所示的面，然后在图形区选择图 30.5.3 所示的面，单击应用按钮，单击取消按钮，完成同轴的接触操作。

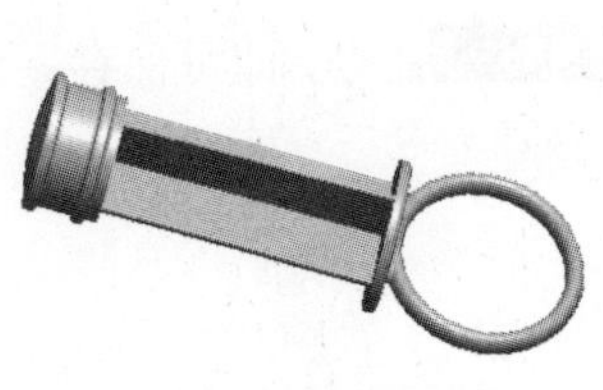

图 30.5.2 装配零件 2

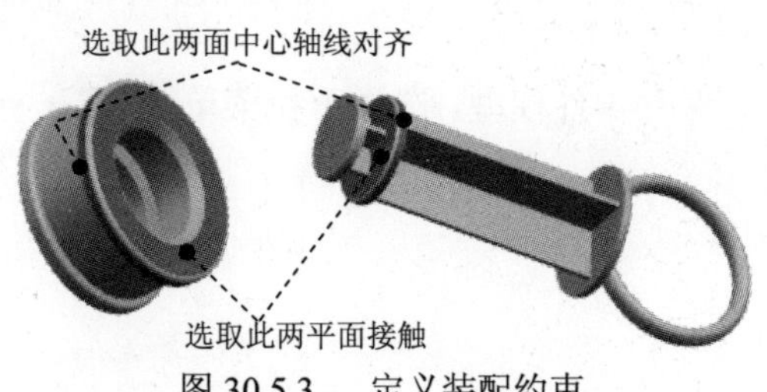

图 30.5.3 定义装配约束

Step4. 添加图 30.5.4 所示的第三个部件。在“添加组件”对话框中单击“打开”按钮，选择 D:\ugins8\work\ch04\ins30\BABY_MEDICINE01，然后单击 OK 按钮。系统返回到“添加组件”对话框。在“添加组件”对话框中的放置区域的定位下拉列表中选取通过约束选项，单击应用按钮，此时系统弹出“装配约束”对话框。在“装配约束”对话框预览区域中选中☑在主窗口中预览组件复选框；在类型下拉列表中选择接触对齐选项，在要约束的几何体区域的方位下拉列表中选择接触选项，在“组件预览”对话框中选择图 30.5.5 所示的面，单击应用按钮，完成平面的接触；在要约束的几何体区域的方位下拉列表中选择自动判断中心/轴选项，单击确定按钮，完成同轴的接触操作。

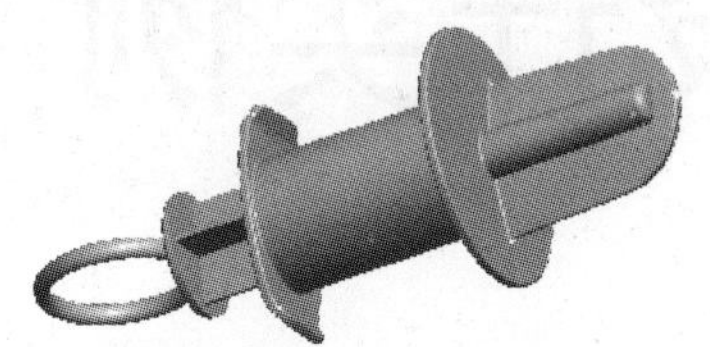

图 30.5.4　装配零件 3

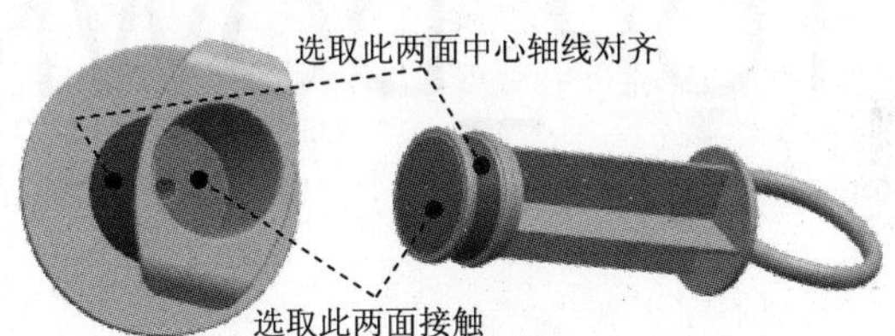

图 30.5.5　定义装配约束

Step5. 调整方向。右击装配导航器“约束”下面的☑ 接触 (BABY_MADICINE_02)选项，在弹出的快捷菜单中单击反向，完成方向的调整。

Step6. 保存零件模型。选择下拉菜单文件(F) → 保存(S)命令，即可保存零件模型。

第 5 章

TOP_DOWN 设计实例

本篇主要包含如下内容：

- 实例 31　无绳电话的自顶向下设计
- 实例 32　微波炉钣金外壳的自顶向下设计

实例31　无绳电话的自顶向下设计

31.1　实 例 概 述

本实例详细讲解了一款无绳电话的整个设计过程，该设计过程中采用了较为先进的设计方法——自顶向下（Top-Down Design）的设计方法。采用这种方法不仅可以获得较好的整体造型，并且能够大大缩短产品的上市时间。许多家用电器（如电脑机箱、吹风机、电脑鼠标）都可以采用这种方法进行设计。设计流程图如图 31.1.1 所示。

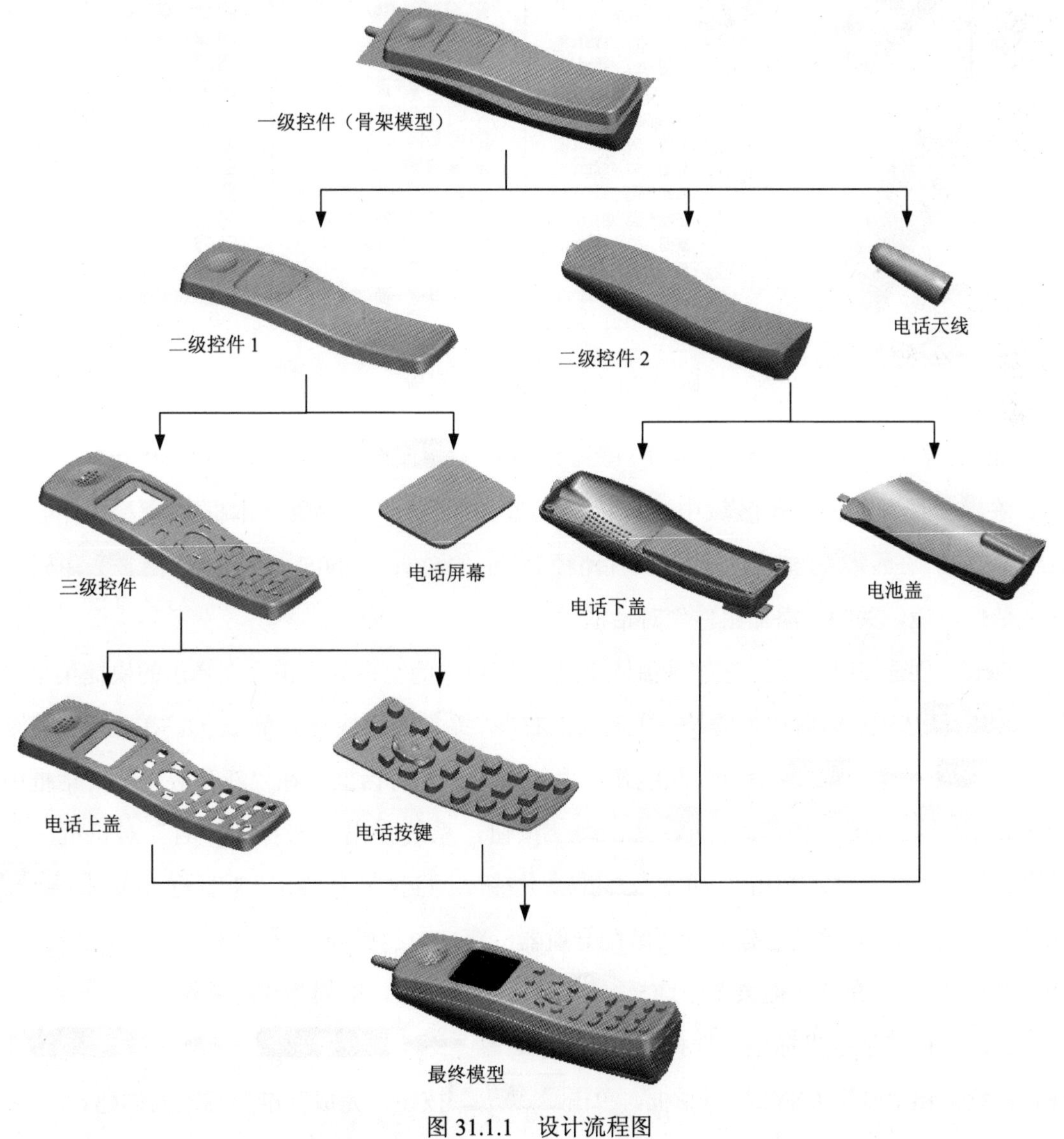

图 31.1.1　设计流程图

31.2 一 级 控 件

下面讲解一级控件（FIRST.PRT）的创建过程，一级控件在整个设计过程中起着十分重要的作用，在创建一级控件时要考虑到分割子零件的方法，为了保持关联，在一级控件中要创建一些草图为多个子零件共用。零件模型及模型树如图 31.2.1 所示。

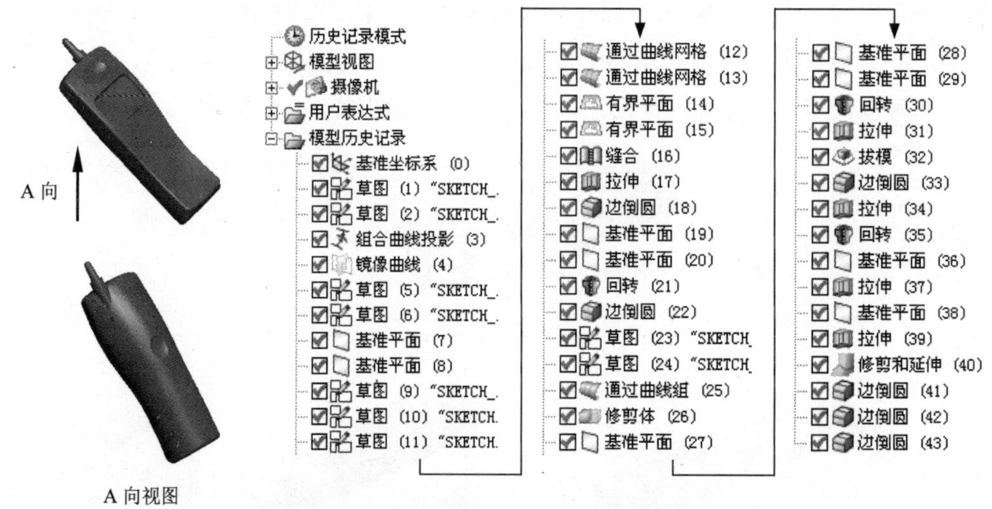

图 31.2.1 零件模型及模型树

Step1. 新建文件。选择下拉菜单 文件(F) ➡ 新建(N)... 命令，系统弹出“新建”对话框。在 模型 选项卡的 模板 区域中选取模板类型为 装配 ，在 名称 文本框中输入文件名称 HANDSET，在 文件夹 文本框中输入文件路径 D:\ ugins8\work\ch05\ins31，单击 确定 按钮，进入装配环境，关闭“添加组件”对话框。

Step2. 创建 FIRST 层。在“装配导航器”窗口中的空白处右击，在弹出的快捷菜单中选择 WAVE 模式 选项；然后在 HANDSET 选项上右击，系统弹出快捷菜单（一），在此快捷菜单中选择 WAVE ➡ 新建级别 命令，系统弹出“新建级别”对话框。在“新建级别”对话框中单击 指定部件名 按钮，系统弹出“选择部件名”对话框，在 文件名(N): 文本框中输入 FIRST；单击 OK 按钮，回到“新建级别”对话框，单击 确定 按钮，完成 FIRST 层的创建。在“装配导航器”窗口中的 FIRST 选项上右击，系统弹出快捷菜单（二），在此快捷菜单中选择 设为工作部件 命令，对模型进行编辑。

Step3. 创建基准坐标系。选择下拉菜单 插入(S) ➡ 基准/点(D) ▸ ➡ 基准 CSYS... 命令，系统弹出“基准 CSYS”对话框，单击 < 确定 > 按钮，完成基准坐标系的创建。

Step4. 创建图 31.2.2 所示的草图 1。选择下拉菜单 插入(S) → 任务环境中的草图(S)... 命令；选取基准平面 YZ 为草图平面；进入草图环境，绘制图 31.2.2 所示的草图 1。绘制完成后，单击 完成草图 按钮，完成草图 1 的创建。

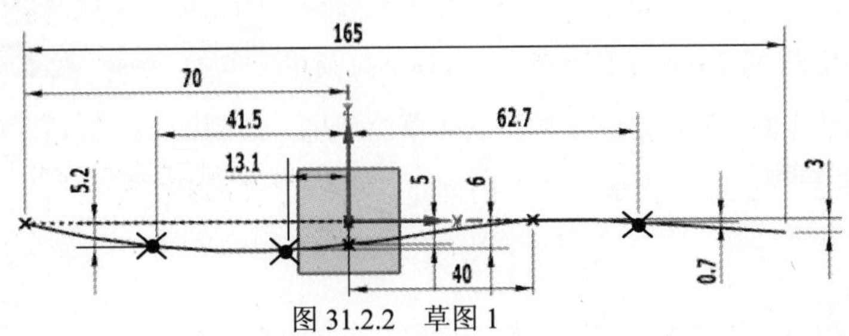

图 31.2.2 草图 1

Step5. 创建图 31.2.3 所示的草图 2。选择下拉菜单 插入(S) → 任务环境中的草图(S)... 命令；选取基准平面 XY 为草图平面；进入草图环境，绘制图 31.2.3 所示的草图 2。绘制完成后，单击 完成草图 按钮，完成草图 2 的创建。

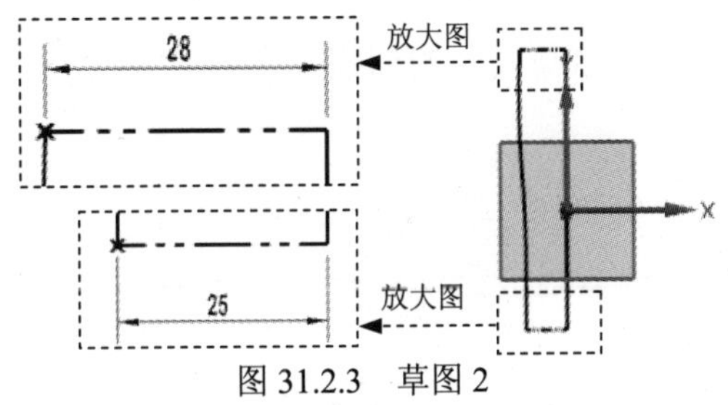

图 31.2.3 草图 2

Step6. 创建图 31.2.4 所示的零件特征——组合投影 1。选择下拉菜单 插入(S) → 来自曲线集的曲线(F) → 组合投影(C)... 命令；依次选取图 31.2.2 所示的草图 1 和图 31.2.3 所示的草图 2 为参照，并分别单击中键确认；完成组合投影 1 的创建。

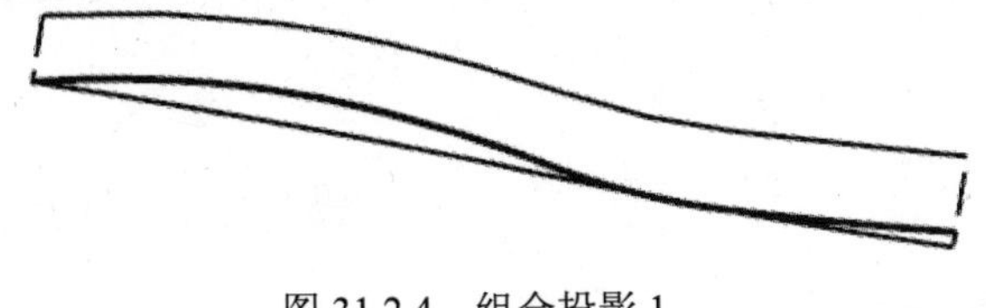
图 31.2.4 组合投影 1

Step7. 创建图 31.2.5 所示的零件特征——镜像 1。选择下拉菜单 插入(S) → 来自曲线集的曲线(F) → 镜像(M)... 命令，在绘图区中选取图 31.2.4 所示的组合投影 1 为要镜像的曲线。在镜像平面区域中单击 按钮，在绘图区中选取 YZ 基准平面作为镜像平面。单击 < 确定 > 按钮，完成镜像 1 的创建。

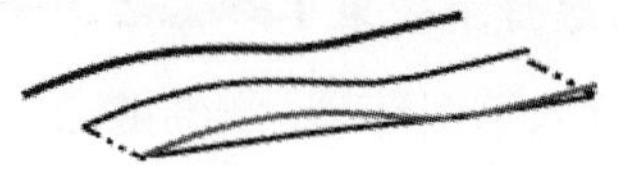

图 31.2.5 镜像 1

Step8. 创建图 31.2.6 所示的草图 3。选择下拉菜单 插入(S) → 任务环境中的草图(S)... 命令；选取基准平面 YZ 为草图平面；进入草图环境，绘制图 31.2.6 所示的草图 3。绘制完成后，单击 完成草图 按钮，完成草图 3 的创建。

图 31.2.6 草图 3

Step9. 创建图 31.2.7 所示的草图 4。选择下拉菜单 插入(S) → 任务环境中的草图(S)... 命令；选取基准平面 YZ 为草图平面；进入草图环境，绘制图 31.2.7 所示的草图 4。绘制完成后，单击 完成草图 按钮，完成草图 4 的创建。

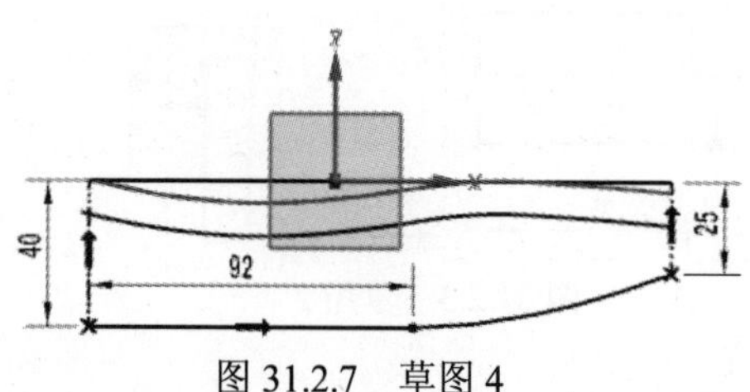

图 31.2.7 草图 4

Step10. 创建图 31.2.8 所示的基准平面 1。选择下拉菜单 插入(S) → 基准/点(D) → 基准平面(D)... 命令，系统弹出“基准平面”对话框。在 类型 区域的下拉列表框中选择 两直线 选项，在绘图区选取图 31.2.9 所示的直线为参照，单击 < 确定 > 按钮，完成基准平面 1 的创建。

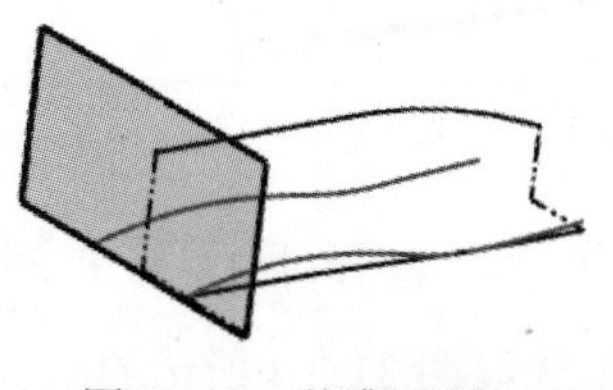

图 31.2.8 基准平面 1

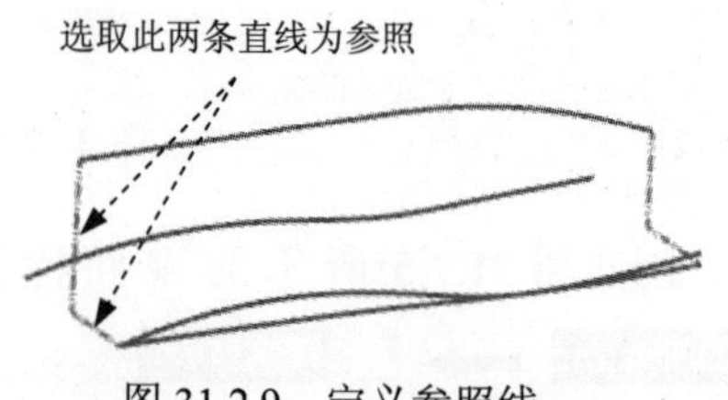

图 31.2.9 定义参照线

Step11. 创建图 31.2.10 所示的基准平面 2。在 类型 区域的下拉列表框中选择 两直线 选项，在绘图区选取图 31.2.11 所示的直线为参照，单击〈确定〉按钮，完成基准平面 2 的创建。

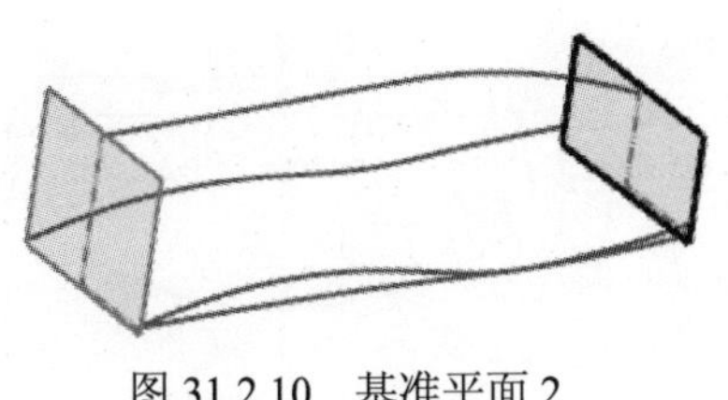
图 31.2.10 基准平面 2

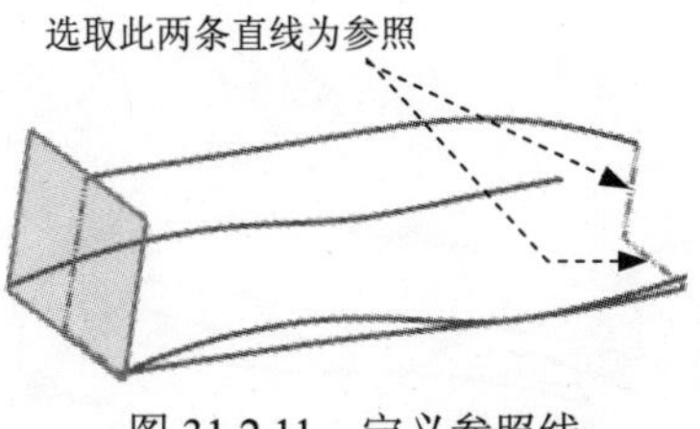

图 31.2.11 定义参照线

Step12. 创建图 31.2.12 所示的草图 5。选择下拉菜单 插入(S) → 任务环境中的草图(S)... 命令；选取基准平面 1 为草图平面；进入草图环境，绘制图 31.2.12 所示的草图 5。绘制完成后，单击 完成草图 按钮，完成草图 5 的创建。

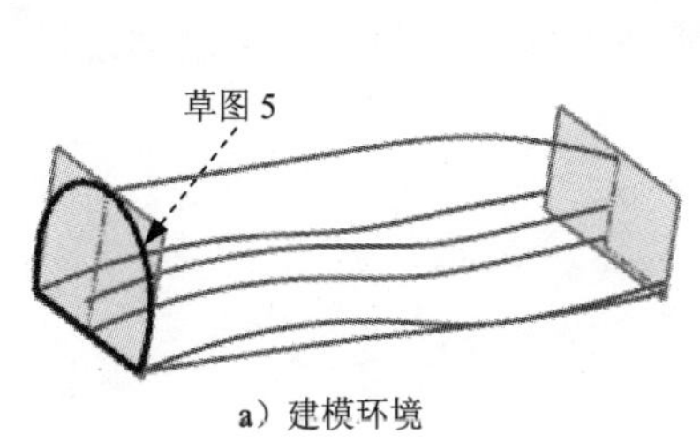

a）建模环境

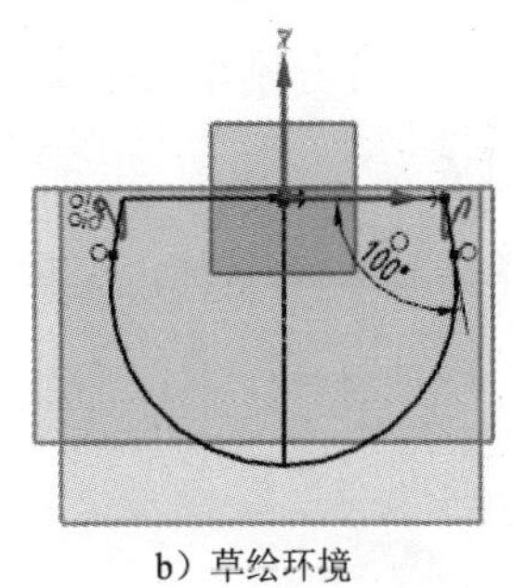

b）草绘环境

图 31.2.12 草图 5

Step13. 创建图 31.2.13 所示的草图 6。选择下拉菜单 插入(S) → 任务环境中的草图(S)... 命令；选取基准平面 XZ 为草图平面；进入草图环境，绘制图 31.2.13 所示的草图 6。绘制完成后，单击 完成草图 按钮，完成草图 6 的创建。

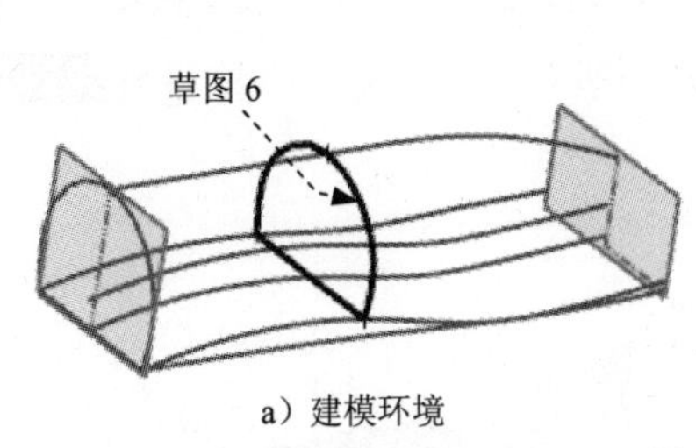

a）建模环境

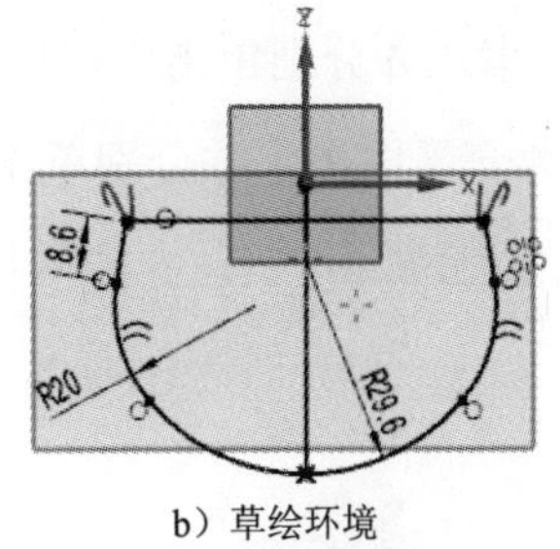

b）草绘环境

图 31.2.13 草图 6

Step14. 创建图 31.2.14 所示的草图 7。选择下拉菜单 插入(S) → 任务环境中的草图(S)... 命令；选取基准平面 2 为草图平面；进入草图环境，绘制图 31.2.14 所示的草图 7。绘制完成后，单击完成草图按钮，完成草图 7 的创建。

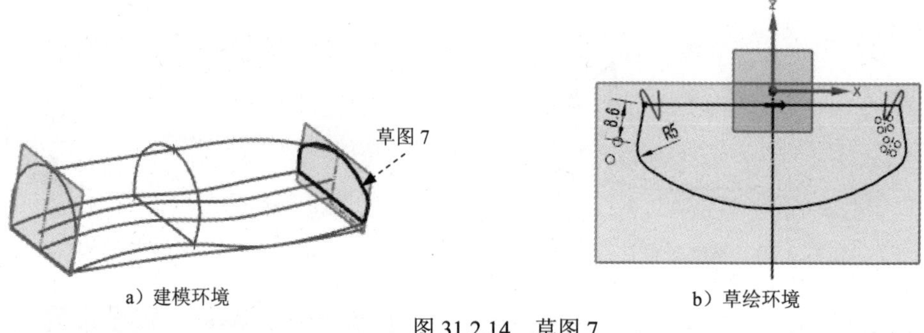

a）建模环境　　b）草绘环境

图 31.2.14　草图 7

Step15. 创建图 31.2.15 所示的零件特征——网格曲面 1。选择下拉菜单插入(S) → 网格曲面(M) → 通过曲线网格(M)... 命令；依次选取图 31.2.16 所示的曲线 1、曲线 2、曲线 3 为主线串，并分别单击中键确认；再次单击中键后依次选取图 31.2.16 所示的曲线 4、曲线 5、曲线 6 为交叉线串，并分别单击中键确认；在连续性区域的下拉列表中全部选择G0（位置）选项。单击确定按钮，完成网格曲面 1 的创建。

图 31.2.15　网格曲面 1

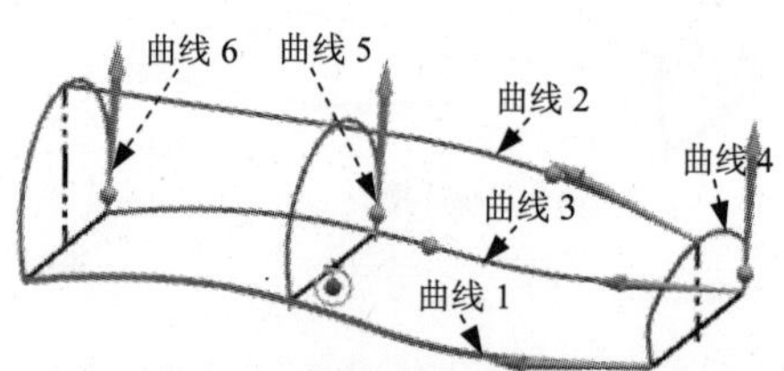

图 31.2.16　定义主曲线和交叉曲线

Step16. 创建图 31.2.17 所示的零件特征——网格曲面 2。选择下拉菜单插入(S) → 网格曲面(M) → 通过曲线网格(M)... 命令；依次选取图 31.2.18 所示的曲线 1、曲线 2、曲线 3 为主线串，并分别单击中键确认；再次单击中键后选取图 31.2.18 所示的曲线 4、曲线 5、曲线 6 为交叉线串，并分别单击中键确认；在连续性区域的下拉列表中全部选择G0（位置）选项。单击确定按钮，完成网格曲面 2 的创建。

图 31.2.17　网格曲面 2

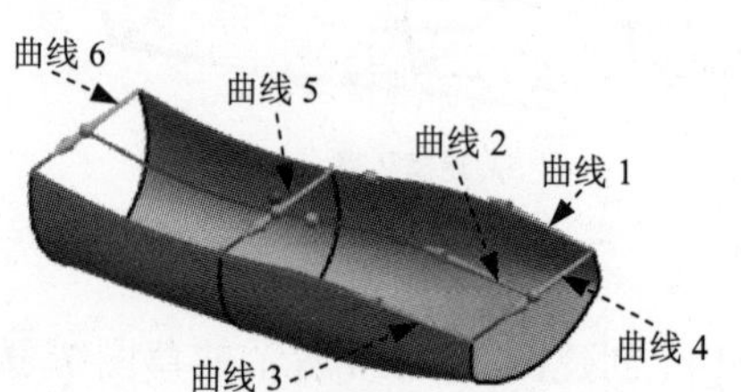

图 31.2.18　定义主曲线和交叉曲线

Step17. 创建图 31.2.19 所示的零件特征——有界平面 1。选择下拉菜单插入(S) → 曲面(R) → 有界平面(B)...命令；依次选取图 31.2.20 所示曲线，单击< 确定 >按钮，完成有界平面 1 的创建。

图 31.2.19 有界平面 1

图 31.2.20 定义参照曲线

Step18. 创建图 31.2.21 所示的零件特征——有界平面 2。选择下拉菜单插入(S) → 曲面(R) → 有界平面(B)...命令；依次选取图 31.2.22 所示曲线，单击< 确定 >按钮，完成有界平面 2 的创建。

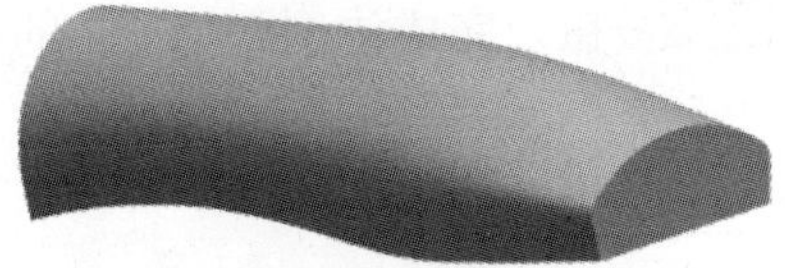
图 31.2.21 有界平面 2

图 31.2.22 定义参照曲线

Step19. 创建缝合特征。选择下拉菜单插入(S) → 组合(B) ▸ → 缝合(W)...命令，选取图 31.2.23 所示的片体特征为目标体，选取图 31.2.24 所示的片体特征为刀具体。单击< 确定 >按钮，完成缝合特征 1 的创建。

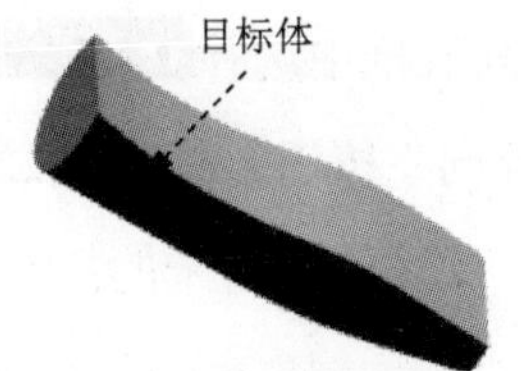

图 31.2.23 定义目标体

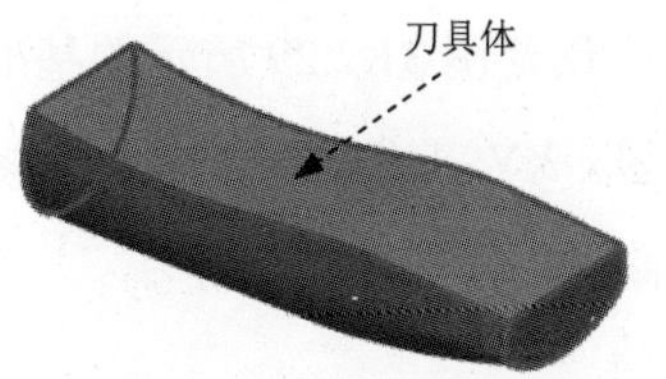

图 31.2.24 定义刀具体

Step20. 创建图 31.2.25 所示的零件基础特征——拉伸 1。选择下拉菜单插入(S) → 设计特征(E) → 拉伸(E)...命令，系统弹出“拉伸”对话框。选取 XY 平面为草图平面，选中设置区域的☑ 创建中间基准 CSYS复选框，绘制图 31.2.26 所示的截面草图；在指定矢量下拉列表中选择-ZC选项，在极限区域的开始下拉列表框中选择值选项，并在其下的距离文本框中输入值 0，在极限区域的结束下拉列表框中选择值选项，在距离文本框中输入值 60，在布尔区域的下拉列表框中选择 求差 选项，采用系统默认的求差对象。单击< 确定 >按钮，完成拉伸特征1的创建。

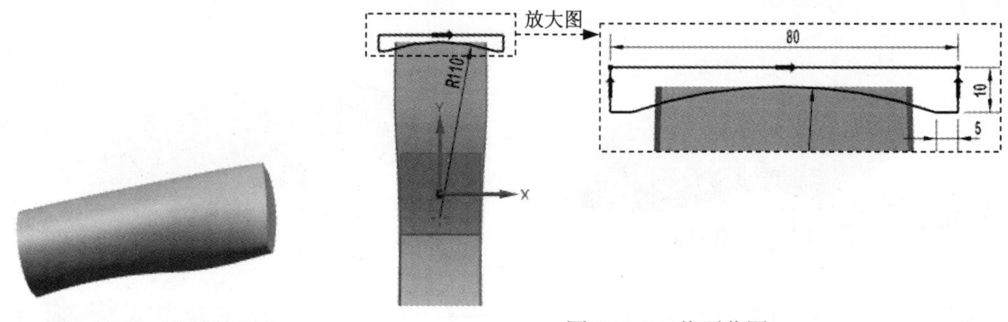

图31.2.25　拉伸特征1　　　　图31.2.26 截面草图

Step21. 创建图31.2.27所示的边倒圆特征1。选择下拉菜单插入(S) → 细节特征(L) → 边倒圆(E)...命令，在要倒圆的边区域中单击按钮，选择图31.2.27所示的边链为边倒圆参照，并在半径 1文本框中输入值5.5。单击< 确定 >按钮，完成边倒圆特征1的创建。

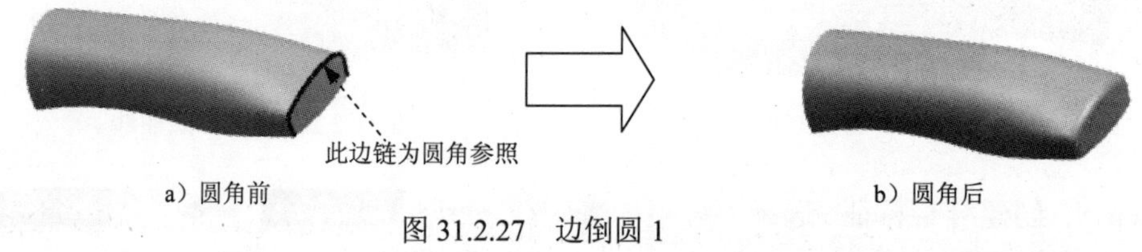

a）圆角前　　　　b）圆角后

图31.2.27　边倒圆1

Step22. 创建图31.2.28所示的基准平面3。在类型下拉列表框中选择 按某一距离 选项，在绘图区选取YZ基准平面，输入偏移值15。单击< 确定 >按钮，完成基准平面3的创建。

Step23. 创建图31.2.29所示的基准平面4。在类型下拉列表框中选择 按某一距离 选项，在绘图区选取XY基准平面，输入偏移值22，然后单击“反向”按钮。单击< 确定 >按钮，完成基准平面4的创建。

图31.2.28　基准平面3

图31.2.29　基准平面4

Step24. 创建图31.2.30所示的回转特征1。选择插入(S) → 设计特征(E) → 回转(R)...命令，单击截面区域中的按钮，在绘图区选取基准平面3为草图平面，绘制图31.2.31所示的截面草图。在绘图区中选取图31.2.31所示的直线为旋转轴。在“回转”

对话框的极限区域的开始下拉列表框中选择值选项，并在角度文本框中输入值 0，在结束下拉列表框中选择值选项，并在角度文本框中输入值 360；在布尔区域的下拉列表框中选择求和选项，采用系统默认的求和对象。单击< 确定 >按钮，完成回转特征 1 的创建。

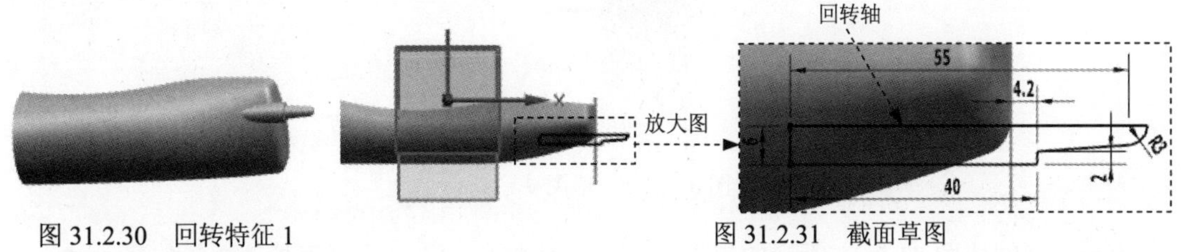

图 31.2.30 回转特征 1

图 31.2.31 截面草图

Step25. 创建图 31.2.32 所示的边倒圆特征 2。选择图 31.2.32 所示的边链为边倒圆参照，并在半径 1文本框中输入值 2。单击< 确定 >按钮，完成边倒圆特征 2 的创建。

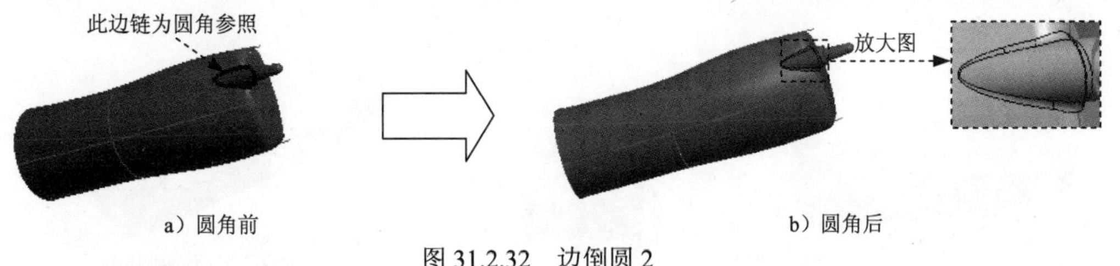

图 31.2.32 边倒圆 2

Step26. 创建图 31.2.33 所示的草图 8。选择下拉菜单插入(S) → 任务环境中的草图(S)... 命令；选取基准平面 1 为草图平面；进入草图环境，绘制图 31.2.33 所示的草图 8。绘制完成后，单击完成草图按钮，完成草图 8 的创建。

图 31.2.33 草图 8

Step27. 创建图 31.2.34 所示的草图 9。选择下拉菜单插入(S) → 任务环境中的草图(S)... 命令；选取基准平面 XY 为草图平面；进入草图环境，绘制图 31.2.34 所示的草图 9。绘制完成后，单击完成草图按钮，完成草图 9 的创建。

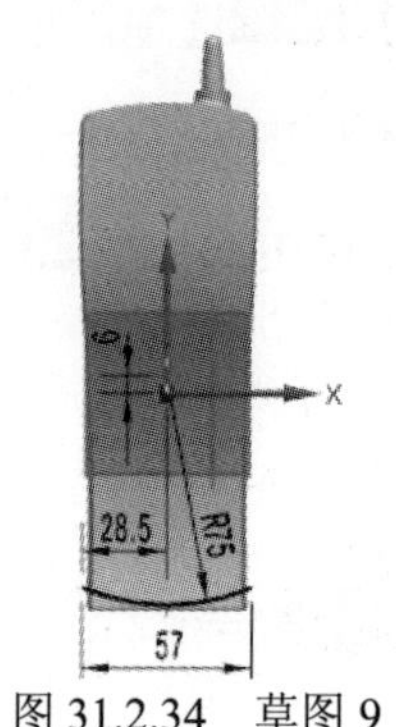

图 31.2.34 草图 9

Step28. 创建图 31.2.35 所示的零件特征——网格曲面 3。选择下拉菜单插入(S) → 网格曲面(M) → 通过曲线组(T)...命令；依次选取图 31.2.36 所示的曲线 1、曲线 2，并分别单击中键确认；单击< 确定 >按钮，完成网格曲面 3 的创建。

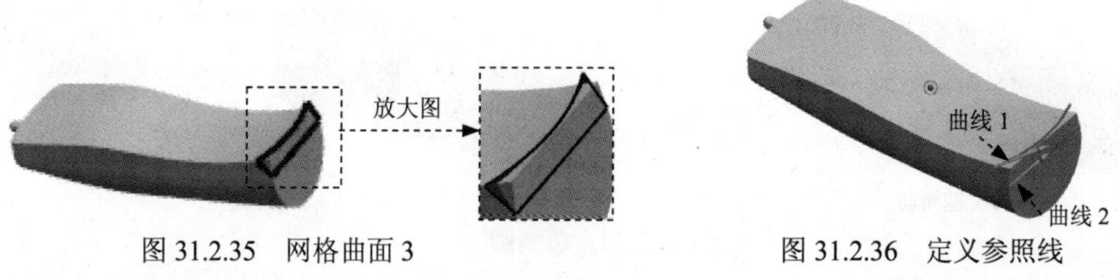

图 31.2.35 网格曲面 3　　图 31.2.36 定义参照线

Step29. 创建图 31.2.37 所示的修剪特征 1。选择下拉菜单插入(S) → 修剪(T) → 修剪体(T)...命令，在绘图区选取图 31.2.38 所示的为目标体，单击中键；选取图 31.2.35 所示的网格曲面 3 特征为工具体，单击中键，通过调整方向确定要保留的部分，单击确定按钮，完成修剪特征 1 的创建。

图 31.2.37 修剪特征 1

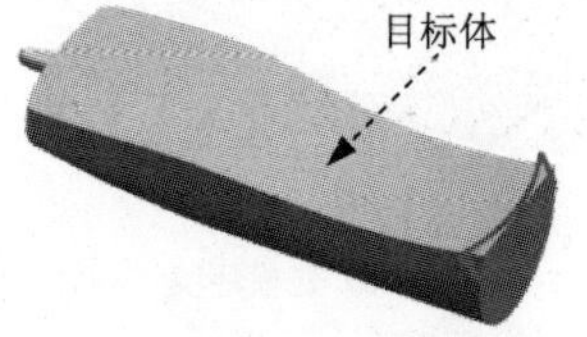

图 31.2.38 定义目标体

Step30. 创建图 31.2.39 所示的基准平面 5。在类型下拉列表框中选择按某一距离选项，在绘图区选取 XY 基准平面，输入偏移值 5。单击< 确定 >按钮，完成基准平面 5 的创建。

Step31. 创建图 31.2.40 所示的基准平面 6。在类型下拉列表框中选择按某一距离选项，在绘图区选取 XY 基准平面，输入偏移值 2.5。点击按钮，单击< 确定 >按钮，完成基准平面 6 的创建。

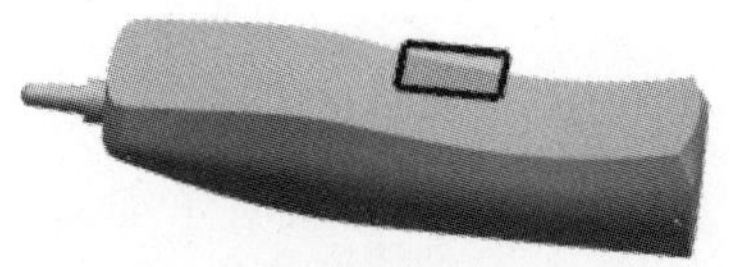
图 31.2.39 基准平面 5

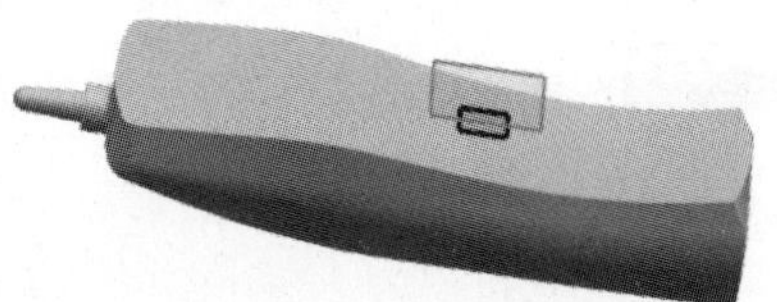
图 31.2.40 基准平面 6

Step32. 创建图 31.2.41 所示的基准平面 7。在类型下拉列表框中选择按某一距离选项，在绘图区选取 XY 基准平面，输入偏移值 40。单击<确定>按钮，完成基准平面 7 的创建。

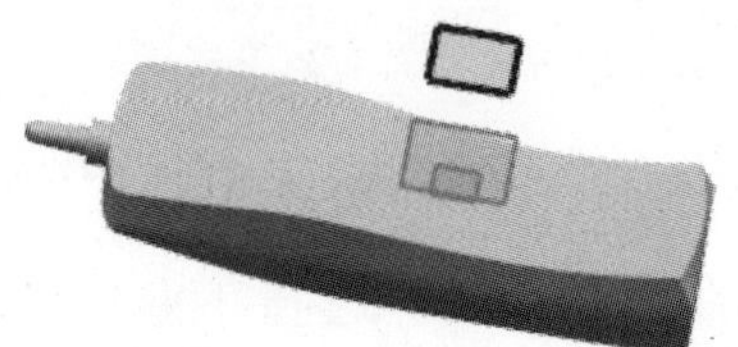
图 31.2.41 基准平面 7

Step33. 创建图 31.2.42 所示的回转特征 2。选择插入(S) → 设计特征(E) → 回转(R)...命令，单击截面区域中的按钮，在绘图区选取基准平面 YZ 为草图平面，绘制图 31.2.43 所示的截面草图。在绘图区中选取图 31.2.43 所示的直线为旋转轴。在“回转”对话框的极限区域的开始下拉列表框中选择值选项，并在角度文本框中输入值 0，在结束下拉列表框中选择值选项，并在角度文本框中输入值 360；在布尔区域的下拉列表框中选择求差选项，采用系统默认的求差对象。单击<确定>按钮，完成回转特征 2 的创建。

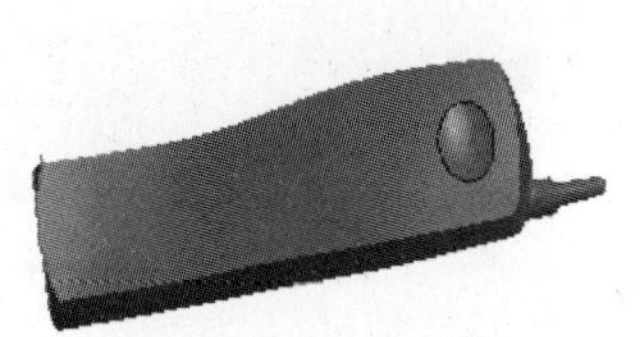
图 31.2.42 回转特征 2

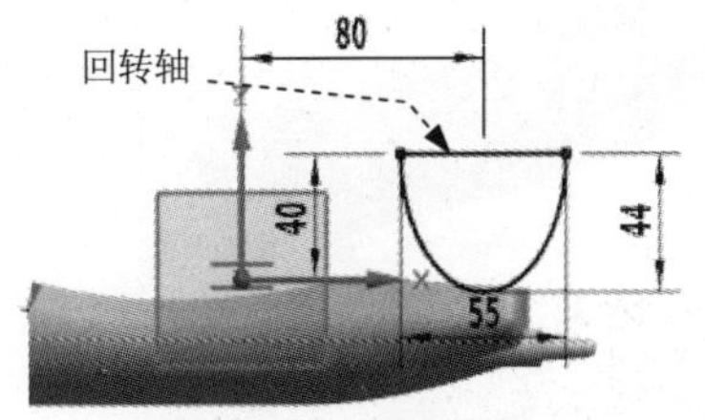

图 31.2.43 截面草图

Step34. 创建图 31.2.44 所示的零件基础特征——拉伸 2。选择下拉菜单插入(S) → 设计特征(E) → 拉伸(E)...命令，系统弹出“拉伸”对话框。选取基准平面 5 为草图平面，取消选中设置区域的□创建中间基准 CSYS 复选框，绘制图 31.2.45 所示的截面草图；在指定矢量下拉列表中选择-ZC选项；在极限区域的开始下拉列表框中选择值选项，并在其下的距离文本框中输入值 0，在极限区域的结束下拉列表框中选择直至选定对象选项（拉伸时基准平面

6 为直至选定对象)，在布尔区域的下拉列表框中选择求差选项，采用系统默认的求差对象。单击确定按钮，完成拉伸特征 2 的创建。

图 31.2.44　拉伸特征 2

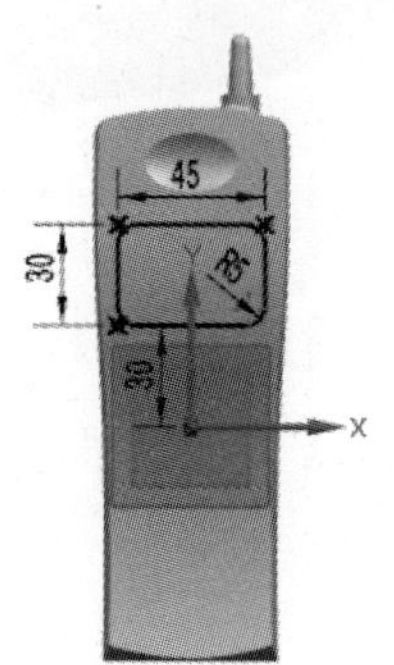

图 31.2.45　截面草图

Step35. 创建图 31.2.46 所示的拔模特征 1。选择下拉菜单插入(S) → 细节特征(L) → 拔模(T)命令，在脱模方向区域中指定矢量选择 Z 轴的正方向，在固定面选择图 31.2.47 所示的面为参照，在要拔模的面区域选择图 31.2.48 所示的面为参照，在并在角度 1文本框中输入值 30。单击< 确定 >按钮，完成拔模特征 1 的创建。

图 31.2.46 拔模特征 1

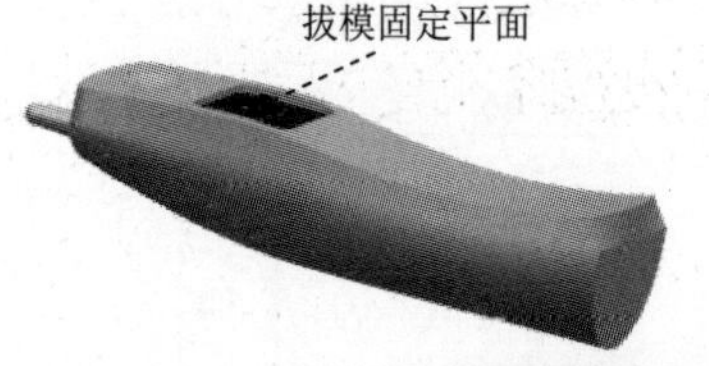

图 31.2.47　定义拔模固定面

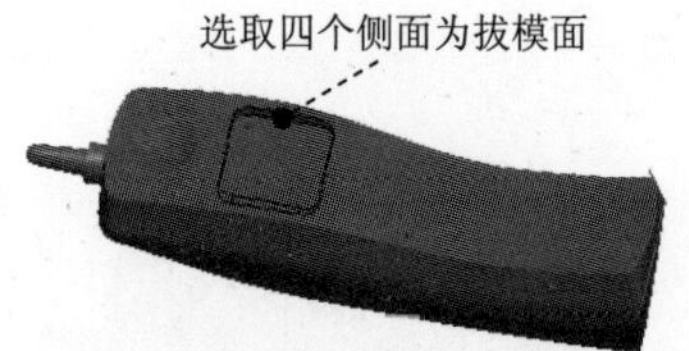

图 31.2.48　定义拔模面

Step36. 创建图 31.2.49 所示的边倒圆特征 3。选择图 31.2.49 所示的边链为边倒圆参照，并在半径 1文本框中输入值 1。单击< 确定 >按钮，完成边倒圆特征 3 的创建。

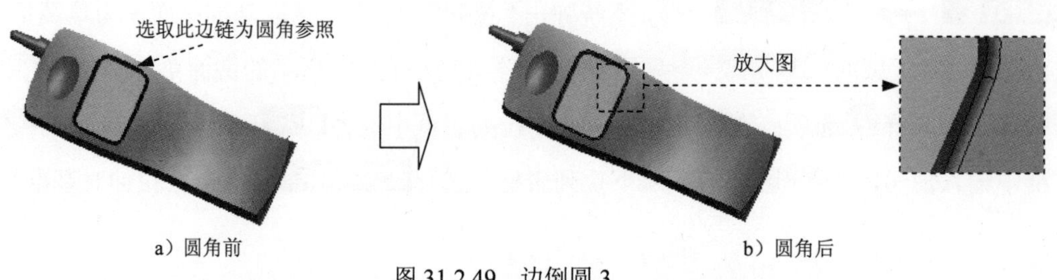

图 31.2.49　边倒圆 3

Step37. 创建图 31.2.50 所示的零件基础特征——拉伸 3。选择下拉菜单插入(S) → 设计特征(E) → 拉伸(E)...命令，系统弹出“拉伸”对话框。选取基准平面 YZ 为草图平面，绘制图 31.2.51 所示的截面草图；在指定矢量下拉列表中选择-XC选项；在极限区域的开始下拉列表框中选择对称值选项，并在其下的距离文本框中输入值 38，单击确定按钮，完成拉伸特征 3 的创建。

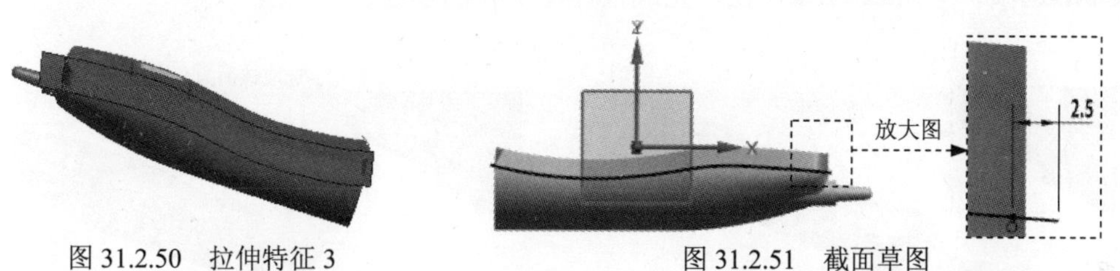

图 31.2.50 拉伸特征 3　　图 31.2.51 截面草图

Step38. 创建图 31.2.52 所示的回转特征 3。选择插入(S) → 设计特征(E) → 回转(R)...命令，单击截面区域中的按钮，在绘图区选取基准平面 YZ 为草图平面，绘制图 31.2.53 所示的截面草图。在绘图区中选取图 31.2.53 所示的直线为旋转轴。在“回转”对话框的极限区域的开始下拉列表框中选择值选项，并在角度文本框中输入值 0，在结束下拉列表框中选择值选项，并在角度文本框中输入值 360；在布尔区域的下拉列表框中选择求差选项，采用系统默认的求差对象。单击< 确定 >按钮，完成回转特征 3 的创建。

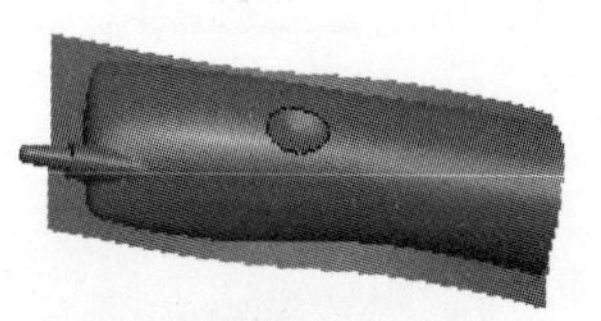

图 31.2.52 回转特征 3

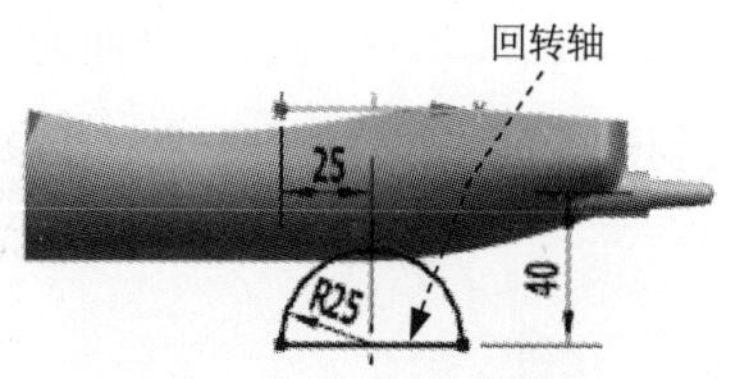

图 31.2.53 截面草图

Step39. 创建图 31.2.54 所示的基准平面 8。在类型下拉列表框中选择按某一距离选项，在绘图区选取基准平面 4，输入偏移值 25。单击< 确定 >按钮，完成基准平面 8 的创建。

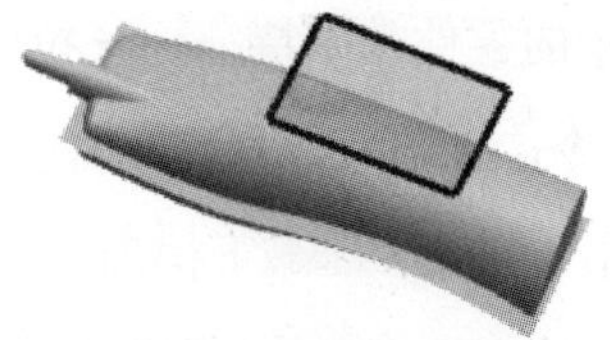

图 31.2.54 基准平面 8

Step40. 创建图 31.2.55 所示的零件基础特征——拉伸 4。选择下拉菜单 插入(S) → 设计特征(E) → 拉伸(E)... 命令，系统弹出“拉伸”对话框。选取图 31.2.56 所示的平面为草图平面，绘制图 31.2.57 所示的截面草图；在 指定矢量 下拉列表中选择 -YC 选项；在 极限 区域的 开始 下拉列表框中选择 值 选项，并在其下的 距离 文本框中输入值 0，在 结束 下拉列表框中选择 值 选项，并在其下的 距离 文本框中输入值 5，在 设置 区域中的 体类型 下拉列表中选择 图纸页 选项，单击 确定 按钮，完成拉伸特征 4 的创建。

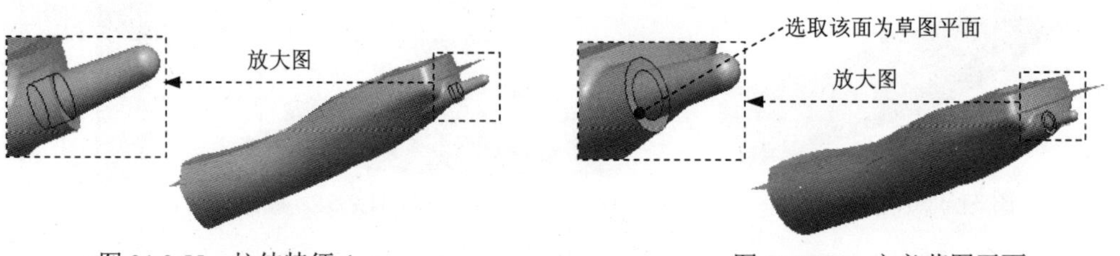

图 31.2.55 拉伸特征 4　　图 31.2.56 定义草图平面

图 31.2.57 截面草图

Step41. 创建图 31.2.58 所示的基准平面 9。在 类型 下拉列表框中选择 按某一距离 选项，在绘图区选取图 31.2.59 所示的平面为参照，输入偏移值 3。单击 < 确定 > 按钮，完成基准平面 9 的创建。

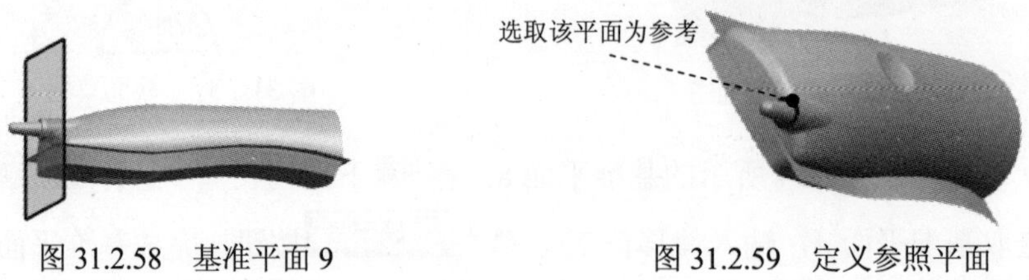

图 31.2.58 基准平面 9　　图 31.2.59 定义参照平面

Step42. 创建图 31.2.60 所示的零件基础特征——拉伸 5。选择下拉菜单 插入(S) → 设计特征(E) → 拉伸(E)... 命令，系统弹出“拉伸”对话框。选取基准平面 4 为草图平面，绘制图 31.2.61 所示的截面草图；在 指定矢量 下拉列表中选择 ZC 选项；在 极限 区域的 开始 下拉列表框中选择 对称值 选项，并在其下的 距离 文本框中输入值 30，在 设置 区域中的 体类型 下拉列表中选择 图纸页 选项，单击 确定 按钮，完成拉伸特征 5 的创建。

图 31.2.60 拉伸特征 5

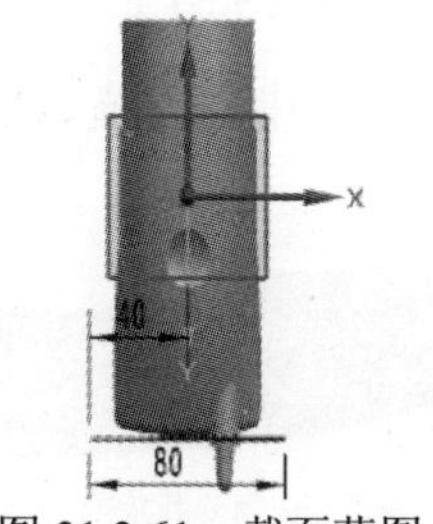

图 31.2.61 截面草图

Step43. 创建图 31.2.62 所示的修剪特征 2。选择下拉菜单 插入(S) → 修剪(T) → 修剪与延伸(N)... 命令，在 类型 下拉列表中选择 制作拐角 选项，选取图 31.2.60 所示的拉伸特征 5 为目标体，选取图 31.2.55 所示拉伸特征 4 特征为工具体。调整方向作为要保留的部分，单击 < 确定 > 按钮，完成修剪特征 2 的创建。

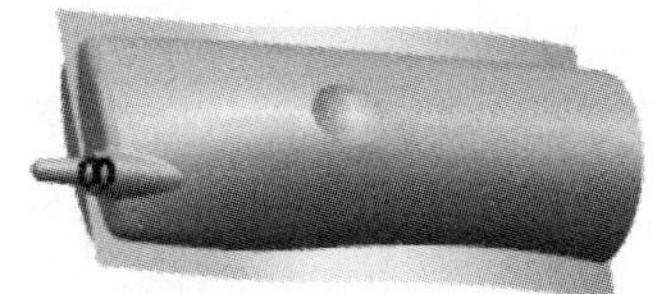
图 31.2.62 修剪特征 2

Step44. 创建图 31.2.63 所示的边倒圆特征 4。选择图 31.2.63 所示的边链为边倒圆参照，并在 半径 1 文本框中输入值 6。单击 < 确定 > 按钮，完成边倒圆特征 4 的创建。

Step45. 创建图 31.2.64 所示的边倒圆特征 5。选择图 31.2.64 所示的边链为边倒圆参照，并在 半径 1 文本框中输入值 3。单击 < 确定 > 按钮，完成边倒圆特征 5 的创建。

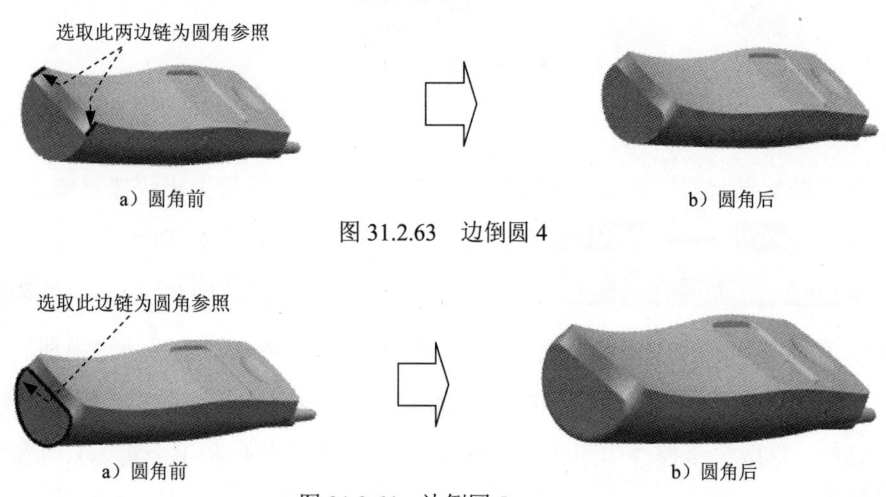

a）圆角前　　b）圆角后
图 31.2.63 边倒圆 4

a）圆角前　　b）圆角后
图 31.2.64 边倒圆 5

Step46. 创建图 31.2.65 所示的边倒圆特征 6。选择图 31.2.65 所示的边链为边倒圆参照，并在半径 1文本框中输入值 2.5。单击< 确定 >按钮，完成边倒圆特征 6 的创建。

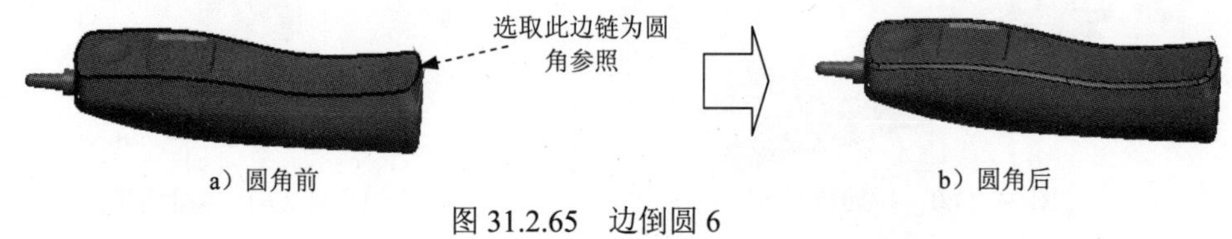

图 31.2.65 边倒圆 6

Step47. 保存零件模型。选择下拉菜单文件(F) ⟶ 保存(S)命令，即可保存零件模型。

31.3 创建二级主控件 1

下面要创建的二级控件（SECOND01.PRT）是从一级控件（FIRST.PRT）中分割出来的一部分，它继承了一级控件的相应外观形状，同时它又作为控件模型为三级控件提供相应外观和尺寸。下面讲解二级控件的创建过程，零件模型及相应的模型树如图 31.3.1 所示。

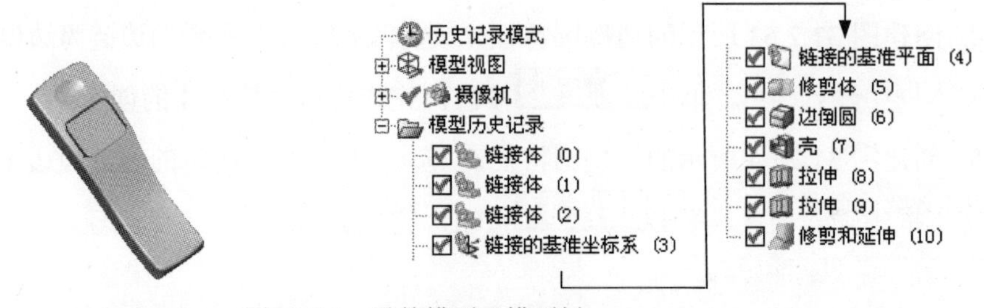

图 31.3.1 零件模型及模型树

Step1. 创建 SECOND01 层。

（1）在“装配导航器”窗口中的FIRST选项上右击，系统弹出快捷菜单（二），在此快捷菜单中选择WAVE ⟶ 新建级别命令，系统弹出“新建级别”对话框。单击“新建级别”对话框中的指定部件名按钮，在弹出的“选择部件名”对话框的文件名(N):文本框中输入文件名 SECOND01，单击OK按钮，系统再次弹出“新建级别”对话框。

（2）单击“新建级别”对话框中的类选择按钮，系统弹出“WAVE 组件间的复制”对话框，选取一级控件中图 31.3.2 所示的特征（2 个片体和 1 个实体）为参照，然后单击确定按钮，系统重新弹出“新建级别”对话框。在“新建级别”对话框中单击确定按钮，完成 SECOND01 层的创建。

（3）在“装配导航器”窗口中的☑ SECOND01选项上右击，系统弹出快捷菜单（三），在此快捷菜单中选择 设为显示部件 命令，对模型进行编辑。

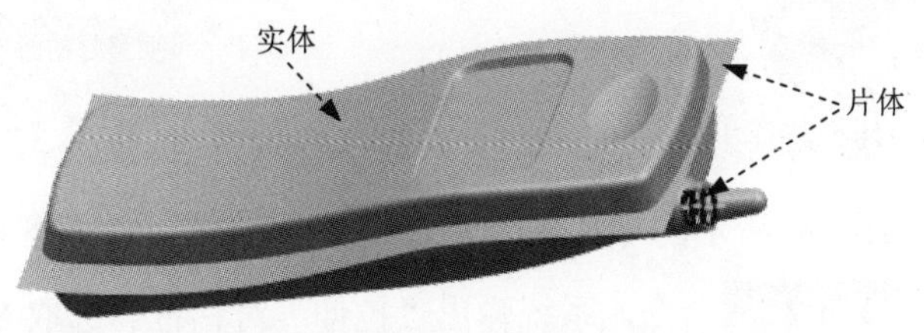

图 31.3.2　定义参照对象

Step2. 创建图 31.3.3 所示的零件特征——修剪体 1。选择下拉菜单 插入(S) → 修剪(T) ▸ → 修剪体(T)... 命令，在绘图区选取图 31.3.4 所示的为目标体，单击中键；选取图 31.3.4 所示的为工具体，单击中键，通过调整方向确定要保留的部分，单击 确定 按钮，完成修剪特征 1 的创建。（显示片体）

图 31.3.3　修剪特征 1

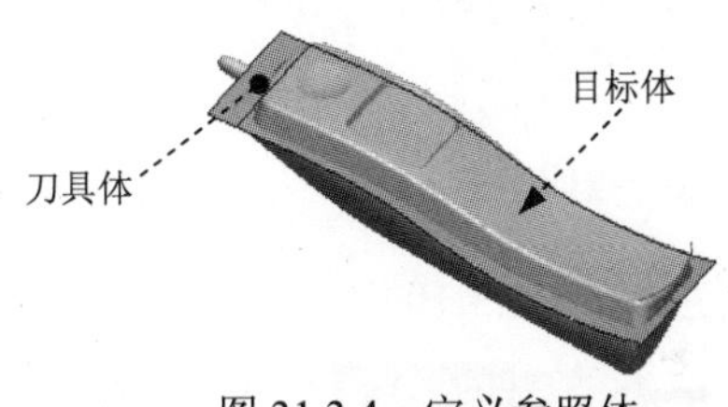

图 31.3.4　定义参照体

Step3. 创建图 31.3.5 所示的边倒圆特征 1。选择下拉菜单 插入(S) → 细节特征(L) ▸ → 边倒圆(E)... 命令，在 要倒圆的边 区域中单击 按钮，选择图 31.3.5 所示的边链为边倒圆参照，并在 半径 1 文本框中输入值 5。单击 < 确定 > 按钮，完成边倒圆特征 1 的创建。

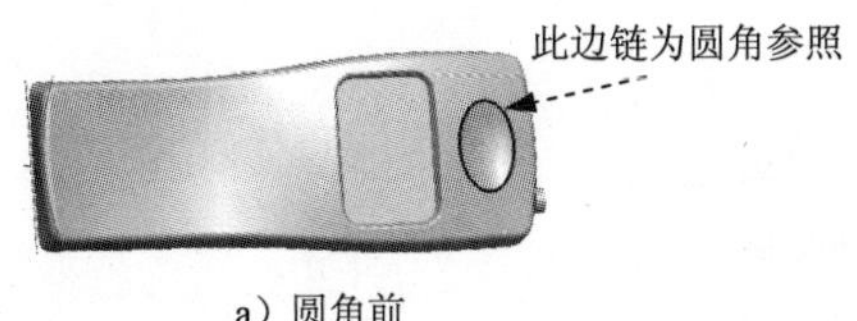

a）圆角前

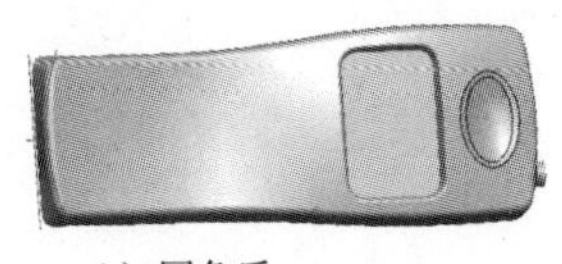

b）圆角后

图 31.3.5　边倒圆 1

Step4. 创建图 31.3.6 所示的抽壳特征 1。选择下拉菜单 插入(S) → 偏置/缩放(O) ▸ → 抽壳(H)... 命令，在 类型 区域的下拉列表框中选择 移除面，然后抽壳 选项，在 面 区域中单击 按钮，选取图 31.3.7 所示的曲面为要移除的对象。在 厚度 文本框中输入值 1.5，在 备选厚度 区域单击“抽壳设置”按钮，选取图 31.3.6 所示面为参照，在 厚度 1 文本框中输入值 2.5，其他参数采用系统默认设置值，单击 < 确定 > 按钮，完成面抽壳特征 1 的创建。

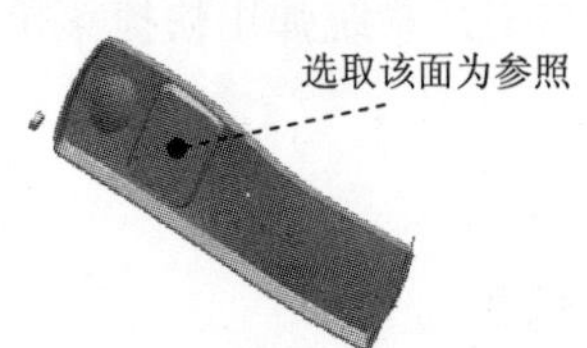

图 31.3.6 抽壳特征 1

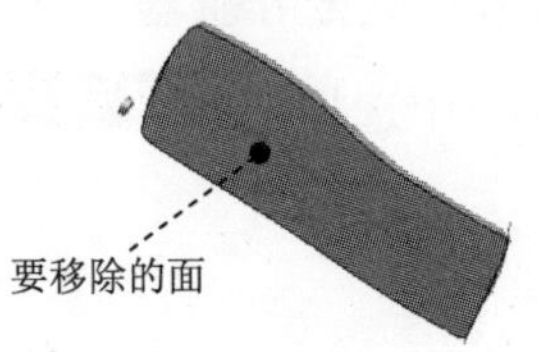

图 31.3.7 定义移除面

Step5. 创建图 31.3.8 所示的零件基础特征——拉伸 1。选择下拉菜单 插入(S) → 设计特征(E) → 拉伸(E)... 命令，系统弹出“拉伸”对话框。选取 YZ 基准平面为草图平面，绘制图 31.3.9 所示的截面草图；在 指定矢量 下拉列表中选择 XC 选项，在 极限 区域的 开始 下拉列表框中选择 对称值 选项，并在其下的 距离 文本框中输入值 25，在 设置 区域中的 体类型 下拉列表中选择 图纸页 选项，单击 < 确定 > 按钮，完成拉伸特征 1 的创建。

图 31.3.8 拉伸特征 1

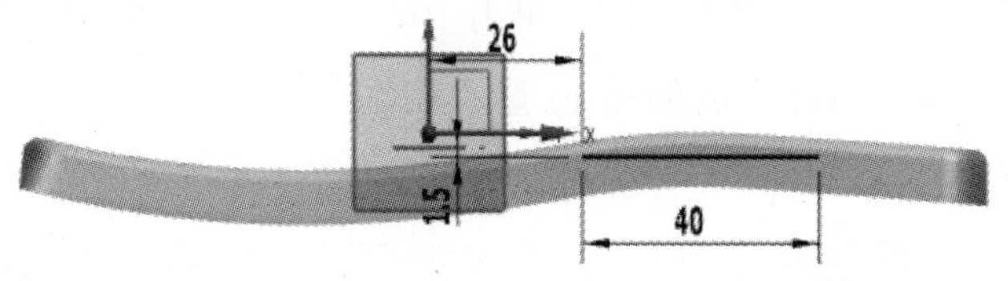

图 31.3.9 截面草图

Step6. 创建图 31.3.10 所示的零件基础特征——拉伸 2。选择下拉菜单 插入(S) → 设计特征(E) → 拉伸(E)... 命令，系统弹出“拉伸”对话框。选取图 31.3.11 所示的平面为草图平面，绘制图 31.3.12 所示的截面草图；在 指定矢量 下拉列表中选择 ZC 选项；在 极限 区域的 开始 下拉列表框中选择 直至延伸部分 选项，选取上一步创建的拉伸特征 1 为参照。在 极限 区域的 结束 下拉列表框中选择 值 选项，并在其下的 距离 文本框中输入值 5，在 设置 区域中的 体类型 下拉列表中选择 图纸页 选项，单击 确定 按钮，完成拉伸特征 2 的创建。

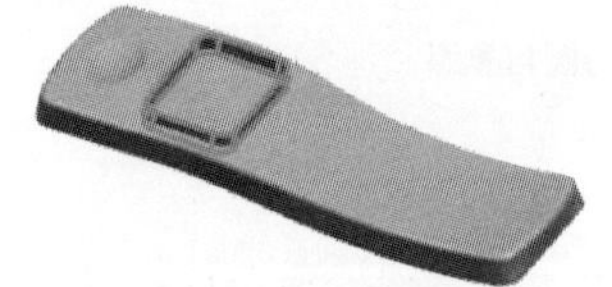

图 31.3.10 拉伸特征 2

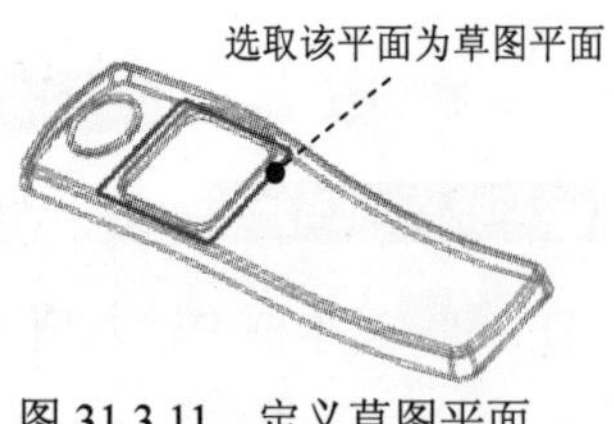

图 31.3.11 定义草图平面

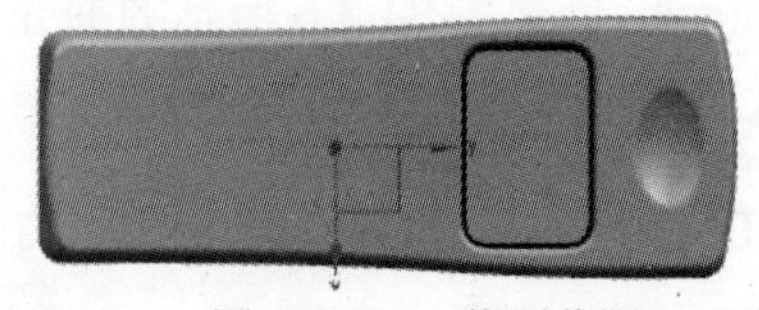

图 31.3.12 截面草图

Step7. 创建图 31.3.13 所示的修剪特征 2。选择下拉菜单 插入(S) → 修剪(T) → 修剪与延伸(N)... 命令，在 类型 下拉列表中选择 制作拐角 选项，选取图 31.3.8 所示的拉伸特征 1 为目标体，选取图 31.3.13 所示拉伸特征 2 特征为工具体。调整方向作为保留的部分，单击 < 确定 > 按钮，完成修剪特征 2 的创建。

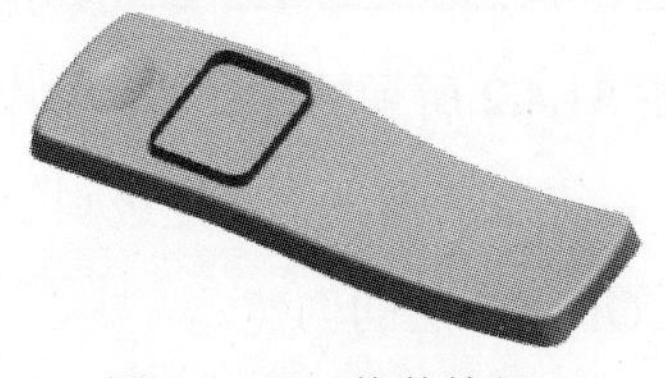

图 31.3.13 修剪特征 2

Step8. 保存零件模型。选择下拉菜单 文件(F) → 保存(S) 命令，即可保存零件模型。

31.4 创建二级主控件 2

下面要创建的二级控件（SECOND02.PRT）是从一级控件（FIRST.PRT）中分割出来的一部分，它继承了一级控件的相应外观形状，同时它又作为控件模型为三级控件提供相应外观和尺寸。下面讲解二级控件的创建过程，零件模型及相应的模型树如图 31.4.1 所示。

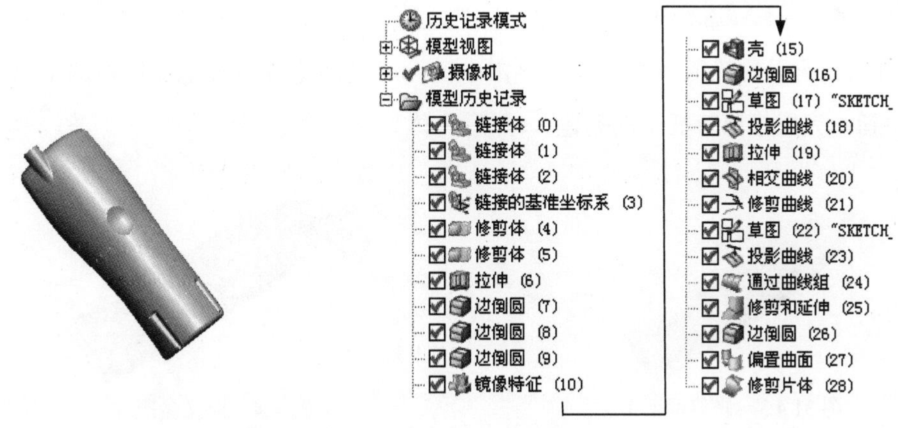

图 31.4.1 二级主控件及模型树

Step1. 创建 SECOND02 层。

（1） 在“装配导航器”窗口中的 SECOND01 选项上右击，系统弹出快捷菜单（一），在此快捷菜单中选择 显示父项 → FIRST 选项，并设为工作部件并将 SECOND01 隐藏。

说明： 为了在创建下一级别选取方便，将图形中的草图、曲线和基准平面隐藏。

（2）在“装配导航器”窗口中的☑ FIRST选项上右击，系统弹出快捷菜单（二），在此快捷菜单中选择WAVE ▸ ➡ 新建级别命令，系统弹出“新建级别”对话框。单击“新建级别”对话框中的指定部件名按钮，在弹出的“选择部件名”对话框的文件名(N):文本框中输入文件名 SECOND02，单击OK按钮，系统再次弹出“新建级别”对话框。

（3）单击“新建级别”对话框中的类选择按钮，系统弹出“WAVE 组件间的复制”对话框，选取一级控件中图 31.4.2 所示的特征（2 个片体和 1 个实体）和基准坐标系为参照，然后单击确定按钮，系统重新弹出“新建级别”对话框。在“新建级别”对话框中单击确定按钮，完成 SECOND02 层的创建。

（4）在“装配导航器”窗口中的☑ SECOND02选项上右击，系统弹出快捷菜单（三），在此快捷菜单中选择设为显示部件命令，对模型进行编辑。

图 31.4.2　定义参照对象

Step2. 创建图 31.4.3 所示的零件特征——修剪体 1。选择下拉菜单插入(S) ➡ 修剪(T) ▸ ➡ 修剪体(T)...命令，在绘图区选取图 31.4.4 所示的特征为目标体，单击中键；选取图 31.4.4 所示的特征为工具体，单击中键，通过调整方向确定要保留的部分，单击确定按钮，完成修剪特征 1 的创建。（显示片体）

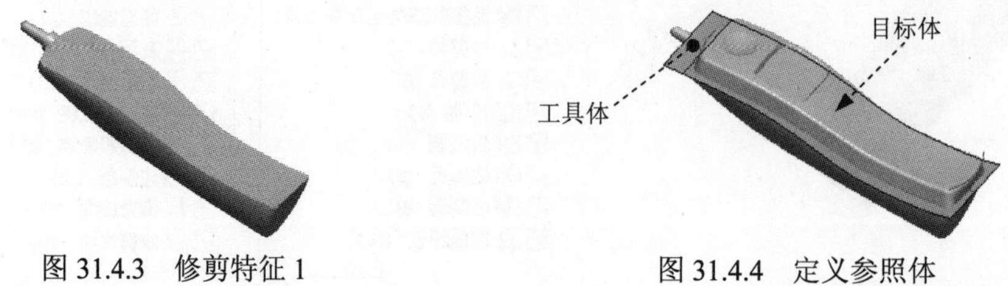

图 31.4.3　修剪特征 1　　　　图 31.4.4　定义参照体

Step3. 创建图 31.4.5 所示的零件特征——修剪体 2。选择下拉菜单插入(S) ➡ 修剪(T) ▸ ➡ 修剪体(T)...命令，在绘图区选取图 31.4.6 所示的为目标体，单击中键；选取图 31.4.6 所示的特征为工具体，单击中键，通过调整方向确定要保留的部分，单击确定按钮，完成修剪特征 2 的创建。

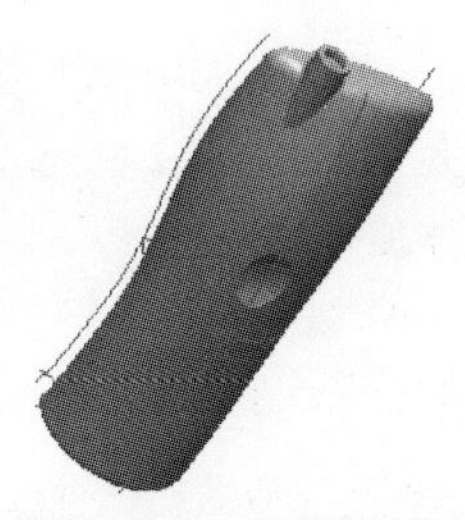

图 31.4.5 修剪特征 2

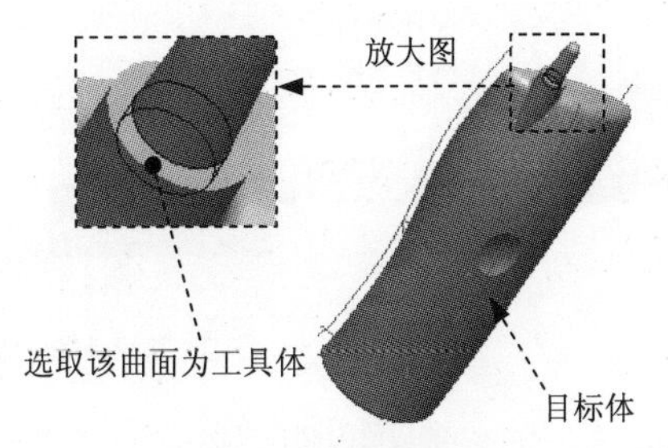

图 31.4.6 定义参照体

Step4. 创建图 31.4.7 所示的零件基础特征——拉伸 1。选择下拉菜单 插入(S) → 设计特征(E) → 拉伸(E)... 命令，系统弹出“拉伸”对话框。选取图 31.4.8 所示的平面为草图平面，选中设置区域的 ☑ 创建中间基准 CSYS 复选框，绘制图 31.4.9 所示的截面草图；在 指定矢量下拉列表中选择 YC 选项，在极限区域的开始下拉列表框中选择 值 选项，并在其下的距离文本框中输入值 0，在极限区域的结束下拉列表框中选择 值 选项，并在其下的距离文本框中输入值 30，在布尔区域的下拉列表框中选择 求差 选项，选取修剪的实体为求差对象。单击 < 确定 > 按钮，完成拉伸特征 1 的创建。

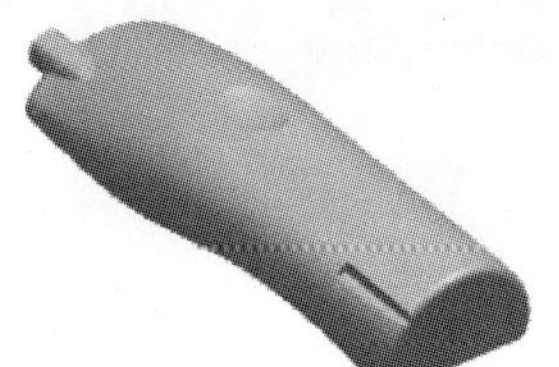

图 31.4.7 拉伸特征 1

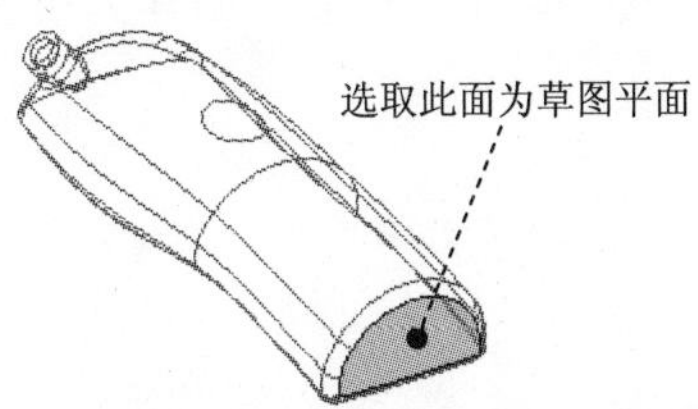

图 31.4.8 定义草图平面

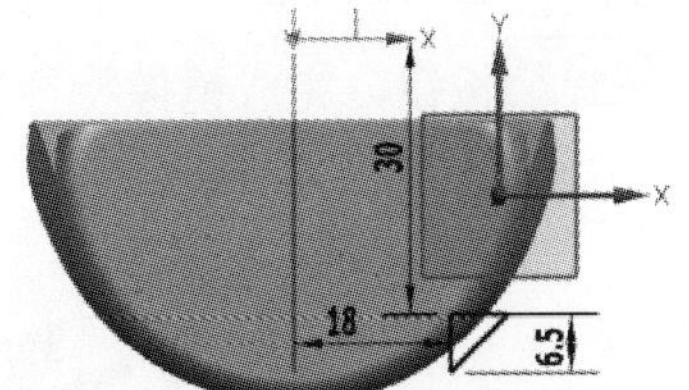

图 31.4.9 截面草图

Step5. 创建图 31.4.10 所示的边倒圆特征 1。选择下拉菜单 插入(S) → 细节特征(L) ▸ → 边倒圆(E)... 命令，在要倒圆的边区域中单击 按钮，选择图 31.4.10 所示的边链为边倒圆参照，并在半径 1 文本框中输入值 1。单击 < 确定 > 按钮，完成边倒圆特征 1 的创建。

Step6. 创建图 31.4.11 所示的边倒圆特征 2。选择图 31.4.11 所示的边链为边倒圆参照，并在半径 1 文本框中输入值 0.5。单击 < 确定 > 按钮，完成边倒圆特征 2 的创建。

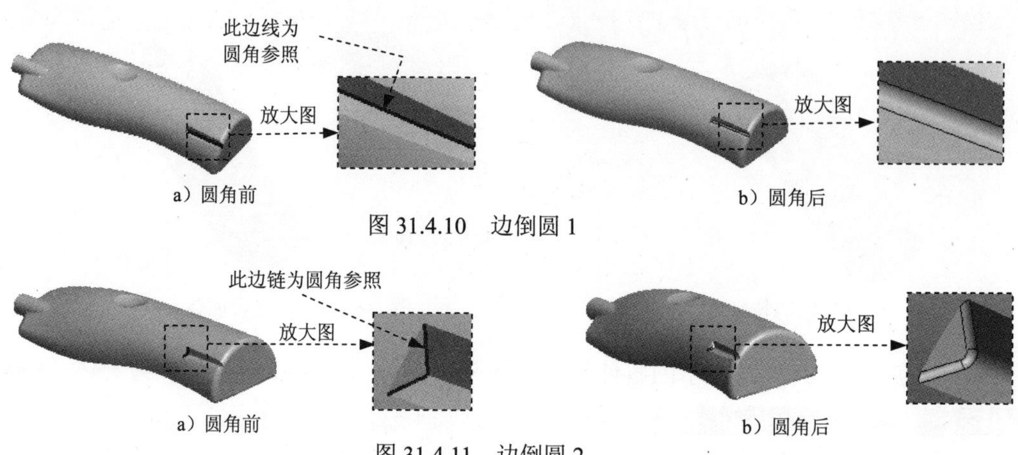

图 31.4.10 边倒圆 1

图 31.4.11 边倒圆 2

Step7. 创建图 31.4.12 所示的边倒圆特征 3。选择图 31.4.12 所示的边链为边倒圆参照，并在半径 1文本框中输入值 2。单击< 确定 >按钮，完成边倒圆特征 3 的创建。

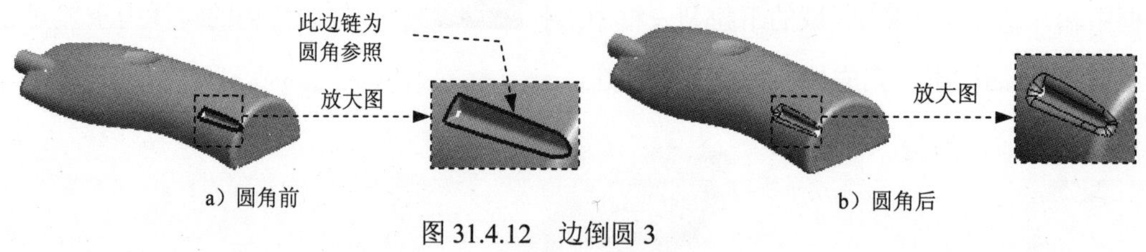

图 31.4.12 边倒圆 3

Step8. 创建图 31.4.13 所示的零件特征——镜像 1。选择下拉菜单插入(S) ➡ 关联复制(A) ➡ 镜像特征(M)...命令，在绘图区中选取前面 Step4~ Step7 所做的特征为要镜像的特征。在镜像平面区域中单击按钮，在绘图区中选取 YZ 基准平面作为镜像平面。单击< 确定 >按钮，完成镜像特征 1 的创建。

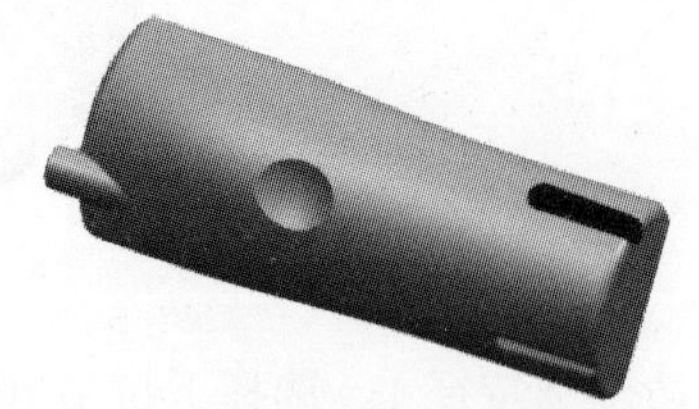

图 31.4.13 镜像 1

Step9. 创建图 31.4.14 所示的抽壳特征 1。选择下拉菜单插入(S) ➡ 偏置/缩放(O) ➡ 抽壳(H)...命令，在类型区域的下拉列表框中选择移除面，然后抽壳选项，在面区域中单击按钮，选取图 31.4.15 所示的曲面为要移除的对象。在厚度文本框中输入值 1，其他采用系统默认设置，单击< 确定 >按钮，完成面抽壳特征 1 的创建。

Step10. 创建图 31.4.16 所示的边倒圆特征 4。选择图 31.4.16 所示的边链为边倒圆参照，并在半径 1文本框中输入值 1。单击< 确定 >按钮，完成边倒圆特征 4 的创建。

图 31.4.14 抽壳特征 1

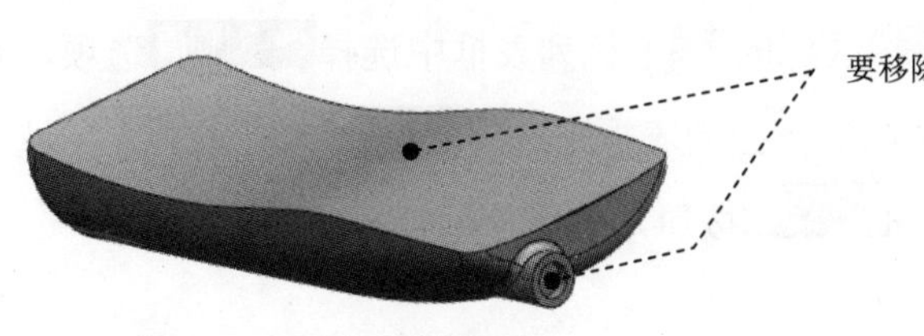

图 31.4.15 定义移除面

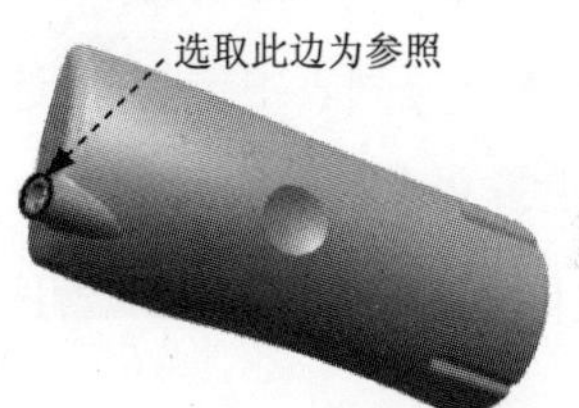

图 31.4.16 边倒圆 4

Step11. 创建图 31.4.17 所示的草图 1。选择下拉菜单插入(S) → 任务环境中的草图(S)...命令；选取基准平面 XY 为草图平面；进入草图环境绘制。绘制完成后单击完成草图按钮，完成草图特征 1 的创建。

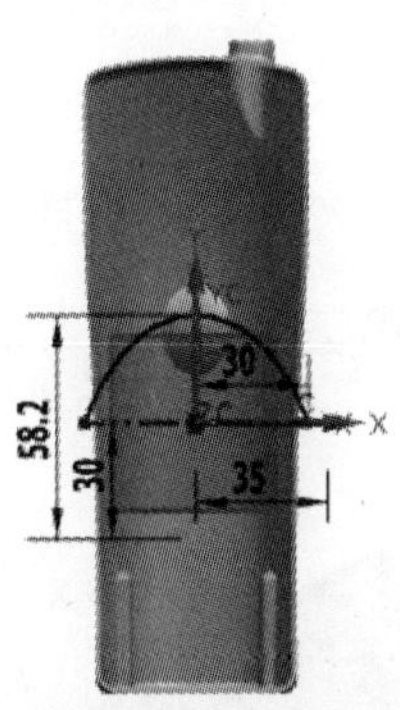

图 31.4.17 草图 1

Step12. 创建图 31.4.18 所示零件特征——投影 1。选择下拉菜单插入(S) → 来自曲线集的曲线(F) → 投影(P)...命令；在要投影的曲线或点区域选择图 31.4.18 所示的曲线为要投影的曲线，选取图 31.4.19 所示的面为投影面；在投影方向的方向下拉列表框中选择沿矢量选项，在指定矢量选择-ZC 方向，其他采用系统默认设置，单击< 确定 >按钮，完成投影特征 1 的创建。

图 31.4.18 投影特征 1

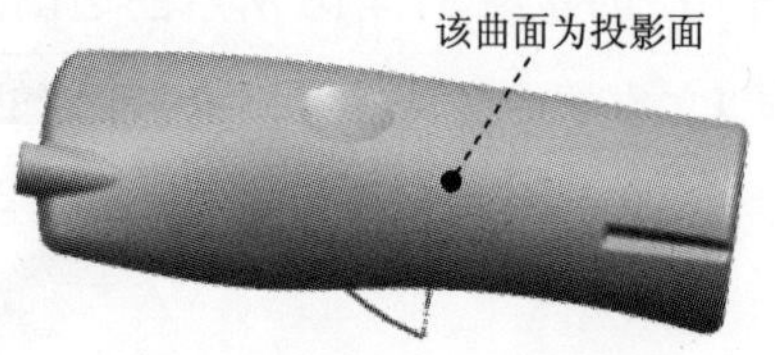

图 31.4.19 定义投影面

Step13. 创建图 31.4.20 所示的零件基础特征——拉伸 2。选择下拉菜单插入(S) → 设计特征(E) → 拉伸(E)...命令，系统弹出“拉伸”对话框。选取 YZ 基准平面为草图平面，取消选中设置区域的□创建中间基准 CSYS复选框，绘制图 31.4.21 所示的截面草图；在指定矢量下拉列表中选择XC选项；在极限区域的开始下拉列表框中选择对称值选项，并在其下的距离文本框中输入值 35，在布尔区域的下拉列表框中选择无选项，在设置区域中的体类型下拉列表中选择图纸页选项，单击确定按钮，完成拉伸特征 2 的创建。

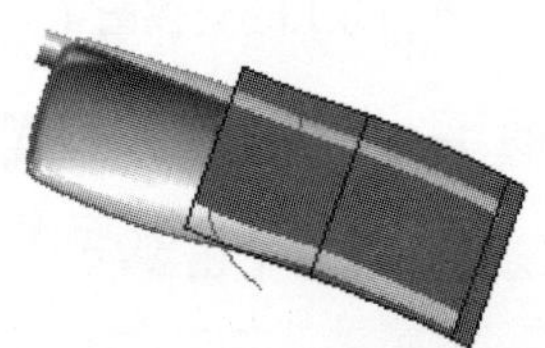

图 31.4.20 拉伸特征 2

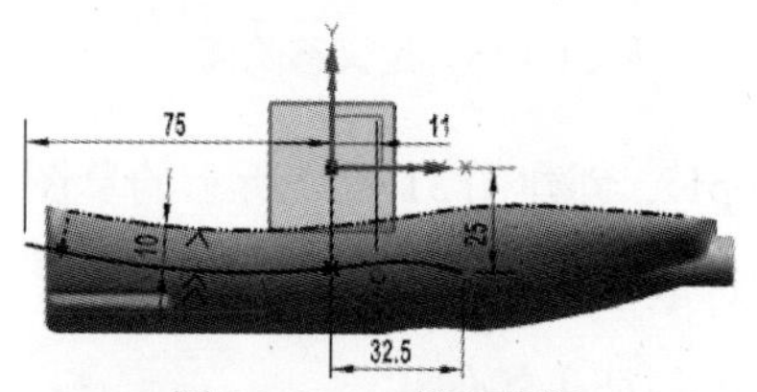

图 31.4.21 截面草图

Step14. 创建图 31.4.22 所示的零件特征——相交曲线 1。选择下拉菜单插入(S) → 来自体的曲线(U) → 求交(I)...命令，在绘图区中选取图 31.4.23 所示的曲面为第一组面，单击中键，选取图 31.4.23 所示的曲面为第二组面，单击确定按钮，完成相交曲线 1 的创建。

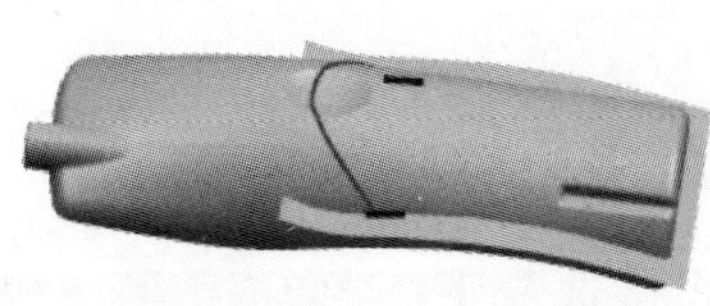

图 31.4.22 相交曲线 1

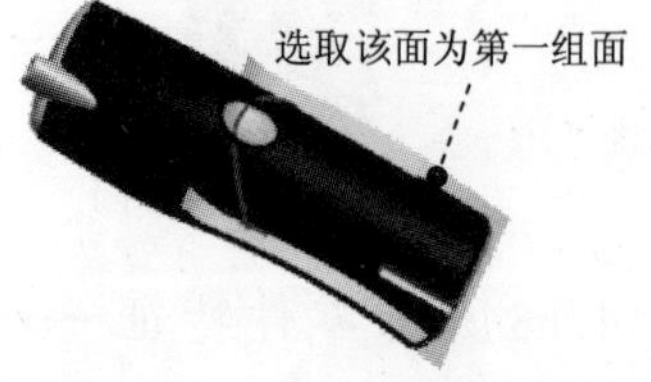

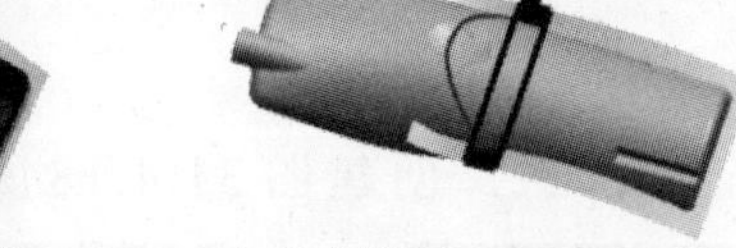

图 31.4.23 定义参照面

Step15. 创建图 31.4.24 所示的零件特征——修剪曲线。选择下拉菜单编辑(E) → 曲线(V) → 修剪(T)命令，在绘图区中选取图 31.4.25 所示的曲线为要修剪的曲线，单击中键，选取图 31.4.25 所示的曲线为边界对象 1，单击中键，选取图 31.4.25 所示的曲线为边界对象 2。在设置区域曲线修剪区域的下拉列表中选择外部选项。单击确定按钮，完成修剪曲线的创建。

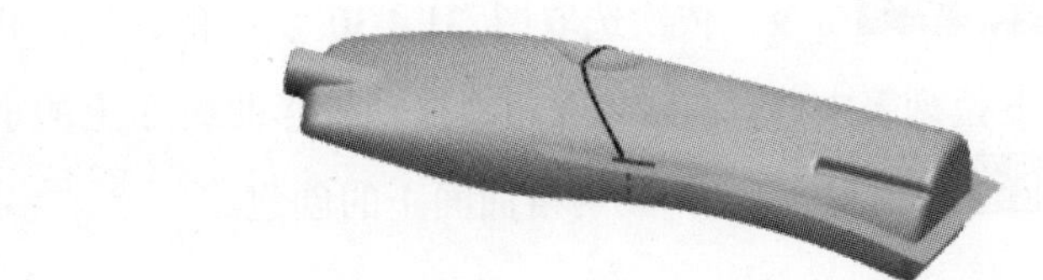

图 31.4.24 修剪曲线

图 31.4.25 定义参照线

Step16. 创建图 31.4.26 所示的草图 2。选择下拉菜单 插入(S) → 任务环境中的草图(S)... 命令；选取基准平面 XY 为草图平面；进入草图环境绘制。绘制完成后单击 完成草图 按钮，完成草图特征 2 的创建。

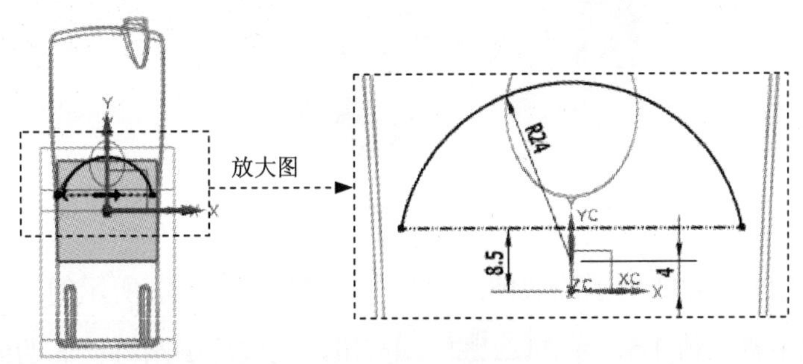

图 31.4.26 草图 2

Step17. 创建图 31.4.27 所示零件特征——投影 2。选择下拉菜单 插入(S) → 来自曲线集的曲线(F) → 投影(P)... 命令；在 要投影的曲线或点 区域选择图 31.4.27 所示的曲线为要投影的曲线，选取图 31.4.28 所示的面为投影面；在 投影方向 的 方向 下拉列表框中选择 沿面的法向 选项，其他采用系统默认设置，单击 < 确定 > 按钮，完成投影特征 2 的创建。

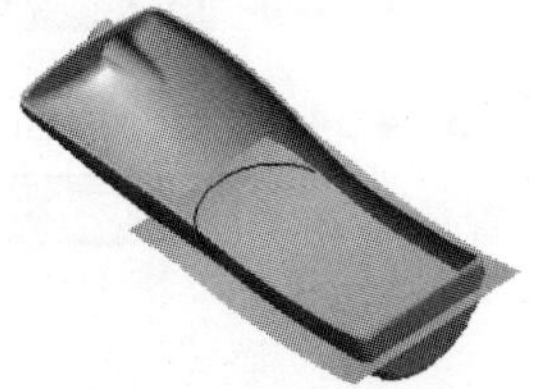

图 31.4.27 投影特征 2

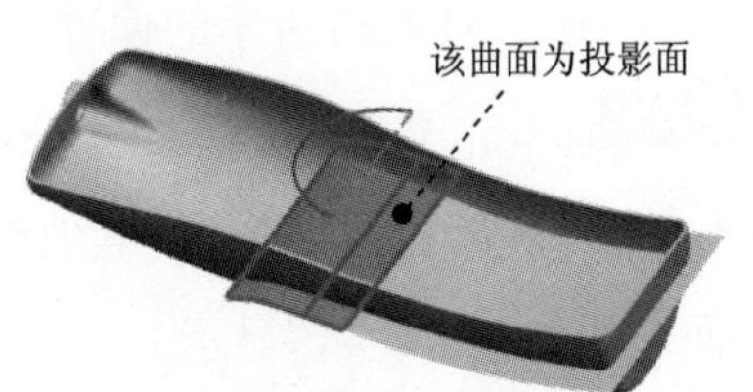

图 31.4.28 定义投影面

Step18. 创建图 31.4.29 所示的零件特征——网格曲面 1。选择下拉菜单插入(S) → 网格曲面(M) → 通过曲线组(T)...命令；依次选取图 31.4.30 所示的曲线，并分别单击中键确认；在对齐区域对齐的下拉列表中选择根据点选项（拖动投影曲线 2 上的小球到合适位置使曲面变的光滑）。单击< 确定 >按钮，完成网格曲面 1 的创建。

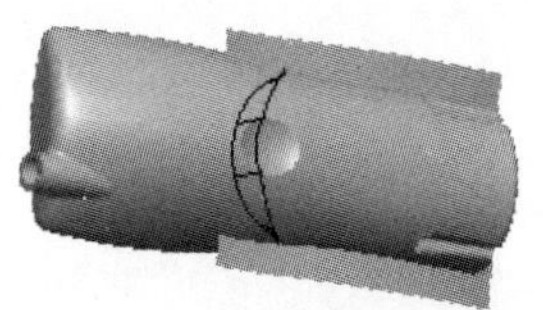
图 31.4.29 网格曲面 1

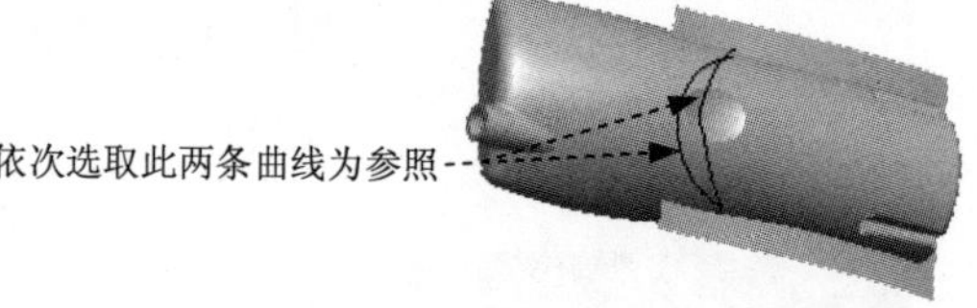

图 31.4.30 定义参照线

Step19. 创建图 31.4.31 所示的修剪特征 3。选择下拉菜单插入(S) → 修剪(T) → 修剪与延伸(N)...命令，在类型下拉列表中选择制作拐角选项，选取图 31.4.20 所示的拉伸特征 2 为目标体，选取图 31.4.29 所示网格曲面 1 特征为工具体。调整方向作为保留的部分，单击< 确定 >按钮，完成修剪特征 3 的创建。（实体已隐藏）

图 31.4.31 修剪特征 3

Step20. 创建图 31.4.32 所示的边倒圆特征 5。选择图 31.4.32 所示的边链为边倒圆参照，并在半径 1文本框中输入值 1.5。单击< 确定 >按钮，完成边倒圆特征 5 的创建。

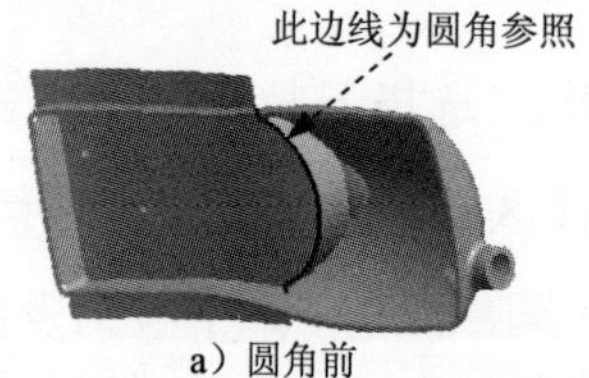

a）圆角前

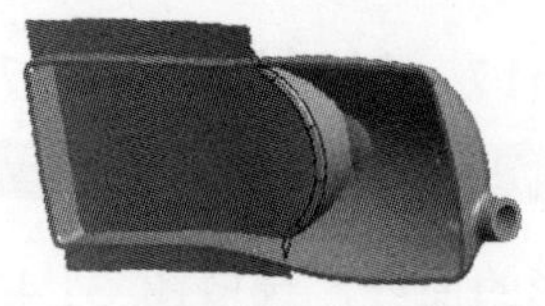
b）圆角后

图 31.4.32 边倒圆 5

Step21. 创建图 31.4.33 所示的偏置曲面 1。选择下拉菜单插入(S) → 偏置/缩放(O) → 偏置曲面(O)...命令，系统弹出“偏置曲面”对话框。选择图 31.4.34 所示的曲面为偏置曲面。在偏置 1的文本框中输入值 0；其他参数采用系统默认设置值。单击< 确定 >按钮，完成偏置曲面 1 的创建。（实体显示）

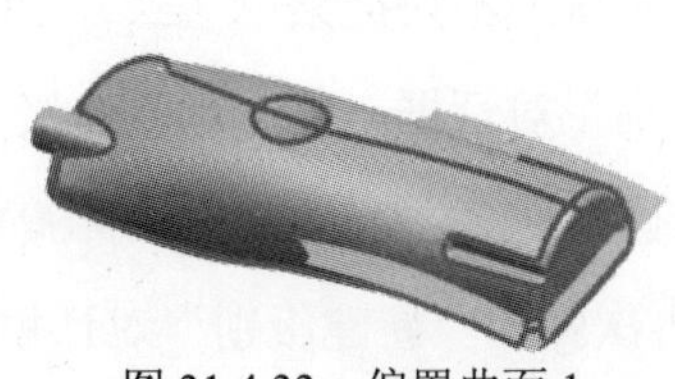

图 31.4.33 偏置曲面 1

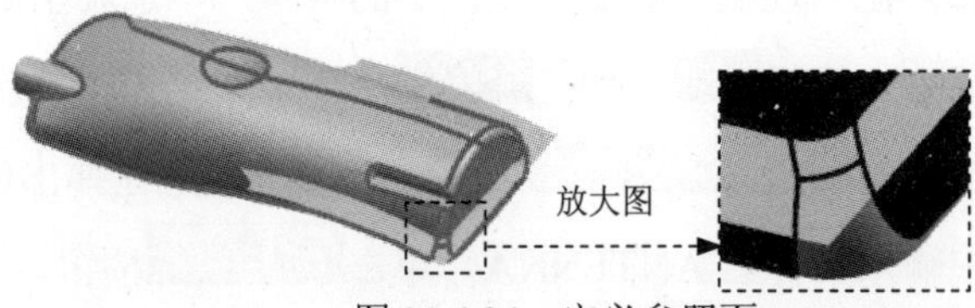

图 31.4.34 定义参照面

Step22. 创建图 31.4.35 所示的修剪特征 4。选择下拉菜单 插入(S) → 修剪(T) ▸ → 修剪片体(R)... 命令，选取图 31.4.36 所示的曲面为目标体，选取图 31.4.33 所示偏置曲面 1 特征为边界对象。调整方向作为保留的部分，单击 < 确定 > 按钮，完成修剪特征 4 的创建。

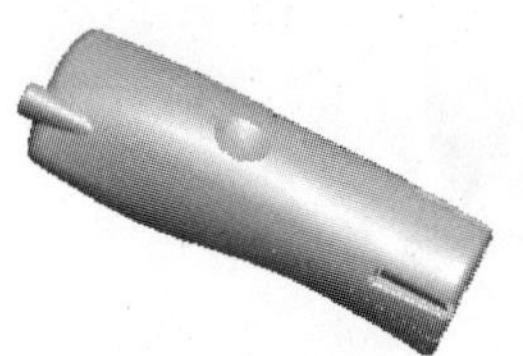

图 31.4.35 修剪特征 4

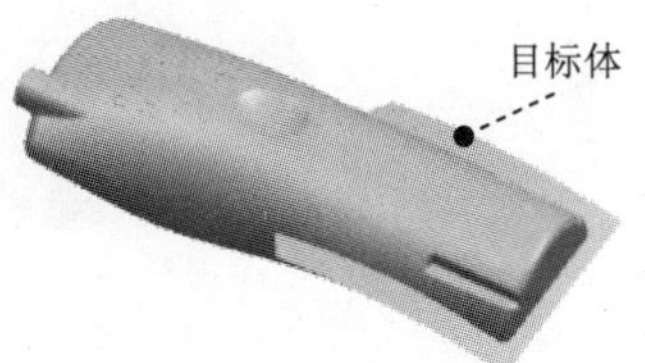

图 31.4.36 定义目标体

说明：为了操作方便可将实体隐藏。

Step23. 保存零件模型。选择下拉菜单 文件(F) → 保存(S) 命令，即可保存零件模型。

31.5 创建电话天线

下面讲解电话天线 1（ANTENNA.PRT）的创建过程，零件模型及模型树如图 31.5.1 所示。

历史记录模式
模型视图
摄像机
模型历史记录
链接体 (0)
链接体 (1)
修剪体 (2)

图 31.5.1 零件模型及模型树

Step1. 创建 ANTENNA 层。

（1） 在“装配导航器”窗口中的 SECOND02 选项上右击，系统弹出快捷菜单（一），在此快捷菜单中选择 显示父项 ▸ → FIRST 选项，并设为工作部件并将 SECOND02 隐藏。

（2）在“装配导航器”窗口中的 FIRST 选项上右击，系统弹出快捷菜单（二），在此快捷菜单中选择 WAVE ▸ → 新建级别 命令，系统弹出“新建级别”对话框。单击“新建级别”对话框中的 指定部件名 按钮，在弹出的“选择部件名”对话框的 文件名(N): 文本框中输入文件名 ANTENNA，单击 OK 按钮，系统再次弹出“新建级别”对话框。

（3）单击“新建级别”对话框中的 类选择 按钮，系统弹出“WAVE 组件间的复制”对话框，选取一级控件中图 31.5.2 所示的特征（1 个片体和 1 个实体）为参照，然后单击 确定 按钮，系统重新弹出“新建级别”对话框。在“新建级别”对话框中单击 确定 按钮，完成 ANTENNA 层的创建。

图 31.5.2　定义参照体

（4）在“装配导航器”窗口中的 ANTENNA 选项上右击，系统弹出快捷菜单（三），在此快捷菜单中选择 设为显示部件 命令，对模型进行编辑。

Step2. 创建图 31.5.3 所示的零件特征——修剪体 1。选择下拉菜单 插入(S) → 修剪(T) ▸ → 修剪体(T)... 命令，在绘图区选取图 31.5.4 所示的为目标体，单击中键；选取图 31.5.4 所示的特征为工具体，单击中键，通过调整方向确定要保留的部分，单击 确定 按钮，完成修剪特征 1 的创建。（显示片体）

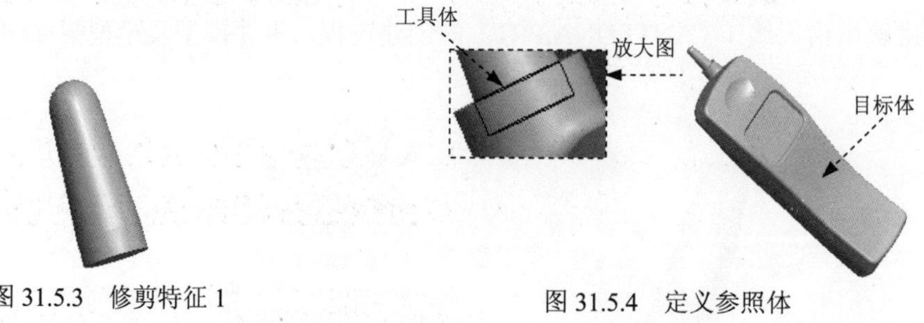

图 31.5.3　修剪特征 1　　　　图 31.5.4　定义参照体

Step3. 保存零件模型。选择下拉菜单 文件(F) → 保存(S) 命令，即可保存零件模型。

31.6 创建电话下盖

下面讲解电话下盖（DOWN_COVER.PRT）的创建过程，零件模型及模型树如图 31.6.1 所示。

Step1. 创建 DOWN_COVER 层。

（1） 在“装配导航器”窗口中的 ANTENNA 选项上右击，系统弹出快捷菜单（一），在此快捷菜单中选择 显示父项 ▸ → FIRST 选项，并将 SECOND02 设为显示部件。

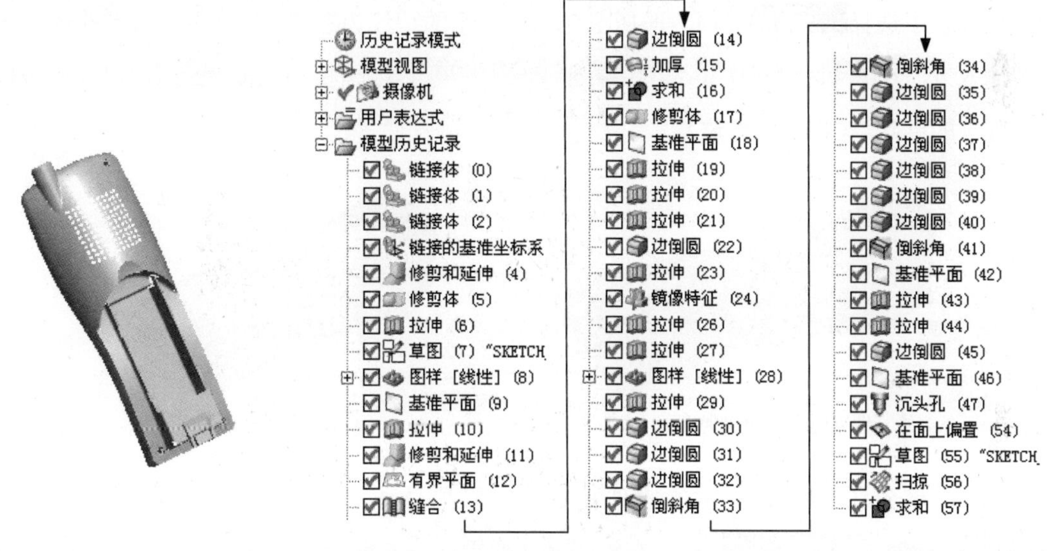

图 31.6.1 零件模型及模型树

（2）在“装配导航器”窗口中的 SECOND02 选项上右击，系统弹出快捷菜单（二），在此快捷菜单中选择 WAVE ▸ → 新建级别 命令，系统弹出“新建级别”对话框。单击“新建级别”对话框中的 指定部件名 按钮，在弹出的“选择部件名”对话框的 文件名(N): 文本框中输入文件名 DOWN_COVER，单击 OK 按钮，系统再次弹出“新建级别”对话框。

（3）单击“新建级别”对话框中的 类选择 按钮，系统弹出“WAVE 组件间的复制”对话框，选取二级控件中图 31.6.2 所示的特征（1 个实体和 2 个片体）和基准坐标系为参照，然后单击 确定 按钮，系统重新弹出“新建级别”对话框。在“新建级别”对话框中单击 确定 按钮，完成 DOWN_COVER 层的创建。在“装配导航器”窗口中的 DOWN_COVER 选项上右击，系统弹出快捷菜单（三），在此快捷菜单中选择 设为显示部件 命令，对模型进行编辑。

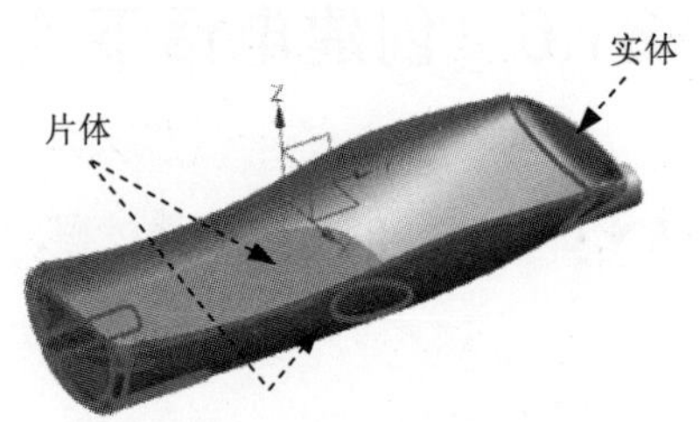

图 31.6.2 定义参照对象

Step2. 创建图 31.6.3 所示的修剪特征 1。选择下拉菜单 插入(S) → 修剪(T) → 修剪与延伸(N)... 命令，系统弹出“修剪和延伸”对话框。在类型的下拉列表中选择 按距离 选项。选择图 31.6.4 所示的边线为参照。在延伸区域距离的文本框中输入 1，在设置区域选中 ☑ 作为新面延伸（保留原有的面）复选框。单击 确定 按钮，完成修剪特征 1 的创建。（将实体隐藏）

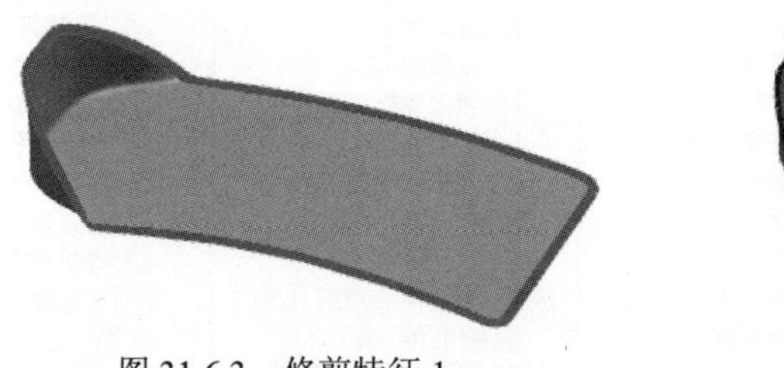

图 31.6.3 修剪特征 1

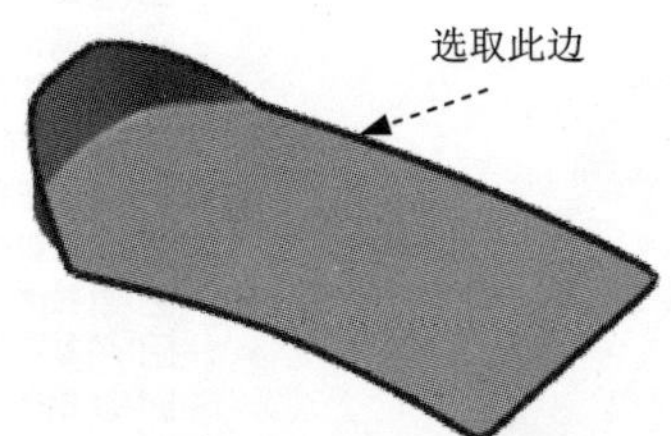

图 31.6.4 定义参照边

Step3. 创建图 31.6.5 所示的零件特征——修剪体 1。选择下拉菜单 插入(S) → 修剪(T) ▸ → 修剪体(T)... 命令，在绘图区选取图 31.6.6 所示的特征为目标体，单击中键；选取图 31.6.6 所示的为工具体，单击中键，通过调整方向确定要保留的部分，单击 确定 按钮，完成修剪特征 1 的创建。（显示实体）

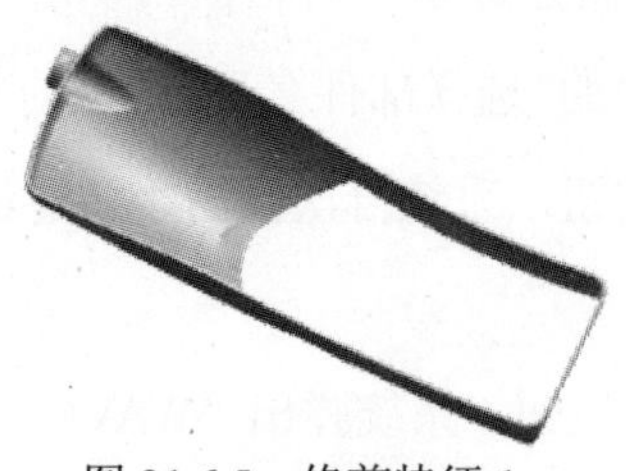

图 31.6.5 修剪特征 1

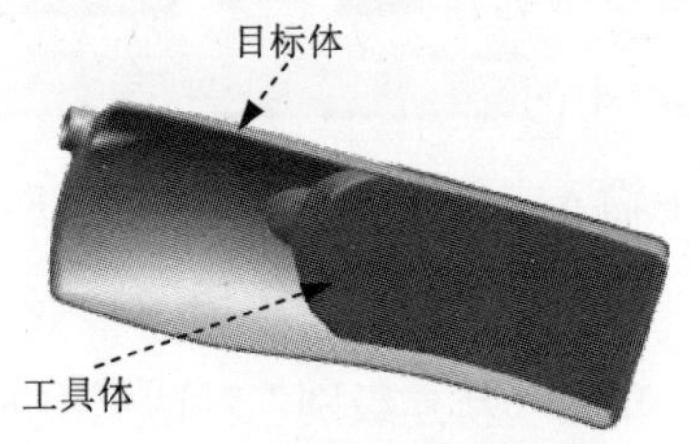

图 31.6.6 定义参照体

Step4. 创建图 31.6.7 所示的拉伸特征 1。选择下拉菜单 插入(S) → 设计特征(E) → 拉伸(E)... 命令，系统弹出“拉伸”对话框。选取 XY 基准平面为草图平面，选中设置区域的 ☑ 创建中间基准 CSYS 复选框，绘制图 31.6.8 所示的截面草图；在 指定矢量 下拉列表中选择-ZC选项，在极限区域的开始下拉列表框中选择值选项，并在其下的距离文本框中输入值 0，在极限区域的结束下拉列表框中选择贯通选项，在布尔区域的下拉列表框中选择求差选项，采用系统默认的求差对象。单击< 确定 >按钮，完成拉伸特征 1 的创建。

Step5. 创建图 31.6.9 所示的草图 1。选择下拉菜单插入(S) → 任务环境中的草图(S)... 命令；选取基准平面 XY 为草图平面；进入草图环境绘制。绘制完成后单击完成草图按钮，完成草图特征 1 的创建。

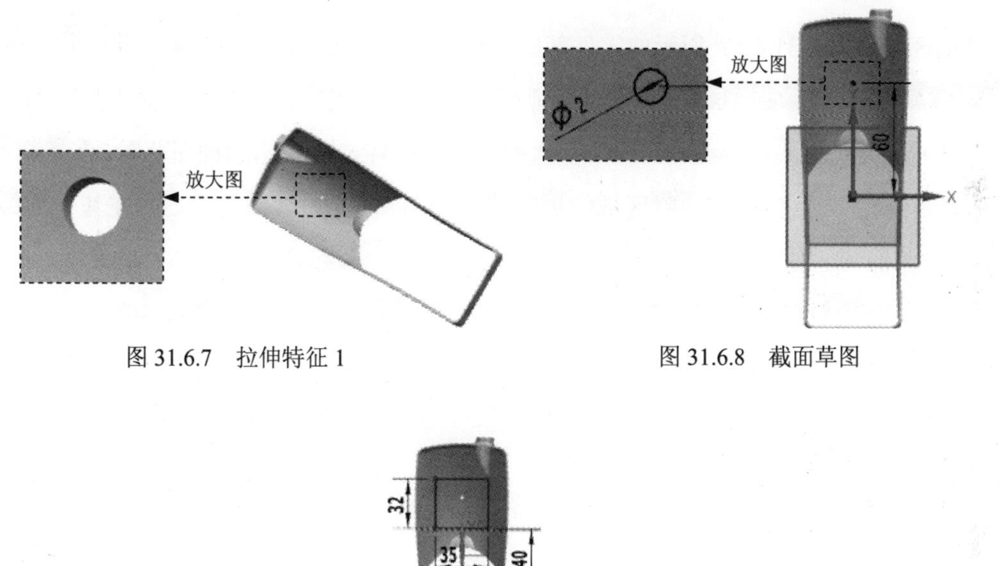

图 31.6.7　拉伸特征 1

图 31.6.8　截面草图

图 31.6.9　草图 1

Step6. 创建图 31.6.10 所示的阵列特征 1。选择下拉菜单插入(S) → 关联复制(A) → 对特征形成图样(A)...命令，在绘图区选取图 31.6.7 所示的拉伸特征 1 为要形成图样的特征。在“对特征形成图样”对话框中阵列定义区域的布局下拉列表中选择线性选项。在边界下拉列表中选择曲线选项。选中简化边界填充☑ 简化边界填充复选框，在留边距离的文本框中输入值 1，在简化布局下拉列表中选择正方形选项在节距文本框中输入值 3。对话框中的其他设置保持系统默认；单击< 确定 >按钮，完成阵列特征 1 的创建。

Step7. 创建图 31.6.11 所示的基准平面 1。选择下拉菜单插入(S) → 基准/点(D) → 基准平面(D)...命令，系统弹出“基准平面”对话框。在类型下拉列表框中选择按某一距离选项，在绘图区选取基准平面 XY，输入偏移值 30。方向为 Z 轴的负方向。单击< 确定 >按钮，完成基准平面 1 的创建。

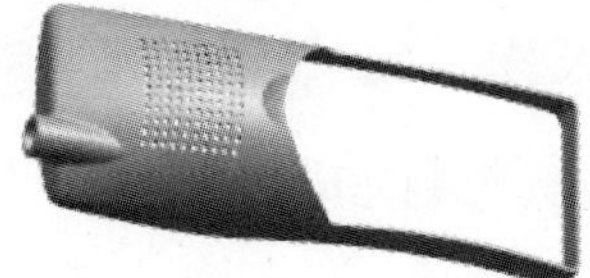
图 31.6.10 阵列特征 1

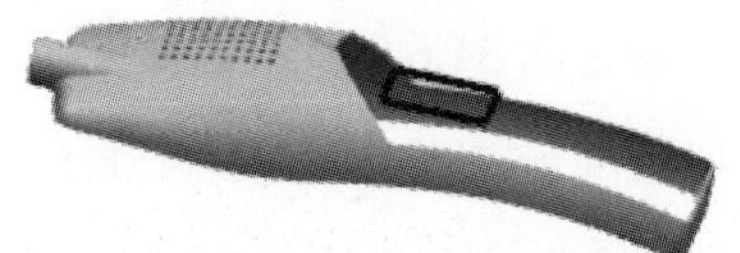
图 31.6.11 基准平面 1

Step8. 创建图 31.6.12 所示的零件基础特征——拉伸 2。选择下拉菜单插入(S) → 设计特征(E) → 拉伸(E)...命令，系统弹出“拉伸”对话框。选取基准平面 1 为草图平面，取消选中设置区域的□ 创建中间基准 CSYS复选框，绘制图 31.6.13 所示的截面草图；在指定矢量下拉列表中选择ZC↑选项；在极限区域的开始下拉列表框中选择值选项，并在其下的距离文本框中输入值 0，在极限区域的结束下拉列表框中选择值选项，并在其下的距离文本框中输入值 15，在设置区域中的体类型下拉列表中选择图纸页选项，单击确定按钮，完成拉伸特征 2 的创建。

图 31.6.12 拉伸特征 2

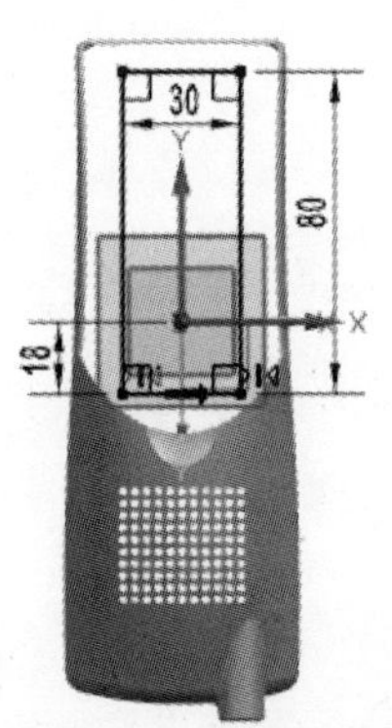

图 31.6.13 截面草图

Step9. 创建图 31.6.14 所示的修剪特征 2。选择下拉菜单插入(S) → 修剪(T) ▸ → 修剪与延伸(N)...命令，在类型下拉列表中选择制作拐角选项，选取图 31.6.15 所示的拉伸特征 2 为目标体，选取图 31.6.15 所示片体特征为工具体。调整方向作为保留的部分，单击< 确定 >按钮，完成修剪特征 2 的创建。（显示片体）

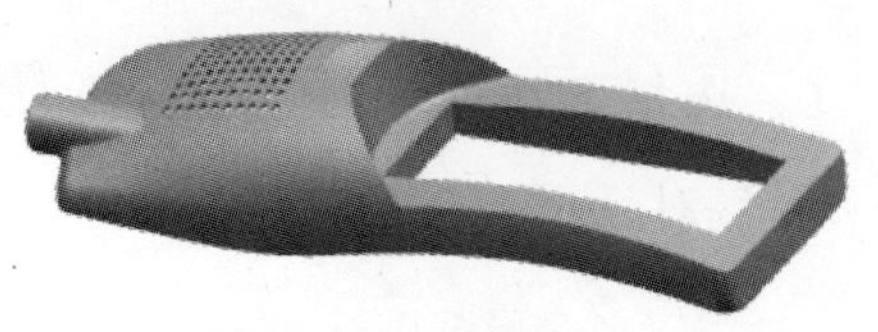
图 31.6.14 修剪特征 2

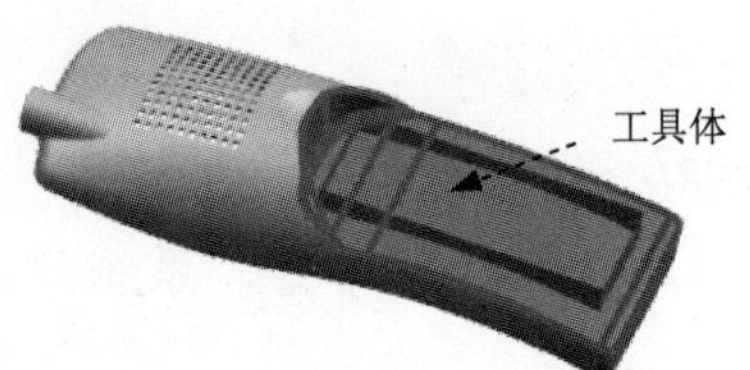

图 31.6.15 定义工具体

Step10. 创建图 31.6.16 所示的零件特征——有界平面 1。选择下拉菜单 插入(S) → 曲面(R) → 有界平面(B)... 命令；依次选取图 31.6.17 所示边链，单击 < 确定 > 按钮，完成有界平面 1 的创建。

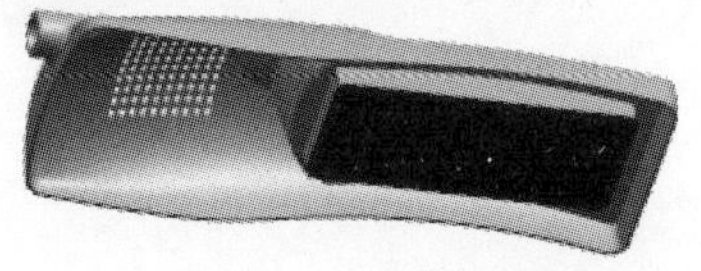
图 31.6.16 有界平面 1

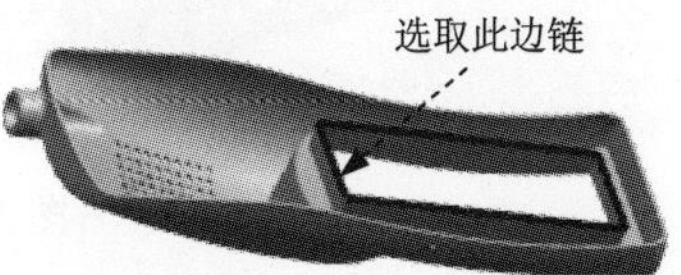

图 31.6.17 定义参照线

Step11. 创建图 31.6.18 所示的缝合特征 1。选择下拉菜单 插入(S) → 组合(B) ▸ → 缝合(W)... 命令，选取图 31.6.18 所示的片体特征为目标体，选取图 31.6.18 所示的有界平面 1 特征为工具体。单击 < 确定 > 按钮，完成缝合特征 1 的创建。

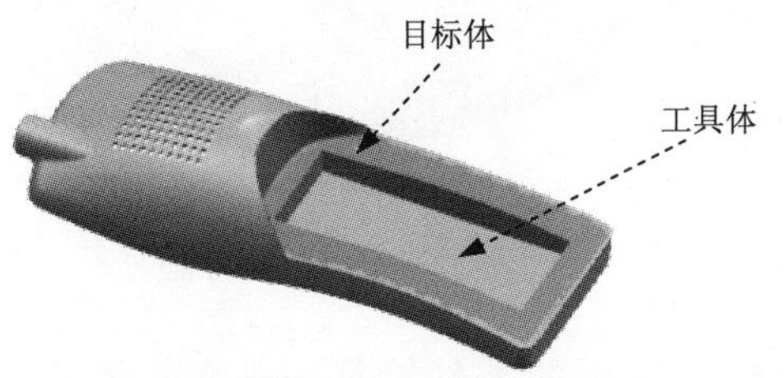

图 31.6.18 缝合特征 1

Step12. 创建图 31.6.19 所示的边倒圆特征 1。选择下拉菜单 插入(S) → 细节特征(L) ▸ → 边倒圆(E)... 命令，在 要倒圆的边 区域中单击 按钮，选择图 31.6.19 所示的边链为边倒圆参照，并在 半径 1 文本框中输入值 1。单击 < 确定 > 按钮，完成边倒圆特征 1 的创建。

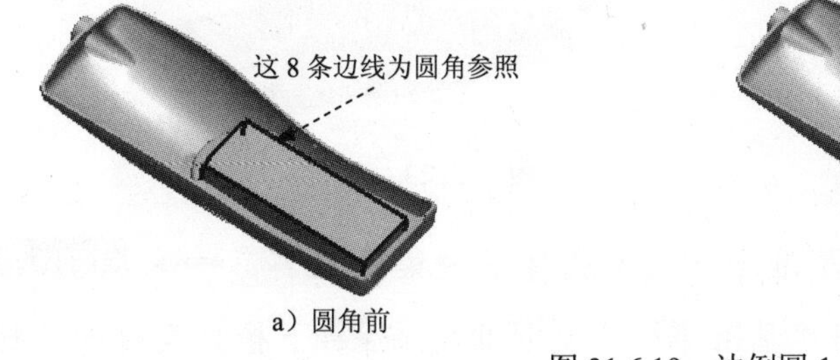

a）圆角前

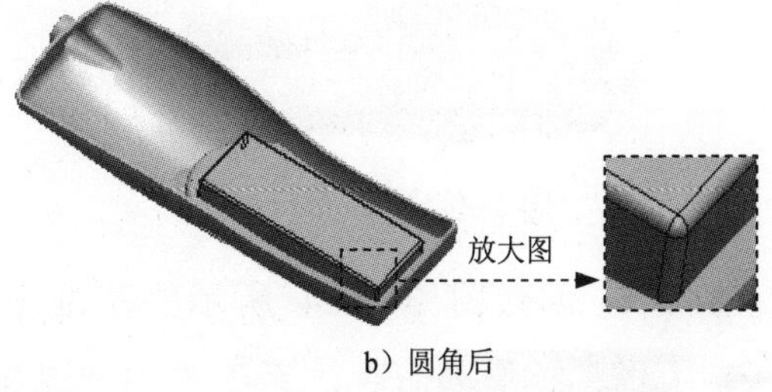

b）圆角后

图 31.6.19 边倒圆 1

Step13. 创建图 31.6.20 所示的面加厚特征 1。选择下拉菜单 插入(S) → 偏置/缩放(O) ▸ → 加厚(T)... 命令，在 面 区域中单击 按钮，选取图 31.6.20 所示的曲面为加厚的对象。在 偏置 1 文本框中输入值 0.9，在 偏置 2 文本框中输入值 0，单击 按钮调整加厚方向为 Z 基准轴的正方向。单击 < 确定 > 按钮，完成面加厚特征 1 的创建。

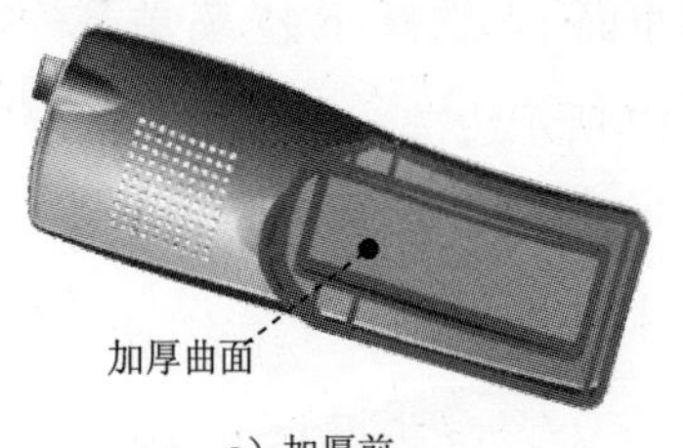

a）加厚前

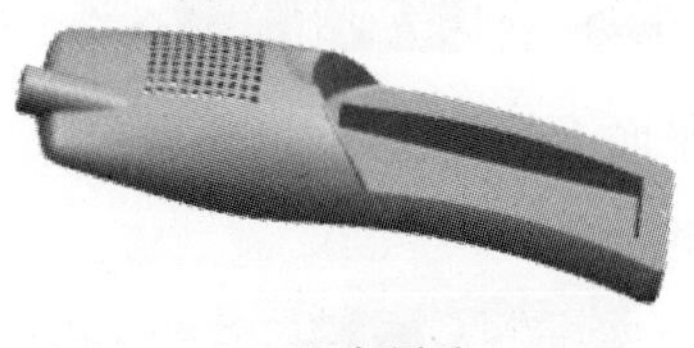

b）加厚后

图 31.6.20 加厚 1

Step14. 创建图 31.6.21 所示的求和特征。选择下拉菜单 插入(S) → 组合(B) ▸ → 求和(U)... 命令，选取图 31.6.21 所示的实体特征为目标体，选取图 31.6.21 所示的加厚特征为工具体。单击 < 确定 > 按钮，完成求和特征的创建。

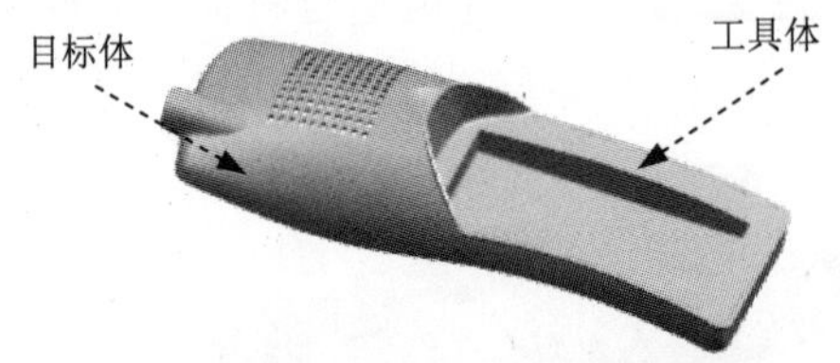

图 31.6.21 求和特征

Step15. 创建图 31.6.22 所示的零件特征——修剪体 3。选择下拉菜单 插入(S) → 修剪(T) ▸ → 修剪体(T)... 命令，在绘图区选取图 31.6.21 所示的实体特征为目标体，单击中键；选取图 31.6.23 所示的为工具体，单击中键，通过调整方向确定要保留的部分，单击 确定 按钮，完成修剪特征 3 的创建。（显示片体）

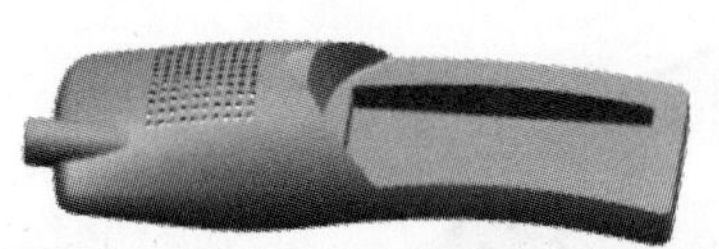

图 31.6.22 修剪特征 3

图 31.6.23 定义工具体

Step16. 创建图 31.6.24 所示的基准平面 2。选择下拉菜单 插入(S) → 基准/点(D) → 基准平面(D)... 命令，系统弹出“基准平面”对话框。在 类型 下拉列表框中选择 按某一距离 选项，在绘图区选取基准平面 XY，输入偏移值 35。方向为 Z 轴的负方向。单击 < 确定 > 按钮，完成基准平面 2 的创建。

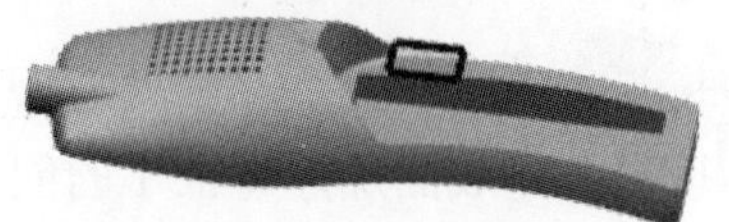

图 31.6.24 基准平面 2

Step17. 创建图 31.6.25 所示的零件基础特征——拉伸 3。选择下拉菜单 插入(S) ➡ 设计特征(E) ➡ 拉伸(E)... 命令，系统弹出“拉伸”对话框。选取基准平面 2 为草图平面，绘制图 31.6.26 所示的截面草图；在 指定矢量 下拉列表中选择 ZC↑ 选项；在 极限 区域的 开始 下拉列表框中选择 值 选项，并在其下的 距离 文本框中输入值 0，在 极限 区域的 结束 下拉列表框中选择 直至选定对象 选项，在 布尔 区域的下拉列表框中选择 求和 选项，采用系统默认的求和对象。单击 确定 按钮，完成拉伸特征 3 的创建。

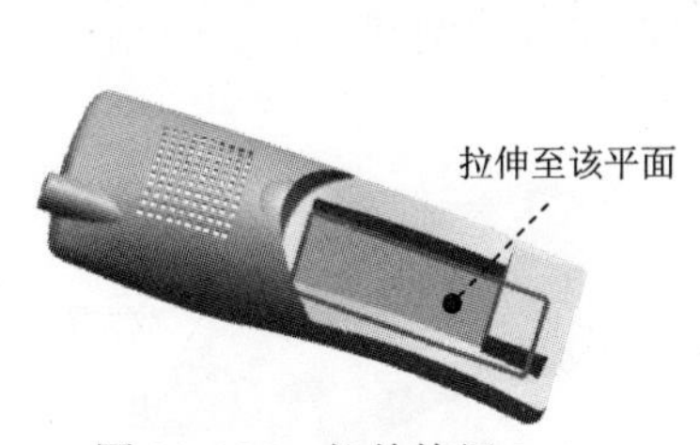

图 31.6.25 拉伸特征 3

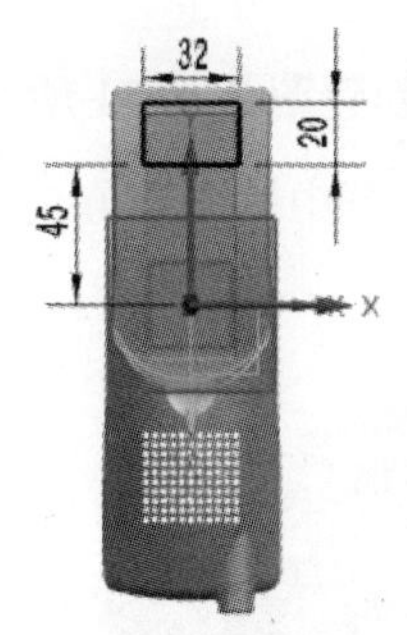

图 31.6.26 截面草图

Step18. 创建图 31.6.27 所示的零件基础特征——拉伸 4。选择下拉菜单 插入(S) ➡ 设计特征(E) ➡ 拉伸(E)... 命令，系统弹出“拉伸”对话框。选取图 31.6.27 所示的平面为草图平面，绘制图 31.6.28 所示的截面草图；在 指定矢量 下拉列表中选择 -XC 选项；在 极限 区域的 开始 下拉列表框中选择 值 选项，并在其下的 距离 文本框中输入值 0，在 极限 区域的 结束 下拉列表框中选择 贯通 选项，在 布尔 区域的下拉列表框中选择 求差 选项，采用系统默认的求差对象。单击 确定 按钮，完成拉伸特征 4 的创建。

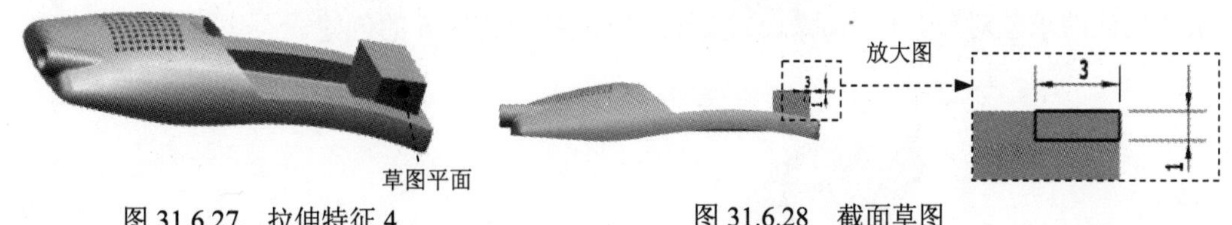

图 31.6.27 拉伸特征 4　　图 31.6.28 截面草图

Step19. 创建图 31.6.29 所示的零件基础特征——拉伸 5。选择下拉菜单 插入(S) ➡ 设计特征(E) ➡ 拉伸(E)... 命令，系统弹出“拉伸”对话框。选取 YZ 基准平面为草图平面，绘制图 31.6.30 所示的截面草图；在 指定矢量 下拉列表中选择 -XC 选项；在 极限 区域的 开始 下拉列表框中选择 对称值 选项，并在其下的 距离 文本框中输入值 7.5，在 布尔 区域的下拉列表框中选择 求和 选项，采用系统默认的求和对象。单击 确定 按钮，完成拉伸特征 5 的创建。

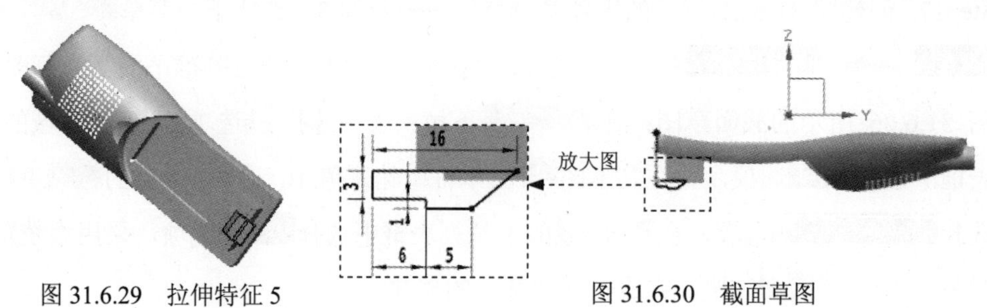

图 31.6.29 拉伸特征 5

图 31.6.30 截面草图

Step20. 创建图 31.6.31 所示的边倒圆特征 2。选择图 31.6.31 所示的边链为边倒圆参照，并在半径 1文本框中输入值 0.5。单击< 确定 >按钮，完成边倒圆特征 2 的创建。

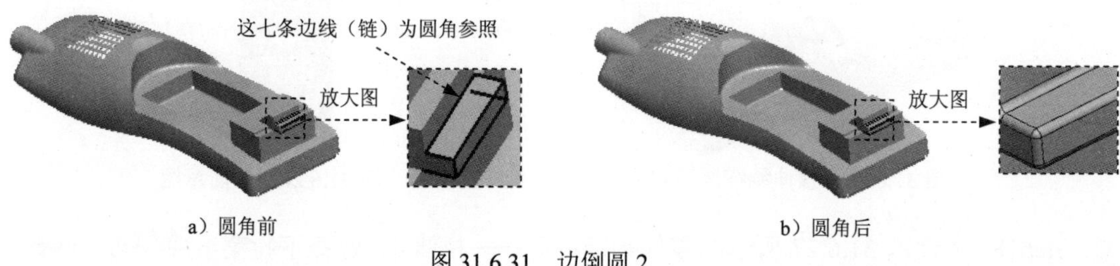

a）圆角前

b）圆角后

图 31.6.31 边倒圆 2

Step21. 创建图 31.6.32 所示的零件基础特征——拉伸 6。选择下拉菜单插入(S) → 设计特征(E) → 拉伸(E)...命令，系统弹出“拉伸”对话框。选取图 31.6.34 所示的平面为草图平面，绘制图 31.6.33 所示的截面草图；在指定矢量下拉列表中选择ZC选项；在极限区域的开始下拉列表框中选择值选项，并在其下的距离文本框中输入值 0，在极限区域的结束下拉列表框中选择直至延伸部分选项，在布尔区域的下拉列表框中选择求差选项，采用系统默认的求差对象。单击确定按钮，完成拉伸特征 6 的创建。

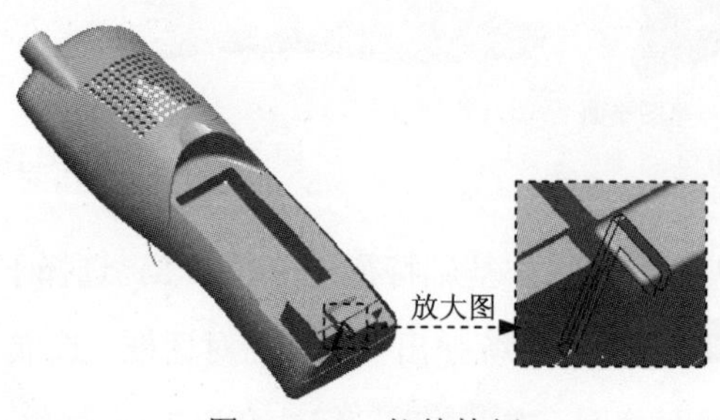

图 31.6.32 拉伸特征 6

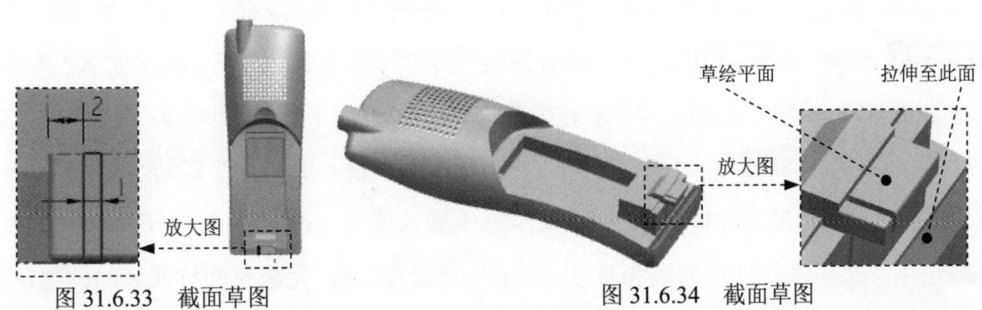

图 31.6.33 截面草图

图 31.6.34 截面草图

Step22. 创建图 31.6.35 所示的零件特征——镜像 1。选择下拉菜单插入(S) → 关联复制(A) → 镜像特征(M)...命令，在绘图区中选取图 31.6.32 所示的拉伸特征 6 为要镜像的特征。在镜像平面区域中单击按钮，在绘图区中选取 YZ 基准平面作为镜像平面。单击确定按钮，完成镜像特征 1 的创建。

a）镜像前　　b）镜像后

图 31.6.35 镜像特征 1

Step23. 创建图 31.6.36 所示的零件基础特征——拉伸 7。选择下拉菜单插入(S) → 设计特征(E) → 拉伸(E)...命令，系统弹出“拉伸”对话框。选取基准平面 1 为草图平面，绘制图 31.6.37 所示的截面草图；在指定矢量下拉列表中选择ZC↑选项；在极限区域的开始下拉列表框中选择值选项，并在其下的距离文本框中输入值 0，在极限区域的结束下拉列表框中选择直至下一个选项，在布尔区域的下拉列表框中选择求和选项，采用系统默认的求和对象。单击确定按钮，完成拉伸特征 7 的创建。

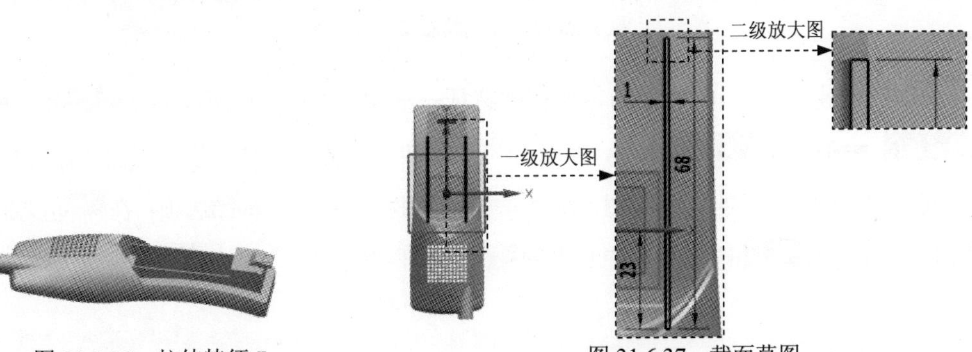

图 31.6.36 拉伸特征 7

图 31.6.37 截面草图

Step24. 创建图 31.6.38 所示的零件基础特征——拉伸 8。选择下拉菜单插入(S) → 设计特征(E) → 拉伸(E)...命令，系统弹出“拉伸”对话框。选取基准平面 XZ 为草图平面，绘制图 31.6.39 所示的截面草图；在指定矢量下拉列表中选择YC选项；在极限区域的开始下拉列表框中选择值选项，并在其下的距离文本框中输入值 0，在极限区域的结束下拉列表框中选择值选项，并在其下的距离文本框中输入值 5，在布尔区域的下拉列表框中选择求和选项，采用系统默认的求和对象。单击确定按钮，完成拉伸特征 8 的创建。

Step25. 创建图 31.6.40 所示的阵列特征 2。选择下拉菜单插入(S) → 关联复制(A)▸ → 对特征形成图样(A)...命令，在绘图区选取图 31.6.38 所示的拉伸特征 8 为要形成图样的特征。在“对特征形成图样”对话框中阵列定义区域的布局下拉列表中选择线性选项。在方向 1区域中，在*指定矢量的下拉列表中选择-YC选项。在“对特征形成图样”对话框中间距区域的下拉列表中选择数量和节距选项，在数量的文本框中输入值 2，在节距的文本框中输入值 38。对话框中的其他设置保持系统默认；单击< 确定 >按钮，完成阵列特征 2 的创建。

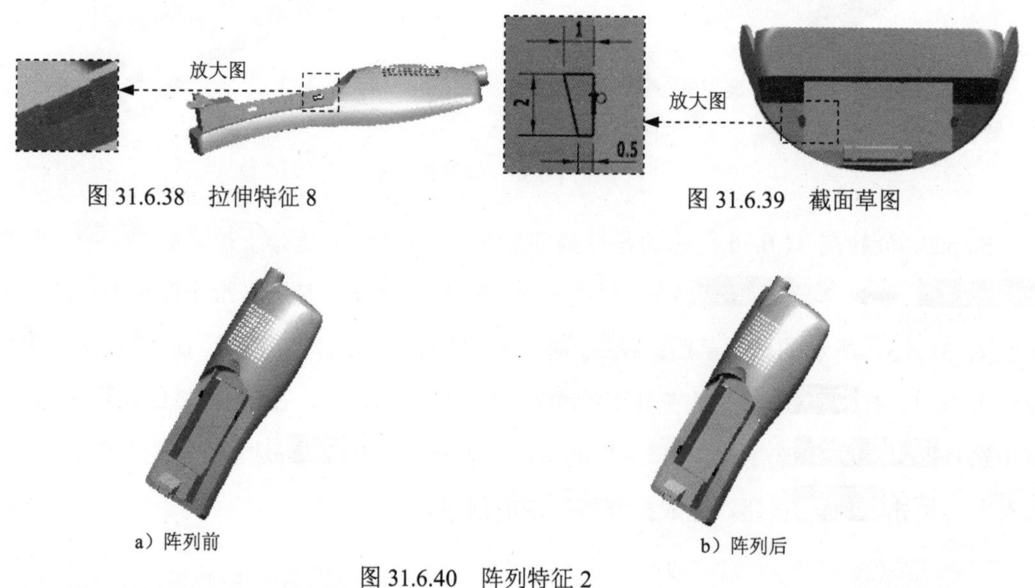

图 31.6.38 拉伸特征 8

图 31.6.39 截面草图

a）阵列前

b）阵列后

图 31.6.40 阵列特征 2

Step26. 创建图 31.6.41 所示的零件基础特征——拉伸 9。选择下拉菜单插入(S) → 设计特征(E) → 拉伸(E)...命令，系统弹出“拉伸”对话框。选取基准平面 XZ 为草图平面，绘制图 31.6.42 所示的截面草图；在指定矢量下拉列表中选择YC选项；在极限区域的开始下拉列表框中选择值选项，并在其下的距离文本框中输入值 0，在极限区域的结束下拉列表表框中选择值选项，并在其下的距离文本框中输入值 30，在布尔区域的下拉列表框中选择求差选项，采用系统默认的求差对象。单击确定按钮，完成拉伸特征 9 的创建。

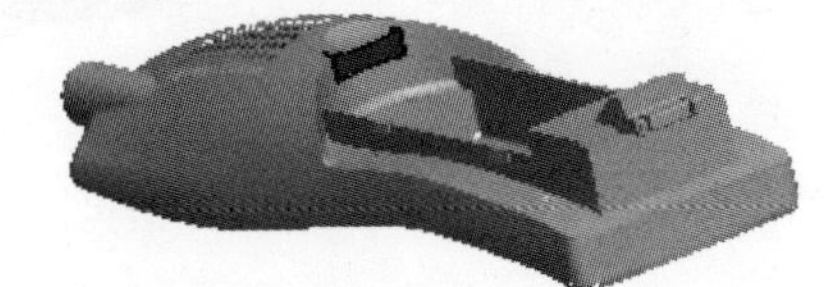

图 31.6.41 拉伸特征 9

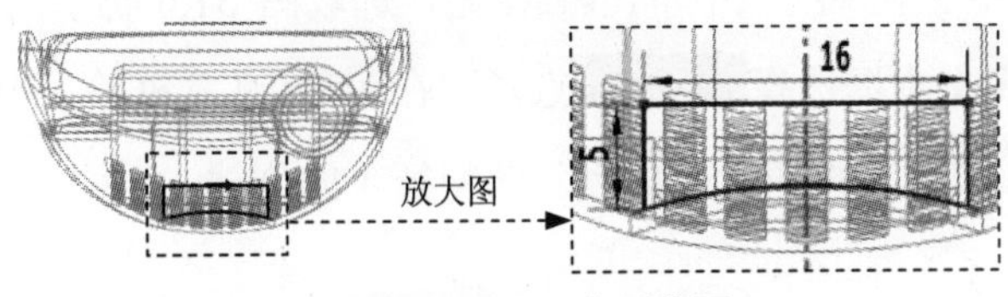

图 31.6.42 截面草图

Step27. 创建图 31.6.43 所示的边倒圆特征 3。选择图 31.6.43 所示的边链为边倒圆参照，并在半径 1文本框中输入值 1。单击< 确定 >按钮，完成边倒圆特征 3 的创建。

Step28. 创建图 31.6.44 所示的边倒圆特征 4。选择图 31.6.44 所示的边链为边倒圆参照，并在半径 1文本框中输入值 1。单击< 确定 >按钮，完成边倒圆特征 4 的创建。

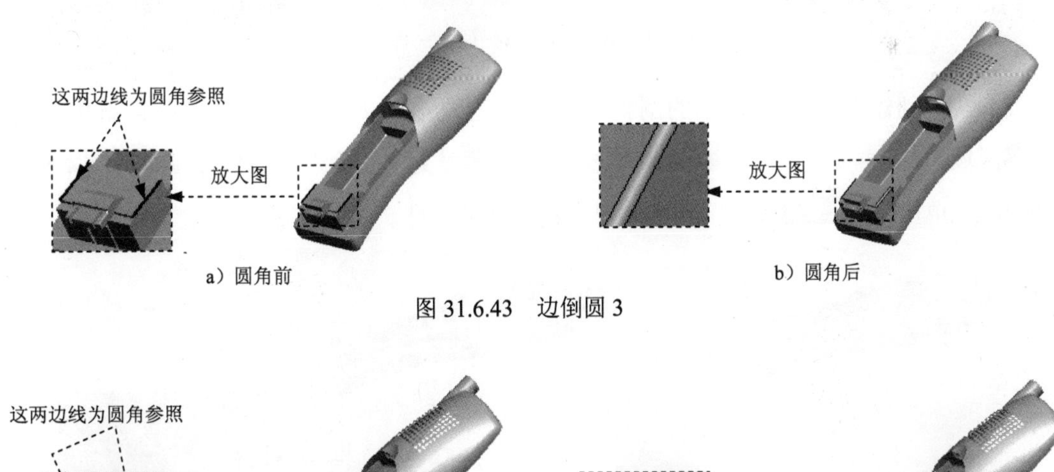

a）圆角前　　b）圆角后

图 31.6.43 边倒圆 3

这两边线为圆角参照

放大图　　放大图

a）圆角前　　b）圆角后

图 31.6.44 边倒圆 4

Step29. 创建图 31.6.45 所示的边倒圆特征 5。选择图 31.6.45 所示的边链为边倒圆参照，并在半径 1文本框中输入值 1。单击< 确定 >按钮，完成边倒圆特征 5 的创建。

图 31.6.45 边倒圆 5

Step30. 创建图 31.6.46 所示的倒斜角特征 1。选择下拉菜单插入(S) ➡ 细节特征(L) ▸ ➡ 倒斜角(C)... 命令。在边区域中单击按钮，选取图 31.6.46 所示的边线为倒斜角参照，在偏置区域的横截面文本框选择非对称选项，在距离 1 文本框输入值 2.5，在距离 2 文本框输入值 0.5，单击< 确定 >按钮，完成倒斜角特征 1 的创建。

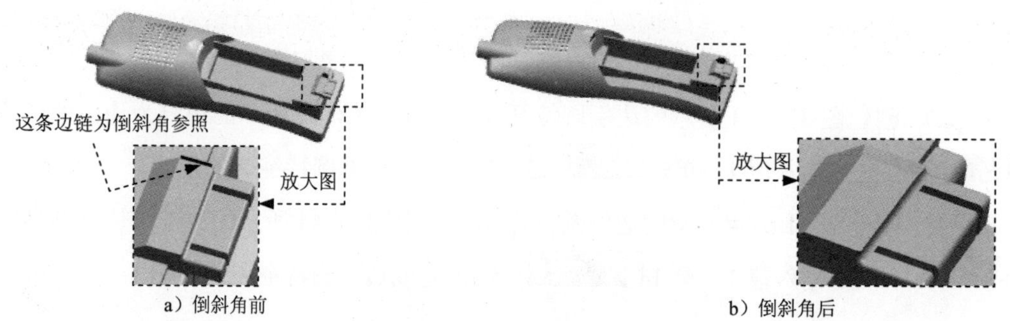

图 31.6.46 倒斜角特征 1

Step31. 创建图 31.6.47 所示的倒斜角特征 2。选取图 31.6.47 所示的边线为倒斜角参照，在偏置区域的横截面文本框选择非对称选项，在距离 1 文本框输入值 2.5，在距离 2 文本框输入值 0.5，单击< 确定 >按钮，完成倒斜角特征 2 的创建。

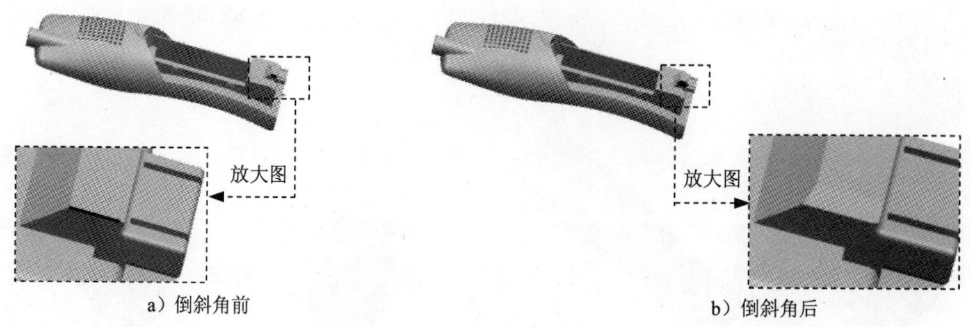

图 31.6.47 倒斜角特征 2

Step32. 创建图 31.6.48 所示的边倒圆特征 6。选择图 31.6.48 所示的边链为边倒圆参照，并在半径 1 文本框中输入值 0.5。单击< 确定 >按钮，完成边倒圆特征 6 的创建。

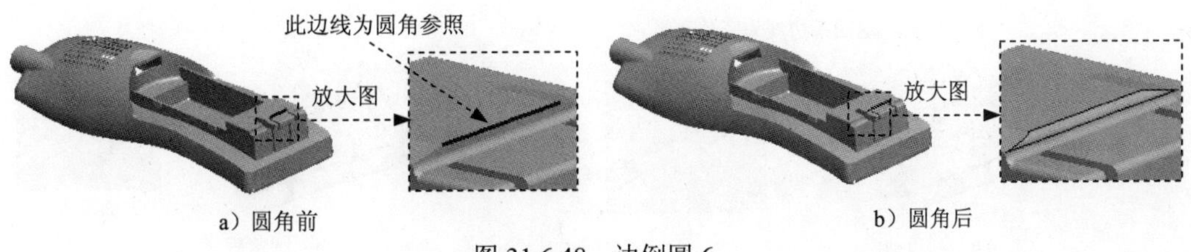

a）圆角前 b）圆角后

图 31.6.48 边倒圆 6

Step33. 创建图 31.6.49 所示的边倒圆特征 7。选择图 31.6.49 所示的边链为边倒圆参照，并在半径 1文本框中输入值 1。单击< 确定 >按钮，完成边倒圆特征 7 的创建。

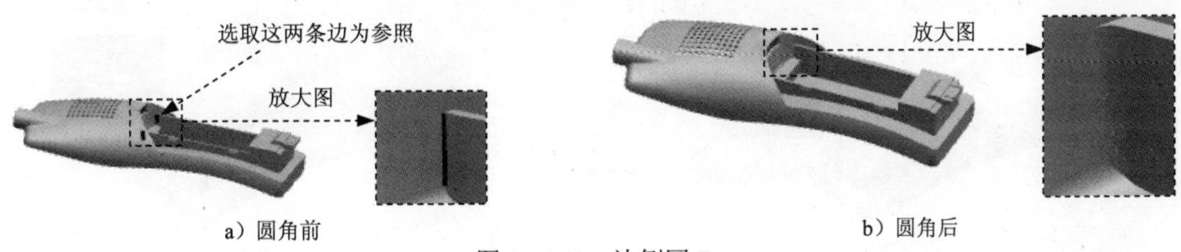

a）圆角前 b）圆角后

图 31.6.49 边倒圆 7

Step34. 创建图 31.6.50 所示的边倒圆特征 8。选择图 31.6.49 所示的边链为边倒圆参照，并在半径 1文本框中输入值 1。单击< 确定 >按钮，完成边倒圆特征 8 的创建。

a）圆角前 b）圆角后

图 31.6.50 边倒圆 8

Step35. 创建图 31.6.51 所示的边倒圆特征 9。选择图 31.6.51 所示的边链为边倒圆参照，并在半径 1文本框中输入值 1。单击< 确定 >按钮，完成边倒圆特征 9 的创建。

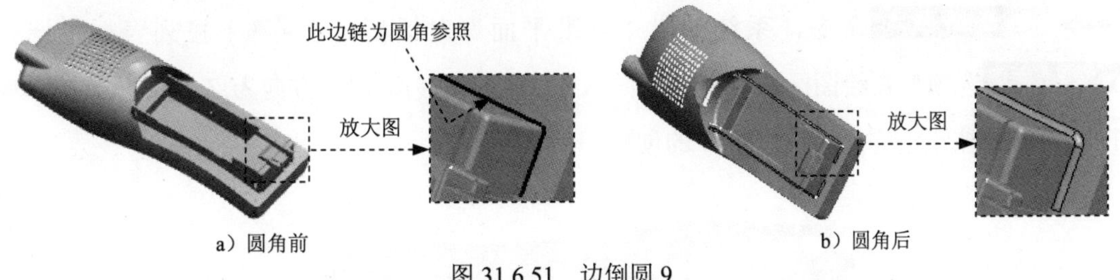

a）圆角前 b）圆角后

图 31.6.51 边倒圆 9

Step36. 创建图 31.6.52 所示的边倒圆特征 10。选择图 31.6.52 所示的边链为边倒圆参照，并在半径 1文本框中输入值 0.2。单击< 确定 >按钮，完成边倒圆特征 10 的创建。

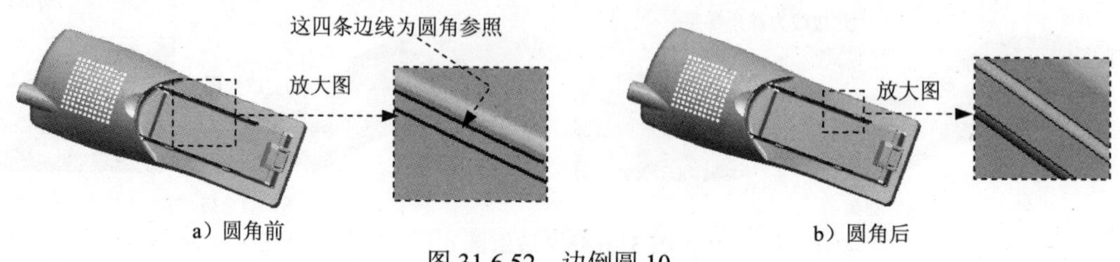

图 31.6.52　边倒圆 10

Step37. 创建图 31.6.53 所示的边倒圆特征 11。选择图 31.6.53 所示的边链为边倒圆参照，并在半径 1文本框中输入值 0.5。单击< 确定 >按钮，完成边倒圆特征 11 的创建。

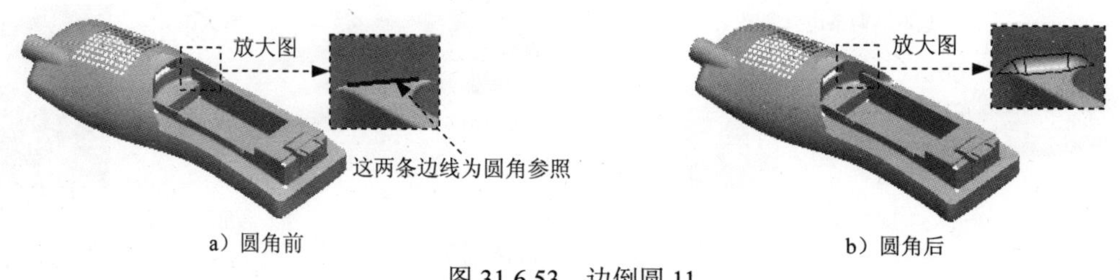

图 31.6.53　边倒圆 11

Step38. 创建图 31.6.54 所示的倒斜角特征 3。选取图 31.6.54 所示的边线为倒斜角参照，在偏置区域的横截面文本框选择对称选项，在距离文本框输入值 0.5。在设置区域偏置方法的下拉列表中选择偏置面并修剪选项。单击< 确定 >按钮，完成倒斜角特征 3 的创建。

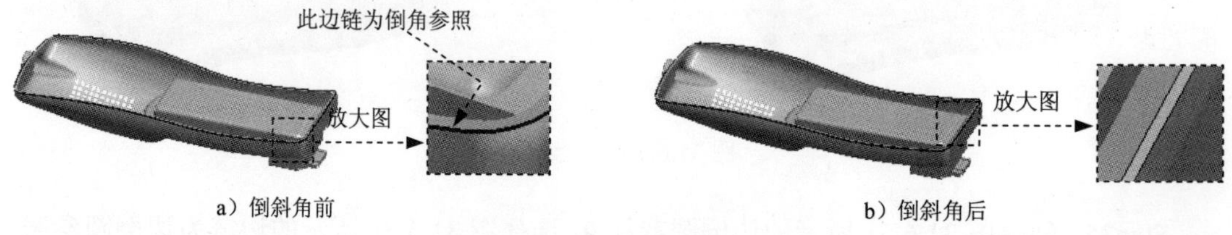

图 31.6.54　倒斜角特征 3

Step39. 创建图 31.6.55 所示的基准平面 3。选择下拉菜单插入(S) ➡ 基准/点(D) ➡ 基准平面(D)...命令，系统弹出“基准平面”对话框。在类型下拉列表框中选择按某一距离选项，在绘图区选取基准平面 XY，输入偏移值 12。方向为 Z 轴的负方向。单击< 确定 >按钮，完成基准平面 3 的创建。

图 31.6.55　基准平面 3

Step40. 创建图 31.6.56 所示的零件基础特征——拉伸 10。选择下拉菜单 插入(S) → 设计特征(E) → 拉伸(E)... 命令，系统弹出"拉伸"对话框。选取基准平面 3（图 31.6.55）为草图平面，绘制图 31.6.57 所示的截面草图；在 指定矢量 下拉列表中选择 -ZC 选项；在 极限 区域的 开始 下拉列表框中选择 值 选项，并在其下的 距离 文本框中输入值 0，在 极限 区域的 结束 下拉列表框中选择 直至下一个 选项，在 布尔 区域的下拉列表框中选择 求和 选项，采用系统默认的求和对象。单击 确定 按钮，完成拉伸特征 10 的创建。

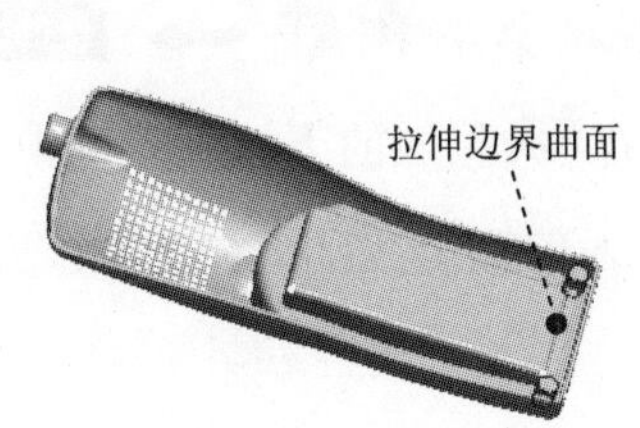

图 31.6.56 拉伸特征 10

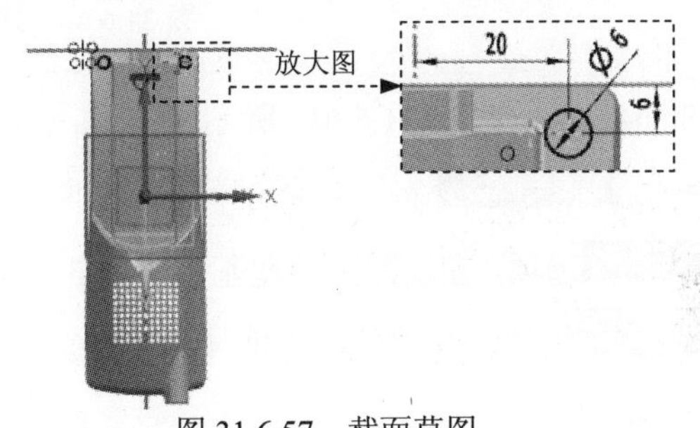

图 31.6.57 截面草图

Step41. 创建图 31.6.58 所示的零件基础特征——拉伸 11。选择下拉菜单 插入(S) → 设计特征(E) → 拉伸(E)... 命令，系统弹出"拉伸"对话框。选取基准平面 3（图 31.6.55）为草图平面，绘制图 31.6.59 所示的截面草图；在 指定矢量 下拉列表中选择 -ZC 选项；在 极限 区域的 开始 下拉列表框中选择 值 选项，并在其下的 距离 文本框中输入值 0，在 极限 区域的 结束 下拉列表框中选择 直至下一个 选项，在 布尔 区域的下拉列表框中选择 求和 选项，采用系统默认的求和对象。单击 确定 按钮，完成拉伸特征 11 的创建。

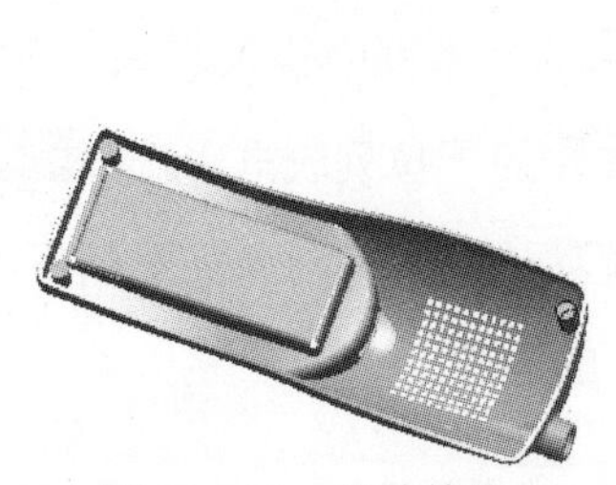

图 31.6.58 拉伸特征 11

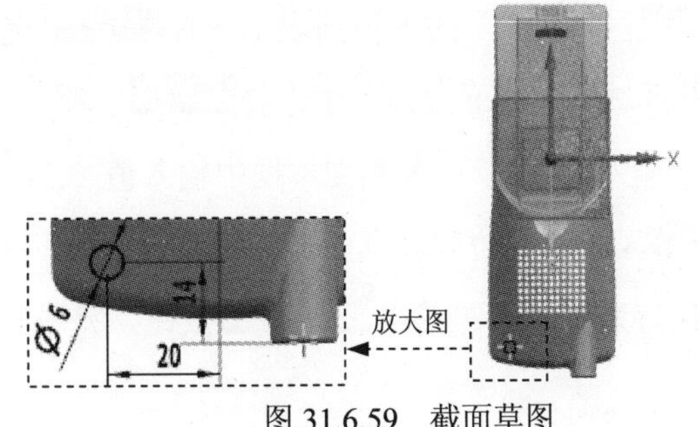

图 31.6.59 截面草图

Step42. 创建图 31.6.60 所示的边倒圆特征 12。选择图 31.6.60 所示的边链为边倒圆参照，并在 半径 1 文本框中输入值 0.5。单击 < 确定 > 按钮，完成边倒圆特征 12 的创建。

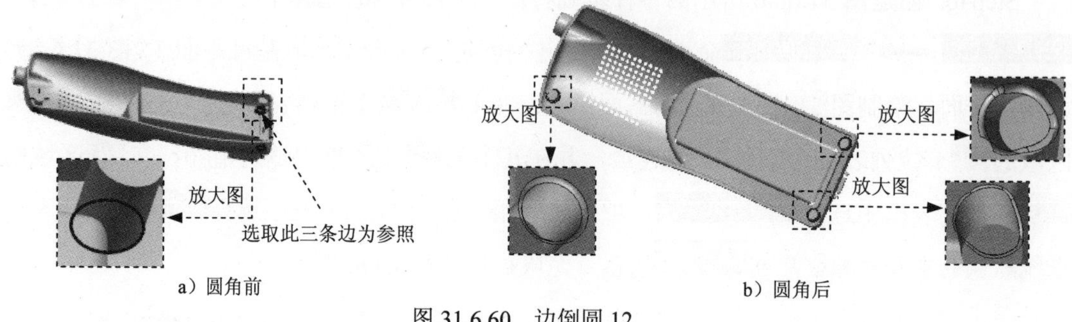

a）圆角前　　b）圆角后

图 31.6.60　边倒圆 12

Step43. 创建图 31.6.61 所示的基准平面 4。选择下拉菜单 插入(S) → 基准/点(D) → 基准平面(D)... 命令，系统弹出“基准平面”对话框。在 类型 区域的下拉列表框中选择 按某一距离 选项，在绘图区选取基准平面 3（图 31.6.55），输入偏移值 30。方向为-ZC 方向。单击 确定 按钮，完成基准平面 4 的创建。

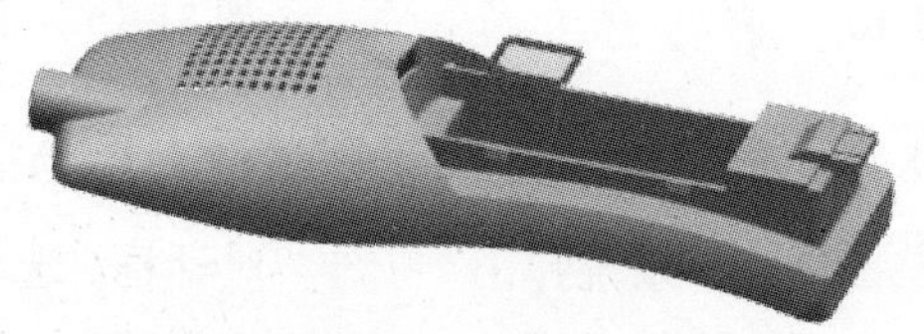

图 31.6.61　基准平面 4

Step44. 创建图 31.6.62 所示的孔特征 1。选择下拉菜单 插入(S) → 设计特征(E) → 孔(H)... 命令。在 类型 下拉列表中选择 常规孔 选项，单击“位置”区域的“草绘”按钮，选取基准平面 4（图 31.6.61）为草绘平面，绘制图 31.6.63 所示的草图（3 个点），在“孔”对话框 方向 区域 孔方向 的下拉列表中选择 沿矢量 选项，（反向可以通过反向按钮来调整）在 形状和尺寸 区域 成形 的下拉列表中选择 沉头 选项，在 沉头直径 的文本框中输入值 4，在 沉头深度 文本框中输入值 24，在 直径 文本框中输入值 2.5，在 深度限制 的下拉列表框中选择 贯通体 选项。在 布尔 区域的下拉列表框中选择 求差 选项，采用系统默认的求差对象。对话框中的其他设置保持系统默认；单击 < 确定 > 按钮，完成孔特征 1 的创建。

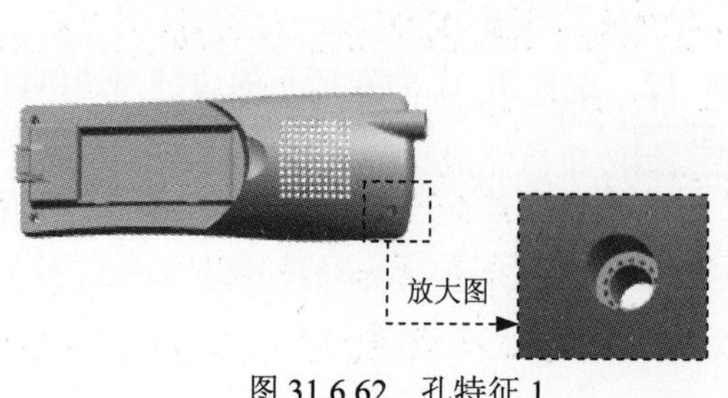

图 31.6.62　孔特征 1

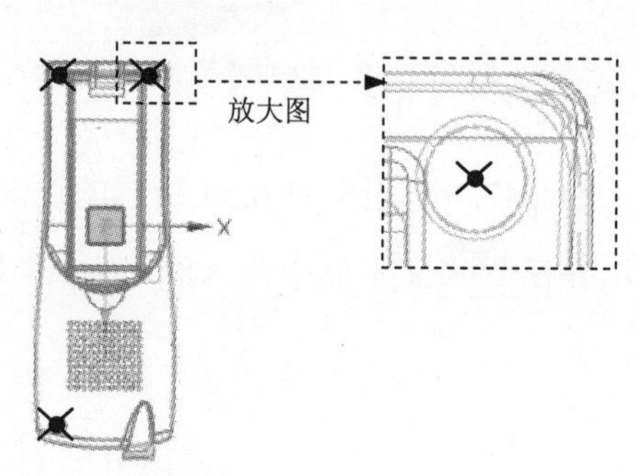

图 31.6.63　草图 2

Step45. 创建图 31.6.64 所示的在面上的偏置特征 1。选择下拉菜单 插入(S) → 来自曲线集的曲线(F) → 在面上偏置...命令。在类型区域中选择常数选项，选取图 31.6.65 所示的曲线为参照，在截面线1:偏置1文本框输入 0，单击中键，选取图 31.6.66 所示的面为参照，单击< 确定 >按钮，完成面上的偏置特征 1 的创建。

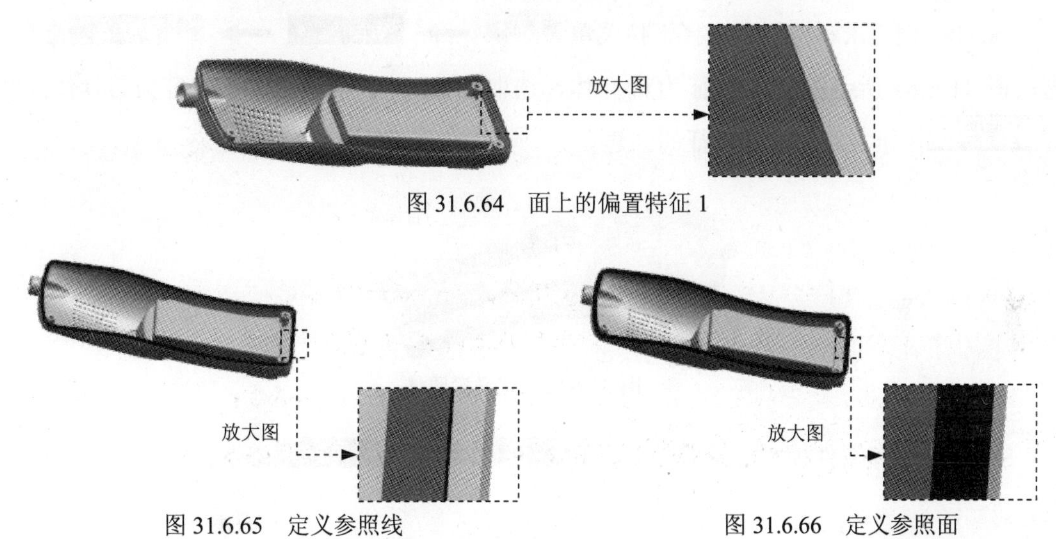

图 31.6.64 面上的偏置特征 1

图 31.6.65 定义参照线

图 31.6.66 定义参照面

Step46. 创建图 31.6.67 所示的草图 3。选择下拉菜单 插入(S) → 任务环境中的草图(S)...命令；在类型下拉列表中选取基于路径选项，选取图 31.6.67 所示的曲线为参照，进入草图环境绘制。绘制完成后单击完成草图按钮，完成草图特征 3 的创建。

Step47. 创建图 31.6.68 所示的扫掠特征 1。选择下拉菜单 插入(S) → 扫掠(W) → 扫掠(S)...命令，在绘图区选取图 31.6.63 所示的草图 2 为扫掠的截面曲线串，选取图 31.6.68 所示的曲线为扫掠的引导线串。采用系统默认的扫掠偏置值，单击< 确定 >按钮。完成扫掠特征 1 的创建。

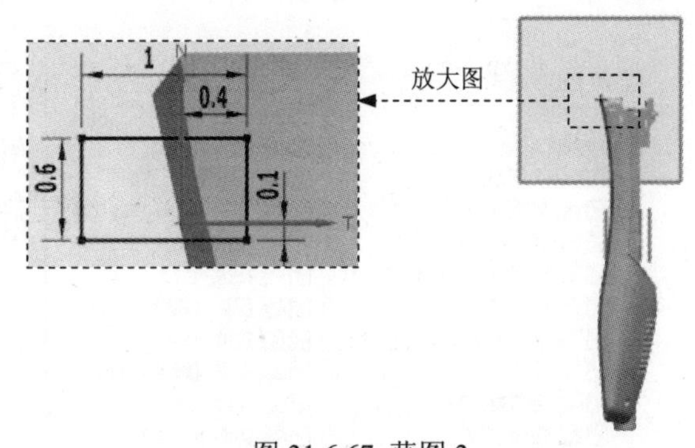

图 31.6.67 草图 3

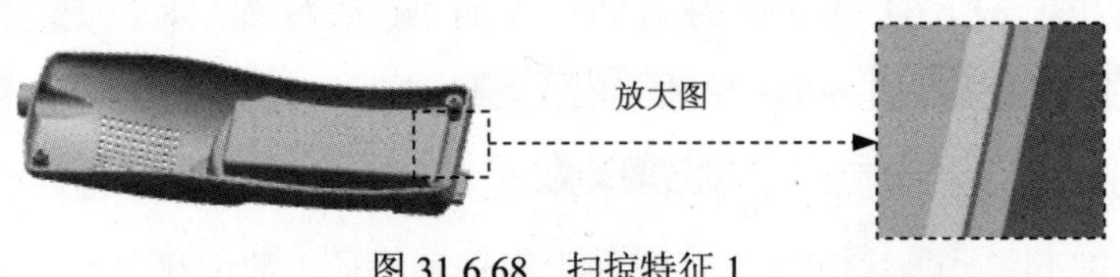

图 31.6.68 扫掠特征 1

Step48. 创建求和特征。选择下拉菜单 插入(S) → 组合(B) ▸ → 求和(U)... 命令，选取图 31.6.69 所示的实体特征为目标体，选取图 31.6.66 所示的扫掠特征为刀具体。单击 < 确定 > 按钮，完成求和特征的创建。

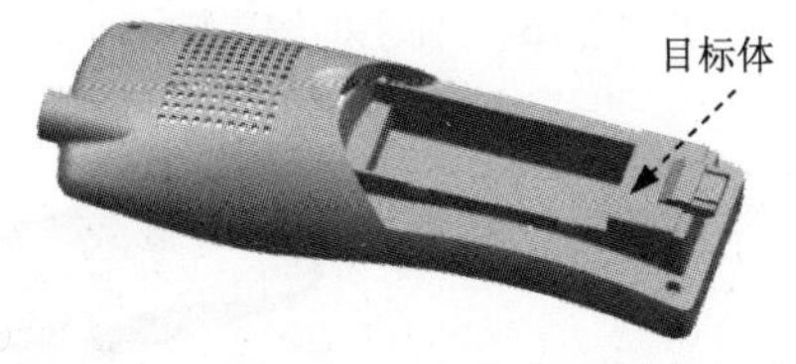

图 31.6.69 定义参照体

Step49. 保存零件模型。选择下拉菜单 文件(F) → 保存(S) 命令，即可保存零件模型。

31.7 创建电话上盖

下面讲解电话上盖（UP_COVER.PRT）的创建过程，零件模型及模型树如图 31.7.1 所示。

Step1. 创建 UP_COVER 层。

（1） 在“装配导航器”窗口中的 DOWN_COVER 选项上右击，系统弹出快捷菜单（一），在此快捷菜单中选择 显示父项 ▸ → HANDSET 选项，并将 SECOND01 设为显示部件。

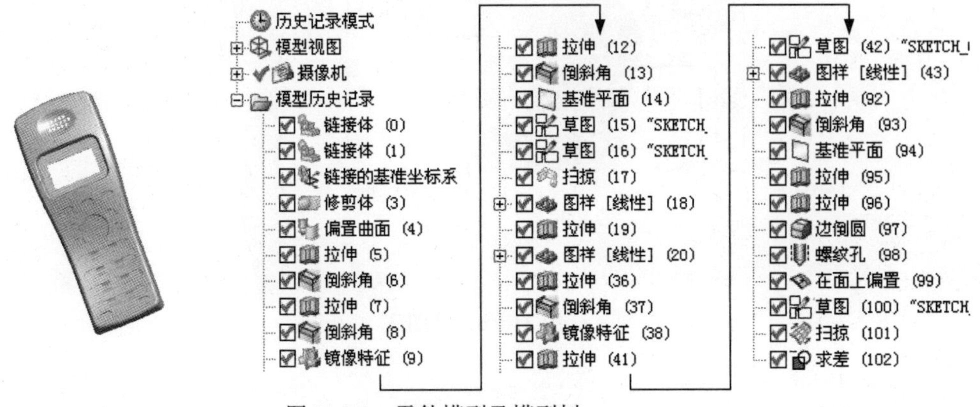

图 31.7.1 零件模型及模型树

（2）在“装配导航器”窗口中的☑ SECOND01选项上右击，系统弹出快捷菜单（二），在此快捷菜单中选择WAVE ▸ ⟶ 新建级别命令，系统弹出“新建级别”对话框。单击“新建级别”对话框中的指定部件名按钮，在弹出的“选择部件名”对话框的文件名(N):文本框中输入文件名 UP_COVER，单击OK按钮，系统再次弹出“新建级别”对话框。单击“新建级别”对话框中的类选择按钮，系统弹出“WAVE 组件间的复制”对话框，选取二级控件如图 31.7.2 所示的实体、片体和 CSYS 为参照，然后单击确定按钮，系统重新弹出“新建级别”对话框。在“新建级别”对话框中单击确定按钮，完成 UP_COVER 层的创建。

（3）在“装配导航器”窗口中的☑ UP_COVER选项上右击，系统弹出快捷菜单（三），在此快捷菜单中选择设为显示部件命令，对模型进行编辑。

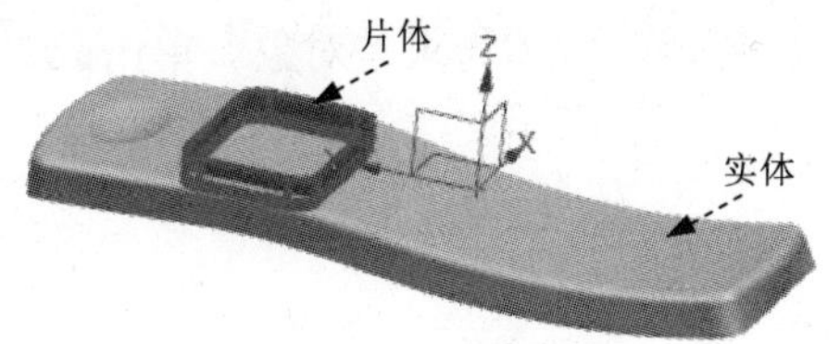

图 31.7.2 定义参照对象

Step2. 创建图 31.7.3 所示的零件特征——修剪体 1。选择下拉菜单插入(S) ⟶ 修剪(T) ▸ ⟶ 修剪体(T)...命令，在绘图区选取图 31.7.4 所示的为目标体，单击中键；选取图 31.7.4 所示的为工具体，单击中键，通过调整方向确定要保留的部分，单击确定按钮，完成修剪特征 1 的创建。

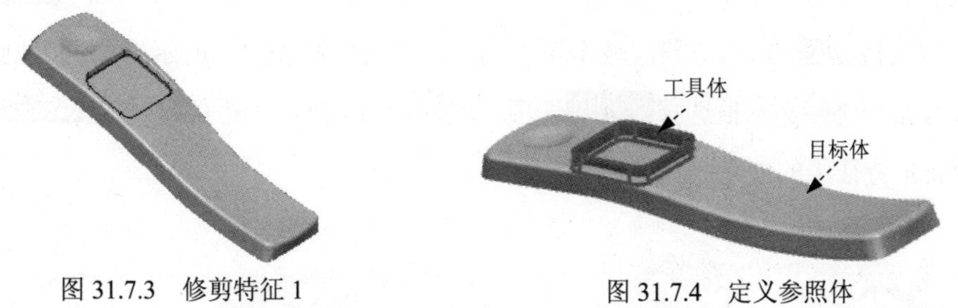

图 31.7.3 修剪特征 1　　图 31.7.4 定义参照体

Step3. 创建图 31.7.5 所示的偏置曲面 1。选择下拉菜单插入(S) ⟶ 偏置/缩放(O) ▸ ⟶ 偏置曲面(O)...命令，系统弹出“偏置曲面”对话框。选择图 31.7.5 所示的曲面为偏置曲面。在偏置 1的文本框中输入值 0；其他参数采用系统默认设置值。

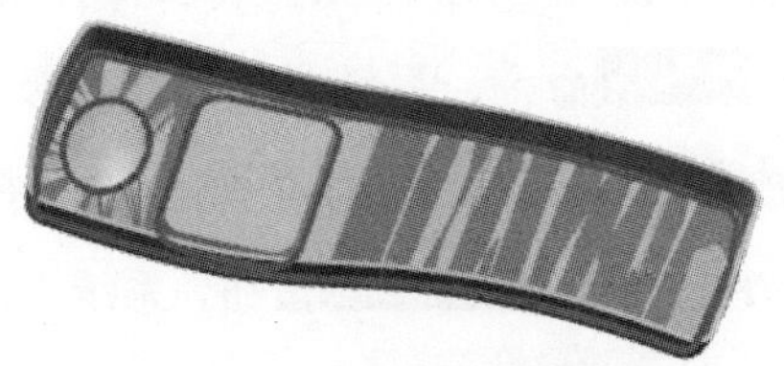

图 31.7.5　偏置曲面 1

Step4. 创建图 31.7.6 所示的零件基础特征——拉伸 1。选择下拉菜单 插入(S) → 设计特征(E) → 拉伸(E)... 命令，系统弹出“拉伸”对话框。选取 XY 基准平面为草图平面，选中设置区域的 创建中间基准 CSYS 复选框，绘制图 31.7.7 所示的截面草图；在指定矢量下拉列表中选择 -ZC 选项，在极限区域的开始下拉列表框中选择 值 选项，并在其下的距离文本框中输入值 0，在极限区域的结束下拉列表框中选择 贯通 选项，在布尔区域的下拉列表框中选择 求差 选项，选取图 31.7.5 所示的实体为求差对象。单击 < 确定 > 按钮，完成拉伸特征 1 的创建。

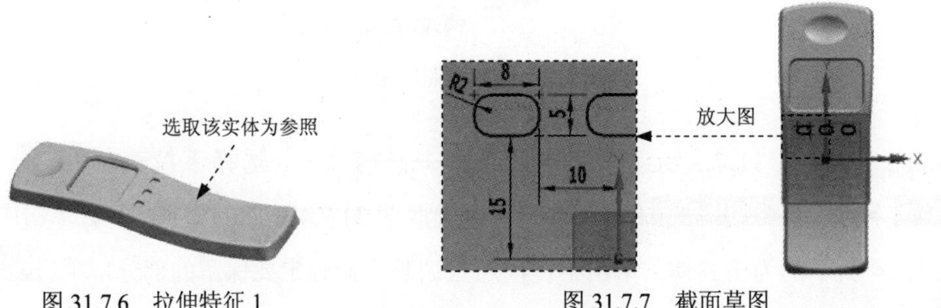

图 31.7.6　拉伸特征 1　　　图 31.7.7　截面草图

Step5. 创建图 31.7.8 所示的倒斜角特征 1。选择下拉菜单 插入(S) → 细节特征(L) → 倒斜角(C)... 命令。在边区域中单击按钮，选取图 31.7.8 所示的边线为倒斜角参照，在偏置区域的横截面文本框选择 对称 选项，在距离文本框输入值 0.5。单击 < 确定 > 按钮，完成倒斜角特征 1 的创建。

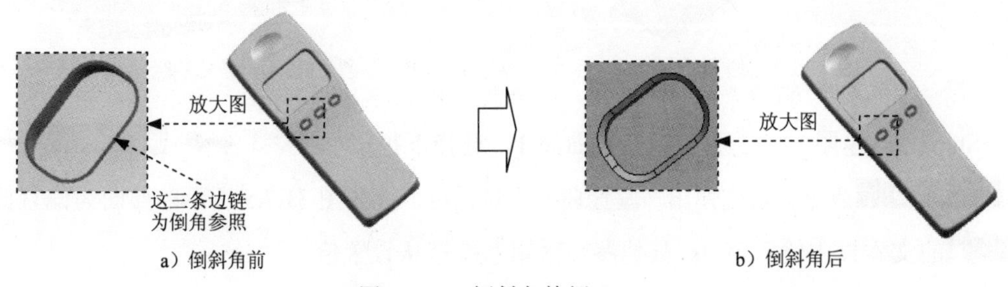

a）倒斜角前　　　b）倒斜角后

图 31.7.8　倒斜角特征 1

Step6. 创建图 31.7.9 所示的零件基础特征——拉伸 2。选择下拉菜单插入(S) → 设计特征(E) → 拉伸(E)...命令，系统弹出“拉伸”对话框。选取基准平面 XY 为草图平面，取消选中设置区域的□ 创建中间基准 CSYS 复选框，绘制图 31.7.10 所示的截面草图；在指定矢量下拉列表中选择 -ZC 选项；在极限区域的开始下拉列表框中选择值选项，并在其下的距离文本框中输入值 0，在极限区域的结束下拉列表框中选择贯通选项，在布尔区域的下拉列表框中选择求差选项，选取图形区的实体为求差对象。单击确定按钮，完成拉伸特征 2 的创建。

图 31.7.9 拉伸特征 2

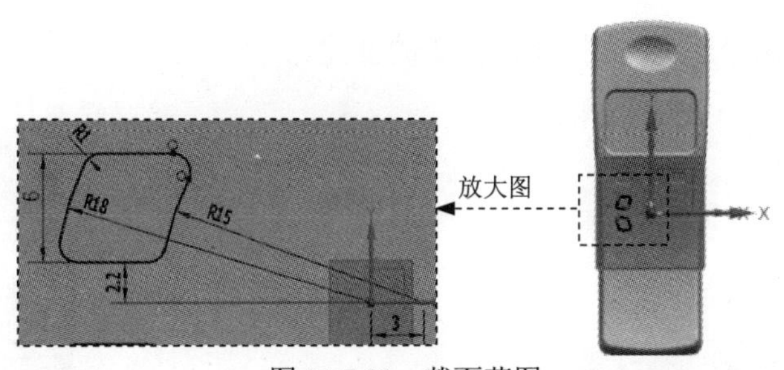

图 31.7.10 截面草图

Step7. 创建倒斜角特征 2。选择下拉菜单插入(S) → 细节特征(L) → 倒斜角(C)...命令。在边区域中单击按钮，选取图 31.7.11 所示的边线为倒斜角参照，在偏置区域的横截面文本框选择对称选项，在距离文本框输入值 0.5。单击 < 确定 > 按钮，完成倒斜角特征 2 的创建。

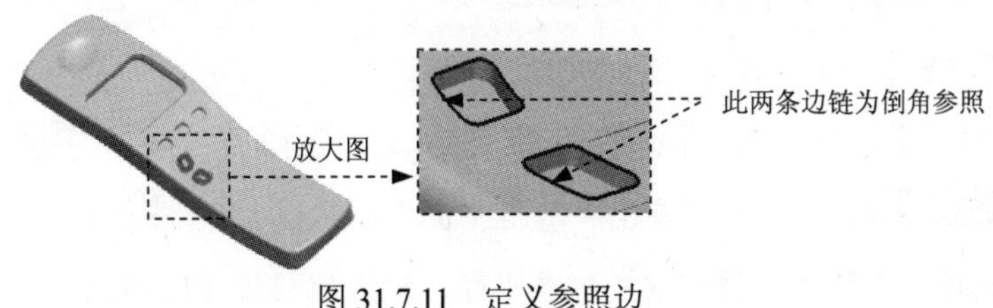

图 31.7.11 定义参照边

Step8. 创建图 31.7.12 所示的零件特征——镜像 1。选择下拉菜单插入(S) → 关联复制(A) → 镜像特征(M)...命令，在绘图区中选取图 31.7.9 所示的拉伸特征 2 和倒斜角特征 2 为要镜像的特征。在镜像平面区域中单击按钮，在绘图区中选取 YZ 基准平面作为镜像平面。单击< 确定 >按钮，完成镜像 1 的创建。

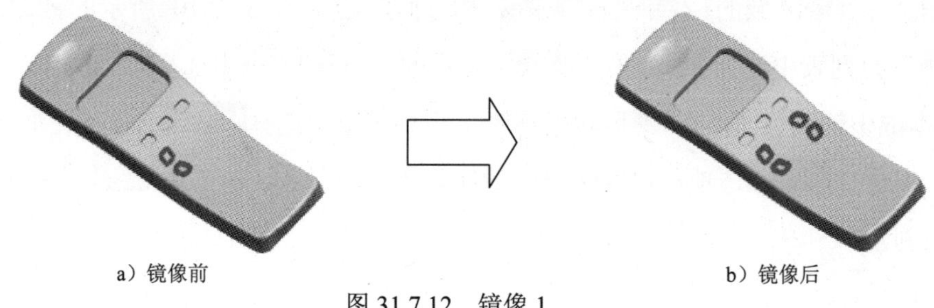

a）镜像前　　b）镜像后

图 31.7.12　镜像 1

Step9. 创建图 31.7.13 所示的零件基础特征——拉伸 3。选择下拉菜单插入(S) → 设计特征(E) → 拉伸(E)...命令，系统弹出“拉伸”对话框。选取基准平面 XY 为草图平面，绘制图 31.7.14 所示的截面草图；在指定矢量下拉列表中选择-ZC选项；在极限区域的开始下拉列表框中选择值选项，并在其下的距离文本框中输入值 0，在极限区域的结束下拉列表框中选择贯通选项，在布尔区域的下拉列表框中选择求差选项，采用系统默认的求差对象。单击确定按钮，完成拉伸特征 3 的创建。

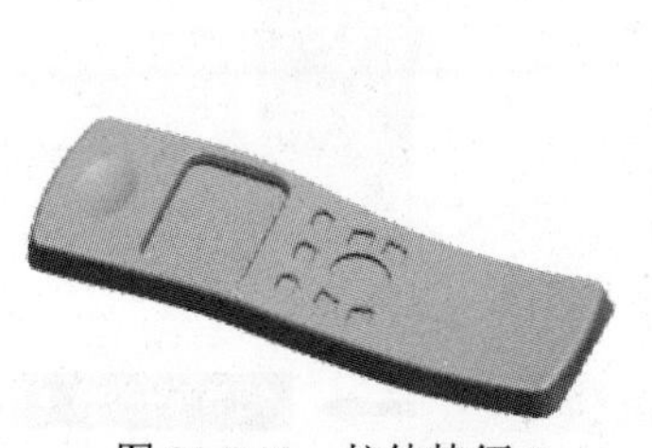

图 31.7.13　拉伸特征 3

图 31.7.14　截面草图

Step10. 创建图 31.7.15 所示的倒斜角特征 3。选择下拉菜单插入(S) → 细节特征(L) → 倒斜角(C)...命令。在边区域中单击按钮，选取图 31.7.15 所示的边线为倒斜角参照，在偏置区域的横截面文本框选择对称选项，在距离文本框输入值 0.5。单击< 确定 >按钮，完成倒斜角特征 3 的创建。

Step11. 创建图 31.7.16 所示的基准平面 1。选择下拉菜单插入(S) → 基准/点(D) → 基准平面(D)...命令，系统弹出“基准平面”对话框。在类型区域的下拉列表框中选择按某一距离选项，在绘图区选取 ZX 基准平面，输入偏移值 17。单击“反向”按钮。单击< 确定 >按钮，完成基准平面 1 的创建。

Step12. 创建图 31.7.17 所示的草图 1。选择下拉菜单插入(S) → 任务环境中的草图(S)...

命令；选取基准平面 1 为草图平面；进入草图环境绘制草图。绘制完成后单击 完成草图 按钮，完成草图 1 的创建。

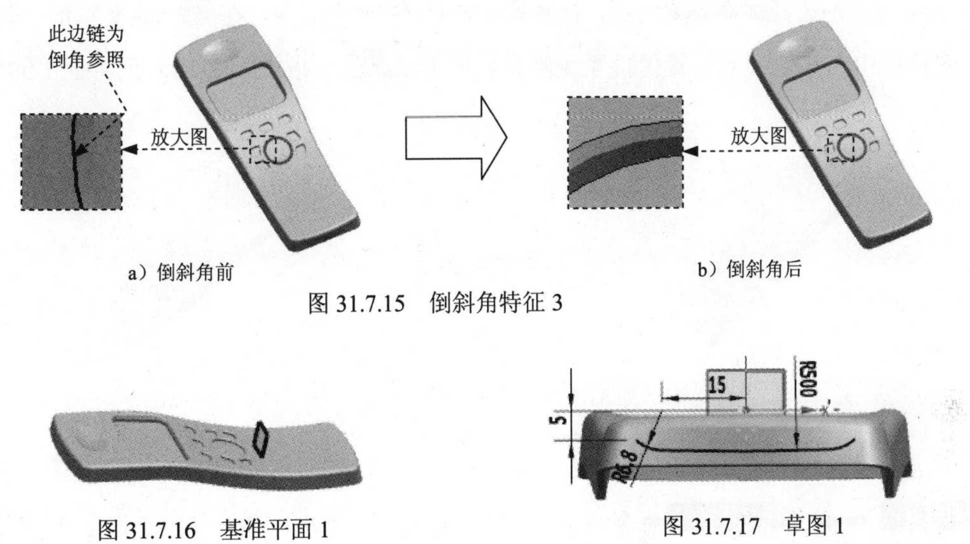

a）倒斜角前　b）倒斜角后

图 31.7.15　倒斜角特征 3

图 31.7.16　基准平面 1　图 31.7.17　草图 1

Step13. 创建图 31.7.18 所示的草图 2。选择下拉菜单 插入(S) → 任务环境中的草图(S)... 命令；在 类型 下拉列表中选取 基于路径 选项，选取图 31.7.18 所示的曲线为参照，在 平面位置 区域 弧长百分比 的文本框输入 0，进入草图环境绘制。绘制完成后单击 完成草图 按钮，完成草图特征 2 的创建。

Step14. 创建图 31.7.19 所示的扫掠特征 1。选择下拉菜单 插入(S) → 扫掠(W) → 沿引导线扫掠(G)... 命令，在绘图区选取草图 2 为扫掠的截面曲线串；单击鼠标中键，在绘图区选取图 31.7.19 所示的曲线特征为扫掠的引导线串。在 布尔 区域的下拉列表中选择 求差 选项；采用系统默认的扫掠偏置值，单击“沿引导线扫掠”对话框中的 < 确定 > 按钮。

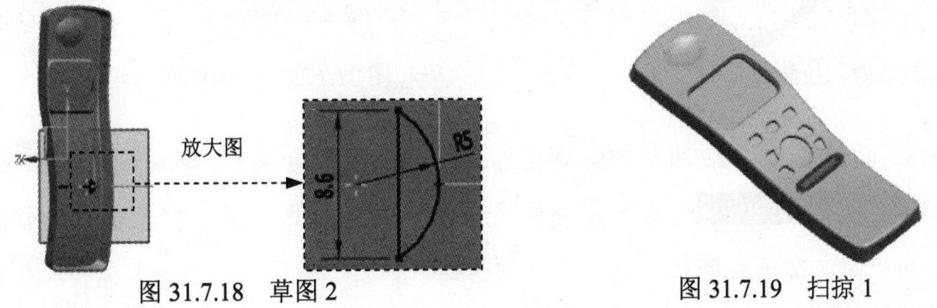

图 31.7.18　草图 2　图 31.7.19　扫掠 1

Step15. 创建图 31.7.20 所示的阵列特征 1。选择下拉菜单 插入(S) → 关联复制(A) → 对特征形成图样(A)... 命令，在绘图区选取图 31.7.19 所示的扫掠特征 1 为要形成图样的特征。在“对特征形成图样”对话框中 阵列定义 区域的 布局 下拉列表中选择 线性 选项。

在边界定义区域边界的下拉列表中选择面选项。然后选取图 31.7.20 所示的面为参照。在方向 1 区域中，在* 指定矢量的下拉列表中选择-YC选项。在“对特征形成图样”对话框中间距区域的下拉列表中选择数量和节距选项，在数量的文本框中输入值 4，在节距的文本框中输入值 12。对话框中的其他参数设置保持系统默认；单击< 确定 >按钮，完成阵列特征 1 的创建。

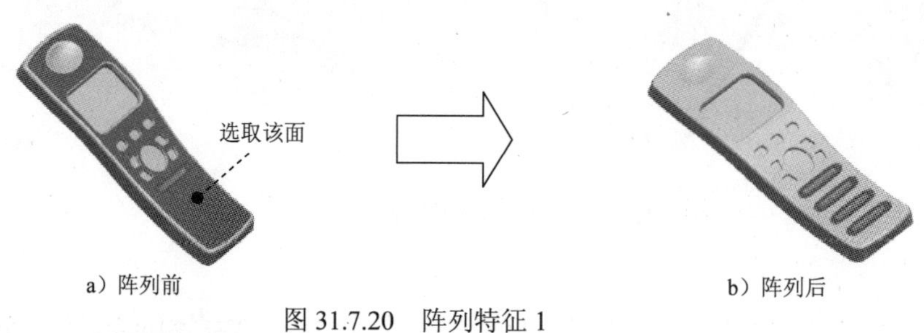

图 31.7.20　阵列特征 1

Step16. 创建图 31.7.21 所示的零件基础特征——拉伸 4。选择下拉菜单插入(S) → 设计特征(E) → 拉伸(E)... 命令，系统弹出“拉伸”对话框。选取基准平面 XY 为草图平面，绘制图 31.7.22 所示的截面草图；在指定矢量下拉列表中选择-ZC选项；在极限区域的开始下拉列表框中选择值选项，并在其下的距离文本框中输入值 0，在极限区域的结束下拉列表框中选择贯通选项，在布尔区域的下拉列表框中选择求差选项，采用系统默认的求差对象。单击确定按钮，完成拉伸特征 4 的创建。

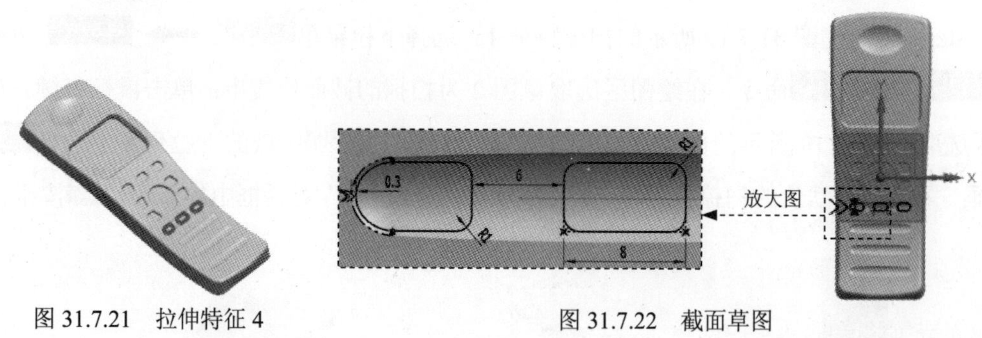

图 31.7.21　拉伸特征 4　　　　图 31.7.22　截面草图

Step17. 创建图 31.7.23 所示的阵列特征 2。选择下拉菜单插入(S) → 关联复制(A) → 对特征形成图样(A)... 命令，在绘图区选取图 31.7.21 所示的拉伸特征 4 为要形成图样的特征。在“对特征形成图样”对话框中阵列定义区域的布局下拉列表中选择线性选项。在边界定义区域边界的下拉列表中选择无选项。在方向 1 区域的* 指定矢量下拉列表中选择-YC选项。在“对特征形成图样”对话框中间距区域的下拉列表中选择数量和节距选项，在数量的文本框中输入值 4，在节距的文本框中输入值 12.3。对话框中的其他参数设置保持系统默认；单击< 确定 >按钮，完成阵列特征 1 的创建。

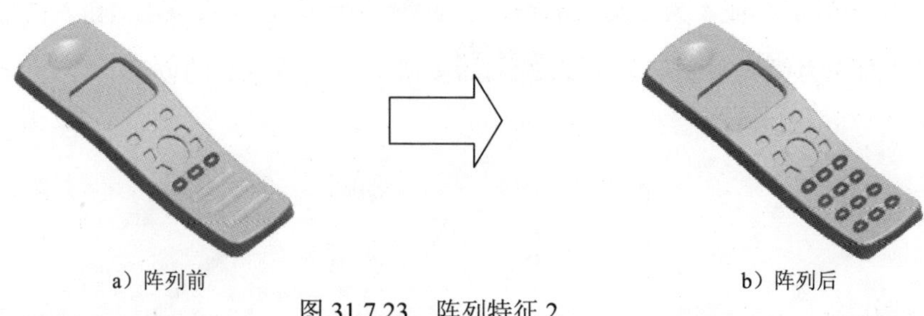

图 31.7.23 阵列特征 2

Step18. 创建图 31.7.24 所示的零件基础特征——拉伸 5。选择下拉菜单插入(S) ➡ 设计特征(E) ➡ 拉伸(E)...命令，系统弹出“拉伸”对话框。选取基准平面 XY 为草图平面，绘制图 31.7.25 所示的截面草图；在指定矢量下拉列表中选择-ZC选项；在极限区域的开始下拉列表框中选择值选项，并在其下的距离文本框中输入值 0，在极限区域的结束下拉列表框中选择贯通选项，在布尔区域的下拉列表框中选择求差选项，选取图形区的实体为求差对象。单击确定按钮，完成拉伸特征 5 的创建。

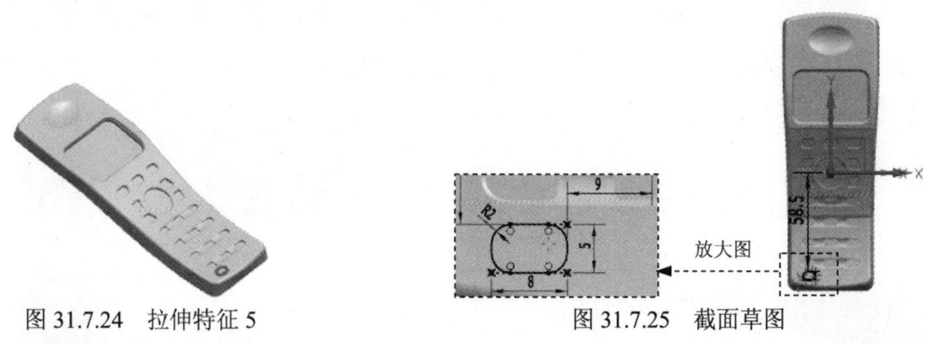

图 31.7.24 拉伸特征 5　　图 31.7.25 截面草图

Step19. 创建图 31.7.26 所示的倒斜角特征 4。选择下拉菜单插入(S) ➡ 细节特征(L) ➡ 倒斜角(C)...命令。在边区域中单击按钮，选取图 31.7.26 所示的边线为倒斜角参照，在偏置区域的横截面文本框选择对称选项，在距离文本框输入值 0.5。单击< 确定 >按钮，完成倒斜角特征 4 的创建。

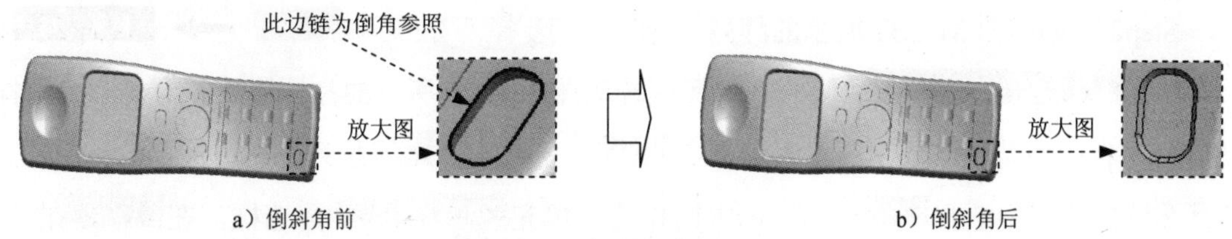

图 31.7.26 倒斜角特征 4

Step20. 创建图 31.7.27 所示的零件特征——镜像 2。选择下拉菜单插入(S) ➡ 关联复制(A) ➡ 镜像特征(M)...命令，在绘图区中选取图 31.7.24 所示的拉伸特征 5 和图

31.7.26 所示的倒斜角特征 4 为要镜像的特征。在镜像平面区域中单击按钮，在绘图区中选取 YZ 基准平面作为镜像平面。单击< 确定 >按钮，完成镜像 2 的创建。

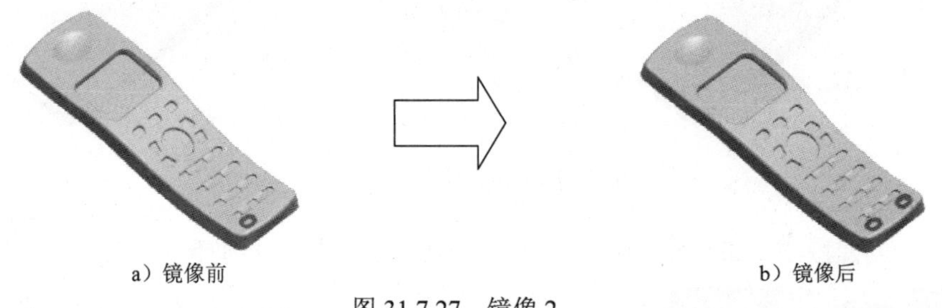

a）镜像前　　b）镜像后

图 31.7.27　镜像 2

Step21. 创建图 31.7.28 所示的零件基础特征——拉伸 6。选择下拉菜单插入(S) → 设计特征(E) → 拉伸(E)...命令，系统弹出“拉伸”对话框。选取基准平面 XY 为草图平面，绘制图 31.7.29 所示的截面草图；在指定矢量下拉列表中选择 -ZC 选项；在极限区域的开始下拉列表框中选择值选项，并在其下的距离文本框中输入值 0，在极限区域的结束下拉列表框中选择贯通选项，在布尔区域的下拉列表框中选择求差选项，选取图形区的实体为求差对象。单击确定按钮，完成拉伸特征 6 的创建。

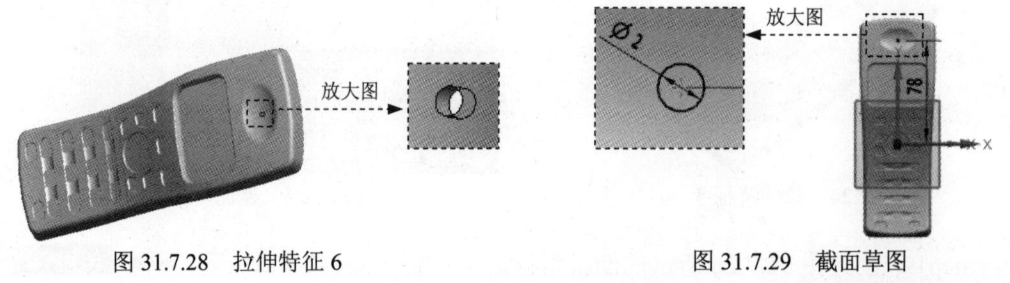

图 31.7.28　拉伸特征 6　　图 31.7.29　截面草图

Step22. 创建图 31.7.30 所示的草图 3。选择下拉菜单插入(S) → 任务环境中的草图(S)...命令；选取基准平面 XY 为草图平面；进入草图环境绘制草图。绘制完成后单击完成草图按钮，完成草图 3 的创建。

Step23. 创建图 31.7.31 所示的阵列特征 3。选择下拉菜单插入(S) → 关联复制(A) → 对特征形成图样(A)...命令，在绘图区选取图 31.7.28 所示的拉伸特征 6 为要形成图样的特征。在“对特征形成图样”对话框中阵列定义区域的布局下拉列表中选择线性选项。在边界下拉列表中选择曲线选项。选中简化边界填充☑ 简化边界填充复选框，在留边距离的文本框中输入值 0.6，在简化布局下拉列表中选择正方形选项在节距文本框中输入值 3。对话框中的其他参数设置保持系统默认；单击< 确定 >按钮，完成阵列特征 3 的创建。

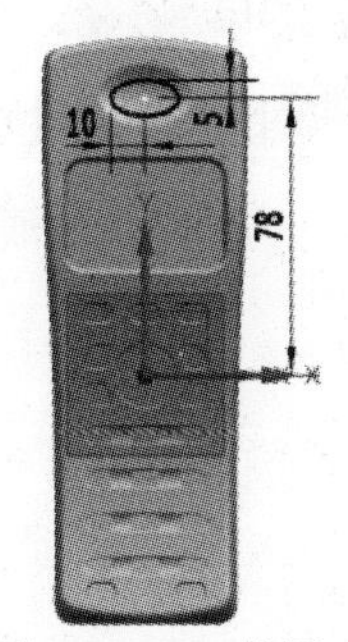

图 31.7.30 草图 3

图 31.7.31 阵列特征 3

Step24. 创建图 31.7.32 所示的零件基础特征——拉伸 7。选择下拉菜单 插入(S) → 设计特征(E) → 拉伸(E)... 命令，系统弹出“拉伸”对话框。选取图 31.7.32 所示的为草图平面，绘制图 31.7.33 所示的截面草图；在 指定矢量 下拉列表中选择 -ZC 选项；在 极限 区域的 开始 下拉列表框中选择 值 选项，并在其下的 距离 文本框中输入值 0，在 极限 区域的 结束 下拉列表框中选择 贯通 选项，在 布尔 区域的下拉列表框中选择 求差 选项，选取图形区的实体为求差对象。单击 确定 按钮，完成拉伸特征 7 的创建。

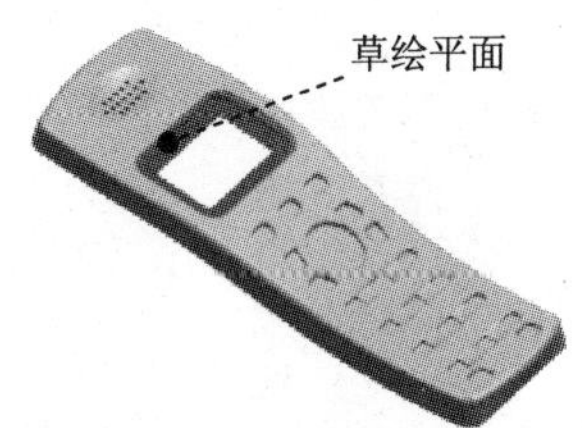

图 31.7.32 拉伸特征 7

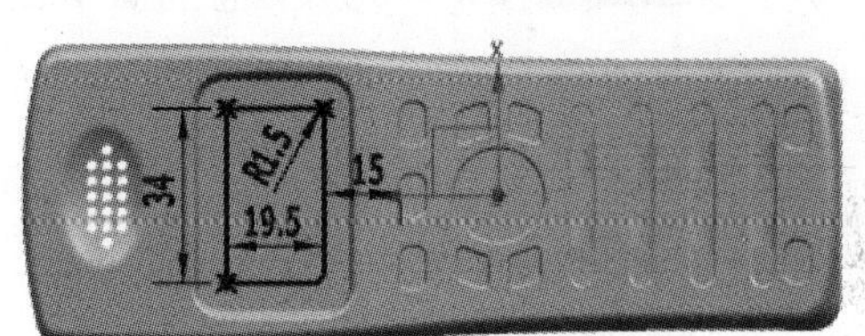

图 31.7.33 截面草图

Step25. 创建图 31.7.34 所示的倒斜角特征 5。选择下拉菜单 插入(S) → 细节特征(L) → 倒斜角(C)... 命令。在 边 区域中单击 按钮，选取图 31.7.34 所示的边线为倒斜角参照，在 偏置 区域的 横截面 文本框选择 对称 选项，在 距离 文本框输入值 0.2。单击 < 确定 > 按钮，完成倒斜角特征 5 的创建。

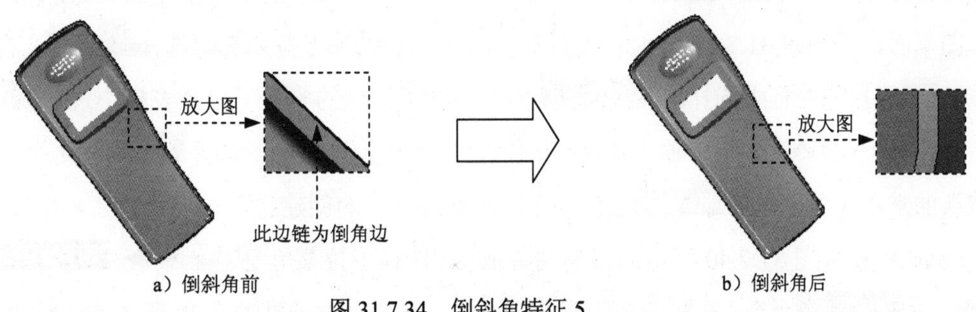

图 31.7.34 倒斜角特征 5

Step26. 创建图 31.7.35 所示的基准平面 2。选择下拉菜单 插入(S) → 基准/点(D) → 基准平面(D)... 命令，系统弹出“基准平面”对话框。在类型区域的下拉列表框中选择 按某一距离 选项，在绘图区选取 XY 基准平面，输入偏移值 3。方向为 Z 轴的负方向。单击 < 确定 > 按钮，完成基准平面 1 的创建。

图 31.7.35　基准平面 2

Step27. 创建图 31.7.36 所示的零件基础特征——拉伸 8。选择下拉菜单 插入(S) → 设计特征(E) → 拉伸(E)... 命令，系统弹出“拉伸”对话框。选取基准平面 2 为草图平面，绘制图 31.7.37 所示的截面草图；在 指定矢量 下拉列表中选择 -ZC 选项；在极限区域的开始下拉列表框中选择 直至下一个 选项，在极限区域的结束下拉列表框中选择 值 选项，并在其下的距离文本框中输入值 9，在布尔区域的下拉列表框中选择 求和 选项，采用系统默认的求和对象。单击 确定 按钮，完成拉伸特征 8 的创建。

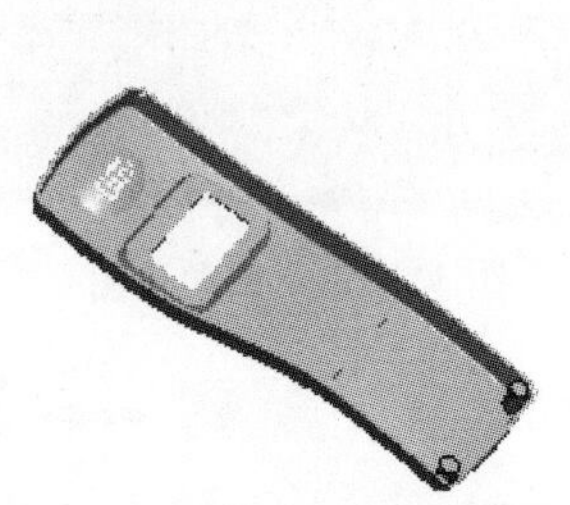

图 31.7.36　拉伸特征 8

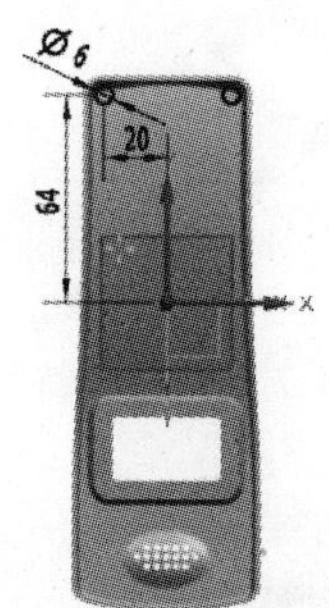

图 31.7.37　截面草图

Step28. 创建图 31.7.38 所示的零件基础特征——拉伸 9。选择下拉菜单 插入(S) → 设计特征(E) → 拉伸(E)... 命令，系统弹出“拉伸”对话框。选取基准平面 2（图 31.7.35）为草图平面，绘制图 31.7.39 所示的截面草图；在 指定矢量 下拉列表中选择 -ZC 选项；在极限区域的开始下拉列表框中选择 直至下一个 选项，在极限区域的结束下拉列表框中选择 值 选项，并在其下的距离文本框中输入值 9，在布尔区域的下拉列表框中选择 求和 选项，采用系统默认的求和对象。单击 确定 按钮，完成拉伸特征 9 的创建。

Step29. 创建图 31.7.40 所示的边倒圆特征 1。选择下拉菜单 插入(S) → 细节特征(L) ▸ → 边倒圆(E)... 命令，在要倒圆的边区域中单击按钮，选择图 31.7.39 所示的边链为边倒圆参照，并在半径 1文本框中输入值 0.5。单击 确定 按钮，完成边倒圆特征 1 的创建。

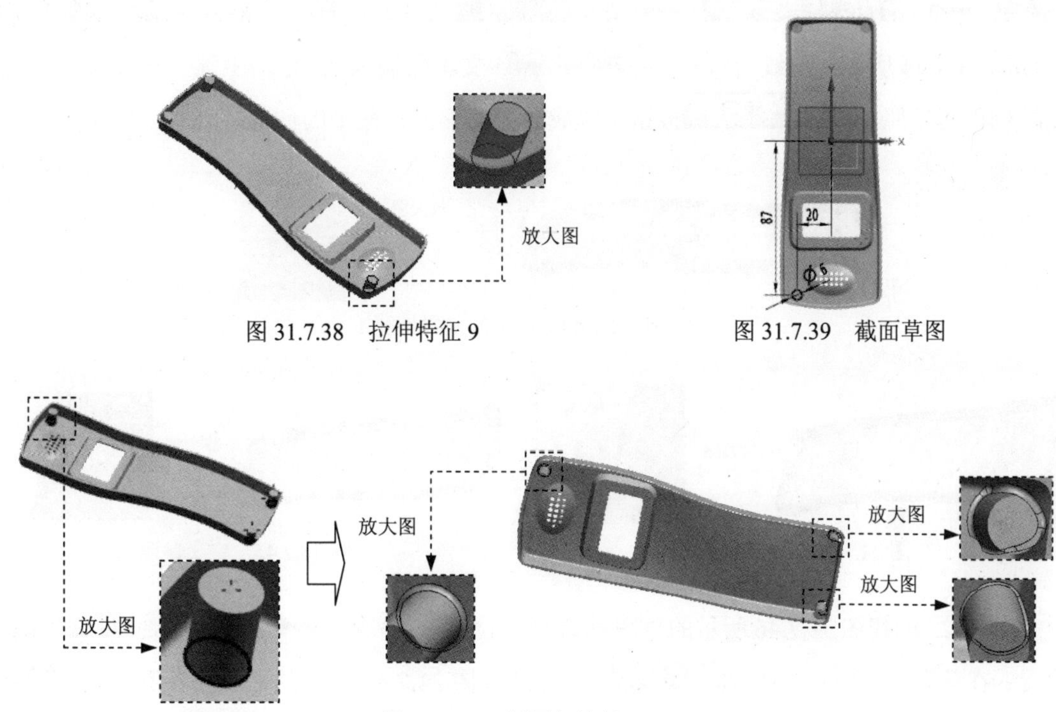

图 31.7.38 拉伸特征 9

图 31.7.39 截面草图

图 31.7.40 倒圆角特征 1

Step30. 创建图 31.7.41 所示的孔特征 1。选择下拉菜单 插入(S) → 设计特征(E) → 孔(H)... 命令。在 类型 下拉列表中选择 螺纹孔 选项，选取图 31.7.42 所示圆弧的中心为定位点，在“孔”对话框 螺纹尺寸 中的 大小 下拉列表中选择 M2.5×0.45，在 螺纹深度 文本框中输入值 5，在 深度限制 的下拉列表框中选择 值 选项。在 深度 文本框中输入值 6，在 布尔 区域的下拉列表框中选择 求差 选项，采用系统默认的求差对象。对话框中的其他参数设置保持系统默认；单击 < 确定 > 按钮，完成孔特征 1 的创建。

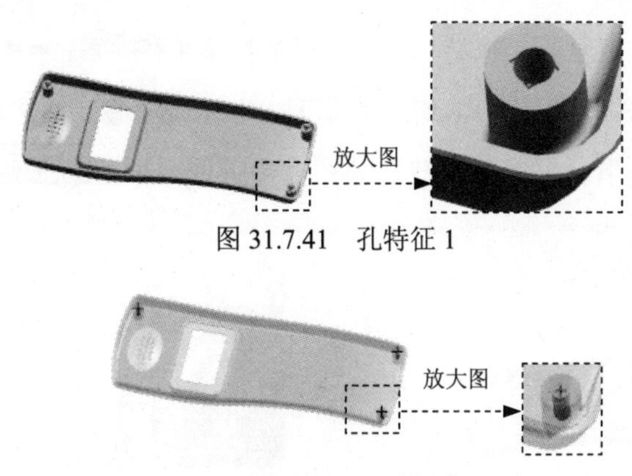

图 31.7.41 孔特征 1

图 31.7.42 定位点

Step31. 创建图 31.7.43 所示的在面上的偏置特征 1。选择下拉菜单插入(S) → 来自曲线集的曲线(F) → 在面上偏置...命令。在类型区域中选择 常数选项，选取图 31.7.44 所示的曲线为参照，在截面线1:偏置1文本框输入 0，单击中键，选取图 31.7.45 所示的面为参照，单击< 确定 >按钮，完成面上的偏置特征 1 的创建。

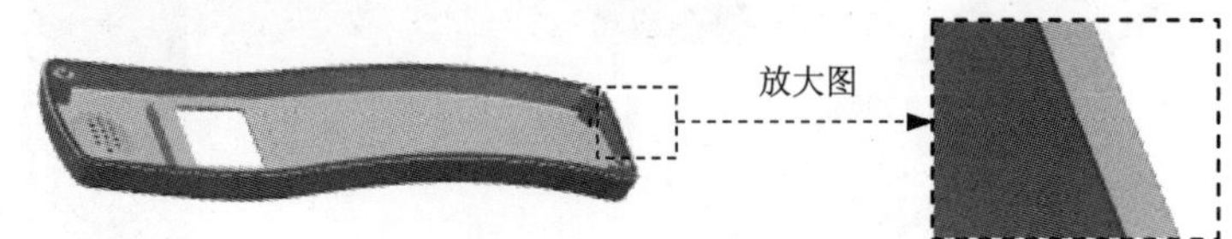

图 31.7.43 面上的偏置特征 1

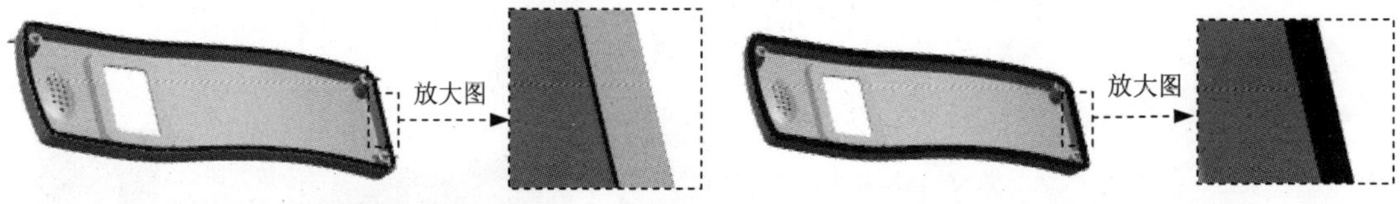

图 31.7.44 定义参照线　　图 31.7.45 定义参照面

Step32. 创建图 31.7.46 所示的草图 4。选择下拉菜单插入(S) → 任务环境中的草图(S)...命令；在类型下拉列表中选取基于路径选项，选取图 31.7.46 所示的曲线为参照，在平面位置区域弧长百分比的文本框输入 0，进入草图环境绘制。绘制完成后单击完成草图按钮，完成草图特征 4 的创建。

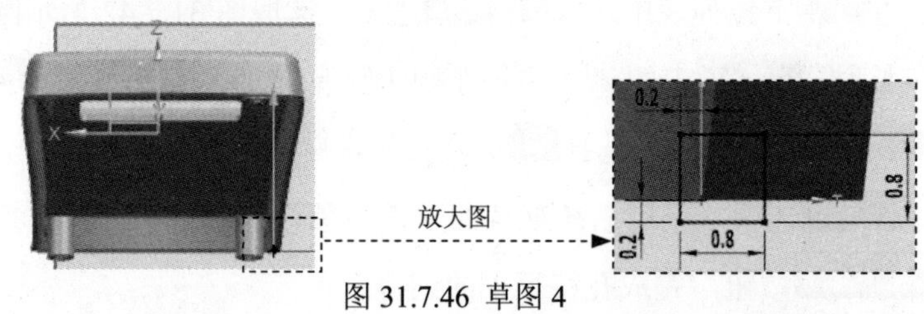

图 31.7.46 草图 4

Step33. 创建图 31.7.47 所示的扫掠特征 1。选择下拉菜单插入(S) → 扫掠(W) → 扫掠(S)...命令，在绘图区选取图 31.7.46 所示的草图 4 为扫掠的截面曲线串，选取图 31.7.44 所示的曲线为扫掠的引导线串。采用系统默认的扫掠偏置值，单击< 确定 >按钮。完成扫掠特征 1 的创建。

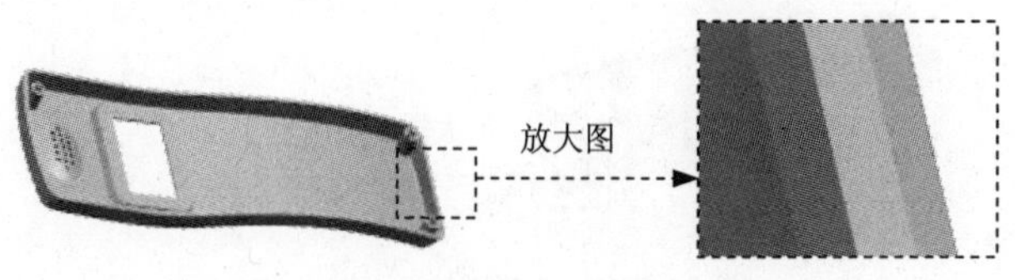

图 31.7.47 扫掠特征 1

Step34. 创建求差特征。选择下拉菜单 插入(S) ➡ 组合(B) ▸ ➡ 求差(S)... 命令，选取图 31.7.48 所示的实体特征为目标体，选取图 31.7.47 所示的扫掠特征为刀具体。单击 < 确定 > 按钮，完成求差特征的创建。

Step35. 保存零件模型。选择下拉菜单 文件(F) ➡ 保存(S) 命令，即可保存零件模型。

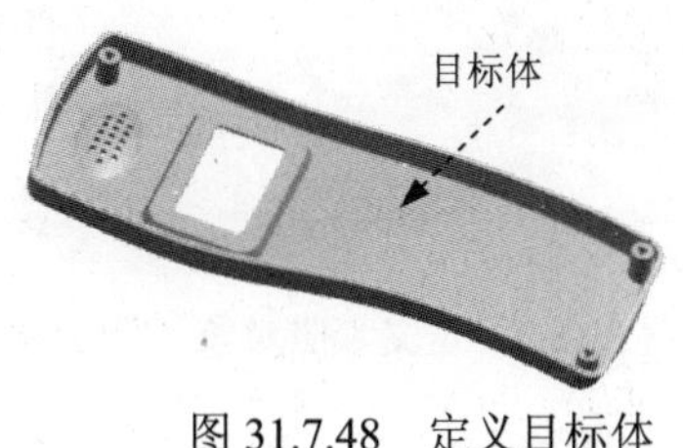

图 31.7.48　定义目标体

31.8　创建电话屏幕

下面讲解电话屏幕（SCREEN.PRT）的创建过程，零件模型及模型树如图 31.8.1 所示。

图 31.8.1　零件模型及模型树

Step1. 创建 SCREEN 层。

（1） 在“装配导航器”窗口中的 UP_COVER 选项上右击，系统弹出快捷菜单（一），在此快捷菜单中选择 显示父项 ▸ ➡ SECOND01 选项，并将 UP_COVER 隐藏，将 SECOND01 设为显示部件。

（2）在“装配导航器”窗口中的 SECOND01 选项上右击，系统弹出快捷菜单（二），在此快捷菜单中选择 WAVE ▸ ➡ 新建级别 命令，系统弹出“新建级别”对话框。单击“新建级别”对话框中的 指定部件名 按钮，在弹出的“选择部件名”对话框的 文件名(N): 文本框中输入文件名 SCREEN，单击 OK 按钮，系统再次弹出“新建级别”对话框。单击“新建级别”对话框中的 类选择 按钮，系统弹出“WAVE 组件间的复制”对话框，选取二级控件如图 31.8.2 所示的实体、片体和 CSYS，然后单击 确定 按钮，系统重新弹出“新建级别”对话框。在“新建级别”对话框中单击 确定 按钮，完成 SCREEN 层的创建。

（3）在“装配导航器”窗口中的 SCREEN 选项上右击，系统弹出快捷菜单（三），在此快捷菜单中选择 设为显示部件 命令，对模型进行编辑。

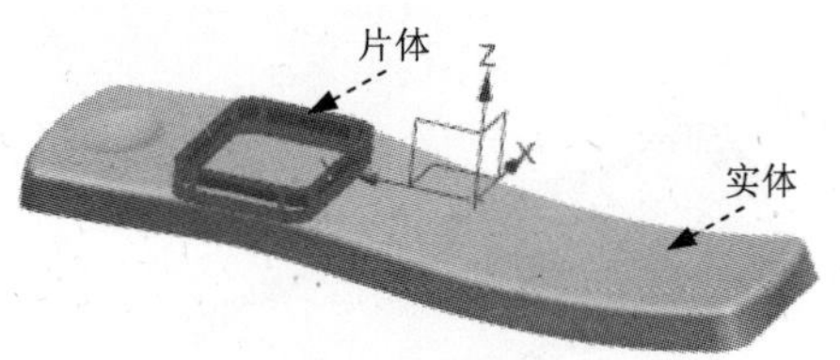

图 31.8.2　定义参照对象

Step2. 创建图 31.8.3 所示的零件特征——修剪体 1。选择下拉菜单 插入(S) → 修剪(T) → 修剪体(T)... 命令，在绘图区选取图 31.8.4 所示的特征为目标体，单击中键；选取图 31.8.4 所示的特征为工具体，单击中键，通过调整方向确定要保留的部分，单击 确定 按钮，完成修剪特征 1 的创建。（显示片体）

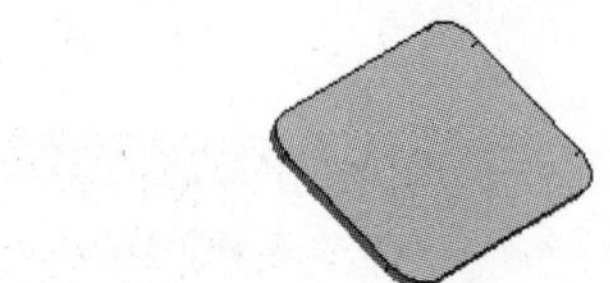

图 31.8.3　修剪特征 1

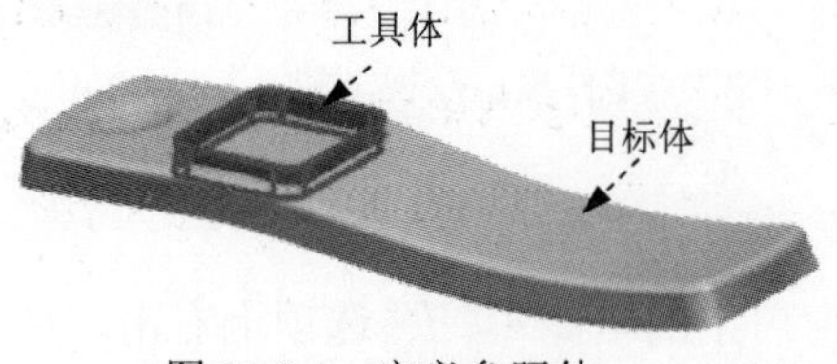

图 31.8.4　定义参照体

Step3. 保存零件模型。选择下拉菜单 文件(F) → 保存(S) 命令，即可保存零件模型。

31.9　建立电池盖

下面讲解电池盖（CELL_COVER.PRT）的创建过程，零件模型及模型树如图 31.9.1 所示。

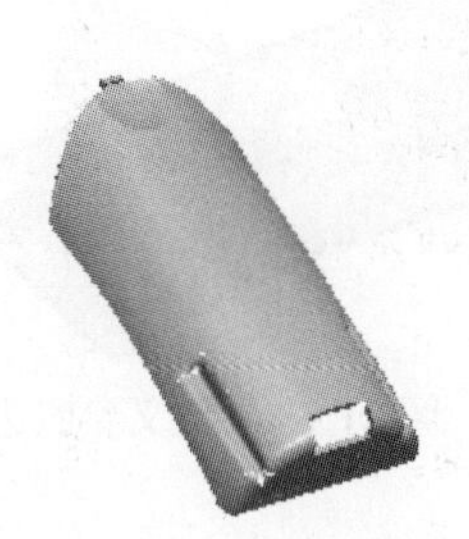

历史记录模式
模型视图
摄像机
模型历史记录
链接体 (0)
链接体 (1)
链接的基准坐标系 (2)
修剪和延伸 (3)
修剪体 (4)
基准平面 (5)
拉伸 (6)
边倒圆 (7)
拉伸 (8)
边倒圆 (9)
边倒圆 (10)

图 31.9.1 零件模型及模型树

Step1. 创建 CELL_COVER 层。

（1） 在“装配导航器”窗口中的 SCREEN 选项上右击，系统弹出快捷菜单（一），在此快捷菜单中选择 显示父项 ▸ → FIRST 选项，并将 SECOND02 设为显示部件。

（2）在“装配导航器”窗口中的 SECOND02 选项上右击，系统弹出快捷菜单（二），在此快捷菜单中选择 WAVE ▸ → 新建级别 命令，系统弹出“新建级别”对话框。单击“新建级别”对话框中的 指定部件名 按钮，在弹出的“选择部件名”对话框的 文件名(N): 文本框中输入文件名 CELL_COVER，单击 OK 按钮，系统再次弹出“新建级别”对话框。单击“新建级别”对话框中的 类选择 按钮，系统弹出“WAVE 组件间的复制”对话框，选取二级控件如图 31.9.2 所示的实体、片体和 CSYS，然后单击 确定 按钮，系统重新弹出“新建级别”对话框。在“新建级别”对话框中单击 确定 按钮，完成 CELL_COVER 层的创建。

（3）在“装配导航器”窗口中的 CELL_COVER 选项上右击，系统弹出快捷菜单（三），在此快捷菜单中选择 设为显示部件 命令，对模型进行编辑。

图 31.9.2 定义参照对象

Step2. 创建图 31.9.3 所示的修剪特征 1。选择下拉菜单 插入(S) → 修剪(T) → 修剪与延伸(N)... 命令，系统弹出“修剪和延伸”对话框。在 类型 的下拉列表中选择 按距离 选项。选择图 31.9.4 所示的边线为参照。在 延伸 区域 距离 的文本框输入 1，在 设置 区域选中 ☑ 作为新面延伸（保留原有的面） 复选框。单击 确定 按钮，完成修剪特征 1 的创建。（将实体隐藏）

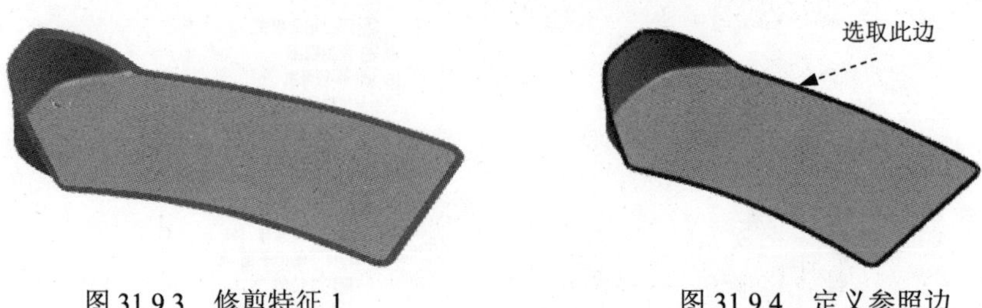

图 31.9.3　修剪特征 1　　图 31.9.4　定义参照边

Step3. 创建图 31.9.5 所示的零件特征——修剪体 1。选择下拉菜单 插入(S) → 修剪(T) ▸ → 修剪体(T)... 命令，在绘图区选取图 31.9.6 所示的为目标体，单击中键；选取图 31.9.6 所示的为工具体，单击中键，通过调整方向确定要保留的部分，单击 确定 按钮，完成修剪特征 1 的创建。（显示片体）

图 31.9.5　修剪特征 1

图 31.9.6　定义参照体

Step4. 创建图 31.9.7 所示的基准平面 1。选择下拉菜单 插入(S) → 基准/点(D) → 基准平面(D)... 命令，系统弹出“基准平面”对话框。在类型区域的下拉列表框中选择 按某一距离 选项，在绘图区选取 XY 基准平面，输入偏移值 40。方向为 Z 轴的负方向。单击 < 确定 > 按钮，完成基准平面 1 的创建。

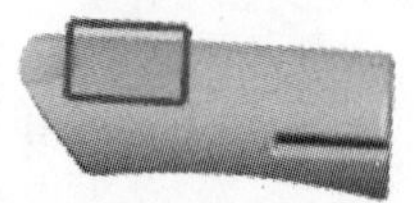

图 31.9.7　基准平面 1

Step5. 创建图 31.9.8 所示的零件基础特征——拉伸 1。选择下拉菜单 插入(S) →

设计特征(E) ➡ 拉伸(E)...命令，系统弹出“拉伸”对话框。选取基准平面 1 为草图平面，选中设置区域的☑ 创建中间基准 CSYS复选框，绘制图 31.9.9 所示的截面草图；在✔ 指定矢量下拉列表中选择ZC↑选项；在极限区域的开始下拉列表框中选择值选项，并在其下的距离文本框中输入值 0，在极限区域的结束下拉列表框中选择值选项，并在其下的距离文本框中输入值 6。在布尔区域的下拉列表框中选择求差选项，采用系统默认的求差对象。单击< 确定 >按钮，完成拉伸特征 1 的创建。

图 31.9.8 拉伸特征 1

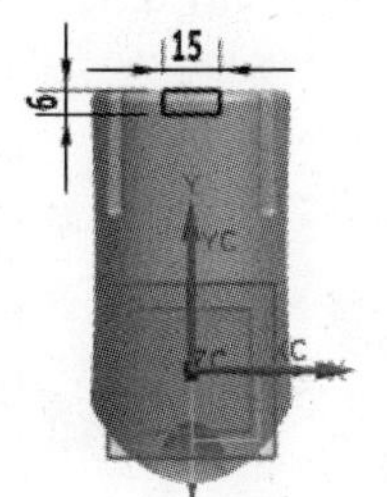

图 31.9.9 截面草图

Step6. 创建图 31.9.10 所示的边倒圆特征 1。选择下拉菜单插入(S) ➡ 细节特征(L) ▸ ➡ 边倒圆(E)...命令，在要倒圆的边区域中单击按钮，选择图 31.9.10 所示的边链为边倒圆参照，并在半径 1文本框中输入值 2。单击< 确定 >按钮，完成边倒圆特征 1 的创建。

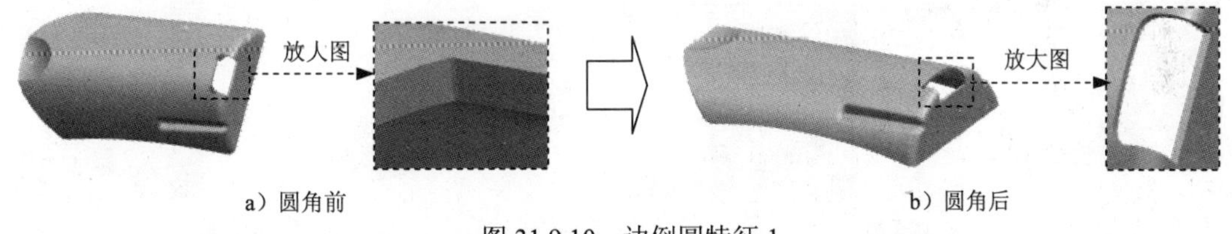

a）圆角前 b）圆角后

图 31.9.10 边倒圆特征 1

Step7. 创建图 31.9.11 所示的零件基础特征——拉伸 2。选择下拉菜单插入(S) ➡ 设计特征(E) ➡ 拉伸(E)...命令，系统弹出“拉伸”对话框。选取 YZ 平面为草图平面，取消选中设置区域的☐ 创建中间基准 CSYS复选框，绘制图 31.9.12 所示的截面草图；在✔ 指定矢量下拉列表中选择XC选项；在极限区域的开始下拉列表框中选择对称值选项，并在其下的距离文本框中输入值 2.5，在布尔区域的下拉列表框中选择求和选项，采用系统默认的求和对象。单击< 确定 >按钮，完成拉伸 2 的创建。

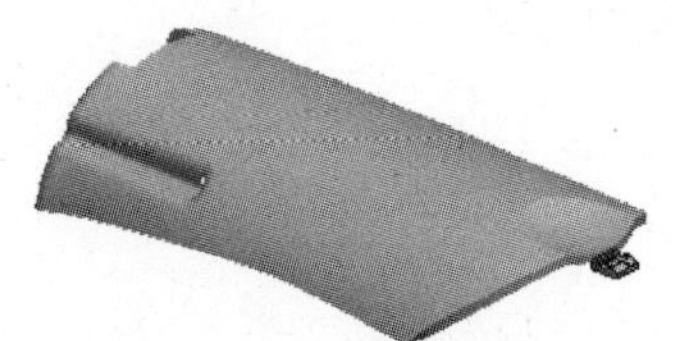

图 31.9.11 拉伸特征 2

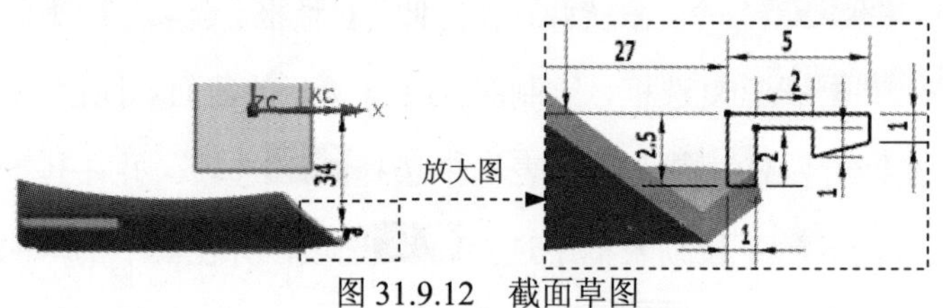

图 31.9.12 截面草图

Step8. 创建图 31.9.13 所示的边倒圆特征 2。选择图 31.9.13 所示的边链为边倒圆参照，并在半径 1文本框中输入值 0.5。单击< 确定 >按钮，完成拉伸特征 2 的创建。

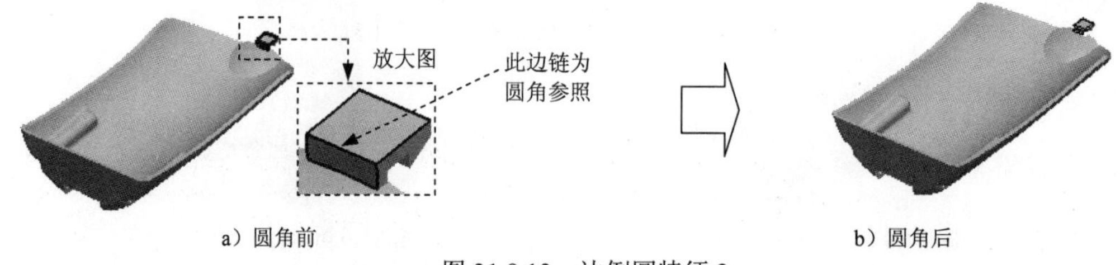

a）圆角前 b）圆角后

图 31.9.13 边倒圆特征 2

Step9. 创建图 31.9.14 所示的边倒圆特征 3。选择图 31.9.14 所示的边链为边倒圆参照，并在半径 1文本框中输入值 0.5。单击< 确定 >按钮，完成拉伸特征 3 的创建。

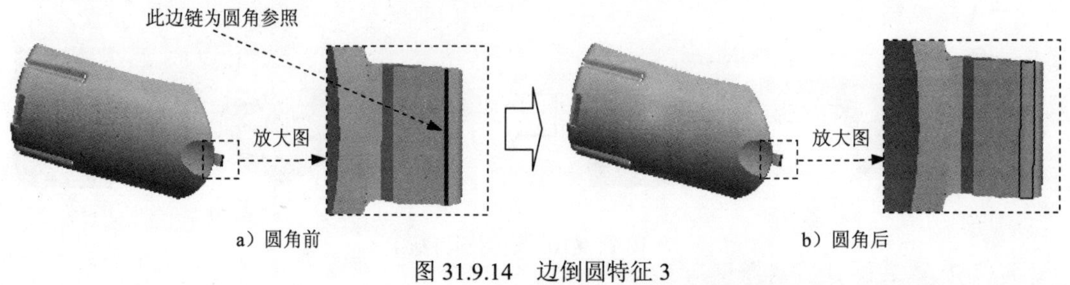

a）圆角前 b）圆角后

图 31.9.14 边倒圆特征 3

Step10. 保存零件模型。选择下拉菜单文件(F) ⟶ 保存(S)命令，即可保存零件模型。

31.10 创建电话按键

下面讲解电话按键（KEY_PRESS.PRT）的创建过程，零件模型及模型树如图 31.10.1 所示。

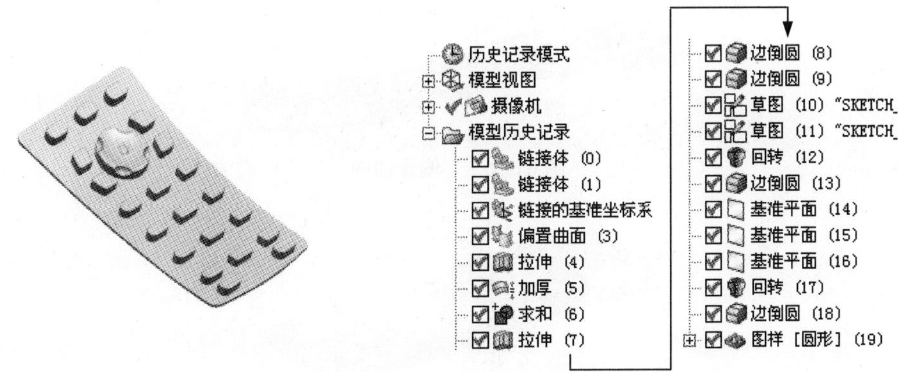

图 31.10.1 零件模型及模型树

Step1. 创建 KEY_PRESS 层。

（1） 在“装配导航器”窗口中的 CELL_COVER 选项上右击，系统弹出快捷菜单（一），在此快捷菜单中选择 显示父项 ⟶ HANDSET 选项，并将 UP_COVER 设为显示部件。

（2）在“装配导航器”窗口中的 UP_COVER 选项上右击，系统弹出快捷菜单（二），在此快捷菜单中选择 WAVE ⟶ 新建级别 命令，系统弹出“新建级别”对话框。单击“新建级别”对话框中的 指定部件名 按钮，在弹出的“选择部件名”对话框的 文件名(N): 文本框中输入文件名 KEY_PRESS，单击 OK 按钮，系统再次弹出“新建级别”对话框。单击“新建级别”对话框中的 类选择 按钮，系统弹出“WAVE 组件间的复制”对话框，选取二级控件如图 31.10.2 所示的实体、片体和 CSYS，然后单击 确定 按钮，系统重新弹出“新建级别”对话框。在“新建级别”对话框中单击 确定 按钮，完成 KEY_PRESS 层的创建。

（3）在“装配导航器”窗口中的 KEY_PRESS 选项上右击，系统弹出快捷菜单（三），在此快捷菜单中选择 设为显示部件 命令，对模型进行编辑。

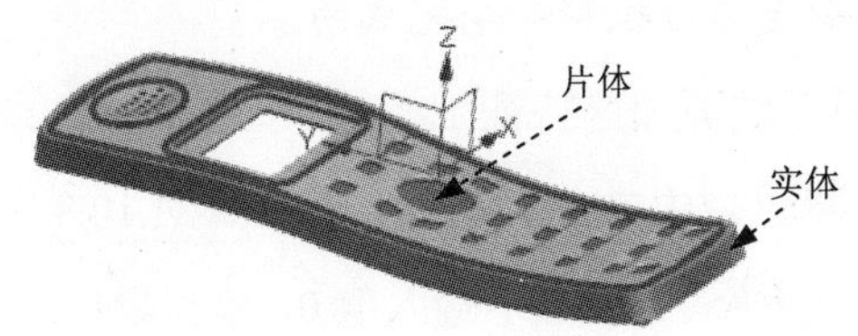

图 31.10.2 定义参照体

Step2. 创建图 31.10.3 所示的偏置曲面 1。选择下拉菜单 插入(S) ⟶ 偏置/缩放(O) ⟶ 偏置曲面(O)... 命令，系统弹出“偏置曲面”对话框。选择图 31.10.4 所示的曲面为要偏置的曲面。在 偏置 1 的文本框中输入值 3.5；单击按钮调整偏置方向为 Z 基准轴正向；其他参数采用系统默认设置值。单击 < 确定 > 按钮，完成偏置曲面 1 的创建。

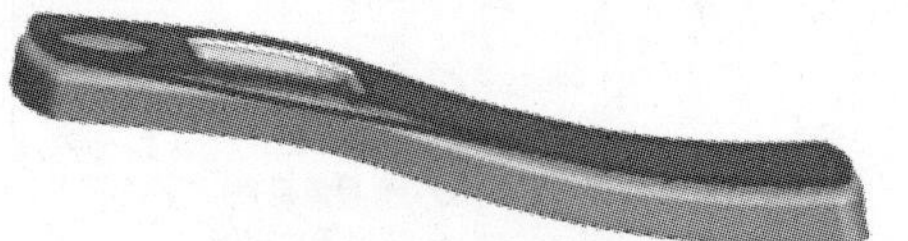

图 31.10.3 偏置曲面 1

图 31.10.4 参考曲面

Step3. 创建图 31.10.5 所示的零件基础特征——拉伸 1。选择下拉菜单插入(S) → 设计特征(E) → 拉伸(E)...命令，系统弹出“拉伸”对话框。选取 XY 平面为草图平面，选中设置区域的☑创建中间基准 CSYS复选框，绘制图 31.10.6 所示的截面草图；在指定矢量下拉列表中选择ZC↑选项；在极限区域的开始下拉列表框中选择直至延伸部分选项（拉伸时选取上一级链接的片头为直至延伸的部分），在极限区域的结束下拉列表框中选择直至延伸部分选项（选取偏置曲面 1 为直至延伸的部分），单击< 确定 >按钮，完成拉伸特征 1 的创建。

图 31.10.5 拉伸特征 1

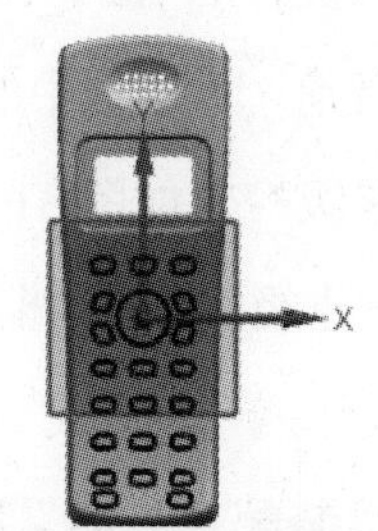

图 31.10.6 截面草图

说明：拉伸过程中的草图是通过投影命令完成的。

Step4. 创建图 31.10.7 所示的面加厚特征 1。选择下拉菜单插入(S) → 偏置/缩放(O) ▸ → 加厚(T)...命令，在面区域中单击按钮，选取图 31.10.8 所示的曲面为加厚的对象。在偏置 1文本框中输入值 1，在偏置 2文本框中输入值 0，单击按钮调整加厚方向为 Z 基准轴的负方向。单击< 确定 >按钮，完成面加厚特征 1 的创建。

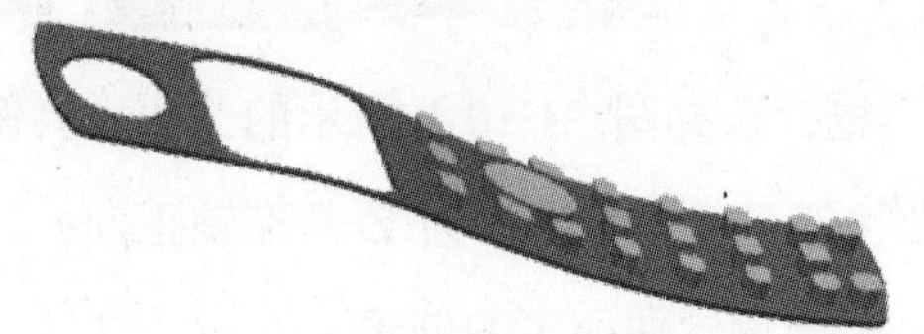

图 31.10.7 面加厚特征 1

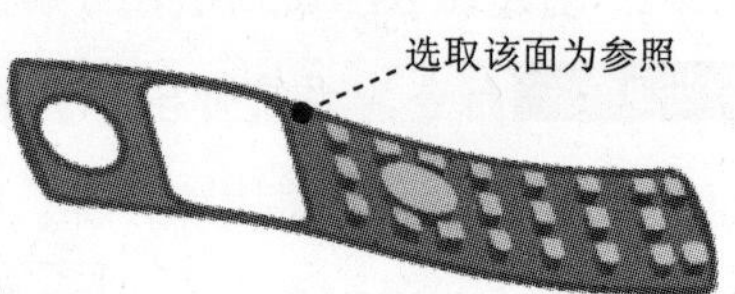

图 31.10.8 定义参照曲面

Step5. 创建求和特征。选择下拉菜单 插入(S) → 组合(B) ▸ → 求和(U)... 命令，选取图 31.10.9 所示的实体特征为目标体，选取图 31.10.10 所示的拉伸特征为刀具体。单击 < 确定 > 按钮，完成求和特征 1 的创建。

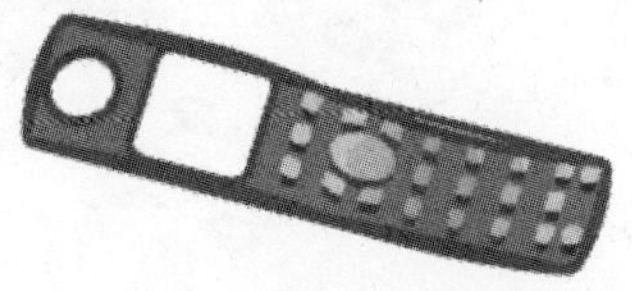
图 31.10.9 目标体

图 31.10.10 刀具体

Step6. 创建图 31.10.11 所示的零件基础特征——拉伸 2。选择下拉菜单 插入(S) → 设计特征(E) → 拉伸(E)... 命令，系统弹出“拉伸”对话框。选取 XY 基准平面为草图平面，取消选中 设置 区域的 □ 创建中间基准 CSYS 复选框，绘制图 31.10.12 所示的截面草图；在 指定矢量 下拉列表中选择 -ZC 选项；在 极限 区域的 开始 下拉列表框中选择 值 选项，并在其下的 距离 文本框中输入值 0，在 极限 区域的 结束 下拉列表框中选择 值 选项，并在其下的 距离 文本框中输入值 10。在 布尔 区域的下拉列表框中选择 求差 选项，采用系统默认的求差对象。单击 < 确定 > 按钮，完成拉伸特征 2 的创建。（隐藏片体）

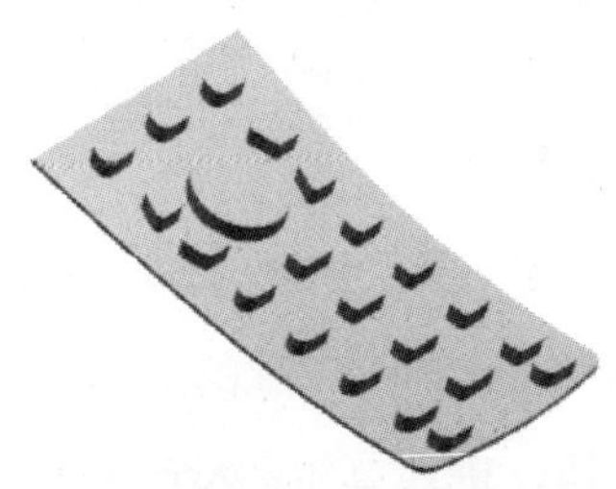
图 31.10.11 拉伸特征 2

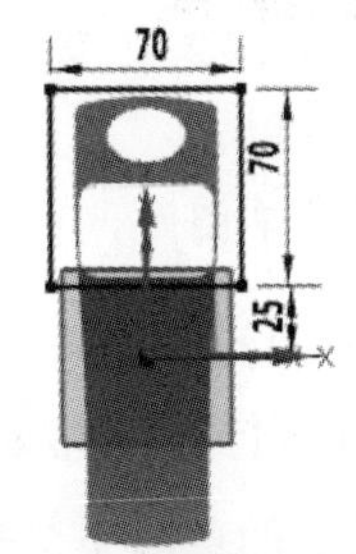

图 31.10.12 截面草图

Step7. 创建图 31.10.13 所示的边倒圆特征 1。选择下拉菜单 插入(S) → 细节特征(L) ▸ → 边倒圆(E)... 命令，在 要倒圆的边 区域中单击 按钮，选择图 31.10.13 所示的边线为边倒圆参照，并在 半径 1 文本框中输入值 3。单击 < 确定 > 按钮，完成拉伸特征 1 的创建。

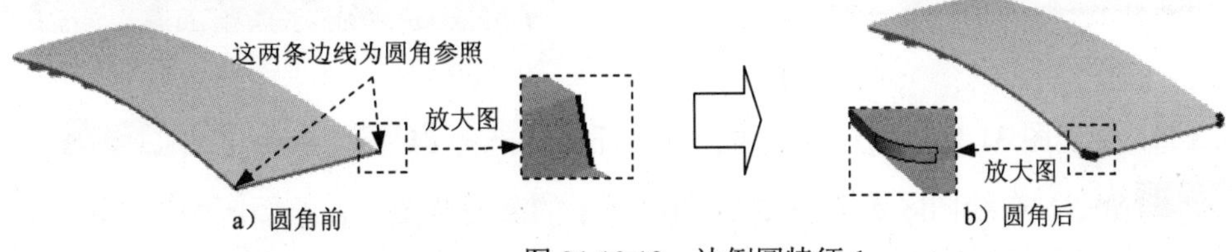

图 31.10.13 边倒圆特征 1

Step8. 创建图 31.10.14 所示的边倒圆特征 2。选择图 31.10.14 所示的边链为边倒圆参照，并在半径 1文本框中输入值 0.5。单击< 确定 >按钮，完成拉伸特征 2 的创建。

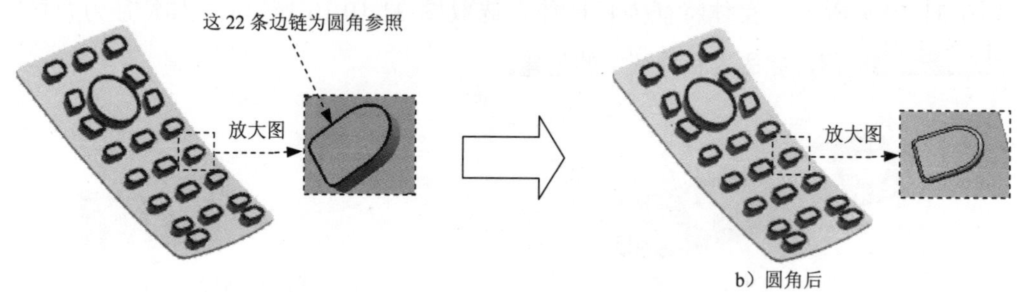

图 31.10.14 边倒圆特征 2

Step9. 创建图 31.10.15 所示的草图 1。选择下拉菜单插入(S) ➡ 任务环境中的草图(S)...命令；选取 YZ 基准平面为草图平面；进入草图环境绘制草图。绘制完成后单击完成草图按钮，完成草图 1 的创建。

图 31.10.15 草图 1

说明： *在绘制草图时，可以先做两个交点，然后再画直线。*

Step10. 创建图 31.10.16 所示的草图 2。选择下拉菜单插入(S) ➡ 任务环境中的草图(S)...命令；在类型下拉列表中选取基于路径选项，在平面位置区域弧长百分比的文本框输入 50，选取图 31.10.15 所示的草图 1 为轨迹；单击< 确定 >按钮，进入草图环境绘制草图。绘制完成后单击完成草图按钮，完成草图 2 的创建。

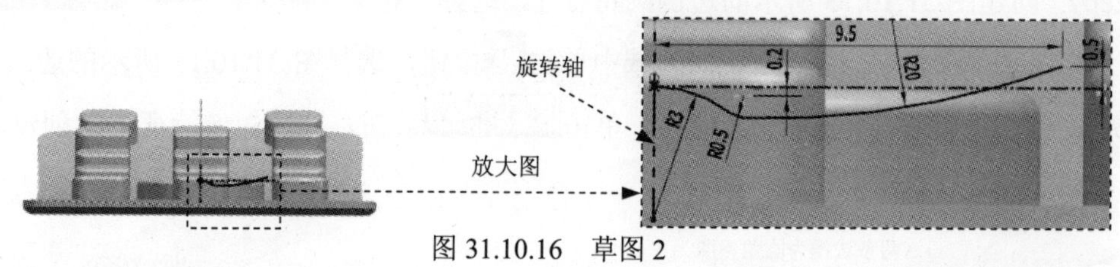

图 31.10.16 草图 2

Step11. 创建图 31.10.17 所示的回转特征 1。选择插入(S) ➡ 设计特征(E) ➡ 回转(R)...命令，在绘图区选取图 31.10.16 所示的截面草图。在绘图区中选取图 31.10.16 所示的直线为旋转轴。在“回转”对话框的极限区域的开始下拉列表框中选择值选项，并在角度文本框中输入值 0，在结束下拉列表框中选择值选项，并在角度文本框中输入值 360；

在布尔区域中选择求差选项，采用系统默认的求差对象。单击< 确定 >按钮，完成回转特征 1 的创建。

图 31.10.17 回转特征 1

Step12. 创建图 31.10.18 所示的边倒圆特征 3。选择图 31.10.18 所示的边链为边倒圆参照，并在半径 1文本框中输入值 0.5。单击< 确定 >按钮，完成拉伸特征 3 的创建。

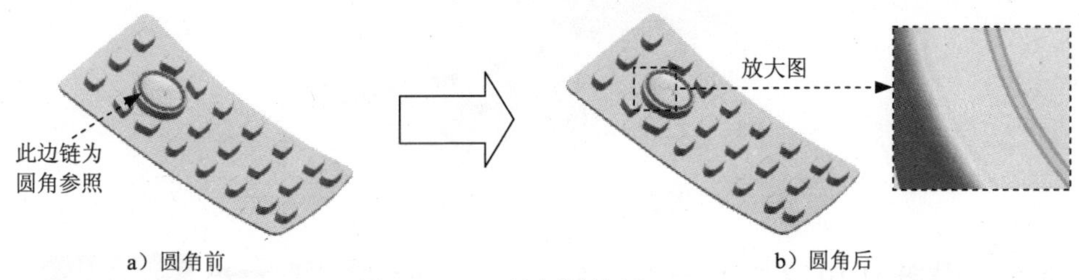

图 31.10.18 边倒圆特征 3

Step13. 创建图 31.10.19 所示的基准平面 1。选择下拉菜单插入(S) → 基准/点(D) → 基准平面(D)...命令，系统弹出“基准平面”对话框。在类型区域的下拉列表框中选择点和方向选项，在绘图区选取图 31.10.19 所示的中点为参照。单击< 确定 >按钮，完成基准平面 1 的创建。

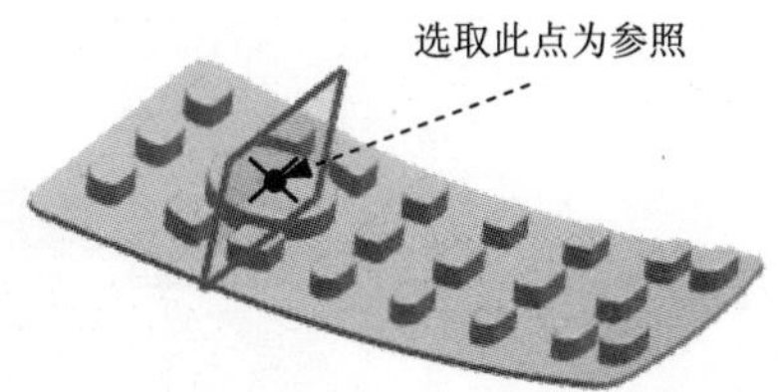

图 31.10.19 基准平面 1

Step14. 创建图 31.10.20 所示的基准平面 2。选择下拉菜单插入(S) → 基准/点(D) → 基准平面(D)...命令，系统弹出“基准平面”对话框。在类型区域的下拉列表框中选择成一角度选项，在绘图区选取基准平面 1，选取图 31.10.20 所示的轴为参照，在角度文本框输入值 45。单击< 确定 >按钮，完成基准平面 2 的创建。

Step15. 创建图 31.10.21 所示的基准平面 3。选择下拉菜单插入(S) → 基准/点(D) → 基准平面(D)...命令，系统弹出“基准平面”对话框。在类型区域的下拉列表框中选择按某一距离选项，在绘图区选取基准平面 2，输入偏移值 8.5。单击< 确定 >按钮，完成基准平面 3 的创建。

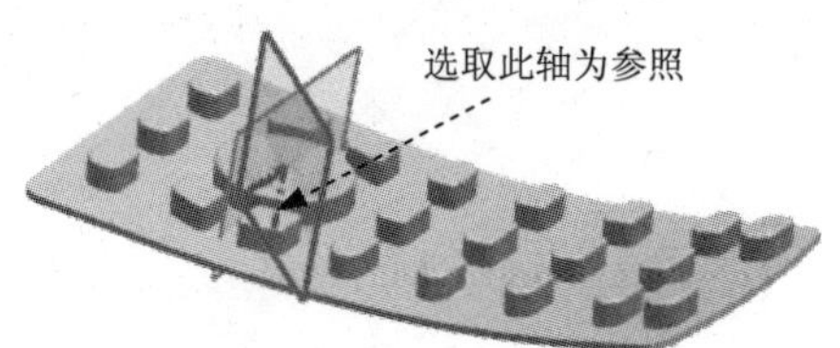

图 31.10.20　基准平面 2

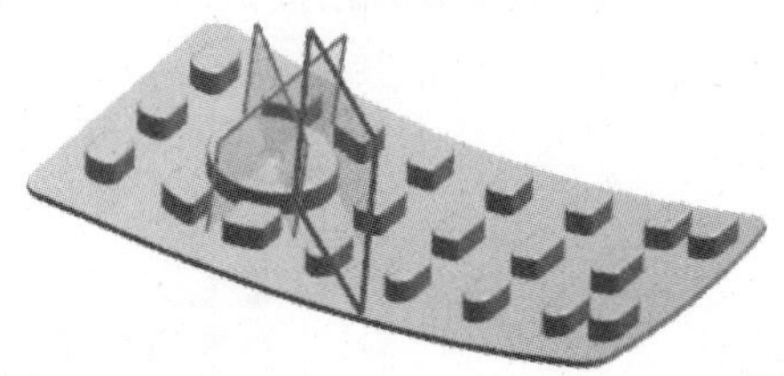

图 31.10.21　基准平面 3

Step16. 创建图 31.10.22 所示的回转特征 2。选择插入(S) → 设计特征(E) → 回转(R)...命令，单击截面区域中的按钮，在绘图区选取基准平面 3 为草图平面，绘制图 31.10.23 所示的截面草图。在绘图区中选取图 31.10.23 所示的直线为旋转轴。在“回转”对话框的极限区域的开始下拉列表框中选择值选项，并在角度文本框中输入值 0，在结束下拉列表框中选择值选项，并在角度文本框中输入值 360；在布尔区域中选择求差选项，采用系统默认的求差对象。单击< 确定 >按钮，完成回转特征 2 的创建。

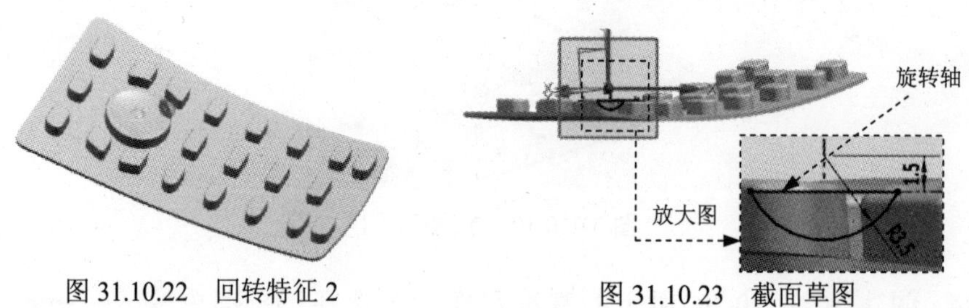

图 31.10.22　回转特征 2　　图 31.10.23　截面草图

Step17. 创建图 31.10.24 所示的边倒圆特征 4。选择图 31.10.24 所示的边链为边倒圆参照，并在半径 1文本框中输入值 0.5。单击< 确定 >按钮，完成拉伸特征 4 的创建。

Step18. 创建图 31.10.25 所示的阵列特征 1。选择下拉菜单插入(S) → 关联复制(A) → 对特征形成图样(A)...命令，在绘图区选取图 31.10.22 所示的回转特征 2 和图 31.10.24 所示的边倒圆特征 4 为要形成图样的特征。在“对特征形成图样”对话框中阵列定义区域的布局下拉列表中选择圆形选项。在“指定矢量”区域中选择图 31.10.25 所示的旋转轴为参照。在“对特征形成图样”对话框中间距区域的下拉列表中选择数量和跨距选项，在数量的文本框中输入值 4，在跨角的文本框中输入值 360。对话框中的其他参数设置保持系统默认；单击< 确定 >按钮，完成阵列特征 1 的创建。

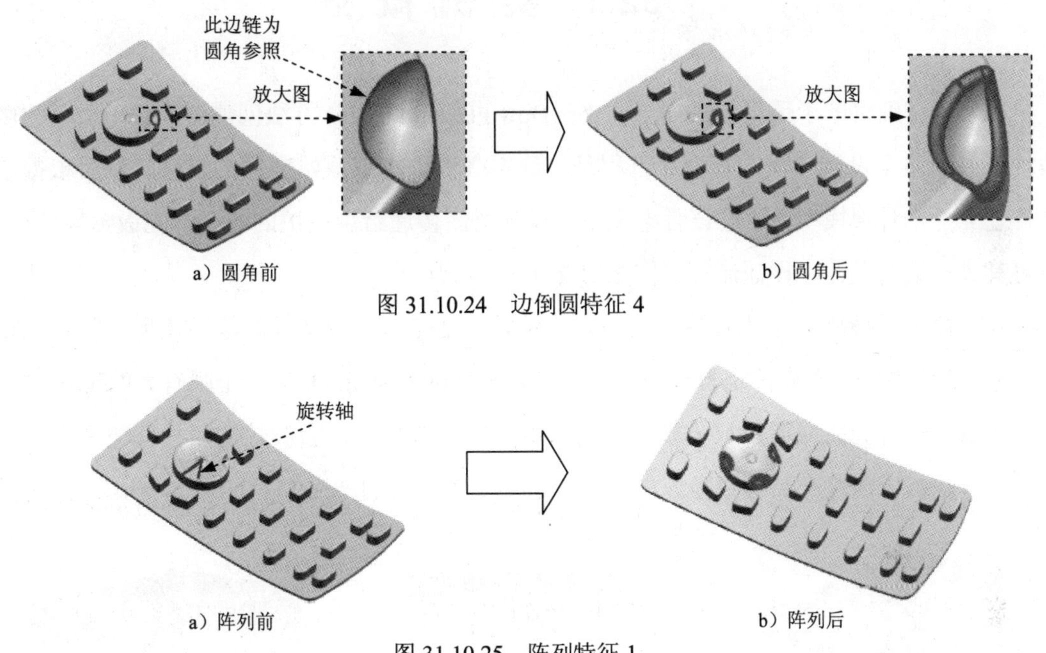

图 31.10.24　边倒圆特征 4

图 31.10.25　阵列特征 1

Step19. 保存零件模型。选择下拉菜单文件(F) → 保存(S)命令，即可保存零件模型。

实例 32　微波炉钣金外壳的自顶向下设计

32.1　实 例 概 述

本实例详细讲解了采用自顶向下（Top_Down Design）设计方法创建图 32.1.1 所示的微波炉外壳的整个设计过程，其设计过程是先确定微波炉内部原始文件的尺寸，然后根据该文件建立一个骨架模型，通过该骨架模型将设计意图传递给微波炉的各个外壳钣金零件后，再对其进行细节设计，设计流程如图 32.1.2 所示。

骨架模型是根据装配体内各元件之间的关系而创建的一种特殊的零件模型，或者说它是一个装配体的 3D 布局，是自顶向下设计（Top_Down Design）的一个强有力的工具。

当微波炉外壳完成后，只需要更改内部原始文件的尺寸，微波炉的尺寸就随之更改。该设计方法可以加快产品的更新速度，非常适用于系列化的产品。

a）方位 1

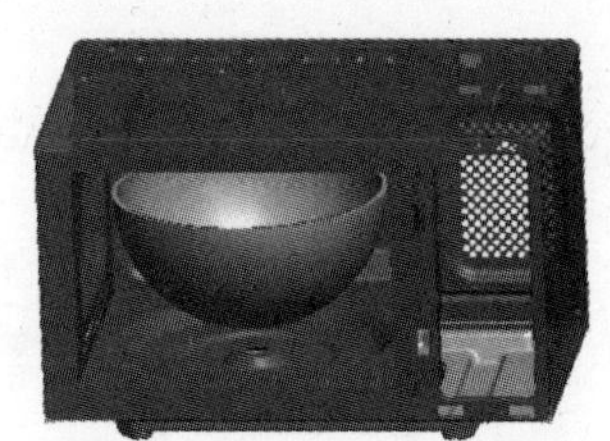

b）方位 2

c）方位 3

图 32.1.1　微波炉外壳

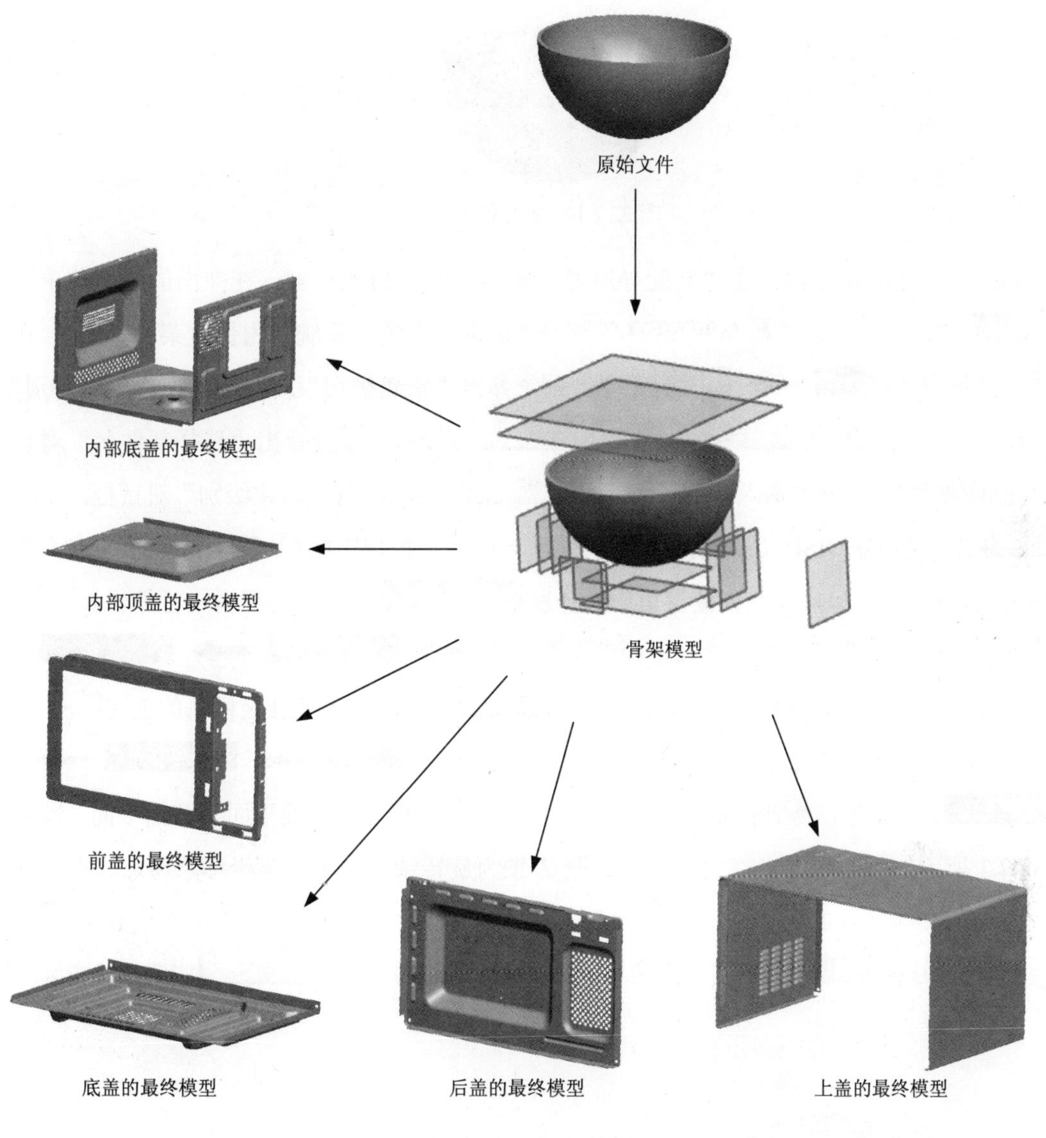

图 32.1.2　设计流程图

32.2　准备原始文件

原始数据文件（图 32.2.1）是控制微波炉总体尺寸的一个模型文件，它是一个用于盛装需要加热食物的碗，该模型通常是由上游设计部门提供。

Step1. 新建文件。选择下拉菜单 文件(F) → 新建(N)... 命令，系统弹出“新建”对话框。在 模板 区域中选择 模型 模板，在 名称 文本框中输入文件名称 MICROWAVE_COVEN_CASE，单击 确定 按钮，进入建模环境。

图 32.2.1 原始文件

Step2. 创建原始文件。在“装配导航器”窗口中的空白处右击，在弹出的快捷菜单中选择WAVE 模式选项；然后在MICROWAVE_COVEN_CASE选项上右击，系统弹出快捷菜单（一），在此快捷菜单中选择WAVE ➡ 新建级别命令，系统弹出“新建级别”对话框。在“新建级别”对话框中单击指定部件名按钮，系统弹出“选择部件名”对话框，在文件名(N):文本框中输入 DISH；单击OK按钮，回到“新建级别”对话框，单击确定按钮，完成 DISH 层的创建。在“装配导航器”窗口中的DISH选项上右击，系统弹出快捷菜单（二），在此快捷菜单中选择设为工作部件命令，对模型进行编辑。

Step3. 创建基准坐标系。选择下拉菜单插入(S) ➡ 基准/点(D) ➡ 基准 CSYS...命令，系统弹出“基准 CSYS”对话框，单击<确定>按钮，完成基准坐标系的创建。

Step4. 创建图 32.2.2 所示的回转特征 1。选择插入(S) ➡ 设计特征(E) ➡ 回转(R)...命令，单击截面区域中的按钮，在绘图区选取 XZ 基准平面为草图平面，绘制图 32.2.3 所示的截面草图。在绘图区中选取 Z 轴为旋转轴，指定点为坐标系原点。在“回转”对话框的极限区域的开始下拉列表框中选择值选项，并在角度文本框中输入值 0，在结束下拉列表框中选择值选项，并在角度文本框中输入值 360；单击<确定>按钮，完成回转特征 1 的创建。

图 32.2.2 回转特征 1

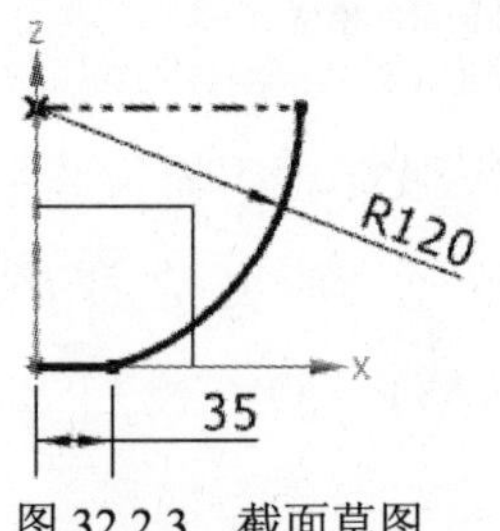

图 32.2.3 截面草图

Step5. 创建图 32.2.4 所示的抽壳特征 1。选择下拉菜单插入(S) ➡ 偏置/缩放(O) ➡ 抽壳(H)...命令，在类型区域的下拉列表框中选择移除面，然后抽壳选项，在面区域中单击按钮，选取图 32.2.5 所示的曲面为要移除的对象。在厚度文本框中输入值 5，其他参数采用系统默认设置，单击<确定>按钮，完成面抽壳特征 1 的创建。

图 32.2.4　抽壳特征 1

图 32.2.5　定义移除面

Step6. 保存零件模型。选择下拉菜单 文件(F) → 保存(S) 命令，即可保存零件模型。

32.3　构建微波炉外壳的总体骨架

微波炉外壳总体骨架的创建在整个微波炉的设计过程中是非常重要的，只有通过骨架文件才能把原始文件的数据传递给外壳中的每个零件。总体骨架和模型树如图 32.3.1 所示。

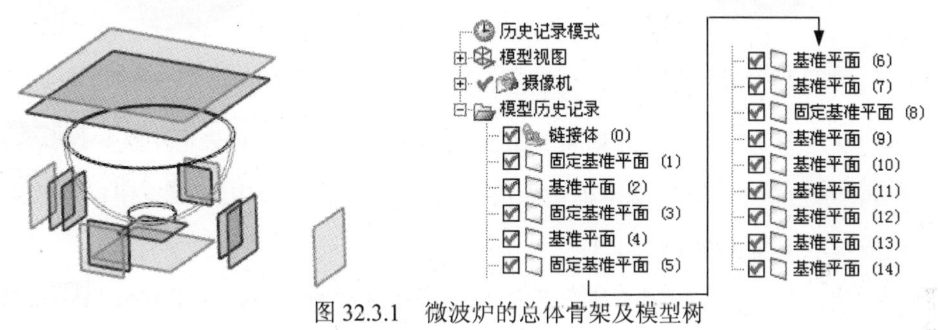

图 32.3.1　微波炉的总体骨架及模型树

Step1. 创建 MICROWAVE_COVEN_CASE_SKEL 层。

（1）在“装配导航器”窗口中的 MICROWAVE_COVEN_CASE 选项上右击，系统弹出快捷菜单（二），在此快捷菜单中选择 WAVE → 新建级别 命令，系统弹出“新建级别”对话框。单击“新建级别”对话框中的 指定部件名 按钮，在弹出的“选择部件名”对话框的 文件名(N): 文本框中输入文件名 MICROWAVE_COVEN_CASE_SKEL，单击 OK 按钮，系统再次弹出“新建级别”对话框。单击 确定 按钮，完成 MICROWAVE_COVEN_CASE_SKEL 层的创建。

（2）在“装配导航器”窗口中的 DISH 选项上右击，系统弹出快捷菜单，在此快捷菜单中选择 WAVE → 将几何体复制到组件 命令，系统弹出“部件间复制”对话框。在图形区选取原始文件所作的实体，然后单击“分量”按钮，在 选择组件复制至 的提示下单击“装配导航器”窗口中的 MICROWAVE_COVEN_CASE_SKEL，单击 确定 按钮，完成部件间复制的创建。

（3）在“装配导航器”窗口中的 MICROWAVE_COVEN_CASE_SKEL 选项上右击，系统弹出快捷菜单（三），在此快捷菜单中选择 设为显示部件 命令，对模型进行编辑。

Step2. 创建图 32.3.2 所示的基准平面 1。选择下拉菜单 插入(S) → 基准/点(D) → 基准平面(D)... 命令，系统弹出“基准平面”对话框。在类型区域的下拉列表框中选择 XC-ZC 平面选项，在偏置和参考区域的距离的文本框输入值 125。单击 < 确定 > 按钮，完成基准平面 1 的创建。

Step3. 创建图 32.3.3 所示的基准平面 2。在类型区域的下拉列表框中选择 按某一距离选项，在绘图区选取基准平面 1，输入偏移值 20。单击 < 确定 > 按钮，完成基准平面 2 的创建。

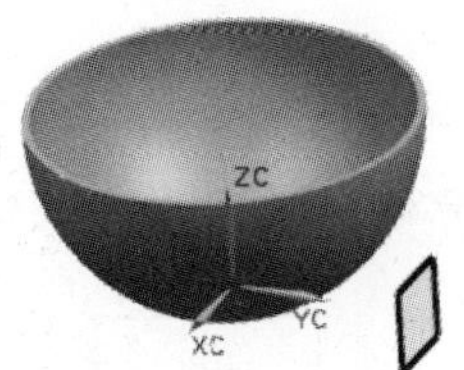

图 32.3.2 基准平面 1

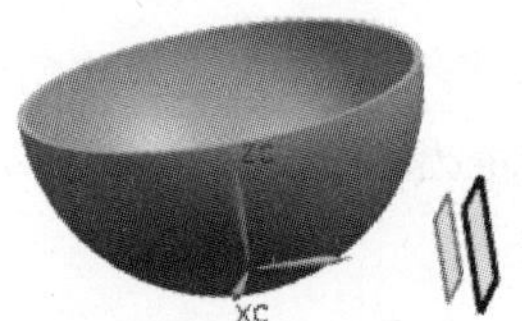

图 32.3.3 基准平面 2

Step4. 创建图 32.3.4 所示的基准平面 3。在类型区域的下拉列表框中选择 XC-ZC 平面选项，在偏置和参考区域的距离的文本框输入值 125。单击反向区域中的按钮，单击 < 确定 > 按钮，完成基准平面 3 的创建。

Step5. 创建图 32.3.5 所示的基准平面 4。在类型区域的下拉列表框中选择 按某一距离选项，在绘图区选取基准平面 3，输入偏移值 20。单击 < 确定 > 按钮，完成基准平面 4 的创建。

图 32.3.4 基准平面 3

图 32.3.5 基准平面 4

Step6. 创建图 32.3.6 所示的基准平面 5。在类型区域的下拉列表框中选择 YC-ZC 平面选项，在偏置和参考区域的距离的文本框输入值 125。单击 < 确定 > 按钮，完成基准平面 5 的创建。

Step7. 创建图 32.3.7 所示的基准平面 6。在类型区域的下拉列表框中选择 按某一距离选项，在绘图区选取基准平面 5，输入偏移值 20。单击 < 确定 > 按钮，完成基准平面 6 的创建。

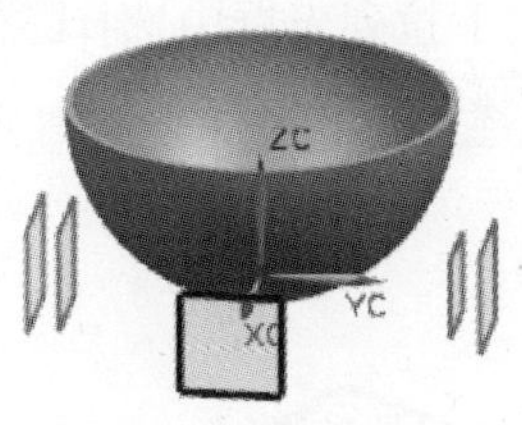

图 32.3.6　基准平面 5

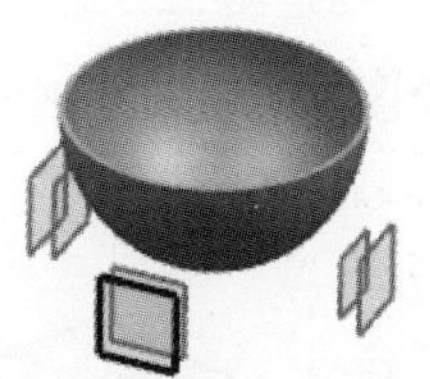
图 32.3.7　基准平面 6

Step8. 创建图 32.3.8 所示的基准平面 7。在类型区域的下拉列表框中选择按某一距离选项，在绘图区选取基准平面 6，输入偏移值 30。单击< 确定 >按钮，完成基准平面 7 的创建。

Step9. 创建图 32.3.9 所示的基准平面 8。在类型区域的下拉列表框中选择YC-ZC 平面选项，在偏置和参考区域的距离的文本框输入值-125。单击< 确定 >按钮，完成基准平面 8 的创建。

图 32.3.8　基准平面 7

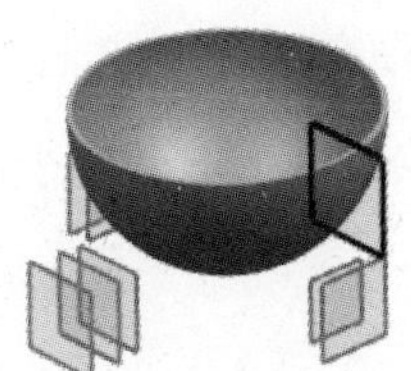
图 32.3.9　基准平面 8

Step10. 创建图 32.3.10 所示的基准平面 9。在类型区域的下拉列表框中选择按某一距离选项，在绘图区选取基准平面 8，输入偏移值 20。单击反向区域中的按钮，单击< 确定 >按钮，完成基准平面 9 的创建。

Step11. 创建图 32.3.11 所示的基准平面 10。在类型区域的下拉列表框中选择按某一距离选项，在绘图区选取基准平面 9，输入偏移值 140。单击< 确定 >按钮，完成基准平面 10 的创建。

图 32.3.10　基准平面 9

图 32.3.11　基准平面 10

Step12. 创建图 32.3.12 所示的基准平面 11。在类型区域的下拉列表框中选择按某一距离选项，在绘图区选取图 32.3.12 所示的模型的表面，输入偏移值 60。单击< 确定 >按钮，完成基准平面 11 的创建。

Step13. 创建图 32.3.13 所示的基准平面 12。在类型区域的下拉列表框中选择按某一距离选项，在绘图区选取基准平面 11，输入偏移值 30。单击< 确定 >按钮，完成基准平面 12 的创建。

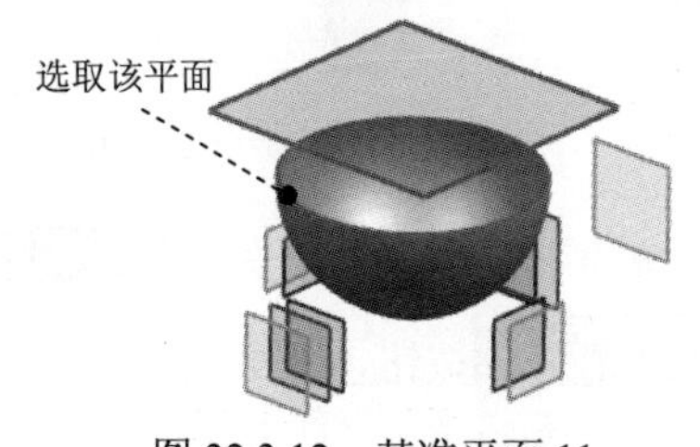

图 32.3.12 基准平面 11

图 32.3.13 基准平面 12

Step14. 创建图 32.3.14 所示的基准平面 13。在类型区域的下拉列表框中选择按某一距离选项，在绘图区选取图 32.3.14 所示的模型平面为参照，输入偏移值 20。单击< 确定 >按钮，完成基准平面 13 的创建。

Step15. 创建图 32.3.15 所示的基准平面 14。在类型区域的下拉列表框中选择按某一距离选项，在绘图区选取基准平面 13，输入偏移值 30。单击< 确定 >按钮，完成基准平面 14 的创建。

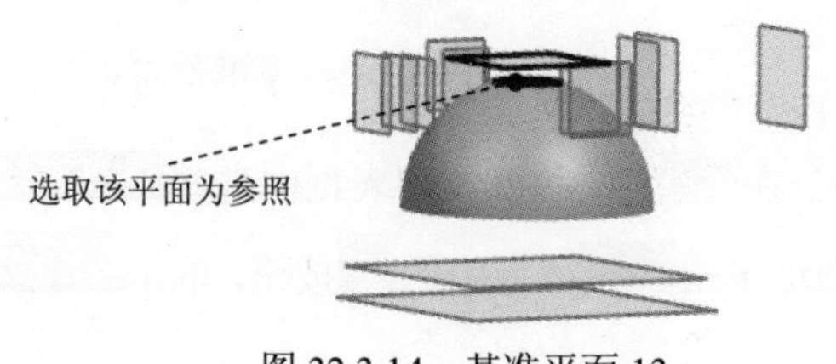

图 32.3.14 基准平面 13

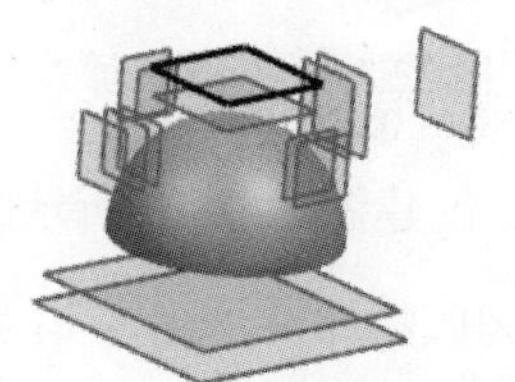

图 32.3.15 基准平面 14

说明：为了方便后面的选取，这里可以修改基准平面的显示属性，具体操作参看视频录像。

Step16. 保存零件模型。选择下拉菜单文件(F) → 保存(S)命令，即可保存零件模型。

32.4 微波炉外壳内部底盖的设计

初步设计是通过骨架文件创建出每个零件的第一壁，设计出微波炉外壳的大致结构，经过验证数据传递无误后，再对每个零件进行具体细节的设计。钣金件模型及模型树如图 32.4.1 所示。

图 32.4.1　微波炉外壳内部底盖及模型树

Step1. 创建 INSIDE_COVER_01 层。在“装配导航器”窗口中的 MICROWAVE_COVEN_CASE_SKEL 选项上右击，系统弹出快捷菜单（二），在此快捷菜单中选择 WAVE → 新建级别 命令，系统弹出“新建级别”对话框。单击“新建级别”对话框中的 指定部件名 按钮，在弹出的“选择部件名”对话框的 文件名(N): 文本框中输入文件名 INSIDE_COVER_01，单击 OK 按钮，系统再次弹出“新建级别”对话框。单击“新建级别”对话框中的 类选择 按钮，系统弹出“WAVE 组件间的复制”对话框，选取 MICROWAVE_COVEN_CASE_SKEL 层，选取其中的 6 个基准平面如图 32.4.3 所示，然后单击 确定 按钮，系统重新弹出“新建级别”对话框。在“新建级别”对话框中单击 确定 按钮，完成 INSIDE_COVER_01 层的创建。在“装配导航器”窗口中的 INSIDE_COVER_01 选项上右击，系统弹出快捷菜单（三），在此快捷菜单中选择 设为显示部件 命令，对模型进行编辑。

Step2. 创建图 32.4.2 所示的突出块特征 1。选择下拉菜单 开始 → NX 钣金(H)... 命令，进入“NX 钣金”环境。选择下拉菜单 插入(S) → 突出块(B)... 命令，系统弹出“突出块”对话框；选取图 32.4.3 所示的平面为草图平面，绘制图 32.4.4 所示的截面草图。绘制完成后单击完成草图按钮。在厚度区域厚度的文本框输入值 0.5。方向为 Z 轴的负方向。单击< 确定 >按钮，完成突出块特征 1 的创建。

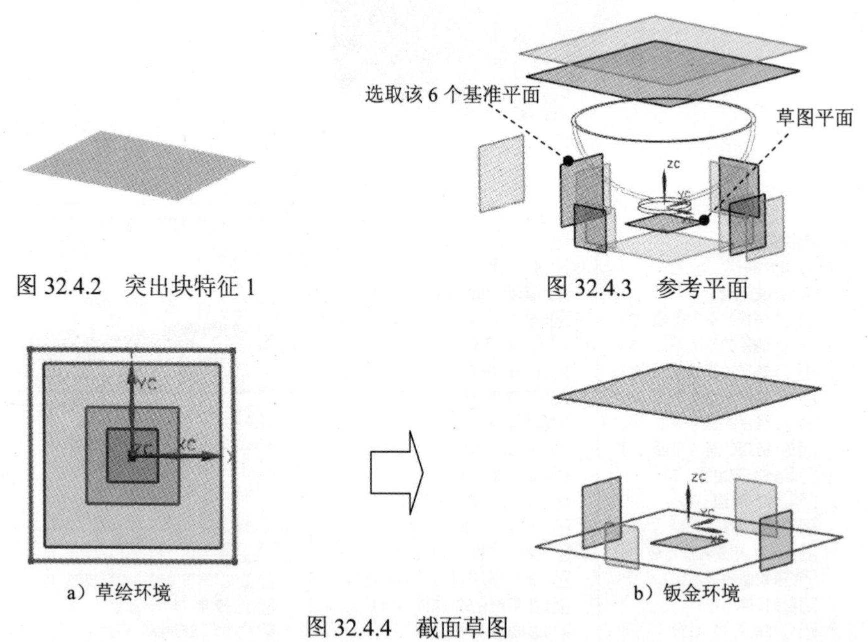

图 32.4.2 突出块特征 1

图 32.4.3 参考平面

图 32.4.4 截面草图

Step3. 创建图 32.4.5 所示的弯边特征 1。选择下拉菜单插入(S) → 折弯(N) → 弯边(F)...命令，系统弹出“弯边”对话框。选取图 32.4.6 所示的边线为线性边。在截面区域单击按钮，绘制图 32.4.7 所示的截面草图。绘制完成后单击完成草图按钮。在弯边属性区域的匹配面下拉列表中选择无选项，在角度文本框中输入数值 90，在内嵌下拉列表中选择材料内侧选项。在偏置区域的偏置文本框中输入数值 0；在折弯参数区域中单击折弯半径文本框右侧的按钮，在系统弹出的菜单中选择使用本地值选项，然后在折弯半径文本框中输入数值 3.5；在止裂口区域中的折弯止裂口下拉列表中选择无选项；在拐角止裂口下拉列表中选择仅折弯选项。单击< 确定 >按钮，完成弯边特征 1 的创建。

图 32.4.5 弯边特征 1

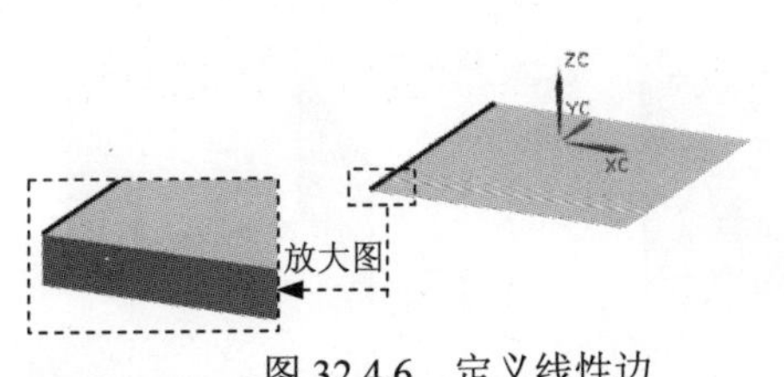

图 32.4.6　定义线性边

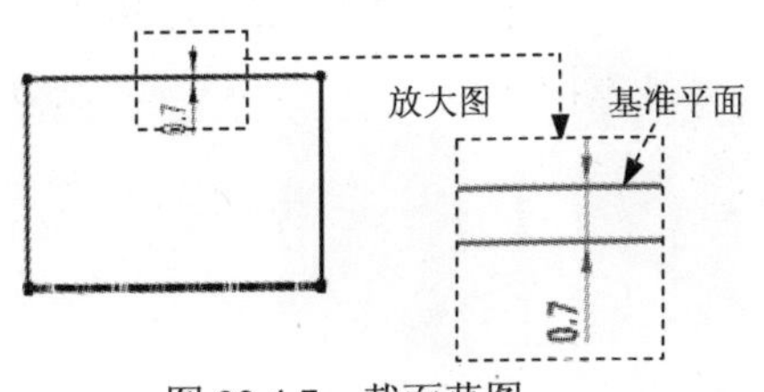

图 32.4.7　截面草图

Step4. 创建图 32.4.8 所示的弯边特征 2。选择下拉菜单 插入(S) → 折弯(N) → 弯边(F)... 命令，系统弹出“弯边”对话框。选取图 32.4.9 所示的边线为线性边。在 截面 区域单击按钮，绘制图 32.4.10 所示的截面草图。绘制完成后单击 完成草图 按钮。在 弯边属性 区域的 匹配面 下拉列表中选择 无 选项，在 角度 文本框中输入数值 90，在 内嵌 下拉列表中选择 材料内侧 选项。在 偏置 区域的 偏置 文本框中输入数值 0；在 折弯参数 区域中单击 折弯半径 文本框右侧的按钮，在系统弹出的菜单中选择 使用本地值 选项，然后在 折弯半径 文本框中输入数值 3.5；在 止裂口 区域中的 折弯止裂口 下拉列表中选择 无 选项；在 拐角止裂口 下拉列表中选择 仅折弯 选项。单击 < 确定 > 按钮，完成弯边特征 2 的创建。

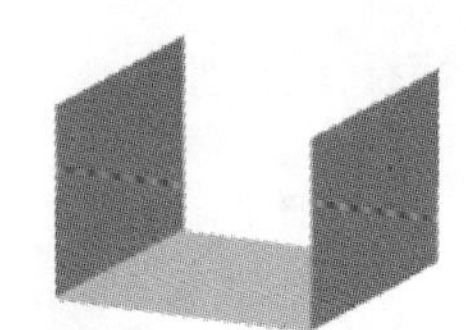
图 32.4.8　弯边特征 2

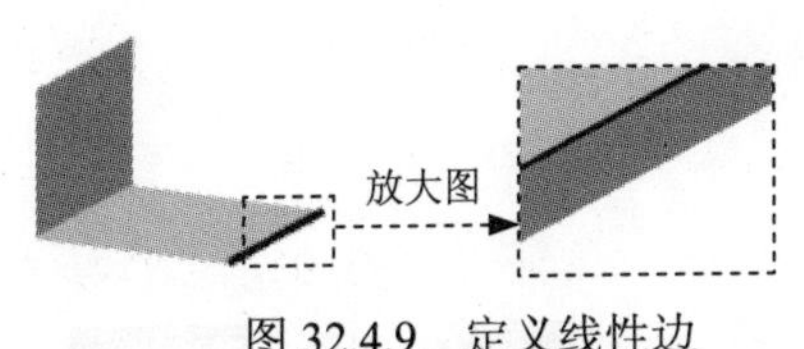

图 32.4.9　定义线性边

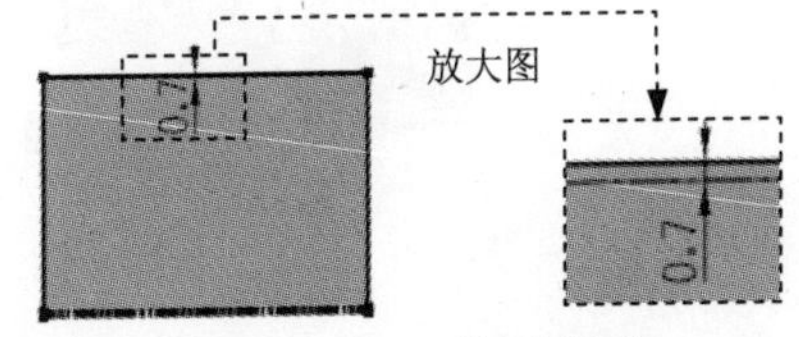

图 32.4.10　截面草图

Step5. 创建图 32.4.11 所示的轮廓弯边特征 1。选择下拉菜单 插入(S) → 折弯(N) → 轮廓弯边(C)... 命令。在“轮廓弯边”对话框 类型 区域的下拉列表中选择 次要 选项。单击按钮，选取图 32.4.12 所示的模型边线为路径，绘制图 32.4.13 所示的截面草图。绘制完成后单击 完成草图 按钮。在 宽度选项 下拉列表中选择 链 选项；选取图 32.4.12 所示的边线为参照，在 折弯参数 区域中单击 折弯半径 文本框右侧的按钮，在弹出的菜单中选择 使用本地值 选项，然后在 折弯半径 文本框中输入数值 0.2；在 止裂口 区域的 折弯止裂口 下拉列表中选择 正方形 选项，在 拐角止裂口 下拉列表中选择 仅折弯 选项。单击 < 确定 > 按钮，完成轮廓弯边特征 1 的创建。

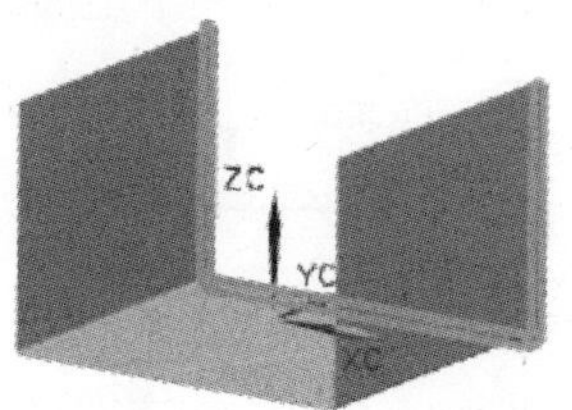

图 32.4.11 轮廓弯边特征 1

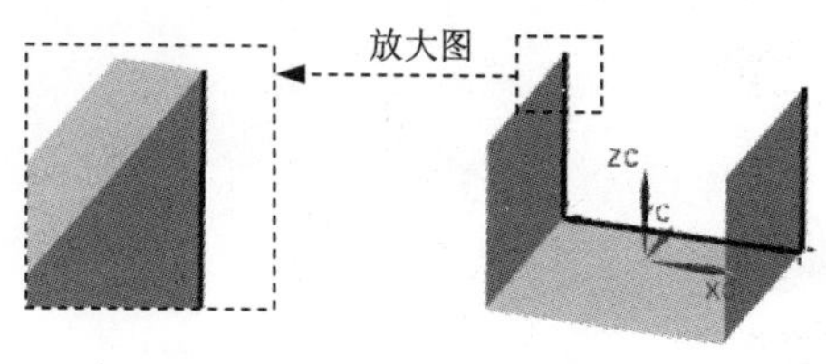

图 32.4.12 定义线性边

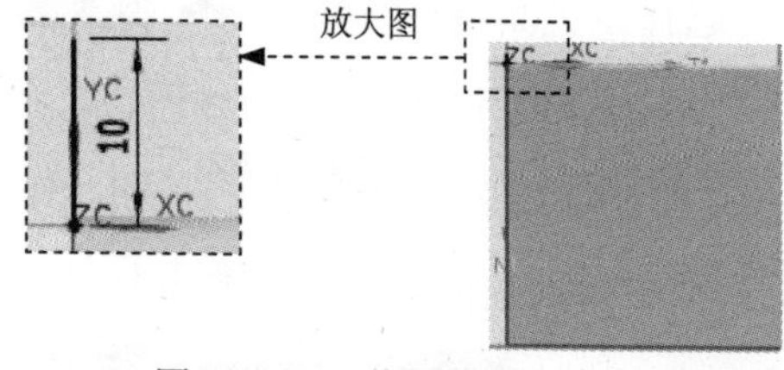

图 32.4.13 截面草图

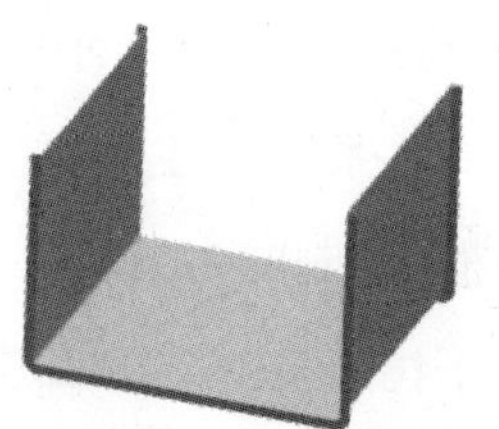
图 32.4.14 镜像特征 1

Step6. 创建图 32.4.14 所示的零件特征——镜像 1。选择下拉菜单 插入(S) → 关联复制(A) → 镜像特征(M)... 命令，在绘图区中选取上一步创建的轮廓弯边特征 1 为要镜像的特征。在 镜像平面 区域中的 平面 的下拉列表中选择 新平面 选项，在 指定平面 区域选择 YC 按钮，单击 < 确定 > 按钮，完成镜像特征 1 的创建。

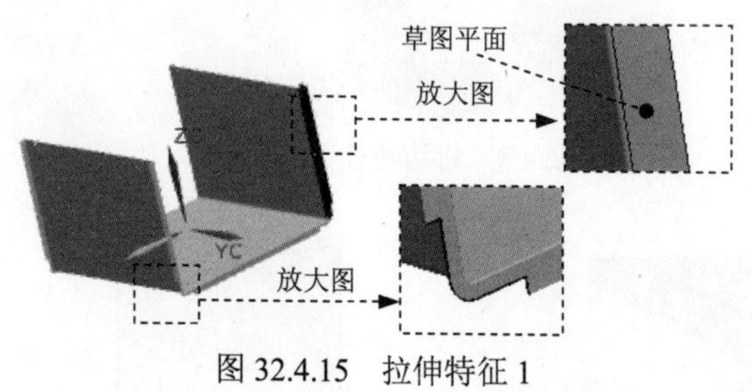

图 32.4.15 拉伸特征 1

Step7. 创建图 32.4.15 所示的拉伸特征 1。选择下拉菜单 插入(S) → 剪切(T) → 拉伸(E)... 命令；选取图 32.4.15 所示的平面为草图平面，绘制图 32.4.16 所示的截面草图；在 指定矢量 下拉列表中选择 YC 选项；在 开始 下拉列表中选择 贯通 选项，在 结束 下拉列表中选择 贯通 选项，在 布尔 下拉列表中选择 求差 选项，采用系统默认求差对象；单击 < 确定 > 按钮，完成拉伸特征 1 的创建。

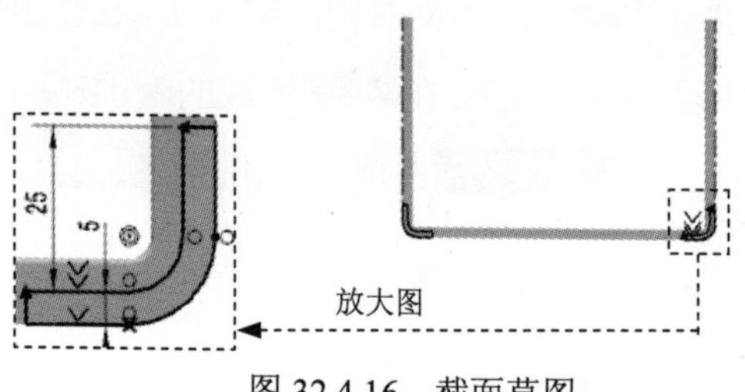

图 32.4.16 截面草图

Step8. 创建图 32.4.17 所示的弯边特征 3。选择下拉菜单 插入(S) → 折弯(N) → 弯边(F)... 命令，系统弹出“弯边”对话框。选取图 32.4.18 所示的边线为线性边。在截面区域单击按钮，绘制图 32.4.19 所示的截面草图。绘制完成后单击完成草图按钮。在弯边属性区域的匹配面下拉列表中选择无选项，在角度文本框中输入数值 90，在内嵌下拉列表中选择折弯外侧选项。在偏置区域的偏置文本框中输入数值 0；在折弯参数区域中单击折弯半径文本框右侧的按钮，在系统弹出的菜单中选择使用本地值选项，然后在折弯半径文本框中输入数值 0.2；在止裂口区域中的折弯止裂口下拉列表中选择无选项；在拐角止裂口下拉列表中选择仅折弯选项。单击 < 确定 > 按钮，完成弯边特征 3 的创建。

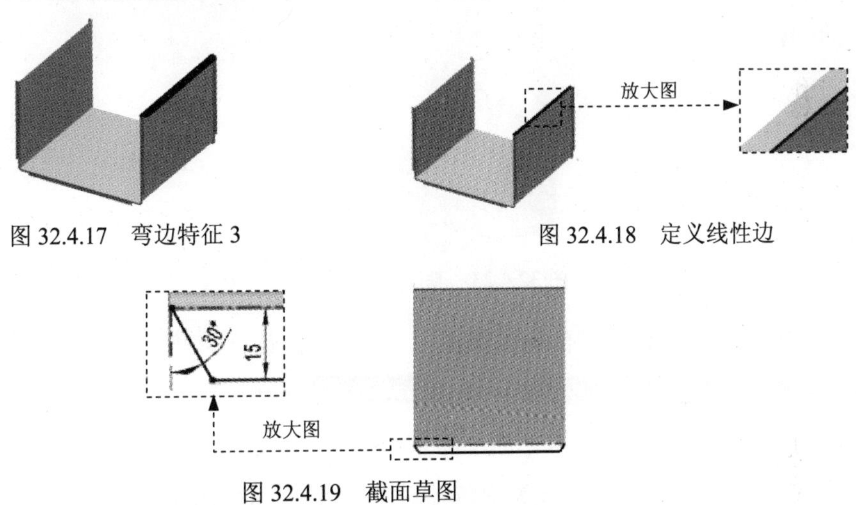

图 32.4.17　弯边特征 3

图 32.4.18　定义线性边

图 32.4.19　截面草图

Step9. 创建图 32.4.20 所示的弯边特征 4。详细操作过程参见 Step8。

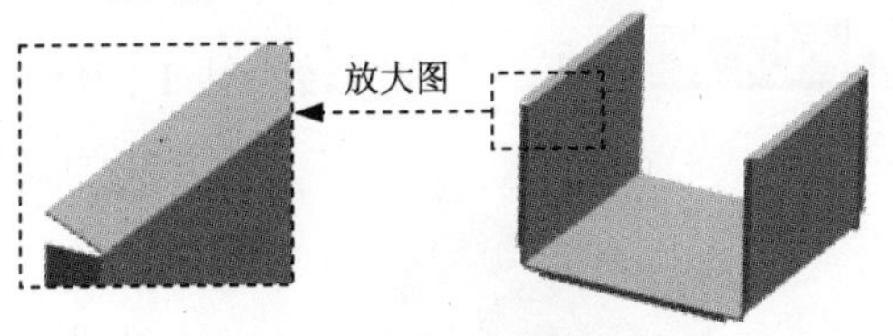

图 32.4.20　弯边特征 4

Step10. 创建图 32.4.21 所示的拉伸特征 2。选择下拉菜单 插入(S) → 剪切(T) → 拉伸(E)... 命令；选取图 32.4.21 所示的平面为草图平面，绘制图 32.4.22 所示的截面草图；在指定矢量下拉列表中选择ZC选项；在开始下拉列表中选择值选项，并在其下的距离文本框中输入数值 0，在结束下拉列表中选择值选项，并在其下的距离文本框中输入数值 5；在布尔下拉列表中选择无选项，单击 < 确定 > 按钮，完成拉伸特征 2 的创建。

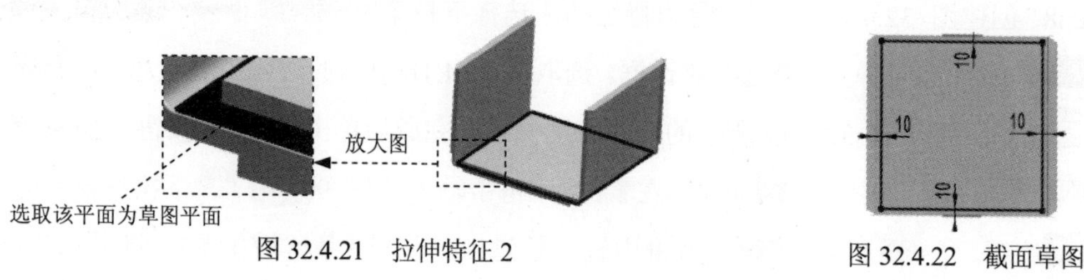

图 32.4.21　拉伸特征 2

图 32.4.22　截面草图

Step11. 创建图 32.4.23 所示的基准平面 1。选择下拉菜单 插入(S) → 基准/点(D) → 基准平面(D)... 命令，系统弹出“基准平面”对话框。在类型区域的下拉列表框中选择 XC-ZC 平面选项，在偏置和参考区域的距离的文本框输入值 0。单击 < 确定 > 按钮，完成基准平面 1 的创建。

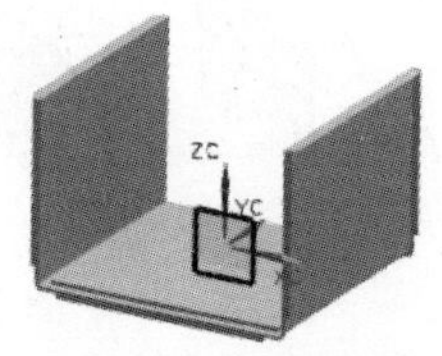

图 32.4.23　基准平面 1

Step12. 创建图 32.4.24 所示的回转特征 1。选择下拉菜单 开始 → 建模(M)... 命令，进入“建模”环境。选择 插入(S) → 设计特征(E) → 回转(R)... 命令，单击截面区域中的按钮，在绘图区选取基准平面 1 为草图平面，绘制图 32.4.25 所示的截面草图。在绘图区中选取图 32.4.25 所示的直线为旋转轴。在“回转”对话框的极限区域的开始下拉列表框中选择值选项，并在角度文本框中输入值 0，在结束下拉列表框中选择值选项，并在角度文本框中输入值 360；在布尔区域的下拉列表框中选择求和选项，选取 Step10 创建的拉伸特征 2 为求和对象。单击 < 确定 > 按钮，完成回转特征 1 的创建。

图 32.4.24　回转特征 1

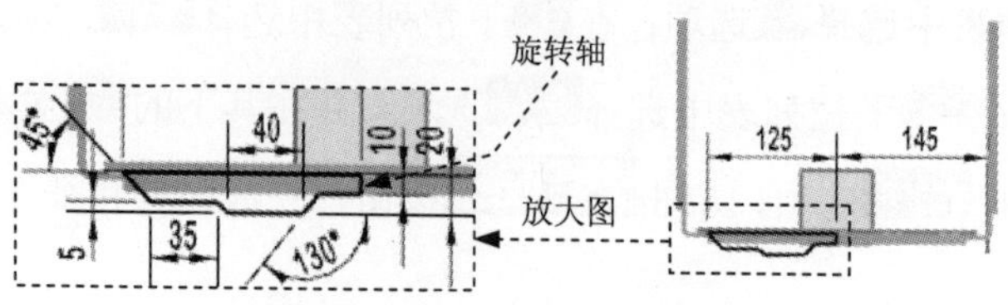

图 32.4.25　截面草图

Step13. 创建图 32.4.26 所示的边倒圆特征 1。选择下拉菜单插入(S) → 细节特征(L) ▸ → 边倒圆(E)... 命令，在要倒圆的边区域中单击按钮，选择图 32.4.27 所示的 3 条边链为边倒圆参照，并在半径 1文本框中输入值 5。单击< 确定 >按钮，完成边倒圆特征 1 的创建。

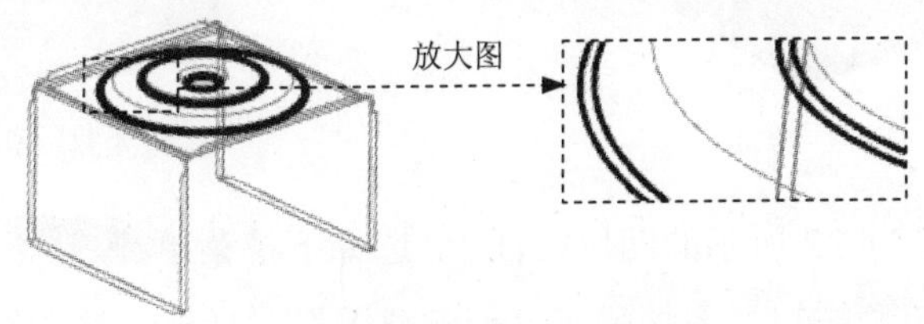

图 32.4.26 边倒圆特征 1

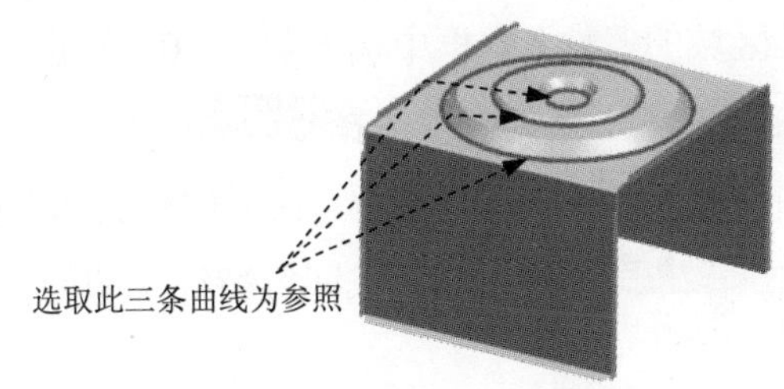

图 32.4.27　定义参照边

Step14. 创建图 32.4.28 所示的边倒圆特征 2。选择图 32.4.29 所示的 3 条边链为边倒圆参照，并在半径 1文本框中输入值 8。单击< 确定 >按钮，完成边倒圆特征 2 的创建。

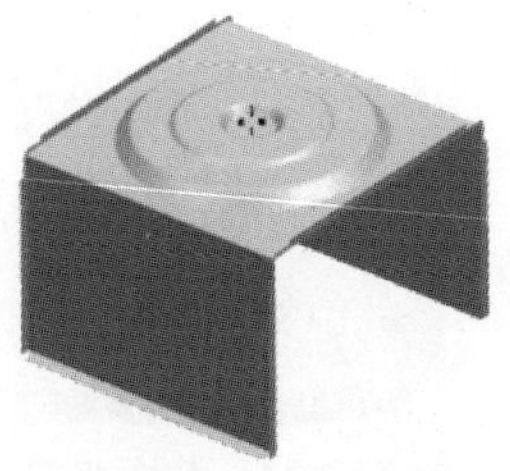

图 32.4.28 边倒圆特征 2

图 32.4.29　定义参照边

Step15. 创建图 32.4.30 所示的实体冲压特征 1。切换到“NX 钣金” 环境。选择下拉菜单插入(S) → 冲孔(H) ▸ → 实体冲压(S)... 命令，系统弹出“实体冲压”对话框。在类型下拉列表中选择冲模选项，选取图 32.4.30 所示的面为目标面。选取图 32.4.31 所示的实体为工具体。在实体冲压属性区域选中☑ 自动判断厚度复选框。单击“实体冲压”对话框中的< 确定 >按钮，完成实体冲压特征 1 的创建。

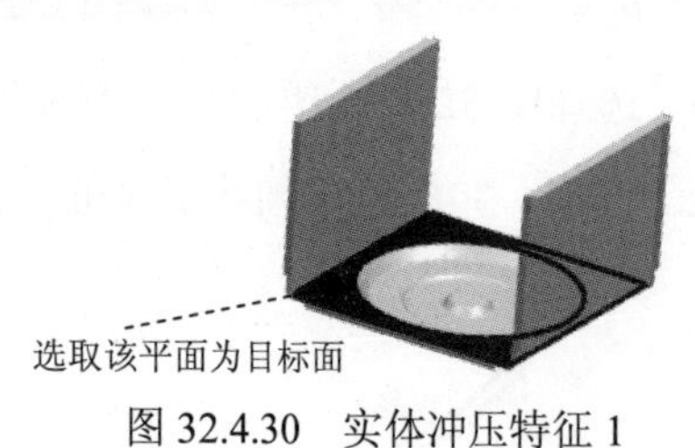

图 32.4.30 实体冲压特征 1

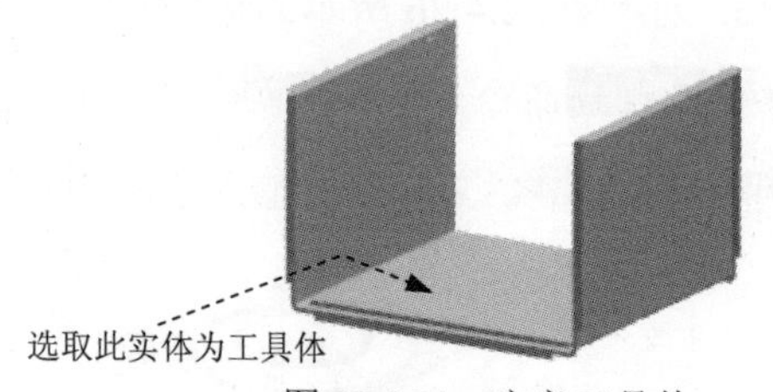

图 32.4.31 定义工具体

Step16. 创建图 32.4.32 所示的凹坑特征 1。选择下拉菜单 插入(S) → 冲孔(H) → 凹坑(M)... 命令。单击按钮，系统弹出“创建草图”对话框，选取图 32.4.33 所示的面为草图平面，取消选中设置区域的 □ 创建中间基准 CSYS 复选框，单击 确定 按钮，绘制图 32.4.34 所示的凹坑截面草图。在凹坑属性区域的深度文本框中输入数值 20，单击“反向”按钮；在侧角文本框中输入数值 45；在参考深度下拉列表中选择 外部 选项；在侧壁下拉列表中选择 材料外侧 选项，。在倒圆区域中选中 ☑ 圆形凹坑边 复选框；在凸模半径文本框中输入数值 8；在凹模半径文本框中输入数值 8；单击 < 确定 > 按钮，完成凹坑特征 1 的创建。

图 32.4.32 凹坑特征 1

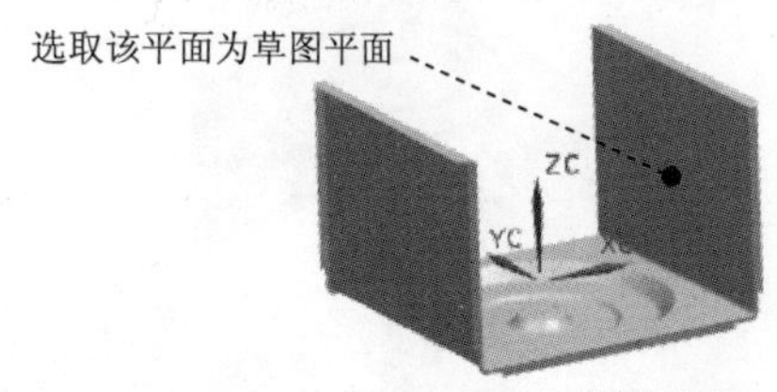

图 32.4.33 草图平面

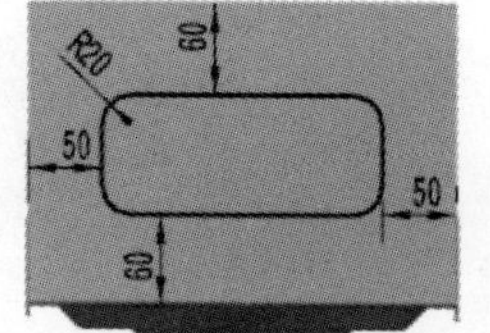

图 32.4.34 截面草图

Step17. 创建图 32.4.35 所示的零件基础特征——拉伸 3。切换到“建模” 环境。选择下拉菜单 插入(S) → 设计特征(E) → 拉伸(E)... 命令，系统弹出“拉伸”对话框。选取图 32.4.35 所示的平面为草图平面，绘制图 32.4.36 所示的截面草图；在 指定矢量 下拉列表中选择 XC 选项；在极限区域的开始下拉列表框中选择 值 选项，并在其下的距离文本框中输入值 0，在极限区域的结束下拉列表框中选择 值 选项，并在其下的距离文本框中输入值 10。在布尔区域的下拉列表框中选择 无 选项，单击 < 确定 > 按钮，完成拉伸特征 2 的创建。

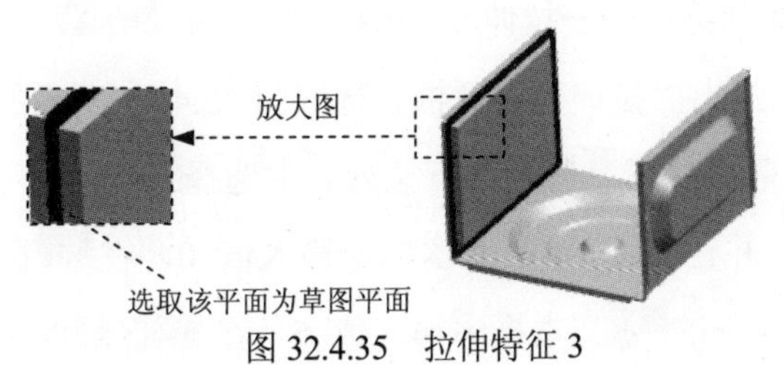

图 32.4.35　拉伸特征 3

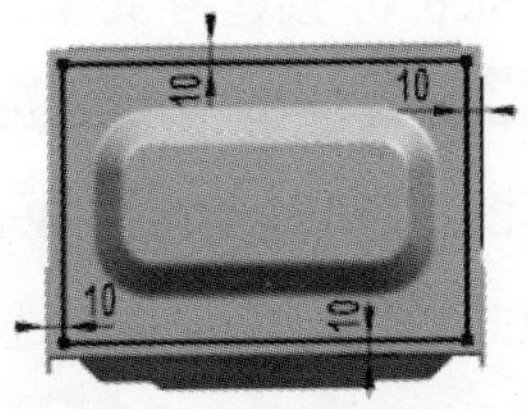

图 32.4.36　截面草图

Step18. 创建图 32.4.37 所示的零件基础特征——拉伸 4。选择下拉菜单 插入(S) → 设计特征(E) → 拉伸(E)... 命令，系统弹出“拉伸”对话框。选取图 32.4.35 所示的平面为草图平面，绘制图 32.4.38 所示的截面草图；在 指定矢量 下拉列表中选择 -XC 选项；在 极限 区域的 开始 下拉列表框中选择 值 选项，并在其下的 距离 文本框中输入值 0，在 极限 区域的 结束 下拉列表框中选择 值 选项，并在其下的 距离 文本框中输入值 5。在 布尔 区域的下拉列表框中选择 求和 选项，选取 Step17 所创建的拉伸特征 3 为求和对象。单击 < 确定 > 按钮，完成拉伸特征 4 的创建。

图 32.4.37　拉伸特征 4

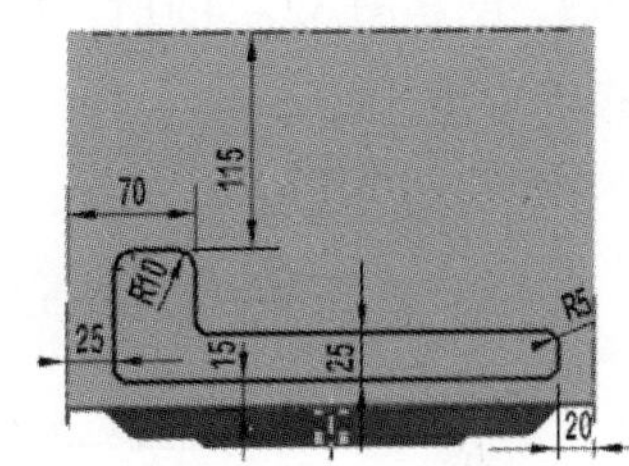

图 32.4.38　截面草图

Step19. 创建图 32.4.39 所示的零件基础特征——拉伸 5。选择下拉菜单 插入(S) → 设计特征(E) → 拉伸(E)... 命令，系统弹出“拉伸”对话框。选取图 32.4.35 所示的平面为草图平面，绘制图 32.4.40 所示的截面草图；在 指定矢量 下拉列表中选择 -XC 选项；在 极限 区域的 开始 下拉列表框中选择 值 选项，并在其下的 距离 文本框中输入值 0，在 极限 区域的 结束 下拉列表框中选择 值 选项，并在其下的 距离 文本框中输入值 5。在 布尔 区域的下拉列表框中选择 求和 选项，选取选取 Step17 所创建的拉伸特征 3 为求和对象。单击 < 确定 > 按钮，完成拉伸特征 5 的创建。

图 32.4.39　拉伸特征 5

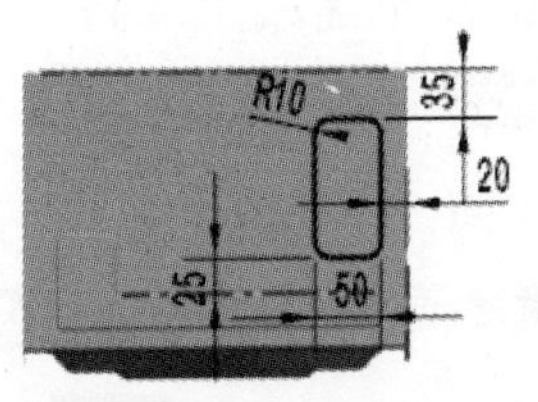

图 32.4.40　截面草图

Step20. 创建图 32.4.41 所示的零件基础特征——拉伸 6。选择下拉菜单插入(S) → 设计特征(E) → 拉伸(E)...命令，系统弹出“拉伸”对话框。选取图 32.4.35 所示的平面为草图平面，绘制图 32.4.42 所示的截面草图；在指定矢量下拉列表中选择-XC选项；在极限区域的开始下拉列表框中选择值选项，并在其下的距离文本框中输入值 0，在极限区域的结束下拉列表框中选择值选项，并在其下的距离文本框中输入值 5。在布尔区域的下拉列表框中选择求和选项，选取 Step17 所创建的拉伸特征 3 为求和对象。单击< 确定 >按钮，完成拉伸特征 6 的创建。

图 32.4.41 拉伸特征 6

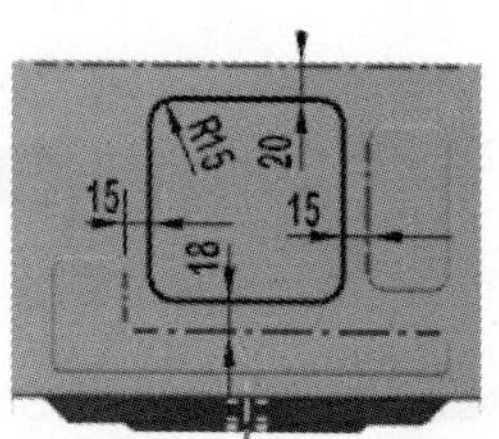

图 32.4.42 截面草图

Step21. 创建图 32.4.43 所示的边倒圆特征 3。选择图 32.4.44 所示的边链为边倒圆参照，并在半径 1文本框中输入值 2。单击< 确定 >按钮，完成边倒圆特征 3 的创建。

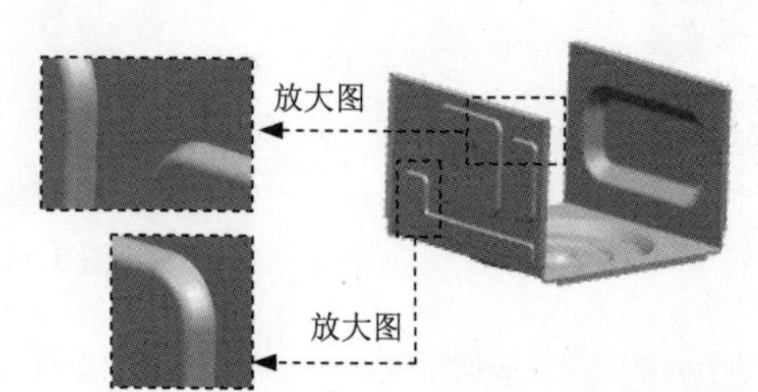

图 32.4.43 边倒圆特征 3

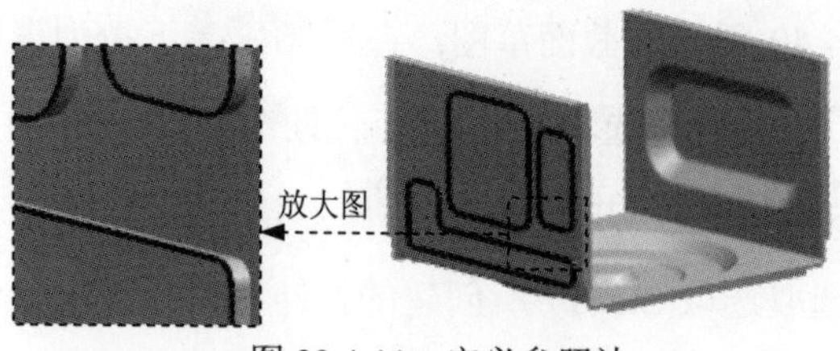

图 32.4.44 定义参照边

Step22. 创建图 32.4.45 所示的零件基础特征——拉伸 7。选择下拉菜单插入(S) → 设计特征(E) → 拉伸(E)...命令，系统弹出“拉伸”对话框。选取图 32.4.35 所示的平面为草图平面，绘制图 32.4.46 所示的截面草图；在指定矢量下拉列表中选择-XC选项；在极限区域的开始下拉列表框中选择值选项，并在其下的距离文本框中输入值 0，在极限区域的结束下拉列表框中选择值选项，并在其下的距离文本框中输入值 5。在拔模区域中的拔模的下拉列表中选择从截面选项，在角度选项的下拉列表中选择单个选项，在角度的文本框中输入值30；在布尔区域的下拉列表框中选择求和选项，选取Step17所创建的拉伸特征3为求和对象。单击< 确定 >按钮，完成拉伸特征7的创建。

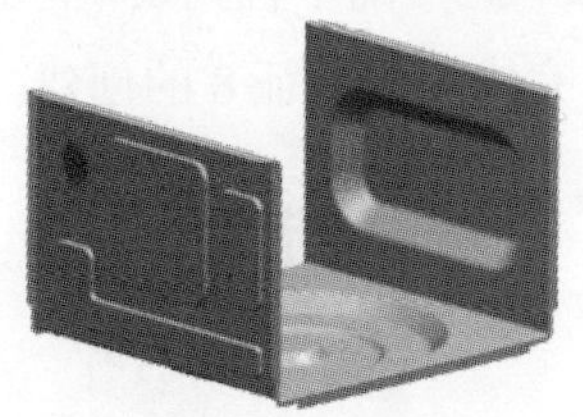
图32.4.45　拉伸特征7

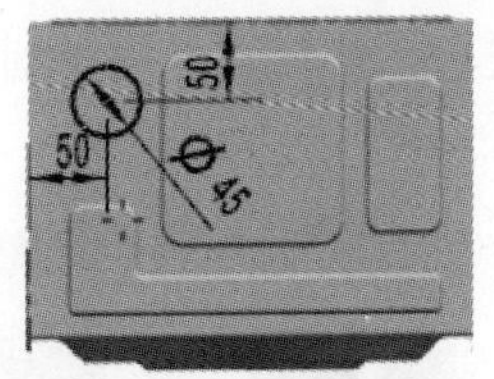

图32.4.46　截面草图

Step23. 创建图32.4.47所示的边倒圆特征4。选择图32.4.48所示的边链为边倒圆参照，并在半径 1文本框中输入值3。单击< 确定 >按钮，完成边倒圆特征4的创建。

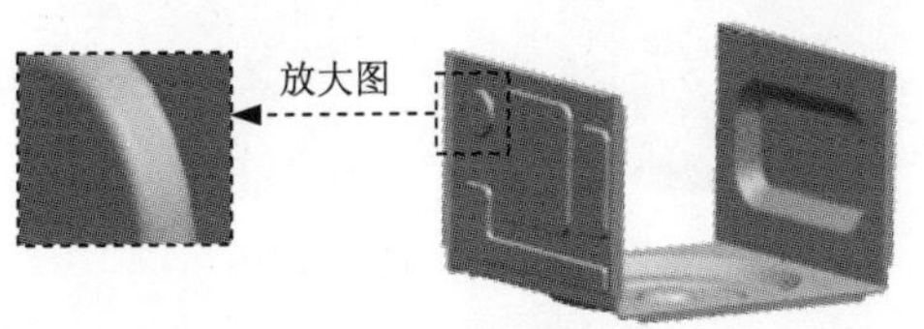

图32.4.47　边倒圆特征4

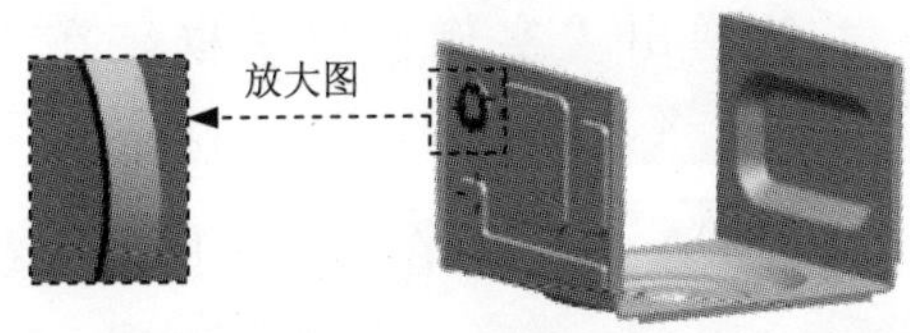

图32.4.48　定义参照边

Step24. 创建图32.4.49所示的实体冲压特征2。切换到“NX 钣金”环境。选择下拉菜单插入(S) → 冲孔(H) → 实体冲压(S)...命令，系统弹出“实体冲压”对话框。在类型下拉列表中选择冲模选项，选取图32.4.49所示的面为目标面。选取图32.4.50所示的实体为工具体。在实体冲压属性区域选中☑自动判断厚度复选框。在倒圆区域选中☑实体冲压边倒圆复选框，在凹模半径文本框输入2。单击“实体冲压”对话框中的< 确定 >按钮，完成实体冲压特征2的创建。

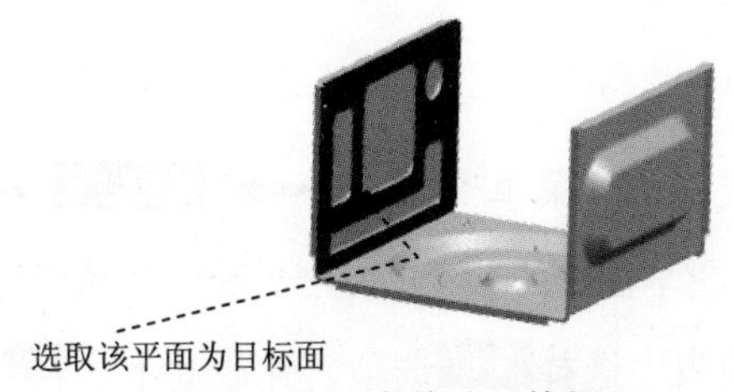

图32.4.49　实体冲压特征2

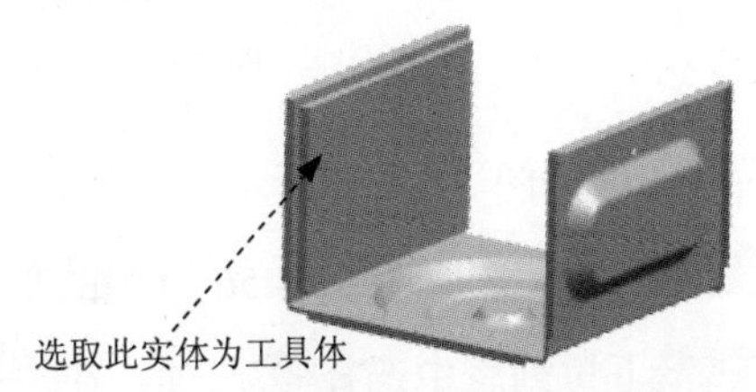

图32.4.50　定义工具体

Step25. 创建图 32.4.51 所示的拉伸特征 8。选择下拉菜单 插入(S) → 剪切(T) ▸ → 拉伸(E)... 命令；选取图 32.4.52 所示的平面为草图平面，绘制图 32.4.53 所示的截面草图；在 指定矢量 下拉列表中选择 -XC 选项；在 开始 下拉列表中选择 值 选项，并在其下的 距离 文本框中输入数值 0；在 结束 下拉列表中选择 贯通 选项，在 布尔 区域的下拉列表框中选择 求差 选项，采用系统默认的求差对象。单击 < 确定 > 按钮，完成拉伸特征 8 的创建。

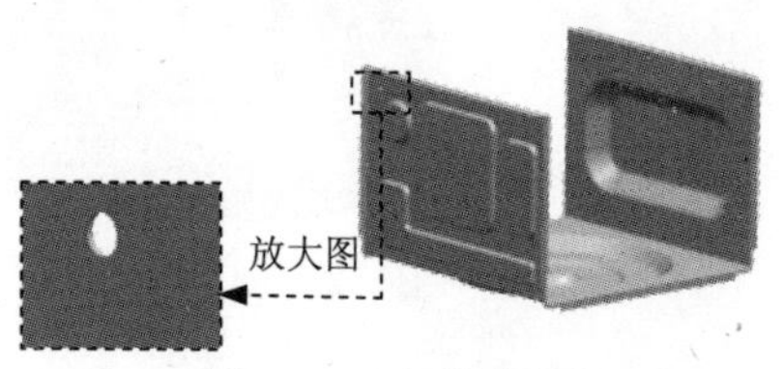

图 32.4.51 拉伸特征 8

图 32.4.52 定义草图平面

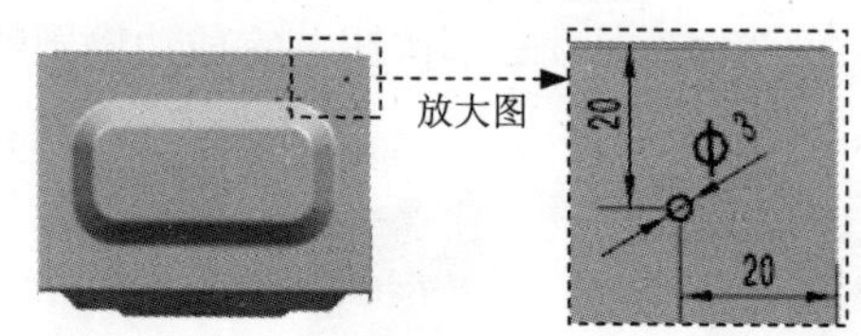

图 32.4.53 截面草图

Step26. 创建图 32.4.54 所示的阵列特征 1。选择下拉菜单 插入(S) → 关联复制(A) ▸ → 实例特征(I) 命令，系统弹出“实例”对话框。在“实例”对话框中选择 矩形阵列 按钮，在系统弹出的“实例”对话框中选择图 32.4.51 所示的拉伸特征 8，单击 < 确定 > 按钮，在系统弹出“输入参数”对话框中的 X 向的数量 的文本框输入值 11，在 XC 偏置 的文本框输入值 6，在 Y 向的数量 的文本框输入值 11，在 YC 偏置 的文本框输入值-6，单击 < 确定 > 按钮，完成阵列特征 1 的创建。

说明：阵列特征的工作坐标系是通过选择下拉菜单中的 格式(R) → WCS → 旋转(R)... → ⊙ +YC 轴：ZC --> XC 旋转 90° 来定位的。

图 32.4.54 阵列特征 1

Step27. 创建图 32.4.55 所示的拉伸特征 9。选择下拉菜单 插入(S) → 剪切(T) ▸ → 拉伸(E)... 命令；选取图 32.4.56 所示的平面为草图平面，绘制图 32.4.57 所示的截面草图；在 指定矢量 下拉列表中选择 -ZC 选项；在 开始 下拉列表中选择 值 选项，并在其下的 距离 文本框中输入数值 0；在 结束 下拉列表中选择 贯通 选项；在 布尔 区域的下拉列表框中选择 求差选项，采用系统默认的求差对象。单击 < 确定 > 按钮，完成拉伸特征 9 的创建。

图 32.4.55　拉伸特征 9

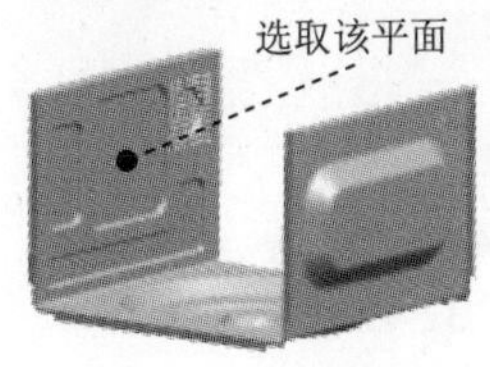

图 32.4.56　定义草图平面

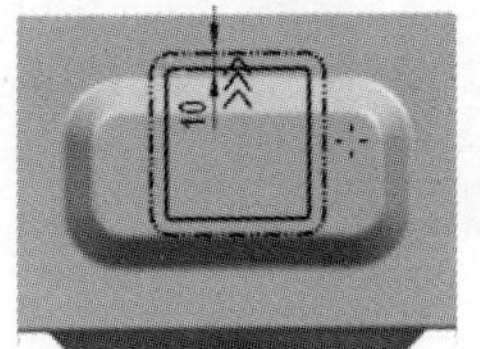

图 32.4.57　截面草图

Step28. 创建图 32.4.58 所示的拉伸特征 10。选择下拉菜单 插入(S) → 剪切(T) → 拉伸(E)... 命令；选取图 32.4.58 所示的平面为草图平面，绘制图 32.4.59 所示的截面草图；在 指定矢量 下拉列表中选择 ZC 选项；在 开始 下拉列表中选择 值 选项，并在其下的 距离 文本框中输入数值 0；在 结束 下拉列表中选择 贯通 选项；在 布尔 区域的下拉列表框中选择 求差 选项，采用系统默认的求差对象。单击 < 确定 > 按钮，完成拉伸特征 10 的创建。

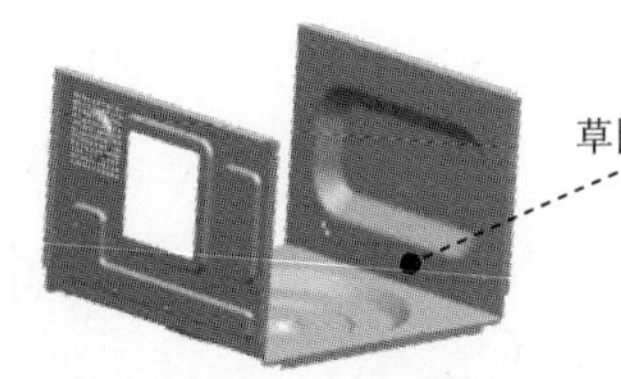

图 32.4.58　拉伸特征 10

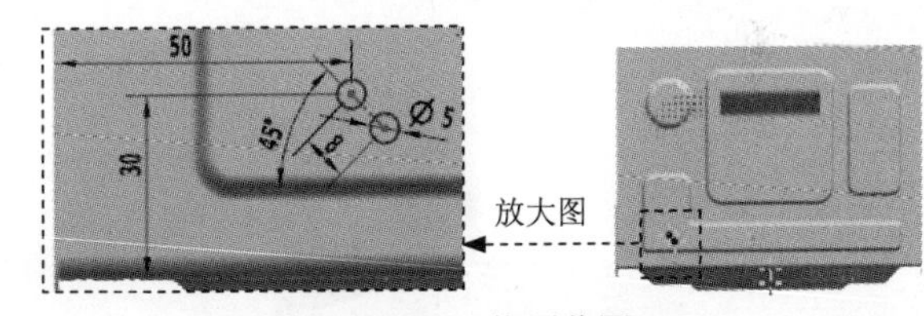

图 32.4.59　截面草图

Step29. 创建图 32.4.60 所示的阵列特征 2。选择下拉菜单 插入(S) → 关联复制(A) → 实例特征(I) 命令，系统弹出“实例”对话框。在“实例”对话框中选择 矩形阵列 按钮，在系统弹出的“实例”对话框中选择图 32.4.58 所示的拉伸特征 10，单击 < 确定 > 按钮，在系统弹出的“输入参数”对话框中的 X 向的数量 的文本框输入值 2，在 XC 偏置 的文本框输入值 11，在 Y 向的数量 的文本框输入值 17，在 YC 偏置 的文本框输入值-11，单击 < 确定 > 按钮，完成阵列特征 2 的创建。

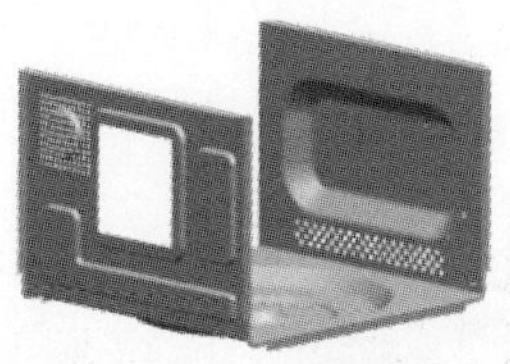

图 32.4.60　阵列特征 2

Step30. 创建图 32.4.61 所示的拉伸特征 11。选择下拉菜单 插入(S) → 剪切(T) → 拉伸(E)... 命令；选取图 32.4.61 所示的平面为草图平面，绘制图 32.4.62 所示的截面草图；在 指定矢量 下拉列表中选择 ZC 选项；在 开始 下拉列表中选择 值 选项，并在其下的 距离 文本框中输入数值 0；在 结束 下拉列表中选择 贯通 选项；在 布尔 区域的下拉列表框中选择 求差 选项，采用系统默认的求差对象。单击 < 确定 > 按钮，完成拉伸特征 11 的创建。

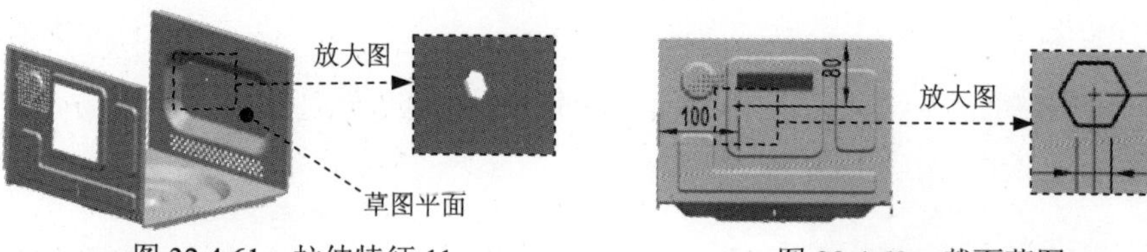

图 32.4.61 拉伸特征 11　　图 32.4.62 截面草图

Step31. 创建图 32.4.63 所示的阵列特征 3。选择下拉菜单 插入(S) → 关联复制(A) → 实例特征(I) 命令，系统弹出“实例”对话框。在“实例”对话框中选择 矩形阵列 按钮，在系统弹出的“实例”对话框中选择图 32.4.61 所示的拉伸特征 11，单击 < 确定 > 按钮，在系统弹出的“输入参数”对话框中的 X 向的数量 的文本框输入值 6，在 XC 偏置 的文本框输入值 5.0，在 Y 向的数量 的文本框输入值 19，在 YC 偏置 的文本框输入值-5.0，单击 < 确定 > 按钮，完成阵列特征 3 的创建。

图 32.4.63 阵列特征 3

Step32. 创建图 32.4.64 所示的拉伸特征 12。选择下拉菜单 插入(S) → 剪切(T) → 拉伸(E)... 命令；选取图 32.4.65 所示的平面为草图平面，选取图 32.4.65 所示的边为参照，绘制图 32.4.66 所示的截面草图；在 指定矢量 下拉列表中选择 XC 选项；在 开始 下拉列表中选择 值 选项，并在其下的 距离 文本框中输入数值 0；在 结束 下拉列表中选择 贯通 选项；在 布尔 区域的下拉列表框中选择 求差 选项，采用系统默认的求差对象。单击 < 确定 > 按钮，完成拉伸特征 12 的创建。

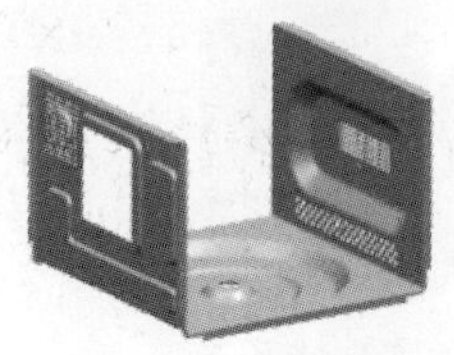

图 32.4.64 拉伸特征 12

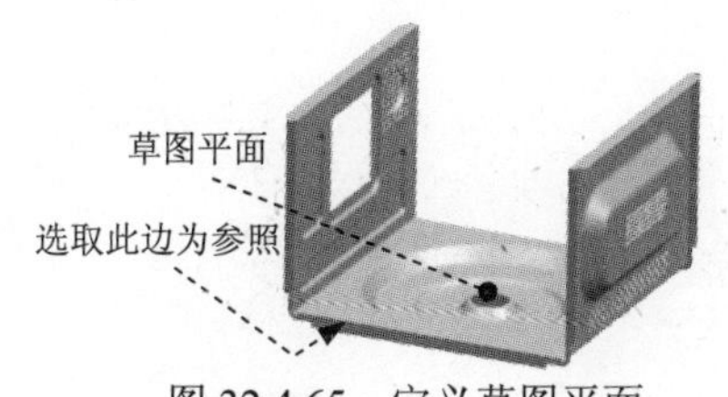

图 32.4.65　定义草图平面

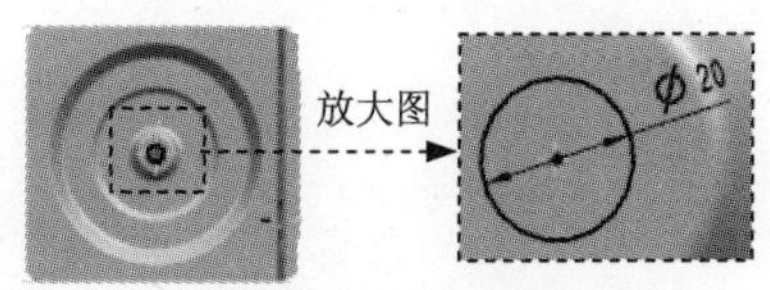

图 32.4.66　截面草图

Step33. 创建图 32.4.67 所示的法向除料特征 1。选择下拉菜单插入(S) → 剪切(T) → 法向除料(N)...命令，系统弹出“法向除料”对话框。单击按钮，选取图 32.4.68 所示的模型表面为草图平面，取消选中设置区域的创建中间基准 CSYS 复选框，单击确定按钮，绘制图 32.4.69 所示的除料截面草图。在除料属性区域的切削方法下拉列表中选择厚度选项，在限制下拉列表中选择直至下一个选项。单击< 确定 >按钮，完成法向除料特征 1 的创建。

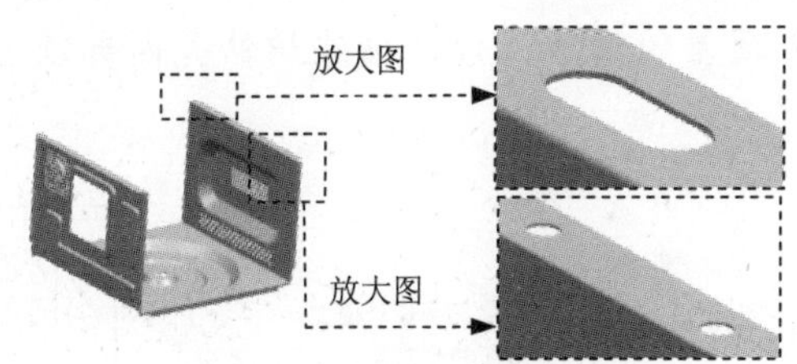

图 32.4.67　法向除料特征 1

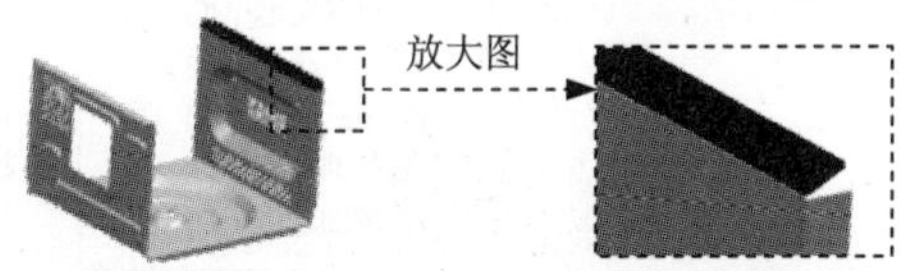

图 32.4.68　草图平面

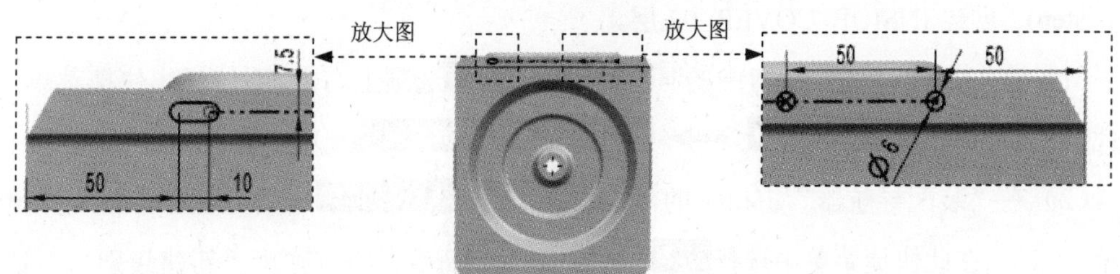

图 32.4.69　除料截面草图

Step34. 创建图 32.4.70 所示的零件特征——镜像 2。选择下拉菜单插入(S) → 关联复制(A) → 镜像特征(M)...命令，在绘图区中选取图 32.4.67 所示的法向除料特征 1 为要镜像的特征。在镜像平面区域中的平面的下拉列表中选择新平面选项，在指定平面区域选择按钮，单击< 确定 >按钮，完成镜像特征 2 的创建。

图 32.4.70 镜像特征 2

Step35. 保存钣金件模型。选择下拉菜单 文件(F) → 保存(S) 命令，即可保存钣金件模型。

32.5 微波炉外壳内部顶盖的设计

下面讲解微波炉外壳内部顶盖的细节设计，微波炉外壳内部顶盖模型及模型树如图 32.5.1 所示。

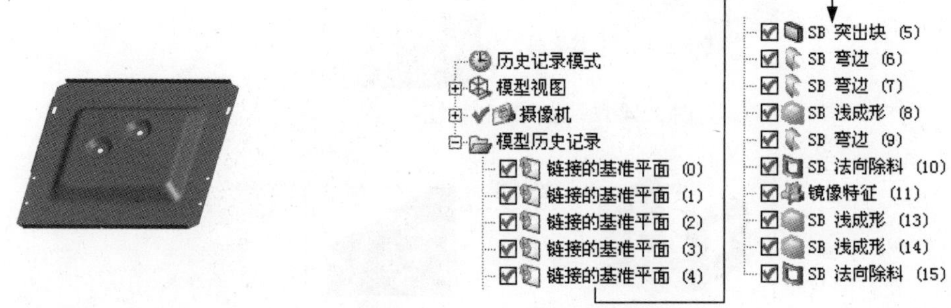

图 32.5.1 微波炉外壳内部顶盖模型及模型树

Step1. 创建 INSIDE_COVER_02 层。

（1）在“装配导航器”窗口中的 INSIDE_COVER_01 选项上右击，系统弹出快捷菜单（二），在此快捷菜单中选择 显示父项 → MICROWAVE_COVEN_CASE_SKEL 选项，并设为工作部件。

（2）在“装配导航器”窗口中的 MICROWAVE_COVEN_CASE_SKEL 选项上右击，系统弹出快捷菜单（二），在此快捷菜单中选择 WAVE → 新建级别 命令，系统弹出“新建级别”对话框。单击“新建级别”对话框中的 指定部件名 按钮，在弹出的“选择部件名”对话框的 文件名(N): 文本框中输入文件名 INSIDE_COVER_02，单击 OK 按钮，系统再次弹出“新建级别”对话框。单击“新建级别”对话框中的 类选择 按钮，系统弹出“WAVE 组件间的复制”对话框，选取 MICROWAVE_COVEN_CASE_SKEL 层中的 5 个基准平面为参照，如图 32.5.2 所示。然后单击 确定 按钮，系统重新弹出“新建级别”对话框。在“新建级别”对话框中单击 确定 按钮，完成 INSIDE_COVER_02 层的创建。

（3）在“装配导航器”窗口中的☑ INSIDE_COVER_02 选项上右击，系统弹出快捷菜单（三），在此快捷菜单中选择 设为显示部件 命令，对模型进行编辑。

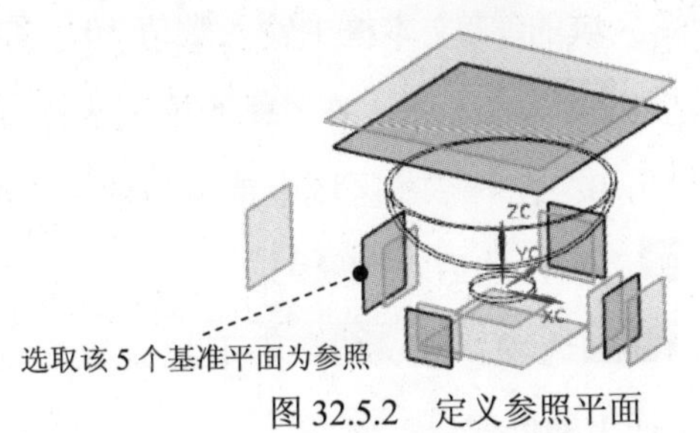

图 32.5.2　定义参照平面

图 32.5.3　突出块特征 1

Step2. 创建图 32.5.3 所示的突出块特征 1。选择下拉菜单 插入(S) ➡ 突出块(B)... 命令，系统弹出“突出块”对话框；选取图 32.5.4 所示的平面为草图平面，绘制图 32.5.5 所示的截面草图。绘制完成后单击 完成草图 按钮。在 厚度 区域 厚度 的文本框输入值 0.5。方向为 Z 轴的正方向。单击 < 确定 > 按钮，完成突出块特征 1 的创建。

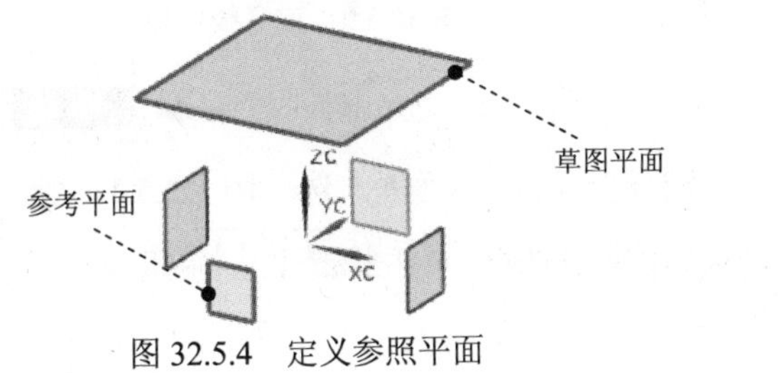

图 32.5.4　定义参照平面

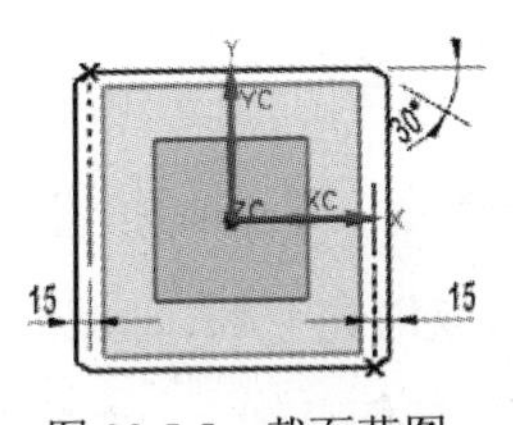

图 32.5.5　截面草图

Step3. 创建图 32.5.6 所示的弯边特征 1。选择下拉菜单 插入(S) ➡ 折弯(N) ▸ ➡ 弯边(F)... 命令，系统弹出“弯边”对话框。选取图 32.5.7 所示的边线为线性边。在 宽度 区域的 宽度选项 下拉列表中选择 完整 选项，在 弯边属性 区域的 长度 文本框中输入数值 10，在 角度 文本框中输入数值 90，在 参考长度 下拉列表中选择 外部 选项，在 内嵌 下拉列表中选择 材料内侧 选项。在 偏置 区域的 偏置 文本框中输入数值 0；在 折弯参数 区域中单击 折弯半径 文本框右侧的 f(x) 按钮，在系统弹出的菜单中选择 使用本地值 选项，然后在 折弯半径 文本框中输入数值 0.2；在 止裂口 区域中的 折弯止裂口 下拉列表中选择 无 选项；在 拐角止裂口 下拉列表中选择 仅折弯 选项。单击 < 确定 > 按钮，完成弯边特征 1 的创建。

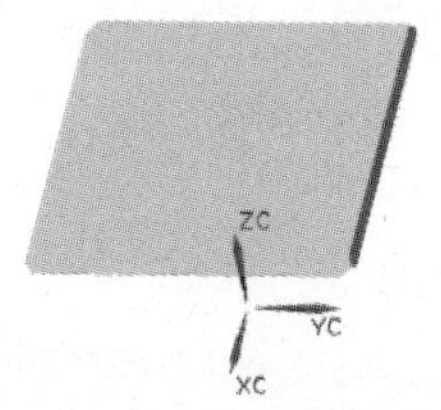

图 32.5.6　弯边特征 1

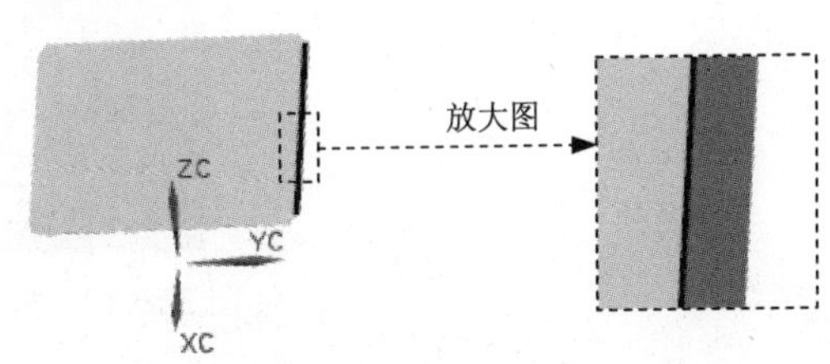

图 32.5.7　定义线性边

Step4. 创建图 32.5.8 所示的弯边特征 2。选择下拉菜单 插入(S) → 折弯(N) → 弯边(F)... 命令，系统弹出“弯边”对话框。选取图 32.5.9 所示的边线为线性边。在 宽度 区域的 宽度选项 下拉列表中选择 完整 选项，在 弯边属性 区域的 长度 文本框中输入数值 10，在 角度 文本框中输入数值 90，在 参考长度 下拉列表中选择 外部 选项，在 内嵌 下拉列表中选择 材料内侧 选项。在 偏置 区域的 偏置 文本框中输入数值 0；在 折弯参数 区域中单击 折弯半径 文本框右侧的 按钮，在系统弹出的菜单中选择 使用本地值 选项，然后在 折弯半径 文本框中输入数值 0.2；在 止裂口 区域中的 折弯止裂口 下拉列表中选择 无 选项；在 拐角止裂口 下拉列表中选择 仅折弯 选项。单击 < 确定 > 按钮，完成弯边特征 1 的创建。

图 32.5.8 弯边特征 2

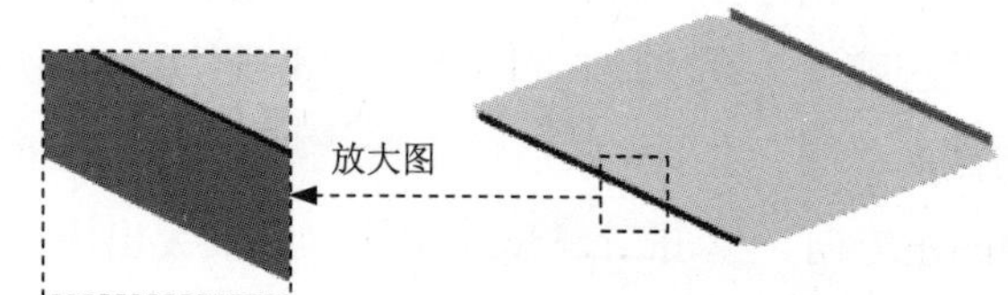

图 32.5.9 定义线性边

Step5. 创建图 32.5.10 所示的凹坑特征 1。选择下拉菜单 插入(S) → 冲孔(H) → 凹坑(M)... 命令。单击 按钮，系统弹出“创建草图”对话框，选取图 32.5.11 所示的面为草图平面，取消选中 设置 区域的 □ 创建中间基准 CSYS 复选框，单击 确定 按钮，绘制图 32.5.12 所示的凹坑截面草图。在 凹坑属性 区域的 深度 文本框中输入数值 20，单击“反向”按钮；在 侧角 文本框中输入数值 45；在 参考深度 下拉列表中选择 外部 选项；在 侧壁 下拉列表中选择 材料外侧 选项。在 倒圆 区域中选中 ☑ 圆形凹坑边 复选框；在 凸模半径 文本框中输入数值 15；在 凹模半径 文本框中输入数值 15；单击 < 确定 > 按钮，完成凹坑特征 1 的创建。

图 32.5.10 凹坑特征 1

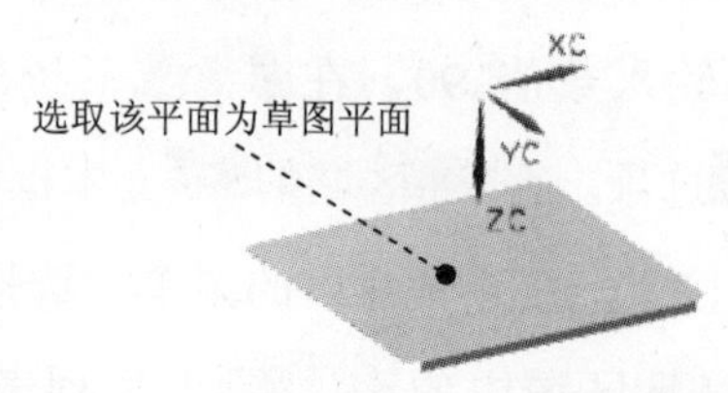

图 32.5.11 草图平面

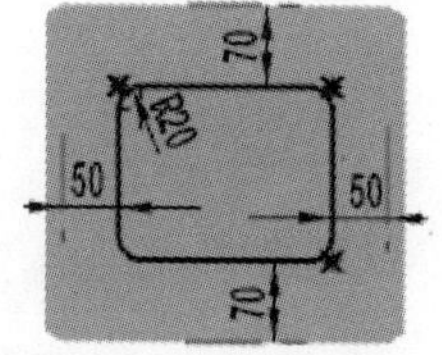

图 32.5.12 截面草图

Step6. 创建图 32.5.13 所示的弯边特征 3。选择下拉菜单 插入(S) → 折弯(N) ▸ → 弯边(F)... 命令，系统弹出“弯边”对话框。选取图 32.5.14 所示的边线为线性边。在 截面 区域单击按钮，绘制图 32.5.15 所示的截面草图。绘制完成后单击 完成草图 按钮。在 弯边属性 区域的 匹配面 下拉列表中选择 无 选项，在 角度 文本框中输入数值 90，在 内嵌 下拉列表中选择 材料内侧 选项。在 偏置 区域的 偏置 文本框中输入数值 0；在 折弯参数 区域中单击 折弯半径 文本框右侧的按钮，在系统弹出的菜单中选择 使用本地值 选项，然后在 折弯半径 文本框中输入数值 0.2；在 止裂口 区域中的 折弯止裂口 下拉列表中选择 无 选项；在 拐角止裂口 下拉列表中选择 仅折弯 选项。单击 < 确定 > 按钮，完成弯边特征 3 的创建。

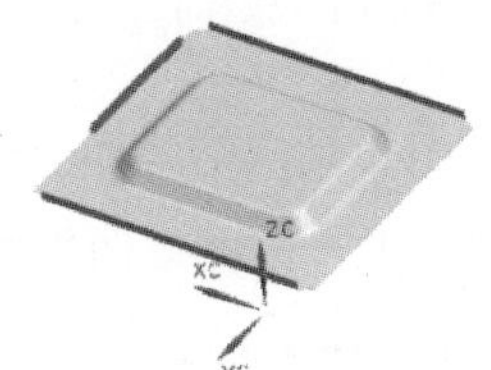

图 32.5.13 弯边特征 3

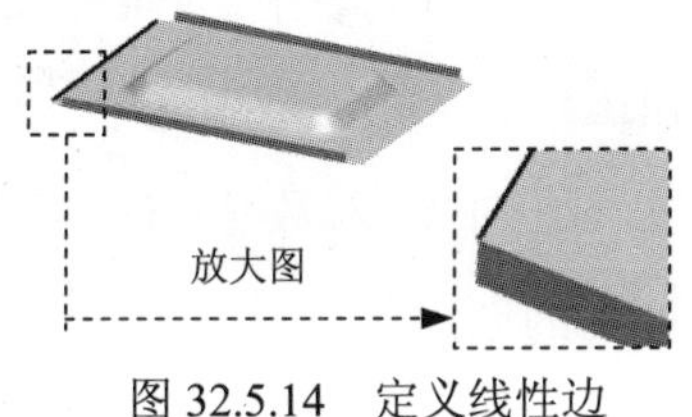

图 32.5.14 定义线性边

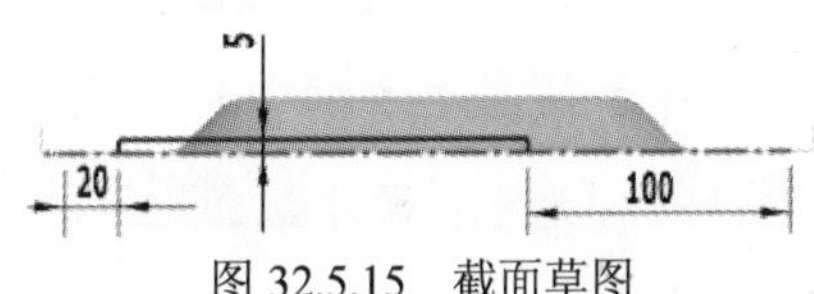

图 32.5.15 截面草图

Step7. 创建图 32.5.16 所示的法向除料特征 1。选择下拉菜单 插入(S) → 剪切(T) ▸ → 法向除料(N)... 命令，系统弹出“法向除料”对话框。单击按钮，选取图 32.5.17 所示的模型表面为草图平面，取消选中 设置 区域的 □ 创建中间基准 CSYS 复选框，单击 确定 按钮，绘制图 32.5.18 所示的除料截面草图。在 除料属性 区域的 切削方法 下拉列表中选择 厚度 选项，在 限制 下拉列表中选择 直至下一个 选项。单击 < 确定 > 按钮，完成法向除料特征 1 的创建。

图 32.5.16 法向除料特征 1

选取该平面

图 32.5.17 草图平面

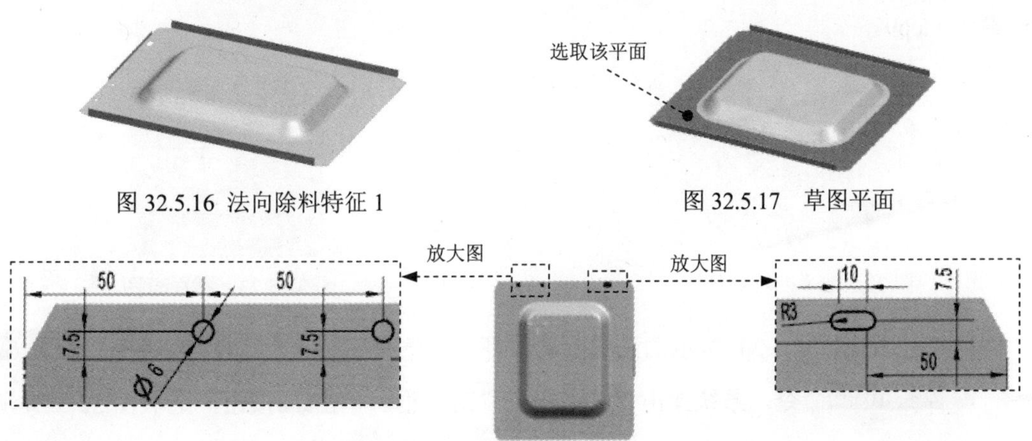

图 32.5.18 除料截面草图

Step8. 创建图 32.5.19 所示的零件特征——镜像 1。选择下拉菜单 插入(S) → 关联复制(A) → 镜像特征(M)... 命令，在绘图区中选取图 32.5.16 所示的法向除料特征 1 为要镜像的特征。在 镜像平面 区域中的 平面 下拉列表中选择 新平面 选项，在 指定平面 区域选择 XC 按钮，单击 < 确定 > 按钮，完成镜像特征 1 的创建。

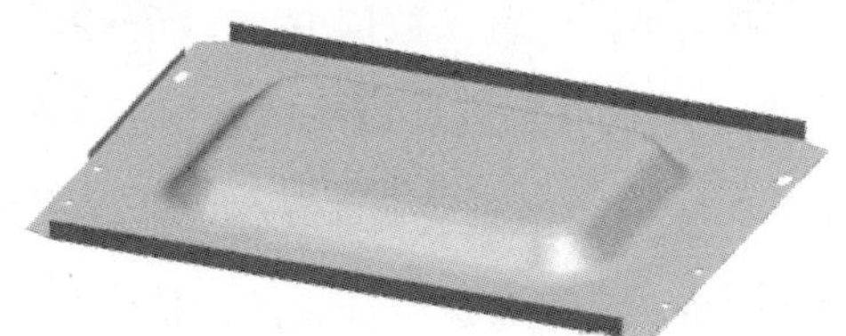

图 32.5.19 镜像特征 1

Step9. 创建图 32.5.20 所示的凹坑特征 2。选择下拉菜单 插入(S) → 冲孔(H) → 凹坑(M)... 命令。单击 按钮，系统弹出“创建草图”对话框，选取图 32.5.20 所示的面为草图平面，单击 确定 按钮，绘制图 32.5.21 所示的凹坑截面草图。在 凹坑属性 区域的 深度 文本框中输入数值 8；在 侧角 文本框中输入数值 42；在 参考深度 下拉列表中选择 内部 选项；在 侧壁 下拉列表中选择 材料内侧 选项，单击“反向”按钮 。在 倒圆 区域中选中 ☑ 圆形凹坑边 复选框；在 凸模半径 文本框中输入数值 2；在 凹模半径 文本框中输入数值 5；取消选中 ☐ 圆形截面拐角 复选框；单击 < 确定 > 按钮，完成凹坑特征 2 的创建。

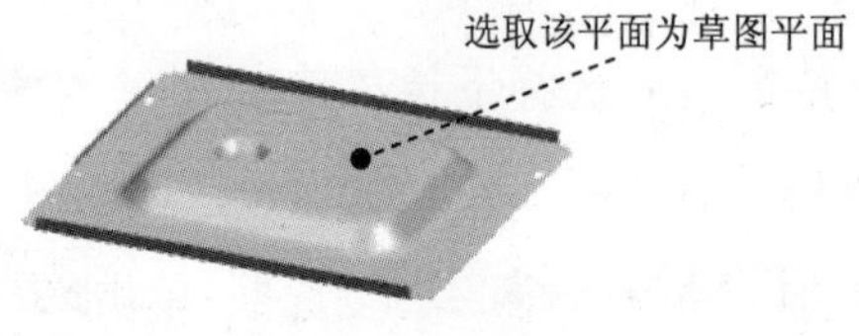

图 32.5.20 凹坑特征 2

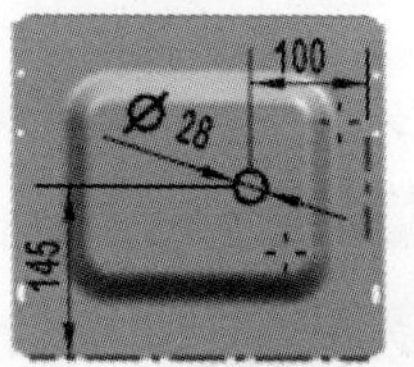

图 32.5.21 截面草图

Step10. 创建图 32.5.22 所示的凹坑特征 3。绘制图 32.5.23 所示的凹坑截面草图。详细操作参照 Step9。

图 32.5.22 凹坑特征 3

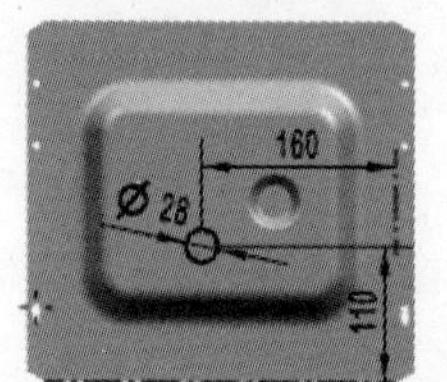

图 32.5.23 截面草图

Step11. 创建图 32.5.24 所示的法向除料特征 2。选择下拉菜单 插入(S) → 剪切(T) → 法向除料(N)... 命令，系统弹出“法向除料”对话框。单击 按钮，选取图 32.5.24 所示的模型表面为草图平面，取消选中设置区域的□ 创建中间基准 CSYS 复选框，单击确定按钮，绘制图 32.5.25 所示的除料截面草图。在除料属性区域的切削方法下拉列表中选择厚度选项，在限制下拉列表中选择直至下一个选项。单击< 确定 >按钮，完成法向除料特征 2 的创建。

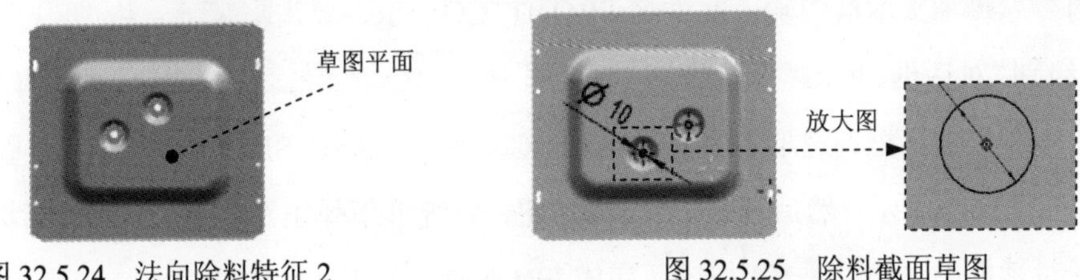

图 32.5.24　法向除料特征 2　　图 32.5.25　除料截面草图

Step12. 保存钣金件模型。选择下拉菜单文件(F) ➡ 保存(S)命令，即可保存钣金件模型。

32.6　微波炉外壳前盖的设计

下面讲解图 32.6.1 所示的微波炉外壳前盖的细节设计。

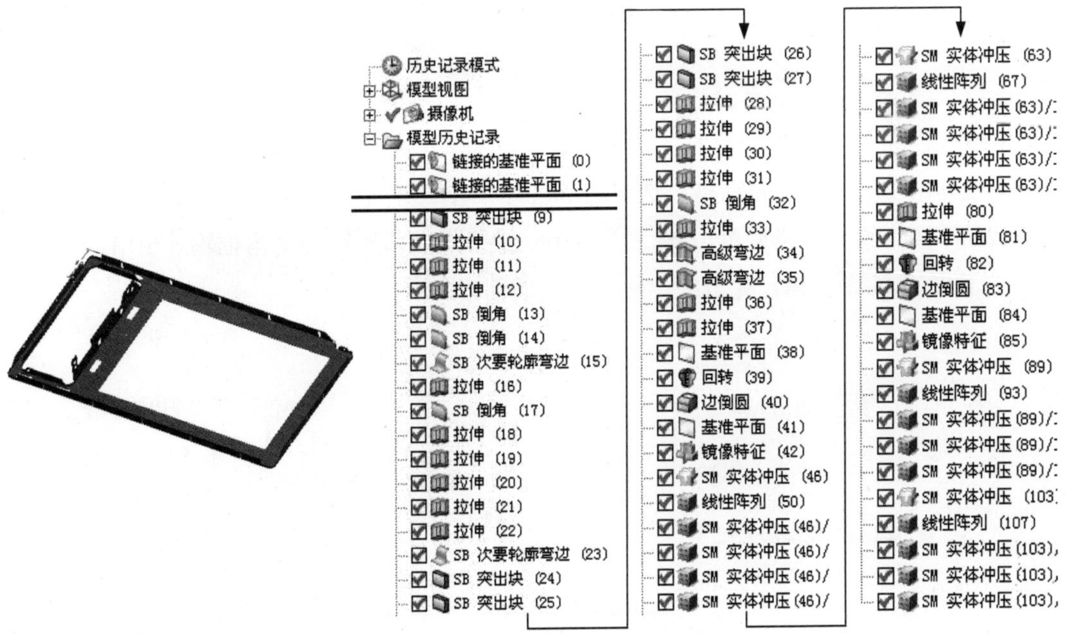

图 32.6.1　微波炉外壳前盖模型及模型树

Step1. 创建 FRONT_COVER 层。

(1) 在“装配导航器”窗口中的☑ INSIDE_COVER_02选项上右击，系统弹出快捷菜单（二），在此快捷菜单中选择显示父项 ▸ ➡ MICROWAVE_COVEN_CASE_SKEL选项，并设为工作部件。

（2）在“装配导航器”窗口中的☑MICROWAVE_COVEN_CASE_SKEL选项上右击，系统弹出快捷菜单（二），在此快捷菜单中选择WAVE ➞ 新建级别命令，系统弹出“新建级别”对话框。单击“新建级别”对话框中的 指定部件名 按钮，在弹出的“选择部件名”对话框的文件名(N):文本框中输入文件名 FRONT_COVER，单击 OK 按钮，系统再次弹出“新建级别”对话框。单击“新建级别”对话框中的 类选择 按钮，系统弹出“WAVE 组件间的复制”对话框，选取 MICROWAVE_COVEN_CASE_SKEL 层中的 9 个基准平面为参照，如图 32.6.2 所示。然后单击 确定 按钮，系统重新弹出“新建级别”对话框。在“新建级别”对话框中单击 确定 按钮，完成 FRONT_COVER 层的创建。

（3）在“装配导航器”窗口中的☑FRONT_COVER选项上右击，系统弹出快捷菜单（三），在此快捷菜单中选择 设为显示部件 命令，对模型进行编辑。

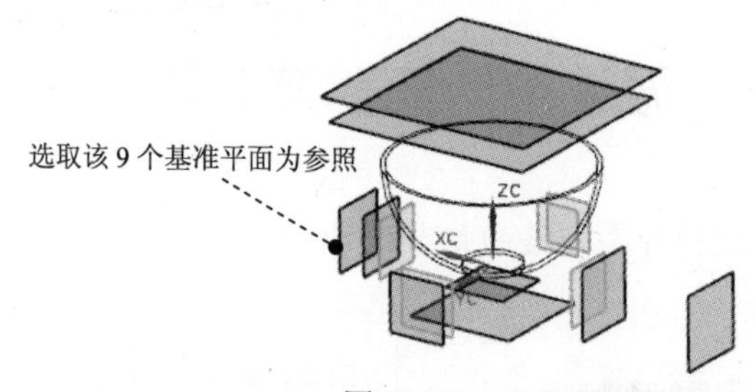

图 32.6.2　定义参照平面

Step2. 创建图 32.6.3 所示的突出块特征 1。选择下拉菜单 插入(S) ➞ 突出块(B)... 命令，系统弹出“突出块”对话框；选取图 32.6.4 所示的平面为草图平面，绘制图 32.6.5 所示的截面草图。绘制完成后单击 完成草图 按钮。在 厚度 区域 厚度 的文本框输入值 1。方向为 YC。单击 < 确定 > 按钮，完成突出块特征 1 的创建。

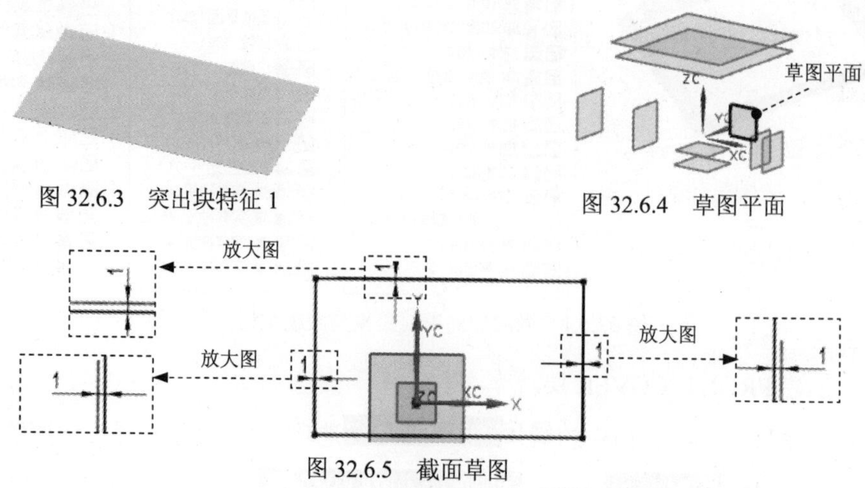

图 32.6.3　突出块特征 1

图 32.6.4　草图平面

图 32.6.5　截面草图

Step3. 创建图 32.6.6 所示的拉伸特征 1。选择下拉菜单 插入(S) → 剪切(T) → 拉伸(E)... 命令；选取图 32.6.6 所示的平面为草图平面，绘制图 32.6.7 所示的截面草图；在 指定矢量 下拉列表中选择 -YC 选项；在 开始 下拉列表中选择 贯通 选项，在 结束 下拉列表中选择 贯通 选项；在 布尔 下拉列表中选择 求差 选项，采用系统默认求差对象；单击 < 确定 > 按钮，完成拉伸特征 1 的创建。

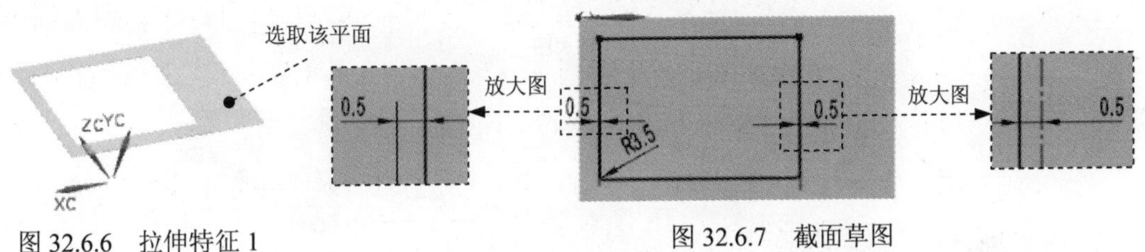

图 32.6.6 拉伸特征 1　　图 32.6.7 截面草图

Step4. 创建图 32.6.8 所示的拉伸特征 2。选择下拉菜单 插入(S) → 剪切(T) → 拉伸(E)... 命令；选取图 32.6.6 所示的平面为草图平面，绘制图 32.6.9 所示的截面草图；在 指定矢量 下拉列表中选择 -YC 选项；在 开始 下拉列表中选择 贯通 选项，在 结束 下拉列表中选择 贯通 选项；在 布尔 下拉列表中选择 求差 选项，采用系统默认求差对象；单击 < 确定 > 按钮，完成拉伸特征 2 的创建。

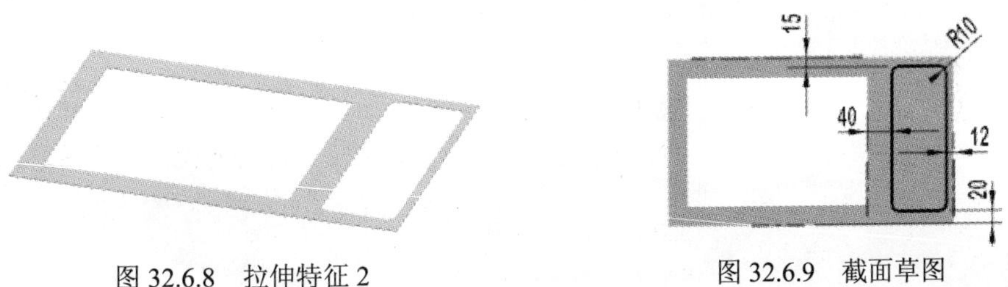

图 32.6.8 拉伸特征 2　　图 32.6.9 截面草图

Step5. 创建图 32.6.10 所示的拉伸特征 3。选择下拉菜单 插入(S) → 剪切(T) → 拉伸(E)... 命令；选取图 32.6.6 所示的平面为草图平面，绘制图 32.6.11 所示的截面草图；在 指定矢量 下拉列表中选择 -YC 选项；在 开始 下拉列表中选择 贯通 选项，在 结束 下拉列表中选择 贯通 选项；在 布尔 下拉列表中选择 求差 选项，采用系统默认求差对象；单击 < 确定 > 按钮，完成拉伸特征 3 的创建。

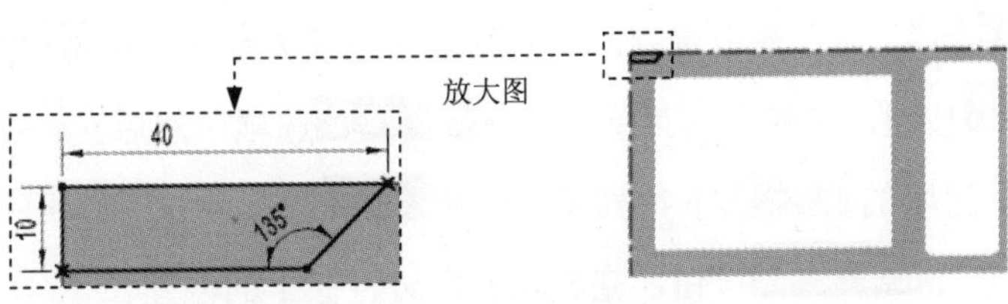

图 32.6.10 拉伸特征 3　　图 32.6.11 截面草图

Step6.创建图 32.6.12 所示的钣金倒角特征 1。选择下拉菜单 插入(S) → 拐角(O)... → 倒角(B)... 命令，系统弹出“倒角”对话框。在“倒角”对话框 倒角属性 区域的 方法 下拉列表中选择 圆角。选取图 32.6.12 所示的边线，在 半径 文本框中输入 5。单击“倒角”对话框的 < 确定 > 按钮，完成钣金倒角特征 1 的创建。

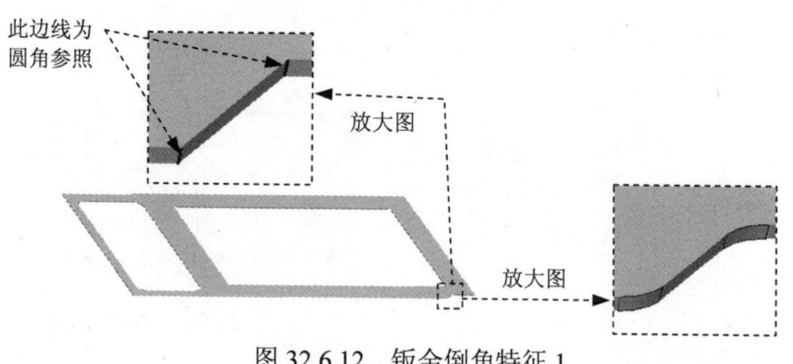

图 32.6.12 钣金倒角特征 1

Step7.创建图 32.6.13 所示的钣金倒角特征 2。选择下拉菜单 插入(S) → 拐角(O)... → 倒角(B)... 命令，系统弹出“倒角”对话框。在“倒角”对话框 倒角属性 区域的 方法 下拉列表中选择 圆角。选取图 32.6.13 所示的四条边线，在 半径 文本框中输入 8。单击“倒角”对话框的 < 确定 > 按钮，完成钣金倒角特征 2 的创建。

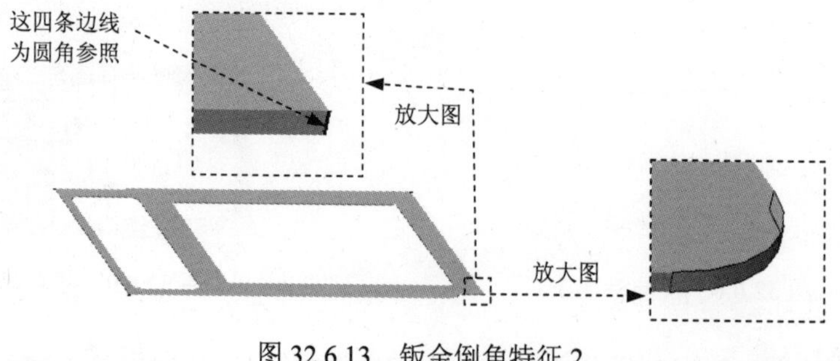

图 32.6.13 钣金倒角特征 2

Step8. 创建图 32.6.14 所示的轮廓弯边特征 1。选择下拉菜单 插入(S) → 折弯(N) → 轮廓弯边(C)... 命令。在“轮廓弯边”对话框 类型 区域的下拉列表中选择 次要 选项。单击 按钮，选取图 32.6.15 所示的模型边线为路径，在 平面位置 区域 弧长百分比 的文本框输入 0，绘制图 32.6.16 所示的截面草图。绘制完成后单击 完成草图 按钮。在 宽度选项 下拉列表中选择 链 选项；选取图 32.4.15 所示的边线为参照，在 折弯参数 区域中单击 折弯半径 文本框右侧的 按钮，在弹出的菜单中选择 使用本地值 选项，然后在 折弯半径 文本框中输入数值 0.5；在 止裂口 区域的 折弯止裂口 下拉列表中选择 无 选项，在 拐角止裂口 下拉列表中选择 仅折弯 选项。单击 < 确定 > 按钮，完成轮廓弯边特征 1 的创建。

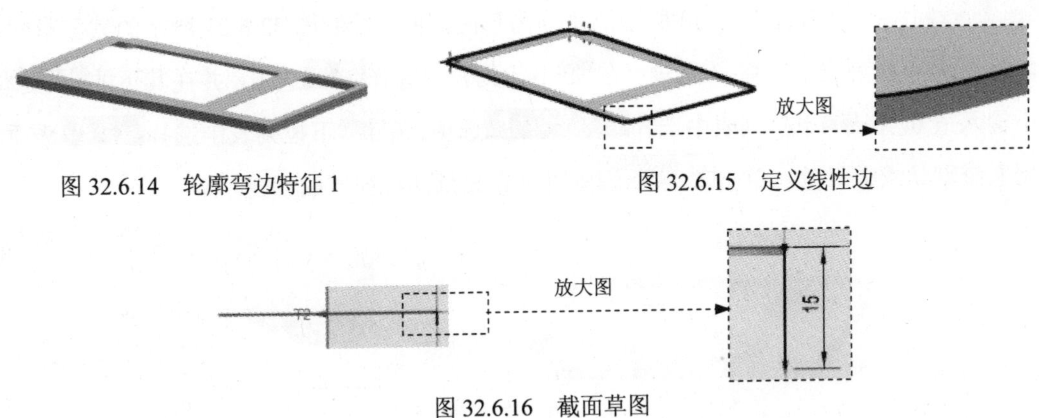

图 32.6.14　轮廓弯边特征 1　　图 32.6.15　定义线性边

图 32.6.16　截面草图

Step9. 创建图 32.6.17 所示的拉伸特征 4。选择下拉菜单 插入(S) → 剪切(T) → 拉伸(E)... 命令；选取图 32.6.17 所示的平面为草图平面，绘制图 32.6.18 所示的截面草图；在 指定矢量 下拉列表中选择 -ZC 选项；在 开始 下拉列表中选择 值 选项，并在其下的 距离 文本框中输入值 0，在 结束 下拉列表中选择 值 选项，并在其下的 距离 文本框中输入值 22；在 布尔 下拉列表中选择 求差 选项，采用系统默认求差对象；单击 <确定> 按钮，完成拉伸特征 4 的创建。

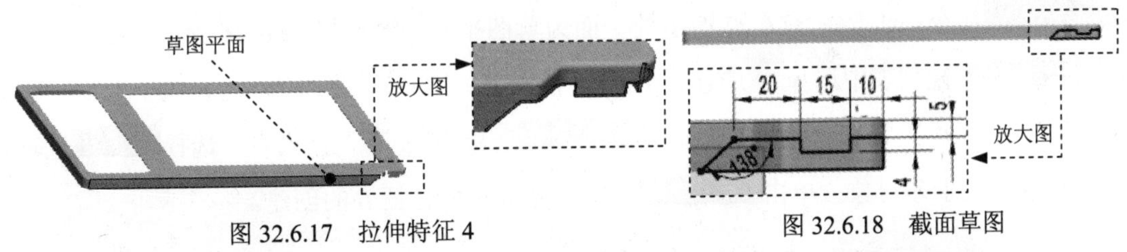

图 32.6.17　拉伸特征 4　　图 32.6.18　截面草图

Step10. 创建钣金倒角特征 3。选择下拉菜单 插入(S) → 拐角(O)... → 倒角(B)... 命令，系统弹出“倒角”对话框。在“倒角”对话框 倒角属性 区域的 方法 下拉列表中选择 圆角。选取图 32.6.19 所示的边线，在 半径 文本框中输入 2。单击“倒角”对话框的 <确定> 按钮，完成钣金倒角特征 3 的创建。

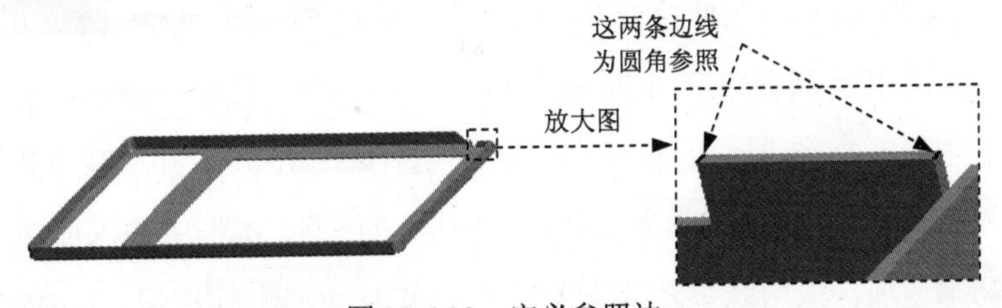

图 32.6.19　定义参照边

Step11. 创建图 32.6.20 所示的拉伸特征 5。选择下拉菜单 插入(S) → 剪切(T) →

拉伸(E)...命令；选取图 32.6.20 所示的平面为草图平面，绘制图 32.6.21 所示的截面草图；在指定矢量下拉列表中选择-ZC选项；在开始下拉列表中选择值选项，并在其下的距离文本框中输入值 0，在结束下拉列表中选择直至下一个选项，在布尔下拉列表中选择求差选项，采用系统默认求差对象；单击< 确定 >按钮，完成拉伸特征 5 的创建。

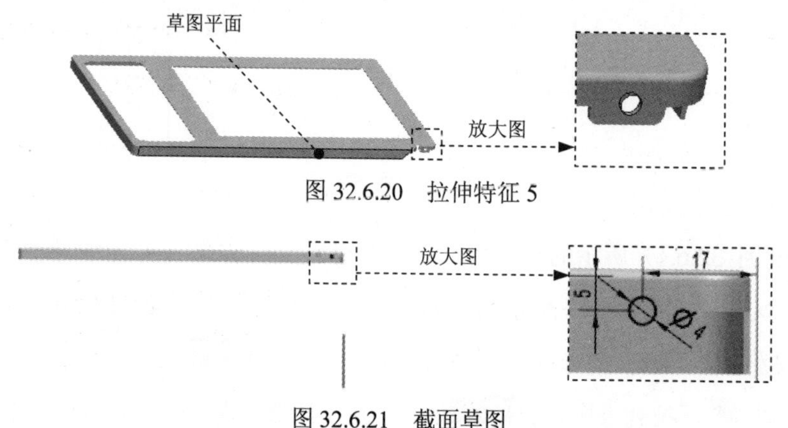

图 32.6.20 拉伸特征 5

图 32.6.21 截面草图

说明：水平尺寸 17 和竖直尺寸 5 是以基准平面为基准标注的。

Step12. 创建图 32.6.22 所示的拉伸特征 6。选择下拉菜单插入(S) → 剪切(T) → 拉伸(E)...命令；选取图 32.6.22 所示的平面为草图平面，绘制图 32.6.23 所示的截面草图；在指定矢量下拉列表中选择-XC选项；在开始下拉列表中选择值选项，并在其下的距离文本框中输入值 0，在结束下拉列表中选择直至下一个选项，在布尔下拉列表中选择求差选项，采用系统默认求差对象；单击< 确定 >按钮，完成拉伸特征 6 的创建。

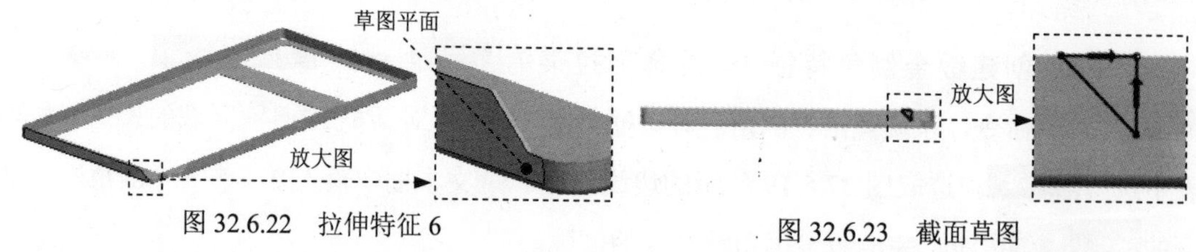

图 32.6.22 拉伸特征 6

图 32.6.23 截面草图

Step13. 创建图 32.6.24 所示的拉伸特征 7。选择下拉菜单插入(S) → 剪切(T) → 拉伸(E)...命令；选取图 32.6.24 所示的平面为草图平面，绘制图 32.6.25 所示的截面草图；在指定矢量下拉列表中选择-XC选项；在开始下拉列表中选择值选项，并在其下的距离文本框中输入值 0，在结束下拉列表中选择值选项，并在其下的距离文本框中输入值 20，在布尔下拉列表中选择求差选项，采用系统默认求差对象；单击< 确定 >按钮，完成拉伸特征 7 的创建。

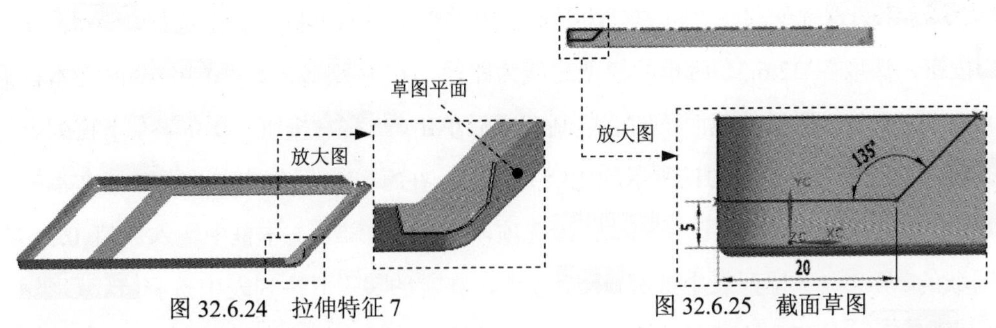

图 32.6.24　拉伸特征 7　　　　图 32.6.25　截面草图

Step14. 创建图 32.6.26 所示的拉伸特征 8。选择下拉菜单 插入(S) → 剪切(T) ▸ → 拉伸(E)... 命令；选取图 32.6.26 所示的平面为草图平面，绘制图 32.6.27 所示的截面草图；在 指定矢量 下拉列表中选择 XC 选项；在 开始 下拉列表中选择 值 选项，并在其下的 距离 文本框中输入值 0，在 结束 下拉列表中选择 值 选项，并在其下的 距离 文本框中输入值 20，在 布尔 下拉列表中选择 求差 选项，采用系统默认求差对象；单击 < 确定 > 按钮，完成拉伸特征 8 的创建。

Step15. 创建图 32.6.28 所示的拉伸特征 9。选择下拉菜单 插入(S) → 剪切(T) ▸ → 拉伸(E)... 命令；选取图 32.6.28 所示的平面为草图平面，绘制图 32.6.29 所示的截面草图；在 指定矢量 下拉列表中选择 XC 选项；在 开始 下拉列表中选择 值 选项，并在其下的 距离 文本框中输入值 0，在 结束 下拉列表中选择 值 选项，并在其下的 距离 文本框中输入值 20，在 布尔 下拉列表中选择 求差 选项，采用系统默认求差对象；单击 < 确定 > 按钮，完成拉伸特征 9 的创建。

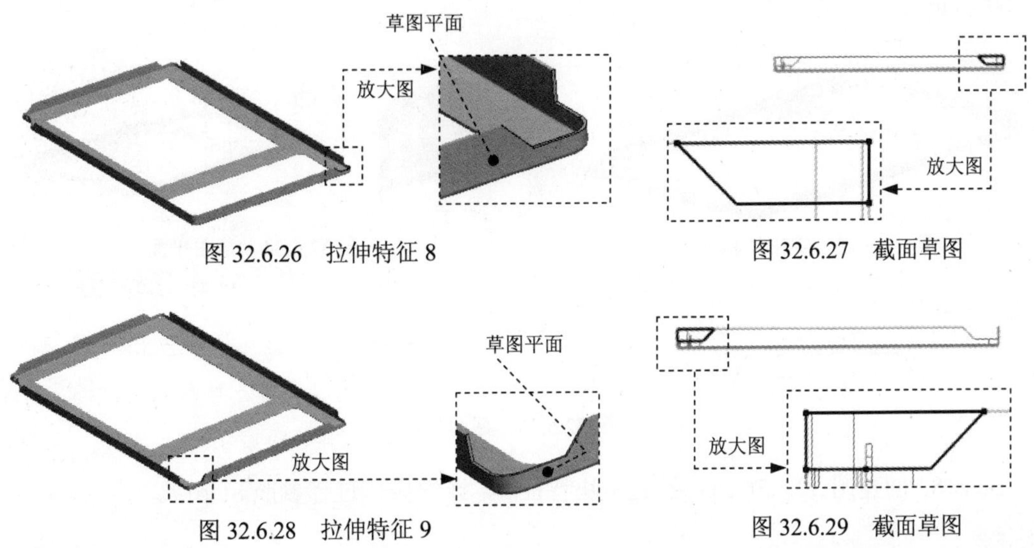

图 32.6.26　拉伸特征 8　　　　图 32.6.27　截面草图

图 32.6.28　拉伸特征 9　　　　图 32.6.29　截面草图

Step16. 创建图 32.6.30 所示的轮廓弯边特征 2。选择下拉菜单 插入(S) → 折弯(N) ▸

→ 轮廓弯边(C)...命令。在“轮廓弯边”对话框类型区域的下拉列表中选择次要选项。单击按钮，选取图 32.6.31 所示的模型边线为路径，在平面位置区域弧长百分比的文本框输入 0，绘制图 32.6.32 所示的截面草图。绘制完成后单击完成草图按钮。在宽度选项下拉列表中选择链选项；选取图 32.4.31 所示的边线为参照，在折弯参数区域中单击折弯半径文本框右侧的按钮，在弹出的菜单中选择使用本地值选项，然后在折弯半径文本框中输入数值 0.5；在止裂口区域的折弯止裂口下拉列表中选择无选项，在拐角止裂口下拉列表中选择仅折弯选项。单击< 确定 >按钮，完成轮廓弯边特征 2 的创建。

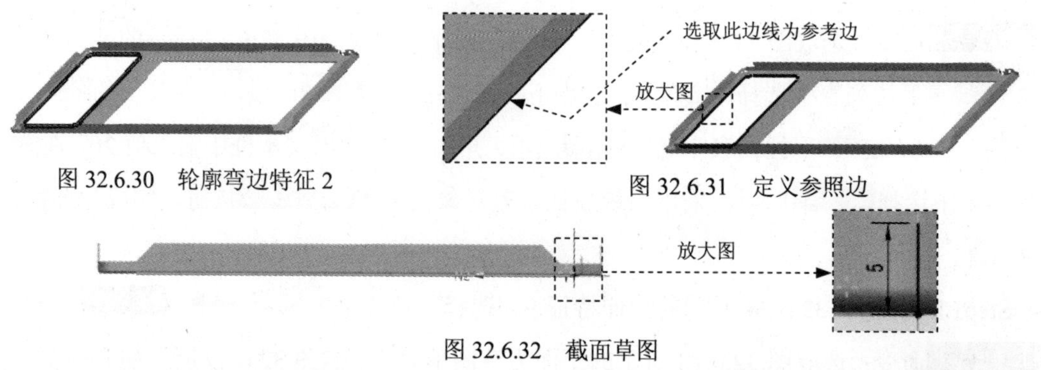

图 32.6.30 轮廓弯边特征 2

图 32.6.31 定义参照边

图 32.6.32 截面草图

Step17. 创建图 32.6.33 所示的突出块特征 2。选择下拉菜单插入(S) → 突出块(B)...命令，系统弹出“突出块”对话框；单击按钮，系统弹出“创建草图”对话框，选取图 32.6.34 所示的平面为草图平面，取消选中设置区域的□ 创建中间基准 CSYS 复选框，单击确定按钮，绘制图 32.6.35 所示的截面草图。绘制完成后单击完成草图按钮。单击< 确定 >按钮，完成突出块特征 2 的创建。

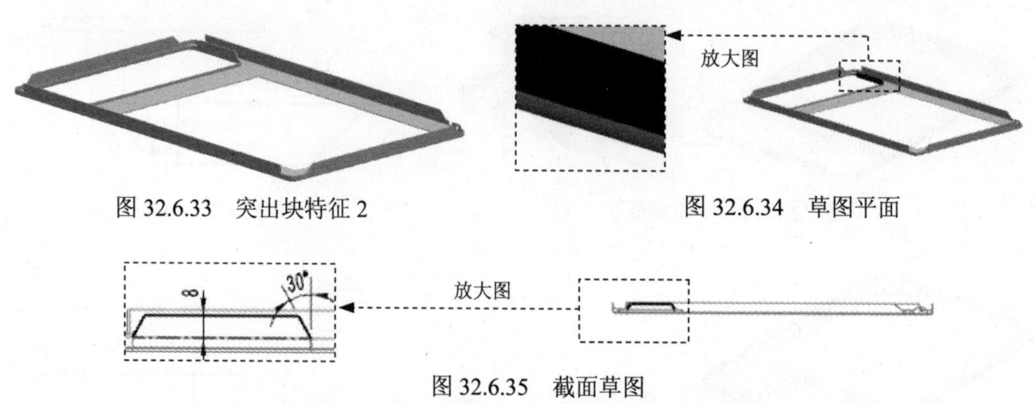

图 32.6.33 突出块特征 2

图 32.6.34 草图平面

图 32.6.35 截面草图

Step18. 创建图 32.6.36 所示的突出块特征 3。详细操作过程参照 Step17。

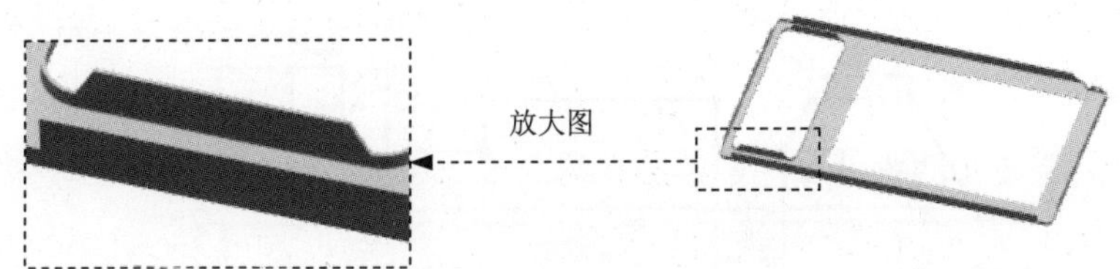

图 32.6.36　突出块特征 3

Step19. 创建图 32.6.37 所示的突出块特征 4。选择下拉菜单 插入(S) → 突出块(B)... 命令，系统弹出“突出块”对话框；单击按钮，系统弹出“创建草图”对话框，选取图 32.6.38 所示的平面为草图平面，取消选中设置区域的□创建中间基准 CSYS复选框，单击确定按钮，绘制图 32.6.39 所示的截面草图。绘制完成后单击完成草图按钮。单击< 确定 >按钮，完成突出块特征 4 的创建。

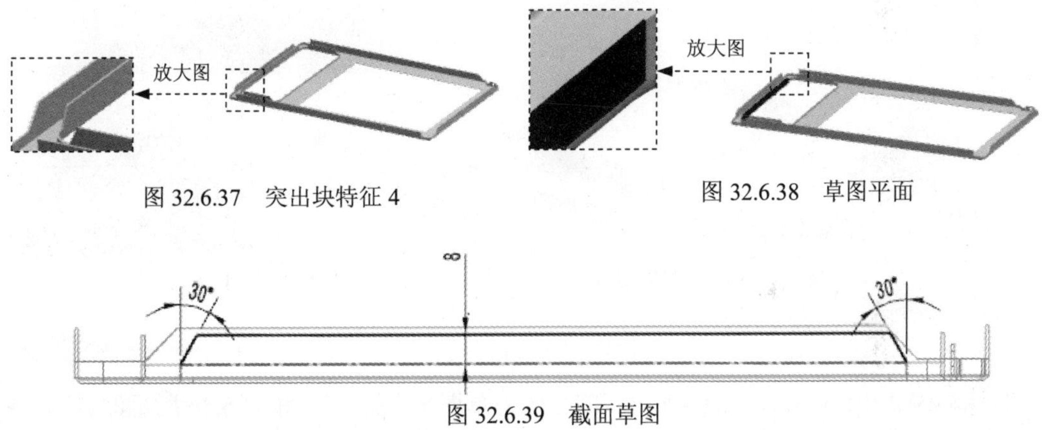

图 32.6.37　突出块特征 4

图 32.6.38　草图平面

图 32.6.39　截面草图

Step20. 创建图 32.6.40 所示的突出块特征 5。选择下拉菜单 插入(S) → 突出块(B)... 命令，系统弹出“突出块”对话框；单击按钮，系统弹出“创建草图”对话框，选取图 32.6.41 所示的平面为草图平面，取消选中设置区域的□创建中间基准 CSYS复选框，单击确定按钮，绘制图 32.6.42 所示的截面草图。绘制完成后单击完成草图按钮。单击< 确定 >按钮，完成突出块特征 5 的创建。

图 32.6.40　突出块特征 5

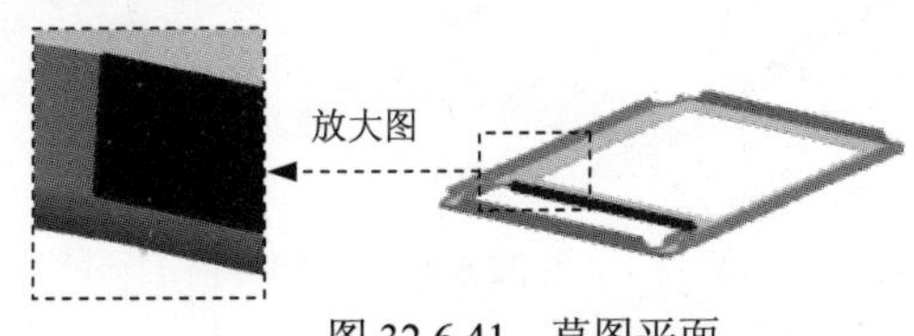

图 32.6.41　草图平面

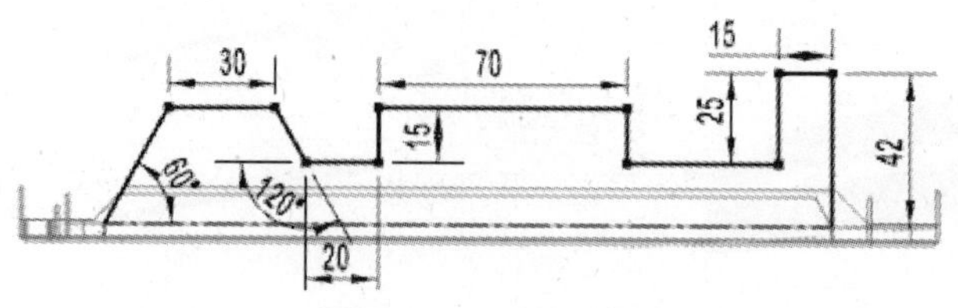

图 32.6.42 截面草图

Step21. 创建图 32.6.43 所示的拉伸特征 10。选择下拉菜单 插入(S) → 剪切(T) ▸ → 拉伸(E)... 命令；选取图 32.6.43 所示的平面为草图平面，绘制图 32.6.44 所示的截面草图；在 指定矢量 下拉列表中选择 XC 选项；在 开始 下拉列表中选择 值 选项，并在其下的 距离 文本框中输入值 0，在 结束 下拉列表中选择 直至下一个 选项，在 布尔 下拉列表中选择 求差 选项，采用系统默认求差对象；单击 < 确定 > 按钮，完成拉伸特征 10 的创建。

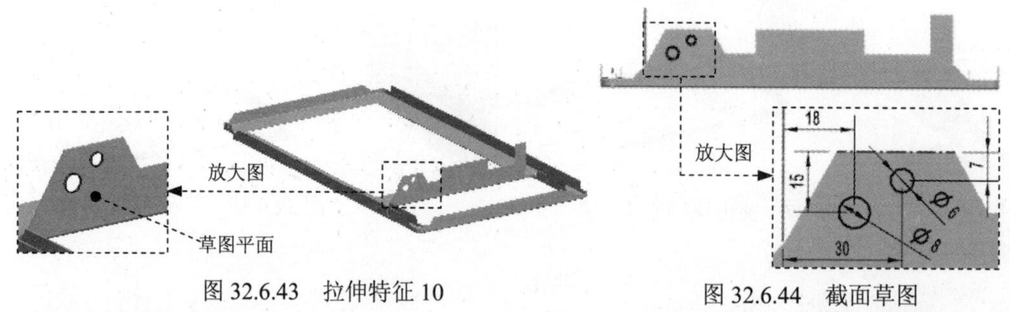

图 32.6.43 拉伸特征 10　　图 32.6.44 截面草图

Step22. 创建图 32.6.45 所示的拉伸特征 11。选择下拉菜单 插入(S) → 剪切(T) ▸ → 拉伸(E)... 命令；选取图 32.6.45 所示的平面为草图平面，绘制图 32.6.46 所示的截面草图；在 指定矢量 下拉列表中选择 XC 选项；在 开始 下拉列表中选择 值 选项，并在其下的 距离 文本框中输入值 0，在 结束 下拉列表中选择 直至下一个 选项，在 布尔 下拉列表中选择 求差 选项，采用系统默认求差对象；单击 < 确定 > 按钮，完成拉伸特征 11 的创建。

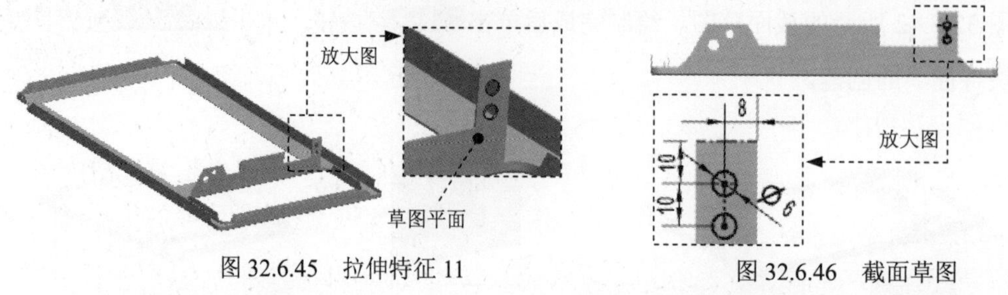

图 32.6.45 拉伸特征 11　　图 32.6.46 截面草图

Step23. 创建图 32.6.47 所示的拉伸特征 12。选择下拉菜单 插入(S) → 剪切(T) ▸ → 拉伸(E)... 命令；选取图 32.6.47 所示的平面为草图平面，绘制图 32.6.48 所示的截面草图；

在 指定矢量 下拉列表中选择 XC 选项；在 开始 下拉列表中选择 值 选项，并在其下的 距离 文本框中输入值 0，在 结束 下拉列表中选择 直至下一个 选项，在 布尔 下拉列表中选择 求差 选项，采用系统默认求差对象；单击 < 确定 > 按钮，完成拉伸特征 12 的创建。

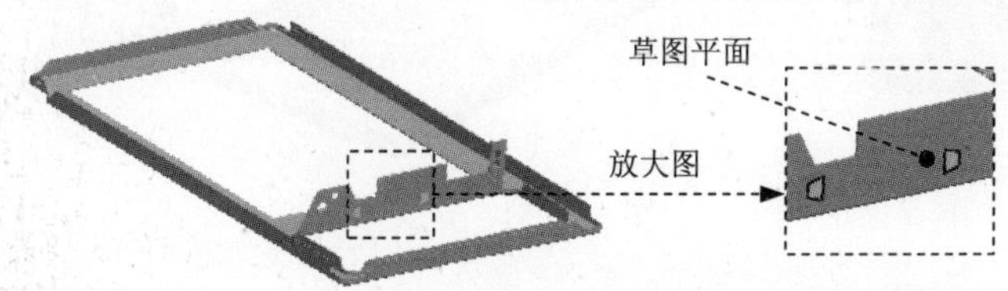

图 32.6.47　拉伸特征 12

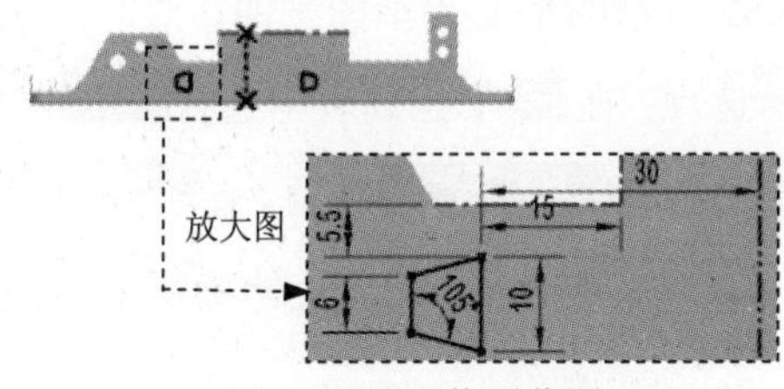

图 32.6.48　截面草图

Step24. 创建图 32.6.49 所示的拉伸特征 13。选择下拉菜单 插入(S) → 剪切(T) → 拉伸(E)... 命令；选取图 32.6.49 所示的平面为草图平面，绘制图 32.6.50 所示的截面草图；在 指定矢量 下拉列表中选择 YC 选项；在 开始 下拉列表中选择 值 选项，并在其下的 距离 文本框中输入值 0，在 结束 下拉列表中选择 直至下一个 选项，在 布尔 下拉列表中选择 求差 选项，采用系统默认求差对象；单击 < 确定 > 按钮，完成拉伸特征 13 的创建。

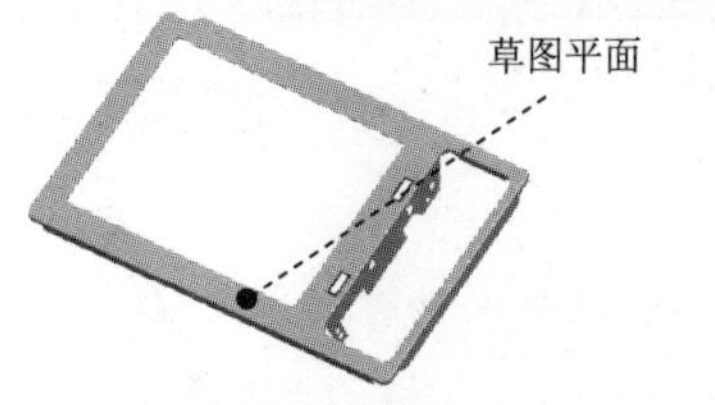

图 32.6.49　拉伸特征 13

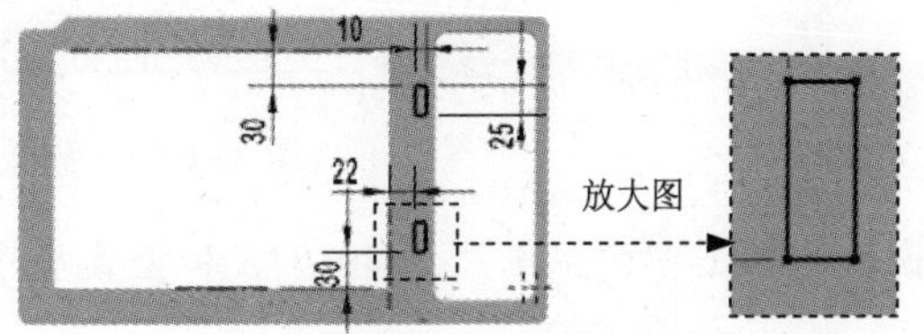

图 32.6.50　截面草图

说明：草图中的水平尺寸 22 和竖直尺寸 30 的标注均以基准平面为参照。

Step25. 创建钣金倒角特征 4。选择下拉菜单 插入(S) → 拐角(O)... → 倒角(B)... 命令，系统弹出“倒角”对话框。在“倒角”对话框 倒角属性 区域的 方法 下拉列表中选择 圆角 。选取图 32.6.51 所示的边线，在 半径 文本框中输入 2。单击“倒角”对话框的 < 确定 > 按钮，完成钣金倒角特征 4 的创建。

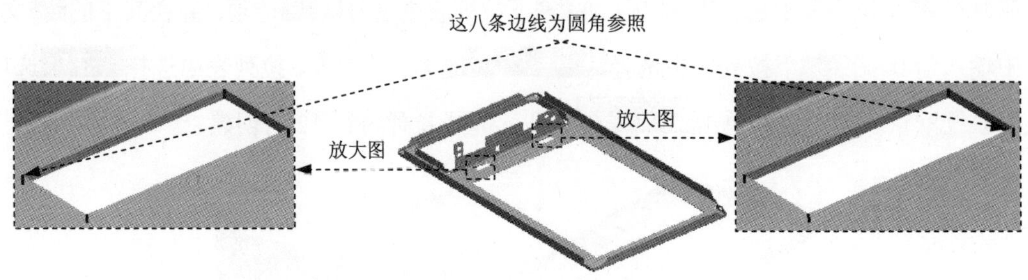

图 32.6.51 定义参照边

Step26. 创建图 32.6.52 所示的拉伸特征 14。选择下拉菜单 插入(S) → 剪切(T) → 拉伸(E)... 命令；选取图 32.6.52 所示的平面为草图平面，绘制图 32.6.53 所示的截面草图；在 指定矢量 下拉列表中选择 -YC 选项；在 开始 下拉列表中选择 值 选项，并在其下的 距离 文本框中输入值 0，在 结束 下拉列表中选择 直至下一个 选项，在 布尔 下拉列表中选择 求差 选项，采用系统默认求差对象；单击 < 确定 > 按钮，完成拉伸特征 14 的创建。

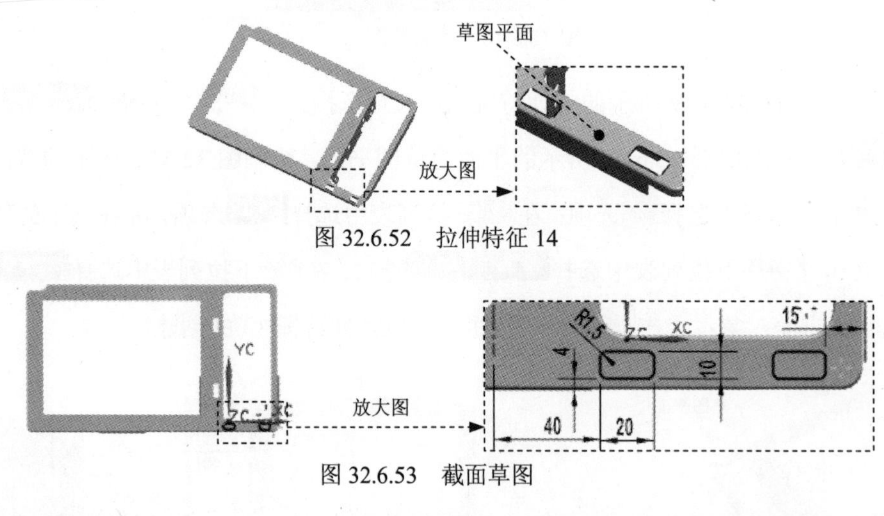

图 32.6.52 拉伸特征 14

图 32.6.53 截面草图

说明：草图中的水平尺寸 40、15 和竖直尺寸 4 的标注以基准平面为参照。

Step27. 创建图 32.6.54 所示的高级弯边特征 1。选择下拉菜单 插入(S) → NX 高级钣金 → 高级弯边(A)... 命令，系统弹出 "高级弯边" 对话框。在 "高级弯边" 对话框 类型 区域的下拉列表中选择 按值 选项。在 基本边 区域单击 按钮，选取图 32.6.55 所示的边线为高级弯边特征的基本边，单击 折弯参数 区域 折弯半径 文本框右侧的 按钮，在弹出的菜单中选择 使用本地值，然后在 折弯半径 文本框中输入数值 0.4。在 "高级弯边" 对话框 弯边属性 区域 长度 文本框中输入数值 3，在 角度 文本框中输入数值 90，方向为 Y 轴的负方向，在 内嵌 下拉列表中选择 材料内侧 选项。其他为默认，单击 "高级弯边" 对话框的 < 确定 > 按钮，完成高级弯边特征 1 的创建。

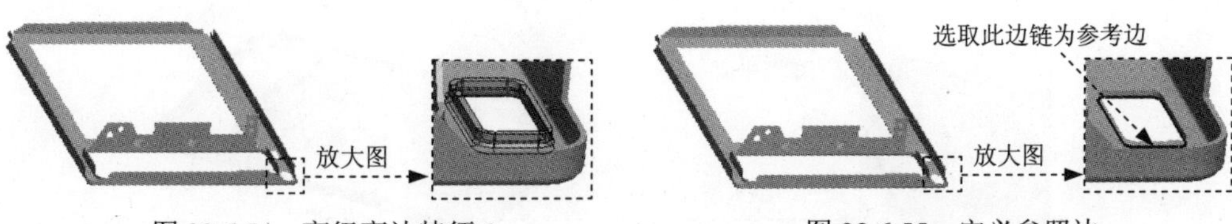

图 32.6.54　高级弯边特征 1　　图 32.6.55　定义参照边

Step28. 创建图 32.6.56 所示的高级弯边特征 2。详细操作过程参照 Step27。

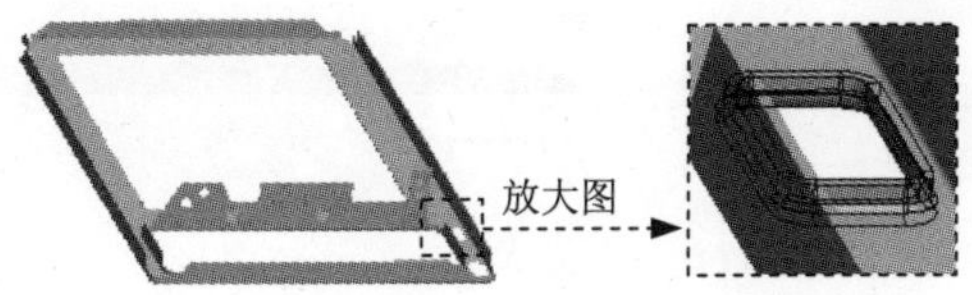

图 32.6.56　高级弯边特征 2

Step29. 创建图 32.6.57 所示的拉伸特征 15。选择下拉菜单 插入(S) → 剪切(T) → 拉伸(E)... 命令；选取图 32.6.57 所示的平面为草图平面，绘制图 32.6.58 所示的截面草图；在 指定矢量 下拉列表中选择 -YC 选项；在 开始 下拉列表中选择 值 选项，并在其下的 距离 文本框中输入值 0，在 结束 下拉列表中选择 直至下一个 选项，在 布尔 下拉列表中选择 求差 选项，采用系统默认求差对象；单击 < 确定 > 按钮，完成拉伸特征 15 的创建。

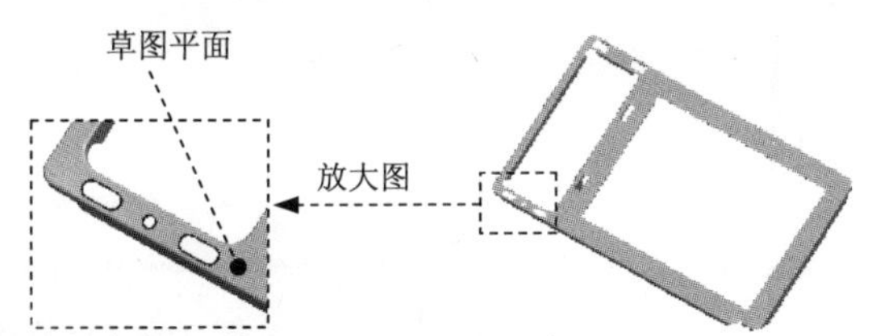

图 32.6.57　拉伸特征 15

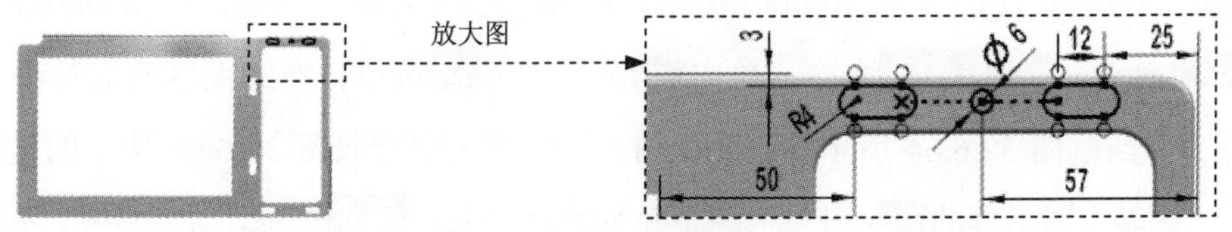

图 32.6.58　截面草图

说明： 草图中的水平尺寸 50、57、25 和竖直尺寸 3 的标注以基准平面为参照。

Step30. 创建图 32.6.59 所示的拉伸特征 16。选择下拉菜单 插入(S) → 剪切(T) → 拉伸(E)... 命令；选取图 32.6.59 所示的平面为草图平面，绘制图 32.6.60 所示的截面草图；在 指定矢量 下拉列表中选择 ZC↑ 选项；在 开始 下拉列表中选择 值 选项，并在其下的 距离 文本框中输入值 0，在 结束 下拉列表中选择 值 选项，并在其下的 距离 文本框中输入值 5，在 布尔 区域中选择 无 选项，单击 < 确定 > 按钮，完成拉伸特征 16 的创建。

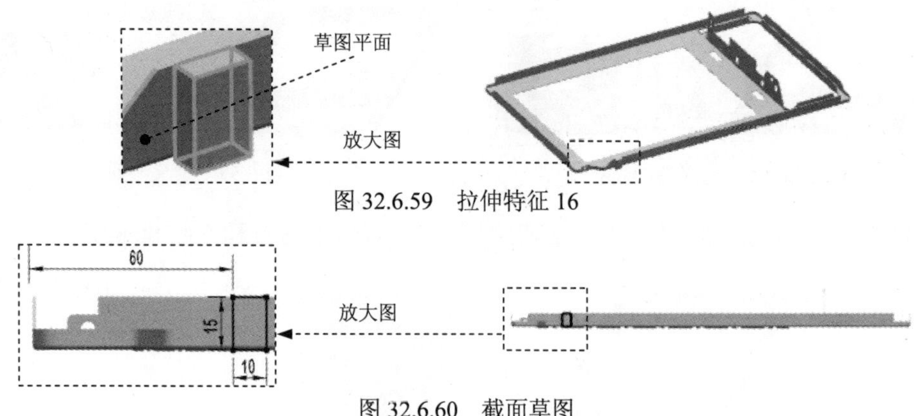

图 32.6.59 拉伸特征 16

图 32.6.60 截面草图

说明：草图中的水平尺寸 60 的标注以基准平面为参照。

Step31. 创建图 32.6.61 所示的基准平面 1。选择下拉菜单 插入(S) → 基准/点(D) → 基准平面(D)... 命令，系统弹出“基准平面”对话框。在类型区域的下拉列表框中选择 按某一距离 选项，在绘图区选取图 32.6.62 所示的基准平面，输入偏移值 65。单击 < 确定 > 按钮，完成基准平面 1 的创建。

说明：基准平面的方向可以通过“反向”按钮来调整。

图 32.6.61 基准平面 1　　图 32.6.62 参照平面

Step32. 创建图 32.6.63 所示的回转特征 1。切换到“建模”环境。选择 插入(S) → 设计特征(E) → 回转(R)... 命令，单击截面区域中的按钮，在绘图区选取基准平面 1 为草图平面，绘制图 32.6.64 所示的截面草图。在绘图区中选取图 32.6.64 所示的直线为回转轴。在“回转”对话框的极限区域的开始下拉列表框中选择 值 选项，并在角度文本框中输入值 0，在结束下拉列表框中选择 值 选项，并在角度文本框中输入值 360；在布尔区域中选择 求和 选项，选取 Step30 所做的拉伸特征为求和对象。单击 < 确定 > 按钮，完成回转特征 1 的创建。

Step33. 创建边倒圆特征 1。选择下拉菜单 插入(S) → 细节特征(L) → 边倒圆(E)... 命令，在要倒圆的边区域中单击按钮，选择图 32.6.65 所示的边链为边倒圆参照，并在半径 1 文本框中输入值 1。单击 < 确定 > 按钮，完成边倒圆特征 1 的创建。

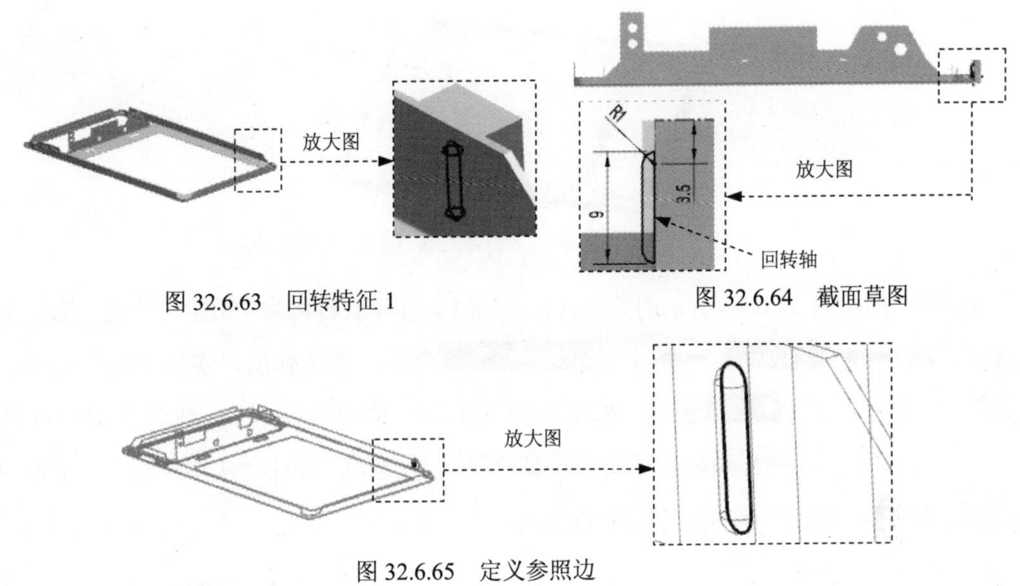

图 32.6.63　回转特征 1　　图 32.6.64　截面草图

图 32.6.65　定义参照边

Step34. 创建图 32.6.66 所示的基准平面 2。选择下拉菜单 插入(S) → 基准/点(D) → 基准平面(D)...命令，系统弹出“基准平面”对话框。在类型区域的下拉列表框中选择 二等分选项，在绘图区选取图 32.6.67 所示的平面为第一参照平面，选取图 32.6.68 所示的平面为第二参照平面，单击 < 确定 > 按钮，完成基准平面 2 的创建。

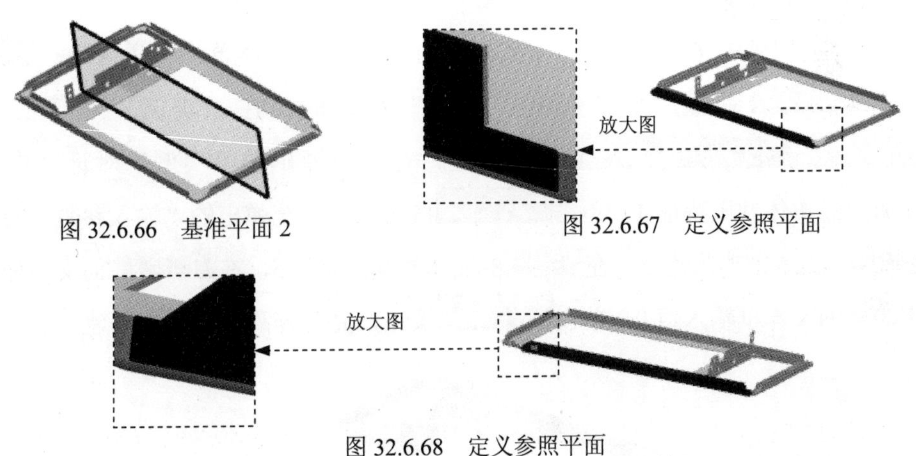

图 32.6.66　基准平面 2　　图 32.6.67　定义参照平面

图 32.6.68　定义参照平面

Step35. 创建图 32.6.69 所示的零件特征——镜像 1。选择下拉菜单 插入(S) → 关联复制(A) → 镜像特征(M)...命令，在绘图区中选取图 32.6.59 所示的拉伸特征 16 和图 32.6.63 所示的回转特征 1 和边倒圆特征 1 为要镜像的特征。在镜像平面区域中单击按钮，在绘图区中选取基准平面 2 作为镜像平面。单击 < 确定 > 按钮，完成镜像特征 1 的创建。

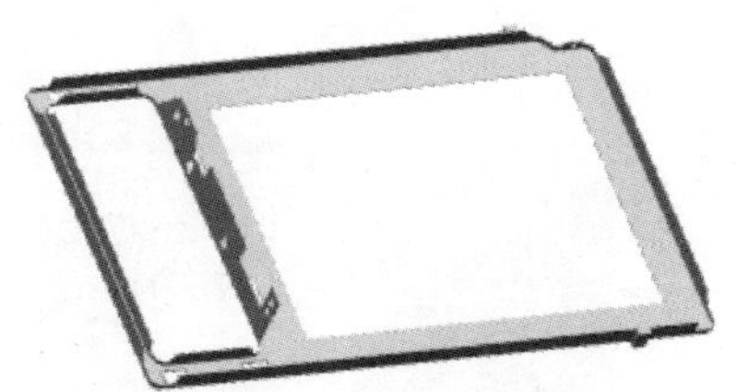

图 32.6.69 镜像特征 1

Step36. 创建图 32.6.70 所示的实体冲压特征 1。将环境转化为“钣金”环境。选择下拉菜单 插入(S) → 冲孔(H) → 实体冲压(S)... 命令，系统弹出“实体冲压”对话框。在类型下拉列表中选择 冲模选项，选取图 32.6.70 所示的面为目标面。选取图 32.6.71 所示的特征为工具体。在实体冲压属性区域选中 ☑ 自动判断厚度复选框。单击“实体冲压”对话框中的 < 确定 > 按钮，完成实体冲压特征 1 的创建。

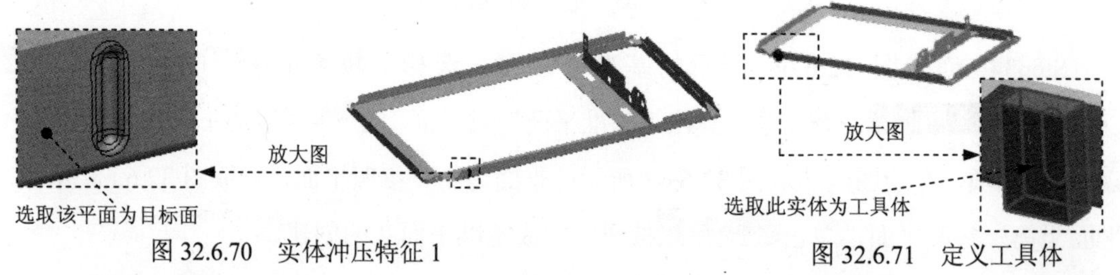

图 32.6.70 实体冲压特征 1　　图 32.6.71 定义工具体

Step37. 创建图 32.6.72 所示的阵列特征 1。选择下拉菜单 插入(S) → 关联复制(A) → 实例特征(I) 命令，系统弹出“实例”对话框。在“实例”对话框中选择 矩形阵列 按钮，在系统弹出的“实例”对话框中选择图 32.6.70 所示的实体冲压特征 1，单击 < 确定 > 按钮，在系统弹出的“输入参数”对话框中的 X 向的数量的文本框输入值 5，在 XC 偏置的文本框输入值-85，在 Y 向的数量的文本框输入值 1，在 YC 偏置的文本框输入值 0，单击 < 确定 > 按钮，完成阵列特征 1 的创建。

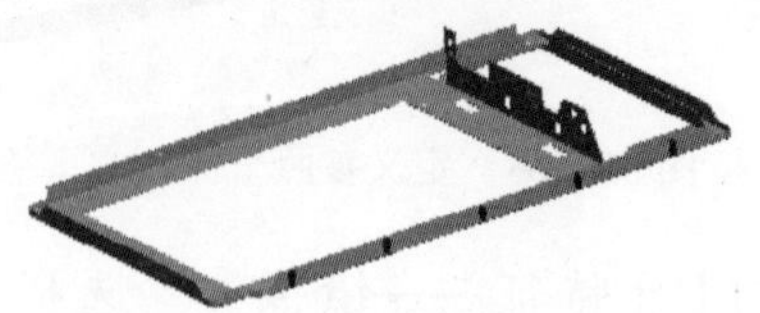

图 32.6.72 阵列特征 1

Step38. 创建图 32.6.73 所示的实体冲压特征 2。选择下拉菜单 插入(S) → 冲孔(H) → 实体冲压(S)... 命令，系统弹出“实体冲压”对话框。在类型下拉列表中选择 冲模选项，选取图 32.6.73 所示的面为目标面。选取图 32.6.74 所示的特征为工具体。在实体冲压属性区域选中 ☑ 自动判断厚度复选框。单击“实体冲压”对话框中的 < 确定 > 按钮，完成实体冲压特征 2 的创建。

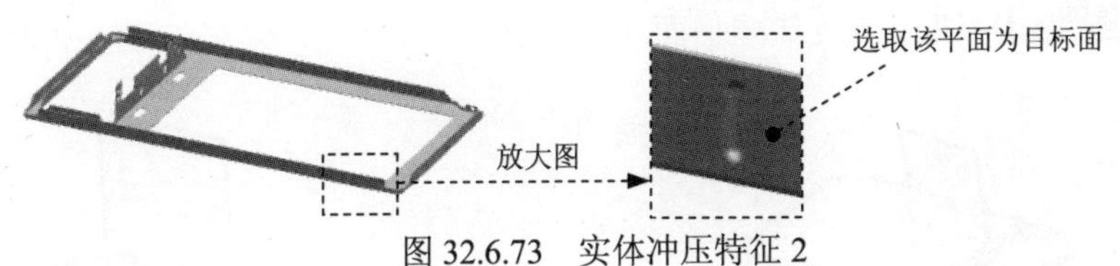

图 32.6.73　实体冲压特征 2

Step39. 创建图 32.6.75 所示的阵列特征 2。选择下拉菜单 插入(S) → 关联复制(A) → 实例特征(I) 命令，系统弹出“实例”对话框。在“实例”对话框中单击 矩形阵列 按钮，在系统弹出的“实例”对话框中选择图 32.6.73 所示的实体冲压特征 2，单击 < 确定 > 按钮，在系统弹出的“输入参数”对话框中的 X 向的数量 的文本框输入值 5，在 XC 偏置 的文本框输入值-85，在 Y 向的数量 的文本框输入值 1，在 YC 偏置 的文本框输入值 0，单击 < 确定 > 按钮，完成阵列特征 1 的创建。

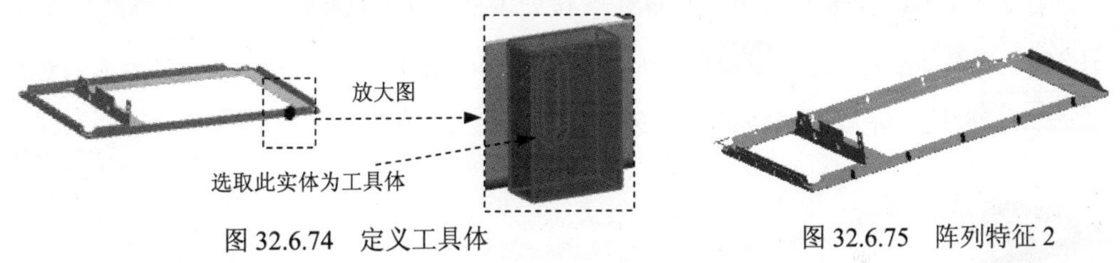

图 32.6.74　定义工具体　　图 32.6.75　阵列特征 2

Step40. 创建图 32.6.76 所示的拉伸特征 17。选择下拉菜单 插入(S) → 剪切(T) → 拉伸(E)... 命令；选取图 32.6.76 所示的平面为草图平面，绘制图 32.6.77 所示的截面草图；在 指定矢量 下拉列表中选择 -XC 选项；在 开始 下拉列表中选择 值 选项，并在其下的 距离 文本框中输入值 0，在 结束 下拉列表中选择 值 选项，并在其下的 距离 文本框中输入值 5；在 布尔 区域中选择 无 选项，单击 < 确定 > 按钮，完成拉伸特征 17 的创建。

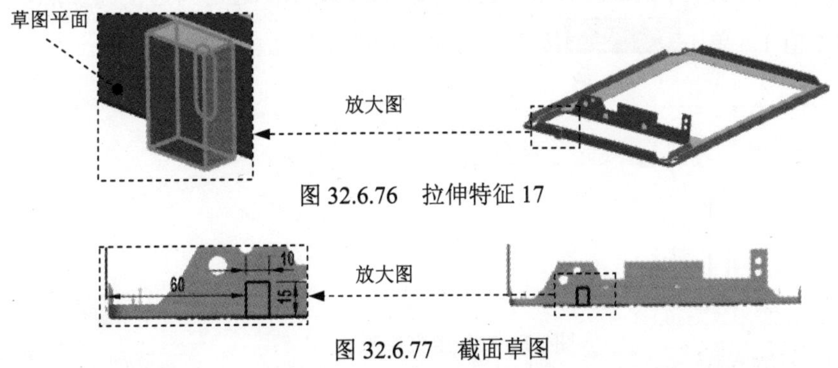

图 32.6.76　拉伸特征 17

放大图 60 10 15

图 32.6.77　截面草图

Step41. 创建图 32.6.78 所示的基准平面 3。选择下拉菜单 插入(S) → 基准/点(D) → 基准平面(D)... 命令，系统弹出“基准平面”对话框。在 类型 区域的下拉列表框中选择按某一距离选项，在绘图区选取图 32.6.79 所示的基准平面，输入偏移值 65。方向为 ZC 方向。单击< 确定 >按钮，完成基准平面 3 的创建。

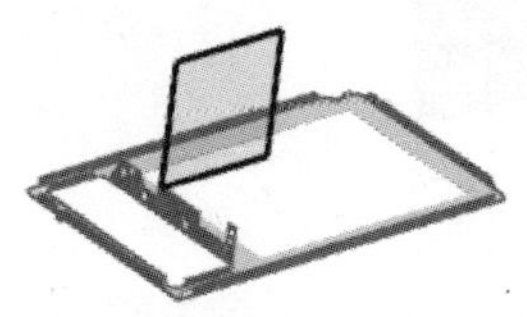
图 32.6.78 基准平面 3

图 32.6.79 定义参照平面

Step42. 创建图 32.6.80 所示的回转特征 2。将环境转化为“建模”环境。选择插入(S) → 设计特征(E) → 回转(R)...命令，单击截面区域中的按钮，在绘图区选取基准平面 3（图 32.6.78）为草图平面，绘制图 32.6.81 所示的截面草图。在绘图区中选取图 32.6.81 所示的直线为旋转轴。在“回转”对话框的极限区域的开始下拉列表框中选择值选项，并在角度文本框中输入值 0，在结束下拉列表框中选择值选项，并在角度文本框中输入值 360；在布尔区域中选择求和选项，选取 Step40 所创建的拉伸特征 17 为求和对象。单击< 确定 >按钮，完成回转特征 2 的创建。

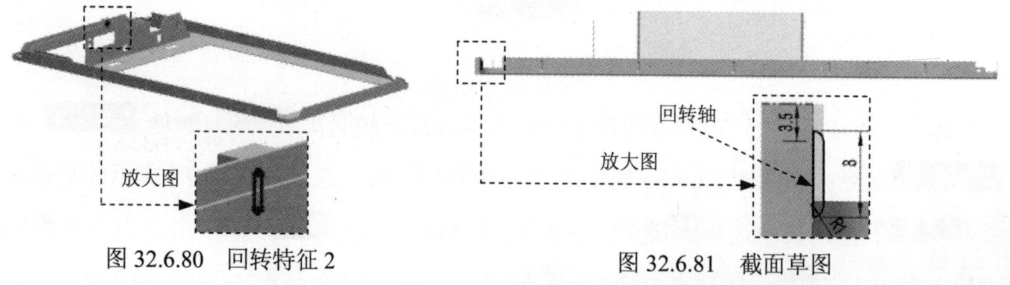

图 32.6.80 回转特征 2　　图 32.6.81 截面草图

Step43. 创建边倒圆特征 2。选择下拉菜单插入(S) → 细节特征(L) → 边倒圆(E)...命令，在要倒圆的边区域中单击按钮，选择图 32.6.82 所示的边链为边倒圆参照，并在半径 1文本框中输入值 1。单击< 确定 >按钮，完成边倒圆特征 2 的创建。

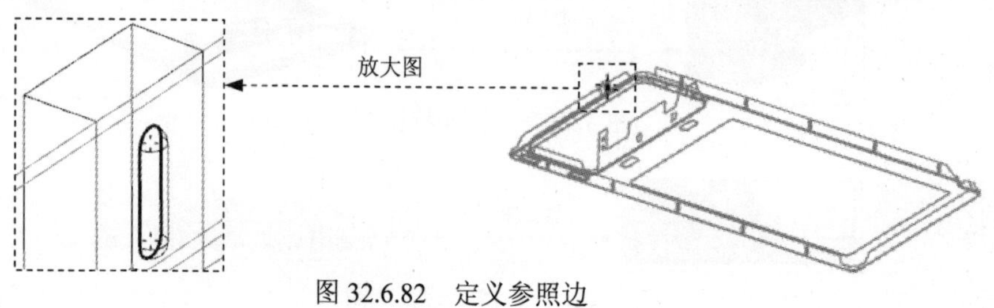

图 32.6.82 定义参照边

Step44. 创建图 32.6.83 所示的基准平面 4。选择下拉菜单插入(S) → 基准/点(D) → 基准平面(D)...命令，系统弹出“基准平面”对话框。在类型区域的下拉列表框中选择二等分选项，在绘图区选取图 32.6.84 所示的平面为第一参照平面，选取图 32.6.85 所示的平面为第二参照平面，单击< 确定 >按钮，完成基准平面 4 的创建。

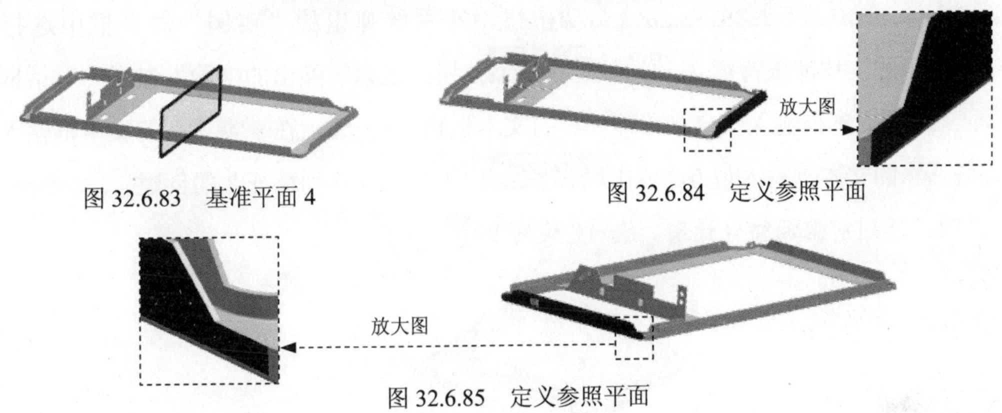

图 32.6.83　基准平面 4

图 32.6.84　定义参照平面

图 32.6.85　定义参照平面

Step45. 创建图 32.6.86 所示的零件特征——镜像 2。选择下拉菜单插入(S) → 关联复制(A) → 镜像特征(M)...命令，在绘图区中选取图 32.6.76 所示的拉伸特征 17 和图 32.6.80 所示的回转特征 2 和边倒圆特征 2 为要镜像的特征。在镜像平面区域中单击按钮，在绘图区中选取基准平面 4 作为镜像平面。单击< 确定 >按钮，完成镜像特征 2 的创建。

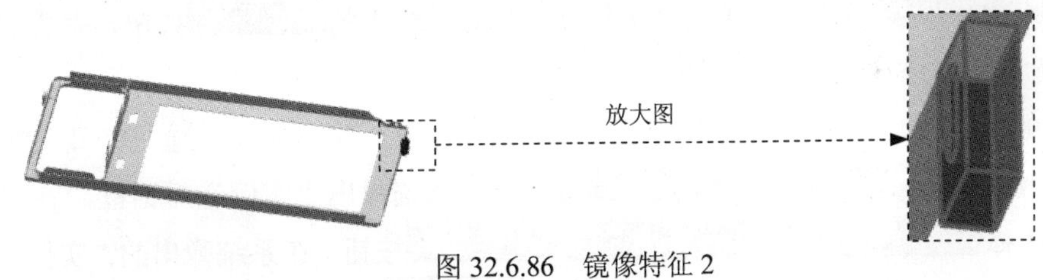

图 32.6.86　镜像特征 2

Step46. 创建图 32.6.87 所示的实体冲压特征 3。切换到“NX 钣金”环境。选择下拉菜单插入(S) → 冲孔(H) → 实体冲压(S)...命令，系统弹出“实体冲压”对话框。在类型下拉列表中选择冲模选项，选取图 32.6.87 所示的面为目标面。选取图 32.6.88 所示的特征为工具体。在实体冲压属性区域选中自动判断厚度复选框。单击“实体冲压”对话框中的< 确定 >按钮，完成实体冲压特征 3 的创建。

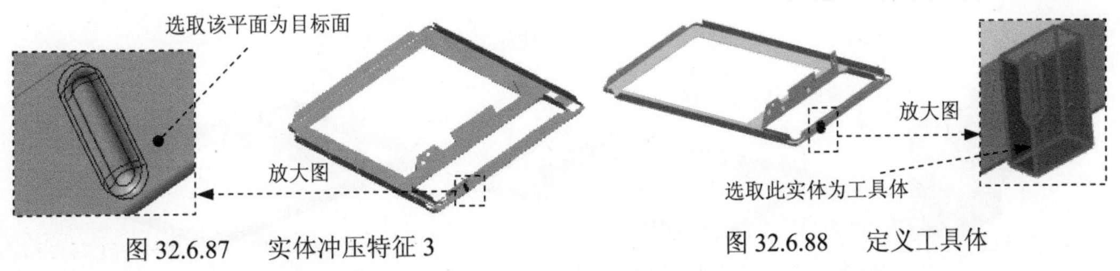

图 32.6.87　实体冲压特征 3

图 32.6.88　定义工具体

Step47. 创建图 32.6.89 所示的阵列特征 3。选择下拉菜单 插入(S) → 关联复制(A)▸ → 实例特征(I) 命令，系统弹出“实例”对话框。在“实例”对话框中选择 矩形阵列 按钮，在系统弹出的“实例”对话框中选择图 32.6.87 所示的实体冲压特征 3，单击 < 确定 > 按钮，在系统弹出的“输入参数”对话框中的 X 向的数量 的文本框输入值 4，在 XC 偏置 的文本框输入值-50，在 Y 向的数量 的文本框输入值 1，在 YC 偏置 的文本框输入值 0，单击 < 确定 > 按钮，完成阵列特征 3 的创建。

说明：阵列前需调整坐标系，绕-YC 旋转 90°。

图 32.6.89 阵列特征 3

Step48. 创建图 32.6.90 所示的实体冲压特征 4。选择下拉菜单 插入(S) → 冲孔(H)▸ → 实体冲压(S)... 命令，系统弹出“实体冲压”对话框。在 类型 下拉列表中选择 冲模 选项，选取图 32.6.90 所示的面为目标面。选取图 32.6.91 所示的特征为工具体。在 实体冲压属性 区域选中 ☑ 自动判断厚度 复选框。单击“实体冲压”对话框中的 < 确定 > 按钮，完成实体冲压特征 4 的创建。

Step49. 创建图 32.6.92 所示的阵列特征 4。选择下拉菜单 插入(S) → 关联复制(A)▸ → 实例特征(I) 命令，系统弹出“实例”对话框。在“实例”对话框中选择 矩形阵列 按钮，在系统弹出的“实例”对话框中选择图 32.6.73 所示的实体冲压特征 2，单击 < 确定 > 按钮，在系统弹出的“输入参数”对话框中的 X 向的数量 的文本框输入值 4，在 XC 偏置 的文本框输入值-50，在 Y 向的数量 的文本框输入值 1，在 YC 偏置 的文本框输入值 0，单击 < 确定 > 按钮，完成阵列特征 4 的创建。

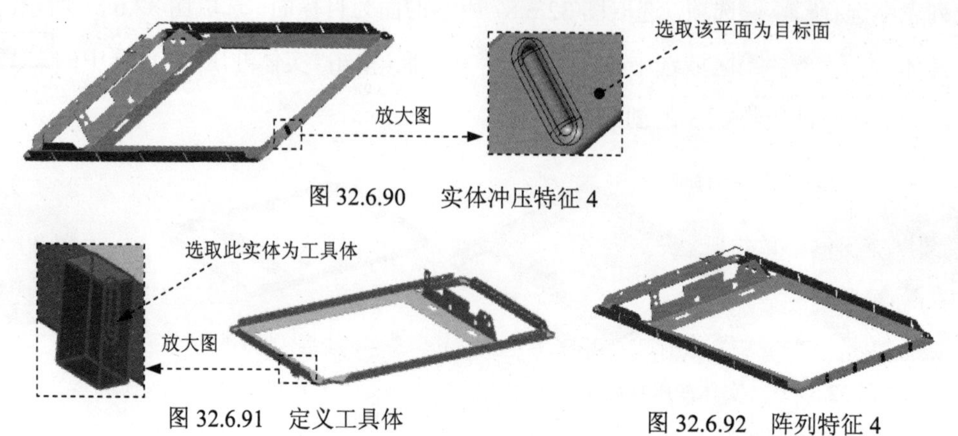

图 32.6.90 实体冲压特征 4

图 32.6.91 定义工具体

图 32.6.92 阵列特征 4

Step50. 保存钣金件模型。选择下拉菜单 文件(F) → 保存(S) 命令，即可保存钣金件模型。

32.7　微波炉外壳底盖的设计

下面讲解图 32.7.1 所示的微波炉外壳底盖的细节设计。

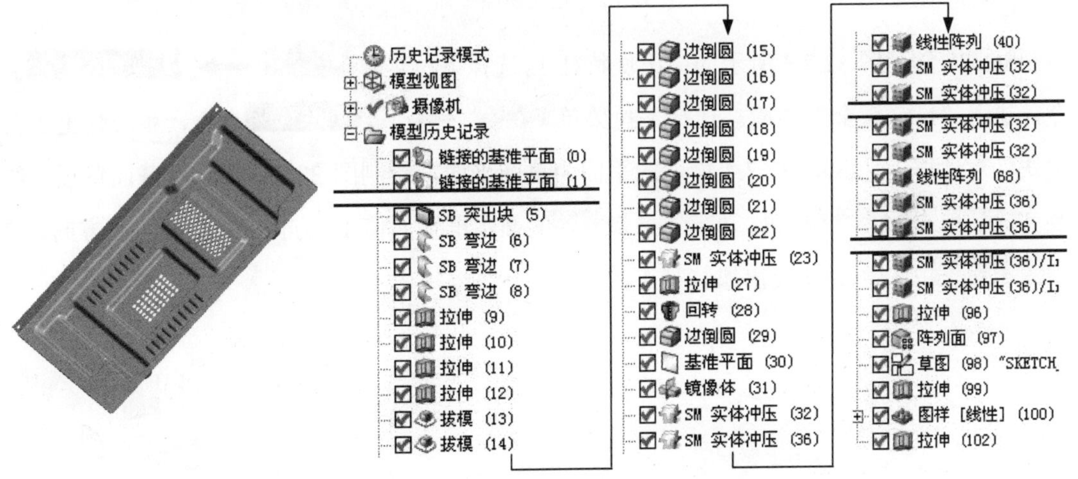

图 32.7.1　微波炉外壳底盖模型及模型树

Step1. 创建 DOWN_COVER 层。

（1）在“装配导航器”窗口中的 FRONT_COVER 选项上右击，系统弹出快捷菜单（二），在此快捷菜单中选择 显示父项 → MICROWAVE_COVEN_CASE_SKEL 选项，并设为工作部件。

（2）在“装配导航器”窗口中的 MICROWAVE_COVEN_CASE_SKEL 选项上右击，系统弹出快捷菜单（二），在此快捷菜单中选择 WAVE → 新建级别 命令，系统弹出“新建级别”对话框。单击“新建级别”对话框中的 指定部件名 按钮，在弹出的“选择部件名”对话框的 文件名(N): 文本框中输入文件名 DOWN_COVER，单击 OK 按钮，系统再次弹出“新建级别”对话框。单击“新建级别”对话框中的 类选择 按钮，系统弹出“WAVE 组件间的复制”对话框，选取 MICROWAVE_COVEN_CASE_SKEL 层中的 5 个基准平面为参照，如图 32.7.2 所示。然后单击 确定 按钮，系统重新弹出“新建级别”对话框。在“新建级别”对话框中单击 确定 按钮，完成 DOWN_COVER 层的创建。

（3）在“装配导航器”窗口中的 DOWN_COVER 选项上右击，系统弹出快捷菜单（三），在此快捷菜单中选择 设为显示部件 命令，对模型进行编辑。

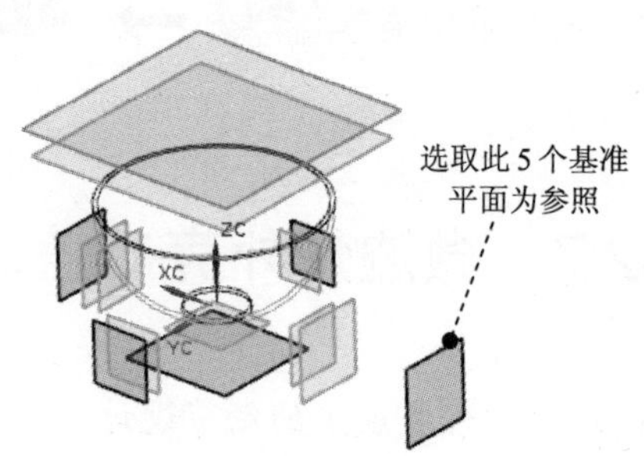

图 32.7.2　定义参照平面

Step2. 创建图 32.7.3 所示的突出块特征 1。选择下拉菜单 开始 → NX 钣金(H)... 命令，进入“NX 钣金”环境。选择下拉菜单 插入(S) → 突出块(B)... 命令，系统弹出“突出块”对话框；选取图 32.7.4 所示的平面为草图平面，绘制图 32.7.5 所示的截面草图。绘制完成后单击 完成草图 按钮。在 厚度 区域 厚度 的文本框输入值 1。方向为 ZC 轴的正方向。单击 < 确定 > 按钮，完成突出块特征 1 的创建。

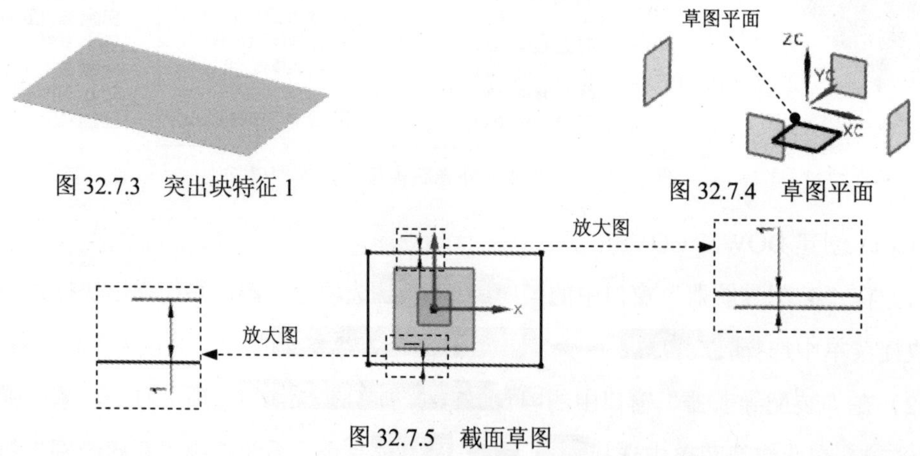

图 32.7.3　突出块特征 1

图 32.7.4　草图平面

图 32.7.5　截面草图

Step3. 创建图 32.7.6 所示的弯边特征 1。选择下拉菜单 插入(S) → 折弯(N) → 弯边(F)... 命令，系统弹出“弯边”对话框。选取图 32.7.7 所示的边线为线性边。在 截面 区域单击 按钮，绘制图 32.7.8 所示的截面草图。绘制完成后单击 完成草图 按钮。在 弯边属性 区域的 匹配面 下拉列表中选择 无 选项，在 角度 文本框中输入数值 90，在 内嵌 下拉列表中选择 材料内侧 选项。在 偏置 区域的 偏置 文本框中输入数值 0；在 折弯参数 区域中单击 折弯半径 文本框右侧的 按钮，在系统弹出的菜单中选择 使用本地值 选项，然后在 折弯半径 文本框中输入数值 1；在 止裂口 区域中的 折弯止裂口 下拉列表中选择 无 选项；在 拐角止裂口 下拉列表中选择 仅折弯 选项。单击 < 确定 > 按钮，完成弯边特征 1 的创建。

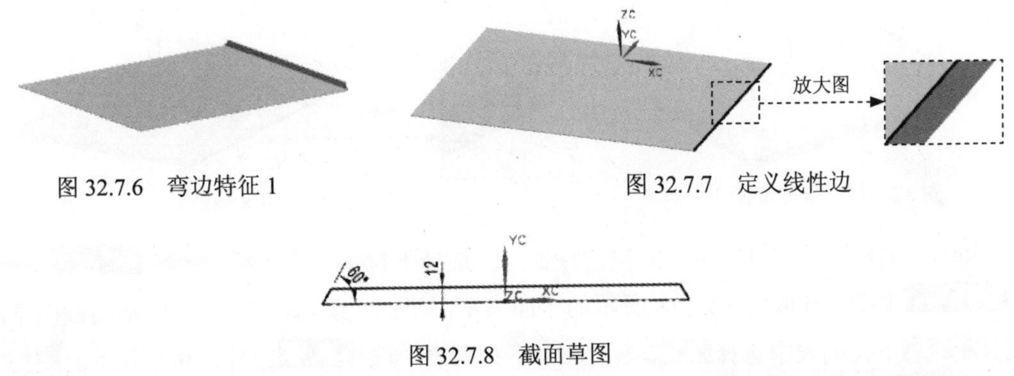

图 32.7.6　弯边特征 1

图 32.7.7　定义线性边

图 32.7.8　截面草图

Step4. 创建图 32.7.9 所示的弯边特征 2。选择下拉菜单 插入(S) → 折弯(N) → 弯边(F)... 命令，系统弹出“弯边”对话框。选取图 32.7.10 所示的边线为线性边。在 截面 区域单击按钮，绘制图 32.7.11 所示的截面草图。绘制完成后单击 完成草图 按钮。在 弯边属性 区域的 匹配面 下拉列表中选择 无 选项，在 角度 文本框中输入数值 90，在 内嵌 下拉列表中选择 材料内侧 选项。在 偏置 区域的 偏置 文本框中输入数值 0；在 折弯参数 区域中单击 折弯半径 文本框右侧的按钮，在系统弹出的菜单中选择 使用本地值 选项，然后在 折弯半径 文本框中输入数值 1；在 止裂口 区域中的 折弯止裂口 下拉列表中选择 无 选项；在 拐角止裂口 下拉列表中选择 仅折弯 选项。单击 < 确定 > 按钮，完成弯边特征 2 的创建。

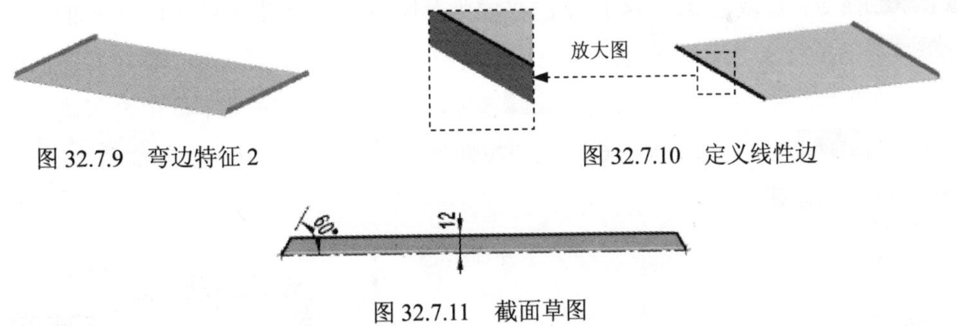

图 32.7.9　弯边特征 2

图 32.7.10　定义线性边

图 32.7.11　截面草图

Step5. 创建图 32.7.12 所示的弯边特征 3。选择下拉菜单 插入(S) → 折弯(N) → 弯边(F)... 命令，系统弹出“弯边”对话框。选取图 32.7.13 所示的边线为线性边。在 宽度 区域的 宽度选项 下拉列表中选择 完整 选项，在 弯边属性 区域的 长度 文本框中输入数值 20，在 角度 文本框中输入数值 90，在 参考长度 下拉列表中选择 外部 选项，在 内嵌 下拉列表中选择 折弯外侧 选项。在 偏置 区域的 偏置 文本框中输入数值 0；在 折弯参数 区域中单击 折弯半径 文本框右侧的按钮，在系统弹出的菜单中选择 使用本地值 选项，然后在 折弯半径 文本框中输入数值 1；在 止裂口 区域中的 折弯止裂口 下拉列表中选择 正方形 选项；在 拐角止裂口 下拉列表中选择 仅折弯 选项。单击 < 确定 > 按钮，完成弯边特征 3 的创建。

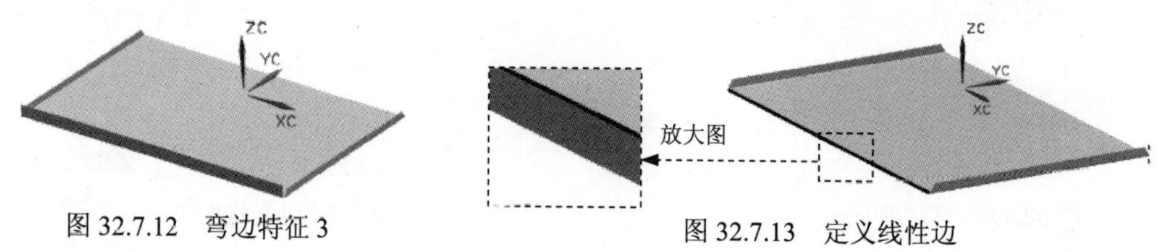

图 32.7.12 弯边特征 3

图 32.7.13 定义线性边

Step6. 创建图 32.7.14 所示的拉伸特征 1。选择下拉菜单 插入(S) → 剪切(T) ▸ → 拉伸(E)... 命令；选取图 32.7.14 所示的平面为草图平面，绘制图 32.7.15 所示的截面草图；在 指定矢量 下拉列表中选择 ZC 选项；在 开始 下拉列表中选择 值 选项，并在其下的 距离 文本框中输入值 0，在 结束 下拉列表中选择 值 选项，并在其下的 距离 文本框中输入值 10，在 布尔 区域中选择 无 选项，单击 < 确定 > 按钮，完成拉伸特征 1 的创建。

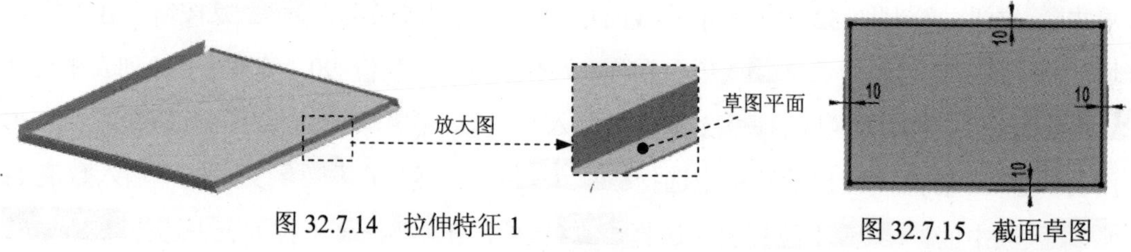

图 32.7.14 拉伸特征 1

图 32.7.15 截面草图

Step7. 创建图 32.7.16 所示的拉伸特征 2。选择下拉菜单 插入(S) → 剪切(T) ▸ → 拉伸(E)... 命令；选取图 32.7.14 所示的平面为草图平面，绘制图 32.7.17 所示的截面草图；在 指定矢量 下拉列表中选择 -ZC 选项；在 开始 下拉列表中选择 值 选项，并在其下的 距离 文本框中输入值 0，在 结束 下拉列表中选择 值 选项，并在其下的 距离 文本框中输入值 15，在 布尔 区域中选择 求和 选项，选取 Step6 所做的拉伸特征 1 为求和对象。单击 < 确定 > 按钮，完成拉伸特征 2 的创建。

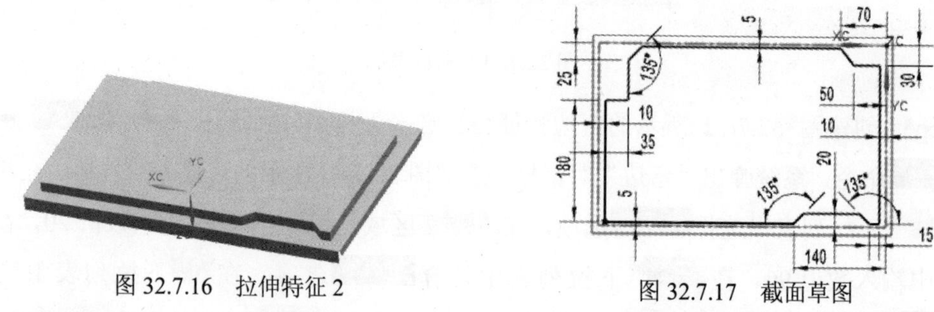

图 32.7.16 拉伸特征 2

图 32.7.17 截面草图

Step8. 创建图 32.7.18 所示的拉伸特征 3。选择下拉菜单 插入(S) → 剪切(T) ▸ → 拉伸(E)... 命令；选取图 32.7.18 所示的平面为草图平面，绘制图 32.7.19 所示的截面草图；在 指定矢量 下拉列表中选择 -ZC 选项；在 开始 下拉列表中选择 值 选项，并在其下的 距离 文本框中输入值 0，在 结束 下拉列表中选择 值 选项，并在其下的 距离 文本框中输入值 10，在 布尔

区域中选择 求和 选项，选取 Step6 所做的拉伸特征 1 为求和对象。单击 < 确定 > 按钮，完成拉伸特征 3 的创建。

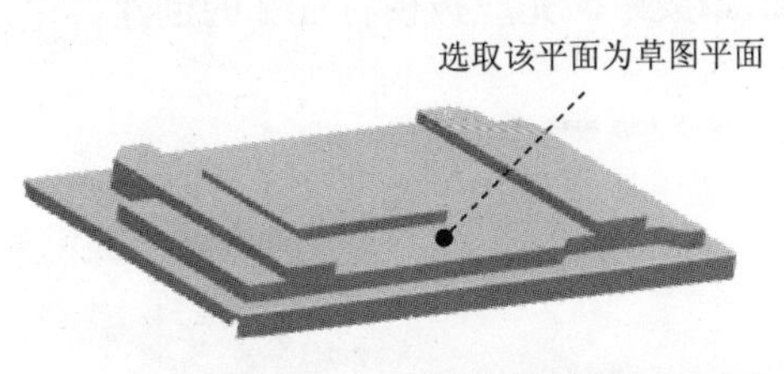

图 32.7.18　拉伸特征 3

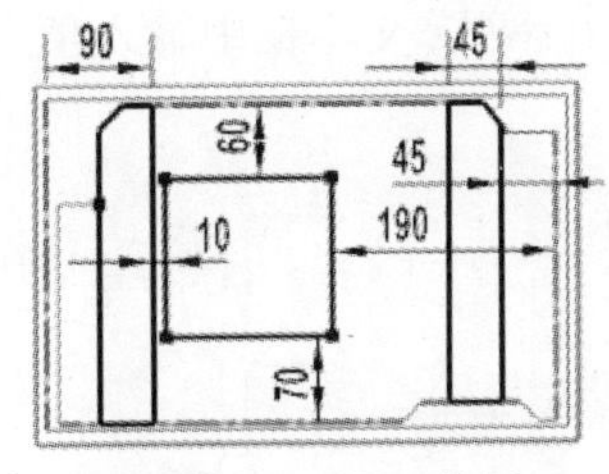

图 32.7.19　截面草图

Step9. 创建图 32.7.20 所示的拉伸特征 4。选择下拉菜单 插入(S) → 剪切(T) → 拉伸(E)... 命令；选取图 32.7.20 所示的平面为草图平面，绘制图 32.7.21 所示的截面草图；在 指定矢量 下拉列表中选择 ZC↑ 选项；在 开始 下拉列表中选择 值 选项，并在其下的 距离 文本框中输入值 0，在 结束 下拉列表中选择 值 选项，并在其下的 距离 文本框中输入值 8，在 布尔 区域中选择 求差 选项，采用系统默认的求差对象。单击 < 确定 > 按钮，完成拉伸特征 4 的创建。

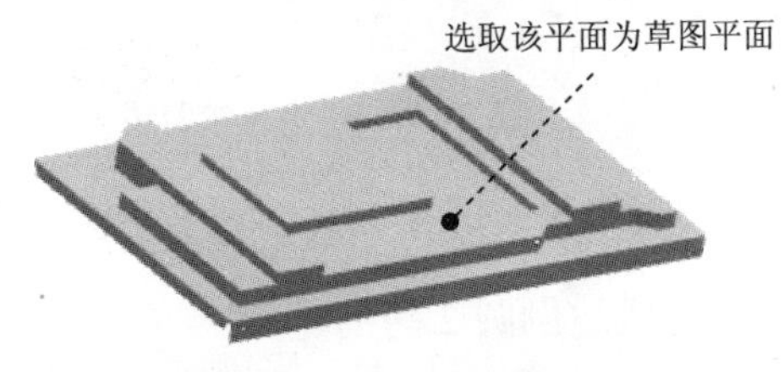

图 32.7.20　拉伸特征 4

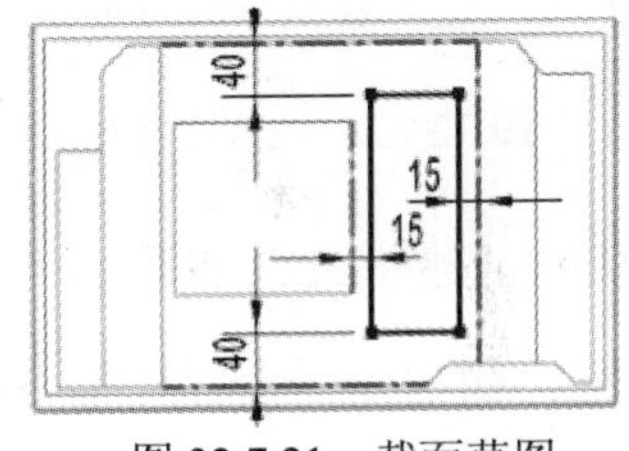

图 32.7.21　截面草图

Step10. 创建图 32.7.22 所示的拔模特征 1。切换到“建模”环境。选择下拉菜单 插入(S) → 细节特征(L) → 拔模(T)... 命令，在 脱模方向 区域中“指定矢量”的下来列表框中选取 -ZC 选项，在 固定面 选择图 32.7.22 所示的面为拔模固定平面，在 要拔模的面 区域选择图 32.7.23 所示的面为要拔模的面，在并在 角度 1 文本框中输入值 20。单击 < 确定 > 按钮，完成拔模特征 1 的创建。

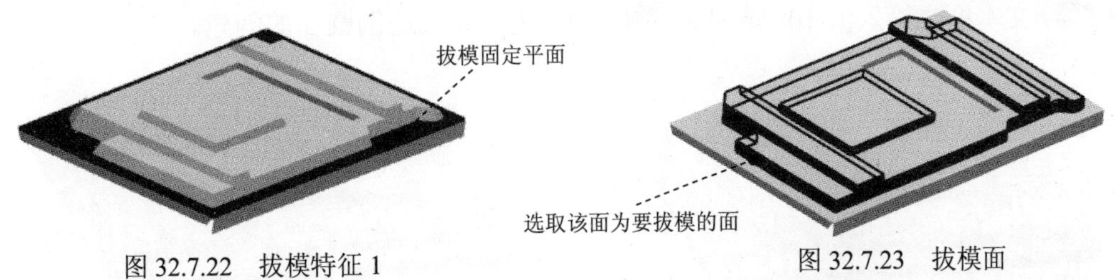

图 32.7.22　拔模特征 1　　图 32.7.23　拔模面

Step11. 创建图 32.7.24 所示的拔模特征 2。选择下拉菜单 插入(S) → 细节特征(L) ▸

→ 拔模(T)命令，在脱模方向区域中“指定矢量”的下来列表中选取-ZC选项，在固定面选择图 32.7.24 所示的面为拔模固定平面，在要拔模的面区域选择图 32.7.25 所示的面为要拔模的面，并在角度 1文本框中输入值 20。单击< 确定 >按钮，完成拔模特征 2 的创建。

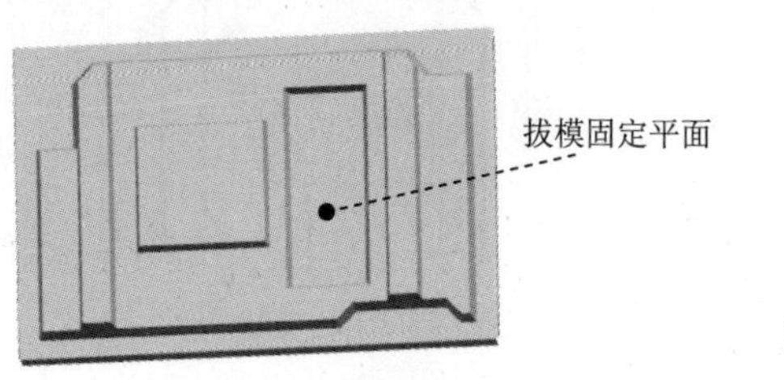

图 32.7.24　拔模特征 2

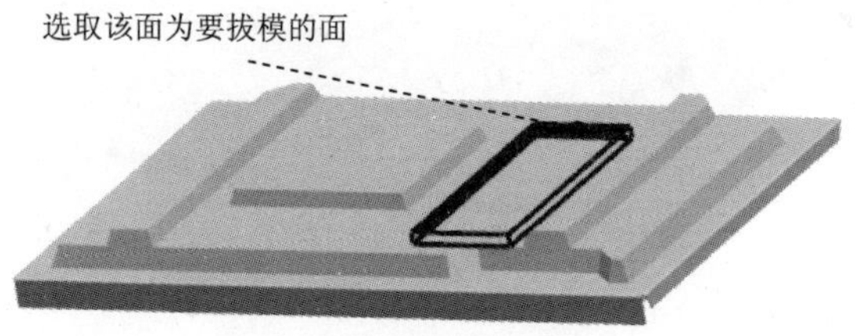

图 32.7.25　拔模面

Step12. 创建图 32.7.26 所示的边倒圆特征 1。选择下拉菜单插入(S) → 细节特征(L) → 边倒圆(E)...命令，在要倒圆的边区域中单击按钮，选择图 32.7.27 所示的边链为边倒圆参照，并在半径 1文本框中输入值 10。单击< 确定 >按钮，完成边倒圆 1 的创建。

图 32.7.26 边倒圆特征 1

图 32.7.27　定义参照边

Step13. 创建图 32.7.28 所示的边倒圆特征 2。选择图 32.7.29 所示的边链为边倒圆参照，并在半径 1文本框中输入值 8。单击< 确定 >按钮，完成边倒圆 2 的创建。

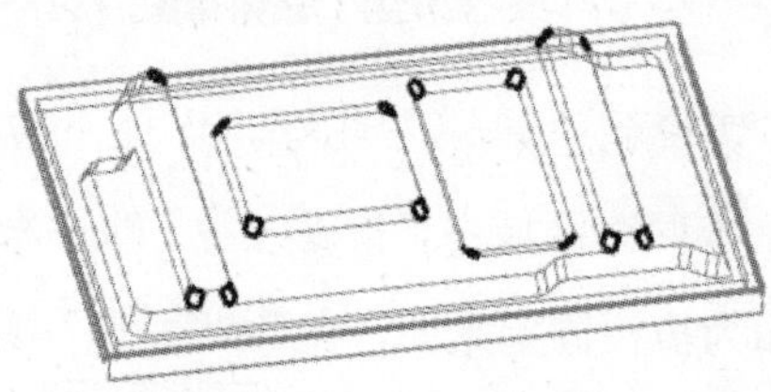
图 32.7.28　边倒圆特征 2

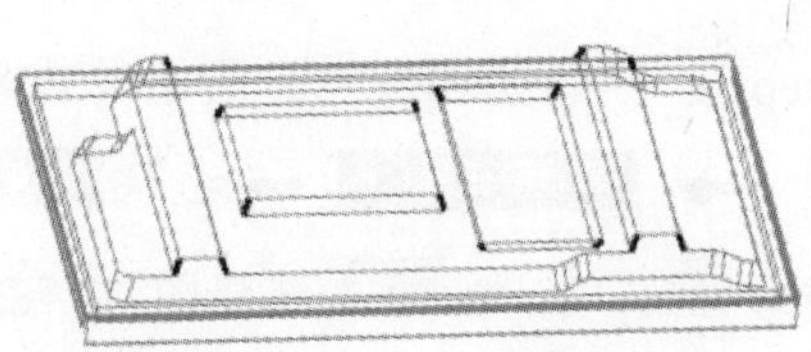
图 32.7.29　定义参照边

Step14. 创建图 32.7.30 所示的边倒圆特征 3。选择图 32.7.31 所示的边链为边倒圆参照，并在半径 1文本框中输入值 10。单击< 确定 >按钮，完成边倒圆 3 的创建。

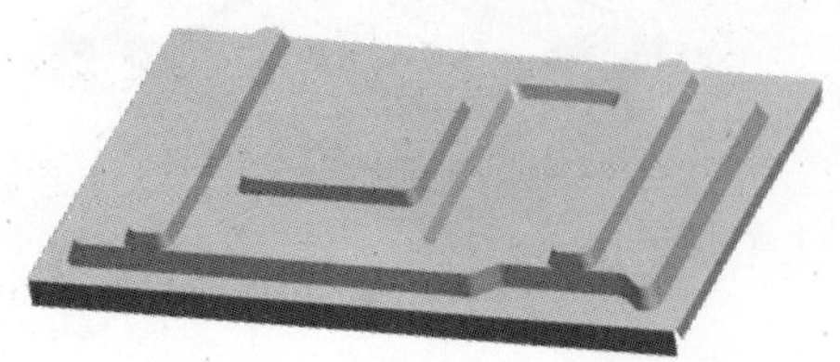
图 32.7.30 边倒圆特征 3

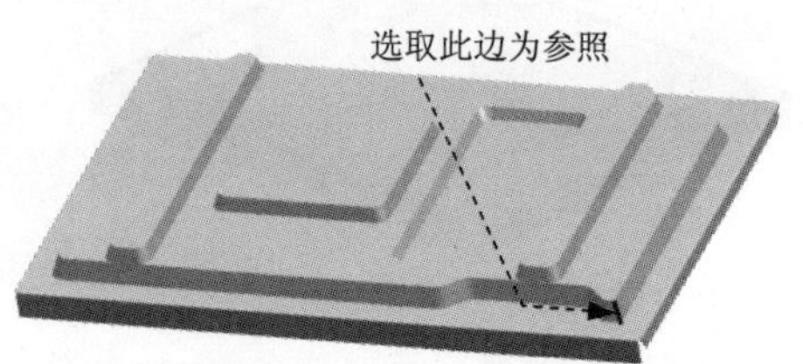

图 32.7.31　定义参照边

Step15. 创建图 32.7.32 所示的边倒圆特征 4。选择图 32.7.33 所示的边链为边倒圆参照，并在半径 1文本框中输入值 5。单击< 确定 >按钮，完成边倒圆 4 的创建。

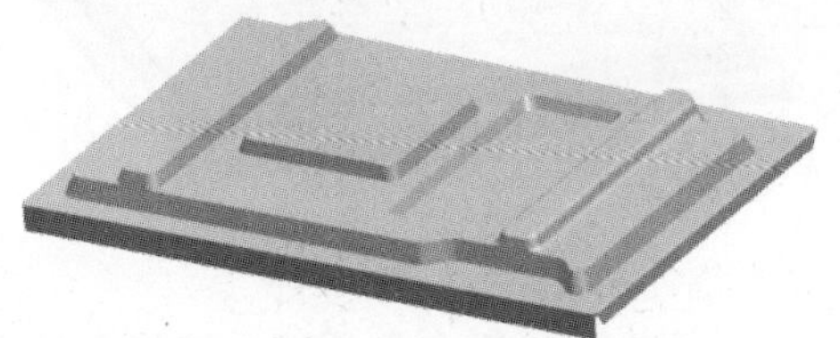

图 32.7.32　边倒圆特征 4

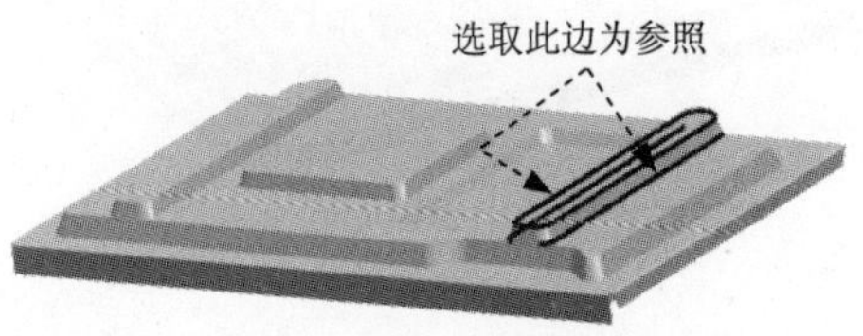

图 32.7.33　定义参照边

Step16. 创建图 32.7.34 所示的边倒圆特征 5。选择图 32.7.35 所示的边链为边倒圆参照，并在半径 1文本框中输入值 5。单击< 确定 >按钮，完成边倒圆 5 的创建。

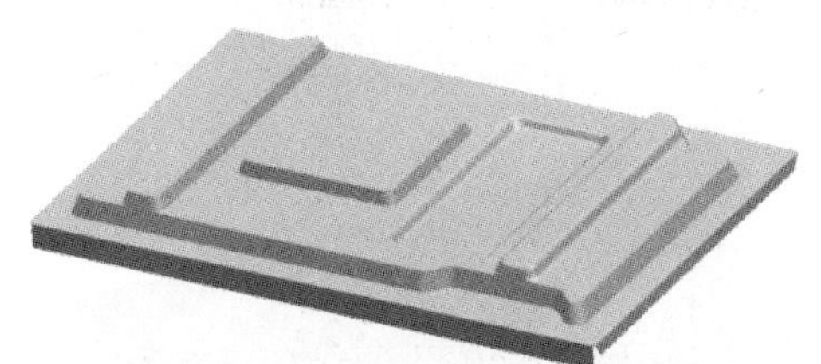

图 32.7.34 边倒圆特征 5

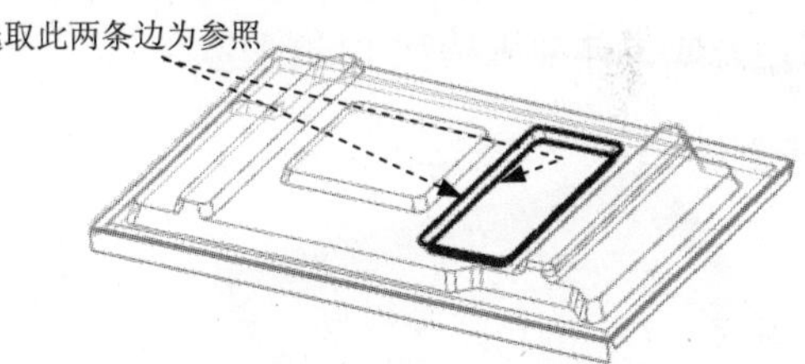

图 32.7.35　定义参照边

Step17. 创建图 32.7.36 所示的边倒圆特征 6。选择图 32.7.37 所示的边链为边倒圆参照，并在半径 1文本框中输入值 5。单击< 确定 >按钮，完成边倒圆 6 的创建。

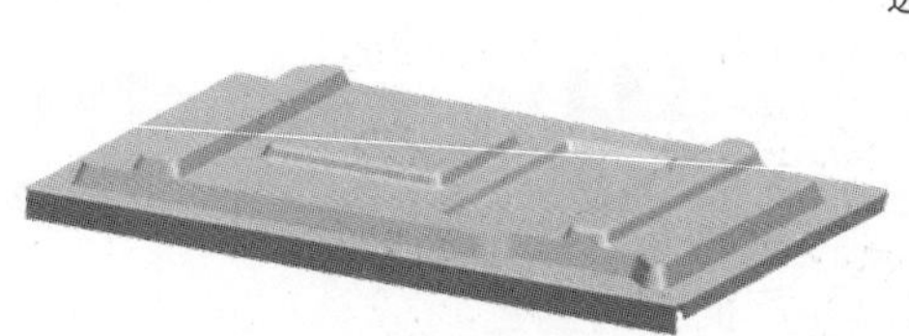

图 32.7.36　边倒圆特征 6

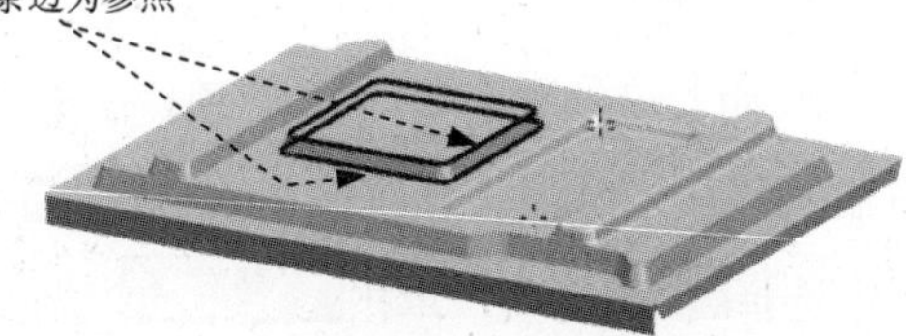

图 32.7.37　定义参照边

Step18. 创建图 32.7.38 所示的边倒圆特征 7。选择图 32.7.39 所示的边链为边倒圆参照，并在半径 1文本框中输入值 5。单击< 确定 >按钮，完成边倒圆 7 的创建。

图 32.7.38　边倒圆特征 7

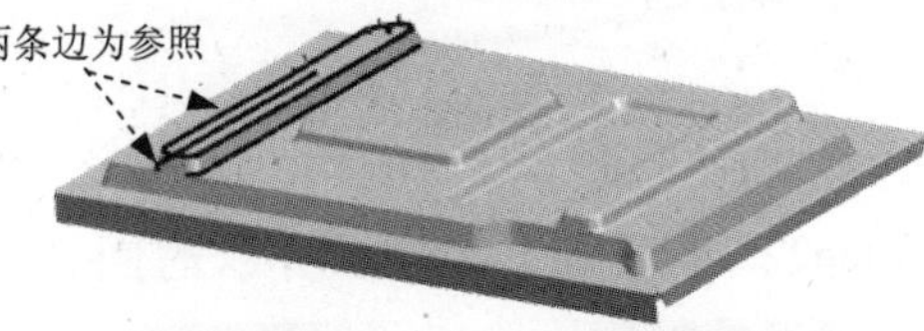

图 32.7.39　定义参照边

Step19. 创建图 32.7.40 所示的边倒圆特征 8。选择图 32.7.41 所示的边链为边倒圆参照，并在半径 1文本框中输入值 5。单击< 确定 >按钮，完成边倒圆 8 的创建。

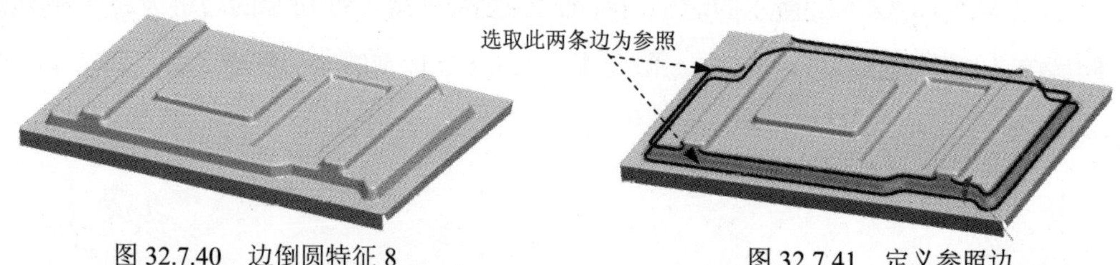

图 32.7.40 边倒圆特征 8　　　　图 32.7.41 定义参照边

Step20. 创建图 32.7.42 所示的实体冲压特征 1。切换到“钣金”环境。选择下拉菜单 插入(S) → 冲孔(H) → 实体冲压(S)... 命令，系统弹出“实体冲压”对话框。在类型下拉列表中选择 冲模 选项，选取图 32.7.42 所示的面为目标面。选取图 32.7.43 所示的实体为工具体。在实体冲压属性区域选中 ☑ 自动判断厚度 复选框。单击“实体冲压”对话框中的 < 确定 > 按钮，完成实体冲压特征 1 的创建。

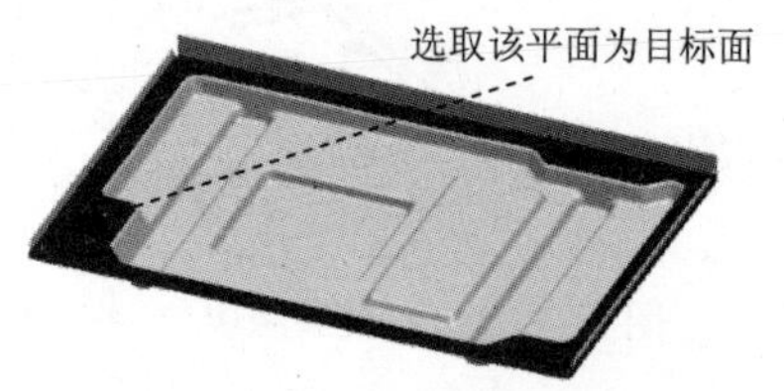

图 32.7.42 实体冲压特征 1

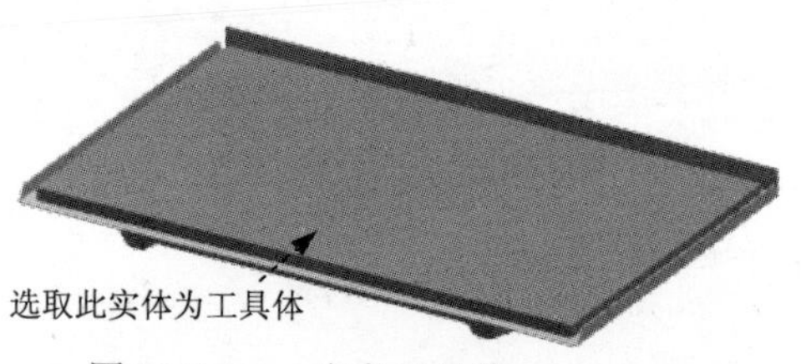

图 32.7.43 定义工具体

Step21. 创建图 32.7.44 所示的拉伸特征 5。选择下拉菜单 插入(S) → 剪切(T) → 拉伸(E)... 命令；选取图 32.7.44 所示的平面为草图平面，绘制图 32.7.45 所示的截面草图；在 指定矢量 下拉列表中选择 ZC↑ 选项；在开始下拉列表中选择 值 选项，并在其下的距离文本框中输入值 0，在结束下拉列表中选择 值 选项，并在其下的距离文本框中输入值 10，在布尔区域中选择 无 选项，单击 < 确定 > 按钮，完成拉伸特征 5 的创建。

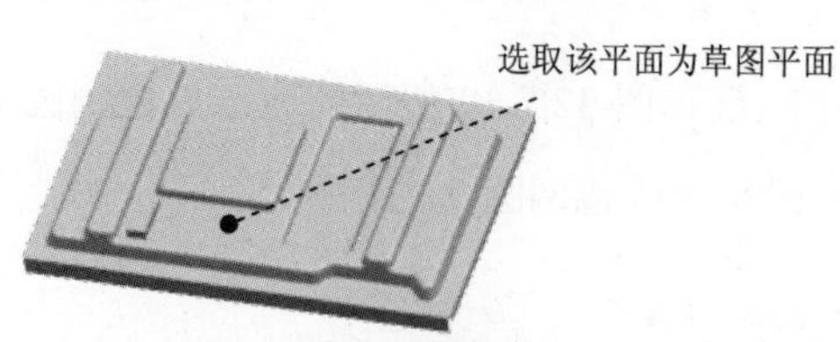

图 32.7.44 拉伸特征 5

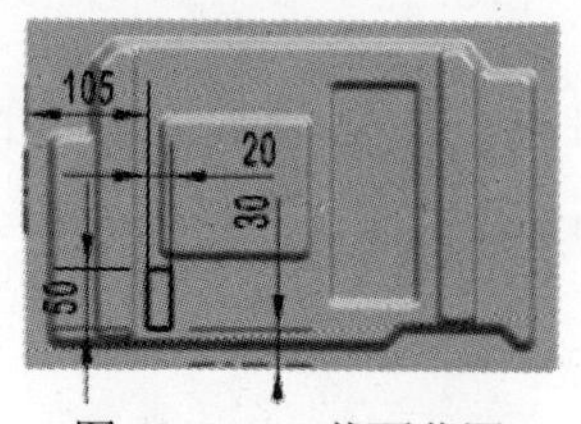

图 32.7.45 截面草图

Step22. 创建图 32.7.46 所示的回转特征 1。切换到“建模”环境。选择 插入(S) → 设计特征(E) → 回转(R)... 命令，单击截面区域中的按钮，在绘图区选取图 32.7.46 所示的面为草图平面，绘制图 32.7.47 所示的截面草图。在绘图区中选取图 32.7.47 所示的直线为旋转轴。在“回转”对话框的极限区域的开始下拉列表框中选择 值 选项，并在角度文本框中输入值 0，在结束下拉列表框中选择值选项，并在角度文本框中输入值 90；在布尔区域中选择求和选项，采用系统默认的求对象。单击< 确定 >按钮，完成回转特征 1 的创建。

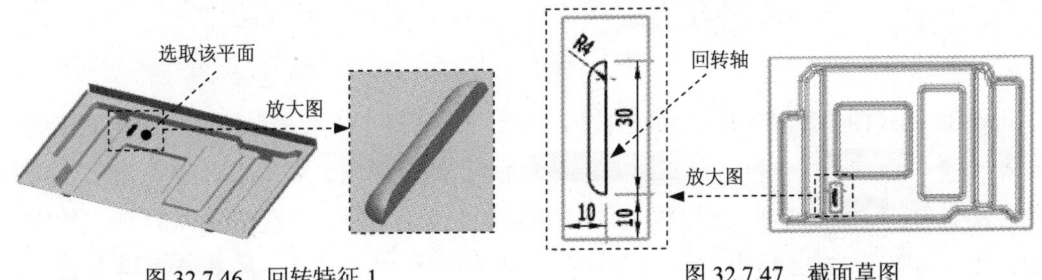

图 32.7.46 回转特征 1　　图 32.7.47 截面草图

Step23. 创建图 32.7.48 所示的边倒圆特征 9。选择图 32.7.48 所示的边链为边倒圆参照，并在半径 1文本框中输入值 2.5。单击< 确定 >按钮，完成边倒圆 9 的创建。

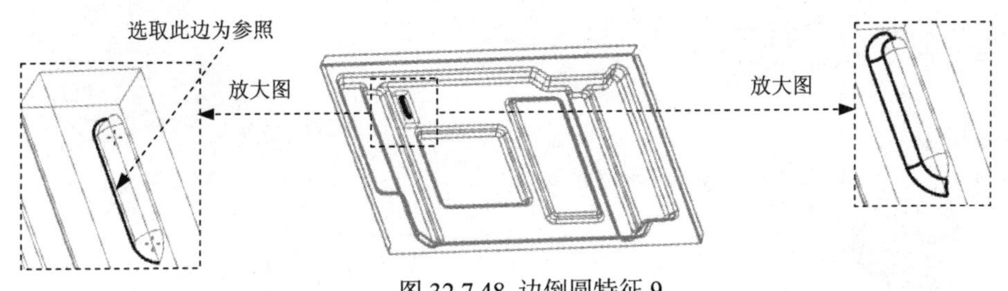

图 32.7.48 边倒圆特征 9

Step24. 创建图 32.7.49 所示的基准平面 1。选择下拉菜单插入(S) → 基准/点(D) → 基准平面(D)...命令，系统弹出“基准平面”对话框。在类型区域的下拉列表框中选择按某一距离选项，在绘图区选取图 32.7.50 所示的平面为参照平面，输入偏移值 150。方向为 YC 轴的正方向。单击< 确定 >按钮，完成基准平面 1 的创建。

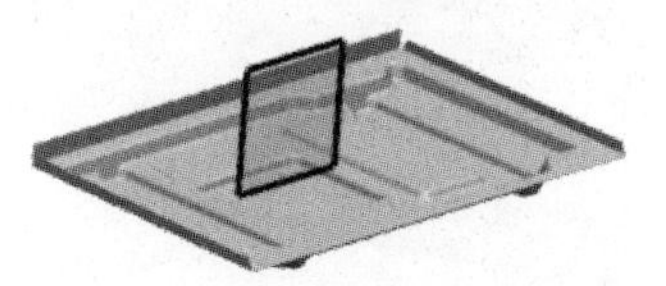

图 32.7.49 基准平面 1

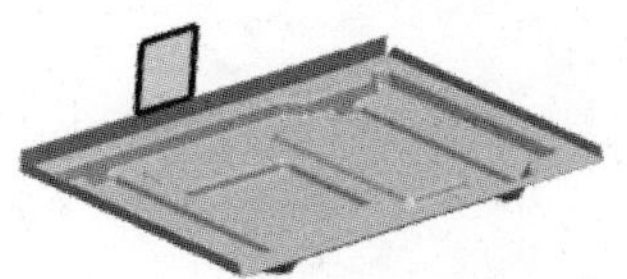

图 32.7.50 参照平面

Step25. 创建图 32.7.51 所示的零件特征──镜像 1。选择下拉菜单插入(S) → 关联复制(A) → 镜像体(B)命令，在绘图区中选取图 32.7.51 所示的实体为要镜像的特征。在镜像平面区域中单击按钮，在绘图区中选取基准平面 1 作为镜像平面。单击< 确定 >按钮，完成镜像特征 1 的创建。

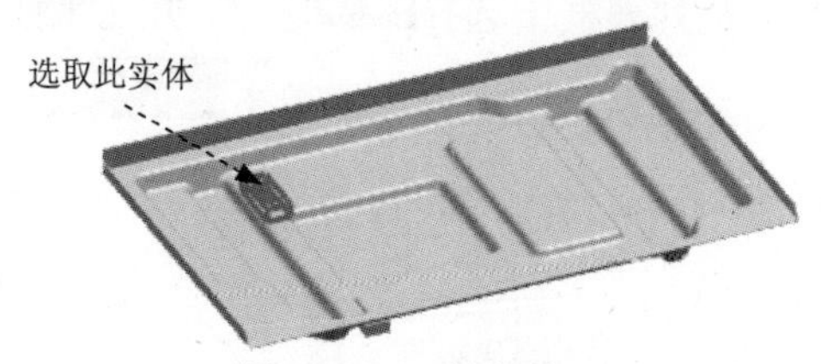

图 32.7.51 镜像特征 1

Step26. 创建图 32.7.52 所示的实体冲压特征 2。切换到“钣金”环境。选择下拉菜单 插入(S) ➡ 冲孔(H) ➡ 实体冲压(S)... 命令，系统弹出“实体冲压”对话框。在类型下拉列表中选择冲模选项，选取图 32.7.52 所示的面为目标面。选取图 32.7.53 所示的实体为工具体。选取图 32.7.54 所示的面为冲裁面。在实体冲压属性区域选中☑ 自动判断厚度复选框。单击“实体冲压”对话框中的< 确定 >按钮，完成实体冲压特征 2 的创建。

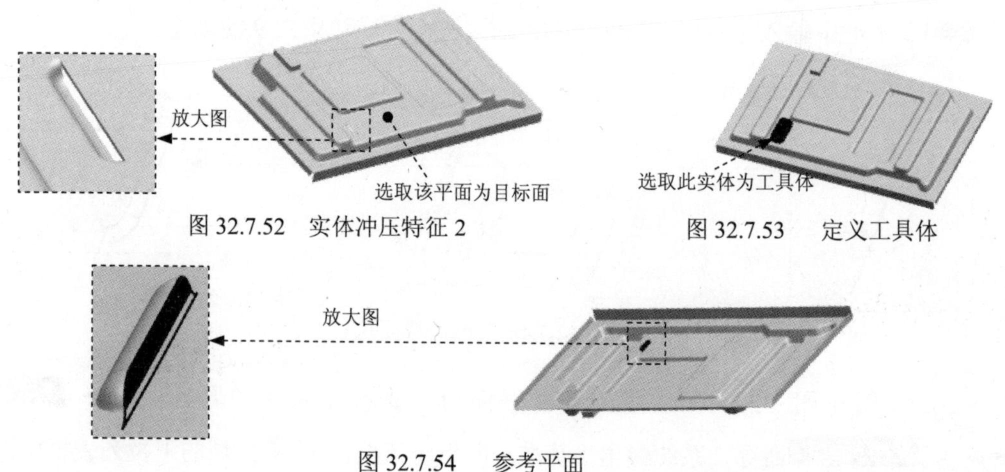

图 32.7.52 实体冲压特征 2

图 32.7.53 定义工具体

图 32.7.54 参考平面

Step27. 创建图 32.7.55 所示的实体冲压特征 3。详细操作过程参照 Step26。

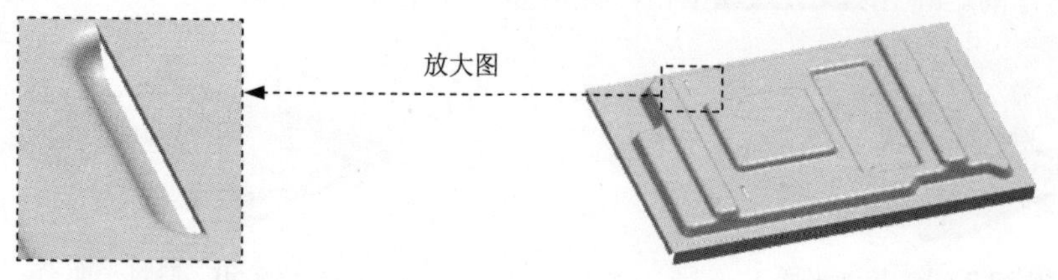

图 32.7.55 实体冲压特征 3

Step28. 创建图 32.7.56 所示的阵列特征 1。选择下拉菜单 插入(S) ➡ 关联复制(A) ➡ 实例特征(I) 命令，系统弹出“实例”对话框。在“实例”对话框中选择 矩形阵列 按钮，在系统弹出的“实例”对话框中选择图 32.7.52 所示的实体冲压特征 2，单击< 确定 >按钮，在系统弹出的“输入参数”对话框中的X 向的数量的文本框输入值 10，在XC 偏置的文本框输入值-12，在Y 向的数量的文本框输入值 1，在YC 偏置的文本框输入值 0，单击< 确定 >按钮，完成阵列特征 1 的创建。

Step29. 创建图 32.7.57 所示的阵列特征 2。选择下拉菜单插入(S) ➡ 关联复制(A) ➡ 实例特征(I)命令，系统弹出“实例”对话框。在“实例”对话框中选择矩形阵列按钮，在系统弹出的“实例”对话框中选择图 32.7.55 所示的实体冲压特征 3，单击< 确定 >按钮，在系统弹出的“输入参数”对话框中的X 向的数量的文本框输入值 10，在XC 偏置的文本框输入值-12，在Y 向的数量的文本框输入值 1，在YC 偏置的文本框输入值 0，单击< 确定 >按钮，完成阵列特征 2 的创建。

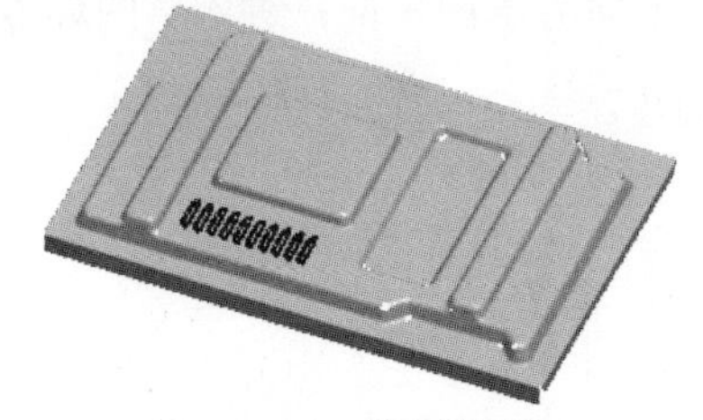

图 32.7.56　阵列特征 1

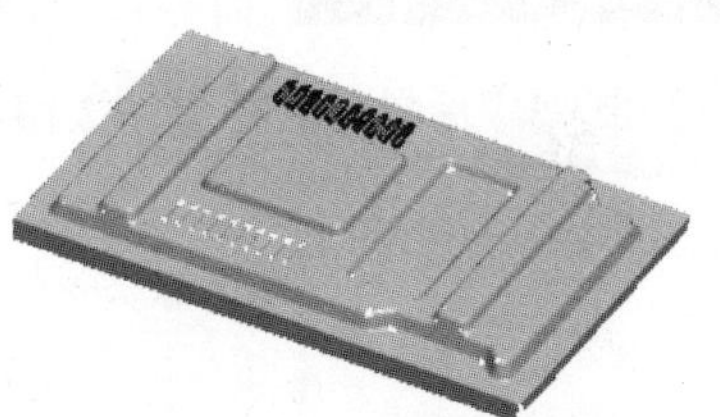

图 32.7.57　阵列特征 2

Step30. 创建图 32.7.58 所示的拉伸特征 6。选择下拉菜单插入(S) ➡ 剪切(T) ➡ 拉伸(E)...命令；选取图 32.7.58 所示的平面为草图平面，绘制图 32.7.59 所示的截面草图；在指定矢量下拉列表中选择ZC选项；在开始下拉列表中选择值选项，并在其下的距离文本框中输入值 0，在结束下拉列表中选择直至下一个选项，在布尔区域中选择求差选项，采用系统默认的求差对象。单击< 确定 >按钮，完成拉伸特征 6 的创建。

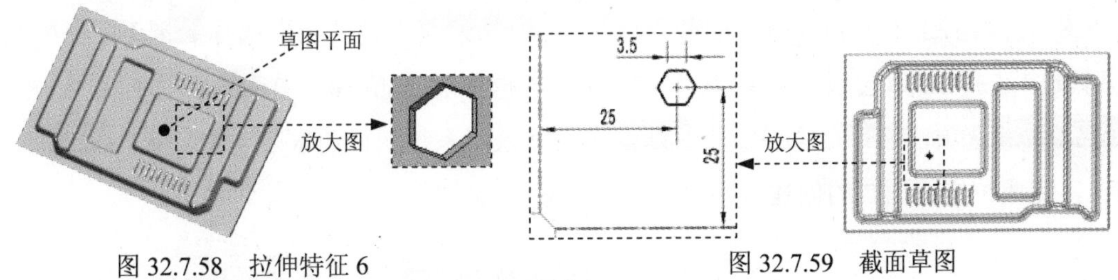

图 32.7.58　拉伸特征 6　　图 32.7.59　截面草图

Step31. 创建图 32.7.60 所示的阵列特征 3。切换到“建模”环境。选择下拉菜单插入(S) ➡ 关联复制(A) ➡ 阵列面(F)命令，系统弹出“阵列面”对话框。在类型的下拉列表框中选取矩形阵列选项。在“阵列面”对话框中面区域选择图 32.7.60 所示的面为参考，在X 向区域中的指定矢量下拉列表中选择YC选项，在Y 向区域中的指定矢量下拉列表中选择-XC选项，在阵列属性区域中的X 距离的文本框输入值 10，在Y 距离的文本框输入值 10，在X 数量的文本框输入值 6，在Y 数量的文本框输入值 7，单击< 确定 >按钮，完成阵列特征 3 的创建。

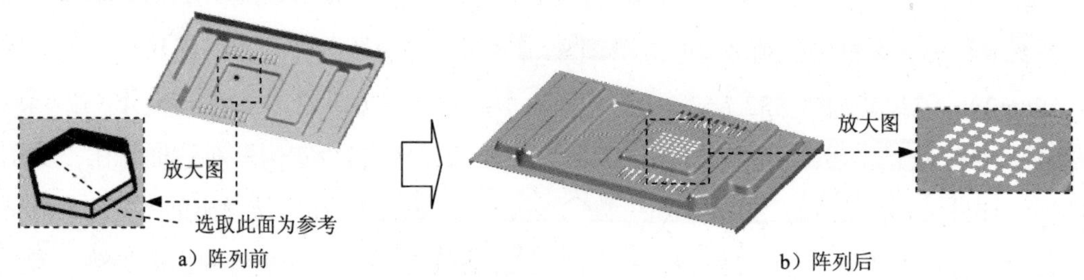

图 32.7.60 阵列特征 3

Step32. 创建图 32.7.61 所示的草图 1。选择下拉菜单 插入(S) → 任务环境中的草图(S)... 命令；选取图 32.7.61 所示的平面为草图平面；进入草图环境绘制草图。绘制完成后单击 完成草图 按钮，完成草图 1 的创建。

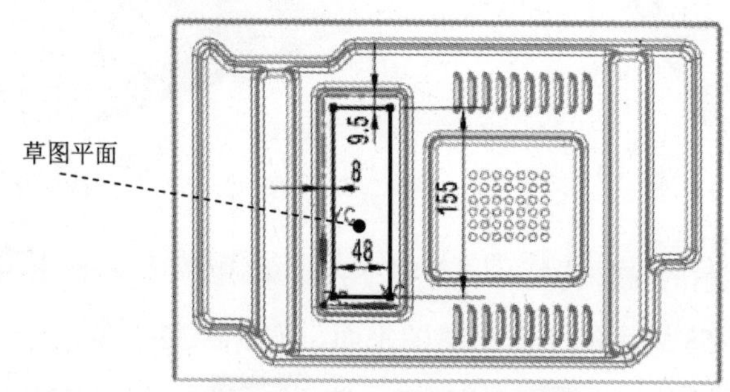

图 32.7.61 草图 1

Step33. 创建图 32.7.62 所示的零件基础特征——拉伸 7。选择下拉菜单 插入(S) → 设计特征(E) → 拉伸(E)... 命令，系统弹出“拉伸”对话框。选取图 32.7.62 所示的平面为草图平面，绘制图 32.7.63 所示的截面草图；在 指定矢量 下拉列表中选择 ZC 选项；在 开始 下拉列表中选择 值 选项，并在其下的 距离 文本框中输入值 0，在 结束 下拉列表中选择 直至下一个 选项，在 布尔 区域中选择 求差 选项，采用系统默认的求差对象。单击 < 确定 > 按钮，完成拉伸特征 7 的创建。

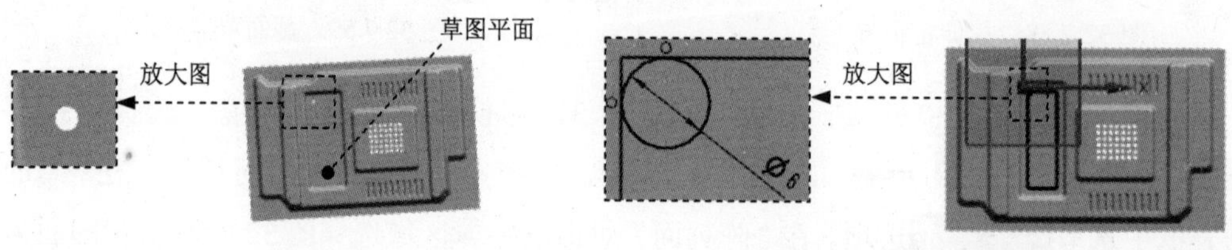

图 32.7.62 拉伸特征 7

图 32.7.63 截面草图

Step34. 创建图 32.7.64 所示的阵列特征 4。选择下拉菜单 插入(S) → 关联复制(A) → 对特征形成图样(A)... 命令，在绘图区选取图 32.7.62 所示的拉伸特征 7 为要形成图样的特征。在“对特征形成图样”对话框中阵列定义区域的布局下拉列表中选择线性选项。在边界下拉列表中选择曲线选项。在简化边界填充打上对勾（☑ 简化边界填充），选取 Step32 所做的曲线，在留边距离的文本框中输入值 0，在简化布局下拉列表中选择菱形选项在节距文本框中输入值 10。对话框中的其他参数设置保持系统默认；单击< 确定 >按钮，完成阵列特征 4 的创建。

图 32.7.64　阵列特征 4

Step35. 创建图 32.7.65 所示的拉伸特征 8。选择下拉菜单插入(S) ➡ 设计特征(E) ➡ 拉伸(E)... 命令；选取图 32.7.66 所示的平面为草图平面，绘制图 32.7.66 所示的截面草图；在指定矢量下拉列表中选择 YC 选项；在开始下拉列表中选择值选项，并在其下的距离文本框中输入值 0，在结束下拉列表中选择直至下一个选项，在布尔区域中选择求差选项，采用系统默认的求差对象。单击< 确定 >按钮，完成拉伸特征 8 的创建。

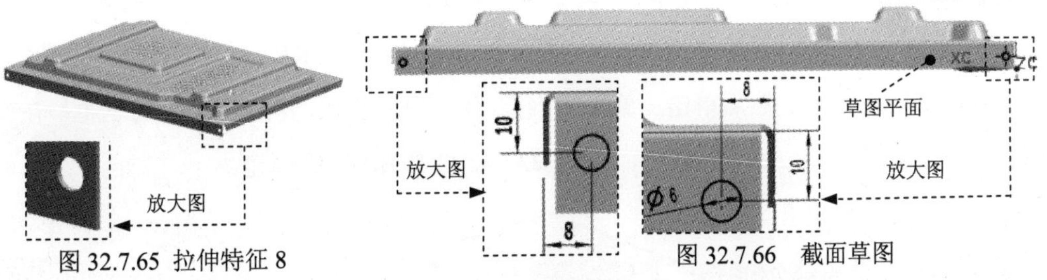

图 32.7.65 拉伸特征 8　　图 32.7.66　截面草图

Step36. 保存钣金件模型。选择下拉菜单文件(F) ➡ 保存(S)命令，即可保存钣金件模型。

32.8　微波炉外壳后盖的细节设计

下面讲解图 32.8.1 所示的微波炉外壳后盖的细节设计。

Step1. 创建 BACK_COVER 层。

(1) 在“装配导航器”窗口中的☑ DOWN_COVER 选项上右击，系统弹出快捷菜单（二），在此快捷菜单中选择显示父项 ▸ ➡ MICROWAVE_COVEN_CASE_SKEL 选项，并设为工作部件。

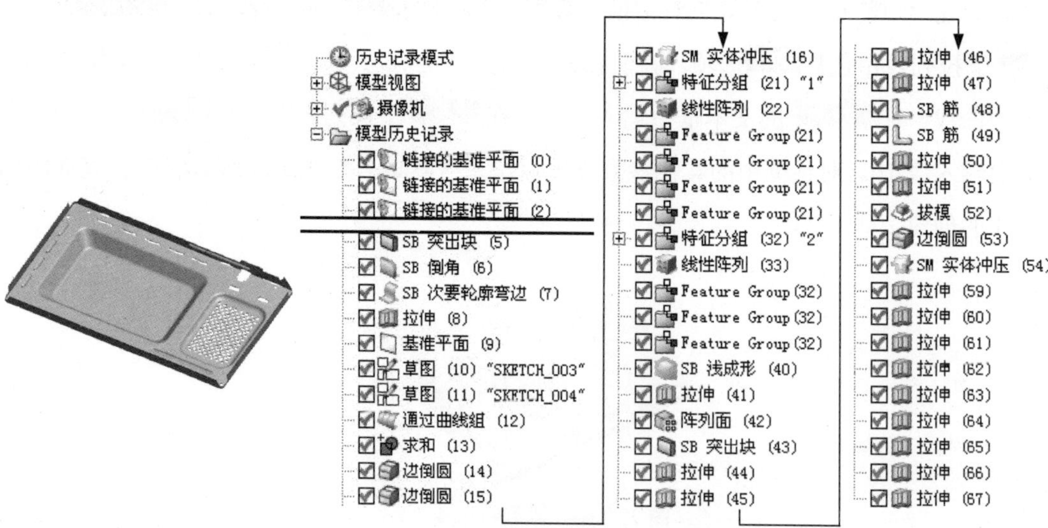

图 32.8.1　微波炉外壳后盖模型及模型树

（2）在“装配导航器”窗口中的 MICROWAVE_COVEN_CASE_SKEL 选项上右击，系统弹出快捷菜单（二），在此快捷菜单中选择 WAVE ⟶ 新建级别 命令，系统弹出“新建级别”对话框。单击“新建级别”对话框中的 指定部件名 按钮，在弹出的“选择部件名”对话框的 文件名(N): 文本框中输入文件名 BACK_COVER，单击 OK 按钮，系统再次弹出“新建级别”对话框。单击“新建级别”对话框中的 类选择 按钮，系统弹出“WAVE 组件间的复制”对话框，选取 MICROWAVE_COVEN_CASE_SKEL 层中的 5 个基准平面为参照，如图 32.8.2 所示。然后单击 确定 按钮，系统重新弹出“新建级别”对话框。在“新建级别”对话框中单击 确定 按钮，完成 BACK_COVER 层的创建。

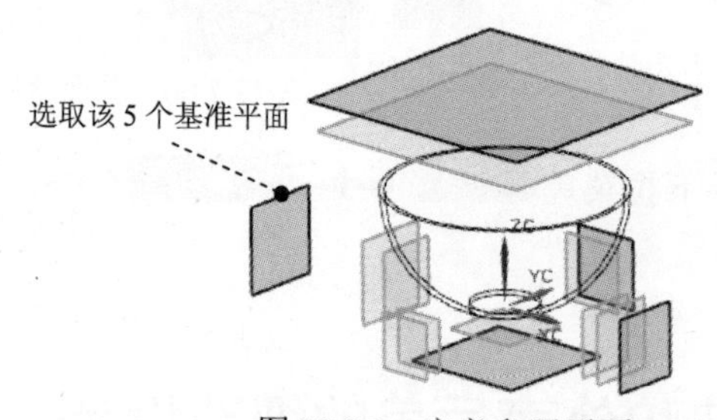

图 32.8.2　定义参照平面

（3）在“装配导航器”窗口中的 BACK_COVER 选项上右击，系统弹出快捷菜单（三），在此快捷菜单中选择 设为显示部件 命令，对模型进行编辑。

Step2. 创建图 32.8.3 所示的突出块特征 1。选择下拉菜单 开始 ⟶ NX 钣金(H)... 命令，进入“NX 钣金”环境。选择下拉菜单 插入(S) ⟶ 突出块(B)... 命令，系统弹出“突出块”对话框；选取图 32.8.4 所示的平面为草图平面，绘制图 32.8.5 所示的截面草图。绘制完成后单击完成草图按钮。在厚度区域厚度的文本框输入值 1。方向为 YC 轴的正方向。单击< 确定 >按钮，完成突出块特征 1 的创建。

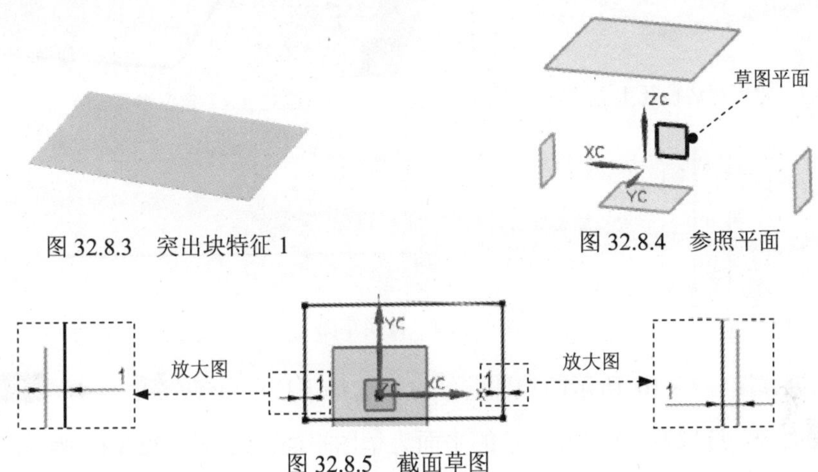

图 32.8.3　突出块特征 1

图 32.8.4　参照平面

图 32.8.5　截面草图

Step3. 创建图 32.8.6 所示的钣金倒角特征 1。选择下拉菜单插入(S) → 拐角(O)... → 倒角(B)...命令，系统弹出“倒角”对话框。在“倒角”对话框倒角属性区域的方法下拉列表中选择圆角。选取图 32.8.6 所示的四条边线，在半径文本框中输入 8。单击“倒角”对话框的< 确定 >按钮，完成钣金倒角特征 1 的创建。

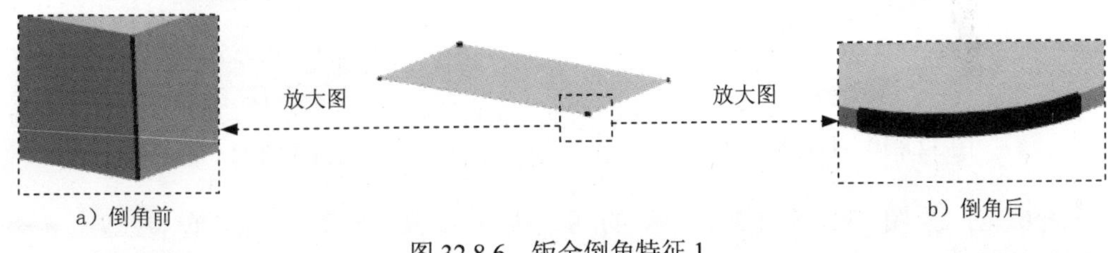

a）倒角前　b）倒角后

图 32.8.6　钣金倒角特征 1

Step4. 创建图 32.8.7 所示的轮廓弯边特征 1。选择下拉菜单插入(S) → 折弯(N) → 轮廓弯边(C)...命令。在“轮廓弯边”对话框类型区域的下拉列表中选择次要选项。单击按钮，选取图 32.8.8 所示的模型边线为路径，绘制图 32.8.9 所示的截面草图。绘制完成后单击完成草图按钮。在宽度选项下拉列表中选择链选项；选取图 32.8.8 所示的边线为参照，在折弯参数区域中单击折弯半径文本框右侧的按钮，在弹出的菜单中选择使用本地值选项，然后在折弯半径文本框中输入数值 0.5；在止裂口区域的折弯止裂口下拉列表中选择无选项，在拐角止裂口下拉列表中选择无选项。单击< 确定 >按钮，完成轮廓弯边特征 1 的创建。

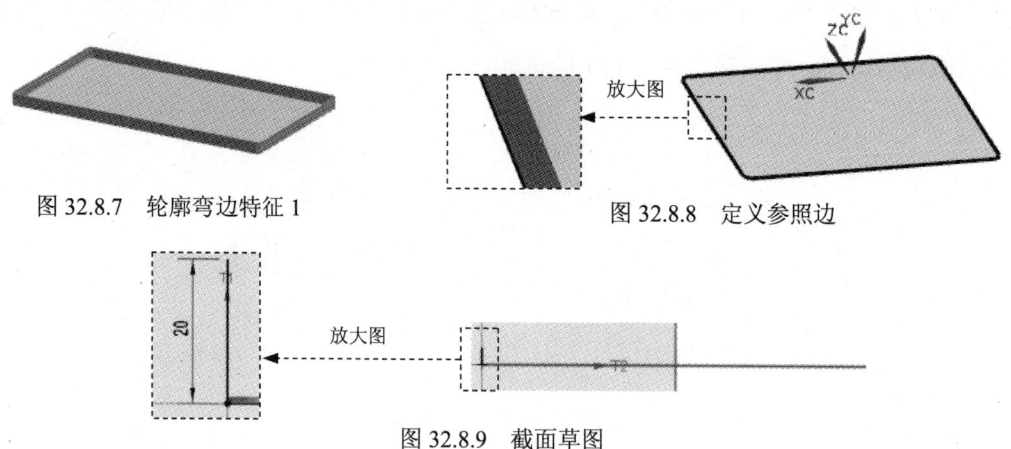

图 32.8.7　轮廓弯边特征 1

图 32.8.8　定义参照边

图 32.8.9　截面草图

Step5. 创建图 32.8.10 所示的拉伸特征 1。选择下拉菜单 插入(S) → 剪切(T) ▸ → 拉伸(E)... 命令；选取图 32.8.10 所示的平面为草图平面，绘制图 32.8.11 所示的截面草图；在 指定矢量 下拉列表中选择 YC 选项；在 开始 下拉列表中选择 值 选项，并在其下的 距离 文本框中输入值 0，在 结束 下拉列表中选择 值 选项，并在其下的 距离 文本框中输入值 20，在 布尔 区域中选择 无 选项。单击 < 确定 > 按钮，完成拉伸特征 1 的创建。

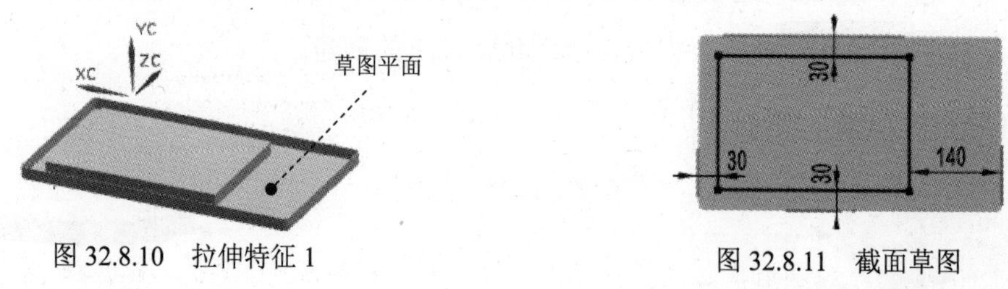

图 32.8.10　拉伸特征 1　　图 32.8.11　截面草图

Step6. 创建图 32.8.12 所示的草图 1。选择下拉菜单 插入(S) → 任务环境中的草图(S)... 命令；选取图 32.8.12 所示的平面为草图平面；进入草图环境绘制草图。绘制完成后单击 完成草图 按钮，完成草图 1 的创建。

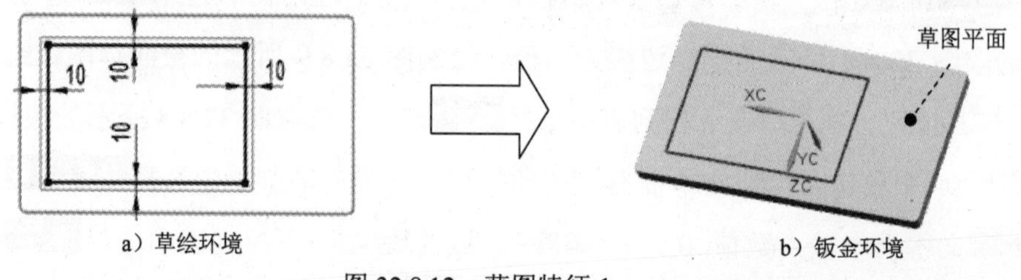

图 32.8.12　草图特征 1

Step7. 创建图 32.8.13 所示的基准平面 1。选择下拉菜单 插入(S) → 基准/点(D) → 基准平面(D)... 命令，系统弹出“基准平面”对话框。在 类型 区域的下拉列表框中选择按某一距离选项，在绘图区选取图 32.8.14 所示的基准平面为参照，输入偏移值 25。方向为 -YC 方向。单击< 确定 >按钮，完成基准平面 1 的创建。

图 32.8.13　基准平面 1

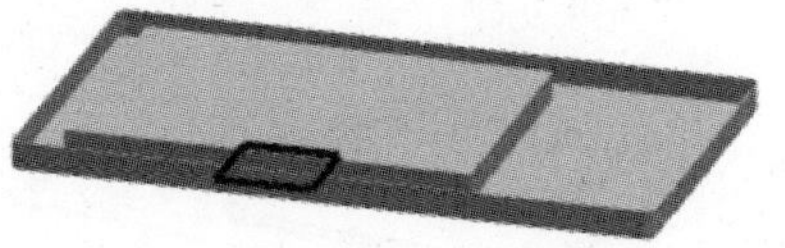

图 32.8.14　参照平面

Step8. 创建图 32.8.15 所示的草图 2。选择下拉菜单插入(S) → 任务环境中的草图(S)...命令；选取基准平面 1 为草图平面；进入草图环境绘制草图。绘制完成后单击完成草图按钮，完成草图 1 的创建。

Step9. 创建图 32.8.16 所示的零件特征——网格曲面 1。切换到“建模”环境。选择下拉菜单插入(S) → 网格曲面(M) → 通过曲线组(T)命令；依次选取图 32.8.12 所示的草图特征 1，单击中键确认；选取图 32.8.15 所示的草图特征 2，单击中键确认。其他为系统默认，单击< 确定 >按钮，完成网格曲面 1 的创建。

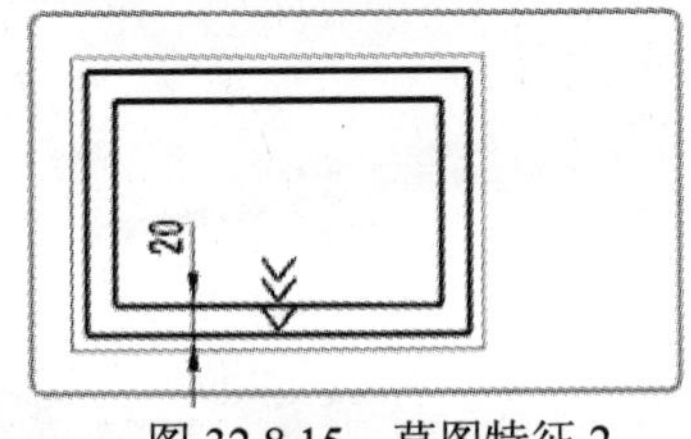

图 32.8.15　草图特征 2

图 32.8.16　网格曲面 1

Step10. 创建求和特征。选择下拉菜单插入(S) → 组合(B) → 求和(U)...命令，选取图 32.8.9 所示的拉伸特征 1 特征为目标体，选取图 32.8.16 所示的网格曲面特征 1 为刀具体。单击< 确定 >按钮，完成求和特征的创建。

Step11. 创建图 32.8.17 所示的边倒圆特征 1。选择下拉菜单插入(S) → 细节特征(L) → 边倒圆(E)...命令，在要倒圆的边区域中单击按钮，选择图 32.8.18 所示的边链为边倒圆参照，并在半径 1文本框中输入值 25。单击< 确定 >按钮，完成边倒圆特征 1 的创建。

图 32.8.17　边倒圆特征 1

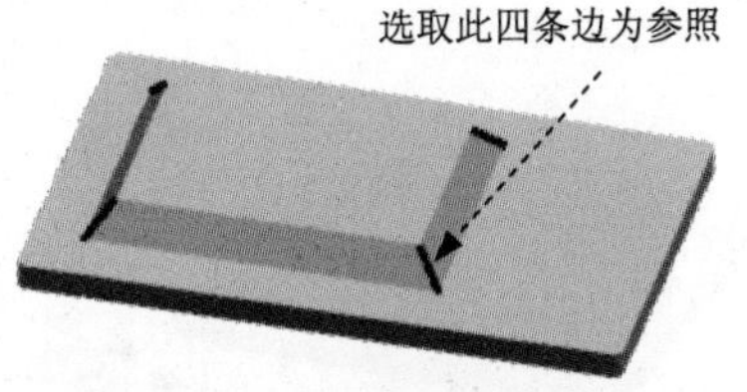

图 32.8.18　定义参照边

Step12. 创建图 32.8.19 所示的边倒圆特征 2。选择图 32.8.20 所示的边链为边倒圆参照，并在半径 1文本框中输入值 8。单击< 确定 >按钮，完成边倒圆 2 的创建。

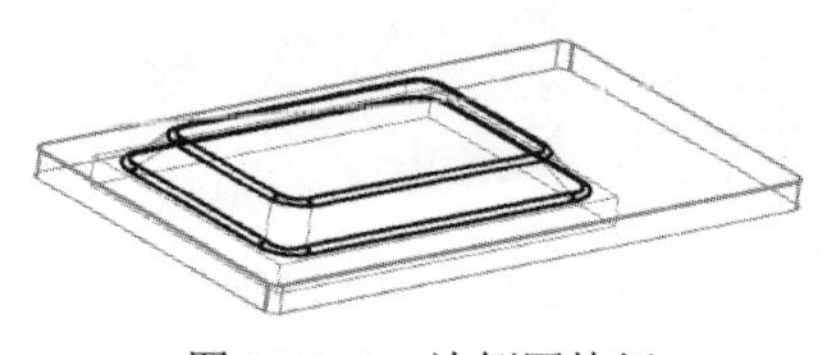
图 32.8.19 边倒圆特征 2

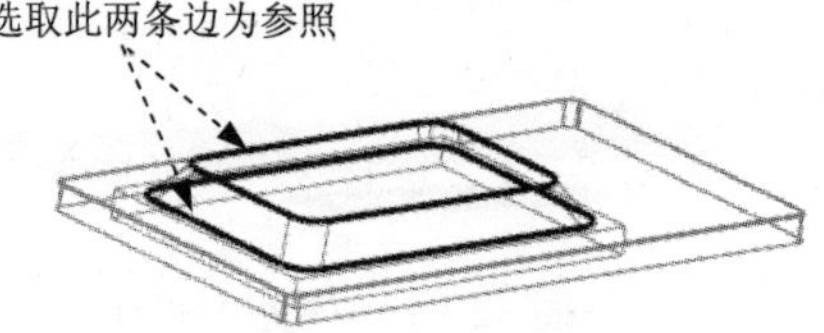

图 32.8.20 定义参照边

Step13. 创建图 32.8.21 所示的实体冲压特征 1。切换到“钣金”环境。选择下拉菜单 插入(S) → 冲孔(H) → 实体冲压(S)... 命令，系统弹出“实体冲压”对话框。在类型下拉列表中选择冲模选项，选取图 32.8.21 所示的面为目标面。选取图 32.8.22 所示的特征为工具体。在实体冲压属性区域选中☑ 自动判断厚度复选框。单击“实体冲压”对话框中的< 确定 >按钮，完成实体冲压特征 1 的创建。

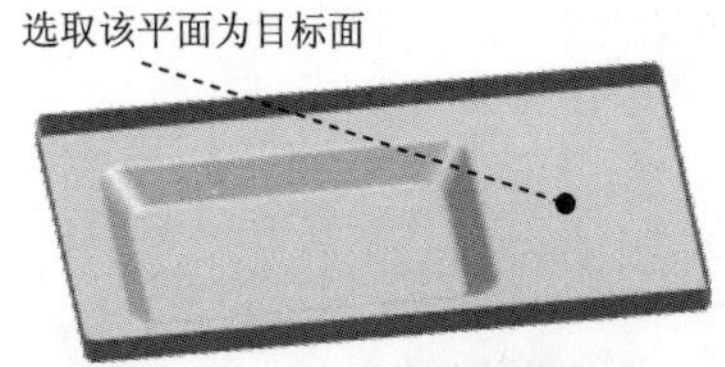

图 32.8.21 实体冲压特征 1

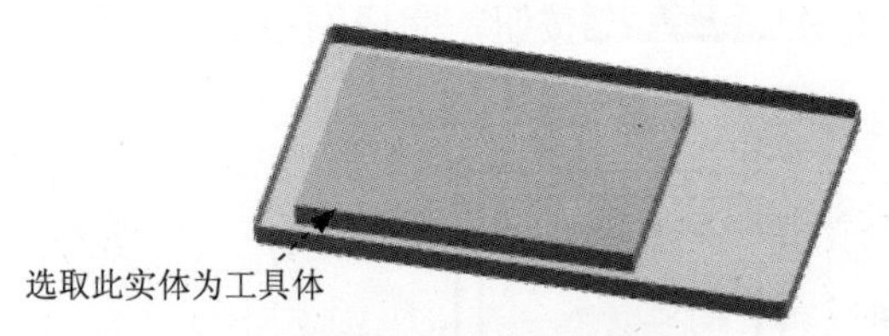

图 32.8.22 定义工具体

Step14. 创建图 32.8.23 所示的百叶窗特征 1。选择下拉菜单 插入(S) → 冲孔(H) → 百叶窗(L)... 命令，系统弹出 “百叶窗”对话框。单击按钮，选取图 32.8.23 所示的模型表面为草图平面，取消选中设置区域的☐ 创建中间基准 CSYS 复选框，单击 确定 按钮，进入草图环境，绘制图 32.8.24 所示的截面草图。在百叶窗属性区域的深度文本框中输入数值 4，在宽度文本框中输入 5，单击宽度下的“反向”按钮，接受百叶窗的深度方向和宽度方向，在百叶窗形状下拉列表中选择成形的选项；在倒圆区域选中☑ 圆形百叶窗边复选框，在凹模半径文本框中输入数值 1。单击< 确定 >按钮，完成百叶窗特征 1 的创建。

说明：若方向相反可双击箭头调整。

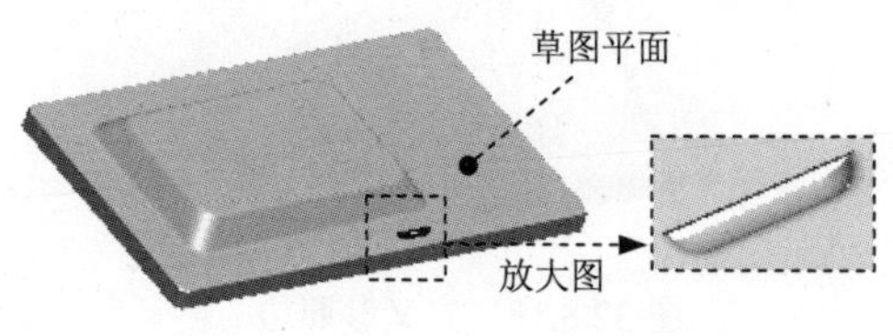

图 32.8.23 百叶窗特征 1

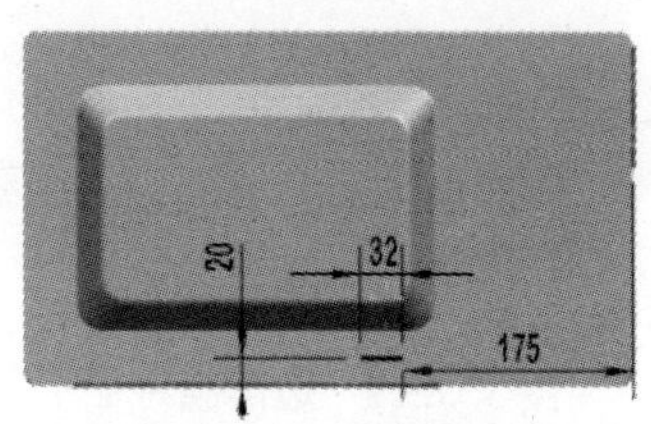

图 32.8.24 截面草图

Step15. 创建特征分组 1。在“部件导航器”窗口中的 SB 百叶窗 (20) 选项上右击，系统弹出快捷菜单，在此快捷菜单中选择 特征分组(F) 命令，在 特征分组(F) 对话框 特征组名称 的文本框中输入 1。单击 < 确定 > 按钮，完成特征分组 1 的创建。

Step16. 创建图 32.8.25 所示的阵列特征 1。选择下拉菜单 插入(S) → 关联复制(A) → 实例特征(I) 命令，系统弹出的“实例”对话框。在“实例”对话框中选择 矩形阵列 按钮，在系统弹出的“实例”对话框中选择特征分组 1，单击 < 确定 > 按钮，在系统弹出的“输入参数”对话框 X 向的数量 的文本框中输入值 5，在 XC 偏置 的文本框输入值 50，在 Y 向的数量 的文本框中输入值 1，在 YC 偏置 的文本框中输入值 0，单击 < 确定 > 按钮，完成阵列特征 1 的创建。

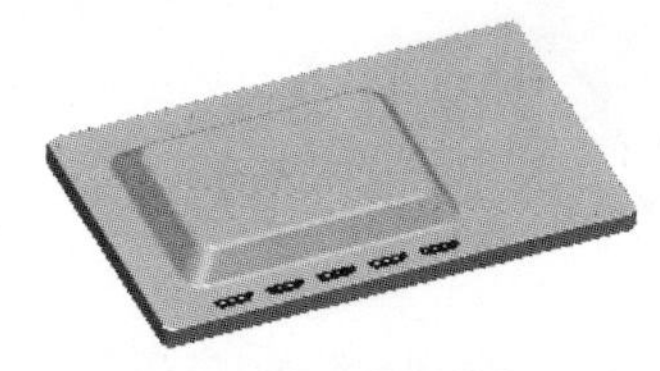

图 32.8.25　阵列特征 1

Step17. 创建图 32.8.26 所示的百叶窗特征 2。选择下拉菜单 插入(S) → 冲孔(H) → 百叶窗(L)... 命令，系统弹出“百叶窗”对话框。单击按钮，选取图 32.8.26 所示的模型表面为草图平面，取消选中 设置 区域的 □ 创建中间基准 CSYS 复选框，单击 确定 按钮，进入草图环境，绘制图 32.8.27 所示的截面草图。在 百叶窗属性 区域的 深度 文本框中输入数值 4，在 宽度 文本框中输入 5，单击 宽度 下的“反向”按钮，接受百叶窗的深度方向和宽度方向，在 百叶窗形状 下拉列表中选择 成形的 选项；在 倒圆 区域选中 ☑ 圆形百叶窗边 复选框，在 凹模半径 文本框中输入数值 1。单击 < 确定 > 按钮，完成百叶窗特征 2 的创建。

说明：若方向相反可双击箭头调整。

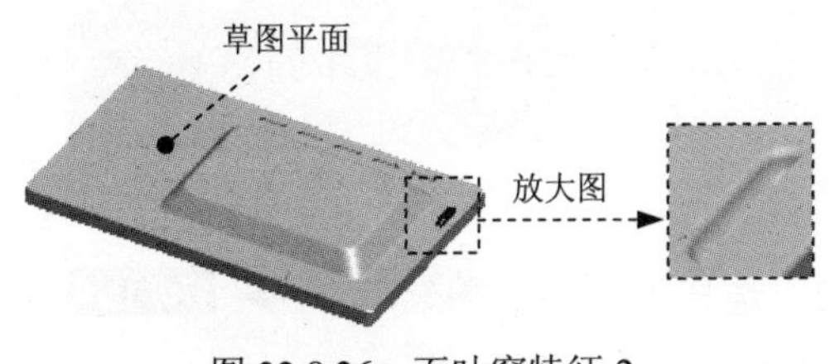

图 32.8.26　百叶窗特征 2

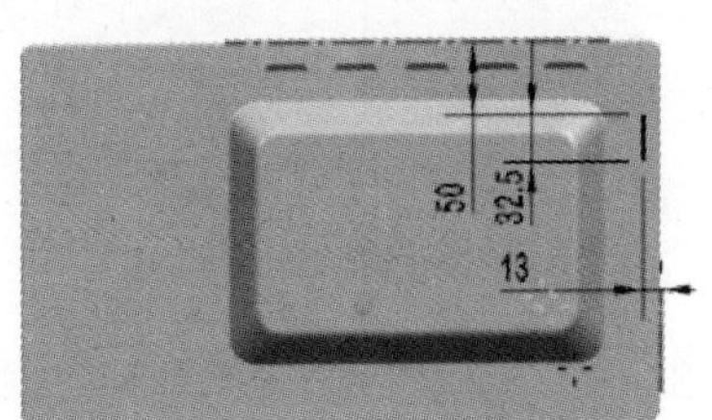

图 32.8.27　截面草图

Step18. 创建特征分组 2。在“部件导航器”窗口中的 SB 百叶窗 (31) 选项上右击，系统弹出快捷菜单，在此快捷菜单中选择 特征分组(F) 命令，在 特征分组(F) 对话框 特征组名称 的文本框中输入 2。单击< 确定 >按钮，完成特征分组 2 的创建。

Step19. 创建图 32.8.28 所示的阵列特征 2。选择下拉菜单插入(S) ➡ 关联复制(A)▸ ➡ 实例特征(I)命令，系统弹出“实例”对话框。在“实例”对话框中选择矩形阵列按钮，在系统弹出的“实例”对话框中选择图 32.8.26 所示的百叶窗特征 2，单击< 确定 >按钮，在系统弹出的“输入参数”对话框中的X 向的数量的文本框中输入值 1，在XC 偏置的文本框中输入值 0，在Y 向的数量的文本框中输入值 4，在YC 偏置的文本框中输入值-45，单击< 确定 >按钮，完成阵列特征 2 的创建。

说明：阵列前需调整 WCS，绕 XC 旋转 90°。

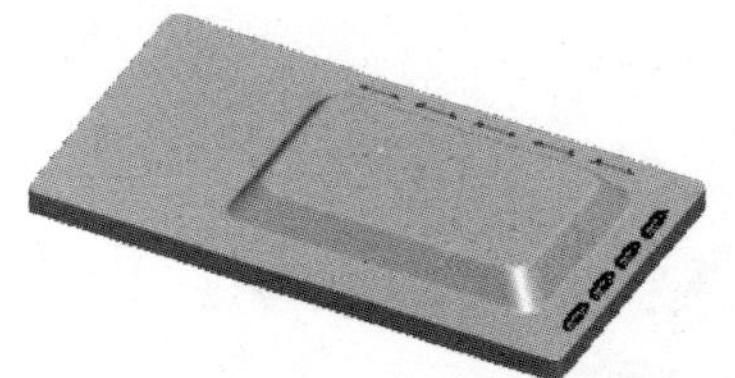

图 32.8.28 阵列特征 2

Step20. 创建图 32.8.29 所示的凹坑特征 1。选择下拉菜单插入(S) ➡ 冲孔(H)▸ ➡ 凹坑(M)...命令。单击按钮，系统弹出“创建草图”对话框，选取图 32.8.29 所示的面为草图平面，取消选中设置区域的□ 创建中间基准 CSYS复选框，单击确定按钮，绘制图 32.8.30 所示的凹坑截面草图。在凹坑属性区域的深度文本框中输入数值 20，单击“反向”按钮；在侧角文本框中输入数值 30；在参考深度下拉列表中选择外部选项；在侧壁下拉列表中选择材料外侧选项，在倒圆区域中选中☑ 圆形凹坑边复选框；在凸模半径文本框中输入数值 6；在凹模半径文本框中输入数值 6；单击< 确定 >按钮，完成凹坑特征 1 的创建。

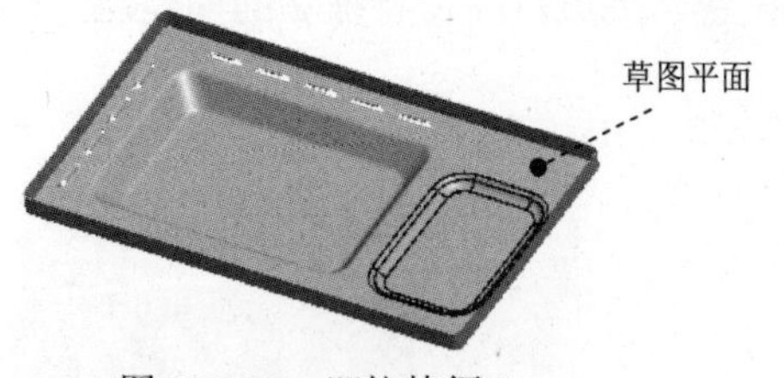

图 32.8.29 凹坑特征 1

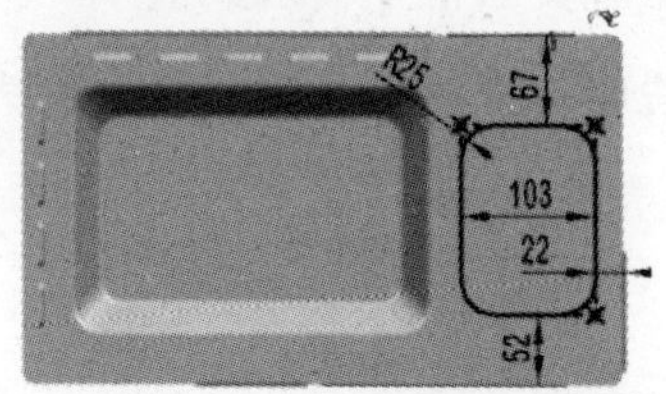

图 32.8.30 截面草图

Step21. 创建图 32.8.31 所示的拉伸特征 2。选择下拉菜单插入(S) ➡ 剪切(T)▸ ➡ 拉伸(E)...命令；选取图 32.8.31 所示的平面为草图平面，绘制图 32.8.32 所示的截面草图；在✔ 指定矢量下拉列表中选择ZC↑选项；在开始下拉列表中选择值选项，并在其下的距离文本框中输入值 0，在结束下拉列表中选择直至下一个选项，在布尔区域中选择求差选项，采用系统默认的求差对象。单击< 确定 >按钮，完成拉伸特征 2 的创建。

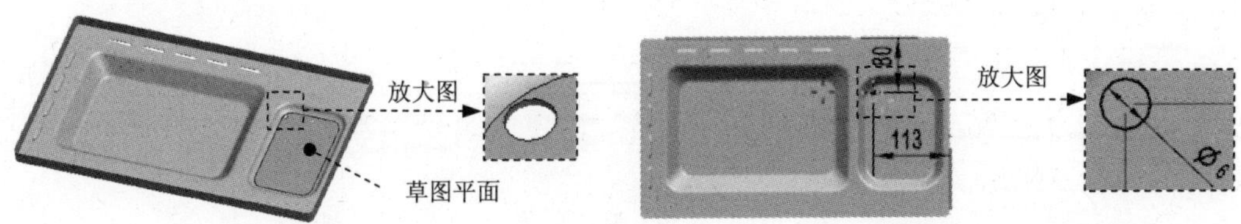

图 32.8.31　拉伸特征 2　　　　图 32.8.32　截面草图

Step22. 创建图 32.8.33 所示的阵列特征 3。切换到“建模”环境。选择下拉菜单 插入(S) → 关联复制(A) → 阵列面(F) 命令，系统弹出“阵列面”对话框。在“阵列面”对话框中类型区域的下来列表中选取矩形阵列选项，在面区域选择图 32.8.33 所示的平面为参考，在X 向区域中的指定矢量下拉列表中选择-XC选项，在Y 向区域中的指定矢量下拉列表中选择-YC选项，在阵列属性区域中的X 距离的文本框输入值 11，在Y 距离的文本框输入值 11，在X 数量的文本框输入值 8，在Y 数量的文本框输入值 11，单击< 确定 >按钮，完成阵列特征 3 的创建。

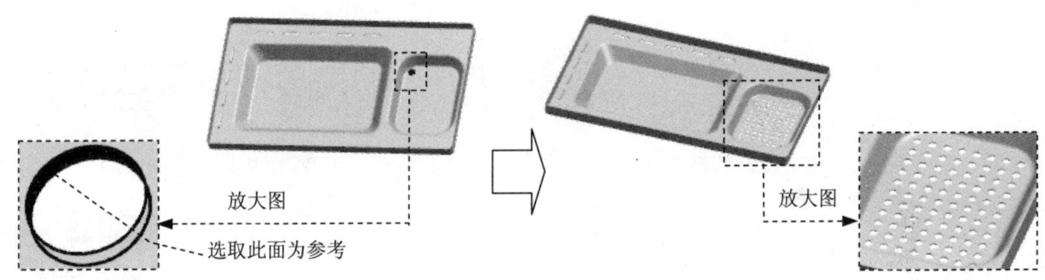

图 32.8.33　阵列特征 3

Step23. 创建图 32.8.34 所示的突出块特征 1。切换到“钣金”环境。选择下拉菜单 插入(S) → 突出块(B)... 命令，系统弹出“突出块”对话框；单击按钮，系统弹出“创建草图”对话框，选取图 32.8.35 所示的平面为草图平面，取消选中设置区域的☐ 创建中间基准 CSYS复选框，单击确定按钮，绘制图 32.8.36 所示的截面草图。绘制完成后单击完成草图按钮。单击< 确定 >按钮，完成突出块特征 1 的创建。

图 32.8.34　突出块特征 1　　　　图 32.8.35　参考平面

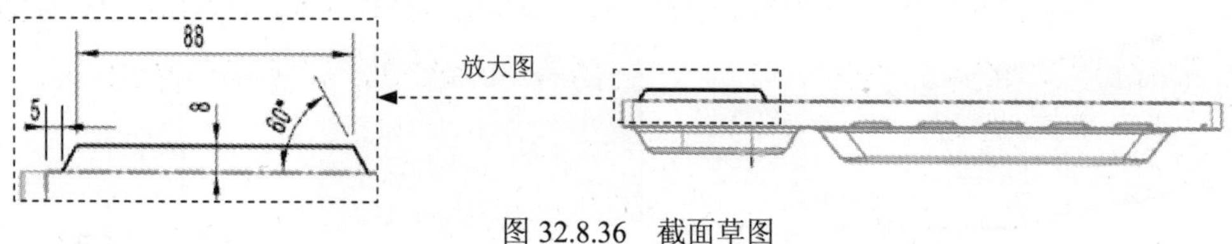

图 32.8.36 截面草图

Step24. 创建图 32.8.37 所示的拉伸特征 3。选择下拉菜单 插入(S) → 剪切(T) ▸ → 拉伸(E)... 命令；选取图 32.8.37 所示的平面为草图平面，绘制图 32.8.38 所示的截面草图；在 指定矢量 下拉列表中选择 -YC 选项；在 开始 下拉列表中选择 值 选项，并在其下的 距离 文本框中输入值 0，在 结束 下拉列表中选择 值 选项，并在其下的 距离 文本框中输入值 20，在 布尔 区域中选择 求差 选项，采用系统默认的求差对象。单击 < 确定 > 按钮，完成拉伸特征 3 的创建。

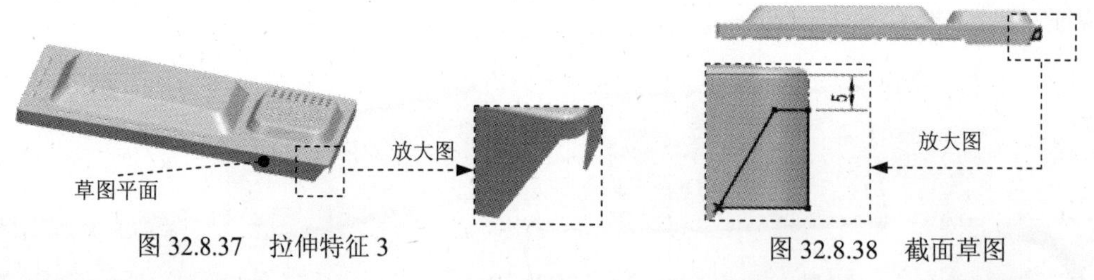

图 32.8.37 拉伸特征 3

图 32.8.38 截面草图

Step25. 创建图 32.8.39 所示的拉伸特征 4。选择下拉菜单 插入(S) → 剪切(T) ▸ → 拉伸(E)... 命令；选取图 32.8.39 所示的平面为草图平面，绘制图 32.8.40 所示的截面草图；在 指定矢量 下拉列表中选择 YC 选项；在 开始 下拉列表中选择 值 选项，并在其下的 距离 文本框中输入值 0，在 结束 下拉列表中选择 值 选项，并在其下的 距离 文本框中输入值 20，在 布尔 区域中选择 求差 选项，采用系统默认的求差对象。单击 < 确定 > 按钮，完成拉伸特征 4 的创建。

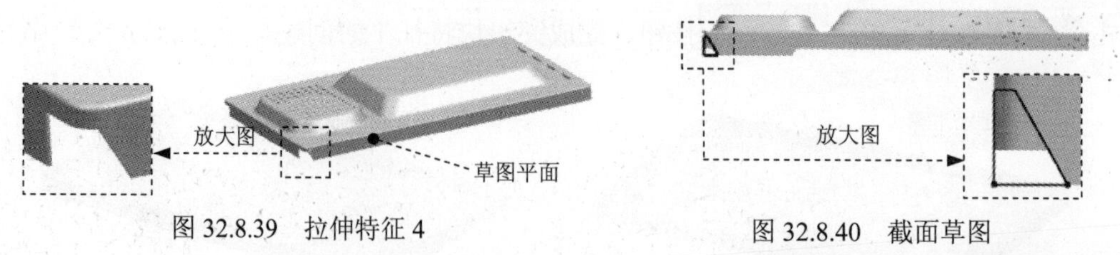

图 32.8.39 拉伸特征 4

图 32.8.40 截面草图

Step26. 创建图 32.8.41 所示的拉伸特征 5。选择下拉菜单 插入(S) → 剪切(T) ▸ → 拉伸(E)... 命令；选取图 32.8.41 所示的平面为草图平面，绘制图 32.8.42 所示的截面草图；在 指定矢量 下拉列表中选择 YC 选项；在 开始 下拉列表中选择 值 选项，并在其下的 距离 文本框中输入值 0，在

框中输入值 0，在结束下拉列表中选择 值选项，并在其下的距离文本框中输入值 20，在布尔区域中选择 求差选项，采用系统默认的求差对象。单击< 确定 >按钮，完成拉伸特征 5 的创建。

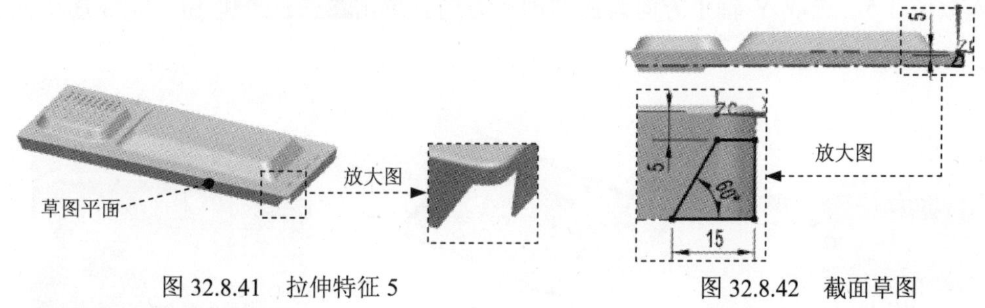

图 32.8.41　拉伸特征 5　　图 32.8.42　截面草图

Step27. 创建图 32.8.43 所示的拉伸特征 6。选择下拉菜单插入(S) → 剪切(T) → 拉伸(E)...命令；选取图 32.8.43 所示的平面为草图平面，绘制图 32.8.44 所示的截面草图；在指定矢量下拉列表中选择 -YC 选项；在开始下拉列表中选择 值选项，并在其下的距离文本框中输入值 0，在结束下拉列表中选择 值选项，并在其下的距离文本框中输入值 20，在布尔区域中选择 求差选项，采用系统默认的求差对象。单击< 确定 >按钮，完成拉伸特征 6 的创建。

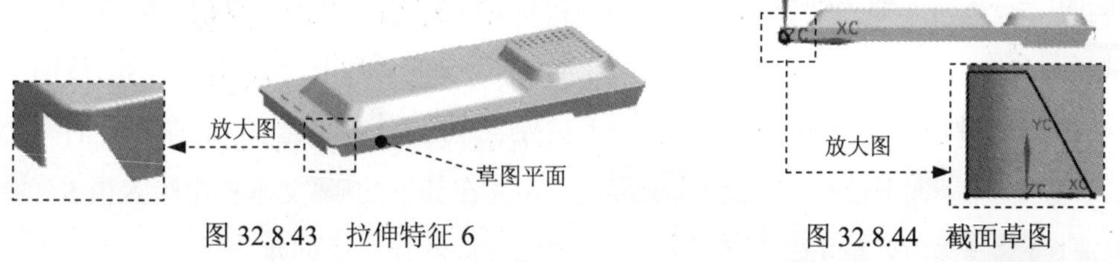

图 32.8.43　拉伸特征 6　　图 32.8.44　截面草图

Step28. 创建图 32.8.45 所示的筋（肋）特征 1。选择下拉菜单插入(S) → 冲孔(H) → 筋(B)...命令。在“筋”对话框中单击按钮，选取图 32.8.45 所示的模型表面为草图平面，取消选中设置区域的□ 创建中间基准 CSYS复选框，单击确定按钮，绘制图 32.8.46 所示的截面草图，绘制完成后单击完成草图按钮，在“筋”对话框筋属性区域的横截面下拉列表中选择圆形选项，在深度文本框中输入数值 3.5，在半径文本框中输入数值 3.5；在结束条件下拉列表中选择成形的选项；在倒圆区域中选中☑ 圆形筋边复选框；在凹模半径文本框中输入数值 1.5。选取 ZC 方向为筋的创建方向。单击< 确定 >按钮，完成筋特征 1 的创建。

Step29. 创建图 32.8.47 所示的筋特征 2。选择下拉菜单插入(S) → 冲孔(H) → 筋(B)...命令。在“筋”对话框中单击按钮，选取图 32.8.47 所示的模型表面为草图平面，取消选中设置区域的□ 创建中间基准 CSYS复选框，单击确定按钮，绘制图 32.8.48

所示的截面草图，绘制完成后单击 完成草图 按钮，在“筋”对话框 筋属性 区域的 横截面 下拉列表中选择 圆形 选项，在 深度 文本框中输入数值 3.5，在 半径 文本框中输入数值 3.5；在 结束条件 下拉列表中选择 成形的 选项；在 倒圆 区域中选中 圆形筋边 复选框；在 凹模半径 文本框中输入数值 1.5。选取 Y 轴正方向为筋的创建方向。单击 < 确定 > 按钮，完成筋特征 2 的创建。

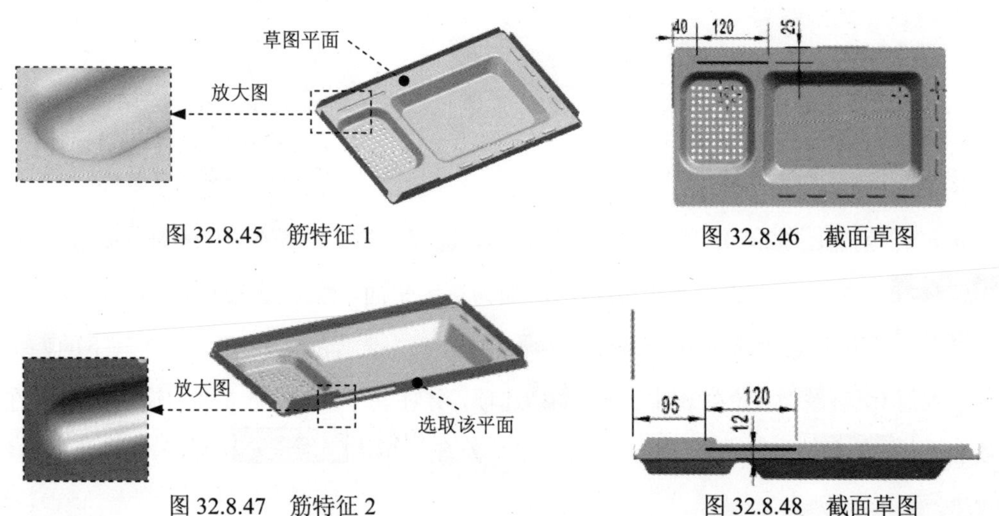

图 32.8.45　筋特征 1

图 32.8.46　截面草图

图 32.8.47　筋特征 2

图 32.8.48　截面草图

Step30. 创建图 32.8.49 所示的拉伸特征 7。选择下拉菜单 插入(S) → 剪切(T) → 拉伸(E)... 命令；选取图 32.8.49 所示的平面为草图平面，绘制图 32.8.50 所示的截面草图；在 指定矢量 下拉列表中选择 YC 选项；在 开始 下拉列表中选择 值 选项，并在其下的 距离 文本框中输入值 0，在 结束 下拉列表中选择 值 选项，并在其下的 距离 文本框中输入值 5，在 布尔 区域中选择 无 选项。单击 < 确定 > 按钮，完成拉伸特征 7 的创建。

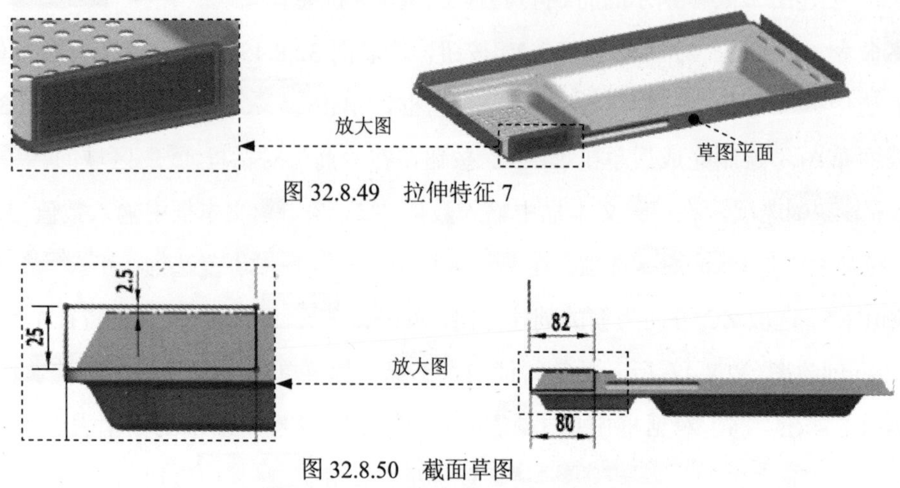

图 32.8.49　拉伸特征 7

图 32.8.50　截面草图

Step31. 创建图 32.8.51 所示的拉伸特征 8。选择下拉菜单 插入(S) ➡ 剪切(T) ▸ ➡ 拉伸(E)... 命令；选取图 32.8.47 所示的平面为草图平面，绘制图 32.8.52 所示的截面草图；在 指定矢量 下拉列表中选择 -YC 选项；在 开始 下拉列表中选择 值 选项，并在其下的 距离 文本框中输入值 0，在 结束 下拉列表中选择 值 选项，并在其下的 距离 文本框中输入值 5，在 布尔 区域的下拉列表框中选择 求和 选项，选取 Step30 创建的拉伸特征 7 为求和对象。单击 < 确定 > 按钮，完成拉伸特征 8 的创建。

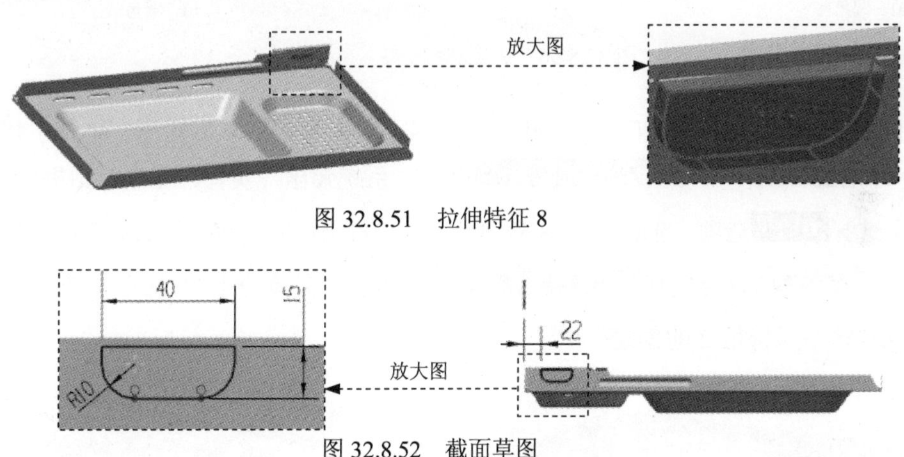

图 32.8.51　拉伸特征 8

图 32.8.52　截面草图

Step32. 创建图 32.8.53 所示的拔模特征 1。切换到“建模”环境。选择下拉菜单 插入(S) ➡ 细节特征(L) ▸ ➡ 拔模(T)... 命令，在 脱模方向 区域中“指定矢量”的下拉列表中选择 -YC 选项，在 固定面 中选择图 32.8.54 所示的面为参照，在 要拔模的面 区域选择图 32.8.55 所示的面为参照，在并在 角度 1 文本框中输入值 30。单击 < 确定 > 按钮，完成拔模特征 1 的创建。

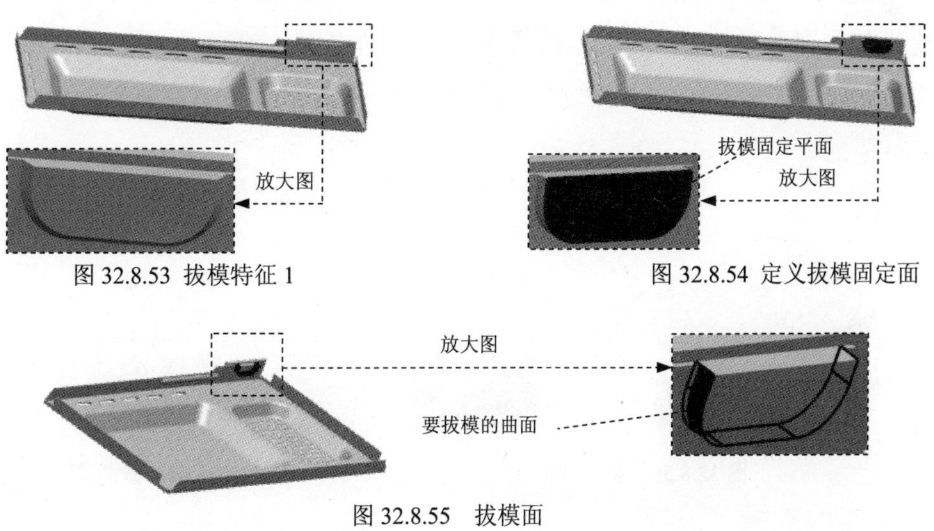

图 32.8.53 拔模特征 1

图 32.8.54 定义拔模固定面

图 32.8.55　拔模面

Step33. 创建图 32.8.56 所示的边倒圆特征 3。选择图 32.8.56 所示的边链为边倒圆参照，并在半径 1文本框中输入值 2.5。单击< 确定 >按钮，完成边倒圆 3 的创建。

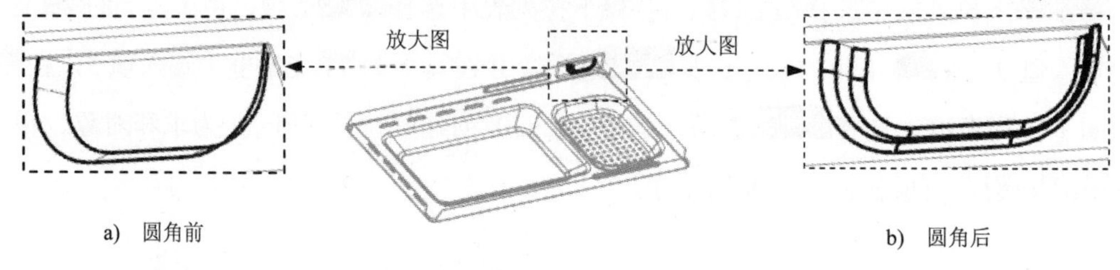

a) 圆角前　　b) 圆角后

图 32.8.56　边倒圆特征 3

Step34. 创建图 32.8.57 所示的实体冲压特征 2。切换到“钣金”环境。选择下拉菜单插入(S) → 冲孔(H) → 实体冲压(S)...命令，系统弹出“实体冲压”对话框。在类型下拉列表中选择冲模选项，选取图 32.8.57 所示的面为目标面。选取图 32.8.58 所示的特征为工具体。在实体冲压属性区域选中☑ 自动判断厚度复选框。单击“实体冲压”对话框中的< 确定 >按钮，完成实体冲压特征 2 的创建。

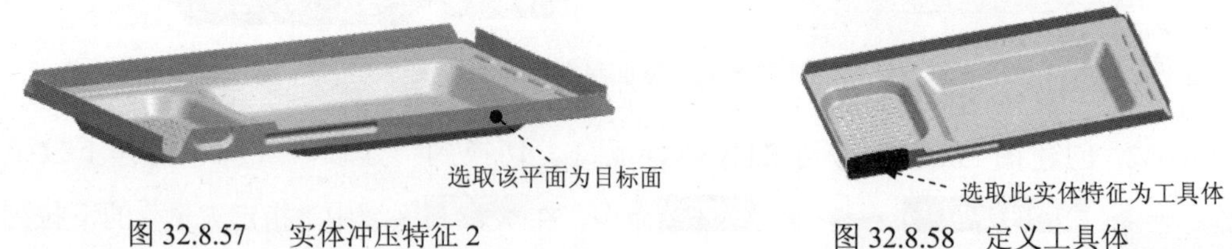

图 32.8.57　实体冲压特征 2　　图 32.8.58　定义工具体

Step35. 创建图 32.8.59 所示的拉伸特征 9。选择下拉菜单插入(S) → 剪切(T) → 拉伸(E)...命令；选取图 32.8.59 所示的平面为草图平面，绘制图 32.8.60 所示的截面草图；在指定矢量下拉列表中选择-YC选项；在开始下拉列表中选择值选项，并在其下的距离文本框中输入值 0，在结束下拉列表中选择值选项，并在其下的距离文本框中输入值 3，在布尔区域中选择求差选项，采用系统默认的求差对象。单击< 确定 >按钮，完成拉伸特征 9 的创建。

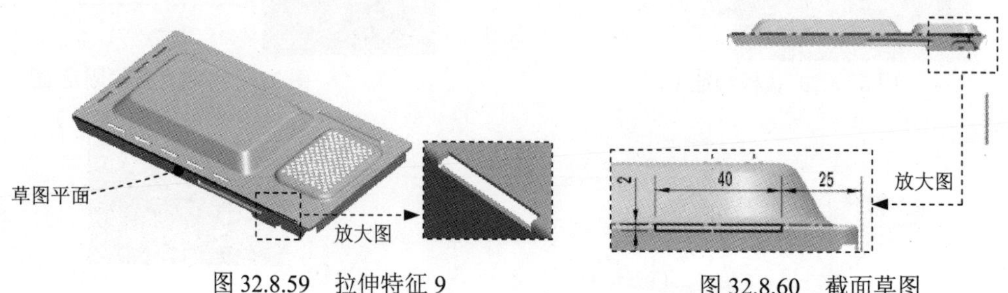

图 32.8.59　拉伸特征 9　　图 32.8.60　截面草图

Step36. 创建图 32.8.61 所示的拉伸特征 10。选择下拉菜单 插入(S) → 剪切(T) → 拉伸(E)... 命令；选取图 32.8.61 所示的平面为草图平面，绘制图 32.8.62 所示的截面草图；在 指定矢量 下拉列表中选择 -ZC 选项；在 开始 下拉列表中选择 值 选项，并在其下的 距离 文本框中输入值 0，在 结束 下拉列表中选择 值 选项，并在其下的 距离 文本框中输入值 5，在 布尔 区域中选择 求差 选项，采用系统默认的求差对象。单击 < 确定 > 按钮，完成拉伸特征 10 的创建。

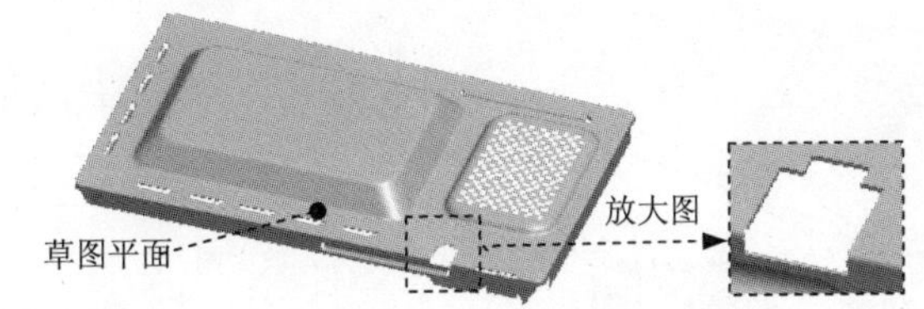

图 32.8.61　拉伸特征 10

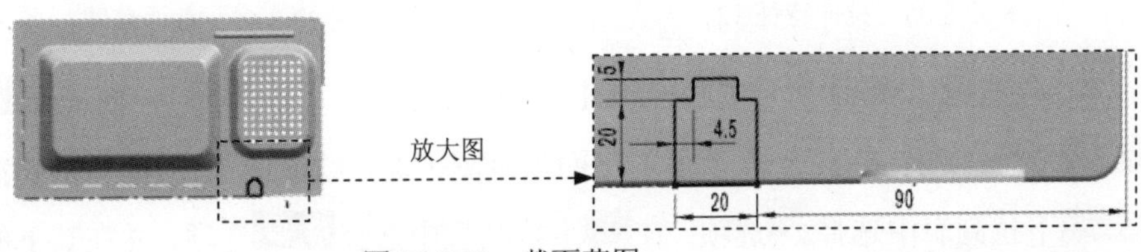

图 32.8.62　截面草图

Step37. 创建图 32.8.63 所示的拉伸特征 11。选择下拉菜单 插入(S) → 剪切(T) → 拉伸(E)... 命令；选取图 32.8.63 所示的平面为草图平面，绘制图 32.8.64 所示的截面草图；在 指定矢量 下拉列表中选择 -YC 选项；在 开始 下拉列表中选择 值 选项，并在其下的 距离 文本框中输入值 0，在 结束 下拉列表中选择 值 选项，并在其下的 距离 文本框中输入值 3，在 布尔 区域中选择 求差 选项，采用系统默认的求差对象。单击 < 确定 > 按钮，完成拉伸特征 11 的创建。

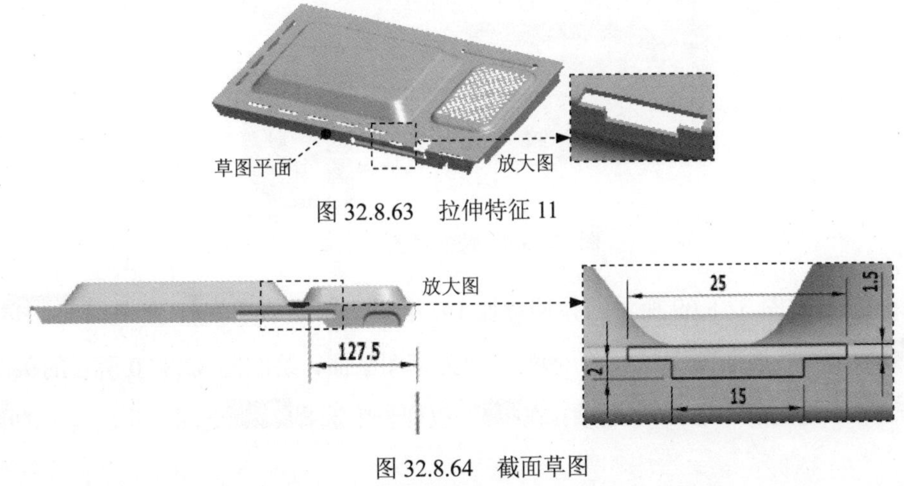

图 32.8.63　拉伸特征 11

图 32.8.64　截面草图

Step38. 创建图 32.8.65 所示的拉伸特征 12。选择下拉菜单 插入(S) ➡ 剪切(T) ➡ 拉伸(E)... 命令；选取图 32.8.65 所示的平面为草图平面，绘制图 32.8.66 所示的截面草图；在 指定矢量 下拉列表中选择 -YC 选项；在 开始 下拉列表中选择 值 选项，并在其下的 距离 文本框中输入值 0，在 结束 下拉列表中选择 值 选项，并在其下的 距离 文本框中输入值 3，在 布尔 区域中选择 求差 选项，采用系统默认的求差对象。单击 < 确定 > 按钮，完成拉伸特征 12 的创建。

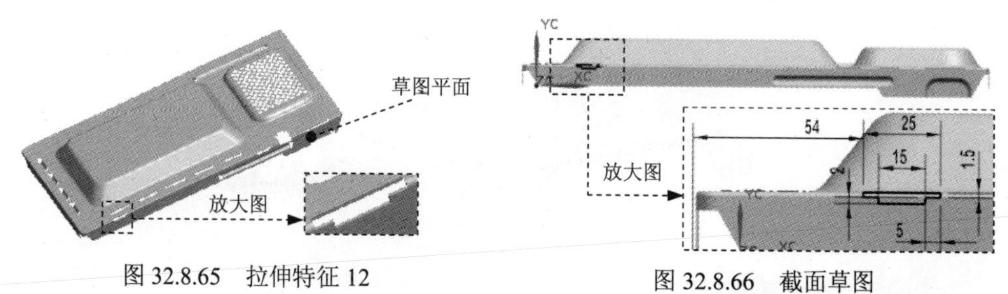

图 32.8.65 拉伸特征 12　　图 32.8.66 截面草图

Step39. 创建图 32.8.67 所示的拉伸特征 13。选择下拉菜单 插入(S) ➡ 剪切(T) ➡ 拉伸(E)... 命令；选取图 32.8.67 所示的平面为草图平面，绘制图 32.8.68 所示的截面草图；在 指定矢量 下拉列表中选择 -ZC 选项；在 开始 下拉列表中选择 值 选项，并在其下的 距离 文本框中输入值 0，在 结束 下拉列表中选择 直至下一个 选项，在 布尔 区域中选择 求差 选项，采用系统默认的求差对象。单击 < 确定 > 按钮，完成拉伸特征 13 的创建。

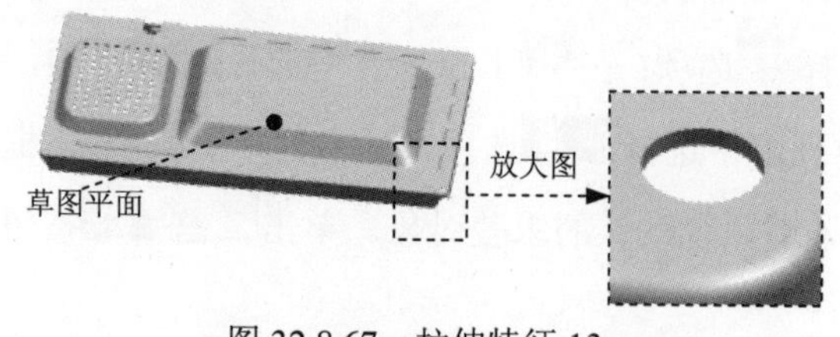

图 32.8.67 拉伸特征 13

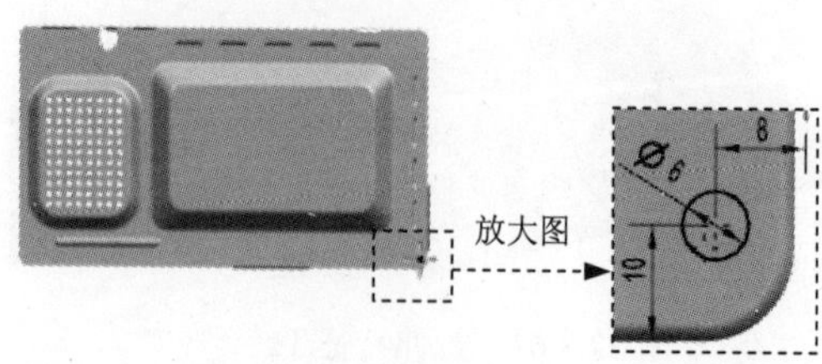

图 32.8.68 截面草图

Step40. 创建图 32.8.69 所示的拉伸特征 14。选择下拉菜单 插入(S) ➡ 剪切(T) ➡ 拉伸(E)... 命令；选取图 32.8.69 所示的平面为草图平面，绘制图 32.8.70 所示的截面草图；在 指定矢量 下拉列表中选择 -ZC 选项；在 开始 下拉列表中选择 值 选项，并在其下的 距离 文本框中输入值 0，在结束下拉列表中选择直至下一个选项，在布尔区域中选择求差选项，采用系统默认的求差对象。单击＜确定＞按钮，完成拉伸特征 14 的创建。

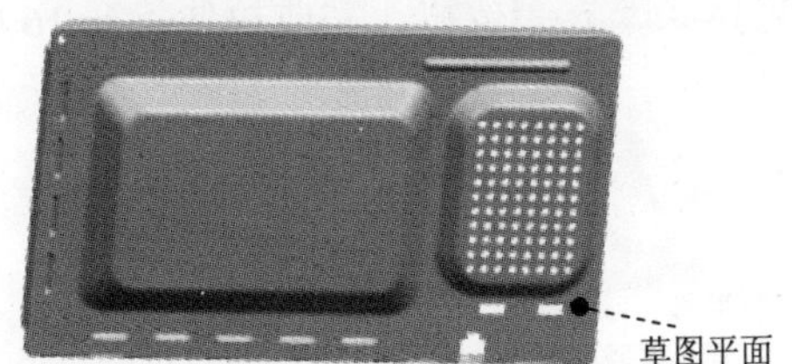

图 32.8.69　拉伸特征 14

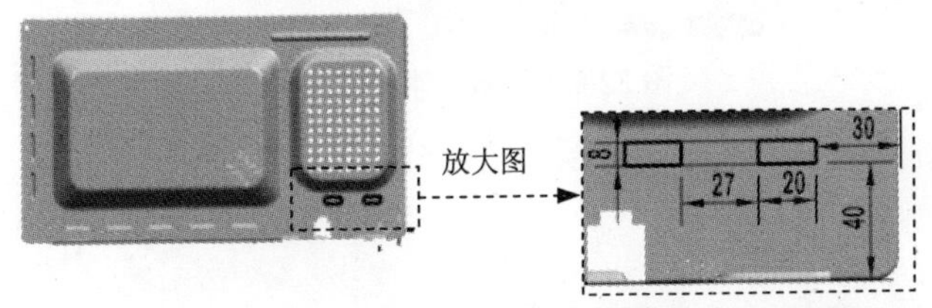

图 32.8.70　截面草图

Step41. 创建图 32.8.71 所示的拉伸特征 15。选择下拉菜单插入(S) → 剪切(T) → 拉伸(E)...命令；选取图 32.8.71 所示的平面为草图平面，绘制图 32.8.72 所示的截面草图；在指定矢量下拉列表中选择-ZC选项；在开始下拉列表中选择值选项，并在其下的距离文本框中输入值 0，在结束下拉列表中选择直至下一个选项，在布尔区域中选择求差选项，采用系统默认的求差对象。单击＜确定＞按钮，完成拉伸特征 15 的创建。

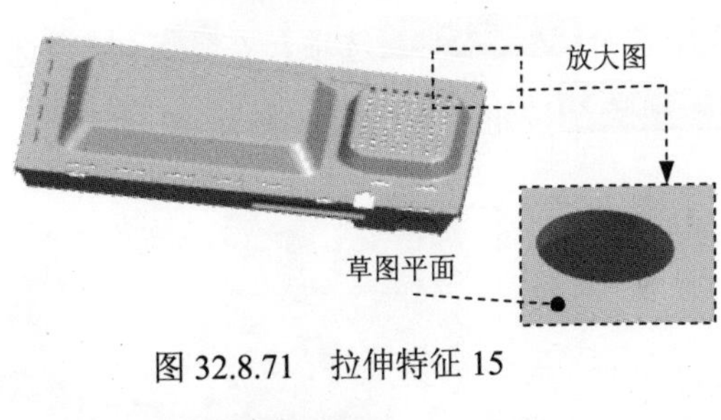

图 32.8.71　拉伸特征 15

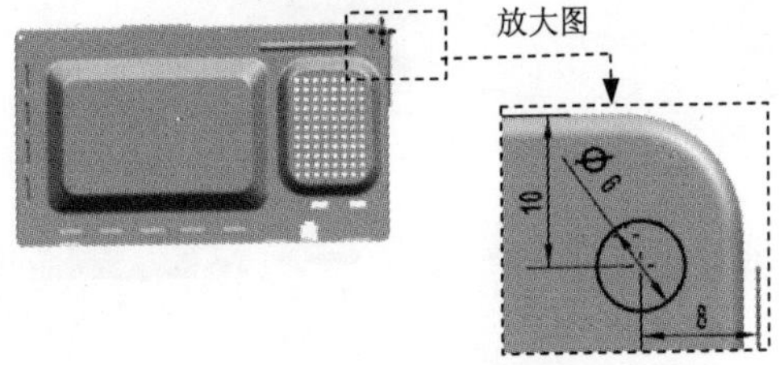

图 32.8.72　截面草图

Step42. 创建图 32.8.73 所示的拉伸特征 16。选择下拉菜单插入(S) → 剪切(T) → 拉伸(E)...命令；选取图 32.8.73 所示的平面为草图平面，绘制图 32.8.74 所示的截面草图；

在指定矢量下拉列表中选择-ZC选项；在开始下拉列表中选择值选项，并在其下的距离文本框中输入值 0，在结束下拉列表中选择直至下一个选项，在布尔区域中选择求差选项，采用系统默认的求差对象。单击< 确定 >按钮，完成拉伸特征 16 的创建。

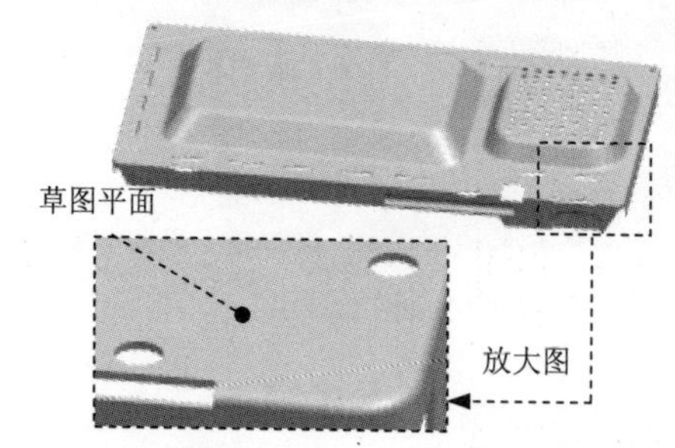

图 32.8.73 拉伸特征 16

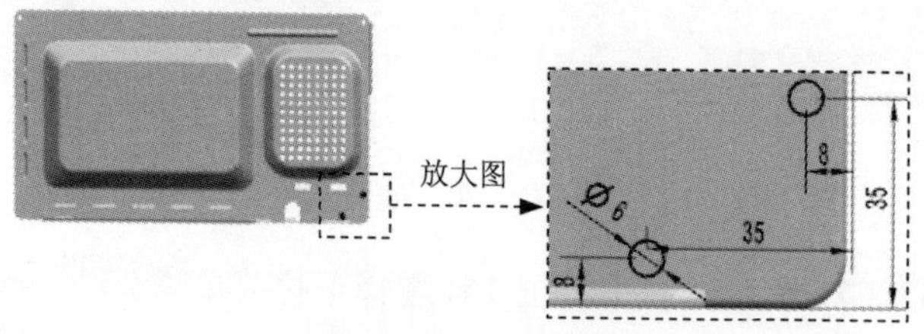

图 32.8.74 截面草图

Step43. 创建图 32.8.75 所示的拉伸特征 17。选择下拉菜单插入(S) → 剪切(T) → 拉伸(E)...命令；选取图 32.8.75 所示的平面为草图平面，绘制图 32.8.76 所示的截面草图；在指定矢量下拉列表中选择-ZC选项；在开始下拉列表中选择值选项，并在其下的距离文本框中输入值 0，在结束下拉列表中选择直至下一个选项，在布尔区域中选择求差选项，采用系统默认的求差对象。单击< 确定 >按钮，完成拉伸特征 17 的创建。

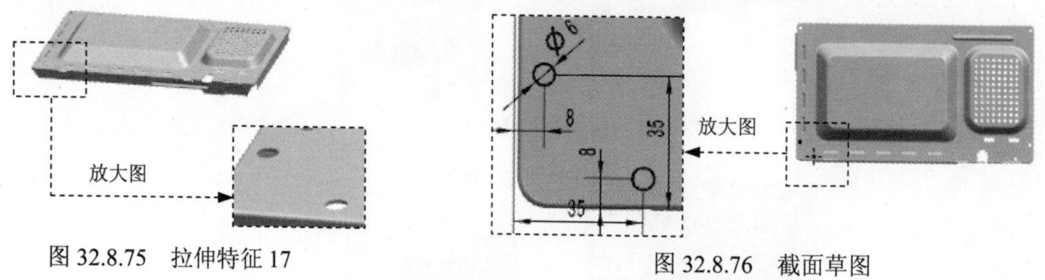

图 32.8.75 拉伸特征 17

图 32.8.76 截面草图

Step44. 保存钣金件模型。选择下拉菜单文件(F) → 保存(S)命令，即可保存钣金件模型。

32.9　创建微波炉外壳顶盖

下面讲解图 32.9.1 所示的微波炉外壳顶盖的细节设计。

Step1. 创建 TOP_COVER 层。

（1）在“装配导航器”窗口中的 BACK_COVER 选项上右击，系统弹出快捷菜单（二），在此快捷菜单中选择 显示父项 ▸ ⟶ MICROWAVE_COVEN_CASE_SKEL 选项，并设为工作部件。

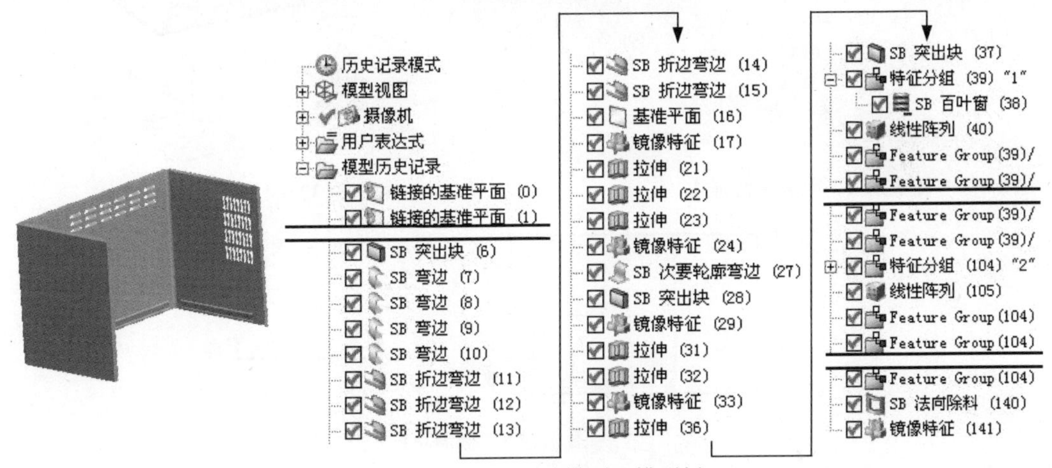

图 32.9.1　微波炉外壳顶盖模型及模型树

（2）在“装配导航器”窗口中的 MICROWAVE_COVEN_CASE_SKEL 选项上右击，系统弹出快捷菜单（二），在此快捷菜单中选择 WAVE ▸ ⟶ 新建级别 命令，系统弹出“新建级别”对话框。单击“新建级别”对话框中的 指定部件名 按钮，在弹出的“选择部件名”对话框的 文件名(N): 文本框中输入文件名 TOP_COVER，单击 OK 按钮，系统再次弹出“新建级别”对话框。单击“新建级别”对话框中的 类选择 按钮，系统弹出“WAVE 组件间的复制”对话框，选取 MICROWAVE_COVEN_CASE_SKEL 层中的 6 个基准平面为参照，如图 32.9.2 所示。然后单击 确定 按钮，系统重新弹出“新建级别”对话框。在“新建级别”对话框中单击 确定 按钮，完成 TOP_COVER 层的创建。

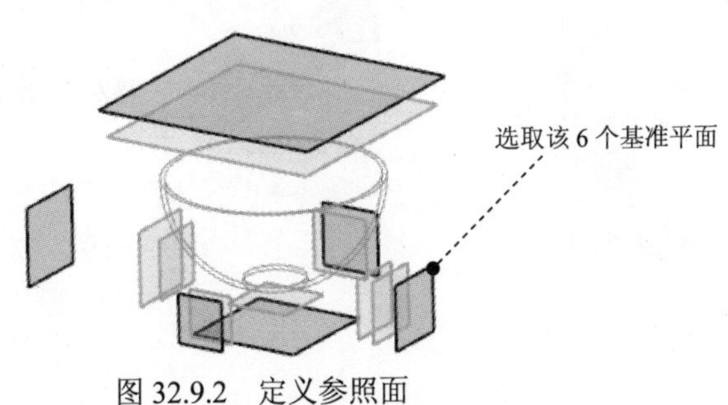

图 32.9.2　定义参照面

（3）在“装配导航器”窗口中的☑ TOP_COVER 选项上右击，系统弹出快捷菜单（三），在此快捷菜单中选择 设为显示部件 命令，对模型进行编辑。

Step2. 创建图 32.9.3 所示的突出块特征 1。选择下拉菜单 插入(S) → 突出块(B)... 命令，系统弹出“突出块”对话框；选取图 32.9.4 所示的平面为草图平面，绘制图 32.9.5 所示的截面草图。绘制完成后单击 完成草图 按钮。在 厚度 区域 厚度 的文本框输入值 1。方向为 ZC 方向。单击 < 确定 > 按钮，完成突出块特征 1 的创建。

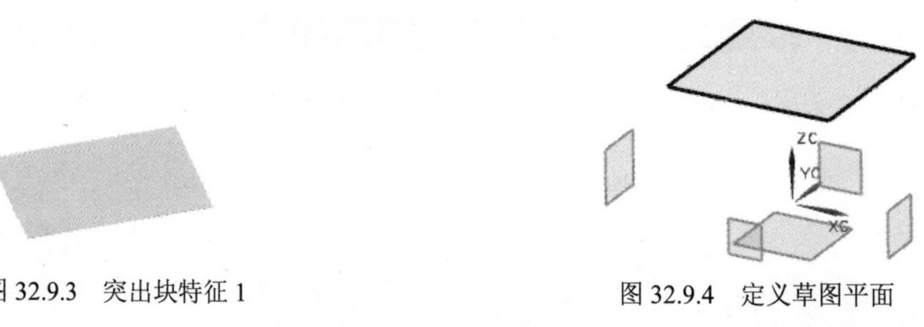

图 32.9.3 突出块特征 1

图 32.9.4 定义草图平面

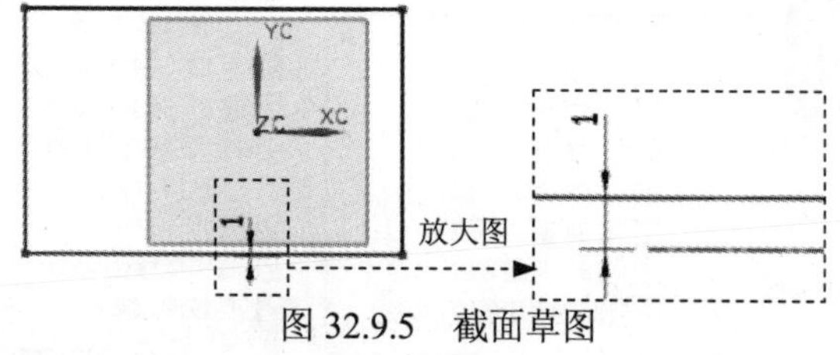

图 32.9.5 截面草图

Step3. 创建图 32.9.6 所示的弯边特征 1。选择下拉菜单 插入(S) → 折弯(N) → 弯边(F)... 命令，系统弹出“弯边”对话框。选取图 32.9.7 所示的边线为线性边。在 截面 区域单击 按钮，绘制图 32.9.8 所示的截面草图。绘制完成后单击 完成草图 按钮。在 弯边属性 区域的 匹配面 下拉列表中选择 无 选项，在 角度 文本框中输入数值 90，在 内嵌 下拉列表中选择 折弯外侧 选项。在 偏置 区域的 偏置 文本框中输入数值 0；在 折弯参数 区域中单击 折弯半径 文本框右侧的 按钮，在系统弹出的菜单中选择 使用本地值 选项，然后在 折弯半径 文本框中输入数值 8；在 止裂口 区域中的 折弯止裂口 下拉列表中选择 正方形 选项；在 拐角止裂口 下拉列表中选择 仅折弯 选项。单击 < 确定 > 按钮，完成弯边特征 1 的创建。

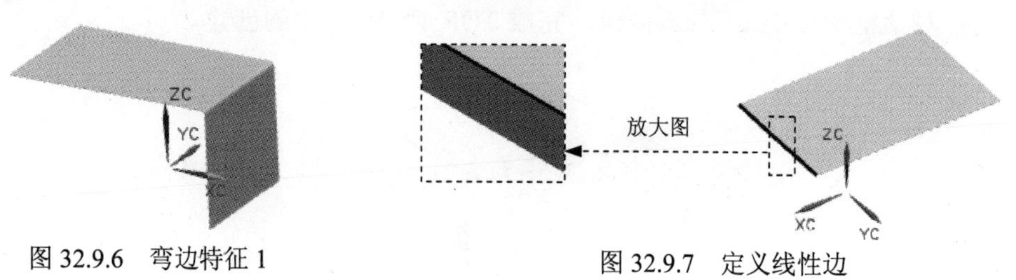

图 32.9.6 弯边特征 1

图 32.9.7 定义线性边

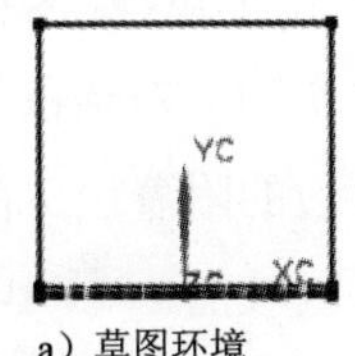

a）草图环境

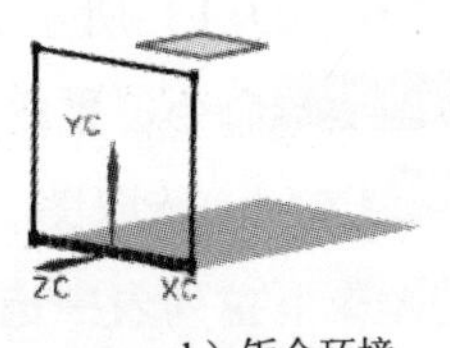

b）钣金环境

图 32.9.8 截面草图

Step4. 创建图 32.9.9 所示的弯边特征 2。详细操作过程见 Step3。

图 32.9.9 弯边特征 2

Step5. 创建图 32.9.10 所示的弯边特征 3。选择下拉菜单 插入(S) → 折弯(N) → 弯边(F)... 命令，系统弹出“弯边”对话框。选取图 32.9.11 所示的边线为线性边。在 宽度 区域的 宽度选项 下拉列表中选择 完整 选项，在 弯边属性 区域的 长度 文本框中输入数值 10，在 角度 文本框中输入数值 90，在 参考长度 下拉列表中选择 外部 选项，在 内嵌 下拉列表中选择 折弯外侧 选项。在 偏置 区域的 偏置 文本框中输入数值 0；在 折弯参数 区域中单击 折弯半径 文本框右侧的 f(x) 按钮，在系统弹出的菜单中选择 使用本地值 选项，然后在 折弯半径 文本框中输入数值 1；在 止裂口 区域中的 折弯止裂口 下拉列表中选择 正方形 选项；在 拐角止裂口 下拉列表中选择 仅折弯 选项。单击 < 确定 > 按钮，完成弯边特征 3 的创建。

图 32.9.10 弯边特征 3

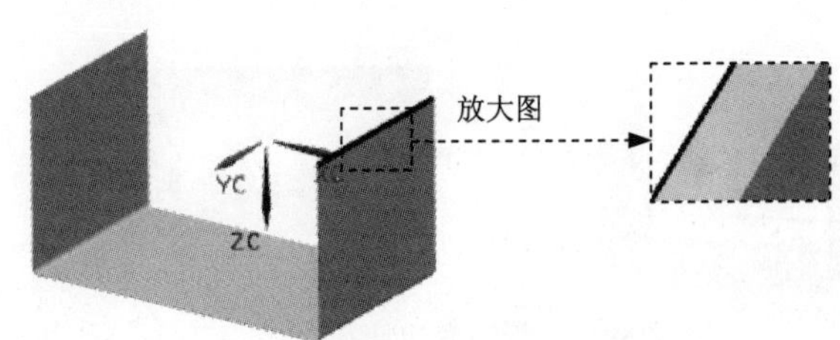

图 32.9.11 定义线性边

Step6. 创建图 32.912 所示的弯边特征 4。详细操作过程见 Step5。

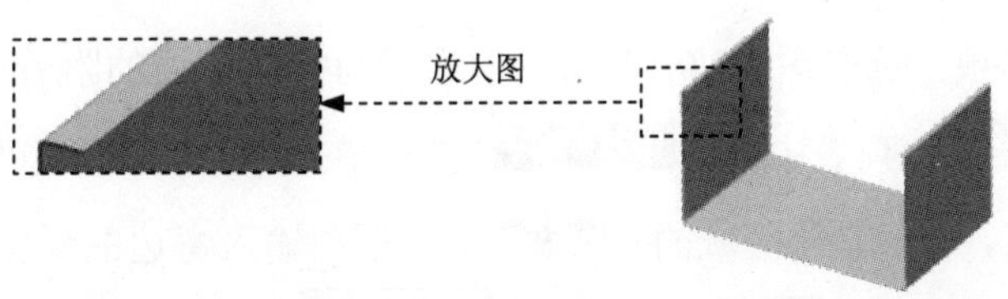

图 32.9.12 弯边特征 4

Step7. 创建图 32.9.13 所示的折边弯边特征 1。选择下拉菜单 插入(S) → 折弯(N) → 折边弯边(H)... 命令，系统弹出“折边”对话框。在“折边”对话框 类型 区域的下拉列表中选择 S 型 选项。选取图 32.9.14 所示的边线为折边弯边的附着边。在“折边”对话框 内嵌选项 区域的 内嵌 下拉列表中选择 折弯外侧 选项。在 折弯参数 区域的 1. 折弯半径 文本框中输入折弯的半径值 0.001，在 2. 弯边长度 文本框中输入弯边的长度值 18。在 3. 折弯半径 文本框中输入折弯的半径值 1，在 4. 弯边长度 文本框中输入弯边的长度值 16。在 止裂口 区域中的 折弯止裂口 下拉列表中选择 无 选项；单击 < 确定 > 按钮，完成折边弯边特征 1 的创建。

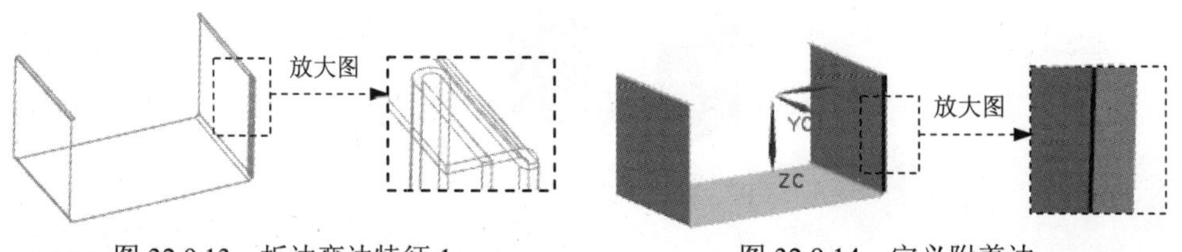

图 32.9.13 折边弯边特征 1　　图 32.9.14 定义附着边

Step8. 创建图 32.9.15 所示的折边弯边特征 2。选择下拉菜单 插入(S) → 折弯(N) → 折边弯边(H)... 命令，系统弹出“折边”对话框。在“折边”对话框 类型 区域的下拉列表中选择 开环 选项。选取图 32.9.16 所示的边线为折边弯边的附着边。在“折边”对话框 内嵌选项 区域的 内嵌 下拉列表中选择 折弯外侧 选项。在 折弯参数 区域的 1. 折弯半径 文本框中输入折弯的半径值 0.08，在 折弯参数 区域的 5. 扫掠角度 文本框中输入扫掠的角度值 270。在 止裂口 区域中的 折弯止裂口 下拉列表中选择 无 选项；单击 < 确定 > 按钮，完成折边弯边特征 2 的创建。

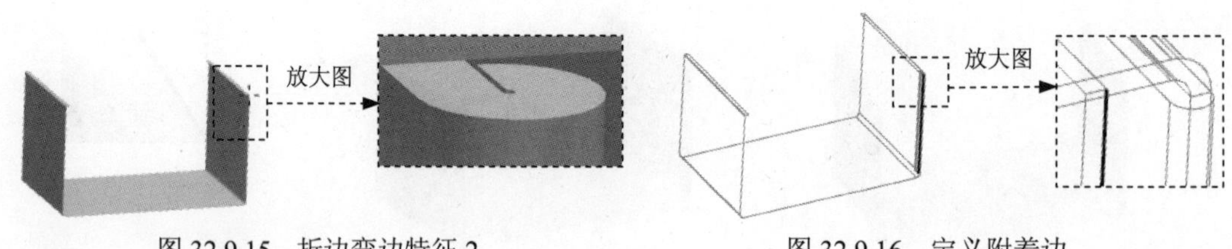

图 32.9.15 折边弯边特征 2　　图 32.9.16 定义附着边

Step9. 创建图 32.9.17 所示的折边弯边特征 3。选择下拉菜单 插入(S) → 折弯(N) → 折边弯边(H)... 命令，系统弹出“折边”对话框。在“折边”对话框 类型 区域的下拉列表中选择 开放的 选项。选取图 32.9.18 所示的边线为折边弯边的附着边。在“折边”对话框 内嵌选项 区域的 内嵌 下拉列表中选择 折弯外侧 选项。在 折弯参数 区域的 1. 折弯半径 文本框中输入折弯的半径值 0.001，在 折弯参数 区域的 2. 弯边长度 文本框中输入弯边的长度值 10。在 止裂口 区域中的 折弯止裂口 下拉列表中选择 无 选项；单击 < 确定 > 按钮，完成折边弯边特征 3 的创建。

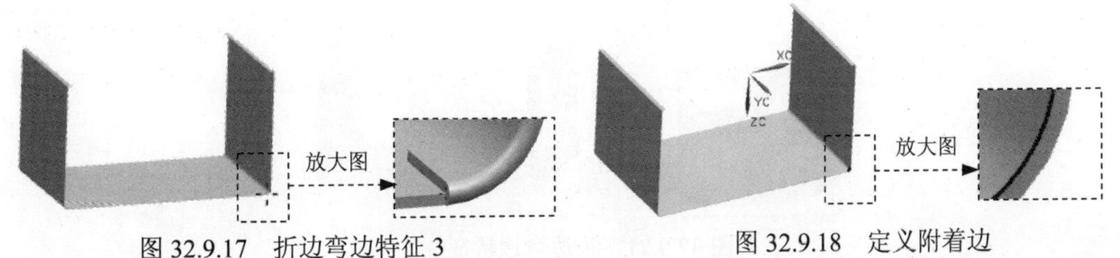

图 32.9.17　折边弯边特征 3　　图 32.9.18　定义附着边

Step10. 创建图 32.9.19 所示的折边弯边特征 4。选择下拉菜单 插入(S) → 折弯(N) → 折边弯边(H)... 命令，系统弹出“折边”对话框。在“折边”对话框 类型 区域的下拉列表中选择 S 型 选项。选取图 32.9.20 所示的边线为折边弯边的附着边。在“折边”对话框 内嵌选项 区域的 内嵌 下拉列表中选择 折弯外侧 选项。在 折弯参数 区域的 1. 折弯半径 文本框中输入折弯的半径值 0.001，在 折弯参数 区域的 2. 弯边长度 文本框中输入弯边的长度值 18。在 折弯参数 区域的 3. 折弯半径 文本框中输入折弯的半径值 1，在 折弯参数 区域的 4. 弯边长度 文本框中输入弯边的长度值 16。在 止裂口 区域中的 折弯止裂口 下拉列表中选择 无 选项；单击 < 确定 > 按钮，完成折边弯边特征 4 的创建。

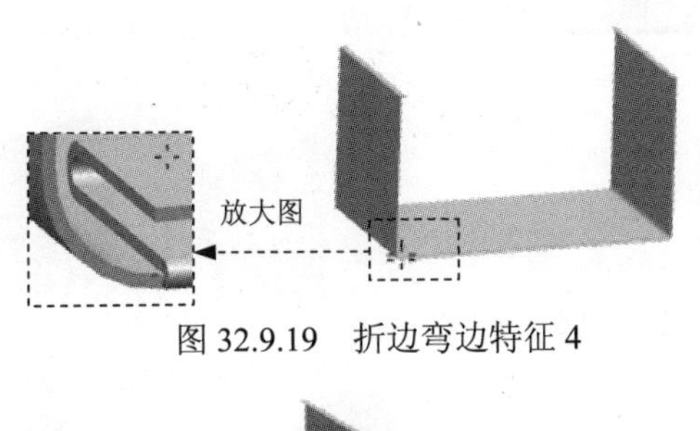

图 32.9.19　折边弯边特征 4

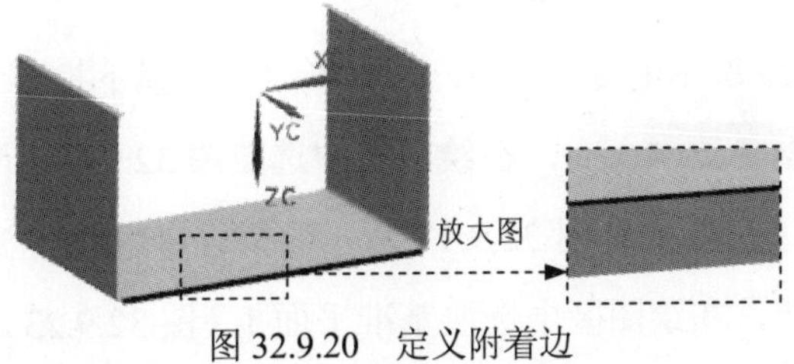

图 32.9.20　定义附着边

Step11. 创建图 32.9.21 所示的折边弯边特征 5。选择下拉菜单 插入(S) → 折弯(N) → 折边弯边(H)... 命令，系统弹出“折边”对话框。在“折边”对话框 类型 区域的下拉列表中选择 开环 选项。选取图 32.9.22 所示的边线为折边弯边的附着边。在“折边”对话框 内嵌选项 区域的 内嵌 下拉列表中选择 折弯外侧 选项。在 折弯参数 区域的 1. 折弯半径 文本框中输入折弯的半径值 0.08，在 折弯参数 区域的 5. 扫掠角度 文本框中输入扫掠的角度值 270。在 止裂口 区域中的 折弯止裂口 下拉列表中选择 无 选项；单击 < 确定 > 按钮，完成折边弯边特征 5 的创建。

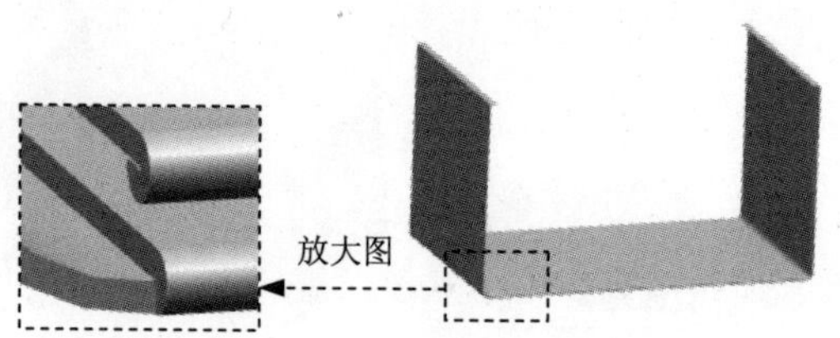

图 32.9.21　折边弯边特征 5

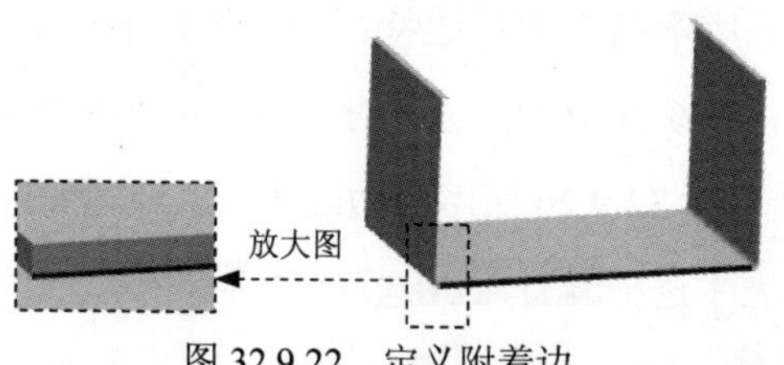

图 32.9.22　定义附着边

Step12. 创建图 32.9.23 所示的基准平面 1。选择下拉菜单插入(S) → 基准/点(D) → 基准平面(D)...命令，系统弹出“基准平面”对话框。在类型区域的下拉列表框中选择二等分选项，在绘图区选取图 32.9.24 所示的平面为第一参照平面，选取图 32.9.24 所示的平面为第二参照平面，单击< 确定 >按钮，完成基准平面 1 的创建。

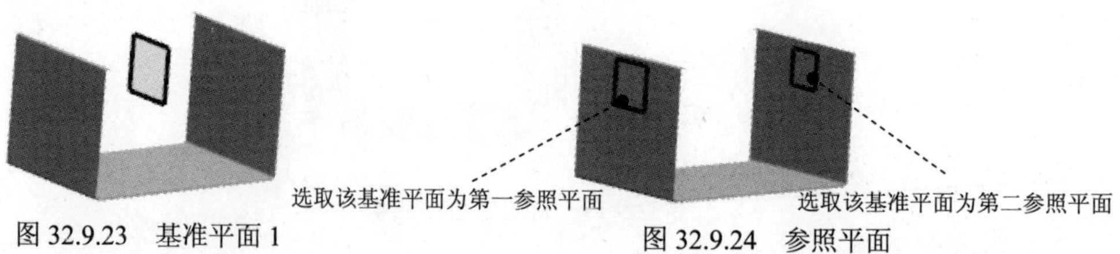

图 32.9.23　基准平面 1　　图 32.9.24　参照平面

Step13. 创建图 32.9.25 所示的零件特征——镜像 1。选择下拉菜单插入(S) → 关联复制(A) → 镜像特征(M)...命令，在绘图区中选取图 32.9.13 所示的折边弯边特征 1、图 32.9.15 所示的折边弯边特征 2 和图 32.9.17 所示的折边弯边特征 3 为要镜像的特征。在镜像平面区域中单击按钮，在绘图区中选取基准平面 1（图 32.9.23）作为镜像平面。单击< 确定 >按钮，完成镜像特征 1 的创建。

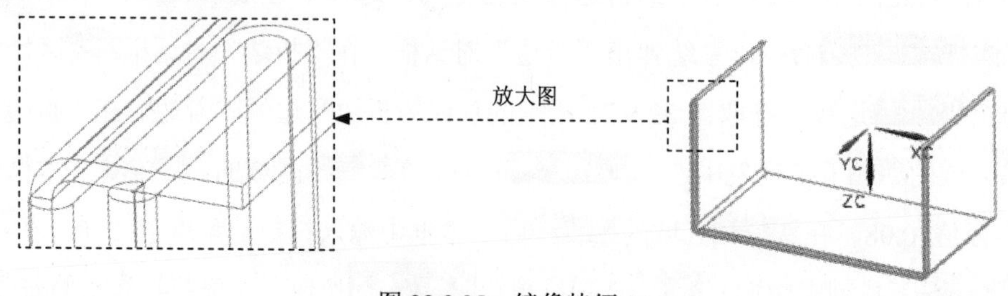

图 32.9.25　镜像特征 1

Step14. 创建图 32.9.26 所示的拉伸特征 1。选择下拉菜单 插入(S) → 剪切(T) ▸ → 拉伸(E)... 命令；选取基准平面 1（图 32.9.23）为草图平面，绘制图 32.9.27 所示的截面草图；在 指定矢量 下拉列表中选择 XC 选项；在 开始 下拉列表中选择 贯通 选项，在 结束 下拉列表中选择 贯通 选项，在 布尔 区域中选择 求差 选项，采用系统默认的求差对象。单击 < 确定 > 按钮，完成拉伸特征 1 的创建。

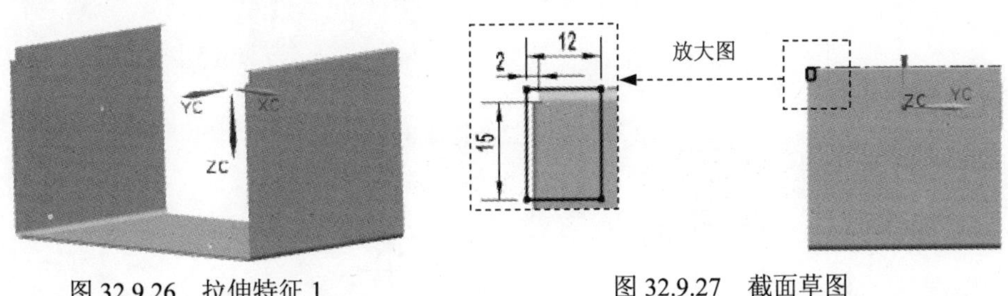

图 32.9.26 拉伸特征 1

图 32.9.27 截面草图

Step15. 创建图 32.9.28 所示的拉伸特征 2。选择下拉菜单 插入(S) → 剪切(T) ▸ → 拉伸(E)... 命令；选取图 32.9.28 所示的面为草图平面，绘制图 32.9.29 所示的截面草图；在 指定矢量 下拉列表中选择 XC 选项；在 开始 下拉列表中选择 值 选项，，并在其下的 距离 文本框中输入值 0，在 结束 下拉列表中选择 直至下一个 选项，在 布尔 区域中选择 求差 选项，采用系统默认的求差对象。单击 < 确定 > 按钮，完成拉伸特征 2 的创建。

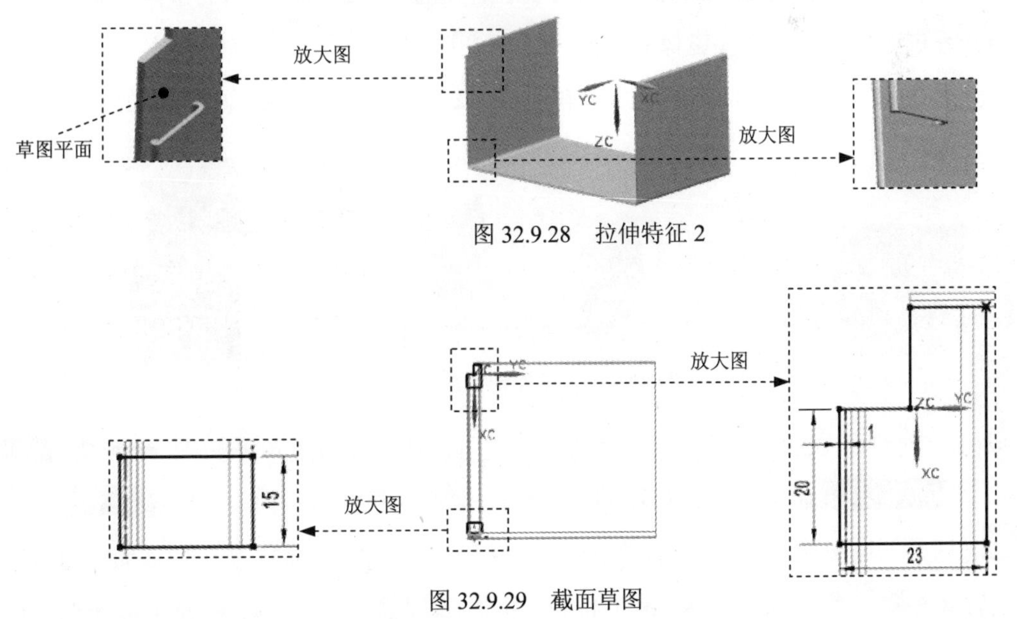

图 32.9.29 截面草图

Step16. 创建图 32.9.30 所示的拉伸特征 3。选择下拉菜单 插入(S) → 剪切(T) ▸ → 拉伸(E)... 命令；选取图 32.9.30 为草图平面，绘制图 32.9.31 所示的截面草图；在 指定矢量下拉列表中选择XC选项；在开始下拉列表中选择值选项，，并在其下的距离文本框中输入值 0，在结束下拉列表中选择直至下一个选项，在布尔区域中选择求差选项，采用系统默认的求差对象。单击< 确定 >按钮，完成拉伸特征 3 的创建。

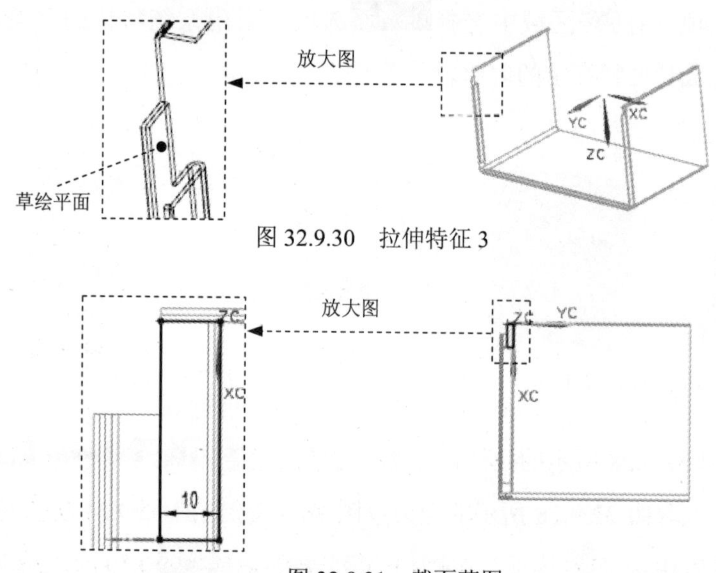

图 32.9.30 拉伸特征 3

图 32.9.31 截面草图

Step17. 创建图 32.9.32 所示的零件特征——镜像 2。选择下拉菜单插入(S) → 关联复制(A) → 镜像特征(M)...命令，在绘图区中选取图 32.9.28 所示的拉伸特征 2 和图 32.9.30 所示的拉伸特征 3 为要镜像的特征。在镜像平面区域中单击按钮，在绘图区中选取基准平面 1（图 32.9.23）作为镜像平面。单击< 确定 >按钮，完成镜像特征 2 的创建。

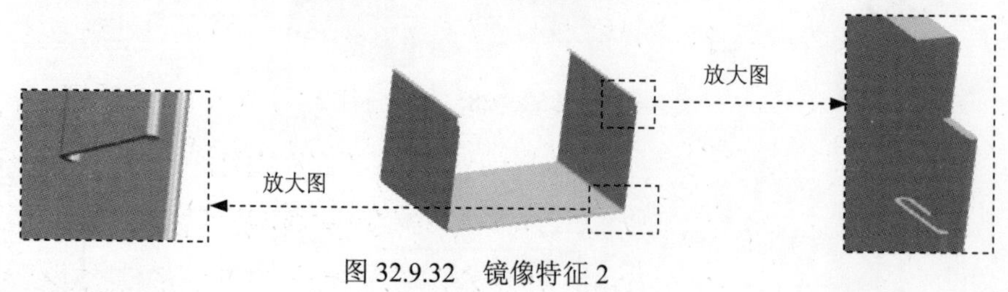

图 32.9.32 镜像特征 2

Step18. 创建图 32.9.33 所示的轮廓弯边特征 1。选择下拉菜单插入(S) → 折弯(N) → 轮廓弯边(C)...命令。在“轮廓弯边”对话框类型区域的下拉列表中选择次要选项。单击按钮，选取图 32.9.34 所示的模型边线为路径，绘制图 32.9.35 所示的截面草图。绘制完成后单击完成草图按钮。在宽度选项下拉列表中选择链选项；选取图 32.9.34 所示的边线为参照，在折弯参数区域中单击折弯半径文本框右侧的按钮，在弹出的菜单中选择使用本地值选项，然后在折弯半径文本框中输入数值 1；在止裂口区域的折弯止裂口下拉列表中选择无选项，在拐角止裂口下拉列表中选择无选项。单击< 确定 >按钮，完成轮廓弯边特征 1 的创建。

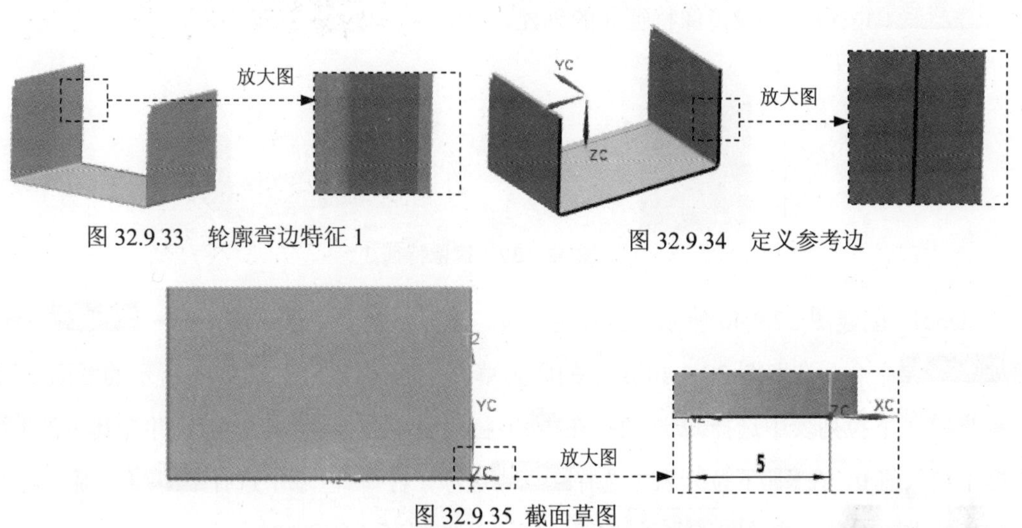

图 32.9.33　轮廓弯边特征 1

图 32.9.34　定义参考边

图 32.9.35 截面草图

Step19. 创建图 32.9.36 所示的突出块特征 1。选择下拉菜单插入(S) → 突出块(B)...命令，系统弹出“突出块”对话框；单击按钮，系统弹出“创建草图”对话框，选取图 32.9.37 所示的平面为草图平面，取消选中设置区域的□ 创建中间基准 CSYS 复选框，单击确定按钮，绘制图 32.9.38 所示的截面草图。绘制完成后单击完成草图按钮。单击< 确定 >按钮，完成突出块特征 1 的创建。

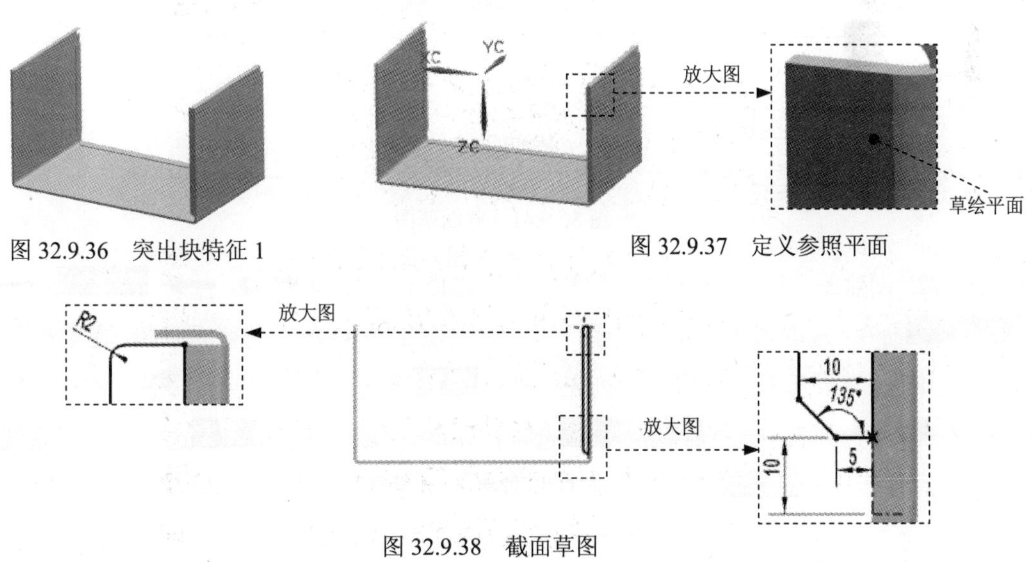

图 32.9.36　突出块特征 1

图 32.9.37　定义参照平面

图 32.9.38　截面草图

Step20. 创建图 32.9.39 所示的零件特征——镜像 3。选择下拉菜单插入(S) → 关联复制(A) → 镜像特征(M)...命令，在绘图区中选取图 32.9.36 所示的突出块特征 1 为要镜像的特征。在镜像平面区域中单击按钮，在绘图区中选取基准平面 1（图 32.9.23）作为镜像平面。单击< 确定 >按钮，完成镜像特征 3 的创建。

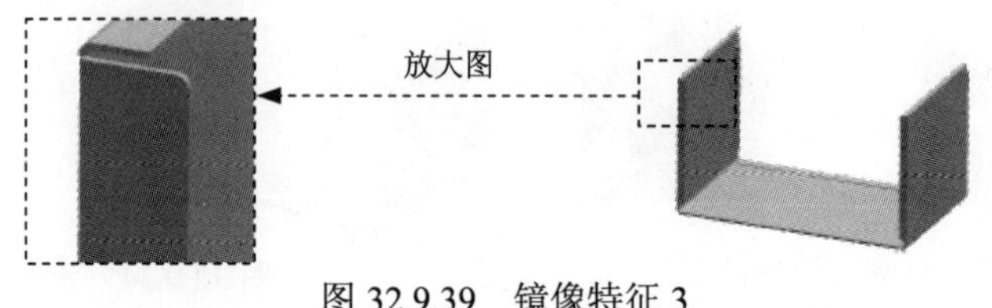

图 32.9.39 镜像特征 3

Step21. 创建图 32.9.40 所示的拉伸特征 4。选择下拉菜单插入(S) → 剪切(T) → 拉伸(E)...命令；选取图 32.9.40 所示的面为草图平面，绘制图 32.9.41 所示的截面草图；在指定矢量下拉列表中选择-ZC选项；在开始下拉列表中选择值选项，，并在其下的距离文本框中输入值 0，在结束下拉列表中选择贯通选项，在布尔区域中选择求差选项，采用系统默认的求差对象。单击< 确定 >按钮，完成拉伸特征 4 的创建。

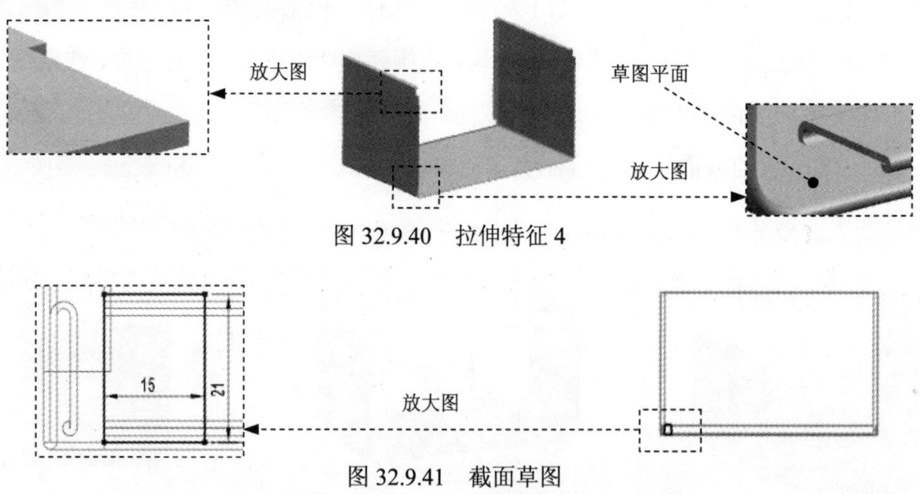

图 32.9.40 拉伸特征 4

图 32.9.41 截面草图

Step22. 创建图 32.9.42 所示的拉伸特征 5。选择下拉菜单插入(S) → 剪切(T) → 拉伸(E)...命令；选取图 32.9.42 为草图平面，绘制图 32.9.43 所示的截面草图；在指定矢量下拉列表中选择ZC选项；在开始下拉列表中选择值选项，，并在其下的距离文本框中输入值 0，在结束下拉列表中选择直至下一个选项，在布尔区域中选择求差选项，采用系统默认的求差对象。单击< 确定 >按钮，完成拉伸特征 5 的创建。

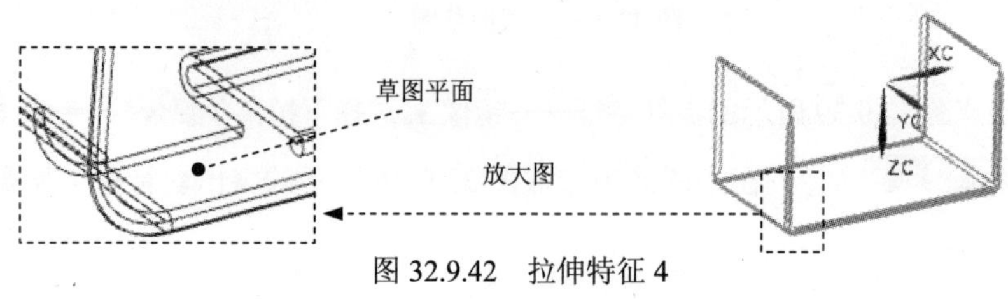

图 32.9.42 拉伸特征 4

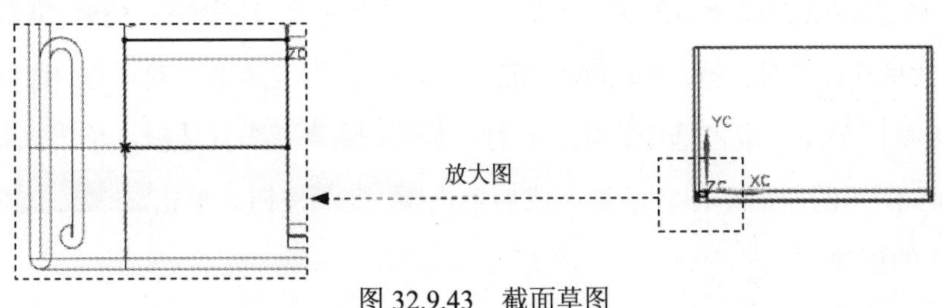

图 32.9.43　截面草图

Step23. 创建图 32.9.44 所示的零件特征——镜像 4。选择下拉菜单 插入(S) → 关联复制(A) → 镜像特征(M)... 命令，在绘图区中选取图 32.9.40 所示的拉伸特征 4 和图 32.9.42 所示的拉伸特征 5 为要镜像的特征。在 镜像平面 区域中单击 按钮，在绘图区中选取基准平面 1（图 32.9.23）作为镜像平面。单击 < 确定 > 按钮，完成镜像特征 4 的创建。

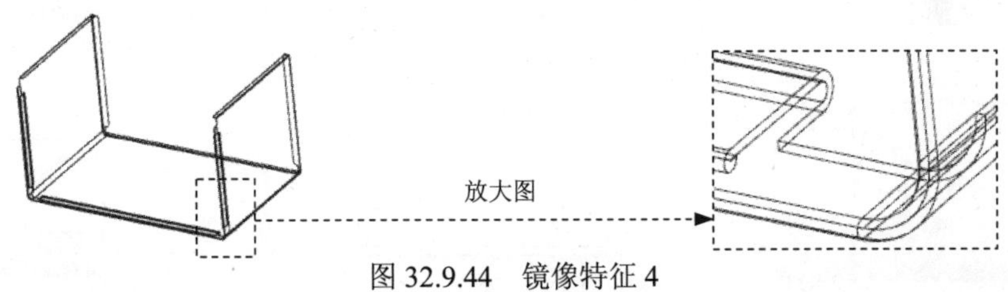

图 32.9.44　镜像特征 4

Step24. 创建图 32.9.45 所示的拉伸特征 6。选择下拉菜单 插入(S) → 剪切(T) → 拉伸(E)... 命令；选取图 32.9.45 为草图平面，绘制图 32.9.46 所示的截面草图；在 指定矢量 下拉列表中选择 -XC 选项；在 开始 下拉列表中选择 值 选项，并在其下的 距离 文本框中输入值 0，在 结束 下拉列表中选择 贯通 选项，在 布尔 区域中选择 求差 选项，采用系统默认的求差对象。单击 < 确定 > 按钮，完成拉伸特征 6 的创建。

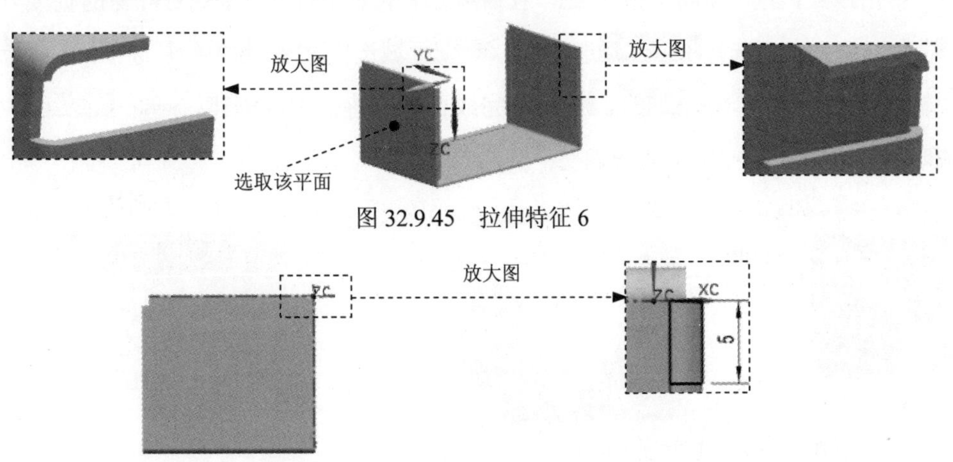

图 32.9.45　拉伸特征 6

图 32.9.46　截面草图

Step25. 创建图 32.9.47 所示的突出块特征 2。选择下拉菜单 插入(S) → 突出块(B)... 命令，系统弹出“突出块”对话框；单击按钮，系统弹出“创建草图”对话框，选取图 32.9.48 所示的平面为草图平面，取消选中设置区域的□ 创建中间基准 CSYS 复选框，单击 确定 按钮，绘制图 32.9.49 所示的截面草图。绘制完成后单击 完成草图 按钮。单击 < 确定 > 按钮，完成突出块特征 2 的创建。

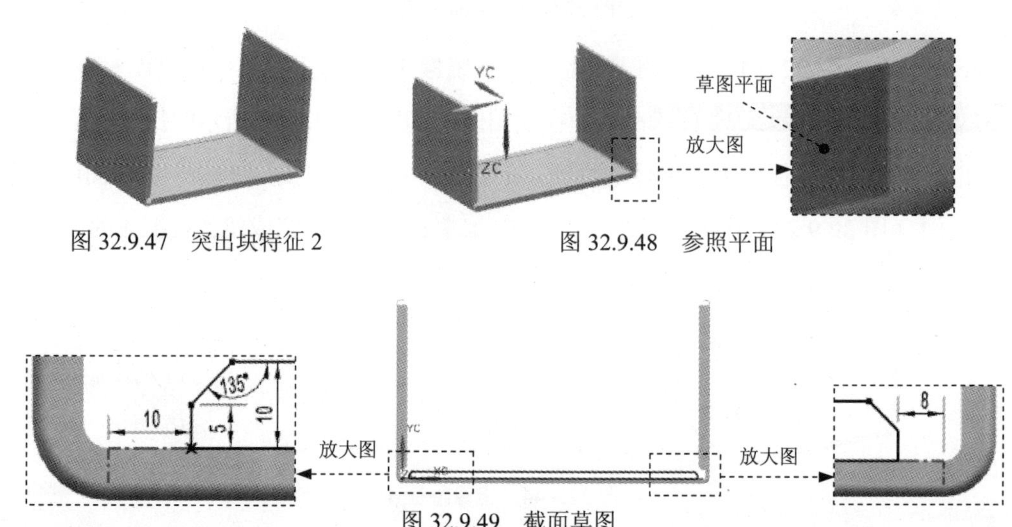

图 32.9.47 突出块特征 2

图 32.9.48 参照平面

图 32.9.49 截面草图

Step26. 创建图 32.9.50 所示的百叶窗特征 1。选择下拉菜单 插入(S) → 冲孔(H) ▸ → 百叶窗(L)... 命令，系统弹出 “百叶窗” 对话框。单击按钮，选取图 32.9.50 所示的模型表面为草图平面，取消选中设置区域的□ 创建中间基准 CSYS 复选框，单击 确定 按钮，进入草图环境，绘制图 32.9.51 所示的截面草图。在百叶窗属性区域的深度文本框中输入数值 4，单击宽度下的“反向”按钮，在宽度文本框中输入 5，接受百叶窗的宽度方向，在百叶窗形状下拉列表中选择 成形的 选项；在倒圆区域选中☑ 圆形百叶窗边 复选框，在凹模半径文本框中输入数值 2.5。单击 < 确定 > 按钮，完成百叶窗特征 1 的创建。

说明：*若方向相反可双击箭头调整。*

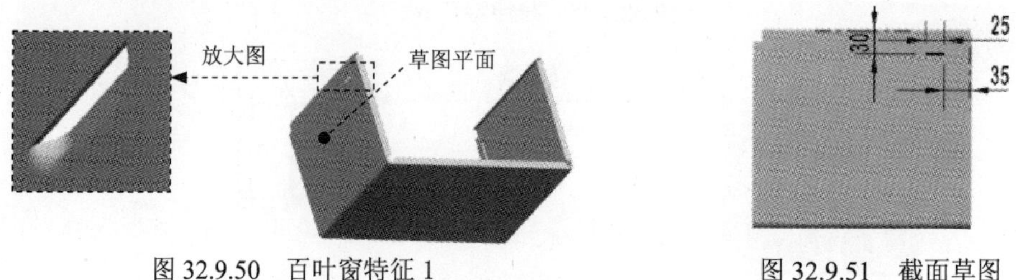

图 32.9.50 百叶窗特征 1

图 32.9.51 截面草图

Step27. 创建特征分组 1。在“部件导航器”窗口中的☑ SB 百叶窗 (38)选项上右击，系统弹出快捷菜单，在此快捷菜单中选择特征分组(F)命令，在特征分组(F)对话框中特征组名称的文本框输入 1。单击< 确定 >按钮，完成特征分组 1 的创建。

Step28. 创建图 32.9.52 所示的阵列特征 1。选择下拉菜单插入(S) → 关联复制(A) → 实例特征(I)命令，系统弹出“实例”对话框。在“实例”对话框中选择矩形阵列按钮，在系统弹出的“实例”对话框中选择 Step27 创建的特征分组 1，单击< 确定 >按钮，在系统弹出的“输入参数”对话框中的X 向的数量的文本框输入值 8，在XC 偏置的文本框输入值 10，在Y 向的数量的文本框输入值 4，在YC 偏置的文本框输入值 35，单击< 确定 >按钮，完成阵列特征 1 的创建。

图 32.9.52 阵列特征 1

Step29. 创建图 32.9.53 所示的百叶窗特征 2。选择下拉菜单插入(S) → 冲孔(H) → 百叶窗(L)...命令，系统弹出 “百叶窗”对话框。单击按钮，选取图 32.9.53 所示的模型表面为草图平面，取消选中设置区域的☐ 创建中间基准 CSYS 复选框，单击确定按钮，进入草图环境，绘制图 32.9.54 所示的截面草图。在百叶窗属性区域的深度文本框中输入数值 4，在宽度文本框中输入 5，单击宽度下的“反向”按钮，接受图 32.9.50 所示的方向为百叶窗的深度方向和宽度方向，在百叶窗形状下拉列表中选择成形的选项；在倒圆区域选中☑ 圆形百叶窗边复选框，在凹模半径文本框中输入数值 2.5。单击< 确定 >按钮，完成百叶窗特征 2 的创建。

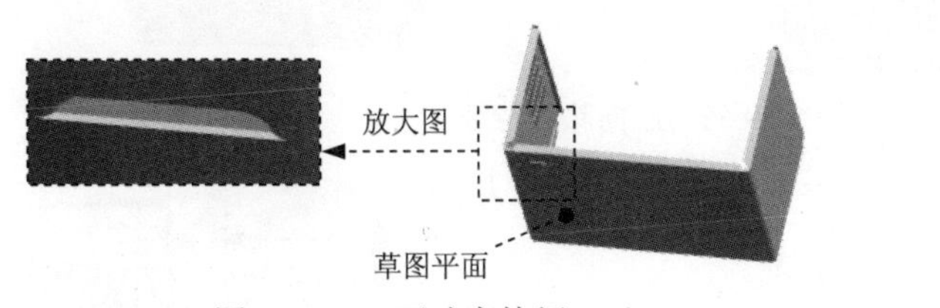

图 32.9.53 百叶窗特征 2

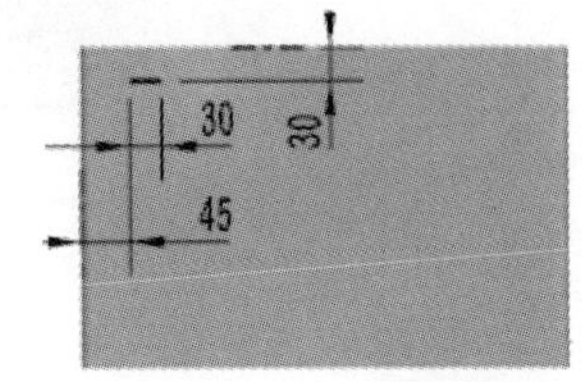

图 32.9.54 截面草图

Step30. 创建特征分组 2。在“部件导航器”窗口中的☑ SB 百叶窗 (103) 选项上右击，系统弹出快捷菜单，在此快捷菜单中选择特征分组(F)命令，在特征分组(F)对话框特征组名称的文本框中输入 2。单击< 确定 >按钮，完成特征分组 2 的创建。

说明：阵列特征的工作坐标系是通过选择下拉菜单中的格式(R) → WCS → 旋转(R)... → -YC 轴：XC --> ZC旋转 90° 来定位的。

Step31. 创建图 32.9.55 所示的阵列特征 2。选择下拉菜单插入(S) → 关联复制(A) → 实例特征(I)命令，系统弹出“实例”对话框。在“实例”对话框中选择矩形阵列按钮，在系统弹出的“实例”对话框中选择图 32.9.53 所示的百叶窗特征 2，单击< 确定 >按钮，在系统弹出的“输入参数”对话框X 向的数量的文本框中输入值 6，在XC 偏置的文本框中输入值 45，在Y 向的数量的文本框中输入值 3，在YC 偏置的文本框中输入值 15，单击< 确定 >按钮，完成阵列特征 2 的创建。

图 32.9.55 阵列特征 2

Step32. 创建图 32.9.56 所示的法向除料特征 1。选择下拉菜单插入(S) → 剪切(T) → 法向除料(N)...命令，系统弹出“法向除料”对话框。单击按钮，选取图 32.9.56 所示的模型表面为草图平面，取消选中设置区域的□ 创建中间基准 CSYS复选框，单击确定按钮，绘制图 32.9.57 所示的除料截面草图。在除料属性区域的切削方法下拉列表中选择厚度选项，在限制下拉列表中选择直至下一个选项。单击< 确定 >按钮，完成法向除料特征 1 的创建。

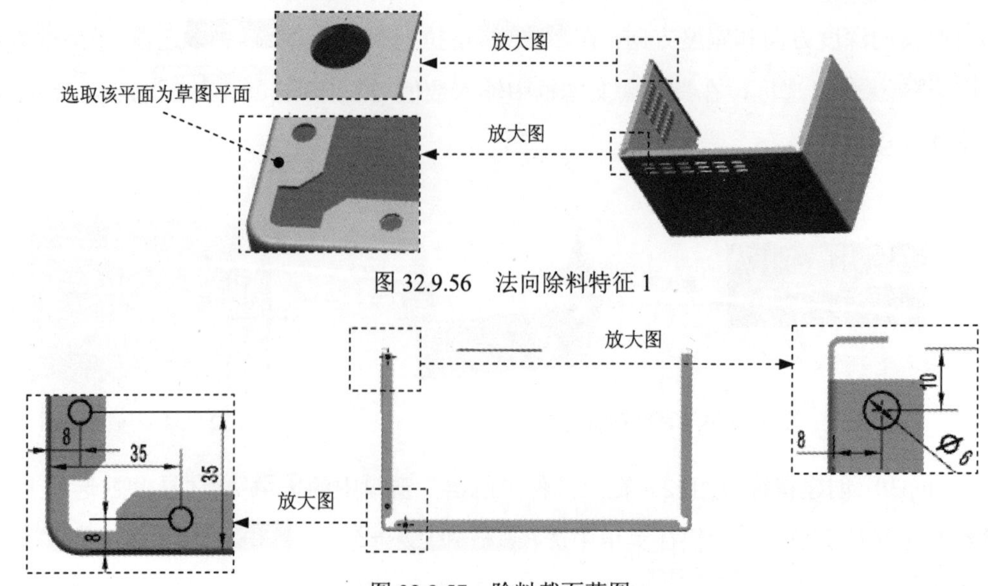

图 32.9.56 法向除料特征 1

图 32.9.57 除料截面草图

Step33. 创建图 32.9.58 所示的零件特征——镜像 5。选择下拉菜单 插入(S) → 关联复制(A) → 镜像特征(M)... 命令，在绘图区中选取图 32.9.56 所示的法向除料特征 1 为要镜像的特征。在 镜像平面 区域中单击 按钮，在绘图区中选取基准平面 1（图 32.9.23）作为镜像平面。单击 < 确定 > 按钮，完成镜像特征 5 的创建。

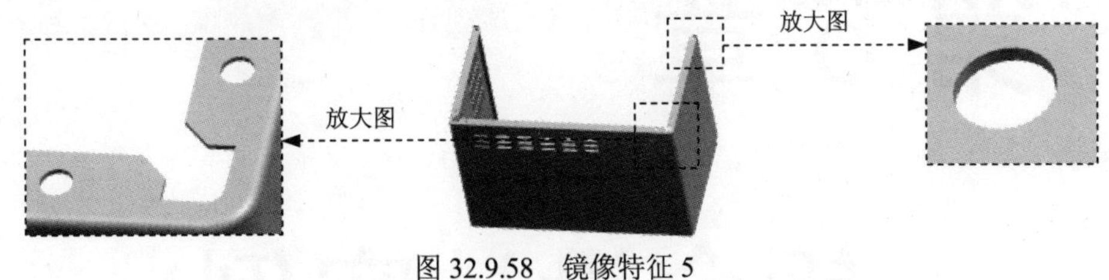

图 32.9.58　镜像特征 5

Step34. 保存钣金件模型。选择下拉菜单 文件(F) → 保存(S) 命令，即可保存钣金件模型。

第 6 章

钣金设计实例

本篇主要包含如下内容：

- 实例 33　钣金板
- 实例 34　钣金固定架
- 实例 35　软驱托架

实例 33 钣 金 板

实例概述：

本实例介绍了钣金板的设计过程，首先创建第一钣金壁特征，然后通过“弯边”命令和“高级弯边”命令创建了钣金壁特征，在设计此零件的过程中还创建了钣金壁切除特征，下面介绍了其设计过程，钣金件模型及模型树如图 33.1 所示。

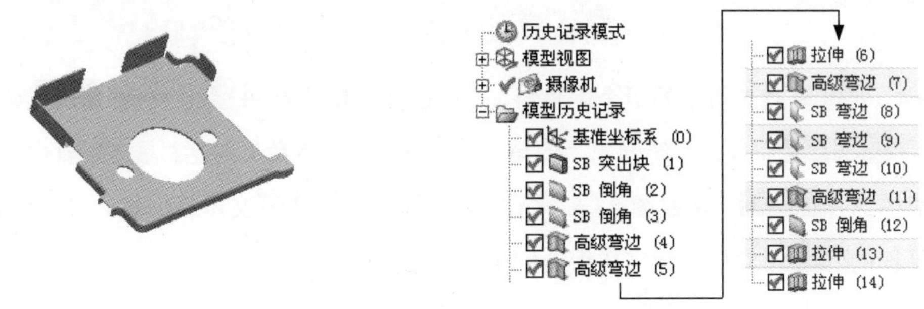

图 33.1 钣金件模型及模型树

Step1. 新建文件。选择下拉菜单 文件(F) → 新建(N)... 命令，系统弹出“新建”对话框。在 模板 区域中选择 NX 钣金 模板，在 名称 文本框中输入文件名称 sm_board，单击 确定 按钮，进入钣金环境。

Step2. 创建图 33.2 所示的突出块特征 1。选择下拉菜单 插入(S) → 突出块(B)... 命令，系统弹出“突出块”对话框。单击 按钮，选取 XY 平面为草图平面，选中 设置 区域的 ☑ 创建中间基准 CSYS 复选框，单击 确定 按钮，绘制图 33.3 所示的截面草图。厚度方向采用系统默认的矢量方向，单击 厚度 区域 厚度 文本框右侧的 按钮，在弹出的菜单中选择 使用本地值，然后在 厚度 文本框中输入数值 1；单击 < 确定 > 按钮，完成突出块特征 1 的创建。

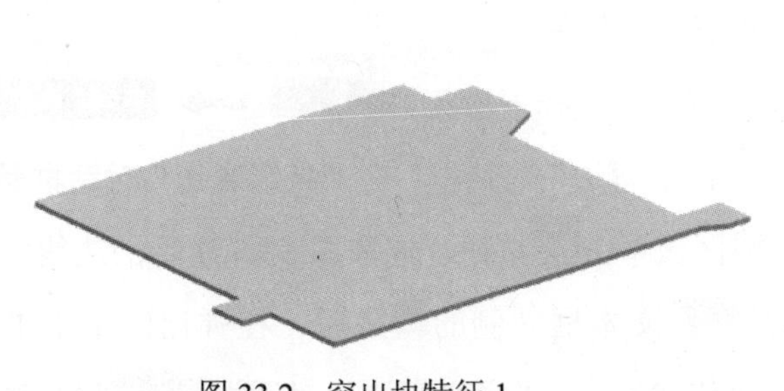

图 33.2 突出块特征 1

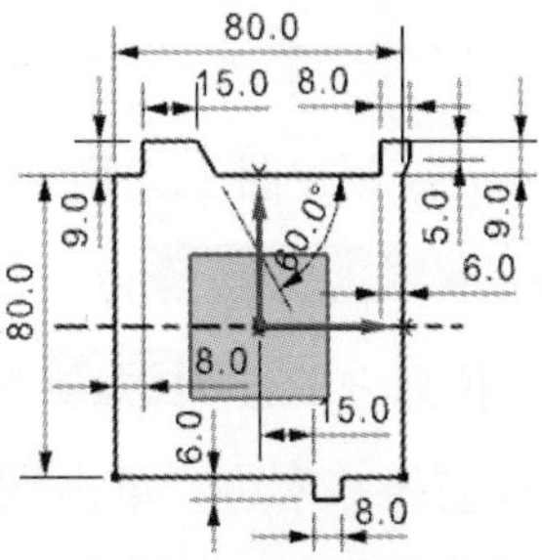

80.0 15.0 8.0 9.0 80.0 60.0° 5.0 9.0 6.0 8.0 15.0 6.0 8.0

图 33.3 截面草图

Step3.创建图 33.4 所示的钣金倒角特征 1。选择下拉菜单 插入(S) → 拐角(O)... ▸ → 倒角(B)... 命令，系统弹出“倒角”对话框。在“倒角”对话框 倒角属性 区域的 方法 下拉列表中选择 圆角。选取图 33.4 所示的三条边线，在 半径 文本框中输入 5。单击“倒角”对话框的 < 确定 > 按钮，完成钣金倒角特征 1 的创建。

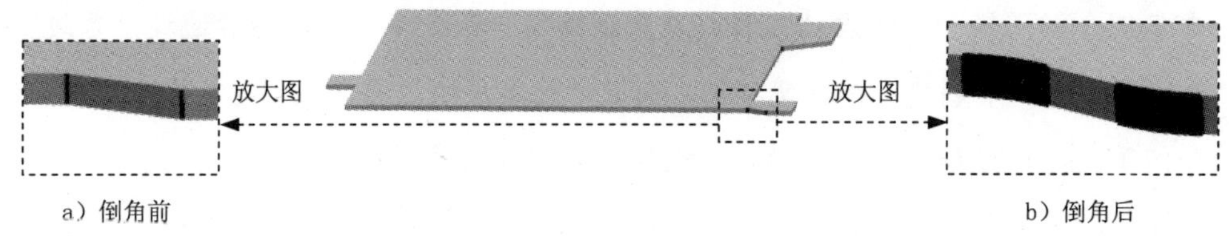

a）倒角前　　b）倒角后

图 33.4　钣金倒角特征 1

Step4. 创建图 33.5 所示的钣金倒角特征 2。选择下拉菜单 插入(S) → 拐角(O)... ▸ → 倒角(B)... 命令，系统弹出“倒角”对话框。在“倒角”对话框 倒角属性 区域的 方法 下拉列表中选择 圆角。选取图 33.6 所示的六条边线，在 半径 文本框中输入 3。单击“倒角”对话框的 < 确定 > 按钮，完成钣金倒角特征 2 的创建。

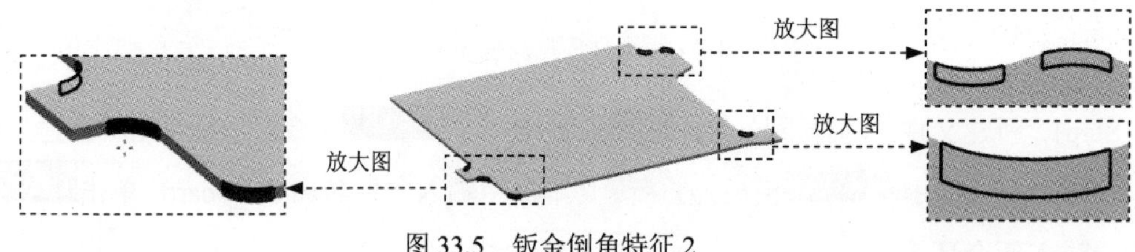

图 33.5　钣金倒角特征 2

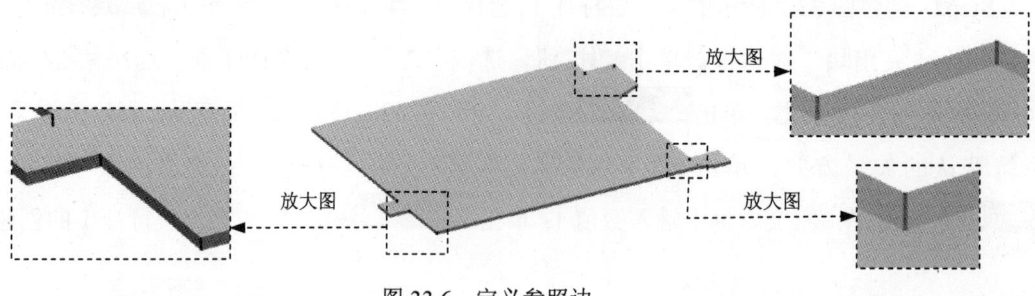

图 33.6　定义参照边

Step5. 创建图 33.7 所示的高级弯边特征 1。选择下拉菜单 插入(S) → NX 高级钣金 ▸ → 高级弯边(A)... 命令，系统弹出 “高级弯边”对话框。在“高级弯边”对话框 类型 区域的下拉列表中选择 按值 选项。在 基本边 区域单击 按钮，选取图 33.8 所示的边线为高级弯边特征的基本边，单击 折弯参数 区域 折弯半径 文本框右侧的 按钮，在弹出的菜单中选择 使用本地值，然后在 折弯半径 文本框中输入数值 0.5。在“高级弯边”对话框 弯边属性 区域 长度 文本框中输入数值 5，在 角度 文本框中输入数值 90，方向为 Z 轴的负方向，在 内嵌 下拉列表中选择折弯外侧选项。其他为默认，单击“高级弯边”对话框的< 确定 >按钮，完成高级弯边特征 1 的创建。

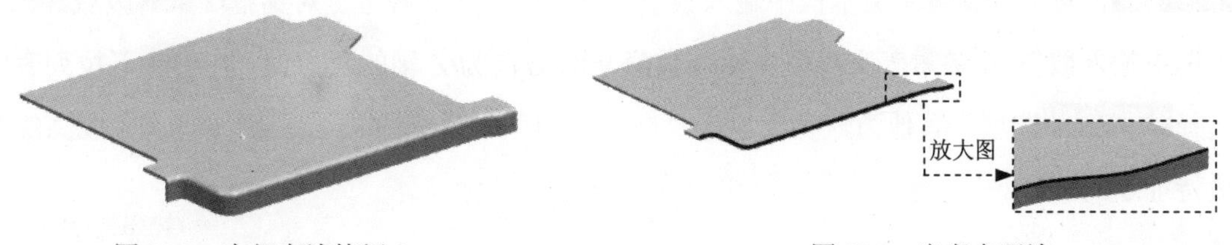

图 33.7 高级弯边特征 1　　　　图 33.8 定义参照边

Step6. 创建图 33.9 所示的高级弯边特征 2。选择下拉菜单插入(S) → NX 高级钣金 ▸ → 高级弯边(A)...命令，系统弹出 “高级弯边”对话框。在“高级弯边”对话框类型区域的下拉列表中选择按值选项。在基本边区域单击按钮，选取图 33.10 所示的边线为高级弯边特征的基本边，单击折弯参数区域折弯半径文本框右侧的按钮，在弹出的菜单中选择使用本地值，然后在折弯半径文本框中输入数值 0.5。在“高级弯边”对话框弯边属性区域长度文本框中输入数值 5，在角度文本框中输入数值 90，方向为 Z 轴的负方向，在内嵌下拉列表中选择折弯外侧选项。其他为默认，单击“高级弯边”对话框的< 确定 >按钮，完成高级弯边特征 2 的创建。

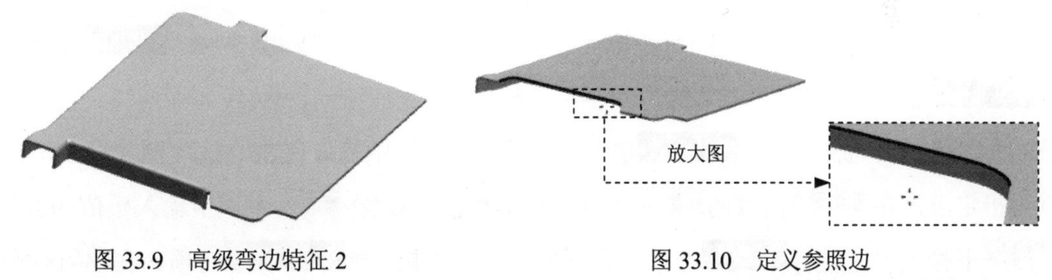

图 33.9 高级弯边特征 2　　　　图 33.10 定义参照边

Step7. 创建图 33.11 所示的拉伸特征 1。选择下拉菜单插入(S) → 剪切(T) ▸ → 拉伸(E)...命令（或单击按钮），系统弹出“拉伸”对话框。单击“拉伸”对话框中的“绘制截面”按钮，系统弹出“创建草图”对话框；选取图 33.12 所示的平面为草图平面，单击确定按钮，进入草图环境；绘制图 33.13 所示的截面草图；单击完成草图按钮，退出草图环境。在极限区域的开始下拉列表中选择贯通选项，在结束下拉列表中选择贯通选项，在布尔区域的布尔下拉列表中选择求差选项。单击< 确定 >按钮，完成拉伸特征 1 的创建。

Step8. 创建图 33.14 所示的高级弯边特征 3。选择下拉菜单插入(S) → NX 高级钣金 ▸ → 高级弯边(A)...命令，系统弹出 “高级弯边”对话框。在“高级弯边”对话框类型区域的下拉列表中选择按值选项。在基本边区域单击按钮，选取图 33.15 所示的边线为高级弯边特征的基本边，单击折弯参数区域折弯半径文本框右侧的按钮，在弹出的菜单中选择使用本地值，然后在折弯半径文本框中输入数值 0.5。在“高级弯边”对话框弯边属性区域长度文本框中输入数值 5，在角度文本框中输入数值 90，方向为 Z 轴的负方向，在内嵌下拉列表中选择折弯外侧选项。其他为默认，单击“高级弯边”对话框的< 确定 >按钮，完成高级弯边特征 3 的创建。

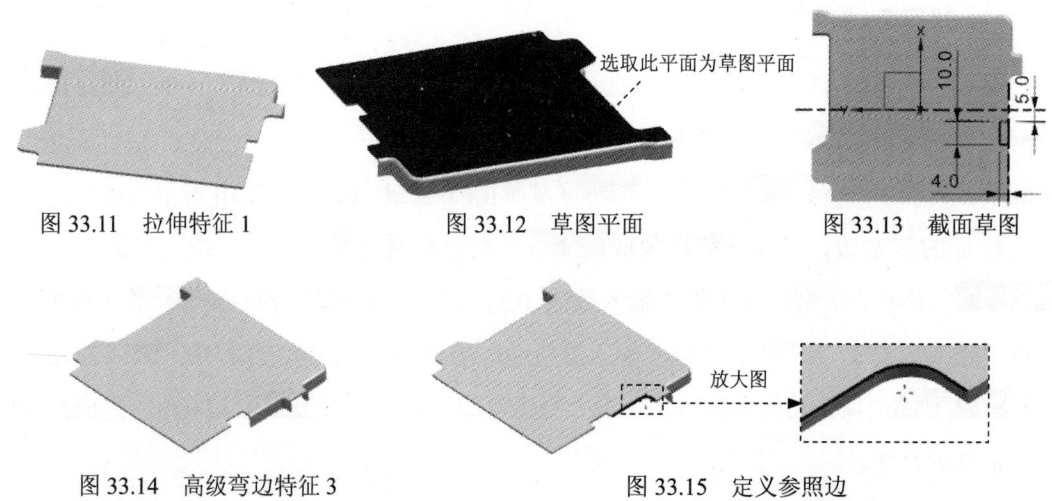

图 33.11 拉伸特征 1　　图 33.12 草图平面　　图 33.13 截面草图

图 33.14 高级弯边特征 3　　图 33.15 定义参照边

Step9. 创建图 33.16 所示的弯边特征 1。选择下拉菜单插入(S) → 折弯(N) → 弯边(F)...命令，系统弹出“弯边”对话框。选取图 33.17 所示的边线为线性边。在宽度区域的宽度选项下拉列表中选择在终点选项，在宽度文本框中输入值 30，选取图 33.17 所示的点为指定点，在弯边属性区域的长度文本框中输入数值 15，在角度文本框中输入数值 90，在参考长度下拉列表中选择外部选项，在内嵌下拉列表中选择材料内侧选项。在偏置区域的偏置文本框中输入数值 0；在折弯参数区域中单击折弯半径文本框右侧的按钮，在系统弹出的菜单中选择使用本地值选项，然后在折弯半径文本框中输入数值 0.5；在止裂口区域中的折弯止裂口下拉列表中选择无选项；在拐角止裂口下拉列表中选择仅折弯选项。单击< 确定 >按钮，完成弯边特征 1 的创建。

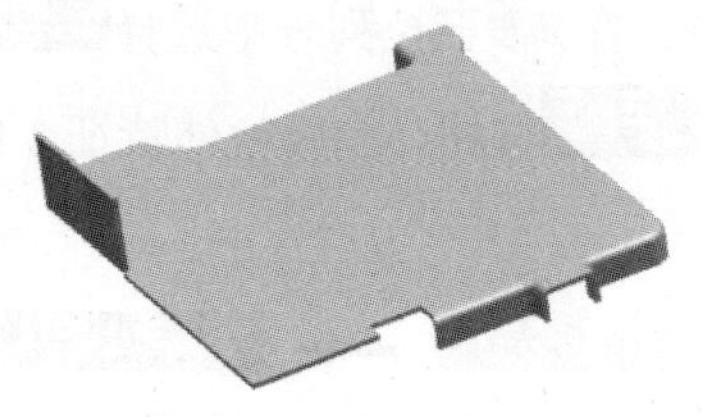

图 33.16 弯边特征 1

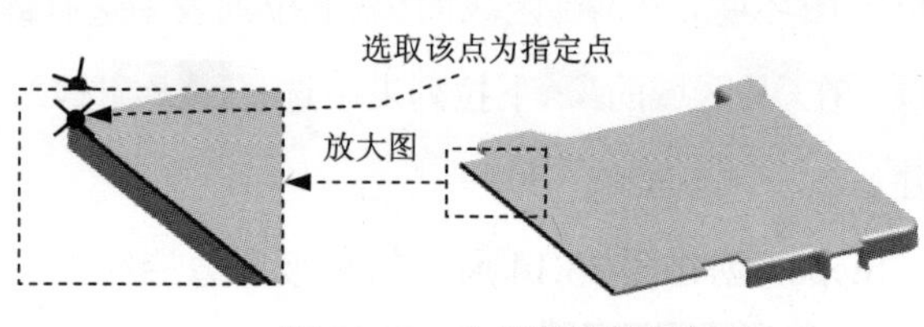

图 33.17 定义线性边

Step10. 创建图 33.18 所示的弯边特征 2。选择下拉菜单 插入(S) → 折弯(N) → 弯边(F)... 命令，系统弹出“弯边”对话框。选取图 33.19 所示的边线为线性边。在 宽度 区域的 宽度选项 下拉列表中选择 在终点 选项，在 宽度 文本框中输入值 30，选取图 33.19 所示的点为指定点，在 弯边属性 区域的 长度 文本框中输入数值 15，在 角度 文本框中输入数值 90，在 参考长度 下拉列表中选择 外部 选项，在 内嵌 下拉列表中选择 材料内侧 选项。在 偏置 区域的 偏置 文本框中输入数值 0；在 折弯参数 区域中单击 折弯半径 文本框右侧的 按钮，在系统弹出的菜单中选择 使用本地值 选项，然后在 折弯半径 文本框中输入数值 0.5；在 止裂口 区域中的 折弯止裂口 下拉列表中选择 无 选项；在 拐角止裂口 下拉列表中选择 仅折弯 选项。单击 < 确定 > 按钮，完成弯边特征 2 的创建。

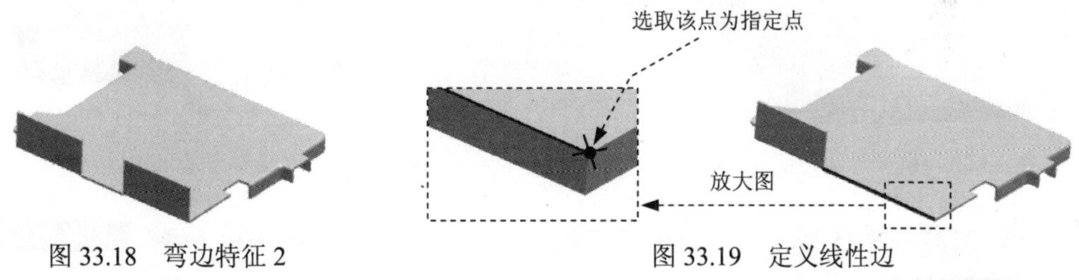

图 33.18　弯边特征 2　　图 33.19　定义线性边

Step11. 创建图 33.20 所示的弯边特征 3。选择下拉菜单 插入(S) → 折弯(N) → 弯边(F)... 命令，系统弹出“弯边”对话框。选取图 33.21 所示的边线为线性边。在 截面 区域单击 按钮，绘制图 33.22 所示的截面草图。绘制完成后单击 完成草图 按钮。在 弯边属性 区域的 匹配面 下拉列表中选择 无 选项，在 角度 文本框中输入数值 90，在 内嵌 下拉列表中选择 折弯外侧 选项。在 偏置 区域的 偏置 文本框中输入数值 0；在 折弯参数 区域中单击 折弯半径 文本框右侧的 按钮，在系统弹出的菜单中选择 使用本地值 选项，然后在 折弯半径 文本框中输入数值 0.5；在 止裂口 区域中的 折弯止裂口 下拉列表中选择 无 选项；在 拐角止裂口 下拉列表中选择 仅折弯 选项。单击 < 确定 > 按钮，完成弯边特征 3 的创建。

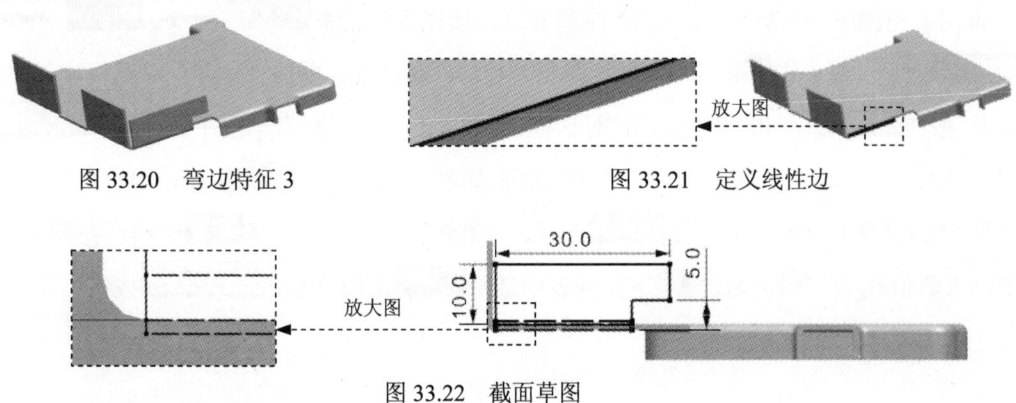

图 33.20　弯边特征 3　　图 33.21　定义线性边

图 33.22　截面草图

Step12. 创建图 33.23 所示的高级弯边特征 4。选择下拉菜单 插入(S) → NX 高级钣金 ▸ → 高级弯边(A)... 命令，系统弹出“高级弯边”对话框。在“高级弯边”对话框 类型 区域的下拉列表中选择 按值 选项。在 基本边 区域单击 按钮，选取图 38.24 所示的边线为高级弯边特征的基本边，单击 折弯参数 区域 折弯半径 文本框右侧的 按钮，在弹出的菜单中选择 使用本地值，然后在 折弯半径 文本框中输入数值 0.5。在“高级弯边”对话框 弯边属性 区域 长度 文本框中输入数值 10，在 角度 文本框中输入数值 90，方向为 Z 轴的正方向，在 内嵌 下拉列表中选择 折弯外侧 选项。其他为默认，单击“高级弯边”对话框的 < 确定 > 按钮，完成高级弯边特征 4 的创建。

图 33.23 高级弯边特征 4　　图 33.24 定义参照边

Step13.创建图 33.25 所示的钣金倒角特征 3。选择下拉菜单 插入(S) → 拐角(O)... ▸ → 倒角(B)... 命令，系统弹出“倒角”对话框。在“倒角”对话框 倒角属性 区域的 方法 下拉列表中选择 圆角。选取八条边线，在 半径 文本框中输入 1。单击“倒角”对话框的 < 确定 > 按钮，完成钣金倒角特征 3 的创建。

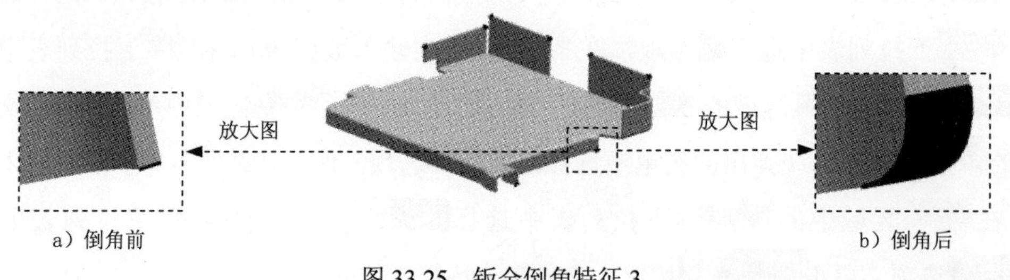

a）倒角前　　b）倒角后

图 33.25 钣金倒角特征 3

Step14. 创建图 33.26 所示的拉伸特征 2。选择下拉菜单 插入(S) → 剪切(T) ▸ → 拉伸(E)... 命令（或单击 按钮），系统弹出“拉伸”对话框。单击“拉伸”对话框中的“绘制截面”按钮，系统弹出“创建草图”对话框；选取 XZ 基准平面为草图平面，单击 确定 按钮，进入草图环境；绘制图 33.27 所示的截面草图；单击 完成草图 按钮，退出草图环境。在 极限 区域的 开始 下拉列表中选择 贯通 选项，在 结束 下拉列表中选择 值 选项，在 距离 文本框中输入数值 0，在 布尔 区域的 布尔 下拉列表中选择 求差 选项。单击 < 确定 > 按钮，完成拉伸特征 2 的创建。

图 33.26 拉伸特征 2

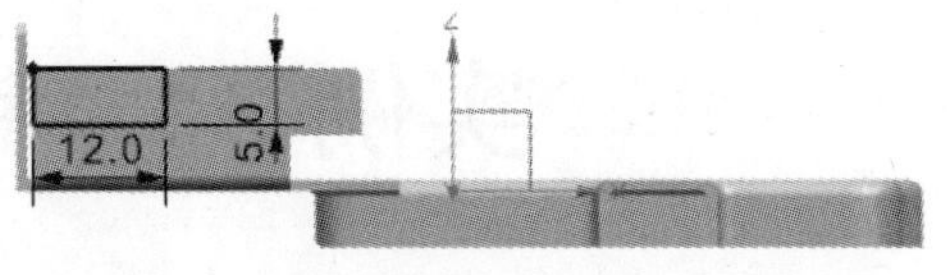

图 33.27 截面草图

Step15. 创建图 33.28 所示的拉伸特征 3。选择下拉菜单插入(S) → 剪切(T) → 拉伸(E)...命令（或单击按钮），系统弹出“拉伸”对话框。单击“拉伸”对话框中的“绘制截面”按钮，系统弹出“创建草图”对话框；选取 XY 基准平面为草图平面，单击确定按钮，进入草图环境；绘制图 33.29 所示的截面草图；单击完成草图按钮，退出草图环境。在极限区域的开始下拉列表中选择贯通选项，在结束下拉列表中选择贯通选项，在布尔区域的布尔下拉列表中选择求差选项。单击< 确定 >按钮，完成拉伸特征 3 的创建。

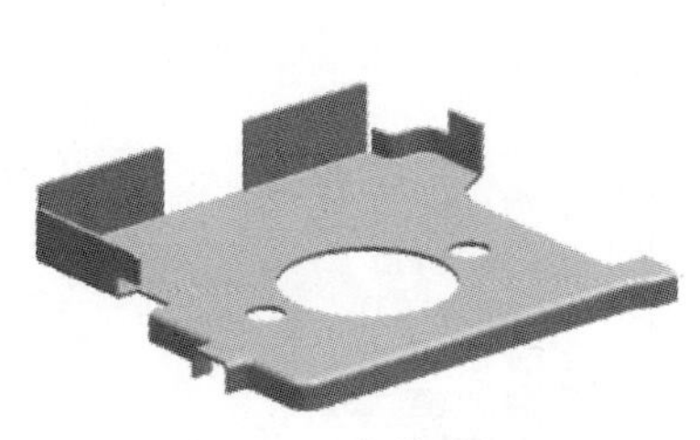
图 33.28 拉伸特征 3

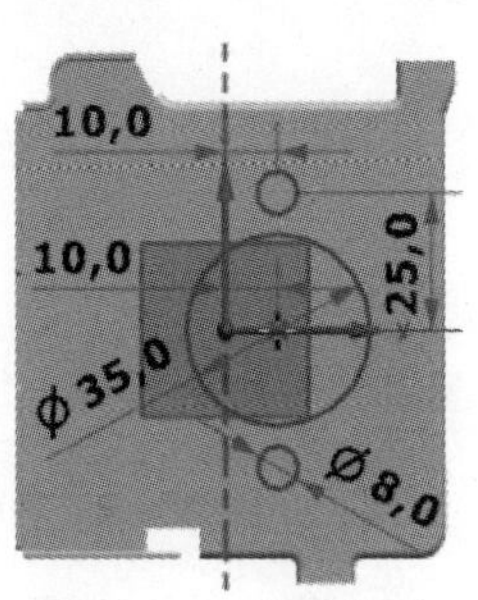

图 33.29 截面草图

Step16. 保存钣金件模型。选择下拉菜单文件(F) → 保存(S)命令，即可保存钣金件模型。

实例 34　钣金固定架

实例概述：

本实例介绍了钣金固定架的设计过程，首先创建了拉伸特征和转换为钣金特征，用于创建后面的成形特征；然后通过“弯边”命令对模型进行折弯操作。钣金件模型及模型树如图 34.1 所示。

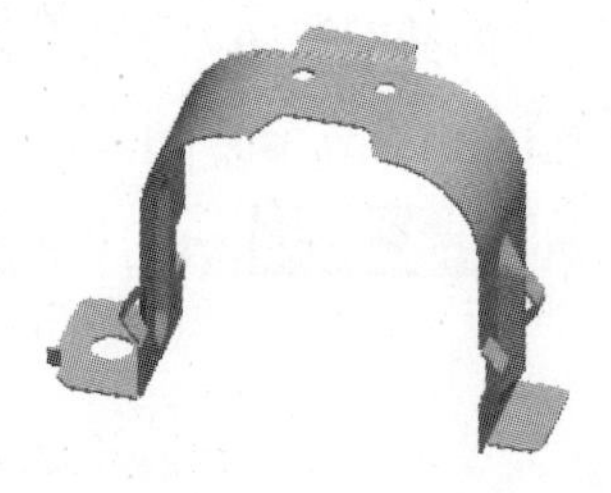

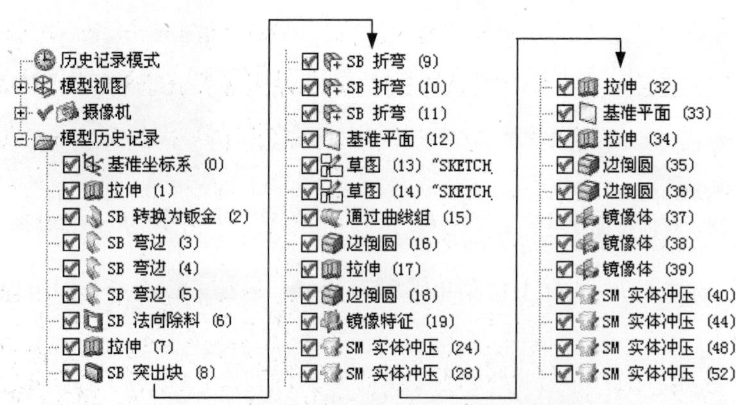

图 34.1　钣金件模型及模型树

Step1. 新建文件。选择下拉菜单 文件(F) → 新建(N)... 命令，系统弹出“新建”对话框。在 模板 区域中选择 NX 钣金 模板，在 名称 文本框中输入文件名称 immobility_bracket，单击 确定 按钮，进入钣金环境。

Step2. 创建图 34.2 所示的拉伸特征 1。选择下拉菜单 开始 → 建模(M)... 命令，进入建模环境；选择下拉菜单 插入(S) → 设计特征(E) → 拉伸(E)... 命令；选取 YZ 基准平面为草图平面，选中 设置 区域的 ☑ 创建中间基准 CSYS 复选框，绘制图 34.3 所示的截面草图，拉伸方向采用系统默认的矢量方向；在“拉伸”对话框 极限 区域的 开始 下拉列表中选择 对称值 选项，并在其下的 距离 文本框中输入数值 12；其他参数采用系统默认设置值；单击 < 确定 > 按钮，完成拉伸特征 1 的创建。

图 34.2　拉伸特征 1

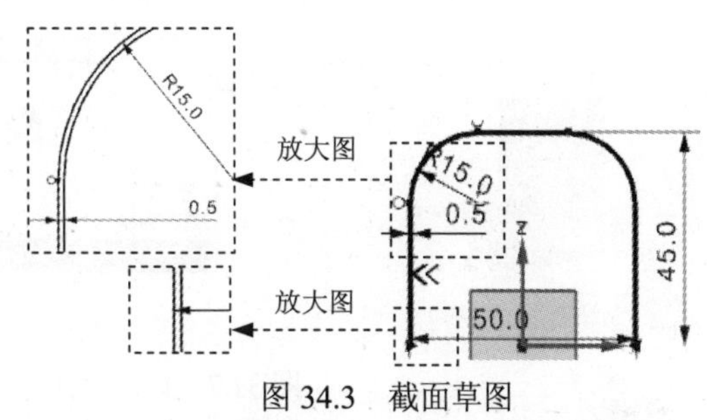

图 34.3　截面草图

Step3. 将实体零件转换为钣金件。选择下拉菜单 开始 → NX 钣金(H)... 命令，进入"NX 钣金"环境。选择下拉菜单 插入(S) → 转换(V) → 转换为钣金... 命令，系统弹出"转换为钣金"对话框。选取图 34.4 所示的模型表面为基本面。在"转换为钣金"对话框中单击 确定 按钮，完成特征的转换。

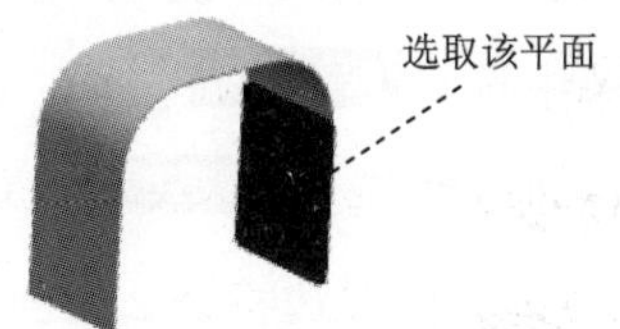

图 34.4　选取模型基本面

Step4. 创建图 34.5 所示的弯边特征 1。选择下拉菜单 插入(S) → 折弯(N) → 弯边(F)... 命令，系统弹出"弯边"对话框。选取图 34.6 所示的边线为线性边。在 截面 区域单击按钮，绘制图 34.7 所示的截面草图。绘制完成后单击 完成草图 按钮。在 弯边属性 区域的 匹配面 下拉列表中选择 无 选项，在 角度 文本框中输入数值 90，在 内嵌 下拉列表中选择 材料内侧 选项。在 偏置 区域的 偏置 文本框中输入数值 0；在 折弯参数 区域中单击 折弯半径 文本框右侧的按钮，在系统弹出的菜单中选择 使用本地值 选项，然后在 折弯半径 文本框中输入数值 0.2；在 止裂口 区域中的 折弯止裂口 下拉列表中选择 无 选项；在 拐角止裂口 下拉列表中选择 仅折弯 选项。单击 < 确定 > 按钮，完成弯边特征 1 的创建。

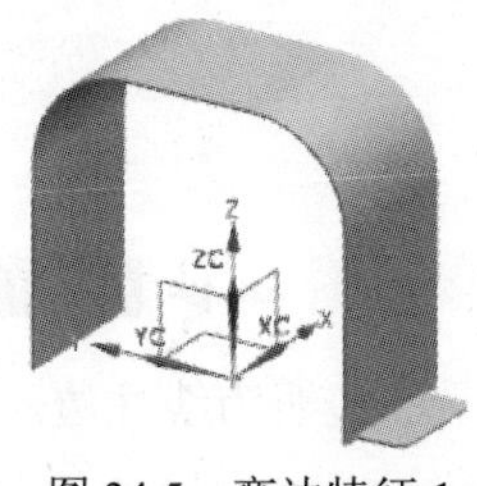

图 34.5　弯边特征 1

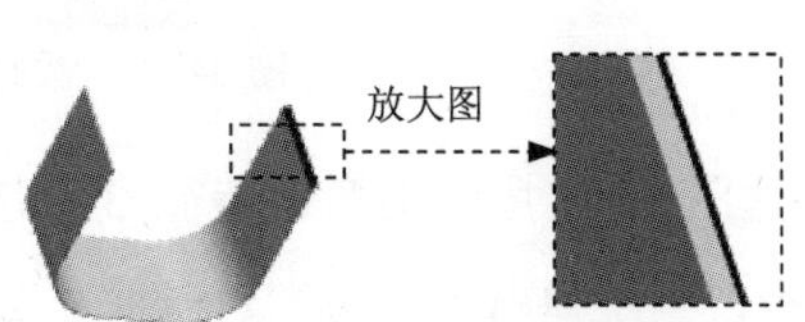

图 34.6　定义线性边

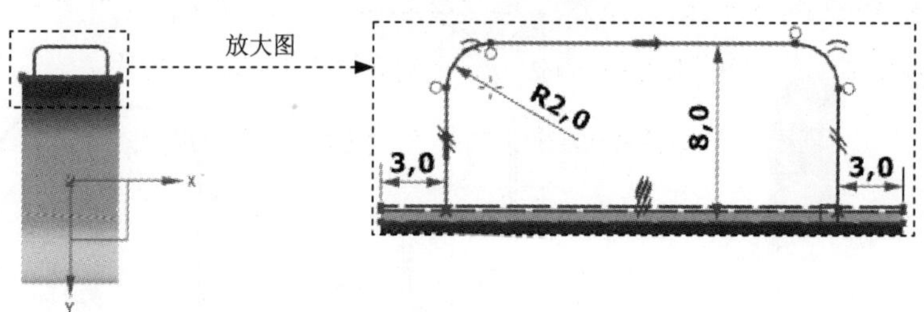

图 34.7 截面草图

Step5. 创建图 34.8 所示的弯边特征 2。选择下拉菜单 插入(S) → 折弯(N) → 弯边(F)... 命令，系统弹出“弯边”对话框。选取图 34.9 所示的边线为线性边。在 截面 区域单击 按钮，绘制图 34.10 所示的截面草图。绘制完成后单击 完成草图 按钮。在 弯边属性 区域的 匹配面 下拉列表中选择 无 选项，在 角度 文本框中输入数值 90，在 内嵌 下拉列表中选择 材料内侧 选项。在 偏置 区域的 偏置 文本框中输入数值 0；在 折弯参数 区域中单击 折弯半径 文本框右侧的 按钮，在系统弹出的菜单中选择 使用本地值 选项，然后在 折弯半径 文本框中输入数值 0.2；在 止裂口 区域中的 折弯止裂口 下拉列表中选择 正方形 选项；在 拐角止裂口 下拉列表中选择 仅折弯 选项。单击 < 确定 > 按钮，完成弯边特征 2 的创建。

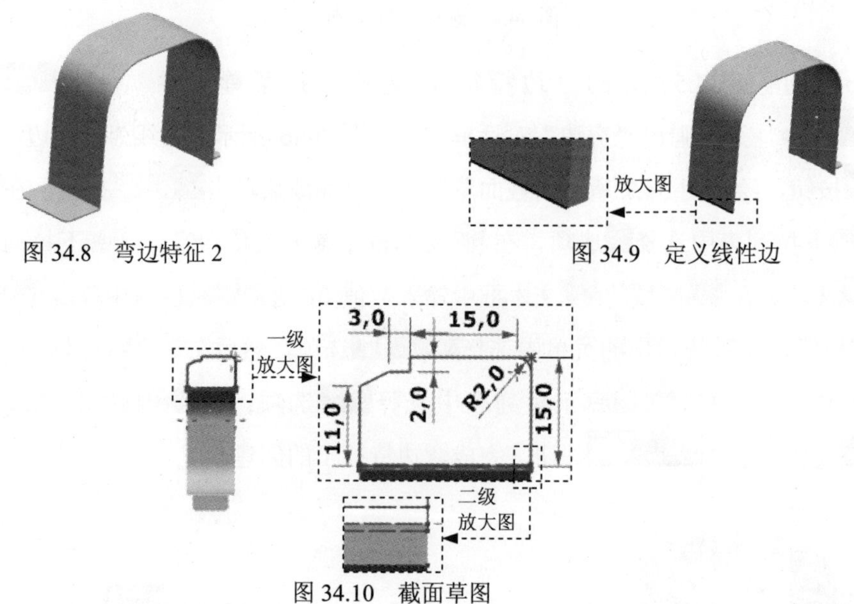

图 34.8 弯边特征 2

图 34.9 定义线性边

图 34.10 截面草图

Step6. 创建图 34.11 所示的弯边特征 3。选择下拉菜单 插入(S) → 折弯(N) → 弯边(F)... 命令，系统弹出“弯边”对话框。选取图 34.12 所示的边线为线性边。在 宽度 区域的 宽度选项 下拉列表中选择 完整 选项，在 弯边属性 区域的 长度 文本框中输入数值 3，在 角度 文本框中输入数值 90，在 参考长度 下拉列表中选择 外部 选项，在 内嵌 下拉列表中选择 折弯外侧选项。在偏置区域的偏置文本框中输入数值 0；在折弯参数区域中单击折弯半径文本框右侧的按钮，在系统弹出的菜单中选择使用本地值选项，然后在折弯半径文本框中输入数值 0.2；在止裂口区域中的折弯止裂口下拉列表中选择正方形选项；在拐角止裂口下拉列表中选择仅折弯选项。单击< 确定 >按钮，完成弯边特征 3 的创建。

图 34.11　弯边特征 3

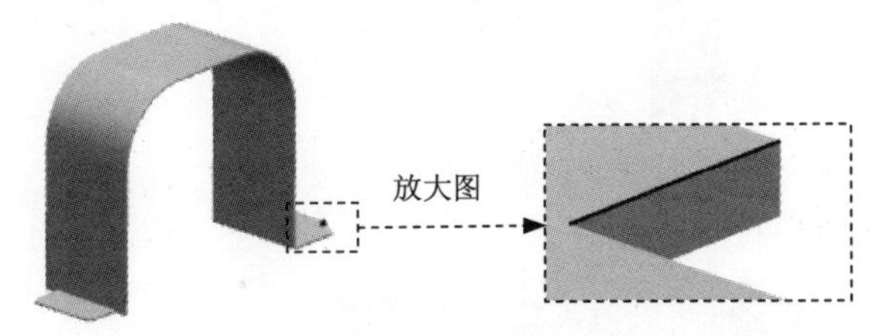

图 34.12　定义线性边

Step7. 创建图 34.13 所示的法向除料特征 1。选择下拉菜单插入(S) → 剪切(T) → 法向除料(N)...命令，系统弹出"法向除料"对话框。单击按钮，选取图 34.14 所示的模型表面为草图平面，取消选中设置区域的创建中间基准 CSYS复选框，单击确定按钮，绘制图 34.15 所示的除料截面草图。在除料属性区域的切削方法下拉列表中选择厚度选项，在限制下拉列表中选择贯通选项。单击< 确定 >按钮，完成法向除料特征 1 的创建。

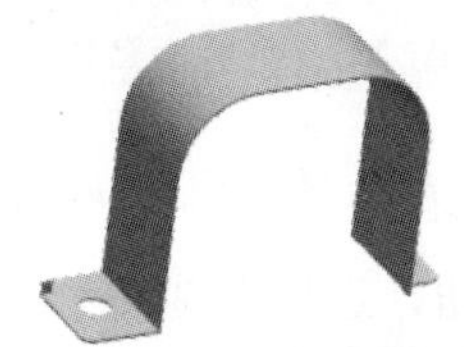

图 34.13　法向除料特征 1

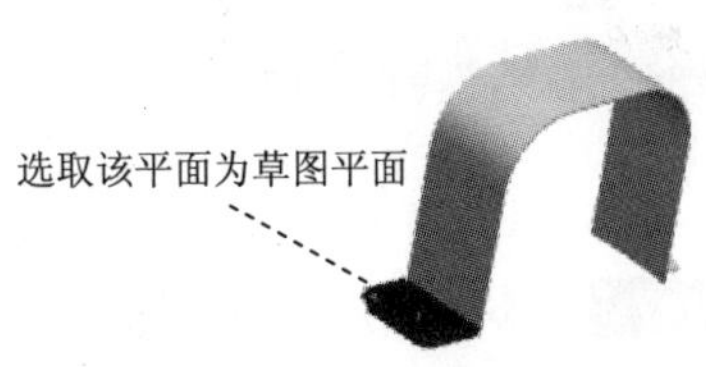

图 34.14　定义草图平面

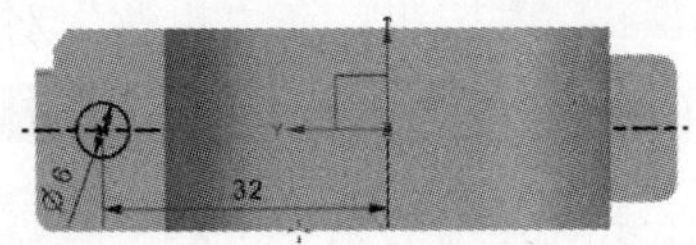

图 34.15　除料截面草图

Step8. 创建图 34.16 所示的拉伸特征 1。选择下拉菜单插入(S) → 剪切(T) → 拉伸(E)...命令；选取图 34.17 所示的平面为草图平面，绘制图 34.18 所示的截面草图；在方向区域中单击"反向"按钮；在开始下拉列表中选择值选项，并在其下的距离文本框中输入数值 0；在结束下拉列表中选择贯通选项；在布尔下拉列表中选择求差选项，采用系统默认求差对象；单击< 确定 >按钮，完成拉伸特征 1 的创建。

Step9. 创建图 34.19 所示的突出块特征 1。选择下拉菜单插入(S) → 突出块(B)...命令，系统弹出“突出块”对话框；选取图 34.20 所示的平面为草图平面，绘制图 34.21 所示的截面草图。绘制完成后单击完成草图按钮。单击< 确定 >按钮，完成突出块特征 1 的创建。

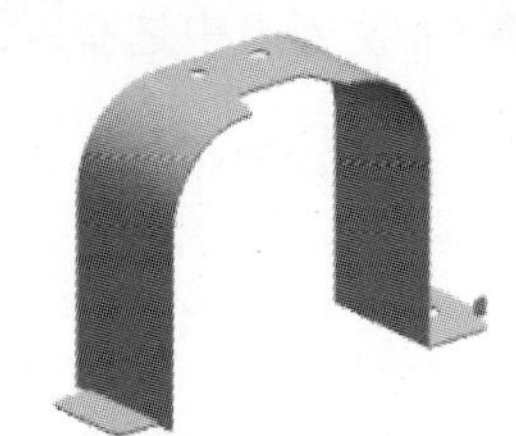
图 34.16　拉伸特征 1

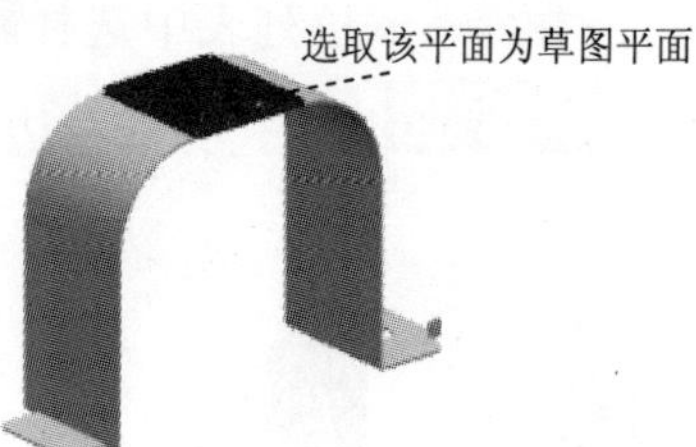

图 34.17　定义草图平面

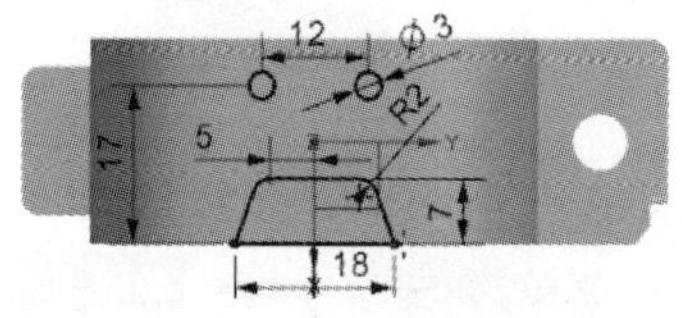

图 34.18　截面草图

图 34.19　突出块特征 1

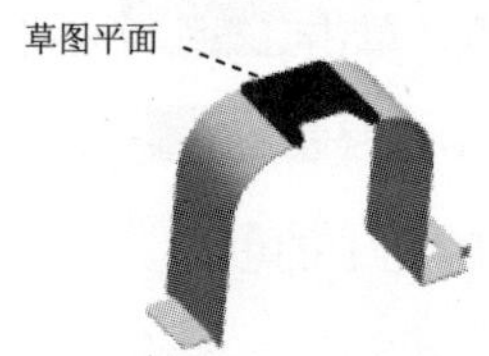

图 34.20　定义草图平面

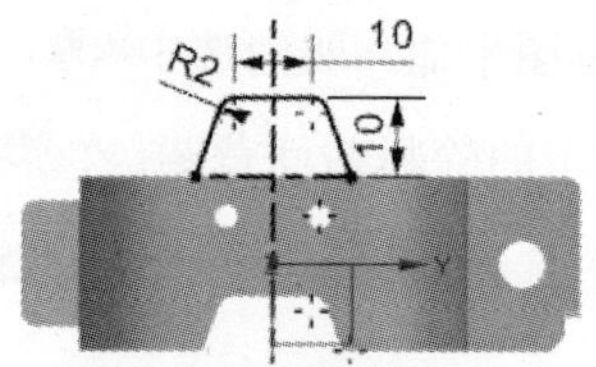

图 34.21　截面草图

Step10. 创建图 34.22 所示的折弯特征 1。选择下拉菜单插入(S) → 折弯(N) → 折弯(B)...命令，系统弹出“折弯”对话框。单击按钮，选取图 34.23 所示的平面为草图平面，取消选中设置区域的□ 创建中间基准 CSYS复选框，单击确定按钮，绘制图 34.24 所示的截面草图。绘制完成后单击完成草图按钮。在“折弯”对话框中的角度文本框中输入折弯角度值 45，单击“反侧”按钮，将内嵌设置为外模具线轮廓选项，在折弯参数区域中单击折弯半径文本框右侧的按钮，在系统弹出的菜单中选择使用本地值选项，然后在折弯半径文本框中输入数值 0.2；在止裂口区域中的折弯止裂口下拉列表中选择无选项；在拐角止裂口下拉列表中选择仅折弯选项。单击< 确定 >按钮，完成折弯特征 1 的创建。

Step11. 创建图 34.25 所示的折弯特征 2。选择下拉菜单插入(S) → 折弯(N) → 折弯(B)...命令，系统弹出“折弯”对话框。单击按钮，选取图 34.26 所示的平面为草图平面，单击确定按钮，绘制图 34.27 所示的截面草图。绘制完成后单击完成草图按钮。在“折弯”对话框中将内嵌设置为外模具线轮廓选项，在角度文本框中输入折弯角度值 45，在折弯参数区域中单击折弯半径文本框右侧的按钮，在系统弹出的菜单中选择使用本地值选项，然后在折弯半径文本框中输入数值 0.2；在止裂口区域中的折弯止裂口下拉列表中选择无选项；在拐角止裂口下拉列表中选择仅折弯选项。单击< 确定 >按钮，完成折弯特征 2 的创建。

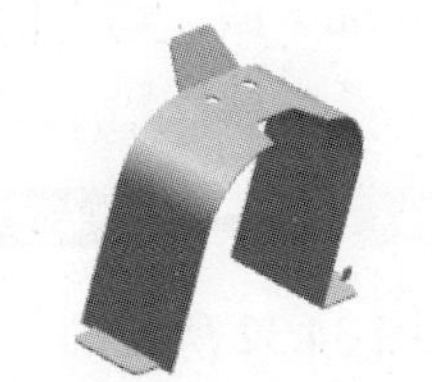
图 34.22 折弯特征 1

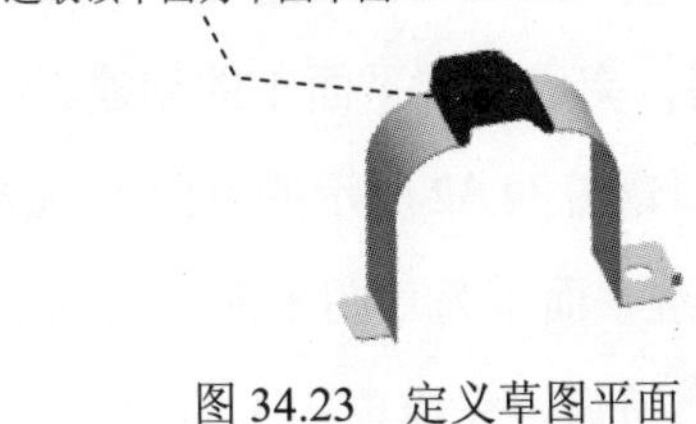

图 34.23 定义草图平面

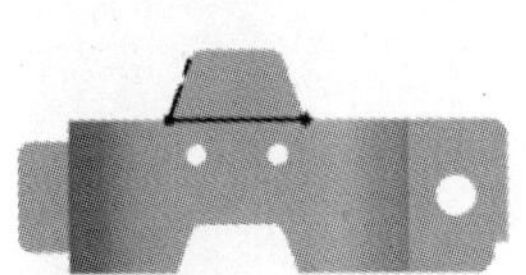
图 34.24 截面草图

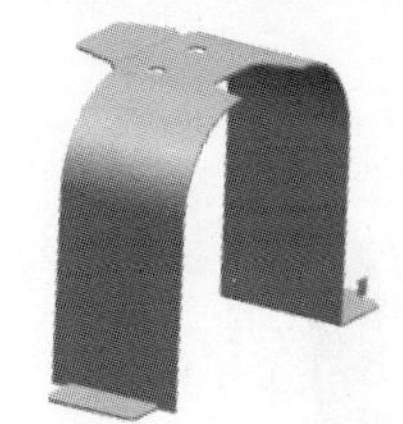
图 34.25 折弯特征 2

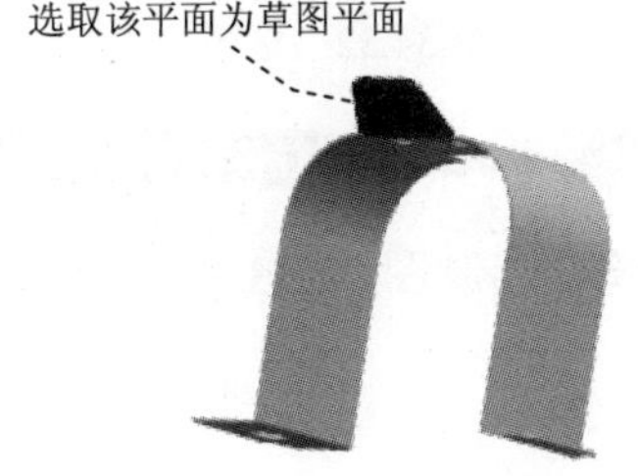

图 34.26 定义草图平面

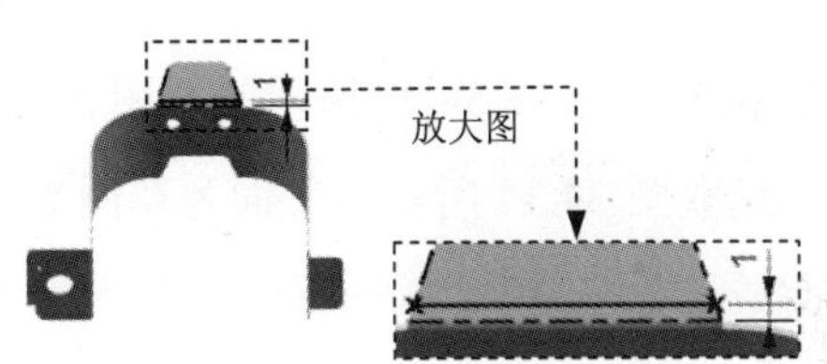

图 34.27 截面草图

Step12. 创建图 34.28 所示的折弯特征 3。选择下拉菜单插入(S) → 折弯(N) → 折弯(B)...命令，系统弹出“折弯”对话框。单击按钮，选取图 34.29 所示的平面为草图平面，单击确定按钮，绘制图 34.30 所示的截面草图。绘制完成后单击完成草图按钮。在“折弯”对话框中将内嵌设置为外模具线轮廓选项，在角度文本框中输入折弯角度值 90，在折弯参数区域中单击折弯半径文本框右侧的按钮，在系统弹出的菜单中选择使用本地值选项，然后在折弯半径文本框中输入数值 0.2；在止裂口区域中的折弯止裂口下拉列表中选择无选项；在拐角止裂口下拉列表中选择仅折弯选项。单击< 确定 >按钮，完成折弯特征 3 的创建。

图 34.28 折弯特征 3

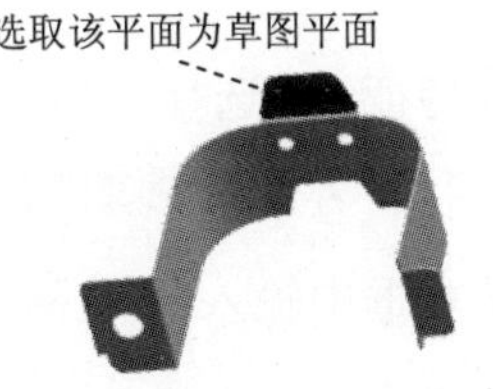

图 34.29 定义草图平面

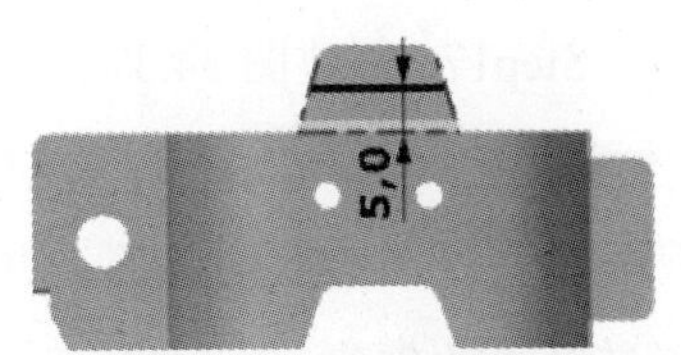

图 34.30 截面草图

Step13. 创建图 34.31 所示的基准平面 1。选择下拉菜单 插入(S) ➡ 基准/点(D) ➡ 基准平面(D)... 命令（或单击按钮），系统弹出“基准平面”对话框。在类型区域的下拉列表框中选择 按某一距离 选项，在绘图区选取 ZX 基准平面，输入偏移值 28。单击 < 确定 > 按钮，完成基准平面 1 的创建。

Step14. 创建图 34.32 所示的草图 1。选择下拉菜单 插入(S) ➡ 任务环境中的草图(S)... 命令；选取基准平面 1 为草图平面；进入草图环境，绘制图 34.32 所示的草图 1。绘制完成后单击 完成草图 按钮，完成草图 1 的创建。

图 34.31 基准平面 1

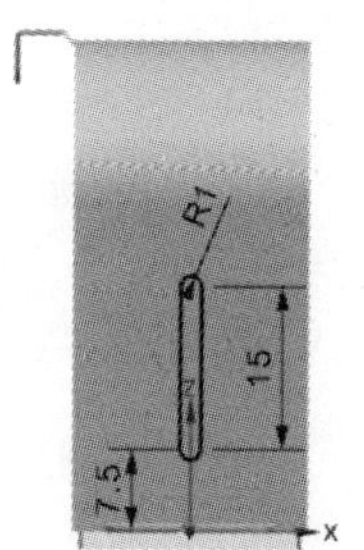

图 34.32 草图 1

Step15. 创建图 34.33 所示的草图 2。选择下拉菜单 插入(S) ➡ 任务环境中的草图(S)... 命令；选取图 34.34 所示的平面为草图平面；进入草图环境，绘制图 34.33 所示的草图 2。绘制完成后单击 完成草图 按钮，完成草图 2 的创建。

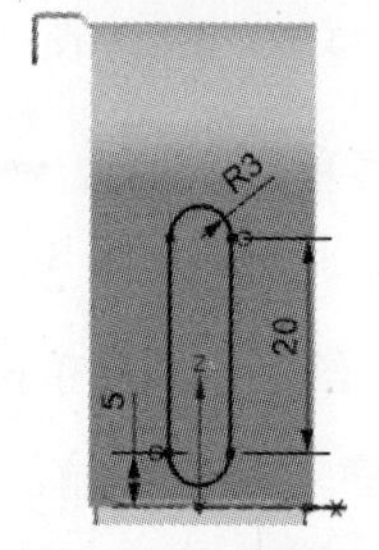

图 34.33 草图 2

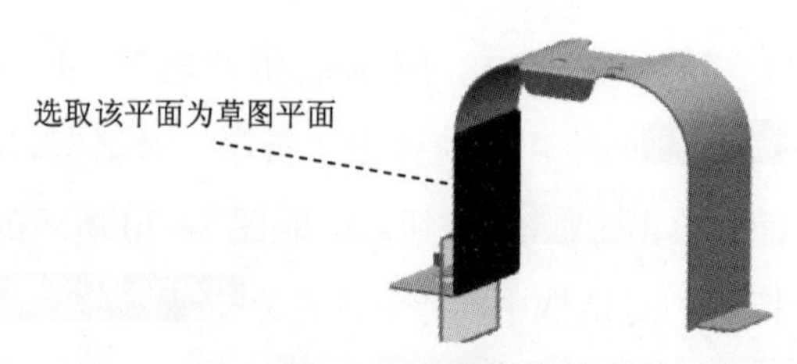

图 34.34 定义草图平面

Step16. 创建图 34.35 所示的零件特征——网格曲面 1。选择下拉菜单 开始 ➡ 建模(M)... 命令，进入“建模”环境。选择下拉菜单 插入(S) ➡ 网格曲面(M) ➡ 通过曲线组(T)... 命令；依次选取图 34.36 所示的曲线，并分别单击中键确认；单击 < 确定 > 按钮，完成网格曲面 1 的创建。

Step17. 创建图 34.37 所示的边倒圆特征 1。选择下拉菜单 插入(S) ➡ 细节特征(L) ➡ 边倒圆(E)... 命令（或单击按钮），在要倒圆的边区域中单击按钮，选择图 34.38 所示的边链为边倒圆参照，并在半径 1 文本框中输入值 0.6。单击 < 确定 > 按钮，完成边倒圆特征 1 的创建。

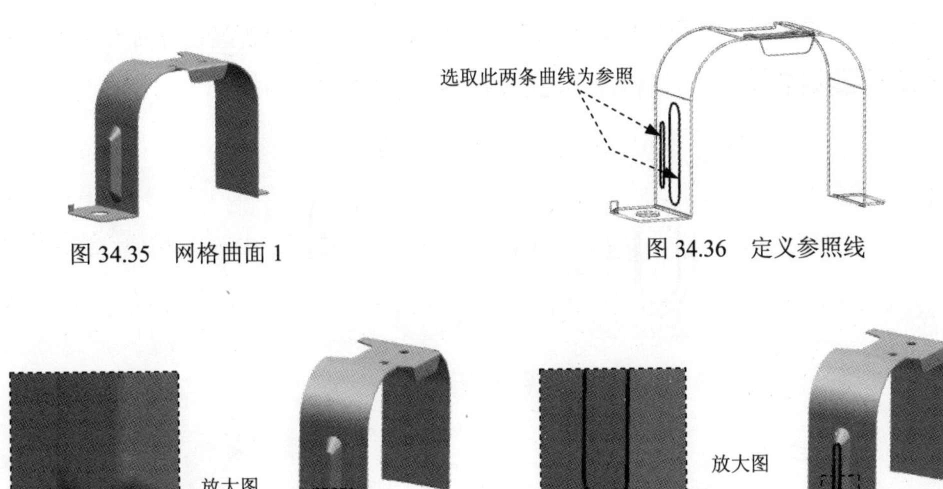

图 34.35　网格曲面 1

图 34.36　定义参照线

图 34.37　边倒圆特征 1

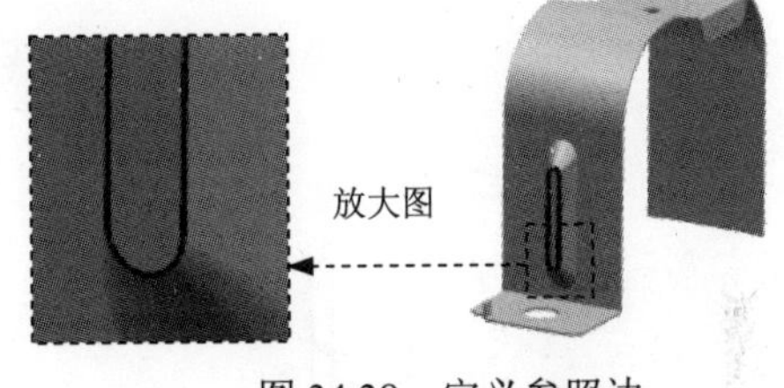

图 34.38　定义参照边

Step18. 创建图 34.39 所示的零件基础特征——拉伸 2。选择下拉菜单插入(S) → 设计特征(E) → 拉伸(E)...命令，系统弹出“拉伸”对话框。选取图 34.40 所示的平面为草图平面，绘制图 34.41 所示的截面草图；在指定矢量下拉列表中选择 -YC 选项；在极限区域的开始下拉列表框中选择值选项，并在其下的距离文本框中输入值 0，在极限区域的结束下拉列表框中选择值选项，并在其下的距离文本框中输入值 5，在布尔区域的下拉列表框中选择求和选项，选取前面的网格曲面特征为求和对象。单击< 确定 >按钮，完成拉伸特征 2 的创建。

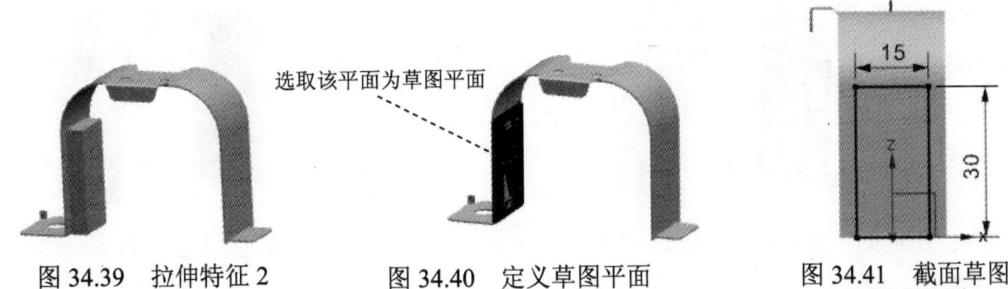

图 34.39　拉伸特征 2　　图 34.40　定义草图平面　　图 34.41　截面草图

Step19. 创建图 34.42 所示的边倒圆特征 2。选择图 34.43 所示的边链为边倒圆参照，并在半径 1文本框中输入值 1.5。单击< 确定 >按钮，完成边倒圆特征 2 的创建。

Step20. 创建图 34.44 所示的零件特征——镜像 1。选择下拉菜单插入(S) → 关联复制(A) → 镜像特征(M)...命令，在绘图区中选取图 34.35 所示的网格曲面 1 和图 34.37 所示的边倒圆特征 1 和图 34.39 所示拉伸特征 2 和图 34.42 所示的边倒圆特征 2 为要镜像的特征。在镜像平面区域中单击按钮，在绘图区中选取 XZ 基准平面作为镜像平面。单击< 确定 >按钮，完成镜像特征 1 的创建。

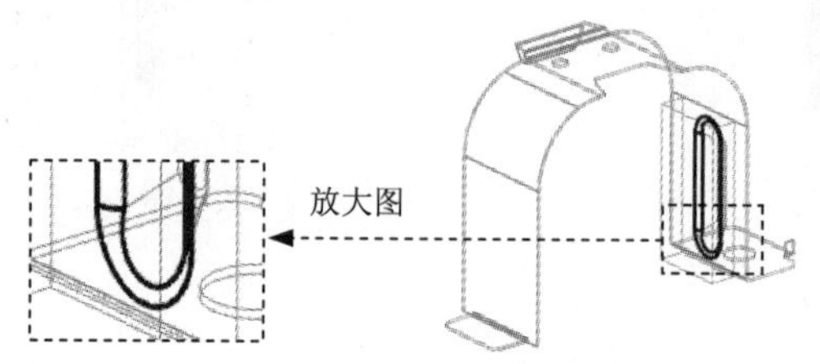

图 34.42 边倒圆特征 2

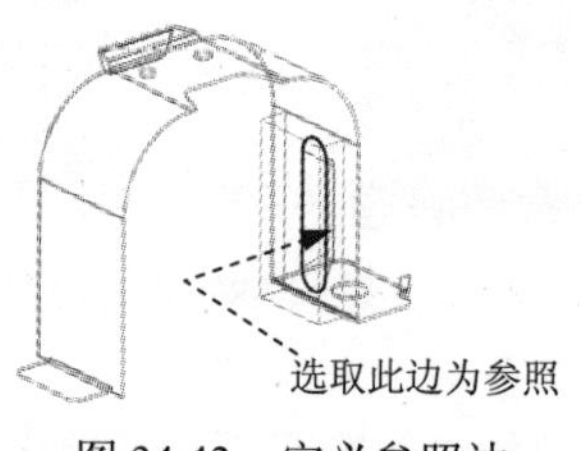

图 34.43 定义参照边

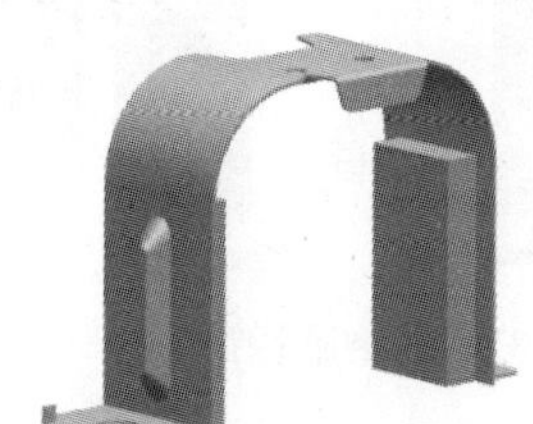

图 34.44 镜像特征 1

Step21. 创建图 34.45 所示的实体冲压特征 1。将模型切换至“NX 钣金”设计环境，选择下拉菜单插入(S) ➡ 冲孔(H) ➡ 实体冲压(S)...命令，系统弹出“实体冲压”对话框。在类型下拉列表中选择冲模选项，选取图 34.46 所示的面为目标面。选取图 34.46 所示的特征为工具体。在实体冲压属性区域选中☑ 自动判断厚度复选框。单击“实体冲压”对话框中的< 确定 >按钮，完成实体冲压特征 1 的创建。

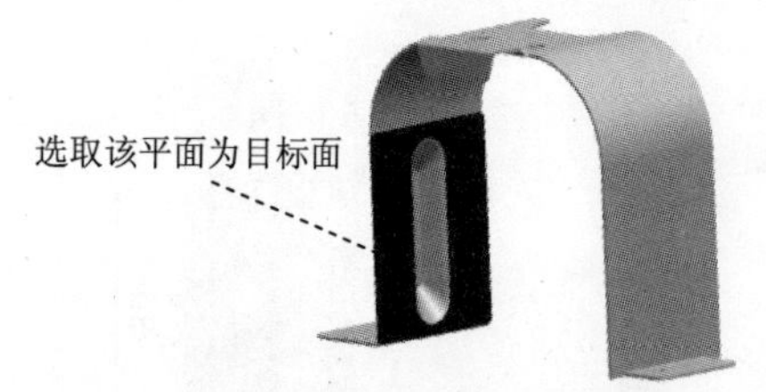

图 34.45 实体冲压特征 1

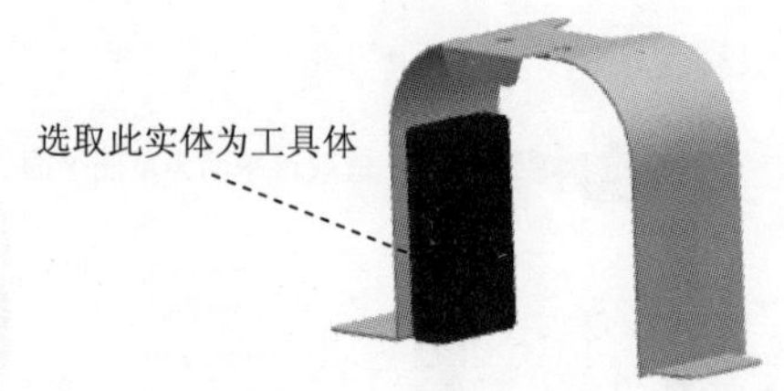

图 34.46 定义工具体

Step22. 创建图 34.47 所示的实体冲压特征 2。选择下拉菜单插入(S) ➡ 冲孔(H) ➡ 实体冲压(S)...命令，系统弹出“实体冲压”对话框。在类型下拉列表中选择冲模选项，选取图 34.46 所示的面为目标面。选取图 34.48 所示的特征为工具体。在实体冲压属性区域选中☑ 自动判断厚度复选框。单击“实体冲压”对话框中的< 确定 >按钮，完成实体冲压特征 2 的创建。

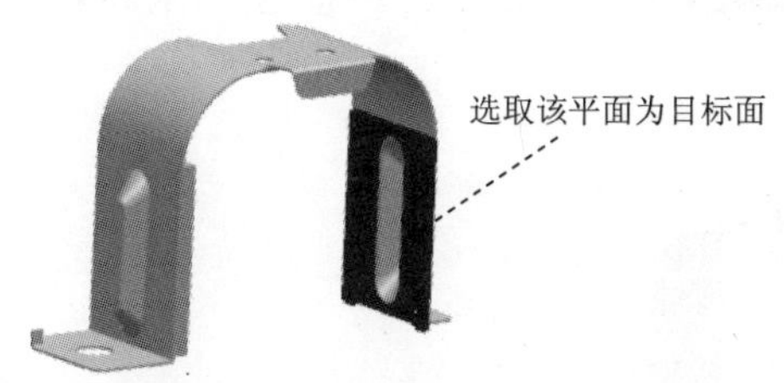

图 34.47　实体冲压特征 2

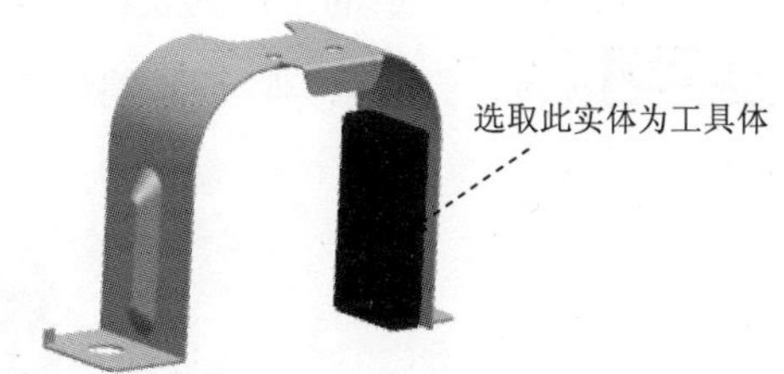

图 34.48　定义工具体

Step23. 创建图 34.49 所示的拉伸特征 3。切换至“建模”设计环境，选择下拉菜单 插入(S) → 设计特征(E) → 拉伸(E)... 命令；选取图 34.50 所示的平面为草图平面，绘制图 34.51 所示的截面草图；在 指定矢量 下拉列表中选择 YC 选项；在 开始 下拉列表中选择 值 选项，并在其下的 距离 文本框中输入数值 0；在 结束 下拉列表中选择 值 选项，并在其下的 距离 文本框中输入数值 5；在 布尔 下拉列表中选择 无 选项，单击 < 确定 > 按钮，完成拉伸特征 3 的创建。

Step24. 创建图 34.52 所示的基准平面 2。选择下拉菜单 插入(S) → 基准/点(D) → 基准平面(D)... 命令（或单击 按钮），系统弹出“基准平面”对话框。在 类型 区域的下拉列表框中选择 按某一距离 选项，在绘图区选取 YZ 基准平面，输入偏移值 9。单击 < 确定 > 按钮，完成基准平面 2 的创建。

图 34.49　拉伸特征 3

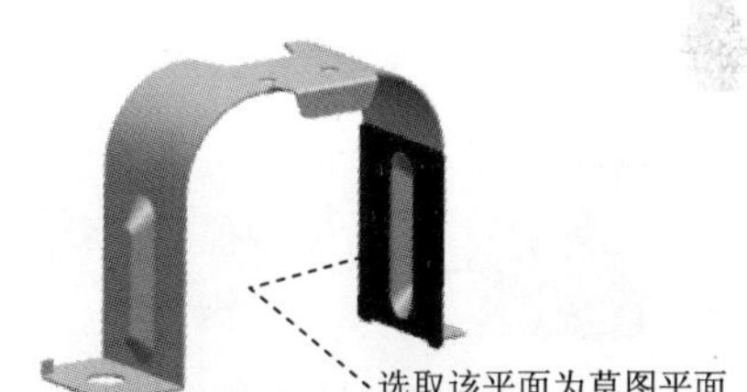

图 34.50　定义草图平面

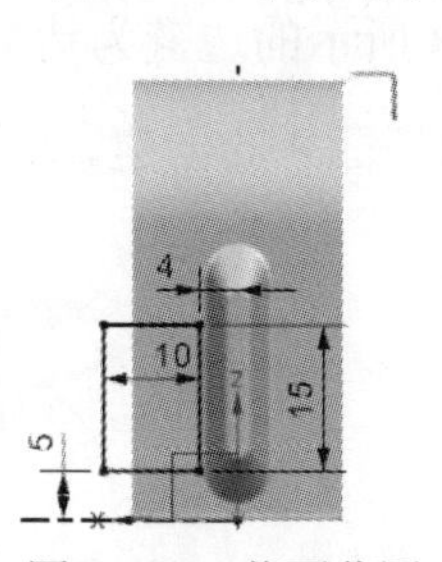

图 34.51　截面草图

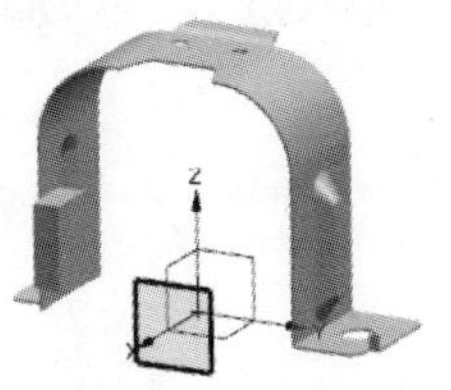
图 34.52　基准平面 2

Step25. 创建图 34.53 所示的拉伸特征 4。选择下拉菜单 插入(S) → 设计特征(E) → 拉伸(E)... 命令；选取基准平面 2 为草图平面，绘制图 34.54 所示的截面草图；在 指定矢量 下拉列表中选择 XC 选项；在 开始 下拉列表中选择 对称值 选项，并在其下的 距离 文本框中输入数值 3；在布尔区域的下拉列表框中选择求和选项，选取拉伸特征 3 为求和对象。单击〈确定〉按钮，完成拉伸特征 4 的创建。

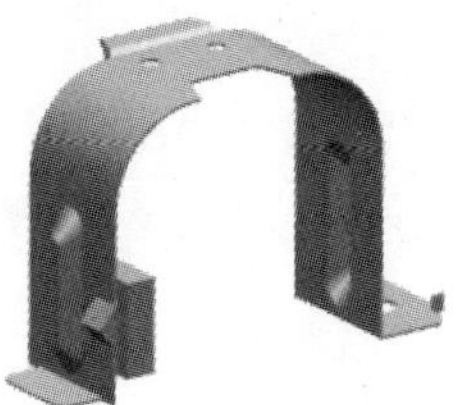

图 34.53 拉伸特征 4

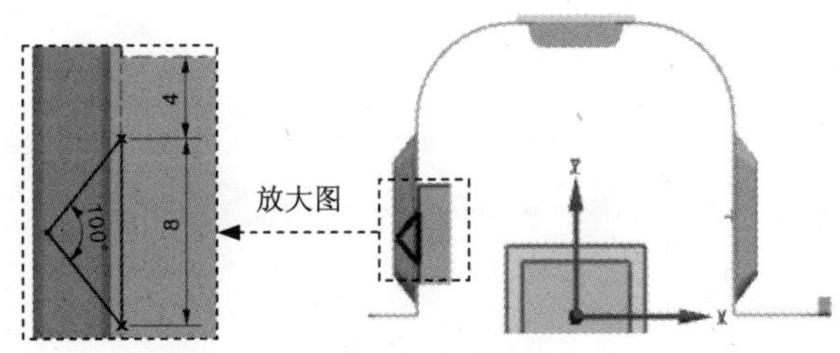

图 34.54 截面草图

Step26. 创建图 34.55 所示的边倒圆特征 3。选择图 34.56 所示的边链为边倒圆参照，并在半径 1文本框中输入值 1.5。单击〈确定〉按钮，完成边倒圆特征 3 的创建。

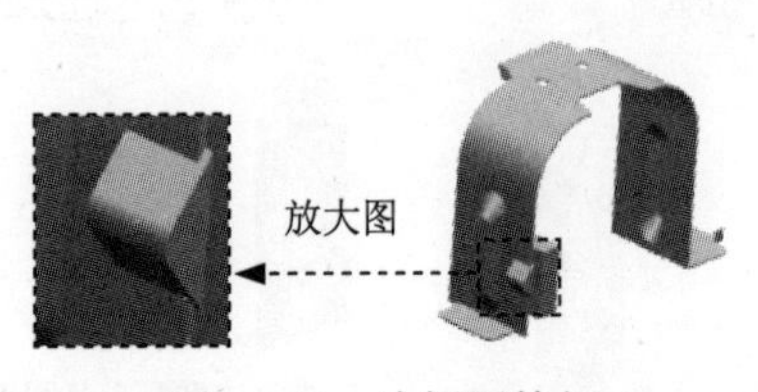

图 34.55 边倒圆特征 3

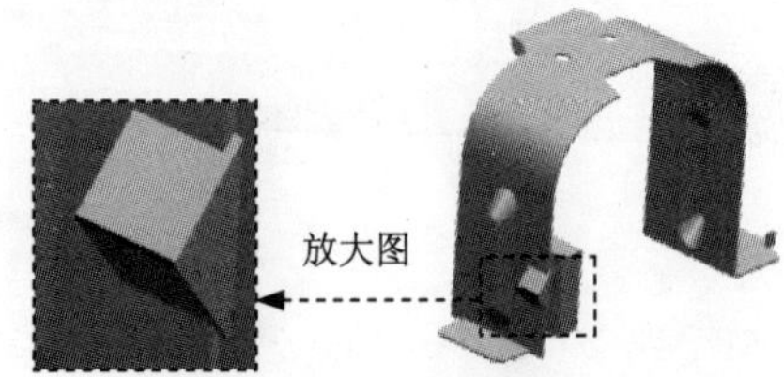

图 34.56 定义参照边

Step27. 创建图 34.57 所示的边倒圆特征 4。选择图 34.58 所示的边链为边倒圆参照，并在半径 1文本框中输入值 1。单击〈确定〉按钮，完成边倒圆特征 4 的创建。

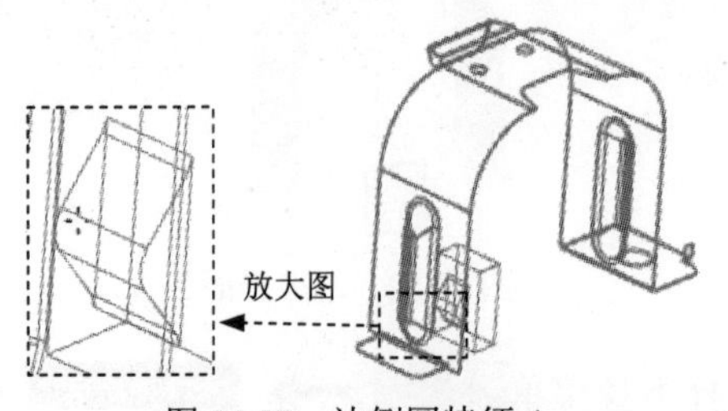

图 34.57 边倒圆特征 4

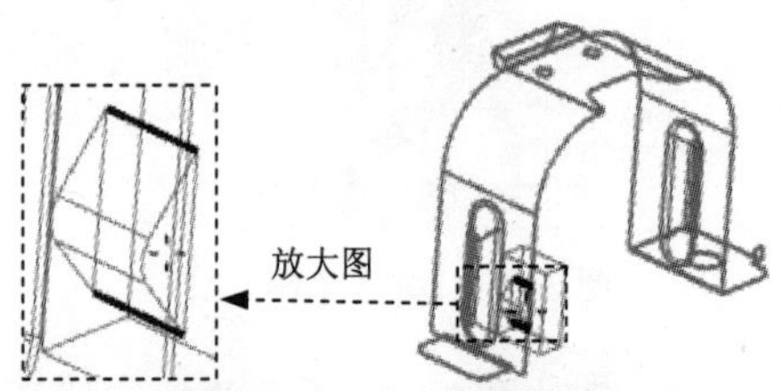

图 34.58 定义参照边

Step28. 创建图 34.59 所示的零件特征——镜像 2。选择下拉菜单插入(S) ➡ 关联复制(A) ➡ 镜像特征(M)...命令，在绘图区中选取图 34.49 所示的拉伸特征 3 和图

34.53 所示的拉伸特征 4 和图 34.55 所示的边倒圆特征 3 和图 34.57 所示的边倒圆特征 4 为要镜像的特征。在镜像平面区域中单击按钮，在绘图区中选取 YZ 基准平面作为镜像平面。单击< 确定 >按钮，完成镜像特征 2 的创建。

Step29. 创建图 34.60 所示的零件特征——镜像 3。选择下拉菜单插入(S) → 关联复制(A) → 镜像特征(M)...命令，单击相关特征区域下的拉伸（32）、拉伸（34）、边倒圆(35)、边倒圆(36)、镜像特征（37）为参照，选取 XZ 基准平面为镜像平面

单击< 确定 >按钮，完成镜像特征 3 的创建。

图 34.59　镜像特征 2

图 34.60　镜像特征 3

Step30. 创建图 34.61 所示的实体冲压特征 3。切换至“钣金”环境。选择下拉菜单插入(S) → 冲孔(H) → 实体冲压(S)...命令，系统弹出“实体冲压”对话框。在类型下拉列表中选择冲模选项，选取图 34.61 所示的面为目标面。选取图 34.62 所示的特征为工具体。选取图 34.63 所示的面为冲裁面。在实体冲压属性区域选中☑ 自动判断厚度复选框。单击“实体冲压”对话框中的< 确定 >按钮，完成实体冲压特征 3 的创建。

Step31. 创建图 34.64 所示的实体冲压特征 4。详细操作过程参照 Step30。

Step32. 创建图 34.65 所示的实体冲压特征 5。详细操作过程参照 Step30。

Step33. 创建图 34.66 所示的实体冲压特征 6。详细操作过程参照 Step30。

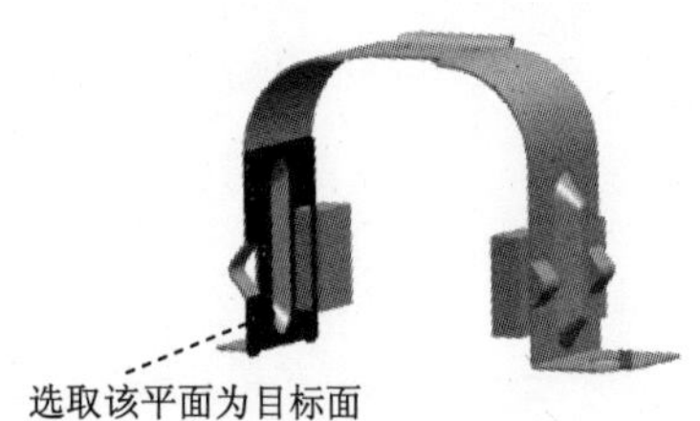

图 34.61　实体冲压特征 3

图 34.62　定义工具体

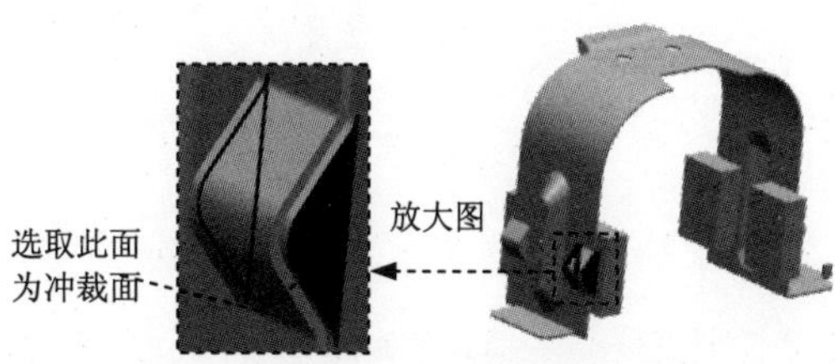

图 34.63　定义参照平面

图 34.64　实体冲压特征 4

图 34.65 实体冲压特征 5

图 34.66 实体冲压特征 6

Step34. 保存钣金件模型。选择下拉菜单 文件(F) → 保存(S) 命令，即可保存钣金件模型。

实例35　软 驱 托 架

实例概述：

本实例介绍了软驱托架的设计过程，在其设计过程中主要运用了“弯边”命令，通过对创建的弯边特征进行镜像操作来实现零件的设计，读者也可以根据零件的对称性，巧妙运用“镜像”命令来实现零件的设计；下面介绍了该零件的设计过程，钣金件模型及模型树如图 35.1 所示。

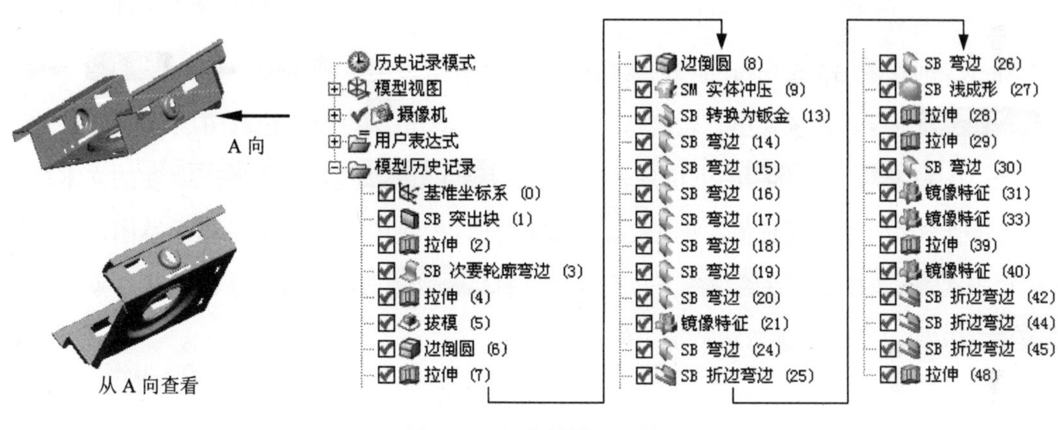

图 35.1　钣金件模型及模型树

Step1. 新建文件。选择下拉菜单 文件(F) ➡ 新建(N)... 命令，系统弹出“新建”对话框。在 模板 区域中选择 NX 钣金 模板，在 名称 文本框中输入文件名称 floppy_drive_bracket，单击 确定 按钮，进入钣金环境。

Step2. 创建图 35.2 所示的突出块特征 1。选择下拉菜单 插入(S) ➡ 突出块(B)... 命令，系统弹出“突出块”对话框；单击按钮，选取 XY 基准平面为草图平面，选中 设置 区域的 ☑ 创建中间基准 CSYS、☑ 关联原点 复选框，单击 确定 按钮，绘制图 35.3 所示的截面草图。绘制完成后单击 完成草图 按钮。在 厚度 区域 厚度 的文本框输入值 1。单击 < 确定 > 按钮，完成突出块特征 1 的创建。

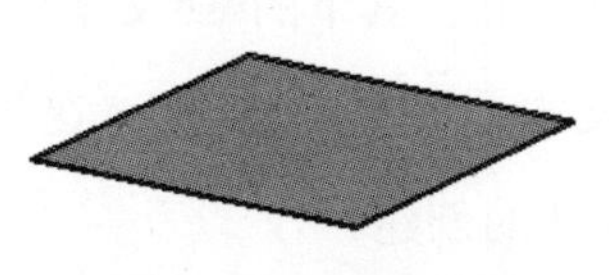

图 35.2　突出块特征 1

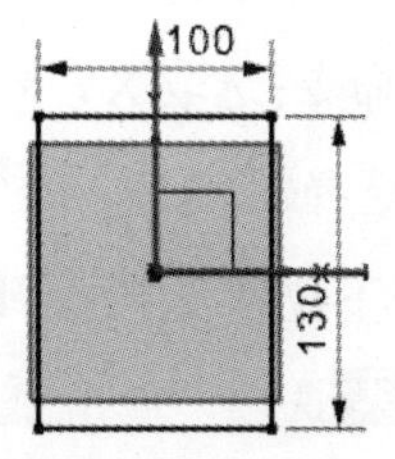

图 35.3　截面草图

Step3. 创建图 35.4 所示的拉伸特征 1。选择下拉菜单 插入(S) → 剪切(T) → 拉伸(E)... 命令；选取 XY 基准平面为草图平面，绘制图 35.5 所示的截面草图；在 指定矢量 下拉列表中选择 ZC↑ 选项；在 开始 下拉列表中选择 贯通 选项，在 结束 下拉列表中选择 贯通 选项；在 布尔 下拉列表中选择 求差 选项，采用系统默认求差对象；单击 < 确定 > 按钮，完成拉伸特征 1 的创建。

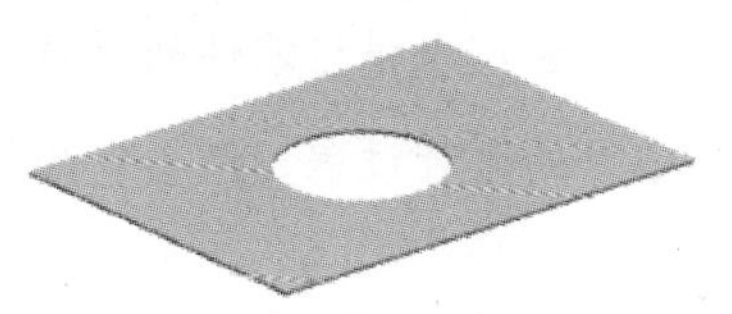
图 35.4 拉伸特征 1

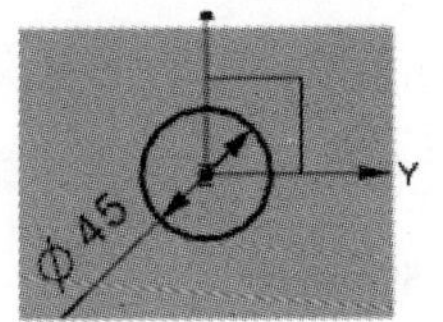

图 35.5 截面草图

Step4. 创建图 35.6 所示的轮廓弯边 1。选择下拉菜单 插入(S) → 折弯(N) → 轮廓弯边(C)... 命令，系统弹出“轮廓弯边”对话框。单击 按钮，选取图 35.7 所示的曲线为路径，在 平面位置 区域 位置 的下拉列表框中选取 弧长百分比 选项，在 弧长百分比 的文本框输入 0，其他参数为默认设置值，单击 < 确定 > 按钮，绘制图 35.8 所示的截面草图，绘制完成后单击 完成草图 按钮，在 宽度选项 下拉列表中选择 到端点 选项；采用系统默认对象；单击 < 确定 > 按钮，完成轮廓弯边特征 1 的创建。

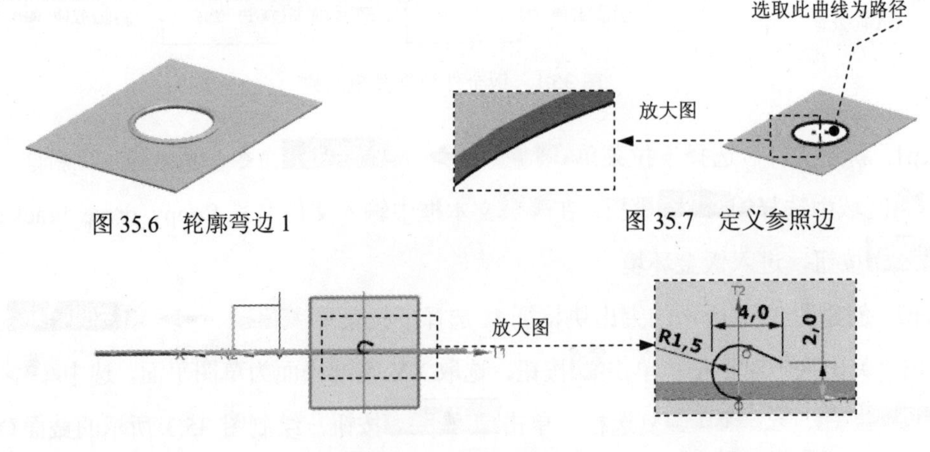

图 35.6 轮廓弯边 1

图 35.7 定义参照边

图 35.8 截面草图

Step5. 创建图 35.9 所示的拉伸特征 2。选择下拉菜单 插入(S) → 剪切(T) → 拉伸(E)... 命令；选取 XY 基准平面为草图平面，绘制图 35.10 所示的截面草图；在 指定矢量 下拉列表中选择 ZC↑ 选项；在 开始 下拉列表中选择 值 选项，并在其下的 距离 文本框中输入数值 0；在 结束 下拉列表中选择 值 选项，并在其下的 距离 文本框中输入数值 5；在 布尔 下拉列表中选择 无 选项，单击 < 确定 > 按钮，完成拉伸特征 2 的创建。

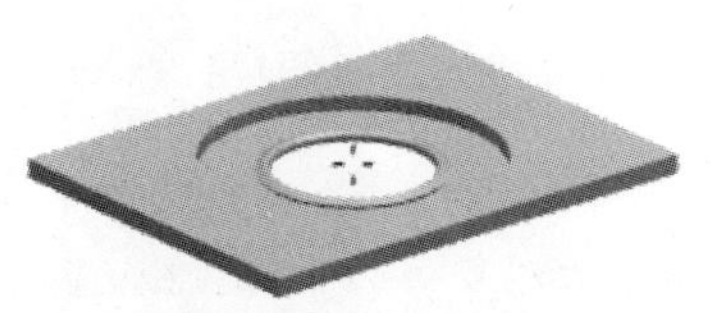
图 35.9 拉伸特征 2

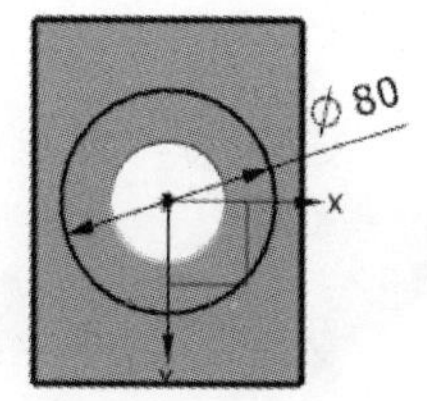

图 35.10 截面草图

Step6. 创建图 35.11 所示的拔模特征 1。选择下拉菜单开始 → 建模(M)...命令，进入建模环境；选择下拉菜单插入(S) → 细节特征(L) → 拔模(T)命令，在脱模方向区域中指定矢量选择 Z 轴的正方向，选取图 35.11 所示的面为为拔模固定面，选取图 35.12 所示的面为要拔模的面，在并在角度 1文本框中输入值 20。单击< 确定 >按钮，完成拔模特征 1 的创建。

图 35.11 拔模特征 1

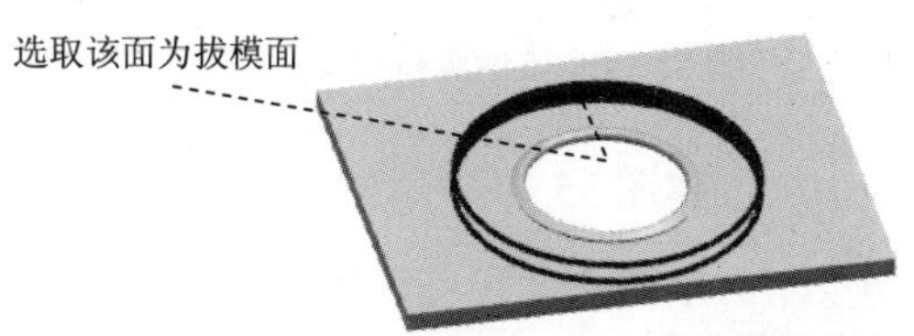

图 35.12 定义拔模面

Step7. 创建图 35.13 所示的边倒圆特征 1。选择下拉菜单插入(S) → 细节特征(L) → 边倒圆(E)...命令（或单击按钮），在要倒圆的边区域中单击按钮，选择图 35.14 所示的边链为边倒圆参照，并在半径 1文本框中输入值 1.5。单击< 确定 >按钮，完成边倒圆特征 1 的创建。

图 35.13 边倒圆特征 1

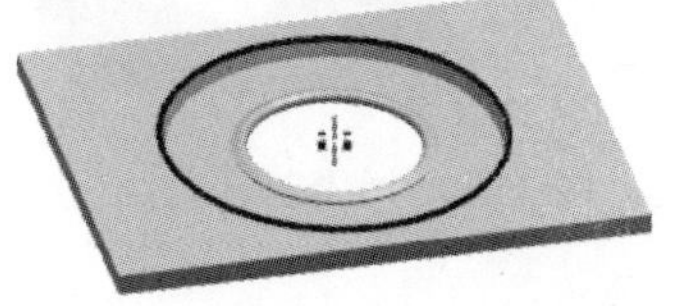
图 35.14 定义参照边

Step8. 创建图 35.15 所示的零件基础特征——拉伸 3。选择下拉菜单插入(S) → 设计特征(E) → 拉伸(E)...命令，系统弹出“拉伸”对话框。选取 XY 基准平面为草图平面，绘制图 35.16 所示的截面草图；在指定矢量下拉列表中选择-ZC选项；在极限区域的开始下拉列表框中选择值选项，并在其下的距离文本框中输入值 0，在极限区域的结束下拉列表框中选择值选项，并在其下的距离文本框中输入值 10，在布尔区域的下拉列表框中选择求和选项，选取拉伸特征 2 为求和对象。单击< 确定 >按钮，完成拉伸特征 3 的创建。

图 35.15 拉伸特征 3

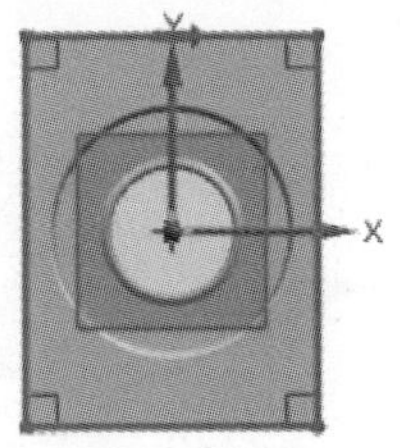

图 35.16 截面草图

Step9. 创建图 35.17 所示的边倒圆特征 2。选择图 35.18 所示的边链为边倒圆参照，并在半径 1文本框中输入值 3。单击< 确定 >按钮，完成边倒圆特征 2 的创建。

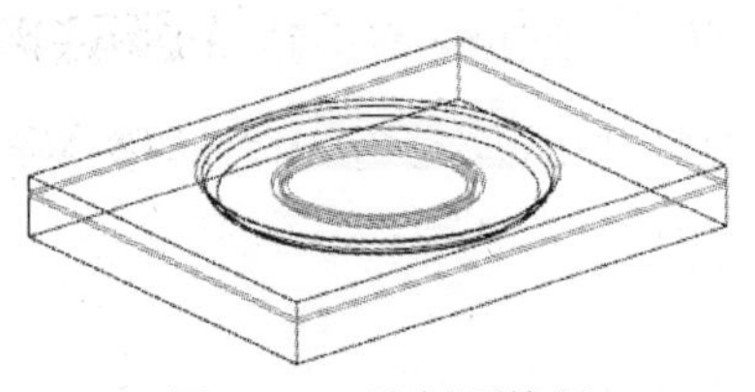

图 35.17 边倒圆特征 2

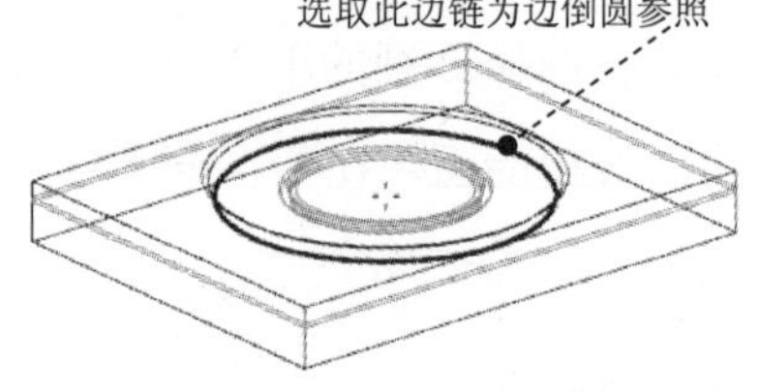

图 35.18 定义参照边

Step10. 创建图 35.19 所示的实体冲压特征 1。选择下拉菜单开始 → NX 钣金(H)...命令，进入“NX 钣金”环境。选择下拉菜单插入(S) → 冲孔(H) → 实体冲压(S)...命令，系统弹出“实体冲压”对话框。在类型下拉列表中选择冲模选项，选取图 35.19 所示的面为目标面。选取图 35.20 所示的特征为工具体。在实体冲压属性区域选中☑ 自动判断厚度复选框。单击“实体冲压”对话框中的< 确定 >按钮，完成实体冲压特征 1 的创建。

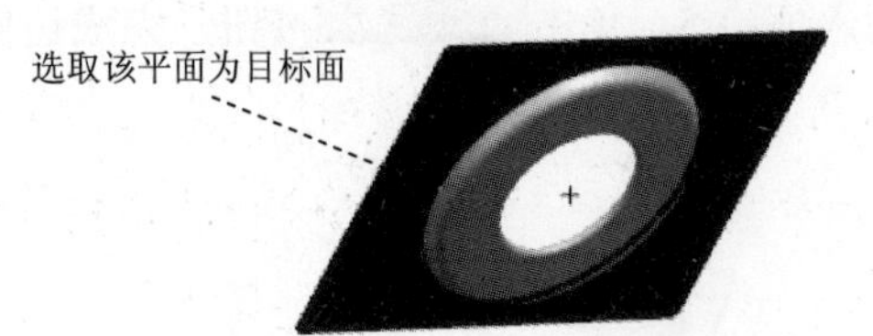

图 35.19 实体冲压特征 1

图 35.20 定义工具体

Step11. 将实体零件转换为钣金件。选择下拉菜单插入(S) → 转换(V) → 转换为钣金...命令，系统弹出“转换为钣金”对话框。选取图 35.21 所示的模型表面为基本面。在“转换为钣金”对话框中单击确定按钮，完成特征的转换。

图 35.21 选取模型基本面

Step12. 创建图 35.22 所示的弯边特征 1。选择下拉菜单 插入(S) → 折弯(N) → 弯边(F)... 命令，系统弹出“弯边”对话框。选取图 35.23 所示的边线为线性边。在宽度区域的宽度选项下拉列表中选择完整选项，在弯边属性区域的长度文本框中输入数值 35，在角度文本框中输入数值 90，在参考长度下拉列表中选择外部选项，在内嵌下拉列表中选择折弯外侧选项。在偏置区域的偏置文本框中输入数值 0；在折弯参数区域中单击折弯半径文本框右侧的 按钮，在系统弹出的菜单中选择使用本地值选项，然后在折弯半径文本框中输入数值 0.2；在止裂口区域中的折弯止裂口下拉列表中选择正方形选项；在拐角止裂口下拉列表中选择仅折弯选项。单击 < 确定 > 按钮，完成弯边特征 1 的创建。

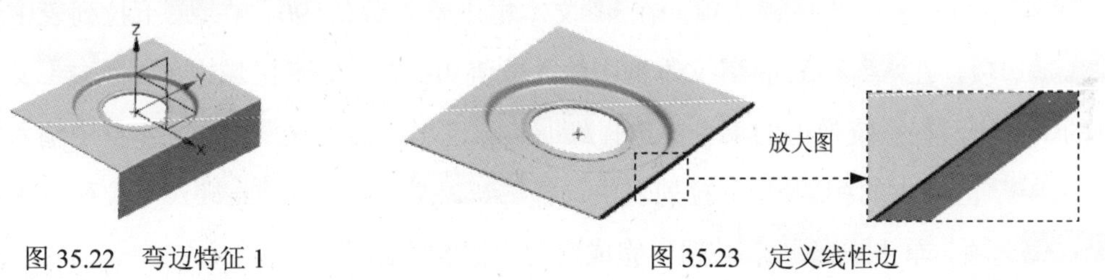

图 35.22　弯边特征 1　　图 35.23　定义线性边

Step13. 创建图 35.24 所示的弯边特征 2。选择下拉菜单 插入(S) → 折弯(N) → 弯边(F)... 命令，系统弹出“弯边”对话框。选取图 35.25 所示的边线为线性边。在宽度区域的宽度选项下拉列表中选择完整选项，在弯边属性区域的长度文本框中输入数值 20，在角度文本框中输入数值 90，在参考长度下拉列表中选择外部选项，在内嵌下拉列表中选择折弯外侧选项。在偏置区域的偏置文本框中输入数值 0；在折弯参数区域中单击折弯半径文本框右侧的 按钮，在系统弹出的菜单中选择使用本地值选项，然后在折弯半径文本框中输入数值 0.2；在止裂口区域中的折弯止裂口下拉列表中选择正方形选项；在拐角止裂口下拉列表中选择仅折弯选项。单击 < 确定 > 按钮，完成弯边特征 2 的创建。

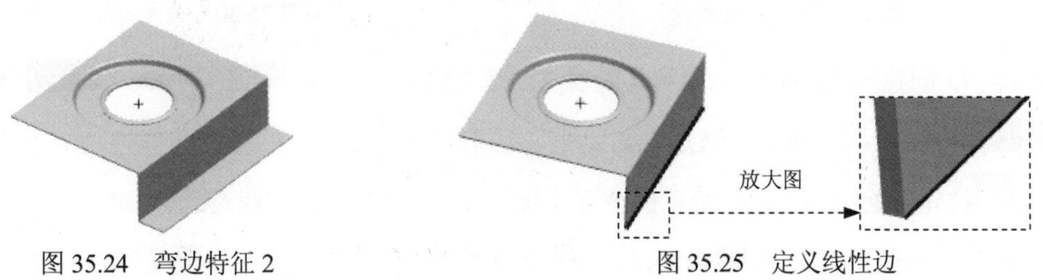

图 35.24　弯边特征 2　　图 35.25　定义线性边

Step14. 创建图 35.26 所示的弯边特征 3。详细操作过程参见 Step12。

Step15. 创建图 35.27 所示的弯边特征 4。详细操作过程参见 Step13。

图 35.26　弯边特征 3

图 35.27　弯边特征 4

Step16. 创建图 35.28 所示的弯边特征 5。选择下拉菜单 插入(S) → 折弯(N) ▸ → 弯边(F)... 命令，系统弹出“弯边”对话框。选取图 35.29 所示的边线为线性边。在截面区域单击按钮，绘制图 35.30 所示的截面草图。绘制完成后单击完成草图按钮。在弯边属性区域的匹配面下拉列表中选择无选项，在角度文本框中输入数值 90，在内嵌下拉列表中选择折弯外侧选项。在偏置区域的偏置文本框中输入数值 0；在折弯参数区域中单击折弯半径文本框右侧的按钮，在系统弹出的菜单中选择使用本地值选项，然后在折弯半径文本框中输入数值 0.2；在止裂口区域中的折弯止裂口下拉列表中选择正方形选项；在拐角止裂口下拉列表中选择仅折弯选项。单击 < 确定 > 按钮，完成弯边特征 5 的创建。

图 35.28　弯边特征 5

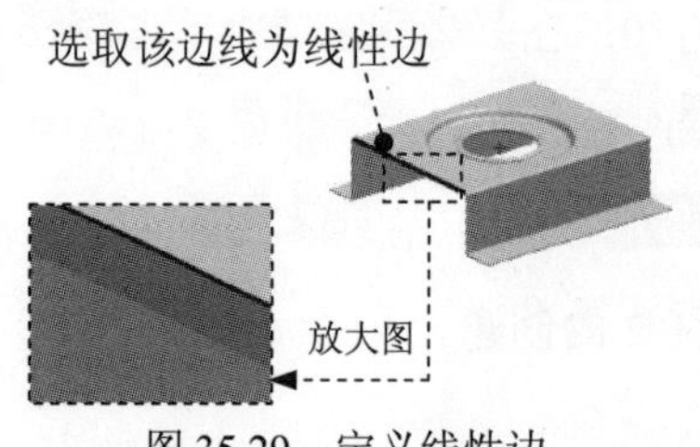

图 35.29　定义线性边

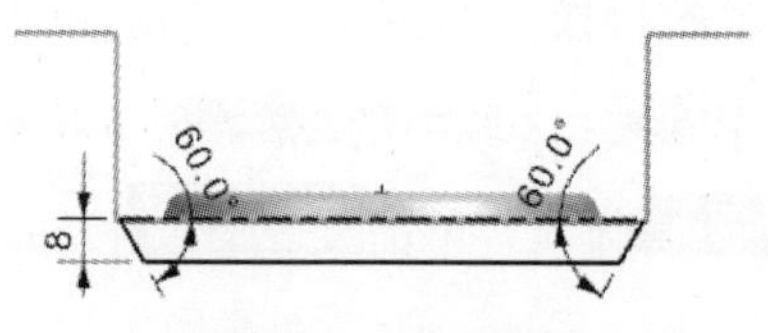

图 35.30　截面草图

Step17. 创建图 35.31 所示的弯边特征 6。选择下拉菜单 插入(S) → 折弯(N) ▸ → 弯边(F)... 命令，系统弹出“弯边”对话框。选取图 35.32 所示的边线为线性边。在截面区域单击按钮，绘制图 35.33 所示的截面草图。绘制完成后单击完成草图按钮。在弯边属性区域的匹配面下拉列表中选择无选项，在角度文本框中输入数值 90，在内嵌下拉列表中选择折弯外侧选项。在偏置区域的偏置文本框中输入数值 0；在折弯参数区域中单击折弯半径文本框右侧的按钮，在系统弹出的菜单中选择使用本地值选项，然后在折弯半径文本框中输入数值 0.2；在止裂口区域中的折弯止裂口下拉列表中选择正方形选项；在拐角止裂口下拉列表中选择仅折弯选项。单击< 确定 >按钮，完成弯边特征 6 的创建。

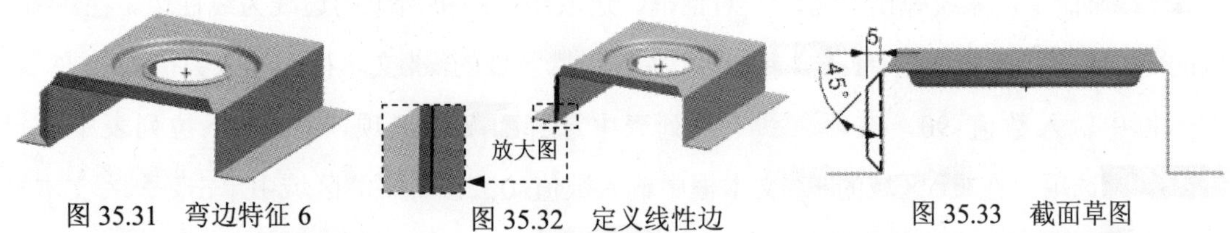

图 35.31 弯边特征 6　　图 35.32 定义线性边　　图 35.33 截面草图

Step18. 创建图 35.34 所示的弯边特征 7。选择下拉菜单 插入(S) → 折弯(N) → 弯边(F)... 命令，系统弹出“弯边”对话框。选取图 35.35 所示的边线为线性边。在截面区域单击按钮，绘制图 35.36 所示的截面草图。绘制完成后单击完成草图按钮。在弯边属性区域的匹配面下拉列表中选择无选项，在角度文本框中输入数值 90，在内嵌下拉列表中选择折弯外侧选项。在偏置区域的偏置文本框中输入数值 0；在折弯参数区域中单击折弯半径文本框右侧的按钮，在系统弹出的菜单中选择使用本地值选项，然后在折弯半径文本框中输入数值 0.2；在止裂口区域中的折弯止裂口下拉列表中选择正方形选项；在拐角止裂口下拉列表中选择仅折弯选项。单击< 确定 >按钮，完成弯边特征 7 的创建。

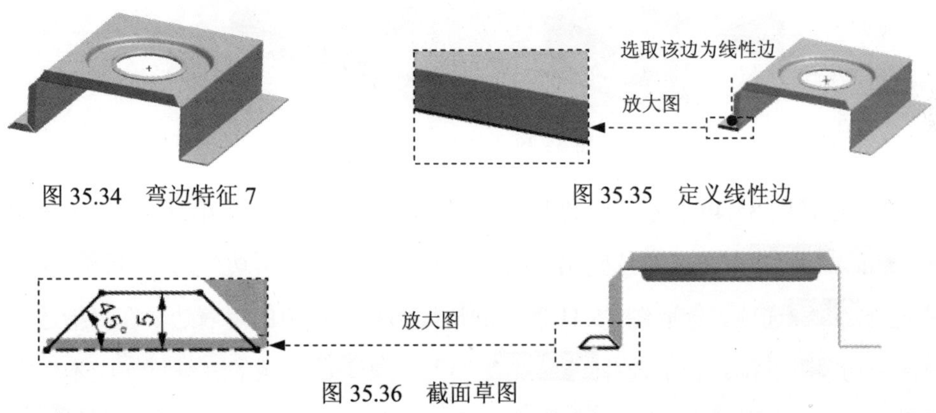

图 35.34 弯边特征 7　　图 35.35 定义线性边

图 35.36 截面草图

Step19. 创建图 35.37 所示的零件特征——镜像 1。选择下拉菜单插入(S) → 关联复制(A) → 镜像特征(M)... 命令，在绘图区中选取图 35.31 所示的弯边特征 6 和图 35.34 所示的弯边特征 7 为要镜像的特征。在镜像平面区域中单击按钮，在绘图区中选取 YZ 基准平面作为镜像平面。单击< 确定 >按钮，完成镜像特征 1 的创建。

图 35.37 镜像特征 1

Step20. 创建图 35.38 所示的弯边特征 8。选择下拉菜单 插入(S) ➡ 折弯(N) ▸ ➡ 弯边(F)... 命令，系统弹出“弯边”对话框。选取图 35.39 所示的边线为线性边。在 宽度 区域的 宽度选项 下拉列表中选择 完整 选项，在 弯边属性 区域的 长度 文本框中输入数值 15，在 角度 文本框中输入数值 90，在 参考长度 下拉列表中选择 外部 选项，在 内嵌 下拉列表中选择 折弯外侧 选项。在 偏置 区域的 偏置 文本框中输入数值 0；在 折弯参数 区域中单击 折弯半径 文本框右侧的 f(x) 按钮，在系统弹出的菜单中选择 使用本地值 选项，然后在 折弯半径 文本框中输入数值 0.2；在 止裂口 区域中的 折弯止裂口 下拉列表中选择 正方形 选项；在 拐角止裂口 下拉列表中选择 仅折弯 选项。单击 < 确定 > 按钮，完成弯边特征 8 的创建。

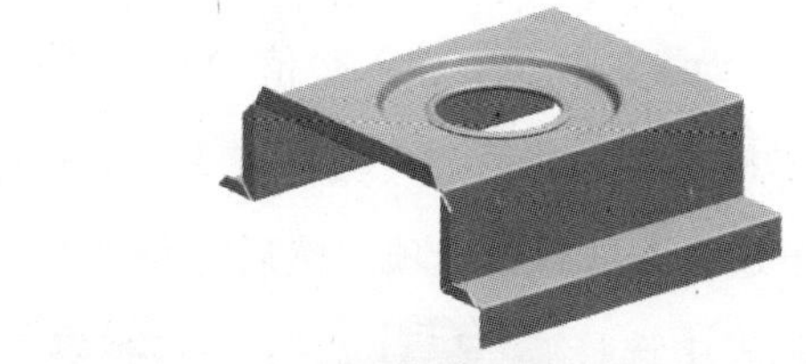

图 35.38　弯边特征 8

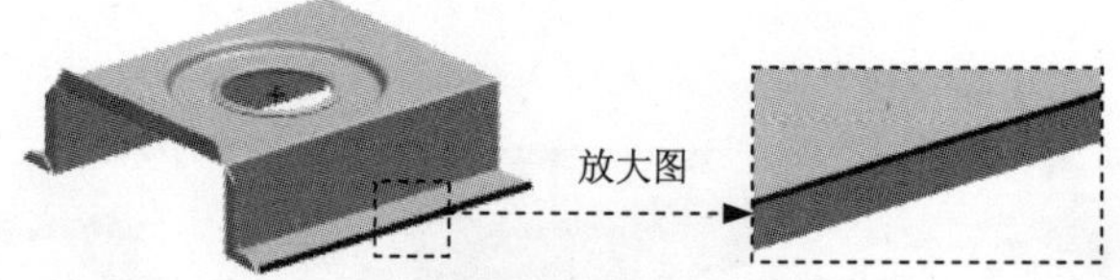

图 35.39　定义线性边

Step21. 创建图 35.40 所示的折边弯边特征 1。选择下拉菜单 插入(S) ➡ 折弯(N) ▸ ➡ 折边弯边(H)... 命令，系统弹出“折边”对话框。在“折边”对话框 类型 区域的下拉列表中选择 闭环 选项。选取图 35.41 所示的边线为折边弯边的附着边。在“折边”对话框 内嵌选项 区域的 内嵌 下拉列表中选择 折弯外侧 选项。在 折弯参数 区域的 1. 折弯半径 文本框中输入折弯半径值 2*0.2，在 折弯参数 区域的 2. 弯边长度 文本框中输入弯边的长度值 1。单击 < 确定 > 按钮，完成折边弯边特征 1 的创建。

图 35.40　折边弯边特征 1

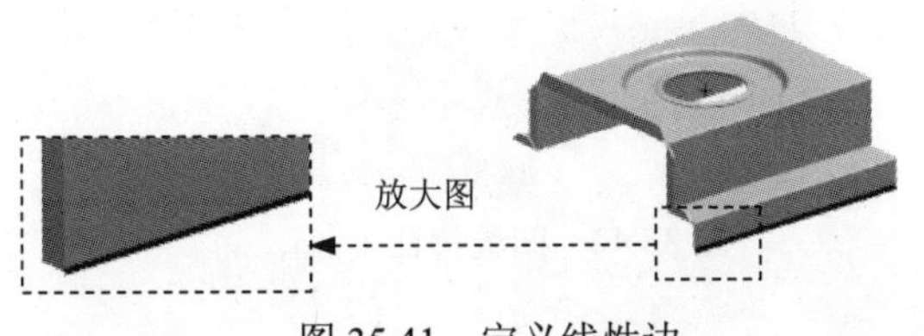

图 35.41 定义线性边

Step22. 创建图 35.42 所示的弯边特征 9。选择下拉菜单 插入(S) → 折弯(N) ▸ → 弯边(F)... 命令，系统弹出“弯边”对话框。选取图 35.43 所示的边线为线性边。在 宽度 区域的 宽度选项 下拉列表中选择 完整 选项，在 弯边属性 区域的 长度 文本框中输入数值 8，在 角度 文本框中输入数值 90，在 参考长度 下拉列表中选择 外部 选项，在 内嵌 下拉列表中选择 折弯外侧 选项。在 偏置 区域的 偏置 文本框中输入数值 0；在 折弯参数 区域中单击 折弯半径 文本框右侧的 按钮，在系统弹出的菜单中选择 使用本地值 选项，然后在 折弯半径 文本框中输入数值 0.2；在 止裂口 区域中的 折弯止裂口 下拉列表中选择 正方形 选项；在 拐角止裂口 下拉列表中选择 仅折弯 选项。单击 < 确定 > 按钮，完成弯边特征 9 的创建。

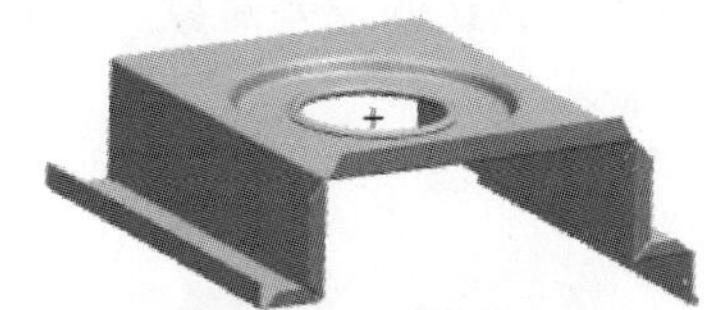

图 35.42 弯边特征 9

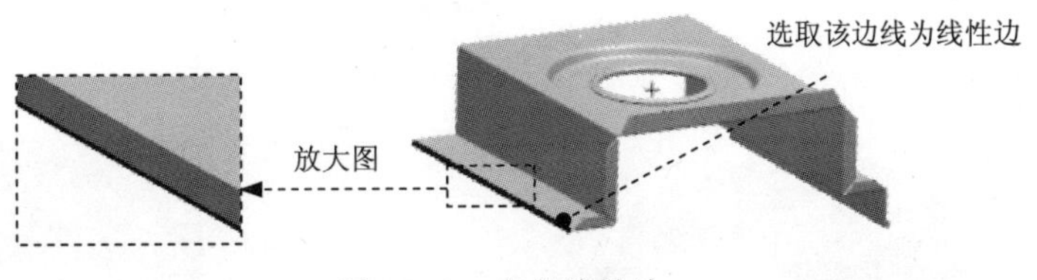

图 35.43 定义线性边

Step23. 创建图 35.44 所示的凹坑特征 1。选择下拉菜单 插入(S) → 冲孔(H) ▸ → 凹坑(M)... 命令。单击 按钮，系统弹出“创建草图”对话框，选取图 35.45 所示的面为草图平面，取消选中 设置 区域的 创建中间基准 CSYS 复选框，单击 确定 按钮，绘制图 35.46 所示的凹坑截面草图。在 凹坑属性 区域的 深度 文本框中输入数值 4，单击“反向”按钮 ；在 侧角 文本框中输入数值 20；在 参考深度 下拉列表中选择 内部 选项；在 侧壁 下拉列表中选择 材料内侧 选项。在 倒圆 区域中选中 圆形凹坑边 复选框；在 凸模半径 文本框中输入数值 2；在 凹模半径 文本框中输入数值 1；取消选中 圆形截面拐角 复选框，单击 < 确定 > 按钮，完成凹坑特征 1 的创建。

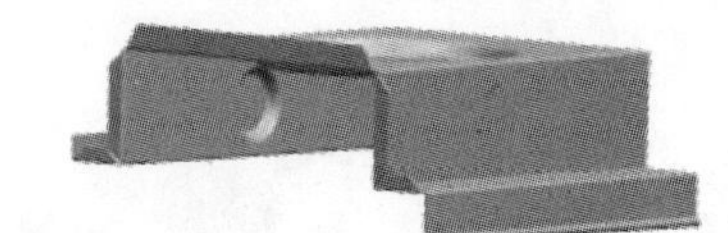

图 35.44 凹坑特征 1

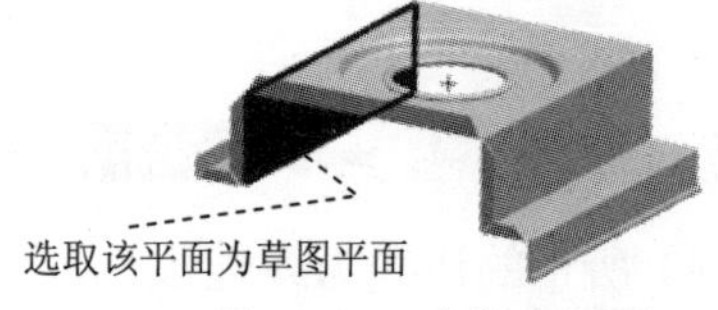

图 35.45 定义参照面

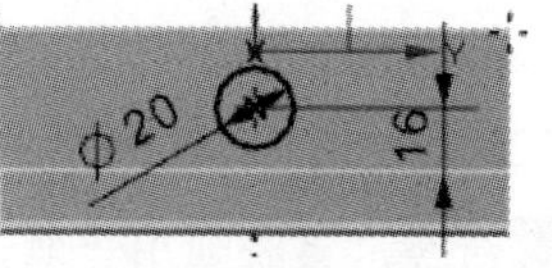

图 35.46 截面草图

Step24. 创建图 35.47 所示的拉伸特征 4。选择下拉菜单 插入(S) → 剪切(T) → 拉伸(E)... 命令（或单击按钮），单击按钮，选取图 35.48 所示的平面为草图平面，单击 确定 按钮，进入草图环境；绘制图 35.49 所示的截面草图；绘制完成后单击 完成草图 按钮，在 指定矢量 下拉列表中选择 XC 选项；在 极限 区域的 开始 下拉列表框中选择 值 选项，并在其下的 距离 文本框中输入值 0，在 结束 下拉列表中选择 直至下一个 选项，在 布尔 区域的 布尔 下拉列表中选择 求差 选项，采用系统默认的求差对象。单击 <确定> 按钮，完成拉伸特征 4 的创建。

图 35.47 拉伸特征 4

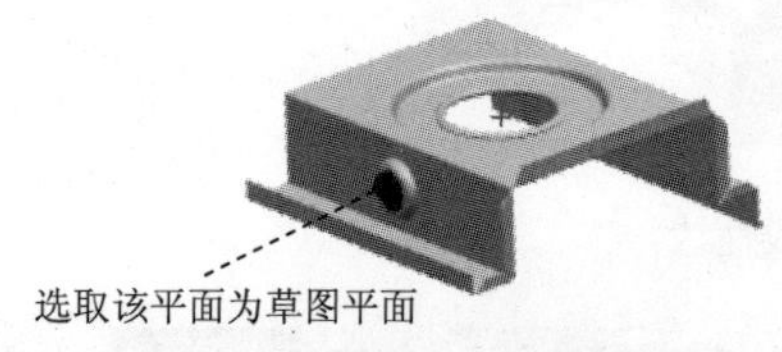

图 35.48 草图平面

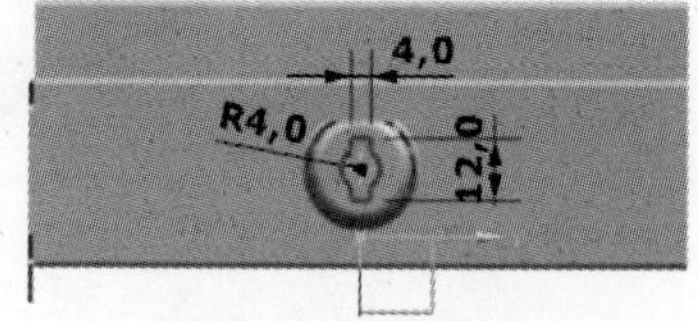

图 35.49 截面草图

Step25. 创建图 35.50 所示的拉伸特征 5。选择下拉菜单 插入(S) → 剪切(T) → 拉伸(E)... 命令（或单击按钮），单击按钮，选取图 35.51 所示的平面为草图平面，单击 确定 按钮，进入草图环境；绘制图 35.52 所示的截面草图；绘制完成后单击 完成草图 按钮，在 指定矢量 下拉列表中选择 XC 选项；在 极限 区域的 开始 下拉列表框中选择 值 选项，并在其下的 距离 文本框中输入值 0，在 结束 下拉列表中选择 直至下一个 选项，在 布尔 区域的 布尔 下拉列表中选择 求差 选项，采用系统默认的求差对象。单击 <确定> 按钮，完成拉伸特征 5 的创建。

图 35.50　拉伸特征 5

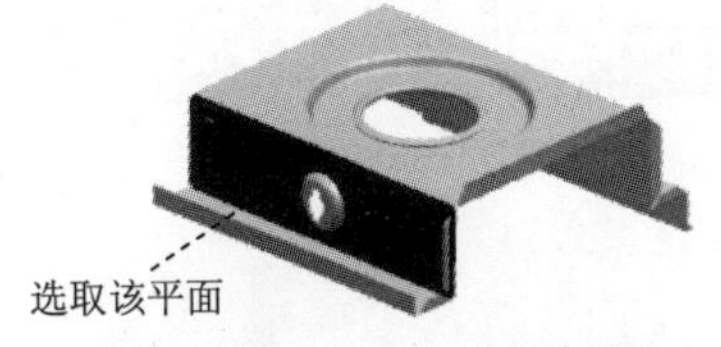

图 35.51　草图平面

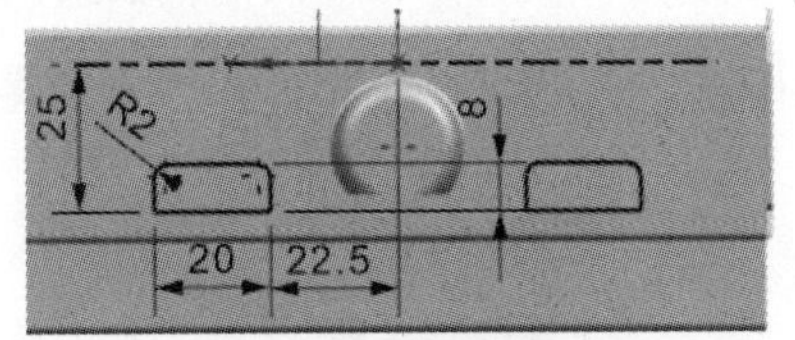

图 35.52　截面草图

Step26. 创建图 35.53 所示的弯边特征 10。选择下拉菜单 插入(S) → 折弯(N) → 弯边(F)... 命令，系统弹出“弯边”对话框。选取图 35.54 所示的边线为线性边。在 截面 区域单击按钮，绘制图 35.55 所示的截面草图。绘制完成后单击 完成草图 按钮。在 弯边属性 区域的 匹配面 下拉列表中选择 无 选项，在 角度 文本框中输入数值 90，在 内嵌 下拉列表中选择 折弯外侧 选项。在 偏置 区域的 偏置 文本框中输入数值 0；在 折弯参数 区域中单击 折弯半径 文本框右侧的 按钮，在系统弹出的菜单中选择 使用本地值 选项，然后在 折弯半径 文本框中输入数值 0.2；在 止裂口 区域中的 折弯止裂口 下拉列表中选择 圆形 选项；在 拐角止裂口 下拉列表中选择 仅折弯 选项。单击 < 确定 > 按钮，完成弯边特征 10 的创建。

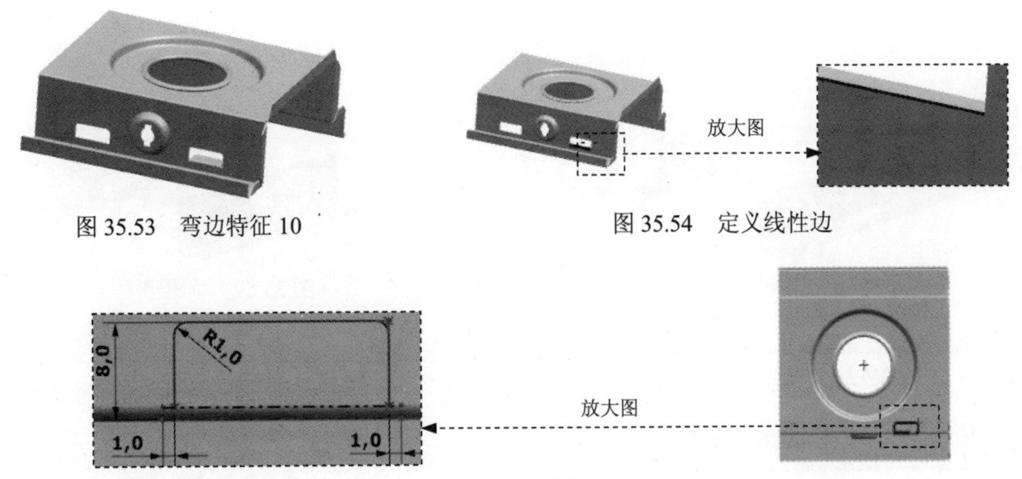

图 35.53　弯边特征 10

图 35.54　定义线性边

图 35.55　截面草图

Step27. 创建图 35.56 所示的零件特征——镜像 2。选择下拉菜单 插入(S) → 关联复制(A) → 镜像特征(M)... 命令，在绘图区中选取图 35.53 所示的弯边特征 10 为要镜像的特征。

在镜像平面区域中单击按钮，在绘图区中选取 XZ 基准平面作为镜像平面。单击< 确定 >按钮，完成镜像特征 2 的创建。

Step28. 创建图 35.57 所示的零件特征——镜像 3。选择下拉菜单插入(S) → 关联复制(A) → 镜像特征(M)...命令，在绘图区中选取图 35.50 所示的拉伸特征 5、图 35.53 所示的弯边特征 10 和图 35.56 所示的镜像特征 2 为要镜像的特征。在镜像平面区域中单击按钮，在绘图区中选取 YZ 基准平面作为镜像平面。单击< 确定 >按钮，完成镜像特征 3 的创建。

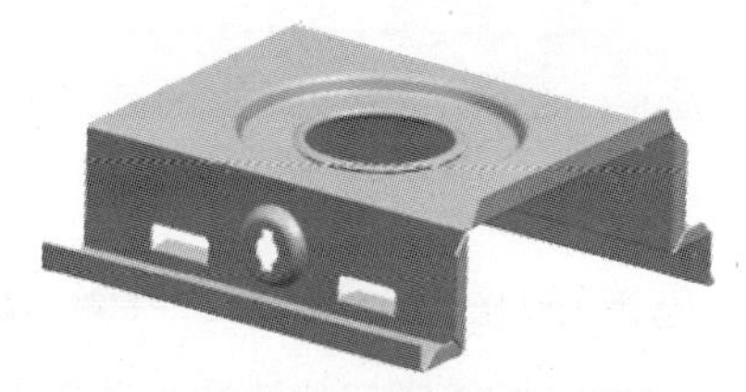

图 35.56 镜像特征 2

图 35.57 镜像特征 3

Step29. 创建图 35.58 所示的拉伸特征 6。选择下拉菜单插入(S) → 剪切(T) → 拉伸(E)...命令（或单击按钮），单击按钮，选取图 35.59 所示的平面为草图平面，单击确定按钮，进入草图环境；绘制图 35.60 所示的截面草图；绘制完成后单击完成草图按钮，在指定矢量下拉列表中选择XC选项；在极限区域的开始下拉列表框中选择值选项，并在其下的距离文本框中输入值 0，在结束下拉列表中选择直至下一个选项，在布尔区域的布尔下拉列表中选择求差选项，采用系统默认的求差对象。单击< 确定 >按钮，完成拉伸特征 6 的创建。

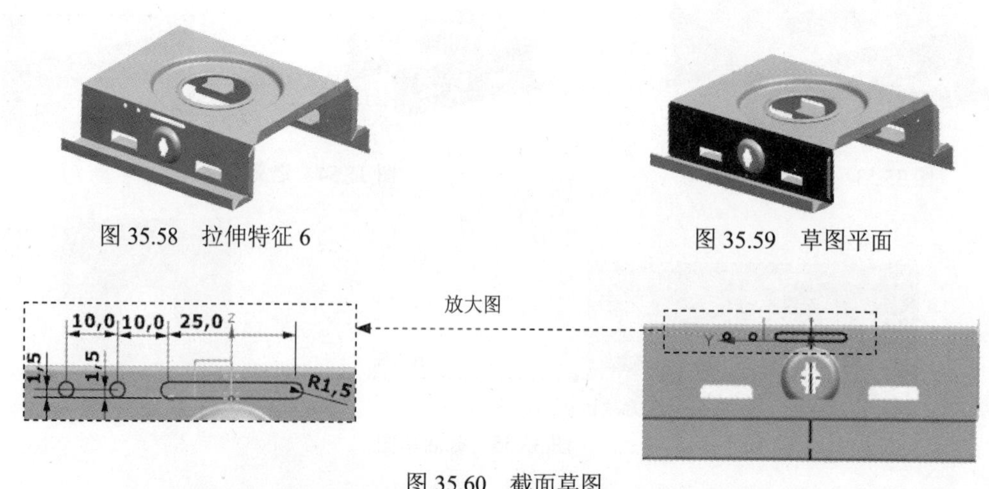

图 35.58 拉伸特征 6

图 35.59 草图平面

图 35.60 截面草图

Step30. 创建图 35.61 所示的零件特征——镜像 4。选择下拉菜单插入(S) → 关联复制(A) → 镜像特征(M)...命令，在绘图区中选取图 35.58 所示的拉伸特征 6 为要镜像的特征。

在镜像平面区域中单击按钮，在绘图区中选取 YZ 基准平面作为镜像平面。单击< 确定 >按钮，完成镜像特征 4 的创建。

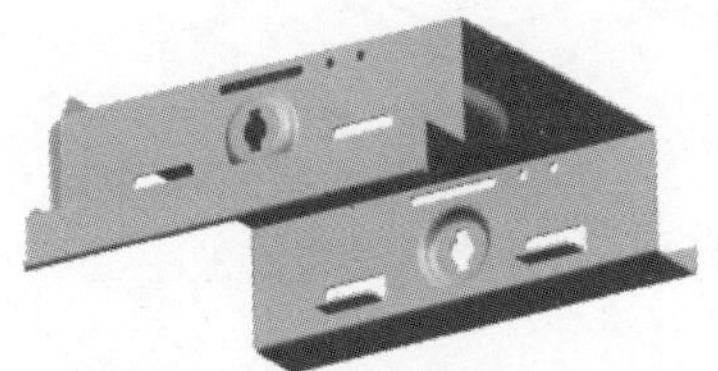

图 35.61　镜像特征 4

Step31. 创建图 35.62 所示的折边弯边特征 2。选择下拉菜单插入(S) ➡ 折弯(N) ➡ 折边弯边(H)...命令，系统弹出“折边”对话框。在“折边”对话框类型区域的下拉列表中选择封闭的选项。选取图 35.63 所示的 3 条边线为折边弯边的附着边。在“折边”对话框内嵌选项区域的内嵌下拉列表中选择折弯外侧选项。在折弯参数区域的2. 弯边长度文本框中输入弯边的长度值 5。在止裂口区域中的折弯止裂口下拉列表中选择正方形选项；单击< 确定 >按钮，完成折边弯边特征 2 的创建。

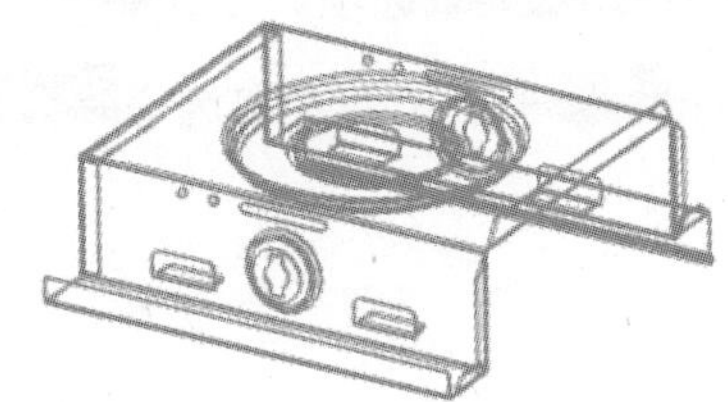

图 35.62　折边弯边特征 2

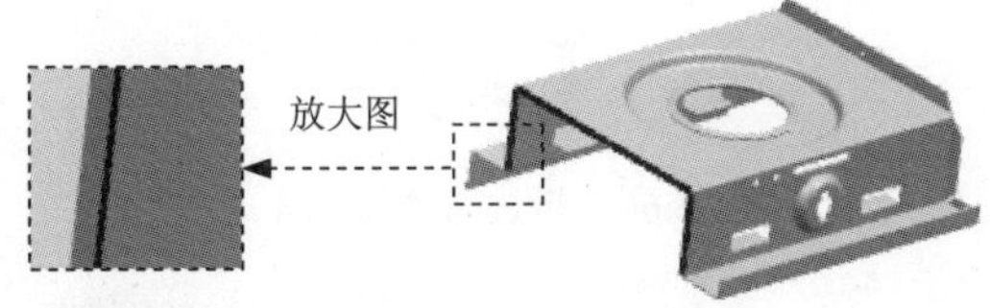

图 35.63　定义附着边

Step32. 创建图 35.64 所示的折边弯边特征 3。选择下拉菜单插入(S) ➡ 折弯(N) ➡ 折边弯边(H)...命令，系统弹出“折边”对话框。在“折边”对话框类型区域的下拉列表中选择封闭的选项。选取图 35.65 所示的边线为折边弯边的附着边。在“折边”对话框内嵌选项区域的内嵌下拉列表中选择折弯外侧选项。在折弯参数区域的2. 弯边长度文本框中输入弯边的长度值 5。在止裂口区域中的折弯止裂口下拉列表中选择正方形选项；单击< 确定 >按钮，完成折边弯边特征 3 的创建。

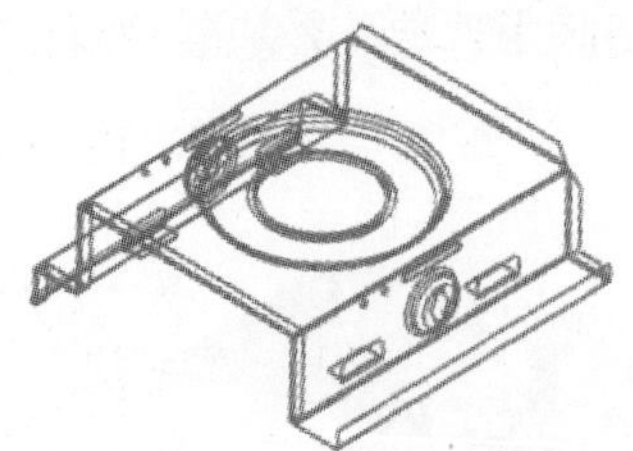

图 35.64　折边弯边特征 3

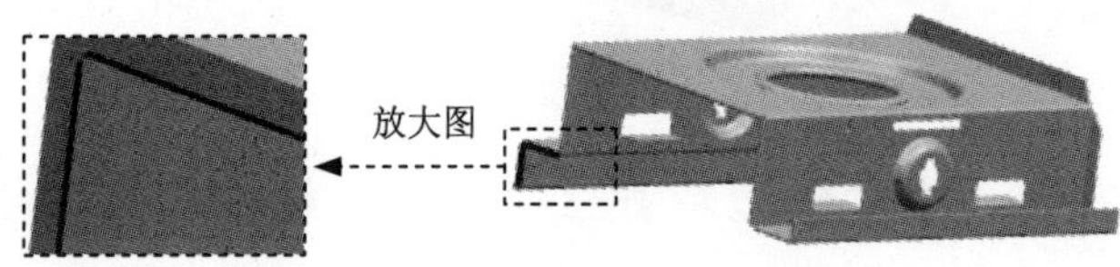

图 35.65　定义附着边

Step33. 创建图 35.66 所示的折边弯边特征 4。选择下拉菜单 插入(S) → 折弯(N) → 折边弯边(H)... 命令，系统弹出“折边”对话框。在“折边”对话框类型区域的下拉列表中选择 封闭的 选项。选取图 35.67 所示的边线为折边弯边的附着边。在“折边”对话框内嵌选项区域的内嵌下拉列表中选择 折弯外侧 选项。在折弯参数区域的 2. 弯边长度 文本框中输入弯边的长度值 5。在止裂口区域中的折弯止裂口下拉列表中选择 正方形 选项；单击 < 确定 > 按钮，完成折边弯边特征 4 的创建。

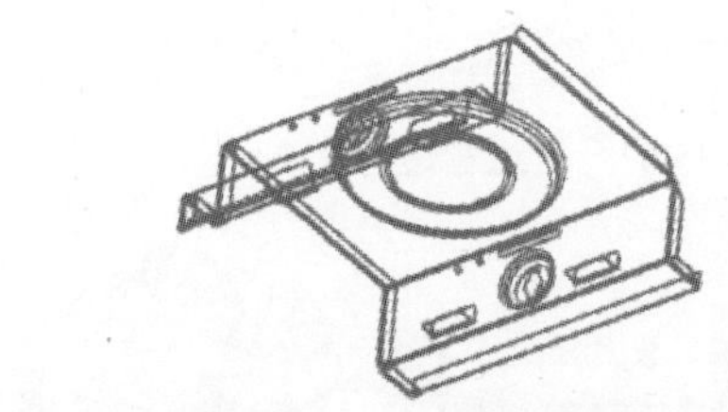

图 35.66　折边弯边特征 4

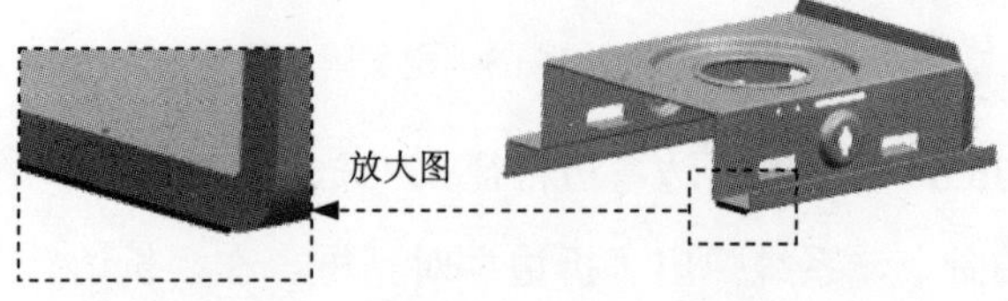

图 35.67　定义附着边

Step34. 创建图 35.68 所示的拉伸特征 7。选择下拉菜单 插入(S) → 剪切(T) → 拉伸(E)... 命令（或单击按钮），单击按钮，选取图 35.69 所示的平面为草图平面，单击 确定 按钮，进入草图环境；绘制图 35.70 所示的截面草图；绘制完成后单击 完成草图 按钮，在 指定矢量 下拉列表中选择 ZC↑ 选项；在极限区域的开始下拉列表框中选择 贯通 选项，在结束下拉列表中选择贯通选项，在布尔区域的布尔下拉列表中选择求差选项，采用系统默认的求差对象。单击< 确定 >按钮，完成拉伸特征 7 的创建。

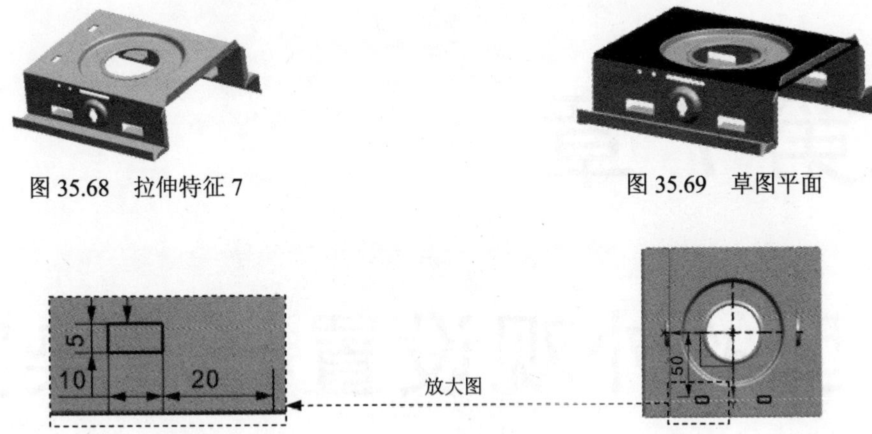

图 35.68　拉伸特征 7

图 35.69　草图平面

图 35.70　截面草图

Step35. 保存钣金件模型。选择下拉菜单文件(F) ➡ 保存(S)命令，即可保存钣金件模型。

第 7 章

模型的外观设置与渲染实例

本篇主要包含如下内容：

- 实例 36　贴图贴花及渲染
- 实例 37　机械零件的渲染

实例 36　贴图贴花及渲染

本实例讲解了如何在模型表面进行贴图渲染的整个过程，如图 36.1 所示。

图 36.1　在模型上贴图

Step1. 打开文件 D:\ugins8\work\ch07\ins36\BLOCK.prt。

Step2. 选择命令。选择下拉菜单 视图(V) → 可视化(V) → 贴花(E)... 命令，系统弹出“贴花”对话框。

Step3. 选择图像文件。单击“贴花”对话框 图像 区域的 按钮，打开文件 D:\ugins8\work\ch07\ ins36\decal.jpg（文件类型为*.jpg）。在 图像 区域 图像大小 的下拉列表中选择 4096 选项。选择图 36.2 所示的面为参照，在 放置 区域 锚点类型 的下拉列表中选择 左上 选项，选择图 36.2 所示的点为原点。在 透明度 区域 透明颜色 选择默认的白色，在 RGB 公差 的文本框输入 10。其他参数采用系统默认的设置值。单击 确定 按钮，完成模型表面贴图的创建。

Step4. 在图形空白区按住鼠标右键不放，选择“艺术外观”选项，结果如图 36.1 所示。

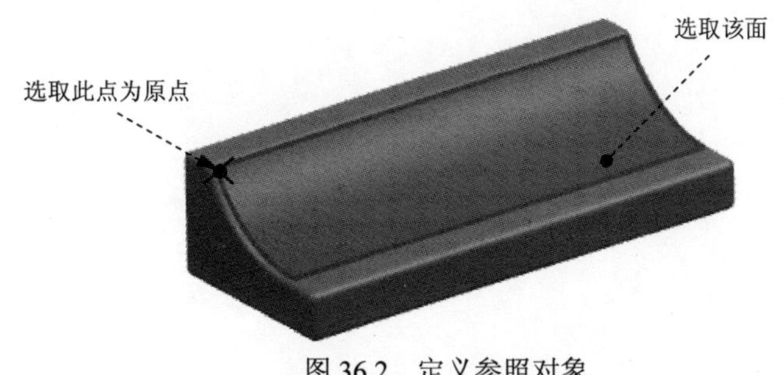

图 36.2　定义参照对象

Step5. 选择命令。选择下拉菜单 视图(V) → 可视化(V) → 高质量图像(H)... 命令，系统弹出图“高质量图像”对话框。

Step6. 定义渲染方法。在方法下拉列表中选择照片般逼真的选项。

Step7. 定义渲染操作。单击开始着色按钮，系统开始自动着色。此时能看到模型的变化（此操作后的对话框中的按钮均为激活状态）。

Step8. 保存渲染后模型图像。单击保存按钮，系统弹出图 36.3 所示的“保存图像”对话框。单击“保存图像”对话框中的列出文件按钮，系统弹出保存路径对话框，在该对话框中单击OK按钮，然后单击“保存图像”对话框中确定按钮。

Step9. 单击确定按钮，完成高质量图像的设置，如图 36.4 所示。

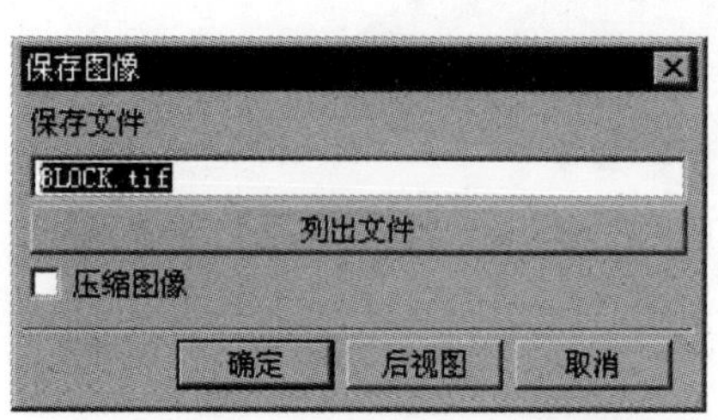

图 36.3 “保存图像”对话框

图 36.4 高质量图像

实例 37　机械零件的渲染

本节介绍一个零件模型渲染效果的详细操作过程。

Task 1. 打开模型文件

Step1. 打开文件 D:\ugins8\work\ch07\ins37\instance_engine.prt。

Step2. 更改渲染样式。在图形区单击鼠标右键，在弹出的快捷菜单中选择渲染样式(D) → 艺术外观(T)命令。

Task2. 设置材料/纹理

Step1. 添加材料到部件中材料。选择下拉菜单视图(V) → 可视化(V) → 材料/纹理(M)... 命令，单击工具栏中的“系统材料”按钮，然后单击 metal 文件夹，系统弹出图 37.1 所示的“系统材料”窗口。

Step2. 用鼠标拖动系统材料中所选的材料“aluminum”至模型当中，模型材料自动更改成所选材料，此时的模型外观如图 37.2 所示。

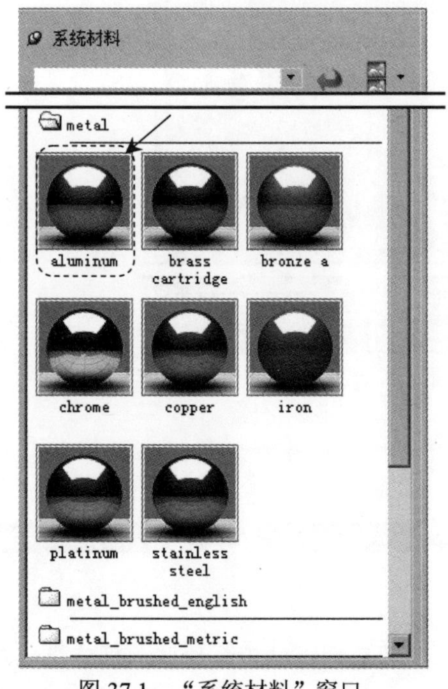

图 37.1　“系统材料”窗口

图 37.2　添加材料后的模型

Step3. 单击工具栏中的“部件中的材料”按钮，系统弹出“部件中的材料”窗口。

Step4. 编辑新建材料属性。选中新建的文件“aluminum”右击，在弹出的快捷菜单中选择编辑命令，系统弹出图 37.3 所示“材料编辑器”对话框。

Step5. 编辑材质参数。在纹理大小右侧的下拉列表中选择4096选项；单击常规选项卡，材料颜色选择为白色，在类型的下拉列表中选择镜子选项，其他参数采用系统默认的设置值，单击“材料编辑器”的确定按钮。

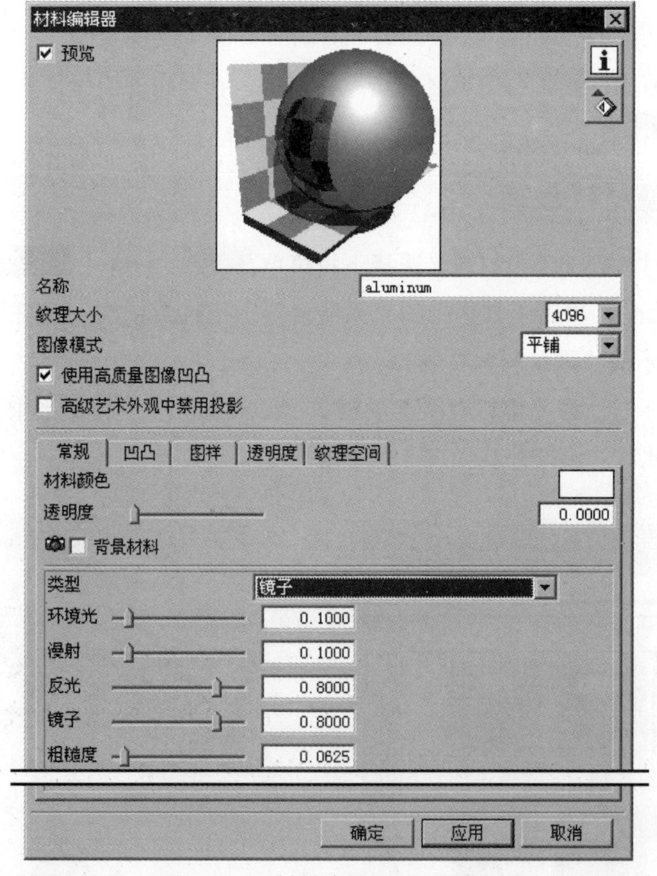

图 37.3 “材料编辑器”对话框

Task 3. 展示室环境的设置

Step1. 选择命令。选择下拉菜单视图(V) → 可视化(V) → 展示室环境(W)...命令，系统弹出“展示室环境”对话框。

说明： 初次使用该工具时，系统会弹出图 37.4 所示的“展示室环境”对话框，直接单击对话框中的确定(O)按钮。

展示室环境
环境变量 UGII_USER_SHOWROOM_DATA_DIR 或 UGII_USER_SCENE_DATA_DIR
没有指定。
展示室或背景环境数据将存储在环境变量 UGII_TMP_DIR
所指定的目录中。
确定(O)

图 37.4　“展示室环境”对话框

Step2. 调整房间位置。拖动图 37.5 所示的小球向 Bottom 面旋转 90°。结果如图 37.5 所示。

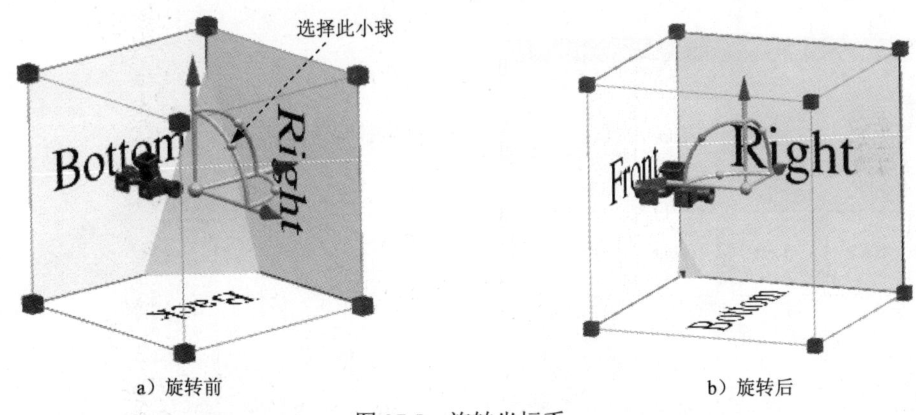

图 37.5　旋转坐标系

Step3. 调整室环境大小。单击图形区图 37.6a 所示的小方块，然后在弹出的“大小”的文本框输入 1500，结果如图 37.6b 所示。

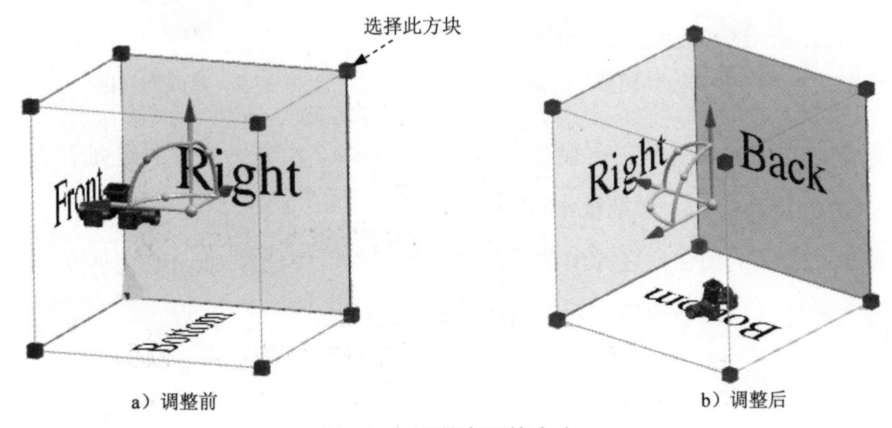

图 37.6　调整室环境大小

Step4. 单击“展示室环境”工具条（图 37.7）中的“编辑器”按钮，系统弹出图 37.8 所示的“编辑环境立方体图像”对话框。

图 37.7 “展示室环境”工具条

（1）修改“仰视图”图像。按图 37.8 所示的编号（1～2）依次操作。在弹出的“图像列表文件”中选择 floor.tif 文件并将其打开。单击“编辑环境立方体图像”对话框的 应用 按钮，结果如图 37.9 所示。

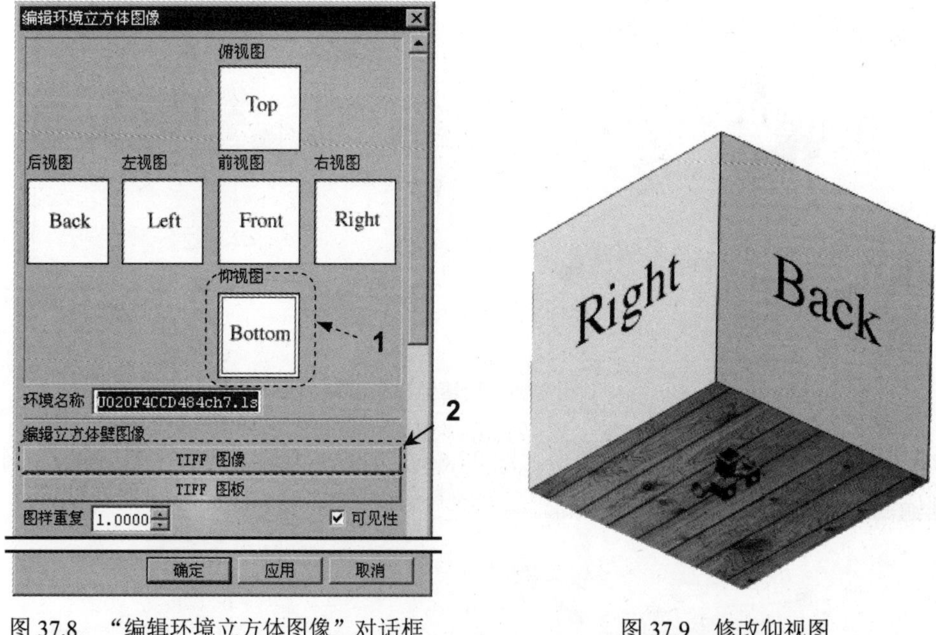

图 37.8 “编辑环境立方体图像”对话框

图 37.9 修改仰视图

（2）修改后视图、左视图、前视图和右视图的图像。在弹出的“图像列表文件”中选择 wall.tif 文件并将其打开。详细操作过程参照（1）。

（3）修改俯视图的图像。在弹出的“图像列表文件”中选择 sky.tif 文件并将其打开。详细操作过程参照（1）。修改完成后单击 取消 按钮。

Task4. 灯光设置

Step1. 选择命令。选择下拉菜单 视图(V) → 可视化(V) → 高级光源(A)... 命令，系统弹出“高级光源”对话框。

Step2. 设置场景环境光源属性。在“高级光源”对话框 可视效果设置 区域选中 ☑ 使用基于图像的打光 (IBL) 复选框。

Step3. 设置场景左上部灯光属性。单击灯光列表中开区域下面的“场景左上部”按钮，然后在基本设置区域强度选项中定义其强度为 0.28。

Step4. 设置场景右上部灯光属性。单击灯光列表中开区域下面的“场景右上部”按钮，然后在基本设置区域强度选项中定义其强度为 0.29；在阴影设置区域选中☑阴影复选框。在详细的下拉列表中选择粗糙选项，在边的下拉列表中选择特柔和（仅用于高质量图像）选项。

Step5. 添加“标准 Z 聚光”。

（1）选中“高级光源”对话框中灯光列表中关区域中的“标准 Z 聚光”按钮，然后单击按钮，此时“标准 Z 聚光”被添加到环境光源开区域中。在基本设置区域类型的下拉列表中选择聚光灯选项，在强度选项中定义其强度为 0.33。

（2）定义光源目标位置。在定向灯光区域确认“拖动目标”按钮被按下，然后单击按钮，系统弹出“点”对话框，在图 37.10 所示的区域输入坐标位置。单击确定按钮。

（3）定义光源位置。在定向灯光区域单击“拖动源”按钮，然后单击按钮，系统弹出“点”对话框，在图 37.11 所示的区域输入坐标位置。

（4）单击“高级光源”的确定按钮，完成灯光的设置。

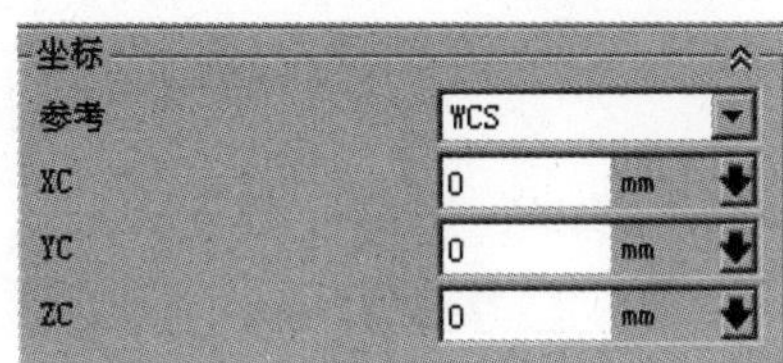

图 37.10　“标准 Z 点光源”位置坐标

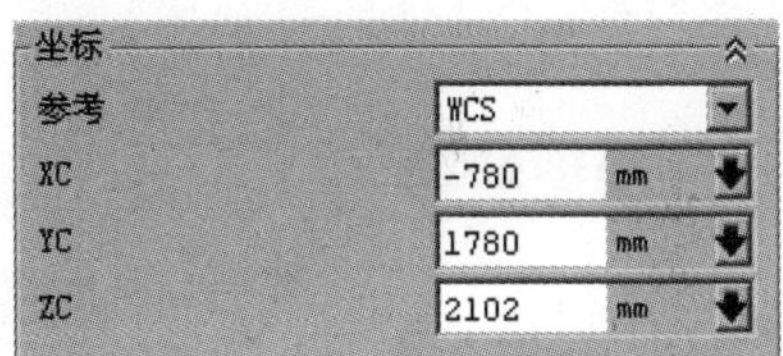

图 37.11　“光源”位置坐标

Task5. 场景编辑器设置

Step1. 选择命令。选择下拉菜单视图(V) → 可视化(V) → 场景编辑器(N)...命令，系统弹出“场景编辑器”对话框。

Step2. 单击对话框中的光源选项卡，在场景光源区域单击标准 Z 聚光，在光源设置区域选中☑使用基于图像的打光复选框；在场景光源区域单击场景右上部，在光源设置区域选中☑使用基于图像的打光复选框；在场景光源区域单击场景左上部，在光源设置区域选中☑使用基于图像的打光复选框；在场景光源区域单击场景环境，在光源设置区域选中☑使用基于图像的打光复选框。

Step3. 单击对话框中的全局照明选项卡，设置图 37.12 所示的参数值。单击确定按钮，完成设置。

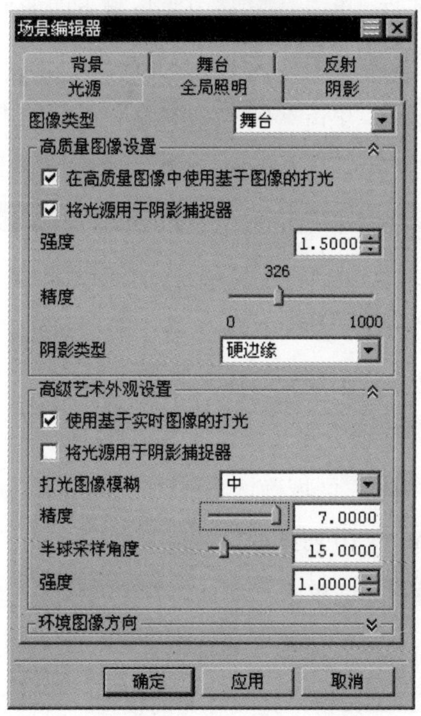

图 37.12　“全局照明”选项卡

Task 6. 模型渲染

Step1. 选择命令。选择下拉菜单 视图(V) → 可视化(V) → 高质量图像(H)... 命令，系统弹出图 37.13 所示的“高质量图像”对话框。

Step2. 定义渲染方法。在 方法 下拉列表中选择 照片般逼真的 选项。

Step3. 开始渲染。单击 开始着色 按钮，系统开始对模型进行渲染。渲染完成后即得到一张渲染图片（图 37.14）。

图 37.13　“高质量图像”对话框

图 37.14　高质量图像

说明：此处在渲染时，若在“高质量图像”对话框中的下拉列表中选择光线追踪/FFA方法进行渲染，图片效果会更佳（使用该方法进行渲染后的效果参见随书光盘文件 D:\ugins8\work\ch07\ins37\ok\ph1.doc），但是渲染的时间比较长，本例中使用照片般逼真的方法进行渲染，是一种比较常用的渲染方法。

Step4. 保存渲染图像。单击保存按钮，系统弹出“保存图像”对话框。单击“保存图像”对话框中的列出文件按钮，系统弹出保存路径对话框，在该对话框中单击OK按钮，然后单击“保存图像”对话框中的确定按钮。

Step5. 单击确定按钮，完成渲染。

第 8 章

运动仿真及动画实例

本篇主要包含如下内容：

- 实例 38　牛头刨床机构仿真
- 实例 39　齿轮机构仿真
- 实例 40　凸轮运动仿真

实例 38　牛头刨床机构仿真

本实详细介绍了牛头刨床机构仿真的一般过程，通过本实例的学习，读者可以掌握通过 UG 进行运动仿真的操作方法。下面详细介绍图 38.1 所示的牛头刨床机构仿真的一般操作过程。

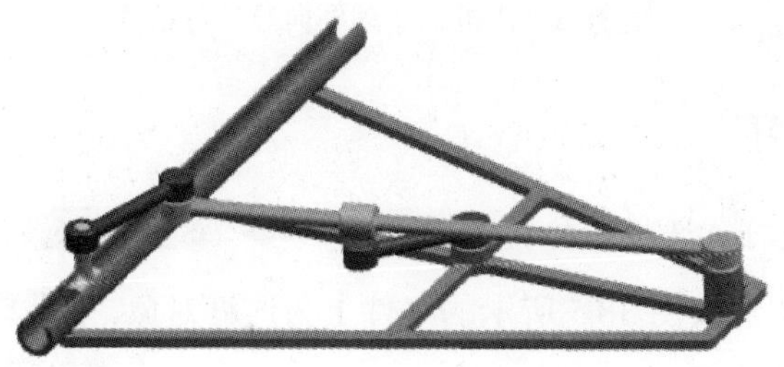

图 38.1　牛头刨床机构

Task1. 新建仿真文件

Step1. 打开文件 D:\ugins8\work\ch08\ ins38\PLANNING_MACHINE.prt。

Step2. 选择 开始 → 运动仿真(O)... 命令，进入运动仿真模块。

Step3. 新建仿真文件。

（1）在“运动导航器”中右击 PLANNING_MACHINE，在弹出的快捷菜单中选择 新建仿真 命令，系统弹出图 38.2 所示的“环境”对话框。

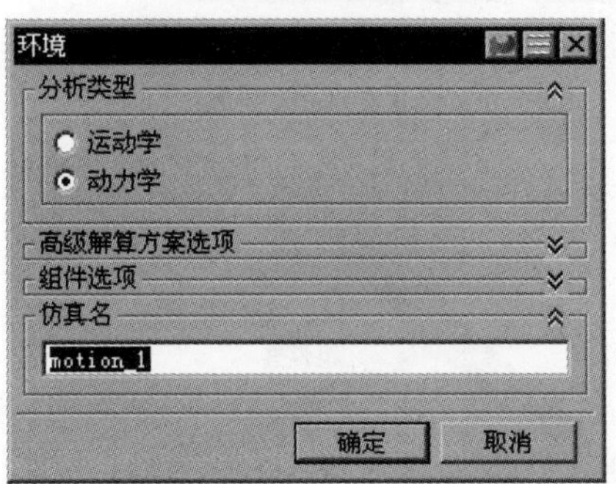

图 38.2　“环境”对话框

（2）在“环境”对话框中选中 动力学 单选项，其他采用系统默认设置，单击 确定 按钮，系统弹出图 38.3 所示的“机构运动副向导”对话框，在对话框中单击 取消 按钮。系统进入运动仿真环境。

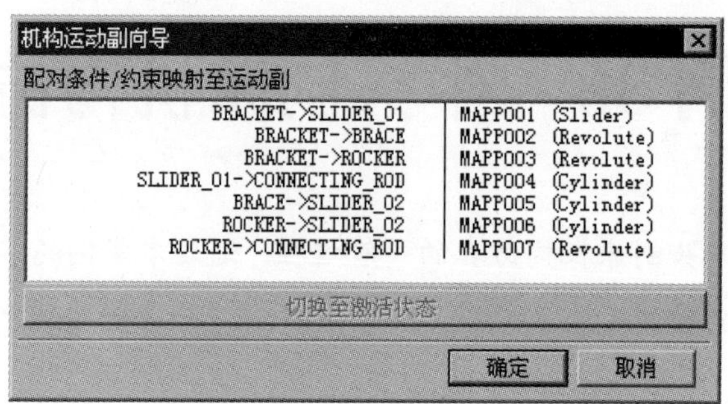

图 38.3　“机构运动副向导”对话框

Task2. 定义连杆

Step1. 定义固定连杆。选择下拉菜单 插入(S) → 链接(L)... 命令，系统弹出图 38.4 所示的“连杆”对话框，选取图 38.5 所示的组件 1 为连杆对象，在 设置 区域选中 ☑ 固定连杆 复选框，其他采用系统默认的设置，在“连杆”对话框中单击 应用 按钮。

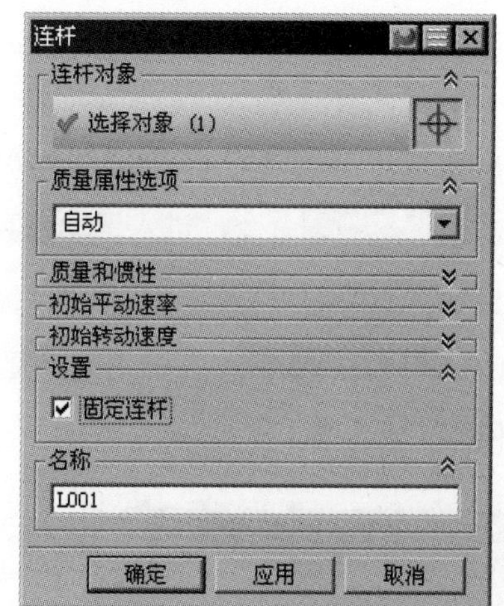

图 38.4　“连杆”对话框

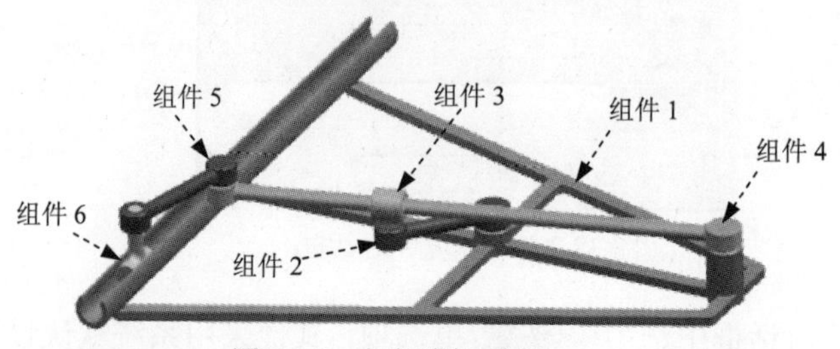

图 38.5　定义连杆对象

Step2. 定义运动连杆。

（1）选取图 38.5 所示的组件 2 为连杆 2 对象，在 设置 区域取消选中 ☐ 固定连杆 复选框，其他采用系统默认的设置，在“连杆”对话框中单击 应用 按钮。

（2）选取图 38.5 所示的组件 3 为连杆 3 对象，单击 应用 按钮。

（3）选取图 38.5 所示的组件 4 为连杆 4 对象，单击 应用 按钮。

（4）选取图 38.5 所示的组件 5 为连杆 5 对象，单击 应用 按钮。

（5）选取图 38.5 所示的组件 6 为连杆 6 对象，单击 确定 按钮。完成连杆的定义。

Task3. 定义运动副

Step1. 添加旋转副 1。

（1）选择下拉菜单 插入(S) → 运动副(J)... 命令，系统弹出图 38.6 所示的“运动副”对话框（一）。

（2）定义运动副类型。在“运动副”对话框的 定义 选项卡的 类型 下拉列表中选择 旋转副 选项。

（3）选择连杆。选取图 38.7 所示连杆 2。

（4）指定原点。在“运动副”对话框的 指定原点 后的下拉列表中选择 ⊙ 选项，在模型中选取图 38.7 所示的圆弧为定位原点参照。

（5）指定矢量。在 指定矢量 后的下拉列表中选择 ZC↑ 为矢量。

（6）定义驱动。在“运动副”对话框中单击 驱动 选项卡，在 旋转 下拉列表中选择 恒定 选项，并在其下的 初速度 文本框中输入 60。

（7）单击 应用 按钮，完成第一个运动副的添加。

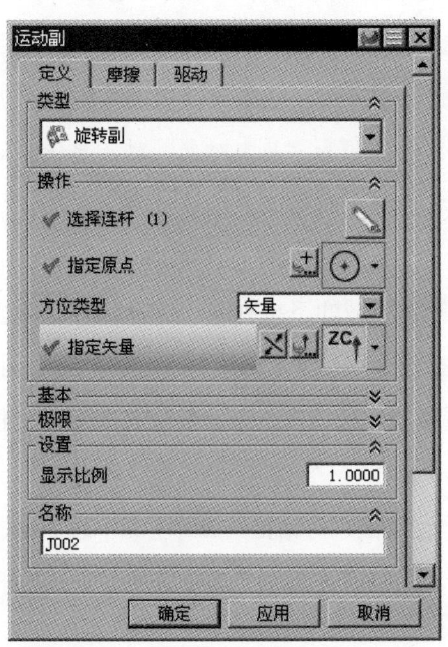

图 38.6 “运动副”对话框（一）

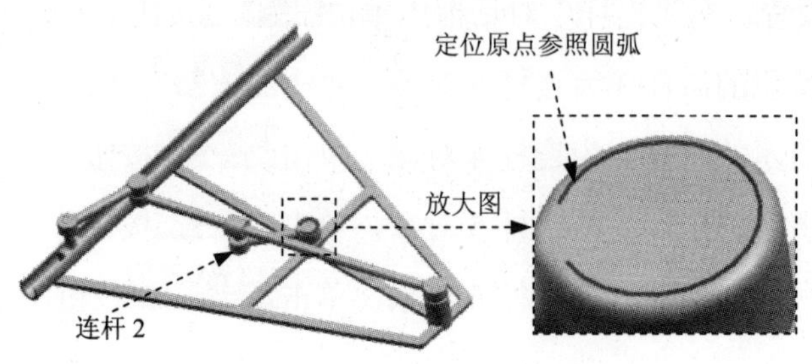

图 38.7 指定连杆

Step2. 添加旋转副 2。

（1）定义操作对象。选择图 38.8 所示的连杆 3。在“运动副”对话框中✔ 指定原点后的下拉列表中选择⊙选项，在模型中选取图 38.8 所示的圆弧为定位原点参照；在✔ 指定矢量下拉列表中选择-ZC为矢量。

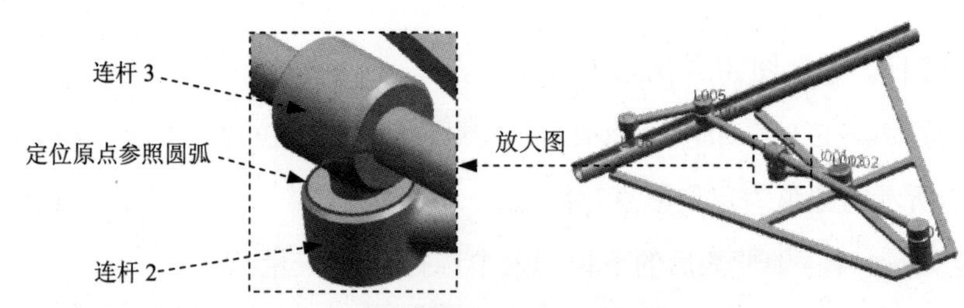

图 38.8 添加旋转副 2

（2）定义基本对象。在图 38.9 所示的“运动副”对话框（二）的基本区域中选中☑ 啮合连杆复选框，单击按钮，选择图 38.8 所示连杆 2 为啮合连杆对象，在✔ 指定原点后的下拉列表中选择⊙选项，在模型中选取图 38.8 所示的圆弧为定位原点参照；在✔ 指定矢量后的下拉列表中选择-ZC为矢量；单击应用按钮，完成第二个运动副的添加。

注意：此处在定义“操作对象”和“基本对象”时，要保证选择的原点和矢量要一致，才能保证操作连杆和啮合连杆能够一起运动。

Step3. 添加滑动副 1。

（1）定义连杆类型。在类型区域的下拉列表中选择滑动副选项。

（2）定义操作对象。选择图 38.10 所示的连杆 3。在“运动副”对话框中✔ 指定原点后的下拉列表中选择⊙选项，在模型中选取图 38.10 所示的圆弧为定位原点参照；选取图 38.10 所示的面为矢量参照。

（3）定义基本对象。在“运动副”对话框的基本区域中选中☑ 啮合连杆复选框，单击按钮，选择图 38.10 所示连杆 4 为啮合连杆对象，在✔ 指定原点后的下拉列表中选择⊙选项，在模型中选取图 38.10 所示的圆弧为定位原点参照；选取图 38.10 所示的面为矢量参照，单击 应用 按钮，完成滑动副 1 的添加。

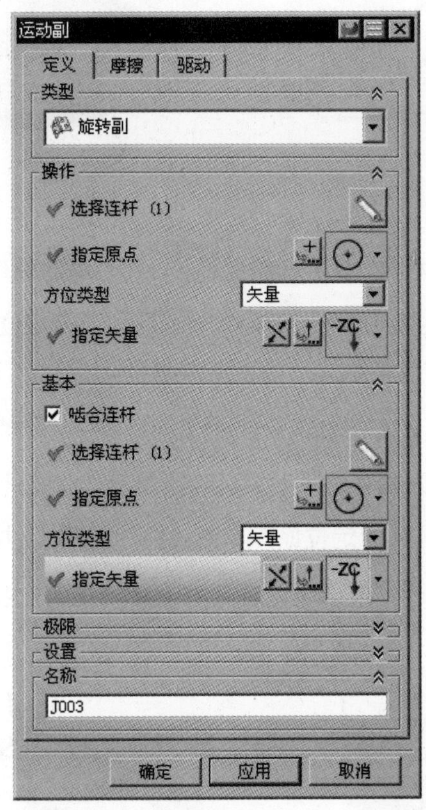

图 38.9 “运动副”对话框（二）

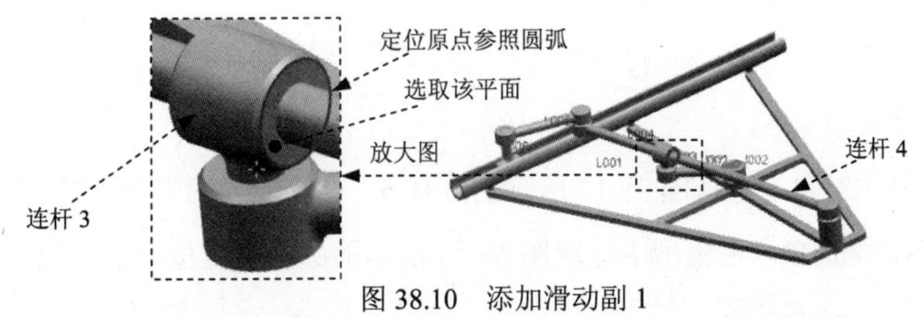

图 38.10 添加滑动副 1

Step4. 添加旋转副 3。在 类型 区域的下拉列表中选择 旋转副 选项。选择图 38.11 所示的连杆 4。在 指定原点 后的下拉列表中选择 ⊙ 选项，在模型中选取图 38.11 所示的圆弧为定位原点参照；在 指定矢量 下拉列表中选择 -ZC 为矢量，单击 应用 按钮，完成第三个旋转副的添加。

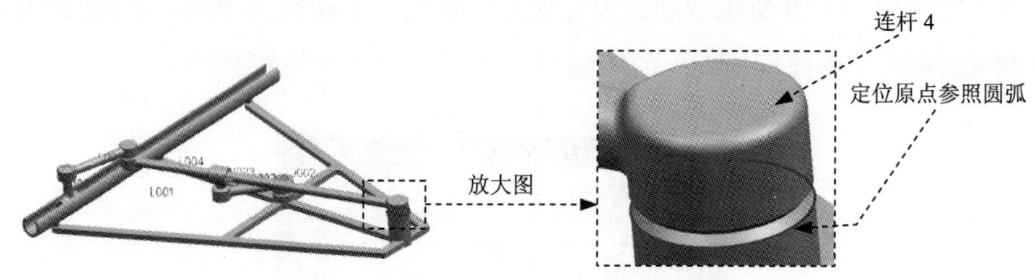

图 38.11 添加旋转副 3

Step5. 添加旋转副 4。

(1) 定义操作对象。选择图 38.12 所示的连杆 5。在“运动副”对话框中 指定原点 后的下拉列表中选择 选项，在模型中选取图 38.12 所示的圆弧为定位原点参照；在 指定矢量 下拉列表中选择 -ZC 为矢量。

(2) 定义基本对象。在“运动副”对话框的 基本 区域中选中 ☑ 啮合连杆 复选框，单击 按钮，选择图 38.12 所示连杆 4 为啮合连杆对象，在 指定原点 后的下拉列表中选择 选项，在模型中选取图 38.12 所示的圆弧为定位原点参照；在 指定矢量 下拉列表中选择 -ZC 为矢量。单击 应用 按钮，完成旋转副 4 的添加。

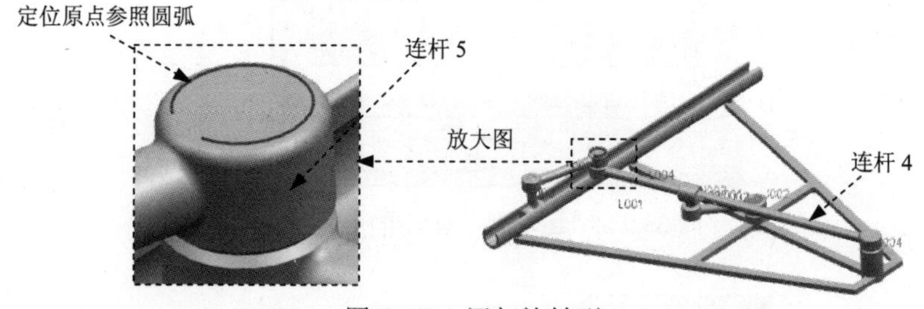

图 38.12 添加旋转副 4

Step6. 添加旋转副 5。

(1) 定义操作对象。选择图 38.13 所示的连杆 5。在“运动副”对话框中 指定原点 后的下拉列表中选择 选项，在模型中选取图 38.13 所示的圆弧为定位原点参照；在 指定矢量 下拉列表中选择 -ZC 为矢量。

(2) 定义基本对象。在“运动副”对话框的 基本 区域中选中 ☑ 啮合连杆 复选框，单击 按钮，选择图 38.13 所示连杆 6 为啮合连杆对象，在 指定原点 后的下拉列表中选择 选项，在模型中选取图 38.13 所示的圆弧为定位原点参照；在 指定矢量 下拉列表中选择 -ZC 为矢量。单击 应用 按钮，完成旋转副 5 的添加。

Step7. 添加滑动副 2。

(1) 定义连杆类型。在 类型 区域的下拉列表中选择 滑动副 选项。

（2）定义操作对象。选择图 38.14 所示的连杆 6。在“运动副”对话框中 指定原点 后的下拉列表中选择 ⊙ 选项，在模型中选取图 38.14 所示的圆弧为定位原点参照；选取图 38.14 所示的面为矢量参照。单击 确定 按钮，完成滑动副 2 的添加。

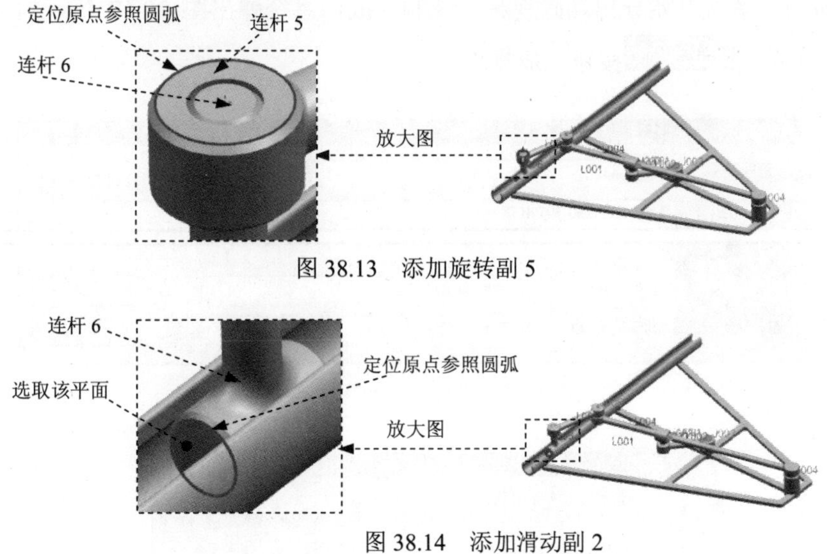

图 38.13 添加旋转副 5

图 38.14 添加滑动副 2

Task4. 定义解算方案并仿真

Step1. 定义解算方案。选择下拉菜单 插入(S) → 解算方案(I)... 命令，系统弹出图 38.15 所示的“解算方案”对话框。在 解算方案选项 区域中的 时间 文本框中输入 5，在 步数 文本框中输入 500，选中 ☑ 通过按“确定”进行解算 复选框，其他参数采用系统默认设置值；单击 确定 按钮，系统开始解算仿真文件。

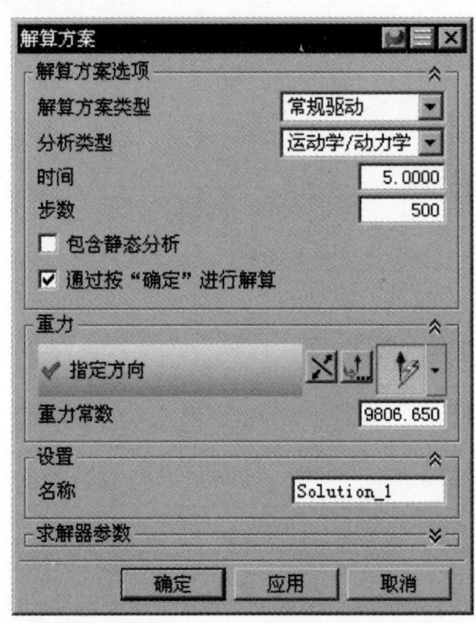

图 38.15 “解算方案”对话框

Step2. 播放动画。在“动画控制”工具栏中单击“播放”按钮，即可播放动画。

Step3. 保存仿真动画。单击“完成动画”按钮，单击“导出至电影”按钮，系统弹出图 38.16 所示的“录制电影”对话框，输入文件名称 PLANNING_MACHINE，单击 OK 按钮，系统开始导出动画视频，录制完成后系统弹出图 38.17 所示的“导出至电影”对话框，单击 确定(O) 按钮完成操作。

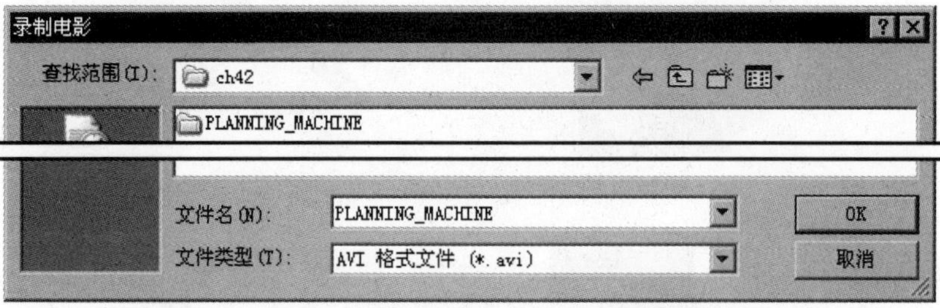

图 38.16 “录制电影”对话框

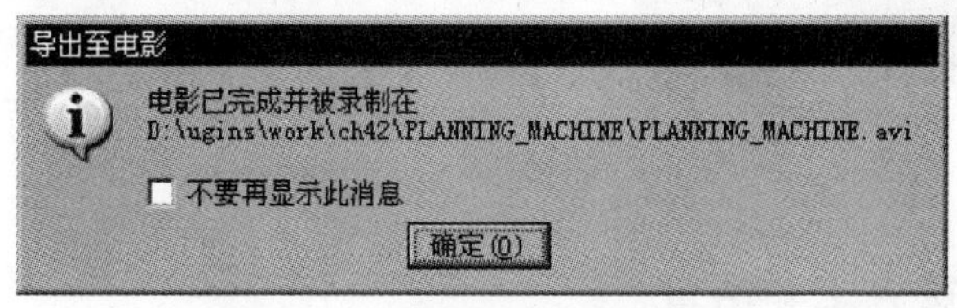

图 38.17 “导出至电影”对话框

注意：只有在“动画控制”工具栏中单击“完成动画”按钮之后，才可修改动画的相关属性。

实例 39　齿轮机构仿真

下面详细介绍图 39.1 所示的齿轮机构仿真的一般操作过程。

图 39.1　齿轮机构

Task1. 新建仿真文件

Step1. 打开文件 D:\ugins8work\ch08\ins39\SM.prt。

Step2. 选择 开始 → 运动仿真(O)... 命令，进入运动仿真模块。

Step3. 新建仿真文件。

（1）在“运动导航器”中右击 GEARWHEEL_ASM，在弹出的快捷菜单中选择 新建仿真 命令，系统弹出图 39.2 所示的“环境”对话框。

（2）在“环境”对话框中选中 ⊙ 动力学 单选项，单击 确定 按钮。

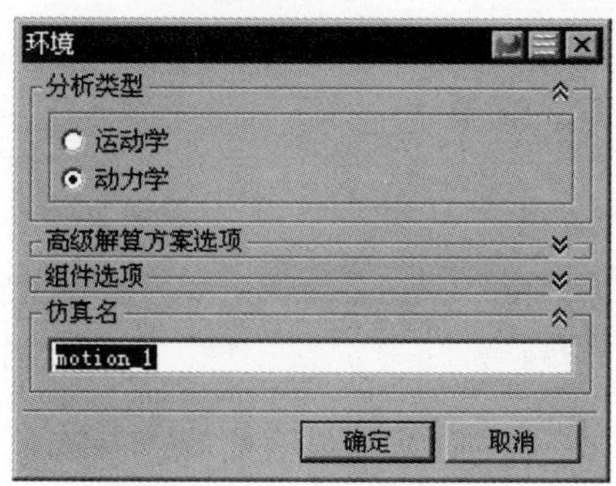

图 39.2　“环境”对话框

Task2. 定义连杆

Step1. 定义连杆 1。选择下拉菜单 插入(S) → 链接(L)... 命令，系统弹出图 39.3 所示的“连杆”对话框，选取图 39.4 所示的组件 1 为连杆 1，采用系统默认的设置，在“连杆”对话框中单击 应用 按钮。

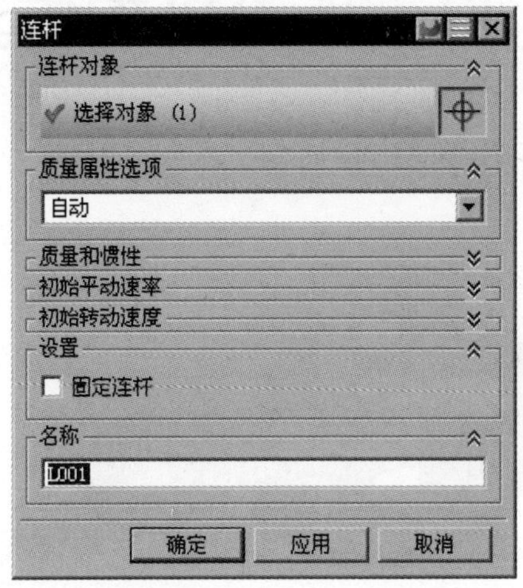

图 39.3 “连杆”对话框

Step2. 定义连杆 2。选取图 39.4 所示的组件 2 为连杆 2，采用系统默认的设置，在“连杆”对话框中单击 确定 按钮。

图 39.4 定义连杆

Task3. 定义运动副

Step1. 添加旋转副 1。

（1）选择下拉菜单 插入(S) ➡ 运动副(J)... 命令，系统弹出图 39.5 所示的“运动副”对话框。

（2）定义运动副类型。在“运动副”对话框的 定义 选项卡的 类型 下拉列表中选择 旋转副 选项。

（3）定义旋转副。选取图 39.6 所示的连杆 1。在“运动副”对话框的 指定原点 下拉列表中选择 ⊙ 选项，在模型中选取图 39.6 所示的圆弧为定位原点参照。在 指定矢量 下拉列表中选择 ZC↑ 为矢量。

（4）单击 应用 按钮，完成第一个运动副（旋转副 1）的添加。

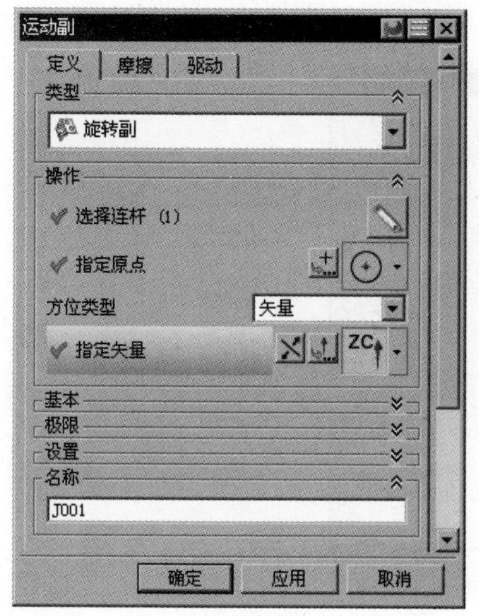

图 39.5 “运动副”对话框

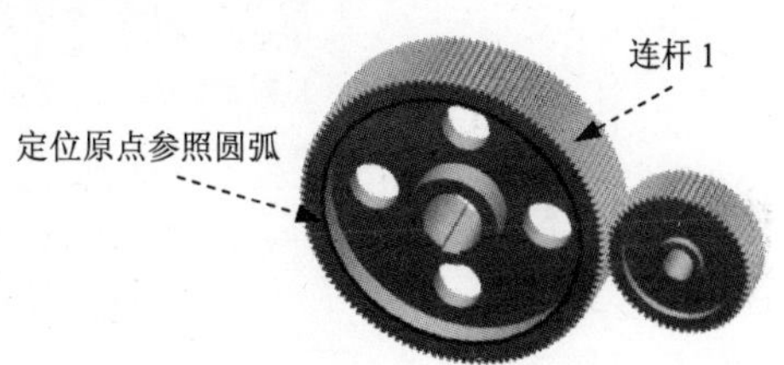

图 39.6 定义旋转副 1

Step2. 添加旋转副 2。

（1）定义运动副类型。在“运动副”对话框的 定义 选项卡的 类型 下拉列表中选择 旋转副 选项。

（2）定义旋转副。选取图 39.7 所示的连杆 2，在“运动副”对话框中 指定原点 下拉列表中选择 ⊙ 选项，在模型中选取图 39.7 所示的圆弧为定位原点参照；在 指定矢量 下拉列表中选择 -ZC 为矢量。

（3）定义驱动。在“运动副”对话框中单击 驱动 选项卡，在 旋转 下拉列表中选择 恒定 选项，并在其下的 初速度 文本框中输入 50。

（4）单击 确定 按钮，完成第二个运动副（旋转副 2）的添加。

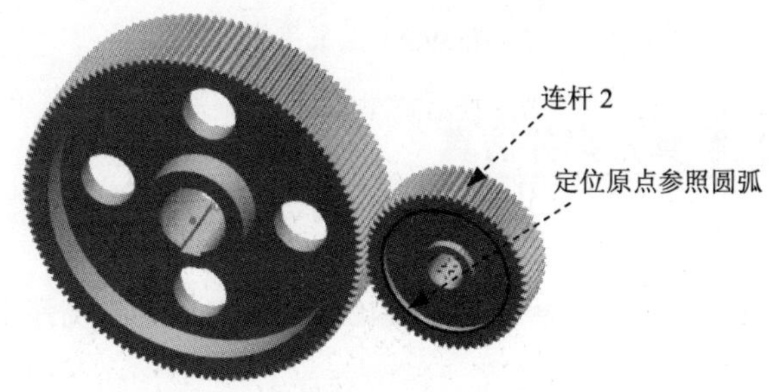

图 39.7 定义旋转副 2

Step3. 添加齿轮副。

（1）选择下拉菜单 插入(S) → 传动副(E) → 齿轮副(G)... 命令，系统弹出图 39.8

所示的“齿轮副”对话框。

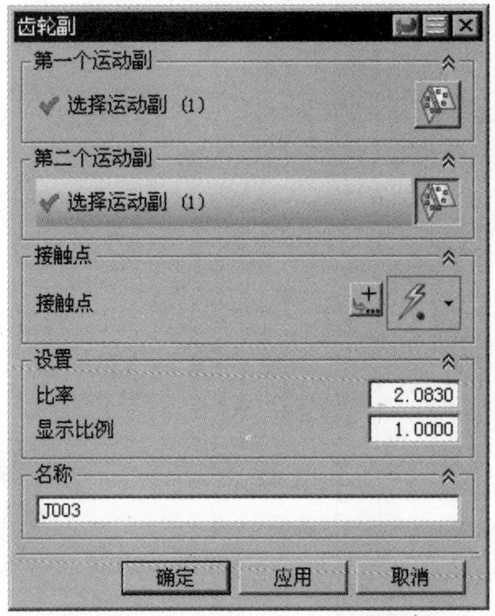

图 39.8 “齿轮副”对话框

（2）选择运动副。在“齿轮副”对话框中选取图 39.9 所示的旋转副 1 和旋转副 2。

（3）定义传动比率。在设置区域比率的文本框输入 2.083。

（4）单击确定按钮，完成齿轮副的添加。

图 39.9 定义齿轮副

Task4. 定义解算方案并仿真

Step1. 定义解算方案。

（1）选择下拉菜单插入(S) → 解算方案(I)...命令，系统弹出图 39.10 所示的“解算方案”对话框。

（2）在“解算方案”对话框的解算方案选项区域中的时间文本框中输入 5，在步数文本框中输入 500。选中☑通过按“确定”进行解算复选框。

（3）单击确定按钮，完成解算方案的定义。

Step2. 播放仿真动画。在“动画控制”工具栏中单击“播放”按钮，即可播放动画。

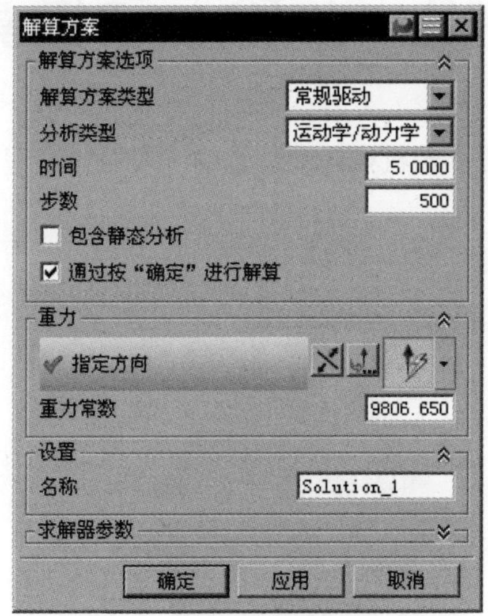

图 39.10　“解算方案”对话框

实例 40 凸轮运动仿真

下面详细介绍图 40.1 所示的凸轮机构运动仿真的一般操作过程。

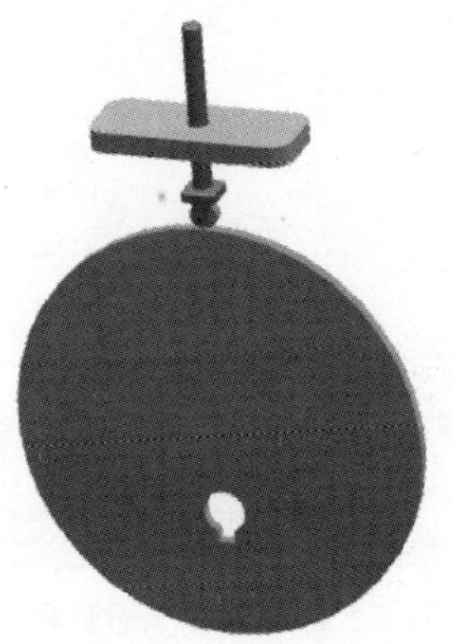

图 40.1 凸轮机构

Task1. 新建仿真文件

Step1. 打开文件 D:\ugins8\work\ch08\ ins40\CAM_ASM.prt

Step2. 选择 开始 → 运动仿真(O)... 命令，进入运动仿真模块。

Step3. 新建仿真文件。

（1）在“运动导航器”中右击 CAM_ASM，在弹出的快捷菜单中选择 新建仿真 命令，系统弹出“环境”对话框。

（2）在“环境”对话框中选中 动力学 单选项，单击 确定 按钮，系统弹出图 40.2 所示的“机构运动副向导”对话框，单击 取消 按钮。

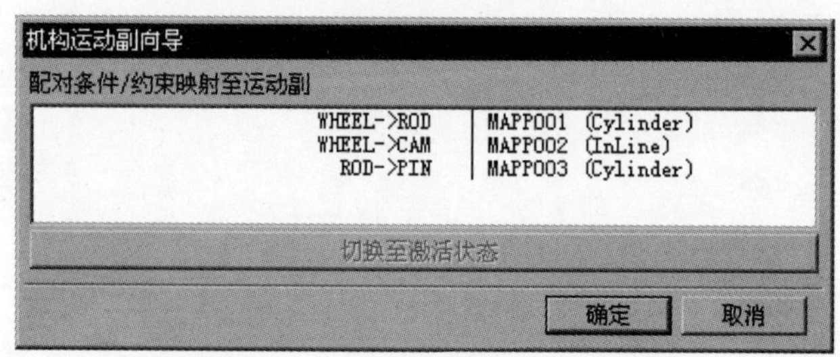

图 40.2 “机构运动副向导”对话框

Task2. 定义连杆

Step1．定义固定连杆。

选择下拉菜单 插入(S) → 链接(L)... 命令，系统弹出“连杆”对话框，选取图 40.3 所示的组件 1 为连杆 1，在 设置 区域选中 ☑ 固定连杆 复选框，其他采用系统默认的设置，在“连杆”对话框中单击 应用 按钮。

Step2．定义运动连杆。

（1）选取图 40.3 所示的组件 2 为连杆 2，在 设置 区域取消选中 ☐ 固定连杆 复选框，其他采用系统默认的设置，在“连杆”对话框中单击 应用 按钮。

注意：此处的连杆 2 包括两个对象（销轴和推杆），因为在仿真过程中，这两个对象的运动是一样的，可以将这两个对象定义为一个连杆。

（2）选取图 40.3 所示的组件 3 为连杆 3，单击 应用 按钮。

（3）选取图 40.3 所示的组件 4 为连杆 4，单击 确定 按钮，完成连杆的定义。

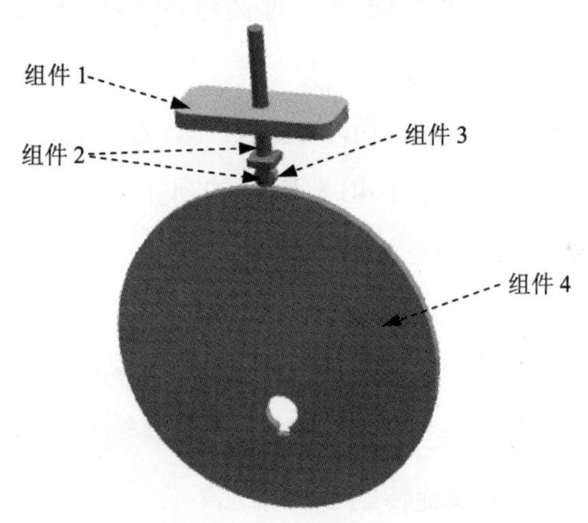

图 40.3　定义连杆

Task3．定义运动副

Step1．添加旋转副 1。

（1）选择下拉菜单 插入(S) → 运动副(J)... 命令，系统弹出“运动副”对话框。

（2）定义运动副类型。在“运动副”对话框的 定义 选项卡的 类型 下拉列表中选择 旋转副 选项。

（3）定义旋转副。选取图 40.4 所示连杆 4。在“运动副”对话框的 指定原点 下拉列表中选择 ⊙ 选项，在模型中选取图 40.4 所示的圆弧为定位原点参照，在 指定矢量 下拉列表中选择 YC 为矢量。

（4）定义驱动。在“运动副”对话框中单击 驱动 选项卡，在 旋转 下拉列表中选择 恒定选项，并在其下的初速度文本框中输入 50。

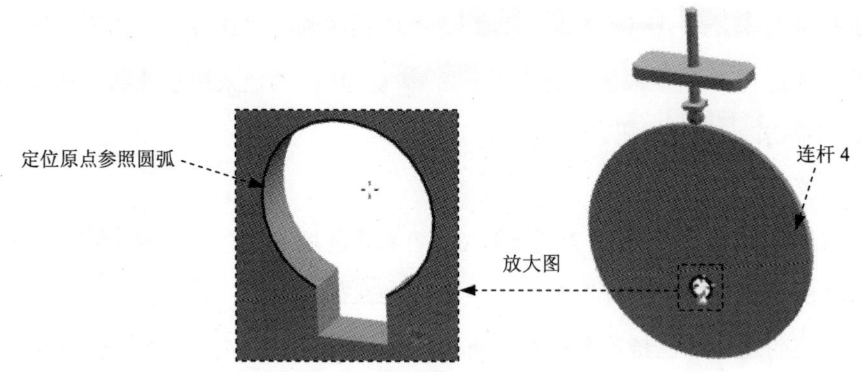

图 40.4 定义旋转副 1

（5）单击应用按钮，完成旋转副 1 的添加。

Step2. 添加旋转副 2。

（1）定义运动副类型。在“运动副”对话框的定义选项卡的类型下拉列表中选择旋转副选项。

（2）定义操作连杆。选取图 40.5 所示的连杆 3。在“运动副”对话框中指定原点下拉列表中选择⊙选项，在模型中选取图 40.5 所示的圆弧为定位原点参照；在指定矢量下拉列表中选择-YC为矢量。

（3）定义啮合连杆。在“运动副”对话框基本区域中选中☑啮合连杆复选框，单击按钮，选取图 40.5 所示连杆 2，在“运动副”对话框中指定原点下拉列表中选择⊙选项，在模型中选取图 40.5 所示的圆弧为定位原点参照；在指定矢量下拉列表中选择-YC为矢量。

（4）单击应用按钮，完成旋转副 2 的添加。

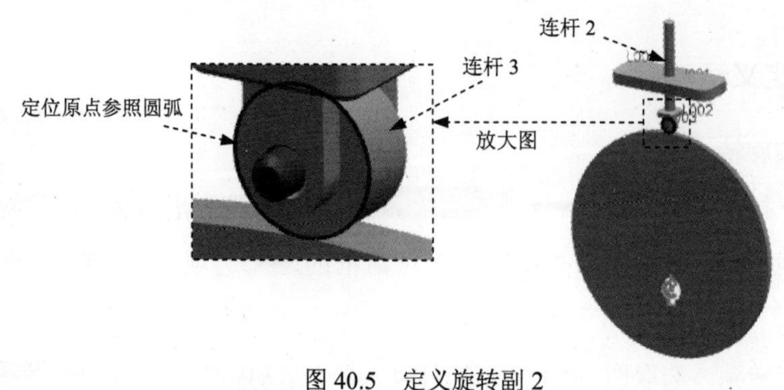

图 40.5 定义旋转副 2

Step3. 添加滑动副。

（1）定义运动副类型。在“运动副”对话框的定义选项卡的类型下拉列表中选择滑动副选项。

（2）定义滑动副。选取图 40.6 所示连杆 2。在“运动副”对话框的 指定原点 下拉列表中选择 选项，在模型中选取图 40.6 所示的圆弧为定位原点参照。在 指定矢量 下拉列表中选择 ZC 为矢量。

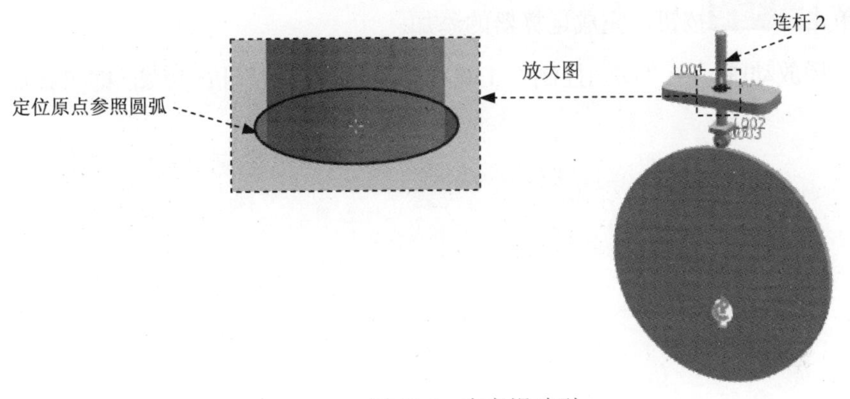

图 40.6　定义滑动副

（3）单击 确定 按钮，完成滑动副的添加。

Step4. 添加线在线上副。

（1）选择下拉菜单 插入(S) → 约束(T) → 线在线上副(N)... 命令，系统弹出图 40.7 所示的“线在线上副”对话框。

（2）定义曲线。选取图 40.8 所示曲线 1 和曲线 2。

（3）单击 确定 按钮，完成约束的添加。

图 40.7　“线在线上副”对话框

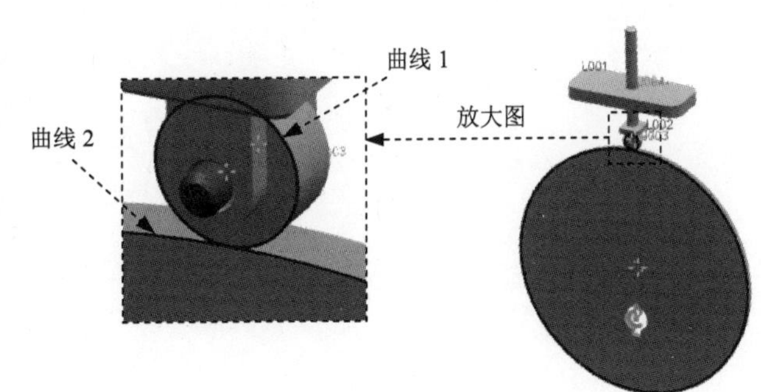

图 40.8　定义参照曲线

Task4. 定义解算方案并仿真

Step1. 添加运算器。

（1）选择下拉菜单 插入(S) → 解算方案(T)... 命令，系统弹出“运算方案”对话框。

（2）在“运算方案”对话框的 解算方案选项 区域中的 时间 文本框中输入 10，在 步数 文本框中输入 5000。选中 ☑ 通过按“确定”进行解算 复选框。

（3）单击 确定 按钮，完成运算器的添加。

Step2. 播放动画。在“动画控制”工具栏中单击“播放”按钮 ▸，即可播放动画。

第 9 章

管道与电缆设计实例

本篇主要包含如下内容：

- 实例 41　车间管道布线
- 实例 42　电缆设计

实例 41　车间管道布线

实例概述：

本实例详细介绍了在 UG 管道布线模块中进行三维管道布线的操作过程，在管道布线过程中注意管道布线的流程以及管道路径的绘制方法。管道布线结果如图 41.1 所示。

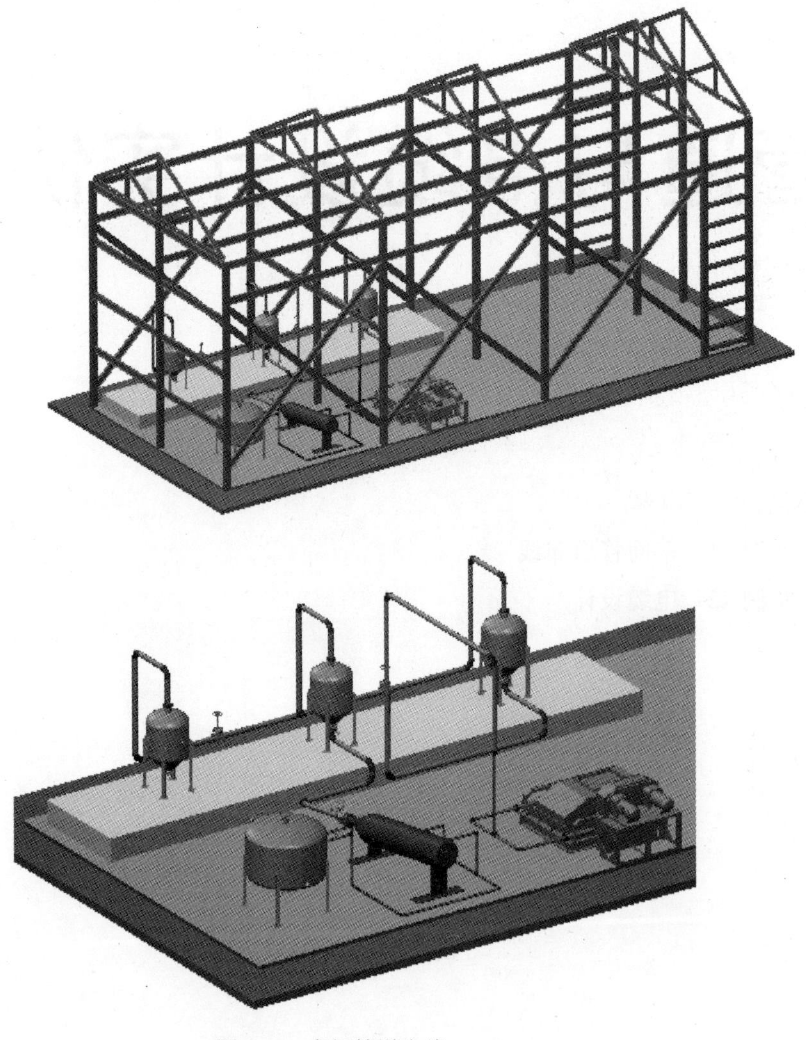

图 41.1　车间管道布线

Task1. 进入管道设计模块

Step1. 打开文件 D:\ugins8\work\ch09\ins41\ex\00-tubing_system_design.prt，装配模型如图 41.2 所示。

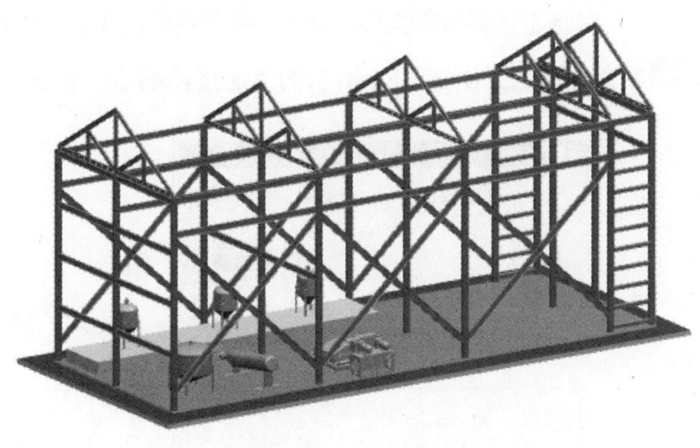

图 41.2　装配模型

Step2. 进入管道设计环境。选择下拉菜单 开始 → 所有应用模块 → 机械管线布置(R)... 命令，系统进入管道设计模块。

说明：为了选择、操作方便将装配导航器中的 ☑ frame1 和 ☑ frame2 隐藏。

Task2. 创建管道路径

Stage1. 创建管道路径 L1

Step1. 创建管道端口 1。在装配导航器 ☑ vale_01 上右击，在弹出的快捷菜单中选择 设为工作部件 命令。

（1）选择下拉菜单 工具(T) → 审核部件(Q)... 命令，系统弹出图 41.3 所示的“审核部件”对话框。

图 41.3　“审核部件”对话框

（2）在“审核部件”对话框的管线部件类型区域选中◉ 连接件复选框，在管线布置对象区域连接件右击，选择新建命令，系统弹出图 41.4 所示的“连接件端口”对话框。

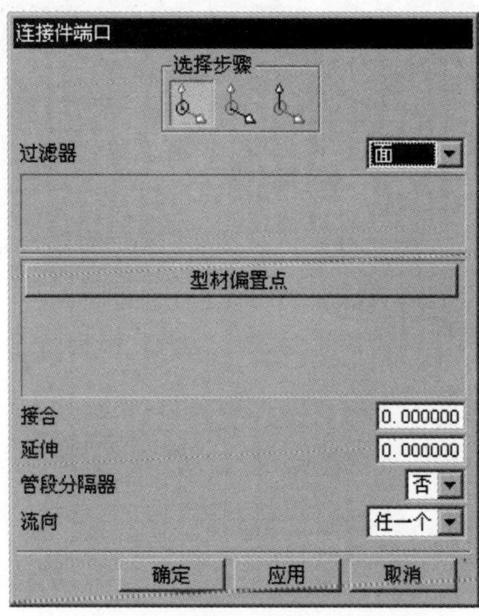

图 41.4 “连接件端口”对话框

（3）在过滤器右面的下拉列表中选择面选项。选择图 41.5 所示的面为参照，单击选择步骤区域中的“对齐矢量”按钮，采用系统默认的方向，然后单击两次“连接件端口”对话框中的确定按钮，系统返回至“审核部件”对话框。

（4）单击“审核部件”对话框的确定按钮，完成管道端口 1 的创建。

图 41.5 选取参考面

Step2. 创建管道端口 2。在装配导航器中☑ sample-Tank-05（中间的）上双击将其设为工作部件，选取图 41.6 所示的面为参照。详细操作过程参照 Step1。

Step3. 放置法兰。

（1）在装配导航器中☑ 00-tubing_system_design上双击将其设为工作部件。

（2）选择下拉菜单插入(S) → 管线布置部件(T) → 放置部件(P)...命令，系统弹出“指定项”对话框。

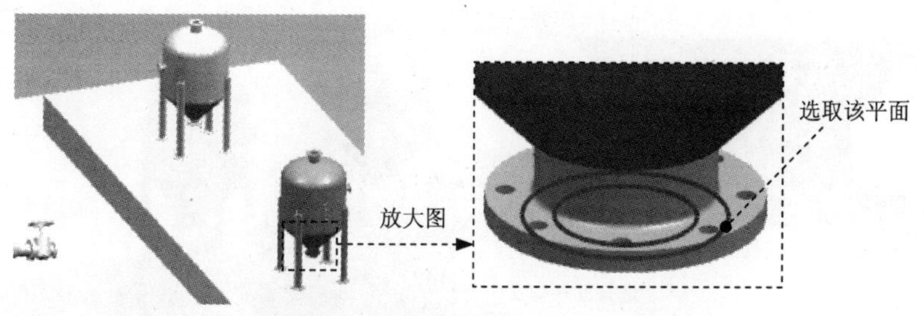

图 41.6　选取参考面

（3）在“指定项”对话框中单击“打开”按钮，在弹出的“部件名”对话框中选择 fittings_weld_flange_d140.prt 并将其打开。单击“指定项”对话框中的确定按钮，系统弹出“放置部件”对话框。

（4）选择图 41.7 所示的端口 1（箭头）为参照，在“放置部件”对话框放置解算方案区域单击按钮，然后单击“放置部件”的应用按钮，结果如图 41.8 所示。

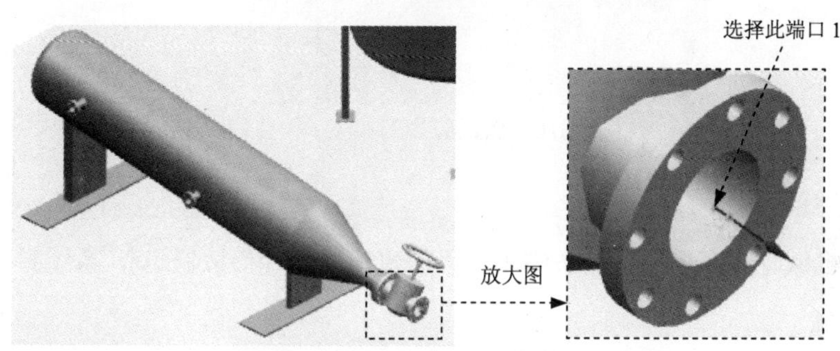

图 41.7　定义参照对象

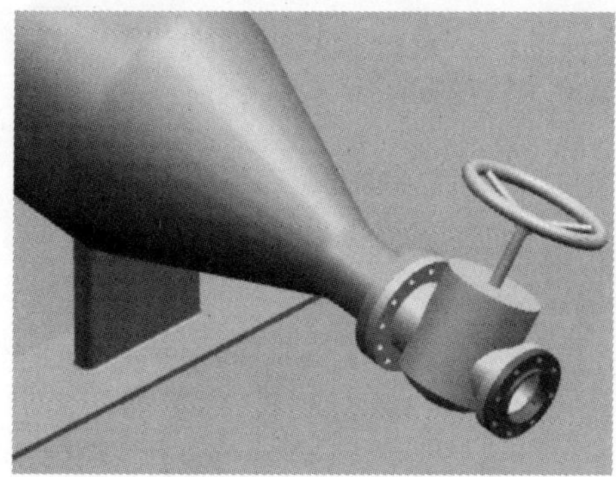

图 41.8　放置法兰 1

（5）选择图 41.9 所示的端口 2（箭头）为参照，然后单击“放置部件”的确定按钮，结果如图 41.10 所示。

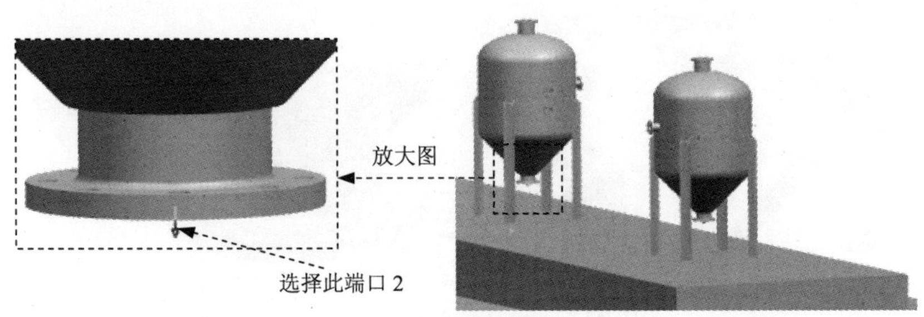

图 41.9　定义参照对象

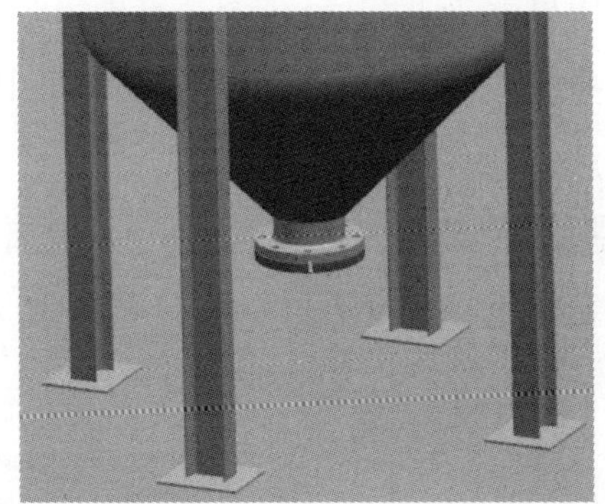

图 41.10　放置法兰 2

Step4. 创建线性路径 1。

（1）在“机械管线布置”工具条中单击“创建线性路径”按钮，系统弹出“创建线性路径”对话框。

（2）在模型中选取图 41.11 所示点为参考；在“创建线性路径”对话框中的模式下拉列表中选择平行于轴选项，在指定点区域偏置文本框输入 1200，在设置区域中选中☑ 指派默认转角、☑ 锁定到选定的对象、☑ 锁定长度和☑ 锁定角度复选框。

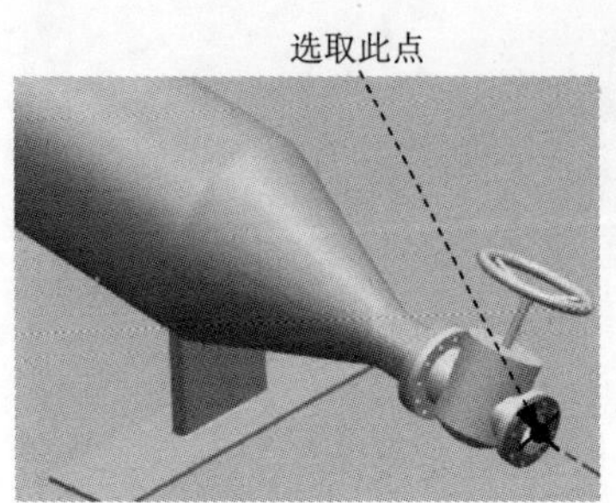

图 41.11　定义参考点

（3）单击应用按钮，完成线性路径 1 的创建。如图 41.12 所示。

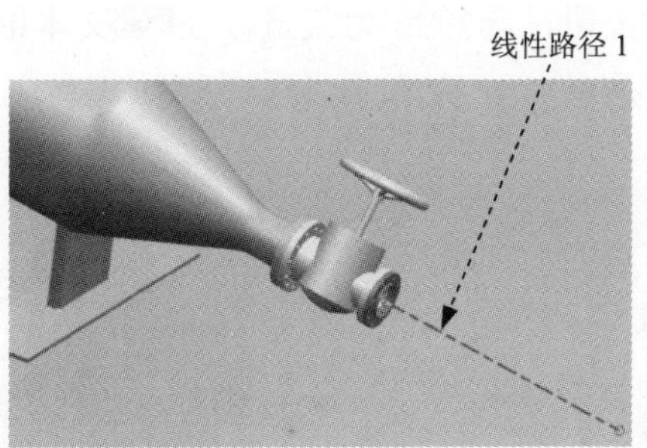

图 41.12 创建线性路径 1

Step5. 创建线性路径 2。

（1）在模型中选取图 41.13 所示点为参考；在“创建线性路径”对话框中的模式下拉列表中选择平行于轴选项，在指定点区域偏置文本框输入 260，按 Enter 键确认。

图 41.13 定义参考点

（2）在“创建线性路径”对话框中单击应用按钮，完成线性路径 2 的创建。结果如图 41.14 所示。

图 41.14 创建线性路径 2

Step6. 创建线性路径 3。

在模型中选取图 41.15 所示点为参考；在“创建线性路径”对话框中的模式下拉列表中

选择平行于轴选项，单击指定矢量按钮，选择-XC为矢量，在偏置文本框中输入值 1300，按 Enter 键确认，单击确定按钮，结果如图 41.16 所示。

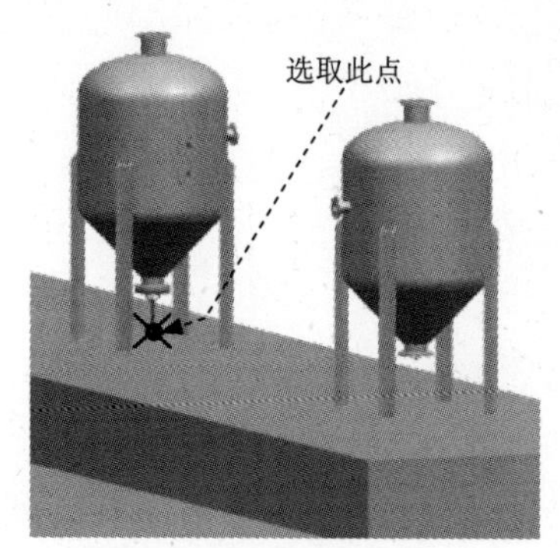

图 41.15 定义参考点

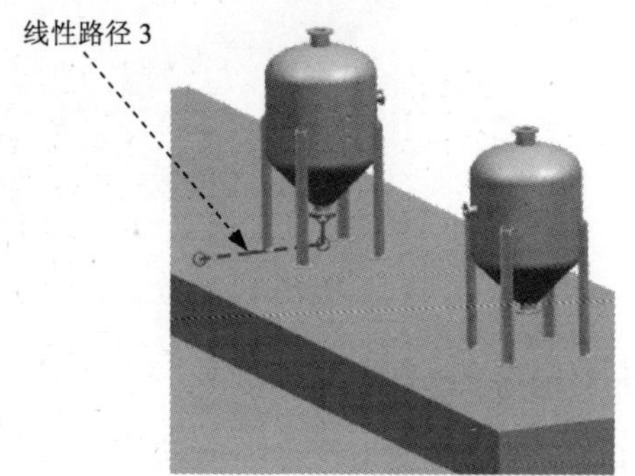

图 41.16 创建线性路径 3

Step7. 创建修复路径。

（1）在“机械管线布置”工具条中单击“修复路径”按钮。

（2）在“修复路径”对话框设置区域中的方法下拉列表中选择XC ZC YC选项；在直线区域中选中☑ 指派默认转角、☑ 锁定到选定的对象、☑ 锁定长度和☑ 锁定角度复选框。

（3）在模型中选取图 41.17 所示的点为起点参考，在延伸文本框中输入值 0；选取图 41.17 所示的点为终点参考，在延伸文本框中输入值 500。

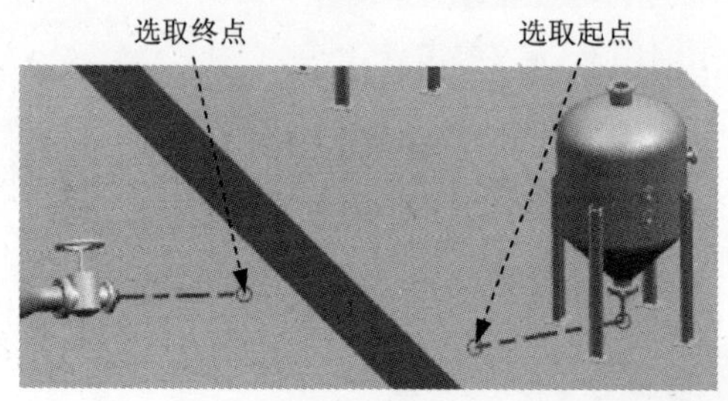

图 41.17 选取起点和终点参考

（4）在“修复路径”对话框中单击确定按钮，完成修复路径的创建，如图 41.18 所示。

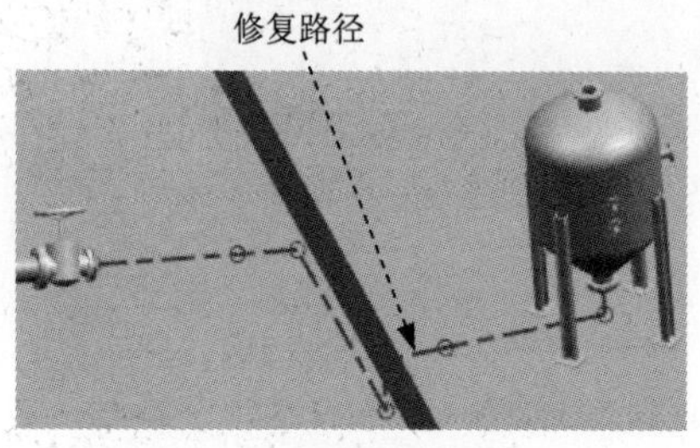

图 41.18 创建修复路径

Step8. 创建简化路径。在“机械管线布置”工具条中单击“变换路径”按钮后的按钮，然后选择简化路径命令，系统弹出“简化路径”对话框；在模型中选取图 41.19 所示的路径分段 1 与路径分段 2 为简化对象，单击应用按钮；在模型中选取图 41.19 所示的路径分段 3 与路径分段 4 为简化对象，单击确定按钮，完成简化路径的创建。

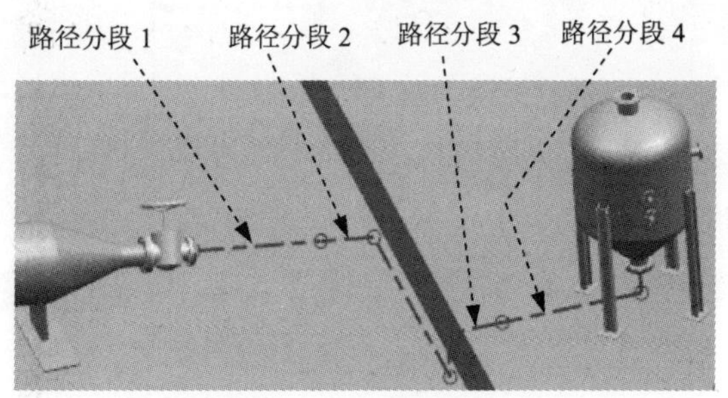

图 41.19　选取简化对象

Step9. 指派拐角。

（1）选择下拉菜单插入(S) → 管线布置路径(R) → 指派拐角命令，系统弹出“指派拐角”对话框。

（2）在“指派拐角”对话框中设置图 41.20 所示的参数。

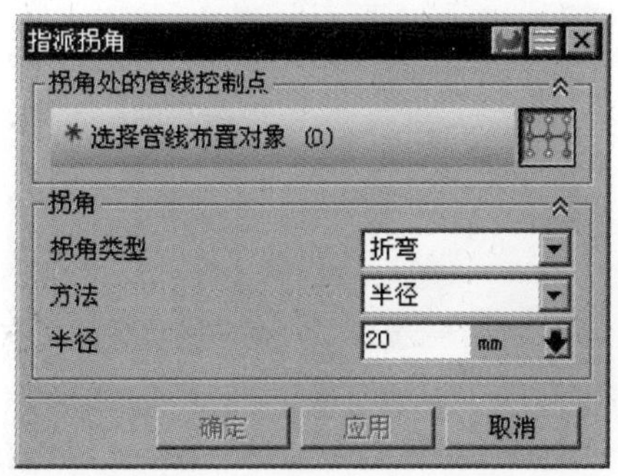

图 41.20　“指派拐角”对话框

（3）在模型中框选图 41.21 所示的所有拐角，单击确定按钮，完成指派拐角，结果如图 41.22 所示。

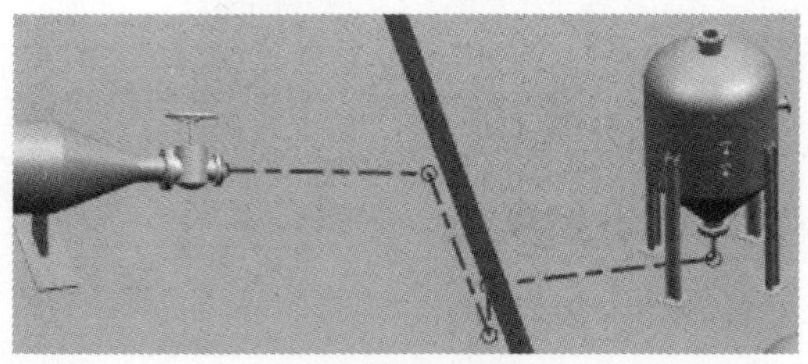

图 41.21　选择拐角

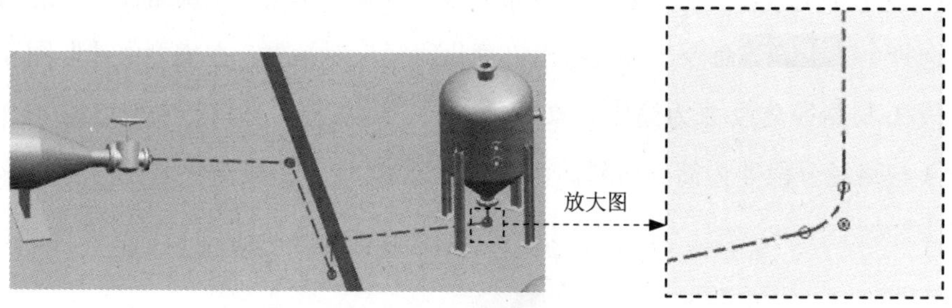

图 41.22 指派拐角后

Step10. 放置 90° 折弯管接头（d140）

（1）选择下拉菜单 插入(S) → 管线布置部件(T) → 放置部件(P)... 命令，系统弹出“指定项”对话框。

（2）在“指定项”对话框中单击“打开”按钮，在弹出的“部件名”对话框中选择 fittings_90deg_elbow_d140.prt 并打开将其。单击“指定项”对话框中的 确定 按钮，此时系统弹出“放置部件”对话框。

（3）选择图 41.23 所示的管线布置控制顶点 1 为参照，然后单击“放置部件”对话框中的 应用 按钮。

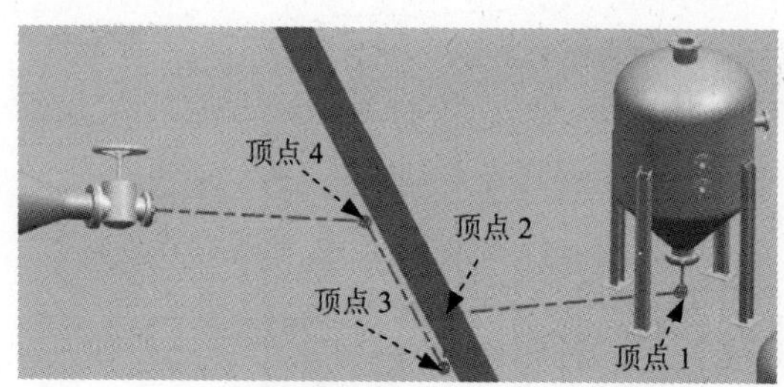

图 41.23 选取放置顶点

（4）按照（3）的操作步骤，在其他 3 个顶点处放置管接头，放置完成后单击 确定 按钮，退出“放置部件”对话框。结果如图 41.24 所示。

图 41.24 放置管接头

Step11. 指派型材

（1）在“机械管线布置”工具条中单击“型材”按钮，系统弹出 “型材”对话框。

（2）单击“型材”对话框中的指定型材按钮，系统弹出“指定项”对话框。

（3）在重用库的文件夹视图区域选择Routing Part Library → Pipe节点下的DIN-Steel为型材类型，在成员视图下拉列表中选择“列表”选项，选中 R_ST_2448_125，单击确定按钮，系统返回到“型材”对话框。

Step12. 在模型中框选所有管道路径，单击< 确定 >按钮，完成型材的添加，如图 41.25 所示。

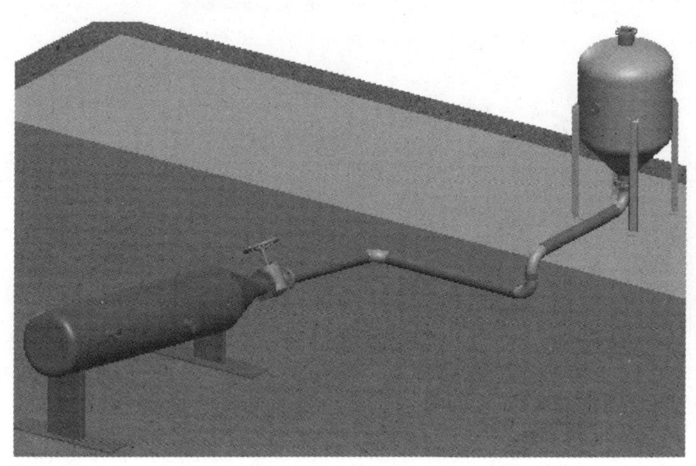

图 41.25　指派型材

Stage2. 创建管道路径 L2

Step1. 创建管道端口 1。在装配导航器 equipment02上右击，在弹出的快捷菜单中选择设为工作部件命令。

（1）选择下拉菜单工具(T) → 审核部件(Q)...命令，系统弹出“审核部件”对话框。

（2）在“审核部件”对话框中管线部件类型区域选中 连接件单选项，在管线布置对象区域连接件右击，然后选择新建命令，系统弹出“连接件端口”对话框。

（3）在过滤器右面的下拉列表中选择面选项。选择图 41.26 所示的平面 1 为参照，单击选择步骤区域中的“对齐矢量”按钮，采用系统默认的方向，然后单击两次“连接件端口”对话框中的确定按钮，此时系统返回“审核部件”对话框。

（4）单击“审核部件”对话框的确定按钮，完成管道端口 1 的创建。

Step2. 创建管道端口 2。选取图 41.26 所示的平面 2 为参照。详细操作过程参照 Step1。

Step3. 创建管道端口 3。在装配导航器中 sample-Tank-07上双击将其设为工作部件，选取图 41.27 所示的面 3 为参照。详细操作过程参照 Step1。

Step4. 创建管道端口 4。选取图 41.27 所示的面 4 为参照。详细操作过程参照 Step1。

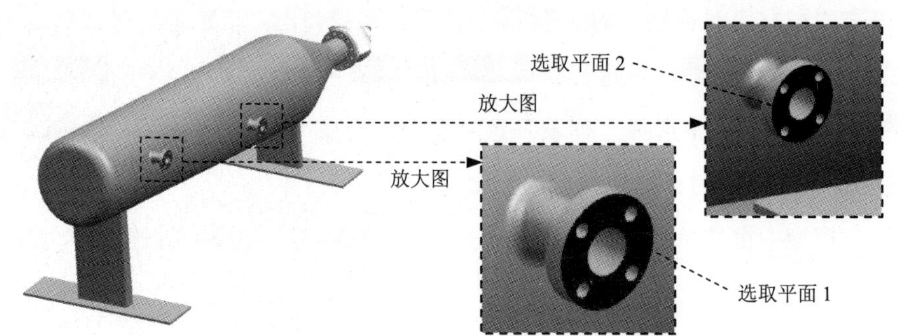

图 41.26 选取参考面

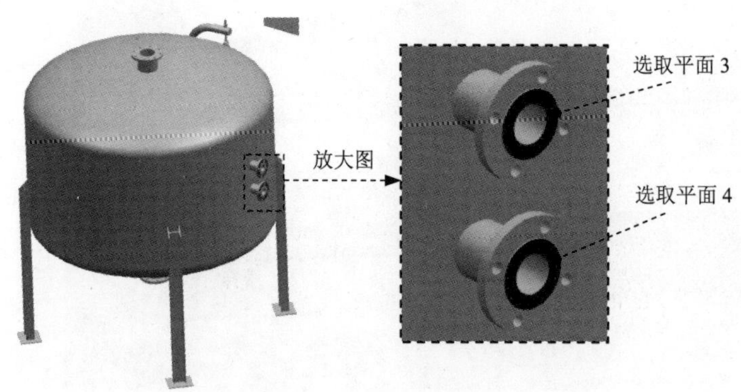

图 41.27 选取参考面

Step5. 放置法兰。

（1）在装配导航器中 00-tubing_system_design 上双击将其设为工作部件。

（2）选择下拉菜单 插入(S) → 管线布置部件(T) → 放置部件(P)... 命令，系统弹出“指定项”对话框。

（3）在“指定项”对话框中单击“打开”按钮，在弹出的“部件名”对话框中选择 fittings_weld_flange_d60.prt 并将其打开。单击“指定项”对话框中的 确定 按钮，系统弹出“放置部件”对话框。

（4）选择图 41.28 所示的端口 1（箭头）为参照，单击“放置部件”对话框中的 应用 按钮，结果如图 41.29 所示。

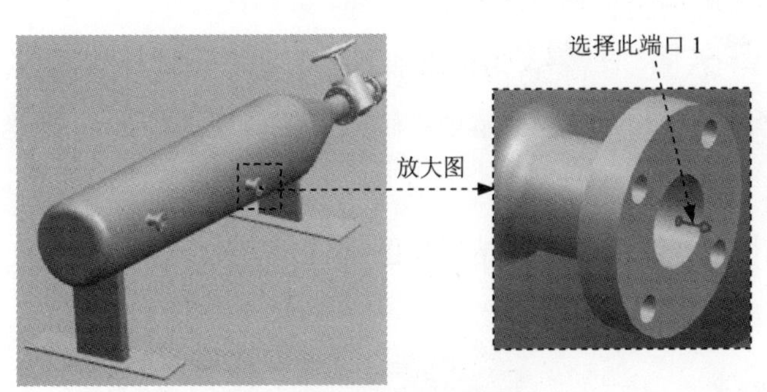

图 41.28　定义参照对象

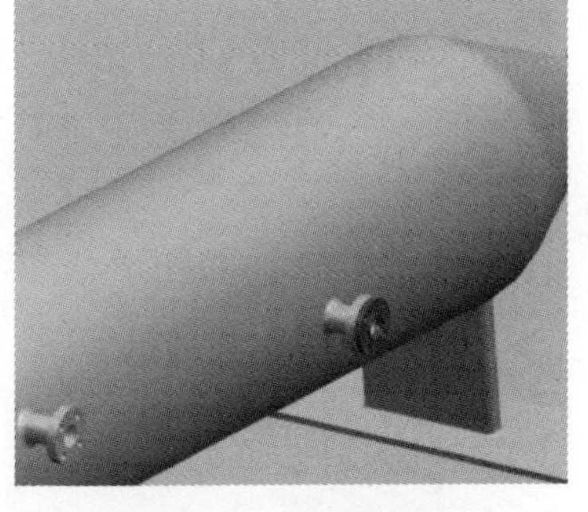

图 41.29　放置法兰 1

（5）选择 Step2 创建的端口 2（箭头）为参照，放置法兰 2，结果如图 41.30 所示。详细操作过程参照 Step5。

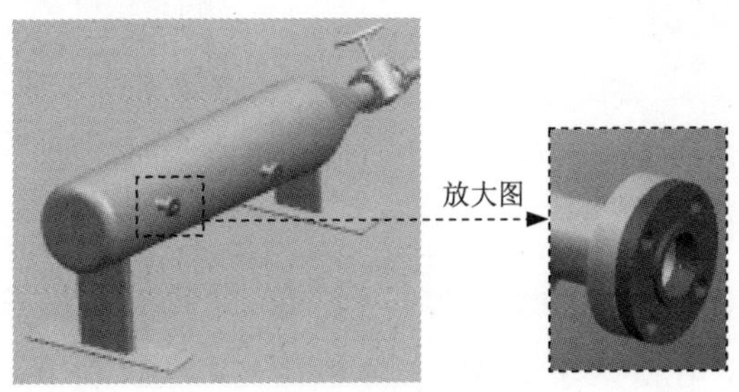

图 41.30　放置法兰 2

（6）选择 Step3 创建的端口 3（箭头）和 Step4 创建的端口 4（箭头）为参照，放置法兰 3、4，结果如图 41.31 所示。

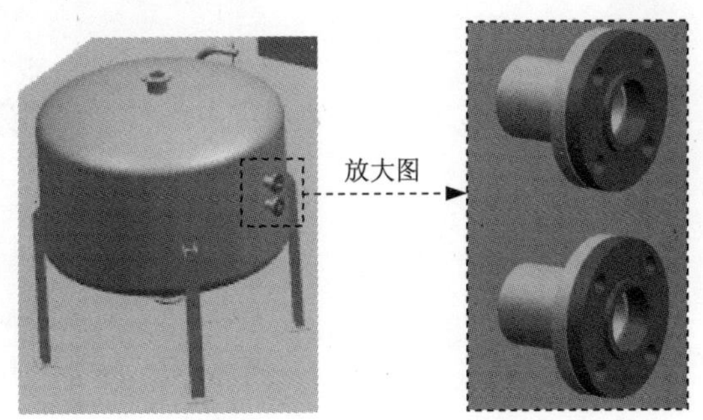

图 41.31　放置法兰 3、4

Step6. 创建线性路径 1。

（1）在“机械管线布置”工具条中单击“创建线性路径”按钮，系统弹出“创建线性路径”对话框。

（2）在模型中选取图 41.32 所示点为参考；在“创建线性路径”对话框中的 模式 下拉

列表中选择平行于轴选项，在指定点区域偏置文本框输入 900，按 Enter 键确认。

（3）单击 指定矢量 按钮，选择-ZC矢量，在偏置文本框中输入值 750，按 Enter 键确认。

（4）单击 指定矢量 按钮，选择-XC矢量，在偏置文本框中输入值 2400，按 Enter 键确认。

（5）单击确定按钮，完成线性路径 1 的创建。结果如图 41.33 所示。

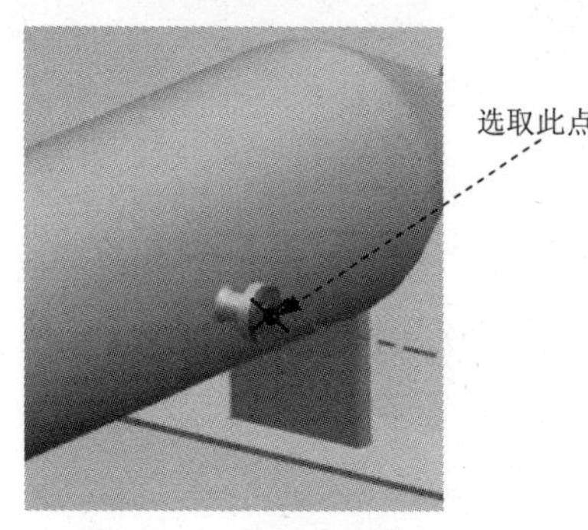

图 41.32 定义参考点

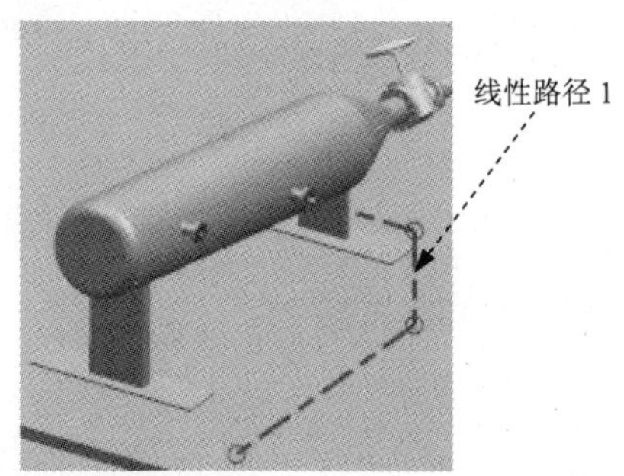

图 41.33 创建线性路径 1

Step7. 创建线性路径 2。

（1）在模型中选取图 41.34 所示点为参考；在“创建线性路径”对话框中的模式下拉列表中选择平行于轴选项，在指定点区域偏置文本框输入 1000，按 Enter 键确认。

（2）在“创建线性路径”对话框中单击确定按钮，完成线性路径 2 的创建。结果如图 41.35 所示。

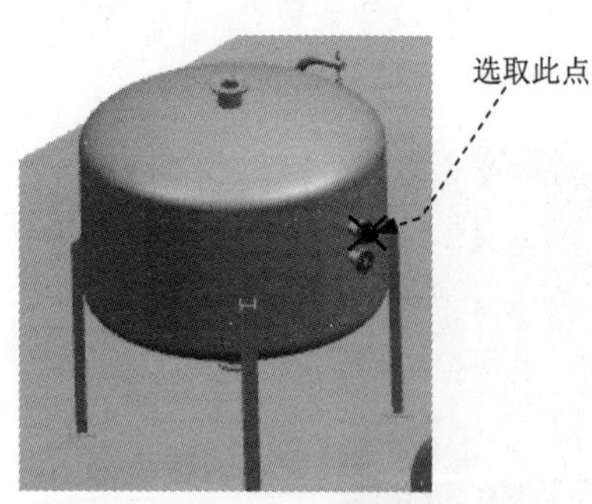

图 41.34 定义参考点

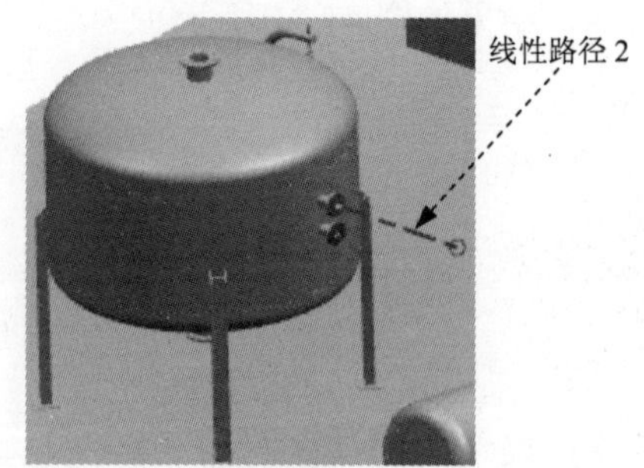

图 41.35 创建线性路径 2

Step8. 创建修复路径 1。

（1）在“机械管线布置”工具条中单击“修复路径”按钮。

（2）在“修复路径”对话框设置区域中的方法下拉列表中选择YC XC ZC选项；在直线区域中选中☑ 指派默认转角、☑ 锁定到选定的对象、☑ 锁定长度和☑ 锁定角度复选框。

（3）在模型中选取图 41.36 所示的点为起点参考，在延伸文本框中输入值 0；选取图

41.36 所示的点为终点参考，在延伸文本框中输入值 0。

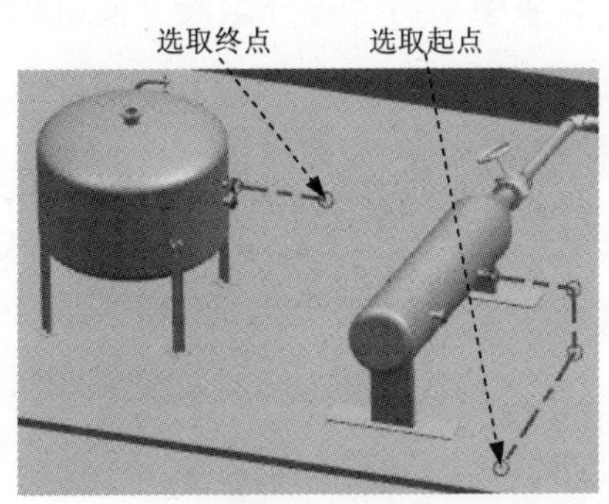

图 41.36 选取起点和终点参考

（4）在“修复路径”对话框中单击确定按钮，完成修复路径 1 的创建，如图 41.37 所示。

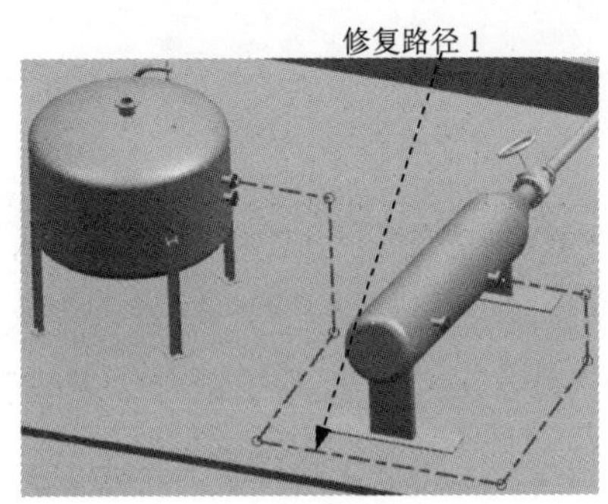

图 41.37 创建修复路径 1

Step9. 创建线性路径 3。

在模型中选取图 41.38 所示点为参考；在“创建线性路径”对话框中的模式下拉列表中选择平行于轴选项，在偏置文本框中输入值 1000，按 Enter 键确认，单击确定按钮，结果如图 41.39 所示。

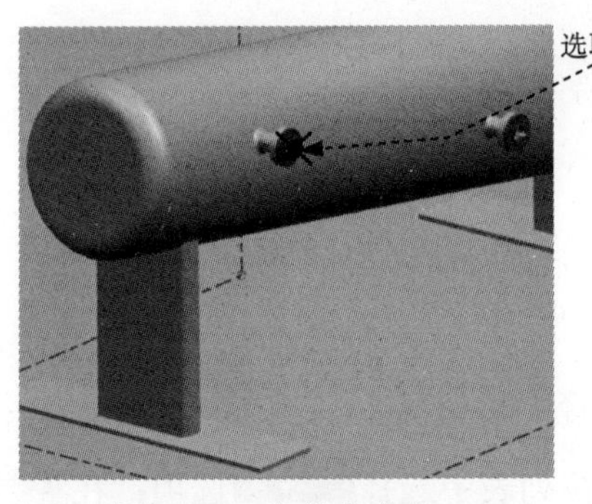

图 41.38 定义参考点

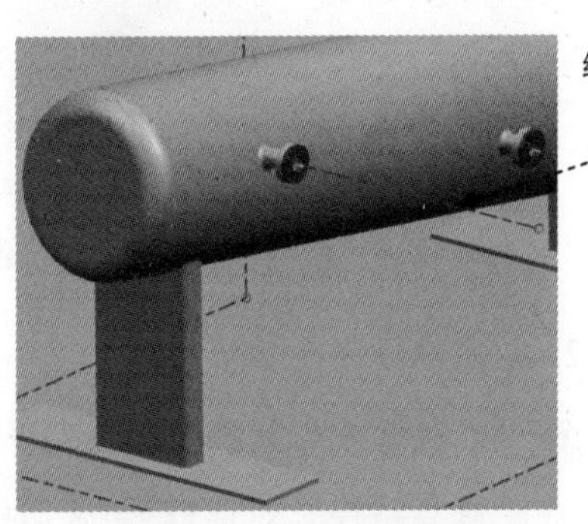

图 41.39 创建线性路径 3

Step10. 创建再分割段 1。

（1）在“机械管线布置”工具条中单击“再分割段”按钮后的按钮，然后选择再分割段命令，系统弹出“再分割段”对话框。

（2）在类型下拉列表中选择在点上选项，选取图 41.40 所示的路径分段 1 为分割对象，在位置下拉列表中选择通过点选项，在“点”下拉列表中选择“交点”按钮；然后在模型中选取路径分段 2 和路径分段 1。

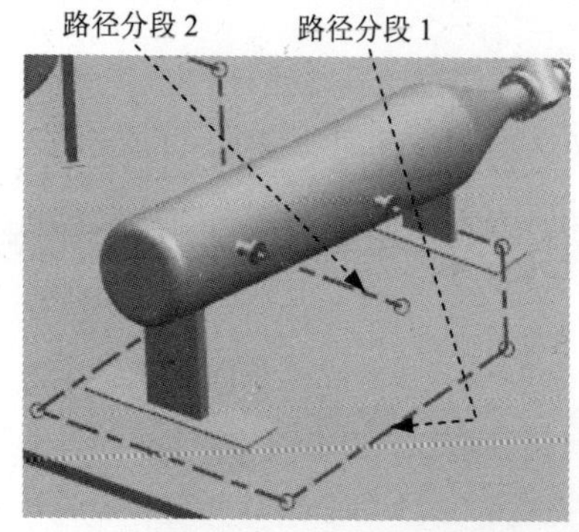

图 41.40 创建再分割段 1

（3）单击确定按钮，完成再分割段 1 的创建。结果如图 41.41 所示。

Step11. 删除分段。在“机械管线布置”工具条中单击“删除管线布置对象”按钮，系统弹出“删除管线布置对象”对话框；在模型中选取图 41.41 所示的管道分段为删除对象，单击确定按钮。

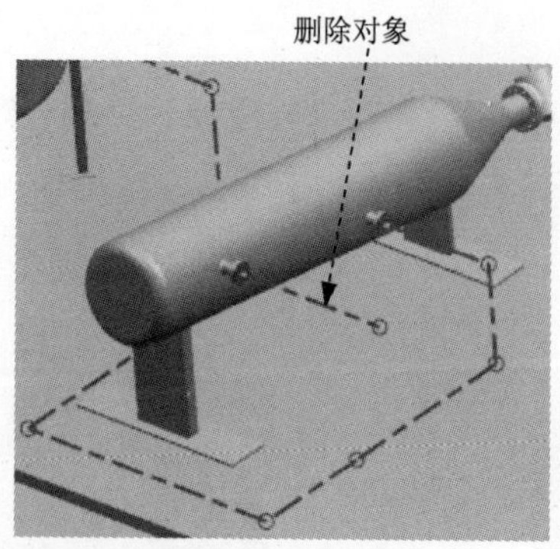

图 41.41 选取删除对象

Step12. 创建修复路径 2。

（1）在“机械管线布置”工具条中单击“修复路径”按钮。

（2）在“修复路径”对话框设置区域中的方法下拉列表中选择ZC YC XC选项；在直线区域中选中☑ 指派默认转角、☑ 锁定到选定的对象、☑ 锁定长度和☑ 锁定角度复选框。

（3）在模型中选取图 41.42 所示的点为起点参考，在延伸文本框中输入值 0；选取图 41.42 所示的点为终点参考，在延伸文本框中输入值 0。

（4）在“修复路径”对话框中单击确定按钮，完成修复路径的创建，如图 41.43 所示。

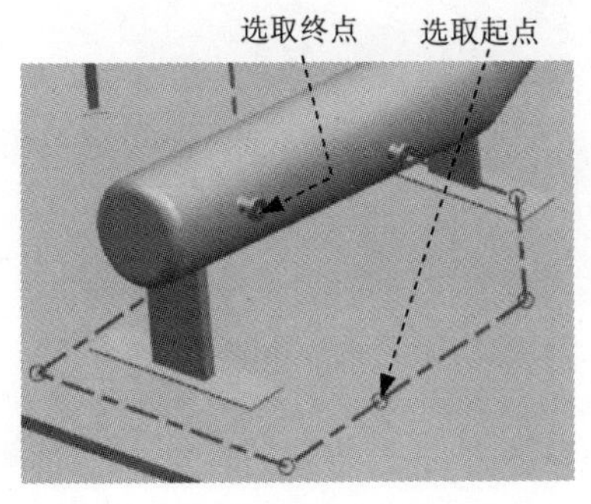

图 41.42　选取起点和终点参考

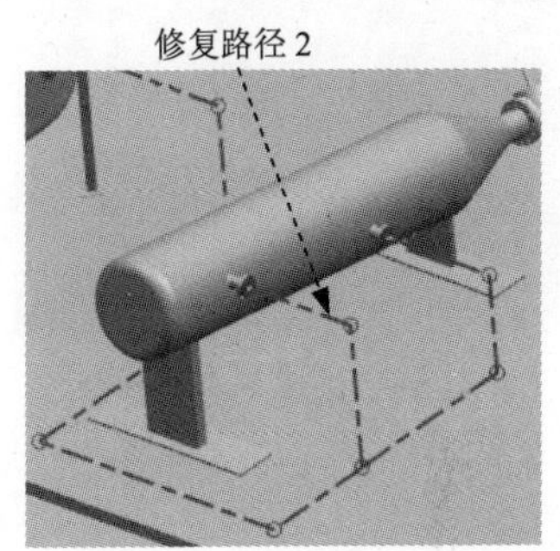

图 41.43　创建修复路径 2

Step13. 创建线性路径 4。

在模型中选取图 41.44 所示点为参考；在“创建线性路径”对话框中的模式下拉列表中选择平行于轴选项，在偏置文本框中输入值 1200，按 Enter 键确认，单击确定按钮，结果如图 41.45 所示。

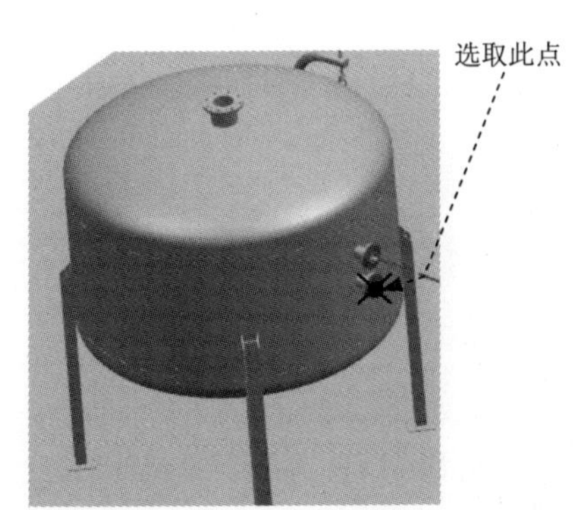

图 41.44　定义参考点

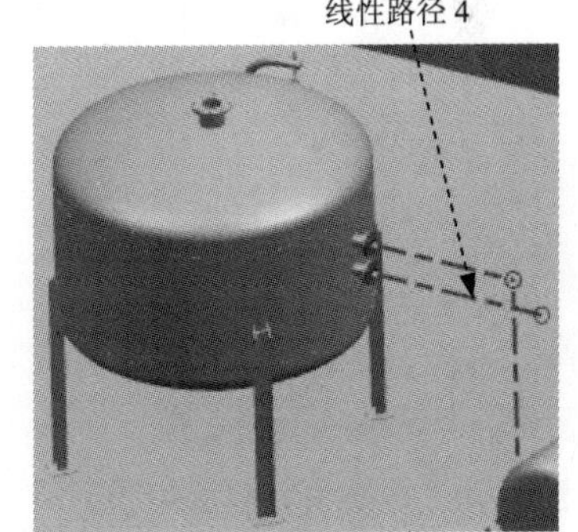

图 41.45　创建线性路径 4

Step14. 创建再分割段 2。选取图 41.46 所示的路径分段 3 为分割对象，在位置下拉列表中选择通过点选项，在“点”下拉列表中选择“交点”按钮；然后在模型中选取路径分段 3 和路径分段 4；单击确定按钮，完成再分割段 2 的创建。

Step15. 创建再分割段 3。选取图 41.46 所示的路径分段 4 为分割对象，在位置下拉列表中选择通过点选项，在“点”下拉列表中选择“现有点”按钮；然后在模型中选取 41.47 所示的点；单击确定按钮，完成再分割段 3 的创建。

Step16. 删除分段 2。选取图 41.47 所示的管道分段为删除对象，单击确定按钮，完成删除分段 2 的创建。

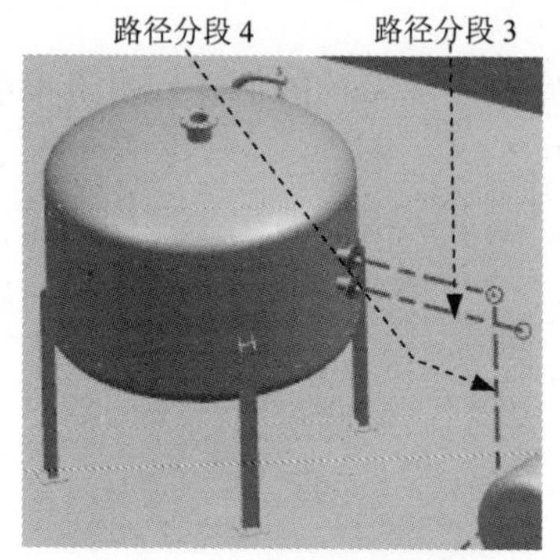

图 41.46 创建再分割段 3

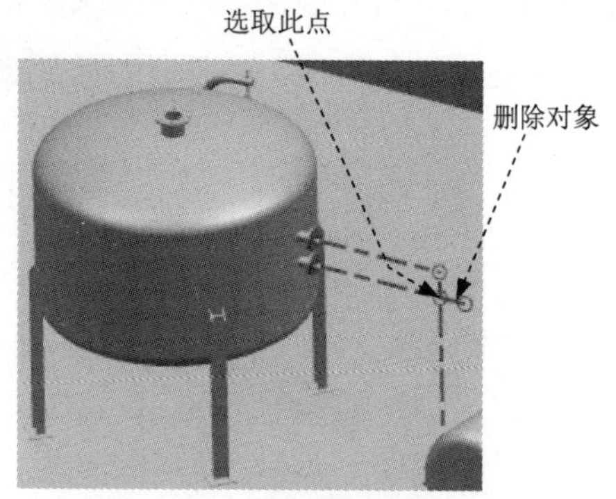

图 41.47 选取删除对象

Step17. 创建再分割段 4。选取图 41.48 所示的路径分段 5 为分割对象，在 位置 下拉列表中选择 弧长百分比 选项，在 % 位置 文本框中输入值 50。单击 应用 按钮，完成再分割段 4 的创建。

Step18. 创建再分割段 5。选取图 41.49 所示的路径分段 6 为分割对象，在 位置 下拉列表中选择 弧长百分比 选项，在 % 位置 文本框中输入值 50。单击 确定 按钮，完成再分割段 5 的创建。

图 41.48 创建再分割段 4

图 41.49 创建再分割段 5

Step19. 放置 90°折弯管接头（d60）。

（1）选择下拉菜单 插入(S) → 管线布置部件(T) → 放置部件(P)... 命令，系统弹出“指定项”对话框。

（2）在“指定项”对话框中单击“打开”按钮，在弹出的“部件名”对话框中选择 fittings_90deg_elbow_d60.prt 并将其打开。单击“指定项”对话框中的 确定 按钮，此时系统弹出“放置部件”对话框。

（3）选择图 41.50 所示的管线布置控制顶点 1 为参照，然后单击“放置部件”对话框中的 应用 按钮。

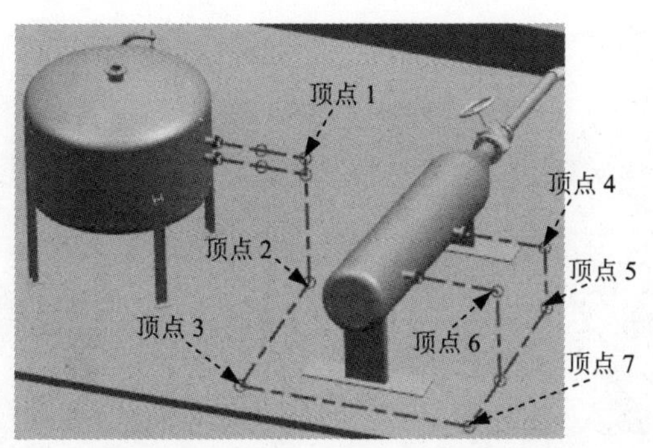

图 41.50　选取放置顶点

（4）按照（3）的操作步骤，在其他六个顶点处放置管接头，放置完成后单击 取消 按钮，退出“放置部件”对话框。结果如图 41.51 所示。

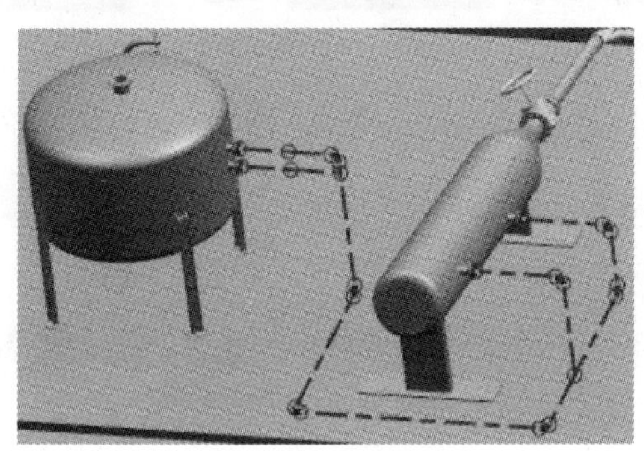

图 41.51　放置管接头

Step20. 放置三通管接头（d60）。

（1）选择下拉菜单 插入(S) → 管线布置部件(T) → 放置部件(P)... 命令，系统弹出“指定项”对话框。

（2）在“指定项”对话框中单击“打开”按钮，在弹出的“部件名”对话框中选择 fittings_straight_tee_d60.prt 并将其打开。单击“指定项”对话框中的 确定 按钮，此时系统弹出“放置部件”对话框。

（3）选择图 41.52 所示的管线布置控制顶点 1 为参照，然后单击“放置部件”对话框中的 应用 按钮。

（4）按照（3）的操作步骤，在其他所有三通顶点处放置三通管接头，放置完成后单击 取消 按钮，退出“放置部件”对话框。结果如图 41.53 所示。

说明：管接头放置的方向不正确时可以通过“放置解算方案”区域的按钮来调整。

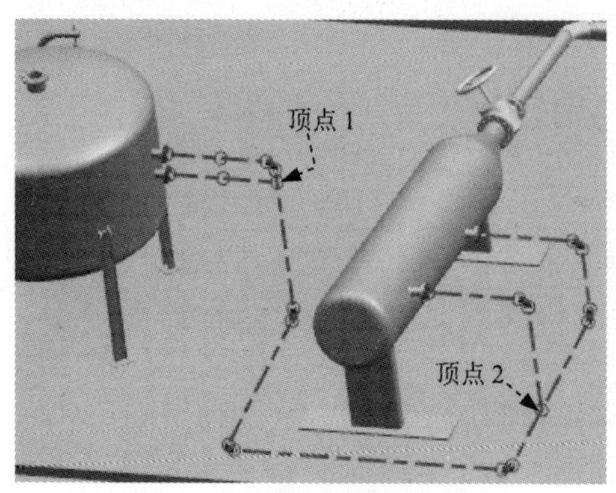

图 41.52 选取放置顶点

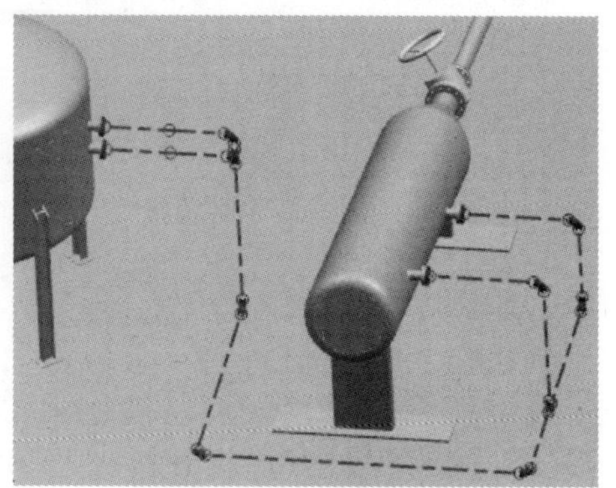
图 41.53 放置三通管接头

Step21. 添加阀配件接头。

（1）选择下拉菜单插入(S) → 管线布置部件(T) → 放置部件(P)...命令，系统弹出“指定项”对话框。

（2）在“指定项”对话框中单击“打开”按钮，在弹出的“部件名”对话框中选择 fittings_ball_valve_d60.prt 并将其打开。单击“指定项”对话框中的确定按钮，此时系统弹出“放置部件”对话框。

（3）选择图 41.54 所示的管线布置控制顶点 1 为参照，在放置解算方案区域端口旋转的文本框中输入-90，然后单击“放置部件”对话框中的应用按钮。

（4）按照（3）的操作步骤，在控制顶点 2 处放置阀配件接头，放置完成后单击取消按钮，退出“放置部件”对话框。结果如图 41.55 所示。

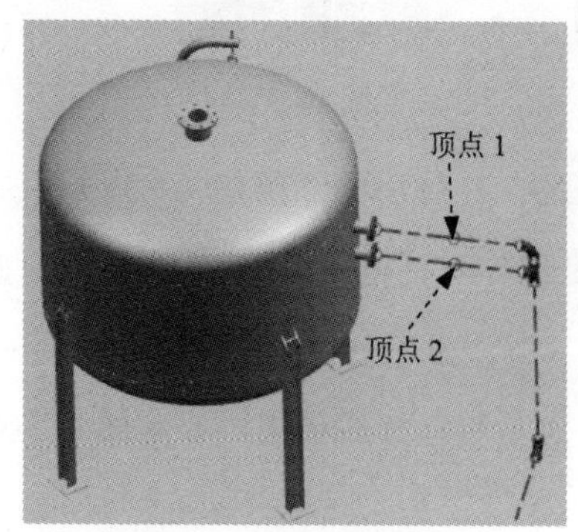

图 41.54 选取放置顶点

图 41.55 放置阀配件接

Step22. 指派型材。

（1）在“机械管线布置”工具条中单击“型材”按钮，系统弹出 “型材”对话框。

（2）单击“型材”对话框中的指定型材按钮，系统弹出 “指定项”对话框。

（3）在重用库的文件夹视图区域选择Routing Part Library → Pipe节点下DIN-Steel为型材类

型，在成员视图下拉列表中选择“列表”选项，选中 R_ST_2448_50，单击确定按钮，系统返回到“型材”对话框。

（4）在模型中框选所有管道路径，单击< 确定 >按钮，完成型材的添加，如图 41.56 所示。

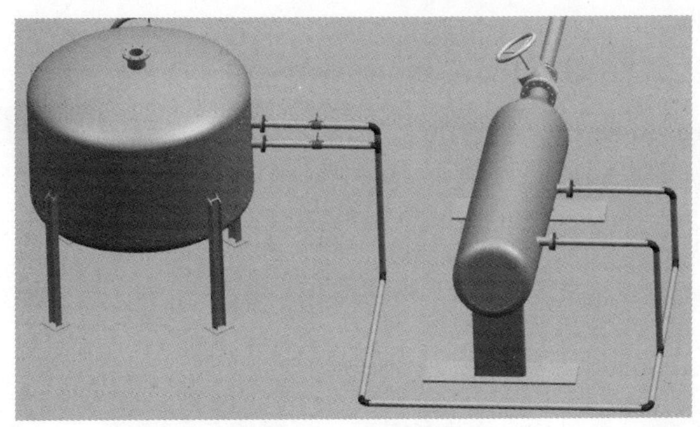

图 41.56　指派型材

Stage3．创建管道路径 L3

Step1．创建管道端口 1。

（1）在装配导航器中 sample-Tank-05（第三个）上双击将其设为工作部件。

（2）选择下拉菜单工具(T) → 审核部件(Q)...命令，系统弹出“审核部件”对话框。

（3）在“审核部件”对话框中管线部件类型区域选中 连接件复选框，在管线布置对象区域连接件右击，然后选择新建命令，系统弹出“连接件端口”对话框。

（4）在过滤器右面的下拉列表中选择面选项。选择图 41.57 所示的面为参照，单击选择步骤区域中的“对齐矢量”按钮，采用系统默认的方向，然后单击两次“连接件端口”对话框中的确定按钮，此时系统返回“审核部件”对话框。

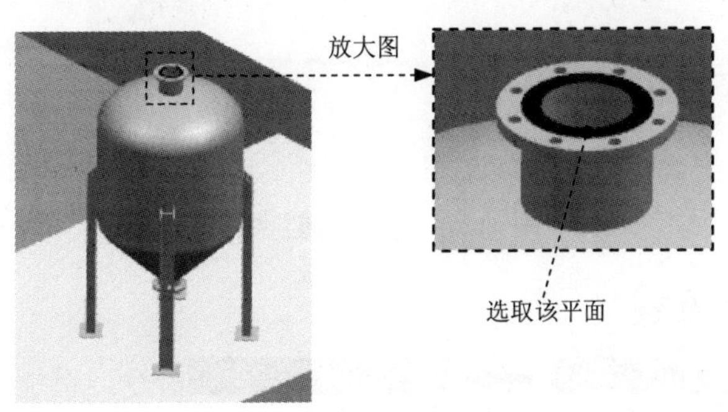

图 41.57　定义参照面

（5）单击“审核部件”对话框的 确定 按钮，完成管道端口 1 的创建。

Step2. 放置法兰。

（1）在装配导航器中 00-tubing_system_design 上双击将其设为工作部件。

（2）选择下拉菜单 插入(S) → 管线布置部件(T) → 放置部件(P)... 命令，系统弹出“指定项”对话框。

（3）在“指定项”对话框中单击“打开”按钮，在弹出的“部件名”对话框中选择 fittings_weld_flange_d140.prt 并将其打开。单击“指定项”对话框中的 确定 按钮，此时系统弹出“放置部件”对话框。

（4）选择图 41.58 所示的端口 1（箭头）为参照，在“放置部件”对话框 放置解算方案 区域单击 ▶ 按钮，然后单击“放置部件”对话框中的 应用 按钮，结果如图 41.59 所示。

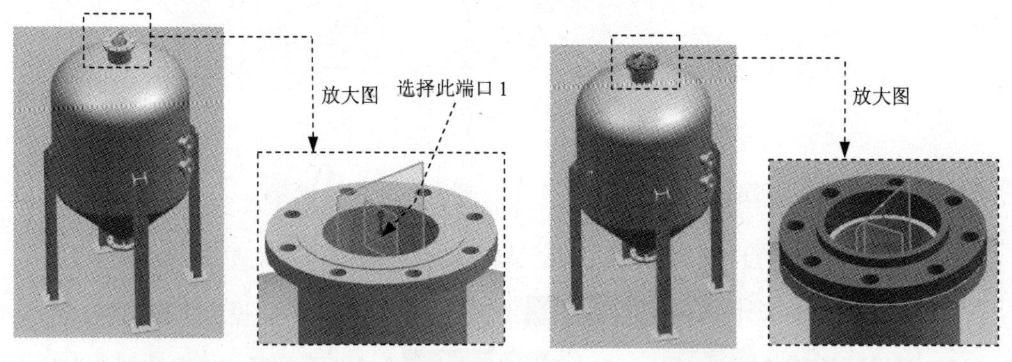

图 41.58 定义参照对象　　图 41.59 放置法兰 1

（5）选择图 41.60 所示的端口 2（箭头）和端口 3（箭头）为参照，然后单击“放置部件”的 确定 按钮，完成法兰的放置。

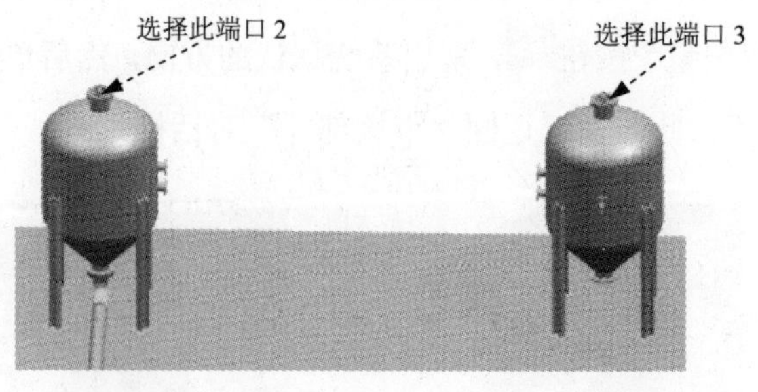

图 41.60 定义参照对象

Step3. 创建参考草图。

（1）选择下拉菜单 插入(S) → 任务环境中的草图(S) 命令，系统弹出“创建草图”对话框。

（2）选取图 41.61 所示的平面为草图平面（是在整个装配环境下选择的），绘制图 41.62 所示的路径草图。

（3）根据草图创建管道路径。选择下拉菜单 插入(S) → 管线布置路径(R) → 相连曲线(N)... 命令，系统弹出“相连曲线”对话框；选取（2）创建的草图中所有曲线为参考对象。

（4）单击 确定 按钮，完成管道路径的创建。

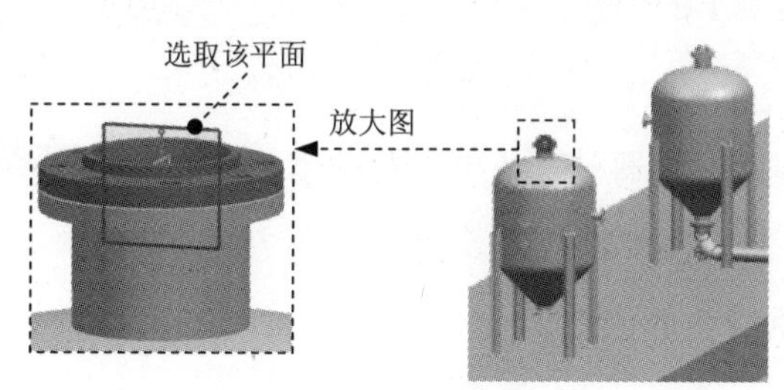

图 41.61 选取草图平面

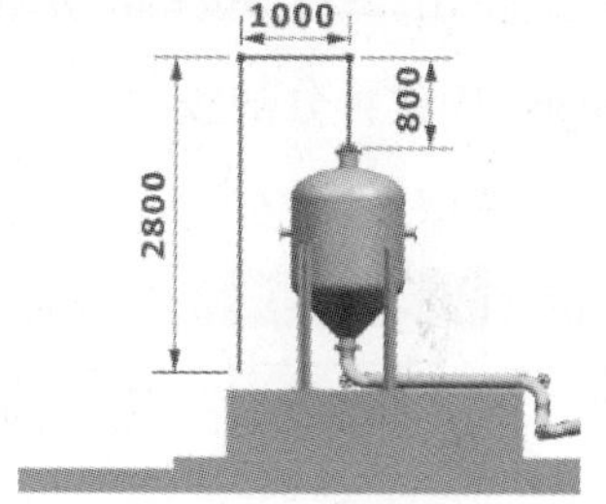

图 41.62 绘制路径草图

Step4. 创建修复路径 1。

（1）在“机械管线布置”工具条中单击“修复路径”按钮。

（2）在“修复路径”对话框 设置 区域中的 方法 下拉列表中选择 XC ZC YC 选项；在 直线 区域中选中 ☑ 锁定到选定的对象 和 ☑ 锁定角度 复选框。

（3）在模型中选取图 41.63 所示的箭头为起点参考，在 延伸 文本框中输入值 800；选取图 41.63 所示的点为终点参考，在 延伸 文本框中输入值 0。

（4）在“修复路径”对话框中单击 应用 按钮，完成修复路径 1 的创建。

（5）在模型中选取图 41.64 所示的箭头为起点参考，在 延伸 文本框中输入值 800；选取图 41.64 所示的点为终点参考，在 延伸 文本框中输入值 0。

（6）在“修复路径”对话框中单击 确定 按钮，完成修复路径 2 的创建。

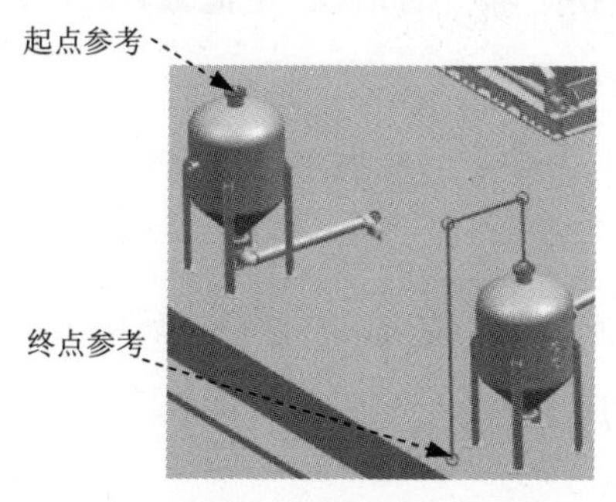

图 41.63 创建修复路径 1

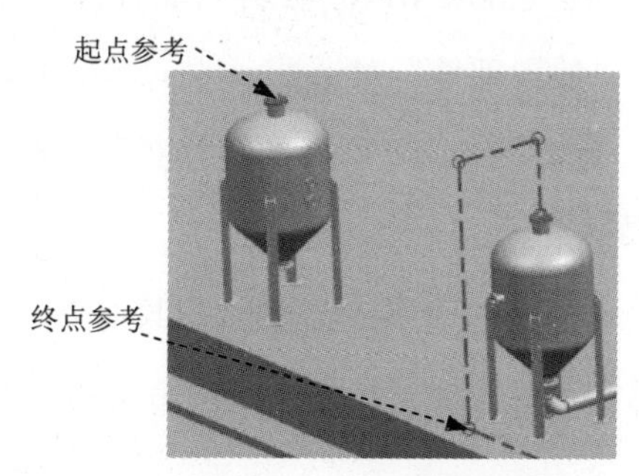

图 41.64 创建修复路径 2

Step5. 创建再分割段 1。

（1）在“机械管线布置”工具条中单击“变换路径”按钮后的按钮，然后选择再分割段命令。

（2）在类型下拉列表中选择在点上选项，选取图 41.65 所示的路径分段 1 为分割对象（单击箭头指示位置），在位置下拉列表中选择弧长百分比选项，在% 位置文本框中输入值 50。

（3）单击应用按钮，完成再分割段 1 的创建。

Step6. 创建再分割段 2。

（1）选取图 41.65 所示的路径分段 2 为分割对象（单击箭头指示位置），在位置下拉列表中选择弧长百分比选项，在% 位置文本框中输入值 50。

（2）单击确定按钮，完成再分割段 2 的创建。

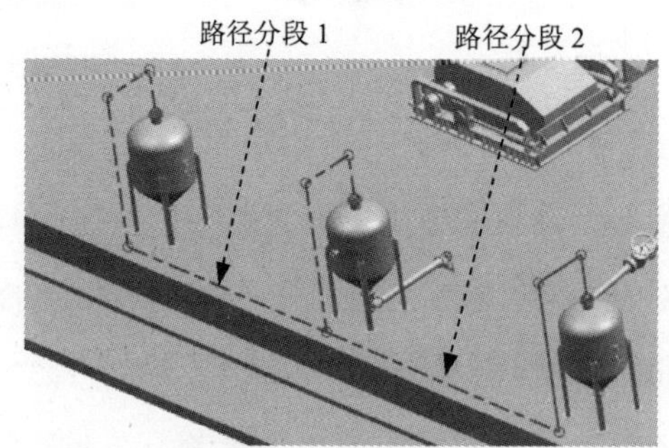

图 41.65 创建再分割段

Step7. 放置 90°折弯管接头（d140）。

（1）选择下拉菜单插入(S) → 管线布置部件(T) → 放置部件(P)...命令，系统弹出“指定项”对话框。

（2）在“指定项”对话框中单击“打开”按钮，在弹出的“部件名”对话框中选择 fittings_90deg_elbow_d140.prt 并将其打开。单击“指定项”对话框中的确定按钮，此时系统弹出“放置部件”对话框。

（3）选择图 41.66 所示的管线布置控制顶点 1 为参照，然后单击“放置部件”对话框中的应用按钮。

（4）按照（3）的操作步骤，在其他七个顶点处放置管接头，放置完成后单击取消按钮，退出“放置部件”对话框。结果如图 41.67 所示。

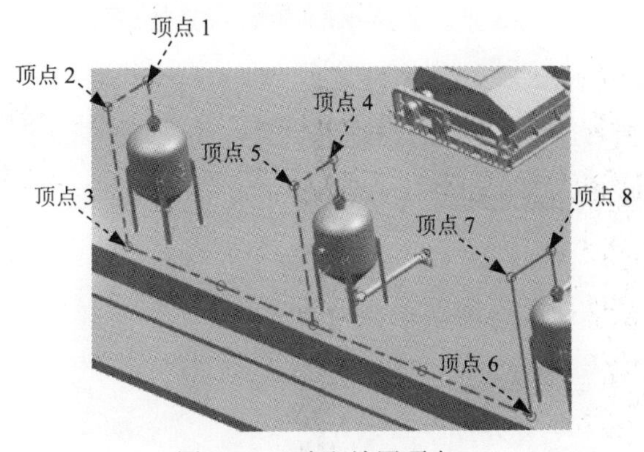

图 41.66　选取放置顶点

图 41.67　放置管接头

Step8. 放置三通管接头（d140）。

（1）选择下拉菜单 插入(S) → 管线布置部件(T) → 放置部件(P)... 命令，系统弹出“指定项”对话框。

（2）在“指定项”对话框中单击“打开”按钮，在弹出的“部件名”对话框中选择 fittings_straight_tee_d140.prt 并将其打开。单击“指定项”对话框中的 确定 按钮，此时系统弹出“放置部件”对话框。

（3）选择图 41.68 所示的管线布置控制顶点 1 为参照，然后单击“放置部件”对话框中的 确定 按钮。结果如图 41.69 所示。

图 41.68　选取放置顶点

图 41.69　放置三通管接头

Step9. 放置阀配件接头。

（1）选择下拉菜单 插入(S) → 管线布置部件(T) → 放置部件(P)... 命令，系统弹出“指定项”对话框。

（2）在“指定项”对话框中单击“打开”按钮，在弹出的“部件名”对话框中选择 fittings_gate_valve.prt 并将其打开。单击“指定项”对话框中的 确定 按钮，此时系统弹出“放置部件”对话框。

（3）选择图 41.70 所示的管线布置控制顶点 1 为参照，在放置解算方案区域端口旋转的文本框中输入 90，然后单击“放置部件”对话框中的应用按钮。

（4）选择图 41.70 所示的管线布置控制顶点 2 为参照，在放置解算方案区域端口旋转的文本框中输入 90，然后单击“放置部件”对话框中的确定按钮。结果如图 41.71 所示。

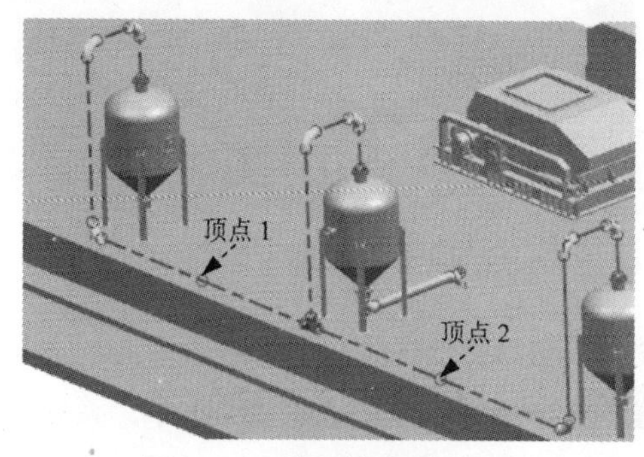

图 41.70　选取放置顶点

图 41.71　放置阀配件接头

Step10. 指派型材。

（1）在“机械管线布置”工具条中单击“型材”按钮，系统弹出 “型材”对话框。

（2）单击“型材”对话框中的指定型材按钮，系统弹出 “指定项”对话框。

（3）在重用库的文件夹视图区域选择Routing Part Library → Pipe节点下DIN-Steel为型材类型，在成员视图下拉列表中选择“列表”选项，选中 R_ST_2448_125，单击确定按钮，系统返回到“型材”对话框。

（4）在模型中框选所有管道路径，单击确定按钮，完成型材的添加，如图 41.72 所示。

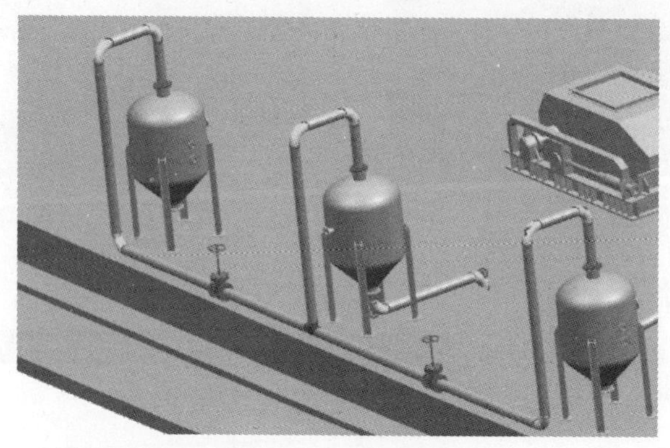

图 41.72　指派型材

Stage4. 创建管道路径 L4

Step1. 创建管道端口 1。

（1）在装配导航器中☑ equipment01 上双击将其设为工作部件。

（2）选择下拉菜单 工具(T) → 审核部件(Q)... 命令，系统弹出“审核部件”对话框。

（3）在“审核部件”对话框中 管线部件类型 区域选中 ⊙ 连接件 单选项，在 管线布置对象 区域 连接件 右击，然后选择 新建 命令，系统弹出“连接件端口”对话框。

（4）在 过滤器 右面的下拉列表中选择 面 选项。选择图 41.73 所示的面 1 为参照，单击 选择步骤 区域中的“对齐矢量”按钮，采用系统默认的方向，然后单击两次“连接件端口”对话框中的 确定 按钮，完成管道端口 1 的创建。

Step2. 创建管道端口 2。选择图 41.73 所示的面 2 为参照，详细操作过程参考 Step1。

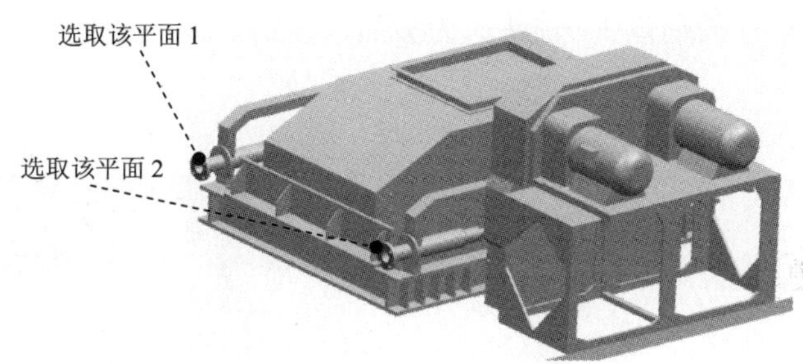

图 41.73　定义参照面

Step3. 放置法兰 1。

（1）在装配导航器中☑ 00-tubing_system_design 上双击将其设为工作部件。

（2）选择下拉菜单 插入(S) → 管线布置部件(T) → 放置部件(P)... 命令，系统弹出“指定项”对话框。

（3）在“指定项”对话框中单击“打开”按钮，在弹出的“部件名”对话框中选择 fittings_weld_flange_d88.prt 并将其打开。单击“指定项”对话框中的 确定 按钮，此时系统弹出“放置部件”对话框。

（4）选择图 41.74 所示的端口 1（箭头）为参照，在“放置部件”对话框 放置解算方案 区域单击 ▸ 按钮，然后单击“放置部件”对话框中的 应用 按钮。

（5）选择图 41.74 所示的端口 2（箭头）为参照，放置法兰盘。详细操作过程参照（4）。

Step4. 放置法兰 2。

（1）选择下拉菜单 插入(S) → 管线布置部件(T) → 放置部件(P)... 命令，系统弹出“指定项”对话框。

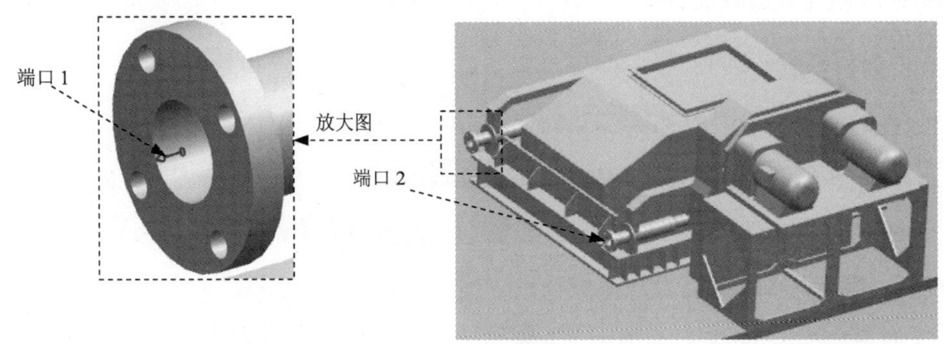

图 41.74 定义参照对象

（2）在“指定项”对话框中单击“打开”按钮，在弹出的“部件名”对话框中选择 fittings_weld_flange_d140.prt 并将其打开。单击“指定项”对话框中的确定按钮，此时系统弹出“放置部件”对话框。

（3）选择图 41.75 所示的端口 3（箭头）为参照，然后单击“放置部件”的确定按钮。结果如图 41.76 所示。

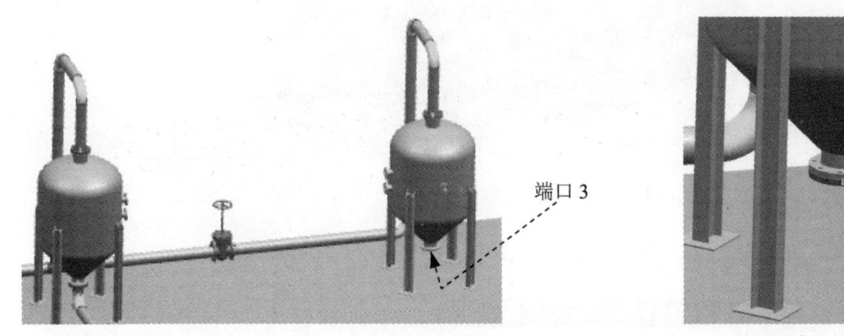

图 41.75 定义参照对象

图 41.76 放置法兰

Step5. 创建基准平面 1。将环境切换至“建模”环境。选择下拉菜单插入(S) → 基准/点(D) → 基准平面(D)...命令，系统弹出“基准平面”对话框。在类型区域的下拉列表框中选择自动判断选项，在绘图区选取图 41.77 所示的两条中心线为参照，单击“基准平面”对话框的< 确定 >按钮，完成基准平面 1 的创建，如图 41.78 所示。

Step6. 创建参考草图 1。

（1）选择下拉菜单插入(S) → 任务环境中的草图(S)命令，系统弹出“创建草图”对话框。

（2）选取 Step5 创建的基准平面 1 为草图平面，绘制图 41.79 所示的路径草图。

Step7. 创建基准平面 2。在类型区域的下拉列表框中选择成一角度选项，在绘图区选取基准平面 1 和图 41.80 所示的直线为参照，单击“基准平面”对话框的 < 确定 > 按钮，完成基准平面 2 的创建。结果如图 41.80 所示。

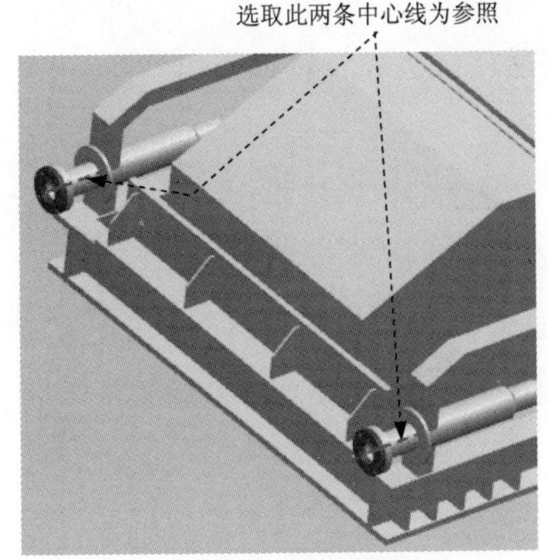

图 41.77 定义参照对象

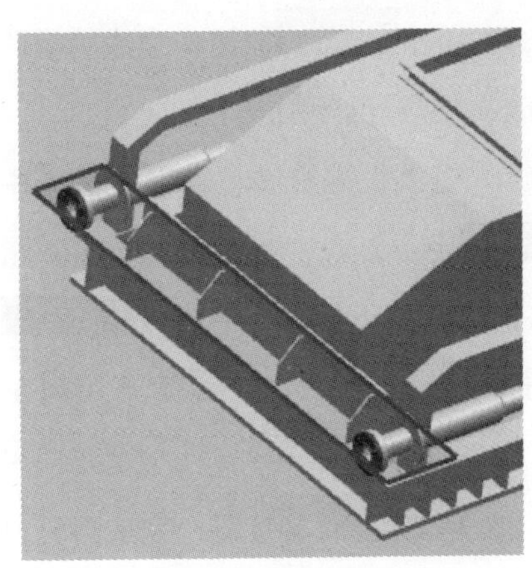

图 41.78 基准平面 1

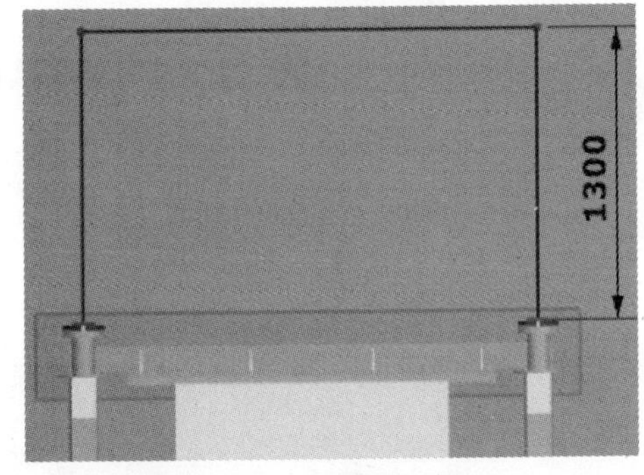

图 41.79 绘制路径草图 1

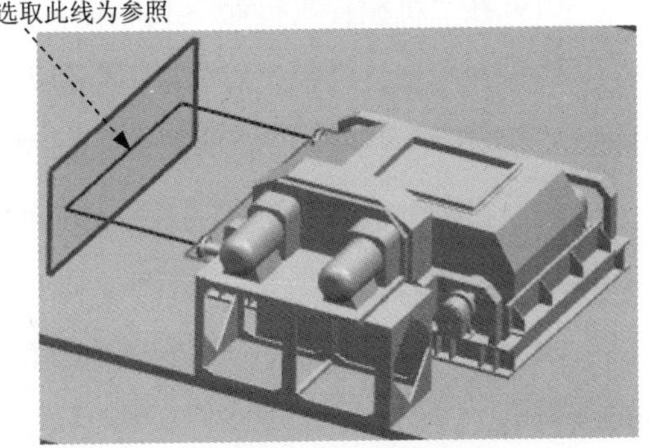

图 41.80 基准平面 2

Step8. 创建参考草图 2。

（1）选择下拉菜单 插入(S) → 任务环境中的草图(S) 命令，系统弹出“创建草图”对话框。

（2）选取 Step7 创建的基准平面 2 为草图平面，绘制图 41.81 所示的路径草图。

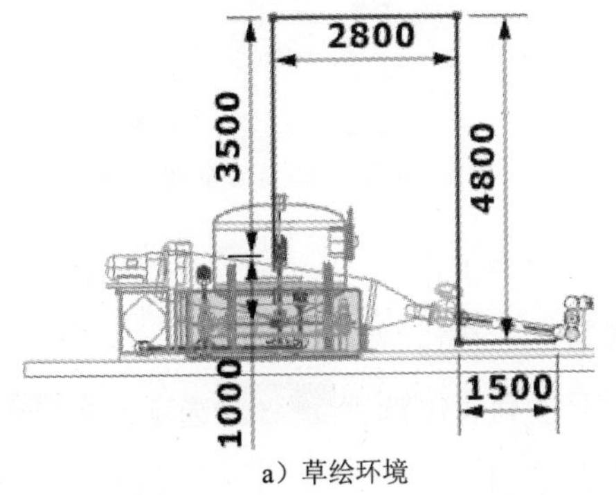

a）草绘环境

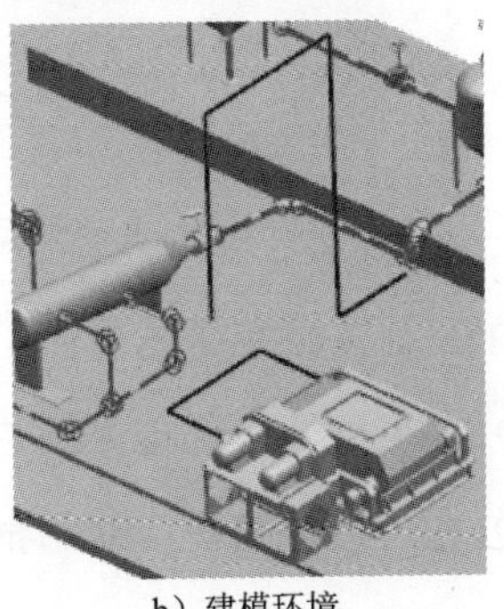

b）建模环境

图 41.81 绘制路径草图

（3）根据草图创建管道路径。将环境切换至“机械管线布置”环境。选择下拉菜单 插入(S) → 管线布置路径(R) → 相连曲线(N)... 命令，系统弹出“相连曲线”对话框；选取 Step6 和 Step8 创建的草图为参考对象。

（4）单击 确定 按钮，完成管道路径的创建。

Step9. 创建再分割段 1。

（1）在“机械管线布置”工具条中单击“变换路径”按钮后的按钮，然后选择 再分割段 命令。

（2）在 类型 下拉列表中选择 在点上 选项，选取图 41.82 所示的路径分段 1 为分割对象（单击箭头指示位置），在 位置 下拉列表中选择 弧长百分比 选项，在 % 位置 文本框中输入值 50。

（3）单击 确定 按钮，完成再分割段 1 的创建。

Step10. 创建修复路径 1。

（1）在“机械管线布置”工具条中单击“修复路径”按钮。

（2）在“修复路径”对话框 设置 区域中的 方法 下拉列表中选择 直接 选项；在 直线 区域中选中 ☑ 锁定到选定的对象 和 ☑ 锁定角度 复选框。

（3）在模型中选取图 41.82 所示的线为起点参考，在 延伸 文本框中输入值 0；选取图 41.82 所示的线为终点参考，在 延伸 文本框中输入值 0。

（4）在“修复路径”对话框中单击 确定 按钮，完成修复路径 1 的创建。结果如图 41.83 所示。

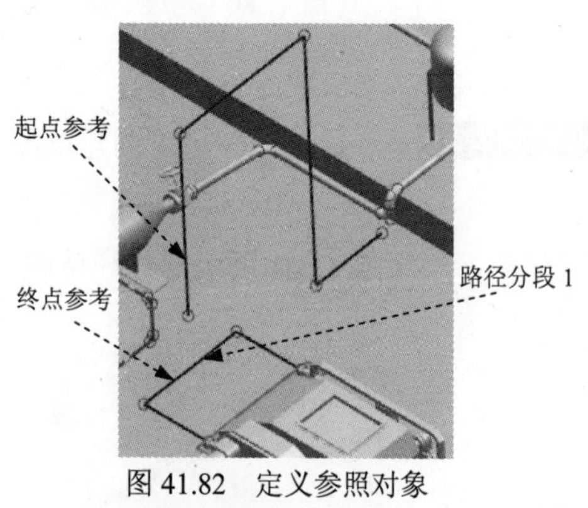

图 41.82 定义参照对象

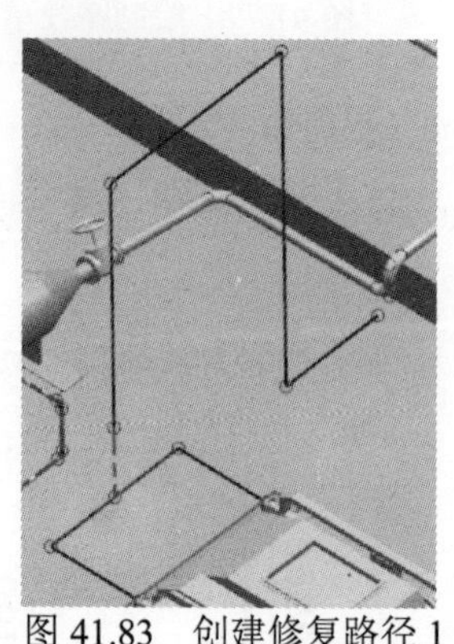
图 41.83 创建修复路径 1

Step11. 创建修复路径 2。

（1）在“机械管线布置”工具条中单击“修复路径”按钮。

（2）在“修复路径”对话框 设置 区域中的 方法 下拉列表中选择 XC YC ZC 选项；在 直线 区

域中选中☑ 锁定到选定的对象和☑ 锁定角度复选框。

（3）在模型中选取图 41.84 所示的箭头为起点参考，在延伸文本框中输入值 260；选取图 41.84 所示的线为终点参考，在延伸文本框中输入值 0。

（4）在“修复路径”对话框中单击确定按钮，完成修复路径 2 的创建。结果如图 41.85 所示。

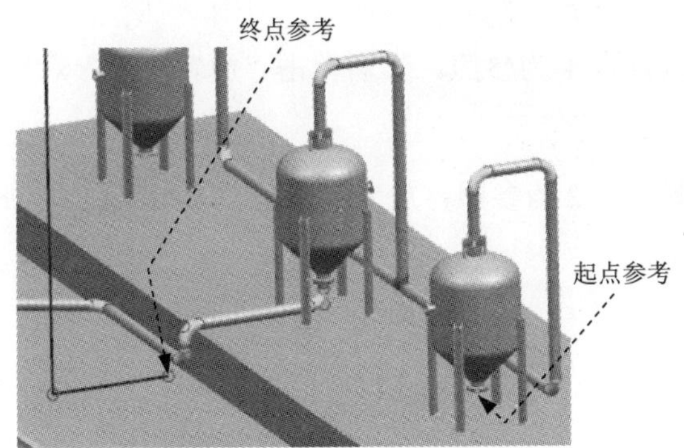

图 41.84 定义参照对象

图 41.85 创建修复路径 2

Step12. 创建再分割段 2。

（1）在“机械管线布置”工具条中单击“变换路径”按钮后的按钮，然后选择再分割段命令。

（2）在类型下拉列表中选择在点上选项，选取图 41.86 所示的路径分段 1 为分割对象（单击箭头指示位置），在位置下拉列表中选择弧长百分比选项，在% 位置 文本框中输入值 50。单击应用按钮。

（3）选取图 41.86 所示的路径分段 2 为分割对象（单击箭头指示位置），在位置下拉列表中选择弧长百分比选项，在% 位置 文本框中输入值 50。

（4）单击确定按钮，完成再分割段 2 的创建。结果如图 41.86 所示。

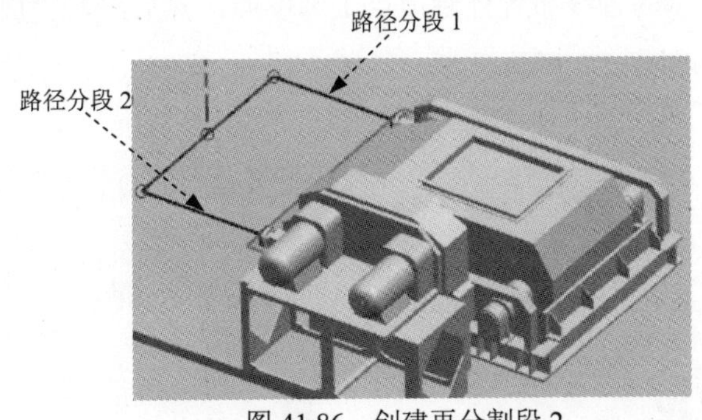

图 41.86 创建再分割段 2

Step13. 放置 90° 折弯管接头（d88）。

（1）选择下拉菜单 插入(S) → 管线布置部件(T) → 放置部件(P)... 命令，系统弹出“指定项”对话框。

（2）在“指定项”对话框中单击“打开”按钮，在弹出的“部件名”对话框中选择 fittings_90deg_lbow_d88.prt 并将其打开。单击“指定项”对话框中的 确定 按钮，此时系统弹出“放置部件”对话框。

（3）选择图 41.87 所示的管线布置控制顶点 1 为参照，然后单击“放置部件”对话框中的 应用 按钮。

（4）选择图 41.87 所示的管线布置控制顶点 2 为参照，放置完成后单击 确定 按钮，结果如图 41.88 所示。

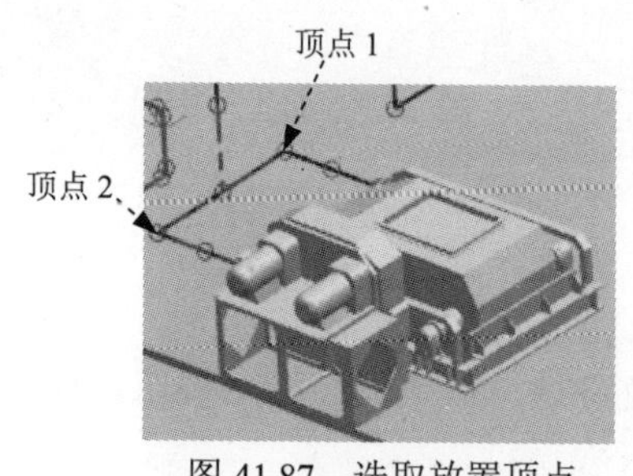

图 41.87　选取放置顶点

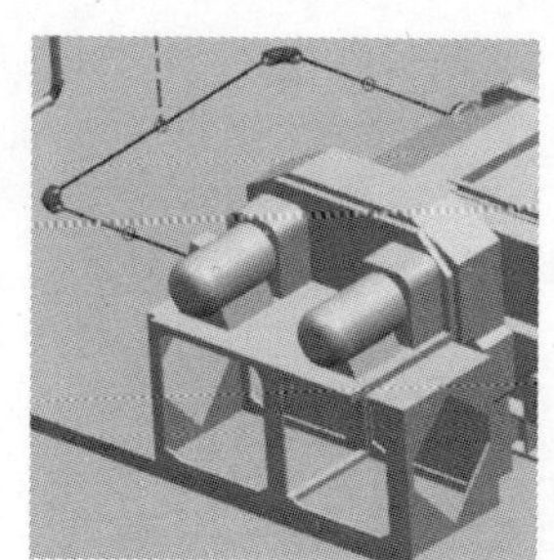
图 41.88　放置管接头

Step14. 放置三通管接头。

（1）选择下拉菜单 插入(S) → 管线布置部件(T) → 放置部件(P)... 命令，系统弹出“指定项”对话框。

（2）在“指定项”对话框中单击“打开”按钮，在弹出的“部件名”对话框中选择 fittings_straight_tee_d88.prt 并将其打开。单击“指定项”对话框中的 确定 按钮，此时系统弹出“放置部件”对话框。

（3）选择图 41.89 所示的管线布置控制顶点 1 为参照，然后单击“放置部件”对话框中的 确定 按钮。结果如图 41.90 所示。

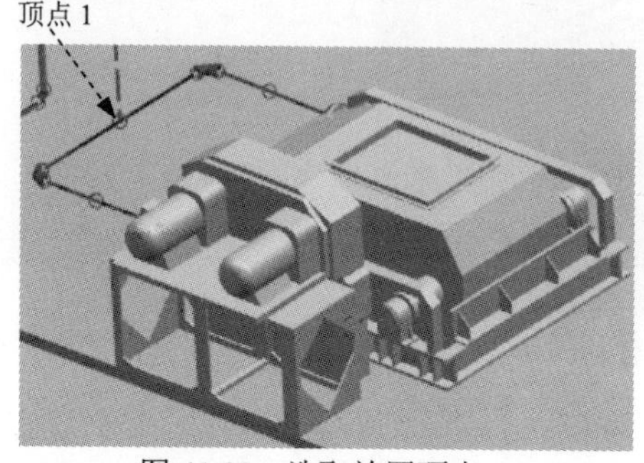

图 41.89　选取放置顶点

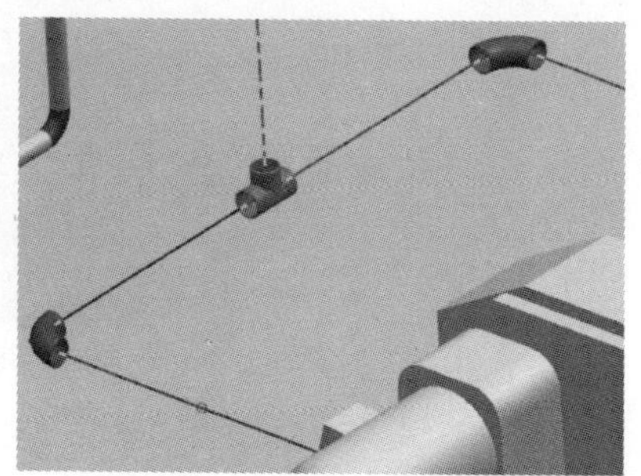
图 41.90　放置三通管接头

Step15. 放置阀配件接头。

（1）选择下拉菜单插入(S) ➡ 管线布置部件(T) ➡ 放置部件(P)... 命令，系统弹出“指定项”对话框。

（2）在“指定项”对话框中单击“打开”按钮，在弹出的“部件名”对话框中选择 fittings_gate_valve_02.prt 并将其打开。单击“指定项”对话框中的确定按钮，此时系统弹出“放置部件”对话框。

（3）选择图 41.91 所示的管线布置控制顶点 1 为参照，在放置解算方案区域端口旋转的文本框中输入-90，然后单击“放置部件”对话框中的应用按钮。

（4）选择图 41. 91 所示的管线布置控制顶点 2 为参照，在放置解算方案区域端口旋转的文本框中输入-90，然后单击“放置部件”对话框中的确定按钮。结果如图 41.92 所示。

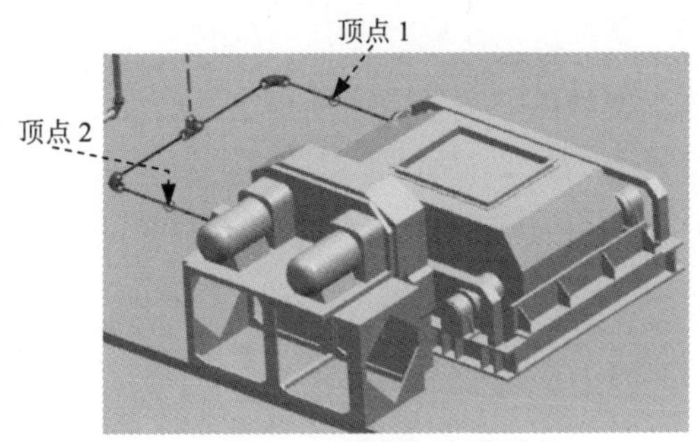

图 41.91 选取放置顶点

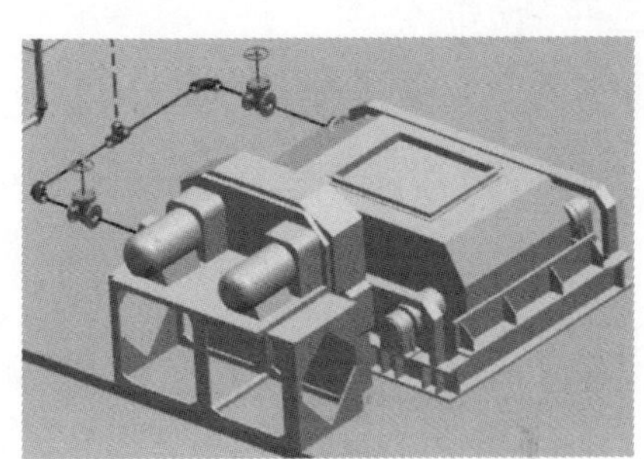
图 41.92 放置阀配件接头

Step16. 添加变径管接头。

（1）选择下拉菜单插入(S) ➡ 管线布置部件(T) ➡ 放置部件(P)... 命令，系统弹出“指定项”对话框。

（2）在“指定项”对话框中单击“打开”按钮，在弹出的“部件名”对话框中选择 fittings_reducer.prt 并将其打开。单击“指定项”对话框中的确定按钮，此时系统弹出“放置部件”对话框。

（3）选择图 41.93 所示的管线布置控制顶点 1 为参照，然后单击“放置部件”对话框中的确定按钮。完成变径管接头的放置，结果如图 41.94 所示。

Step17. 放置 90° 折弯管接头（d140）。

（1）选择下拉菜单插入(S) ➡ 管线布置部件(T) ➡ 放置部件(P)... 命令，系统弹出“指定项”对话框。

（2）在“指定项”对话框中单击“打开”按钮，在弹出的“部件名”对话框中选择 fittings_90deg_elbow_d140.prt 并将其打开。单击“指定项”对话框中的确定按钮，此时系统弹出“放置部件”对话框。

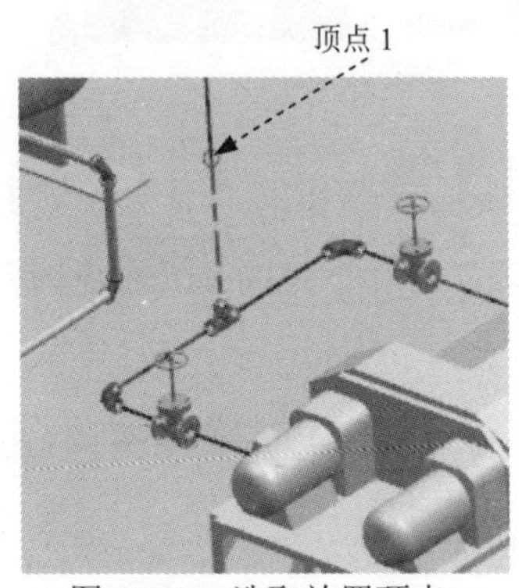

图 41.93 选取放置顶点

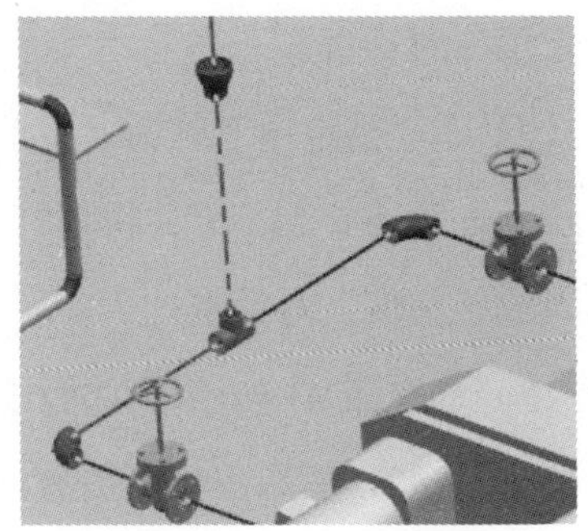
图 41.94 放置阀配件接头

（3）选择图 41.95 所示的管线布置控制顶点 1 为参照，然后单击“放置部件”对话框中的 应用 按钮。

（4）按照（3）的操作步骤，在其他六处放置管接头，放置完成后单击 取消 按钮，退出“放置部件”对话框。结果如图 41.96 所示。

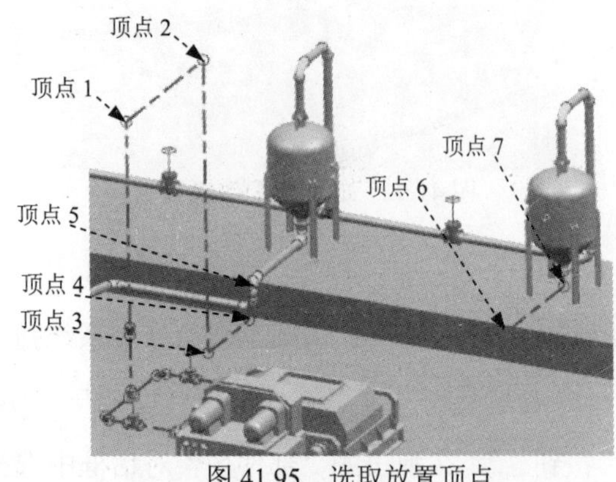

图 41.95 选取放置顶点

图 41.96 放置管接头

Step18. 指派型材。

（1）在“机械管线布置”工具条中单击“型材”按钮，系统弹出 “型材”对话框。

（2）单击“型材”对话框中的 指定型材 按钮，系统弹出 “指定项”对话框。

（3）在 重用库 的 文件夹视图 区域选择 Routing Part Library → Pipe 节点下 DIN-Steel 为型材类型，在 成员视图 下拉列表中选择“列表”选项，选中 R_ST_2448_125，单击 确定 按钮，系统返回到“型材”对话框。

（4）在模型中选取图 41.97 所示的八条管道路径，单击 应用 按钮，完成型材的添加，如图 41.98 所示。

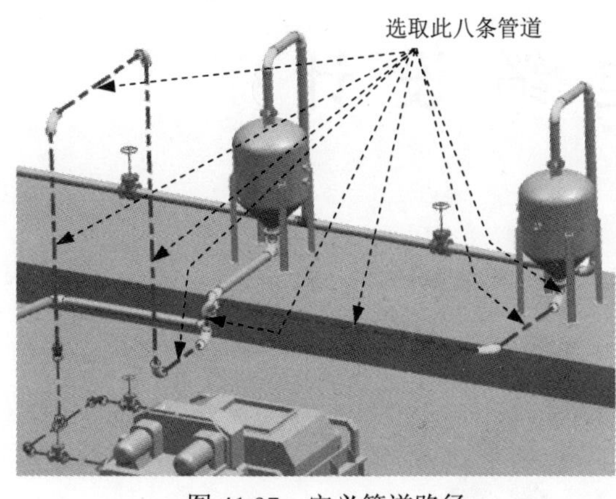

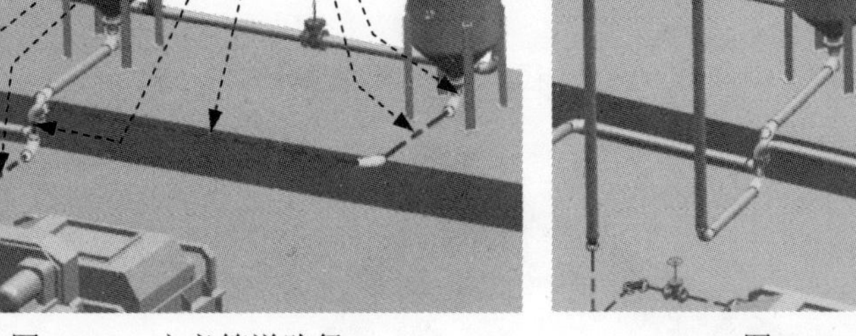

图 41.97　定义管道路径　　　　图 41.98　指派型材后

（5）单击“型材”对话框中的指定型材按钮，系统弹出 “指定项”对话框。

（6）在重用库的文件夹视图区域选择Routing Part Library → Pipe节点下DIN-Steel为型材类型，在成员视图下拉列表中选择“列表”选项，选中R_ST_2448_80，单击确定按钮，系统返回到“型材”对话框。

（7）在模型中选取图 41.99 所示的七条管道路径，单击< 确定 >按钮，完成型材的添加，如图 41.100 所示。

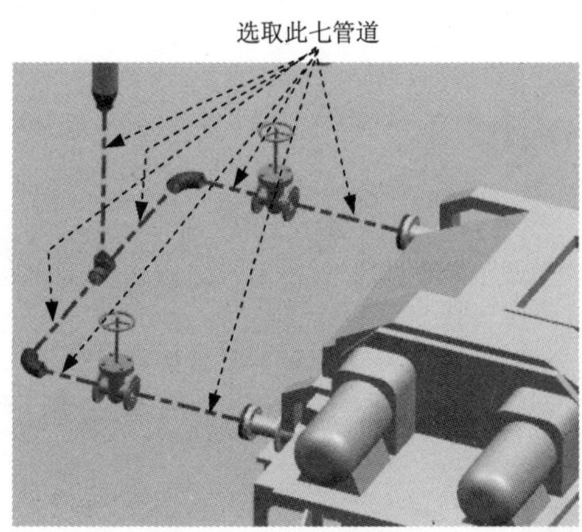

图 41.99　定义管道路径

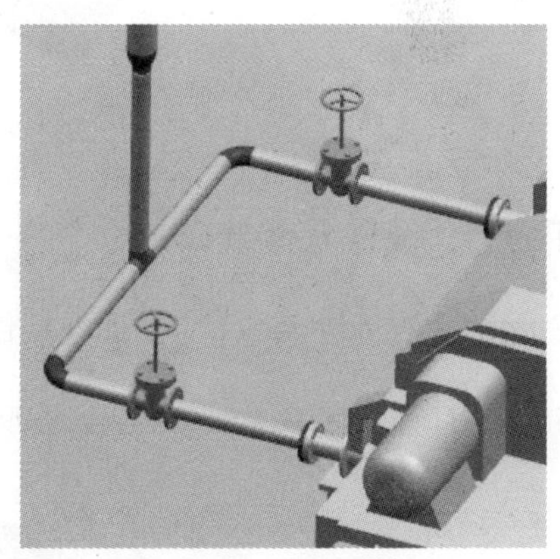

图 41.100　指派型材后

实例 42　电 缆 设 计

实例概述：

本范例详细介绍了在 UG 中布线的全过程。布线模型如图 42.1 所示。

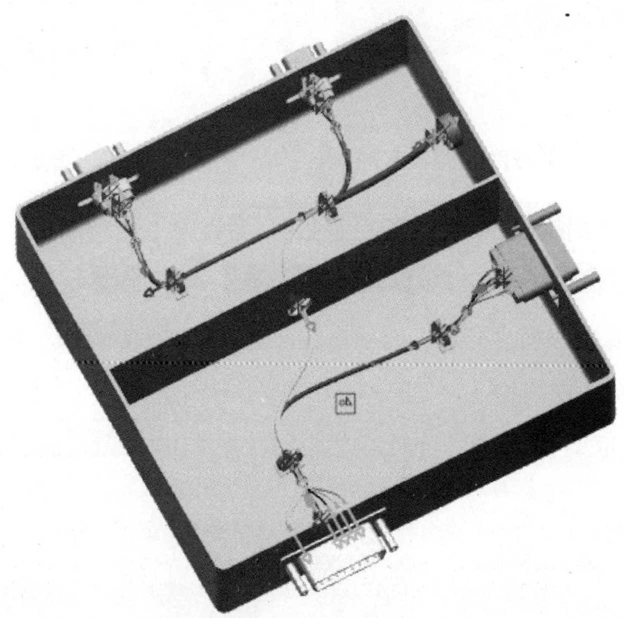

图 42.1　电缆设计模型

Task1．设置元件端口

Stage1．在元件 jack1 中创建连接件端口

Step1．打开文件 D:\ugins8\work\ch09\ins42\ex\ routing_electric.prt，如图 42.2 所示。

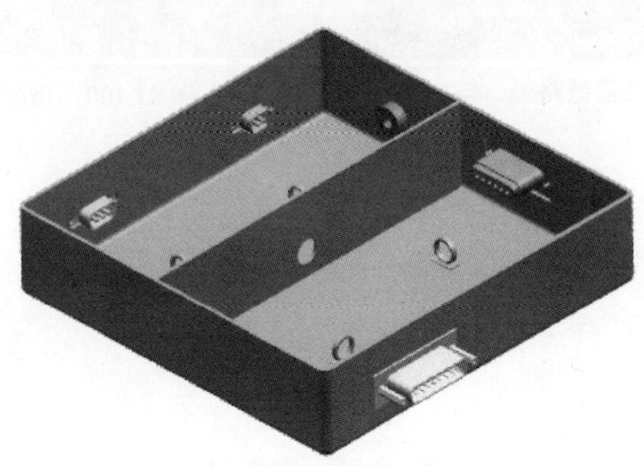

图 42.2　装配模型

Step2. 在装配导航器中选中☑ jack1节点，右键选择设为显示部件。

Step3. 选择下拉菜单开始 → 所有应用模块 → 电气管线布置(U)...命令，进入电缆设计模块。

Step4. 选择命令。选择下拉菜单工具(T) → 审核部件(Q)...命令，系统弹出图 42.3 所示的“审核部件”对话框。

Step5. 定义连接件端口。

（1）在“审核部件”对话框的管线部件类型区域中选择 连接件单选项，在右侧的下拉列表中选择连接件选项。

（2）右击端口下方的连接件选项，在弹出的快捷菜单中选择新建命令，系统弹出图 42.4 所示的“连接件端口”对话框。

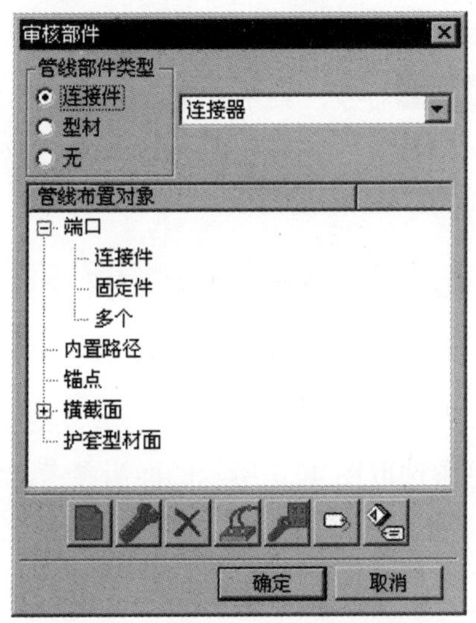

图 42.3　“审核部件”对话框

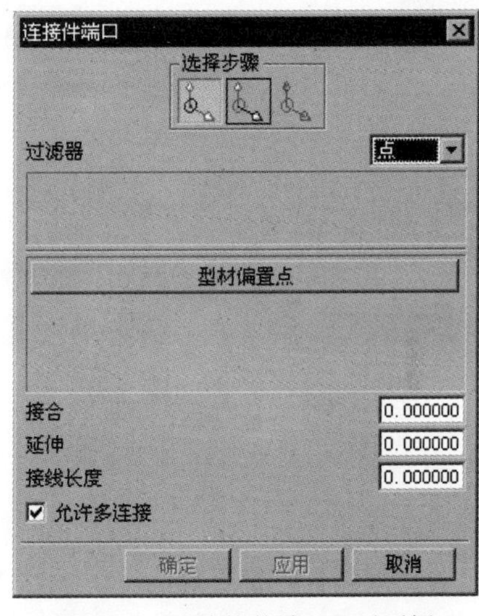

图 42.4　“连接件端口”对话框

（3）在“连接件端口”对话框的过滤器下拉列表中选择点选项，在模型中选取图 42.5 所示的边线为参考，定义该边线的圆心为原点。

（4）在“连接件端口”对话框中单击“对齐矢量”按钮，在矢量方法下拉列表中选择-ZC为对齐矢量。

（5）在“连接件端口”对话框中单击“旋转矢量”按钮，在过滤器下拉列表中选择矢量为对齐矢量，在矢量方法下拉列表中选择XC为旋转矢量。

（6）选中“连接件端口”对话框中选中☑ 允许多连接复选框，单击确定按钮，结束连接件端口的创建，如图 42.6 所示。

（7）单击“审核部件”对话框中的确定按钮。

（8）保存模型。

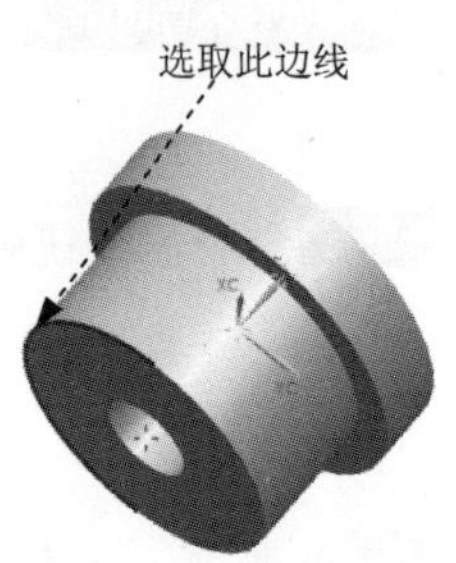

图 42.5 定义原点参考

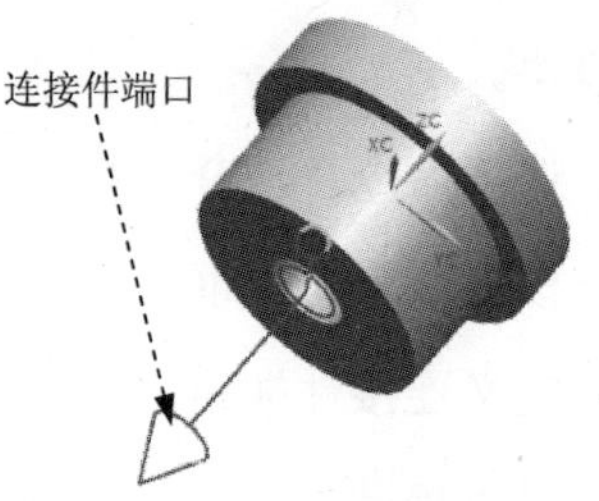

图 42.6 定义连接件端口

Stage2. 在元件 jack2 中创建连接件端口

Step1. 将窗口切换到装配体 routing_electric.prt。

Step2. 在装配导航器中选中 jack2 节点，右键选择设为显示部件命令。

Step3. 选择下拉菜单 工具(T) → 审核部件(Q)... 命令，系统弹出“审核部件”对话框。

Step4. 定义连接件端口。

（1）在“审核部件”对话框的管线部件类型区域中选取 连接件单选项，在右侧的下拉列表中选择连接件选项，右击端口下方的连接件选项，在弹出的快捷菜单中选择新建命令，系统弹出“连接件端口”对话框。

（2）在过滤器下拉列表中选择面选项，在模型中选取图 42.7 所示的面为参考，定义该面的中心为原点。

（3）在“连接件端口”对话框中单击“对齐矢量”按钮，在矢量方法下拉列表中选择 -ZC 为对齐矢量。

（4）在“连接件端口”对话框中单击“旋转矢量”按钮，在过滤器下拉列表中选择矢量为对齐矢量，在矢量方法下拉列表中选择 XC 为旋转矢量。

（5）单击 确定 按钮，完成连接件端口的创建，如图 42.8 所示。

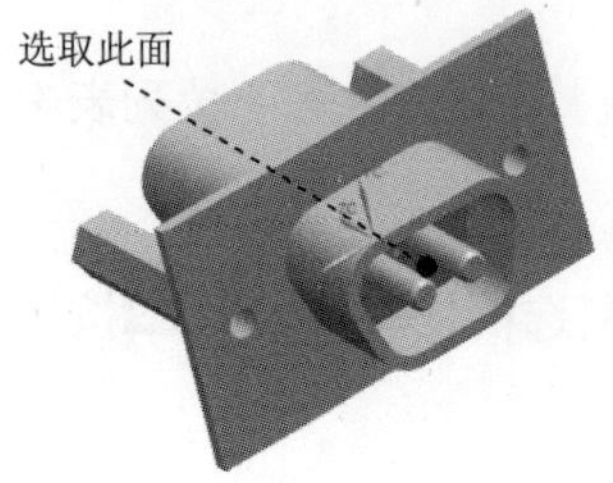

图 42.7 定义原点参考

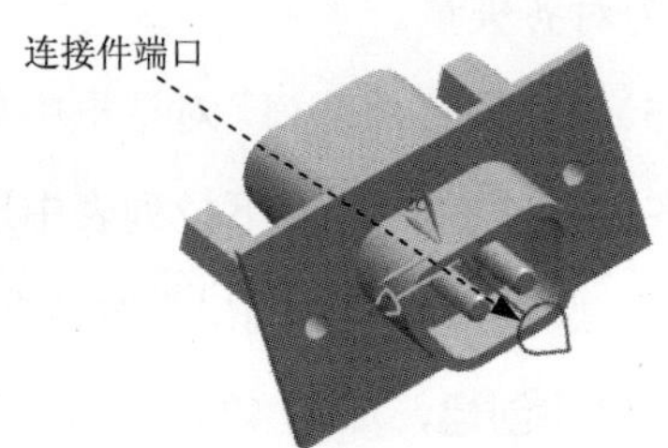

图 42.8 定义连接件端口

（6）单击“审核部件”对话框中的 确定 按钮。

（7）保存模型。

Stage3．在连接器 jack3 中创建连接件端口

Step1．将窗口切换到装配体 routing_electric.prt。

Step2．在装配导航器中选中 jack3 节点，右键选择 设为显示部件。

Step3．选择下拉菜单 工具(T) → 审核部件(Q)... 命令，系统弹出“审核部件”对话框。

Step4．定义连接件端口。

（1）在“审核部件”对话框的 管线部件类型 区域中选择 ⊙ 连接件 单选项，在右侧的下拉列表中选择 连接件 选项，右击 端口 下方的 连接件 选项，在弹出的快捷菜单中选择 新建 命令，系统弹出“连接件端口”对话框。

（2）在 过滤器 下拉列表中选择 面 选项，在模型中选取图 42.9 所示的面为参考，定义该面的中心为原点。

（3）在“连接件端口”对话框中单击“对齐矢量”按钮，在 矢量方法 下拉列表中选择 -ZC 为对齐矢量。

（4）在“连接件端口”对话框中单击“旋转矢量”按钮，在 过滤器 下拉列表中选择 矢量 为对齐矢量，在 矢量方法 下拉列表中选择 XC 为旋转矢量。

（5）单击 确定 按钮，完成连接件端口的创建，如图 42.10 所示。

（6）保存模型。

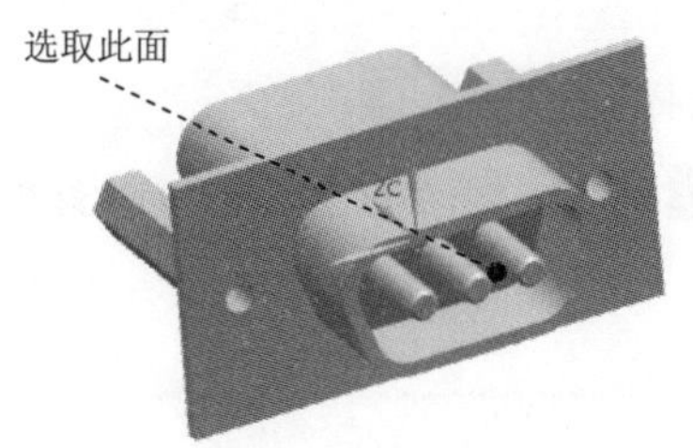

图 42.9　定义原点参考

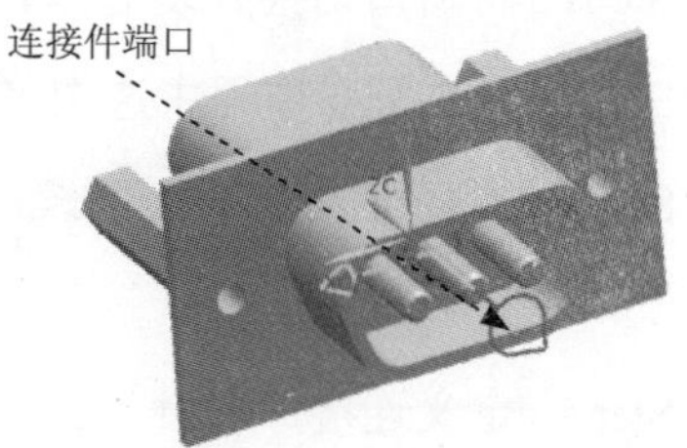

图 42.10　定义连接件端口

Stage4．在连接器 clip 中创建固定件端口

Step1．将窗口切换到装配体 routing_electric.prt。

Step2．在装配导航器中选中 clip 节点，右键选择 设为显示部件。

Step3．选择下拉菜单 工具(T) → 审核部件(Q)... 命令，系统弹出“审核部件”对话

框。

Step4. 定义连接件端口。

（1）在“审核部件”对话框的管线部件类型区域中选取 连接件单选项，在右侧的下拉列表中选择连接件选项，右击端口下方的固定件选项，在弹出的快捷菜单中选择新建命令，系统弹出“连接件端口”对话框。

（2）在过滤器下拉列表中选择面选项，在模型中选取图 42.11 所示的面为参考，定义该面的中心为原点。

（3）在“连接件端口”对话框中单击“对齐矢量”按钮，在矢量方法下拉列表中选择ZC为对齐矢量。

（4）单击确定按钮两次，结束固定件端口的创建，如图 42.12 所示。

（5）单击“审核部件”对话框中的确定按钮。

（6）保存模型。

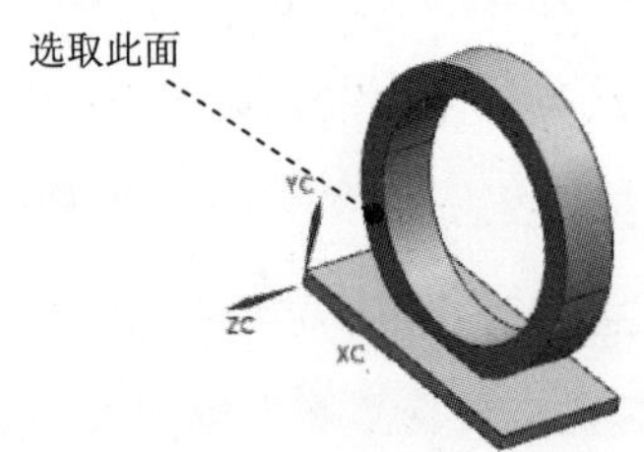

图 42.11 定义原点参考

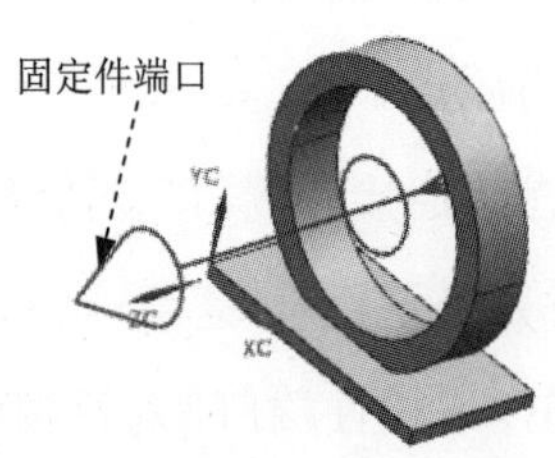

图 42.12 定义固定件端口

Stage5. 在连接器 base 中创建连接件端口

Step1. 将窗口切换到装配体 routing_electric.prt。

Step2. 在装配导航器中选中 base 节点，右键选择设为显示部件。

Step3. 选择下拉菜单工具(T) → 审核部件(Q)...命令，系统弹出“审核部件”对话框。

Step4. 定义连接件端口。

（1）在“审核部件”对话框的管线部件类型区域中选取 连接件单选项，在右侧的下拉列表中选择连接件选项，右击端口下方的固定件选项，在弹出的快捷菜单中选择新建命令，系统弹出“连接件端口”对话框。

（2）在过滤器下拉列表中选择点选项，在模型中选取图 42.13 所示的边线为参考，定义该边线的中心为原点。

（3）在“连接件端口”对话框中单击“对齐矢量”按钮，在矢量方法下拉列表中选择

-XC 为对齐矢量。单击 循环方向 按钮。

（4）单击 确定 按钮两次，结束固定件端口的创建，结果如图 42.14 所示。

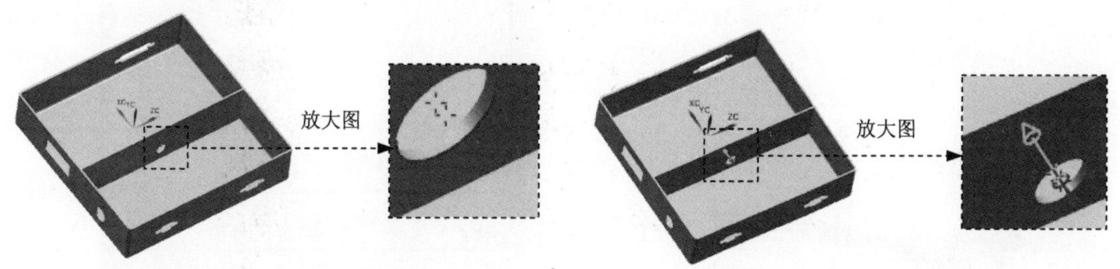

图 42.13　定义原点参考　　图 42.14　定义固定件端口

（5）单击“审核部件”对话框中的 确定 按钮。

（6）保存模型。

Stage6. 在连接器 jack6 中创建连接件端口

Step1. 将窗口切换到装配体 routing_electric.prt。

Step2. 在装配导航器中选中 jack6 节点，右键选择 设为显示部件。

Step3. 选择下拉菜单 工具(T) → 审核部件(Q)... 命令，系统弹出“审核部件”对话框。

Step4. 定义连接件端口。

（1）在“审核部件”对话框的 管线部件类型 区域中选取 ⊙ 连接件 单选项，在右侧的下拉列表中选择 连接器 选项，右击 端口 下方的 多个 选项，在弹出的快捷菜单中 新建 命令，系统弹出“多个端口”对话框。

（2）在 过滤器 下拉列表中选择 面 选项，在模型中选取图 42.15 所示的面为参考，定义该面的中心为原点。

（3）在“多个端口”对话框中单击“对齐矢量”按钮，在 矢量方法 下拉列表中选择 ZC 为对齐矢量。

（4）在“多个端口”对话框中单击“旋转矢量”按钮，在 过滤器 下拉列表中选择 矢量 为对齐矢量，在 矢量方法 下拉列表中选择 XC 为旋转矢量。在 延伸 后的文本框中输入 5.0。在 接线长度 后的文本框中输入 15.0。

（5）单击 确定 按钮，系统弹出图 42.16 所示的“指派管端”对话框（一）。

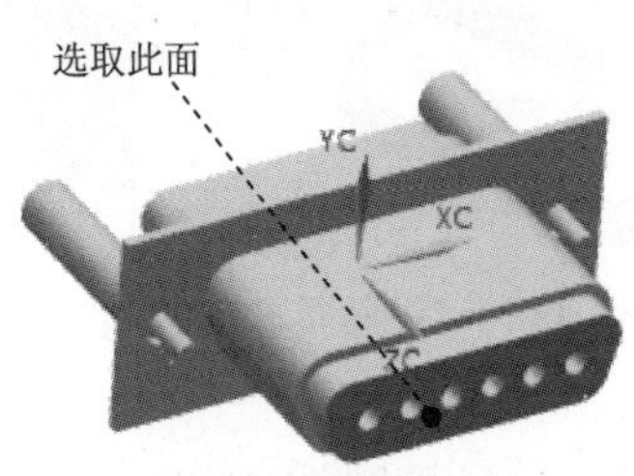

图 42.15 定义原点参考

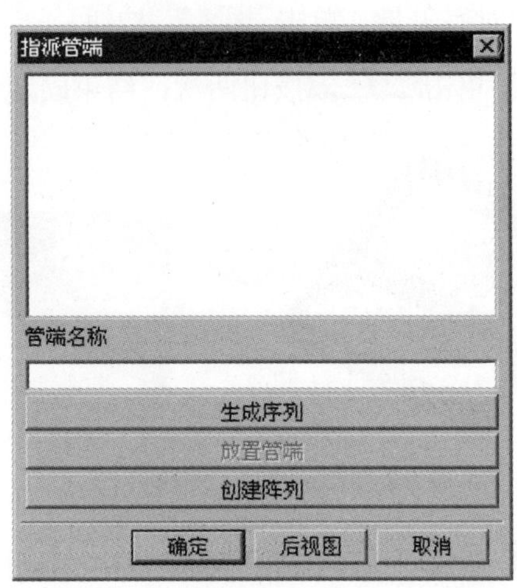

图 42.16 “指派管端”对话框（一）

（6）单击“指派管端”对话框中的 生成序列 按钮，系统弹出“次序名”对话框，在该对话框中设置图 42.17 所示的参数，然后单击 确定 按钮，返回到“指派管端”对话框（二），如图 42.18 所示。

（7）在“指派管端”对话框中选择 1，单击 放置管端 按钮，系统弹出“放置管端”对话框，在 过滤器 下拉列表中选择 点 选项，选取图 42.19 所示的边线 1 为管端 1 的参考，单击 循环方向 按钮调整端口方向，然后单击 确定 按钮。

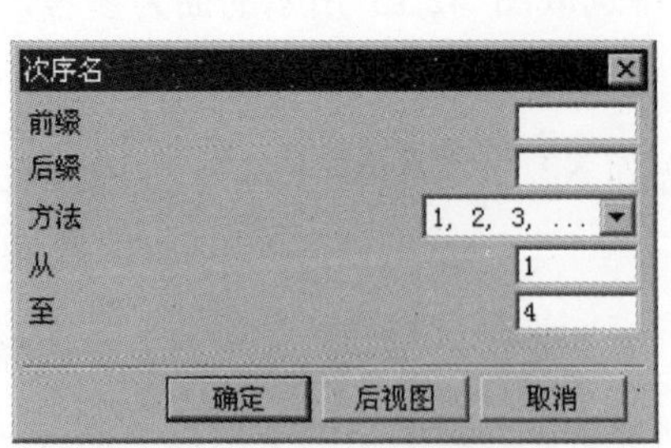

图 42.17 “次序名”对话框

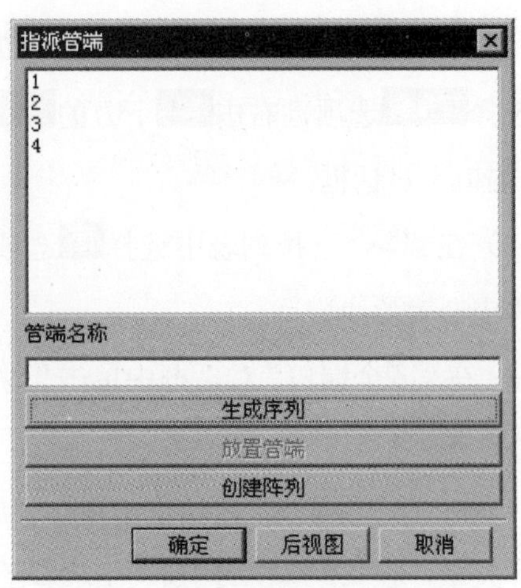

图 42.18 “指派管端”对话框（二）

（8）参考（6），依次选取图 42.20 所示的边线 2、3、4 创建管端 2、3、4。

（9）单击 确定 按钮，完成连接件多个端口的创建，如图 42.21 所示。

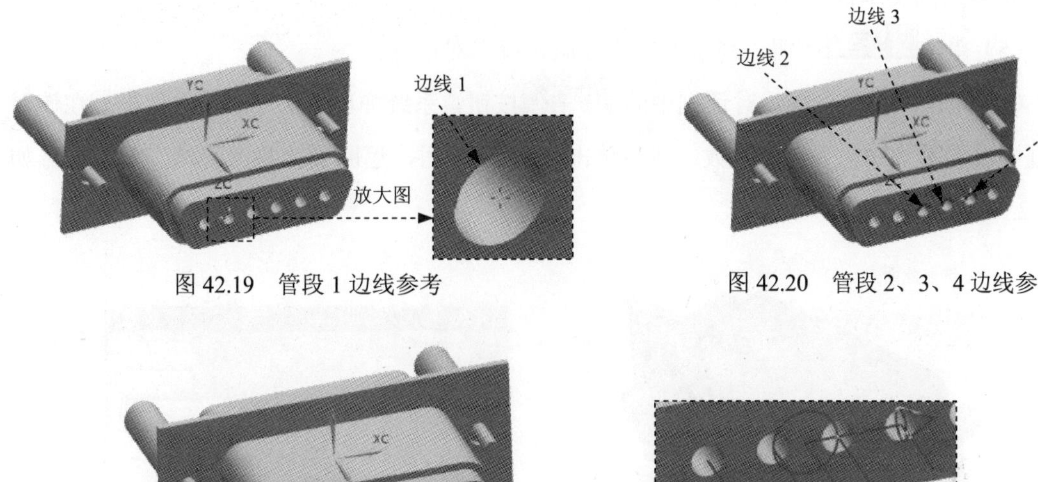

图 42.19 管段 1 边线参考

图 42.20 管段 2、3、4 边线参考

图 42.21 定义多个端口

（10）单击“审核部件”对话框中的确定按钮。

（11）保存模型。

Stage7. 在连接器 jack8 中创建连接件端口

Step1. 将窗口切换到装配体 routing_electric.prt。

Step2. 在装配导航器中选中☑ jack8 节点，右键选择设为显示部件。

Step3. 选择下拉菜单 工具(T) → 审核部件(Q)... 命令，系统弹出“审核部件”对话框。

Step4. 定义连接件端口。

（1）在“审核部件”对话框的管线部件类型区域中选取⊙ 连接件单选项，在右侧的下拉列表中选择连接器选项，右击端口下方的多个选项，在弹出的快捷菜单中新建命令，系统弹出“多个端口”对话框。

（2）在过滤器下拉列表中选择面选项，在模型中选取图 42.22 所示的面为参考，定义该面的中心为原点。

（3）在“多个端口”对话框中单击“对齐矢量”按钮，在矢量方法下拉列表中选择 -ZC 为对齐矢量。

（4）在“多个端口”对话框中单击“旋转矢量”按钮，在过滤器下拉列表中选择矢量为对齐矢量，在矢量方法下拉列表中选择 XC 为旋转矢量。在延伸后的文本框中输入 5.0。

在接线长度后的文本框中输入 15.0。

（5）单击确定按钮，系统弹出“指派管端”对话框。

（6）单击“指派管端”对话框中的生成序列按钮，系统弹出“次序名”对话框，在该对话框中设置图 42.23 所示的参数，然后单击确定按钮，返回到“指派管端”对话框，如图 42.24 所示。

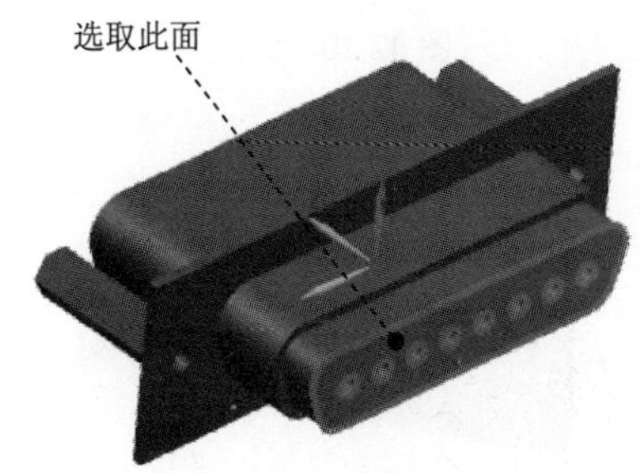

图 42.22　定义原点参考

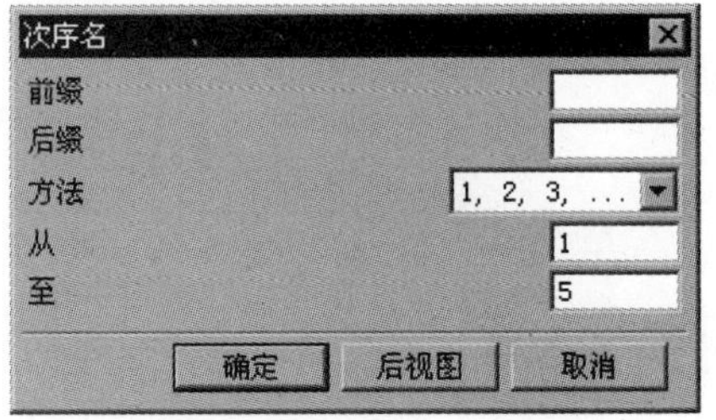

图 42.23 “次序名”对话框

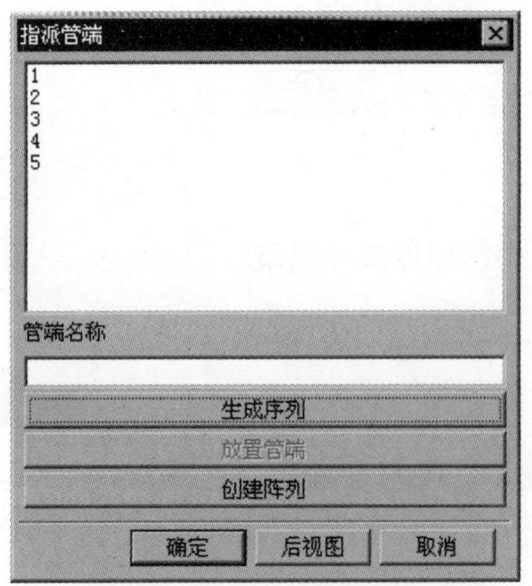

图 42.24 “指派管端”对话框

（7）在“指派管端”对话框中选择1，单击放置管端按钮，系统弹出“放置管端”对话框，在过滤器下拉列表中选择点选项，选取图 42.25 所示的边线 1 为管端 1 的参考，单击循环方向按钮调整端口方向，然后单击确定按钮。

（8）参考（6），依次选取图 42.25 所示的边线 2、3、4、5 创建管端 2、3、4、5。

（9）单击确定按钮，结束连接件多个端口的创建，如图 42.25 所示。

（10） 单击“审核部件”对话框中的确定按钮。

（11）保存模型。

（12）将窗口切换到装配体 routing_electric.prt，在装配导航器中双击总装配节点☑routing_electric，将其激活，然后保存装配体模型。

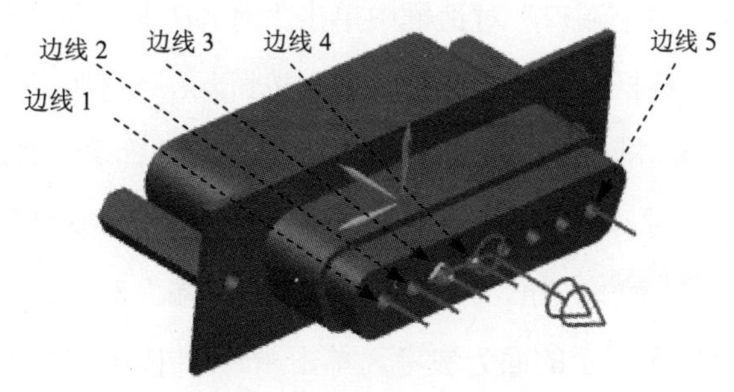

图 42.25　定义多个端口

Stage8．在连接器 port1 中创建连接件端口与多端口

Step1．打开文件 D:\ugins\work\ch12\ch12.02\ex\ port1.prt。

Step2．选择下拉菜单 工具(T) → 审核部件(Q)... 命令，系统弹出“审核部件”对话框。

Step3．定义连接件端口。

（1）在“审核部件”对话框的 管线部件类型 区域中选择 ⊙ 连接件 单选项，在右侧的下拉列表中选择 接头 选项；右击 端口 下方的 连接件 选项，在弹出的快捷菜单中 新建 命令，系统弹出“连接件端口”对话框。

（2）在 过滤器 下拉列表中选择 面 选项，在模型中选取图 42.26 所示的面为参考，定义该面的中心为原点。

（3）在“连接件端口”对话框中单击“对齐矢量”按钮，选择 YC 为对齐矢量；单击“旋转矢量”按钮，选择 XC 为旋转矢量。

（4）单击 确定 按钮，完成连接件端口的创建，如图 42.27 所示。

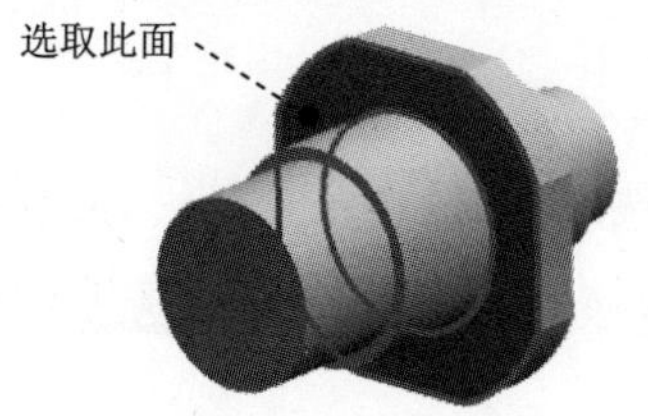

图 42.26　定义原点参考

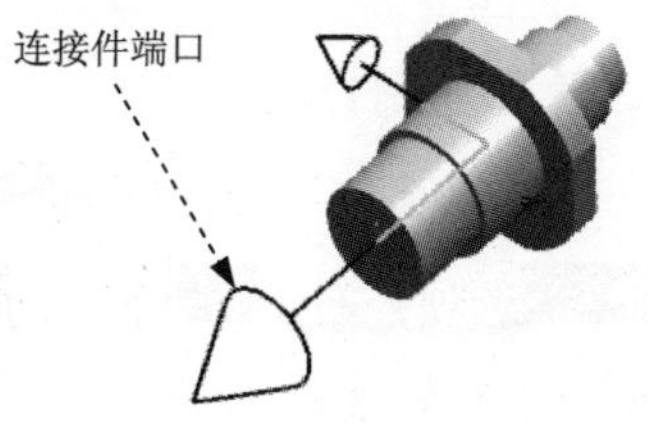

图 42.27　定义连接件端口

Step4．定义“多个”端口。

（1）在“审核部件”对话框中右击 端口 下方的 多个 选项，在弹出的快捷菜单中 新建 命令，系统弹出“多个端口”对话框。

（2）在 过滤器 下拉列表中选择 面 选项，在模型中选取图 42.28 所示的面为参考，定义该面的中心为原点；在“多个端口”对话框中单击“对齐矢量”按钮，选择-YC为对齐矢量；在“多个端口”对话框中单击“旋转矢量”按钮，选择XC为旋转矢量。在延伸后的文本框中输入5.0。单击确定按钮，系统弹出“指派管端”对话框。

（3）在“指派管端”对话框中的管端名称文本框中输入1，按回车键，在“指派管端”对话框中选择1，单击放置管端按钮，系统弹出“放置管端”对话框，在过滤器下拉列表中选择面选项，选取图42.28所示的面为参考，单击循环方向按钮调整端口方向（指向零件外部），如图42.29所示。

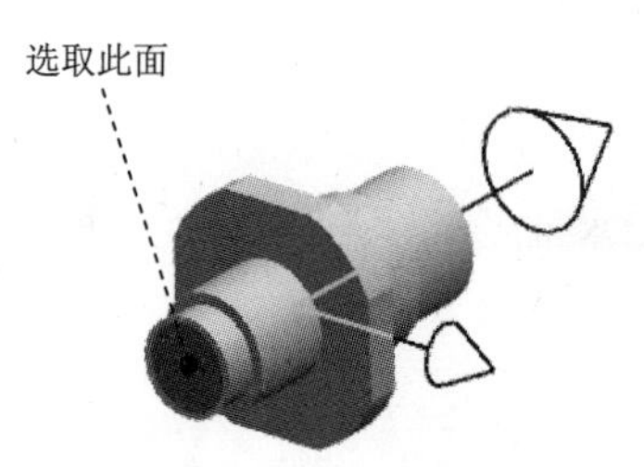

图42.28　定义原点参考

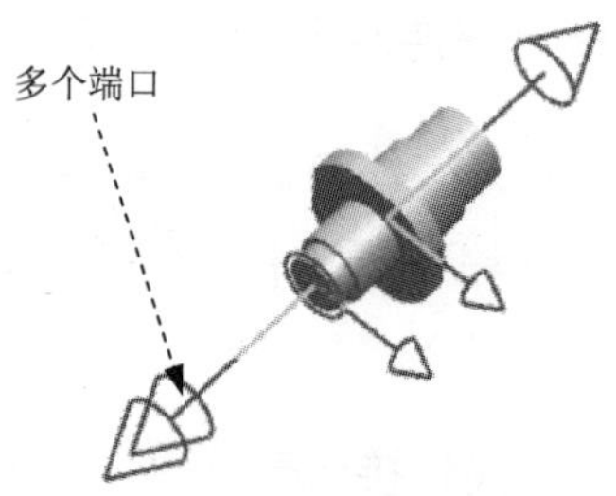

图42.29　定义多个端口

（4）单击确定按钮，完成连接件多个端口的创建。

（5）单击“审核部件”对话框中的确定按钮。

Step5. 保存零件模型，然后关闭零件窗口。

Stage9. 在连接器port2中创建连接件端口与多端口

Step1. 打开文件D:\ug8\work\ch12\ch12.02\ex\ port2.prt。

Step2. 选择下拉菜单工具(T) → 审核部件(Q)...命令，系统弹出“审核部件”对话框。

Step3. 定义连接件端口。

（1）在“审核部件”对话框的管线部件类型区域中选取连接件单选项，在右侧的下拉列表中选择搭头选项；右击端口下方的连接件选项，在弹出的快捷菜单中新建命令，系统弹出“连接件端口”对话框。

（2）在过滤器下拉列表中选择面选项，在模型中选取图42.30所示的面为参考，定义该面的中心为原点。

（3）在“连接件端口”对话框中单击“对齐矢量”按钮，选择-XC为对齐矢量；单击“旋转矢量”按钮，选择ZC为旋转矢量。

（4）单击确定按钮，完成连接件端口的创建，如图42.31所示。

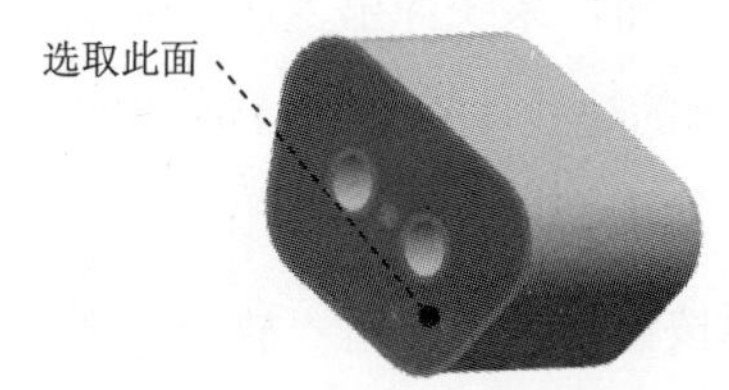

图 42.30 定义原点参考

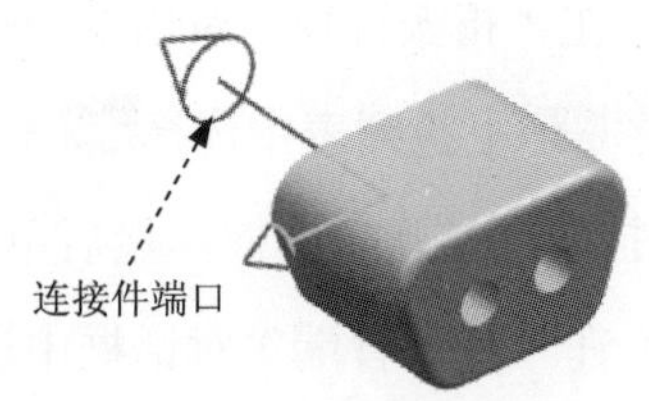

图 42.31 定义连接件端口

Step4. 定义“多个”端口。

（1）在“审核部件”对话框中右击端口下方的多个选项，在弹出的快捷菜单中选择新建命令，系统弹出“多个端口”对话框。

（2）在过滤器下拉列表中选择面选项，在模型中选取图 42.32 所示的面为参考，定义该面的中心为原点；在“多个端口”对话框中单击“对齐矢量”按钮，选择XC为对齐矢量；在“多个端口”对话框中单击“旋转矢量”按钮，在过滤器下拉列表中选择矢量为对齐矢量，在矢量方法下拉列表中选择ZC为旋转矢量。在延伸后的文本框中输入 5.0。在接线长度后的文本框中输入 15.0。单击确定按钮，系统弹出“指派管端”对话框。

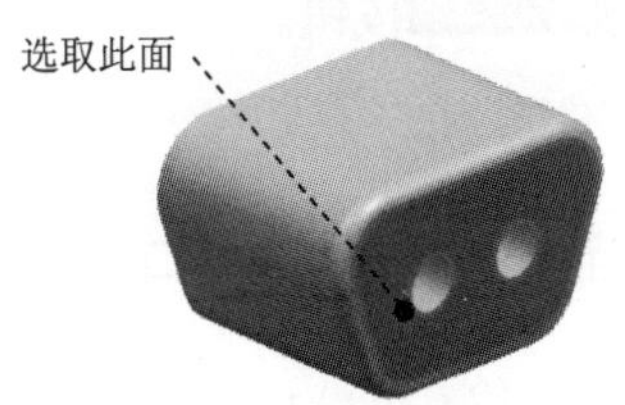

图 42.32 定义原点参考

（3）单击“指派管端”对话框中的生成序列按钮，系统弹出“次序名”对话框，在该对话框中设置图 42.33 所示的参数，然后单击确定按钮，返回到“指派管端”对话框，如图 42.34 所示。

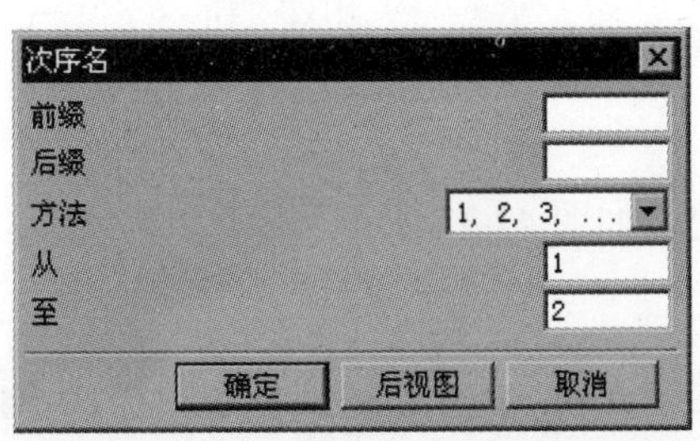

图 42.33 “次序名”对话框

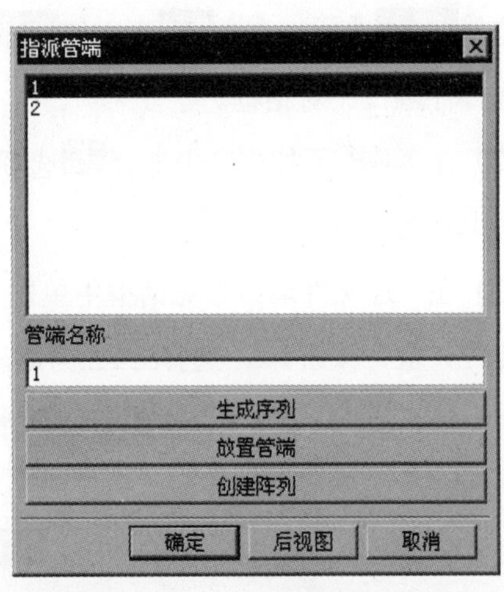

图 42.34 “指派管端”对话框

（4）在“指派管端”对话框中选择1，单击放置管端按钮，系统弹出“放置管端”对话框，在过滤器下拉列表中选择点选项，选取图 42.35 所示的边线 1 为管端 1 的参考，单击循环方向按钮调整端口方向，然后单击确定按钮。

（5）在“指派管端”对话框中选择2，单击放置管端按钮，系统弹出“放置管端”对话框，在过滤器下拉列表中选择点选项，选取图 42.35 所示的边线 2 为管端 2 的参考，单击循环方向按钮调整端口方向，然后单击确定按钮。

（6）单击确定按钮，结束连接件多个端口的创建，如图 42.35 所示。

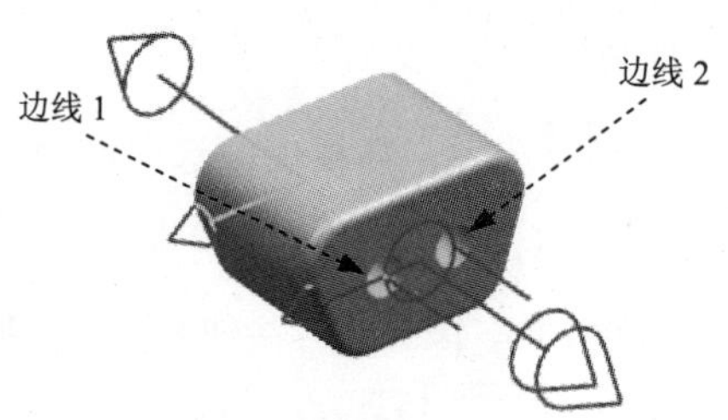

图 42.35　定义多个端口

（7）单击“审核部件”对话框中的确定按钮。

Step5. 保存零件模型，然后关闭零件窗口。

Stage10. 在连接器 port3 中创建连接件端口与多端口

Step1. 打开文件 D:\ugins\work\ch12\ch12.02\ex\ port3.prt。

Step2. 选择下拉菜单工具(T) → 审核部件(Q)...命令，系统弹出“审核部件”对话框。

Step3. 定义连接件端口。

（1）在“审核部件”对话框的管线部件类型区域中选取 连接件单选项，在右侧的下拉列表中选择接头选项；右击端口下方的连接件选项，在弹出的快捷菜单中新建命令，系统弹出“连接件端口”对话框。

（2）在过滤器下拉列表中选择面选项，在模型中选取图 42.36 所示的面为参考，定义该面的中心为原点。

（3）在“连接件端口”对话框中单击“对齐矢量”按钮，选择-XC为对齐矢量；单击“旋转矢量”按钮，选择ZC为旋转矢量。

（4）单击确定按钮，结束连接件端口的创建，如图 42.37 所示。

Step4. 定义“多个”端口。

（1）在“审核部件”对话框中右击端口下方的多个选项，在弹出的快捷菜单中选择新建命令，系统弹出“多个端口”对话框。

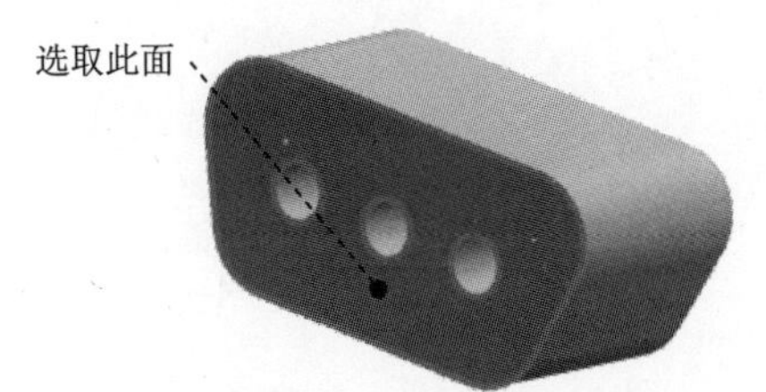

图 42.36　定义原点参考

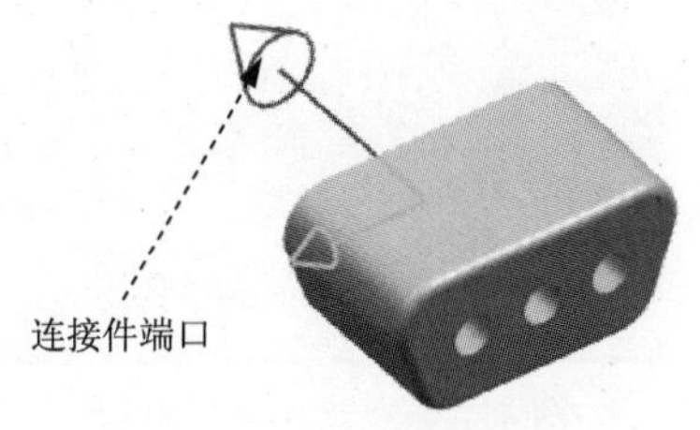

图 42.37　定义连接件端口

（2）在过滤器下拉列表中选择面选项，在模型中选取图 42.38 所示的面为参考，定义该面的中心为原点；在“多个端口”对话框中单击“对齐矢量”按钮，选择XC为对齐矢量；在“多个端口”对话框中单击“旋转矢量”按钮，选择ZC为旋转矢量。在延伸后的文本框中输入 5.0，在接线长度后的文本框中输入 15.0。单击确定按钮，系统弹出“指派管端”对话框。

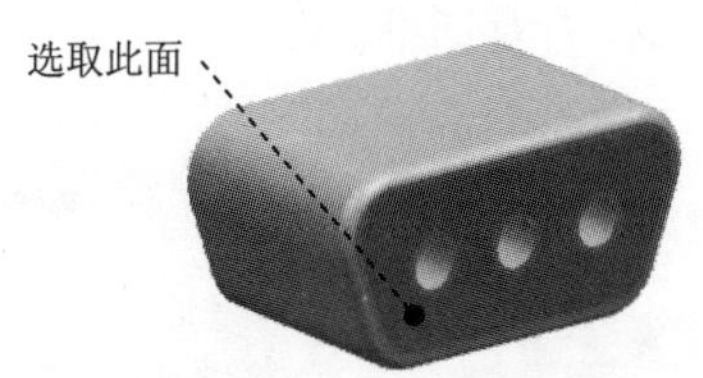

图 42.38　定义原点参考

（3）单击“指派管端”对话框中的生成序列按钮，系统弹出“次序名”对话框，在该对话框中设置图 42.39 所示的参数，然后单击确定按钮，返回到“指派管端”对话框。

（4）在“指派管端”对话框中选择1，单击放置管端按钮，系统弹出“放置管端”对话框，在过滤器下拉列表中选择点选项，选取图 42.40 所示的边线 1 为管端 1 的参考，单击循环方向按钮调整端口方向，然后单击确定按钮。

（5）在“指派管端”对话框中选择2，单击放置管端按钮，系统弹出“放置管端”对话框，在过滤器下拉列表中选择点选项，选取图 42.40 所示的边线 2 为管端 2 的参考，单击循环方向按钮调整端口方向，然后单击确定按钮。

（6）在“指派管端”对话框中选择3，单击放置管端按钮，系统弹出“放置管端”对话框，在过滤器下拉列表中选择点选项，选取图 42.40 所示的边线 3 为管端 3 的参考，单击循环方向按钮调整端口方向，然后单击确定按钮。

（7）单击确定按钮两次，结束连接件多个端口的创建，如图 42.40 所示。

（8）单击“审核部件”对话框中的确定按钮。

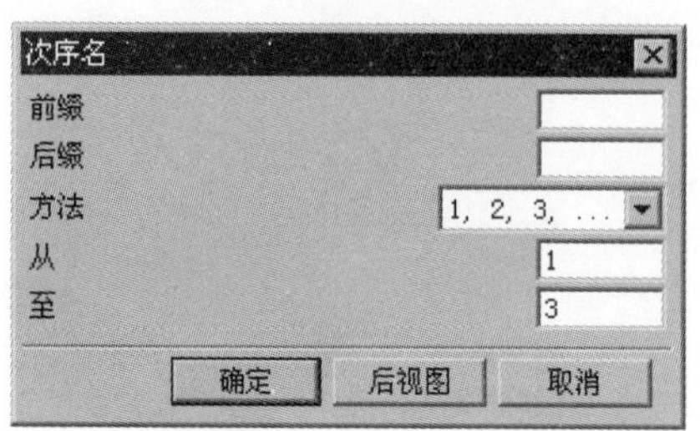

图 42.39 “次序名”对话框

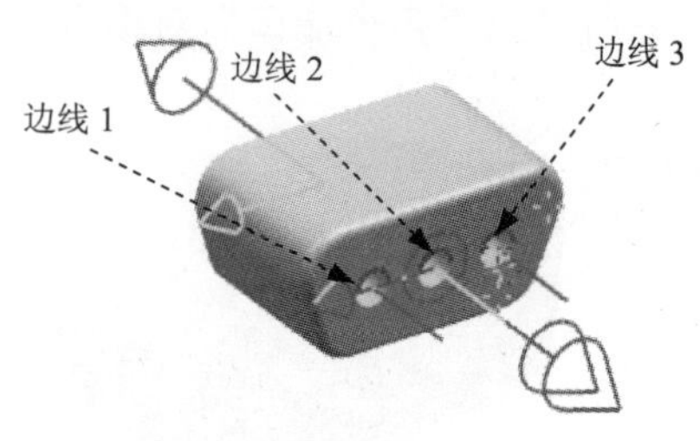

图 42.40 定义多个端口

Step5. 保存零件模型，然后关闭零件窗口。

Task2. 放置元件

Step1. 选择命令。在“电气管线布置”工具条中单击“放置部件”按钮，系统弹出图 42.41 所示“指定项”对话框。

（1）单击“指定项”对话框中的“打开”按钮，打开文件 port1.prt，单击确定按钮，系统弹出图 42.42 所示“放置部件”对话框。

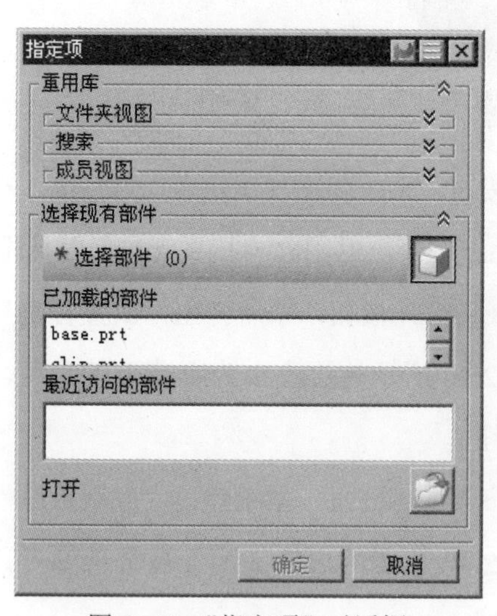

图 42.41 “指定项”对话框

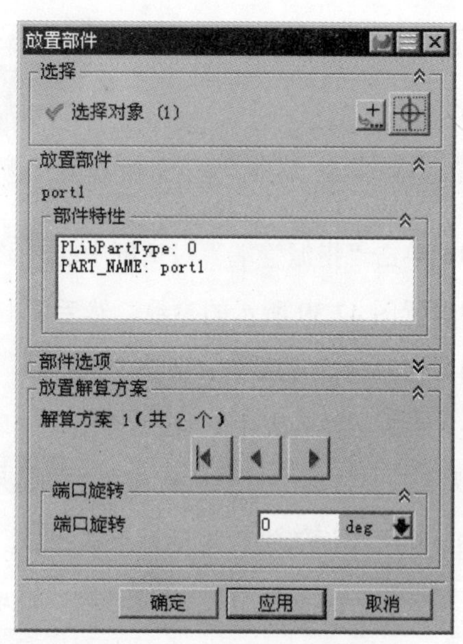

图 42.42 “放置部件”对话框

（2）在模型中选取图 42.43 所示的连接器端口为放置参考，单击确定按钮，完成元件的放置，结果如图 42.44 所示。（注：若位置不对可单击放置解算方案下的按钮调整）

Step2. 参考 Step1 的操作步骤放置元件 port2，选取图 42.45 所示的连接器端口为放置参考，结果如图 42.46 所示。

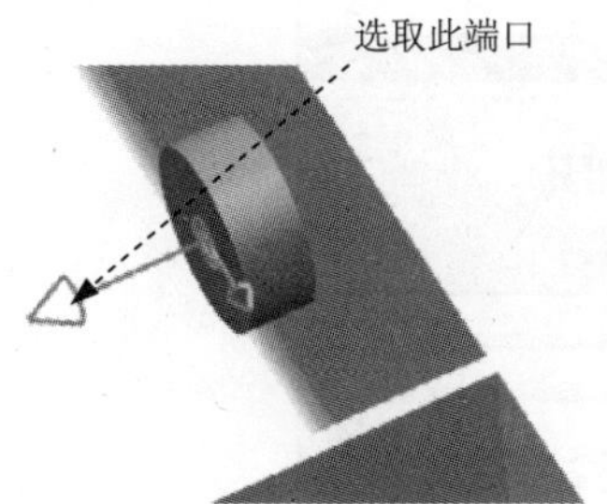

图 42.43 选取放置参考

图 42.44 放置元件 port1

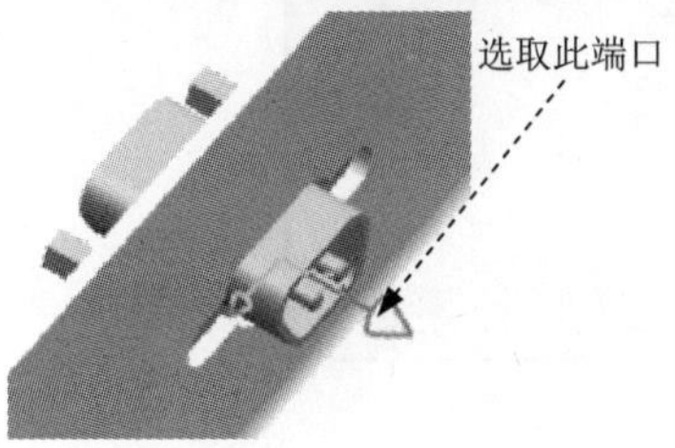

图 42.45 选取放置参考

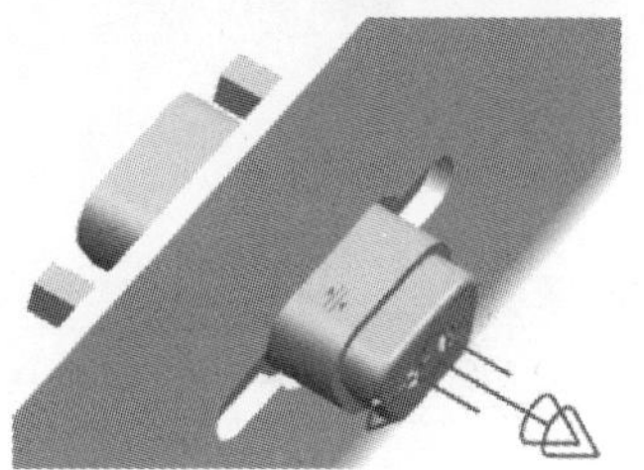

图 42.46 放置元件 port2

Step3. 参考 Step2 和 Step3 的操作步骤放置元件 port3，选取图 42.47 所示的连接器端口为放置参考，结果如图 42.48 所示。

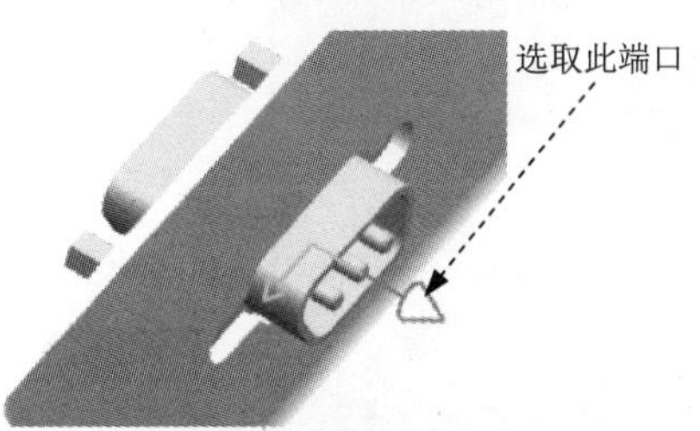

图 42.47 选取放置参考

图 42.48 放置元件 port3

Task3. 创建连接

Stage1. 创建连接 1

Step1. 在导航器中单击“电气连接导航器”按钮，激活“管线列表”工具条。

Step2. 定义连接属性。单击“管线列表”工具条中的“创建连接”按钮，系统弹出“创建连接向导：连接属性”对话框，在该对话框中设置图 42.49 所示的参数。

Step3. 定义起始组件属性。单击 下一步 > 按钮，系统进入“创建连接向导：起始组件属性”对话框，在模型中选取元件 port1，然后在 From Device 文本框中输入 J1，在 From Conn 文本框中输入 P1，在 From Pin 下拉列表中选择 1，如图 42.50 所示。

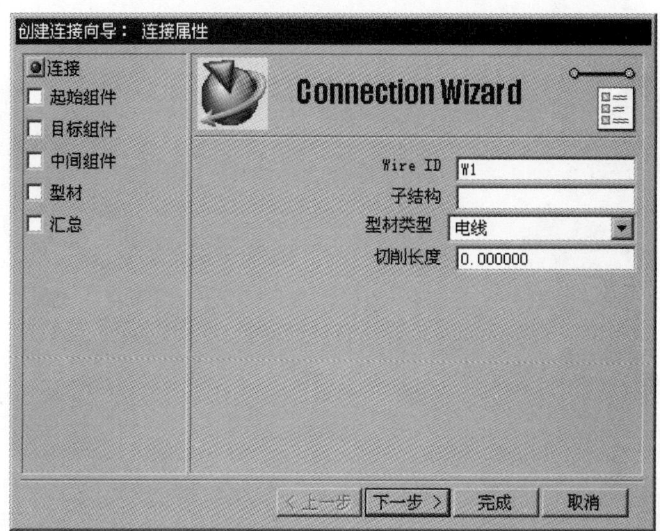

图 42.49 “创建连接向导：连接属性”对话框

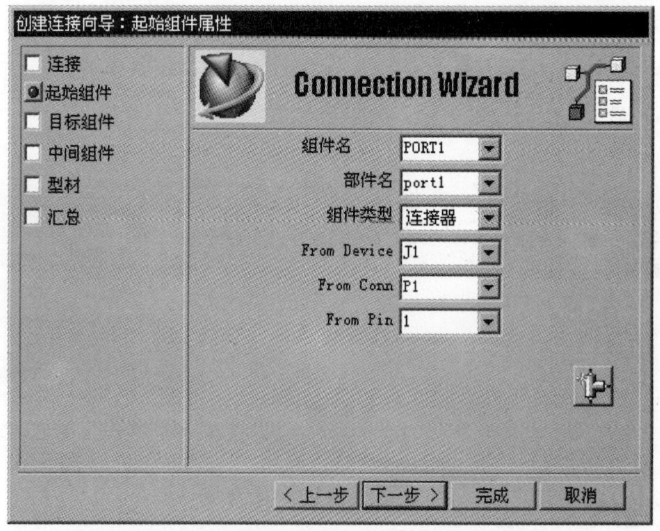

图 42.50 “创建连接向导：起始组件属性”对话框

Step4. 定义目标组件属性。单击下一步 >按钮，系统进入“创建连接向导：目标组件属性”对话框，在模型中选取元件 port3，然后在To Device文本框中输入 J3，在To Conn文本框中输入 P3，在To Pin下拉列表中选择1。如图 42.51 所示。

Step5. 单击下一步 >按钮，系统进入“创建连接向导：中间组件属性”对话框。

Step6. 定义电线属性。

（1）单击下一步 >按钮，系统进入“创建连接向导：电线属性”对话框。

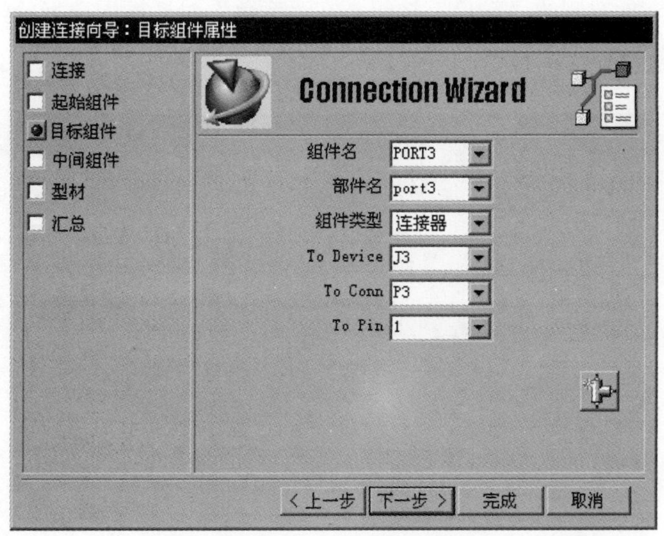

图 42.51　“创建连接向导：起始组件属性”对话框

（2）单击选择电线按钮，系统弹出图 42.52 所示的“指定项”对话框，选择Wires节点，在成员视图下拉列表中选择“列表”选项，选中 W-100，单击确定按钮，系统返回到“创建连接向导：电线属性”对话框。

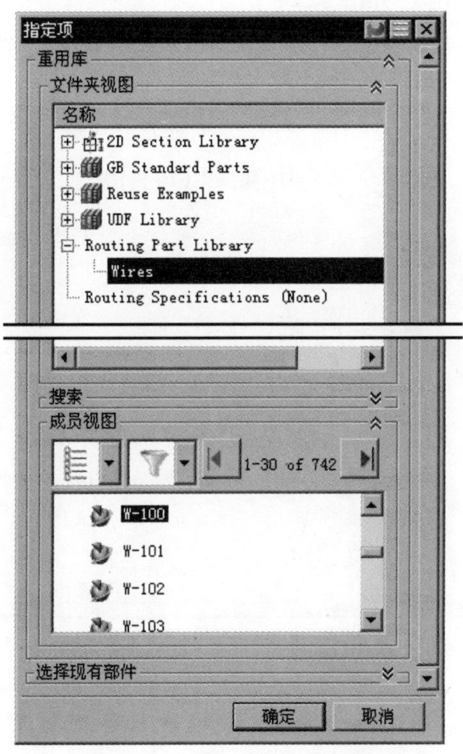

图 42.52　“指定项”对话框

（3）单击显示颜色右侧的“颜色”按钮，在“颜色”对话框中选择粉红色(Magenta)为显示颜色，单击确定按钮，如图 42.53 所示。

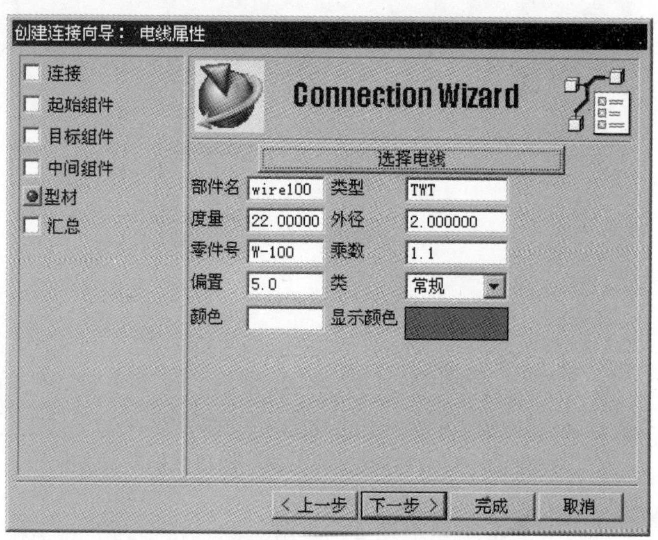

图 42.53 “创建连接向导：电线属性”对话框

Step7. 单击下一步 >按钮，系统进入“创建连接向导：汇总报告”对话框，在该对话框中显示当前连接的详细信息，如图 42.54 所示。

Step8. 单击完成按钮，关闭系统弹出的信息提示文本，结束连接 1 的创建。

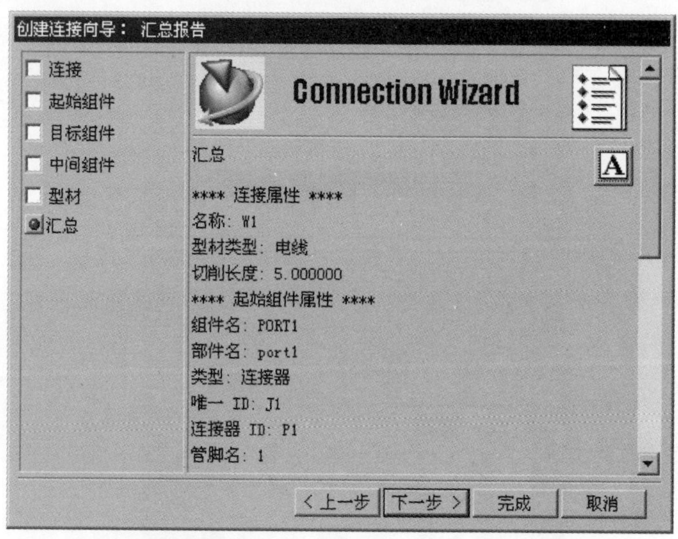

图 42.54 “创建连接向导：汇总报告”对话框

Stage2．创建连接 2

Step1. 定义连接属性。单击“管线列表”工具条中的“创建连接”按钮，系统弹出

“创建连接向导：连接属性”对话框，在 Wire ID 文本框中输入 W2，在 型材类型 下拉列表中选择 电线 选项，在 切削长度 文本框中输入值 0。

Step2. 定义起始组件属性。单击 下一步 > 按钮，系统进入“创建连接向导：起始组件属性”对话框，在模型中选取元件 port2，然后在 From Device 文本框中输入 J2，在 From Conn 文本框中输入 P2，在 From Pin 下拉列表中选择 1。

Step3. 定义目标组件属性。单击 下一步 > 按钮，系统进入“创建连接向导：目标组件属性”对话框，在模型中选取元件 port3，然后在 To Device 文本框中输入 J3，在 To Conn 文本框中输入 P3，在 To Pin 下拉列表中选择 2。

Step4. 单击 下一步 > 按钮，系统进入“创建连接向导：中间组件属性”对话框。

Step5. 定义电线属性。单击 下一步 > 按钮，系统进入“创建连接向导：电线属性”对话框；选取电线 W-100，颜色设置为红色（red）。

Step6. 单击 下一步 > 按钮，系统进入“创建连接向导：汇总报告”对话框，在该对话框中显示当前连接的详细信息。

Step7. 单击 完成 按钮，关闭系统弹出的信息提示文本，完成连接 2 的创建。

Stage3. 创建连接 3

Step1. 定义连接属性。单击“管线列表”工具条中的“创建连接”按钮，系统弹出“创建连接向导：连接属性”对话框，在 Wire ID 文本框中输入 W3，在 型材类型 下拉列表中选择 电线 选项，在 切削长度 文本框中输入值 0。

Step2. 定义起始组件属性。单击 下一步 > 按钮，系统进入“创建连接向导：起始组件属性”对话框，在模型中选取元件 port2，然后在 From Device 文本框中输入 J2，在 From Conn 文本框中输入 P2，在 From Pin 下拉列表中选择 2。

Step3. 定义目标组件属性。单击 下一步 > 按钮，系统进入“创建连接向导：目标组件属性”对话框，在模型中选取元件 port3，然后在 To Device 文本框中输入 J3，在 To Conn 文本框中输入 P3，在 To Pin 下拉列表中选择 3。

Step4. 单击 下一步 > 按钮，系统进入“创建连接向导：中间组件属性”对话框。

Step5. 定义电线属性。单击 下一步 > 按钮，系统进入“创建连接向导：电线属性”对话框；选取电线 W-100，颜色设置为橘黄色(Orange)。

Step6. 单击 下一步 > 按钮，系统进入“创建连接向导：汇总报告”对话框，在该对话框中显示当前连接的详细信息。

Step7. 单击 完成 按钮，关闭系统弹出的信息提示文本，结束连接 3 的创建。

Stage4. 创建连接 4

Step1. 定义连接属性。单击“管线列表”工具条中的“创建连接”按钮，系统弹出“创建连接向导：连接属性”对话框，在 Wire ID 文本框中输入 W4，在 型材类型 下拉列表中选择 电线 选项，在 切削长度 文本框中输入值 0。

Step2. 定义起始组件属性。单击 下一步 > 按钮，系统进入“创建连接向导：起始组件属性”对话框，在模型中选取元件 port1，然后在 From Device 文本框中输入 J1，在 From Conn 文本框中输入 P1，在 From Pin 下拉列表中选择 1。

Step3. 定义目标组件属性。单击 下一步 > 按钮，系统进入“创建连接向导：目标组件属性”对话框，在模型中选取元件 jack8，然后在 To Device 文本框中输入 J8，在 To Conn 文本框中输入 P8，在 To Pin 下拉列表中选择 5。

Step4. 单击 下一步 > 按钮，系统进入“创建连接向导：中间组件属性”对话框。

Step5. 定义电线属性。单击 下一步 > 按钮，系统进入“创建连接向导：电线属性”对话框；选取电线 W-10，颜色设置为黄色(Yellow)。

Step6. 单击 下一步 > 按钮，系统进入“创建连接向导：汇总报告”对话框，在该对话框中显示当前连接的详细信息。

Step7. 单击 完成 按钮，关闭系统弹出的信息提示文本，结束连接 4 的创建。

Stage5. 创建连接 5

Step1. 定义连接属性。单击“管线列表”工具条中的“创建连接”按钮，系统弹出“创建连接向导：连接属性”对话框，在 Wire ID 文本框中输入 C1_1，在 型材类型 下拉列表中选择 电线 选项，在 切削长度 文本框中输入值 0。

Step2. 定义起始组件属性。单击 下一步 > 按钮，系统进入“创建连接向导：起始组件属性”对话框，在模型中选取元件 JACK6，然后在 From Device 文本框中输入 J6，在 From Conn 文本框中输入 P6，在 From Pin 下拉列表中选择 1。

Step3. 定义目标组件属性。单击 下一步 > 按钮，系统进入“创建连接向导：目标组件属性”对话框，在模型中选取元件 JACK8，然后在 To Device 文本框中输入 J8，在 To Conn 文本框中输入 P8，在 To Pin 下拉列表中选择 4。

Step4. 单击 下一步 > 按钮，系统进入“创建连接向导：中间组件属性”对话框。

Step5. 定义电线属性。单击 下一步 > 按钮，系统进入“创建连接向导：电线属性”对话框；选取电线 W-112，颜色设置为浅蓝色(Cornflower)。

Step6. 单击 下一步 > 按钮，系统进入“创建连接向导：汇总报告”对话框，在该对话框中显示当前连接的详细信息。

Step7. 单击 完成 按钮，关闭系统弹出的信息提示文本，结束连接 5 的创建。

Stage6. 创建连接 6

Step1. 定义连接属性。单击“管线列表”工具条中的“创建连接”按钮，系统弹出“创建连接向导：连接属性”对话框，在 Wire ID 文本框中输入 C1_2，在 型材类型 下拉列表中选择 电线 选项，在 切削长度 文本框中输入值 0。

Step2. 定义起始组件属性。单击 下一步 > 按钮，系统进入“创建连接向导：起始组件属性”对话框，在模型中选取元件 JACK6，然后在 From Device 文本框中输入 J6，在 From Conn 文本框中输入 P6，在 From Pin 下拉列表中选择 2。

Step3. 定义目标组件属性。单击 下一步 > 按钮，系统进入“创建连接向导：目标组件属性”对话框，在模型中选取元件 JACK8，然后在 To Device 文本框中输入 J8，在 To Conn 文本框中输入 P8，在 To Pin 下拉列表中选择 3。

Step4. 单击 下一步 > 按钮，系统进入“创建连接向导：中间组件属性”对话框。

Step5. 定义电线属性。单击 下一步 > 按钮，系统进入“创建连接向导：电线属性”对话框；选取电线 W-112，颜色设置为蓝色(Blue)。

Step6. 单击 下一步 > 按钮，系统进入“创建连接向导：汇总报告”对话框，在该对话框中显示当前连接的详细信息。

Step7. 单击 完成 按钮，关闭系统弹出的信息提示文本，结束连接 6 的创建。

Stage7. 创建连接 7

Step1. 定义连接属性。单击“管线列表”工具条中的“创建连接”按钮，系统弹出“创建连接向导：连接属性”对话框，在 Wire ID 文本框中输入 C1_3，在 型材类型 下拉列表中选择 电线 选项，在 切削长度 文本框中输入值 0。

Step2. 定义起始组件属性。单击 下一步 > 按钮，系统进入“创建连接向导：起始组件属性”对话框，在模型中选取元件 JACK6，然后在 From Device 文本框中输入 J6，在 From Conn 文本框中输入 P6，在 From Pin 下拉列表中选择 3。

Step3. 定义目标组件属性。单击 下一步 > 按钮，系统进入“创建连接向导：目标组件属性”对话框，在模型中选取元件 JACK8，然后在 To Device 文本框中输入 J8，在 To Conn 文本框中输入 P8，在 To Pin 下拉列表中选择 2。

Step4. 单击 下一步 > 按钮，系统进入“创建连接向导：中间组件属性”对话框。

Step5. 定义电线属性。单击 下一步 > 按钮，系统进入“创建连接向导：电线属性”对话框；选取电线 W-112，颜色设置为青橙绿色(Lime)。

Step6. 单击 下一步 > 按钮，系统进入“创建连接向导：汇总报告”对话框，在该对话框框中显示当前连接的详细信息。

Step7. 单击 完成 按钮，关闭系统弹出的信息提示文本，结束连接 7 的创建。

Stage8. 创建连接 8

Step1. 定义连接属性。单击“管线列表”工具条中的“创建连接”按钮，系统弹出“创建连接向导：连接属性”对话框，在 Wire ID 文本框中输入 C1_4，在 型材类型 下拉列表中选择 电线 选项，在 切削长度 文本框中输入值 0。

Step2. 定义起始组件属性。单击 下一步 > 按钮，系统进入“创建连接向导：起始组件属性”对话框，在模型中选取元件 JACK6，然后在 From Device 文本框中输入 J6，在 From Conn 文本框中输入 P6，在 From Pin 下拉列表中选择 4。

Step3. 定义目标组件属性。单击 下一步 > 按钮，系统进入“创建连接向导：目标组件属性”对话框，在模型中选取元件 JACK8，然后在 To Device 文本框中输入 J8，在 To Conn 文本框中输入 P8，在 To Pin 下拉列表中选择 1。

Step4. 单击 下一步 > 按钮，系统进入“创建连接向导：中间组件属性”对话框。

Step5. 定义电线属性。单击 下一步 > 按钮，系统进入“创建连接向导：电线属性”对话框；选取电线 W-112，颜色设置为蓝绿色(Cyan)。

Step6. 单击 下一步 > 按钮，系统进入“创建连接向导：汇总报告”对话框，在该对话框中显示当前连接的详细信息。

Step7. 单击 完成 按钮，关闭系统弹出的信息提示文本，结束连接 8 的创建。

Stage9. 显示所有连接

Step1. 在图 42.55 所示的“电气连接导航器”中查看所有电气连接属性。

Step2. 在电气连接导航器中选中所有连接，右击，在弹出的快捷菜单中选择 显示 命令，此时在模型中显示所有连接，如图 42.56 所示。

电气连接导航器

Wire ID	From Device	From Conn	From Pin	To Device	To Conn	To Pin	Length
工作部件							
W1	J1	P1	1	J3	P3	1	0.000000
W2	J2	P2	1	J3	P3	2	0.000000
W3	J2	P2	2	J3	P3	3	0.000000
W4	J1	P1	1	J8	P8	5	0.000000
C1_1	J6	P6	1	J8	P8	4	0.000000
C1_2	J6	P6	2	J8	P8	3	0.000000
C1_3	J6	P6	3	J8	P8	2	0.000000
C1_4	J6	P6	4	J8	P8	1	0.000000

图 42.55 电气连接导航器

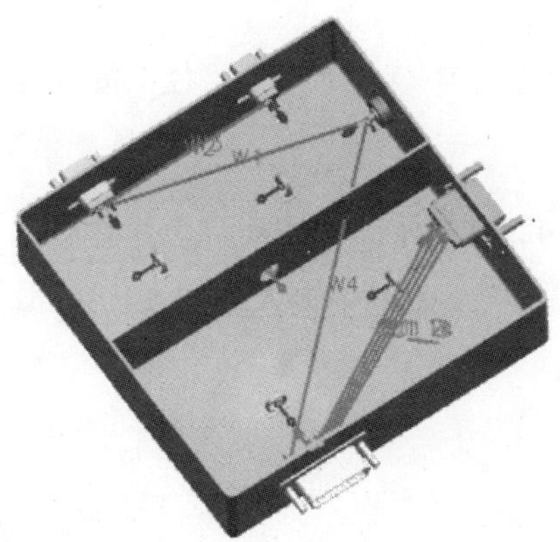

图 42.56　显示连接

Step3. 刷新图形区，取消连接的显示。

Task4. 创建路径

Stage1. 创建样条路径 1

Step1. 在“电气管线布置”工具条中单击“样条路径”按钮，系统弹出“样条路径”对话框。

Step2. 在模型中依次选取图 42.57 所示的固定端口 1 和固定端口 2 为路径点。

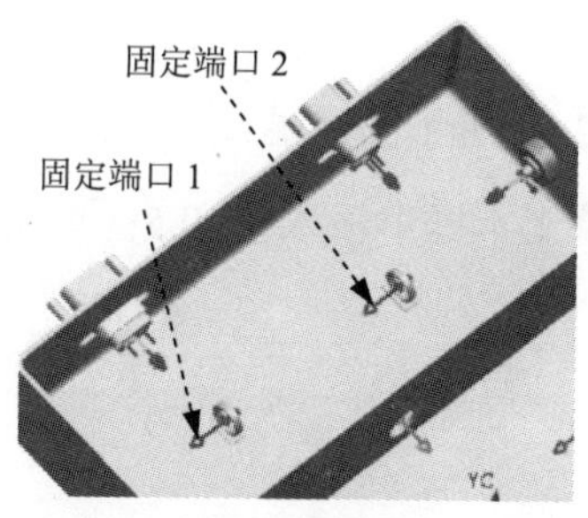

图 42.57　选取路径点

Step3. 单击 < 确定 > 按钮，完成样条路径 1 的创建，如图 42.58 所示。

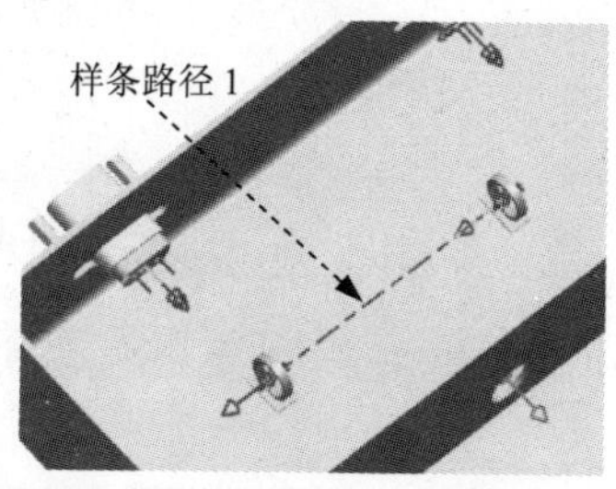

图 42.58　创建样条路径 1

Stage2．创建样条路径 2

Step1. 在“电气管线布置”工具条中单击“样条路径”按钮，系统弹出“样条路径”对话框。

Step2. 在模型中依次选取图 42.59 所示的连接端口 1 和固定端口 2 为路径点，在“样条路径”对话框中选择点 2，在向后延伸文本框中输入值 0.5；单击< 确定 >按钮，完成样条路径 2 的创建，如图 42.60 所示。

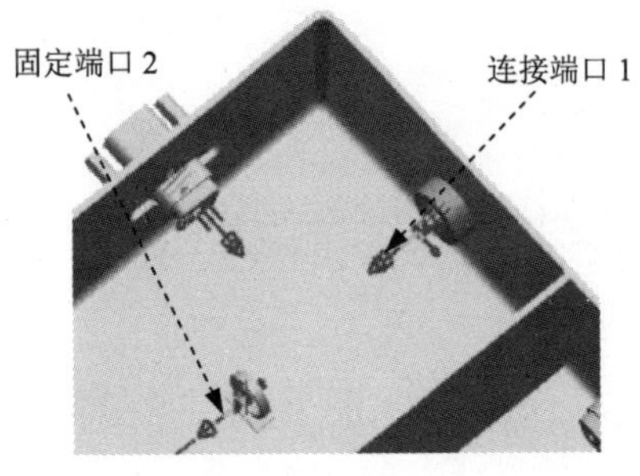

图 42.59 选取路径点

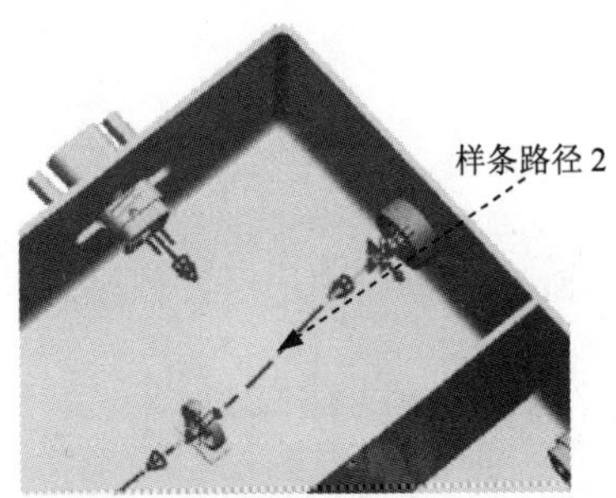

图 42.60 创建样条路径 2

Stage3．创建样条路径 3

Step1. 在“电气管线布置”工具条中单击“样条路径”按钮，系统弹出“样条路径”对话框。

Step2. 在模型中依次选取图 42.61 所示的多端口 1 和固定端口 2 为路径点，在“样条路径”对话框中选择点 2，在向后延伸文本框中输入值 0.5；单击< 确定 >按钮，完成样条路径 3 的创建，如图 42.62 所示。

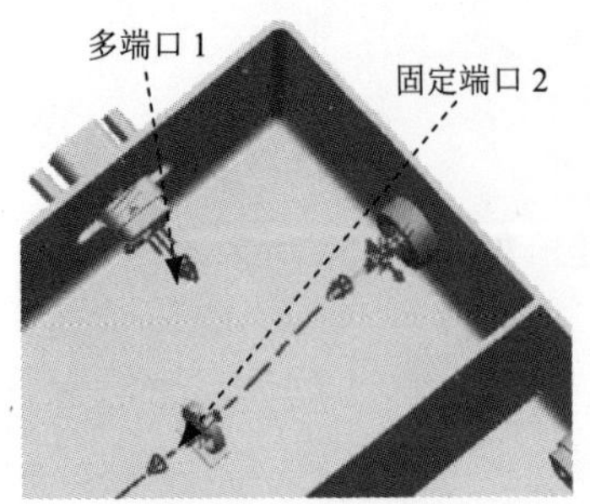

图 42.61 选取路径点

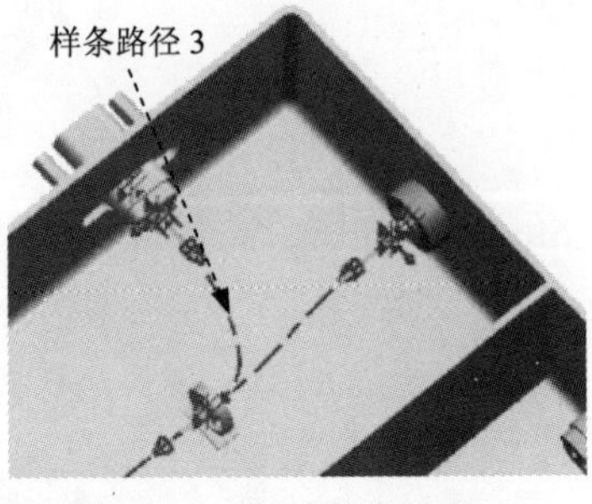

图 42.62 创建样条路径 3

Stage4．创建样条路径 4

Step1. 在“电气管线布置”工具条中单击“样条路径”按钮，系统弹出“样条路径”

对话框。

Step2. 在模型中依次选取图 42.63 所示的多端口 2 和固定端口 1 为路径点，在“样条路径”对话框中选择点 2，在向后延伸文本框中输入值 0.5；单击应用按钮。

Step3. 在模型中依次选取图 42.64 所示的固定端口 2、固定端口 5 和固定端口 3 为路径点，在“样条路径”对话框中选择点 1，在向前延伸文本框中输入值 0.5；选择点 2，在向后延伸文本框中输入值 0.5；选择点 3，在向后延伸文本框中输入值 0.5；单击应用按钮。

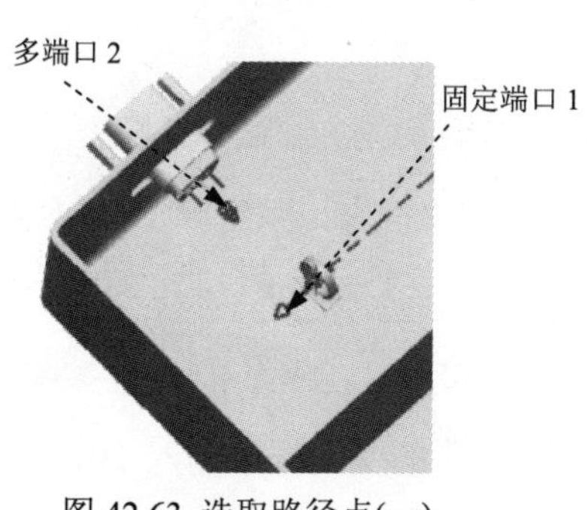

图 42.63 选取路径点(一)

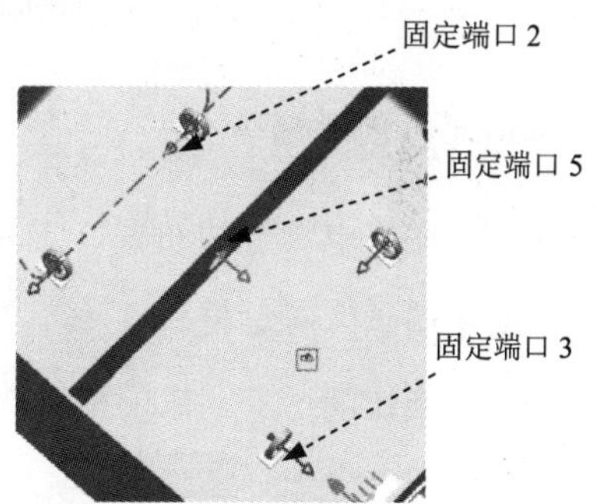

图 42.64　选取路径点（二）

Step4. 在模型中依次选取图 42.65 所示的多端口 4、固定端口 4 和固定端口 3 为路径点，在“样条路径”对话框中选择点 2，在向后延伸文本框中输入值 0.5；选择点 3，在向后延伸文本框中输入值 0.5；单击应用按钮。

Step5. 在模型中依次选取图 42.66 所示的固定端口 3 和多端口 5 为路径点，在“样条路径”对话框中选择点 1，在向前延伸文本框中输入值 0.5。

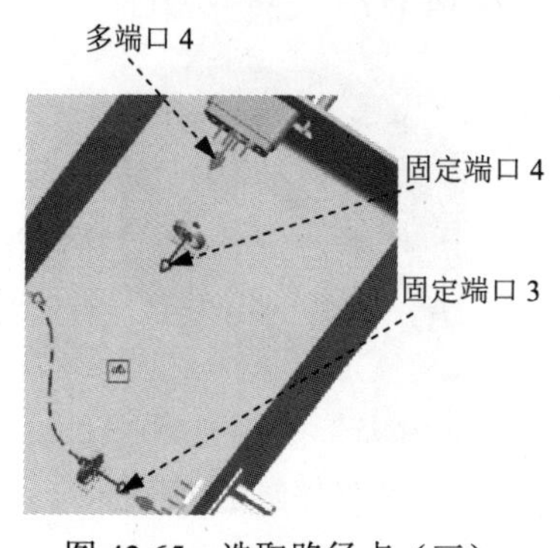

图 42.65　选取路径点（三）

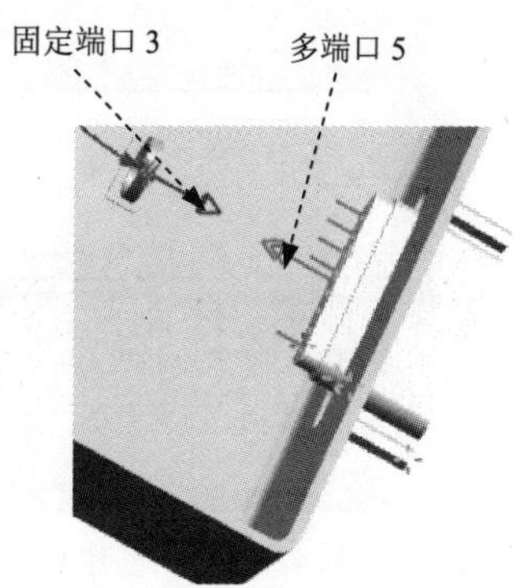

图 42.66　选取路径点（四）

Step6. 单击确定按钮，完成样条路径的创建，如图 42.67 所示。

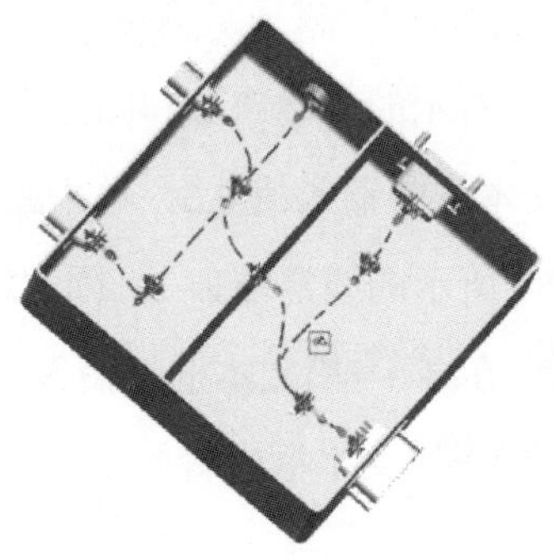

图 42.67 创建样条路径

Stage5. 创建端子

Step1. 在“电气管线布置”工具条中单击“创建端子”按钮，系统弹出图 42.68 所示的“创建端子”对话框。

Step2. 创建端子 1。在模型中选取图 42.69 所示的多端口 1，在端子段区域中管端延伸和管端接线下拉列表中选择均匀值选项，然后在管端端口区域均匀接线的文本框中输入 20，在“创建端子”对话框中单击“全部建模”按钮，单击 应用 按钮，完成端子 1 的创建，如图 42.70 所示。

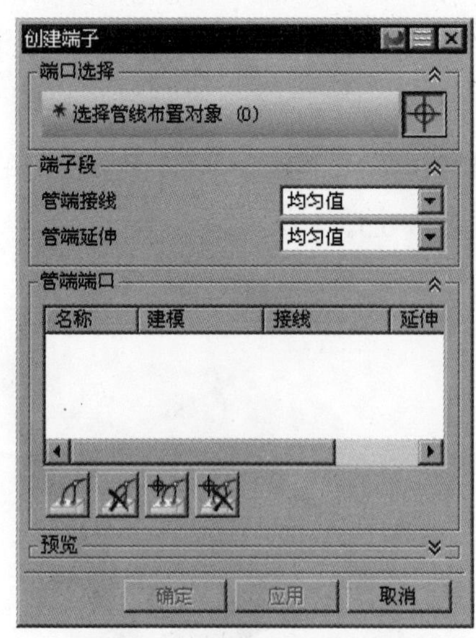

图 42.68 “创建端子”对话框

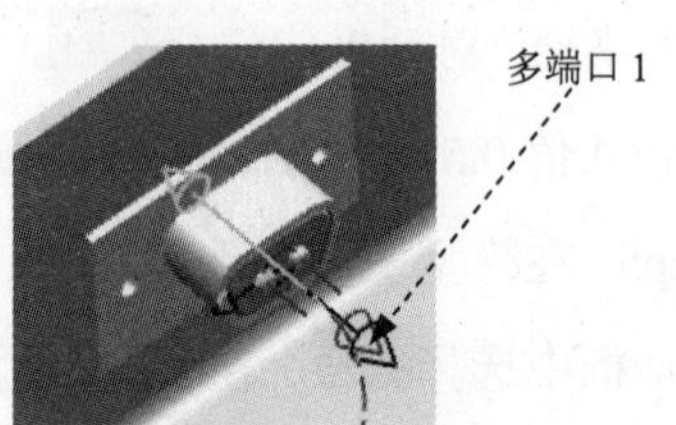

图 42.69 选取多端口

图 42.70 创建端子 1

Step3. 创建端子 2。在模型中选取图 42.71 所示的多端口 2，在端子段区域中管端延伸和管端接线下拉列表中选择均匀值选项，然后在管端端口区域均匀接线的文本框中输入 30，在“创建端子”对话框中单击“全部建模”按钮，单击应用按钮，完成端子 2 的创建，如图 42.72 所示。

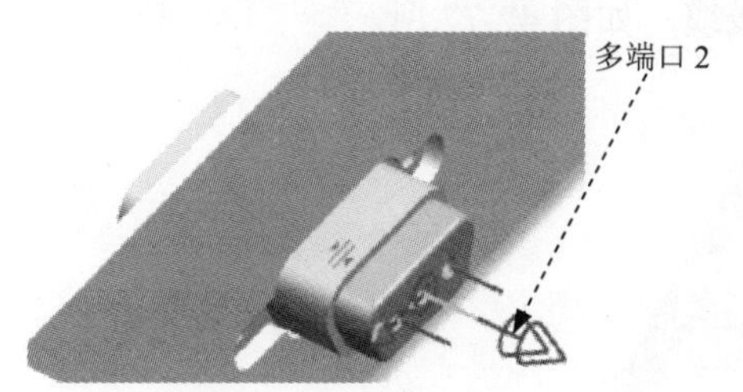

图 42.71　选取多端口

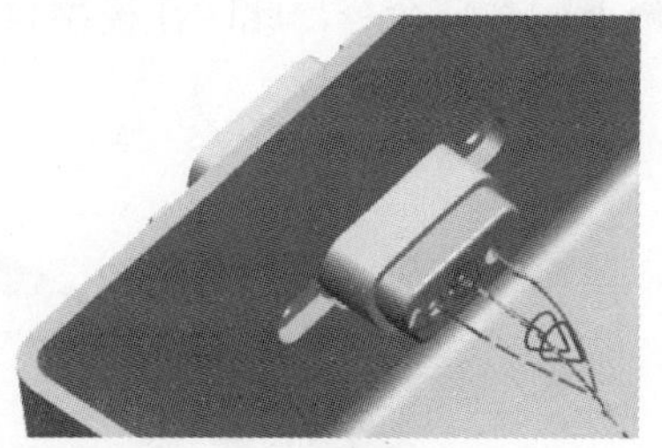
图 42.72　创建端子 2

Step4. 创建端子 3。在模型中选取图 42.73 所示的多端口 4，在端子段区域中管端延伸和管端接线下拉列表中选择均匀值选项，然后在管端端口区域均匀接线的文本框中输入 40，在“创建端子”对话框中单击“全部建模”按钮，单击应用按钮，完成端子 3 的创建，如图 42.74 所示。

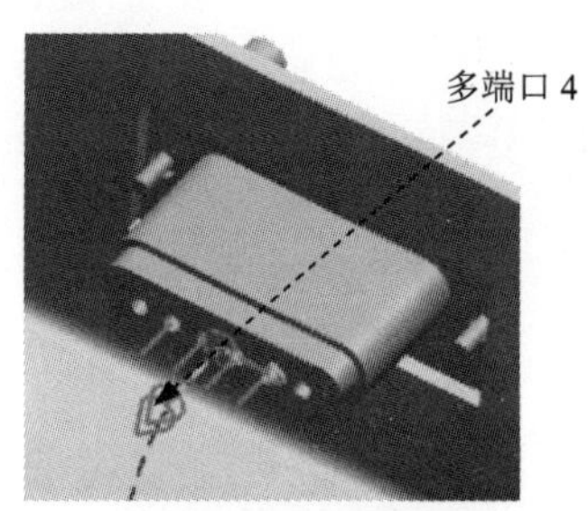

图 42.73　选取多端口

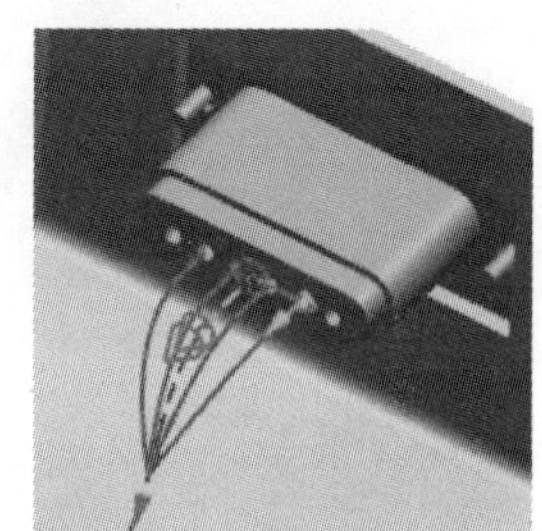
图 42.74 创建端子 3

Step5. 创建端子 4。在模型中选取图 42.75 所示的多端口 5，在端子段区域中管端延伸和管端接线下拉列表中选择均匀值选项，然后在管端端口区域均匀接线的文本框中输入 50，在“创建端子”对话框中单击“全部建模”按钮，单击< 确定 >按钮，完成端子 4 的创建，如图 42.76 所示。

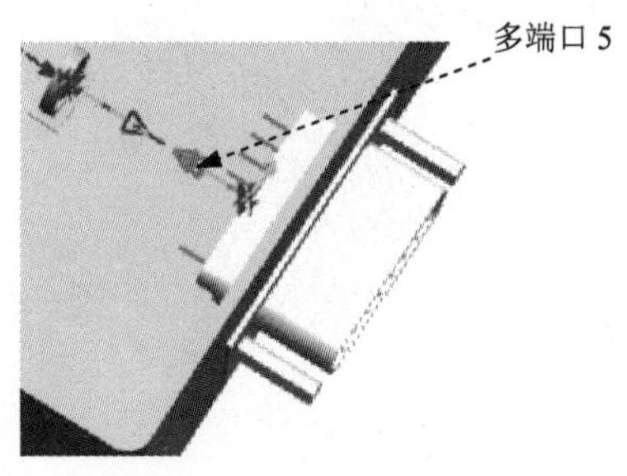

图 42.75　选取多端口

图 42.76　创建端子 4

Task5. 自动布线

Step1. 在电气连接导航器中选中所有连接，右击，在弹出的快捷菜单中选择**自动管线布置** → **引脚级别**命令，此时在模型自动布置所有线缆，如图 42.77 所示。

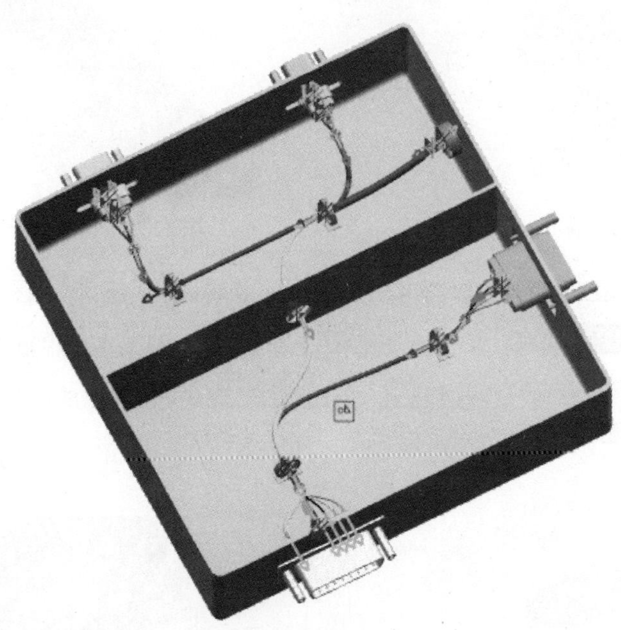

图 42.77 自动布线

Step2. 保存模型。

第 10 章

模具设计实例

本篇主要包含如下内容：

- 实例 43　具有复杂外形的模具设计
- 实例 44　带破孔的模具设计
- 实例 45　烟灰缸的模具设计
- 实例 46　一模多穴的模具设计
- 实例 47　带滑块的模具设计

实例 43　具有复杂外形的模具设计

图 43.1 所示为一个下盖（DOWN_COVER）的模型，该模型的表面有多个破孔，要使其能够顺利分出上、下模具，必须将破孔填补才能完成，本例将详细介绍如何来设计该模具。图 43.2 为下盖的模具开模图。

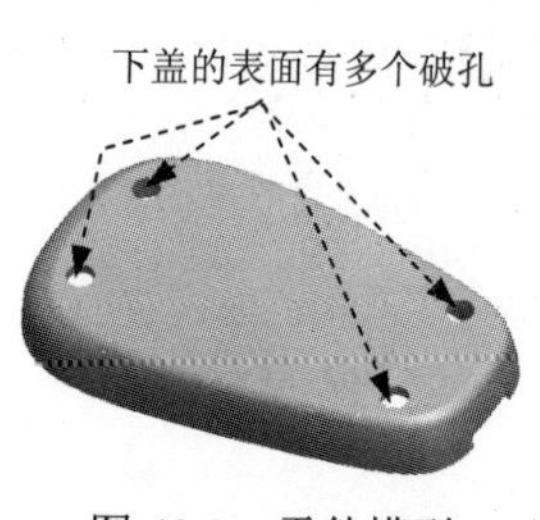

图 43.1　零件模型

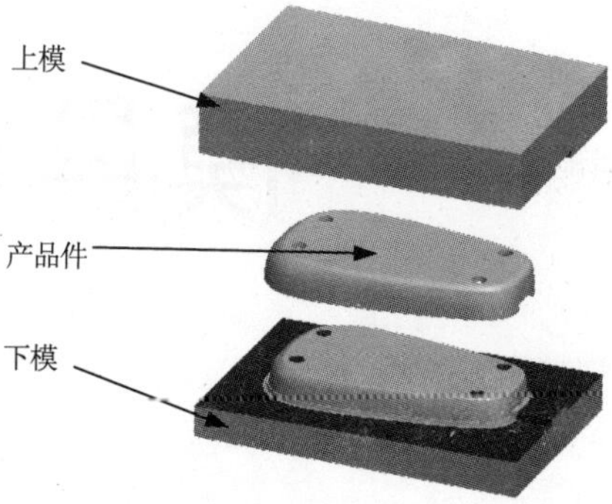

上模

产品件

下模

图 43.2　下盖的模具开模图

Task1. 初始化项目

Step1. 加载模型。在工具条按钮区右击单击✔ 应用模块选项，单击按钮，系统弹出“注塑模向导”工具条，在“注塑模向导”工具条中，单击“初始化项目”按钮，系统弹出“打开”对话框。选择 D:\ugins8\work\ch10\ins43\DOWN_COVER.prt，单击 OK 按钮，调入模型，系统弹出“初始化项目”对话框。

Step2. 定义投影单位。在“初始化项目”对话框的项目单位的下拉菜单中选择毫米选项。

Step3. 设置项目路径和名称。

（1）设置项目路径。接受系统默认的项目路径。

（2）设置项目名称。在“初始化项目”对话框的 Name 文本框中输入 DOWN_COVER_MOLD。

Step4. 在该对话框中，单击 确定 按钮，完成项目路径和名称的设置，载入的零件如图 43.3 所示。

Task2. 模具坐标系

Step1. 在“注塑模向导”工具栏中，单击“模具 CSYS”按钮，系统弹出“模具 CSYS”对话框，如图 43.4 所示。

Step2. 在“模具坐标”对话框中，选择 当前 WCS 单选项，单击 确定 按钮，完成坐标系的定义。

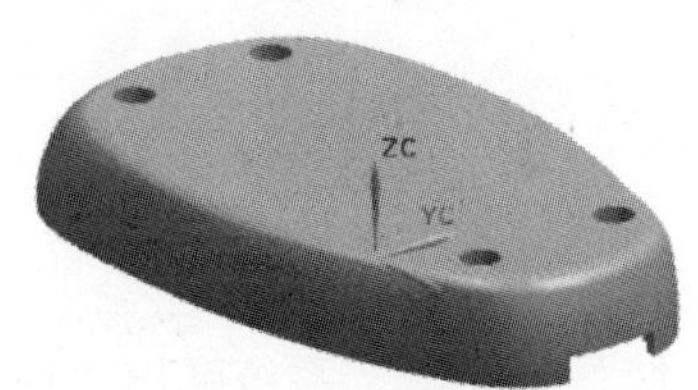

图 43.3　加载的零件

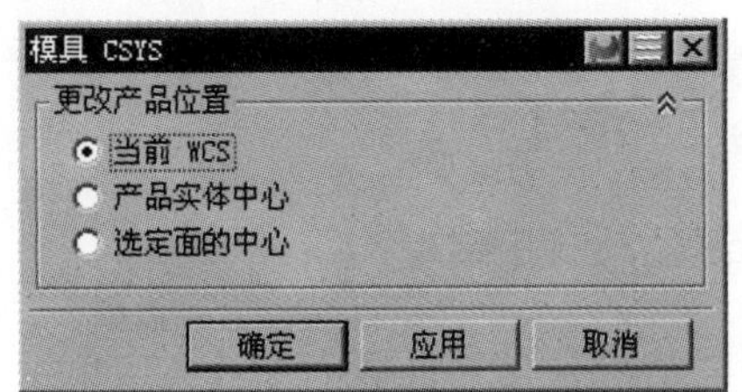

图 43.4　“模具 CSYS”对话框

Task3. 设置收缩率

Step1. 定义收缩率类型。

（1）选择命令。在注塑模向导工具栏中，单击“收缩率”按钮，产品模型会高亮显示，同时系统弹出“缩放体”对话框。

（2）定义类型。在“缩放体”对话框 类型 区域的下拉列表中选择 均匀 选项。

Step2. 定义缩放体和缩放点。接受系统默认的设置。

Step3. 定义比例因子。在“缩放体”对话框的 比例因子 区域中的 均匀 文本框中，输入收缩率 1.006。

Step4. 单击 确定 按钮，完成收缩率的设置。

Task4. 创建模具工件

Step1. 在“注塑模向导”工具条中，单击“工件”按钮，系统弹出“工件”对话框。

Step2. 在“工件”对话框的 类型 下拉菜单中选择 产品工件 选项，在 工件方法 的下拉菜单中选择 用户定义的块 选项，开始和结束的距离值分别设定为-20 和 30。

Step3. 单击 < 确定 > 按钮，完成创建后的模具工件结果如图 43.5 所示。

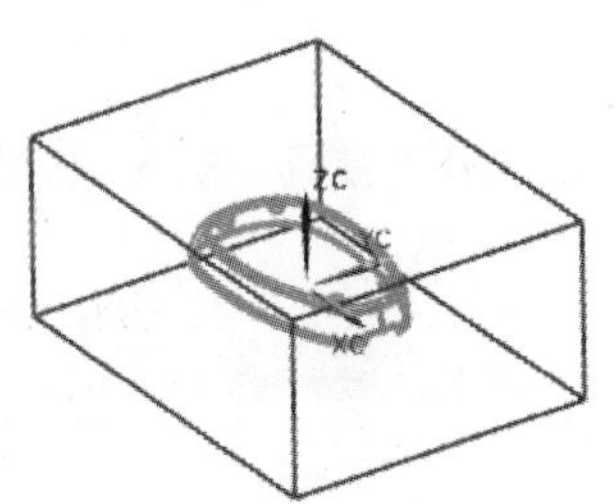

图 43.5　完成创建后的模具工件

Task5. 模具分型

Stage1. 设计区域

Step1. 在“注塑模向导”工具条中单击“模具分型工具”按钮，系统弹出“模具分型工具”工具条和“分型导航器”窗口。

Step2. 在“模具分型工具”工具条中单击“区域分析”按钮，系统弹出 “检查区域”对话框，并显示开模方向。在“检查区域”对话框中选中 保持现有的 单选项。

Step3. 拆分面。

（1）计算设计区域。在“检查区域”对话框中单击“计算”按钮，系统开始对产品模型进行分析计算。单击“检查区域”对话框中的 面 选项卡，可以查看分析结果。

（2）设置区域颜色。在“检查区域”对话框中单击 区域 选项卡，在 设置 区域中取消选中 内环、 分型边 和 不完整的环 三个复选框，然后单击“设置区域颜色”按钮，设置各区域颜色。结果如图 43.6 所示。

Step4. 在“检查区域”对话框的未定义的区域中，选中 交叉区域面、 交叉竖直面 复选框，然后选择 型腔区域 单选项，单击 应用 按钮。设计后的区域颜色如图 43.7 所示。

Step5. 在“检查区域”对话框中，单击 确定 按钮，关闭“检查区域”对话框。

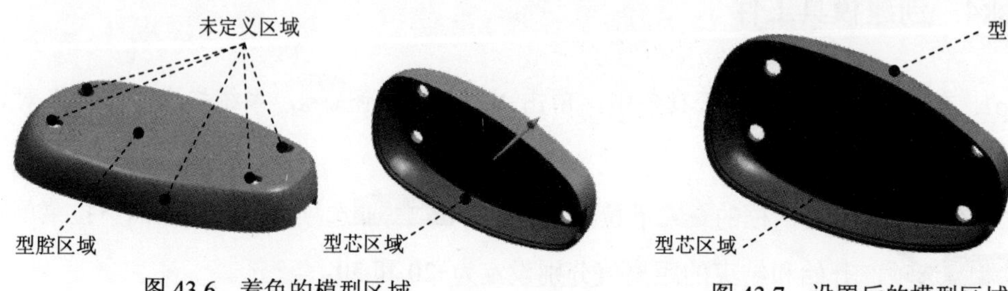

图 43.6　着色的模型区域　　图 43.7　设置后的模型区域

Stage2. 抽取分型线

Step1. 在“模具分型工具”工具条中单击“定义区域”按钮，系统弹出“定义区域”对话框。

Step2. 在“定义区域”对话框中的定义区域选择所有面选项，在设置区域选中☑创建区域和☑创建分型线复选框，单击确定按钮，完成型腔/型芯区域分型线的创建；创建分型线如图 43.8 所示。

Stage3. 创建曲面补片

Step1. 在“模具分型工具”工具栏中，单击“曲面补片”按钮，系统弹出“边缘修补”对话框。

Step2. 在该对话框的类型下拉列表中选择体选项。选择模型。单击确定按钮，补片后的结果如图 43.9 所示。

图 43.8　创建分型线　　图 43.9　创建补片后

Stage4. 编辑分型段

Step1. 在“模具分型工具”工具条中单击“设计分型面”按钮，系统弹出“设计分型面”对话框。

Step2. 在“分型线”对话框的编辑分型段区域中单击✔选择分型或引导线 (1)按钮。选取图 43.10 所示的曲线 1、曲线 2 为编辑对象，然后单击确定按钮。

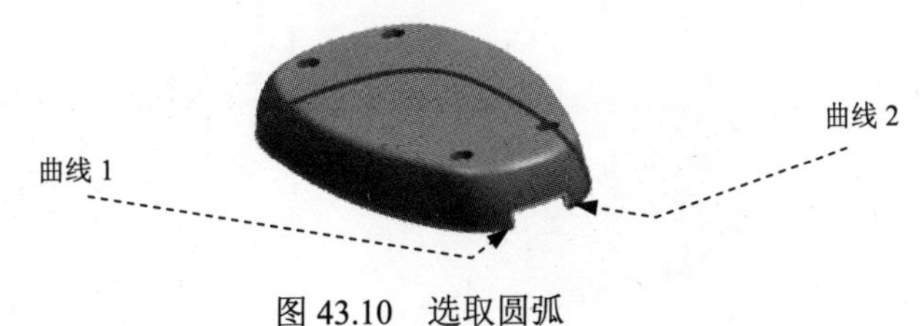

图 43.10　选取圆弧

Stage5. 创建分型面

Step1. 在“模具分型工具”工具条中单击“设计分型面”按钮，系统弹出“设计分型面”对话框。

Step2. 在分型线区域选择 分段 1选项，在图 43.11a 中单击“延伸距离”文本，然后在活动的文本框中输入 45 并按回车键，结果如图 43.11b 所示。

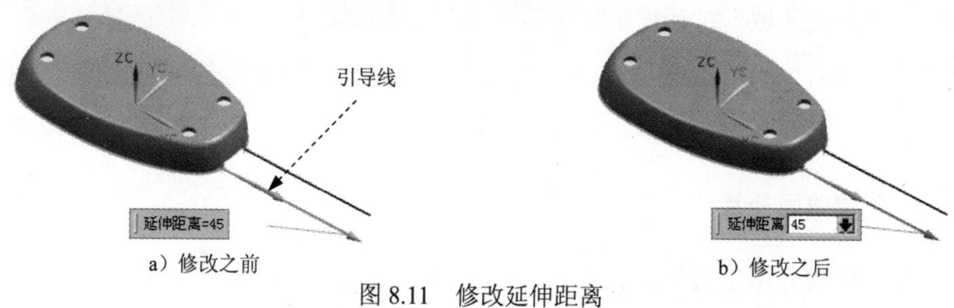

a）修改之前　　b）修改之后

图 8.11　修改延伸距离

Step3. 创建拉伸 1。在“设计分型面”对话框中创建分型面区域的方法中选择选项，方向如图 43.12 所示，在“设计分型面”对话框中单击应用按钮，系统返回至“设计分型面”对话框；结果如图 43.13 所示。

说明：如图 43.12 所示的引导线为当前分型面拉伸的方向。选择图 43.12 所示的边线是定义当前分型面要拉伸的方向。

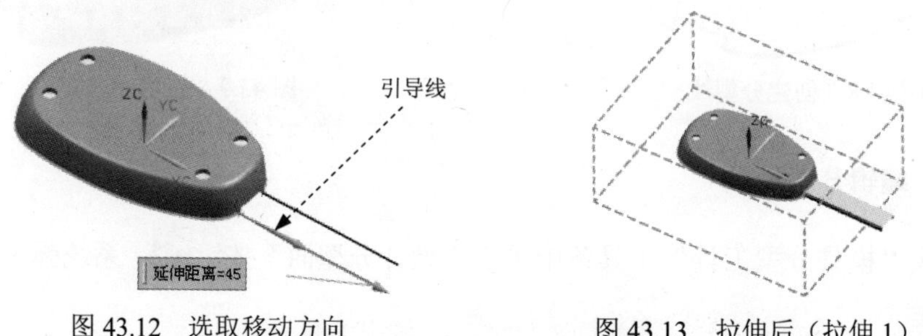

图 43.12　选取移动方向　　图 43.13　拉伸后（拉伸 1）

Step4. 创建拉伸 2。在“设计分型面”对话框中创建分型面区域的方法中选择选项，然后单击确定按钮，结果如图 43.14 所示。

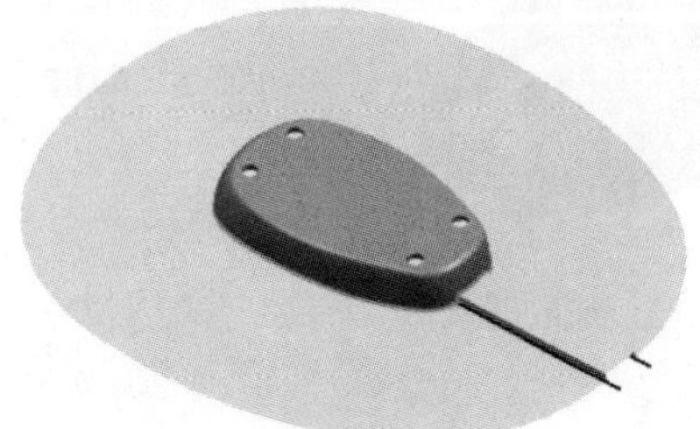

图 43.14　拉伸后（拉伸 2）

Stage6. 创建型腔和型芯

Step1. 在“模具分型工具”工具条中单击“定义型腔和型芯”按钮，系统弹出“定义型腔和型芯”对话框。

Step2. 在“定义型腔和型芯”对话框中，选取 选择片体 区域下的 所有区域 选项，单击 确定 按钮。

Step3. 此时系统弹出“查看分型结果”对话框，并在图形区显示出创建的型腔，单击“查看分型结果”对话框中的 确定 按钮，系统再一次弹出“查看分型结果”对话框。在对话框中单击 确定 按钮，关闭对话框。

Step4. 选择下拉菜单 窗口(O) → DOWN_COVER_MOLD_core_006.prt，显示型芯零件如图 43.15 所示；选择下拉菜单 窗口(O) → DOWN_COVER_MOLD_cavity_002.prt，显示型腔零件如图 43.16 所示。

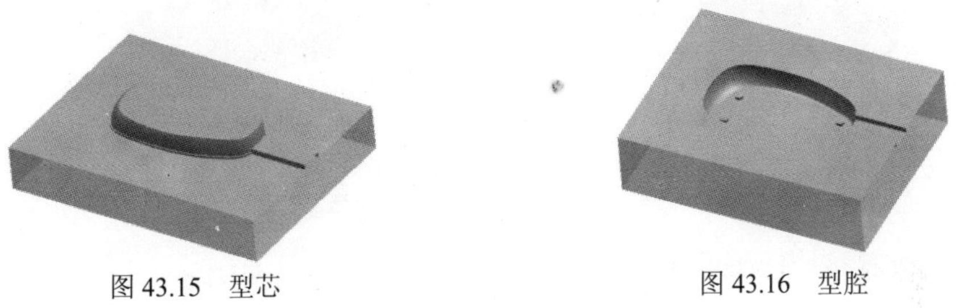

图 43.15　型芯　　图 43.16　型腔

Task6. 创建模具爆炸视图

Step1. 移动型腔。

（1）选择下拉菜单 窗口(O) → DOWN_COVER_MOLD_top_000.prt，在装配导航器中将部件转换成工作部件。

（2）选择命令。选择下拉菜单 装配(A) → 爆炸图(X) ▸ → 新建爆炸图(N)... 命令，系统弹出“新建爆炸图”对话框，接受默认的名字，单击 确定 按钮。

（3）选择命令。选择下拉菜单 装配(A) → 爆炸图(X) ▸ → 编辑爆炸图(E)... 命令，系统弹出“编辑爆炸图”对话框。

（4）选择对象。在对话框中选中 ⊙ 选择对象 单选项。选取图 43.17 所示的型腔元件。

（5）在该对话框中，选择 ⊙ 移动对象 单选项，沿 Z 方向上移动 100，单击 确定 按钮。结果如图 43.18 所示。

Step2. 移动产品模型。

（1）选择命令。选择下拉菜单 装配(A) → 爆炸图(X) ▸ → 编辑爆炸图(E)... 命令，系统弹出“编辑爆炸图”对话框。

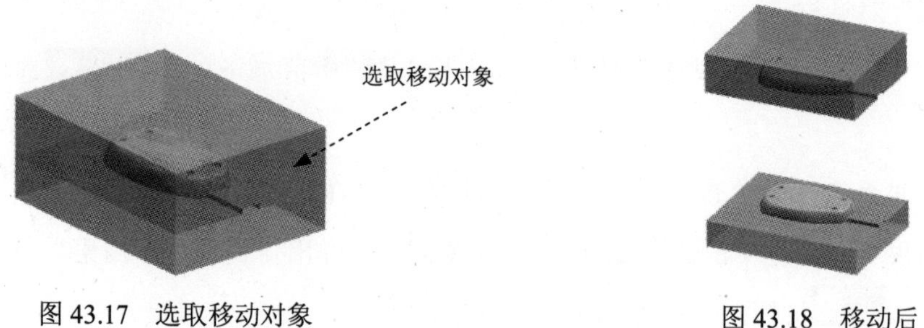

图 43.17 选取移动对象　　图 43.18 移动后

（2）选择对象。选取图 43.19 所示的产品模型元件。

（3）在该对话框中，选择 ⊙移动对象 单选项，沿 Z 方向上移动 50，结果如图 43.20 所示。

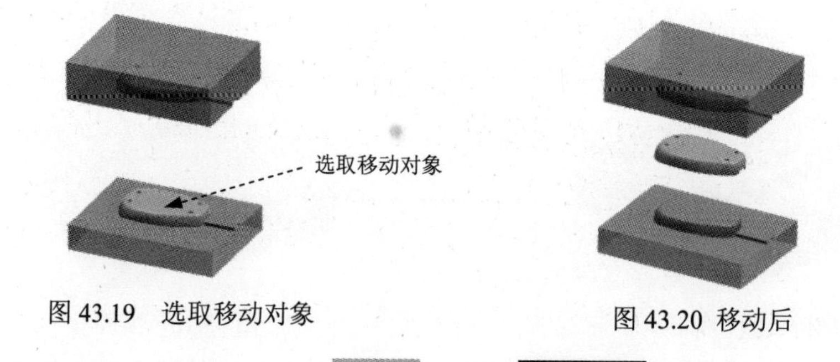

图 43.19 选取移动对象　　图 43.20 移动后

Step3. 保存文件。选择下拉菜单 文件(F) → 全部保存(V)，保存所有文件。

实例44　带破孔的模具设计

本节将介绍一款香皂盒盖（SOAP_BOX）的模具设计（图 44.1）。由于设计元件中有破孔，所以在模具设计时必须将这一破孔填补，才可以顺利地分出上、下模具，使其顺利脱模。下面介绍该模具的主要设计过程。

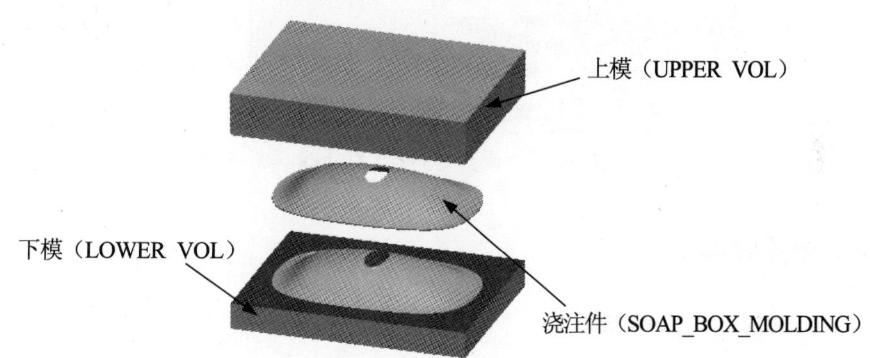

图 44.1　香皂盒盖的模具设计

Task1. 初始化项目

Step1. 加载模型。在工具条按钮区右击单击 应用模块 选项，单击 按钮，系统弹出“注塑模向导”工具条，在“注塑模向导”工具条中，单击“初始化项目”按钮，系统弹出“打开”对话框。选择 D:\ugins8\work\ch10\ins44\SOAP_BOX.prt，单击 OK 按钮，调入模型，系统弹出“初始化项目”对话框。

Step2. 定义投影单位。在“初始化项目”对话框的 项目单位 下拉菜单中选择 毫米 选项。

Step3. 设置项目路径和名称。

（1）设置项目路径。接受系统默认的项目路径。

（2）设置项目名称。在“初始化项目”对话框的 Name 文本框中输入 SOAP_BOX_MOLD。

Step4. 在该对话框中，单击 确定 按钮，完成项目路径和名称的设置，载入的零件如图 44.2 所示。

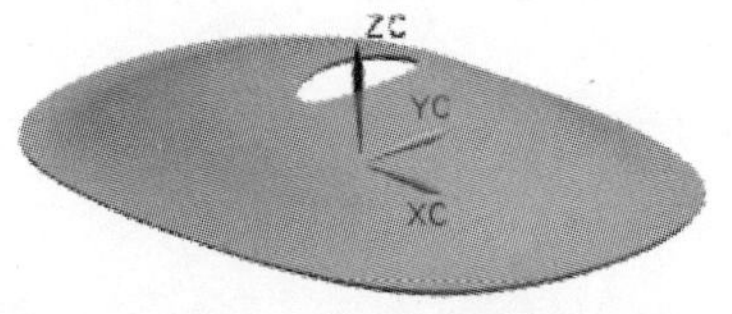

图 44.2　加载的零件

Task2. 模具坐标系

Step1. 在“注塑模向导”工具栏中，单击“模具CSYS”按钮，系统弹出“模具 CSYS”对话框，如图 44.3 所示。

Step2. 在“模具坐标”对话框中，选择当前 WCS单选项，单击确定按钮，完成坐标系的定义。

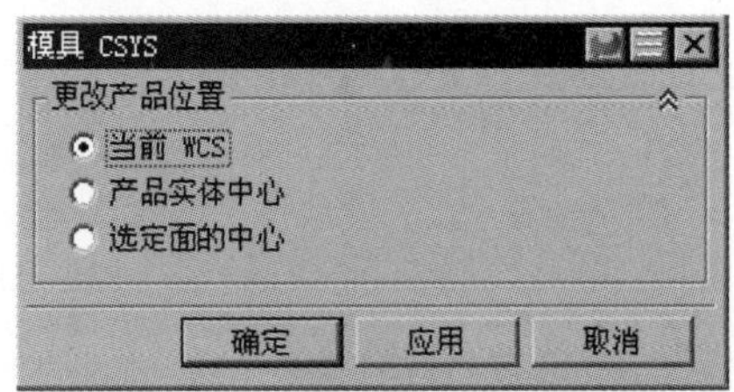

图 44.3 “模具 CSYS”对话框

Task3. 设置收缩率

Step1. 定义收缩率类型。

（1）选择命令。在注塑模向导工具栏中，单击“收缩率”按钮，产品模型会高亮显示，同时系统弹出“缩放体”对话框。

（2）定义类型。在“缩放体”对话框类型区域的下拉列表中选择均匀选项。

Step2. 定义缩放体和缩放点。接受系统默认的设置。

Step3. 定义比例因子。在“缩放体”对话框的比例因子区域中的均匀文本框中，输入收缩率 1.006。

Step4. 单击确定按钮，完成收缩率的设置。

Task4. 创建模具工件

Step1. 在“注塑模向导”工具条中，单击“工件”按钮，系统弹出“工件”对话框。

Step2. 在“工件”对话框的类型下拉菜单中选择产品工件选项，在工件方法的下拉菜单中选择用户定义的块选项，开始和结束的距离值分别设定为-20 和 30。

Step3. 单击< 确定 >按钮，完成创建后的模具工件结果如图 44.4 所示。

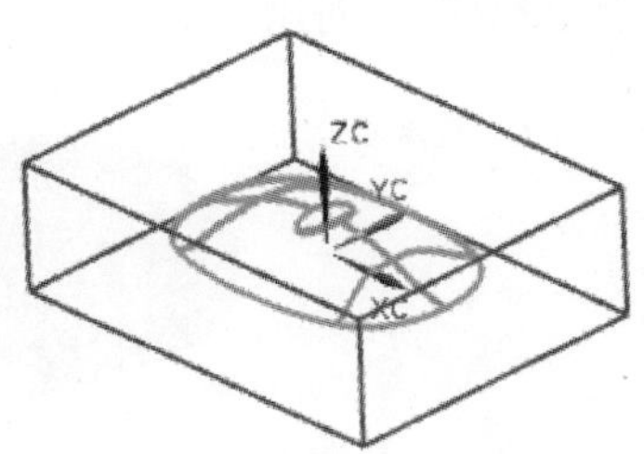

图 44.4　完成创建后的模具工件

Task5. 实体补片

Step1. 选择下拉菜单 窗口(O) → SOAP_BOX_MOLD_parting_022.prt。在“注塑模向导”工具栏中单击“注塑模工具”按钮，然后在“注塑模工具”工具栏中，单击“创建方块”按钮，系统弹出“创建方块”对话框。

Step2. 选择类型。在弹出的对话框的 类型 下拉列表中，选择 包容块 选项。

Step3. 选取边界面。选取图 44.5 所示的面，接受系统默认的间隙值 0。

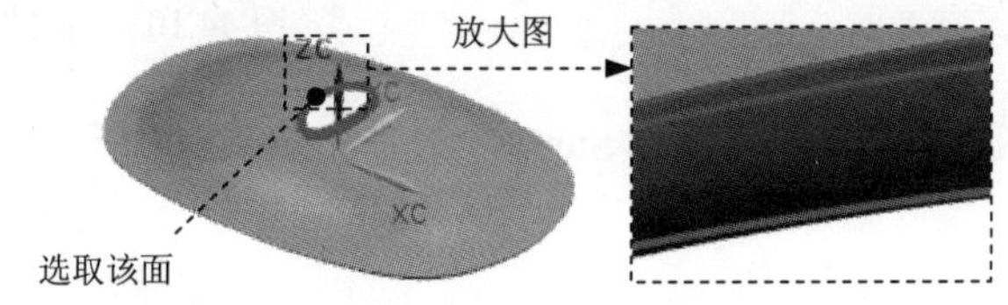

图 44.5　定义参考面

Step4. 单击 < 确定 > 按钮，创建结果如图 44.6 所示。

图 44.6　创建实体

Step5. 插入基准平面。选择下拉菜单 插入(S) → 基准/点(D) → 基准平面(D)... 命令，系统弹出“基准平面”对话框。在 类型 区域的下拉列表框中选择 XC-ZC 平面 选项，在 偏置和参考 区域 距离 的文本框输入 0，单击 < 确定 > 按钮，创建结果如图 44.7 所示。

Step6. 选择命令。在“注塑模工具”工具栏中，单击“分割实体”按钮，系统弹出“分割实体”对话框。

Step7. 选择目标体和刀具体。选择图 44.6 所示的创建的实体为目标体。选择图 44.7 所示的基准平面为刀具体。单击〈确定〉按钮，创建结果如图 44.8 所示。

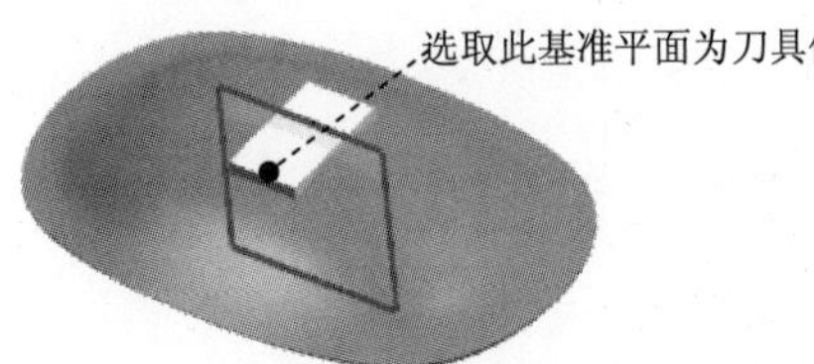

图 44.7　创建基准平面

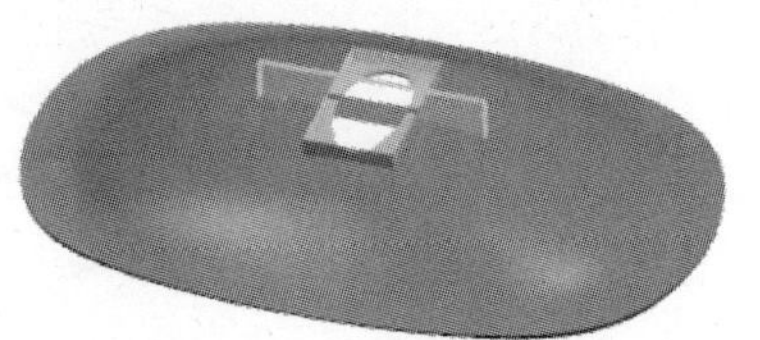
图 44.8　分割实体

Step8. 替换面。选择下拉菜单插入(S) → 同步建模(I) → 替换面(R)...命令，系统弹出“替换面”对话框。选择图 44.9 所示的创建的实体的表面为要替换的面。选择图 44.9 所示的模型表面为替换面。单击〈确定〉按钮，创建结果如图 44.10 所示。

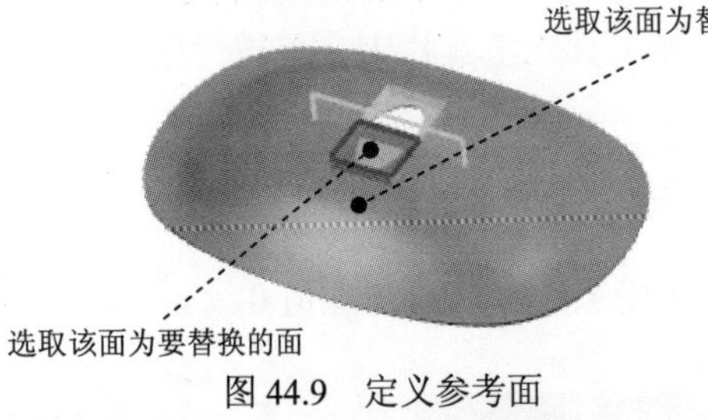

图 44.9　定义参考面

图 44.10　创建替换面 1

Step9. 替换其他三个面。操作步骤参考 Step8，结果如图 44.11 所示。

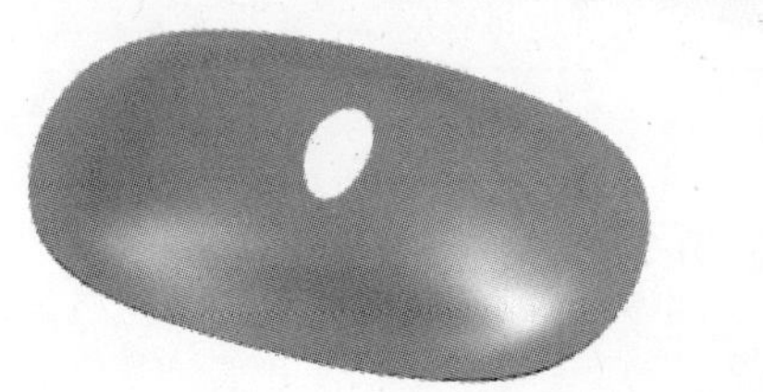
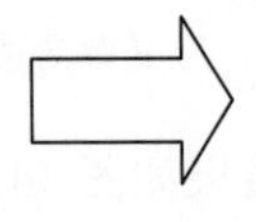

图 44.11　创建替换面 2

Step10. 创建求和特征 1。选择下拉菜单插入(S) → 组合(B) ▸ → 求和(U)...命令，选取图 44.12 所示的实体特征为目标体，选取图 44.12 所示的实体特征为刀具体。单击〈确定〉按钮，完成求和特征 1 的创建。

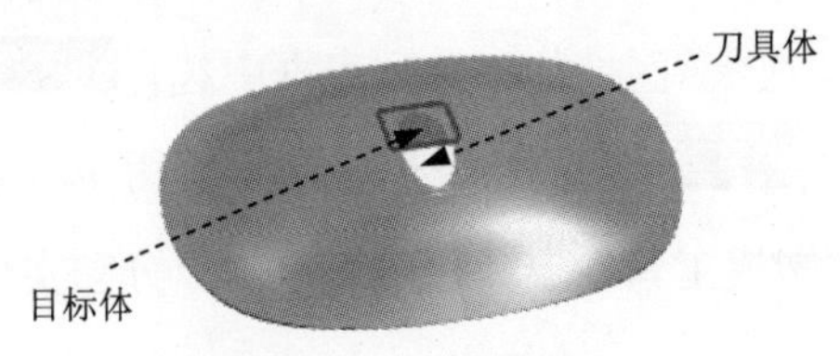

图 44.12　求和特征 1

Step11. 创建求差特征 1。选择下拉菜单插入(S) → 组合(B) ▸ → 求差(S)...命令，选取图 44.13 所示的实体特征为目标体，选取图 44.13 所示的实体特征为刀具体。在设置区域选中☑保存工具复选框，单击< 确定 >按钮，完成求差特征 1 的创建。

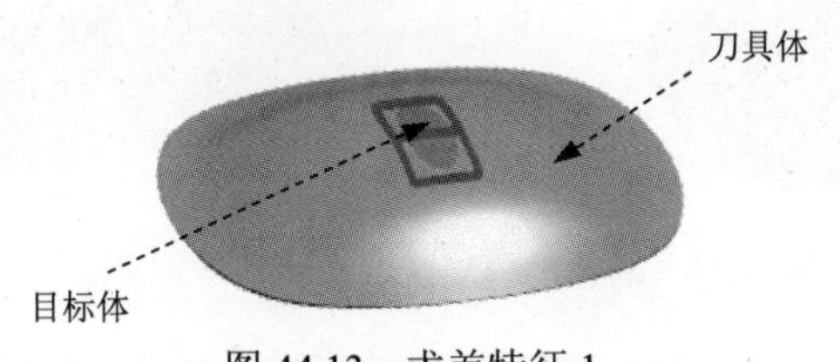

图 44.13　求差特征 1

Step12. 复制图层。选择下拉菜单格式(R) ➡ 复制至图层(O)...命令，系统弹出“类选择”对话框。选取图 44.14 所示的实体特征，单击< 确定 >按钮。在弹出的“图层复制”对话框中目标图层或类别的文本框输入 10，其他参数接受系统默认设置，单击< 确定 >按钮，完成复制图层的创建。

Step13. 选择命令。在“注塑模工具”工具栏中单击“实体补片”按钮，此时系统弹出 “实体补片”对话框。选择图 44.14 所示的实体特征，单击< 确定 >按钮，完成实体修补的结果如图 44.15 所示。

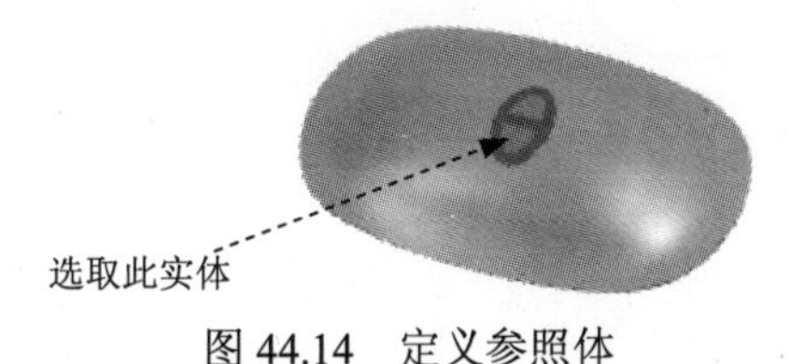

图 44.14　定义参照体

图 44.15　实体补片

Task6.模具分型

Stage1. 设计区域

Step1. 在“注塑模向导”工具条中，单击“模具分型工具”按钮，在“模具分型工具”工具条中单击“区域分析”按钮，系统弹出“检查区域”对话框，并显示开模方向。在“检查区域”对话框中选中⊙保持现有的单选项。

Step2. 拆分面。

（1）计算设计区域。在“检查区域”对话框中单击“计算”按钮，系统开始对产品模型进行分析计算。单击“检查区域”对话框中的面选项卡，可以查看分析结果。

（2）设置区域颜色。在“检查区域”对话框中单击区域选项卡，在设置区域中取消选中□内环、□分型边和□不完整的环三个复选框，然后单击“设置区域颜色”按钮，设置各区域颜色。结果如图 44.16 所示。

Step3. 在“检查区域”对话框中，单击 应用 按钮，关闭“检查区域”对话框。

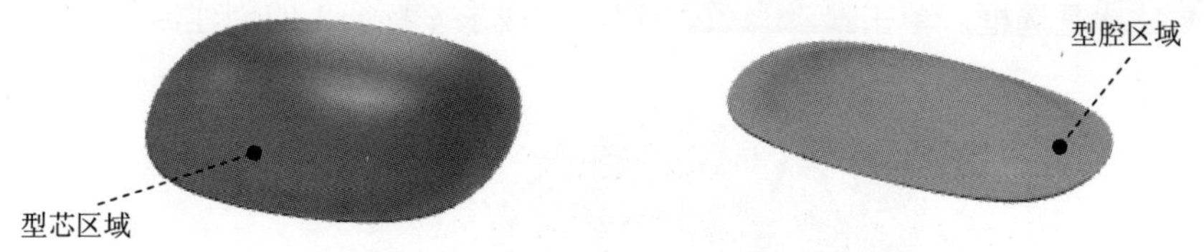

图 44.16 着色的模型区域

Stage2. 抽取分型线

Step1. 在“模具分型工具”工具条中单击“定义区域”按钮，系统弹出“定义区域”对话框。

Step2. 在“定义区域”对话框中的定义区域选择 所有面选项，在设置区域选中☑ 创建区域和☑ 创建分型线复选框，单击 确定 按钮，完成型腔/型芯区域分型线的创建；创建分型线如图 44.17 所示。

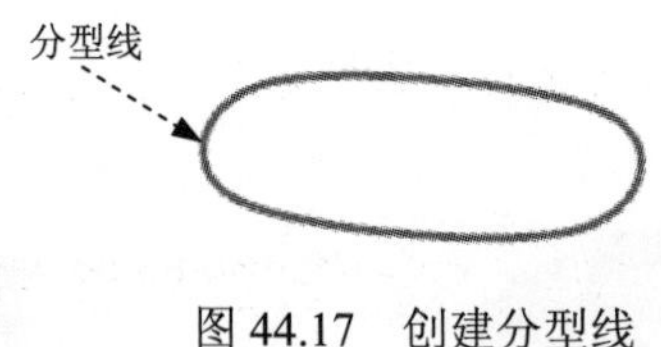

图 44.17 创建分型线

Stage3. 创建分型面

Step1. 在“模具分型工具”工具条中单击“设计分型面”按钮，系统弹出“设计分型面”对话框。

Step2. 在“设计分型面”对话框中创建分型面区域的方法中选择选项，在图形区“延伸距离”的文本框输入 60。然后单击 确定 按钮，结果如图 44.18 所示。

图 44.18 拉伸后

Stage4. 创建型腔和型芯

Step1. 在“模具分型工具”工具条中单击“定义型腔和型芯”按钮，系统弹出“定义型腔和型芯”对话框。

Step2. 在“定义型腔和型芯”对话框中，选取选择片体区域下的所有区域选项，单击确定按钮。

Step3. 选择下拉菜单窗口(O) → SOAP_BOX_MOLD_core_006.prt，显示型芯零件如图 44.19 所示；选择下拉菜单窗口(O) → SOAP_BOX_MOLD_cavity_002.prt，显示型腔零件如图 44.20 所示。

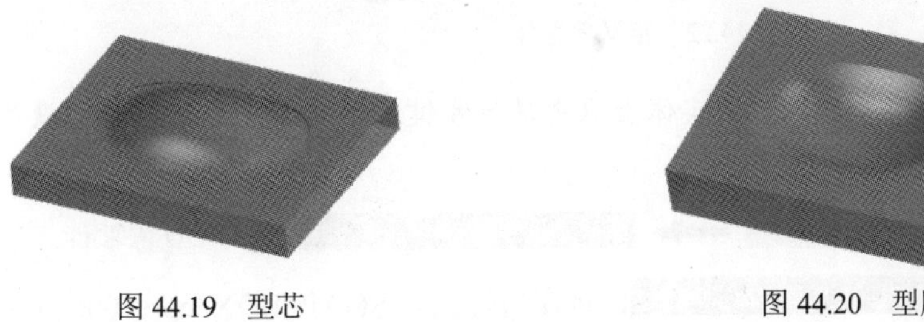

图 44.19　型芯　　图 44.20　型腔

Step4. 创建求差特征 2。

（1）选择下拉菜单窗口(O) → SOAP_BOX_MOLD_parting_022.prt，单击“模具分型导航器”按钮，选中☑产品实体复选框。

（2）显示刀具体。选择下拉菜单格式(R) → 图层设置(S)...命令，在图层设置的对话框中勾选“图层”区域中的☑10 复选框，然后关闭“图层设置”对话框。

（3）求差。选择下拉菜单插入(S) → 组合(B) → 求差(S)...命令，选取图 44.21 所示的实体特征为目标体，选取图 44.21 所示的实体特征为刀具体。在设置区域选中☑保存工具复选框，单击< 确定 >按钮，完成求差特征 2 的创建。

说明：为了显示清晰、明了，可将工件线框和分型面隐藏起来。

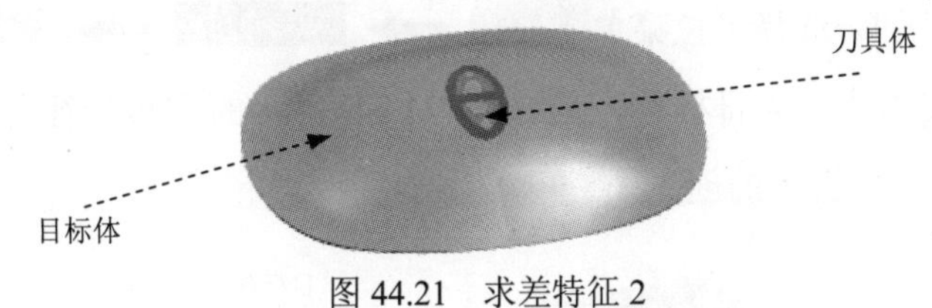

图 44.21　求差特征 2

Step5. 选择下拉菜单窗口(O) → SOAP_BOX_MOLD_top_000.prt，在装配导航器中将部件转换成工作部件。

说明：为了显示清晰、明了、操作方便，将型腔和基准平面隐藏起来。

Step6. 在图形区选择图 44.22 所示的实体并将其设置为工作部件。选择下拉菜单格式(R) ➡ 图层设置(S)... 命令，在图层设置的对话框中勾选“图层”区域中的☑ 10 复选框。

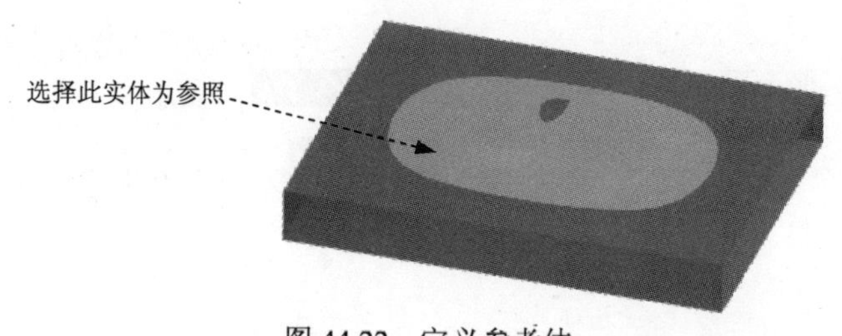

图 44.22　定义参考体

说明：设置成工作部件，可在实体上双击鼠标左键或在实体上右击选择“设为工作部件”命令。

Step7. 选择下拉菜单 窗口(O) ➡ SOAP_BOX_MOLD_core_006.prt，显示型芯零件。选择下拉菜单 窗口(O) ➡ SOAP_BOX_MOLD_top_000.prt，将窗口转换到 SOAP_BOX_core_006.prt (修改的)在装配 OAP_BOX_top_000.prt 中。

Step8. 链接体。选择下拉菜单 插入(S) ➡ 关联复制(A) ➡ WAVE 几何链接器(W)... 命令，体统弹出“WAVE 几何连接器”对话框。在 类型 区域的下拉列表中选取 体 选项，选取图 48.23 所示的实体，然后单击 确定 按钮，结果如图 44.23 所示。(隐藏产品实体)

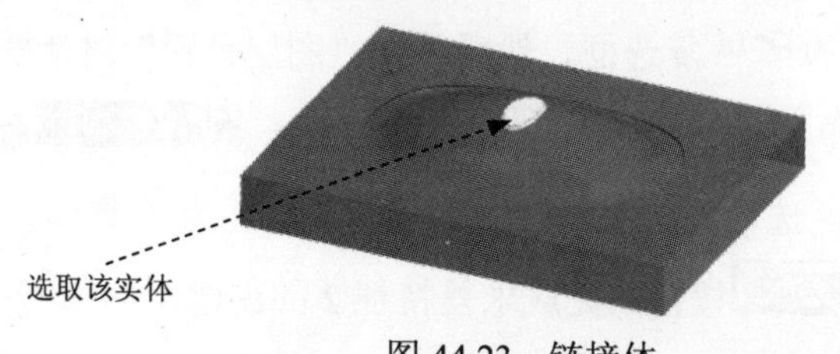

图 44.23　链接体

Step9. 创建求和特征 1。选择下拉菜单 插入(S) ➡ 组合(B) ▸ ➡ 求和(U)... 命令，选取图 44.24 所示的实体特征为目标体，选取图 44.24 所示的实体特征为刀具体。单击 <确定> 按钮，完成求和特征 1 的创建。

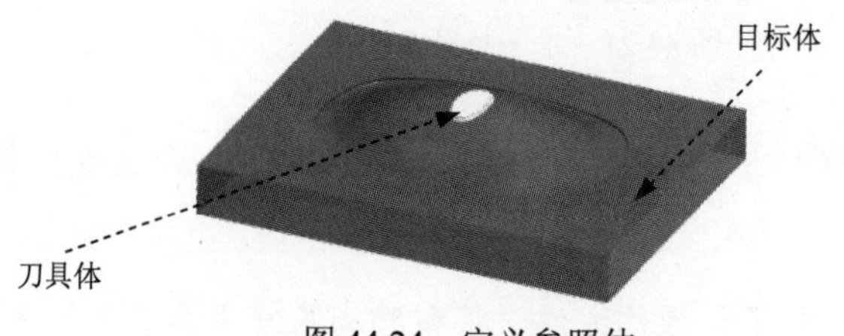

图 44.24　定义参照体

Task7. 创建模具爆炸视图

Step1. 移动型腔。

（1）显示实体。选择下拉菜单 编辑(E) → 显示和隐藏(H) → 显示(S)... 命令，系统弹出"类选择" 对话框。单击类型过滤器按钮，在"根据类型选择"对话框中选择 实体 选项，单击 确定 按钮，单击"类选择"对话框 对象 区域中的全选按钮，单击 确定 按钮。

（2）选择命令。在装配导航器中双击 SOAP_BOX_top 将其设为工作部件。选择下拉菜单 装配(A) → 爆炸图(X) → 新建爆炸图(N)... 命令，系统弹出"新建爆炸图"对话框，接受默认的名字，单击 确定 按钮。

（3）选择命令。选择下拉菜单 装配(A) → 爆炸图(X) → 编辑爆炸图(E)... 命令，系统弹出"编辑爆炸图"对话框。

（4）选择对象。在对话框中选中 ⊙ 选择对象 单选项。选取图 44.25 所示的型腔元件（移动对象）。

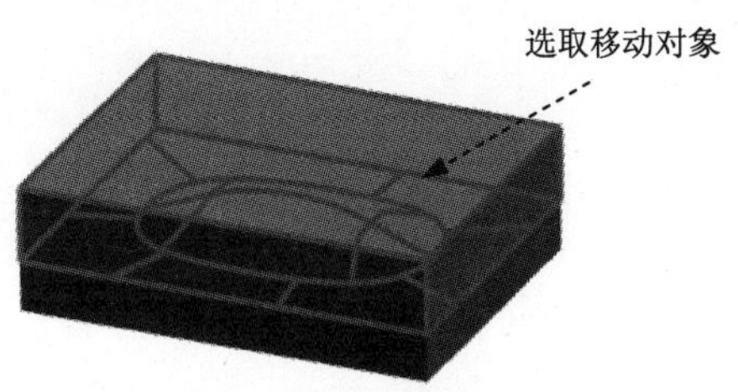

图 44.25　选取移动对象

（5）在该对话框中，选择 ⊙ 移动对象 单选项，沿 Z 方向上移动 100，单击 确定 按钮。结果如图 44.26 所示。

图 44.26　移动后

说明：为了显示清晰、明了隐藏图层 10，选择下拉菜单 格式(R) → 图层设置(S)... 命令，在图层设置的对话框中取消选中"图层"区域中的 □ 10 复选框。

Step2. 移动产品模型。

（1）选择命令。选择下拉菜单 装配(A) ➡ 爆炸图(X) ▸ ➡ 编辑爆炸图(E)... 命令，系统弹出“编辑爆炸图”对话框。

（2）选择对象。选取图 44.27 所示的产品模型元件（移动对象）。

（3）在该对话框中，选择 ⊙ 移动对象 单选项，沿 Z 方向上移动 50，结果如图 44.28 所示。

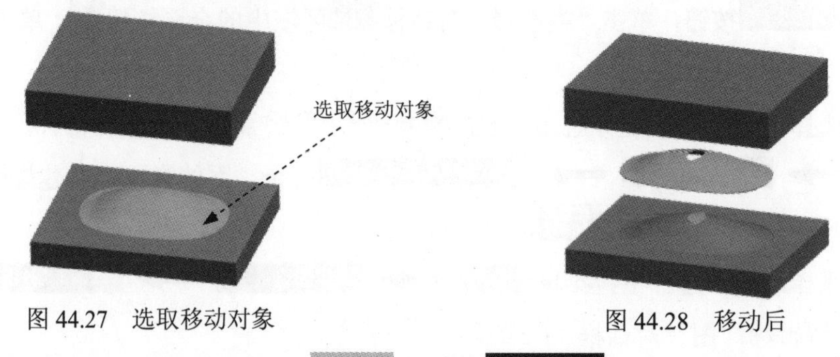

图 44.27　选取移动对象　　　　图 44.28　移动后

Step3. 保存文件。选择下拉菜单 文件(F) ➡ 全部保存(V)，保存所有文件。

实例 45　烟灰缸的模具设计

本实例将介绍一个烟灰缸的模具设计，如图 45.1 所示。下面介绍该模具的设计过程。

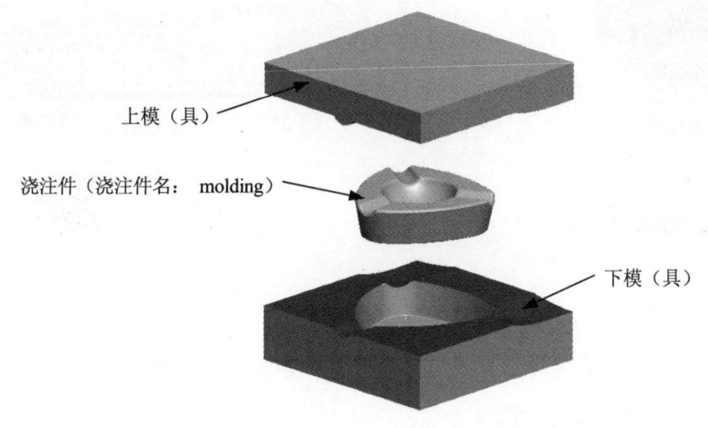

图 45.1　烟灰缸的模具设计

Task1. 初始化项目

Step1. 加载模型。在工具条按钮区右击单击✔ 应用模块选项，单击按钮，系统弹出“注塑模向导”工具条，在“注塑模向导”工具条中，单击“初始化项目”按钮，系统弹出“打开”对话框。选择 D:\ugins8\work\ch10\ins45\ ASHTRAY.prt，单击 OK 按钮，调入模型，系统弹出“初始化项目”对话框。

Step2. 定义投影单位。在“初始化项目”对话框的项目单位的下拉菜单中选择毫米选项。

Step3. 设置项目路径和名称。

（1）设置项目路径。接受系统默认的项目路径。

（2）设置项目名称。在“初始化项目”对话框的 Name 文本框中输入 ASHTRAY_MOLD。

Step4. 在该对话框中，单击 确定 按钮，完成项目路径和名称的设置，载入的零件如图 45.2 所示。

Task2. 模具坐标系

Step1. 在“注塑模向导”工具栏中，单击“模具 CSYS”按钮，系统弹出“模具 CSYS”对话框，如图 45.3 所示。

Step2. 在“模具坐标”对话框中，选择⊙当前 WCS单选项，单击确定按钮，完成坐标系的定义。

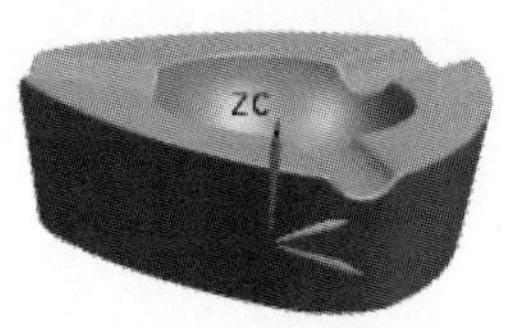

图 45.2 加载的零件

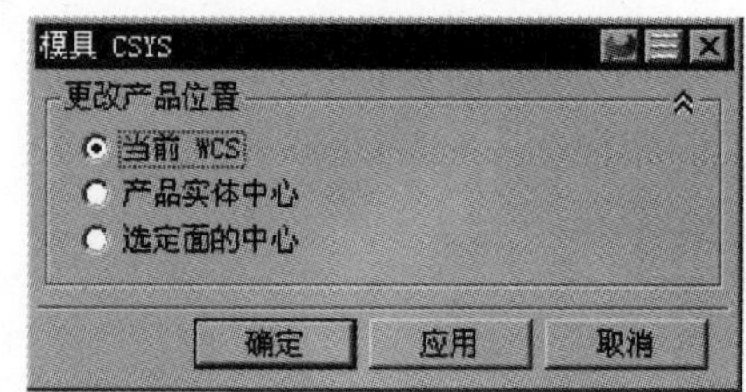

图 45.3 “模具 CSYS”对话框

Task3. 设置收缩率

Step1. 定义收缩率类型。

（1）选择命令。在注塑模向导工具栏中，单击“收缩率”按钮，产品模型会高亮显示，同时系统弹出“缩放体”对话框。

（2）定义类型。在“缩放体”对话框类型区域的下拉列表中选择均匀选项。

Step2. 定义缩放体和缩放点。接受系统默认的设置。

Step3. 定义比例因子。在“缩放体”对话框的比例因子区域中的均匀文本框中，输入收缩率 1.006。

Step4. 单击确定按钮，完成收缩率的位置。

Task4. 创建模具工件

Step1. 在“注塑模向导”工具条中，单击“工件”按钮，系统弹出“工件”对话框。

Step2. 在“工件”对话框的类型下拉菜单中选择产品工件选项，在工件方法的下拉菜单中选择用户定义的块选项，开始和结束的距离值分别设定为-15 和 60。

Step3. 单击< 确定 >按钮，完成创建后的模具工件结果如图 45.4 所示。

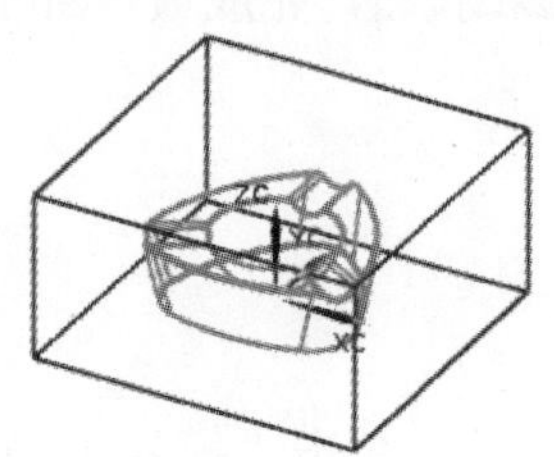

图 45.4 完成创建后的模具工件

Task5. 模具分型

Stage1. 设计区域

Step1. 在“注塑模向导”工具条中单击“模具分型工具”按钮，系统弹出“模具分型工具”工具条和“分型导航器”窗口。

Step2. 在“模具分型工具”工具条中单击“区域分析”按钮，系统弹出 “检查区域”对话框，并显示开模方向。在“检查区域”对话框中选中⊙ 保持现有的单选项。

Step3. 拆分面。

（1）计算设计区域。在“检查区域”对话框中单击“计算”按钮，系统开始对产品模型进行分析计算。单击“检查区域”对话框中的面选项卡，可以查看分析结果。

（2）设置区域颜色。在“检查区域”对话框中单击区域选项卡，在设置区域中取消选中□ 内环、 □ 分型边和□ 不完整的环三个复选框，然后单击“设置区域颜色”按钮，设置各区域颜色。结果如图 45.5 所示。

Step4. 在“检查区域”对话框的未定义的区域中，选中☑ 交叉区域面复选框，然后选择⊙ 型腔区域单选项，单击应用按钮。设计后的区域颜色如图 45.6 所示。

Step5. 在“检查区域”对话框中，单击确定按钮，关闭“检查区域”对话框。

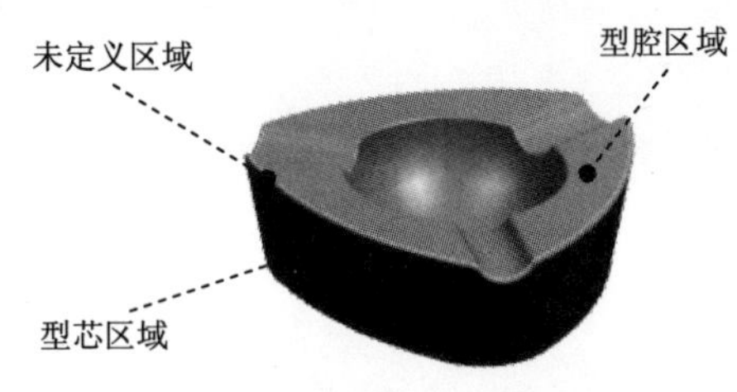

图 45.5　着色的模型区域

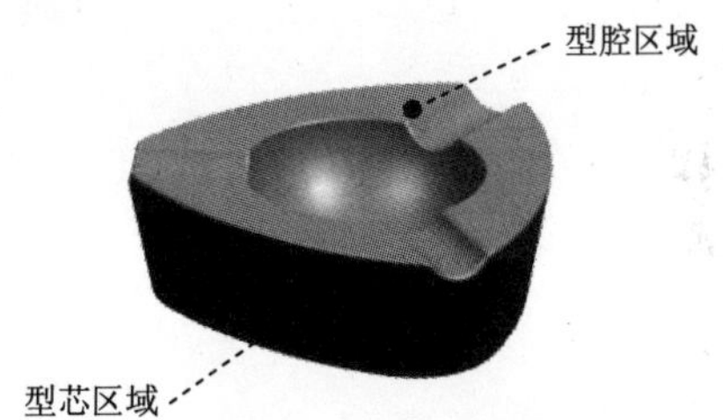

图 45.6　设置后的模型区域

Stage2. 抽取分型线

Step1. 在“模具分型工具”工具条中单击“定义区域”按钮，系统弹出“定义区域”对话框。

Step2. 在“定义区域”对话框中的定义区域选择所有面选项，在设置区域选中☑ 创建区域和☑ 创建分型线复选框，单击确定按钮，完成型腔/型芯区域分型线的创建；创建分型线如图 45.7 所示。

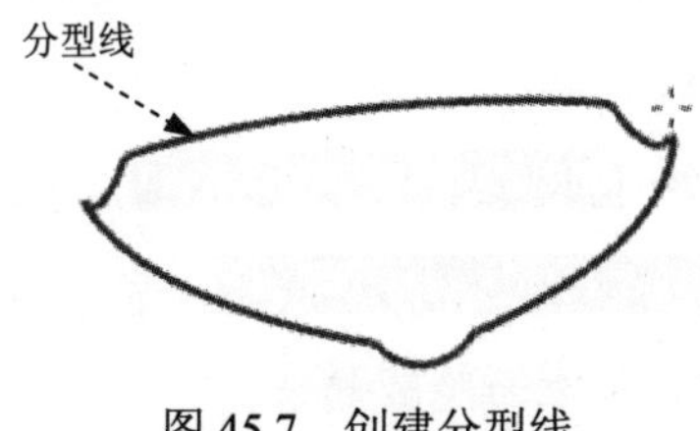

图 45.7　创建分型线

Stage3. 创建分型面

Step1. 在“模具分型工具”工具条中单击“设计分型面”按钮，系统弹出“设计分型面”对话框。

Step2. 在分型线区域选择分段 1选项，在图 45.8a 中单击“延伸距离”文本，然后在活动的文本框中输入 80 并按回车键，结果如图 45.8b 所示。

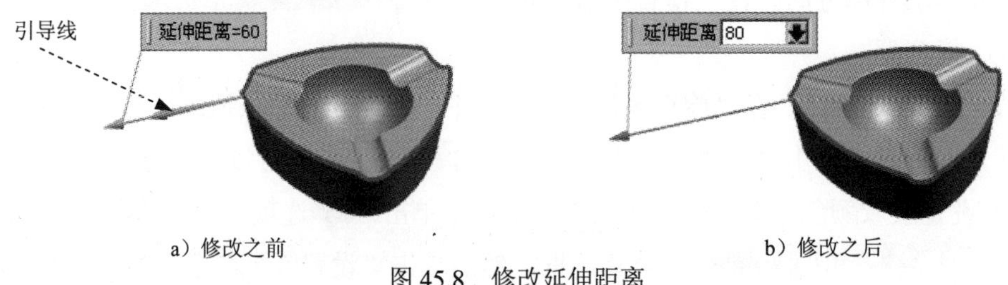

a）修改之前　　b）修改之后

图 45.8　修改延伸距离

Step3. 在“设计分型面”对话框中创建分型面区域的方法中选择选项，然后单击确定按钮，结果如图 45.9 所示。

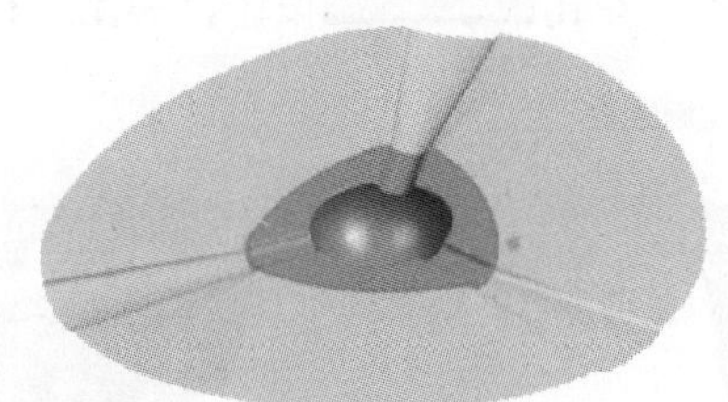

图 45.9　拉伸后

Stage4. 创建型腔和型芯

Step1. 在“模具分型工具”工具条中单击“定义型腔和型芯”按钮，系统弹出“定义型腔和型芯”对话框。

Step2. 在“定义型腔和型芯”对话框中，选取选择片体区域下的所有区域选项，单击确定按钮。

Step3. 此时系统弹出“查看分型结果”对话框，并在图形区显示出创建的型腔，单击“查看分型结果”对话框中的确定按钮，系统再一次弹出“查看分型结果”对话框。在对话框中单击确定按钮，关闭对话框。

Step4. 选择下拉菜单窗口(O) → ASHTRAY_MOLD_core_006.prt，显示型芯零件如图 45.10 所示；选择下拉菜单窗口(O) → ASHTRAY_MOLD_cavity_002.prt，显示型腔零件如图 45.11 所示。

说明：为了显示清晰、明了，可将基准面隐藏起来。

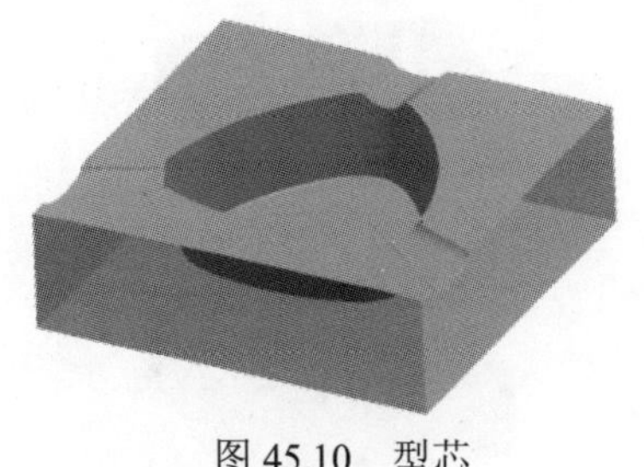

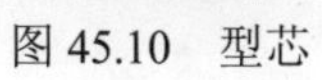

图 45.10 型芯

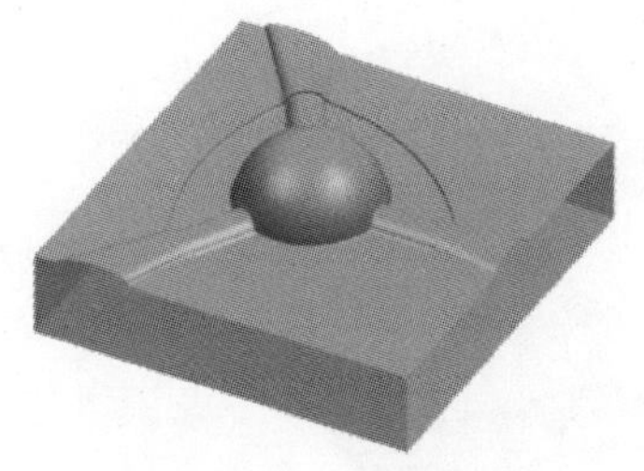

图 45.11 型腔

Task6. 创建模具爆炸视图

Step1. 移动型腔。

（1）选择下拉菜单 窗口(O) ➡ ASHTRAY_MOLD_top_000.prt，在装配导航器中将部件转换成工作部件。

（2）选择命令。选择下拉菜单 装配(A) ➡ 爆炸图(X) ▸ ➡ 新建爆炸图(N)... 命令，系统弹出“新建爆炸图”对话框，接受默认的名字，单击 确定 按钮。

（3）选择命令。选择下拉菜单 装配(A) ➡ 爆炸图(X) ▸ ➡ 编辑爆炸图(E)... 命令，系统弹出“编辑爆炸图”对话框。

（4）选择对象。在对话框中选中 ⊙ 选择对象 单选项。选取图 45.12 所示的型腔元件。

（5）在该对话框中，选择 ⊙ 移动对象 单选项，沿 Z 方向上移动 100，单击 确定 按钮。结果如图 45.13 所示。

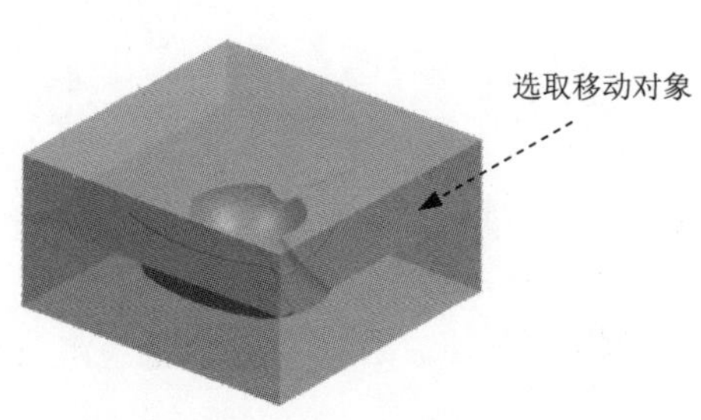

图 45.12 选取移动对象

图 45.13 移动后

Step2. 移动产品模型。

（1）选择命令。选择下拉菜单 装配(A) ➡ 爆炸图(X) ▸ ➡ 编辑爆炸图(E)... 命令，系统弹出“编辑爆炸图”对话框。

（2）选择对象。选取图 45.14 所示的产品模型元件（移动对象）。

（3）在该对话框中，选择 ⊙ 移动对象 单选项，沿 Z 方向上移动 50，结果如图 45.15 所示。

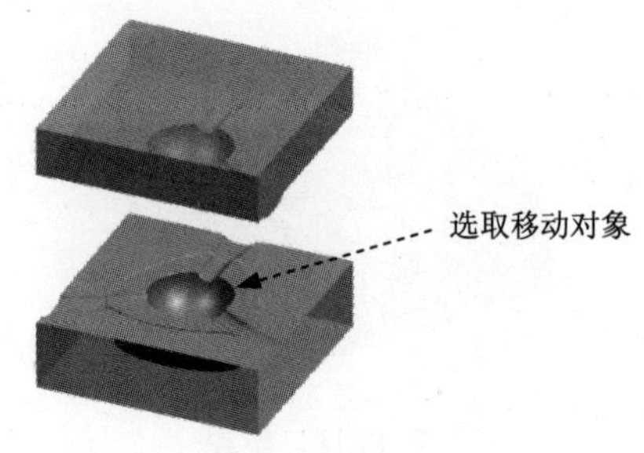

图 45.14　选取移动对象

图 45.15　移动后

Step3. 保存文件。选择下拉菜单 文件(F) ➡ 全部保存(V)，保存所有文件。

实例 46　一模多穴的模具设计

一个模具中可以含有多个相同的型腔，注射时便可以同时获得多个成型零件，这就是一模多穴模具。图 46.1 所示的便是一模多穴的例子，下面以此为例，说明其一般设计流程。

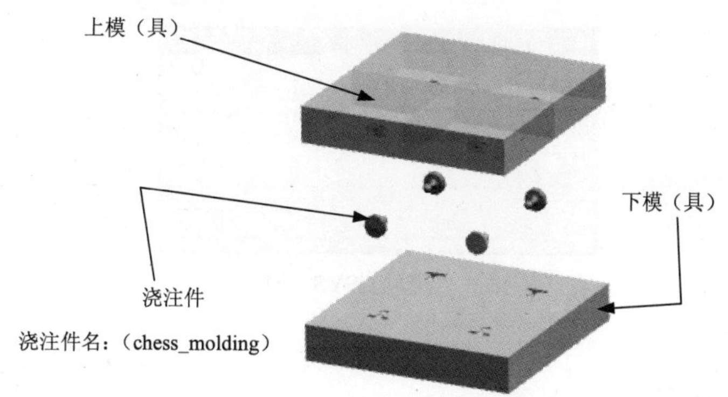

图 46.1　一模多穴模具的设计

Task1. 初始化项目

Step1. 加载模型。在工具条按钮区右击单击 应用模块 选项，单击 按钮，系统弹出“注塑模向导”工具条，在“注塑模向导”工具条中，单击“初始化项目”按钮，系统弹出“打开”对话框。选择 D:\ugins8\work\ch10\ins46\CHESS.prt，单击 OK 按钮，调入模型，系统弹出“初始化项目”对话框。

Step2. 定义投影单位。在“初始化项目”对话框 项目单位 的下拉菜单中选择 毫米 选项。

Step3. 设置项目路径和名称。

（1）设置项目路径。接受系统默认的项目路径。

（2）设置项目名称。在“初始化项目”对话框 Name 文本框中输入 CHESS_MOLD。

Step4. 在该对话框中，单击 确定 按钮，完成项目路径和名称的设置，载入的零件如图 46.2 所示。

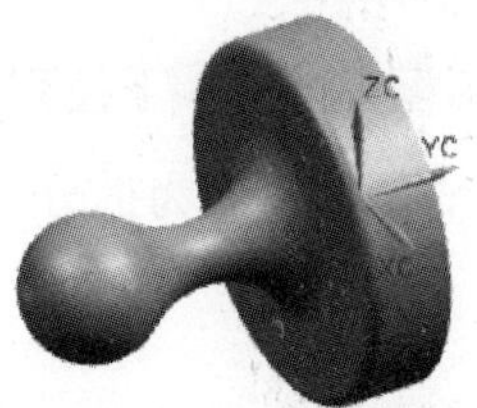

图 46.2　加载的零件

Task2. 模具坐标系

Step1. 在“注塑模向导”工具栏中，单击“模具 CSYS”按钮，系统弹出“模具 CSYS”对话框，如图 46.3 所示。

Step2. 在“模具坐标”对话框中，选择 当前 WCS 单选项，单击 确定 按钮，完成坐标系的定义。

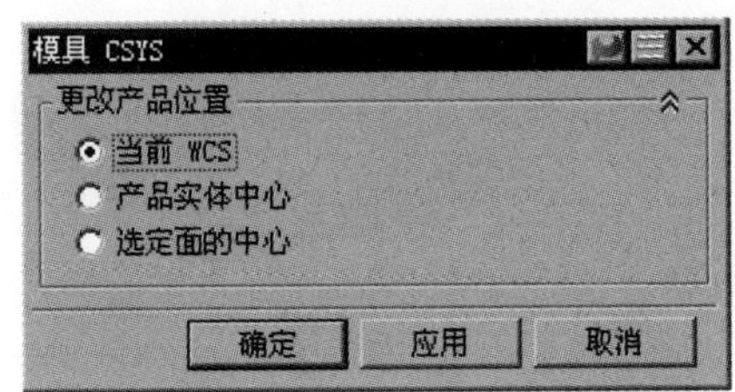

图 46.3 “模具 CSYS”对话框

Task3. 设置收缩率

Step1. 定义收缩率类型。

（1）选择命令。在注塑模向导工具栏中，单击“收缩率”按钮，产品模型会高亮显示，同时系统弹出“缩放体”对话框。

（2）定义类型。在“缩放体”对话框 类型 区域的下拉列表中选择 均匀 选项。

Step2. 定义缩放体和缩放点。接受系统默认的设置。

Step3. 定义比例因子。在“缩放体”对话框的 比例因子 区域中的 均匀 文本框中，输入收缩率 1.006。

Step4. 单击 确定 按钮，完成收缩率的位置。

Task4. 拆分面

Step1. 选择命令。在“注塑模向导”工具栏中单击“注塑模工具”图标，然后在“注塑模工具”工具栏中，单击“拆分面”图标，系统弹出“拆分面”对话框。

Step2. 定义拆分面类型。在该对话框中的 类型 下拉列表中选择 平面/面 选项，选取图 46.4 所示的面为要分割的面，并选取 XY 基准平面为拆分对象。

图 46.4　定义拆分面

说明： XY 基准平面的选取是通过点击“部件导航器”，然后在“部件导航器”中的☑链接的基准坐标系右击，在弹出的快捷菜单中选取显示(S)命令来实现的。

Step3. 单击“拆分面”对话框中的< 确定 >按钮，完成拆分面的创建，结果如图 46.5 所示。

图 46.5　定义拆分面

Task5. 创建模具工件

Step1. 在“注塑模向导”工具条中，单击“工件”按钮，系统弹出“工件”对话框。

Step2. 在“工件”对话框的类型下拉菜单中选择产品工件选项，在工件方法的下拉菜单中选择用户定义的块选项，开始和结束的距离值分别设定为-20 和 20。

Step3. 单击< 确定 >按钮，完成创建后的模具工件结果如图 46.6 所示。

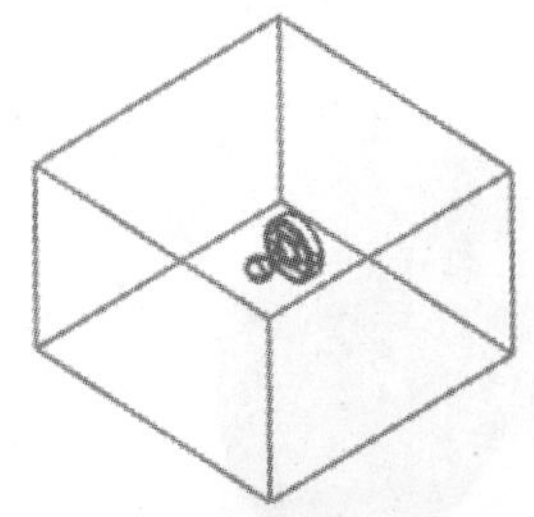

图 46.6　完成创建后的模具工件

Step4. 在“注塑模向导”工具条中，单击“型腔布局”按钮，系统弹出“型腔布局”对话框。在“型腔布局” 对话框中布局类型区域中指定矢量的下拉列表中选取-YC选项，在平衡布局设置区域中型腔数的下拉列表中选取 4，单击生成布局区域中的“开始布局”按钮，型腔布局完成。然后单击编辑布局区域中的“自动对准中心”按钮，单击“型腔布局” 对话框的关闭按钮，结果如图 46.7 所示。

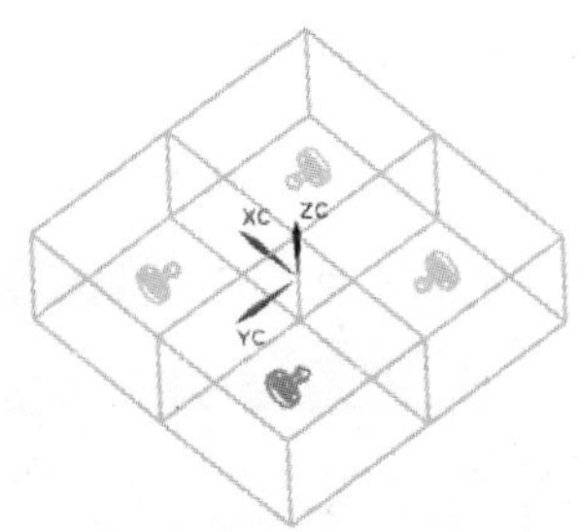

图 46.7 完成型腔布局后的模具工件

Task6.模具分型

Stage1. 设计区域

Step1. 在“注塑模向导”工具条中单击“模具分型工具”按钮，系统弹出“模具分型工具”工具条和“分型导航器”窗口。

Step2. 在“模具分型工具”工具条中单击“区域分析”按钮，系统弹出 “检查区域”对话框，并显示开模方向。在“检查区域”对话框中选中保持现有的单选项。

Step3. 拆分面。

（1）计算设计区域。在“检查区域”对话框中单击“计算”按钮，系统开始对产品模型进行分析计算。单击“检查区域”对话框中的面选项卡，可以查看分析结果。

（2）设置区域颜色。在“检查区域”对话框中单击区域选项卡，在设置区域中取消选中内环、分型边和不完整的环三个复选框，然后单击“设置区域颜色”按钮，设置各区域颜色。结果如图 46.8 所示。

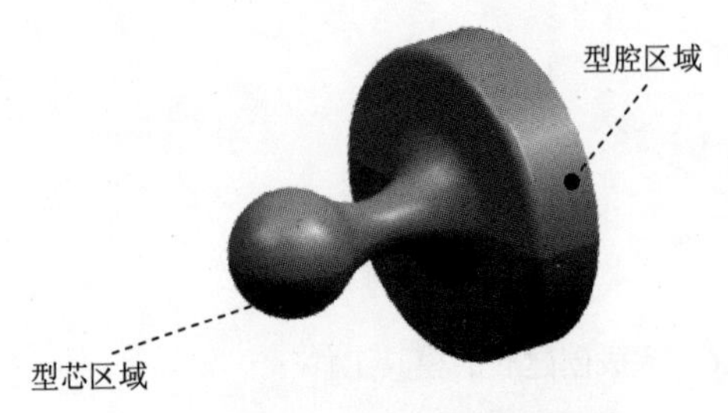

图 46.8 着色的模型区域

Step4. 在“检查区域”对话框中，单击 确定 按钮，关闭“检查区域”对话框。

Stage2. 抽取分型线

Step1. 在“模具分型工具”工具条中单击“定义区域”按钮，系统弹出“定义区域”对话框。

Step2. 在“定义区域”对话框中的 定义区域 选择 所有面 选项，在 设置 区域选中 ☑ 创建区域 和 ☑ 创建分型线 复选框，单击 确定 按钮，完成型腔/型芯区域分型线的创建；创建分型线如图 46.9 所示。

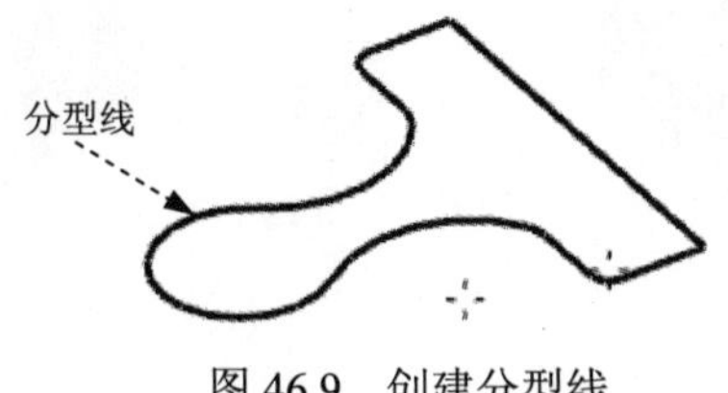

图 46.9　创建分型线

Stage3. 创建分型面

Step1. 在“模具分型工具”工具条中单击“设计分型面”按钮，系统弹出“设计分型面”对话框。

Step2. 在“设计分型面”对话框中接受系统默认的公差值；在 创建分型面 区域单击“有界平面”按钮，然后在图形区拖动小球调整分型面大小，如图 46.10 所示，使分型面大小大于工件大小，单击 确定 按钮，结果如图 46.11 所示。

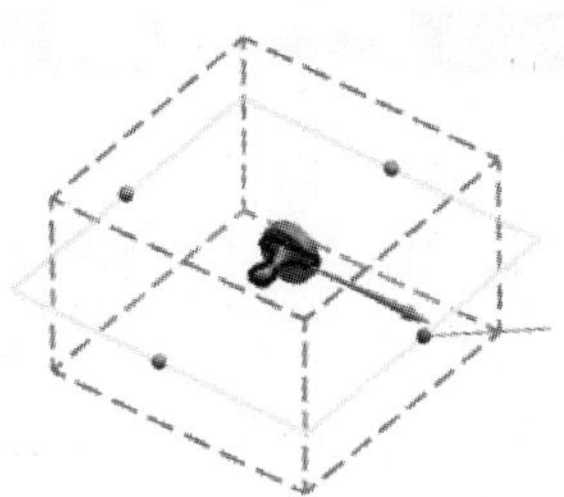

图 46.10　调整分型面大小

图 46.11　拉伸后

Stage4. 创建型腔和型芯

Step1. 在“模具分型工具”工具条中单击“定义型腔和型芯”按钮，系统弹出“定义型腔和型芯”对话框。

Step2. 在“定义型腔和型芯”对话框中，选取 选择片体 区域下的 所有区域 选项，单击 确定 按钮。

Step3. 此时系统弹出“查看分型结果”对话框，并在图形区显示出创建的型腔，单击“查看分型结果”对话框中的确定按钮，系统再一次弹出“查看分型结果”对话框。在对话框中单击确定按钮，关闭对话框。

Step4. 选择下拉菜单窗口(O) → CHESS_MILD_core_031.prt，显示型芯零件如图 46.12 所示；选择下拉菜单窗口(O) → CHESS_MILD_cavity_027.prt，显示型腔零件如图 46.13 所示。

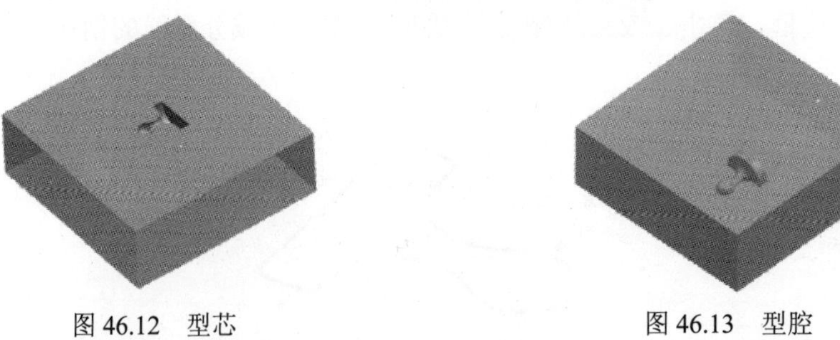

图 46.12 型芯　　图 46.13 型腔

Task7. 创建模具爆炸视图

Step1. 移动型腔。

（1）选择下拉菜单窗口(O) → CHESS_MILD_top_025.prt，在装配导航器中将部件转换成工作部件。

（2）选择命令。选择下拉菜单装配(A) → 爆炸图(X) ▸ → 新建爆炸图(N)...命令，系统弹出“新建爆炸图”对话框，接受默认的名字，单击确定按钮。

（3）选择命令。选择下拉菜单装配(A) → 爆炸图(X) ▸ → 编辑爆炸图(E)...命令，系统弹出“编辑爆炸图”对话框。

（4）选择对象。在对话框中选中⊙选择对象单选项。选取图 46.14 所示的型腔元件（移动对象）。

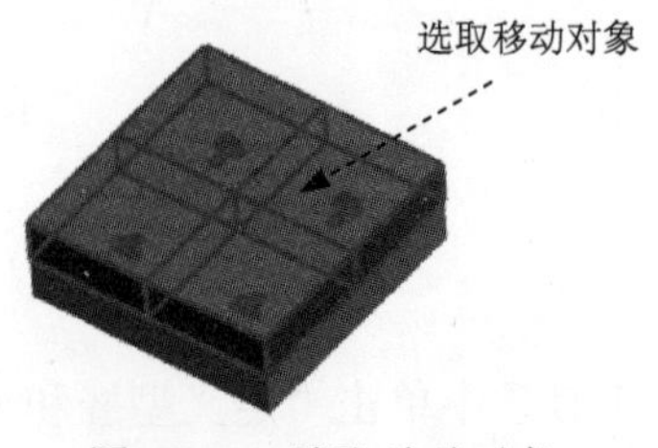

图 46.14 选取移动对象

（5）在该对话框中，选择⊙移动对象单选项，沿 Z 方向上移动 100，单击确定按钮。结果如图 46.15 所示。

Step2. 移动产品模型。

（1）选择命令。选择下拉菜单 装配(A) → 爆炸图(X) ▸ → 编辑爆炸图(E)... 命令，系统弹出“编辑爆炸图”对话框。

图 46.15　移动后

（2）选择对象。选取图 46.16 所示的产品模型元件（移动对象）。

（3）在该对话框中，选择 ⊙ 移动对象 单选项，沿 Z 方向上移动 50，结果如图 46.17 所示。

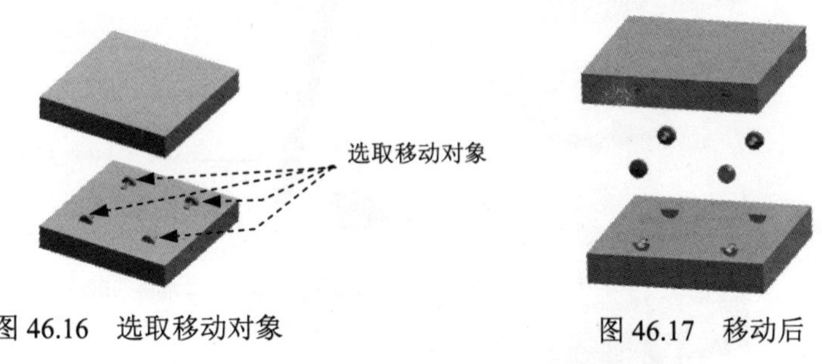

图 46.16　选取移动对象　　图 46.17　移动后

Step3. 保存文件。选择下拉菜单 文件(F) → 全部保存(V)，保存所有文件。

实例 47　带滑块的模具设计

本实例将介绍一个带斜抽机构的模具设计（图 47.1），包括滑块的设计、斜销的设计以及斜抽机构的设计。在学过本实例之后，希望读者能够熟练掌握带斜抽机构模具设计的方法和技巧。下面介绍该模具的设计过程。

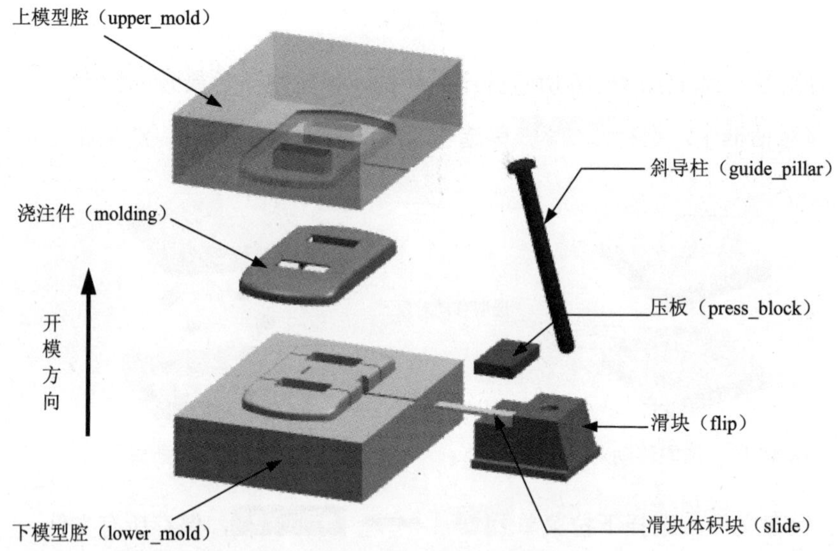

图 47.1　带斜抽机构的模具设计

Task1. 初始化项目

Step1. 加载模型。在工具条按钮区右击 应用模块 选项，单击 按钮，系统弹出“注塑模向导”工具条，在“注塑模向导”工具条中，单击“初始化项目”按钮，系统弹出“打开”对话框。选择 D:\ugins8\work\ch10\ins47\CAP.prt，单击 OK 按钮，调入模型，系统弹出“初始化项目”对话框。

Step2. 定义投影单位。在“初始化项目”对话框 项目单位 的下拉菜单中选择 毫米 选项。

Step3. 设置项目路径和名称。

（1）设置项目路径。接受系统默认的项目路径。

（2）设置项目名称。在“初始化项目”对话框的 Name 文本框中输入 CAP_MOLD。

Step4. 在“初始化项目”对话框中，单击 确定 按钮，完成项目路径和名称的设置，载入的零件如图 47.2 所示。

Task2. 模具坐标系

Step1. 在“注塑模向导”工具栏中，单击“模具CSYS”按钮，系统弹出“模具 CSYS”对话框，如图 47.3 所示。

Step2. 在“模具坐标”对话框中，选择⊙当前 WCS单选项，单击确定按钮，完成坐标系的定义。

图 47.2　加载的零件

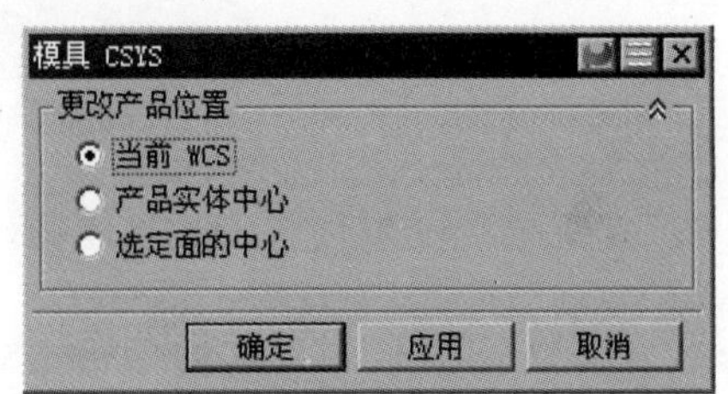

图 47.3　“模具 CSYS”对话框

Task3. 设置收缩率

Step1. 定义收缩率类型。

（1）选择命令。在注塑模向导工具栏中，单击“收缩率”按钮，产品模型会高亮显示，同时系统弹出“缩放体”对话框。

（2）定义类型。在“缩放体”对话框类型区域的下拉列表中选择均匀选项。

Step2. 定义缩放体和缩放点。接受系统默认的设置。

Step3. 定义比例因子。在“缩放体”对话框的比例因子区域中的均匀文本框中，输入收缩率 1.006。

Step4. 单击确定按钮，完成收缩率的位置。

Task4. 模具分型

Stage1. 设计区域

Step1. 在“注塑模向导”工具条中单击“模具分型工具”按钮，系统弹出“模具分型工具”工具条和“分型导航器”窗口。

Step2. 在“模具分型工具”工具条中单击“区域分析”按钮，系统弹出 “检查区域”对话框，并显示开模方向。在“检查区域”对话框中选中⊙保持现有的单选项。

Step3. 拆分面。

（1）计算设计区域。在“检查区域”对话框中单击“计算”按钮，系统开始对产品模型进行分析计算。单击“检查区域”对话框中的面选项卡，可以查看分析结果。

（2）设置区域颜色。在“检查区域”对话框中单击区域选项卡，在设置区域中取消选中□内环、□分型边和□不完整的环三个复选框，然后单击“设置区域颜色”按钮，设置各区域颜色。结果如图 47.4 所示。

图 47.4　着色的模型区域

Step4. 在“检查区域”对话框指派到区域区域中选择⊙型腔区域单选项，然后单击指派到区域区域中的“选择面”按钮，选取图 47.5 所示的面，单击应用按钮，结果如图 47.6 所示。

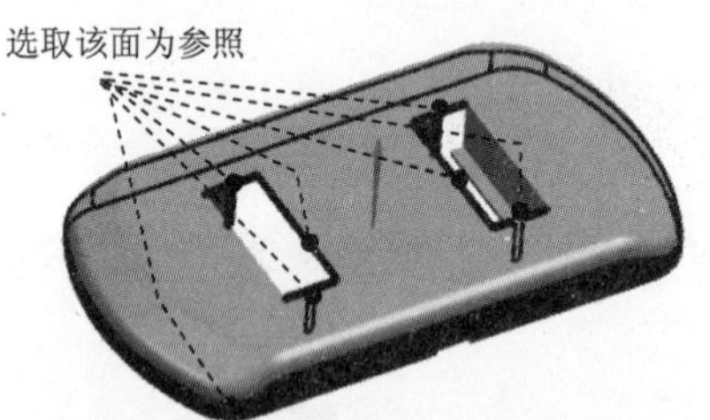

图 47.5　定义指派到型腔区域面

图 47.6　设置后的型腔区域

Step5. 在“检查区域”对话框指派到区域区域中选择⊙型芯区域单选项，然后单击指派到区域区域中的“选择面”按钮，选取图 47.7 所示的面，单击确定按钮，结果如图 47.8 所示。

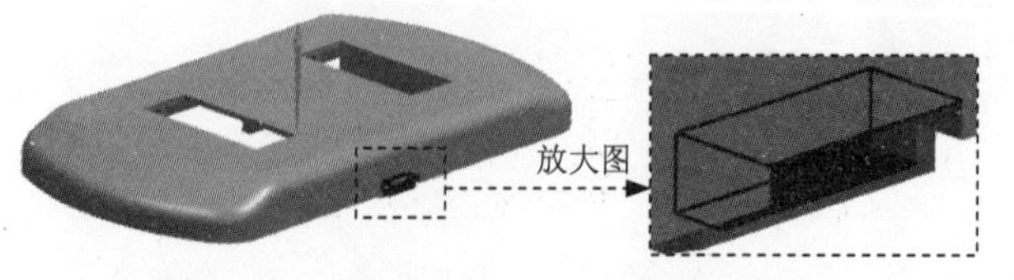

图 47.7　定义指派到型芯区域面

图 47.8　设置后的型芯区域

Stage2. 抽取分型线

抽取分型线。选择插入(S) → 来自体的曲线(U) → 抽取(E)...命令，弹出的“抽取曲线”对话框。在“抽取曲线”对话框中选取边曲线选项，选取图 47.9 所示的边线为参照，单击确定按钮，结果如图 47.10 所示。单击取消按钮，关闭“抽取曲线”对话框。

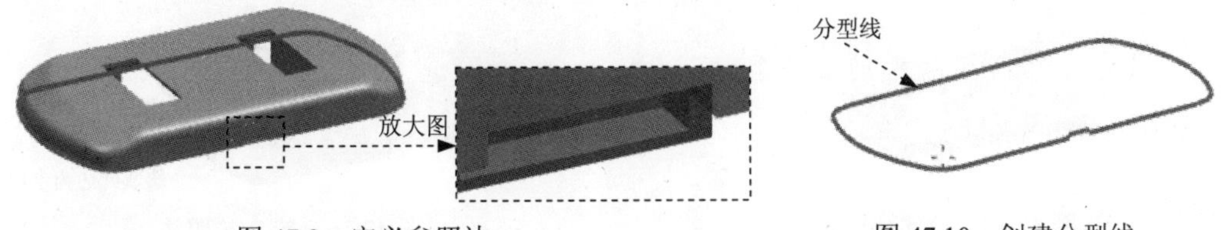

图 47.9　定义参照边　　图 47.10　创建分型线

Stage3. 创建分型面

Step1. 创建图 47.11 所示的零件基础特征——拉伸 1。选择下拉菜单 插入(S) → 设计特征(E) → 拉伸(E)... 命令，系统弹出“拉伸”对话框。选取图 47.12 所示的边线为参照；在 指定矢量 下拉列表中选择 -YC 选项；在 极限 区域的 开始 下拉列表框中选择 值 选项，并在其下的 距离 文本框中输入值 0，在 极限 区域的 结束 下拉列表框中选择 值 选项，并在其下的 距离 文本框中输入值 100，单击 确定 按钮，结果如图 47.11 所示。

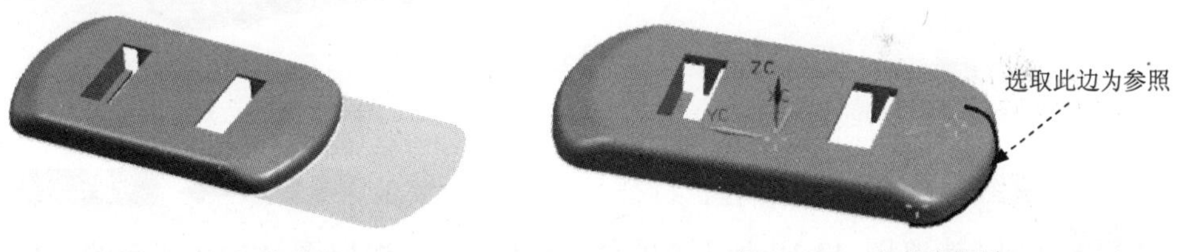

图 47.11　拉伸特征 1　　图 47.12　定义参照边

Step2. 创建图 47.13 所示的零件基础特征——拉伸 2。选取图 47.14 所示的边线为参照；在 指定矢量 下拉列表中选择 -XC 选项；在 极限 区域的 开始 下拉列表框中选择 值 选项，并在其下的 距离 文本框中输入值 0，在 极限 区域的 结束 下拉列表框中选择 值 选项，并在其下的 距离 文本框中输入值 100，单击 确定 按钮，结果如图 47.13 所示。

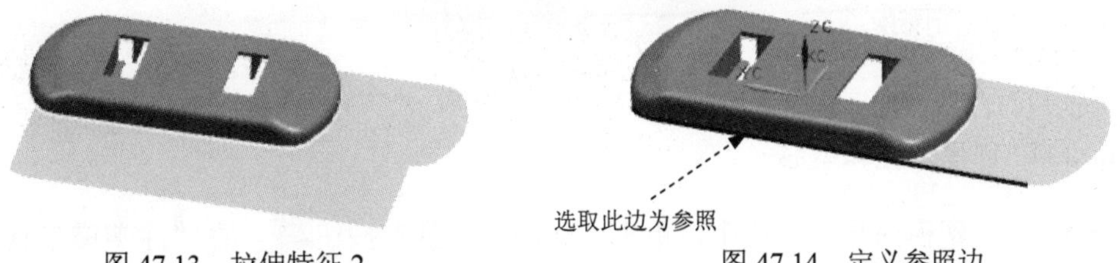

图 47.13　拉伸特征 2　　图 47.14　定义参照边

Step3. 创建图 47.15 所示的零件基础特征——拉伸 3。选取图 47.16 所示的边线为参照；在 指定矢量 下拉列表中选择 YC 选项；在 极限 区域的 开始 下拉列表框中选择 值 选项，并在其下的 距离 文本框中输入值 0，在 极限 区域的 结束 下拉列表框中选择 值 选项，并在其下的 距离 文本框中输入值 100，单击 确定 按钮，结果如图 47.15 所示。

图 47.15　拉伸特征 3　　　　图 47.16　定义参照边

Step4. 创建图 47.17 所示的零件基础特征——拉伸 4。选取图 47.18 所示的边线为参照；在指定矢量下拉列表中选择XC选项；在极限区域的开始下拉列表框中选择值选项，并在其下的距离文本框中输入值 0，在极限区域的结束下拉列表框中选择值选项，并在其下的距离文本框中输入值 100，单击确定按钮，结果如图 47.17 所示。

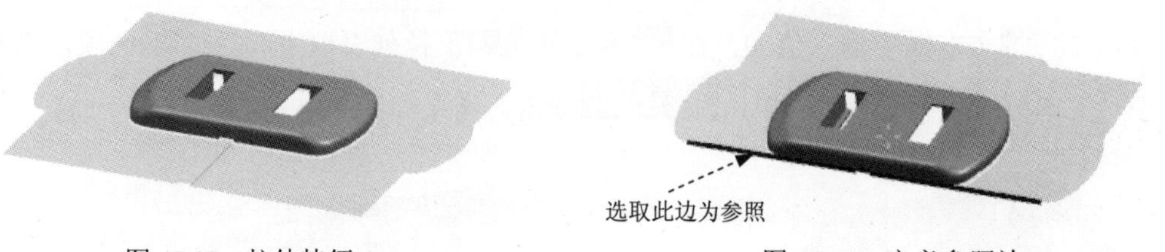

图 47.17　拉伸特征 4　　　　图 47.18　定义参照边

Step5. 创建图 47.19 所示的缝合特征。选择下拉菜单插入(S) → 組合(B) → 缝合(W)...命令，选取图 47.19 所示的特征为目标体，选取图 47.19 所示的特征为工具体。单击确定按钮，完成缝合特征的创建。

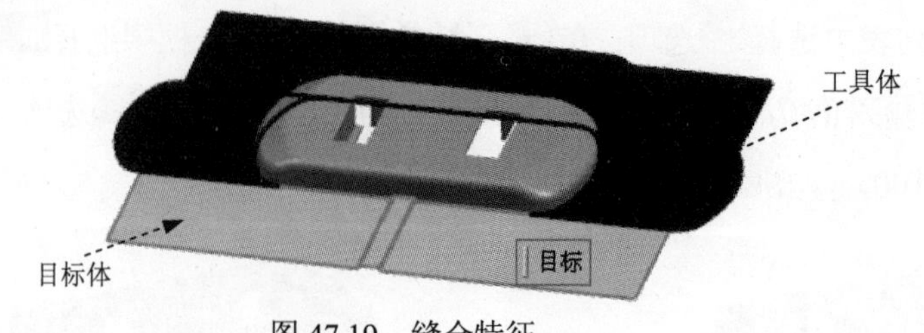

图 47.19　缝合特征

Stage4. 创建型腔和型芯

Step1. 在注塑模向导工具栏中，单击“注塑模工具”按钮，在“注塑模工具”工具栏中，单击“创建方块”按钮，系统弹出“创建方块”对话框。在“创建方块”对话框类型的下拉列表中选取包容块选项。

Step2. 选取边界面。选取图 47.20 所示的 5 个平面，接受系统默认的间隙值 0。

Step3. 单击< 确定 >按钮，创建结果如图 47.21 所示。

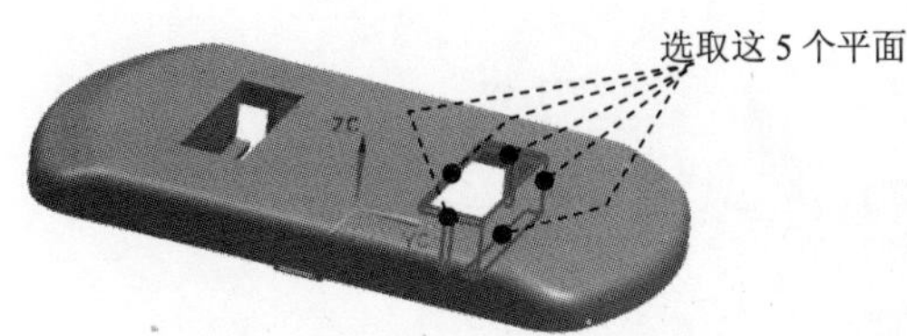

图 47.20　选取边界面

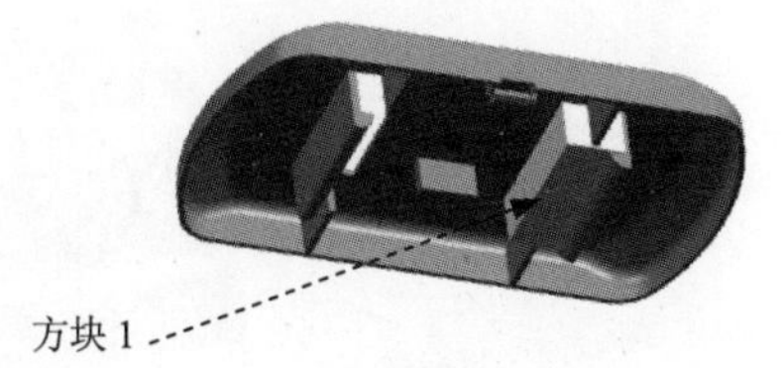

图 47.21　创建方块 1

Step4. 创建方块 2。操作步骤同 Step3。创建结果如图 47.22 所示。

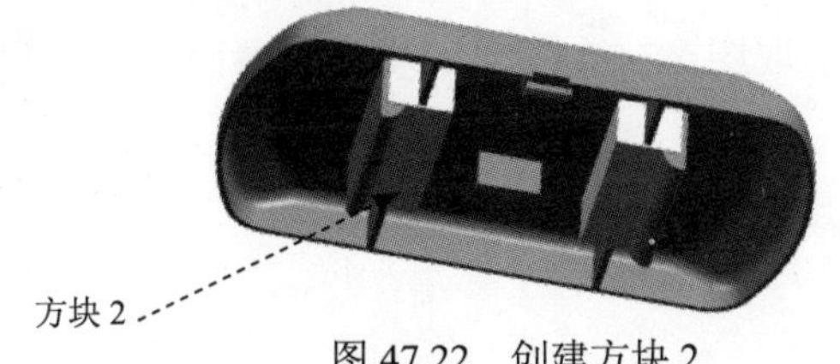

图 47.22　创建方块 2

Step5. 创建图 47.23 所示的零件基础特征——拉伸 5。选择下拉菜单 插入(S) → 设计特征(E) → 拉伸(E)... 命令，系统弹出“拉伸”对话框。单击截面区域中的按钮，选取 XY 基准平面为草图平面，绘制图 47.24 所示的截面草图；在指定矢量下拉列表中选择 ZC 选项；在极限区域的开始下拉列表框中选择值选项，并在其下的距离文本框中输入值-75，在极限区域的结束下拉列表框中选择值选项，并在其下的距离文本框中输入值 85，单击 确定 按钮，完成拉伸特征 1 的创建。

图 47.23　拉伸特征 5

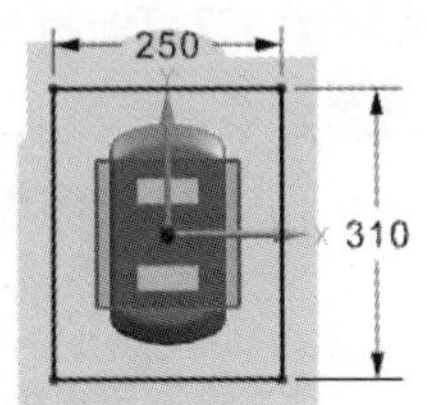

图 47.24　截面草图

Step6. 创建求差特征 1。选择下拉菜单 插入(S) → 组合(B) → 求差(S)... 命令，选取图 47.23 所示的拉伸特征 5 为目标体，选取加载的零件、图 47.21 所示方块 1 和图 47.22 所示方块 2 特征为刀具体。在设置区域选中 ☑ 保存工具 复选框，单击 < 确定 > 按钮，完成求差特征 1 的创建。

Step7. 创建图 47.25 所示的求差特征 2。选择下拉菜单 插入(S) → 组合(B) → 求差(S)... 命令，选取图 47.25 所示的拉伸特征 1 为目标体，选取图 47.25 所示的片体特征为刀具体。在设置区域取消选中 □ 保存工具 复选框，单击 < 确定 > 按钮，完成求差特征 2 的创建。

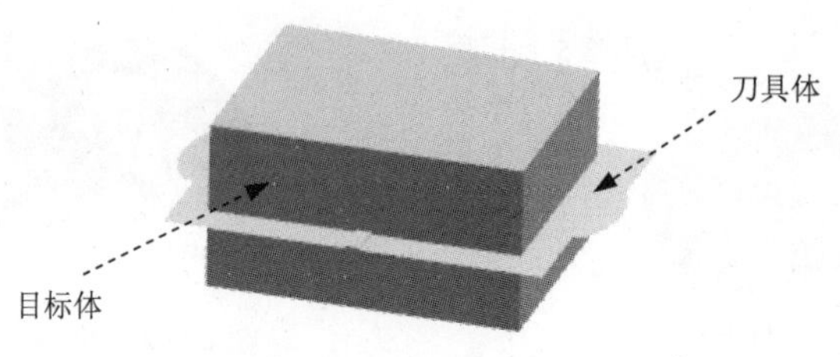

图 47.25 求差特征 2

Step8. 隐藏型芯。选择下拉菜单编辑(E) → 显示和隐藏(H) → 隐藏(H)...命令，系统弹出“类选择”对话框。选取图 47.26 所示的实体为参照，单击< 确定 >按钮，结果如图 47.27 所示的型腔。

说明：为了清晰、明了隐藏加载零件和曲线。

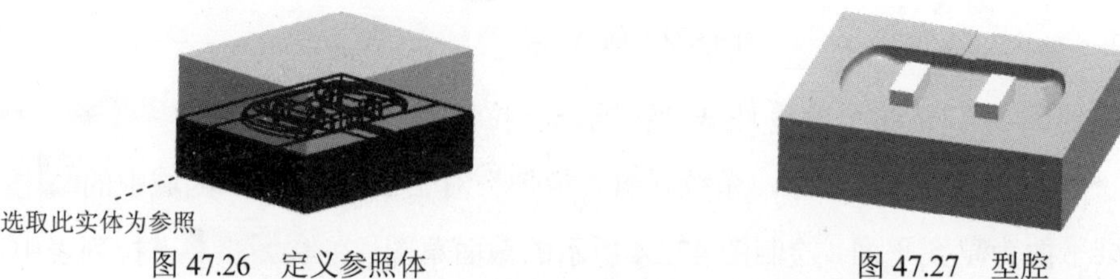

图 47.26 定义参照体　　图 47.27 型腔

Step9. 创建求和特征。选择下拉菜单插入(S) → 组合(B) ▸ → 求和(U)...命令，选取图 47.28 所示的实体特征为目标体，选取图 47.28 所示的实体特征为刀具体。单击< 确定 >按钮，完成求和特征的创建。

Step10. 显示图 47.29 所示的型腔。选择下拉菜单编辑(E) → 显示和隐藏(H) → 反转显示和隐藏(I)命令，结果如图 47.29 所示的。

说明：为了清晰、明了隐藏加载零件和曲线。

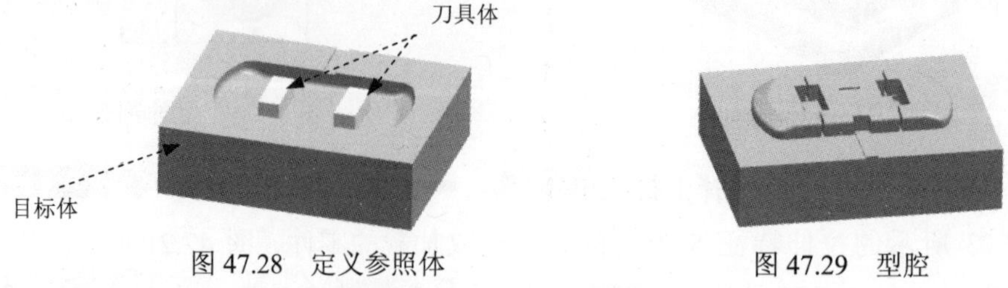

图 47.28 定义参照体　　图 47.29 型腔

Task5. 创建斜抽机构

Step1. 创建图 47.30 所示的零件基础特征——拉伸 1。选择下拉菜单插入(S) → 设计特征(E) → 拉伸(E)...命令，系统弹出“拉伸”对话框。选取图 47.31 所示的平面为草图平面，绘制图 47.32 所示的截面草图；在指定矢量下拉列表中选择-XC选项；在极限区域的开始下拉列表框中选择值选项，并在其下的距离文本框中输入值 0，在极限区域的结束下

拉列表框中选择 直至选定对象 选项，选择图 47.33 所示的面为参照。单击 < 确定 > 按钮，完成拉伸特征 1 的创建。

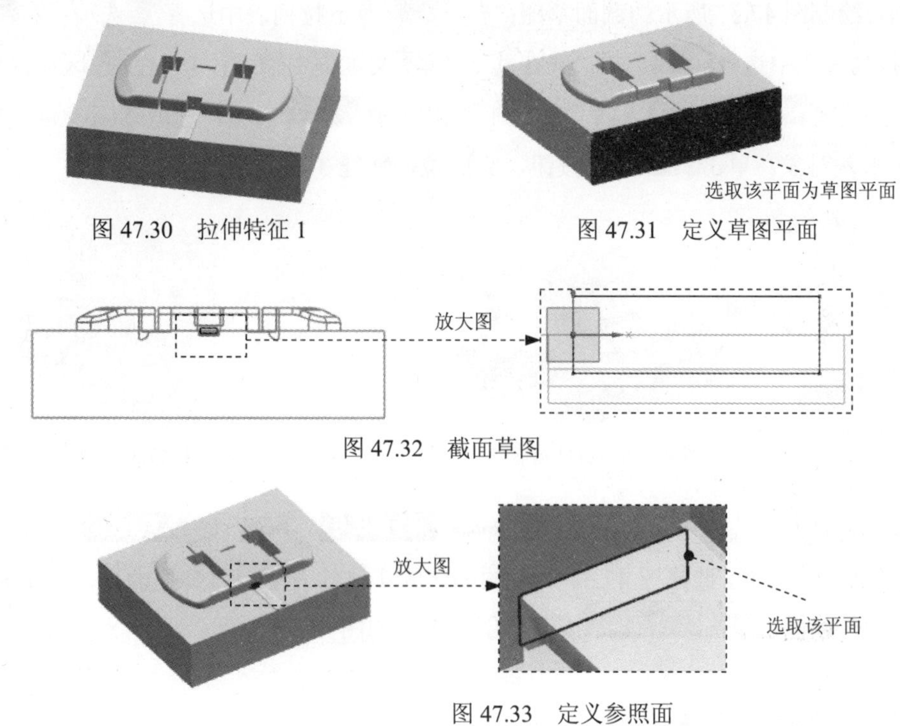

图 47.30　拉伸特征 1

图 47.31　定义草图平面

图 47.32　截面草图

图 47.33　定义参照面

Step2. 创建求差特征 1。选择下拉菜单 插入(S) → 组合(B) ▸ → 求差(S)... 命令，选取型腔为目标体，选取图 47.30 所示的拉伸特征 1 为刀具体。在 设置 区域选中 ☑ 保存工具 复选框，单击 < 确定 > 按钮，完成求差特征 1 的创建。

Step3. 创建图 47.34 所示的零件基础特征——拉伸 2。选择下拉菜单 插入(S) → 设计特征(E) → 拉伸(E)... 命令，系统弹出“拉伸”对话框。选取图 47.34 所示的平面为草图平面，绘制图 47.35 所示的截面草图；在 指定矢量 下拉列表中选择 XC 选项；在 极限 区域的 开始 下拉列表框中选择 值 选项，并在其下的 距离 文本框中输入值 0，在 极限 区域的 结束 下拉列表框中选择 值 选项，并在其下的 距离 文本框中输入值 125，单击 < 确定 > 按钮，完成拉伸特征 2 的创建。

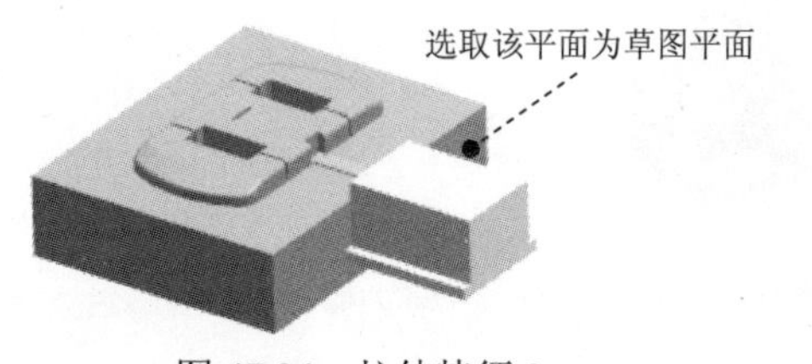

图 47.34　拉伸特征 2

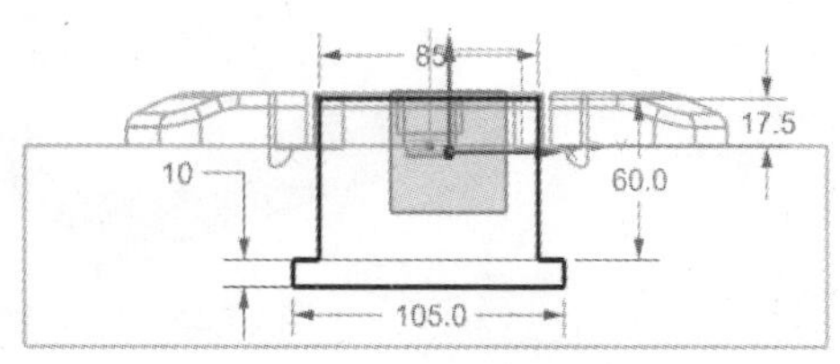

图 47.35　截面草图

Step4. 创建图 47.36 所示的零件基础特征——拉伸 3。选择下拉菜单 插入(S) → 设计特征(E) → 拉伸(E)... 命令，系统弹出“拉伸”对话框。选取图 47.36 所示的平面为草图平面，绘制图 47.37 所示的截面草图；在 指定矢量 下拉列表中选择 -ZC 选项；在 极限 区域的 开始 下拉列表框中选择 值 选项，并在其下的 距离 文本框中输入值 0，在 极限 区域的 结束 下拉列表框中选择 直至延伸部分 选项，在 布尔 区域中选择 求差 选项，选取 Step3 创建的拉伸特征 2 为求差对象。单击 < 确定 > 按钮，完成拉伸特征 3 的创建。

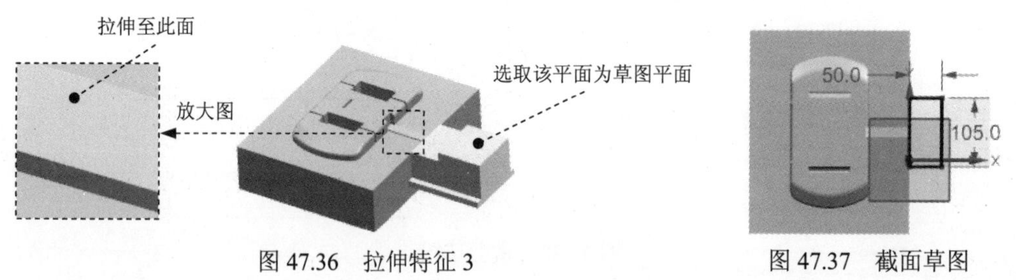

图 47.36 拉伸特征 3 图 47.37 截面草图

Step5. 替换面。选择下拉菜单 插入(S) → 同步建模(I) → 替换面(R)... 命令，系统弹出“替换面”对话框。选择图 47.38 所示的创建的实体的表面为要替换的面。选择图 47.38 所示的面为替换面。单击 < 确定 > 按钮，创建结果如图 47.39 所示。

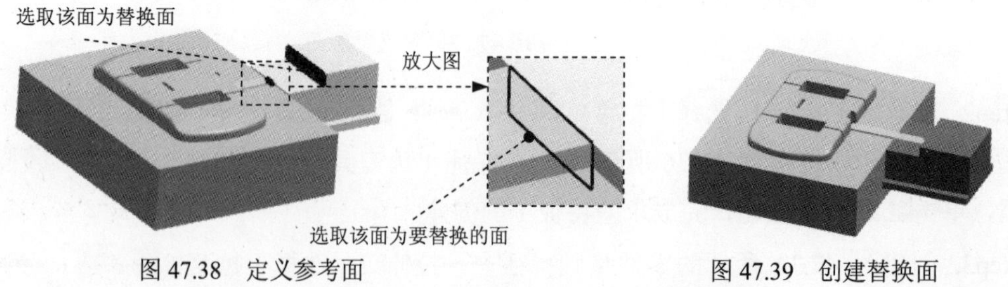

图 47.38 定义参考面 图 47.39 创建替换面

Step6. 创建求差特征 2。选择下拉菜单 插入(S) → 组合(B) ▸ → 求差(S)... 命令，选取图 47.40 所示的特征为目标体，选取图 47.40 所示的特征 1 为刀具体。在 设置 区域选中 ☑ 保存工具 复选框，单击 < 确定 > 按钮，完成求差特征 2 的创建。

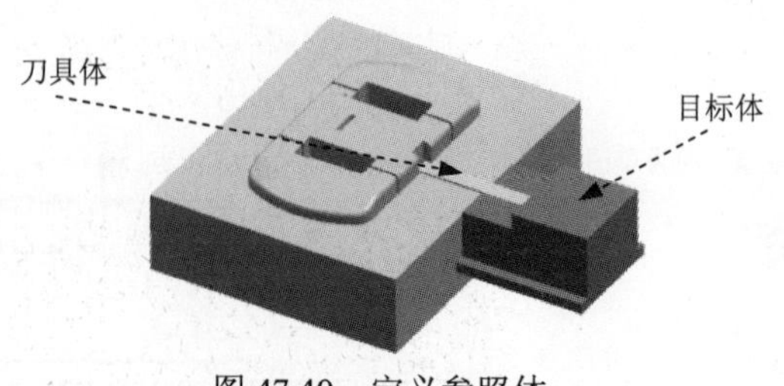

图 47.40 定义参照体

Step7. 创建图 47.41 所示的零件基础特征——拉伸 4。选择下拉菜单 插入(S) →

设计特征(E) → 拉伸(E)...命令，系统弹出“拉伸”对话框。选取图 47.41 所示的平面为草图平面，绘制图 47.42 所示的截面草图；在指定矢量下拉列表中选择-ZC选项；在极限区域的开始下拉列表框中选择值选项，并在其下的距离文本框中输入值 0，在极限区域的结束下拉列表框中选择直至延伸部分选项，单击< 确定 >按钮，完成拉伸特征 4 的创建。

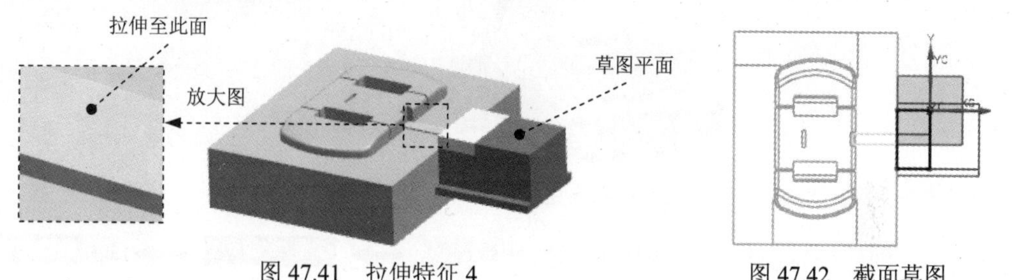

图 47.41　拉伸特征 4　　图 47.42　截面草图

Step8. 创建图 47.43 所示的零件基础特征——拉伸 5。选择下拉菜单插入(S) → 设计特征(E) → 拉伸(E)...命令，系统弹出“拉伸”对话框。选取图 47.43 所示的平面为草图平面，绘制图 47.44 所示的截面草图；在指定矢量下拉列表中选择YC选项；在极限区域的开始下拉列表框中选择值选项，并在其下的距离文本框中输入值 0，在极限区域的结束下拉列表框中选择贯通选项，单击< 确定 >按钮，完成拉伸特征 5 的创建。

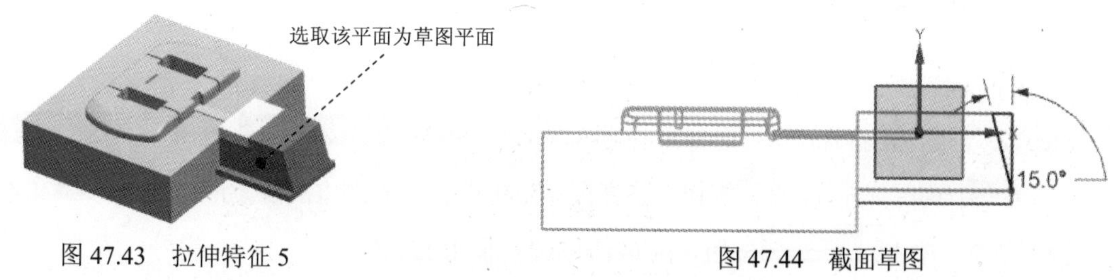

图 47.43　拉伸特征 5　　图 47.44　截面草图

Step9. 创建图 47.45 所示的回转特征 1。选择插入(S) → 设计特征(E) → 回转(R)...命令（或单击按钮），单击截面区域中的按钮，在绘图区选取 XZ 基准平面为草图平面，绘制图 47.46 所示的截面草图。在绘图区中选取图 47.46 所示的直线为旋转轴。在“回转”对话框的极限区域的开始下拉列表框中选择值选项，并在角度文本框中输入值 0，在结束下拉列表框中选择值选项，并在角度文本框中输入值 360。

图 47.45　回转特征 1

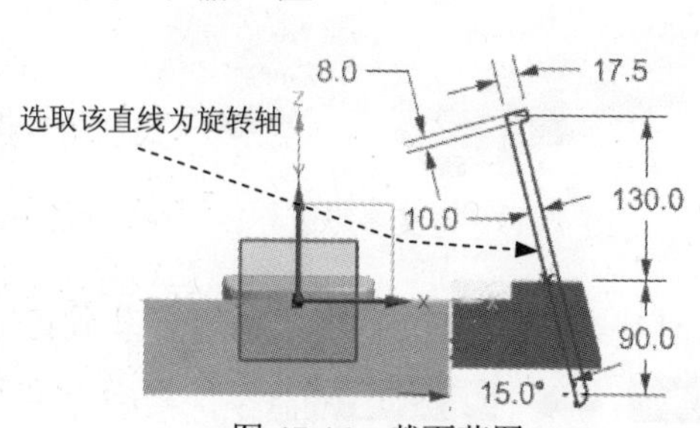

图 47.46　截面草图

Step10. 创建求差特征 3。选择下拉菜单 插入(S) → 组合(B) ▸ → 求差(S)... 命令，选取图 47.47 所示的特征为目标体，选取图 47.47 所示的特征 1 为刀具体。在 设置 区域选中 ☑ 保存工具 复选框，单击 < 确定 > 按钮，完成求差特征 3 的创建。

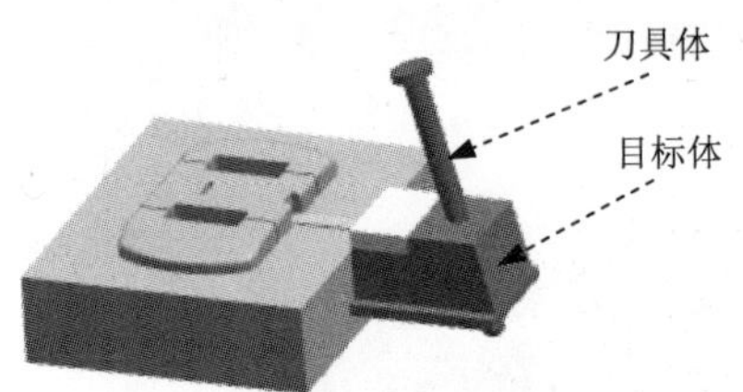

图 47.47 定义参照体（求差特征 3）

Step11. 创建偏置面特征。选择下拉菜单 插入(S) → 偏置/缩放(O) → 偏置面(F)... 命令，系统弹出“偏置面”对话框。选择图 47.48 所示的面为参照，在 偏置 的文本框输入 0.5，单击反向按钮。单击 < 确定 > 按钮，完成偏置面特征的创建。（隐藏回转体）

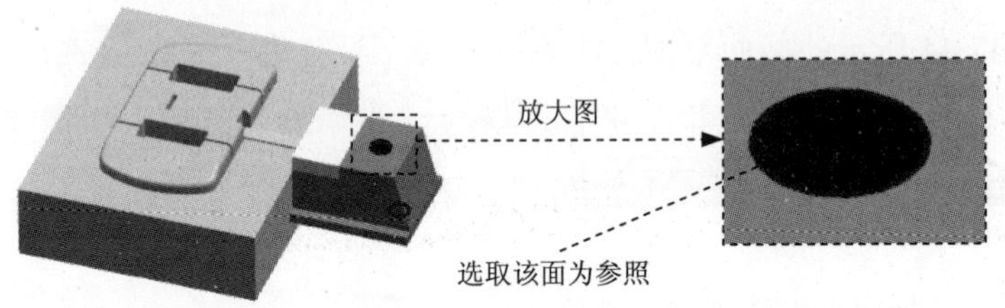

图 47.48 定义参照面

Step12. 创建边倒圆特征 1。选择下拉菜单 插入(S) → 细节特征(L) ▸ → 边倒圆(E). 命令，在 要倒圆的边 区域中单击按钮，选择图 47.49 所示边链为边倒圆参照，并在 半径 1 文本框中输入值 2。单击 < 确定 > 按钮，完成边倒圆特征 1 的创建。

Step13. 创建边倒圆特征 2。选择图 47.50 所示边链为边倒圆参照，并在 半径 1 文本框中输入值 2。单击 < 确定 > 按钮，完成边倒圆特征 1 的创建。

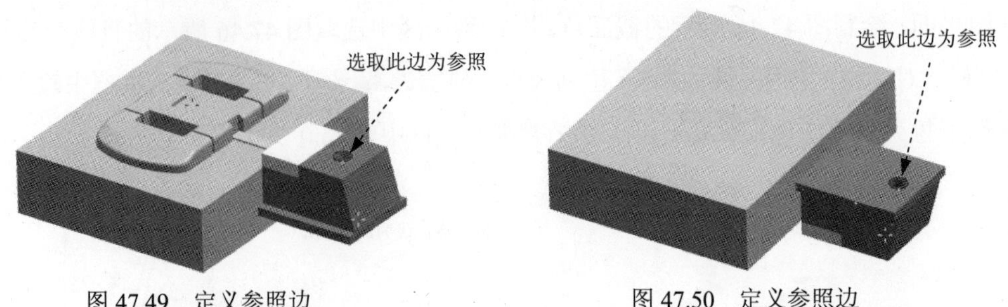

图 47.49 定义参照边　　图 47.50 定义参照边

Step14. 创建图 47.51 所示的零件基础特征——拉伸 6。选择下拉菜单 插入(S) → 设计特征(E) → 拉伸(E)... 命令，系统弹出“拉伸”对话框。选取 XZ 基准平面为草图平面，绘制图 47.52 所示的截面草图；在指定矢量下拉列表中选择YC选项；在极限区域的开始下拉列表框中选择对称值选项，并在其下的距离文本框中输入值 50，在布尔区域中选择求差选项，采用系统默认的求差对象。单击< 确定 >按钮，完成拉伸特征 6 的创建。

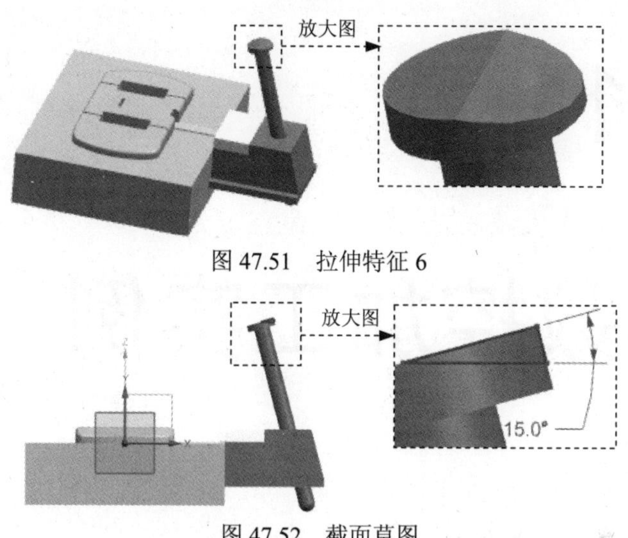

图 47.51　拉伸特征 6

图 47.52　截面草图

Step15. 保存文件。选择下拉菜单文件(F) ➡ 全部保存(V)，保存所有文件。

第 11 章

数控加工实例

本篇主要包含如下内容：

- 实例 48　泵体加工
- 实例 49　轨迹铣削
- 实例 50　凸模加工
- 实例 51　凹模加工
- 实例 52　车削加工
- 实例 53　线切割加工

实例48　泵 体 加 工

在机械零件的加工中，加工工艺的制定十分重要，一般先是进行粗加工，然后再进行精加工。粗加工时，刀具进给量大，机床主轴的转速较低，以便切除大量的材料，提高加工的效率。在进行粗加工时，要根据实际的工件、加工的工艺要求及设备情况为精加工留有合适的加工余量。在进行精加工时，刀具进给量小、主轴的转速较高、加工的精度高，以达到零件加工精度的要求。在本节中，将以泵体的加工为例，介绍在多工序加工中粗精加工工序的安排及相关加工工艺的制定。

下面介绍图48.1所示的圆盘零件的加工过程，其加工工艺路线如图48.2和图48.3所示。

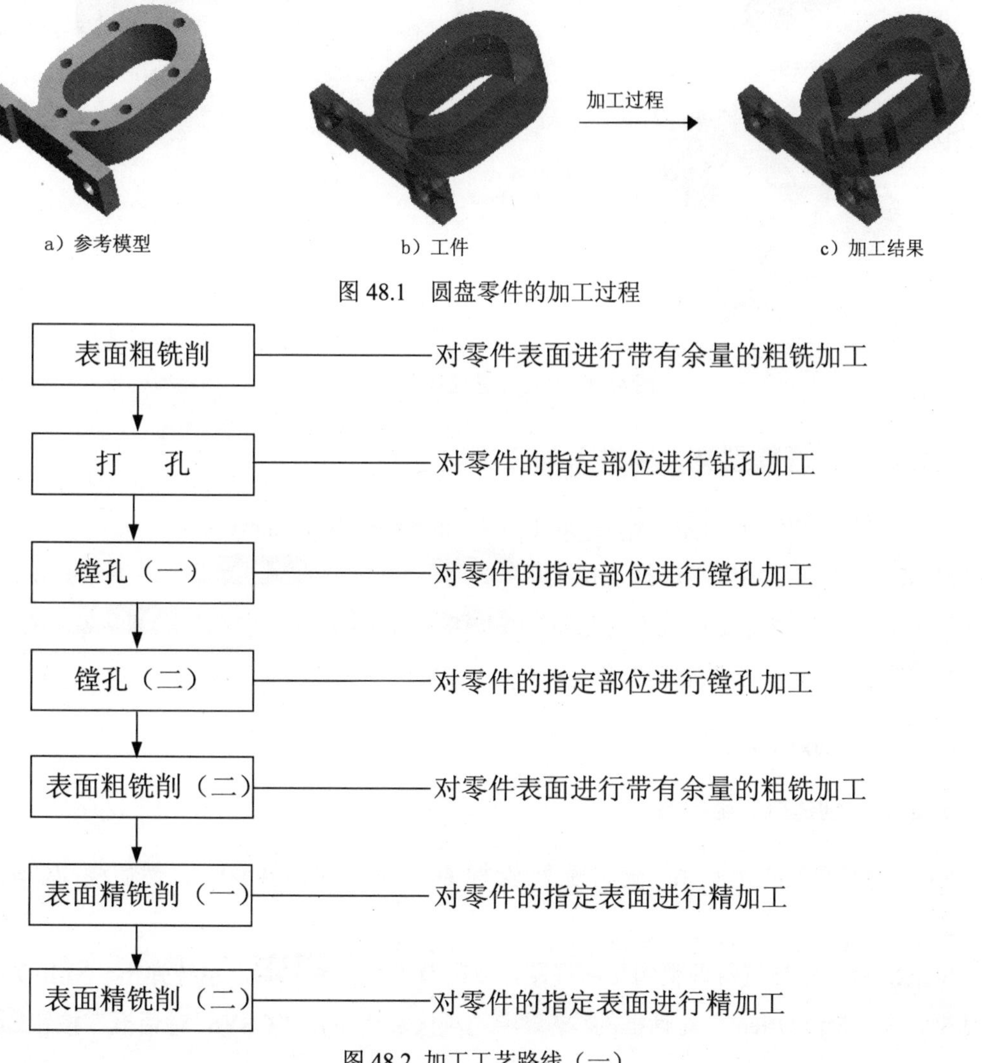

a）参考模型　b）工件　c）加工结果

图48.1　圆盘零件的加工过程

图48.2 加工工艺路线（一）

其加工操作过程如下：

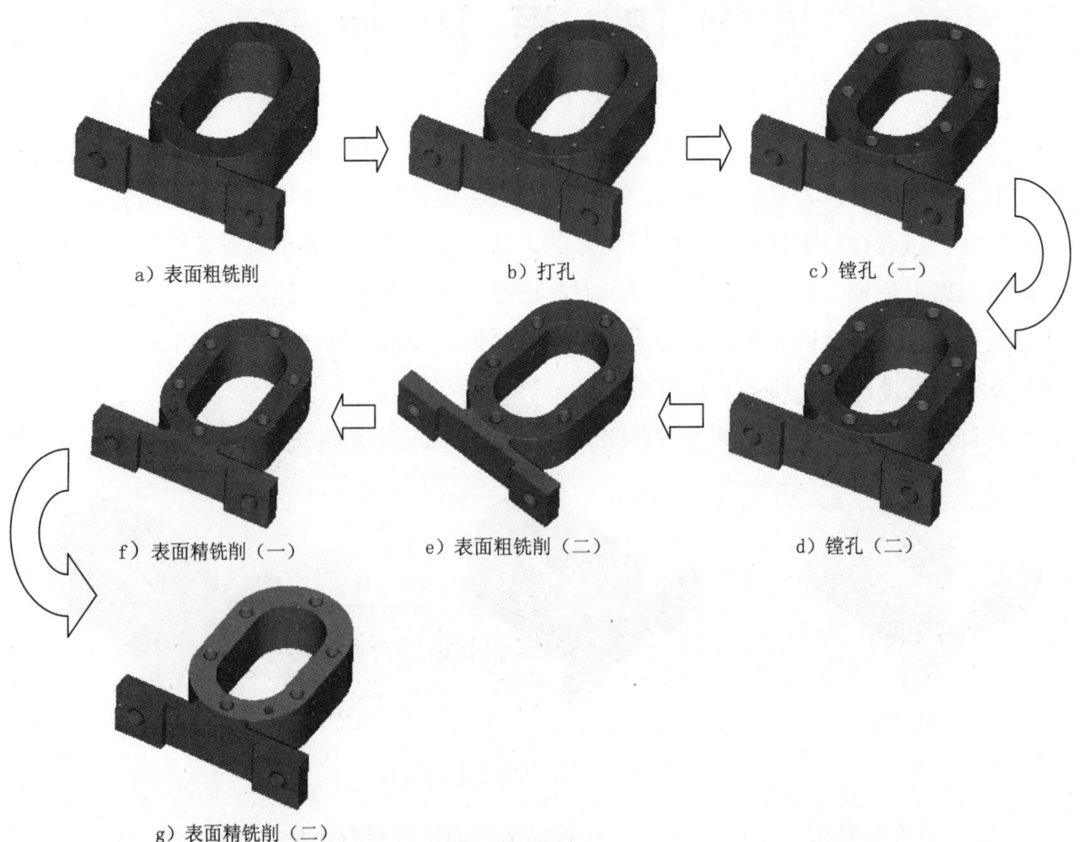

图 48.3　加工工艺路线（二）

Task1．打开模型文件并进入加工模块

Step1. 打开文件 D:\ugins8\work\ch11\ins48\ pump_body_asm.prt。

Step2. 进入加工环境。选择下拉菜单 开始 → 加工(N)... 命令，系统弹出“加工环境”对话框；在“加工环境”对话框的 要创建的 CAM 设置 列表框中选择 mill planar 选项，然后单击 确定 按钮，进入加工环境。

Task2．创建几何体

Stage1．创建机床坐标系

Step1. 调整模型坐标系。先将模型坐标系绕-YC 轴旋转 90°，然后绕-ZC 轴旋转 90°。

Step2. 将工序导航器调整到几何视图，双击节点 MCS_MILL，系统弹出“Mill Orient”对话框，在“Mill Orient”对话框的 机床坐标系 选项区域中单击“CSYS 对话框”按钮，系统弹出“CSYS”对话框。

Step3. 在“CSYS”对话框类型区域的下拉列表框中选择动态选项，在参考 CSYS区域中参考的下拉列表中选取WCS选项，单击确定按钮，完成图 48.4 所示机床坐标系的创建。

Stage2. 创建安全平面

Step1. 在“Mill Orient”对话框安全设置区域安全设置选项下拉列表中选择平面选项，单击“平面对话框”按钮，系统弹出“平面”对话框。

Step2. 在“平面”对话框的类型区域的下拉列表框中选择XC-YC 平面选项。在偏置和参考区域中距离的文本框中输入值为 50，并按 Enter 键确认，单击确定按钮，系统返回到“Mill Orient”对话框，完成图 48.5 所示安全平面的创建。

Step3. 单击“Mill Orient”对话框中的确定按钮。

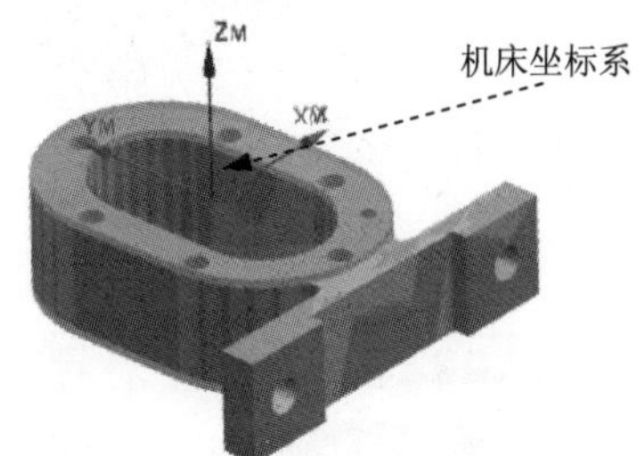

图 48.4　创建机床坐标系

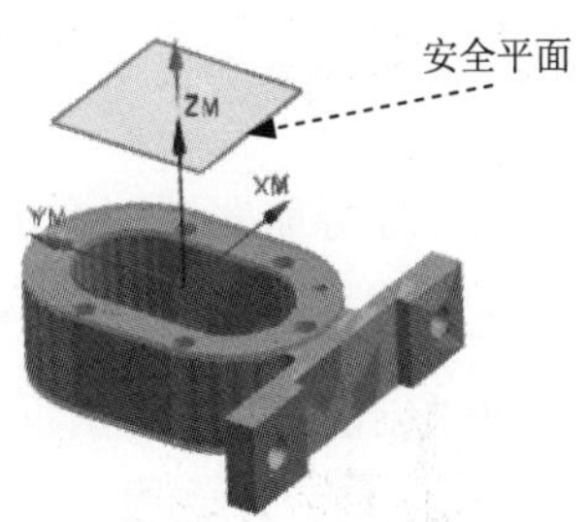

图 48.5　创建安全平面

Stage3. 创建部件几何体

Step1. 在工序导航器中双击MCS_MILL节点下的WORKPIECE，系统弹出“铣削几何体”对话框。

Step2. 选取部件几何体。在“铣削几何体”对话框中单击按钮，系统弹出“部件几何体”对话框。

Step3. 在“部件几何体”对话框中单击按钮，在图形区中选取部件几何体，如图 48.6 所示。

Step4. 在“部件几何体”对话框中单击确定按钮，完成部件几何体的创建，同时系统返回到“铣削几何体”对话框。

Stage4. 创建毛坯几何体

Step1. 在“铣削几何体”对话框中单击按钮，系统弹出“毛坯几何体”对话框。

Step2. 在“毛坯几何体”对话框的类型下拉列表中选择几何体选项，在图形区中选取毛坯几何体，如图 48.7 所示。

Step3. 单击“毛坯几何体”对话框中的 确定 按钮，系统返回到“铣削几何体”对话框，完成图 48.7 所示毛坯几何体的创建。

Step4. 单击“铣削几何体”对话框中的 确定 按钮。

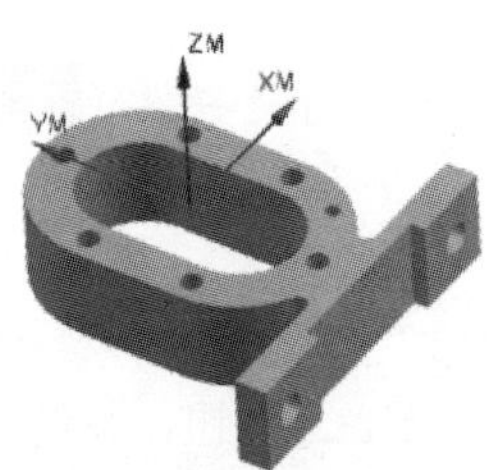

图 48.6 部件几何体

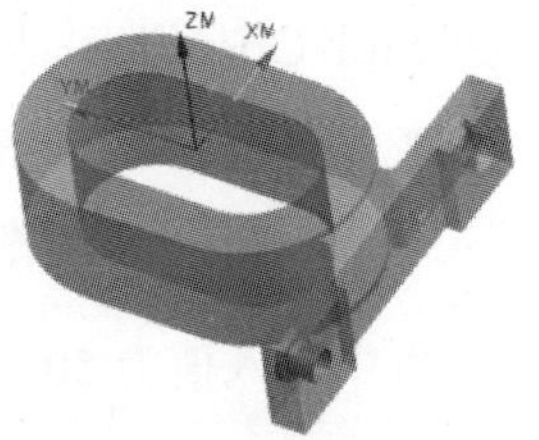

图 48.7 毛坯几何体

Task3. 创建刀具

Stage1. 创建刀具（一）

Step1. 将工序导航器调整到机床视图。

Step2. 选择下拉菜单 插入(S) → 刀具(T)... 命令，系统弹出“创建刀具”对话框。

Step3. 在“创建刀具”对话框 类型 下拉列表中选择 mill_planar 选项，在 刀具子类型 区域中单击“MILL”按钮，在 位置 区域的 刀具 下拉列表中选择 GENERIC_MACHINE 选项，在 名称 文本框中输入 D20，然后单击 确定 按钮，系统弹出“铣刀-5 参数”对话框。

Step4. 系统弹出“铣刀-5 参数”对话框，在 (D) 直径 文本框中输入值 20.0，在 刀具号 文本框中输入值 1，在 补偿寄存器 文本框中输入值 1，在 刀具补偿寄存器 文本框中输入值 1，其他参数采用系统默认设置值，单击 确定 按钮，完成刀具的创建。

Stage2. 创建刀具（二）

设置刀具类型为 mill_planar 选项，在 刀具子类型 区域单击选择“MILL”按钮，刀具名称为 D16，刀具 (D) 直径 为 16.0， 刀具号 为 2， 补偿寄存器 为 2， 刀具补偿寄存器 为 2；具体操作方法参照 Stage1。

Stage3. 创建刀具（三）

设置刀具类型为 drill 选项，在 刀具子类型 区域单击选择“SPOTDRILLING_TOLL”按钮，刀具名称为 S2，刀具 (D) 直径 为 2.0， 刀具号 为 3，补偿寄存器 为 3。具体操作方法参照 Stage1。

Stage4. 创建刀具（四）

设置刀具类型为 drill 选项，在 刀具子类型 区域单击选择“DRILLING_TOOL”按钮，刀具名称为 DR6，刀具 (D) 直径 为 6.0， 刀具号 为 4，补偿寄存器 为 4。具体操作方法参照 Stage1。

Stage5. 创建刀具（五）

设置刀具类型为drill选项，在刀具子类型区域单击选择“DRILLING_TOOL”按钮，刀具名称为 DR4，刀具(D) 直径为 4.0，刀具号为 5，补偿寄存器为 5。具体操作方法参照 Stage1。

Task4. 创建表面区域铣工序 1

Stage1. 插入工序

Step1. 选择下拉菜单插入(S) ➡ 工序(E)...命令，系统弹出“创建工序”对话框。

Step2. 确定加工方法。在“创建工序”对话框类型下拉列表中选择mill_planar选项，在工序子类型区域中单击“FACE_MILLING”按钮，在程序下拉列表中选择PROGRAM选项，在刀具下拉列表中选择D20（铣刀-5 参数）选项，在几何体下拉列表中选择WORKPIECE选项，在方法下拉列表中选择MILL_ROUGH选项，在名称文本框中输入 FACE_01。

Step3. 在“创建工序”对话框中单击确定按钮，系统弹出 “面铣”对话框。

Stage2. 指定切削区域

Step1. 在几何体区域中单击“选择或编辑面几何体”按钮，系统弹出“指定面几何体”对话框。

Step2. 在“指定面几何体”对话框中选取“主要”选项卡，然后单击过滤器类型区域中的“曲线边界”按钮，选取图 48.8 所示的边线为参照，单击创建下一个边界按钮，单击“指定面几何体”对话框的确定按钮，系统返回到 “面铣”对话框。

说明：为了选取方便通过在“装配导航器”中调整将 pump_body_workpiece 隐藏。

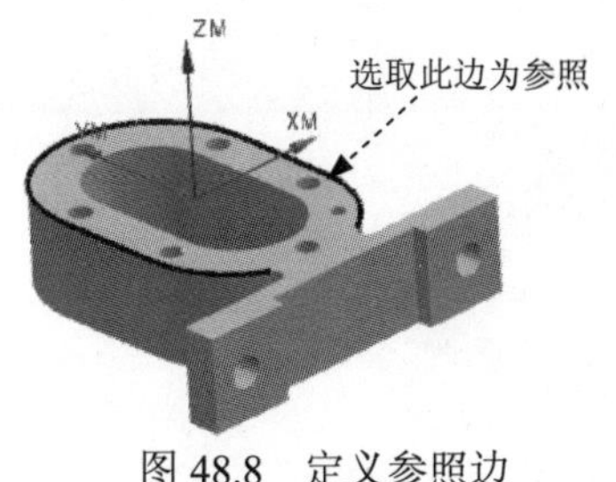

图 48.8 定义参照边

Stage3. 设置刀具路径参数

Step1. 设置刀轴。在刀轴区域轴的下拉列表中选择+ZM 轴选项。

Step2. 设置切削模式。在刀轨设置区域切削模式下拉列表中选择往复选项。

Step3. 设置步进方式。在步距下拉列表中选择刀具平直百分比选项，在平面直径百分比文本框中输入值 60.0，在毛坯距离文本框中输入值 3.0，在每刀深度文本框中输入值 0，在最终底面余量文本框中输入值 0.2。

Stage4. 设置切削参数

Step1. 在刀轨设置区域中单击“切削参数”按钮，系统弹出“切削参数”对话框。

Step2. 在“切削参数”对话框中单击策略选项卡，在切削区域切削角下拉列表框中选择指定选项，在与 XC 的夹角的文本框输入 0。

Step3. 在切削区域区域刀具延展量的文本框输入 70，其他参数采用系统默认设置值。

Step4. 单击“切削参数”对话框中的确定按钮，系统返回到“面铣”对话框。

Stage5. 设置非切削移动参数。

Step1. 在“面铣”对话框中单击“非切削移动”按钮，系统弹出“非切削移动”对话框。

Step2. 单击“非切削移动”对话框中的退刀选项卡，在退刀类型的下拉列表中选取抬刀选项。

Step3. 单击“非切削移动”对话框中的起点/钻点选项卡，在区域起点区域默认区域起点的下拉列表中选取拐角选项。单击选择点区域中的“点对话框”按钮，系统弹出“点”对话框，选取图 48.9 所示的点为参照。单击确定按钮，系统返回“非切削移动”对话框。

说明：此时的选择范围是在整个装配中才可以选取。

Step4. 单击“非切削移动”对话框中的确定按钮，完成非切削移动参数的设置，系统返回到“面铣”对话框。

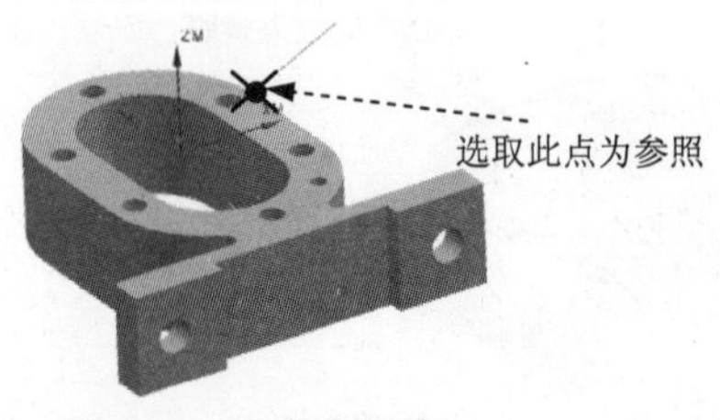

图 48.9 定义参照点

Stage6. 设置进给率和速度

Step1. 在“面铣”对话框中单击“进给率和速度”按钮，系统弹出“进给率和速度”对话框。

Step2. 选中“进给率和速度”对话框主轴速度区域中的☑ 主轴速度 (rpm)复选框，在其后的文本框中输入值 1200.0，按 Enter 键，然后单击按钮，在进给率区域的切削文本框中输入值 400.0，按 Enter 键，然后单击按钮，其他参数采用系统默认设置值。

Step3. 单击确定按钮，完成进给率和速度的设置，系统返回“面铣”操作对话框。

Stage7. 生成刀路轨迹并仿真

Step1. 在“面铣削区域”对话框中单击“生成”按钮，在图形区中生成图 48.10 所示的刀路轨迹。

Step2. 在“面铣削区域”对话框中单击“确认”按钮，系统弹出 “刀轨可视化”对话框。

Step3. 使用 2D 动态仿真。在“刀轨可视化”对话框中单击2D 动态选项卡，采用系统默认设置值，调整动画速度后单击“播放”按钮，即可演示 2D 动态仿真加工，完成演示后的模型如图 48.11 所示，仿真完成后单击确定按钮，完成刀轨确认操作。

Step4. 单击“面铣”对话框中的确定按钮，完成操作。

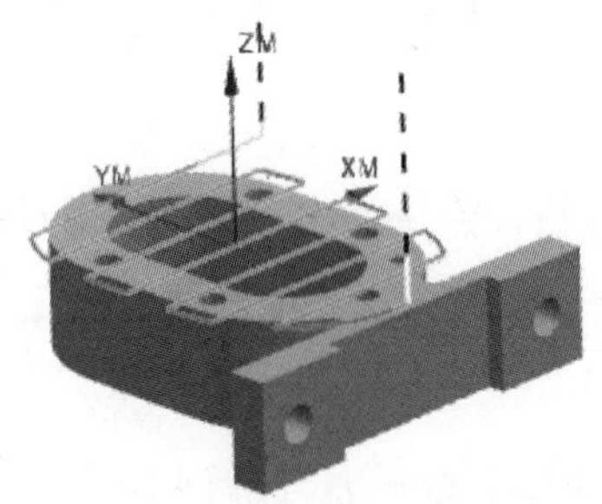

图 48.10　刀路轨迹

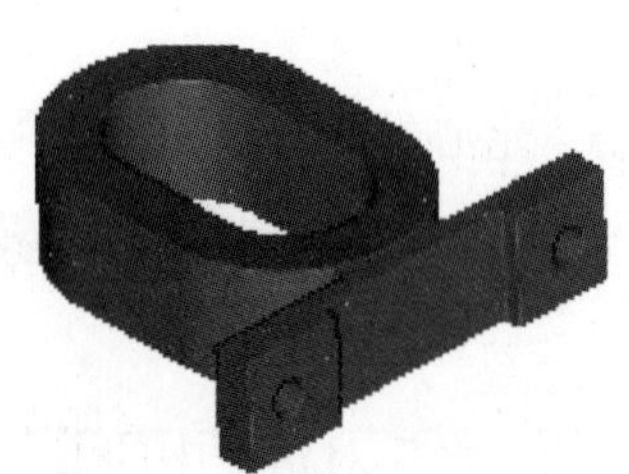
图 48.11　2D 仿真结果

Task5. 创建钻孔工序

Stage1. 插入工序

Step1. 选择下拉菜单插入(S) ➡ 工序(E)...命令，系统弹出“创建工序”对话框。

Step2. 在 “创建工序”对话框类型下拉列表中选择drill选项，在工序子类型区域中选择“SPOT_DRILLING”按钮，在刀具下拉列表中选择前面设置的刀具S2 (钻刀)选项，在几何体下拉列表中选择WORKPIECE选项，其他参数采用系统默认设置值。

Step3. 单击“创建工序”对话框中的确定按钮，系统弹出 “定心钻”对话框。

Stage2．指定钻孔点

Step1．指定钻孔点。

（1）单击“钻”对话框指定孔右侧的按钮，系统弹出 “点到点几何体”对话框，单击选择按钮，选择面上所有孔按钮，选取图 48.12 所示的面，单击两次确定按钮，系统返回 “点到点几何体”对话框。

（2）单击“点到点几何体”对话框中的优化按钮，在优化点的提示下，单击最短刀轨按钮，然后单击优化按钮，单击接受按钮，单击确定按钮，结果如图 48.13 所示。

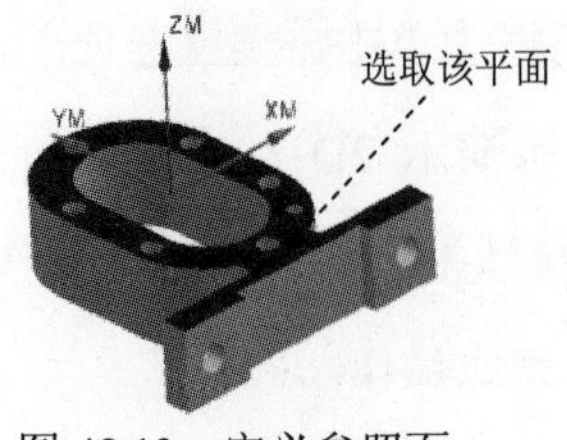

图 48.12　定义参照面

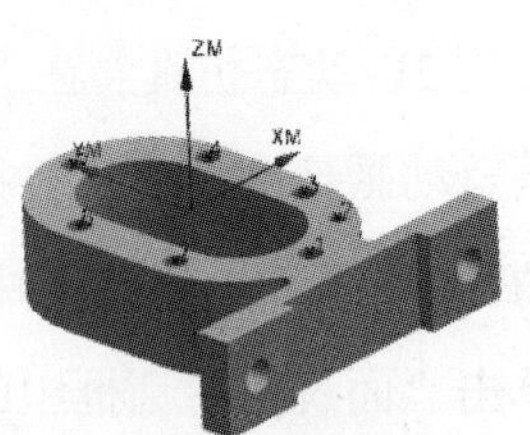

图 48.13　优化后

Step2．指定顶面。

（1）单击“定心钻”对话框中指定顶面右侧的按钮，系统弹出“顶面”对话框。

（2）在“顶面”对话框中的顶面选项下拉列表中选择面选项，然后选取图 48.14 所示的面。

（3）单击“顶面”对话框中的确定按钮，返回“定心钻”对话框。

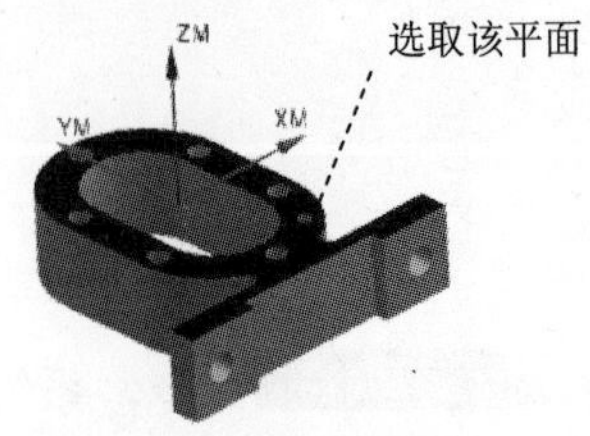

图 48.14　指定部件表面

Stage3．设置刀轴

在“定心钻”对话框中刀轴区域选择系统默认的+ZM 轴作为要加工孔的轴线方向。

说明：如果当前加工坐标系的 ZM 轴与要加工孔的轴线方向不同，可选择刀轴区域的轴下拉列表中的选项重新指定刀具轴线的方向。

Stage4．设置循环控制参数

Step1．在“定心钻”对话框循环类型区域的循环下拉列表中选择标准钻...选项，单击“编辑参数”按钮，系统弹出 “指定参数组”对话框。

Step2．在“指定参数组”对话框中采用系统默认的参数组序号 1，单击确定按钮，系统弹出 “Cycle 参数”对话框，单击Depth (Tip) - 0.0000按钮，系统弹出 “Cycle 深度”对话框。

Step3．在“Cycle 深度”对话框中单击刀尖深度按钮，在深度文本框中输入 3，单击确定按钮，系统返回“Cycle 参数”对话框。单击确定按钮，系统返回“定心钻”对话框。

Stage5．避让设置

Step1．单击“定心钻”对话框中的“避让”按钮，在铣避让控制的提示下，单击Clearance Plane -活动的按钮，系统弹出“安全平面”对话框。

Step2．单击“安全平面”对话框中的指定按钮，系统弹出 “平面”对话框，在类型区域的下拉列表框中选择XC-YC 平面选项。在偏置和参考区域中距离的文本框中输入值为 20，并按 Enter 键确认，单击确定按钮，结果如图 48.15 所示。

Step3．单击“安全平面”对话框中的确定按钮，在铣避让控制的提示下，单击确定按钮，完成安全平面的设置，返回“定心钻”对话框。

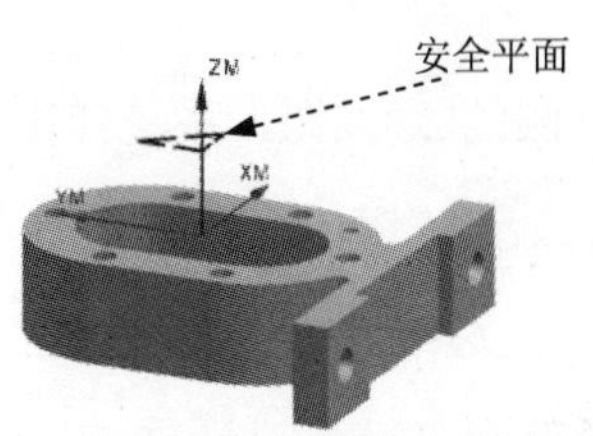

图 48.15　创建安全平面

Stage6．设置进给率和速度

Step1．单击“定心钻”对话框中的“进给率和速度”按钮，系统弹出“进给率和速度”对话框。

Step2．在“进给率和速度”对话框中选中主轴速度 (rpm)复选框，然后在其文本框中输入值 3000.0，按 Enter 键，然后单击按钮，在切削文本框中输入值 150.0，按 Enter 键，然后单击按钮，其他参数采用系统默认设置值，单击确定按钮。

Stage7．生成刀路轨迹并仿真

生成的刀路轨迹如图 48.16 所示，2D 动态仿真加工后结果如图 48.17 所示。

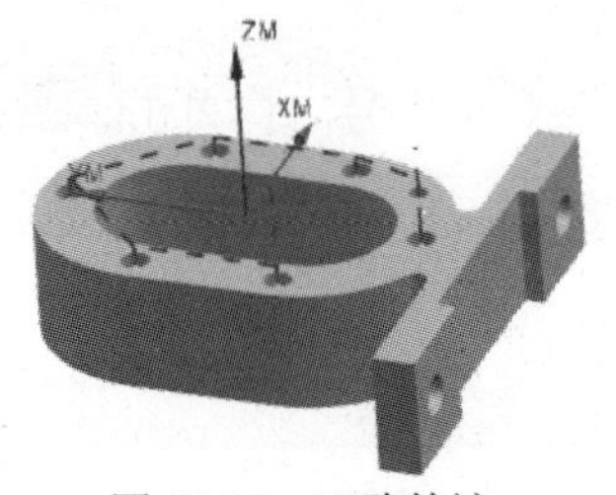

图 48.16 刀路轨迹

图 48.17 2D 仿真结果

Task6．创建镗孔工序 1

Stage1．创建工序

Step1. 选择下拉菜单 插入(S) ➡ 工序(E)... 命令，系统弹出 “创建工序” 对话框。

Step2. 在“创建工序”对话框 类型 下拉列表中选择 drill 选项，在 工序子类型 区域中选择“DRILLING”按钮，在 刀具 下拉列表中选择前面设置的刀具 DR6 (钻刀) 选项，在 几何体 下拉列表中选择 WORKPIECE 选项，其他参数采用系统默认设置值。

Step3. 单击“创建工序”对话框中的 确定 按钮，系统弹出 “钻” 对话框。

Stage2．指定镗孔点

Step1. 指定镗孔点。

（1）单击“钻”对话框中 指定孔 右侧的按钮，系统弹出“点到点几何体”对话框，单击 选择 按钮，系统弹出“点位选择”对话框。

（2）在图形区选取图 48.18 所示的孔边线，分别在“点位选择”对话框和“点到点几何体”对话框中单击 确定 按钮，系统返回“钻”对话框。

Step2. 指定顶面和底面。

（1）单击“钻”对话框中 指定顶面 右侧的按钮，系统弹出“顶面”对话框。

（2）在“顶面”对话框中的 顶面选项 下拉列表中选择 面 选项，然后选取图 48.19 所示的面。

（3）单击“顶面”对话框中的 确定 按钮，返回“钻”对话框。

（4）单击“钻”对话框中 指定底面 右侧的按钮，系统弹出“底面”对话框。

（5）在“底面”对话框中的 底面选项 下拉列表中选择 面 选项，然后选取图 48.20 所示的面。

（6）单击“底面”对话框中的 确定 按钮，返回“钻”对话框。

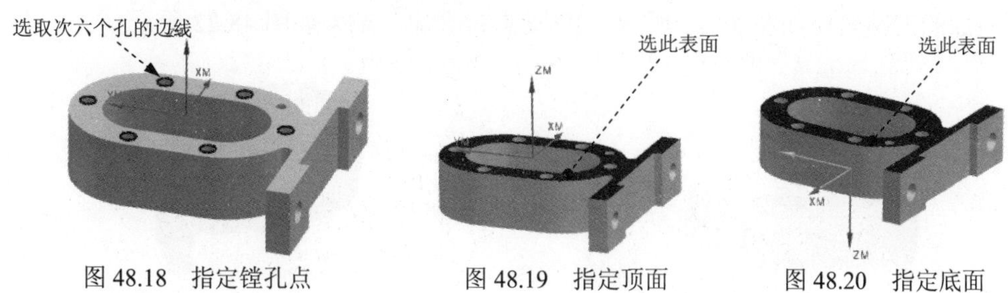

图 48.18　指定镗孔点　　图 48.19　指定顶面　　图 48.20　指定底面

Stage3．设置刀轴

在“钻”对话框 刀轴 区域选择系统默认的 +ZM 轴 作为要加工孔的轴线方向。

Stage4．设置循环控制参数

Step1. 在“钻”对话框 循环类型 区域的 循环 下拉列表中选择 标准镗... 选项，单击“编辑参数”按钮，系统弹出“指定参数组”对话框。

Step2. 在“指定参数组”对话框中采用系统默认的参数设置值，单击 确定 按钮，系统弹出“Cycle 参数”对话框，单击 Depth -模型深度 按钮，系统弹出“Cycle 深度”对话框。

Step3. 在“Cycle 深度”对话框单击 穿过底面 按钮，系统返回“Cycle 参数”对话框。

Step4. 单击“Cycle 参数”对话框中的 确定 按钮，返回“钻”对话框。

Stage5．避让设置

单击“钻”对话框中的“避让”按钮，在 铣避让控制 的提示下，单击 Redisplay Avoidance Geometry 按钮，，然后单击 确定 按钮，返回“钻”对话框。

Stage6．设置进给率和速度

Step1. 单击“钻”对话框中的“进给率和速度”按钮，系统弹出“进给率和速度”对话框。

Step2. 在“进给率和速度”对话框中选中 ☑ 主轴速度 (rpm) 复选框，然后在其文本框中输入值 1500.0，按 Enter 键，然后单击按钮，在“进给率”区域的 切削 文本框中输入值 200.0，按 Enter 键，然后单击按钮，其他参数采用系统默认设置值，单击 确定 按钮。

Stage7．生成刀路轨迹并仿真

生成的刀路轨迹如图 48.21 所示，2D 动态仿真加工结果如图 48.22 所示。

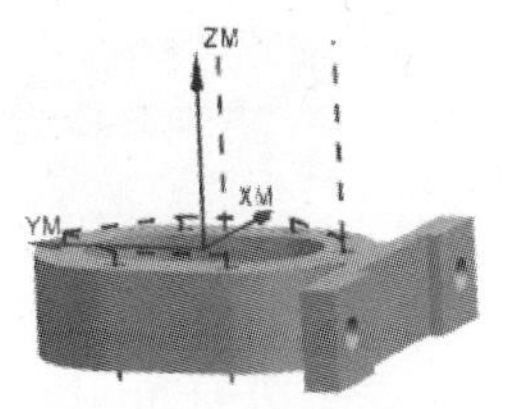

图 48.21　刀路轨迹

图 48.22　2D 仿真结果

Task7．创建镗孔工序 2

Step1. 复制镗孔工序。在工序导航器的 DRILLING 节点上单击鼠标右键，在弹出的快捷菜单中选择 复制 命令。

Step2. 粘贴钻孔工序。在工序导航器的 DR4 节点上单击鼠标右键，在弹出的快捷菜单中选择 内部粘贴 命令。

Step3. 修改操作名称。在工序导航器的 DRILLING_COPY 节点上单击鼠标右键，在弹出的快捷菜单中选择 重命名 命令，将其名称改为“DRILLING_D4”。

Step4. 重新定义操作。

（1）双击 Step3 改名的 DRILLING_D4 节点，系统弹出“钻”对话框。

（2）在“钻”对话框中单击 指定孔 右侧的按钮，系统弹出“点到点几何体”对话框，单击 选择 按钮，系统消息区出现提示“省略现有点吗？”，此时在系统弹出的对话框中单击 是 按钮，系统弹出“点位选择”对话框。

（3）在图形区中选取图 48.23 所示的孔的边线，单击“点位选择”对话框中 确定 按钮，被选择的孔被自动编号。

（4）单击“点到点几何体”对话框中的 确定 按钮，返回“钻”对话框。

（5）在“钻”对话框 刀具 区域的 刀具 下拉列表中选择默认的前面创建的 5 号刀具 DR4（钻刀）。

（6） 设置主轴速度。单击“钻”对话框中的“进给率和速度”按钮，系统弹出“进给率和速度”对话框。然后在 ☑ 主轴速度（rpm）复选框的文本框中输入值 2000.0，按 Enter 键，然后单击按钮，单击 确定 按钮，返回“钻”对话框。

Step5. 单击“生成”按钮，生成的刀路轨迹如图 48.24 所示。2D 动态仿真加工结果

如图 48.25 所示。

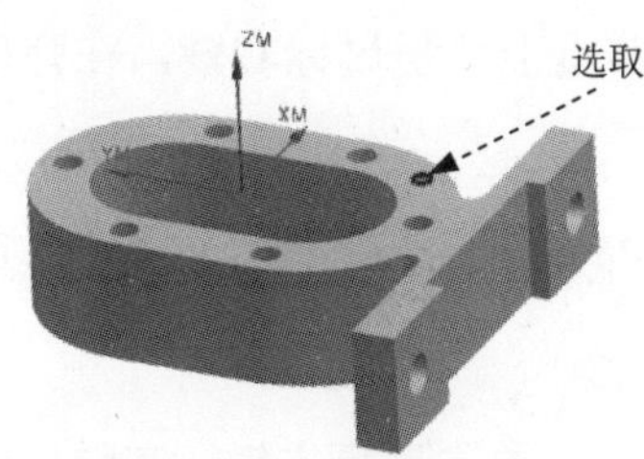

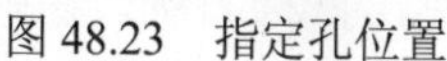
图 48.23　指定孔位置

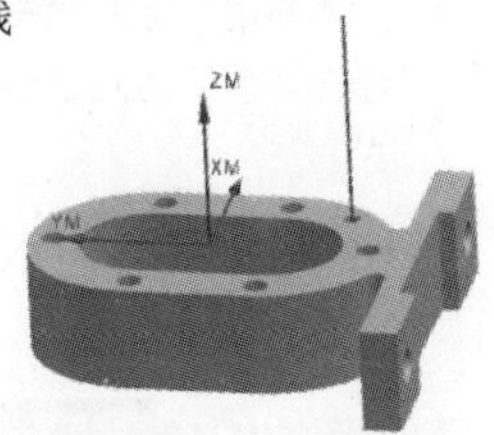

图 48.24　刀路轨迹

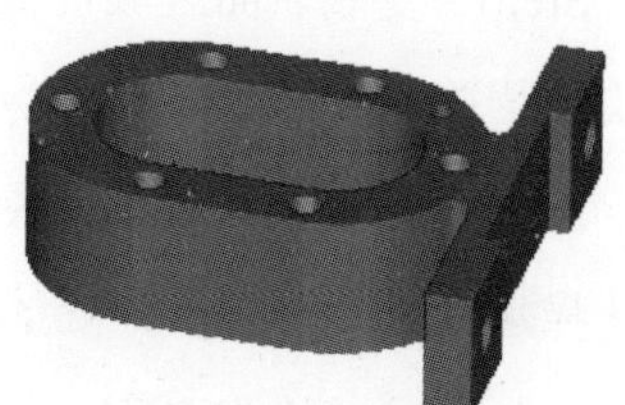
图 48.25　2D 仿真结果

Task8. 创建表面区域铣工序 2

Step1. 复制表面区域铣工序。在工序导航器的 FACE_01 节点上单击鼠标右键，在弹出的快捷菜单中选择 复制 命令。

Step2. 粘贴钻孔工序。在工序导航器的 FACE_01 节点上单击鼠标右键，在弹出的快捷菜单中选择 粘贴 命令。

Step3. 修改操作名称。在工序导航器的 DRILLING_COPY 节点上单击鼠标右键，在弹出的快捷菜单中选择 重命名 命令，将其名称改为“FACE_02”。

Step4. 重新定义操作。

（1）双击 Step3 改名的 FACE_02 节点，系统弹出“面铣”对话框。

（2）在 几何体 区域中单击“选择或编辑面几何体”按钮，系统弹出“指定面几何体”对话框。然后单击 移除 按钮，单击 附加 按钮。

（3）在“指定面几何体”对话框中选取“主要”选项卡，然后单击 过滤器类型 区域中的“曲线边界”按钮，选取图 48.26 所示的边线为参照，单击 创建下一个边界 按钮，单击“指定面几何体”对话框的两次 确定 按钮，系统返回到 “面铣”对话框。

（4）在 刀轴 区域 轴 的下拉列表中选择 指定矢量 选项。在 指定矢量 的下拉列表中选取 -ZC 选项。其他参数采用系统默认设置值，

（5）单击“生成”按钮，生成的刀路轨迹如图 48.27 所示。2D 动态仿真加工结果如图 48.28 所示。

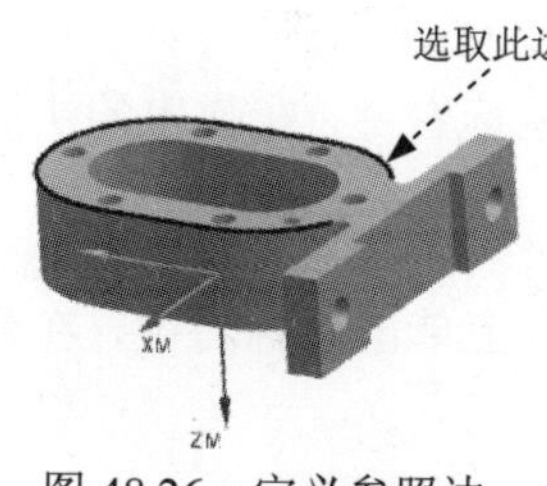

图 48.26　定义参照边

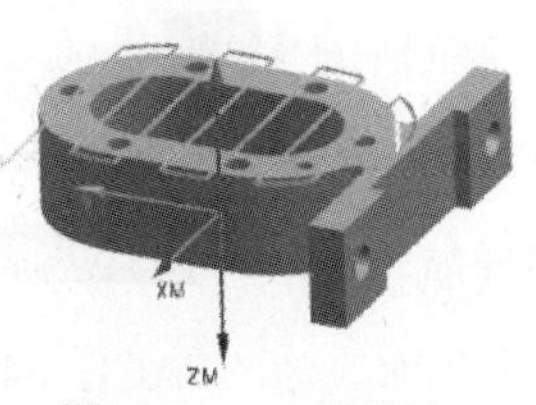

图 48.27　刀路轨迹

图 48.28　2D 仿真结果

Task9．创建表面区域铣工序 3

Step1. 复制表面区域铣工序。在工序导航器的 FACE_02 节点上单击鼠标右键，在弹出的快捷菜单中选择 复制 命令。

Step2. 粘贴钻孔工序。在工序导航器的 D16 节点上单击鼠标右键，在弹出的快捷菜单中选择 内部粘贴 命令。

Step3. 修改操作名称。在工序导航器的 FACE_02_COPY 节点上单击鼠标右键，在弹出的快捷菜单中选择 重命名 命令，将其名称改为“FACE_03”。

Step4. 重新定义操作。

（1）双击 Step3 改名的 FACE_03 节点，系统弹出“面铣”对话框。

（2）设置步进方式。在 步距 下拉列表中选择 刀具平直百分比 选项，在 平面直径百分比 文本框中输入值 35.0，在 毛坯距离 文本框中输入值 3.0，在 每刀深度 文本框中输入值 0，在 最终底面余量 文本框中输入值 0。

（3）设置主轴速度。单击“钻”对话框中的“进给率和速度”按钮，系统弹出“进给率和速度”对话框。然后在 ☑ 主轴速度 (rpm) 复选框的文本框中输入值 1800.0，按 Enter 键，然后单击按钮，单击 确定 按钮，返回“面铣”对话框。其他参数采用系统默认设置值。

（4）单击“生成”按钮，生成的刀路轨迹如图 48.29 所示。2D 动态仿真加工结果如图 48.30 所示。

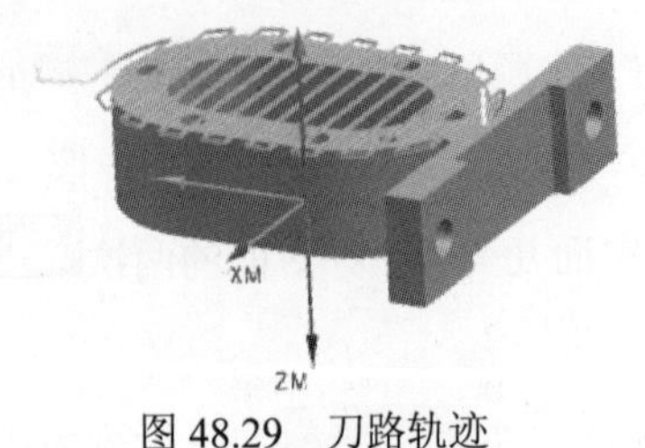

图 48.29　刀路轨迹

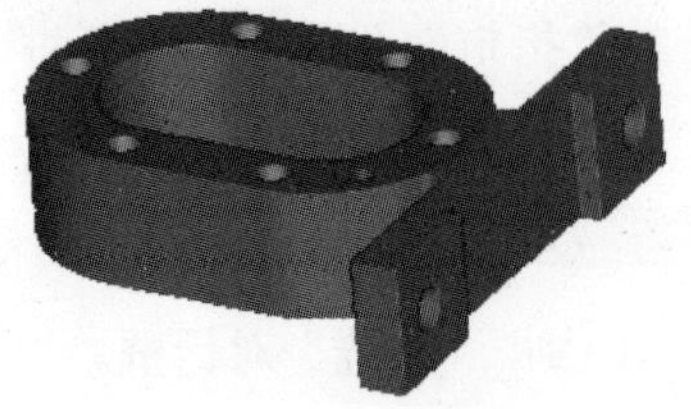

图 48.30　2D 仿真结果

Task10．创建表面区域铣工序 4

Step1. 复制表面区域铣工序。在工序导航器的 FACE_01 节点上单击鼠标右键，在弹出的快捷菜单中选择 复制 命令。

Step2. 粘贴钻孔工序。在工序导航器的 D16 节点上单击鼠标右键，在弹出的快捷菜单中选择 内部粘贴 命令。

Step3. 修改操作名称。在工序导航器的 FACE_01_COPY 节点上单击鼠标右键，在弹出的快捷菜单中选择 重命名 命令，将其名称改为“FACE_04”。

Step4. 重新定义操作。

（1）双击 Step3 改名的 FACE_04 节点，系统弹出“面铣”对话框。

（2）设置步进方式。在步距下拉列表中选择刀具平直百分比选项，在平面直径百分比文本框中输入值 35.0，在毛坯距离文本框中输入值 3.0，在每刀深度文本框中输入值 0，在最终底面余量文本框中输入值 0。

（3）设置主轴速度。单击“面铣”对话框中的“进给率和速度”按钮，系统弹出“进给率和速度”对话框。然后在☑ 主轴速度 (rpm) 复选框的文本框中输入值 1800.0，按 Enter 键，然后单击按钮，单击确定按钮，返回“面铣”对话框。其他参数采用系统默认设置值。

（4）单击“生成”按钮，生成的刀路轨迹如图 48.31 所示。2D 动态仿真加工结果如图 48.32 所示。

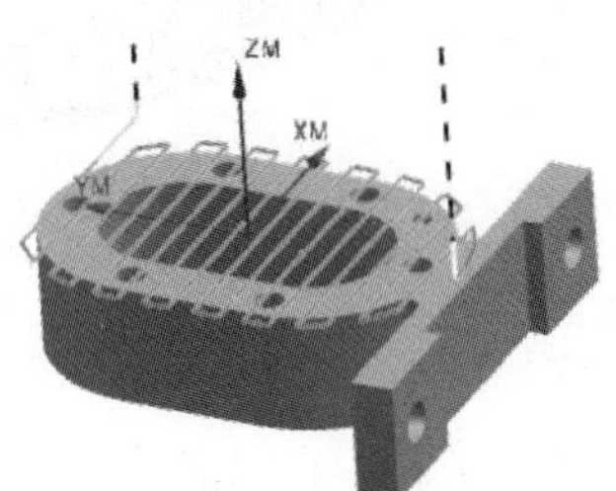

图 48.31　刀路轨迹

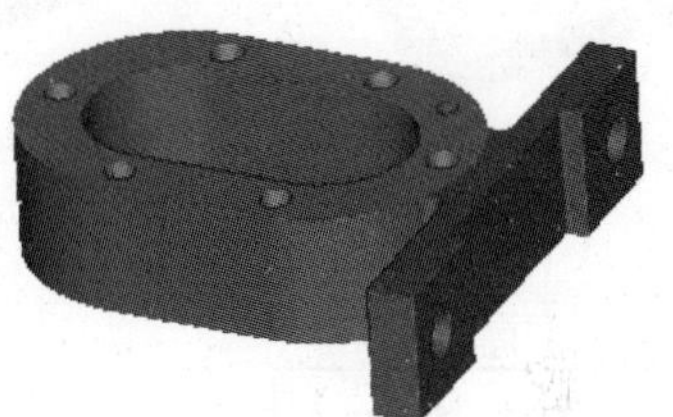
图 48.32　2D 仿真结果

Task11．保存文件

选择下拉菜单文件(F) → 保存(S)命令，保存文件。

实例49　轨 迹 铣 削

使用轨迹铣削，刀具可沿着用户定义的任意轨迹进行扫描，主要用于扫描类特征零件的加工。不同形状的工件所使用的刀具外形将有所不同，刀具的选择要根据所加工的沟槽形状来定义。因此，在指定加工工艺时，一定要考虑到刀具的外形。

下面介绍图49.1所示的轨迹铣削的加工过程，其加工工艺路线如图49.2和图49.3所示。

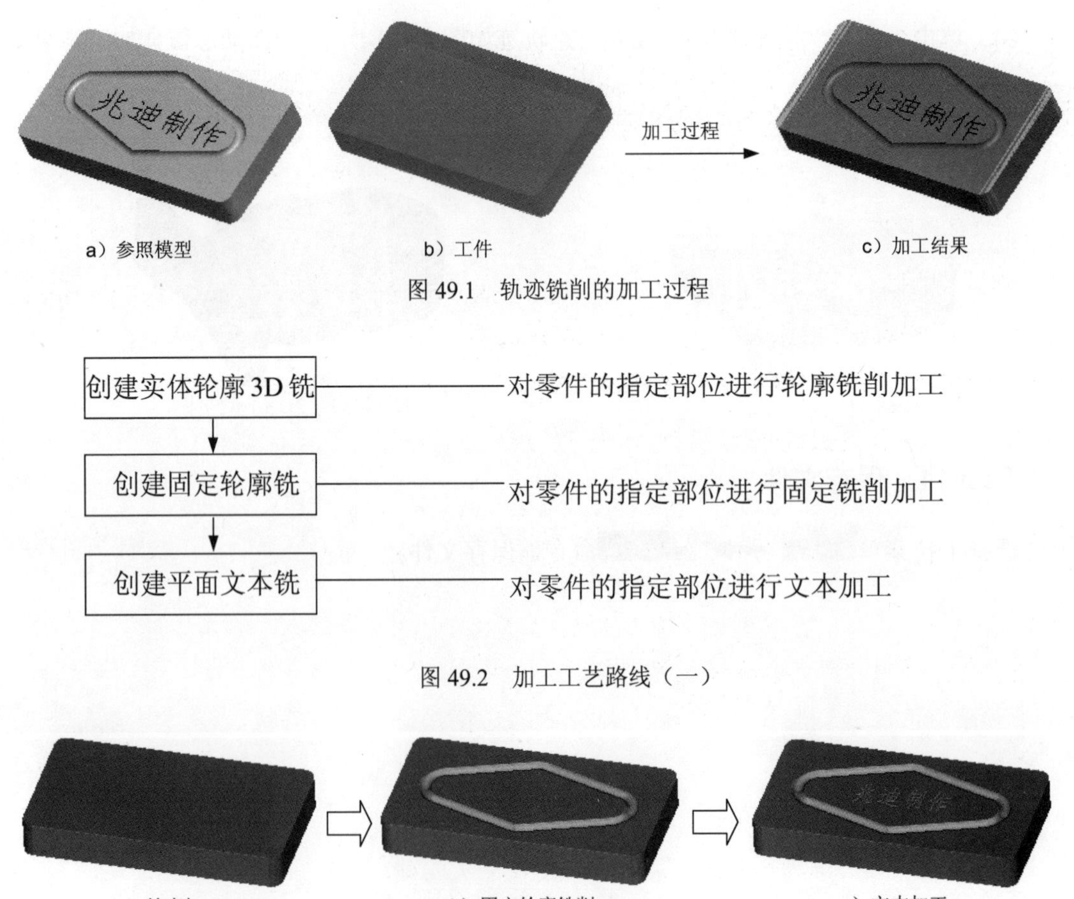

图49.1　轨迹铣削的加工过程

图49.2　加工工艺路线（一）

图49.3　加工工艺路线（二）

其加工操作过程如下：

Task1．打开模型文件并进入加工模块

Step1．打开模型文件 D:\ugins8\work\ch11\ins49\ trajectory.prt。

Step2．进入加工环境。选择下拉菜单 开始 → 加工(N)... 命令，系统弹出“加工环境”对话框；在“加工环境”对话框的 CAM 会话配置 列表框中选择 cam_general 选项，在 要创建的 CAM 设置 列表框中选择 mill contour 选项，单击 确定 按钮，进入加工环境。

Task2．创建几何体

Stage1．创建机床坐标系

Step1．将工序导航器调整到几何视图，双击节点 MCS_MILL，系统弹出“Mill Orient”对话框，在“Mill Orient”对话框的 机床坐标系 选项区域中单击“CSYS 对话框”按钮，系统弹出“CSYS”对话框。

Step2．单击“CSYS”对话框 操控器 区域中的“操控器”按钮，系统弹出“点”对话框，在“点”对话框的 Z 文本框中输入值 30.0，单击 确定 按钮，此时系统返回至“CSYS”对话框，在该对话框中单击 确定 按钮，完成图 49.4 所示机床坐标系的创建。

Step3．单击 确定 按钮，关闭“Mill Orient”对话框。

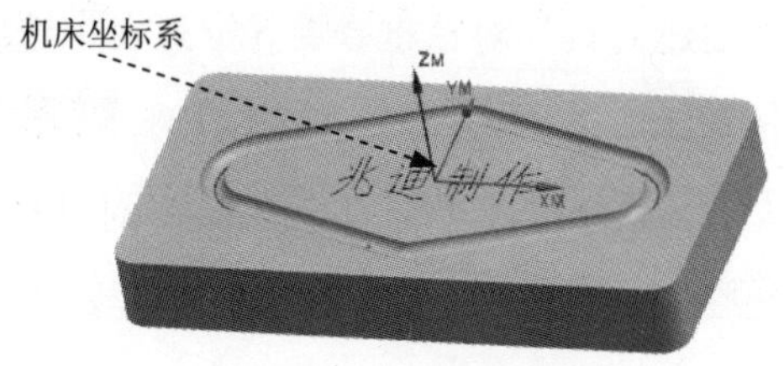

图 49.4 创建机床坐标系

Stage2．创建部件几何体

Step1．在工序导航器中双击 MCS_MILL 节点下的 WORKPIECE，系统弹出“铣削几何体”对话框。

Step2．选取部件几何体。在“铣削几何体”对话框中单击按钮，系统弹出“部件几何体”对话框。

Step3.在图形区中框选整个零件为部件几何体，如图 49.5 所示。

Step4．在“部件几何体”对话框中单击 确定 按钮，完成部件几何体的创建，同时系统返回到“铣削几何体”对话框。

Stage3. 创建毛坯几何体

Step1. 在“铣削几何体”对话框中单击按钮，系统弹出“毛坯几何体”对话框。

Step2. 在“毛坯几何体”对话框的类型下拉列表中选择部件凸包选项，在偏置区域的偏置文本框中输入值 2.0。

Step3. 单击“毛坯几何体”对话框中的确定按钮，系统返回到“铣削几何体”对话框，完成图 49.6 所示毛坯几何体的创建。

Step4. 单击“铣削几何体”对话框中的确定按钮。

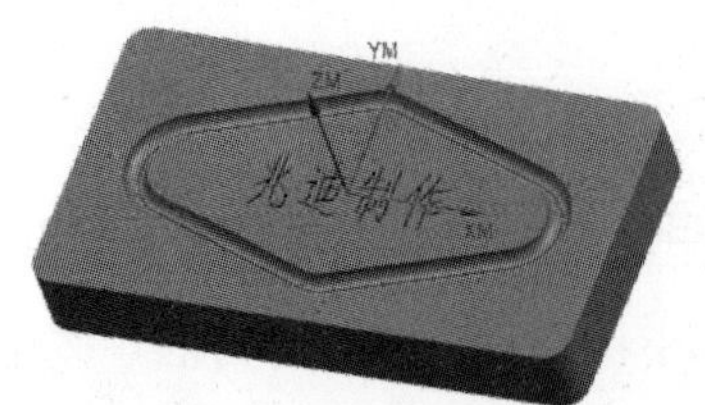

图 49.5　部件几何体

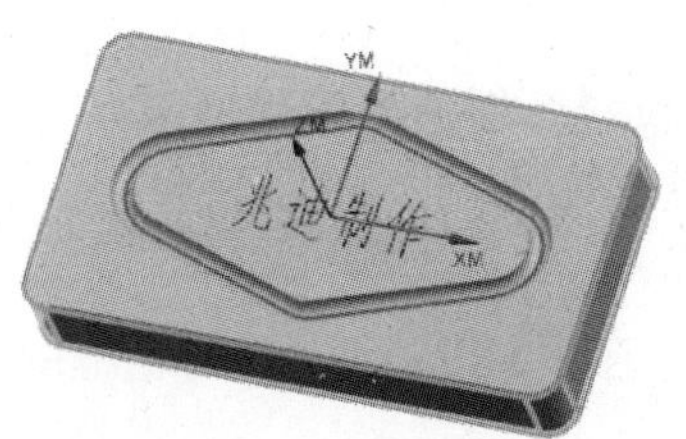

图 49.6　毛坯几何体

Task3. 创建刀具

Stage1. 创建刀具（一）

Step1. 选择下拉菜单插入(S) → 刀具(T)...命令，系统弹出 “创建刀具”对话框。

Step2. 确定刀具类型。在“创建刀具”对话框类型下拉列表中选择mill_contour选项，在刀具子类型区域中选择“MILL”按钮，在刀具下拉列表中选择GENERIC_MACHINE选项，在名称文本框中输入 d20，单击确定按钮，系统弹出“铣刀-5 参数”对话框。

Step3. 设置刀具参数。在(D) 直径文本框中输入值 20.0，其他参数采用系统默认设置值，单击确定按钮，完成刀具的创建。

Stage2. 创建刀具（二）

设置刀具类型为mill_contour选项，刀具子类型单击选择“BALL_MILL”按钮，刀具名称为 B10，刀具(D) 球直径为 10.0，其他参数采用系统默认设置值，具体操作方法参照 Stage1。

Stage3. 创建刀具（三）

设置刀具类型为mill_contour选项，在刀具子类型区域单击选择“BALL_MILL”按钮，刀具名称为 B2，刀具(D) 球直径为 2.0， (B) 锥角为 15，(L) 长度为 10，(FL) 刀刃长度为 5。具体操作方法参照 Stage1。

Task4．创建实体轮廓 3D 铣操作

Stage1．创建工序

Step1. 选择下拉菜单 插入(S) ➡ 工序(E)... 命令，系统弹出“创建工序”对话框。

Step2. 确定加工方法。在“创建工序”对话框的 类型 下拉列表中选择 mill_contour 选项，在 工序子类型 区域中选择“SOLID_PROFILE_3D”按钮，在 程序 下拉列表中选择 PROGRAM 选项，在 刀具 下拉列表中选择 D20（铣刀-5 参数）选项，在 几何体 下拉列表中选择 WORKPIECE 选项，在 方法 下拉列表中选择 MILL_FINISH 选项，单击 确定 按钮，系统弹出 “实体轮廓 3D 铣”对话框。

Stage2．指定壁

Step1. 指定壁。在 几何体 区域中单击“指定壁”按钮，系统会弹出“壁几何体”对话框。

Step2. 选取图 49.7 所示的面为参照，单击 确定 按钮，完成指定壁的创建。

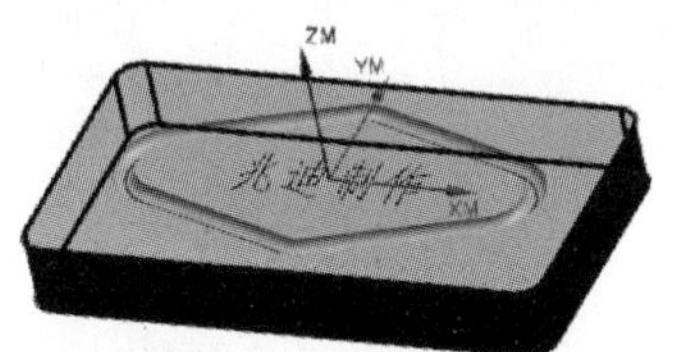

图 49.7　定义参照面

Stage3．设置刀具路径参数

Step1. 在“实体轮廓 3D 铣”对话框 刀轨设置 区域中 跟随 的下拉列表中选择 壁的底部 选项。

Step2. 在 Z-深度偏置 的文本框中输入值 2，其他参数采用系统默认设置值。

Stage4．设置切削参数

Step1. 单击“实体轮廓 3D 铣”对话框中“切削参数”按钮，系统弹出“切削参数”对话框。

Step2. 在“切削参数”对话框中单击 多刀路 选项卡，设置图 49.8 所示的参数。

Step3. 在“切削参数”对话框中单击 余量 选项卡，在 公差 区域的 内公差 的文本框输入 0.01，在 外公差 的文本框输入 0.01，单击 确定 按钮，系统返回到“实体轮廓 3D 铣”对话框。

Stage5．设置非切削移动参数

Step1. 在“实体轮廓 3D 铣”对话框中单击“非切削移动”按钮，系统弹出“非切

削移动”对话框。

Step2. 单击“非切削移动”对话框中的起点/钻点选项卡，在区域起点区域默认区域起点的下拉列表中选取拐角选项。单击选择点区域中的“点对话框”按钮，系统弹出“点”对话框，选取图 49.9 所示的点为参照。单击确定按钮，系统返回“非切削移动”对话框。单击确定按钮，系统返回“实体轮廓 3D 铣”对话框。

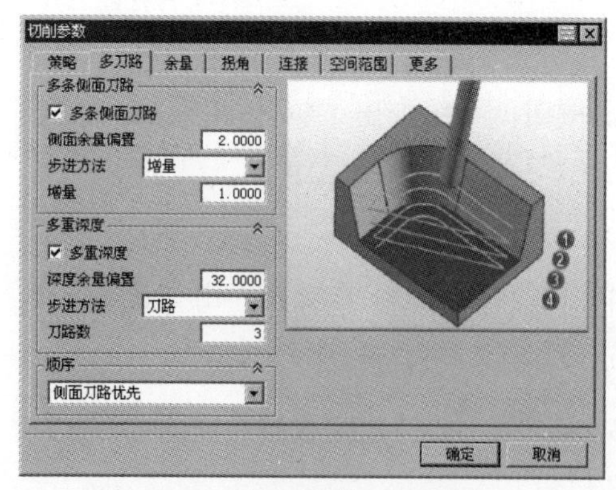

图 49.8 “切削参数”对话框

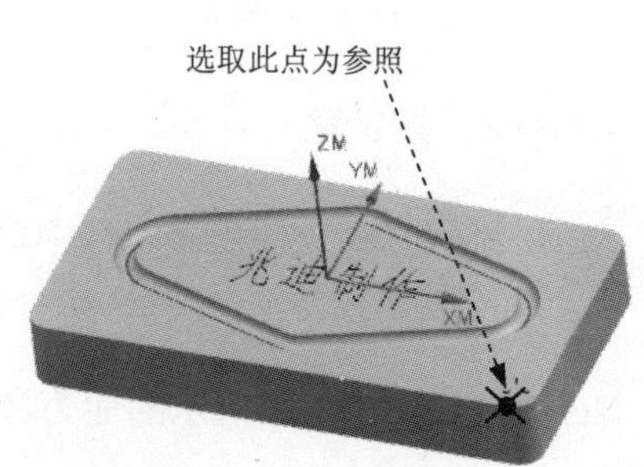

图 49.9 定义参照点

Stage6. 设置进给率和速度

Step1. 单击“实体轮廓 3D 铣”对话框中的“进给率和速度”按钮，系统弹出“进给率和速度”对话框。

Step2. 在“进给率和速度”对话框中选中☑ 主轴速度 (rpm)复选框，然后在其文本框中输入值 1500.0，在切削文本框中输入值 500.0，按下键盘上的 Enter 键，然后单击按钮，其他参数采用系统默认设置值。

Step3. 单击“进给率和速度”对话框中的确定按钮，完成进给率和速度的设置，系统返回到“实体轮廓 3D 铣”对话框。

Stage7. 生成刀路轨迹并仿真

Step1. 在“实体轮廓 3D 铣”对话框中单击“生成”按钮，在图形区中生成图 49.10 所示的刀路轨迹。

Step2. 在“实体轮廓 3D 铣”对话框中单击“确认”按钮，系统弹出“刀轨可视化”对话框。

Step3. 使用 2D 动态仿真。在“刀轨可视化”对话框中单击2D 动态选项卡，采用系统默认参数设置值，调整动画速度后单击“播放”按钮，即可演示刀具按刀轨运行，完成演示后的模型如图 49.11 所示，仿真完成后单击 确定 按钮，完成仿真操作。

Step4. 单击 确定 按钮，完成操作。

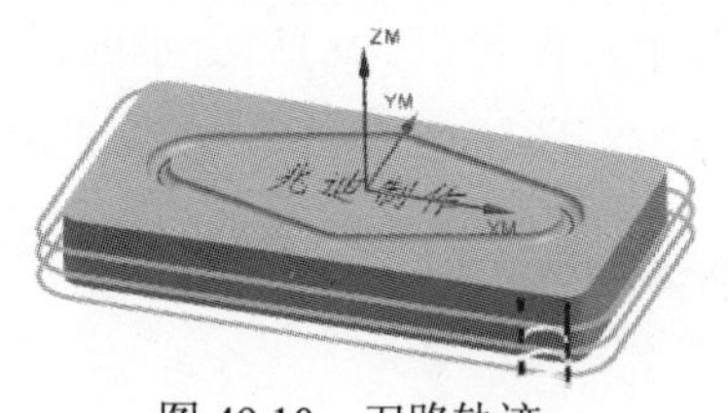

图 49.10　刀路轨迹

图 49.11　2D 仿真结果

Task5. 创建固定轮廓铣

Stage1. 创建工序

Step1. 选择下拉菜单 插入(S) → 工序(E)... 命令，系统弹出“创建工序”对话框。

Step2. 确定加工方法。在“创建工序”对话框的 类型 下拉列表中选择 mill_contour 选项，在 工序子类型 区域中选择“FIXED_CONTOUR”按钮，在 程序 下拉列表中选择 PROGRAM 选项，在 刀具 下拉列表中选择 B10（铣刀-球头铣）选项，在 几何体 下拉列表中选择 WORKPIECE 选项，在 方法 下拉列表中选择 MILL_FINISH 选项，单击 确定 按钮，系统弹出 “固定轮廓铣”对话框。

Stage2. 设置一般参数

Step1. 确定驱动方法。在 驱动方法 区域 方法 的下拉列表中选择 曲线/点 选项，系统弹出“曲线/点驱动方法”对话框。选取图 49.12 所示的曲线为参照。

Step2. 在 驱动设置 区域 切削步长 的下拉列表中选择 公差 选项，在 公差 的文本框输入 0.001。单击 确定 按钮，系统返回 “固定轮廓铣”对话框。

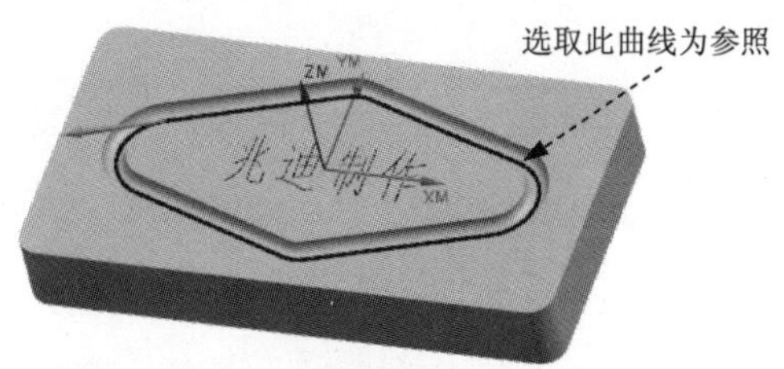

图 49.12　定义参照曲线

Step3. 在 投影矢量 区域 矢量 的下拉列表中选择 刀轴 选项；在 刀轴 区域 轴 的下拉列表中选择 +ZM 轴 选项。

Stage3. 设置切削参数

Step1. 在刀轨设置区域中单击“切削参数”按钮，系统弹出“切削参数”对话框。

Step2. 在“切削参数”对话框中单击多刀路选项卡，设置图 49.13 所示的参数。单击确定按钮，系统返回到“固定轮廓铣”对话框。

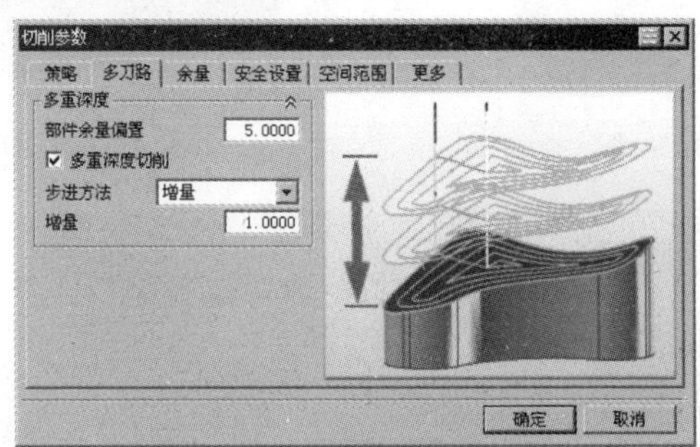

图 49.13 “多刀路”选项卡

Stage4. 设置非切削移动参数

Step1. 在“固定轮廓铣”对话框中单击“非切削移动”按钮，系统弹出“非切削移动”对话框。

Step2. 单击“非切削移动”对话框中的进刀选项卡，在开放区域区域进刀类型的下拉列表中选择圆弧 - 相切逼近选项。其他选项卡参数采用系统默认设置值。单击确定按钮，系统返回“固定轮廓铣”对话框。

Stage5. 设置进给率和速度

Step1. 单击“实体轮廓 3D 铣”对话框中的“进给率和速度”按钮，系统弹出“进给率和速度”对话框。

Step2. 在“进给率和速度”对话框中选中☑ 主轴速度 (rpm)复选框，然后在其文本框中输入值 1600.0，在切削文本框中输入值 500.0，按下 Enter 键，然后单击按钮，其他参数采用系统默认设置值。

Step3. 单击“进给率和速度”对话框中的确定按钮，完成进给率和速度的设置，系统返回到“固定轮廓铣”对话框。

Stage6. 生成刀路轨迹并仿真

Step1. 在“实体轮廓 3D 铣”对话框中单击“生成”按钮，系统弹出“生成刀路”对话框，在显示选项区域取消选中☐ 显示后暂停复选框，单击确定按钮，在图形区中生成图

49.14 所示的刀路轨迹。

Step2. 在“实体轮廓 3D 铣”对话框中单击“确认”按钮，系统弹出“刀轨可视化”对话框。

Step3. 使用 2D 动态仿真。在“刀轨可视化”对话框中单击 2D 动态 选项卡，采用系统默认参数设置值，调整动画速度后单击“播放”按钮，即可演示刀具按刀轨运行，完成演示后的模型如图 49.15 所示，仿真完成后单击 确定 按钮，完成仿真操作。

Step4. 单击 确定 按钮，完成操作。

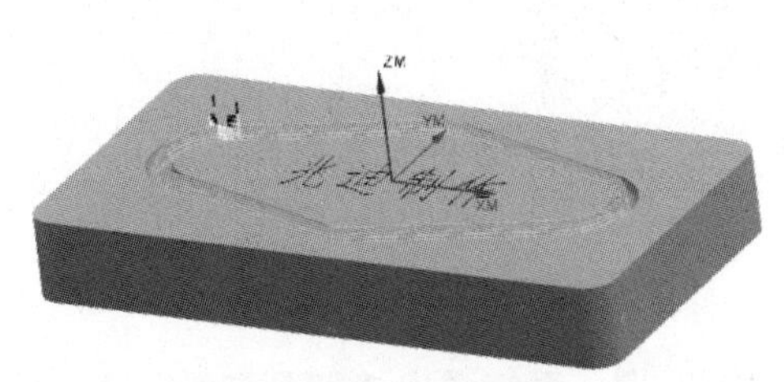

图 49.14　刀路轨迹

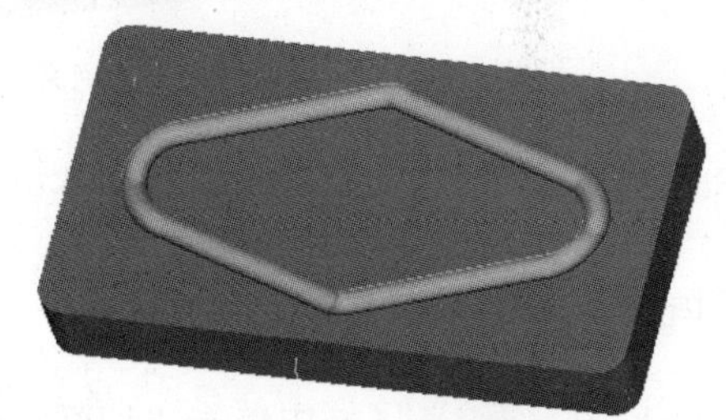

图 49.15　2D 仿真结果

Task6. 创建平面文本铣

Stage1. 创建工序

Step1. 选择下拉菜单 插入(S) → 工序(E)... 命令，系统弹出“创建工序”对话框。

Step2. 确定加工方法。在“创建工序”对话框的 类型 下拉列表中选择 mill_planar 选项，在 工序子类型 区域中选择“PLANAR_TEXT”按钮，在 程序 下拉列表中选择 PROGRAM 选项，在 刀具 下拉列表中选择 B2（铣刀-球头铣）选项，在 几何体 下拉列表中选择 WORKPIECE 选项，在 方法 下拉列表中选择 MILL_FINISH 选项，单击 确定 按钮，系统弹出 “平面文本”对话框。

Stage2. 指定切削区域

Step1. 在 几何体 区域中单击“选择或编辑制图文本几何体”按钮，系统弹出“文本几何体”对话框。选取图 49.16 所示的文字为参照，单击 确定 按钮，系统返回 “平面文本”对话框。

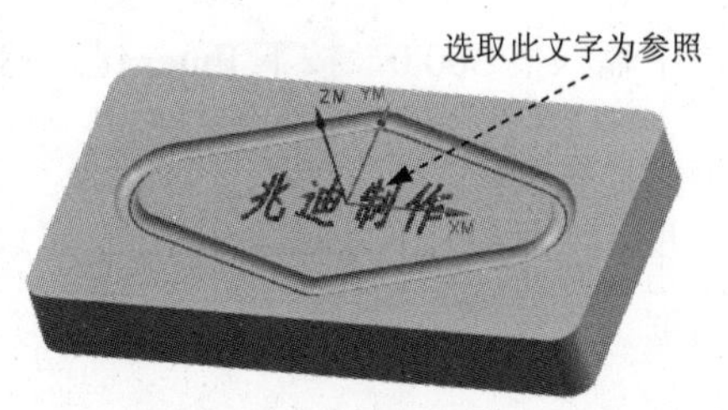

图 49.16　定义参照曲线

Step2. 在几何体区域中单击“选择或编辑底平面几何体”按钮，系统弹出“平面”对话框。选取图 49.17 所示的平面为参照，单击确定按钮，系统返回 “平面文本”对话框。

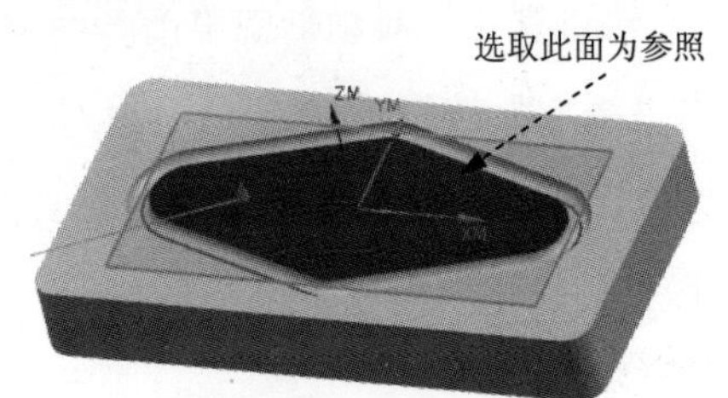

图 49.17 定义参照曲线

Step3. 在刀轨设置区域文本深度的文本框输入 0.5，在每刀深度的文本框输入 0.1。

Stage3. 设置切削参数

Step1. 在刀轨设置区域中单击“切削参数”按钮，系统弹出“切削参数”对话框。

Step2. 在“切削参数”对话框中单击策略选项卡，在切削区域切削顺序的下拉列表中选择深度优先选项，单击确定按钮，系统返回 “平面文本”对话框。

Stage4. 设置非切削移动参数

Step1. 在“平面文本”对话框中单击“非切削移动”按钮，系统弹出“非切削移动”对话框。

Step2. 单击“非切削移动”对话框中的进刀选项卡，在封闭区域区域斜坡角的文本框输入 2，其他选项卡参数采用系统默认设置值。单击确定按钮，系统返回“平面文本”对话框。

Stage5. 设置进给率和速度

Step1. 单击“平面文本”对话框中的“进给率和速度”按钮，系统弹出“进给率和速度”对话框。

Step2. 在“进给率和速度”对话框中选中☑ 主轴速度 (rpm)复选框，然后在其文本框中输入值 8000.0，在切削文本框中输入值 300.0，按下 Enter 键，然后单击按钮，其他参数采用系统默认设置值。

Step3. 单击“进给率和速度”对话框中的确定按钮，完成进给率和速度的设置，系统返回到“固定轮廓铣”对话框。

Stage6．生成刀路轨迹并仿真

生成的刀路轨迹如图 49.18 所示，2D 动态仿真加工结果如图 49.19 所示。

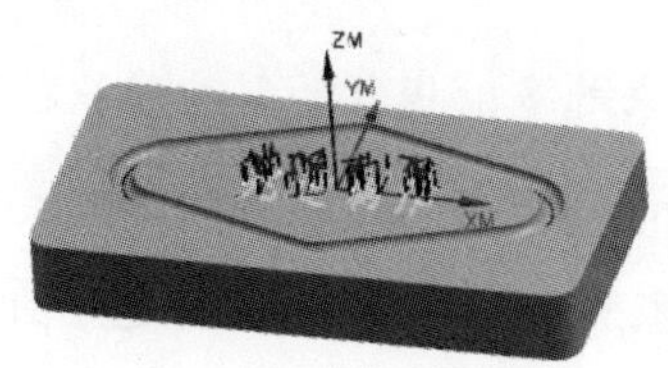

图 49.18　刀路轨迹

图 49.19　2D 仿真结果

Task7．保存文件

选择下拉菜单 文件(F) ➡ 保存(S) 命令，保存文件。

实例50　凸 模 加 工

目前，随着塑料产品越来越多，模具的使用也越来越多。模具的型腔形状往往都十分复杂，加工的精度要求较高，一般的传统加工的工艺设备难以满足模具加工的要求，但随着CAM和数控技术的发展，已有效地解决了这个难题。鉴于UG在模具制造方面的广泛应用，本节以一个简单的凸模的加工为例介绍模具的加工。

下面介绍图50.1所示的凸模零件的加工过程，其加工工艺路线如图50.2和图50.3所示。

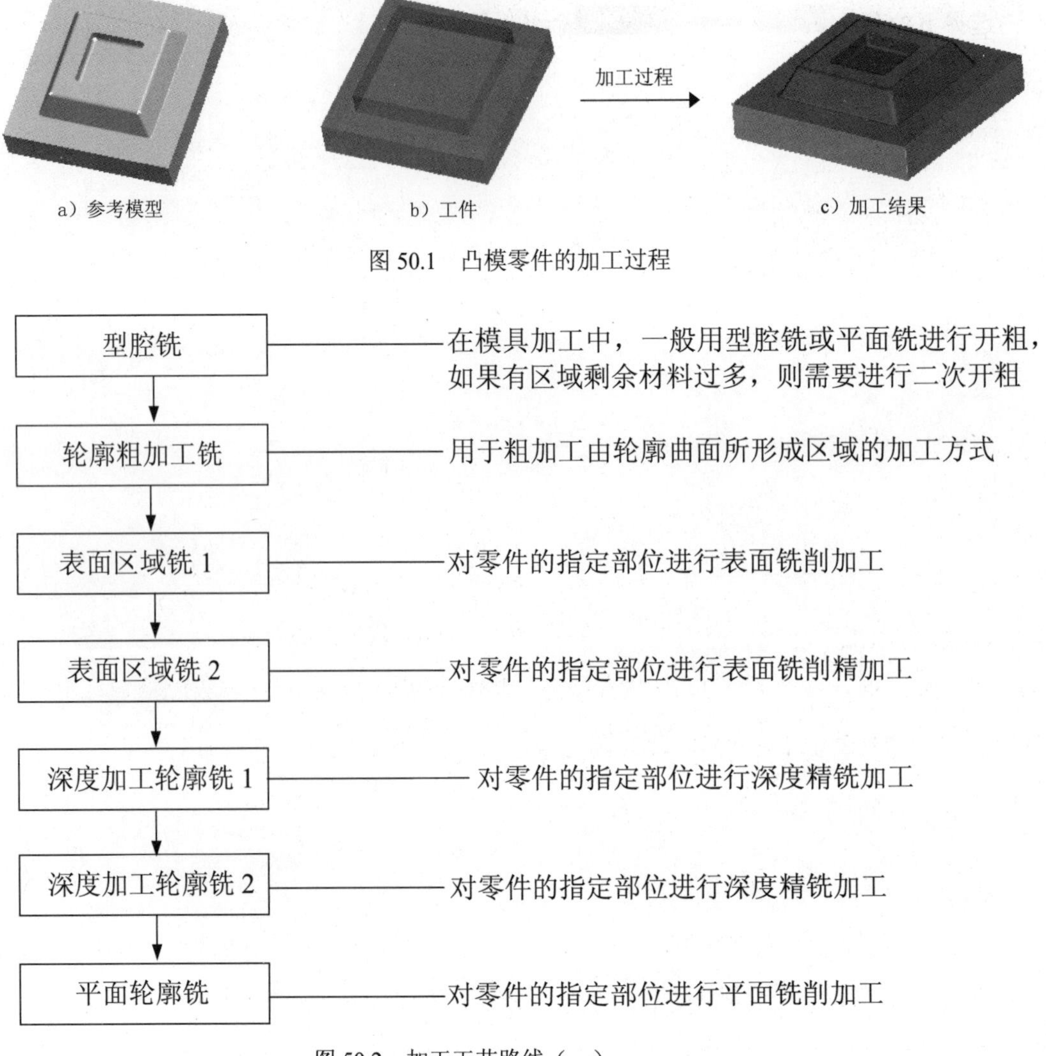

图50.1　凸模零件的加工过程

图50.2　加工工艺路线（一）

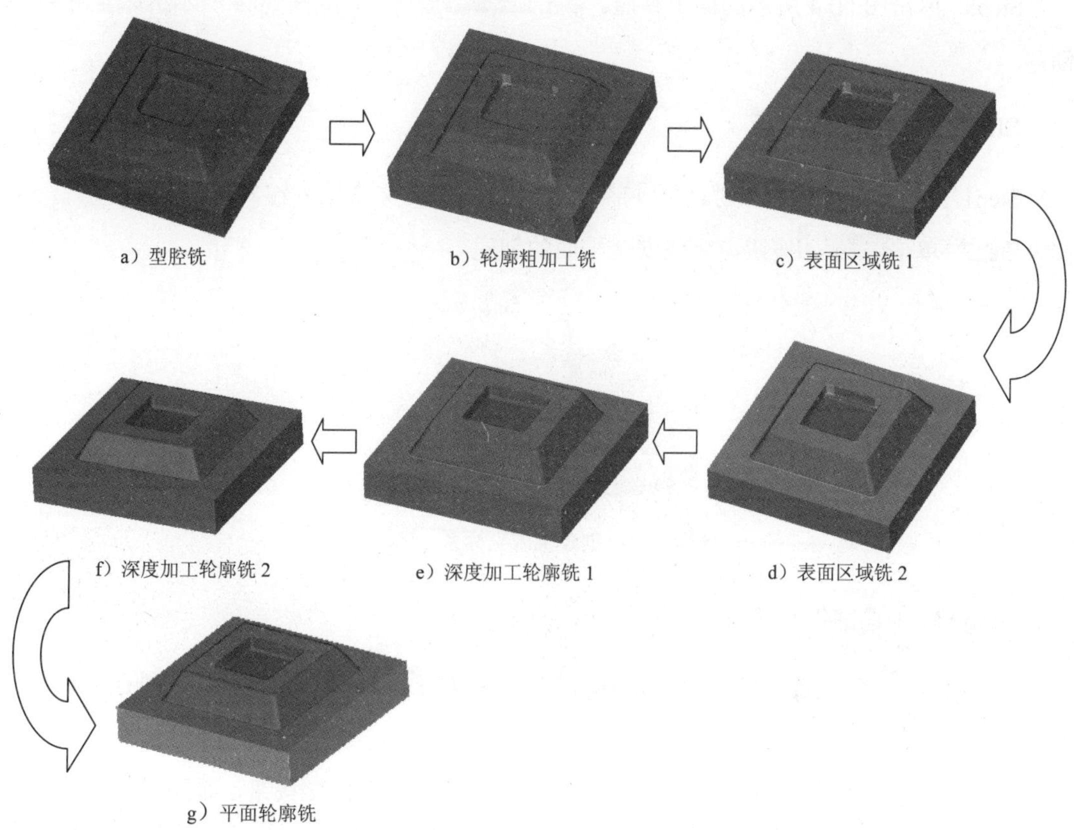

图 50.3　加工工艺路线（二）

其加工操作过程如下：

Task1．打开模型文件并进入加工模块

Step1．打开模型文件 D:\ ugins8\work\ch11\ins50\ male_modl_asm.prt。

Step2．进入加工环境。选择下拉菜单 开始▾ → 加工(N)... 命令，系统弹出“加工环境”对话框；在“加工环境”对话框的 CAM 会话配置 列表框中选择 cam_general 选项，在 要创建的 CAM 设置 列表框中选择 mill contour 选项，单击 确定 按钮，进入加工环境。

Task2．创建几何体

Stage1．创建机床坐标系

Step1．将工序导航器调整到几何视图，双击坐标系节点 MCS_MILL，系统弹出“Mill Orient”对话框，在“Mill Orient”对话框 机床坐标系 选项区域中单击“CSYS 对话框”按钮，系统弹出“CSYS”对话框。

Step2．在“CSYS”对话框 类型 区域的下拉列表框中选择 自动判断 选项。

Step3. 单击图 50.4 所示的面为参照。单击确定按钮，完成图 50.4 所示机床坐标系的创建。

Stage2. 创建安全平面

Step1. 在“Mill Orient”对话框安全设置区域安全距离的文本框中输入 30。

Step2. 单击确定按钮，完成安全平面的创建。

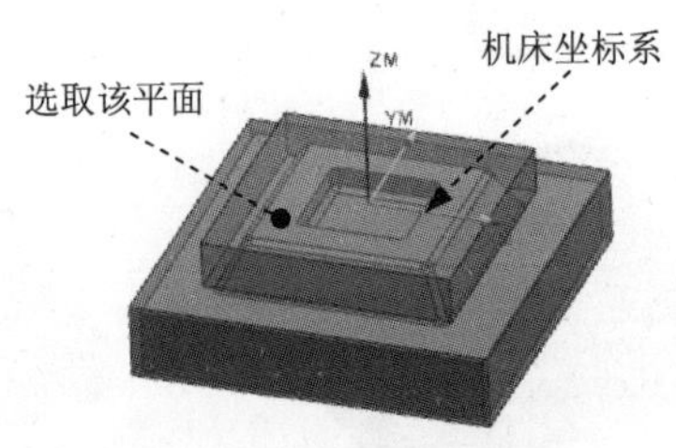

图 50.4 创建机床坐标系

Stage3. 创建部件几何体

Step1. 在工序导航器中双击MCS_MILL节点下的WORKPIECE，系统弹出“铣削几何体”对话框。

Step2. 选取部件几何体。在“铣削几何体”对话框中单击按钮，系统弹出“部件几何体”对话框。

Step3. 在“部件几何体”对话框中单击按钮，在图形区中选取 male_mold 零件为部件几何体，如图 50.5 所示。

Step4. 在“部件几何体”对话框中单击确定按钮，完成部件几何体的创建，同时系统返回到“铣削几何体”对话框。

Stage4. 创建毛坯几何体

Step1. 在“铣削几何体”对话框中单击按钮，系统弹出“毛坯几何体”对话框。

Step2. 在“毛坯几何体”对话框的类型下拉列表中选择几何体选项，在图形区中选取毛坯几何体，如图 50.6 所示。

Step3. 单击“毛坯几何体”对话框中的确定按钮，系统返回到“铣削几何体”对话框，完成毛坯几何体的创建。

Step4. 单击“铣削几何体”对话框中的确定按钮。

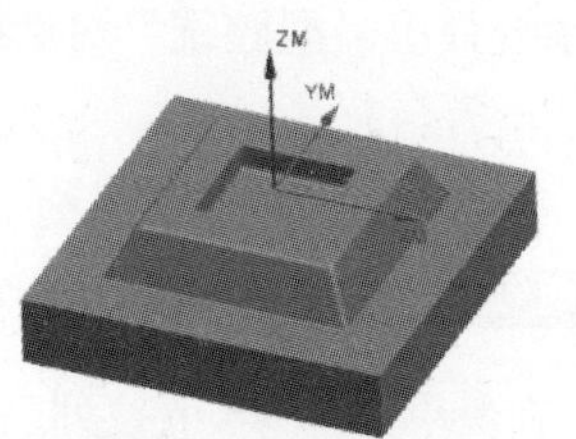

图 50.5　部件几何体

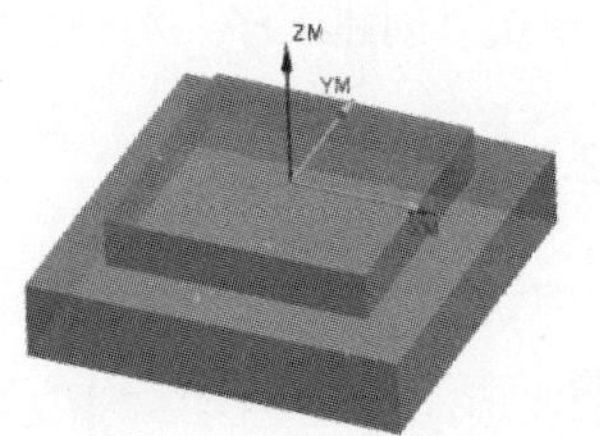

图 50.6　毛坯几何体

Task3．创建刀具

Step1．将工序导航器调整到机床视图。

Step2．选择下拉菜单插入(S) → 刀具(T)...命令，系统弹出“创建刀具”对话框。

Step3．在“创建刀具”对话框类型下拉列表中选择mill contour选项，在刀具子类型区域中单击“MILL”按钮，在位置区域刀具下拉列表中选择GENERIC_MACHINE选项，在名称文本框中输入 D20，然后单击确定按钮，系统弹出“铣刀-5 参数”对话框。

Step4．系统弹出“铣刀-5 参数”对话框，在(D) 直径文本框中输入值 20.0，在刀具号文本框中输入值 1，其他参数采用系统默认设置值，单击确定按钮，完成刀具的创建。

Stage1．创建刀具（二）

设置刀具类型为mill contour选项，在刀具子类型区域单击选择“MILL”按钮，刀具名称为 D6R1，刀具(D) 直径为 6.0，刀具(R1) 下半径为 1.0，刀具号为 2。

Stage2．创建刀具（三）

设置刀具类型为mill contour选项，刀具子类型单击选择“BALL_MILL”按钮，刀具名称为 B4，刀具(D) 球直径为 4.0，刀具号为 3。

Task4．创建型腔铣操作

Stage1．创建工序

Step1．将工序导航器调整到程序顺序视图。

Step2．选择下拉菜单插入(S) → 工序(E)...命令，在“创建工序”对话框类型下拉列表中选择mill_contour选项，在工序子类型区域中单击“CAVITY_MILL”按钮，在程序下拉列表中选择PROGRAM选项，在刀具下拉列表中选择前面设置的刀具D20 (铣刀-5 参数)选项，在几何体下拉列表中选择WORKPIECE选项，在方法下拉列表中选择MILL ROUGH选项，使用系统默认的名称。

Step3. 单击“创建工序”对话框中的确定按钮，系统弹出“型腔铣”对话框。

Stage2. 设置一般参数

在“型腔铣”对话框切削模式下拉列表中选择跟随周边选项，在步距下拉列表中选择刀具平直百分比选项，在平面直径百分比文本框中输入值 50.0，在每刀的公共深度下拉列表中选择恒定选项，在最大距离文本框中输入值 1.0。

Stage3. 设置切削参数

Step1. 在刀轨设置区域中单击“切削参数”按钮，系统弹出“切削参数”对话框。

Step2. 在“切削参数”对话框中单击策略选项卡，在切削顺序下拉列表框中选择层优先选项，其他参数采用系统默认设置值。

Step3. 在“切削参数”对话框中单击余量选项卡，在部件侧面余量文本框中输入值 0.5，其他参数采用系统默认设置值。

Step4. 单击“切削参数”对话框中的确定按钮，系统返回到“型腔铣”对话框。

Stage4. 设置非切削移动参数

Step1. 在“型腔铣”对话框中单击“非切削移动”按钮，系统弹出“非切削移动”对话框。

Step2. 单击“非切削移动”对话框中的进刀选项卡，在该对话框封闭区域区域进刀类型下拉列表中选择沿形状斜进刀选项，在斜坡角的文本框输入 3，其他参数采用系统默认设置值。

Step3. 单击“非切削移动”对话框中的确定按钮，系统返回到“型腔铣”对话框。

Stage5. 设置进给率和速度

Step1. 在“型腔铣”对话框中单击“进给率和速度”按钮，系统弹出“进给率和速度”对话框。

Step2. 选中“进给率和速度”对话框主轴速度区域中的☑ 主轴速度 (rpm)复选框，在其后的文本框中输入值 1200.0，按 Enter 键，单击按钮；在进给率区域的切削文本框中输入值 400.0，按 Enter 键，然后单击按钮，其他参数采用系统默认设置值。

Step3. 单击确定按钮，完成进给率和速度的设置，系统返回“型腔铣”操作对话框。

Stage6. 生成刀路轨迹并仿真

生成的刀路轨迹如图 50.7 所示，2D 动态仿真加工后的模型如图 50.8 所示。

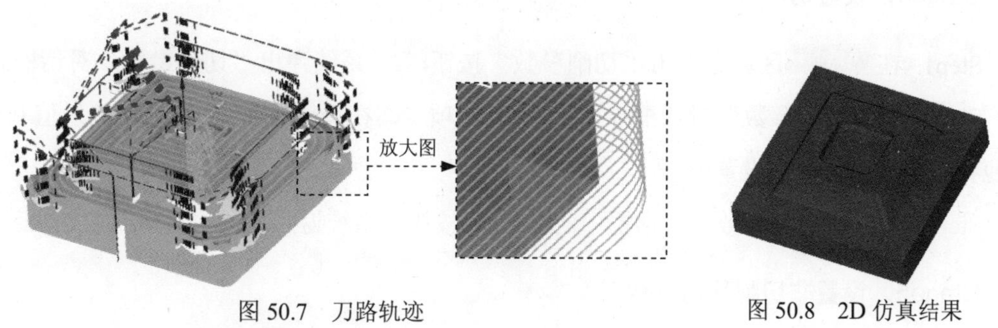

图 50.7 刀路轨迹

图 50.8 2D 仿真结果

Task5. 创建轮廓粗加工铣操作

Stage1. 创建工序

Step1. 选择下拉菜单插入(S) → 工序(E)...命令，在“创建工序”对话框类型下拉列表中选择mill_contour选项，在工序子类型区域中单击“CORNER_ROUGH”按钮，在程序下拉列表中选择PROGRAM选项，在刀具下拉列表中选择刀具D6R1 (铣刀-5 参数)选项，在几何体下拉列表中选择WORKPIECE选项，在方法下拉列表中选择MILL_SEMI_FINISH选项，使用系统默认的名称“CORNER_ROUGH”。

Step2. 单击“创建工序”对话框中的确定按钮，系统弹出“拐角粗加工”对话框。

Stage2. 指定切削区域

Step1. 在“拐角粗加工”对话框的几何体区域中单击“选择或编辑切削区域几何体”按钮，系统会弹出“切削区域”对话框。

Step2. 选取图 50.9 所示的面为参照，单击确定按钮，完成指定切削区域的创建。

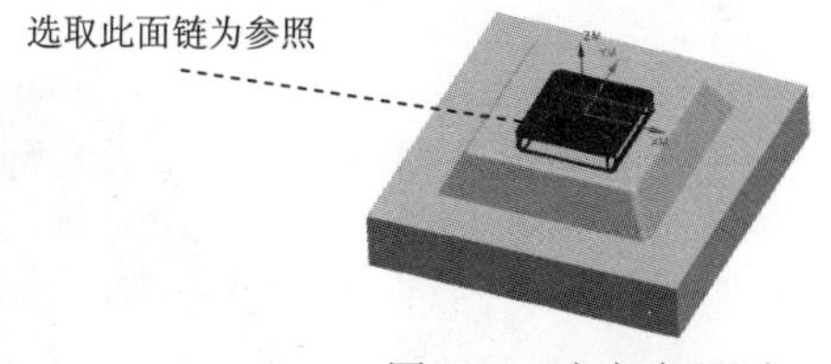

图 50.9 定义参照面

Stage3. 设置一般参数

Step1. 在参考刀具下拉列表中选择D20 (铣刀-5 参数)选项。

Step2. 在刀轨设置区域角度的文本框输入 30。其他参数采用系统默认设置值。

Stage4．设置切削参数

Step1. 在刀轨设置区域中单击“切削参数”按钮，系统弹出“切削参数”对话框。

Step2. 在“切削参数”对话框中单击余量选项卡，在部件侧面余量文本框中输入值 0.5，其他参数采用系统默认设置值。

Step3. 单击“切削参数”对话框中的确定按钮，系统返回到“拐角粗加工”对话框。

Stage5．设置非切削移动参数

在“非切削移动”对话框中单击转移/快速选项卡，在区域之间区域转移类型的下拉列表中选择毛坯平面选项；在区域内区域转移类型的下拉列表中选择前一平面选项。其他采用系统默认的参数设置值。单击确定按钮，系统返回到“拐角粗加工”对话框。

Stage6．设置进给率和速度

Step1. 在“拐角粗加工”对话框中单击“进给率和速度”按钮，系统弹出“进给率和速度”对话框。

Step2. 选中“进给率和速度”对话框主轴速度区域中的☑ 主轴速度 (rpm)复选框，在其后的文本框中输入值 2000.0，按 Enter 键，单击按钮；在进给率区域的切削文本框中输入值 300.0，按 Enter 键，然后单击按钮，其他参数采用系统默认设置值。

Step3. 单击确定按钮，完成进给率和速度的设置，系统返回“拐角粗加工”操作对话框。

Stage7．生成刀路轨迹并仿真

生成的刀路轨迹如图 50.10 所示，2D 动态仿真加工后的模型如图 50.11 所示。

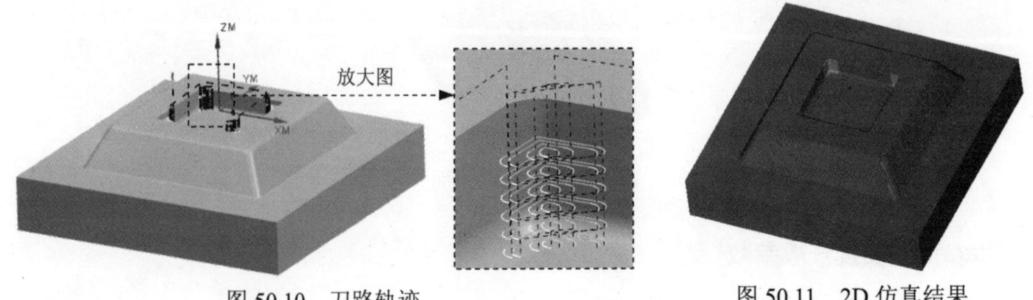

图 50.10　刀路轨迹　　　图 50.11　2D 仿真结果

Task6．创建表面区域铣操作（一）

Stage1．创建工序

Step1. 选择下拉菜单插入(S) ➡ 工序(E)... 命令，系统弹出“创建工序”对话框。

Step2. 确定加工方法。在“创建工序”对话框类型下拉列表中选择mill_planar选项，在工序子类型区域中单击“FACE_MILLING_AREA”按钮，在刀具下拉列表中选择D20（铣刀-5 参数）选项，在几何体下拉列表中选择WORKPIECE选项，在方法下拉列表中选择MILL_FINISH选项，采用系统默认的名称。

Step3. 在“创建工序”对话框中单击确定按钮，系统弹出“面铣削区域”对话框。

Stage2．指定切削区域

Step1. 在几何体区域中单击“选择或编辑切削区域几何体”按钮，系统弹出“切削区域”对话框。

Step2. 选取图 50.12 所示的面为切削区域，在“切削区域”对话框中单击确定按钮，完成切削区域的创建，同时系统返回到“面铣削区域”对话框。

Step3. 在几何体区域中选中☑ 自动壁复选框，单击“指定壁几何体”右面的“显示”按钮，结果如图 50.13 所示。

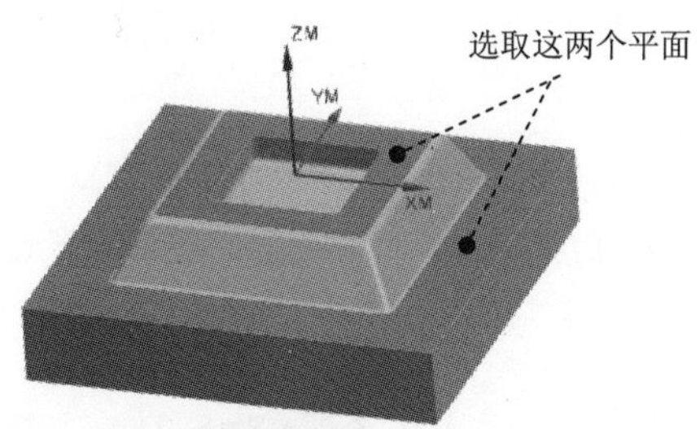

图 50.12　指定切削区域

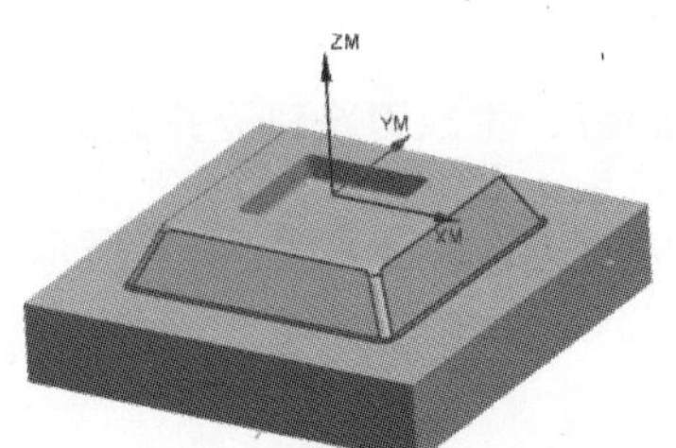

图 50.13　指定切削区域

Stage3．设置刀具路径参数

Step1. 创建切削模式。在刀轨设置区域的切削模式下拉列表中选择跟随周边选项。

Step2. 创建步进方式。在步距下拉列表中选择刀具平直百分比选项，在平面直径百分比文本框中输入值 50.0，在毛坯距离的文本框中输入 1.0。

Stage4．设置切削参数

Step1. 在刀轨设置区域中单击“切削参数”按钮，系统弹出“切削参数”对话框。

Step2. 在“切削参数”对话框中单击策略选项卡，在切削区域刀路方向的下拉列表中选择向内选项，在壁区域选中☑岛清根复选框，其他参数采用系统默认设置值。

Step3. 在“切削参数”对话框中单击余量选项卡，在壁余量文本框中输入值 2，其他参数采用系统默认设置值。单击确定按钮，系统返回到“面铣削区域”对话框。

Stage5. 设置非切削移动参数

Step1. 单击“面铣削区域”对话框刀轨设置区域中的“非切削移动”按钮，系统弹出“非切削移动”对话框。

Step2. 单击“非切削移动”对话框中的起点/钻点选项卡，在区域起点区域默认区域起点的下拉列表中选取拐角选项。其他选项卡中的参数设置值采用系统默认，单击确定按钮完成非切削移动参数的设置。

Stage6. 设置进给率和速度

Step1. 单击“面铣削区域”对话框中的“进给率和速度”按钮，系统弹出“进给率和速度”对话框。

Step2. 选中“进给率和速度”对话框主轴速度区域中的☑主轴速度（rpm）复选框，在其后的文本框中输入值 1500.0，按 Enter 键，然后单击按钮，在进给率区域的切削文本框中输入值 400.0，按 Enter 键，然后单击按钮，其他参数采用系统默认设置值。

Step3. 单击“进给率和速度”对话框中的确定按钮，系统返回“面铣削区域”对话框。

Stage7. 生成刀路轨迹并仿真

生成的刀路轨迹如图 50.14 所示，2D 动态仿真加工后的模型如图 50.15 所示。

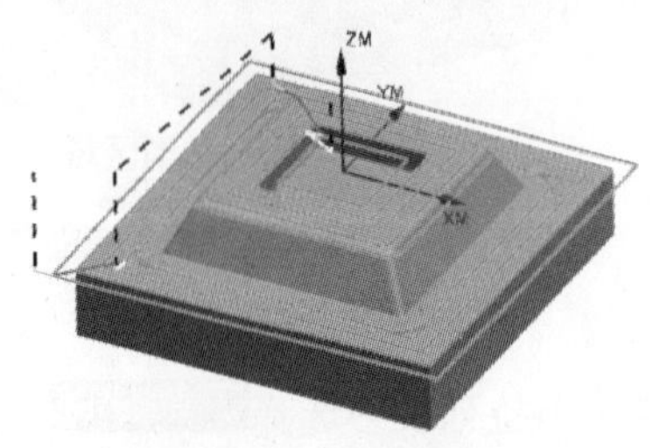

图 50.14 刀路轨迹

图 50.15 2D 仿真结果

Task7. 创建表面区域铣操作（二）

Stage1. 创建工序

Step1. 复制表面区域铣操作（一）。将工序导航器调整到机床视图，在图 50.16 所示的工序导航器的程序顺序视图中右击 FACE_MILLING_AREA 节点，在弹出的快捷菜单中选择 复制 命令，然后右击 D6R1 节点，在弹出的快捷菜单中选择 内部粘贴 命令，此时工序导航器界面（二）如图 50.17 所示。

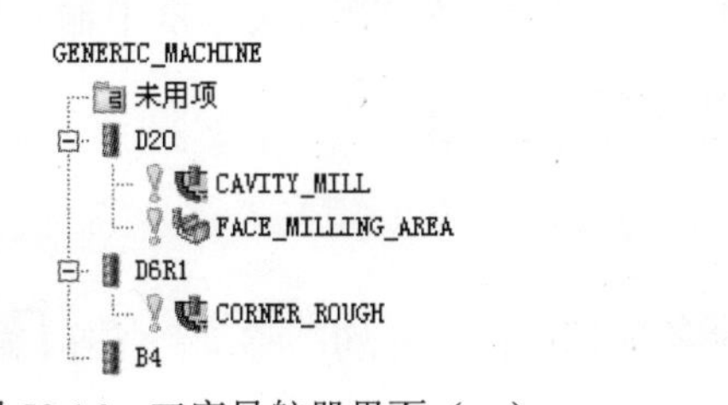

图 50.16　工序导航器界面（一）

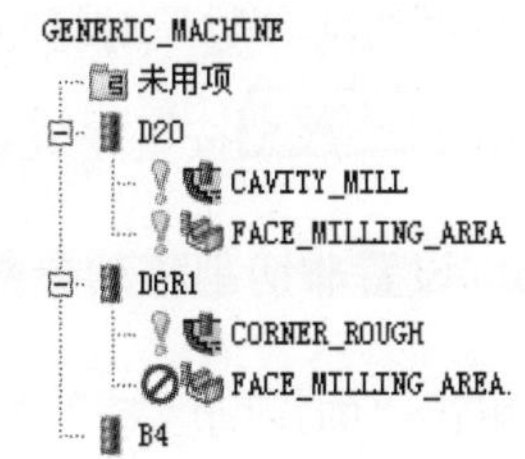

图 50.17　工序导航器界面（二）

Step2. 修改操作名称。在工序导航器的 FACE_MILLING_AREA_COPY 节点上单击鼠标右键，在弹出的快捷菜单中选择 重命名 命令，将其名称改为“FACE_MILLING_AREA_2”。

Step3. 双击 FACE_MILLING_AREA_2 节点，系统弹出“面铣削区域”对话框。

Stage2. 指定切削区域

Step1. 在 几何体 区域中单击“选择或编辑切削区域几何体”按钮，系统弹出“切削区域”对话框。

Step2. 单击“切削区域”对话框中的按钮，选取图 50.18 所示的面为切削区域，在“切削区域”对话框中单击 确定 按钮，完成切削区域的创建，同时系统返回到“面铣削区域”对话框。

Step3. 在 几何体 区域中选中 ☑ 自动壁 复选框，单击“指定壁几何体”右面的“显示”按钮，结果如图 50.19 所示。

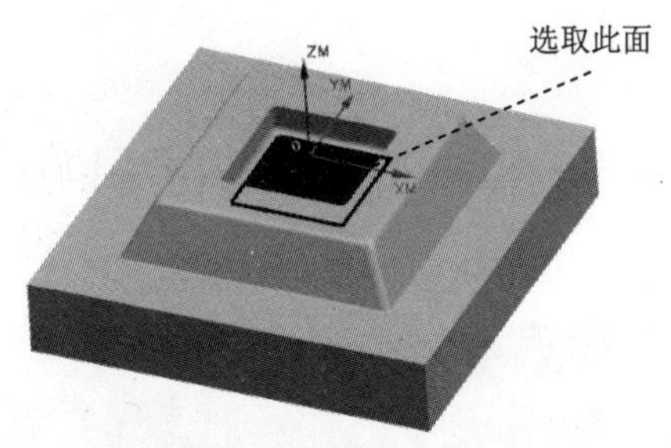

图 50.18　指定切削区域

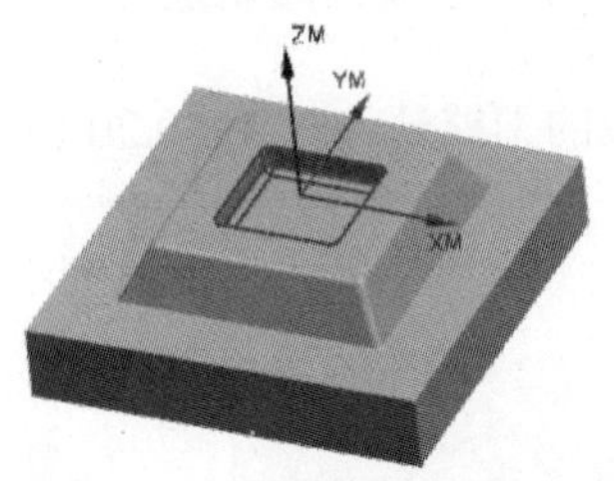

图 50.19　指定切削区域

Stage3. 设置刀具路径参数

采用系统默认的设置值。

Stage4．设置切削参数

Step1. 在“切削参数”对话框中单击策略选项卡，在切削区域刀路方向的下拉列表中选择向外选项，其他参数采用系统默认设置值。

Step2. 在“切削参数”对话框中单击余量选项卡，在壁余量文本框中输入值 1。

Step3. 单击确定按钮完成切削参数的设置。

Stage5．设置非切削移动参数

Step1. 单击“面铣削区域”对话框刀轨设置区域中的“非切削移动”按钮，系统弹出“非切削移动”对话框。

Step2. 单击“非切削移动”对话框中的进刀选项卡，在该对话框封闭区域区域斜坡角的文本框中输入 5，在高度的文本框中输入 1。其他参数采用系统的默认设置值，单击确定按钮完成非切削移动参数的设置。

Stage6．设置进给率和速度

Step1. 单击“面铣削区域”对话框中的“进给率和速度”按钮，系统弹出“进给率和速度”对话框。

Step2. 选中“进给率和速度”对话框主轴速度区域中的☑ 主轴速度 (rpm)复选框，在其后的文本框中输入值 3000.0，按 Enter 键，然后单击按钮，在进给率区域的切削文本框中输入值 400.0，按 Enter 键，然后单击按钮，其他参数采用系统默认设置值。

Step3. 单击“进给率和速度”对话框中的确定按钮，系统返回“面铣削区域”对话框。

Stage7．生成刀路轨迹并仿真

生成的刀路轨迹如图 50.20 所示，2D 动态仿真加工后的模型如图 50.21 所示。

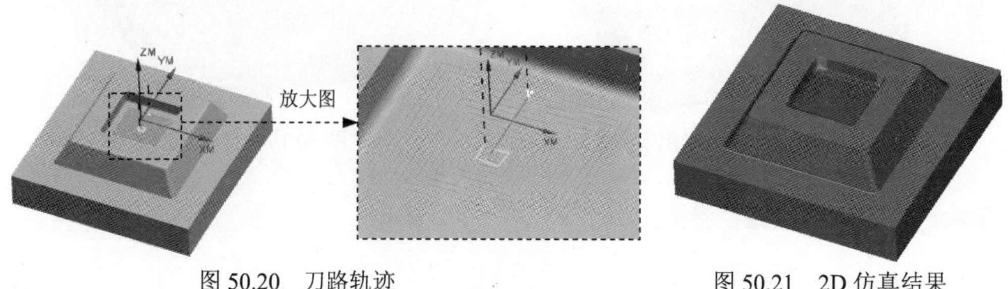

图 50.20 刀路轨迹　　　图 50.21 2D 仿真结果

Task8．创建深度加工轮廓铣操作 1

Stage1．创建工序

Step1. 选择下拉菜单插入(S) → 工序(E)...命令，在“创建工序”对话框类型下拉列表中选择mill_contour选项，在工序子类型区域中单击“ZLEVEL_PROFILE”按钮，在程序下拉列表中选择PROGRAM选项，在刀具下拉列表中选择刀具B4（铣刀-球头铣）选项，在几何体下拉列表中选择WORKPIECE选项，在方法下拉列表中选择MILL_FINISH选项，使用系统默认的名称“ZLEVEL_PROFILE”。

Step2. 单击“创建工序”对话框中的确定按钮，系统弹出“深度加工轮廓”对话框。

Stage2．指定切削区域

Step1. 在“深度加工轮廓”对话框的几何体区域中单击“选择或编辑切削区域几何体”按钮，系统会弹出“切削区域”对话框。

Step2. 选取图 50.22 所示的面为参照，单击确定按钮，完成指定切削区域的创建。

Stage3．指定修剪边界

Step1. 在“深度加工轮廓”对话框的几何体区域中单击“选择或编辑修剪边界”按钮，系统会弹出“修剪边界”对话框。

Step2. 在“修剪边界”对话框中单击主要选项卡，然后单击过滤器类型区域中的“面边界”按钮，在修剪侧区域选中⊙内部单选项，选取图 50.23 所示的面为参照，单击确定按钮。

Step3. 在“深度加工轮廓”对话框的几何体区域中单击“选择或编辑修剪边界”按钮，系统会弹出“修剪边界”对话框。

Step4. 在定制边界数据区域☑余量的文本框中输入-2，单击确定按钮，系统返回“深度加工轮廓”对话框。

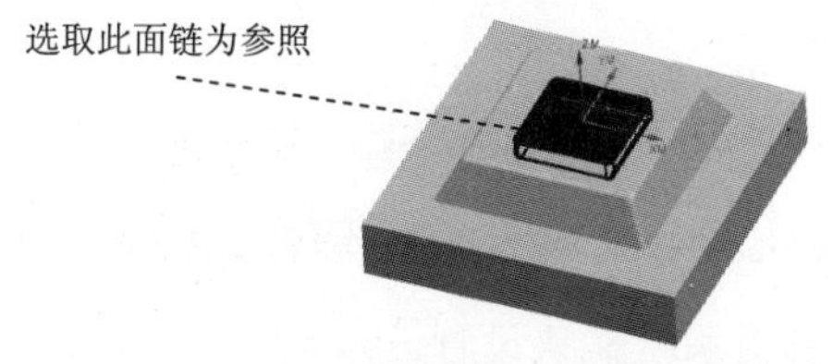

图 50.22　定义参照面

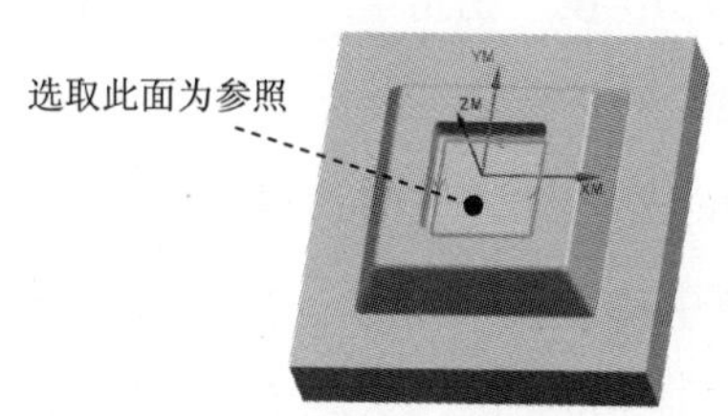

图 50.23　定义参照面

Stage4．设置一般参数

Step1. 在刀具区域的刀具下拉列表中选择B4（铣刀-球头铣）选项。

Step2. 在刀轨设置区域最大距离的文本框输入 1。其他参数采用系统默认设置值。

Stage5. 设置切削层

Step1. 在刀轨设置区域中单击“切削层”按钮，系统弹出“切削层”对话框。

Step2. 在“切削层”对话框范围定义区域范围深度的文本框输入 10，按 Enter 键。

Step3. 在范围定义区域单击“添加新集”按钮，选取图 50.23 所示的面为参照，点开列表下拉框并修改“范围深度为 15”中的每刀的深度为 0.5（注：需要在图形区修改）。单击确定按钮，系统返回到“深度加工轮廓”对话框。

Stage6. 设置切削参数

Step1. 在刀轨设置区域中单击“切削参数”按钮，系统弹出“切削参数”对话框。

Step2. 在“切削参数”对话框中单击连接选项卡，在层之间区域层到层的下拉列表中选取沿部件斜进刀选项，在斜坡角的文本框中输入值 15，选中☑ 在层之间切削复选框。在步距的下拉列表中选取恒定选项，在最大距离的文本框中输入值 0.2。

Step3. 单击“切削参数”对话框中的确定按钮，系统返回到“深度加工轮廓”对话框。

Stage7. 设置非切削移动参数

Step1. 单击“非切削移动”对话框中的起点/钻点选项卡，在区域起点区域默认区域起点的下拉列表中选取拐角选项。

Step2. 单击转移/快速选项卡，在区域内区域转移类型的下拉列表中选择前一平面选项。其他选项卡中的参数设置值采用系统默认，单击确定按钮完成非切削移动参数的设置。

Stage8. 设置进给率和速度

Step1. 在“拐角粗加工”对话框中单击“进给率和速度”按钮，系统弹出“进给率和速度”对话框。

Step2. 选中“进给率和速度”对话框主轴速度区域中的☑ 主轴速度 (rpm)复选框，在其后的文本框中输入值 4000.0，按 Enter 键，单击按钮；在进给率区域的切削文本框中输入值 300.0，按 Enter 键，然后单击按钮，其他参数采用系统默认设置。

Step3. 单击确定按钮，完成进给率和速度的设置，系统返回“深度加工轮廓”操作对话框。

Stage9．生成刀路轨迹并仿真

生成的刀路轨迹如图 50.24 所示，2D 动态仿真加工后的模型如图 50.25 所示。

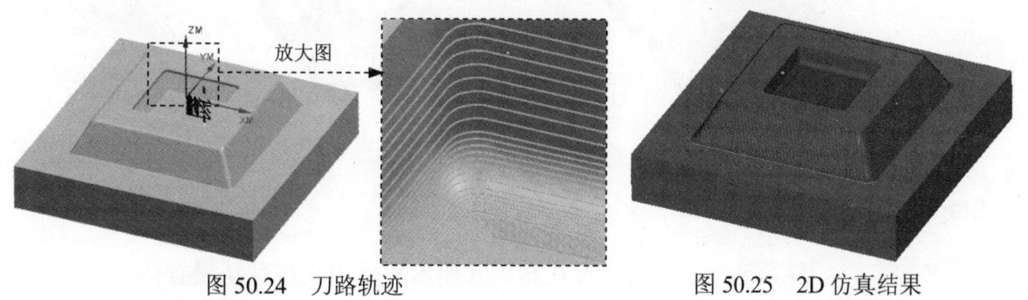

图 50.24　刀路轨迹　　图 50.25　2D 仿真结果

Task9．创建深度加工轮廓铣操作 2

Stage1．创建工序

Step1．选择下拉菜单 插入(S) → 工序(E)... 命令，在“创建工序”对话框 类型 下拉列表中选择 mill_contour 选项，在 工序子类型 区域中单击“ZLEVEL_PROFILE”按钮，在 程序 下拉列表中选择 PROGRAM 选项，在 刀具 下拉列表中选择刀具 B4（铣刀-球头铣）选项，在 几何体 下拉列表中选择 WORKPIECE 选项，在 方法 下拉列表中选择 MILL_FINISH 选项，使用系统默认的名称“ZLEVEL_PROFILE_1”。

Step2．单击“创建工序”对话框中的 确定 按钮，系统弹出“深度加工轮廓”对话框。

Stage2．指定修剪边界

Step1．在“深度加工轮廓”对话框的 几何体 区域中单击“选择或编辑修剪边界”按钮，系统会弹出“修剪边界”对话框。

Step2．在“修剪边界”对话框中单击 主要 选项卡，然后单击 过滤器类型 区域中的“面边界”按钮，在 修剪侧 区域选中 ⊙ 内部 单选项，选取图 50.26 所示的面为参照。

Step3．单击 过滤器类型 区域中的“曲线边界”按钮，在 修剪侧 区域选中 ⊙ 外部 单选项，选取图 50.27 所示的边线为参照，单击 确定 按钮。

Step4．在“深度加工轮廓”对话框的 几何体 区域中再次单击“选择或编辑修剪边界”按钮，系统会弹出“修剪边界”对话框。

Step5．单击 当前几何体“上一个”按钮▲，在 定制边界数据 区域 ☑ 余量 的文本框中输入-1，单击 确定 按钮，系统返回“深度加工轮廓”对话框。

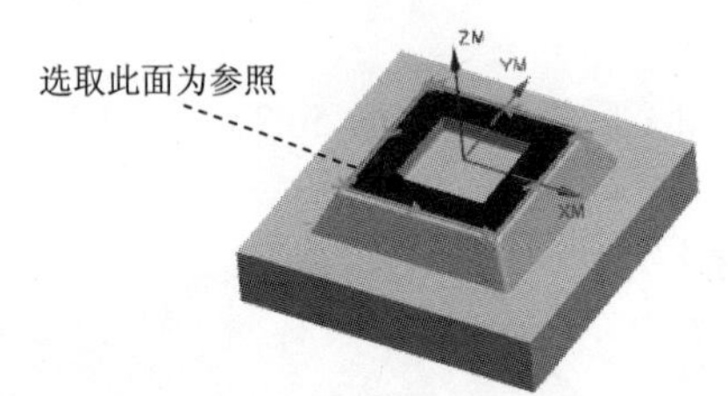

图 50.26 定义参照面

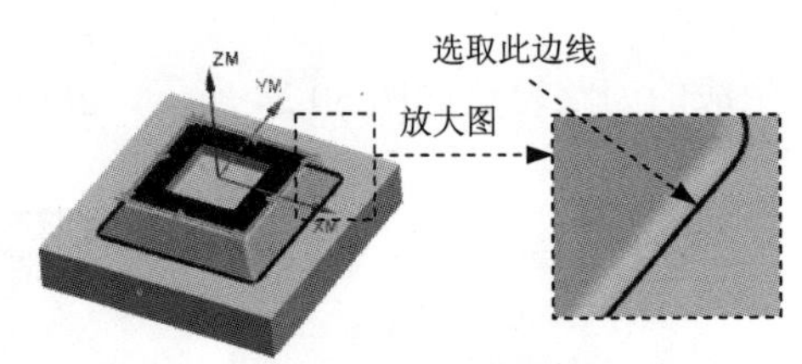

图 50.27 定义参照边

Stage3. 设置一般参数

在刀轨设置区域最大距离的文本框输入 0.25。其他参数采用系统默认设置值。

Stage4. 设置切削参数

Step1. 在刀轨设置区域中单击“切削参数”按钮，系统弹出“切削参数”对话框。

Step2. 在“切削参数”对话框中单击策略选项卡，在切削区域切削顺序的下拉列表中选取始终深度优先选项。

Step3. 单击余量选项卡，在公差区域内公差的文本框输入 0.01，在外公差的文本框输入 0.01。

Step4. 单击连接选项卡，在层到层区域的下拉列表中选择沿部件斜进刀选项，在斜坡角的文本框输入 10，选中☑在层之间切削复选框。在步距的下拉列表中选取恒定选项，在最大距离的文本框中输入值 0.2。

Step5. 单击“切削参数”对话框中的确定按钮，系统返回到“深度加工轮廓”对话框。

Stage5. 设置非切削移动参数

Step1. 单击“非切削移动”对话框中的起点/钻点选项卡，在区域起点区域默认区域起点的下拉列表中选取拐角选项。

Step2. 单击转移/快速选项卡，在区域内区域转移类型的下拉列表中选择前一平面选项。其他选项卡中的参数设置值采用系统默认，单击确定按钮完成非切削移动参数的设置。

Stage6. 设置进给率和速度

Step1. 在“深度加工轮廓”对话框中单击“进给率和速度”按钮，系统弹出“进给率和速度”对话框。

Step2. 选中“进给率和速度”对话框主轴速度区域中的☑主轴速度（rpm）复选框，在其后的文本框中输入值 4000.0，按 Enter 键，单击按钮；在进给率区域的切削文本框中输入值 800.0，按 Enter 键，然后单击按钮，其他参数采用系统默认设置。

Step3. 单击确定按钮，完成进给率和速度的设置，系统返回“深度加工轮廓”操作对话框。

Stage7. 生成刀路轨迹并仿真

生成的刀路轨迹如图 50.28 所示，2D 动态仿真加工后的模型如图 50.29 所示。

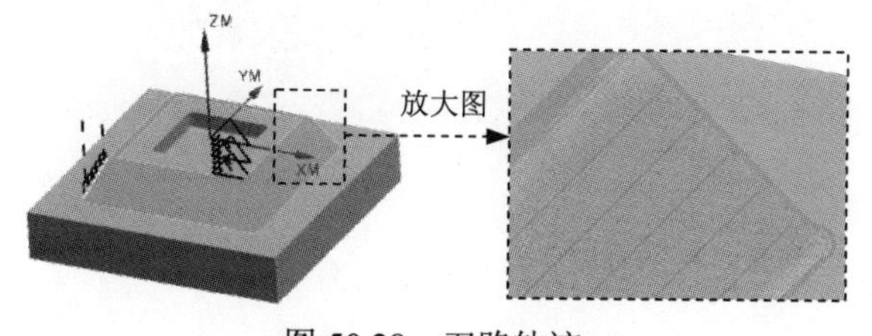

图 50.28　刀路轨迹

图 50.29　2D 仿真结果

Task10. 创建平面轮廓铣工序

Stage1. 插入工序

Step1. 选择下拉菜单插入(S) ➡ 工序(E)...命令，系统弹出“创建工序”对话框。

Step2. 确定加工方法。在“创建工序”对话框类型下拉列表中选择mill_planar选项，在工序子类型区域中单击“PLANAR_PROFILE”按钮，在程序下拉列表中选择PROGRAM选项，在刀具下拉列表中选择D20 (铣刀-5 参数)选项，在几何体下拉列表中选择WORKPIECE选项，在方法下拉列表中选择MILL_FINISH选项，采用系统默认的名称。

Step3. 在“创建工序”对话框中单击确定按钮，系统弹出 “平面轮廓铣”对话框。

Stage2. 指定部件边界

Step1. 在“平面轮廓铣”对话框的几何体区域中单击“选择或编辑部件边界”按钮，系统会弹出“边界几何体”对话框。

Step2. 在模式区域的下拉列表中选择面选项，在材料侧区域的下拉列表中选择内部选项。选取图 50.30 所示的面为参照，单击确定按钮，系统返回“平面轮廓铣”对话框。

Stage3. 指定底面

Step1. 在“平面轮廓铣”对话框的几何体区域中单击“选择或编辑底平面几何体”按钮，系统会弹出“平面”对话框。

Step2. 选取图 50.31 所示的平面为参照，在偏置区域距离的文本框输入 5，单击确定按钮，系统返回“平面轮廓铣”对话框。

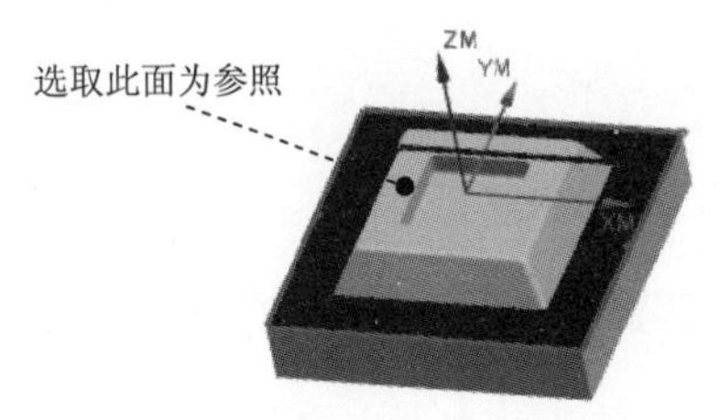

图 50.30 定义参照面

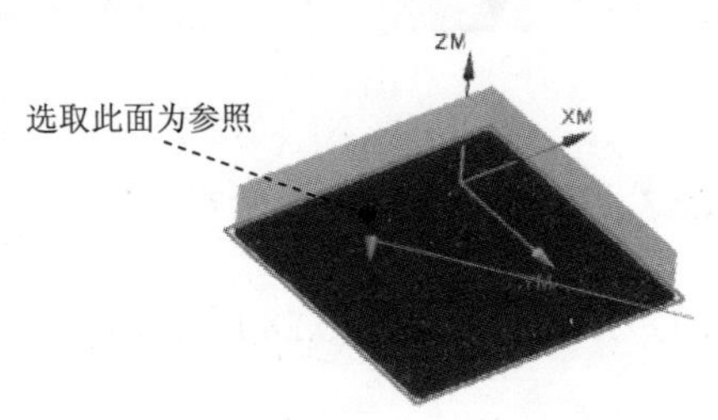

图 50.31 定义参照面

Stage4．设置切削参数

参数采用系统默认设置。

Stage5．设置非切削移动参数

单击“非切削移动”对话框中的起点/钻点选项卡，在区域起点区域默认区域起点的下拉列表中选取拐角选项。

Stage6．设置进给率和速度

Step1. 在“深度加工轮廓”对话框中单击“进给率和速度”按钮，系统弹出“进给率和速度”对话框。

Step2. 选中“进给率和速度”对话框主轴速度区域中的☑ 主轴速度 (rpm)复选框，在其后的文本框中输入值 1200.0，按 Enter 键，单击按钮；在进给率区域的切削文本框中输入值 600.0，按 Enter 键，然后单击按钮，其他参数采用系统默认设置值。

Step3. 单击确定按钮，完成进给率和速度的设置，系统返回“深度加工轮廓”操作对话框。

Stage7．生成刀路轨迹并仿真

生成的刀路轨迹如图 50.32 所示，2D 动态仿真加工后的模型如图 50.33 所示。

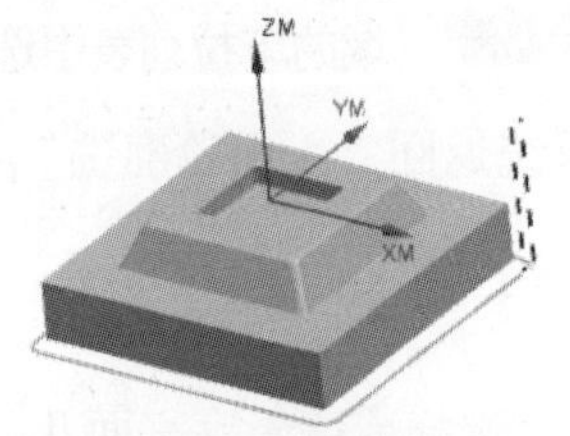

图 50.32 刀路轨迹

图 50.33 2D 仿真结果

Task11．保存文件

选择下拉菜单文件(F) ➡ 保存(S)命令，保存文件。

实例51 凹 模 加 工

下面介绍图 51.1 所示的凹模零件的加工过程，其加工工艺路线如图 51.2 和图 51.3 所示。

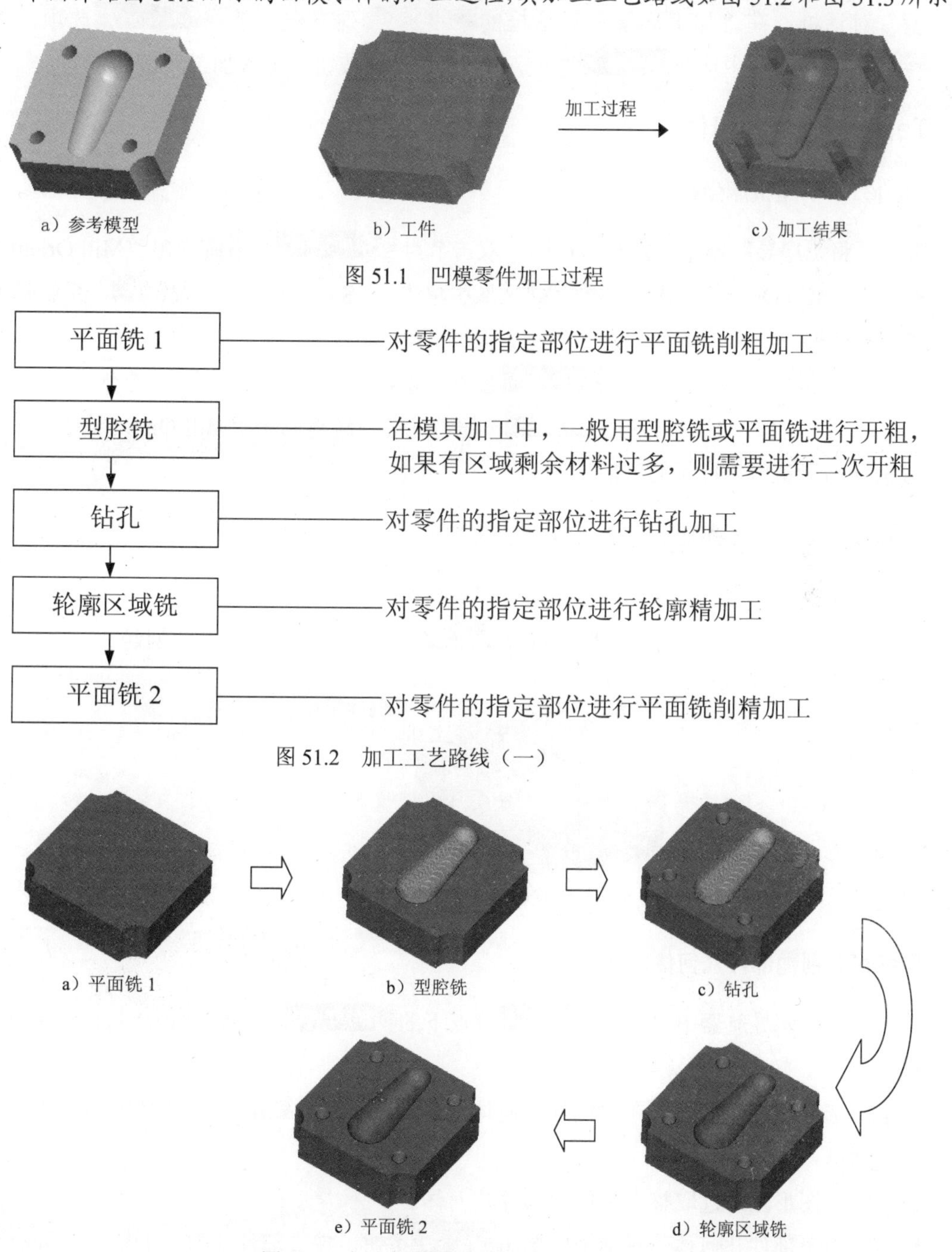

图 51.1　凹模零件加工过程

图 51.2　加工工艺路线（一）

图 51.3　加工工艺路线（二）

其加工操作过程如下：

Task1．打开模型文件并进入加工模块

Step1．打开模型文件 D:\ugins8\work\ch11\ins51\ volume_milling.prt。

Step2．进入加工环境。选择下拉菜单开始 → 加工(N)...命令，系统弹出“加工环境”对话框；在“加工环境”对话框的CAM 会话配置列表框中选择cam_general选项，在要创建的 CAM 设置列表框中选择mill planar选项，单击确定按钮，进入加工环境。

Task2．创建几何体

Stage1．创建机床坐标系

Step1．将工序导航器调整到几何视图，双击节点MCS_MILL，系统弹出“Mill Orient”对话框，在“Mill Orient”对话框机床坐标系区域中单击“CSYS 对话框”按钮，系统弹出“CSYS”对话框。

Step2．在类型下拉列表中选择自动判断选项，选取图 51.4 所示的平面为参照。

Step3．单击“CSYS”对话框的确定按钮，此时系统返回至“Mill Orient”对话框，完成图 51.4 所示机床坐标系的创建。

Stage2．创建安全平面

Step1．在“Mill Orient”对话框安全设置区域安全距离的文本框输入 20。

Step2．单击“Mill Orient”对话框中的确定按钮，完成安全平面的创建。

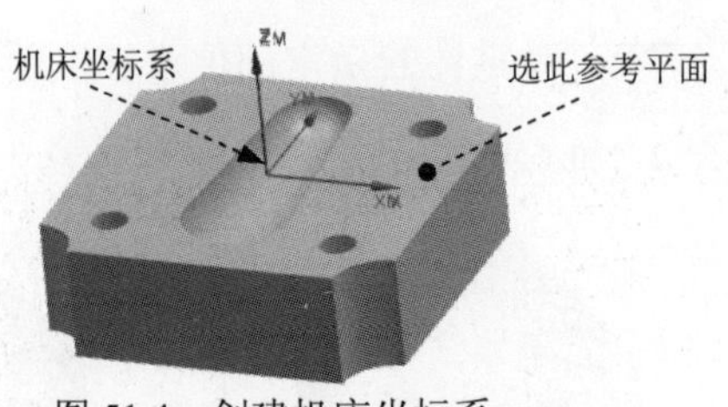

图 51.4 创建机床坐标系

Stage3. 创建部件几何体

Step1．在工序导航器中双击MCS_MILL节点下的WORKPIECE，系统弹出“铣削几何体”对话框。

Step2．选取部件几何体。在“铣削几何体”对话框中单击按钮，系统弹出“部件几何体”对话框。

Step3．在图形区中选取整个零件为部件几何体。

Step4．在“部件几何体”对话框中单击确定按钮，完成部件几何体的创建，同时系

统返回到“铣削几何体”对话框。

Stage4. 创建毛坯几何体

Step1. 在“铣削几何体”对话框中单击按钮，系统弹出“毛坯几何体”对话框。

Step2. 在“毛坯几何体”对话框的类型下拉列表中选择包容块选项，在极限区域的XM-文本框中输入值 2.0，在XM+文本框中输入值 2.0，在YM-文本框中输入值 2.0，在YM+文本框中输入值 2.0。

Step3. 单击“毛坯几何体”对话框中的确定按钮，系统返回到“铣削几何体”对话框，完成图 51.5 所示毛坯几何体的创建。

图 51.5 毛坯几何体

Step4. 单击“铣削几何体”对话框中的确定按钮。

Task3. 创建刀具

Stage1. 创建刀具（一）

Step1. 将工序导航器调整到机床视图。

Step2. 选择下拉菜单插入(S) → 刀具(T)...命令，系统弹出“创建刀具”对话框。

Step3. 在“创建刀具”对话框类型下拉列表中选择mill_planar选项，在刀具子类型区域中单击“MILL”按钮，在位置区域的刀具下拉列表中选择GENERIC_MACHINE选项，在名称文本框中输入 D24，然后单击确定按钮，系统弹出“铣刀-5 参数”对话框。

Step4. 系统弹出“铣刀-5 参数”对话框，在(D) 直径文本框中输入值 24.0，在刀具号文本框中输入值 1，其他参数采用系统默认设置值，单击确定按钮，完成刀具的创建。

Stage2. 创建刀具（二）

设置刀具类型为mill_planar选项，在刀具子类型区域单击选择“MILL”按钮，刀具名称为 D10，刀具(D) 直径为 10.0，刀具号为 2；具体操作方法参照 Stage1。

Stage3. 创建刀具（三）

设置刀具类型为mill_planar选项，在刀具子类型区域单击选择“BALL_MILL”按钮，刀具名称为 B8，刀具(D) 球直径为 8.0，刀具号为 3。

Stage4．创建刀具（四）

设置刀具类型为drill选项，在刀具子类型区域单击选择“DRILLING_TOOL”按钮，刀具名称为 DR10，刀具(D) 直径为 10.0，刀具号为 4。

Task4．创建平面铣工序 1

Stage1．插入工序

Step1. 选择下拉菜单插入(S) → 工序(E)... 命令，系统弹出“创建工序”对话框。

Step2. 确定加工方法。在“创建工序”对话框类型下拉列表中选择mill_planar选项，在工序子类型区域中单击“PLANAR_MILL”按钮，在程序下拉列表中选择PROGRAM选项，在刀具下拉列表中选择D24（铣刀-5 参数）选项，在几何体下拉列表中选择WORKPIECE选项，在方法下拉列表中选择MILL_SEMI_FINISH选项，采用系统默认的名称。

Step3. 在“创建工序”对话框中单击确定按钮，系统弹出“平面铣”对话框。

Stage2．指定部件边界

Step1. 在“平面铣”对话框的几何体区域中单击“选择或编辑部件边界”按钮，系统会弹出“边界几何体”对话框。

Step2. 在模式区域的下拉列表中选择面选项，在材料侧区域的下拉列表中选择内部选项。在面选择区域选中☑ 忽略孔、☑ 忽略岛复选框，选取图 51.6 所示的面为参照，单击确定按钮，系统返回 “平面铣”对话框。

Stage3．指定毛坯边界

Step1. 在“平面铣”对话框的几何体区域中单击“选择或编辑毛坯边界”按钮，系统会弹出“边界几何体”对话框。

Step2. 在模式区域的下拉列表中选择曲线/边...选项，系统弹出“创建边界”对话框。在平面区域的下拉列表中选择自动选项，在材料侧区域选的下拉列表中选择内部选项，在刀具位置区域的下拉列表中选择相切选项。选取图 51.7 所示的边线为参照，单击创建下一个边界按钮，单击确定按钮，系统返回 “边界几何体”对话框。单击确定按钮，系统返回 “平面铣”对话框。

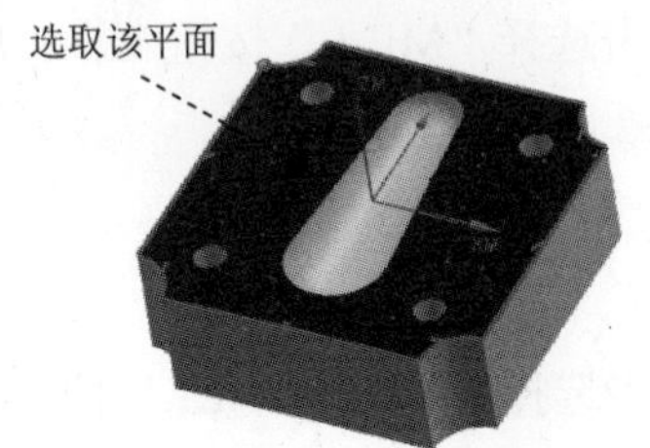

图 51.6 定义参照面

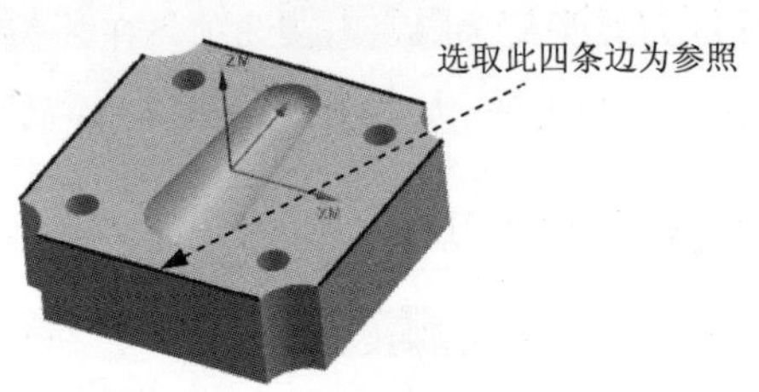

图 51.7 定义参照边

Stage4．指定底面

Step1. 在“平面铣”对话框的几何体区域中单击“选择或编辑底平面几何体”按钮，系统会弹出“平面”对话框。

Step2. 选取图 51.8 所示的平面为参照，单击确定按钮，系统返回 “平面铣”对话框。

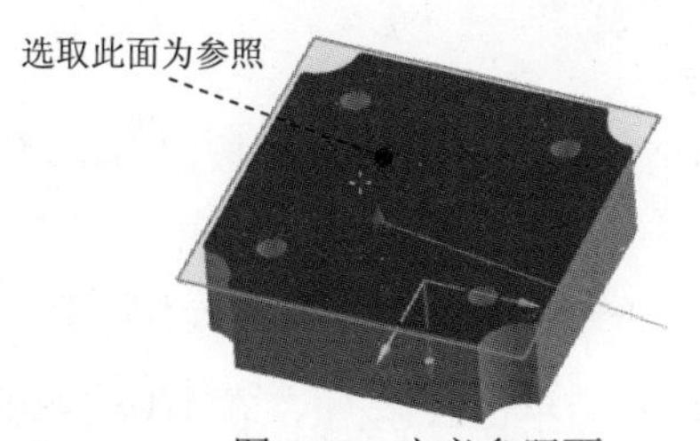

图 51.8　定义参照面

Stage5．设置一般参数

在“平面铣”对话框刀轨设置区域切削模式下拉列表中选择跟随部件选项，在步距下拉列表中选择恒定选项，在最大距离文本框中输入值 2.0。

Stage6．设置切削层

Step1. 在刀轨设置区域中单击“切削参数”按钮，系统弹出“切削层”对话框。

Step2. 在“切削层”对话框类型下拉列表中选择恒定选项，在每刀深度区域公共的文本框输入 2，按 Enter 键。

Step3. 单击确定按钮，系统返回到“平面铣”对话框。

Stage7．设置切削参数

Step1. 在刀轨设置区域中单击“切削参数”按钮，系统弹出“切削参数”对话框。

Step2. 在“切削参数”对话框中单击策略选项卡，在切削顺序下拉列表框中选择深度优先选项，其他参数采用系统默认设置值。

Step3. 在“切削参数”对话框中单击余量选项卡，在部件余量文本框中输入值 0.15，在毛坯余量文本框中输入值 2，其他参数采用系统默认设置值。

Step4. 在“切削参数”对话框中单击连接选项卡，在开放刀路区域开放刀路下拉列表中选择变换切削方向选项。

Step5. 单击“切削参数”对话框中的确定按钮，系统返回到“平面铣”对话框。

Stage8．设置非切削移动参数

Step1. 在“平面铣”对话框中单击“非切削移动”按钮，系统弹出“非切削移动”对话框。

Step2. 单击“非切削移动”对话框中的起点/钻点选项卡，在区域起点区域默认区域起点的下拉列表中选取拐角选项。

Step3. 单击转移/快速选项卡，在区域内区域转移类型的下拉列表中选择前一平面选项。其他选项卡中的参数设置值采用系统默认，单击确定按钮完成非切削移动参数的设置。

Stage9. 设置进给率和速度

Step1. 在“平面铣”对话框中单击“进给率和速度”按钮，系统弹出“进给率和速度”对话框。

Step2. 选中“进给率和速度”对话框主轴速度区域中的☑ 主轴速度 (rpm)复选框，在其后的文本框中输入值 1000.0，按 Enter 键，然后单击按钮，在进给率区域的切削文本框中输入值 400.0，按 Enter 键，然后单击按钮，其他参数采用系统默认设置值。

Step3. 单击确定按钮，完成进给率和速度的设置，系统返回“平面铣”操作对话框。

Stage10. 生成刀路轨迹并仿真

生成的刀路轨迹如图 51.9 所示，2D 动态仿真加工后的模型如图 51.10 所示。

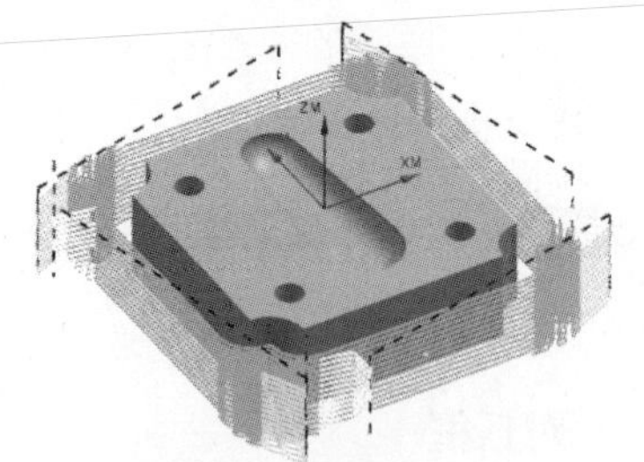

图 51.9 刀路轨迹

图 51.10 2D 仿真结果

Task5. 创建型腔铣操作

Stage1. 创建工序

Step1. 选择下拉菜单插入(S) → 工序(E)...命令，在“创建工序”对话框的类型下拉列表中选择mill_contour选项，在工序子类型区域中单击“CAVITY_MILL”按钮，在程序下拉列表中选择PROGRAM选项，在刀具下拉列表中选择前面设置的刀具D10 (铣刀-5 参数)选项，在几何体下拉列表中选择WORKPIECE选项，在方法下拉列表中选择MILL_SEMI_FINISH选项，使用系统默认的名称。

Step2. 单击“创建工序”对话框中的确定按钮，系统弹出“型腔铣”对话框。

Stage2. 指定切削区域

Step1. 单击“型腔铣”对话框指定切削区域右侧的按钮，系统弹出“切削区域”对话框。

Step2. 在绘图区中选取图 51.11 所示的切削区域（共 3 个面），单击确定按钮，系统返回到“型腔铣”对话框。

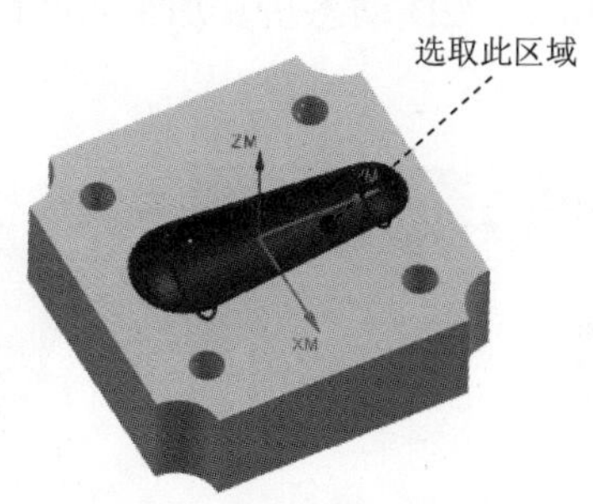

图 51.11　指定切削区域

Stage3. 设置一般参数

在“型腔铣”对话框刀轨设置区域切削模式下拉列表中选择跟随部件选项，在步距下拉列表中选择刀具平直百分比选项，在平面直径百分比文本框中输入值 50.0，在每刀的公共深度下拉列表中选择恒定选项，在最大距离文本框中输入值 0.5。

Stage4. 设置切削参数

Step1. 在刀轨设置区域中单击“切削参数”按钮，系统弹出“切削参数”对话框。

Step2. 在“切削参数”对话框中单击余量选项卡，在部件侧面余量文本框中输入值 0.2，其他参数采用系统默认设置值。

Step3. 单击“切削参数”对话框中的确定按钮，系统返回到“型腔铣”对话框。

Stage5. 设置非切削移动参数

Step1. 在“型腔铣”对话框中单击“非切削移动”按钮，系统弹出“非切削移动”对话框。

Step2. 单击转移/快速选项卡，在区域内区域转移类型的下拉列表中选择前一平面选项。其他参数设置值采用系统默认，单击确定按钮完成非切削移动参数的设置。

Stage6. 设置进给率和速度

Step1. 在“型腔铣”对话框中单击“进给率和速度”按钮，系统弹出“进给率和速度”对话框。

Step2. 选中“进给率和速度”对话框主轴速度区域中的☑ 主轴速度 (rpm)复选框，在其后的文本框中输入值 2000.0，按 Enter 键，然后单击按钮，在进给率区域的切削文本框中输入值 1000.0，按 Enter 键，然后单击按钮，其他参数采用系统默认设置值。

Step3. 单击 确定 按钮，完成进给率和速度的设置，系统返回“型腔铣”操作对话框。

Stage7. 生成刀路轨迹并仿真

生成的刀路轨迹如图 51.12 所示，2D 动态仿真加工后的模型如图 51.13 所示。

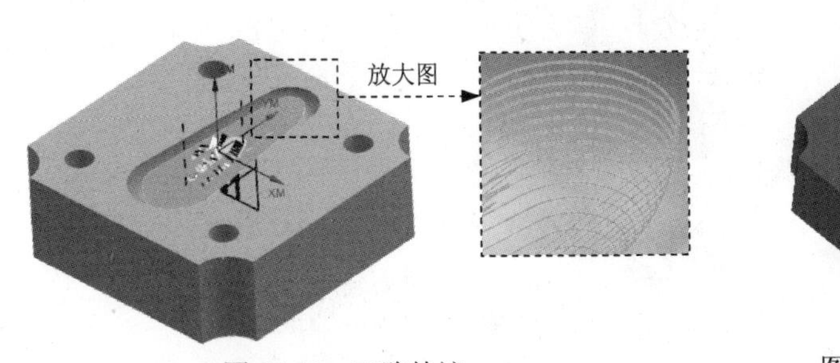

图 51.12　刀路轨迹

图 51.13　2D 仿真结果

Task6. 创建钻孔工序

Stage1. 插入工序

Step1. 选择下拉菜单 插入(S) ➡ 工序(E)... 命令，系统弹出“创建工序”对话框。

Step2. 在“创建工序”对话框 类型 下拉列表中选择 drill 选项，在 工序子类型 区域中选择“DRILLING”按钮，在 程序 下拉列表中选择 PROGRAM 选项，在 刀具 下拉列表中选择前面设置的刀具 DR10（钻刀）选项，在 几何体 下拉列表中选择 WORKPIECE 选项，在 方法 下拉列表中选择 DRILL_METHOD 选项，使用系统默认的名称。

Step3. 单击“创建工序”对话框中的 确定 按钮，系统弹出“钻”对话框。

Stage2. 指定孔

Step1. 指定孔。

单击“钻”对话框 指定孔 右侧的按钮，系统弹出“点到点几何体”对话框，单击 选择 按钮，选择 面上所有孔 按钮，选取图 51.14 所示的面，单击两次 确定 按钮，系统返回 “点到点几何体”对话框。单击 确定 按钮，系统返回“钻”对话框。

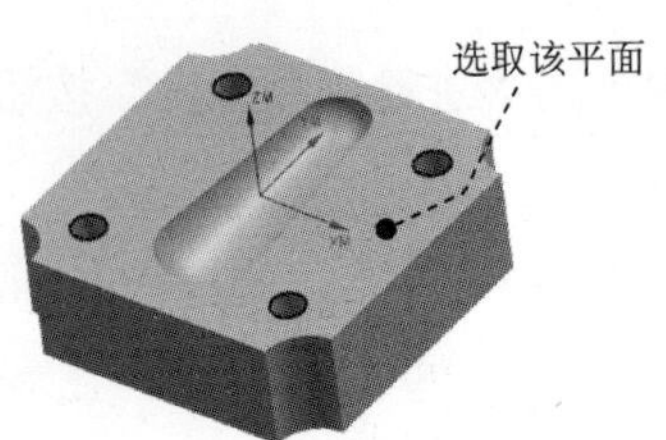

图 51.14　定义参照面

Step2. 指定顶面。

（1）单击“钻”对话框中指定顶面右侧的按钮，系统弹出“顶面”对话框。

（2）在“顶面”对话框中的顶面选项下拉列表中选择面选项，然后选取图 51.15 所示的面。

（3）单击“顶面”对话框中的确定按钮，返回“钻”对话框。

Step3. 指定底面。

（1）单击“钻”对话框中指定底面右侧的按钮，系统弹出“底面”对话框。

（2）在“底面”对话框中的底面选项下拉列表中选择面选项，然后选取图 51.16 所示的面。

（3）单击“底面”对话框中的确定按钮，返回“钻”对话框。

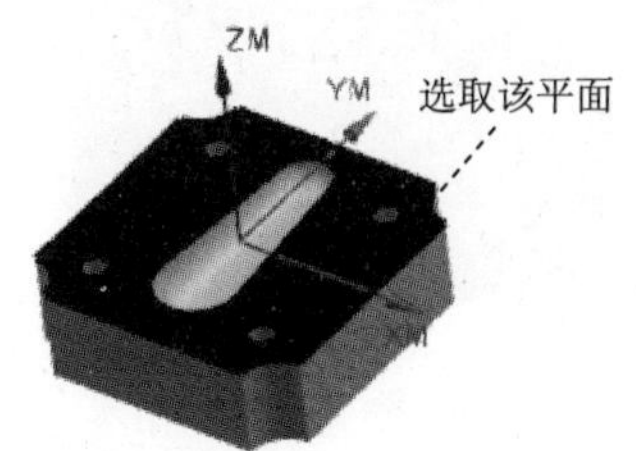

图 51.15　指定部件表面

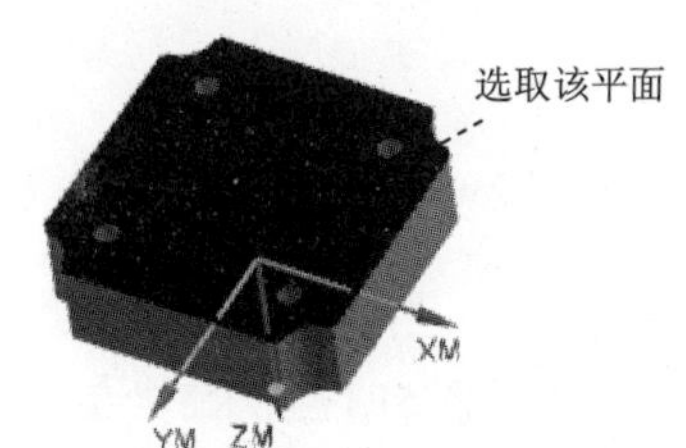

图 51.16　指定部件表面

Stage3．设置刀轴

在“钻”对话框中刀轴区域选择系统默认的+ZM 轴作为要加工孔的轴线方向。

说明：如果当前加工坐标系的 ZM 轴与要加工孔的轴线方向不同，可选择刀轴区域的轴下拉列表中的选项重新指定刀具轴线的方向。

Stage4．设置循环控制参数

Step1. 在“钻”对话框循环类型区域的循环下拉列表中选择标准钻...选项，单击“编辑参数”按钮，系统弹出 “指定参数组”对话框。

Step2. 在“指定参数组”对话框中采用系统默认的参数组序号 1，单击确定按钮，系统弹出 “Cycle 参数”对话框，单击Rtrcto - 无按钮，系统弹出对话框。

Step3. 在对话框中单击距离按钮，在退刀文本框中输入 5，单击确定按钮，系统返回“Cycle 参数”对话框。单击确定按钮，系统返回“钻”对话框。

Stage5．设置进给率和速度

Step1. 单击“定心钻”对话框中的“进给率和速度”按钮，系统弹出“进给率和速度”对话框。

Step2. 在“进给率和速度”对话框中选中☑ 主轴速度（rpm）复选框，然后在其文本框中输入值 800.0，按 Enter 键，然后单击按钮，在切削文本框中输入值 400.0，按 Enter 键，然后单击按钮，其他选项采用系统默认设置值，单击确定按钮。

Stage6．生成刀路轨迹并仿真

生成的刀路轨迹如图 51.17 所示，2D 动态仿真加工后结果如图 51.18 所示。

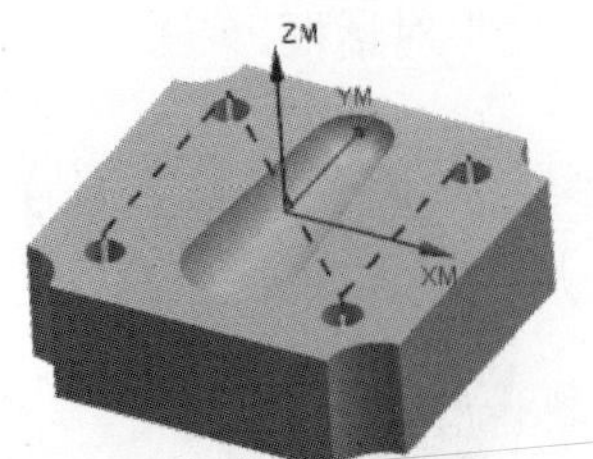

图 51.17 刀路轨迹

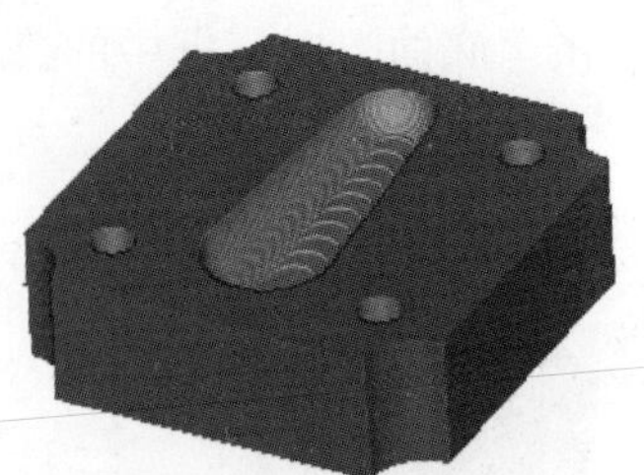
图 51.18 2D 仿真结果

Task7．创建轮廓区域铣操作

Stage1．创建工序

Step1. 选择下拉菜单插入(S) ➡ 工序(E)... 命令，在“创建工序”对话框的类型下拉列表中选择mill_contour选项，在工序子类型区域中单击“CONTOUR_AREA”按钮，在程序下拉列表中选择PROGRAM选项，在刀具下拉列表中选择前面设置的刀具B8（铣刀-球头铣）选项，在几何体下拉列表中选择WORKPIECE选项，在方法下拉列表中选择MILL_FINISH选项，使用系统默认的名称。

Step2. 单击“创建工序”对话框中的确定按钮，系统弹出“轮廓区域”对话框。

Stage2．指定切削区域

Step1. 单击“轮廓区域”对话框指定切削区域右侧的按钮，系统弹出“切削区域”对话框。

Step2. 在绘图区中选取图 51.19 所示的切削区域（共 3 个面），单击确定按钮，系统返回到“轮廓区域”对话框。

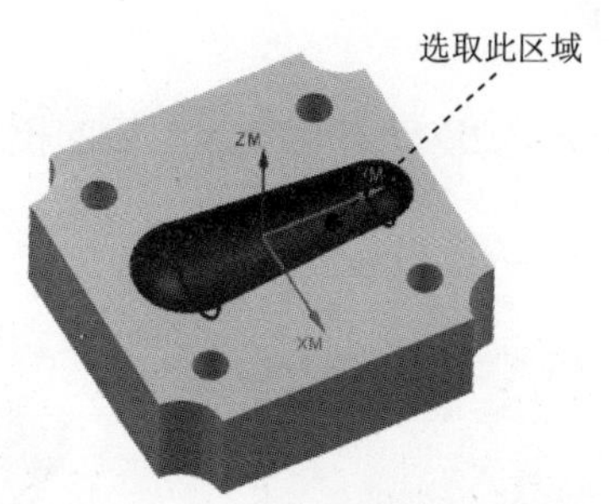

图 51.19　指定切削区域

Stage3．设置一般参数

Step1. 单击“轮廓区域”对话框驱动方法右侧的按钮，系统弹出“区域铣削驱动方法”对话框。

Step2. 在驱动设置区域的切削模式下拉列表中选取跟随周边选项，在刀路方向下拉列表中选取向内选项，在步距下拉列表中选取恒定选项，在最大距离的文本框输入 0.3，在步距已应用下拉列表中选取在部件上选项。

Step3. 单击确定按钮，系统返回到“轮廓区域”对话框。

Stage4．设置切削参数

Step1. 在刀轨设置区域中单击“切削参数”按钮，系统弹出“切削参数”对话框。

Step2. 在“切削参数”对话框中单击余量选项卡，在公差区域内公差文本框中输入值 0.01，在外公差文本框中输入值 0.01，其他参数采用系统默认设置值。

Step3. 单击“切削参数”对话框中的确定按钮，系统返回到“轮廓区域”对话框。

Stage5．设置非切削移动参数

其参数设置值采用系统默认。

Stage6．设置进给率和速度

Step1. 在“轮廓区域”对话框中单击“进给率和速度”按钮，系统弹出“进给率和速度”对话框。

Step2. 选中“进给率和速度”对话框主轴速度区域中的☑ 主轴速度（rpm）复选框，在其后的文本框中输入值 3000.0，按 Enter 键，然后单击按钮，在进给率区域的切削文本框中输入值 1200.0，按 Enter 键，然后单击按钮，其他参数采用系统默认设置值。

Step3. 单击确定按钮，完成进给率和速度的设置，系统返回“轮廓区域”操作对话框。

Stage7．生成刀路轨迹并仿真

生成的刀路轨迹如图 51.20 所示，2D 动态仿真加工后的模型如图 51.21 所示。

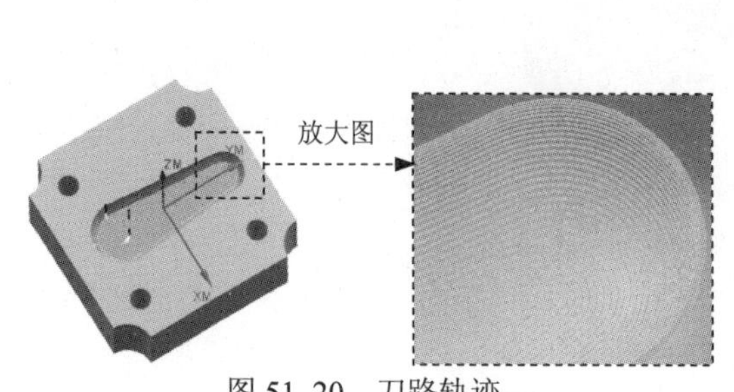

图 51. 20　刀路轨迹

图 51.21　2D 仿真结果

Task8．创建平面铣工序 2

Step1．复制平面铣工序。在工序导航器的 PLANAR_MILL 节点上单击鼠标右键，在弹出的快捷菜单中选择 复制 命令。

Step2．粘贴钻孔工序。在工序导航器的 D10 节点上单击鼠标右键，在弹出的快捷菜单中选择 内部粘贴 命令。

Step3．修改操作名称。在工序导航器的 PLANAR_MILL_COPY 节点上单击鼠标右键，在弹出的快捷菜单中选择 重命名 命令，将其名称改为“PLANAR_MILL_2”。

Step4．重新定义操作。

（1）双击 Step3 改名的 PLANAR_MILL_2 节点，系统弹出“平面铣”对话框。

（2）指定毛坯边界。在“平面铣”对话框的 几何体 区域中单击“选择或编辑毛坯边界”按钮，系统会弹出“编辑边界”对话框。

（3）单击 全部重选 按钮，单击“全部重选”对话框的 确定 按钮，然后单击“边界几何体”的 确定 按钮，系统返回“平面铣”对话框。

（4）在 刀轨设置 区域 方法 的下拉列表中选择 MILL_FINISH 选项，在 切削模式 下拉列表中选择 轮廓加工 选项。

（5）设置切削层。单击 刀轨设置 区域“切削层”按钮，系统弹出“切削层” 对话框，在 类型 下拉列表中选择 仅底面 选项，单击 确定 按钮，系统返回“平面铣”对话框。

（6）设置切削参数。在 刀轨设置 区域中单击“切削参数”按钮，系统弹出“切削参数”对话框。在“切削参数”对话框中单击 余量 选项卡，在 部件余量 文本框中输入值 1，在 毛坯余量 文本框中输入值 0；在 公差 区域 内公差 文本框中输入值 0.01，在 外公差 文本框中输入值 0.01。单击 确定 按钮，系统返回“平面铣”对话框。

（7）设置非切削参数。在“平面铣”对话框中单击“非切削移动”按钮，系统弹出“非切削移动”对话框。单击进刀选项卡，在开放区域区域进刀类型下拉列表中选择圆弧选项，其他参数采用系统默认设置值。

（8）设置进给率和速度。在“平面铣”对话框中单击“进给率和速度”按钮，系统弹出“进给率和速度”对话框。选中“进给率和速度”对话框主轴速度区域中的☑ 主轴速度 (rpm)复选框，在其后的文本框中输入值 2400.0，按 Enter 键，然后单击按钮，在进给率区域的切削文本框中输入值 1000.0，按 Enter 键，然后单击按钮，其他参数采用系统默认设置值。

（9）生成刀路轨迹并仿真。生成的刀路轨迹如图 51.22 所示，2D 动态仿真加工后的模型如图 51.23 所示。

图 51. 22　刀路轨迹

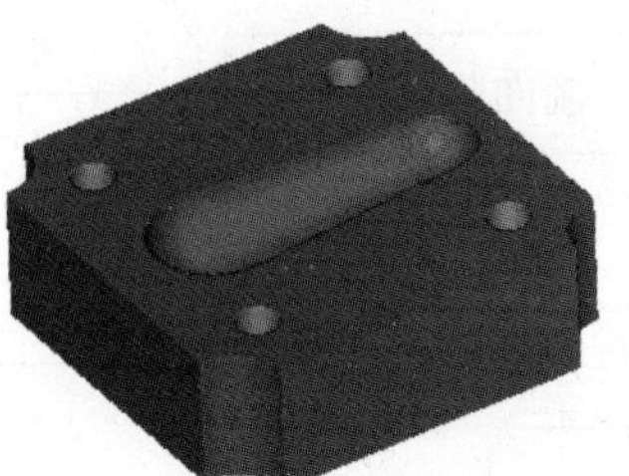
图 51.23　2D 仿真结果

Task9. 保存文件

选择下拉菜单文件(F) ➡ 保存(S)命令，保存文件。

实例52　车 削 加 工

下面介绍图 52.1 所示的轴零件的加工过程，其加工工艺路线图 52.2 和图 52.3 所示。

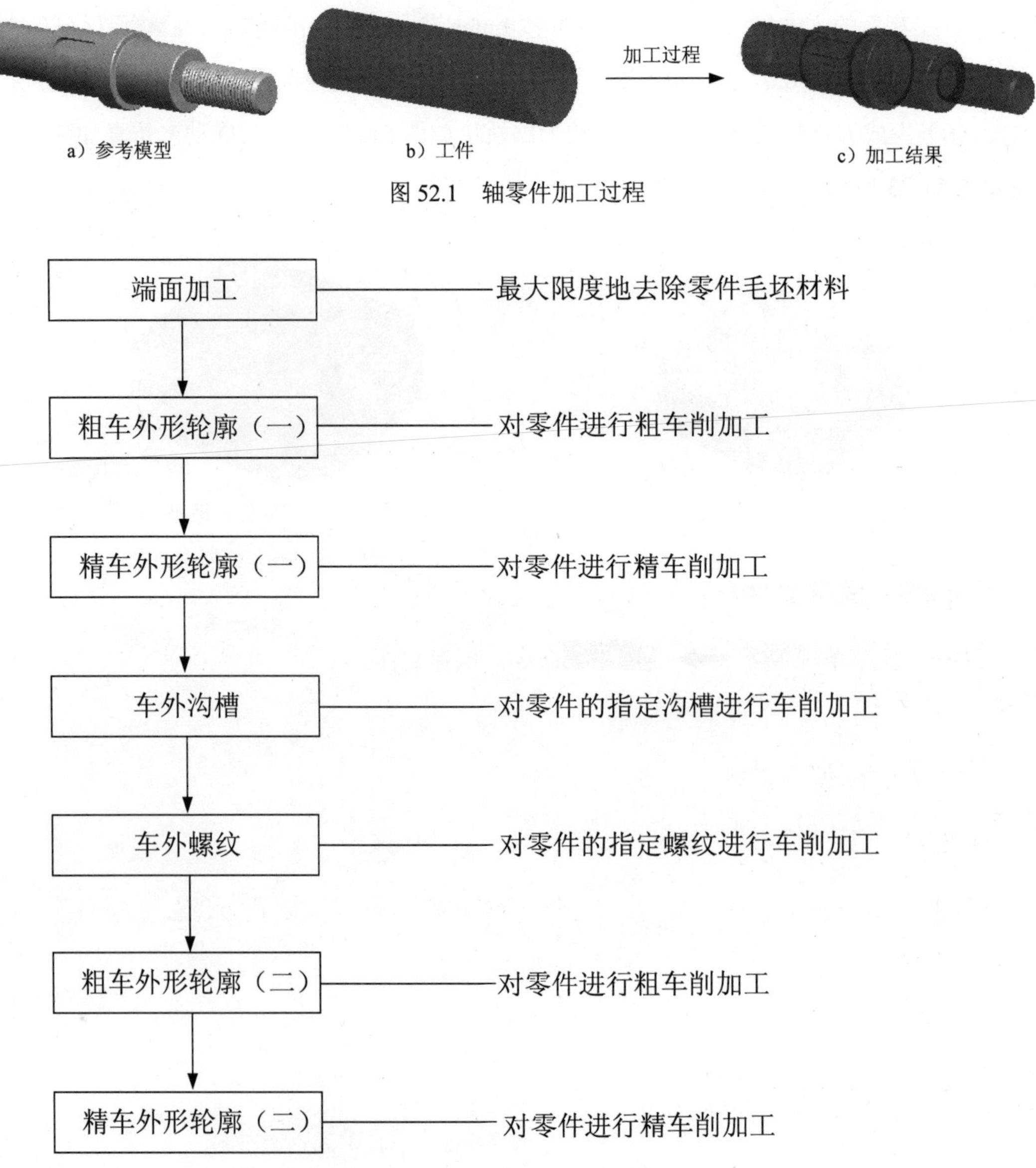

图 52.1　轴零件加工过程

图 52.2　加工工艺路线（一）

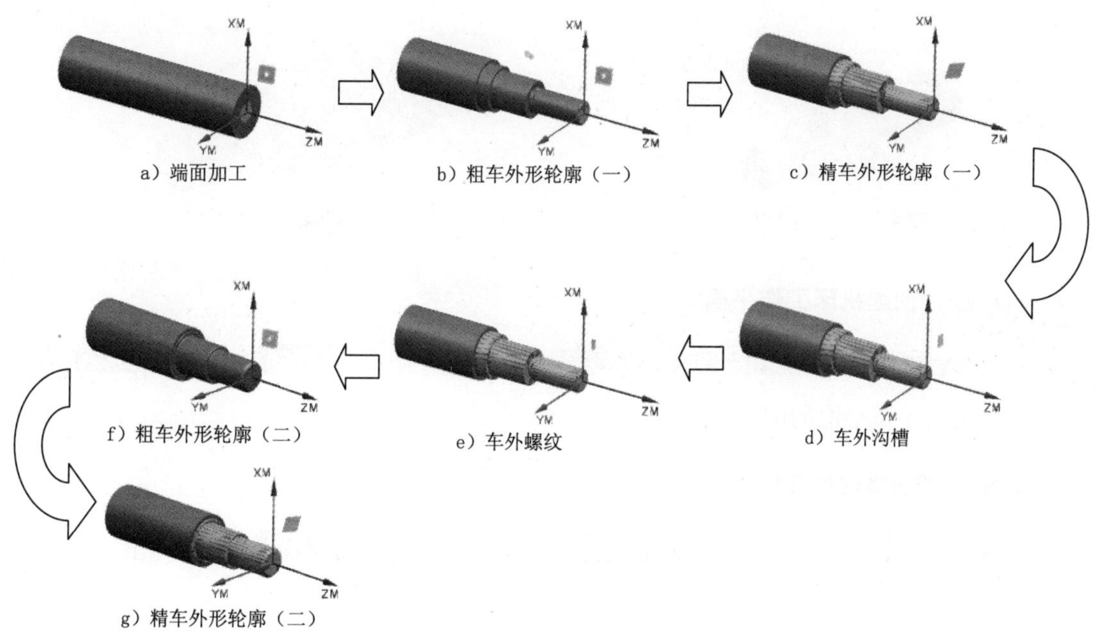

图 52.3　加工工艺路线（二）

Task1．打开模型文件并进入加工模块

Step1．打开文件 D:\ ugins8\work\ch11\ins52\ turn.prt。

Step2．选择下拉菜单 开始 → 加工(N)... 命令，系统弹出"加工环境"对话框，在"加工环境"对话框 要创建的 CAM 设置 列表中选择 turning 选项，单击 确定 按钮，进入加工环境。

Task2．创建几何体

Stage1．创建机床坐标系

Step1．在工序导航器中调整到几何视图状态，双击节点 MCS_SPINDLE，系统弹出"Turn Orient"对话框。

Step2．在"Turn Orient"对话框的 机床坐标系 选项区域中单击"CSYS 对话框"按钮，系统弹出"CSYS"对话框。

Step3．在"CSYS"对话框 类型 区域的下拉列表框中选择 动态 选项，单击图 52.4 所示的圆心为参照点，然后绕 Y 轴旋转 90°。单击 确定 按钮，完成图 52.5 所示机床坐标系的创建。

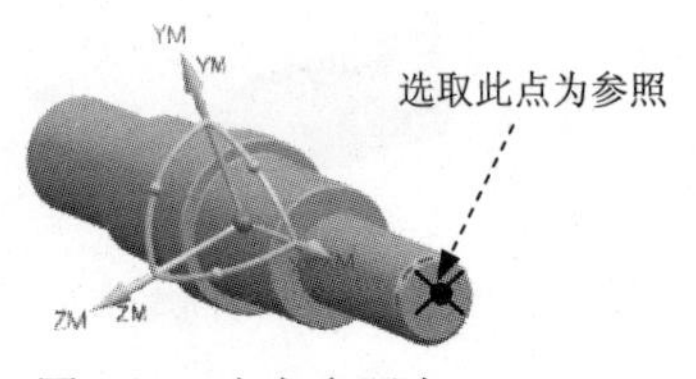

图 52.4 定义参照点

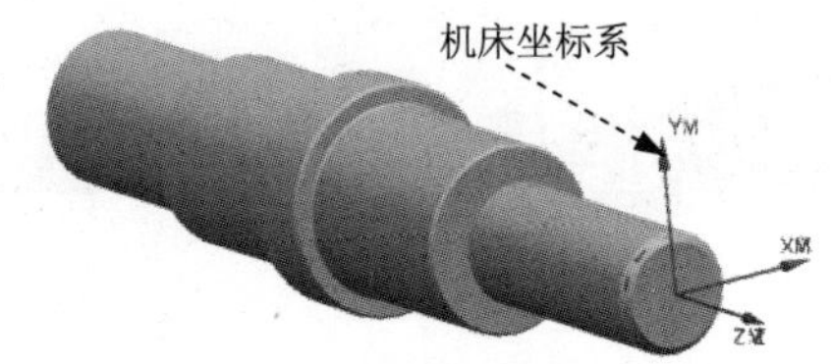

图 52.5 创建机床坐标系

Stage2．创建机床工作平面

在“CSYS”对话框车床工作平面区域指定平面下拉列表框中选择ZM-XM选项。单击确定按钮，完成机床工作平面的创建。

Stage3．创建部件几何体

Step1．在工序导航器中双击MCS_SPINDLE节点下的WORKPIECE，系统弹出“工件”对话框。

Step2．单击“工件”对话框中的按钮，系统弹出“部件几何体”对话框，选取整个零件为部件几何体。

Step3．依次单击“部件几何体”对话框和“工件”对话框中的确定按钮，完成部件几何体的创建。

Stage4．创建毛坯几何体

Step1．在工序导航器中的几何视图状态下双击WORKPIECE节点下的子菜单节点TURNING_WORKPIECE，系统弹出“Turn Bnd”对话框。

Step2．单击“Turn Bnd”对话框指定部件边界右侧的按钮，此时系统会自动指定部件边界，并在图形区显示如图 52.6 所示。

Step3．单击“Turn Bnd”对话框中的“选择或编辑毛坯边界”按钮，系统弹出“选择毛坯”对话框。

Step4．在“选择毛坯”对话框中确认“棒料”按钮被选择，在点位置区域选择⊙远离主轴箱单选项，单击选择按钮，系统弹出“点”对话框，在“点”对话框输出坐标区域参考的下拉列表框中选择WCS选项，在XC的文本框输入 2，在YC的文本框输入 0，在ZC的文本框输入 0，单击确定按钮，完成安装位置的定义，并返回“选择毛坯”对话框。

Step5．在“选择毛坯”对话框长度文本框中输入值 175.0，在直径文本框中输入值 45.0，单击确定按钮，在图形区中显示毛坯边界，结果如图 52.7 所示。

Step6．单击“Turn Bnd”对话框中的确定按钮，完成毛坯几何体的定义。

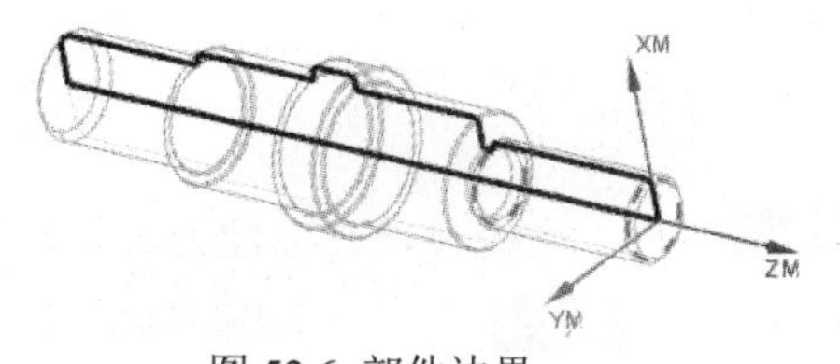

图 52.6 部件边界

图 52.7　毛坯边界

Stage5．创建几何体

Step1. 选择下拉菜单 插入(S) ➡ 几何体(G)... 命令，系统弹出“创建几何体”对话框。

Step2. 在“创建几何体”对话框 几何体子类型 区域选择“AVOIDANCE”按钮，在 位置 区域 几何体 的下拉列表框中选择 TURNING_WORKPIECE 选项，采用系统默认的名称，单击 确定 按钮，系统弹出“避让”对话框。

Step3. 在 运动到起点（ST）区域 运动类型 的下拉列表框中选择 直接 选项，在 点选项 的下拉列表框中选择 点 选项，然后单击 * 指定点 右侧的按钮，系统弹出“点”对话框。

Step4. 在“点”对话框 坐标 区域的 XC 的文本框中输入 10，在 YC 的文本框中输入 30，在 ZC 的文本框中输入 0，单击 确定 按钮，系统返回“避让”对话框。

Step5. 在 逼近（AP）区域 刀轨选项 的下拉列表框中选择 点（仅在换刀后）选项，单击 逼近点 区域 * 指定点 右侧的按钮，系统弹出“点”对话框。在 输出坐标 区域 XC 的文本框输入 10，在 YC 的文本框输入 28，在 ZC 的文本框输入 0，单击 确定 按钮，系统返回“避让”对话框。

Step6. 在“避让”对话框设置图 52.8 所示的参数，单击 确定 按钮，退出“避让”对话框。

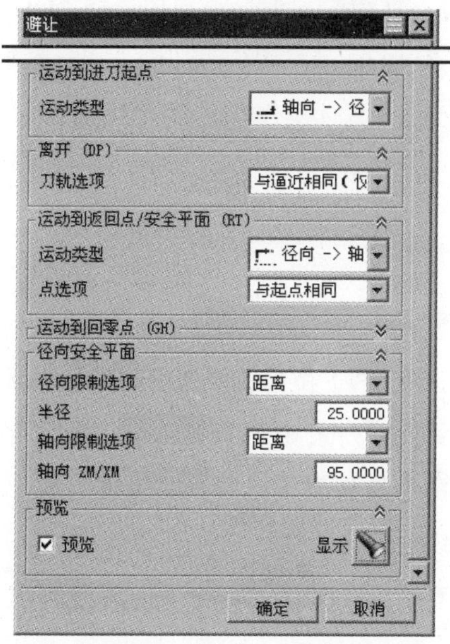

图 52.8　“避让”对话框

Task3．创建刀具

Stage1．创建刀具（一）

Step1．选择下拉菜单插入(S) ➡ 刀具(T)...命令，系统弹出“创建刀具”对话框。

Step2．在“创建刀具”对话框类型下拉列表中选择turning选项，在刀具子类型区域中单击“OD_80_L”按钮，在位置区域的刀具下拉列表中选择GENERIC_MACHINE选项，采用系统默认的名称，单击确定按钮，系统弹出“车刀-标准”对话框。

Step3．在“车刀-标准”对话框中单击刀具选项卡，在尺寸区域(R) 刀尖半径的文本框中输入0.5，在(OA) 方向角度的文本框中输入5，在刀片尺寸区域长度的文本框中输入15，其他参数采用系统默认的设置值。单击确定按钮，完成刀具的创建。

Stage2．创建刀具（二）

设置刀具类型为turning选项，在刀具子类型区域单击选择“OD_55_L”按钮，(R) 刀尖半径为0.2，(OA) 方向角度为17.5，长度为15.0。具体操作方法参照Stage1。

Stage3．创建刀具（三）

设置刀具类型为turning选项，在刀具子类型区域单击选择“OD_GROOVE_L”按钮，(OA) 方向角度为90.0，(IL) 刀片长度为10.0，(IW) 刀片宽度为2.0，(R) 半径为0.2，(SA) 侧角为2.0，(TA) 尖角为0。具体操作方法参照Stage1。

Stage4．创建刀具（四）

设置刀具类型为turning选项，在刀具子类型区域单击选择“OD_THREAD_L”按钮，(OA) 方向角度为90.0，(IL) 刀片长度为10.0，(IW) 刀片宽度为4.0，(LA) 左角为30.0，(RA) 右角为30.0，(NR) 刀尖半径为0.2，(TO) 刀尖偏置为2.0具体操作方法参照Stage1。

Task4．创建车削操作1

Stage1．创建工序

Step1．选择下拉菜单插入(S) ➡ 工序(E)...命令，系统弹出“创建工序”对话框。

Step2．在“创建工序”对话框类型下拉列表中选择turning选项，在工序子类型区域中单击“FACING”按钮，在程序下拉列表中选择PROGRAM选项，在刀具下拉列表中选择OD_80_L (车刀-标准)选项，在几何体下拉列表中选择AVOIDANCE选项，在方法下拉列表中选择LATHE_FINISH选项，名称采用系统默认的名称。

Step3．单击“创建工序”对话框中的确定按钮，系统弹出“面加工”对话框。

Stage2．指定切削区域

Step1. 单击“面加工”对话框切削区域右侧的“编辑”按钮，系统弹出“切削区域”对话框。

Step2. 在“切削区域”对话框轴向修剪平面 1区域的限制选项下拉列表中选择距离选项，单击确定按钮，系统返回到“面加工”对话框。

Step3. 在“面加工”对话框中设置图 52.9 所示的参数。

Stage3．设置切削参数

采用系统默认的参数设置值。

Stage4．设置非切削参数

单击“面加工”对话框中的“非切削移动”按钮，系统弹出“非切削移动”对话框。然后在更多选项卡设置图 52.10 所示的参数，单击确定按钮，返回到“面加工”对话框。

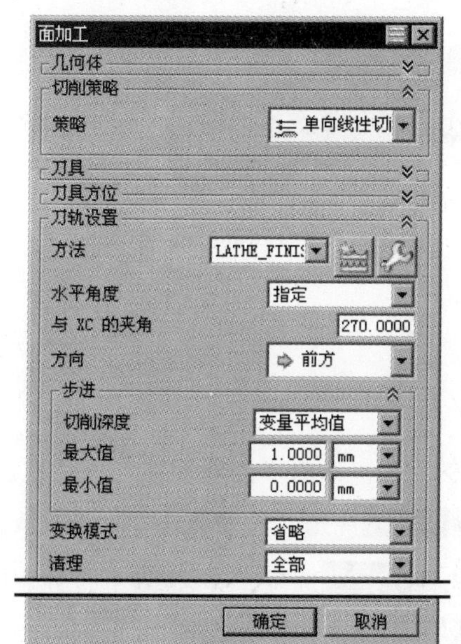

图 52.9　“面加工”对话框

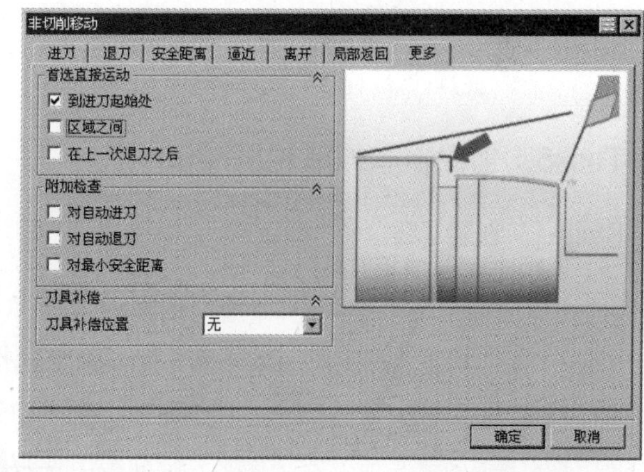

图 52.10　“非切削移动”对话框

Stage5．进给率和速度

Step1. 在“面加工”对话框中单击“进给率和速度”按钮，系统弹出“进给率和速度”对话框。

Step2. 在“进给率和速度”对话框主轴速度区域表面速度 (smm)的文本框中输入 60，在进给率区域切削的文本框中输入 0.5。单击确定按钮，返回到“面加工”对话框。

Stage6．生成刀路轨迹

Step1．单击“面加工”对话框中的“生成”按钮，生成的刀路轨迹如图 52.11 所示。

Step2．在图形区通过旋转、平移、放大视图，再单击“重播”按钮重新显示路径，即可以从不同角度对刀路轨迹进行查看，以判断其路径是否合理。

Stage7．3D 动态仿真

Step1．在“面加工”对话框中单击“确认”按钮，系统弹出“刀轨可视化”对话框。

Step2．在“刀轨可视化”对话框中单击3D 动态选项卡，采用系统默认参数设置值，调整动画速度后单击“播放”按钮，即可观察到 3D 动态仿真加工，加工后的结果如图 52.12 所示。

Step3．分别在“刀轨可视化”对话框和“面加工”对话框中单击确定按钮，完成粗车加工。

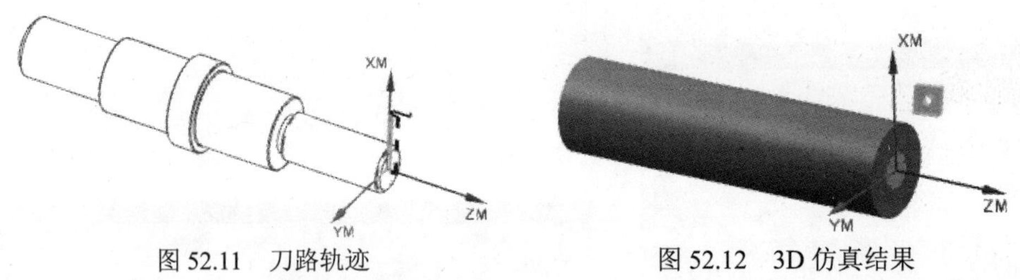

图 52.11　刀路轨迹　　　　图 52.12　3D 仿真结果

Task5．创建粗车外形轮廓操作

Stage1．创建工序

Step1．选择下拉菜单插入(S) → 工序(E)...命令，系统弹出“创建工序”对话框。

Step2．在“创建工序”对话框类型下拉列表中选择turning选项，在工序子类型区域中单击“ROUGH_TURN_OD”按钮，在程序下拉列表中选择PROGRAM选项，在刀具下拉列表中选择OD_80_L (车刀-标准)选项，在几何体下拉列表中选择AVOIDANCE选项，在方法下拉列表中选择LATHE_ROUGH选项，名称采用系统默认的名称。

Step3．单击“创建工序”对话框中的确定按钮，系统弹出“粗车 OD”对话框。

Stage2．指定切削区域

Step1．单击“粗车 OD”对话框切削区域右侧的“编辑”按钮，系统弹出“切削区域”对话框。

Step2．在“切削区域”对话框轴向修剪平面 1区域的限制选项下拉列表中选择点选项，在图形区中选取图 52.13 所示的边线的端点，单击 确定 按钮，系统返回到“粗车 OD”对话框。

Step3. 在“粗车 OD”对话框中设置图 52.14 所示的参数。

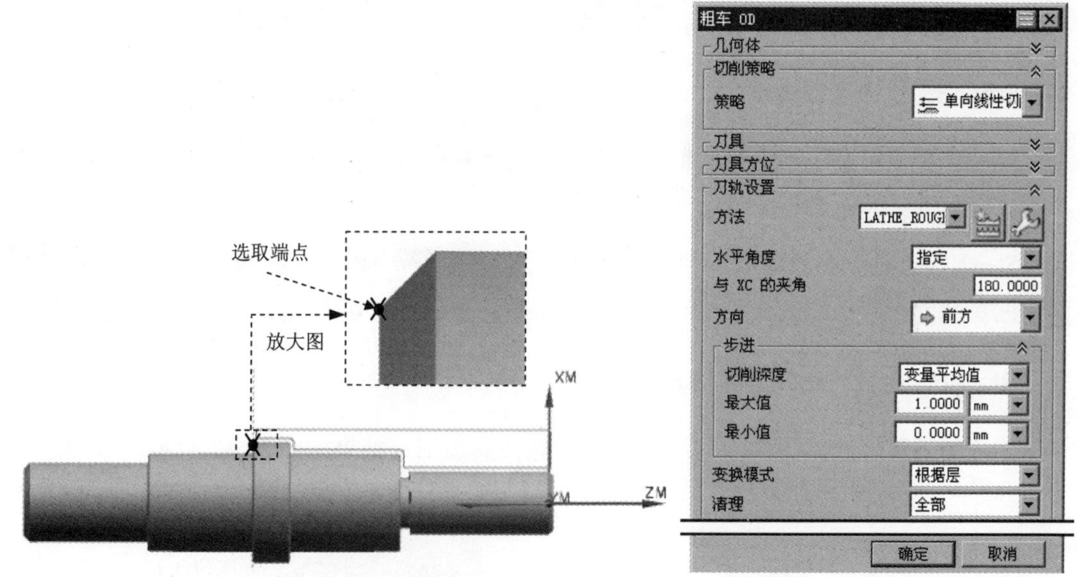

图 52.13 显示切削区域

图 52.14 “粗车 OD”对话框

Stage3. 设置切削参数

单击“粗车 OD”对话框中的“切削参数”按钮，系统弹出“切削参数”对话框，在该对话框中选择 余量 选项卡，设置图 52.15 所示的参数。其他选项卡参数采用系统默认设置值。然后单击 确定 按钮返回到“粗车 OD”对话框。

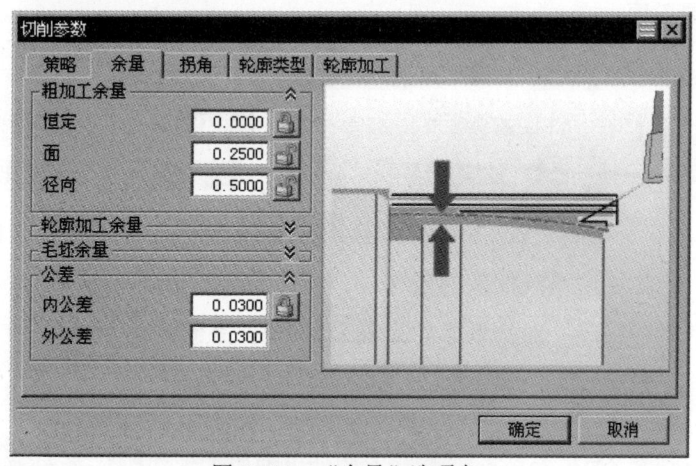

图 52.15 “余量”选项卡

Stage4. 设置非切削参数

单击“粗车 OD”对话框中的“非切削移动”按钮，系统弹出“非切削移动”对话框。在更多选项卡首选直接运动区域取消选中☐ 在上一次退刀之后、☐ 区域之间复选框，其他参数采用系统默认设置值，然后单击确定按钮返回到“粗车 OD”对话框。

Stage5. 进给率和速度

Step1. 在“粗车 OD”对话框中单击“进给率和速度”按钮，系统弹出“进给率和速度”对话框。

Step2. 在“进给率和速度”对话框主轴速度区域表面速度（smm）的文本框中输入 60，在进给率区域切削的文本框中输入 0.5。单击确定按钮，返回到“粗车 OD”对话框。

Stage6. 生成刀路轨迹并仿真

生成的刀路轨迹如图 52.16 所示，3D 动态仿真加工后结果如图 52.17 所示。

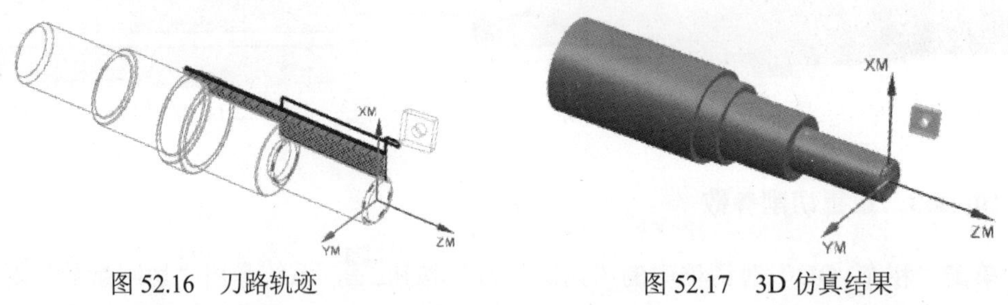

图 52.16　刀路轨迹　　图 52.17　3D 仿真结果

Task6. 创建精车外形轮廓操作

Stage1. 创建工序

Step1. 选择下拉菜单插入(S) → 工序(E)...命令，系统弹出“创建工序”对话框。

Step2. 在“创建工序”对话框类型下拉列表中选择turning选项，在工序子类型区域中单击“FINISH_TURN_OD”按钮，在程序下拉列表中选择PROGRAM选项，在刀具下拉列表中选择OD_55_L选项，在几何体下拉列表中选择AVOIDANCE选项，在方法下拉列表中选择LATHE_FINISH选项，名称采用系统默认的名称。

Step3. 单击“创建工序”对话框中的确定按钮，系统弹出“精车 OD”对话框。

Stage2. 指定切削区域

Step1. 单击“精车 OD”对话框切削区域右侧的“编辑”按钮，系统弹出“切削区域”对话框。

Step2. 在“切削区域”对话框轴向修剪平面 1区域的限制选项下拉列表中选择点选项，在图形区中选取图 52.18 所示的边线的端点，单击确定按钮，系统返回到“精车 OD”对话框。

Step3. 在“精车 OD”对话框中设置图 52.19 所示的参数。

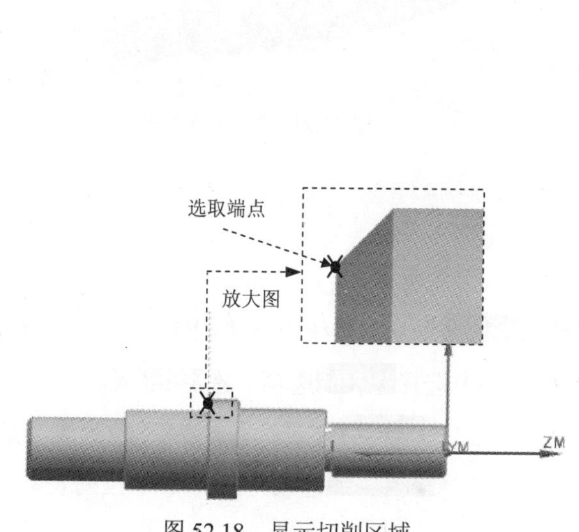

图 52.18 显示切削区域

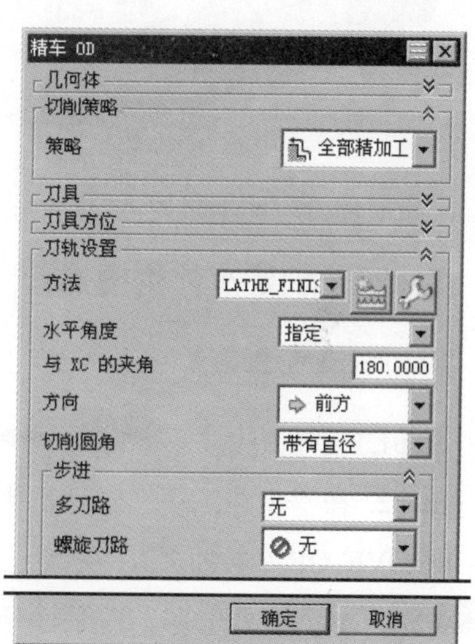

图 52.19 “精车 OD”对话框

Stage3. 设置切削参数

单击“精车 OD”对话框中的“切削参数”按钮，系统弹出“切削参数”对话框，在该对话框中选择策略选项卡，在切削区域取消选中□ 允许底切复选框；然后单击余量选项卡，在内公差和外公差的文本框中分别输入 0.01；单击拐角选项卡，在拐角处的刀轨形状区域常规拐角的下拉列表中选择绕对象滚动选项，在浅角的下拉列表中选择绕对象滚动选项。其他选项卡参数采用系统默认设置值。然后单击确定按钮返回到“精车 OD”对话框。

Stage4. 设置非切削参数

采用系统默认参数值。

Stage5. 进给率和速度

Step1. 在“精车 OD”对话框中单击“进给率和速度”按钮，系统弹出“进给率和速度”对话框。

Step2. 在“进给率和速度”对话框主轴速度区域表面速度 (smm)的文本框中输入 90，在进给率区域切削的文本框中输入 0.15。单击确定按钮，返回到“精车 OD”对话框。

Stage6. 生成刀路轨迹并仿真

生成的刀路轨迹如图 52.20 所示，3D 动态仿真加工后结果如图 52.21 所示。

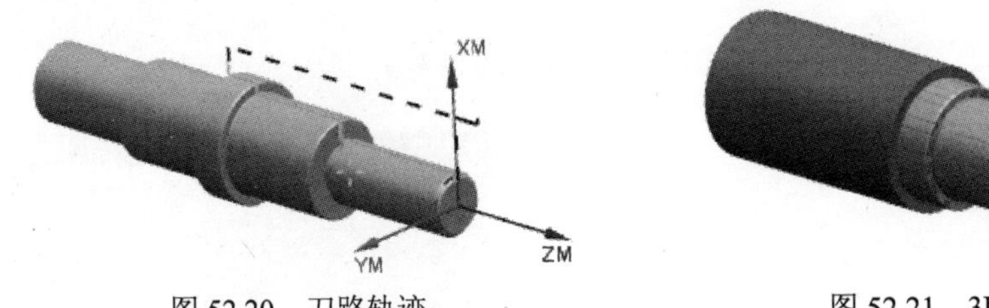

图 52.20 刀路轨迹　　图 52.21 3D 仿真结果

Task7. 创建车外沟槽操作

Stage1. 创建工序

Step1. 选择下拉菜单插入(S) → 工序(E)...命令，系统弹出“创建工序”对话框。

Step2. 在“创建工序”对话框类型下拉列表中选择turning选项，在工序子类型区域中单击“GROOVE_OD”按钮，在程序下拉列表中选择PROGRAM选项，在刀具下拉列表中选择OD_GROOVE_L (槽刀-标准)选项，在几何体下拉列表中选择AVOIDANCE选项，在方法下拉列表中选择LATHE_GROOVE选项，名称采用系统默认的名称。

Step3. 单击“创建工序”对话框中的确定按钮，系统弹出“在外径开槽”对话框。

Stage2. 指定切削区域

Step1. 单击“在外径开槽”对话框切削区域右侧的“编辑”按钮，系统弹出“切削区域”对话框。

Step2. 在“切削区域”对话框轴向修剪平面 1区域的限制选项下拉列表中选择点选项，在图形区中选取图 52.22 所示的点，单击确定按钮，系统返回到“在外径开槽”对话框。

Step3. 在“在外径开槽”对话框中设置图 52.23 所示的参数。

Stage3. 设置切削参数

单击“在外径开槽”对话框中的“切削参数”按钮，系统弹出“切削参数”对话框，在该对话框中选择策略选项卡，在切削区域转的文本框中输入 2，在切削约束区域最小切削深度的下拉列表中选择指定选项，在距离的文本框中输入 0.5。单击切屑控制选项卡，在切屑控制的下拉列表中选择恒定安全设置选项，在恒定增量的文本框中输入 1。单击拐角选项卡，在拐角处的刀轨形状区域常规拐角的下拉列表中选择延伸选项。其他选项卡参数采用系统默认设置值。然后单击确定按钮返回到“在外径开槽”对话框。

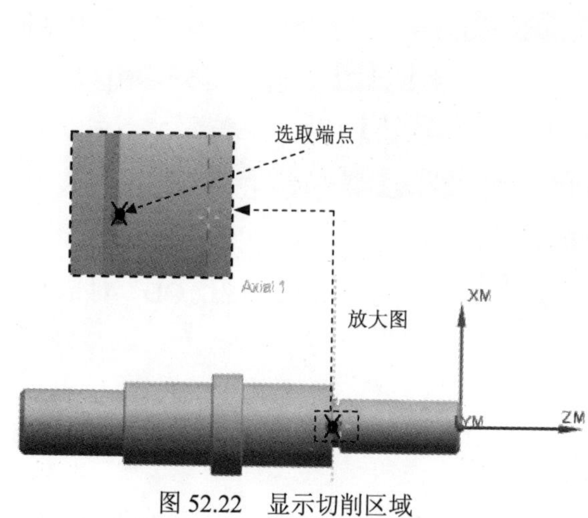

图 52.22　显示切削区域

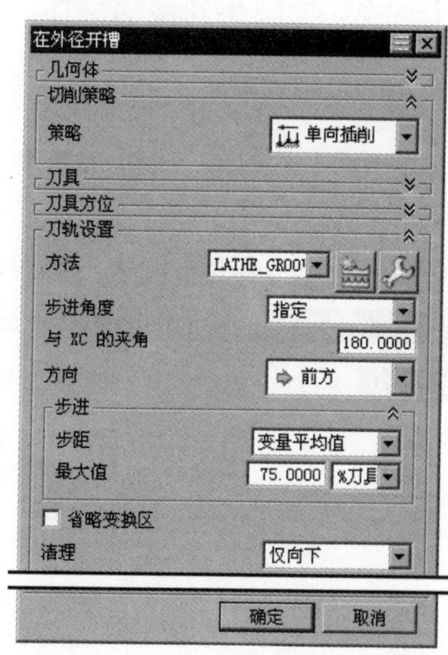

图 52.23　“在外径开槽”对话框

Stage4．设置非切削参数

采用系统默认参数值。

Stage5．进给率和速度

Step1. 在“在外径开槽”对话框中单击“进给率和速度”按钮，系统弹出“进给率和速度”对话框。

Step2. 在“进给率和速度”对话框主轴速度区域输出模式的下拉列表中选择SMM选项。在表面速度（smm）的文本框中输入 70，在进给率区域切削的文本框中输入 0.5。单击确定按钮，返回到“在外径开槽”对话框。

Stage6．生成刀路轨迹并仿真

生成的刀路轨迹如图 52.24 所示，3D 动态仿真加工后结果如图 52.25 所示。

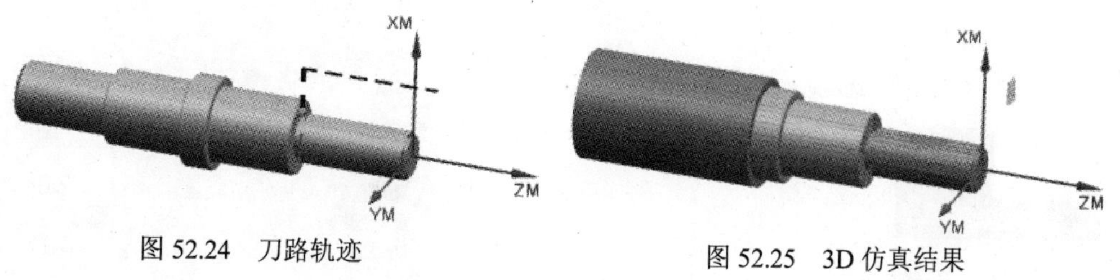

图 52.24　刀路轨迹　　图 52.25　3D 仿真结果

Task8. 创建车外螺纹操作

Stage1. 创建工序

Step1. 选择下拉菜单 插入(S) → 工序(E)... 命令，系统弹出“创建工序”对话框。

Step2. 在“创建工序”对话框类型下拉列表中选择turning选项，在工序子类型区域中单击“THREAD_OD”按钮，在程序下拉列表中选择PROGRAM选项，在刀具下拉列表中选择OD_THREAD_L (螺纹刀-标准)选项，在几何体下拉列表中选择AVOIDANCE选项，在方法下拉列表中选择LATHE_THREAD选项，名称采用系统默认的名称。

Step3. 单击“创建工序”对话框中的 确定 按钮，系统弹出“螺纹 OD”对话框。

Stage2. 定义螺纹几何体

Step1. 选取螺纹起始线。单击“螺纹 OD”对话框的* Select Crest Line (0)区域，在模型上选取图 52.26 所示的边线。

Step2. 选取根线。选取图 52.27 所示的边线。在深度选项下拉列表中选择深度和角度选项，在深度的文本框中输入 1。

Stage3. 设置螺纹参数

Step1. 单击偏置和刀轨设置区域，然后设置图 52.28 所示的参数。

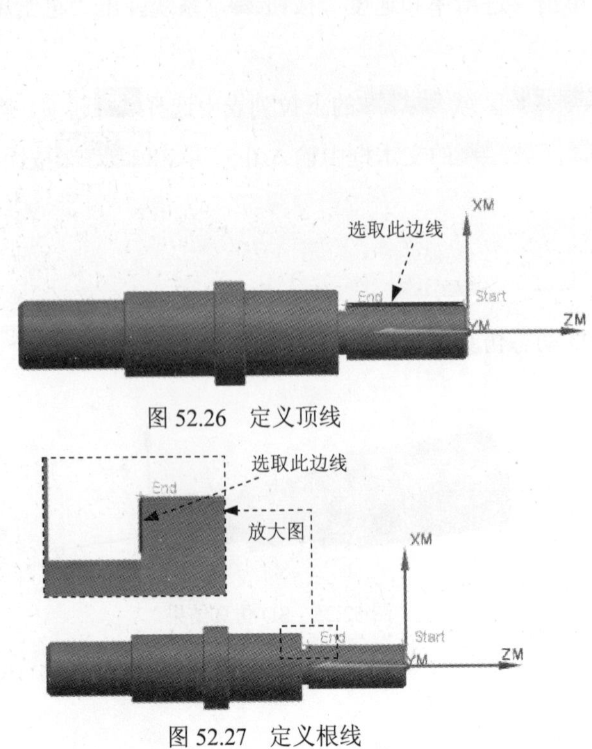

图 52.26 定义顶线

图 52.27 定义根线

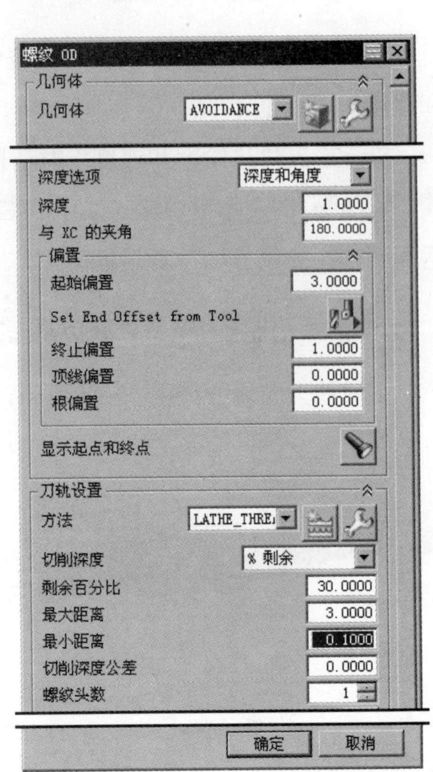

图 52.28 “螺纹 OD”对话框

Step2. 设置切削参数。单击“螺纹 OD”对话框中的“切削参数”按钮，系统弹出“切削参数”对话框，选择螺距选项卡，然后在距离文本框中输入值 2，选择附加刀路选项卡，在精加工刀路区域刀路数的文本框中输入 2，在增量的文本框中输入 0.05。单击确定按钮。

Stage4．进给率和速度

Step1. 在“螺纹 OD”对话框中单击“进给率和速度”按钮，系统弹出“进给率和速度”对话框。

Step2. 在“进给率和速度”对话框主轴速度区域选中☑主轴速度复选框，然后在其后面的文本框输入 400，在进给率区域切削的文本框输入 2，然后在其后面的下拉列表中选择mmpr选项。单击确定按钮，返回到“螺纹 OD”对话框。

Stage5．生成刀路轨迹并仿真

生成的刀路轨迹如图 52.29 所示，3D 动态仿真加工后结果如图 52.30 所示。

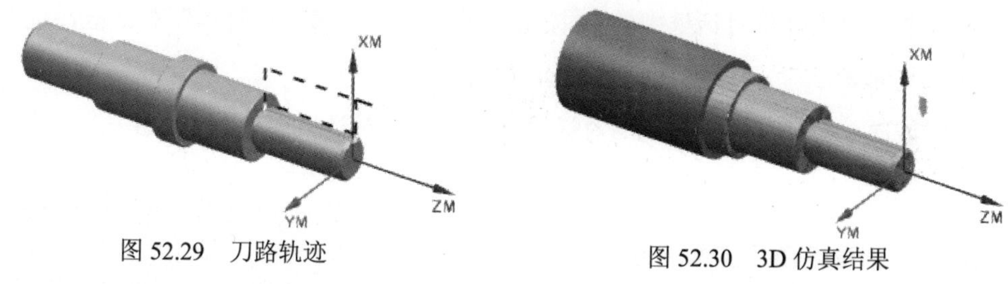

图 52.29　刀路轨迹　　图 52.30　3D 仿真结果

Task9．创建几何体 2

Stage1．创建机床坐标系

Step1. 选择下拉菜单插入(S) → 几何体(G)...，系统弹出“创建几何体”对话框。

Step2. 在“创建几何体”对话框几何体子类型区域选择按钮，然后在位置区域几何体的下拉列表中选择GEOMETRY选项。名称采用系统默认的名称。单击确定按钮，系统弹出“MCS 主轴”对话框。

Step3. 在“MCS 主轴”对话框的机床坐标系选项区域中单击“CSYS 对话框”按钮，系统弹出“CSYS”对话框。

Step4. 在“CSYS”对话框类型区域的下拉列表框中选择动态选项，单击图 52.31 所示的圆心为参照点，然后绕 Y 轴旋转-90°，再绕 Z 轴旋转 90°。单击确定按钮，完成图 52.32 所示机床坐标系的创建。（注：此坐标系与 Task2 创建的坐标系 x 轴方向相同，y 轴 z 轴方向均相反。）

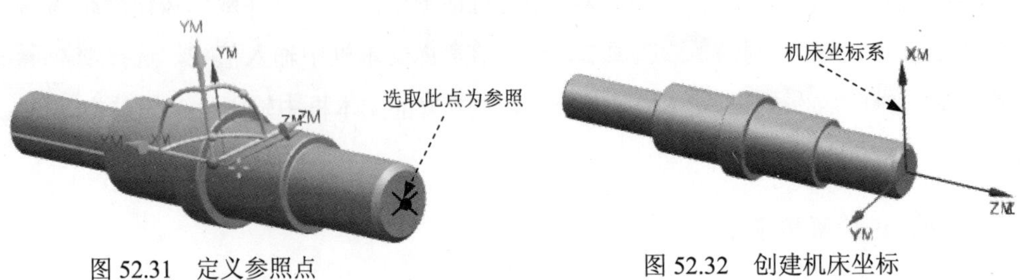

图 52.31 定义参照点

图 52.32 创建机床坐标

Stage2．创建机床工作平面

在“MCS 主轴”对话框车床工作平面区域的指定平面下拉列表框中选择ZM-XM选项。单击确定按钮，完成机床工作平面的创建。

Stage3．创建部件几何体

Step1. 在工序导航器中的几何视图状态下双击上步创建MCS_SPINDLE_1节点下的WORKPIECE_1，系统弹出“工件”对话框。

Step2. 单击“工件”对话框中的按钮，系统弹出“部件几何体”对话框，选取整个零件为部件几何体。

Step3. 依次单击“部件几何体”对话框和“工件”对话框中的确定按钮，完成部件几何体的创建。

Stage4．创建毛坯几何体

Step1. 在工序导航器中的几何视图状态下双击WORKPIECE节点下的子菜单节点TURNING_WORKPIECE，系统弹出“Turn Bnd”对话框。

Step2. 单击“Turn Bnd”对话框指定部件边界右侧的按钮，此时系统会自动指定部件边界，并在图形区显示如图 52.33 所示。

Step3. 单击“Turn Bnd”对话框中的“选择或编辑毛坯边界”按钮，系统弹出“选择毛坯”对话框。

Step4. 在“选择毛坯”对话框中确认“棒料”按钮被选择，在点位置区域选择远离主轴箱单选项，单击选择按钮，系统弹出“点”对话框，在“点”对话框输出坐标区域参考的下拉列表框中选择WCS选项，在XC的文本框输入 3，在YC的文本框输入 0，在ZC的文本框输入 0，单击确定按钮，完成安装位置的定义，并返回“选择毛坯”对话框。

Step5. 在“选择毛坯”对话框长度文本框中输入值 175.0，在直径文本框中输入值 45.0，单击确定按钮，在图形区中显示毛坯边界，如图 52.34 所示。

Step6. 单击“Turn Bnd”对话框中的确定按钮，完成毛坯几何体的定义。

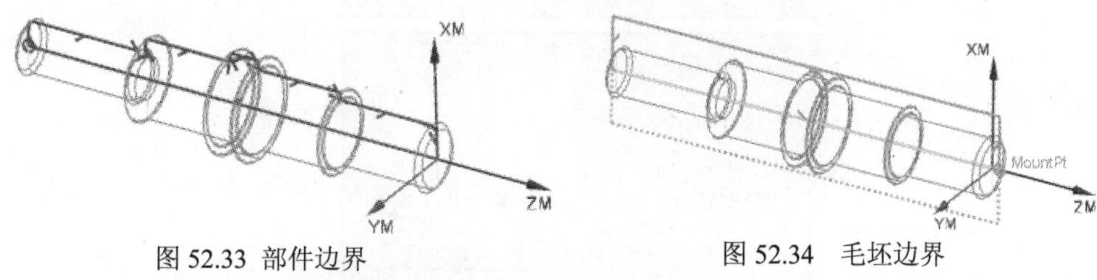

图 52.33　部件边界　　　　图 52.34　毛坯边界

Task10. 创建粗车外形轮廓操作 2

Stage1. 创建工序

Step1. 复制几何体工序。在工序导航器的AVOIDANCE节点上单击鼠标右键，在弹出的快捷菜单中选择复制命令。

Step2. 粘贴几何体工序。在工序导航器的TURNING_WORKPIECE_1节点上单击鼠标右键，在弹出的快捷菜单中选择内部粘贴命令。

Step3. 删除。在工序导航器的AVOIDANCE节点上单击鼠标左键，将其子节点下的程序都删除。

Step4. 双击工序导航器中新建的AVOIDANCE_COPY，系统弹出“避让”对话框。

Step5. 单击运动到起点（ST）区域* 指定点右侧的按钮，系统弹出“点”对话框。

Step6. 在“点”对话框坐标区域的在XC的文本框中输入 10，在YC的文本框中输入 30，在ZC的文本框中输入 0，单击确定按钮，系统返回“避让”对话框。

Step7. 在逼近（AP）区域刀轨选项的下拉列表框中选择点选项，单击逼近点区域右侧的按钮，系统弹出“点”对话框。在输出坐标区域XC的文本框中输入 10，在YC的文本框中输入 25，在ZC的文本框中输入 0，单击确定按钮，系统返回“避让”对话框。

Step8. 在“避让”对话框设置图 52.35 所示的参数，单击确定按钮，退出“避让”对话框。

Step9. 选择下拉菜单插入(S) → 工序(E)...命令，系统弹出“创建工序”对话框。

Step10. 在“创建工序”对话框类型下拉列表中选择turning选项，在工序子类型区域中单击“ROUGH_TURN_OD_1”按钮，在程序下拉列表中选择PROGRAM选项，在刀具下拉列表中选择OD_80_L（车刀-标准）选项，在几何体下拉列表中选择AVOIDANCE_COPY选项，在方法下拉列表中选择LATHE_ROUGH选项，名称采用系统默认的名称。

Step11. 单击“创建工序”对话框中的确定按钮，系统弹出“粗车 OD”对话框。

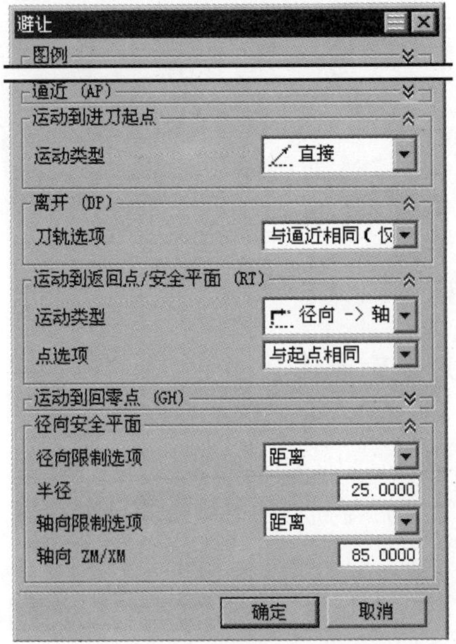

图 52.35 “避让”对话框

Stage2．指定切削区域

Step1. 在“粗车 OD”对话框中刀具方位区域选中☑ 绕夹持器翻转刀具复选框。

Step2. 单击“粗车 OD”对话框切削区域右侧的“编辑”按钮，系统弹出“切削区域”对话框。

Step3. 在“切削区域”对话框轴向修剪平面 1区域的限制选项下拉列表中选择点选项，在图形区中选取图 52.36 所示的边线的端点，单击确定按钮，系统返回到“粗车 OD”对话框。

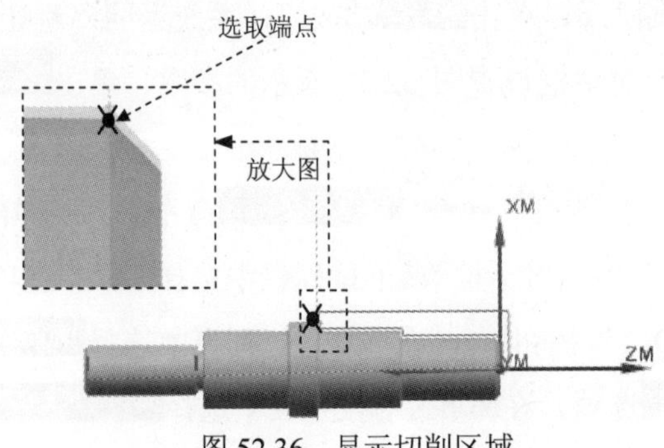

图 52.36 显示切削区域

Step4. 在“粗车 OD”对话框中设置图 52.37 所示的参数。

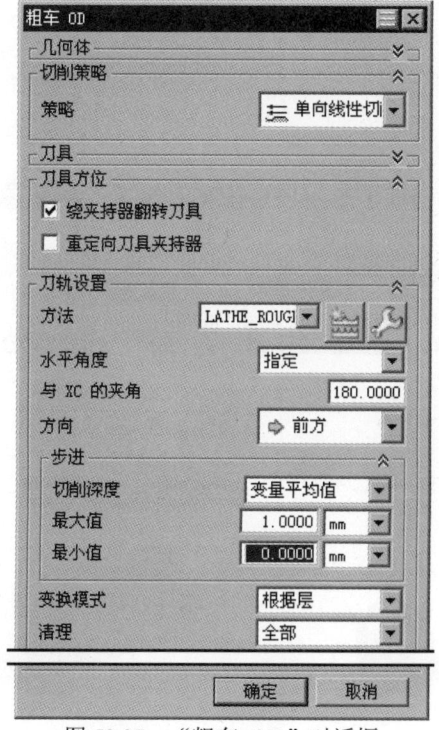

图 52.37 “粗车 OD”对话框

Stage3．设置切削参数

单击“粗车 OD”对话框中的“切削参数”按钮，系统弹出“切削参数”对话框，在该对话框中选择余量选项卡，设置图 52.38 所示的参数。其他选项卡参数采用系统默认设置值。然后单击确定按钮，返回到“粗车 OD”对话框。

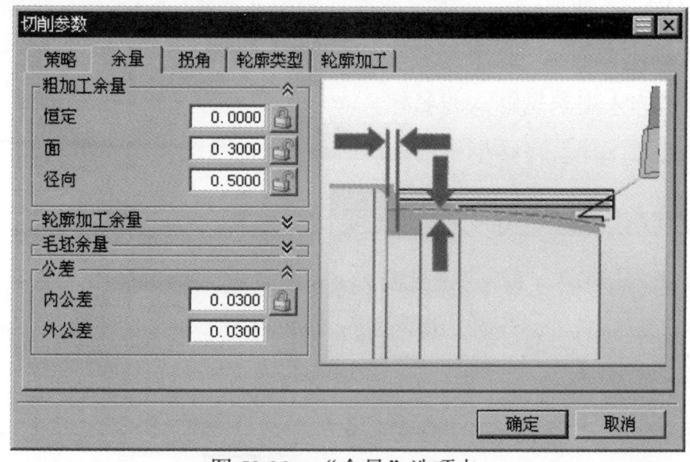

图 52.38 “余量”选项卡

Stage4．设置非切削参数

采用系统默认值。

Stage5．进给率和速度

Step1. 在“粗车 OD”对话框中单击“进给率和速度”按钮，系统弹出“进给率和速度”对话框。

Step2. 在“进给率和速度”对话框主轴速度区域表面速度（smm）的文本框输入 60，在进给率区域切削的文本框输入 0.5。单击确定按钮，返回到“粗车 OD”对话框。

Stage6．生成刀路轨迹并仿真

生成的刀路轨迹如图 52.39 所示，3D 动态仿真加工后结果如图 52.40 所示。

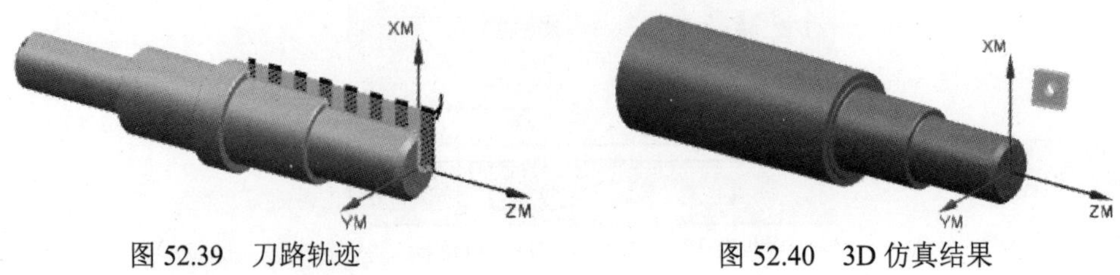

图 52.39 刀路轨迹　　图 52.40 3D 仿真结果

Task11．创建精车外形轮廓操作 2

Stage1．创建工序

Step1. 选择下拉菜单插入(S) → 工序(E)... 命令，系统弹出“创建工序”对话框。

Step2. 在“创建工序”对话框类型下拉列表中选择turning选项，在工序子类型区域中单击“FINISH_TURN_OD_1”按钮，在程序下拉列表中选择PROGRAM选项，在刀具下拉列表中选择OD_55_L选项，在几何体下拉列表中选择AVOIDANCE_COPY选项，在方法下拉列表中选择LATHE_FINISH选项，名称采用系统默认的名称。

Step3. 单击“创建工序”对话框中的确定按钮，系统弹出“精车 OD”对话框。

Stage2．指定切削区域

Step1. 在“精车 OD”对话框中刀具方位区域选中☑ 绕夹持器翻转刀具复选框。

Step2. 单击“精车 OD”对话框中切削区域右侧的“编辑”按钮，系统弹出“切削区域”对话框。

Step3. 在“切削区域”对话框中轴向修剪平面 1区域的限制选项下拉列表中选择点选项，在图形区中选取图 52.41 所示的边线的端点，单击确定按钮，系统返回到“精车 OD”对话框。

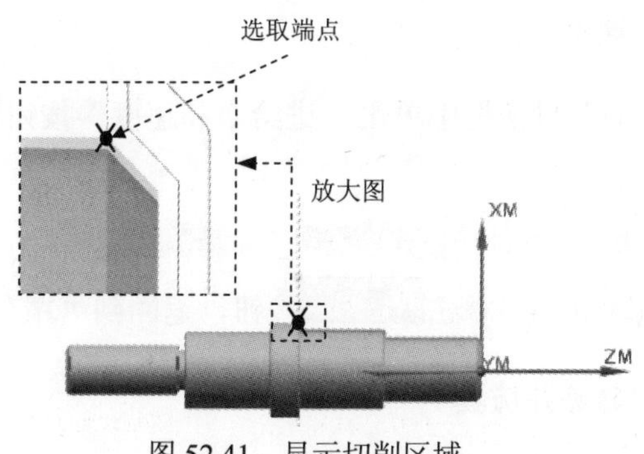

图 52.41　显示切削区域

Step4. 在“精车 OD”对话框中设置如图 52.42 所示的参数。

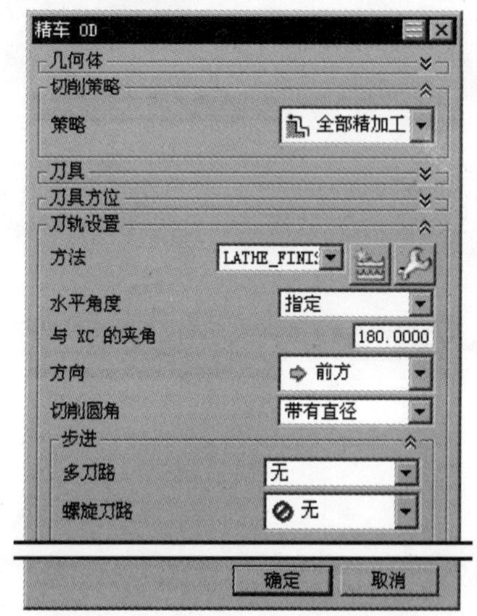

图 52.42　“精车 OD”对话框

Stage3. 设置切削参数

单击“精车 OD”对话框中的“切削参数”按钮，系统弹出“切削参数”对话框，在该对话框中选择策略选项卡，在切削区域取消选中□ 允许底切复选框；然后单击余量选项卡，在内公差和外公差的文本框中分别输入 0.01；单击拐角选项卡，在拐角处的刀轨形状区域常规拐角的下拉列表中选择延伸选项，在浅角的下拉列表中选择延伸选项。其他选项卡参数采用系统默认设置值。然后单击确定按钮返回到“精车 OD”对话框。

Stage4. 设置非切削参数

采用系统默认参数值。

Stage5．进给率和速度

Step1. 在“精车 OD”对话框中单击“进给率和速度”按钮，系统弹出“进给率和速度”对话框。

Step2. 在“进给率和速度”对话框主轴速度区域表面速度（smm）的文本框中输入 90，在进给率区域切削的文本框中输入 0.15。单击确定按钮，返回到“精车 OD”对话框。

Stage6．生成刀路轨迹并仿真

生成的刀路轨迹如图 52.43 所示，3D 动态仿真加工后结果如图 52.44 所示。

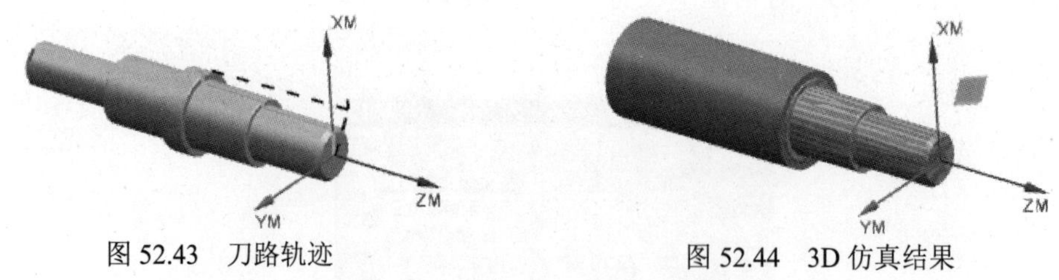

图 52.43 刀路轨迹　　图 52.44 3D 仿真结果

Task12．保存文件

选择下拉菜单文件(F) ➡ 保存(S)命令，保存文件。

实例 53　线切割加工

线切割加工主要用于任何类型的二维轮廓切割，加工时刀具（钼丝或铜丝）沿着指定的路径切割工件，在工件上留下细丝切割所形成的轨迹线，使一部分工件与另一部分工件分离，从而达到最终加工结果。

下面将通过图 53.1 所示的零件介绍线切割加工的一般过程。

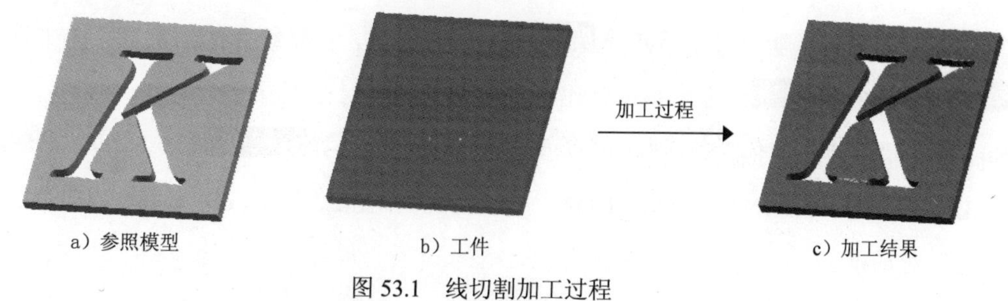

a）参照模型　　b）工件　　c）加工结果

图 53.1　线切割加工过程

Task1. 打开模型文件并进入加工模块

Step1. 打开模型文件 D:\ugins8\work\ch11\ins53\ wedming.prt。

Step2. 进入加工环境。选择下拉菜单 开始 → 加工(N)... 命令；在系统弹出的"加工环境"对话框 要创建的 CAM 设置 列表框中选择 wire_edm 选项，单击 确定 按钮，进入加工环境。

Task2. 创建工序（一）

Stage1. 创建机床坐标系

Step1. 在工序导航器中调整到几何视图状态，双击节点 MCS_WEDM，系统弹出"MCS 线切割"对话框。

Step2. 在"MCS 线切割"对话框的 机床坐标系 选项区域中单击"CSYS 对话框"按钮，系统弹出"CSYS"对话框。

Step3. 在"CSYS"对话框 类型 区域的下拉列表框中选择 自动判断 选项，单击图 53.2 所示的面为参照。单击 确定 按钮，完成图 53.3 所示机床坐标系的创建。

Step4. 单击"MCS 线切割"对话框的 确定 按钮，完成机床坐标系的创建。

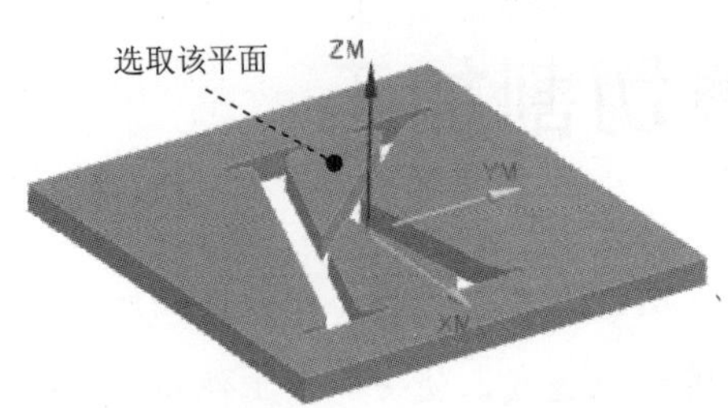

图 53.2　定义参照面

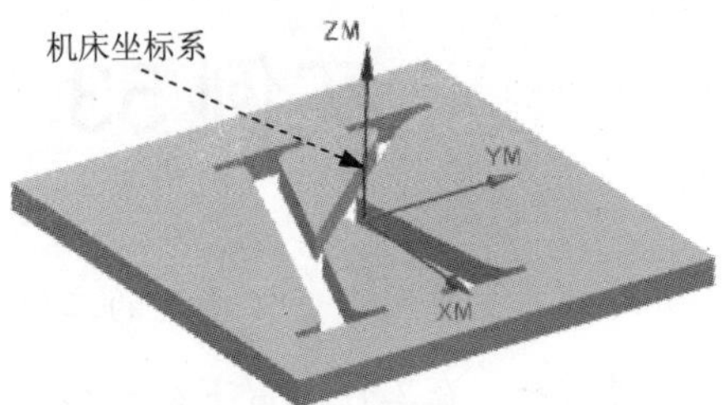

图 53.3　创建机床坐标系

Stage2．创建几何体

Step1. 在工序导航器中选中节点 MCS_WEDM，然后右击，在系统弹出的快捷菜单中选择 刀片 → 几何体 命令，系统弹出“创建几何体”对话框。

Step2. 在“创建几何体”对话框中 类型 的下拉列表框中选择 wire_edm 选项，在 几何体子类型 区域单击“SEQUENCE_INTERNAL_TRIM”按钮，单击 确定 按钮，系统弹出“顺序内部修剪”对话框。

Step3. 单击“顺序内部修剪”对话框 几何体 区域中的按钮，系统弹出“线切割几何体”对话框。

Step4. 在“线切割几何体”对话框 主要 选项卡的 轴类型 区域中单击“2 轴”按钮，在 过滤器类型 下选择“面边界”按钮，选取图 53.4 所示的面，单击 确定 按钮，系统生成图 53.5 所示的两条边界，并返回到“顺序内部修剪”对话框。

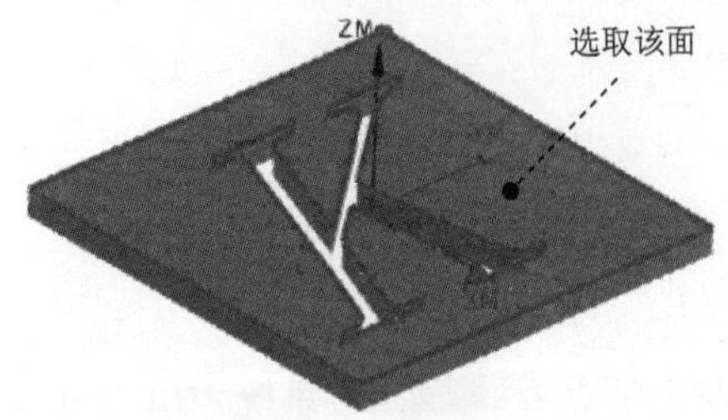

图 53.4　边界面

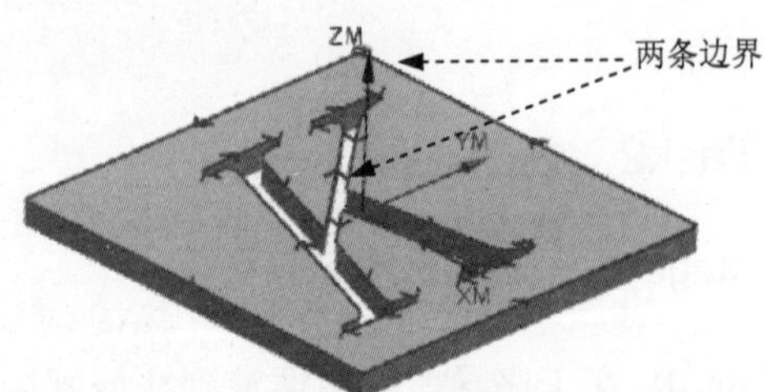

图 53.5　边界

Step5. 在“顺序内部修剪”对话框 几何体 区域中单击按钮，系统弹出“编辑几何体”对话框。

Step6. 在“编辑几何体”对话框中单击“下一个”按钮，系统显示几何体的外轮廓，然后单击 移除 按钮，保留图 53.6 所示的几何体内形轮廓。

Step7. 单击“编辑几何体”对话框中的 控制点 按钮，系统弹出“控制点”对话框。

Step8. 在穿丝孔点区域点选项的下拉列表框中选择指定选项，单击右侧的“点对话框”按钮，在XC的文本框中输入-2，在YC的文本框中输入0，在ZC的文本框中输入0，单击确定按钮，完成穿丝孔位置的定义，并返回“控制点”对话框。

Step9. 单击两次确定按钮，系统返回“顺序内部修剪”对话框。

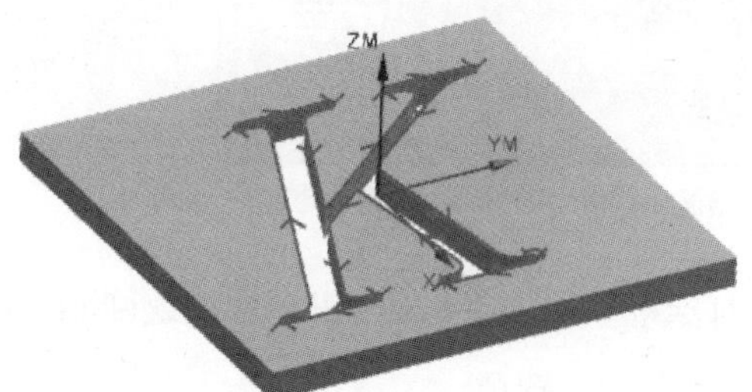

图 53.6　几何体内形轮廓

Stage3．设置切削参数

Step1. 在“顺序内部修剪”对话框粗加工刀路文本框中输入值 1，单击“切削参数”按钮，系统弹出“切削参数”对话框。

Step2. 在“切削参数”对话框中设置图 53.7 所示的参数，单击确定按钮，完成切削参数的设置，并返回到“顺序内部修剪”对话框。

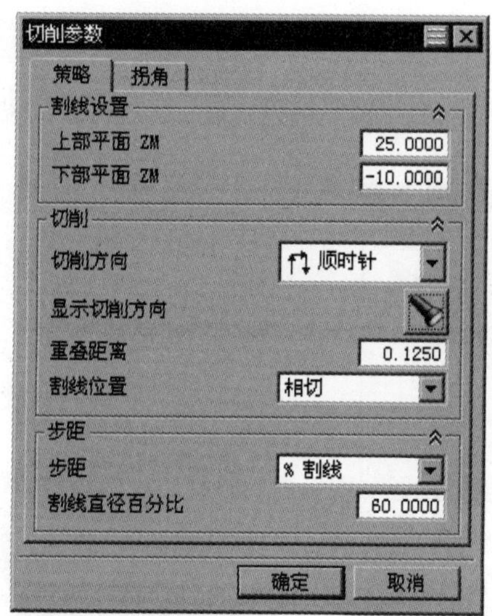

图 53.7 “切削参数”对话框

Stage4．设置移动参数

Step1. 在“顺序内部修剪”对话框中单击“非切削移动”按钮，弹出“非切削移动”对话框。设置图 53.8 所示的参数值。

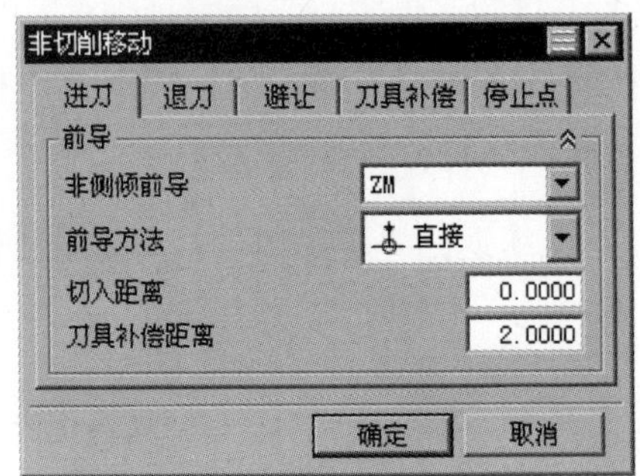

图 53.8 “非切削移动”对话框

Step2. 在“非切削移动”对话框单击确定按钮，系统返回到“顺序内部修剪”对话框，单击确定按钮，完成移动参数设置值。

Task3. 生成刀路轨迹

Stage1. 生成第一个刀路轨迹

Step1. 在工序导航器中展开节点SEQUENCE_INTERNAL_TRIM，可以看到三个刀路轨迹，双击节点INTERNAL_TRIM_ROUGH，系统弹出图 53.9 所示的“Internal_Trim_Rough”对话框。

Step2. 在“Internal_Trim_Rough”对话框中单击“生成”按钮，生成的刀路轨迹如图 53.10 所示。

Step3. 在“Internal_Trim_Rough”对话框中单击“确定”按钮，系统弹出“刀轨可视化”对话框，调整动画速度后单击“播放”按钮，即可观察到动态仿真加工。

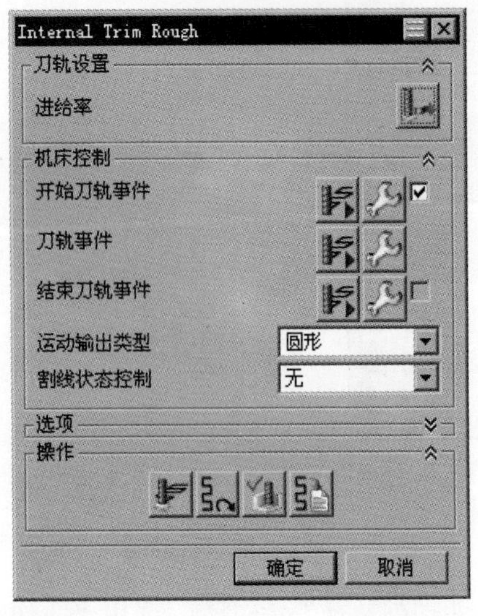

图 53.9 “Internal_Trim_Rough”对话框

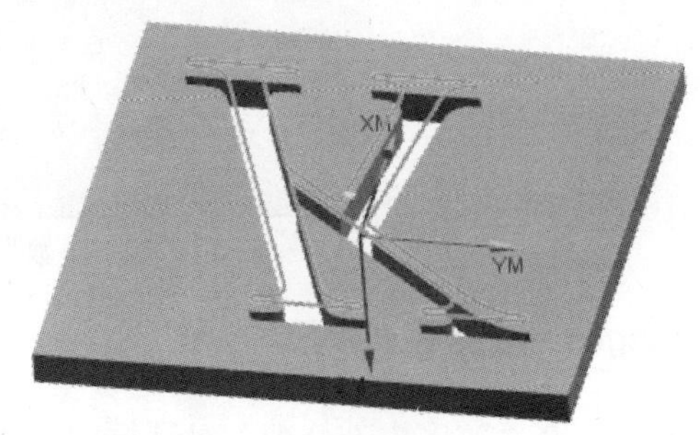

图 53.10 刀路轨迹

Step4. 分别在“刀轨可视化”对话框和“Internal_Trim_Rough”对话框中单击确定按钮，完成刀路轨迹的演示。

Stage2. 生成第二个刀路轨迹

Step1. 在工序导航器中双击节点 INTERNAL_TRIM_BACKBURN，系统弹出图 53.11 所示的“Internal_Trim_Backburn”对话框。

Step2. 在“Internal_Trim_Backburn”对话框中单击“生成”按钮，在模型区生成的刀路轨迹如图 53.12 所示。

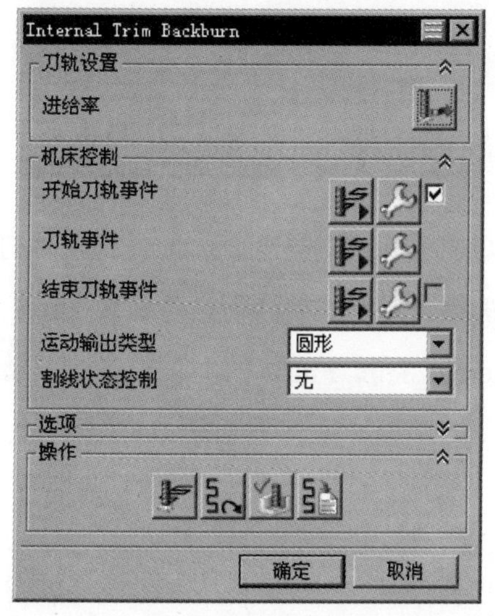

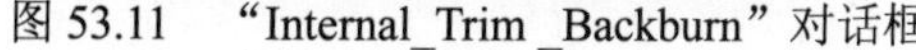
图 53.11　“Internal_Trim _Backburn”对话框

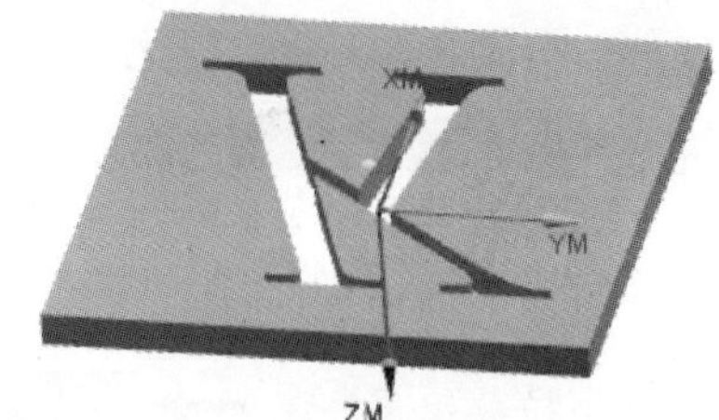

图 53.12　刀路轨迹

Step3. 在“Internal_Trim_Backburn”对话框中单击“确定”按钮，系统弹出“刀轨可视化”对话框，调整动画速度后单击“播放”按钮，即可观察到动态仿真加工。

Step4. 分别在“刀轨可视化”对话框和“Internal_Trim_Backburn”对话框中单击确定按钮，完成刀轨轨迹的演示。

Stage3. 生成第三个刀路轨迹

Step1. 在工序导航器中双击节点 INTERNAL_TRIM_FINISH，系统弹出图 53.13 所示的“Internal_Trim_Finish”对话框。

Step2. 在“Internal_Trim_Finish”对话框中单击“生成”按钮，在模型区生成的刀路轨迹如图 53.14 所示。

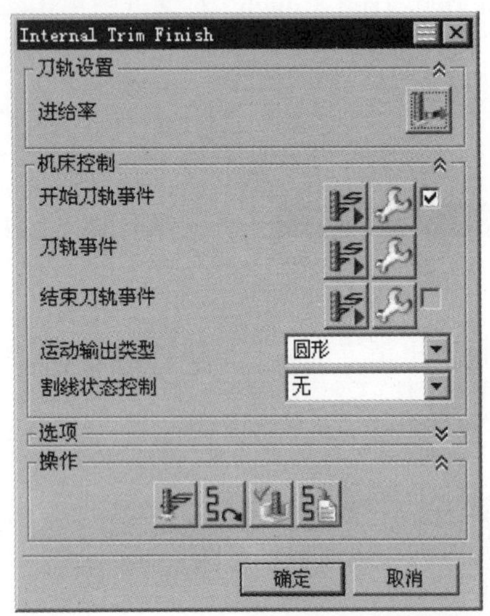

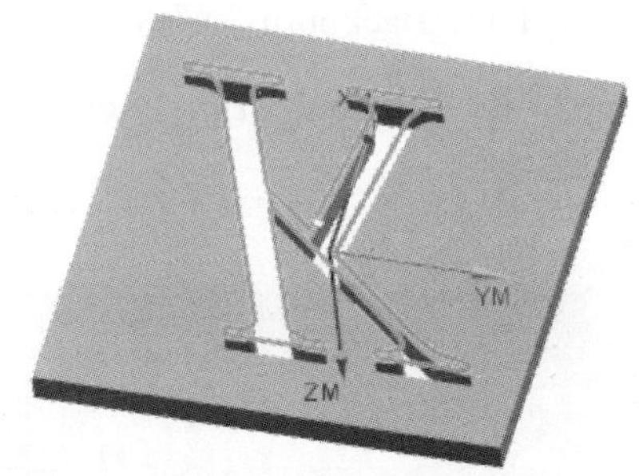

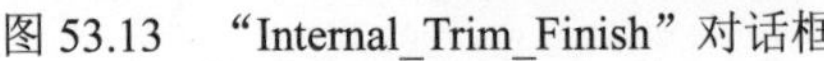
图 53.13 “Internal_Trim_Finish” 对话框

图 53.14 刀路轨迹

Step3. 在“Internal_Trim_Finish”对话框中单击“确认”按钮，系统弹出“刀轨可视化”对话框，调整动画速度后单击“播放”按钮，即可观察到动态仿真加工。

Step4. 分别在“刀轨可视化”对话框和“Internal_Trim_Finish”对话框中单击 确定 按钮，完成 INTERNAL_TRIM_FINISH 刀路轨迹的演示。

Task4. 保存文件

选择下拉菜单 文件(F) → 保存(S) 命令，保存文件。

读者意见反馈卡

尊敬的读者：

感谢您购买机械工业出版社出版的图书！

我们一直致力于CAD、CAPP、PDM、CAM和CAE等相关技术的跟踪，希望能将更多优秀作者的宝贵经验与技巧介绍给您。当然，我们的工作离不开您的支持。如果您在看完本书之后，有好的意见和建议，或是有一些感兴趣的技术话题，都可以直接与我联系。

策划编辑：管晓伟

注：本书的随书光盘中含有该“读者意见反馈卡”的电子文档，您可将填写后的文件采用电子邮件的方式发给本书的责任编辑或主编。

E-mail: 展迪优 zhanygjames@163.com ；管晓伟 guancmp@163.com。

请认真填写本卡，并通过邮寄或E-mail传给我们，我们将奉送精美礼品或购书优惠卡。

书名：《UG NX 8.0 实例宝典》

1. 读者个人资料：

姓名：________性别：___年龄：____职业：________职务：________学历：______

专业：_______单位名称：___________________电话：__________手机：_________

邮寄地址：__________________________邮编：____________E-mail：___________

2. 影响您购买本书的因素（可以选择多项）：

□内容	□作者	□价格
□朋友推荐	□出版社品牌	□书评广告
□工作单位（就读学校）指定	□内容提要、前言或目录	□封面封底
□购买了本书所属丛书中的其他图书		□其他____________

3. 您对本书的总体感觉：

□很好　　□一般　　□不好

4. 您认为本书的语言文字水平：

□很好　　□一般　　□不好

5. 您认为本书的版式编排：

□很好　　□一般　　□不好

6. 您认为UG其他哪些方面的内容是您所迫切需要的？

____

7. 其他哪些CAD/CAM/CAE方面的图书是您所需要的？

____

8. 认为我们的图书在叙述方式、内容选择等方面还有哪些需要改进的？

如若邮寄，请填好本卡后寄至：

北京市百万庄大街22号机械工业出版社汽车分社　管晓伟（收）

邮编：100037　　联系电话：（010）88379949　　传真：（010）68329090

如需本书或其他图书，可与机械工业出版社网站联系邮购：

http://www.golden-book.com　**咨询电话：**（010）88379639。